Elvidio Lupia Palmieri
Maurizio Parotto

S Il Globo terrestre e la sua evoluzione

EDIZIONE BLU

Seconda edizione

Minerali e rocce • Geodinamica endogena
Atmosfera • Clima • Modellamento del rilievo

PER IL COMPUTER E PER IL TABLET

L'eBook multimediale

1 REGÌSTRATI A MYZANICHELLI

Vai su **my.zanichelli.it** e regìstrati come studente

2 SCARICA BOOKTAB

- Scarica **Booktab** e installalo
- Lancia l'applicazione e fai login

3 ATTIVA IL TUO LIBRO

- Clicca su **Attiva il tuo libro**
- Inserisci la **chiave di attivazione** che trovi sul **bollino argentato** adesivo (qui accanto un esempio di bollino con chiave di attivazione)

4 CLICCA SULLA COPERTINA

Scarica il tuo libro per usarlo offline

SCIENZE ZANICHELLI

Realizzazione editoriale:
- Redazione: Vittoria Balandi, Massimo Evangelisti
- Segreteria di redazione: Deborah Lorenzini e Rossella Frezzato
- Progetto grafico: Anna Huwyler
- Impaginazione: Mariadele Trande
- Disegni: Thomas Trojer, Claudia Saraceni
- Indice analitico: Il Nove, Bologna
- Disegni della seconda di copertina: Tomomot, Venezia

Contributi:
- Aggiornamento dati e contributi iconografici: Chiara Amadori e Renata Schivardi
- Collaborazione alla stesura degli esercizi: Renata Schivardi
- Mappe: Eleonora Ubertis Albano, Renata Schivardi
- Pagine *Earth Science in English*: Paola Fredi
- Rilettura delle pagine *Earth Science in English*: Jackie Leeder

Il capitolo in inglese *Plate Tectonics* (di Elvidio Lupia Palmieri e Maurizio Parotto) è disponibile soltanto nell'eBook.
Traduzione di Paola Fredi; rilettura di Jackie Leeder.

Copertina:
- Progetto grafico: Miguel Sal & C., Bologna
- Realizzazione: Roberto Marchetti e Francesca Ponti
- Immagine di copertina: Paul Cézanne, **Mont Sainte Victoire** (1902), Francia. © Peter Horree/Alamy/IPA

Prima edizione: febbraio 2017

Ristampa:
5 4 3 2 2019 2020 2021

Zanichelli garantisce che le risorse digitali di questo volume sotto il suo controllo saranno accessibili, a partire dall'acquisto dell'esemplare nuovo, per tutta la durata della normale utilizzazione didattica dell'opera. Passato questo periodo, alcune o tutte le risorse potrebbero non essere più accessibili o disponibili: per maggiori informazioni, leggi my.zanichelli.it/fuoricatalogo

File per sintesi vocale
L'editore mette a disposizione degli studenti non vedenti, ipovedenti, disabili motori o con disturbi specifici di apprendimento i file pdf in cui sono memorizzate le pagine di questo libro. Il formato del file permette l'ingrandimento dei caratteri del testo e la lettura mediante software screen reader. Le informazioni su come ottenere i file sono sul sito http://www.zanichelli.it/scuola/bisogni-educativi-speciali

Grazie a chi ci segnala gli errori
Segnalate gli errori e le proposte di correzione su **www.zanichelli.it/correzioni**.
Controlleremo e inseriremo le eventuali correzioni nelle ristampe del libro.
Nello stesso sito troverete anche l'errata corrige, con l'elenco degli errori e delle correzioni.

Zanichelli editore S.p.A. opera con sistema qualità
certificato CertiCarGraf n. 477
secondo la norma UNI EN ISO 9001:2015

Questo libro è stampato su carta che rispetta le foreste.
www.zanichelli.it/chi-siamo/sostenibilita

Stampa: Grafica Ragno
Via Lombardia 25, 40064 Tolara di Sotto, Ozzano Emilia (Bologna)
per conto di Zanichelli editore S.p.A.
Via Irnerio 34, 40126 Bologna

Realizzazione eBook:

- Progettazione e sviluppo software: duDAT srl, Bologna

Video
- Coordinamento redazionale: Matteo Fornesi
- Progetto e sceneggiature: Mauro Mennuni
- Supervisione scientifica: Maurizio Parotto
- Regia e montaggio: Francesco Dafano
- Grafiche ed editing video: Gioia Riccioni
- Voce: Dodo Versino
- Traduzione in inglese: Jackie Leeder

Indice

1 La crosta terrestre: minerali e rocce

nell'eBook

2 La giacitura e le deformazioni delle rocce

3 I fenomeni vulcanici

4 I fenomeni sismici

5 La Tettonica delle placche: un modello globale

6 La storia della Terra

7 L'atmosfera terrestre e i fenomeni meteorologici

8 Il clima e la biosfera

9 Il modellamento del rilievo terrestre

La Terra come sistema integrato

La Terra è formata da una gran varietà di materiali, solidi, liquidi e aeriformi, ma non è un semplice aggregato: in realtà è un *sistema integrato*, cioè un insieme di componenti, ciascuna con la propria individualità, che interagiscono tra loro attraverso una complessa serie di processi fisici, chimici e biologici. Le singole parti – dette «*geosfere*» – sono come involucri a stretto contatto.

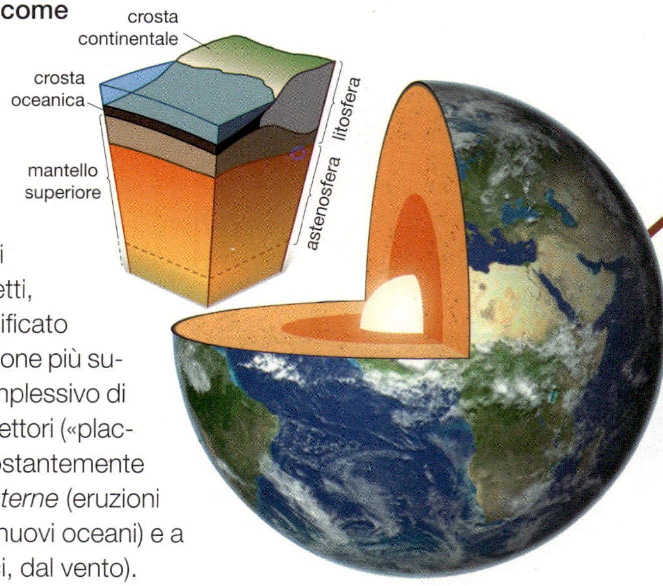

Struttura della Terra

Litosfera

La litosfera corrisponde alla Terra solida e comprende, a rigore, la maggior parte della massa del pianeta, formata da minerali e rocce. Si osserva nelle terre emerse, ma essa costituisce anche il fondo degli oceani e prosegue in profondità per migliaia di kilometri. In effetti, però, il termine litosfera ha assunto oggi anche un significato più ristretto e comprende solo la crosta terrestre e la porzione più superficiale del sottostante mantello, per uno spessore complessivo di 100 km. È un involucro frammentato in numerosi grossi settori («placche»), in grado di muoversi uno rispetto all'altro, ed è costantemente modellata dall'azione di grandi processi, legati a *forze interne* (eruzioni vulcaniche, formazioni di catene montuose, apertura di nuovi oceani) e a forze *esterne* (l'erosione operata dalle acque, dai ghiacci, dal vento).

Idrosfera

L'idrosfera è lo strato di acque che ricopre, con gli oceani e i mari, oltre il 70% della superficie del pianeta. Essa comprende anche le acque dolci dei fiumi e dei laghi, e quelle che si infiltrano nel sottosuolo. Dell'idrosfera fa parte anche la **criosfera** («sfera di ghiaccio»), cioè l'acqua allo stato solido contenuta nelle calotte glaciali, nei ghiacciai di montagna, nei mari polari e nel terreno. La criosfera è spesso considerata una sfera a sé stante, per la particolare influenza sugli equilibri ambientali da parte delle estesissime calotte di ghiaccio, che, nelle periodiche età glaciali, rivestono gran parte del pianeta.

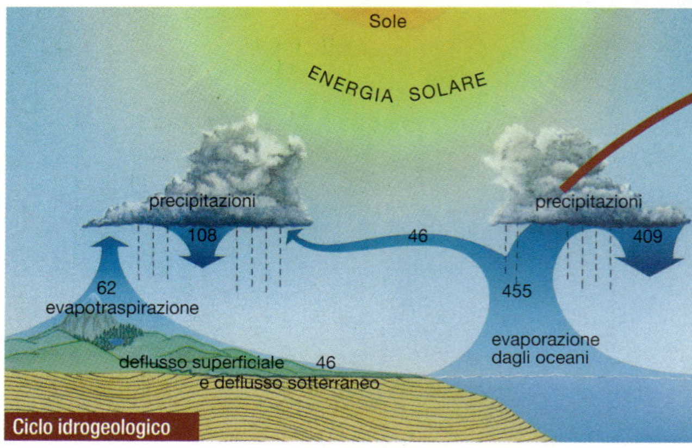

Ciclo idrogeologico

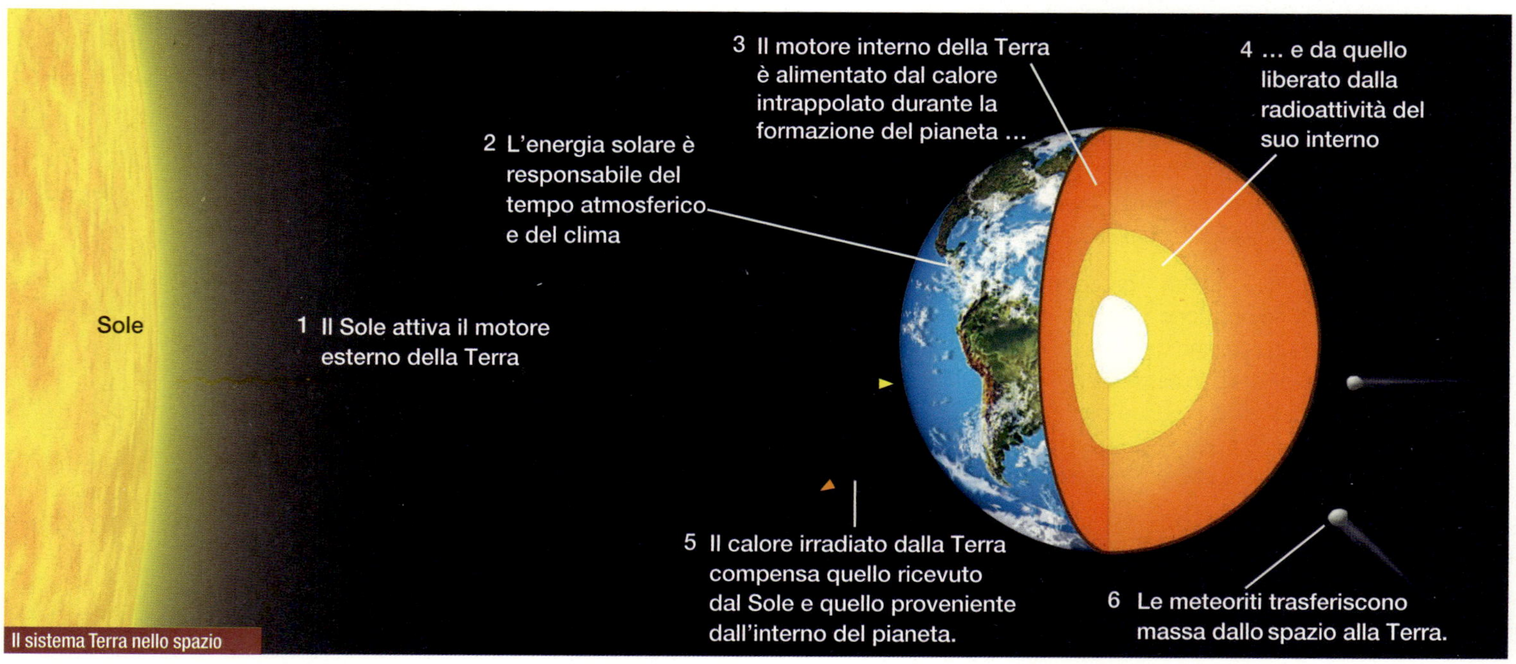

Il sistema Terra nello spazio

La Terra vista dallo spazio (NASA)

Biosfera

La **biosfera** comprende tutti gli organismi che vivono sulle terre emerse, in mare e nell'atmosfera. Tra gli organismi viventi e il resto del pianeta si verificano continui scambi di materia ed energia. Uno dei risultati più vistosi è la formazione di imponenti masse rocciose che, con il tempo, finiscono per costituire intere montagne come le Dolomiti o l'Appennino centrale. Quei rilievi sono formati, infatti, di calcàri, prodotti dall'attività di organismi marini, come coralli, gasteropodi e alghe, tutti capaci di realizzare i loro gusci sottraendo il carbonato di calcio all'acqua del mare in cui vivono. Strato su strato, costruiscono imponenti scogliere e barriere coralline, che si trasformano prima o poi in terre emerse.

Corallo coloniale fossile

Atmosfera

L'**atmosfera** è l'involucro gassoso che avvolge la Terra e che si manifesta in modo vistoso negli ammassi e nei vortici di nubi visibili nelle immagini del pianeta dallo spazio. La sua massa si concentra nei primi 30 km sopra la superficie del globo terracqueo, anche se i gas, via via più rarefatti, arrivano a 2000-2500 km di quota. In prossimità del suolo l'aria secca è composta da azoto (78%) e ossigeno (21%); il resto comprende altri gas, tra i quali l'anidride carbonica.

La spirale dei sistemi nuvolosi di un ciclone

Un delicato equilibrio

■ Le «geosfere» si sono formate nel corso della storia della Terra e sono legate da complesse relazioni, per cui ogni modifica in una di esse comporta una risposta globale, che coinvolge le altre sfere. L'assetto del nostro pianeta, perciò, è il risultato di un equilibrio dinamico che comprende continui scambi tra interno del pianeta, terre emerse, oceani (compresi i mari) e atmosfera.

■ **Biosfera e litosfera** Frutto imponente di questa interazione sono le rocce sedimentarie organogene, formate dall'azione costruttiva di organismi marini, ma anche i grandi accumuli di carbone e di petrolio.

■ **Idrosfera, atmosfera e litosfera** I processi che operano nell'idrosfera e nell'atmosfera contribuiscono al modellamento della litosfera. Ad esempio, i corsi d'acqua scavano valli e trasportano i materiali erosi, che finiscono in mare, dove vengono depositati per trasformarsi in rocce sedimentarie. Anche l'atmosfera produce effetti analoghi, con processi sia meccanici (erosione da parte del vento), sia chimici (alterazione a opera delle sostanze contenute nell'aria).

■ **Atmosfera e biosfera** La presenza dell'atmosfera è di vitale importanza per la biosfera. Innanzitutto l'atmosfera limita le escursioni termiche giornaliere entro una gamma di valori che comprende quelli compatibili con la vita; inoltre, la presenza dell'ozonosfera determina l'assorbimento delle radiazioni ultraviolette provenienti dal Sole, nocive per gli esseri viventi. Anche la biosfera modifica l'atmosfera: l'ossigeno nell'aria è prodotto dall'attività del mondo vegetale, senza il quale la composizione dell'atmosfera sarebbe molto diversa (come è stato nei primi tempi dell'evoluzione della Terra).

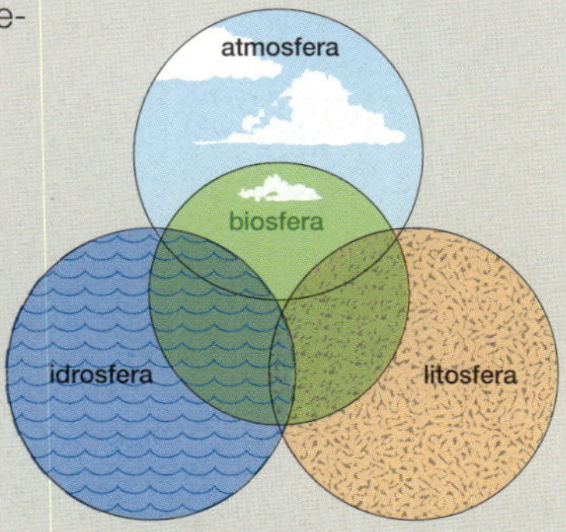

Relazioni tra le geosfere terrestri

■ **Gli esseri umani e la Terra**
Le comunità umane partecipano alla fitta rete di interazioni che caratterizza il sistema Terra. Rispetto agli altri organismi, gli esseri umani modificano l'ambiente in modo profondo, prelevando dal pianeta enormi quantità di materie prime, disperdendo nell'ambiente rifiuti e scarti di lavorazione, modificando il paesaggio con i propri insediamenti. Spesso le attività antropiche modificano in modo irreversibile i processi che regolano i delicati equilibri tra le diverse componenti del sistema. È vero che tali equilibri sono dinamici, ma prima di provocarne la modifica bisognerebbe essere consapevoli delle conseguenze che ne possono derivare.

Studiare il sistema Terra

Gli studi sulla Terra seguono due obiettivi complementari. Il primo è di tipo essenzialmente conoscitivo: capire come «vive» il nostro pianeta attraverso continue trasformazioni, la cui storia si svolge da oltre 4 miliardi di anni. L'altro obiettivo è di tipo applicativo e mira a fornire dati, informazioni e strumenti per un corretto rapporto tra uomo e pianeta (recupero di risorse, interventi sull'ambiente, difesa dai rischi naturali).

■ Tecniche antiche e recenti

Oggi le Scienze della Terra, accanto alle ricerche abituali, con la ricognizione diretta sul terreno e l'aiuto di laboratori tradizionali, impiegano un'ampia gamma di metodologie di analisi e di strumentazioni sempre più sofisticate e si avvalgono di potenti calcolatori elettronici per l'elaborazione di grandi quantità di dati.

Immagine satellitare di un tratto delle Alpi occidentali

Uno sguardo dall'alto

Accanto alle tradizionali tecniche di raccolta di dati, misure e campioni per analisi direttamente sul terreno, i ricercatori hanno a disposizione strumenti d'indagine innovativi, come le **immagini da satellite**, che consentono il monitoraggio di vaste aree della superficie terrestre, spesso difficilmente accessibili. Le immagini da satellite sono strumenti di grande efficacia anche nello studio degli oceani, con la possibilità di rilevare le caratteristiche delle acque (temperatura, salinità, contenuto in ossigeno) e il loro schema di circolazione globale. Determinante è la possibilità di seguire l'evoluzione di tali caratteristiche attraverso la ripetizione delle osservazioni sulla stessa area a brevi intervalli di tempo.

Il vulcano sottomarino *Marsili* (CNR)

Sul fondo degli oceani

Alcuni dei progressi più spettacolari nelle conoscenze dell'idrosfera sono legati all'impiego delle moderne navi oceanografiche, dotate di numerosi strumenti: tra questi il **sonar multifascio**, che irradia il fondo marino attraverso un ventaglio di onde acustiche diretto perpendicolarmente alla rotta della nave. In tal modo è possibile riconoscere con grande evidenza le strutture dei fondali marini, come quella del gigantesco vulcano sottomarino Marsili, ancora attivo, che si innalza di 3000 metri dal fondo del Mar Tirreno, al largo delle coste calabre.

Attraverso l'atmosfera

Lo sviluppo di palloni sonda e di aerei e razzi equipaggiati con opportune strumentazioni, ha permesso di effettuare misurazioni sempre più precise nell'atmosfera. Un'enorme massa di dati viene registrata ed elaborata da potenti computer in stazioni a terra e i risultati vengono correlati per avere un quadro generale di fenomeni estesi alla scala dell'intero pianeta. Sempre più importante è il monitoraggio continuo da parte di **satelliti artificiali** per la sorveglianza dell'atmosfera e delle radiazioni solari che la investono. Le immagini in tempo reale consentono di individuare l'innescarsi di grandi perturbazioni atmosferiche (come i cicloni) e di seguirne l'evoluzione, permettendo di tracciare tempestivi piani di difesa.

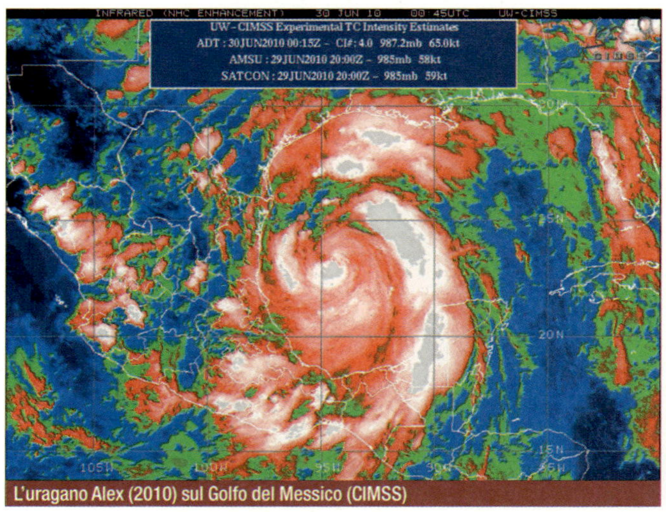

L'uragano Alex (2010) sul Golfo del Messico (CIMSS)

■ Raggiungere l'inaccessibile

Ci sono parti del nostro pianeta nelle quali non è possibile fare ricerche dirette, come una camera magmatica sotto un vulcano o strati di roccia a migliaia di kilometri sotto la superficie, ma anche le superfici di altri pianeti, la cui natura e storia vorremmo confrontare con quella della Terra. Per affrontare questi problemi sono stati messi a punto particolari strumenti in grado di raccogliere immagini e dati.

Verso il centro della Terra

Lo studio dell'interno del pianeta si avvale della Geofisica. La struttura profonda è indagata attraverso lo studio della gravità, del campo magnetico naturale, del flusso di calore che arriva in superficie e, soprattutto, delle onde sismiche. Si tratta di «vibrazioni» prodotte da un terremoto o da un'esplosione artificiale, che possono attraversare anche l'intero pianeta e sono registrate e interpretate quando tornano in superficie. La Sismica ci sta portando alle frontiere della Geologia: computer potenti, che elaborano dati sismici raccolti da una rete mondiale di stazioni, hanno permesso di sviluppare la **tomografia sismica**, una tecnica che fornisce immagini tridimensionali dell'interno della Terra.

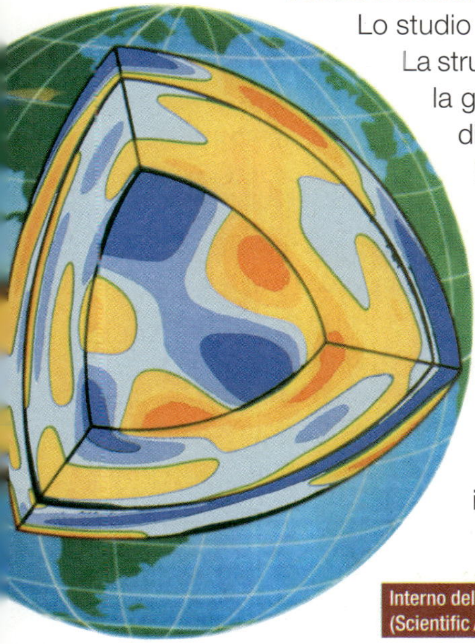

Interno della Terra: zone calde (arancio) e fredde (blu) (Scientific American, 2007)

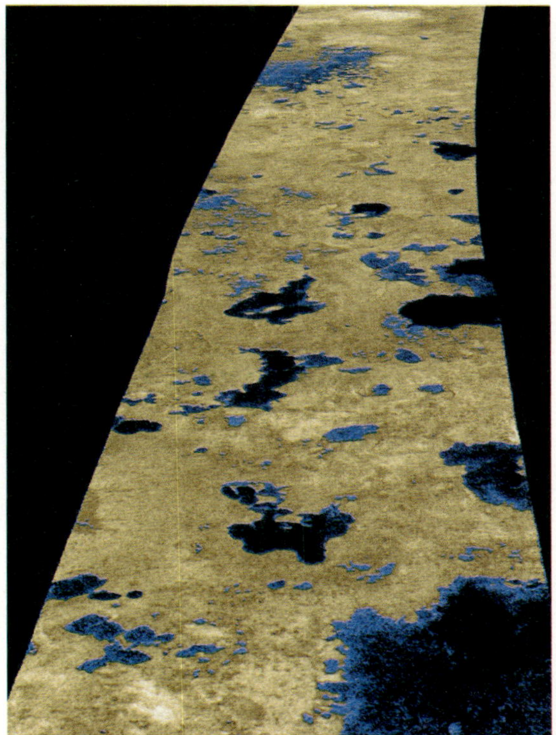

Laghi di metano liquido sulla superficie di Titano (NASA)

Alle frontiere dello spazio esterno

Un campo di ricerca eccitante per la geologia è l'esplorazione di altri pianeti e dei loro satelliti, soprattutto attraverso l'invio di sonde spaziali poste in orbite intorno ad essi o in grado di scendere sulla loro superficie. Attraverso i dati così raccolti, i geologi specialisti di **geologia planetaria** cercano di capire quali processi hanno rimodellato la superficie di pianeti e satelliti e se vi è la possibilità di trovare acqua e tracce di vita.

Il pianeta in laboratorio

Laboratori in tutto il mondo analizzano materiali e fluidi e determinano temperature, pressioni, concentrazioni chimiche degli elementi che caratterizzano i processi chimici, fisici, biologici svoltisi nel passato o in atto nel pianeta. Per queste analisi si impiegano **microscopi elettronici**, che consentono di ingrandire oggetti fino a centinaia di migliaia di volte, e sofisticate **microsonde**, capaci di misure di altissima precisione su quantità sempre più piccole di materiali. Nuove scoperte consentono di rilevare nelle rocce le tracce delle trasformazioni avvenute nel passato, che altri potenti strumenti riescono a datare con sempre maggior approssimazione. Nei laboratori si cerca anche di comprendere la natura e lo stato dei materiali nelle parti più profonde della Terra. Nelle **celle per alte pressioni a cuneo di diamante**, piccoli frammenti di diversi minerali vengono sottoposti a pressioni di oltre 1400 kilobar, mentre un raggio laser li colpisce riscaldandoli a qualche migliaio di gradi, per simulare le condizioni di temperature e pressioni che esistono tra nucleo e mantello, a 3000 km di profondità. Lo strumento più efficace rimane, però, la fitta rete di connessioni tra gli studiosi dei diversi laboratori, per lo scambio di informazioni e dati, in una sfida che ha come obiettivo la conoscenza globale del nostro pianeta.

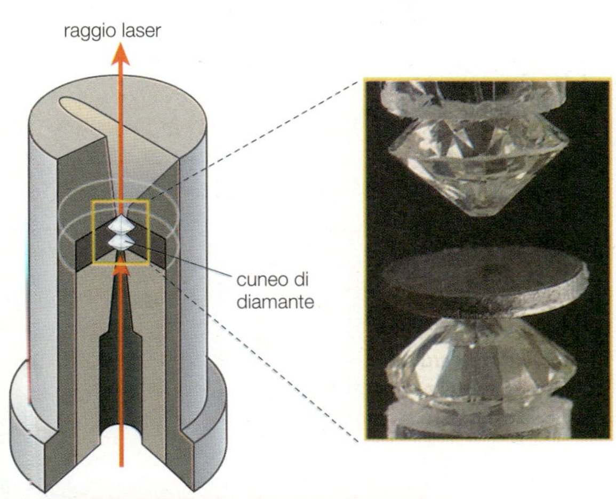

Cella per alte pressioni a cuneo di diamante

Storia della Geologia
Dal mito al modello globale

L'uomo ha cominciato a «studiare» il suo pianeta già quando si è fermato a guardare un vulcano in eruzione, ma anche quando cercava una roccia per colpire o per tagliare. Solo molto lentamente, però, ha cominciato a «leggere» la storia della Terra, e a scoprire che si dipana da tempi lunghissimi, con innumerevoli eventi, tutti parte di un'unica complessa trama, nella quale è strettamente coinvolto anche il modo biologico.

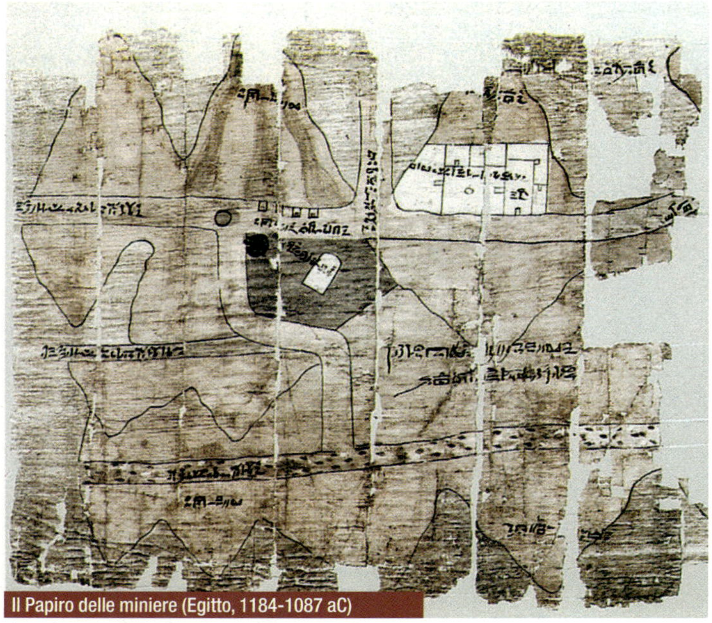
Il Papiro delle miniere (Egitto, 1184-1087 aC)

■ Il documento «geologico» più antico che si conosca è il *Papiro delle miniere,* conservato nel Museo egizio di Torino. Verso il 1100 a.C. uno scriba vi ha rappresentato una zona presso la città di Luxor, nella media valle del Nilo, disegnandovi colline di rocce di vario tipo e la strada che le attraversava, per portare ad alcune miniere d'oro. Ma è nella mitologia indo-europea, nella cultura Veda (1500-1000 a.C.), nata nelle valli tra i giganteschi rilievi dell'Himalaya di nord-ovest, che si trovano i primi segni di una presa di coscienza del mondo circostante. Il continuo trasformarsi del paesaggio con forme e manifestazioni grandiose porta a percepire l'incessante trasformazione della superficie e il continuo divenire della Terra, in tempi lunghissimi. L'idea di un «tempo profondo» (miliardi di anni), che i geologi condividono con astronomi e cosmologi, è una conquista relativamente recente, ma 3000 anni si era già affacciata.

■ Nello stesso periodo, nelle isole del Mare Egeo, dove fioriva la cultura greca delle colonie ioniche, si comincia a rivolgere l'attenzione alla natura. Si scoprono i fossili, come tracce di vita del passato, si riconoscono i segni di continue modificazioni della superficie terrestre. La cultura greca, assorbita in seguito dai Romani, mostrava l'esistenza di un substrato culturale fertile, pronto a dare i suoi frutti: ma nei secoli successivi, dalla fine dell'Impero Romano e per tutto il Medio Evo, queste premesse promettenti non ebbero il seguito che ci si poteva aspettare. L'interpretazione dei fossili si perde nella fantasia di quanti li considerano «scherzi di natura» o «prodotti di influssi astrali». Poche le voci «fuori del coro» e bisogna arrivare al XV e al XVI secolo per trovare qualche tentativo di spiegare l'origine della crosta terrestre; ma spesso sono teorie lontane dall'osservazione e dall'esperienza. Eppure, Leonardo da Vinci (1452-1512), che traeva le sue conclusioni da osservazioni dirette sul terreno, con la sua mente libera da pregiudizi aveva intuito la continua trasformazione della superficie terrestre. Ma le scoperte di Leonardo furono conosciute solo tre secoli più tardi, quando la geologia aveva già riscoperto per altre vie quelle stesse idee.

Ovidio (*Metamorfosi*) : "...lontano dalle rive, abbandonate, conchiglie marine"

L'interno della Terra in un'immagine del '600

■ Nel Settecento e Ottocento in Europa nasce finalmente la Geologia come scienza a se stante. Si impara a interpretare l'origine delle rocce e dei fossili, che diventano così strumenti per ricostruire eventi del passato: il veronese Arduino (1714-1795) riconosce nella storia della Terra alcuni grandi «capitoli» (le ere geologiche). All'inizio di questo periodo si pensa ancora che la Terra abbia avuto una lontana origine, ma che in seguito si sia andata solo «consumando» lentamente per i processi erosivi. Sarà lo scozzese James Hutton (1726-1797) ad aprire una nuova strada, scoprendo che le rocce sono in continua *formazione*, ma che subiscono anche *deformazioni* (sollevamenti) ed *erosioni*, che le demoliscono, in un ciclo senza soste. È l'immagine di una Terra dinamica, in continua trasformazione.

"...senza tracce di un inizio, né prospettive di una fine"

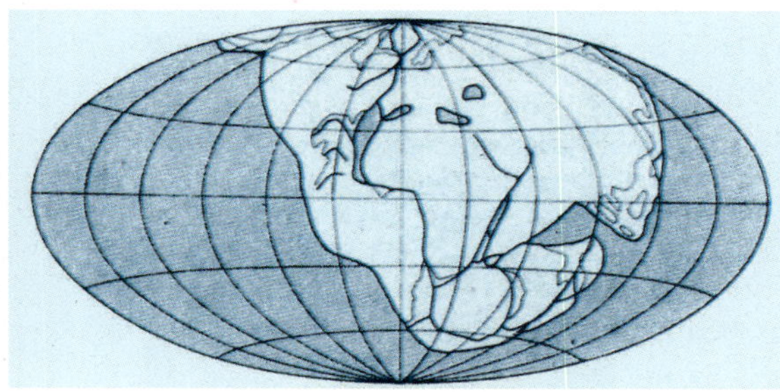

Ricostruzione del Pangea. A lato l'originale di Wegener

■ Con l'inizio del Novecento un'idea profondamente innovativa apre nuove prospettive, quando Alfred Wegener (1880-1930) propone l'immagine di una Terra «mobile», con la *deriva dei continenti*. Negli stessi anni nelle grandi catene montuose si scoprono le prove di vasti movimenti di interi settori di crosta terrestre sopra settori contigui (falde), con spostamenti laterali di centinaia di kilometri. La scoperta del ruolo della radioattività naturale come fonte dell'energia per muovere il gigantesco motore interno della Terra, e la scoperta dei fondi oceanici, l'ultima grande frontiera geografica, portano, nella seconda metà del Novecento, a un *modello globale* che interpreta «come funziona» il nostro pianeta, il cui involucro esterno risulta formato da frammenti (placche) in continuo movimento, attivato da moti che agitano l'interno profondo della Terra. Ma questa è ormai cronaca. E tutto è cominciato quando Pitagora osservò conchiglie marine abbandonate lontano dalle coste...

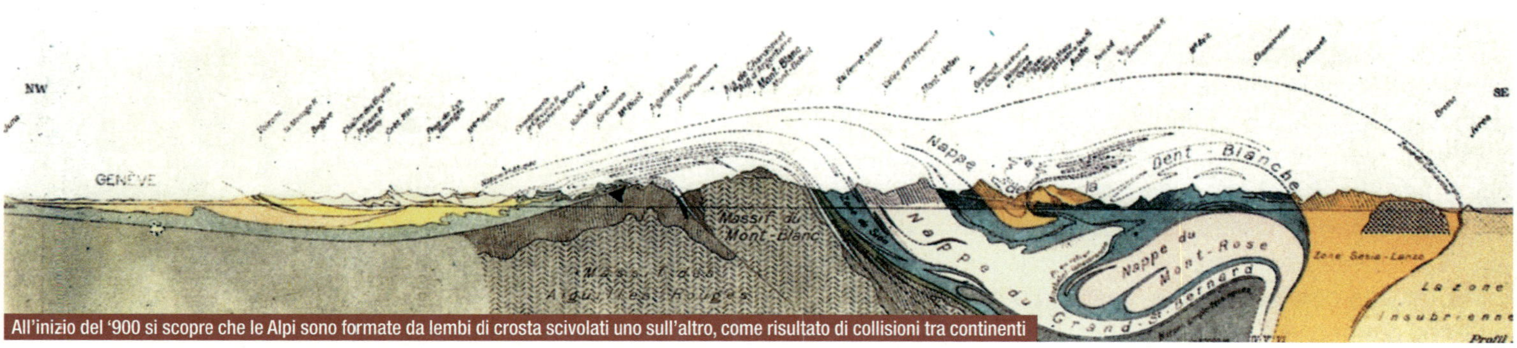

All'inizio del '900 si scopre che le Alpi sono formate da lembi di crosta scivolati uno sull'altro, come risultato di collisioni tra continenti

La Geologia e le altre scienze

Charles Darwin è universalmente noto come grande naturalista biologo, ma non molti sanno che fu anche geologo e nel famoso viaggio attorno al mondo sulla Beagle, oltre alle osservazioni biologiche che tanto dovevano contribuire a far maturare le sue idee sull'origine della specie, effettuò anche lo studio geologico di un settore della Cordigliera Andina e mise a punto la sua ipotesi sull'origine degli atolli corallini, tuttora ritenuta valida. Molti studiosi si sono interessati di più settori del sapere e anche quando i campi di ricerca si sono fatti via via più specialistici, la realtà complessa che ci circonda ha reso sempre più necessaria una collaborazione tra competenze diverse. La mappa riassume in modo schematico il quadro dei rapporti tra Geologia (o Scienze della Terra, come vengono indicate nell'insieme le discipline relative allo studio del nostro pianeta) e altre scienze, e mostra le aree di indagine con aspetti in comune.

Charles Darwin

Geologia e Astronomia

Quando iniziarono le ricerche spaziali con sonde automatiche la NASA (l'agenzia degli U.S.A. per lo spazio) affiancò numerosi geologi agli altri studiosi impegnati nell'impresa. La scelta era indirizzata a impiegare l'esperienza e la competenza maturate dai geologi nell'analisi della superficie terrestre per riconoscere forme e processi analoghi su altri pianeti e satelliti. Uno dei componenti dell'ultima missione Apollo, sulla Luna, era un geologo; la raccolta di campioni di rocce sul nostro satellite attivò altri specialisti in tutto il mondo in mineralogia, petrografia, geodinamica e geofisica, ed è nata così la ***Geologia planetaria*** per lo studio comparato dei corpi del Sistema solare. Le nuove frontiere ci mostrano ormai la Terra come parte di un più esteso sistema, in evoluzione lungo le vie di una storia iniziata circa 4600 milioni di anni fa.

Io (satellite di Giove) è rivestito di vulcani attivi che eruttano zolfo (NASA)

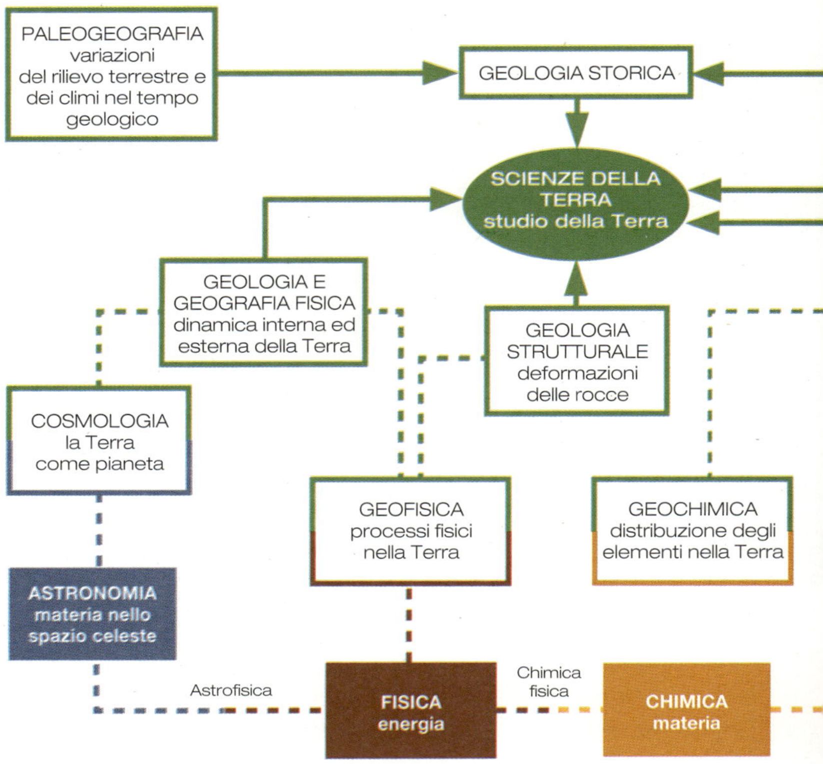

Geologia e Fisica

I concetti e le metodologie di ricerca della Fisica applicati ai fenomeni fisici che avvengono nell'interno o sulla superficie della Terra e nell'atmosfera sono alla base della ***Geofisica***, che interviene nello studio dei processi endogeni ed esogeni. Un ampio campo di indagine è la «Terra solida», con lo studio del campo gravimetrico e del campo magnetico, del flusso di calore («geotermia»), dei fenomeni fisici all'origine dei terremoti e delle eruzioni vulcaniche, delle deformazioni delle rocce della crosta terrestre.

Un altro campo comprende lo studio delle caratteristiche fisiche degli oceani, della circolazione delle acque, dell'attività dei ghiacciai.

Un terzo campo di ricerche riguarda la fisica dei fenomeni meteorologici e l'insieme delle interazioni tra fenomeni solari e atmosfera terrestre. Numerosi sono anche gli aspetti applicativi, oggetto della prospezione geofisica per ricerche minerarie, petrolifere, di acqua e per problemi di ingegneria civile, in cui Geologia e Geofisica operano in stretto contatto.

Stazioni come questa registrano in continuo l'attività sismica

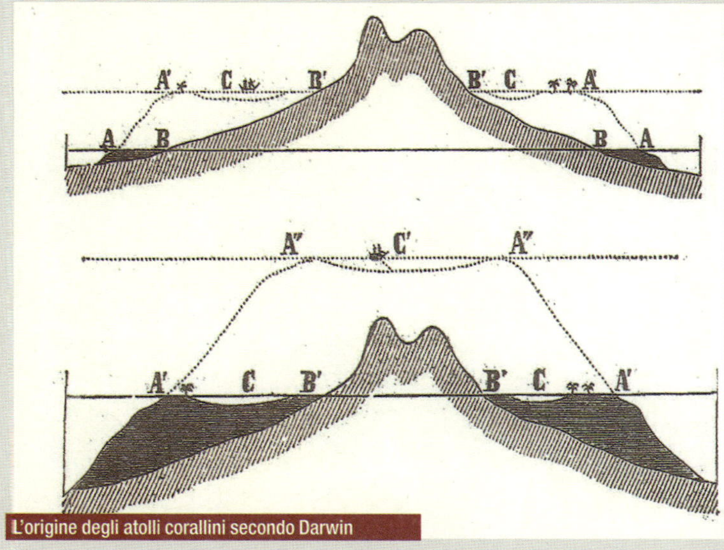

L'origine degli atolli corallini secondo Darwin

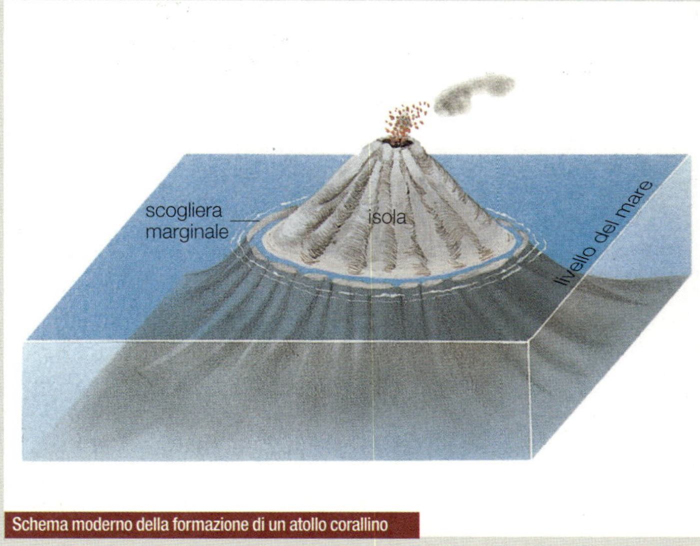

Schema moderno della formazione di un atollo corallino

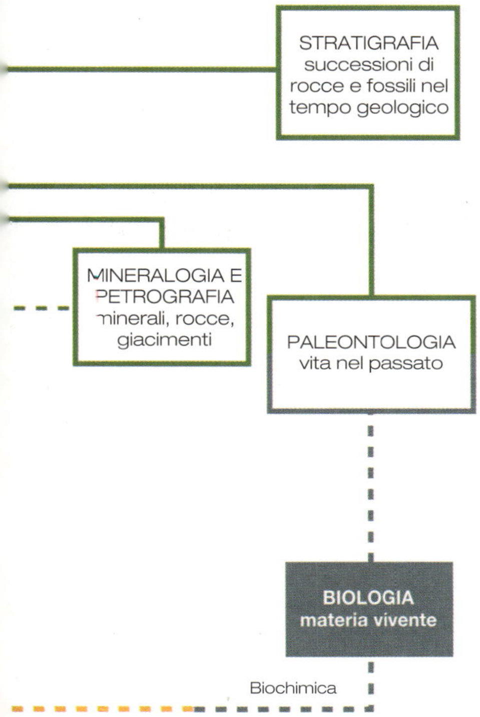

Geologia e Biologia

Le tracce fossili più antiche di vita sul nostro pianeta finora scoperte risalgono a circa 3,5 miliardi di anni fa. Da allora, la storia della vita si è intrecciata in modo inestricabile con quella del pianeta: basti pensare allo sviluppo di organismi capaci di fotosintesi, che con la loro attività hanno trasformato la composizione dell'atmosfera terrestre primitiva, immettendovi ossigeno libero, un gas in precedenza praticamente assente. La Terra è l'unico pianeta del Sistema solare ad avere ossigeno libero in quantità nell'atmosfera, una condizione indispensabile per lo sviluppo della maggior parte del mondo vivente. La diffusione dei resti di organismi viventi ha portato allo sviluppo della ***Paleontologia***, lo studio della vita del passato, strettamente connesso alla biologia, a cominciare dal tema fondamentale dell'evoluzione biologica.

L'evoluzione delle ammoniti documentata dai fossili in una successione di strati

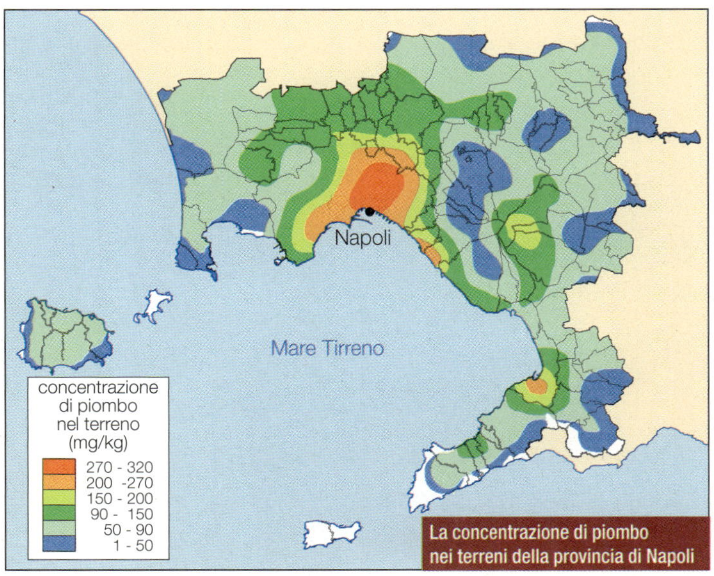

La concentrazione di piombo nei terreni della provincia di Napoli

Geologia e Chimica

Dall'applicazione delle conoscenze e delle metodologie della Chimica alle Scienze della natura è nata la ***Geochimica***, che si interessa della composizione chimica del globo terrestre, studiando l'abbondanza e la distribuzione degli elementi chimici e dei loro composti, e analizzando i fenomeni chimico-fisici che avvengono nell'ambito dell'atmosfera, dell'idrosfera, della litosfera e della biosfera. La Geochimica è legata in particolare a quei settori della Geologia che studiano i minerali e le rocce; suoi campi di indagine specifici sono i fluidi magmatici e i gas che da essi si liberano nell'atmosfera, le acque che circolano nel sottosuolo, la datazione radiometrica delle rocce e così via. Molti studi hanno grande interesse applicativo: nella ricerca mineraria, per esempio, la *prospezione geochimica* individua le tracce di metalli contenuti nel suolo o nelle acque, per mettere in luce concentrazioni elevate di qualche elemento chimico.

Un modello globale
La Tettonica delle placche

Verso la fine degli anni '50 del secolo scorso, l'Anno Geofisico Internazionale (1957-1958) vide in atto numerose ricerche coordinate a livello mondiale sulle caratteristiche fisiche della Terra, con il coinvolgimento di 5000 studiosi di 56 Paesi. Fu l'inizio della «riscoperta della Terra», uno sviluppo entusiasmante delle nostre conoscenze, che partì con la scoperta dei fondi oceanici: nel giro di una decina di anni nasceva un nuovo modello globale ...

■ Ogni anno l'Oceano Atlantico si allarga di qualche centimetro, mentre le coste americane e quelle europee e africane si allontanano tra loro. Nello stesso tempo l'Oceano Pacifico si riduce e le coste asiatiche e americane si avvicinano. Nell'emisfero meridionale i continenti si allontanano dall'Antartide, mentre cresce la fascia di crosta oceanica che circonda il continente ghiacciato.

La Terra è formata da un *nucleo* avvolto da un *mantello*, a sua volta ricoperto da una crosta, ma i movimenti citati riguardano solo l'involucro più esterno e più rigido del pianeta, la *litosfera*, con uno spessore di circa 100 km, che comprende la crosta e la parte sommitale del mantello (vedi a pagina VIII: *La Terra come sistema integrato*). Il sottostante mantello è meno rigido e, per tutti i circa 3000 km del suo spessore, i materiali che lo compongono sono «rimescolati» da lenti movimenti convettivi: enormi volumi di essi si innalzano, mentre volumi equivalenti, già risaliti, si raffreddano e, divenuti più densi, scendono a completare la convezione.

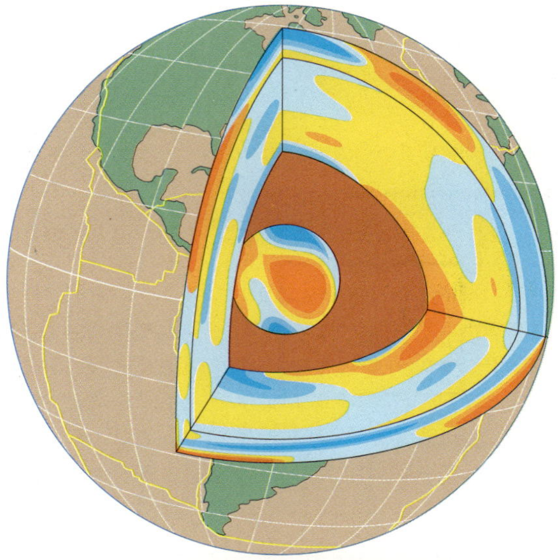

L'interno della Terra rivelato dalla sismica: zone più calde (rosso) e più fredde (blu)

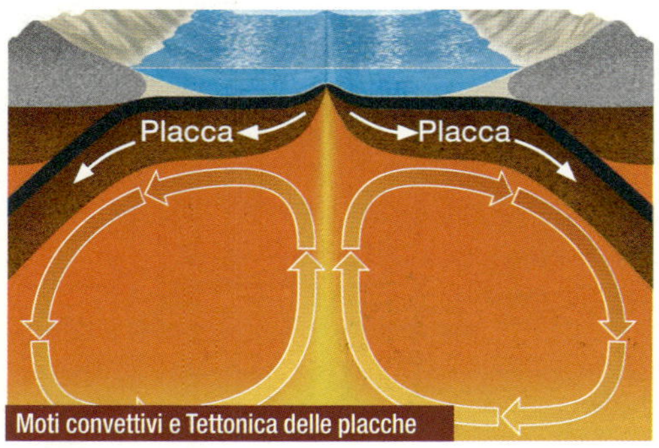

Moti convettivi e Tettonica delle placche

Man mano che le gigantesche masse di materiale caldissimo (ma non fuso) raggiungono dal basso la litosfera, divergono lungo la sua base ed esercitano su di essa potenti sforzi, che trascinano nel loro movimento l'intero spessore dell'involucro litosferico. In corrispondenza del settore sollecitato la litosfera si lacera per tutto il suo spessore: lungo le fessure che si aprono risale materiale magmatico, prodotto dalla fusione parziale del mantello, che si raffredda e forma una striscia di crosta solida. Nello stesso tempo, poiché lungo la zona di fessure la litosfera si assottiglia e sprofonda, l'area viene invasa e sommersa dalle acque dei mari vicini: si avvia, così, anche lo sviluppo di un nuovo oceano. Queste fasce di intensa attività sono le ***dorsali oceaniche*** e formano oggi una rete estesa su tutta la superficie del pianeta per una lunghezza totale di oltre 64 000 km. Al di sotto della fascia lungo la quale si forma nuova crosta oceanica, una parte del materiale del mantello che diverge si salda ai due margini della litosfera in allontanamento e fa accrescere la superficie della *litosfera oceanica*.

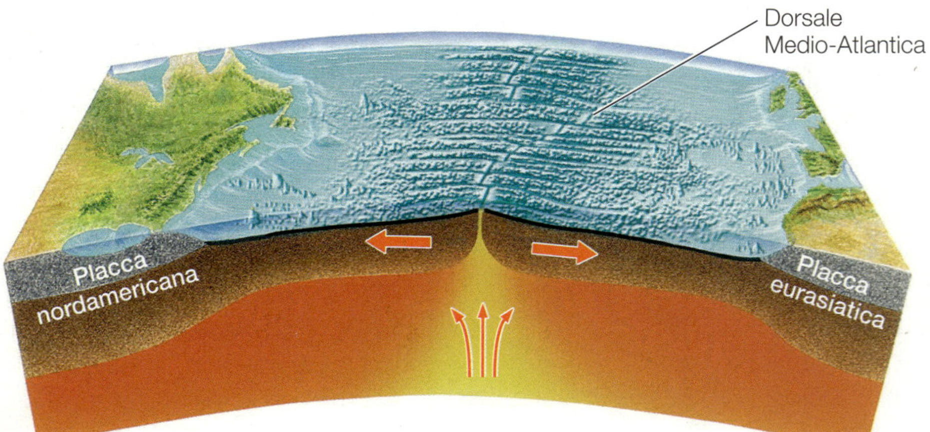

Litosfera oceanica in espansione

Litosfera oceanica in subduzione sotto litosfera continentale

■ Questo processo è attivo da almeno 3 miliardi di anni, eppure le parti più antiche di crosta oceanica oggi presenti risalgono a meno di 200 milioni di anni fa: come si spiega? In realtà la litosfera oceanica nel suo allontanamento dalle dorsali si raffredda e diventa via via più densa, fino a che, dopo parecchi milioni di anni, inizia a sprofondare nel sottostante mantello, dove si riscalda e finisce per entrare a far parte di un ramo discendente del sistema convettivo, subendo un completo «riciclaggio». L'incurvatura dei settori di litosfera che sprofondano dà origine a lunghe e strette fosse oceaniche, chiamate ***fosse di subduzione***, lungo le quali si raggiungono le massime profondità degli oceani. Il processo di formazione e riciclaggio della litosfera oceanica è una parte fondamentale dell'evoluzione dinamica della Terra, ma riguarda solo i due terzi dell'involucro rigido. Il resto è formato dalla *litosfera continentale*, che, pur essendo anch'essa formata in profondità da una parte del mantello, comprende una crosta di maggior spessore, in media 35 km, di natura eterogenea e struttura molto complessa e con rocce di ogni età, fino a oltre 4 miliardi di anni. La crosta continentale, infatti, ha cominciato a formarsi agli inizi dell'evoluzione della Terra, ma per la sua miniore densità è costretta a «galleggiare» sul mantello e non può venire riciclata. Viene però ampiamente coinvolta nei meccanismi che «agitano» la litosfera oceanica, tanto che i diversi lembi di cui è formata sono in continuo movimento per l'espansione dei fondi oceanici. Può accadere che la litosfera oceanica sprofondi lungo un margine di litosfera continentale e questo provoca vistosi effetti lungo tutto il margine continentale, come sismicità, vulcanismo e formazione di catene montuose. E può anche accadere – è avvenuto più volte nella storia della Terra – che i processi di espansione oceanica portino i vari lembi di litosfera continentale a entrare in collisione e a saldarsi tra loro, tanto da costruire giganteschi «supercontinenti», a loro volta destinati a venire frammentati dai moti convettivi.

■ In definitiva, il sistema di dorsali oceaniche, fosse abissali e altre grandi lacerazioni disarticola l'intera litosfera in una ventina di frammenti di varie dimensioni, chiamati ***placche***. L'interno di questi lembi è geologicamente stabile, ma i loro margini sono costantemente mobili: espansioni, collisioni, subduzioni provocano un'intensa attività, che si manifesta con sismicità, vulcanismo, formazione e deformazione di grossi spessori di rocce: tutto all'interno del *sistema integrato* già ricordato. Come conseguenza, alcune placche si ampliano, altre si riducono fino a scomparire, altre ancora si saldano, in una prospettiva che durerà finché la Terra avrà energia interna da dissipare...

In questa attività globale, la crosta continentale ha conservato numerose tracce degli eventi che ha subìto ed è come un gigantesco «archivio», che ci permette di ricostruire oltre 4 miliardi di anni di storia della Terra; ma che ci consente anche di prevedere qualcosa del futuro del pianeta. Proviamo a ripensare a quanto ricordato all'inizio dei questo paragrafo: se i movimenti oggi in atto nei continenti e oceani continuassero con le stesse caratteristiche, quale potrebbe essere, tra 100 milioni di anni, il «volto» della Terra?...

Interazione tra placche nell'area dell'Oceano atlantico (*frecce rosse*: espansione; *frecce blu*: subduzione)

La Geologia e il mondo in cui viviamo

Il nostro pianeta mostra aspetti di grande interesse a diverse scale di osservazione. Dallo spazio esterno, per esempio, si riconoscono oceani, continenti, catene montuose. Viaggiando attraverso un continente possono attirare l'attenzione imponenti cime montuose, morbide colline rivestite di boschi, pianure che arrivano all'orizzonte. Se ci fermiamo a guardare più da vicino, scopriamo rocce che contengono resti fossili di animali o vegetali, in grado di farci conoscere antiche forme di vita o tracce di climi del passato. Vediamo qualche esempio di come la Geologia possa spiegare l'origine e il significato di queste grandi e piccole strutture del mondo che ci circonda.

I continenti sono formati da regioni molto diverse tra loro

Esaminiamo una carta a rilievo dell'Europa, tra il Mar di Norvegia e il Mar Mediterraneo, e osserviamo le differenze tra varie regioni di questa parte del mondo.

Queste regioni così diverse hanno avuto storie geologiche differenti.

A. La regione della costa norvegese è di origine geologica antichissima, ma ha subìto in tempi successivi numerose trasformazioni; tra le più recenti, l'invasione di giganteschi ghiacciai, che hanno scavato profonde valli: al ritirarsi dei ghiacciai, le valli sono state invase dal mare e si sono trasformate nei ben noti fiordi.

B. Le vaste aree pianeggianti (dalla Francia alla Russia) corrispondono a regioni meno antiche, un tempo attraversate da alte catene montuose; ma le montagne sono state ormai ridotte a esigui rilievi, e dominano ampiamente le pianure costruite dai depositi abbandonati da estesi reticoli fluviali.

C. Le imponenti catene montuose alpine sono il risultato di un'attività che ha interessato il settore meridionale dell'Europa solo in tempi geologici recenti: le aree sollevate sono ancora imponenti e acque e ghiacci sono in piena attività erosiva.

Cosa può raccontare un paesaggio?

Guardiamo la fotografia a destra, presa lungo una scarpata nelle Dolomiti.

In alto si vedono pareti quasi verticali, di colore chiaro (freccia in alto). Sotto, rocce di colore viola scuro, ben stratificate (freccia in basso). Lungo il pendio, blocchi isolati in equilibrio precario (nel cerchio). Perché si è formata quella parete a strapiombo che sovrasta le rocce più scure? Cosa sono le rocce di colore viola scuro? Quanto tempo ci vorrà perché i blocchi alla base delle pareti precipitino lungo il pendio sottostante?

Le risposte alle singole domande aiutano a interpretare la «scena» di questo paesaggio.

- Le alte pareti si sono formate perché le rocce in cui sono intagliate sono molto più resistenti delle rocce scure sottostanti, che vengono invece asportate facilmente dall'erosione dell'acqua. Questo lento ma inarrestabile processo scava alla base delle rocce soprastanti, non stratificate, che, private del sostegno, sono soggette a continui crolli. Le ripide pareti, in pratica, si rinnovano continuamente, arretrando un po' ad ogni crollo.
- Le rocce di colore viola scuro sono formate da sottili strati alternati di argille e arenarie; il colore violaceo è dovuto alla presenza di particolari sostanze, in genere ossidi di ferro dispersi tra i granuli dell'arenaria.
- Più difficile dire quando precipiteranno i blocchi isolati, ma in termini geologici sarà presto, in meno di 1000 anni.

Geologia a diverse scale

La Geologia interpreta il nostro mondo a tutte le scale di osservazione. La storia geologica è responsabile della posizione e delle caratteristiche delle catene montuose, delle pianure e delle linee di costa. Processi geologici formano i diversi tipi di rocce e modellano le rocce nelle forme del paesaggio che noi vediamo. Nel paesaggio sono presenti testimonianze della storia del pianeta, come antichi ambienti, eventi del passato e antiche forme di vita.

Lo studio della Geologia ci aiuta a comprendere meglio quello che ci circonda, dai più piccoli granuli di sabbia a un intero continente. Conoscere un po' di Geologia permette di vedere il mondo in modo nuovo: ci aiuta a osservare e a interpretare quello che si vede, a ricostruire eventi del passato e a renderci conto di come l'impronta di quegli eventi sia riconoscibile nel paesaggio intorno a noi.

Nelle rocce le prove dell'esistenza di forme di vita diverse da quelle attuali

Numerosi musei, molti film fantastici, migliaia di libri mostrano scene come quella qui riprodotta, in cui dinosauri si muovono in territori coperti da piante oggi sconosciute. Da dove vengono le prove dell'esistenza di quelle strane creature?

Questa ricostruzione di una delle zone acquitrinose, che 50 milioni di anni fa costellavano la parte centrale del Nord America, è frutto di una stretta collaborazione tra un paleontologo, specialista nello studio di forme viventi nel passato, e un pittore. La ricchezza di dettagli con cui sono rappresentati questi dinosauri (del genere *Diplodocus*, lungo fino a 27 metri) e la vegetazione sono il risultato dello studio accurato di resti fossili, animali e vegetali, ritrovati nelle rocce accumulatesi sul fondo degli acquitrini. La fantasia è solo nei colori.

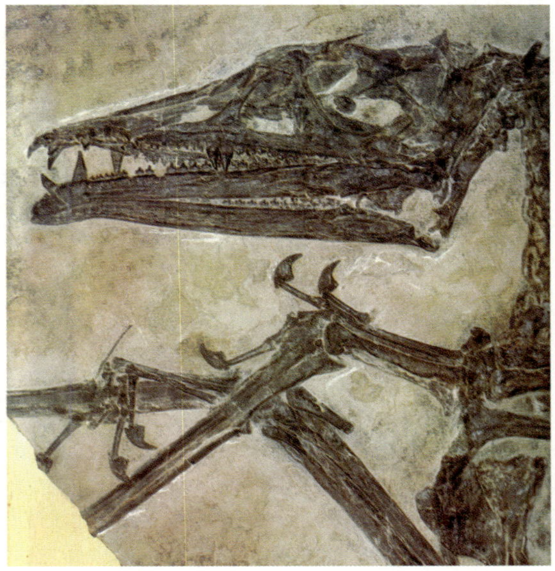

Resti di un antico rettile volante, trovato in rocce di 200 milioni di anni fa. Da questi resti, perfettamente conservati, si ricostruisce la forma vivente, le sue dimensioni, le abitudini di vita. Studiando le rocce in cui il fossile è contenuto, si risale alle caratteristiche dell'ambiente al tempo in cui queste forme vivevano.

Cambiamenti climatici globali dall'ultima età glaciale

Queste due immagini mostrano la posizione e l'estensione della copertura glaciale nell'emisfero settentrionale nel passato a confronto con la situazione odierna, nella quale la calotta glaciale appare molto ridotta. Conoscere come si è verificato e cosa ha comportato questo fenomeno di formazione e di fusione dell'imponente copertura glaciale, un evento di portata planetaria, può aiutarci a prevedere cosa potrebbe accadere in futuro per un raffreddamento o un riscaldamento globale del clima.

A. Circa 30000 anni fa il clima del pianeta era un po' più freddo di oggi e questo permise a una grande calotta di estendersi su tutto il Canada, la Groenlandia, l'Asia settentrionale e il Nord Europa.

B. Negli ultimi 15 000 anni il clima si riscaldò abbastanza da far fondere il ghiacciaio continentale fino a ridurlo alle dimensioni attuali. Quello che conosciamo della passata estensione della calotta glaciale e sulle tappe della sua progressiva fusione è stato scoperto dai geologi, che hanno esaminato il paesaggio alla ricerca di tracce, come forme di erosione glaciale (strie, solchi, valli) e depositi abbandonati dal ritiro del ghiacciaio (morene).

A

B

La Geologia influenza la nostra vita

La struttura geologica del territorio ha condizionato e condiziona le attività umane per due aspetti fondamentali: dove abitare e dove cercare nuove risorse.
Insieme a fattori storici, politici ed economici, la diversa densità nella distribuzione della popolazione mondiale è dovuta all'influenza dell'ambiente naturale. *Abitare* significa non solo disporre di aree adatte per costruire città e villaggi, ma anche per aprire vie di comunicazione, sviluppare centri industriali, innalzare dighe e così via. Ma non tutte le parti della superficie terrestre si prestano per questi impieghi.
Le *risorse* comprendono una lunghissima serie di materiali che si possono ricavare dalla crosta terrestre e che vanno dai materiali da costruzione, ai minerali, all'acqua e al suolo per usi agricoli, come pure ai combustibili fossili e a tutte le altre fonti di energia. Ma tali risorse non si trovano ovunque e molte sono «nascoste» in profondità.

■ Alla ricerca di posti sicuri per viverci

L'ambiente naturale intorno a noi presenta diversi indizi per capire se siamo in un posto relativamente sicuro o se ci si deve attendere qualche evento naturale con possibili conseguenze disastrose. Quali sono gli indizi fondamentali che dovrebbero guidare la nostra scelta di un posto sicuro?

La posizione, l'altezza, la forma dei rilievi e delle valli sono il risultato di processi geologici. Fattori come l'acclività dei versanti e la resistenza dei materiali – le rocce – in cui essi sono modellati determinano se un sito è abbastanza stabile per costruirvi edifici o infrastrutture. I versanti di colline e montagne possono essere così ripidi oppure possono essere formati da materiali poco coerenti, tanto da essere facilmente sottoposti a frane, che scendono distruggendo ogni cosa lungo il loro percorso e non di rado mietendo anche vittime umane. Il territorio italiano, come quello di molti altri Paesi del mondo, ne fa registrare ogni anno.

La frana che sbarrò la Valtellina nel 1987

Eruzione del vulcano Heimaey (Islanda), nel 1973

I vulcani eruttano gigantesche quantità di ceneri e di lava; quelli con forte attività esplosiva possono ricoprire vaste aree con materiali che si espandono intorno al cratere a velocità elevate e con grandi capacità distruttive. Ma i suoli che derivano da materiali vulcanici sono molto fertili e possono dare splendidi raccolti. Chi abita in una regione di vulcani attivi deve valutare se buoni raccolti valgono il rischio.

Effetti dell'alluvione che ha colpito la Thailandia nel 2011

Danni prodotti dal terremoto di Van (Turchia), nel 2011

Ampie fasce della crosta sono tagliate in profondità, e a volte fino in superficie, da profonde lacerazioni, chiamate «faglie»; quando le rocce ai lati delle faglie si muovono, gli attriti provocano terremoti, i cui effetti in superficie possono distruggere edifici costruiti in modo non adatto e provocare anche migliaia di vittime.

Le aree pianeggianti lungo i fiumi sono siti da sempre cercati per insediamenti stabili, per la disponibilità di acque, necessarie per uso domestico e agricolo, per i trasporti e per la produzione di energia. Ma le costruzioni in zone lungo le rive o ribassate rispetto agli argini sono a rischio di catastrofiche alluvioni.

■ Avere e non avere: la distribuzione geografica delle risorse naturali

Questo planisfero mostra che alcuni Paesi sono ricchi di giacimenti di carbone, mentre molti altri ne sono privi. Cosa possiamo dire di questa distribuzione naturale di una delle più importanti risorse?

Distribuzione mondiale delle riserve di carboni fossili

I giacimenti di una qualunque risorsa già scoperti e utilizzabili costituiscono le *riserve*. Ebbene, quasi il 95% delle riserve di carboni fossili si trova nell'emisfero boreale, per la maggior parte localizzato in tre sole aree: Stati Uniti d'America, Cina ed ex Unione Sovietica. Questa apparente «ingiustizia» è dovuta alla combinazione di condizioni climatiche e geografiche che nel lontano passato hanno favorito la formazione di grandi giacimenti di carboni fossili solo in certe parti della Terra.

Come è noto, i giacimenti di carbone si sono formati in zone costiere periodicamente invase dal mare e sottoposte a lento sprofondamento nel tempo. In tali condizioni, con climi favorevoli allo sviluppo di un'intensa vegetazione, si sono accumulati grossi spessori di sostanza organica vegetale, che in seguito si è trasformata in carbone. La vegetazione che ha dato origine ai grandi depositi che noi oggi sfruttiamo risale alla fine dell'Era paleozoica (circa 200-300 milioni di anni fa) e richiedeva un clima caldo-umido, del tutto analogo al clima equatoriale o pluviale, tipico della fascia a cavallo dell'Equatore: ma, come ben si vede nel planisfero, i giganteschi giacimenti che utilizziamo disegnano invece un'area che corre a latitudini anche molto elevate, ben lontana dall'Equatore.

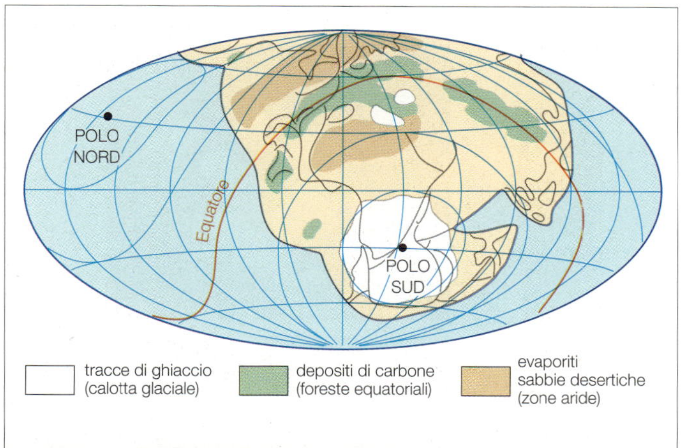

Tracce delle fasce climatiche nel Pangèa (Carbonifero)

La spiegazione di tale apparente incongruenza fu data da Alfred Wegener, con la teoria della *deriva dei continenti*. Secondo tale teoria, alla fine dell'Era paleozoica le terre emerse erano riunite in un unico supercontinente, chiamato Pangèa, per cui gli imponenti accumuli di sostanza vegetale di quell'età erano allineati lungo l'antica fascia equatoriale, come mostra il planisfero basato su uno degli schemi originali di Wegener. I successivi movimenti dei continenti che si erano formati per la disgregazione del Pangèa, hanno fatto migrare nell'emisfero boreale i settori di crosta contenenti il prezioso carico di resti vegetali, che lentamente si stavano trasformando in carbone.

L'Italia e gli altri Paesi dell'Europa meridionale sono quasi del tutto privi di tali risorse, perché si sono formati più di recente e sono caratterizzati da rocce depostesi in mari aperti, lontano dalle coste.

Una sfida: la conquista delle «frange pioniere dell'ecumene»

A parte i motivi geologici specifici, prima ricordati, che possono impedire la sicurezza di un insediamento, bisogna ricordare che le condizioni climatiche concorrono a rendere ampie parti della superficie terrestre non adatte agli insediamenti permanenti. Fin dall'antichità si usa indicare con il termine «*ecumene*» la parte della superficie terrestre che l'uomo abita in permanenza. Una vasta zona non abitabile è invece l'Antartide e zone disabitate sono anche le regioni più interne delle foreste equatoriali e dei deserti: si parla in tal caso di «zone anecumeniche». Oggi, però, continui progressi tecnologici consentono agli esseri umani di stabilirsi in zone prima sfavorevoli e di utilizzare risorse anche in condizioni molto difficili, in aree dell'ecumene chiamate «frange pioniere».

Ma in queste regioni aumentano i rischi di alterare delicati equilibri geologici in atto da tempi lunghissimi ed è più che mai necessario conoscere bene i processi con i quali si interferisce, per evitare conseguenze disastrose: la storia geologica di una regione può essere il punto di partenza di queste analisi.

La Geologia e gli esseri umani: conoscenza e applicazione

Come tutte le scienze che hanno a che fare con le attività umane, accanto ad aspetti più spiccatamente conoscitivi la Geologia ha assunto anche *compiti applicativi*: ad essa, cioè, si chiede di fornire dati e metodologie che ci guidino nel nostro rapporto con l'ambiente.
La Geologia, con le sue possibilità di guidare gli interventi sull'ambiente, ha acquistato ormai una notevole valenza sociale, che però non sembra ancora adeguatamente riconosciuta.
Nel rapporto con il pianeta, la via per evitare conseguenze indesiderate per il genere umano passa necessariamente attraverso lo studio dei fenomeni naturali e delle loro complesse relazioni. Di fronte ai problemi ambientali che vanno assumendo proporzioni preoccupanti, non sono più accettabili atteggiamenti fatalistici, di rinuncia; il vero nemico dell'uomo, in tali casi, non è la natura, ma l'uomo stesso, con la sua incuria, l'imprevidenza e, soprattutto, la sua ignoranza ingiustificata, che assomiglia troppo all'atteggiamento di chi, di fronte al pericolo, piuttosto che impegnarsi, preferisce nascondere la testa sotto la sabbia. Eppure, conoscere il nostro pianeta è l'unica via per viverci meglio e, non dimentichiamolo, per lasciarci vivere chi verrà dopo di noi.

■ Conoscere il pianeta

La complessa struttura del pianeta si mostra attraverso numerosi aspetti, che ricordiamo brevemente, con l'aiuto della parte sinistra della mappa concettuale.

■ **Natura.** I materiali che compongono la Terra sono composti chimici che conosciamo come minerali, in genere in forma di cristalli. Ma i minerali sono solo dei «mattoni», che si trovano associati in ammassi diversi tra loro e che costituiscono le rocce. Le rocce che affiorano in superficie sono continuamente demolite dall'erosione, mentre nuove rocce si formano attraverso numerosi processi e portano i segni dell'ambiente in cui vengono generate.

Cristalli di piromorfite, minerale di piombo

- Mineralogia
- Petrografia
- Sedimentologia
- Geochimica

■ **Processi esogeni.** Sono responsabili delle trasformazioni che avvengono sulla superficie del pianeta e portano al modellamento del rilievo terrestre. Si studia l'azione dell'acqua, del vento, dei ghiacci, la cui attività è governata da quella dell'atmosfera, sostenuta dall'energia solare (esterna al pianeta).

Morfologia glaciale himalayana

- Geomorfologia (modellamento del rilievo terrestre)
- Climatologia (atmosfera)
- Idrologia
- Glaciologia

■ **Processi endogeni.** Sono all'origine dei movimenti e delle trasformazioni che coinvolgono tutto il pianeta, dalla profondità del nucleo fino alla crosta. Terremoti, vulcani, sollevamento di catene montuose, movimento dei continenti, apertura e chiusura degli oceani: sono aspetti strettamente legati tra loro, associati alla struttura interna della Terra. Questo gigantesco «lavoro» è sostenuto da energia *interna* al pianeta e i suoi effetti si riflettono fin nella parte più esterna della Terra.

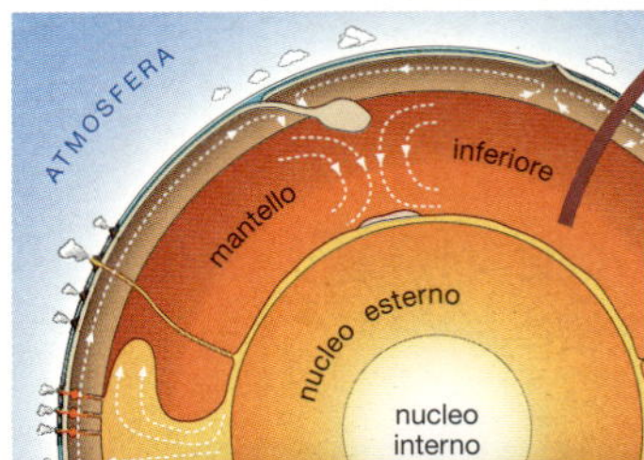

Struttura interna della Terra e movimenti nel mantello

- Sismologia
- Vulcanologia
- Meccanica delle rocce
- Geologia strutturale
- Tettonica
- Paleomagnetismo

■ **Evoluzione nel tempo.** Lo studio della natura delle rocce di ogni età che affiorano in superficie, delle tracce di vita che esse contengono, dei rapporti geometrici tra i diversi ammassi rocciosi hanno permesso di ricavare una grande mole di dati, in continua crescita, che è stato possibile riordinare in una successione temporale. È nata così la *Geologia storica*, che raccoglie vicende estese su un arco di 4,3 miliardi di anni, che comprendono, tra l'altro, numerose tracce dell'evoluzione biologica, trasformazioni della composizione atmosferica, cambiamenti di forme e di posizione delle terre e dei mari, variazioni climatiche e così via, in un archivio di valore incalcolabile.

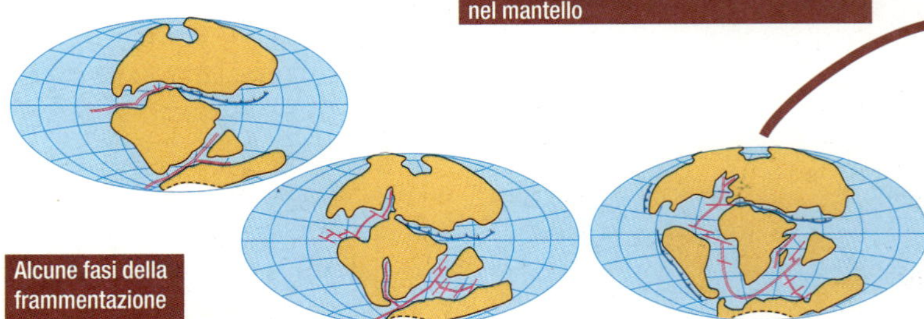
Alcune fasi della frammentazione del Pangèa

- Evoluzione biologica
- Paleontologia
- Evoluzione dell'atmosfera
- Paleoecologia
- Paleogeografia
- Paleoclimatologia
- Geocronologia

Applicare le conoscenze geologiche

Le conoscenze geologiche vengono da tempo applicate a interventi dell'uomo sull'ambiente. Gli ambienti naturali sono il risultato dei processi endogeni, che rinnovano le strutture della crosta terrestre, e dei processi esogeni, che tendono a demolirle. Come conseguenza, monti, pianure e coste non sono forme permanenti, ma sono il risultato di un equilibrio dinamico, che ha regole da rispettare in qualunque intervento noi facciamo sulla superficie terrestre.

Ricerca di energia e materie prime

Le risorse di energia e materie prime presenti nella crosta terrestre sono il prodotto di processi geologici, in gran parte tuttora attivi, mentre altri sono esauriti da tempo. La storia geologica di una regione ci dice se c'è stata nel passato la possibilità di formazione di risorse e dove cercarle.

Interventi sull'ambiente

Ogni volta che si effettuano scavi e, in genere, movimenti di suolo si interviene sugli equilibri che governano ogni ambiente. Le conoscenze geologiche guidano non solo le previsioni sulle condizioni di scavo, ma anche la valutazione dell'*impatto ambientale* che si produce – ad esempio – quando si realizzano gallerie, tracciati stradali, dighe, o quando si operano estesi sbancamenti per lo sfruttamento di risorse.

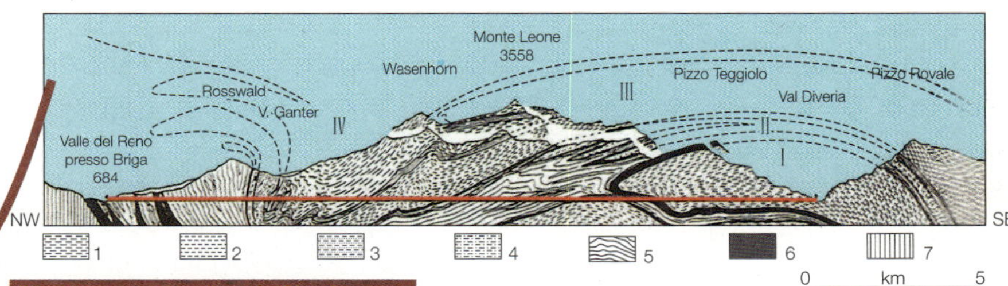

Piattaforma per ricerche petrolifere in mare

Difesa dai rischi ambientali

Numerosi processi naturali, come terremoti, eruzioni vulcaniche, frane e alluvioni, possono costituire un rischio per insediamenti e attività dell'uomo. La conoscenza degli aspetti geologici di tali processi consente di monitorarne la manifestazione sul territorio, per progettare un'efficace azione di prevenzione, sia nella messa in sicurezza degli insediamenti, sia nella predisposizione degli interventi di protezione civile.

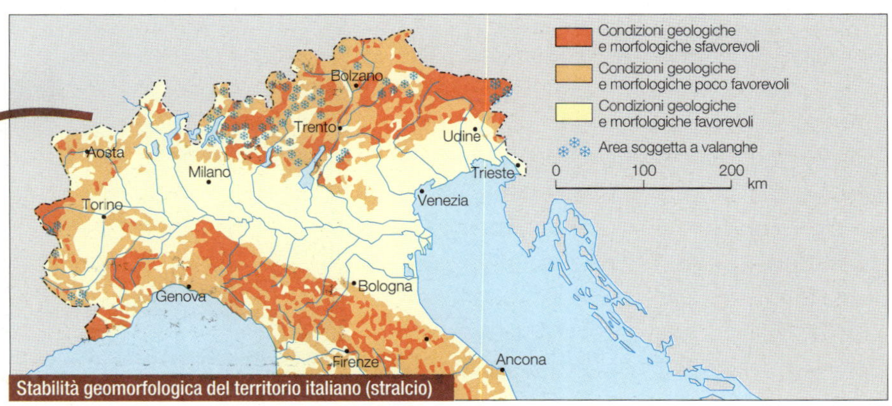

Stabilità geomorfologica del territorio italiano (stralcio)

Fare ricerche con Google Earth

Le immagini da satellite della Terra sono ormai molto usuali in ogni mezzo di comunicazione. Google Earth è di gran lunga il più usato tra i software di navigazione in rete.

Benvenuti in Google Earth

Google Earth (GE) è una interfaccia di dati spaziali che può essere scaricata gratuitamente utilizzando il motore di ricerca Google. Questa interfaccia usa fotografie aeree e immagini da satellite a varie risoluzioni spaziali, sovrapposte a un modello digitale del terreno, e consente di avere rappresentazioni tridimensionali. Poiché i dati sono geo-referenziati nelle tre dimensioni, essi possono essere utilizzati per eseguire misure di distanza mediante gli strumenti di misura "percorso" e "righello". Al fondo dello schermo vengono indicate in continuo la quota, la latitudine e la longitudine dei punti toccati dal cursore. GE offre anche strumenti di controllo della navigazione, che sono situati in alto a destra dello schermo; questi consentono di aumentare o diminuire lo zoom e di modificare l'azimut e il punto di vista.
Una delle funzioni più recenti di GE consente di andare indietro nel tempo, accedendo ad archivi di dati spaziali. Come tutti i motori di ricerca, Google possiede una finestra di ricerca che si può usare per trasferirsi virtualmente in specifiche località. Potete contrassegnare le località preferite e collegarle a fotografie digitali geo-referenziate, scattate in quelle località.

RICERCA

con Google Earth

La Terra è un sistema dinamico e complesso di componenti tra loro correlate. Moltissimi fattori contribuiscono a conferire al nostro pianeta il suo aspetto ed essi sono inquadrati in un unico insieme dalla teoria unificante della Tettonica delle placche. In questo primo esercizio faremo uso di Google Earth (GE) per esplorare la massima altezza e la massima profondità della topografia terrestre. In diversi capitoli di questo libro si indagherà sull'origine e sull'evoluzione delle multiformi fattezze dei fondali marini e dei rilievi delle terre emerse. Cominciamo dalle radici del mondo: l'Himalaya.

Ubicazione Esplorazione della topografia terrestre dall'Himalaya, nell'Asia centrale, fino alla Fossa Challenger, al largo delle coste meridionali di Guam, nell'Oceano Pacifico

Obiettivo Evidenziare la forte varietà topografica del nostro pianeta e introdurre gli strumenti di Google Earth

Link Capitolo 5, Figure 15 e 16

Dati: SIO, NOAA, U.S. Navy, NGA, GEBCO Image © 2009 TerraMetrics Data @ MIRC/JHA Image ©2009 DigitalGlobe

1. Digita "Monte Everest" nel motore di ricerca Google Earth e usa il cursore per trovare il suo punto più alto. Qual è la sua altezza (approssimata) sul livello medio del mare? Può essere utile utilizzare il "joystick" di esplorazione per inclinare l'immagine verso Nord ed evidenziare il punto più alto.
   - A 10400 m s.l.m.
   - B 7380 m s.l.m.
   - C 8850 m s.l.m.
   - D 9230 m s.l.m.

2. Riduci lo zoom e allontanati dalla cima del Monte Everest; dai uno sguardo alla forma dell'Himalaya nel suo insieme (osservala da un'altitudine di circa 4400 km). Quale delle seguenti descrizioni corrisponde di più a ciò che vedi?
   - A Una catena montuosa di forma triangolare costituita di un solo picco elevato.
   - B Una catena montuosa orientata in direzione Est-Ovest, costituita da una dozzina di alti picchi e situata lungo il margine meridionale di un altopiano.
   - C Una catena montuosa orientata in direzione Nord-Sud costituita da picchi elevati nella parte centrale e da picchi più bassi lungo i bordi.
   - D Una catena montuosa circolare che racchiude un ampio duomo centrale.

3. Lascia ora l'Himalaya e dirigiti verso uno dei luoghi più profondi della superficie terrestre, digitando "Fossa Challenger" nella finestra di ricerca. GE dovrebbe condurti subito in mare aperto, al largo delle Isole Filippine. Tra gli strumenti di misura GE, seleziona il "righello" e usalo per determinare approssimativamente la distanza orizzontale tra le due località. Quale distanza hai misurato?
   - A 6300 km
   - B 2200 km
   - C 185000 km
   - D 75500 km

4. Diminuisci lo zoom e allontanati dalla Fossa Challenger, per osservarla da un'altezza di 4200 km. Osserva i lineamenti della superficie che collegano la Fossa Challenger alle altre zone del fondo oceanico. Come descriveresti questo lineamento a grande scala?
   - A La Fossa Challenger fa parte di una catena montuosa sottomarina approssimativamente orientata Nord-Sud.
   - B La Fossa Challenger, orientata grosso modo in direzione Est-Ovest, fa parte di una arcuata depressione del fondale dell'Oceano Pacifico.
   - C La Fossa Challenger rappresenta la parte più profonda di una piana abissale in prossimità della parte centrale dell'Oceano Pacifico.
   - D La Fossa Challenger costituisce la sommità di un vulcano sottomarino che si innalza dal fondale dell'Oceano Pacifico.

5. Utilizzando la risposta alla domanda 1, e servendoti del cursore per evidenziare qual è la massima profondità al di sotto del livello medio del mare della Fossa Challenger, calcola approssimativamente la differenza di quota tra i due luoghi. Quale dei seguenti valori si avvicina di più a questa differenza?
   - A 14 000 m
   - B 20 000 m
   - C 18 000 m
   - D 26 000 m

Altre ricerche con Google Earth si trovano nei Capitoli *La giacitura e le deformazioni delle rocce*, *I fenomeni vulcanici* e *Il modellamento del rilievo terrestre*.

[Da: J. P. Grotzinger e T. H. Jordan, *Capire la terra,* edizione italiana a cura di E. Lupia Palmieri e M. Parotto, Zanichelli, Bologna, 2016]

1 La crosta terrestre: minerali e rocce

Pamukkale è un sito naturale della Turchia occidentale, riconosciuto patrimonio dell'Umanità dall'Unesco. La scalinata di candide vasche è il risultato di un processo di precipitazione chimica da una soluzione acquosa calda che emerge in superficie da numerose sorgenti, dopo aver circolato in profondità. L'acqua è ricca di *bicarbonato di calcio* disciolto che, quando emerge e si raffredda, perde anidride carbonica e si trasforma in *carbonato di calcio*, insolubile. Si formano così milioni di cristalli del minerale calcite, che si saldano in concrezioni in continua crescita, formando una roccia comunemente chiamata *travertino*. (Alamy)

Test d'ingresso

A. Tutta la materia è costituita da particelle piccolissime. **Queste particelle si chiamano:**

A atomi. B cellule. C elementi.

B. In chimica si usano lettere e numeri per indicare la composizione di una molecola. **La frase «la formula chimica dell'acqua è H_2O» significa che ogni molecola d'acqua contiene:**

A 1 atomo di idrogeno e 1 di ossigeno.

B 2 atomi di idrogeno e uno di ossigeno.

C 1 atomo di idrogeno e 2 di ossigeno.

C. L'atomo contiene diversi tipi di particelle subatomiche: protoni (con carica elettrica positiva), elettroni (con carica negativa), neutroni (privi di carica). **Come si distribuiscono le cariche positive e negative all'interno dell'atomo? Scegli tra gli schemi seguenti.**

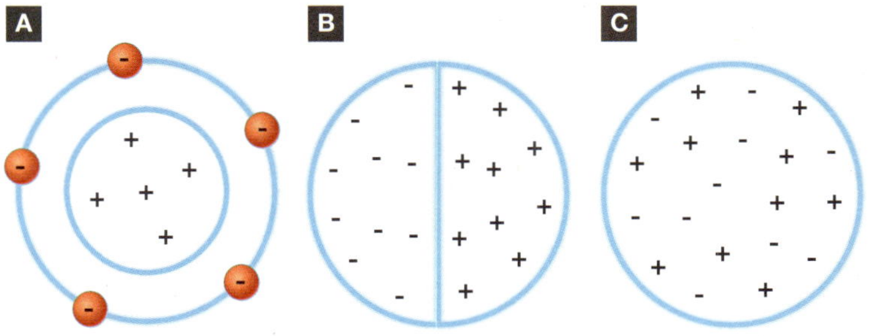

D. La Terra si è formata insieme ai pianeti del Sistema solare a partire dall'aggregazione del materiale residuo della nebulosa dalla quale si è accesa la stella Sole. **Quanti anni ha all'incirca la Terra?**

A 4,5 milioni.

B 450 milioni.

C 4,5 miliardi.

1 I costituenti della crosta terrestre

Le rocce che vediamo non esistono «da sempre». Si sono formate quando si è formata la Terra per raffreddamento e solidificazione di materiale in origine fuso: da allora le rocce che formano la parte più esterna del pianeta – la crosta – sono state sottoposte a ripetuti cicli di «distruzione», seguiti da formazione di nuove rocce, in una catena di eventi senza prospettive di fine, se non l'esaurimento delle fonti di energia che «tengono in moto» i processi (chimici, fisici, biologici) continuamente attivi.

Esistono pochi resti di rocce antichissime (anche di oltre 4 miliardi di anni), ma le tracce delle prime rocce che si sono formate sono state totalmente cancellate da processi successivi: per conoscere la loro possibile natura siamo dovuti «ricorrere» alle più antiche rocce della crosta della Luna, raccolte nel corso delle missioni Apollo, scese sul nostro satellite tra il 1969 e il 1972.

Quelli che vediamo affiorare in superficie oggi sono resti di rocce di ogni età, tutte in lenta «consunzione» e trasformazione. Costituiscono un gigantesco «archivio» di documenti dalla cui «lettura» i geologi cercano di ricostruire la storia della Terra: l'obiettivo è di mettere in luce la struttura attuale del pianeta, i cambiamenti che ha subìto nel tempo e, soprattutto, i processi che agiscono in questi cambiamenti, che coinvolgono anche la biosfera, cioè tutte le forme viventi. E di trarne le opportune conseguenze, come guida per impostare un corretto rapporto uomo-ambiente.

1.1 Minerali: i «mattoni» della crosta terrestre

In questo capitolo cominceremo a prendere in esame la natura della crosta terrestre, e cioè quali siano e che origine abbiano i vari materiali che la costituiscono e che chiamiamo *minerali* e *rocce* [**Figura 1**].

I minerali sono i costituenti fondamentali delle rocce, i veri «mattoni» che edificano il pianeta.

Dovremo sostituire l'immagine tradizionale dei minerali (come oggetti da decorazione o come sostanze per impiego industriale) con quella più generica di strutture complesse, frutto di un ordine rigoroso a livello degli atomi. Scopriremo così il mondo dei cristalli che offre, dietro il rigore dei precisi rapporti chimico-fisici, una grande fantasia di forme e colori. E saranno proprio i meccanismi attraverso cui si formano i cristalli a fornirci la chiave per entrare nel multiforme mondo delle rocce (paragrafi 2 e 3).

Figura 1
«Leggere» una roccia.
Lo studio delle rocce e dei minerali impiega numerose tecniche, come l'esame al microscopio di sottili «fettine» tagliate da un frammento di roccia e levigate fino a renderle trasparenti alla luce.

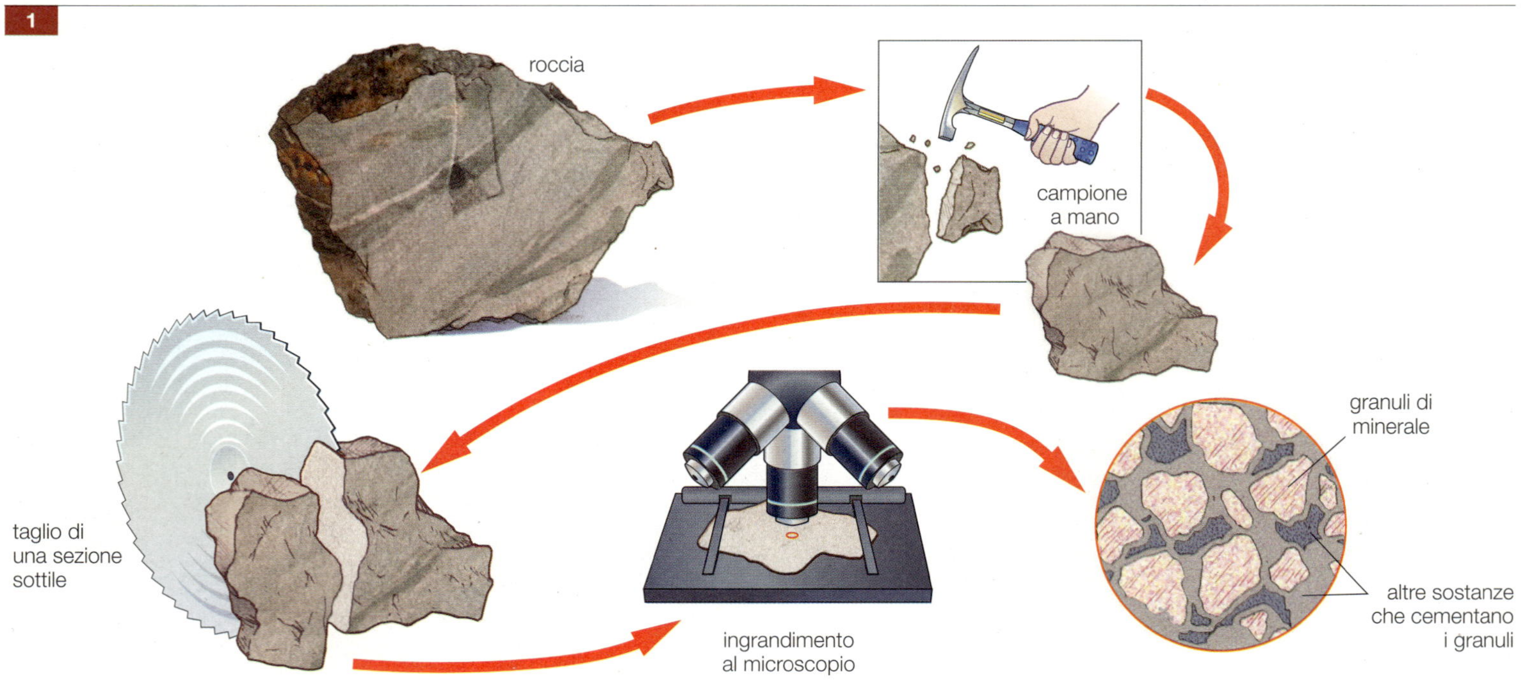

Figura 2
Dall'ambiente alla roccia e dalla roccia all'ambiente.
A. L'esame di un ambiente desertico attuale permette di riconoscere gli aspetti che caratterizzano i depositi che vi si formano: natura dei materiali (sabbia), forme (tipiche collinette, chiamate «dune», con sottili straterelli inclinati) e processi che operano il modellamento del rilievo (azione di erosione, trasporto e deposizione da parte del vento).
B. Queste *arenarie* (sabbie tenacemente cementate), messe in luce dall'erosione di un fiume, permettono di riconoscere con la loro tipica stratificazione i resti di un antico deserto, ormai scomparso da milioni di anni.

1.2 Rocce: un «ciclo» senza fine

Se i minerali sono i «mattoni», formati dalle varie combinazioni degli elementi chimici, le rocce sono gli «edifici» cui i minerali danno origine e che costituiscono, in definitiva, la struttura della crosta.

Lo studio delle rocce inizia dove esse possono essere osservate, cioè sulla superficie terrestre, che offre due importanti fonti di informazioni:

– *gli ambienti in cui si stanno formando oggi nuove rocce* e i vari tipi di processi chimici, fisici e biologici che caratterizzano i singoli ambienti;
– *le rocce che si sono formate in passato* e sono state via via sepolte da altre rocce, ma che ora i processi erosivi fanno affiorare anche molto tempo dopo la scomparsa degli ambienti in cui si sono generate.

Le analisi e le interpretazioni dei due tipi di dati sono tra loro strettamente collegate. L'osservazione degli ambienti e dei processi *attuali* permette di comprendere l'origine delle rocce e ciò consente di ricostruire ambienti del passato a partire dall'esame delle rocce che affiorano oggi in superficie [**Figura 2**]. Lo studio delle rocce ha messo in evidenza che molte di esse si sono formate in profondità, all'interno della crosta, e ha permesso di ricostruire processi interni della Terra, non osservabili, ma di grande importanza. Classificare le rocce in base ai processi *litogenetici* (i processi che danno origine alle rocce) significa poter disporre di uno strumento di indagine per ricostruire la storia della Terra e per cominciare a comprendere come «funziona» il nostro pianeta.

Dietro la molteplicità di tali processi e l'eterogeneità dei prodotti che ne derivano scopriremo le linee fondamentali del *ciclo litogenetico*, un processo che riguarda tutta la crosta, i cui minerali risultano in perenne trasformazione. Le rocce, infatti, continuano a formarsi da miliardi di anni, ma vengono ampiamente «riciclate», per cui la crosta si rinnova continuamente, tanto che le testimonianze di eventi molto antichi sono diventate rare e lacunose (paragrafi 4-9).

1.3 Oggetti di conoscenza, ma anche «risorse»

Oltre all'aspetto conoscitivo, lo studio delle rocce offre anche aspetti applicativi. I diversi processi litogenetici sono all'origine delle risorse naturali non biologiche, il cui impiego ha accompagnato tutto il cammino dell'uomo, dalla raccolta di selce per le punte delle frecce all'estrazione di materiali radioattivi per l'energia nucleare.

I materiali da costruzione, le materie prime per la produzione di metalli, i combustibili fossili (petrolio e carbone) sono minerali e rocce; la loro ricerca e la valutazione della loro disponibilità si basano sulle conoscenze dei processi litogenetici (paragrafi 10-11).

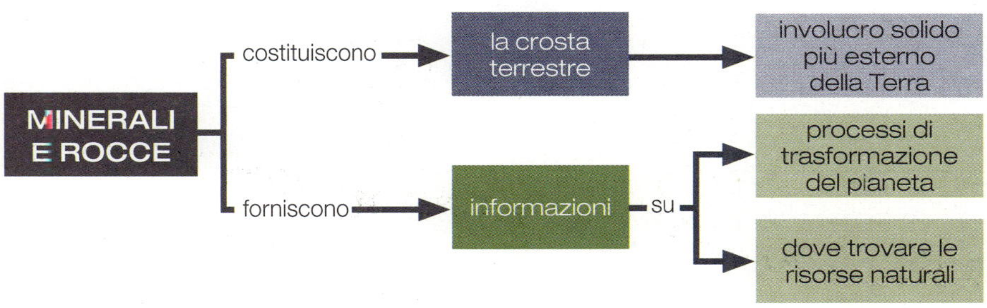

QUESITI

1. Da quali materiali è formata la crosta terrestre?
2. Quali informazioni fornisce lo studio dei processi attuali di formazione delle rocce?
3. Che cosa sono i processi litogenetici?
4. Quali sono gli aspetti applicativi dello studio dei minerali e delle rocce?

2 I minerali

Video La formazione dei minerali

Video La struttura cristallina dei minerali

Un **minerale** è una sostanza naturale solida, con due caratteristiche fondamentali: una *composizione chimica ben definita* (o variabile entro ambiti ristretti) e una *disposizione ordinata e regolare degli atomi* che la costituiscono, fissa e costante.

I minerali sono in genere di origine inorganica, ma vengono considerati minerali anche sostanze come i carboni, gli idrocarburi e l'ambra, la cui formazione passa attraverso processi biologici.

2.1 La composizione chimica dei minerali

I minerali che costituiscono la crosta terrestre sono formati dalla combinazione degli stessi elementi chimici che si ritrovano in tutto l'Universo. Alcuni minerali, come l'oro e l'argento, sono formati da un solo tipo di elemento, ma la maggior parte sono il risultato della combinazione di più elementi, legati tra loro in un composto chimico.

Composto chimico (**Chemical compound**) Un composto si forma quando due o più atomi diversi si legano insieme, con una *reazione chimica*. In un composto gli atomi sono presenti in un rapporto preciso e costante: per esempio, una molecola di acqua contiene sempre due atomi di idrogeno per ogni atomo di ossigeno.

Non tutti gli elementi chimici noti in natura hanno però la stessa importanza nella composizione dei minerali della crosta terrestre. La Tabella 1 riassume l'ordine di abbondanza, in percentuale, dei principali elementi chimici nella crosta di tipo **continentale**, cioè la parte di crosta terrestre che corrisponde alle terre emerse e alla loro prima prosecuzione sotto il mare. I dati sono stati ottenuti dall'analisi di numerosi campioni raccolti in tutte le aree continentali, sia in superficie sia fino a una certa profondità. La tabella mostra che oltre il 98% in peso della crosta è formato da soli 8 elementi, con netta prevalenza dell'ossigeno e del silicio che, da soli, costituiscono il 74% della crosta terrestre continentale.

Il resto della crosta terrestre, la parte più ampia, che si estende sotto gli oceani e che è detta per questo **oceanica**, è composta dagli stessi elementi, ma in proporzioni diverse, e ciò ha portato a composti chimici differenti e, quindi, a minerali diversi.

Tabella 1
Composizione media della crosta dei continenti espressa come abbondanza relativa dei principali elementi chimici che vi compaiono.

Elemento	Simbolo	Percentuale in peso
Ossigeno	(O)	46,6
Silicio	(Si)	27,7
Alluminio	(Al)	8,1
Ferro	(Fe)	5,0
Calcio	(Ca)	3,6
Sodio	(Na)	2,8
Potassio	(K)	2,6
Magnesio	(Mg)	2,1
Tutti gli altri elementi		1,5

2.2 La struttura cristallina dei minerali

Quasi tutti i minerali hanno una **struttura cristallina**, cioè un'«impalcatura» di atomi regolare e ordinata. Da questa struttura invisibile si origina la forma esterna del minerale, che viene chiamata **abito cristallino** o **cristallo**. Un cristallo, quindi, è un solido geometrico con facce, spigoli e vertici che si originano per la crescita progressiva, atomo dopo atomo per miliardi di volte, di una struttura tridimensionale elementare di dimensioni infinitesime [Figura 3].

Ogni volta che un minerale può crescere senza ostacoli si sviluppa in cristalli singoli, perfettamente formati. Se lo spazio della cavità in cui cresce lo

3

Figura 3
Cristallo di quarzo.
Un cristallo perfetto è raro in natura, ma per quanto irregolari possano apparire le singole facce, gli angoli tra di esse sono esattamente conservati; come nel modello riportato per confronto. (Breck P. Kent)

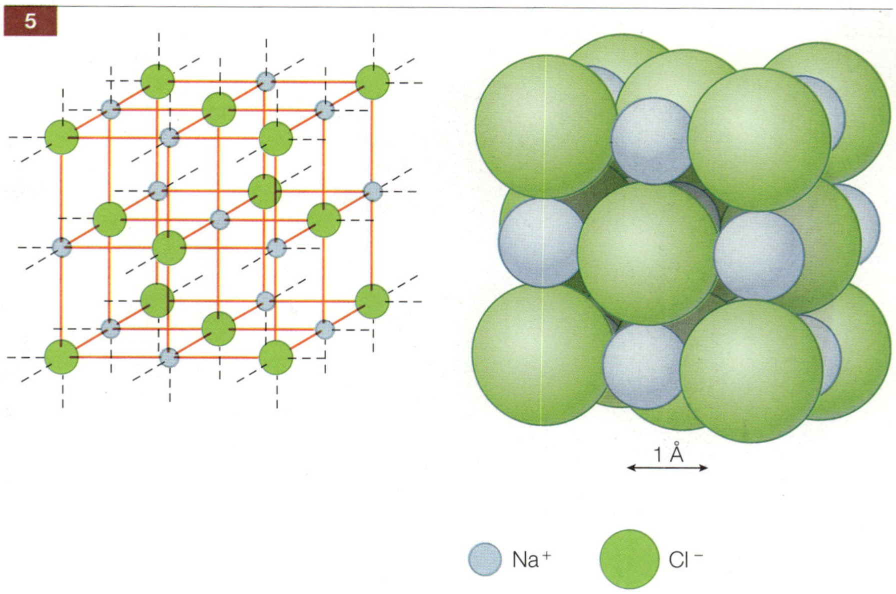

Figura 4
Nelle cavità carsiche a volte si trovano cristalli di dimensioni gigantesche. Quelli raffigurati sono cristalli di *selenite*, una varietà del gesso (vedi più avanti, figura 17), e si trovano nella *Cueva de los cristales*, presso Naica, in Messico.

Figura 5
Struttura del *salgemma*. Nella figura a sinistra la posizione nello spazio degli ioni Na^+ e Cl^- è indicata in modo schematico da sferette che occupano i vertici di cubi ideali, alternandosi regolarmente lungo i filari (indicati dal tratteggio). A destra, le sfere rappresentano le corrette dimensioni relative dei due tipi di ioni (1 Å, ångström = 10^{-10} m).

consente, le dimensioni dei cristalli possono arrivare perfino ad alcuni metri [Figura 4]. Se invece la crescita è ostacolata per lo sviluppo contemporaneo di altri cristalli, ne risulta una massa di individui fittamente aggregati, nei quali non è possibile riconoscere l'abito cristallino senza opportuni strumenti.

La struttura interna di un cristallo di un qualunque minerale è quindi caratterizzata da una disposizione degli atomi nello spazio che si ripete a intervalli regolari lungo più direzioni. Questa struttura tridimensionale è detta **reticolo cristallino** e si presenta come allineamenti regolari di atomi, spesso in forma di ioni (in funzione del legame chimico che caratterizza il composto).

Lungo queste file regolari gli atomi, della stessa natura o di natura diversa, si susseguono a distanze fisse e sono separati da spazi vuoti [Figura 5]. L'esempio riportato in figura si riferisce alla struttura cristallina del minerale *salgemma*, che corrisponde al composto chimico cloruro di sodio. In questo caso le file regolari di atomi sono orientate nello spazio secondo tre direzioni tra loro ortogonali, tanto da disegnare delle minuscole celle di forma cubica.

Tabella 2
Scala di Mohs.

Minerale	Numeri della scala
Talco	1
Gesso	2
Calcite	3
Fluorite	4
Apatite	5
Ortoclasio	6
Quarzo	7
Topazio	8
Corindone	9
Diamante	10

■ **Ione** (**Ion**) Un atomo è neutro, cioè non possiede carica elettrica. Ma se acquista o perde uno o più elettroni, assume una carica elettrica negativa o positiva ed è chiamato *ione* (rispettivamente: negativo o positivo).

L'esistenza di atomi diversi per dimensioni e struttura elettronica dà origine a reticoli cristallini diversi. Anche le forme degli abiti cristallini, di conseguenza, sono molteplici e spesso complesse, ma tutte rispondono a leggi di simmetria che governano l'organizzazione reticolare nello spazio (vedi Approfondimento delle conoscenze a pag. 12). Poiché le distribuzioni possibili di atomi nello spazio per formare un minerale non sono infinite, i diversi abiti cristallini risultano distribuiti in 32 «classi», ognuna delle quali è caratterizzata da una o più **forme cristalline semplici** (cubi, prismi, piramidi).

In una classe, forme semplici possono risultare combinate in numerose **forme cristalline composte**.

2.3 Proprietà fisiche dei minerali

La composizione chimica e l'abito cristallino sono le caratteristiche fondamentali di un minerale; ad esse si associano però altre proprietà fisiche, che aiutano nel suo riconoscimento.

■ La **durezza** è la proprietà di resistere all'abrasione o alla scalfittura e dipende dalla forza dei legami reticolari. Questa viene misurata in base alla scala di Mohs, una successione determinata di 10 minerali, ciascuno dei quali può scalfire le facce del minerale che lo precede nella scala e viene invece scalfito dal minerale che lo segue [Tabella 2].

■ La **sfaldatura** è la tendenza di un minerale a rompersi per urto secondo superfici piane, parallele a una o più facce dell'abito cristallino. Essa dipende dalla diversa forza dei legami tra gli atomi nelle diverse direzioni entro il cristallo. Un cristallo di galena, per esempio, si sfalda lungo le superfici che formano tra loro angoli diedri di 90 gradi, per

6A

6B

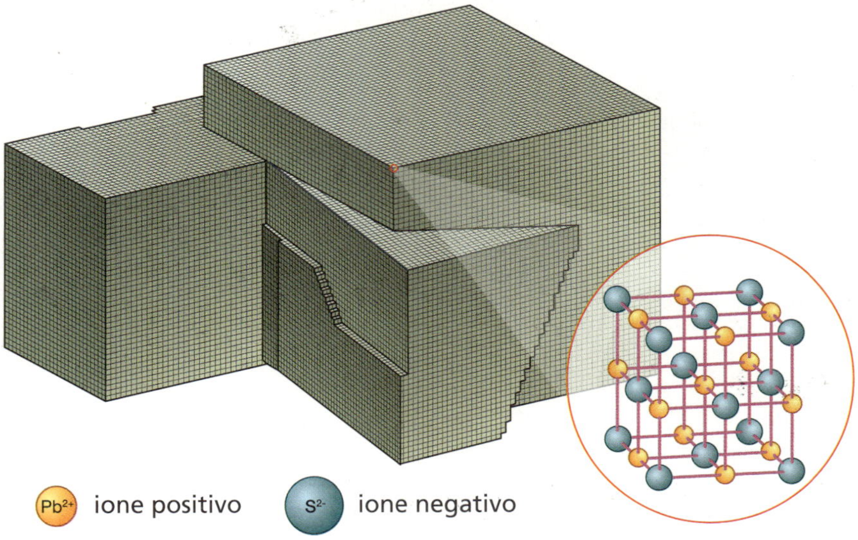

Figura 6
Cristalli di *galena* (solfuro di piombo).
A. Tipico abito cristallino cubico: se il cristallo venisse frantumato, i singoli frammenti assumerebbero, per sfaldatura, forme cubiche altrettanto perfette.
B. Schema del reticolo cristallino: ogni ione negativo dello zolfo (S^{2-}) è circondato da 6 ioni positivi di piombo (Pb^{2+}) e ogni ione piombo è, a sua volta, circondato da 6 ioni zolfo. La struttura interna che si ripete in tutto il cristallo è il cubo. (Visuals Unlimited/Corbis)

cui i frammenti che ne risultano sono tutti di forma cubica [Figura 6].

■ La **lucentezza** [Figura 7] misura il grado in cui la luce viene riflessa dalle facce di un cristallo e si distingue in:

– **metallica**, tipica di sostanze che assorbono totalmente la luce e che risultano opache;
– **non metallica**, tipica dei corpi più o meno trasparenti.

■ Il **colore** è una proprietà molto evidente, ma meno diagnostica di altre.

I minerali **idiocromatici** sono minerali che presentano sempre lo stesso colore (per esempio: il lapislazzulo è sempre turchino; la malachite verde; il cinabro rosso ecc.)

I minerali **allocromatici** sono minerali che presentano colori diversi a seconda delle impurità chimiche rimaste incluse nel reticolo durante la sua formazione o per certi «difetti» in alcuni punti del reticolo (per esempio: il quarzo e molte pietre preziose [Figura 8]).

■ Un'altra caratteristica importante dei minerali è la **densità** (massa per unità di volume; nel Sistema Internazionale si misura in kg/m^3). Essa dipende dall'addensamento di atomi nel reticolo, per cui il suo valore è significativo anche per l'identificazione dei minerali. Ma la densità dipende anche dalla pressione: variazioni di densità provocate da variazioni di pressione influiscono per esempio sul modo in cui nei minerali e nelle rocce si propagano le onde elastiche, come sono quelle associate ai terremoti; vedremo più avanti come, nello studio della struttura interna della Terra, si faccia riferimento anche a questa particolare proprietà.

Figura 7
Esempi di lucentezza e colore nei minerali.
A. Tipica lucentezza metallica del minerale pirite (un solfuro di ferro), dal caratteristico colore giallo-ottone; è perfettamente riconoscibile anche l'abito cristallino (un solido con dodici facce pentagonali). Questo campione, ingrandito 1,5 volte, proviene da Rio Marina, nell'Isola d'Elba.
B. Un esempio di lucentezza non metallica (di tipo vitreo) in una delle numerose varietà cromatiche del quarzo, un tipico minerale *allocromatico*: ametista, dallo Stato del Guerrero (Messico); grandezza naturale.
(Da *Fotoatlante dei minerali e rocce*, Zanichelli)

7A

7B

Figura 8
Un tipico minerale allocromatico: la fluorite, che può presentarsi in diversi colori, come queste varietà rosa e verde.
(*Fotoatlante dei minerali e rocce*, Zanichelli)

Figura 9
Cristalli di zolfo formatisi per sublimazione. La fuoriuscita di vapori forma delle cristallizzazioni in una solfatara nell'isola di New Britain, in Papua-Nuova Guinea. (R. Dirscherl/Corbis)

2.4 Come si formano i minerali

I minerali sono il risultato di una serie di reazioni chimico-fisiche che si possono riassumere nel processo di **cristallizzazione**, cioè nel passaggio da un insieme di atomi disordinati a porzioni di materia rigorosamente ordinata.

Ogni specie minerale dipende, perciò, dalle caratteristiche dell'ambiente naturale in cui si forma: temperatura, pressione e concentrazione dei diversi elementi chimici presenti. Di conseguenza, la presenza di un minerale fornisce informazioni sull'ambiente di formazione della porzione di crosta terrestre che lo contiene. Vediamo quali sono i principali processi di formazione di un minerale.

- **Cristallizzazione** per raffreddamento di un materiale fuso (per esempio la lava eruttata da un vulcano). Gli atomi o i gruppi di atomi si aggregano per formare i reticoli cristallini tipici dei composti chimici che possono formarsi a seconda della natura del fuso.
- **Precipitazione** da soluzioni acquose calde in via di raffreddamento. Al diminuire della temperatura, si formano via via cristalli di specie mineralogiche diverse, a seconda della composizione chimica della soluzione.
- **Sublimazione** di vapori caldi. Le esalazioni vulcaniche, per esempio, possono determinare la formazione di cristalli su superfici relativamente fredde vicine alla zona di fuoriuscita dei vapori [Figura 9].
- **Evaporazione** di soluzioni acquose, soprattutto acque marine.
- **Attività biologica**, che porta alla costruzione di gusci o apparati scheletrici.
- **Trasformazioni allo stato solido** di minerali già esistenti prodotte da variazioni di temperatura o di pressione (o di entrambe). Tali variazioni generano profondi cambiamenti e danno origine a specie mineralogiche diverse da quelle di partenza: sono diffuse soprattutto in profondità, entro la crosta.

QUESITI

1. Il reticolo cristallino di un minerale descrive
   - A la sua formula chimica.
   - B la disposizione degli atomi di cui è composto.
   - C la struttura che riveste l'abito cristallino.
2. I due elementi chimici che insieme costituiscono il 74% della massa della crosta continentale sono
   - A ferro e ossigeno.
   - B ossigeno e silicio.
   - C ferro e silicio.
   - D alluminio e ossigeno.
3. Che cos'è un minerale? Quali sono le caratteristiche fondamentali di un minerale?
4. Che cosa si intende per cristallo?
5. Elenca e descrivi brevemente le principali proprietà fisiche di un minerale.
6. Quali processi danno origine ai minerali?

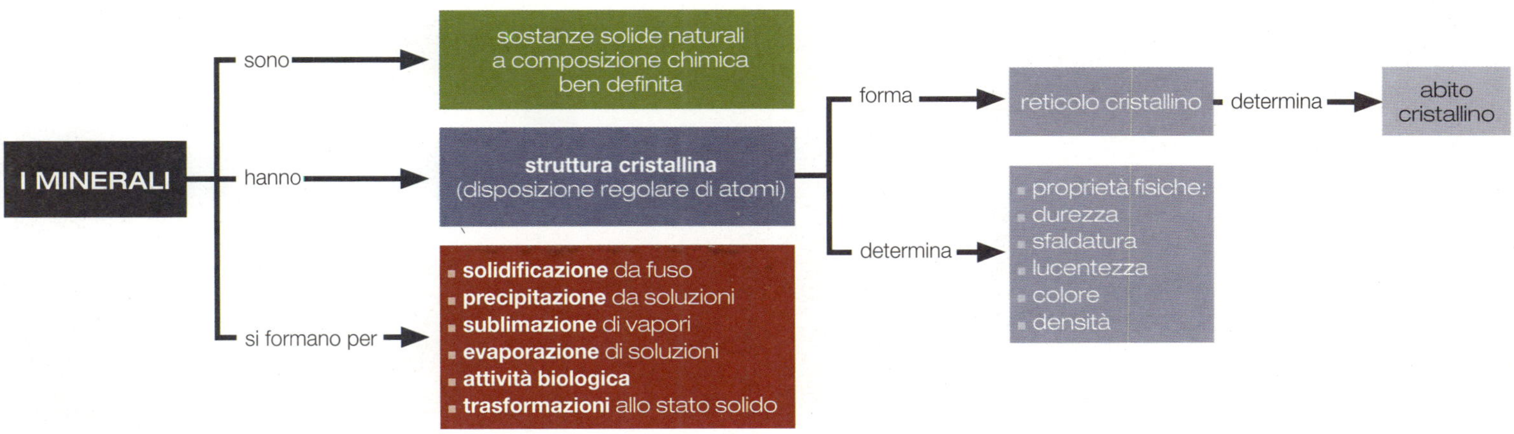

3 Classificare i minerali

Per potersi orientare tra le circa 4000 tra specie e numerosissime varietà di minerali oggi note è necessario ricorrere a una classificazione che tenga conto delle caratteristiche fondamentali dei minerali:

– struttura del reticolo cristallino (che dà origine all'abito cristallino);
– composizione chimica.

Le unità base di questa classificazione sono le **specie minerali**, ognuna delle quali comprende tutti gli individui minerali che hanno lo stesso tipo di reticolo strutturale e composizione chimica uguale (o variabile entro limiti ben precisi).

Uno schema molto semplificato di questa classificazione è riportato nella Tabella 3, nella quale i minerali sono distribuiti in 8 classi (alle quali si aggiunge una nona classe per le sostanze organiche). A parte la prima classe, che comprende gli elementi nativi (che formano cristalli con un solo tipo di elemento), tutte le altre raccolgono ossidi e sali «costruiti» intorno a una serie di anioni.

Non tutte le specie di minerali oggi note hanno la stessa importanza nella composizione della crosta terrestre; le specie veramente abbondanti sono una ventina ed è dalla loro combinazione che prendono origine le rocce.

Tabella 3
Classificazione dei minerali.

Classe	Ioni prodotti	Esempio
Elementi nativi	Nessuno	carbonio, C; oro, Au
Solfuri e composti simili	Ione solfuro: S^{2-} e anioni simili	pirite, FeS_2
Alogeni	Cl^-, F^-, Br^-, I^-	salgemma, NaCl
Ossidi e idrossidi	O^{2-} OH^-	ematite, Fe_2O_3 brucite, $Mg(OH)_2$
Carbonati e composti simili	CO_3^{2-}	calcite, $CaCO_3$
Solfati e composti simili	SO_4^{2-} e anioni simili	barite, $BaSO_4$
Fosfati e composti simili	PO_4^{3-} e anioni simili	apatite, $Ca_5F(PO_4)_3$
Silicati	SiO_4^{4-}	pirosseni, $MgSiO_3$

3.1 I minerali silicatici

Il gruppo più diffuso e numeroso di minerali è quello dei **silicati**. Essi sono costituiti essenzialmente da ossigeno e silicio, i due elementi chimici più abbondanti nella crosta, che si combinano tra loro per formare diverse strutture di base, alle quali si aggiungono vari altri elementi. I minerali che ne risultano costituiscono da soli l'80% dei materiali della crosta terrestre. I silicati rappresentano per il mondo inorganico l'analogo dei composti del carbonio per il mondo organico per la varietà di strutture che vi si incontrano.

La chiave di tale varietà è nel modo in cui il silicio attrae a sé (*coordina*) l'ossigeno: ogni ione silicio coordina 4 ioni ossigeno e il **gruppo silicatico** $[SiO_4]^{4-}$ che ne risulta ha la forma tridimensionale di un tetraedro [Figura 10]. Ma i tetraedri possono anche legarsi direttamente tra di loro, originando catene di tetraedri oppure lamine e reticoli tridimensionali, secondo un processo detto **polimerizzazione** (ben noto nel campo dei composti organici del carbonio).

10A

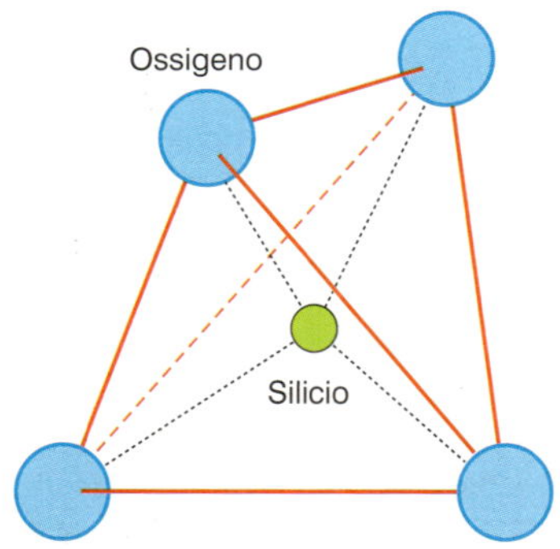

10B

Figura 10
Struttura del tetraedro $[SiO_4]^{4-}$.
A. Rappresentazione schematica, con il catione Si^{4+} che coordina quattro anioni O^{2-} (linee a puntini neri); la struttura tridimensionale è messa in evidenza dalle linee in rosso che delineano la forma del tetraedro.
B. Il tetraedro è disegnato rappresentando gli ioni con sfere di adeguate dimensioni relative; il catione Si^{4+}, molto più piccolo, è completamente racchiuso nello spazio che rimane tra i quattro grandi anioni O^{2-} fra loro a contatto.

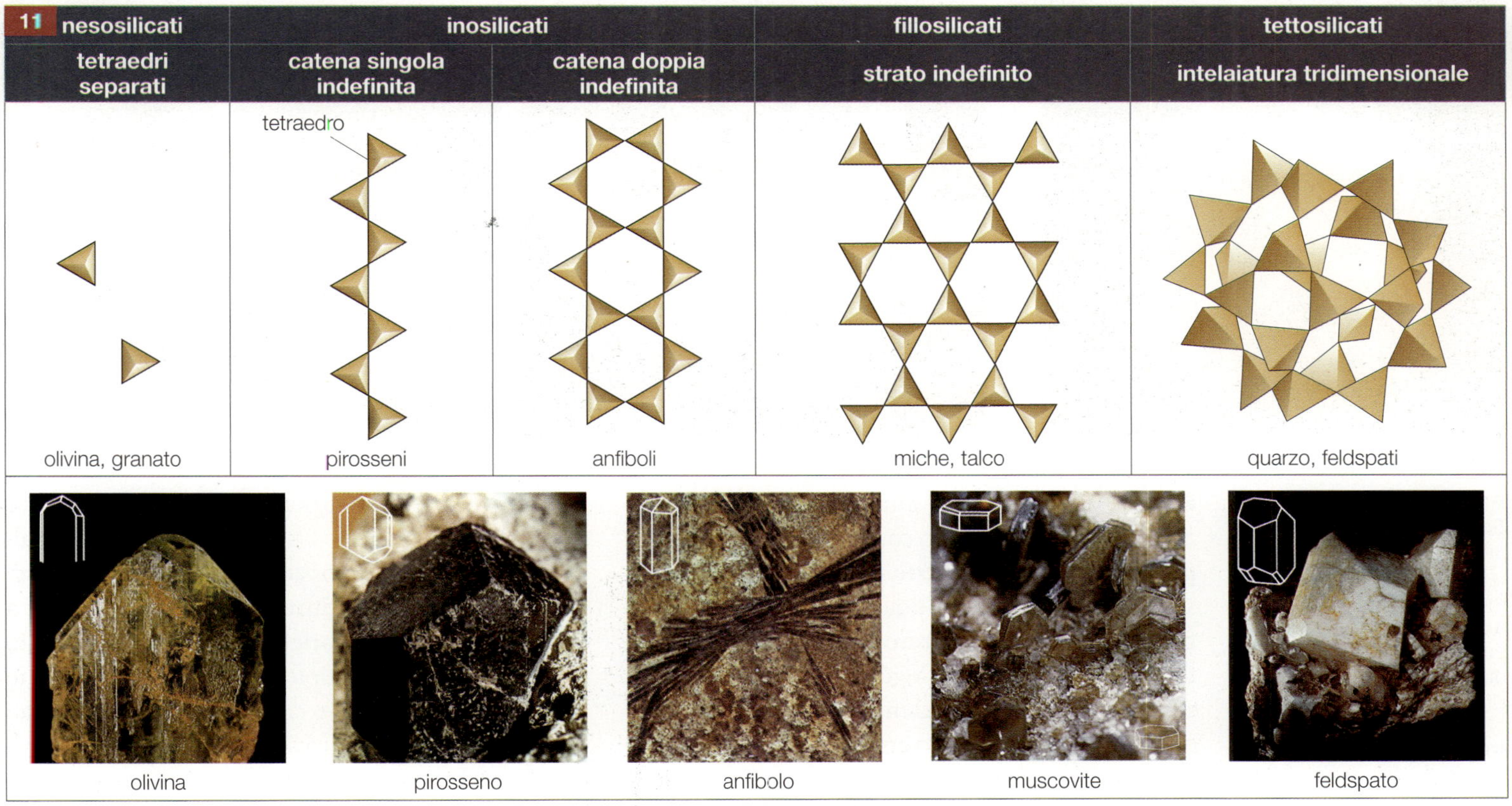

Figura 11
Strutture cristalline dei principali silicati, rappresentate attraverso i diversi modi in cui i tetraedri $[SiO_4]^{4-}$ possono legarsi tra loro per mezzo di *ossigeni-ponte*.
I tetraedri si ripetono in modo regolare, in una o più direzioni nello spazio, spesso con estensione indefinita (un processo noto come *polimerizzazione*), mentre vari tipi di cationi possono entrare a far parte di queste strutture unendosi agli *ossigeni*. Le diverse forme dei polimeri influiscono sulla forma dei cristalli che ne derivano: gli inosilicati, per esempio, sono in genere allungati, i fillosilicati sono lamellari e così via.

I cationi che più frequentemente si legano alle strutture silicatiche sono il sodio, il potassio, il calcio, il magnesio, il ferro (ferroso e ferrico). Diverso è il comportamento dell'alluminio, che può sostituire parte del silicio nei tetraedri, originando così gli alluminosilicati, che comprendono, tra gli altri, i **feldspati**, il gruppo più numeroso dei minerali della crosta terrestre.

In base al diverso modo di legarsi tra loro dei tetraedri, i silicati si suddividono in quattro gruppi, la cui struttura è schematizzata nella Figura 11, nella quale sono riportati anche i nomi dei minerali più rappresentativi e più diffusi in ogni gruppo.

3.2 I minerali non silicatici

I minerali **non silicatici** sono molto meno abbondanti di quelli silicatici, ma tutt'altro che trascurabili, se non altro perché comprendono molte specie minerali di rilevante importanza economica.

Esaminiamo alcuni minerali rappresentativi delle singole classi elencate nella Tabella 3.

Elementi nativi. Gli elementi nativi formano masse di minerale costituito da un singolo elemento chimico, che si trova allo stato puro. Spesso gli elementi nativi non si presentano in cristalli ma in forma di ammassi granulari o filamentosi: sempre, però, con un reticolo cristallino, osservabile con opportuni strumenti.

L'**oro** si trova in rocce intrusive: raramente in cristalli, in genere in granuli informi, lamine o pagliuzze. L'**argento** (che rivedremo tra i solfuri) può trovarsi anche come elemento nativo, in masserelle o in forme filamentose; così il **rame**, che si presenta, in genere, in masse o in *dendriti* (a forma di rametti), e raramente in piccoli cubi.

Il diamante e la grafite sono due modi diversi di cristallizzare dell'elemento *carbonio*: il **diamante** (in forma di ottaedro) ha origine sotto fortissime pressioni e alte temperature, la **grafite** (in lamelle nere, untuose al tatto) si forma per trasformazione finale ad alta pressione di sostanza organica (che a pressioni minori forma i vari tipi di *carboni* fossili); questo fenomeno, che caratterizza anche altri minerali, è detto «polimorfismo» [Figura 12].

Tra gli elementi nativi ricordiamo anche il **mercurio**, l'unico minerale liquido a temperatura ambiente (diviene solido solo a –39 °C). Si trova in rocce vulcaniche, in forma di minuscole gocce.

Figura 12
Minerali caratteristici della classe degli *elementi nativi*.
A. Tipici cristalli ottaedrici del *diamante*, il minerale più duro che si conosca in natura e che si forma per cristallizzazione del carbonio a temperature e pressioni molto elevate.
B. A basse pressioni il carbonio cristallizza in un minerale totalmente diverso: la *grafite*, opaco, di colore scuro e facilmente sfaldabile.
(B: J. Cancalosi/Corbis)

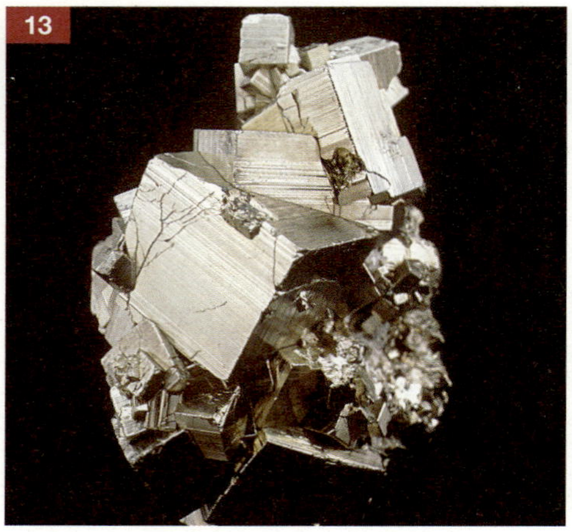

Figura 13
Solfuri. Un campione di *pirite* (solfuro di ferro) con cristalli cubici, le cui facce mostrano striature parallele a una coppia di lati e perpendicolari alle striature delle facce adiacenti. (S. Stammers/SPL)

Figura 14
Minerali della classe degli *alogeni*.
A. Cristalli di *fluorite* (fluoruro di calcio) con abito cubico e una delle colorazioni più comuni. (P. Goetgheluk/SPL)
B. *Salgemma* (cloruro di sodio), con abito cristallino cubico. (P. Korbel, M. Novak)

Solfuri. I **solfuri** sono minerali che contengono *zolfo* direttamente legato con elementi metallici. La **pirite** è un solfuro di *ferro* molto comune. Si presenta in cristalli cubici [Figura 13], ottaedrici (con 8 facce triangolari equilatere) oppure formati da 12 facce pentagonali (vedi figura 7A); l'**argentite** è il solfuro d'*argento* e la **galena** è il solfuro di *piombo* (vedi figura 6): tutti sono ampiamente sfruttati per estrarne il metallo associato.

Alogeni. Gli **alogeni** (o alogenuri) sono minerali costituiti dalla combinazione di uno o più elementi con il *cloro*, il *fluoro*, lo *iodio* o il *bromo*, elementi del gruppo chimico degli alogeni.

La **fluorite** (fluoruro di *calcio*) cristallizza in forme cubiche e ottaedriche. Quando è pura è trasparente, ma può assumere varie colorazioni, a seconda delle impurità che contiene nel reticolo cristallino [Figura 14A]. Anche il **salgemma** (cloruro di *sodio*) è un alogeno: si forma per l'evaporazione di acque del mare o di laghi salati. È il sale comune adoperato nell'industria chimica e in cucina [Figura 14B].

Ossidi. La classe degli **ossidi** ha una notevole importanza economica, perché comprende i minerali da cui si ricava gran parte dei metalli usati nell'industria. Sono compresi in questo gruppo i minerali **ematite** (Fe_2O_3) e **magnetite** (Fe_3O_4), utilizzati per l'estrazione del ferro.

Il **corindone** è un ossido di alluminio: è un minerale inferiore per durezza solo al diamante; a volte si presenta in varietà limpide di colore blu, chiamate *zaffiro*, o di tipico colore rosso, chiamate *rubino* [Figura 15].

Carbonati. I **carbonati** sono composti da uno o più ioni positivi combinati con uno ione carbonato $(CO_3)^{2-}$. I minerali più comuni di questa classe sono la **calcite** (carbonato di *calcio*) e la **dolomite** (carbonato doppio di *calcio* e *magnesio*), che sono i componenti essenziali delle rocce sedimentarie carbonatiche (calcari e dolòmie). La calcite si forma per evaporazione di soluzioni ricche di carbonato di calcio [Figura 16] o per estrazione dalle acque a opera di organismi che utilizzano il carbonato di calcio per «costruire» i propri gusci o scheletri.

Solfati. Nei **solfati** lo zolfo è presente sotto forma di ione solfato, $(SO_4)^{2-}$. Comprendono circa 300 tipi di minerali: il più comune è il **gesso** [Figura 17] (solfato di calcio legato a due molecole di acqua), che spesso si accresce in limpidi cristalli e che è stato trovato anche con individui di dimensioni gigantesche (vedi figura 4).

Figura 15
Ossidi. Il *corindone* (ossido di alluminio) nella varietà limpida e con il tipico colore rosso, usato come gemma preziosa con il nome di *rubino*. (H. Taylor/Getty)

Figura 16
Carbonati. La *calcite* (carbonato di calcio) è un minerale comune, in cristalli opachi o trasparenti, variamente colorati.

Figura 17
Solfati. *Gesso* (solfato di calcio) nella varietà selenite, con cristalli geminati «a coda di rondine». (da *Fotoatlante dei minerali e rocce*, Zanichelli)

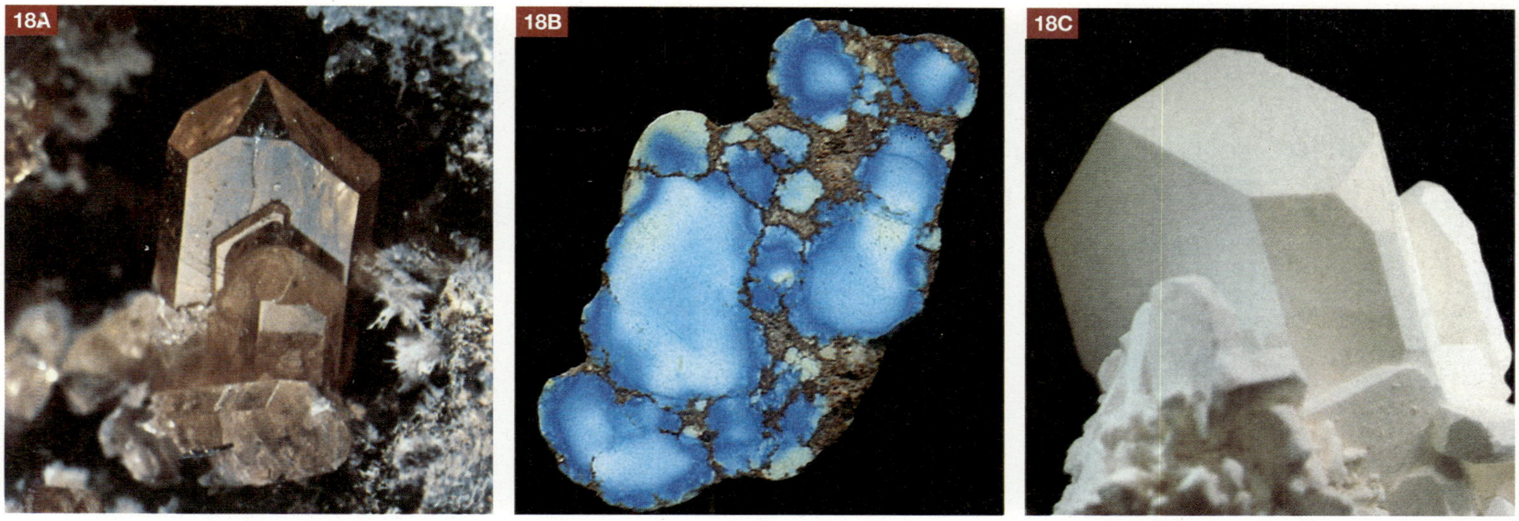

Figura 18
Minerali della classe dei *fosfati (e composti simili)*.
A. L'*apatite*, un fosfato di calcio che cristallizza in prismi esagonali, si presenta anche in varietà limpide, usate come gemme, benché questo minerale sia piuttosto fragile.
B. Il *turchese* è un fosfato di rame e alluminio che si presenta spesso come un aggregato di noduli; il campione nell'immagine, tagliato e lucidato, mette in evidenza il suo tipico colore, che ne fa una pietra ornamentale pregiata.
C. Tra i composti con struttura simile ai fosfati, ricordiamo i borati, tra i quali è piuttosto diffuso il *borace*, che cristallizza spesso in tipici prismi bianchi. (A: Foto Betz, 1984; B: P. Korbel, M. Novak; C: Dr. Lieber)

Fosfati e composti simili (borati). Questo gruppo comprende, tra gli altri, alcuni tipi di minerali di importanza particolare per i loro usi.

I **fosfati** contengono uno *ione fosfato* (dato dalla combinazione di fosforo e ossigeno), legato a uno o più elementi metallici e si formano in ambienti diversi. L'**apatite**, per esempio, che è un fosfato di calcio, si trova in rocce eruttive, ma anche in rocce sedimentarie marine di origine chimica, formatesi per precipitazione di sostanze sciolte nell'acqua [Figura 18A]. Nell'industria essa viene utilizzata per produrre fertilizzanti. Il **turchese**, un fosfato contenente rame e alluminio, che si presenta in cristalli microscopici aggregati in masse e noduli di un colore azzurro tipico, si forma per alterazione, in clima arido, di rocce ricche in alluminio contenenti apatite e solfuri di rame e ferro. I turchesi sono usati come pietre ornamentali di gran pregio [Figura 18B].

I **borati** contengono uno *ione borato* (dato dalla combinazione di boro e ossigeno), legato a uno o più ioni positivi e sono sfruttati per ricavare il *boro*, un elemento usato nelle industrie chimica, farmaceutica e dei cosmetici. Alcuni borati, come il **borace** (borato di *sodio*), si formano per precipitazione chimica lungo le rive dei laghi salati [Figura 18C]. Nel passato grandi quantità di borati provenivano dalla zona di Larderello, in Toscana – oggi conosciuta soprattutto per la produzione di energia geotermica – dove dal sottosuolo fuoriescono ancora dei *soffioni* (getti di vapore acqueo ad alta pressione e a 120-210 °C, contenenti vari composti, tra i quali acido borico; vedi capitolo 3, figura 40).

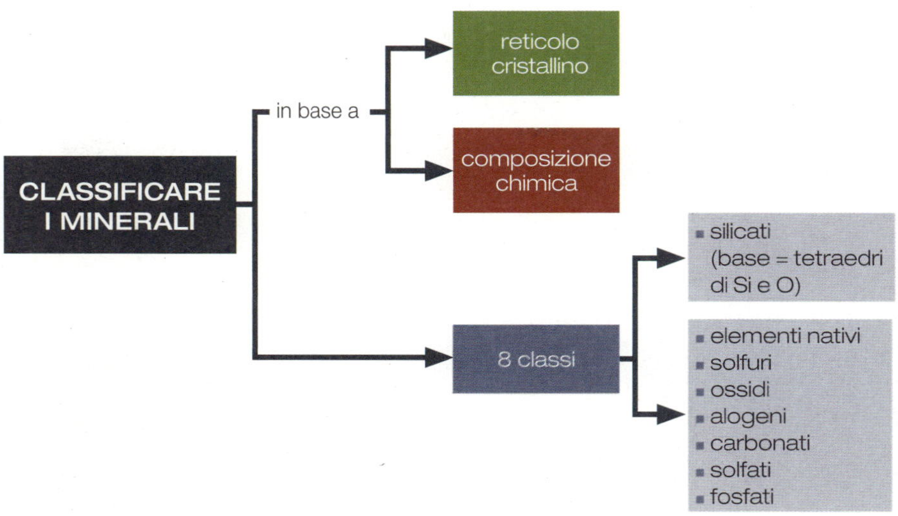

QUESITI

1. Completa.
   I minerali sono classificati in base alla ....
   .... e alla forma del ....
2. Scegli l'alternativa corretta.
   Gli elementi nativi in natura si trovano **puri/combinati** con altri e si presentano per lo più sotto forma di **cristalli/ammassi** granulari.
3. I calcari e le dolomie sono rocce sedimentarie formate essenzialmente da minerali appartenenti al gruppo dei
   A silicati. C ossidi.
   B carbonati. D solfati.
4. Che caratteristiche hanno i minerali silicatici?
5. Che cos'è la polimerizzazione?
6. Che cosa differenzia la struttura cristallina dei pirosseni da quella degli anfiboli?
7. Che cosa differenzia gli alluminosilicati dagli altri silicati?
8. Che caratteristiche hanno i minerali non silicatici?
9. Elenca due classi di minerali in cui compare l'argento.
10. Da quale tra i seguenti minerali si può estrarre il ferro: galena, ematite o apatite?
11. Elenca due minerali usati come pietre preziose e indica la classe cui ciascuno di essi appartiene.

approfondimento delle conoscenze

Cristalli: un mondo di fantasie geometriche e di colori

Non tutte le forme solide che la fantasia potrebbe immaginare si ritrovano in natura nei cristalli: questo perché gli atomi o i gruppi di atomi che si uniscono tra loro nel processo di cristallizzazione possono assumere solo determinate posizioni reciproche, governate da rigorose leggi fisiche. Infatti, gli atomi che si combinano vengono mantenuti uniti da legami chimici la cui forma e intensità dipende dalla nube di elettroni che circonda il nucleo dell'atomo, per cui il contatto tra due atomi non può avvenire in punti qualsiasi della loro superficie. Per esempio, quando si forma una molecola di acqua (H_2O) due atomi di idrogeno si «collegano» a un atomo di ossigeno, ma possono farlo solo mantenendo tra loro un angolo di circa 105°, per cui la molecola assume una forma a V [Figura 19].

Nel processo di cristallizzazione, le particelle (atomi o gruppi di atomi) che si combinano per formare un composto chimico sono «costrette» a legarsi tra loro non a caso, ma formando catene lungo direzioni rettilinee ben precise, che prendono il nome di *filari*. Per esempio, nella formazione del salgemma (come abbiamo visto in figura 5), gli atomi di cloro e di sodio si alternano lungo filari che identificano tre direzioni tra loro perpendicolari. Ne risulta una struttura tridimensionale, un *reticolo*, che si può pensare come formato da una ideale cella cubica (delineata da pochi atomi e per il resto vuota), che si ripete in modo simmetrico nelle tre direzioni dello spazio. Il risultato è il cristallo cubico di figura 4B. In altri composti gli atomi si organizzano in filari che formano tra loro angoli diversi da 90° e questo porta a forme diverse. D'altra parte, minerali con diversa composizione chimica possono cristallizzare con la stessa forma: la *fluorite* (fluoruro di calcio, CaF_2) forma cristalli cubici, come il salgemma (vedi figura 14).

Questa disposizione interna ordinata è stata messa in evidenza con tecniche sempre più potenti, fino all'uso del *microscopio elettronico a trasmissione ad alta risoluzione* (HRTEM), che permette ingrandimenti di milioni di volte della struttura interna dei cristalli [Figura 20].

Tanti filari di atomi paralleli identificano una superficie e le superfici adiacenti sono tenute «incollate» tra loro da legami chimici. Ogni faccia di un cristallo corrisponde alla superficie più esterna di quante se ne sono accumulate lungo la stessa direzione fino al momento dell'arresto della crescita. Filari estesi in direzioni diverse danno origine a facce del cristallo che si incontrano lungo uno *spigolo*: l'angolo tra due facce in posizione analoga, per un determinato minerale, è costante in tutti gli individui di quella specie mineralogica.

I rigorosi vincoli nella costruzione dei reticoli, dovuti alle caratteristiche chimico-fisiche dei composti che cristallizzano (legate, in ultima analisi, alla struttura dei singoli atomi) fanno sì che nei reticoli stessi si verifichino condizioni di diffusa simmetria [Figura 21]. La simmetria è una caratteristica comune nel mondo inorganico, ma anche in quello organico (come la simmetria bilaterale nel corpo umano).

19

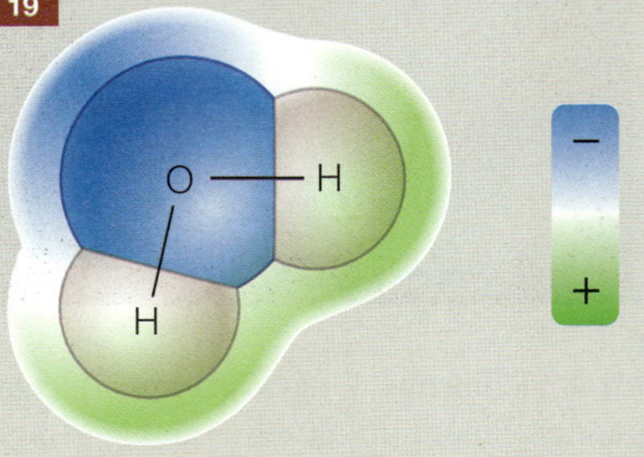

Figura 19
Schema della struttura di una molecola di acqua, con l'angolo di legame di circa 105°. La distribuzione finale della nube elettronica fa sì che la molecola risulti polarizzata, come indicato nello schema.

20

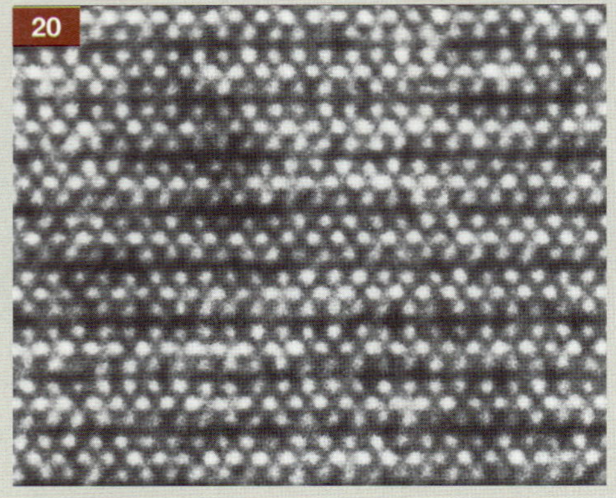

Figura 20
Immagine ottenuta con un *microscopio elettronico ad alta risoluzione* (HRTEM) del reticolo di un cristallo di biotite (un silicato di potassio, con ferro e magnesio). Le linee scure orizzontali rappresentano allineamenti di ioni di ferro e di magnesio, associati al silicio. Le aree chiare rappresentano zone a bassa densità elettronica. Ingrandito circa 10 milioni di volte. (Il cristallo macroscopico è simile a quello della muscovite, visibile in figura 11.)

Figura 21
Esempi di simmetria.
A. Immagine speculare prodotta da un piano di riflessione.
B. Simmetria su un piano: disegno di tre lucertole che si ripete uguale ogni 120° intorno a un asse che emerge dal piano della pagina in corrispondenza del punto di contatto tra le tre teste.

21A

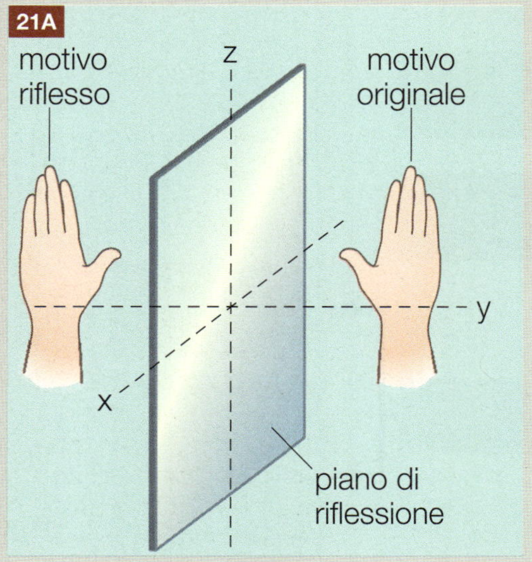

21B

22

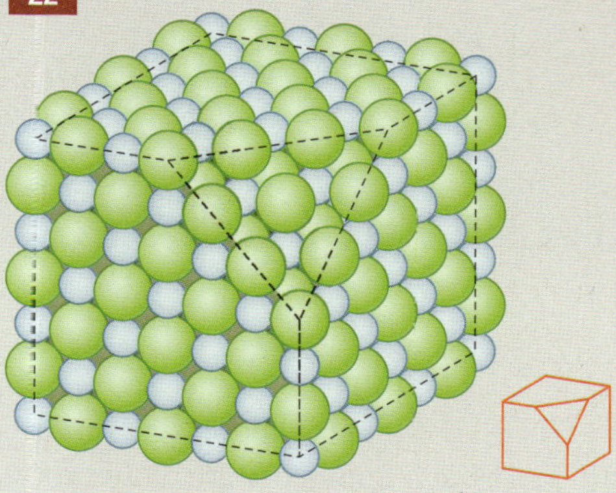

Figura 22
Schema del reticolo del salgemma (vedi anche figura 5). Qualsiasi piano parallelo alla faccia del cubo è composto per metà da ioni sodio (in azzurro) e per metà da ioni cloro (in verde). Ma se si taglia un vertice del cubo come in figura, si osservano piani composti da soli ioni sodio alternati a piani con solo ioni cloro. Questi due tipi di facce hanno diversa densità di nodi: come è stato dimostrato, i piani con minor densità di particelle crescono più rapidamente di altri, perché richiedono un numero minore di particelle per unità di area. Le conseguenze nello sviluppo del cristallo sono mostrate in figura 23.

23A

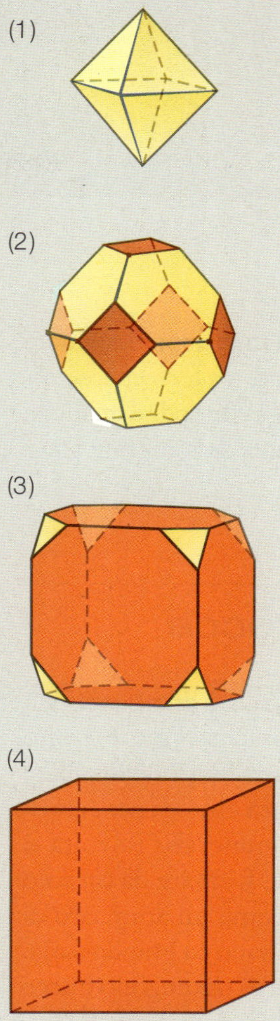

23B

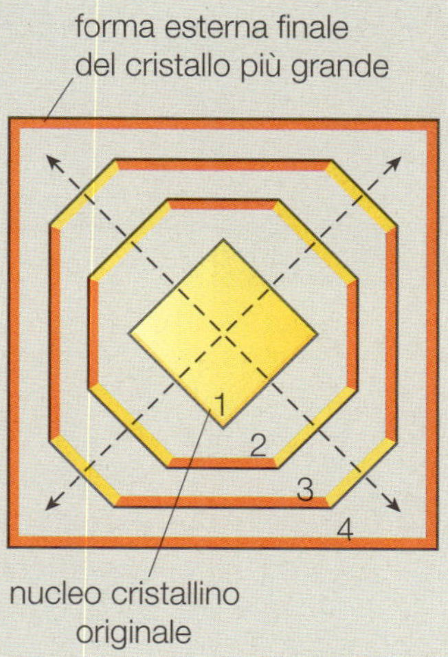

Figura 23
Effetto della diversa velocità con cui crescono superfici di un cristallo differenti per densità di nodi.
A. Da una piccola forma iniziale a ottaedro (otto facce, orientate come la superficie messa in evidenza nella figura 22, formate da un solo tipo di particella, indicate in giallo) si passa a un cristallo più grande, a forma di cubo (facce in rosso), cambiando la forma esterna attraverso vari stadi. Le facce dell'ottaedro crescono più velocemente, ma quelle del cubo, più lente, si allargano fino a far sparire le altre.
B. Il processo è messo in evidenza con una sezione trasversale del cristallo fatta ai diversi stadi: le frecce sono vettori di crescita, che indicano la direzione di crescita più veloce; le facce sono i tratti perpendicolari alle frecce e, come si vede, scompaiono nello stadio 4. Gli stadi 2 e 3 mostrano combinazioni delle due forme che si osservano se lo sviluppo del cristallo si arresta.

La presenza di precisi motivi di simmetria nel corso della formazione di un cristallo fa sì che un determinato minerale cristallizzi sempre con il medesimo tipo di poliedri e che minerali con diverso tipo di legami tra gli atomi che li compongono cristallizzino in forme poliedriche diverse. La simmetria interna di un reticolo cristallino si manifesta, pertanto, nella simmetria esterna, riconoscibile nelle forme regolari dei cristalli ben sviluppati. Gli studiosi di Cristallografia hanno individuato 32 classi di simmetria, ognuna caratterizzata da un diverso tipo di simmetria, che corrisponde a forme diverse tra loro per numero e forma delle facce, per gli angoli tra le facce stesse e così via. Tutti i minerali noti si distribuiscono in una o l'altra di queste classi.

Questi brevissimi cenni dovrebbero aiutarci a comprendere il mondo multiforme dei cristalli, ma vale la pena di aggiungere un'altra «complicazione». Come abbiamo visto, i cristalli posseggono una struttura interna regolare e ordinata, ma i diversi piani e direzioni che si possono individuare all'interno dei loro reticoli mostrano differenze nella distribuzione degli atomi, e questo porta come conseguenza che le caratteristiche di un cristallo possano variare a seconda della direzione che si considera. Aiutiamoci con un esempio.

In molti cristalli, come abbiamo già visto, gli atomi si legano lungo tre direzioni tra loro perpendicolari. Il reticolo che si sviluppa ha una forte simmetria, tanto che i singoli atomi, ripetendosi a intervalli regolari lungo le tre direzioni, in realtà si trovano allineati anche lungo altre direzioni, per cui si «materializzano» altri filari, che individuano altre superfici [Figura 22]. Come si vede dalla figura, certe superfici presentano una maggiore densità di «nodi», cioè di particelle, altre densità minore: questo si traduce in diverse velocità di accrescimento lungo direzioni differenti.

In genere, le superfici con minor densità di nodi crescono più velocemente (nella figura 22 è il caso della superficie formata da soli ioni cloro): ma le facce a crescita più rapida, con il procedere della crescita scompaiono, eliminate letteralmente dalla costruzione delle facce a crescita più lenta, che sono più stabili.

Come si vede nell'esempio di Figura 23, alla fine prevale e rimane stabile la forma del cubo e la crescita si fa più lenta, con la stessa velocità per tutte le facce equivalenti (nella figura 23B sono quelle del cubo, con maggiore densità di nodi, che corrispondono sia a ioni di sodio che di cloro). La forma iniziale, l'ottaedro, e quella finale, il cubo, sono *forme semplici*, ma nello sviluppo del cristallo possono combinarsi insieme e dare *forme composte*, compatibili con lo stesso tipo di simmetria.

4 Le rocce

Video
Lo studio delle rocce

La superficie solida del pianeta ci appare formata da ammassi di sostanze diverse tra loro che, se osservati da vicino e indagati con metodi e tecniche specifiche, si rivelano costituiti da minerali: sono le rocce.

4.1 Lo studio delle rocce

Una **roccia** è un *aggregato naturale di diversi minerali*, talvolta anche di sostanze non cristalline, di solito compatto, che forma una massa ben individuabile.

Le rocce sono in prevalenza eterogenee, costituite, cioè, da più specie di minerali. Talvolta si incontrano rocce omogenee, formate da un solo minerale (monominerali), come un ammasso di calcàre o di gesso. Se si esaminano su grande scala, però, anche le rocce omogenee contengono tracce di altri minerali che tolgono alla roccia quella uniformità chimica che caratterizza un minerale.

Lo studio di una roccia comincia sul terreno, con l'osservazione di caratteristiche macroscopiche: aspetto omogeneo o alternanza di livelli diversi, presenza di stratificazione, colore, durezza, presenza di minerali particolari o fossili, rapporti con le rocce circostanti. Per la definizione precisa di una roccia è però necessario identificare il tipo e il numero di minerali presenti e per questo si ricorre a prove di laboratorio: osservazioni al microscopio, esame ai raggi X, analisi chimiche qualitative e quantitative.

Lo studio dei minerali e delle rocce ha portato allo sviluppo di vari rami delle Scienze geologiche, tra cui *Mineralogia*, *Petrologia*, *Sedimentologia*, *Giacimentologia*, *Geochimica*.

Figura 24
Il processo magmatico. Una colata di lava basaltica di grosso spessore (Islanda). La fessurazione verticale che isola le «colonne» è dovuta a contrazione per il processo di raffreddamento. (S. Fraser/SPL)

24

4.2 I processi litogenetici

Le masse rocciose di cui è costituita la crosta si originano ed evolvono in condizioni molto varie. È possibile individuare tre principali **processi litogenetici**, cioè «generatori di rocce»:

- il processo magmatico,
- il processo sedimentario,
- il processo metamorfico.

Essi sono tra loro chiaramente distinti, anche se non mancano passaggi e sovrapposizioni.

Il **processo magmatico** è caratterizzato dalla presenza iniziale di un materiale fuso, chiamato genericamente **magma**. Esso risale dall'interno della Terra ad alta temperatura, da parecchie centinaia al migliaio di gradi, in condizioni di pressione molto varie. La progressiva diminuzione della temperatura porta alla cristallizzazione del fuso, in profondità o in superificie, e quindi alla formazione di aggregati di minerali che costituiscono le **rocce magmatiche**, chiamate anche **ignee** [Figura 24].

Il **processo sedimentario** inizia con l'alterazione e l'erosione dei materiali rocciosi che affiorano in superficie a opera dei cosiddetti agenti esogeni (acqua, vento, ghiaccio) e si completa con il trasporto e l'accumulo dei materiali erosi.

Si giunge così alla formazione delle **rocce sedimentarie** [Figura 25]. Il processo sedimentario si svolge sulla superficie terrestre o a modesta profondità, per cui è caratterizzato da basse temperature (all'incirca tra 0 e 150 °C) e da bassa pressione.

25

26

Figura 25
Il processo sedimentario.
Le tre Cime di Lavaredo, nelle Dolomiti, sono formate dalla sovrapposizione di numerosi strati di rocce sedimentarie, in origine estesi su una vasta area ma in seguito profondamente intagliati e modellati dall'erosione. (S. Politi/Marka)

Figura 26
Il processo metamorfico.
Le cave del famoso marmo di Carrara sono tagliate in calcàri che sono stati trasformati in rocce metamorfiche, attraverso la ricristallizzazione della calcìte. Il colore chiaro e la trasparenza del marmo indicano che i calcàri originari erano molto puri. (Barmalini/Shutterstock)

Il **processo metamorfico** ha come caratteristica fondamentale la trasformazione di rocce preesistenti (magmatiche, sedimentarie) che vengono a trovarsi in condizioni ambientali diverse da quelle di origine.

Tale trasformazione avviene all'interno della Terra allo stato solido: senza, cioè, l'intervento di soluzioni o di fusi, come negli altri processi. I minerali preesistenti, non più stabili, vengono distrutti e se ne formano altri, in equilibrio con le nuove condizioni; si originano così le **rocce metamorfiche** [Figura 26]. Le temperature sono comprese tra 300 e 800 °C, quindi tra quelle tipiche del processo sedimentario e quelle proprie del processo magmatico, mentre le pressioni sono quasi sempre elevate.

Se fosse «ripulita» dalla copertura vegetale e dal suolo (che rappresenta l'alterazione delle rocce a contatto con l'atmosfera) la superficie delle terre emerse risulterebbe formata per il 55-60% da rocce metamorfiche, che sono le più abbondanti, per il 35-40% da rocce ignee e fino al 5%, o poco più, da rocce sedimentarie.

Se si scende in profondità entro la crosta, le rocce sedimentarie scompaiono ben presto e vengono sostituite da rocce magmatiche intrusive e, soprattutto, metamorfiche: queste ultime, in pratica, sono le sole presenti nella parte più profonda della crosta.

Che cosa significano la presenza di tre gruppi così diversi di rocce e la loro distribuzione nella crosta? Che legame c'è tra i vari processi litogenetici? Per comprenderlo, esaminiamo separatamente i tre gruppi di rocce, cercando in ogni gruppo un «filo conduttore» che ci aiuti a dare un qualche ordine ai numerosi tipi e varietà di rocce che sono stati scoperti. Questo ci aiuterà a ricavare dal riconoscimento di una roccia dati e informazioni sulla natura, l'origine e le trasformazioni della crosta terrestre.

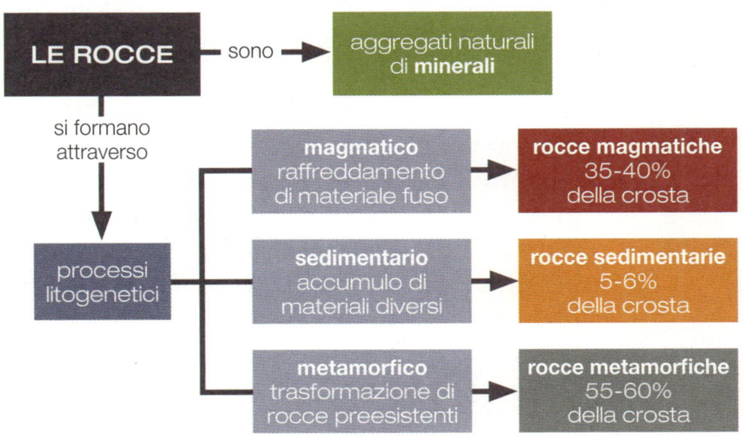

QUESITI

1. Completa.
   La superficie delle terre emerse, al di sotto del suolo, è formata per circa il .... da rocce sedimentarie, il .... da rocce magmatiche, il .... da rocce metamorfiche.
2. Scegli l'alternativa corretta.
   Nella parte più profonda della crosta si trovano solo rocce **magmatiche/metamorfiche**, mentre la superficie terrestre è ricoperta da uno strato quasi continuo di rocce **sedimentarie/metamorfiche**.
3. Che cos'è una roccia?
4. Elenca e descrivi i processi che portano alla formazione di una roccia.
5. Che tipo di informazioni si possono ricavare dall'analisi di una roccia?

5 Rocce magmatiche o ignee

■ **Mantello** (Mantle) Uno degli involucri concentrici della struttura interna della Terra. È situato sotto la crosta e al di sopra del nucleo, e ha uno spessore di circa 2900 km.

Le rocce **magmatiche**, note anche col nome di *ignee* o *eruttive*, sono tutte le rocce che derivano da un magma, cioè da una roccia fusa.

La temperatura, all'interno della Terra, cresce fino a oltre 4000 °C, un valore che sarebbe sufficiente a far fondere tutte le rocce che conosciamo. La pressione, però, cresce anch'essa all'aumentare della profondità e, facendo innalzare il punto di fusione, impedisce il passaggio allo stato liquido. La Terra quindi è sostanzialmente solida fino a circa 3000 km di profondità, dove inizia il nucleo esterno, che si comporta come un liquido. Lo studio di alcuni minerali, però, ha dimostrato che le lave risalgono da profondità comprese entro i primi 100 km, ma alcuni tipi di lave risalgono anche da zone tra i 100 e i 250 km: si devono verificare particolari condizioni che determinano la fusione, almeno parziale, di rocce del mantello e della crosta che normalmente sono molto calde, ma solide.

5.1 Dal magma alle rocce magmatiche

Un **magma** è un materiale fuso che si forma per cause diverse all'interno della crosta o della parte alta del sottostante mantello, a profondità variabili (in gran parte dei casi, come sopra ricordato, tra i 15 e i 100 km). Tali masse fuse, di dimensioni anche enormi, sono miscele complesse di silicati ad alta temperatura, ricche di gas in esse disciolti. Se, dopo la sua formazione, il magma subisce un raffreddamento, inizia un processo di cristallizzazione: dal fuso si separano via via, secondo il loro punto di fusione, vari tipi di minerali, dalla cui aggregazione finale risulterà formata una nuova roccia.

Le **rocce magmatiche** vengono suddivise in due gruppi.

- Le **rocce intrusive** (o **plutoniche**), si originano da magmi che solidificano in profondità, circondati da altre rocce; esse si formano quando vi è l'impossibilità, per la massa fusa, di giungere in superficie.
- Le **rocce effusive** si originano, invece, quando la massa magmatica, spinta dalla pressione dei gas in essa disciolti, trova una via di risalita, sfruttando fratture nella crosta o contribuendo a crearne di nuove, e giunge così a traboccare in superficie, dove solidifica all'aria libera.

Le rocce intrusive e le rocce effusive presentano caratteristiche abbastanza diverse, anche se con una semplice osservazione a livello macroscopico non è sempre facile distinguerle. La soluzione del problema è stata fornita dalla Petrografia, che ha messo in luce come avviene il passaggio dal materiale fuso a una roccia solida.

Nel caso delle **rocce intrusive**, poiché il magma si trova fermo entro la crosta, circondato da altre rocce che fanno da isolante termico, il raffreddamento avviene in tempi molto lunghi. In tali condizioni, tutto il fuso arriva a cristallizzare e la roccia che ne deriva è interamente formata da cristalli di grandi dimensioni, in genere visibili ad occhio nudo.

Le rocce intrusive presentano una **struttura granulare olocristallina** [Figura 27]. Gli ammassi rocciosi intrusivi, anche giganteschi (chiamati **batoliti**, «rocce profonde»), possono arrivare alla superficie terrestre grazie alla combinazione dei movimenti della crosta e della lenta demolizione delle rocce sovrastanti, che vengono asportate dagli agenti esogeni [Figura 28].

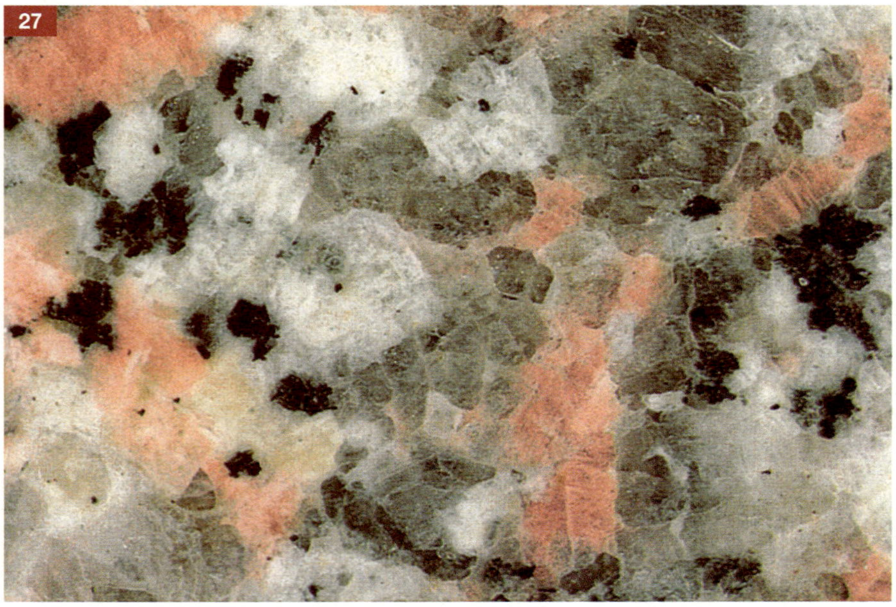

Figura 27
Campione di *granito*, una tipica roccia intrusiva, segato e lucidato. I granuli grigi, traslucidi, sono di *quarzo*, i grossi cristalli rosa sono di *ortoclasio*, quelli bianchi di *plagioclasio* e quelli nerastri (opachi) di *mica* e di *anfibolo*. (Dipart. Scienze della Terra, Università «Sapienza», Roma)

28

Figura 28
Questi rilievi (Yosemite National Park) sono una piccola parte del gigantesco batolite di granito che costituisce quasi per intero la Sierra Nevada, in California. Dopo la sua messa in posto (fra i 100 e gli 80 milioni di anni fa), il batolite si sollevò lentamente; in milioni di anni l'erosione ha smantellato le rocce che lo coprivano. Il rilievo sulla destra è l'*Half Dome* («mezza cupola»); la metà cupola «mancante» è franata dopo il ritiro di un ghiacciaio che colmava la valle. (M. Parotto)

Nel caso delle **rocce effusive**, invece, il magma risale fino in superficie, dove trabocca come lava. In tal caso la temperatura passa rapidamente da circa 1000 °C a quella ambiente e la pressione scende in brevissimo tempo da valori di diverse migliaia di atmosfere a quelli ordinari. In questo modo gas e vapori si disperdono nell'aria e la massa fluida viene allora chiamata **lava**. Solo una piccola parte della massa magmatica originaria, finché è ancora in profondità o mentre sta risalendo, si trasforma in cristalli di dimensioni apprezzabili. Il resto consolida invece quando arriva in superficie e lo fa così rapidamente che i cristalli non hanno tempo di accrescersi. Si forma così un mosaico di cristalli minuscoli, visibili solo al microscopio, oppure una massa omogenea almeno in parte vetrosa, poiché gli atomi e i gruppi di atomi non hanno avuto tempo di organizzarsi in reticoli cristallini (il *vetro*, infatti, è una sostanza *amorfa*, cioè non cristallizzata, che si forma per rapido raffreddamento di un fuso silicatico).

Le rocce effusive presentano **struttura porfirica** (dal nome di una delle più tipiche rocce effusive, il *porfido*), in cui alcuni cristalli della grandezza di almeno qualche millimetro, detti *fenocristalli*, si presentano in una *pasta di fondo*, formata di cristalli piccolissimi o in parte amorfa [Figura 29]. In casi particolari, tutta la massa è vetrosa: sono le *ossidiane* o «vetri vulcanici».

29

Figura 29
Il «porfido verde di Grecia», o *serpentino*, citato spesso anche come «porfido verde antico». Questa pietra ornamentale è in realtà un'andesite, con fenocristalli di plagioclasio bianco-verdastro (formatisi mentre il magma stava ancora risalendo) immersi in una pasta di fondo verde cupo (formatasi dopo l'effusione in superficie). Cave di questo materiale, famose fin dall'antichità, si trovano a Maratonisi, nel Peloponneso. (Dipart. Scienze della Terra, Università «Sapienza», Roma)

5.2 Classificazione dei magmi

I magmi (e le lave che ne derivano) possono avere composizioni chimiche diverse, per cui la cristallizzazione può portare a rocce che differiscono tra loro per i tipi di minerali in esse aggregati.

La distinzione tra i vari tipi di magmi si basa sul loro contenuto in silice. La silice è il composto chimico SiO_2 e può cristallizzare come *silice libera* formando il minerale *quarzo*. La *silice combinata* indica invece, nelle analisi chimiche dei minerali silicatici, la quantità totale di silicio e di ossigeno che, legati in tetraedri, si combinano con altri elementi.

Su tale base, i magmi si dividono in:
– *magmi acidi* o *sialici* (ricchi in silice);
– *magmi neutri* o *intermedi*;
– *magmi basici* o *femici*;
– *magmi ultrabasici* (poverissimi in silice).

Figura 30
Una delle caratteristiche delle lave che derivano da magmi basaltici è quella di essere molto fluide. Quando arrivano in superficie possono addirittura dare origine a fontane incandescenti. (Da L. e A. Rittmann, *I vulcani*, 1976)

Si faccia attenzione al significato specifico che viene dato, in questo contesto, ai termini *acido* e *basico* (cioè: ricco o povero in silice), diverso da quello usuale quando ci si riferisce a reazioni chimiche.

■ I **magmi acidi**, ricchi in Si (silicio) e Al (alluminio), danno origine a rocce con densità intorno a 2,7 g/cm³, povere di silicati, ricche di alluminosilicati e di una certa quantità di silice libera (SiO_2), che solidifica in granuli di quarzo. In totale, la silice arriva a oltre il 65% in peso. Tali rocce sono dette **acide** o **sialiche** (dalle iniziali di **si**licio e **al**luminio).

■ I **magmi neutri** hanno una composizione intermedia (dal 52 al 65% in peso di silice) e danno origine a rocce **neutre**: la loro densità è superiore a quella delle rocce acide e mostrano un rapporto equilibrato fra alluminosilicati e silicati.

■ I **magmi basici** [Figura 30] hanno una quantità bassa di silice (inferiore al 52%) ma sono relativamente ricchi in Fe (ferro), Mg (magnesio) e Ca (calcio). Essi danno origine a rocce in genere scure (dal verde al grigio scuro e al nero), con densità prossima a 3 g/cm³, ricche di silicati e prive di silice libera. Tali rocce sono dette **basiche** o **femiche** (dalle iniziali di **fe**rro e **ma**gnesio).

■ Nei **magmi ultrabasici** la percentuale di silice è inferiore al 45% in peso. Le rocce cui danno origine sono dette **ultrabasiche** o **ultrafemiche**: sono tutte di colore molto scuro, hanno densità elevata (3 g/cm³ o superiore) e sono formate essenzialmente da silicati di Fe e Mg.

Analogamente alle rocce, i minerali ricchi in Si e Al sono detti *sialici*; quelli ricchi di Fe, Mg e Ca sono detti *femici*. La Tabella 4 elenca i minerali, con la rispettiva formula chimica, che con la loro abbondanza o scarsezza (o assenza) caratterizzano i vari tipi di rocce magmatiche.

Tabella 4
Principali minerali sialici e femici che caratterizzano la composizione delle rocce magmatiche.

Minerali sialici (ricchi di Si e Al)	
Quarzo	SiO_2
Feldspati: comprendono ortoclasio (con le varietà sanidino e microclino) e plagioclasi, miscele di albite e di anortite	$KAlSi_3O_8$ $NaAlSi_3O_8$ $CaAl_2Si_2O_8$
feldspatoidi: comprendono leucite e nefelina	$KAlSi_2O_6$ $NaAlSiO_4$
Minerali femici (ricchi di Fe, Mg e Ca)	
Miche: biotite (nera), muscovite (argentea) e altre miche	Silicati complessi di Fe, Mg, Al e K
Pirosseni	Silicati di Fe, Mg, Al e Ca o Na
Anfiboli	Silicati di Ca, Mg, Fe, Al e gruppi OH
Olivine	Miscele di Mg_2SiO_4 e di Fe_2SiO_4

5.3 Classificazione delle rocce magmatiche

Esaminiamo le principali famiglie di rocce magmatiche, tenendo presente la tabella 4 per orientarci sui tipi di minerali che le caratterizzano:

- *famiglia dei graniti* (rocce acide o sialiche);
- *famiglia delle dioriti* (rocce neutre);
- *famiglia dei gabbri* (rocce basiche o femiche);
- *famiglia delle peridotiti* (rocce ultrabasiche o ultrafemiche);
- *famiglia delle rocce alcaline* (rocce particolarmente ricche in sodio e potassio).

■ Famiglia dei **graniti**. Queste rocce intrusive sialiche sono di gran lunga il tipo più diffuso tra tutte le rocce ignee intrusive. Esse contengono molti granuli di quarzo, molti cristalli di feldspati e pochi minerali femici (vedi ancora la figura 27). Le rocce ricche di quarzo sono tipicamente i graniti; quelle più povere di quarzo vengono distinte come **granodioriti** e, come vedremo, sono il tipo più abbondante nella parte superiore della crosta.

Le masse fuse di tipo granitico sono generate a qualche decina di kilometri di profondità e danno origine ad ammassi di rocce durissime, i batoliti, lunghi anche migliaia di kilometri e larghi centinaia di kilometri. Questi corpi si sono formati in quei settori di crosta in cui sono sorte grandi catene montuose. Col tempo, vengono messi in luce dai fenomeni erosivi.

Figura 31
Un campione di *leucitite* proveniente da Acquacetosa (Roma). Questo campione è particolarmente ricco di fenocristalli di leucite, in genere molto meno abbondanti. Le *leucititi*, rocce molto comuni tra le colate dei vulcani laziali e campani, sono state usate dagli antichi Romani per il basolato delle loro strade carreggiabili. (Da Mottana A., Crespi R., Liborio G., *Minerali e rocce*, Mondadori, 1981)

Questa famiglia comprende anche le rocce effusive aventi la stessa composizione chimica di quelle intrusive, ma che hanno subìto una diversa modalità di cristalizzazione e presentano pertanto struttura porfirica. Ricorderemo le **rioliti** o **lipariti**, che talvolta, per via della rapidità del raffreddamento, possono assumere l'aspetto vetroso delle *ossidiane*.

■ Famiglia delle **dioriti**. Queste rocce derivano da magmi neutri, che danno luogo a una miscela equilibrata di composti sialici (abbondanti plagioclasi) e di composti femici (pirosseni o anfiboli). I corrispondenti effusivi delle dioriti tipiche, di regola con fenocristalli abbondanti e ben cristallizzati, sono le **andesiti** (vedi ancora la figura 29). Le andesiti caratterizzano l'attività degli allineamenti di vulcani che fiancheggiano le grandi fosse abissali, come la catena di vulcani delle Ande, da cui queste rocce hanno preso il nome.

■ **Fosse abissali** (Trenches) Strutture dei fondi oceanici che corrispondono a depressioni lunghe anche migliaia di kilometri e relativamente strette, che scendono anche a più di 10 000 metri di profondità.

■ Famiglia dei **gabbri**. I magmi femici danno rocce intrusive scure, con plagioclasi ricchi di calcio associati a pirosseni, anfiboli e olivina. Le corrispondenti rocce effusive sono i **basalti**, il tipo più diffuso tra tutte le rocce effusive, che formano, tra l'altro, il «pavimento» di tutti gli oceani.

Le rocce basaltiche sono di grande interesse teorico: secondo molti studiosi, infatti, il globo terrestre nei primi tempi della sua vita avrebbe avuto una crosta superficiale (priva di acque perché ancora troppo calda) omogenea e simile al basalto. Anche le rocce lunari possiedono in buona parte la stessa composizione.

■ Famiglia delle **peridotiti**. Sono rocce che derivano da magmi ultrafemici e sono formate in gran parte da olivina (nota anche come *peridoto*). Le più note sono le *peridotiti*, rocce nere, pesanti e spesso interessate da giacimenti minerari di alto valore, come i composti del cromo. Hanno distribuzione limitata sui continenti, mentre sono il costituente fondamentale della parte superiore del mantello.

■ Famiglia delle **rocce «alcaline»**. I magmi particolarmente ricchi di elementi alcalini, come Na (sodio) e K (potassio), originano abbondanti feldspati, a scapito degli altri minerali. Anche in questa famiglia si riconoscono rocce neutre e femiche:

– le rocce alcaline neutre comprendono le **sieniti** (intrusive), prive o poverissime di quarzo e ricche di ortoclasio, e le loro corrispondenti effusive, le **trachiti**;
– le rocce alcaline femiche comprendono le **leucititi**, comuni in Lazio e Campania (spesso indicate erroneamente come basalti), caratterizzate da fenocristalli biancastri di leucite (un feldspatoide potassico) in una pasta di fondo grigia [Figura 31].

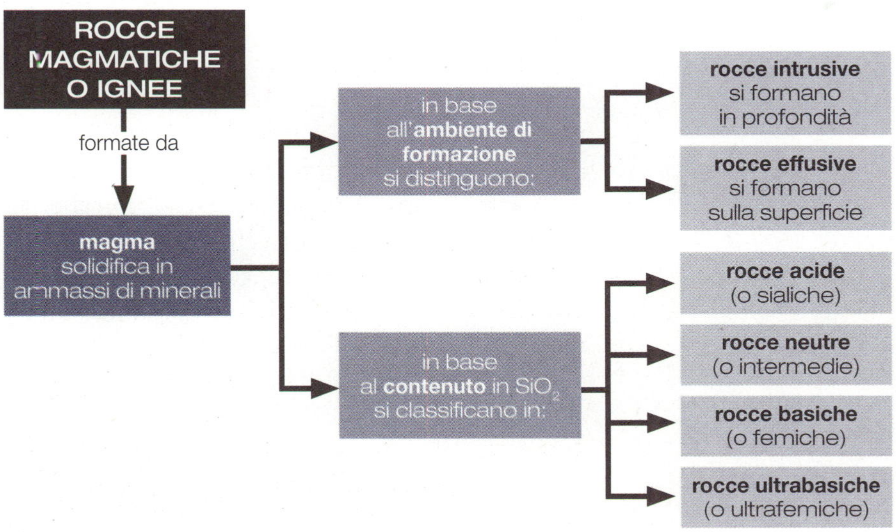

QUESITI

1. Le rocce intrusive solidificano
   A lentamente sulla superficie terrestre.
   B lentamente in profondità.
   C rapidamente in profondità.
   D rapidamente sulla superficie terrestre.
2. Le rocce femiche
   A hanno una alta quantità di silice.
   B comprendono i graniti.
   C comprendono i basalti.
   D sono ricche di elementi alcalini.
3. Scegli l'alternativa corretta.
   Le rocce magmatiche **intermedie/sialiche** presentano abbondanti granuli di quarzo e hanno densità **alta/bassa**.
4. Le rocce magmatiche intrusive corrispondenti per composizione ai basalti sono
   A le dioriti. C le peridotiti.
   B le andesiti. D i gabbri.
5. Che cos'è un magma?
6. Che cosa significa magma «acido»? Che differenza c'è tra magmi acidi e magmi basici?
7. Descrivi brevemente le differenze di struttura tra le rocce magmatiche intrusive ed effusive.

6 L'origine dei magmi

Il problema dell'origine dei magmi ha un duplice aspetto. Innanzitutto quello riguardante la loro natura chimica, in quanto essi danno origine a una molteplicità di rocce diverse. Esistono tanti tipi di magmi?

Il secondo aspetto è quello riguardante il loro stato fisico di materiale fuso, poiché, anche se esistono all'interno del pianeta parti già allo stato fuso, la maggior parte dei magmi deriva dalla fusione di materiale solido, che avviene di volta in volta in settori ristretti più o meno profondi.

Ma attraverso quali processi?

Cerchiamo di esaminare separatamente questi due aspetti, anche se il loro stretto collegamento costringerà a richiamarli a vicenda.

6.1 Un solo magma o tanti magmi?

Le frequenze con cui si ritrovano in natura i singoli tipi di rocce ignee non sono simili: tra le rocce intrusive il 95% presentano composizione sialica (graniti e granodioriti), mentre tra quelle effusive il 98% sono rocce femiche o neutre (basalti e andesiti). Tale distribuzione non è un caso, ma dipende dalla provenienza del magma.

- Se la fusione avviene a profondità di oltre 35 km, cioè nel mantello (la cui natura, come vedremo in seguito, è ultrafemica), essa porta alla formazione di un **magma primario** di composizione prossima a quella del basalto [Figura 32]. Ad alta temperatura (la temperatura di fusione per le rocce del mantello è 1200-1400 °C), il magma è molto fluido, tanto da poter risalire fino in superficie prima di cristallizzarsi e dare origine a gran parte delle rocce effusive.
- Se la fusione avviene a minori profondità, all'interno della crosta continentale, essa porta alla formazione di **magma anatettico**. Questi fusi acidi si formano attraverso il processo di *anatessi*, cioè per la fusione della crosta continentale alla profondità di qualche decina di kilometri. In queste zone la temperatura raggiunge valori abbastanza elevati (tra i 600 e i 700 °C) da provocare, almeno in certe condizioni, la fusione dei minerali sialici, ampiamente presenti in questo tipo di crosta. Se la fusione non è completa e il miscuglio fluido-solido si raffredda, la parte fluida torna a cristallizzarsi e si formano tipiche rocce, denominate *migmatiti* [Figura 33A]. Se, invece, prosegue la fusione per

32

Figura 32
Il *Piton de la Fournaise*, sull'isola della Réunion, nell'Oceano Indiano.
Il magma che alimenta questo grande vulcano risale direttamente da grandi profondità (da circa 100 km, nel mantello superiore). Il magma, di natura basaltica, è molto fluido e produce edifici vulcanici «a scudo», molto espansi e relativamente poco elevati. L'attività può persistere per tempi lunghissimi, alimentando diverse bocche. (B. Rieger/Hemis/Corbis)

Figura 33
Due tipici esempi del processo di anatessi.
A. Stadio iniziale di formazione di una *migmatite*. Il fluido di nuova formazione ha cominciato ad avvolgere brandelli di rocce ancora solide (di colore scuro), ma il processo si è arrestato e il risultato è una roccia massiva, simile a una breccia (Val Malenco, Sondrio).
B. Stadio avanzatissimo di *anatessi*. La roccia originaria, già arrivata al grado più elevato di metamorfismo, è rifusa totalmente. Il nuovo magma, cristallizzando, ha dato origine a un ammasso di aspetto granitico, formato da quarzo, ortoclasio, plagioclasio (tutti di colore chiaro) e mica biotite, di colore scuro (x1/2; Novate Mezzola, Sondrio).
(Da Mottana A., Crespi R. Liborio G., *Minerali e rocce*, Mondadori, 1981)

aumento della temperatura, si completa il processo di anatessi e si forma un nuovo magma, che dà origine a una roccia magmatica intrusiva, del tutto simile alle rocce granitiche [Figura 33B].

I magmi anatettici hanno elevata viscosità, poiché sono costituiti da una porzione fusa che avvolge e permea molti residui ancora solidi, costituiti da minerali a più alto punto di fusione. Essi si muovono perciò con notevole difficoltà, non risalgono molto entro la crosta e tendono a cristallizzarsi in profondità, formando batoliti granitici. Qualunque tipo di roccia, sedimentaria o ignea, trasportata abbastanza in profondità da movimenti entro la crosta, finisce per subire in qualche grado tale processo di fusione e i suoi elementi vengono «riciclati» come magma anatettico.

Sottolineiamo ancora la differente viscosità dei magmi, che ne influenza la mobilità. A parità di altre condizioni (temperatura, pressione), i magmi acidi sono molto più viscosi di quelli basici. A titolo di esempio, le lave riolitiche hanno una viscosità 10 000 volte maggiore di quella delle lave basaltiche e ben un milione di volte maggiore della viscosità dell'olio lubrificante per macchine.

In definitiva, mentre i magmi basici, che nelle eruzioni danno origine ai basalti, risalgono fino in superficie da zone molto profonde e sono una specie di «distillato» del mantello, i magmi acidi, che danno origine a rocce simili ai graniti e alle granodioriti (o alle corrispondenti rocce effusive: rioliti e andesiti) rappresentano una rielaborazione locale delle rocce della crosta continentale.

In realtà questo schema dell'origine dei due tipi fondamentali di magmi si complica nell'evoluzione dei fusi verso la cristallizzazione. Un magma basico, per esempio, può risalire direttamente dal mantello attraverso fessure profonde fino a espandersi come lava sul fondo degli oceani o nel cuore di un continente, dando origine ai basalti. Può anche succedere però che una massa limitata dello stesso magma basico risalga per tappe successive; in questo caso il fuso comincia a frazionarsi, cioè cambia composizione nel tempo e dà origine a magmi diversi. Esperimenti di laboratorio hanno dimostrato che, attraverso questi meccanismi di **differenziazione**, da un magma in origine basico si può ottenere una roccia a composizione dioritica o addirittura granitica, cioè neutra o acida.

Tuttavia questo processo, sicuramente attivo e i cui prodotti sono stati osservati in natura, non può spiegare il grande volume degli ammassi granitici presenti nella crosta terrestre, poiché, durante il succedersi degli stadi di differenziazione, si perdono grandi quantità di fuso. Per produrre il granito oggi esistente, sarebbe stato necessario un volume iniziale di magma basico pari almeno a 10 volte le dimensioni di ogni intrusione granitica. Una simile abbondanza implicherebbe anche la cristallizzazione di enormi quantità di fusi basici e neutri al di sotto delle intrusioni granitiche, ma i geologi non hanno trovato nessuna traccia di una quantità così grande di rocce intrusive basiche (come i gabbri).

Risulta, quindi, fondamentale il processo di anatessi, anche perché i magmi anatettici possono presentare in realtà una gamma sfumata di composizioni, come si osserva nelle rocce cui danno origine. Questo dipende soprattutto dalla grande eterogeneità della crosta continentale dalla cui fusione si originano i magmi, e dalla temperatura a cui è avvenuta la fusione; più alta è la temperatura, più ricco diventa il magma in componenti femici, che sono i più restii a fondere.

In definitiva, le variazioni nella composizione chimica dei magmi si possono ricondurre a fusione di rocce originarie di vario tipo.

Figura 34
Risalita di magma. La fusione per decompressione avviene quando una roccia molto calda sale a profondità inferiore, dove la pressione è minore. La fusione in seguito a trasferimento di calore avviene quando il magma ardente sale in una roccia che ha temperatura di fusione più bassa. Per esempio, il magma basaltico caldissimo che sale dal mantello può far fondere la crosta circostante a composizione intermedia.

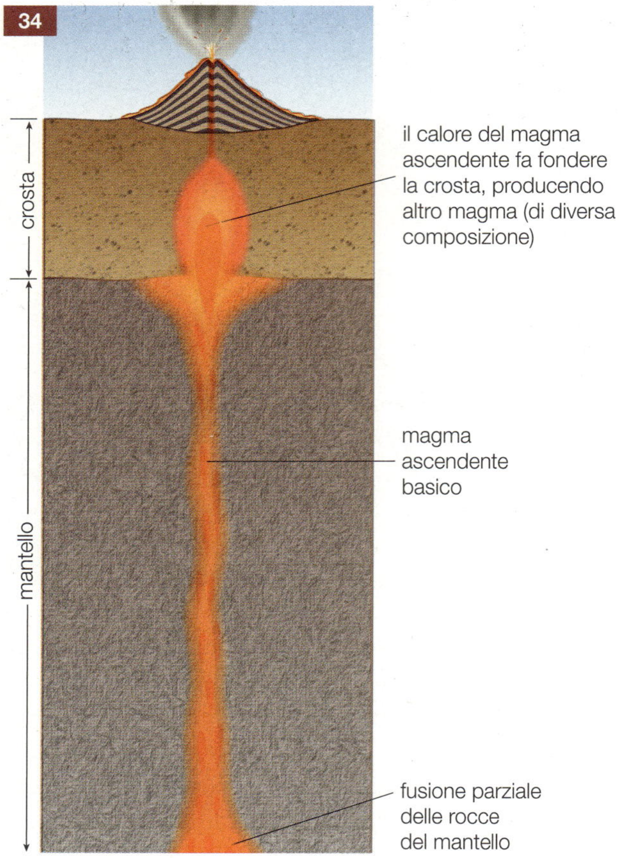

- La fusione parziale di rocce presenti nella parte superiore del mantello produrrebbe magmi basici, in grado di dare origine ai basalti.
- La fusione di rocce sedimentarie, ignee o metamorfiche della crosta continentale produrrebbe magmi acidi, in grado di dare origine a rocce di tipo granitico.

In ogni caso, i processi di differenziazione che si arrestano a stadi diversi, il mescolamento tra magmi differenti, o anche la «contaminazione» tra magmi del mantello e materiale della crosta che essi attraversano nella loro risalita possono portare a rocce di composizione intermedia.

6.2 Perché si formano i magmi?

Il problema di come si arrivi alla formazione di materiale fuso in questo o quel settore della crosta e del mantello è complesso. Abbiamo già ricordato che la Terra è solida fino a 3000 km di profondità, per cui la fusione della crosta e del mantello superiore è un evento eccezionale che avviene solo in presenza di determinate condizioni:

- un locale aumento della temperatura del mantello;
- l'arrivo di fluidi in grado di «inumidire» la roccia presente, infiltrandosi nelle fessure più minute; in presenza di fluidi, infatti, un materiale fonde a temperatura più bassa di quella necessaria in condizioni «secche».

L'aumento locale di temperatura si può verificare per risalita di materiali da zone profonde della Terra, dove si trovano ad alte temperature ma rimangono allo stato solido per le elevate pressioni, verso zone più superficiali, dove la pressione è molto minore: la conseguenza è la fusione più o meno estesa dei materiali risalenti, con formazione di magmi che possono eventualmente arrivare in superficie [Figura 34].

In ogni caso, la formazione di magmi in questo o quel settore della Terra, di cui abbiamo testimonianza nel corso di miliardi di anni attraverso le rocce magmatiche che ne sono derivate, porta a concludere che, all'interno del pianeta, debbano verificarsi estesi «rimescolamenti» di materiali allo stato solido. A questi rimescolamenti si aggiungono migrazioni di fluidi, probabilmente in discesa dalla superficie, dove sono abbondanti. Tali movimenti a grande scala provocherebbero saltuariamente il passaggio allo stato fuso di porzioni più o meno ampie dei materiali coinvolti.

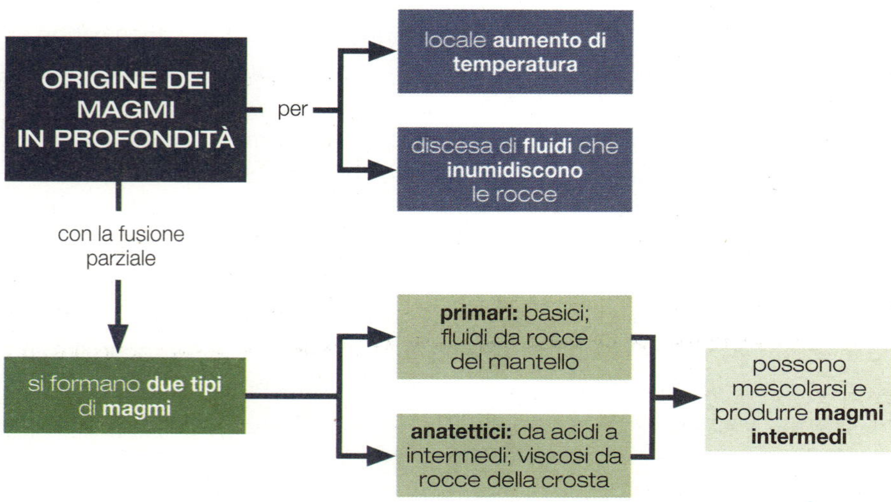

QUESITI

1. Scegli l'alternativa corretta.
   I magmi basaltici sono **più**/**meno** viscosi rispetto ai magmi **più**/**meno** ricchi di **silice**/**zolfo**.
2. Che differenza c'è tra magma primario e magma anatettico?
3. Come si originano i magmi?
4. Quali condizioni si devono verificare perché si possa arrivare a una fusione almeno parziale delle rocce?

7 Rocce sedimentarie

Video
La formazione delle rocce sedimentarie

degradazione → erosione → trasporto → deposito } Sedimenti sciolti
↓
DIAGENESI } rocce sedimentarie

Mentre le rocce magmatiche sono la traccia di un'incessante attività interna del pianeta, le rocce sedimentarie sono il segno delle trasformazioni in atto da tempi lunghissimi sulla superficie della Terra. Sono rocce molto diffuse, anche se con modesti spessori: arrivano appena al 5% della composizione della crosta superiore. Sono estremamente eterogenee, a causa dei numerosi modi in cui tali rocce possono formarsi, pur essendo tutte *esogene*, cioè prodotte da processi attivi in superficie.

7.1 Dai sedimenti sciolti alle rocce compatte

Il termine **sedimentazione** indica la deposizione e l'accumulo, su terre emerse o sul fondo di bacini acquei (fiumi, laghi, mari), di materiali di origine inorganica od organica. Questi materiali sono stati in genere trasportati più o meno a lungo dai cosiddetti «agenti esogeni»: acque, venti, ghiacci [Figura 35]. Il processo avviene quotidianamente sotto i nostri occhi in diverse aree:

- sul fondo delle valli (depositi fluviali);
- ai piedi delle montagne, dove cadono i frammenti rocciosi che si staccano dalle masse sovrastanti (detriti di falda);
- nel deserto (sabbia eolica);
- sul fondo dei laghi (fanghi argillosi o calcarei) o delle paludi (torba);
- in riva al mare (depositi sabbiosi o ciottolosi);
- in pieno oceano (argille e calcàri).

In ambiente marino o lacustre non di rado si formano sedimenti anche per l'abbondante accumulo di gusci o scheletri di organismi.

Il lento passaggio da sedimenti, formati da frammenti distinti, a rocce sedimentarie vere e proprie avviene per un insieme di fenomeni che prende il nome di **diagenesi**. Tra questi, il più comune è la *litificazione* che avviene essenzialmente per *compattazione* e *cementazione*.

- La **compattazione** è dovuta al peso dei materiali che via via si sovrappongono e che, comprimendo i sedimenti sottostanti, riducono gli spazi vuoti (pori) tra i singoli frammenti. Nelle argille, lo spessore può ridursi in tal modo di oltre il 50%.
- La **cementazione** è prodotta invece da acque che circolano nei sedimenti sfruttando la presenza dei

Figura 35
Gli stadi del ciclo di formazione delle rocce sedimentarie. Essi abbracciano vari processi, parzialmente sovrapposti: degradazione meteorica fisica (disgregazione) e chimica (alterazione); erosione; trasporto; deposizione; seppellimento. Il processo si conclude con la diagenesi. (Rielaborato da *Capire la Terra*, 3ª ed., Zanichelli, 2016)

35

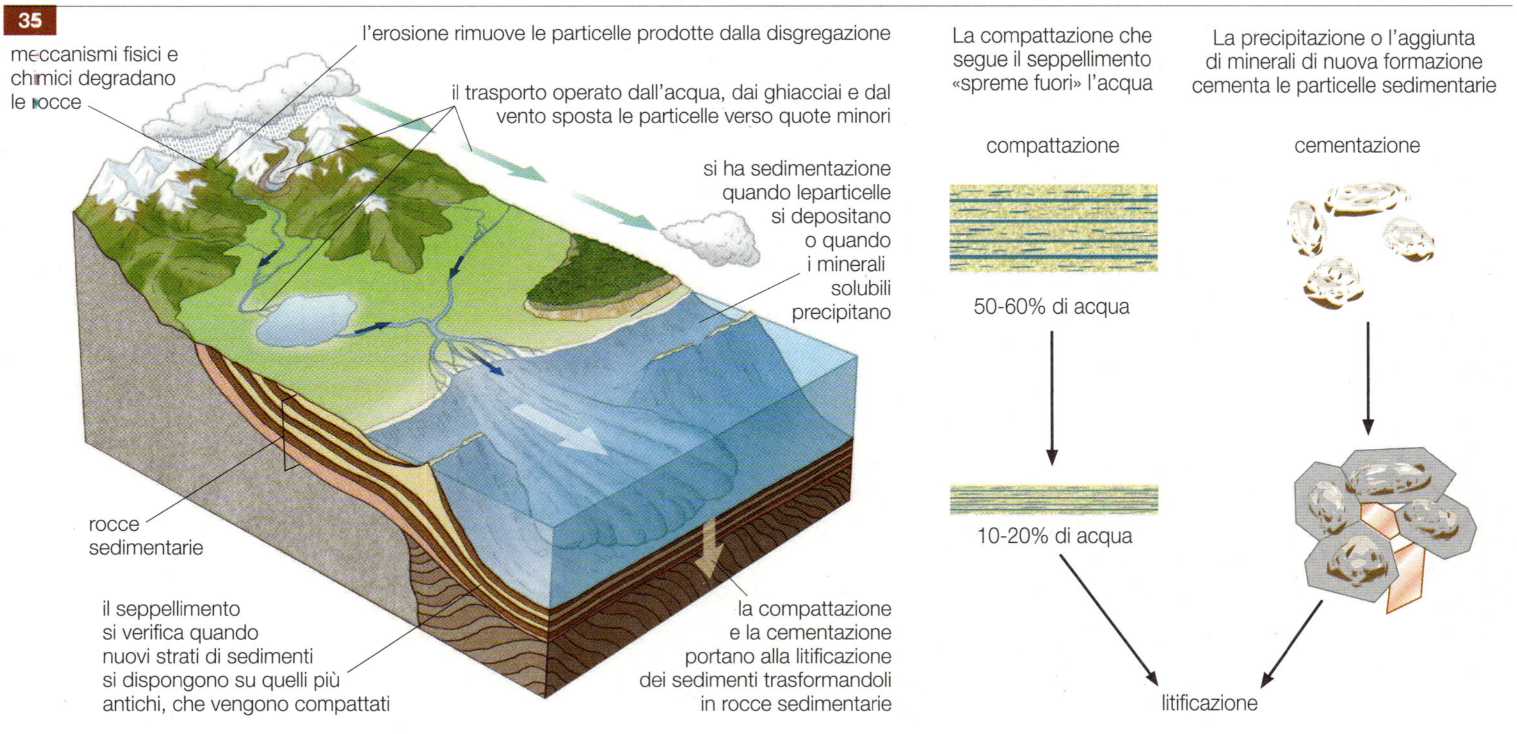

Figura 36
***Breccia poligenica*, cioè conglomerato a ciottoli spigolosi e di varia natura.** I frammenti (*clasti*), grandi in questo caso al massimo 3-4 cm, non sono stati trasportati dalle acque correnti, quindi sono rimasti spigolosi. Il cemento che lega i clasti è formato da $CaCO_3$ (carbonato di calcio) precipitato dalle acque di circolazione. (F. Buratta e F. Paoletti)

Figura 37
***Puddinga*, un conglomerato i cui ciottoli appaiono levigati, come conseguenza dell'usura durante il trasporto.** In questo caso i ciottoli sono sparsi in una sabbia fine (si parla in tal caso di matrice) e il tutto è legato insieme da un cemento, che può essere di varia natura (calcitico, silicico, ferruginoso ecc.).

Figura 38
Campione di *arenaria*. L'arenaria ha un colore molto variabile, dal rosso al verde, al bruno, al giallo, al bianco, al grigio, come in questo caso. (Da Mottana A., Crespi R., Liborio G., *Minerali e rocce*, Mondadori, 1981)

■ **Cemento** (**Cement**) Dal latino *caementum*, pietra rozza da tagliare. Il cemento è una sostanza che precipita chimicamente dalle acque in circolo e, nelle rocce clastiche, riempie i pori più minuti, «legando» insieme i clasti.

■ **Matrice** (**Matrix**) Dal latino *mater*, madre: nelle rocce clastiche gli spazi tra i frammenti più grossi possono essere occupati da materiale molto fino, che costituisce la *matrice*.

pori e che portano in soluzione alcune sostanze. Col tempo tali sostanze possono precipitare chimicamente e riempire i pori, cementando i granuli. Tra i cementi più comuni ricordiamo la calcite e la silice.

Le **rocce sedimentarie** vengono suddivise in tre grandi gruppi, che riuniscono ciascuno quelle che si formano in modi simili:

– rocce *clastiche* (o *detritiche*);
– *rocce organogene* (o *biogene*);
– *rocce chimiche*.

7.2 Le rocce clastiche o detritiche

Sono rocce formate da frammenti (clasti) di altre rocce che si accumulano in genere in zone ribassate, quando il mezzo che li trasporta (acqua, vento, ghiaccio) perde la sua energia. Per risalire all'ambiente di formazione si considera la dimensione dei clasti, che riflette l'energia dell'ambiente in cui si sono deposti: quanto più sono piccoli, tanto più «tranquillo» doveva essere il mezzo (in genere l'acqua) da cui si sono sedimentati. Altra caratteristica importante è il grado di arrotondamento dei granuli, che esprime l'usura subìta dal clasto e dà un'idea dell'intensità del processo di trasporto in cui è stato coinvolto.

Le rocce costituite da clasti con dimensioni maggiori di 2 mm sono dette **conglomerati**, e derivano dalla lenta cementazione delle ghiaie.

■ I conglomerati formati da ciottoli spigolosi sono detti **brecce** [Figura 36]. Esse hanno subìto un trasporto modesto, come accade ai detriti caduti ai piedi dei versanti montuosi.

■ I conglomerati formati da ciottoli arrotondati sono detti **puddinghe** [Figura 37]. Esse hanno subìto un lungo trasporto come, ad esempio, i depositi alluvionali lasciati dai fiumi e dai torrenti.

Le rocce costituite da clasti più piccoli (tra 2 mm e 1/16 di mm) sono chiamate **arenarie**, sabbie cementate che possono essere ricche di granuli di quarzo o di altra natura [Figura 38]. Derivano da sabbie desertiche, dune litorali, sabbia fluviale, lacustre o deltizia, sabbie costiere o di bassifondi marini. In Cina, in Russia e in altre distese continentali vi sono tipici depositi giallastri di sabbia fine, trasportata su lunghe distanze dal vento, che prendono il nome di *loess* (pronuncia *löss*).

Le rocce formate da clasti finissimi (meno di 1/16 di mm) sono dette **argille**. Esse si depositano in prevalenza sul fondo dei grandi laghi, o al largo dei delta, o, ancora, in mare aperto e in pieno oceano. Quando tali sedimenti, a causa della diagenesi, perdono la loro tipica plasticità e diventano più compatti, vengono distinti con il nome di **argilliti**.

Le rocce clastiche comprendono anche le **marne**, rocce che derivano da una mescolanza di argille e di calcàre di origine detritico-organogena (vedi oltre) o chimica, secondo varie proporzioni. Le marne sono la materia prima per la preparazione del cemento usato per l'edilizia.

Sono ritenute rocce clastiche anche le **piroclastiti**, depositi di materiali di varie dimensioni (da ceneri a lapilli) emessi da esplosioni vulcaniche. I frammenti hanno seguìto in aria o lungo le pendici del vulcano percorsi più o meno lunghi, prima di «sedimentare» su altre rocce o in mare. Per questa ragione le rocce piroclastiche vengono considerate come sedimentarie, anche se i materiali che le costituiscono sono di origine ignea.

7.3 Le rocce organogene

Nelle rocce clastiche si trovano frequentemente resti fossili di organismi viventi che sono stati trasportati e accumulati, spesso in frammenti, insieme ad

Figura 39
***Calcàre organogeno bioclastico*, costituito da un ammasso di gusci di lamellibranchi.** La matrice in cui sono disseminati i gusci è detritica molto fine e il cemento è calcitico. Rocce come queste sono chiamate «lumachelle» e vengono spesso impiegate, levigate e lucidate, come pietre da decorazione.

Figura 40
Calcàre organogeno a coralli. Sono riconoscibili i singoli individui di un corallo coloniale. Ammassi rocciosi di questo tipo sono detti *biocostruiti*, perchè i loro resti fossili mantengono le posizioni oiriginarie.

altri clasti. Esiste però un vasto gruppo di rocce formate quasi solamente dall'accumulo di sostanze legate a un'attività biologica. In base al modo in cui si è formato l'accumulo, e quindi all'ambiente di origine, si distinguono tre categorie.

- Rocce **bioclastiche**, formate da semplici accumuli di gusci e apparati scheletrici (ad esempio gli ammassi di conchiglie che si osservano anche oggi lungo le coste).
- Rocce **biocostruite**, formate da ammassi di organismi «costruttori», i cui apparati scheletrici esterni possono saldarsi l'uno all'altro (ad esempio le scogliere e gli atolli costruiti da spugne e coralli in mari tropicali).
- **Depositi organici**, formati da accumuli di sostanza organica vera e propria, vegetale o animale, in mare o su terre emerse, dalla cui trasformazione nel tempo prendono origine depositi particolari (carboni e idrocarburi).

In ogni caso, la presenza di resti fossili consente di risalire all'ambiente in cui la roccia si è formata. In base alla loro natura chimica prevalente, le rocce organogene sono classificate in più gruppi.

Rocce organogene carbonatiche. Le rocce carbonatiche comprendono i **calcàri organogeni**, che derivano dall'accumulo di gusci calcarei spesso immersi in una matrice fine [Figura 39]. I gusci sono costituiti da carbonato di calcio ($CaCO_3$), minerale noto come calcite. I calcàri organogeni si formano anche dall'attività di organismi costruttori che impiegano la calcite per rivestirsi di parti scheletriche, come i coralli [Figura 40]. Gli organismi che formano gusci calcarei sfruttano l'abbondanza di ioni calcio (Ca^{2+}) e di ioni bicarbonato (HCO_3^-) sciolti nell'acqua di mare, dove vengono trasportati dai fiumi, come prodotti della degradazione meteorica dei calcari e delle rocce ricche di minerali silicatici contenenti calcio.

Associate ai calcàri, ma meno abbondanti, si trovano spesso le **dolòmie**, formate da un minerale chiamato *dolomite*, la cui formula è $CaMg(CO_3)_2$ (carbonato doppio di calcio e magnesio). Tali rocce si formano per un processo di diagenesi in rocce calcàree interessate da circolazione di soluzioni acquose ricche di magnesio: la *dolomitizzazione* (vedi Ampliamento, *Dolomiti: giardino di coralli*).

In genere i sedimenti carbonatici si formano nelle piane marine abissali e sono costituiti dai gusci calcitici di un numeroso gruppo di foraminiferi, minuscoli organismi unicellulari che vivono innumerevoli nelle acque superficiali. Alla morte di quegli organismi i gusci scendono come una pioggia impalpabile sul fondo dell'oceano, dove si accumulano a formare fanghi calcarei. Vasti accumuli di sedimenti carbonatici, che con il tempo si trasformano in calcàri e dolòmie, si formano, però, anche in corrispondenza delle piattaforme carbonatiche.

Le **piattaforme carbonatiche** sono settori di fondali marini, piatti e poco profondi, estesi per decine o centinaia di kilometri e diffusi in mari tropicali; su quei fondali, coperti da acque calde e ben ossigenate, si depositano carbonati di origine sia organica (gusci) sia inorganica (precipitazione chimica, forse facilitata da microrganismi). Tali aree sono caratterizzate da vasti fondi coperti da qualche metro d'acqua (lagune), in cui si accumulano fanghi calcarei finissimi, mentre lungo il margine della piattaforma si sviluppano scogliere organogene, che formano ammassi rocciosi costituiti dagli apparati scheletrici di vari tipi di organismi costruttori, primi fra tutti i coralli coloniali.

Figura 41
Schema della formazione di una piattaforma carbonatica.
A. Lungo i margini di un settore di fondale oceanico poco profondo si impiantano e si sviluppano scogliere organogene, ricche di coralli coloniali (per cui vengono spesso citate come *barriere coralline*), che circondano una laguna coperta da una sottile lama d'acqua. All'interno della laguna, la crescita di organismi che secernono carbonato è rapida e i sedimenti carbonatici si formano velocemente mentre in mare aperto, all'esterno della scogliera, la sedimentazione è molto più lenta.
B. Se il fondale oceanico è in lento sprofondamento, e quindi il livello del mare si alza, i coralli sono costretti a svilupparsi verso l'alto, per restare in prossimità del livello del mare, dove arriva la luce solare indispensabile al loro ciclo biologico (meno di 40 metri di profondità). Se lo sprofondamento è troppo rapido, l'intera piattaforma arresta il suo sviluppo e rimane come una struttura fossile; se è molto lento, la struttura si allarga, per l'espandersi continuo degli organismi costruttori verso acque agitate e ricche di ossigeno.

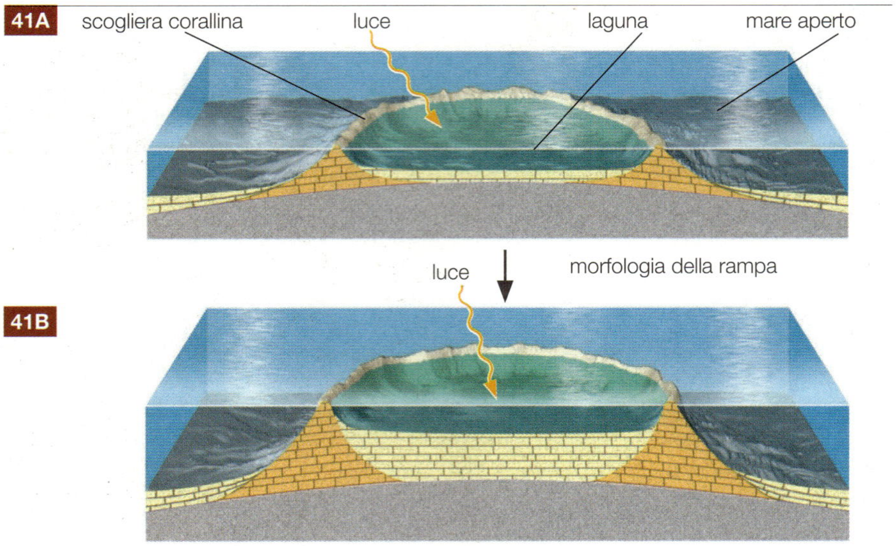

■ **Atollo** (**Atoll**) Gli atolli sono isole formate da rocce organogene biocostruite (in gran parte a opera di coralli coloniali) a forma di anello più o meno continuo che delimita una laguna pochissimo profonda. Sono diffusi nei mari tropicali, con temperature tra 25 e 30 °C, acque limpide e ben ossigenate e molta luce. La forma ad anello è dovuta alla loro origine (spiegata da Darwin oltre un secolo fa), per colonizzazione delle coste rocciose di isole vulcaniche in corso di lento sprofondamento. A mano a mano che la sommità del vulcano spento sprofonda, le scogliere coralline si accrescono verso l'alto, appoggiandosi sugli scheletri delle strutture precedenti. Se la crescita compensa lo sprofondamento, si forma la barriera corallina che circonda una laguna. Perforazioni profonde in alcuni atolli hanno attraversato, sotto la scogliera attuale, centinaia di metri di spessore di resti delle scogliere precedenti prima di incontrare rocce vulcaniche.

Dove quei fondali sono in lenta *subsidenza* (sprofondamento) le scogliere lungo i margini continuano a crescere (come avviene negli atolli corallini) e la laguna si riempie di strati di fanghi calcarei [Figura 41]. Con il tempo (anche molti milioni di anni) le piattaforme diventano accumuli di numerosissimi strati di carbonati (calcari e dolòmie), fino a costruire vaste strutture rilevate rispetto ai fondali circostanti, con spessori totali da centinaia fino a qualche migliaio di metri e con la superficie a pelo d'acqua.

Esempi attuali di queste grandi strutture sono le Isole Bahamas, al largo della Florida, o le Isole Dahlac, nel Mar Rosso e numerose altre che popolano i mari tropicali. Nel passato, con organismi costruttori diversi al trascorrere del tempo, strutture analoghe hanno dato origine a imponenti accumuli di rocce carbonatiche, ognuno con spessori di migliaia di metri, i cui resti si trovano anche nelle Alpi meridionali e formano l'ossatura di gran parte dell'Appennino centro-meridionale. Lo studio delle piattaforme carbonatiche attuali ha permesso, perciò, di scoprire che gran parte delle rocce dell'Italia si sono formate in mari tropicali, quindi a latitudini più basse di quelle che occupano oggi (vedi paragrafo 10, nel capitolo 6).

Figura 42
Livelli di *selce* all'interno di uno strato di calcare.
La selce, di colore scuro, è molto dura e si rompe con una frattura scagliosa e lucente (grandezza naturale). (Da Mottana A., Crespi R. Liborio G., *Minerali e rocce*, Mondadori, 1981)

Rocce organogene silicee. L'accumulo di gusci di organismi che utilizzano la silice invece della calcite (come i Radiolari e le Diatomee) porta alla formazione di rocce organogene silicee. Tra queste la più diffusa è la **selce**, una roccia dura formata da SiO_2 (silice, in forma di quarzo o di altre varietà, come il calcedonio o l'opale), che può presentarsi in strati regolari, in genere di modesto spessore [Figura 42], o può essere contenuta entro masse calcàree in forma di lenti, noduli e masserelle sferoidali.

Depositi organici: carboni fossili e idrocarburi. I **carboni fossili** sono rocce organogene che derivano dalla fossilizzazione di grandi masse di vegetali (alberi, piante acquatiche, alghe) per progressivo arricchimento di carbonio e perdita degli altri elementi chimici dei vegetali.

Gli **idrocarburi** sono invece miscele di composti del carbonio e dell'idrogeno cui si aggiungono piccole quantità di composti ossigenati, azotati e fosforati. In natura si trovano idrocarburi solidi (asfalti, bitumi), liquidi (petrolio) e gassosi (fra i quali predomina il metano). Gli idrocarburi impregnano molti strati di rocce porose (come fa l'acqua quando riempie i pori di una spugna) e derivano dalla decomposizione di sostanze organiche (microrganismi vegetali e animali) che si sono accumulate su fondali marini poco ossigenati, mescolandosi a fanghi finissimi.

Carboni e idrocarburi vengono diffusamente impiegati, da lungo tempo, come combustibili fossili: ne riparleremo, perciò, in modo più specifico nel paragrafo 11, dedicato a queste rocce particolari come fonti naturali di energia.

Figura 43
Una distesa di evaporiti nel Death Valley National Park, California (USA). Al tempo dell'ultima epoca glaciale quest'area faceva parte di un immenso lago, privo di emissari, nelle cui acque si sono concentrati i sali dilavati dai corsi d'acqua che scendevano dai rilievi circostanti. Con la fine delle glaciazioni, il clima arido, che caratterizza anche oggi la zona, provocò l'evaporazione di gran parte delle acque e si formò la spessa crosta di sali qui raffigurata. (L. Castaneda/Tips)

7.4 Le rocce di origine chimica

■ **Saturazione** (**Saturation**) Dal latino *saturare*, saziare. Sciogliere sostanze in un solvente fino alla massima concentrazione possibile.

Questo terzo e ultimo gruppo di rocce sedimentarie comprende tutte quelle che si sono deposte, e si depongono tuttora, per fenomeni chimici. Il più evidente tra questi è la **precipitazione** sul fondo di bacini acquei di composti chimici che si trovano sciolti nell'acqua del mare o dei laghi. Se la quantità dei sali disciolti raggiunge la saturazione, essi precipitano formando così le **rocce evaporitiche** o **evaporiti**. Altri sedimenti derivano, invece, da alterazione per **dissoluzione** all'aria libera di rocce preesistenti e danno origine alle **rocce residuali**.

Evaporiti. Quando un bacino marino rimasto isolato evapora completamente o quasi, sul suo fondo si depositano i sali contenuti nell'acqua del mare. Essi precipitano in ordine inverso rispetto alla loro solubilità: prima la calcite ($CaCO_3$) e la dolomite [$CaMg(CO_3)_2$], poi il gesso ($CaSO_4 \cdot 2H_2O$) e l'anidrite ($CaSO_4$), infine il salgemma, la silvite e la carnallite (cloruri di Na, K, Mg). Si sono formati in tal modo estesi giacimenti di sali, con spessori anche di decine di metri, sfruttati industrialmente già da lungo tempo.

Anche in bacini desertici, circondati da rilievi dai quali possono scendere saltuariamente torrenti alimentati dalle rare piogge, si possono formare accumuli di sali quando l'alta temperatura fa evaporare le acque che li hanno trasportati in soluzione [Figura 43].

Si ritrovano, in questo gruppo, i carbonati, **calcàri** e **dolòmie**: a volte, infatti, questi materiali derivano da precipitazioni di $CaCO_3$ o di $CaMg(CO_3)_2$ nell'acqua del mare, senza l'intervento di organismi viventi.

Anche in ambiente continentale possono formarsi calcàri: il $CaCO_3$ contenuto nelle acque sorgive o fluviali può arrivare alla saturazione per un aumento di temperatura o per una diminuzione di pressione nell'acqua (come accade, per esempio, dove sbocca una sorgente). Si originano così *travertini* e *alabastri*, tutti in straterelli sovrapposti o concentrici, non di rado di colore diverso, per la presenza di piccole quantità di varie sostanze (in genere, ossidi di ferro). Origine analoga hanno, nel mondo carsico sotterraneo, le *stalattiti* e le *stalagmiti* che rivestono le sale di molte grotte, arricchendole di una inesauribile serie di forme fantastiche.

Anche alcune **rocce silicee** possono derivare direttamente da precipitazione chimica, con la deposizione di silice in corrispondenza di sorgenti termali di origine vulcanica (*geyserite*, *opale*). Infine, la silice che circola nel sottosuolo in soluzioni acquose può sostituire, molecola per molecola e conservandone tutte le strutture, il legno di alberi sepolti; hanno così origine le *foreste pietrificate* e i *legni silicizzati* [Figura 44].

Figura 44
Tronchi d'albero della *Foresta Pietrificata* (nel Deserto Dipinto, in Arizona, USA), portati alla luce dalla lenta erosione delle argille in cui rimasero sepolti circa 200 milioni di anni fa. La circolazione di acque ricche in silice entro i sedimenti che avvolgevano i tronchi ha provocato la *fossilizzazione* del legno, per sostituzione della sostanza organica con varietà di quarzo. La presenza nelle acque di altri elementi oltre la silice ha conferito alla durissima sostanza minerale una gamma di colori: rosso, giallo e bruno per il ferro, blu e verde per il cobalto e il cromo, e così via.

Rocce residuali. Si definiscono così le rocce che derivano dall'accumulo in posto, cioè senza trasporto, dei materiali che restano dopo l'alterazione meteorica di una roccia affiorante e dopo il dilavamento, ad opera delle acque piovane, delle sostanze solubili che si formano nel caso di tale alterazione. Rientrano in questa categoria tutti i suoli, come prodotto dell'interazione tra atmosfera e rocce.

Tipiche rocce residuali si formano quando l'alterazione meteorica attacca rocce ignee o metamorfiche in climi caldo-umidi. In tali condizioni, rimangono accumuli rossi di **lateriti** (idrossidi e ossidi di ferro) e depositi biancastri di **bauxiti** (idrossidi di alluminio).

7.5 Il processo sedimentario

Questa rassegna delle rocce sedimentarie dovrebbe avere chiarito la varietà di processi attraverso cui esse si formano e la stretta relazione tra un ambiente di sedimentazione (marino, fluviale, desertico ecc.) e il tipo di roccia che in esso può originarsi.

La grande eterogeneità delle rocce sedimentarie non deve disorientarci: in realtà, dietro la varietà di fenomeni è possibile individuare le linee di un **processo sedimentario globale**.

Ogni roccia che affiori in superficie è attaccata dagli *agenti atmosferici* che provocano la *disgregazione* e l'*alterazione* dei minerali originali, con intensità e modi diversi a seconda dei climi. Si forma così un *mantello detritico* che può restare in luogo (*rocce residuali*) o subire un trasporto a opera di vari agenti, a seconda del clima e delle forme del rilievo.

La pioggia opera un dilavamento generale, i ghiacciai o i venti trasportano parte dei materiali, che poi abbandonano in accumuli caratteristici. Al di fuori delle zone glaciali o desertiche, i fiumi operano un trasporto efficace di materiale (solido o in soluzione) dai continenti, fino a riversarlo nei bacini marini, dove si accumulano i maggiori spessori di sedimenti clastici, organogeni e chimici.

La superficie terrestre è in continua trasformazione e le rocce sedimentarie che si formano oggi riflettono i molti aspetti di tale trasformazione. Nello stesso tempo, le rocce del passato, opportunamente interpretate, offrono tracce di mutamenti precedenti e consentono di ricostruire le fasi dell'evoluzione della superficie del pianeta.

QUESITI

1. Completa.
   La .... avviene grazie alla circolazione di soluzioni acquose tra i sedimenti e porta alla loro ....
2. La fossilizzazione di grandi masse vegetali sepolte genera
   - **A** i carboni fossili.
   - **B** i conglomerati.
   - **C** le rocce organogene silicee.
   - **D** le rocce evaporitiche.
3. Che cosa si intende per processo di sedimentazione? Di quali passaggi si compone questo processo?
4. Che cos'è la diagenesi?
5. Che cosa differenzia conglomerati, arenarie e argille?
6. Quali tipi di rocce sedimentarie organogene esistono?
7. Come si formano le rocce residuali?

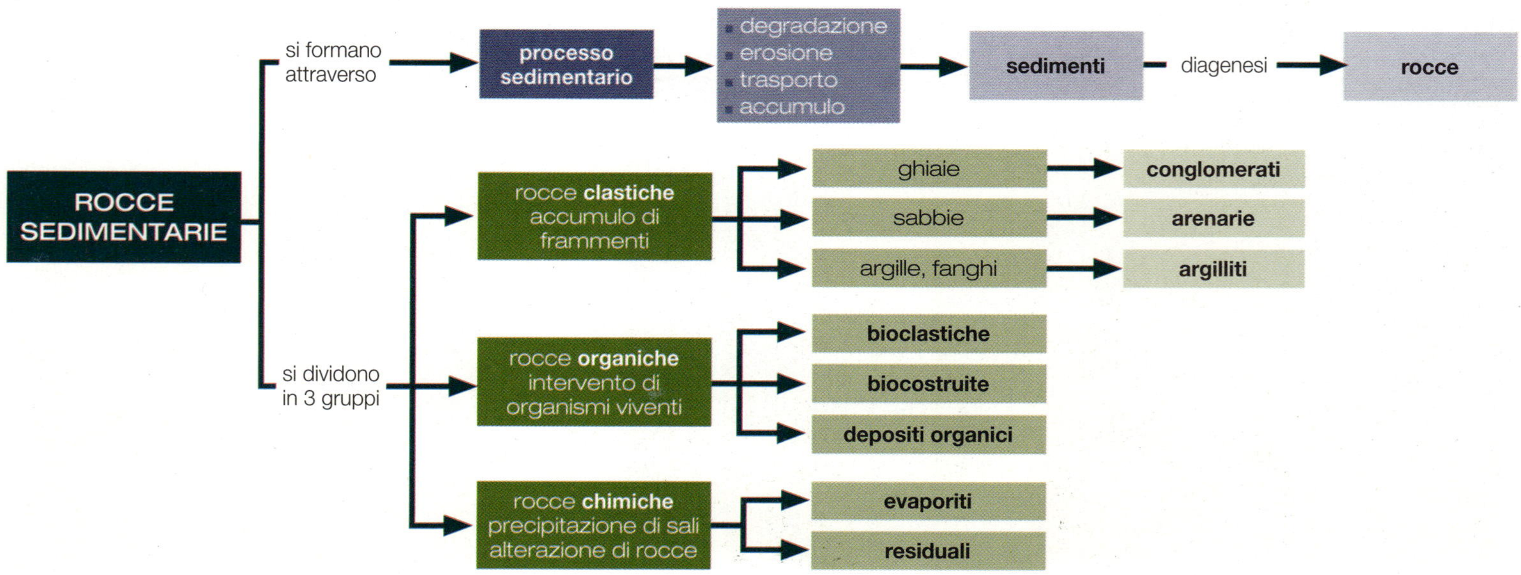

ampliamento delle conoscenze

Dolomiti: giardino di coralli

Nel settore orientale dell'arco alpino italiano sorge un famoso gruppo di rilievi che i Ladini, gli antichi abitanti di quei luoghi, hanno per lungo tempo chiamato *Lis montes pàljes*, «i monti pallidi», per i colori chiari delle rocce. Secondo una leggenda ladina sarebbero stati i Silvani, i nani dei boschi e delle caverne, a rendere più chiare quelle vette, filando i raggi della Luna per tessere poi, intorno alle cime, una rete sottile e luminosa; e l'avrebbero fatto perché la figlia del re della Luna, sposa del re di quei monti, non soffrisse per la nostalgia del suo mondo lontano.

Oggi quei monti, riconosciuti dall'Unesco «Patrimonio naturale dell'Umanità», sono noti in tutto il mondo come Dolomiti, ma il nuovo nome non ha un'origine altrettanto poetica. Nel 1789, infatti, il marchese Déodat de Dolomieu, in viaggio lungo la strada fra Trento e Bolzano, raccolse dei campioni di una roccia di colore chiaro, simile al calcàre. In seguito si scoprì che era formata da un minerale allora non chiaramente identificato: un carbonato di calcio e magnesio, al quale, in onore di Dolomieu, fu dato il nome di *dolomite*, mentre *dolòmia* fu chiamata la roccia che lo conteneva.

Nella seconda metà dell'Ottocento, i primi turisti e alpinisti inglesi che visitavano i monti del Tirolo meridionale, cominciarono a parlare di «Dolomite Mountains»: il nuovo nome si affermò e Dolomiti è entrato nell'uso comune, caso più unico che raro di un'intera regione che ha preso il nome da un minerale noto solo a pochi specialisti.

Ma la caratteristica principale del paesaggio dolomitico è nel fatto che tale roccia appare come raccolta in imponenti gruppi isolati, circondati da ampie valli [Figura 45].

Circa 200 milioni di anni fa, in un mare poco profondo, in acque calde e agitate, cominciarono a formarsi delle scogliere coralline, simili, per la forma, a piccole piattaforme carbonatiche; poiché il fondo del mare si abbassava lentamente, i coralli, le alghe e miriadi di altri piccoli organismi, che si concentravano lungo il bordo della scogliera, continuavano a innalzare le loro costruzioni per restare vicino alla luce, come vediamo succedere attualmente negli atolli del Pacifico. Le rocce che nascevano da questo brulichio di vita erano calcari e dolòmie e raggiungevano così centinaia di metri di spessore. Nella laguna all'interno della scogliera si accumulavano fanghi calcarei.

Dopo un lungo periodo le acque divennero torbide: numerosi vulcani erano entrati in attività, spargendo i prodotti delle loro eruzioni su un'ampia area. Coralli e alghe si estinsero e furono ricoperti da lave e piroclastiti. Quando il mare tornò limpido, si formarono altri calcàri e altre dolòmie, e lo spessore delle rocce accumulate crebbe ancora.

Tra una scogliera e l'altra, separate da ampi bracci di mare, si deponevano rocce diverse, in genere più tenere.

Quando si innalzò la catena alpina, tutte queste rocce emersero dal mare e iniziò l'erosione. Le antiche scogliere, liberate pian piano dal mantello di altre rocce, sono rimaste alte e isolate e formano ora i «gruppi dolomitici», con ripide pareti di rocce chiare, aride e brulle. Solo al tramonto, nei giorni sereni, quelle rupi si addolciscono di un caldo colore rosato: pochi attimi di un misterioso riflesso luminoso, che ha ispirato un'altra antica leggenda ladina. Un tempo quelle cime erano tutte fiorite di rose rosse ed erano il regno dei Nani, in cui si celavano favolosi tesori. Finché un giorno re Laurino, per salvare il suo popolo dall'invidia dei popoli delle valli, fece un incantesimo e il roseto fu pietrificato in grigia roccia, «perchè non fosse più visibile, nè di giorno nè di notte». Ma re Laurino, nel suo incantesimo, dimenticò il crepuscolo, che non è più giorno e non è ancora notte, e da allora, al tramonto, per un breve attimo, rivive il «giardino delle rose».

Anche questa leggenda è affascinante, ma la realtà, una volta tanto, riesce forse a superarla, perché il tempo ha operato veramente un incantesimo nelle Dolomiti: ha cristallizzato per sempre un giardino di coralli.

Figura 45
La «scogliera» dolomitica del Sassolungo-Sassopiatto. Il pendio regolare che delimita a destra il rilievo corrisponde all'originale scarpata che scendeva sott'acqua partendo dal margine della scogliera, lungo il quale, in prossimità del livello del mare, vivevano coralli e alghe. L'erosione ha restituito all'antico rilievo sottomarino l'isolamento rispetto a formazioni simili, che compaiono in secondo piano (all'estremità sinistra: il gruppo del Sella), mentre i prati in primo piano corrispondono al fondo del mare che separava tra loro le isole coralline.

45

8 Rocce metamorfiche

Figura 46
Un esempio di marmo, formato per contatto tra calcari e un magma granitico. La massa chiara è formata da cristalli di calcite, mentre le macchie tondeggianti scure sono cristalli di granato (un nesosilicato). (1/2 dell'originale; da *Fotoatlante dei minerali e rocce*, Zanichelli, 1984)

Le **rocce metamorfiche** si sono formate e si formano in seguito alla **trasformazione** di altre rocce, provocata da aumenti di pressione e di temperatura.

Il metamorfismo è quindi un processo che avviene in profondità, all'interno della crosta terrestre, senza che si arrivi alla fusione del materiale coinvolto (se ciò avviene, si origina un magma e si possono formare rocce magmatiche). Le trasformazioni riguardano sia i minerali (i cui atomi si riordinano secondo un diverso reticolo cristallino, dando origine a minerali nuovi), sia la struttura della roccia, cioè il modo in cui i minerali sono disposti.

Le rocce metamorfiche sono una traccia vistosa delle trasformazioni che coinvolgono l'intera crosta terrestre: rocce oggi affioranti possono, con il tempo, scendere a profondità di decine di kilometri, mentre via via si trasformano; rocce profonde possono essere spinte e affiorare in superficie, portando con sé le «prove» delle vicende subìte.

Esistono due tipi fondamentali di metamorfismo:
- il metamorfismo di contatto, che interessa le rocce venute a contatto con un magma;
- il metamorfismo regionale, che interessa invece grandi aree in profondità nella crosta.

8.1 Il metamorfismo di contatto

Quando un magma risale attraverso la crosta, o si ferma all'interno di questa, provoca un forte aumento di temperatura nelle rocce con cui viene a contatto. Si parla in tal caso di **metamorfismo di contatto**, dovuto essenzialmente all'alta temperatura e caratterizzato da basse pressioni: intorno alla massa di magma incandescente si forma un'aureola di contatto – il cui spessore varia da qualche centimetro (intorno ai piccoli corpi intrusivi) al kilometro (in prossimità dei grandi ammassi batolitici) – nella quale le rocce subiscono modificazioni nella composizione dei minerali. Le trasformazioni, tanto più intense quanto più vicine alla massa incandescente, si attenuano con la distanza, fino a che si passa a rocce non metamorfosate.

I calcàri, per esempio, formati di minuscoli frammenti di $CaCO_3$, sono trasformati in **marmi**, costituiti da un mosaico di grossi cristalli di $CaCO_3$ (delle dimensioni dei granuli dello zucchero), accompagnati, eventualmente, da altri minerali di nuova formazione, che si costruiscono a spese di impurità (silicati con ferro e/o magnesio) contenute nei calcari [Figura 46].

8.2 Il metamorfismo regionale

Il processo più imponente per volume di rocce coinvolte è il **metamorfismo regionale**, che avviene quando movimenti della crosta terrestre fanno sprofondare per kilometri masse di rocce sedimentarie o magmatiche, che vengono sottoposte non solo ad alte temperature ma anche a forti pressioni. Queste pressioni sono dovute sia al peso delle rocce sovrastanti (*pressione di carico*), sia a spinte tra masse rocciose contigue (*pressione orientata*).

Quando prevale l'azione di forti pressioni si formano di preferenza minerali appiattiti o lamellari (come le miche), orientati tutti perpendicolarmente alla direzione della pressione. In tal caso le rocce

■ **Pressione orientata** (**Directed pressure o Differential stress**) All'interno della crosta terrestre sono in atto movimenti di masse rocciose che esercitano «spinte» contro altre rocce, secondo varie possibili direzioni, in genere diverse dalla verticale (che è la direzione della pressione di carico).

che ne derivano presentano una tipica **scistosità**, la proprietà di suddividersi facilmente in lastre secondo piani paralleli (piani di scistosità).

Man mano che sprofondano, i minerali continuano a modificarsi, per adattarsi a nuovi valori di temperatura e pressione. Le trasformazioni metamorfiche risultano, perciò, più o meno forti a seconda della profondità raggiunta.

Il metamorfismo non può proseguire in modo indefinito: oltre certi valori di temperatura e di pressione si può arrivare alla fusione di una parte del materiale della roccia che si sta trasformando (in queste condizioni si possono formare le *migmatiti*; si riveda la figura 33A). Quindi se il processo avanza, la parte fusa aumenta sempre più e si passa ai *magmi anatettici*, dalla cui cristallizzazione derivano grandi batoliti granitici. Questi processi di **ultrametamorfismo** segnano perciò un collegamento tra rocce metamorfiche e rocce ignee.

8.3 Le facies metamorfiche

Le rocce soggette a metamorfismo subiscono una serie di reazioni chimiche e di trasformazioni fisiche (**cristallizzazione metamorfica**) che portano alla comparsa di nuove associazioni mineralogiche, per cui si può parlare di una roccia nuova che sostituisce quella preesistente. Al termine di tali reazioni la roccia avrà raggiunto nuove condizioni di equilibrio con l'ambiente e, quindi, una nuova stabilità.

47

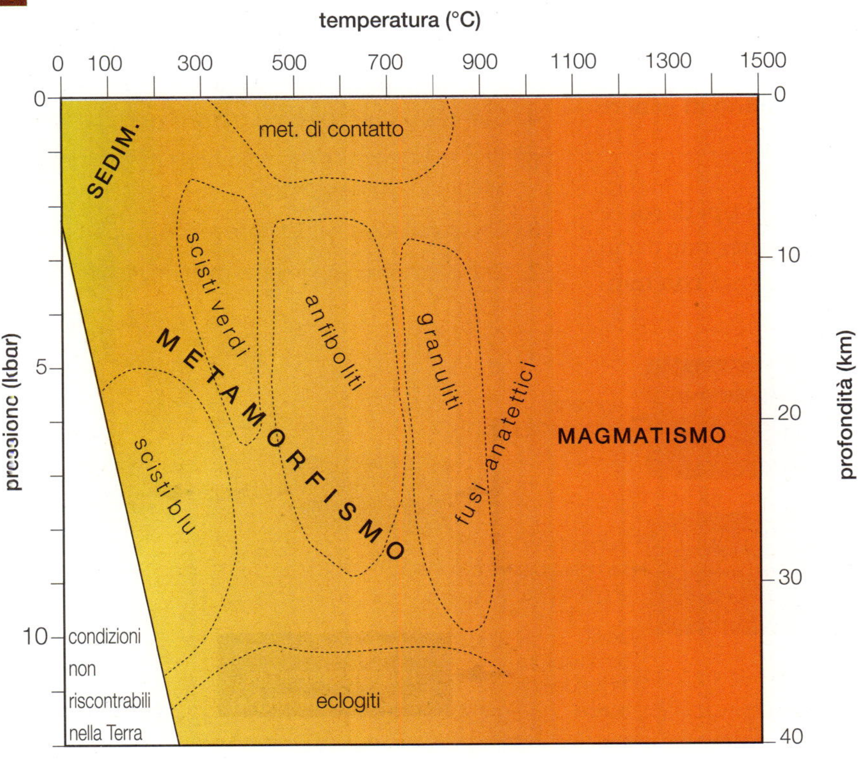

Figura 47
Le facies metamorfiche.
Il diagramma indica i valori di pressione, temperatura e profondità entro la crosta, che caratterizzano l'insieme dei processi litogenetici. In superficie o a piccola profondità domina il processo sedimentario, tranne dove risalgono magmi che, con il loro calore, provocano metamorfismo di contatto e portano alla formazione di rocce magmatiche. In profondità domina il processo metamorfico, ma dove la temperatura raggiunge certi valori, le rocce cominciano a fondere e si formano magmi («fusi anatettici») che possono risalire più o meno prima di solidificarsi in rocce magmatiche (intrusive o effusive).

In ogni caso la composizione chimica globale viene conservata, mentre a volte qualcosa della roccia originaria si preserva: perciò è possibile risalire in generale alla roccia sedimentaria, magmatica, o anche già metamorfica, che ha subito il metamorfismo. Poiché le rocce che si sono ricristallizzate in un certo intervallo di temperatura e pressione provengono da una medesima profondità della crosta, esse vengono raggruppate, al di là della loro composizione chimica, che può essere differente, in una stessa **facies metamorfica** [Figura 47].

La facies rappresenta l'insieme di caratteri litologici (e paleontologici, se sono presenti resti fossili) di una roccia e dipende dall'ambiente in cui la roccia si è formata: riconoscere una determinata facies significa, quindi, identificare l'ambiente fisico in cui una roccia si è formata.

A seconda dello stadio raggiunto, il metamorfismo viene definito genericamente di *grado basso*, *medio* o *alto*. Attraverso le *facies metamorfiche* il grado di metamorfismo viene definito in modo più specifico; in particolare:

- in uno stesso stadio di metamorfismo si formano differenti tipi di rocce metamorfiche da rocce di partenza di diversa composizione;
- da rocce di partenza della stessa composizione si formano differenti tipi di rocce metamorfiche in stadi di metamorfismo diversi.

Il concetto di grado metamorfico è un concetto statico: fornisce indicazioni sui valori massimi di temperatura e di pressione cui la roccia è stata sottoposta, ma non dà informazioni su dove la roccia sia stata trasformata né su come sia poi tornata in superficie. In realtà il metamorfismo è un processo dinamico, caratterizzato dal mutare delle condizioni di pressione e temperatura a mano a mano che una roccia sprofonda nella crosta, quindi nel tempo. I geologi chiamano la storia di queste variazioni **percorso metamorfico P-T**. Per ricavare dati di temperatura e di pressione necessari per ricostruire i percorsi P-T, si analizzano in laboratorio speciali minerali, chiamati *geobarometri* e *geotermometri*. Durante il metamorfismo, tali minerali (ad esempio i granati) si accrescono ma, all'aumentare della profondità, la loro composizione varia; poiché però le variazioni interessano di volta in volta la parte più esterna del minerale, osservando le variazioni di composizione dal centro alla periferia del cristallo si ricostruisce la storia dei cambiamenti *nel tempo* delle condizioni di metamorfismo (vedi più avanti, figura 51).

In definitiva si può stabilire fino a che profondità una roccia è scesa incontrando temperature e pressioni in aumento (percorso «di andata»), prima di ritornare in superficie, subendo temperature e pressioni via via minori, che provocano ulteriori trasformazioni nei minerali (percorso «di ritorno»).

48

49

50

Figura 48
Esempio di *fillade*, roccia metamorfica di basso grado. La fillade deriva dal metamorfismo di rocce argillose e argillo-sabbiose, contenenti spesso residui di materiale organico (soprattutto vegetale) che, trasformato in *grafite*, conferisce un colore scuro alla roccia. La scistosità è evidente e la roccia si sfalda in sottili lamine. (1/3 dell'originale; da *Fotoatlante dei minerali e rocce*)

Figura 49
I *micascisti* (metamorfismo di grado da medio ad alto) sono formati da letti alterni di quarzo, in granuli o lenticelle, e di *miche*. Le dimensioni delle lamelle di mica sono tali che si distinguono a occhio nudo; la scistosità è molto evidente. I cristalli isolati sono di granati. (1/2 dell'originale; da Mottana A., Crespi R., Liborio G., *Minerali e rocce*, Mondadori)

Figura 50
***Gneiss occhiadino*, metamorfismo di grado alto.** Le macchie chiare (simili a occhi) sono cristalli di *feldspato potassico* il resto sono laminette di *mica*. La scistosità è poco sviluppata. (1/2 dell'originale; da *Fotoatlante dei minerali e rocce*)

8.4 Classificazione delle rocce metamorfiche

Le rocce metamorfiche si osservano ovunque un settore di crosta sia stato sollevato e l'erosione abbia operato con una certa intensità. Ad esempio lungo l'asse delle grandi catene montuose e nel cuore dei grandi continenti.

■ La famiglia delle **filladi** deriva da metamorfismo di basso grado di rocce argillose o argillo-sabbiose. Sono formate da minuti cristalli di quarzo e mica e la scistosità è molto accentuata, tanto da provocarne lo sfaldamento in sottili fogli [Figura 48].

■ Tra le rocce metamorfiche più comuni vi sono i **micascisti**, con sottili letti alternati di piccoli cristalli di quarzo e miche che conferiscono alla roccia la tipica scistosità [Figura 49]. Essi derivano da metamorfismo regionale di grado da medio ad alto di rocce argillose. I micascisti sono tipici delle facies degli *scisti verdi* e delle *anfiboliti* (vedi ancora la figura 47).

■ Associati ai micascisti sono frequenti gli **gneiss**, che derivano da metamorfismo regionale di grado da medio ad alto e hanno composizione simile a quella dei graniti. Gli gneiss presentano in genere modesta scistosità [Figura 50].

Particolare interesse hanno due altri tipi di rocce metamorfiche, per l'ambiente di formazione di cui sono testimonianza. In zone della crosta con temperature relativamente basse ma alte pressioni si formano **scisti a glaucofane** (un silicato di Na e Mg) per metamorfismo a basso grado di lave basaltiche: essi caratterizzano la facies degli *scisti blu*.

Al metamorfismo di alte temperature ma pressioni variabili e in condizioni di assenza o scarsità di acqua (quindi a grande profondità entro la crosta) sono attribuite le **granuliti a granati**, ricche di feldspati e pirosseni.

QUESITI

1. Completa.
   Il metamorfismo di contatto avviene a ....
   .... molto elevate.
2. Scegli l'alternativa corretta.
   Nel processo di metamorfismo regionale le **basse**/**forti** pressioni determinano la formazione di minerali appiattiti o lamellari orientati **longitudinalmente**/**perpendicolarmente** alla direzione della pressione. In tal caso le rocce che ne derivano presentano **un'elevata**/**una bassa** scistosità.
3. Scegli l'alternativa corretta.
   La famiglia delle filladi deriva da metamorfismo di **alto**/**basso** grado di **rocce argillose**/**calcari**.
4. Che cosa si intende con il termine metamorfismo?
5. Che differenza c'è tra metamorfismo di contatto e metamorfismo regionale?
6. Che caratteristiche hanno le rocce metamorfiche?
7. Che cosa indica il percorso metamorfico P-T?

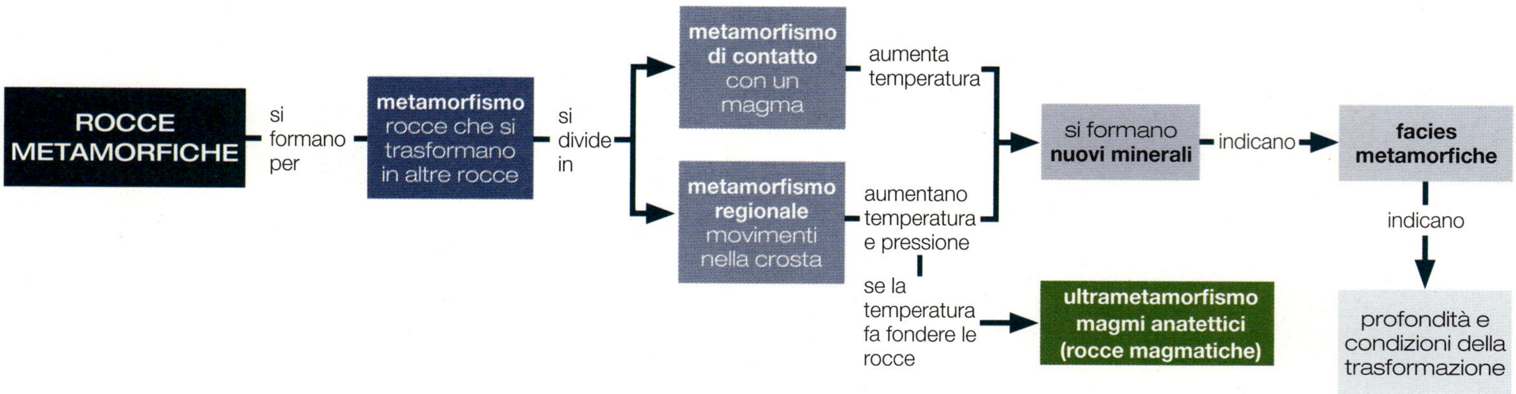

approfondimento delle conoscenze

Un percorso «infernale»...

Come fanno, in pratica, gli specialisti minero-petrografi a ricostruire il percorso seguìto da una roccia metamorfica, per milioni di anni, all'interno della crosta terrestre? Proviamo con un esempio.

Nell'esempio in Figura 51 viene preso in esame un cristallo di granato, presente in una roccia metamorfica tornata a riaffiorare in superficie (uno gneiss, mostrato in sezione sottile al microscopio, punto 1). Scelto un granato ben sviluppato, con l'impiego di specifiche analisi si è determinato il contenuto in calcio e in ferro nella composizione del nucleo del cristallo, messo in evidenza nell'immagine al microscopio ottico (punto 2); il nucleo è ovviamente la prima parte che si è formata quando il granato cominciava ad accrescersi e la sua composizione era in equilibrio con i parametri dell'ambiente (T, P, C: temperatura, pressione e concentrazioni). Poiché rispetto alla quantità totale degli elementi che entrano nel reticolo cristallino (e che vengono ugualmente determinati) le quantità percentuali di calcio e di ferro dipendono dai valori di T e P presenti, è possibile, in base a tali percentuali, risalire alla profondità raggiunta nella prima parte dello sprofondamento dai materiali in cui il cristallo si stava sviluppando.

La composizione del granato in esame, però, appare «zonata», cioè cambia dal centro alla periferia del cristallo; questo significa che la crescita del cristallo è avvenuta nel tempo in condizioni di T e P diverse e sono variate, di conseguenza, le proporzioni di calcio e di ferro che sono entrate nel reticolo cristallino.

A questo punto i valori di P e T così ottenuti vengono proiettati in un grafico che rappresenta le condizioni di pressione e temperatura nella crosta terrestre fino a 40 kilometri di profondità (punto 3). Nel grafico i due valori misurati occupano le posizioni 1 e 2 e permettono di individuare il «percorso prògrado», cioè la «discesa» in profondità nel tempo del materiale in trasformazione; come si vede, in una prima fase la roccia originaria si è metamorfosata in uno scisto (valore 1) e poi si è ulteriormente trasformata fino a diventare uno gneiss (valore 2), simile a quello mostrato nella sezione sottile.

In seguito i movimenti crostali hanno fatto risollevare quel settore di crosta sprofondato (punto 4) e l'erosione ha messo in luce la roccia («percorso retrògrado», cioè di «ritorno»), nella quale i granati hanno conservato le prove del loro movimento entro la crosta.

Figura 51
Esempio di percorso metamorfico P-T. Il percorso tipicamente seguìto da una roccia metamorfica inizia con un aumento di pressione e di temperatura (percorso prògrado), seguito da una diminuzione della pressione e della temperatura (percorso retrògrado). Il percorso ricostruito nell'esempio è tipico di una roccia coinvolta nel processo di *orogenesi*, cioè di formazione di una catena montuosa. (Foto: cortesia di Kip Hodges)

51

sezione sottile di uno gneiss granato

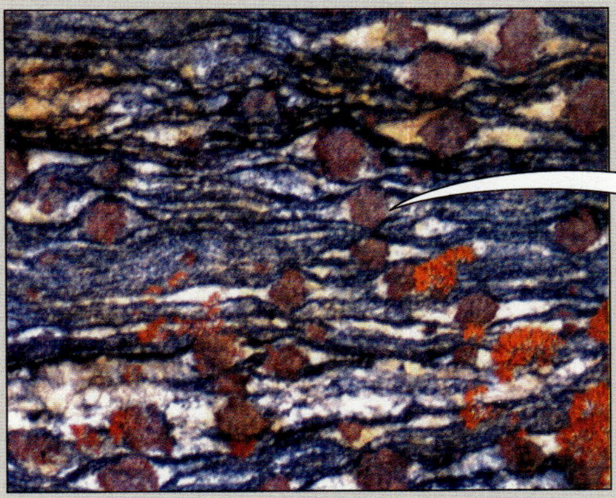

1. Durante il metamorfismo, un cristallo di granato si accresce e la sua composizione cambia al variare della pressione e della temperatura a contorno.

accrescimento zonato di un granato

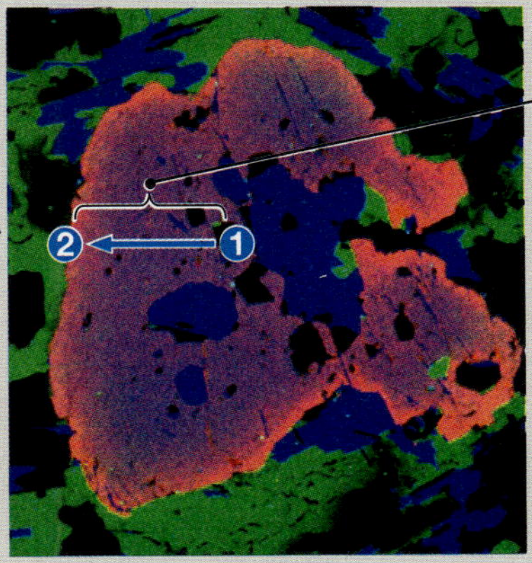

2. La composizione del cristallo può essere inserita nel grafico del percorso P-T; seguendo la crescita del cristallo dal suo centro, nel punto 1, al suo margine, nel punto 2.

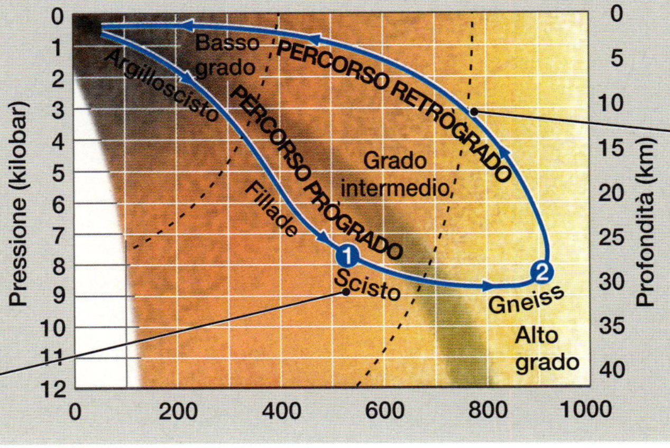

3. Mentre la roccia viene trasportata in profondità nella crosta terrestre e viene sottoposta a temperature e pressioni in aumento (percorso prògrado), il cristallo di granato in essa contenuto si accresce dapprima all'interno di uno scisto 1, ma finisce di accrescersi all'interno di uno gneiss 2, con il progredire del metamorfismo.

4. Il ramo retrogrado indica che la roccia, quando è trasportata verso la superficie, viene sottoposta a temperature e pressioni via via minori.

9 Il ciclo litogenetico

Video
Il ciclo litogenetico

I processi magmatico, sedimentario e metamorfico fanno parte di un unico **ciclo litogenetico**, del quale rappresentano diversi stadi successivi [Figura 52]. Un primo stadio comprende l'intero processo magmatico, con l'intrusione e l'effusione di materiali fusi in risalita nella crosta. Uno stadio successivo si individua nel processo sedimentario, che porta all'accumulo di sedimenti. Il trasferimento di rocce dalla superficie in profondità e il loro coinvolgimento nei movimenti della crosta porta a un terzo stadio, quello del processo metamorfico, che, attraverso i fenomeni di fusione (anatessi), ci riporta al processo magmatico.

Nella realtà intervengono però numerosi elementi di complicazione. Per esempio, una roccia intrusiva o effusiva può venire metamorfosata senza prima essere demolita dal processo sedimentario; una roccia sedimentaria può venire esposta in superficie subito dopo la sua formazione; una roccia metamorfica può venire sollevata ed essere esposta in superficie, senza prima subire alcun fenomeno di rifusione.

Inoltre il ciclo non è perfettamente chiuso, come è messo in evidenza da quanto accade al magma basaltico primario che risale dal mantello ed entra nel ciclo. Sebbene gran parte delle rocce origina-

Figura 52
Schema del ciclo litogenetico. Le frecce di diverso colore mettono in evidenza i processi; i riquadri indicano i prodotti dei vari stadi del ciclo.

52

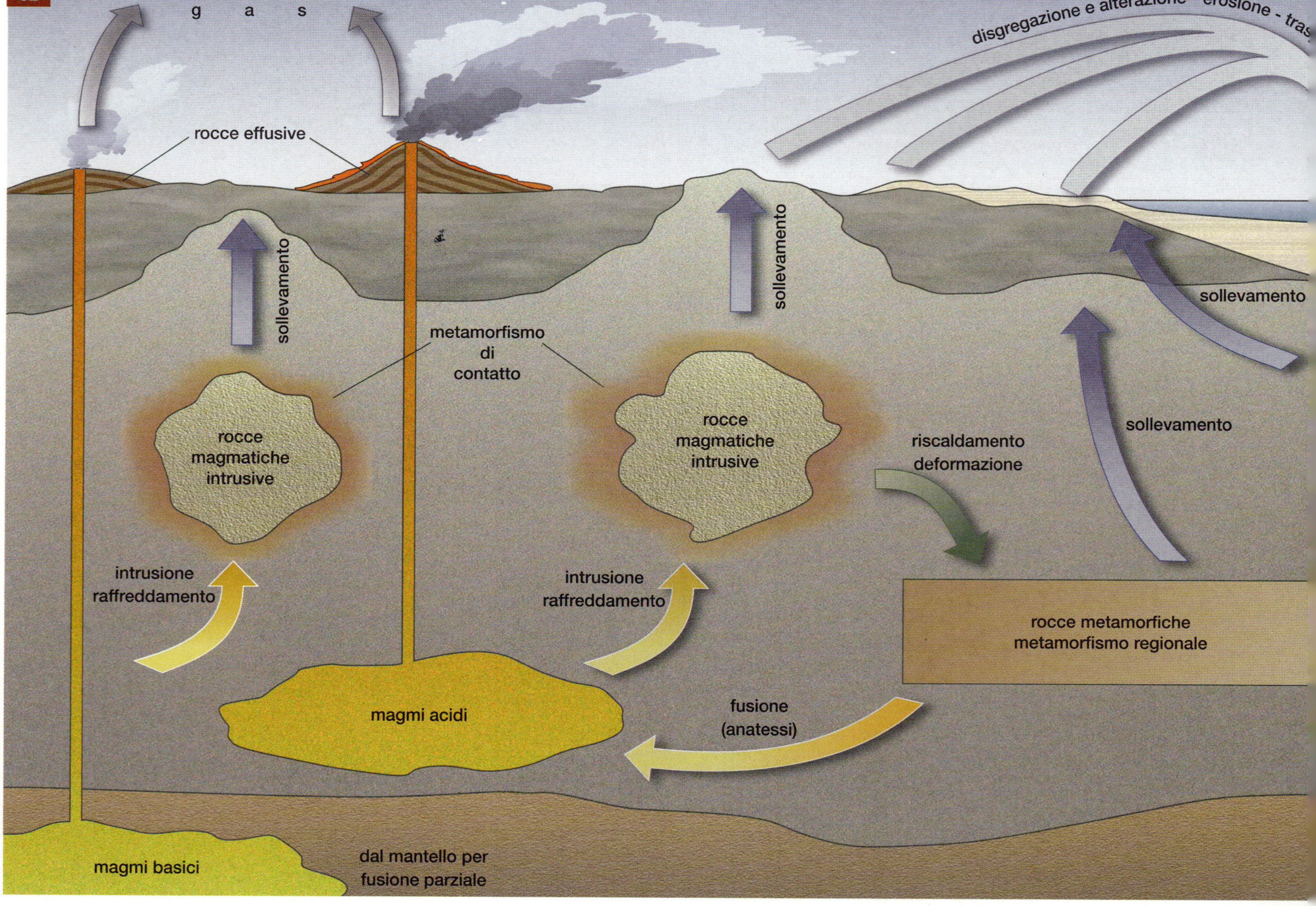

te da tale magma ritorni per fusione al mantello (come conseguenza di movimenti della parte più esterna della Terra) una parte resta all'interno della crosta continentale.

Il ciclo non è chiuso nemmeno nei confronti di perdite verso l'esterno: l'idrosfera e l'atmosfera, infatti, si sono accumulate e continuano a farlo grazie ai processi vulcanici, anche se, nei processi di alterazione in superficie, l'idrosfera e l'atmosfera «cedono» alla litosfera acqua e anidride carbonica.

Il ciclo litogenetico rappresenta solo un aspetto dei meccanismi attraverso cui il nostro pianeta si è trasformato e si trasforma; incontreremo cicli di portata ancora maggiore, nei quali il ciclo litogenetico è solo una delle componenti: ne riparleremo alla fine del capitolo 5, quando avremo un quadro globale della dinamica della Terra.

Per ora fissiamo alcune idee fondamentali.

- La crosta terrestre è formata da un mosaico di rocce prodotte da processi dinamici, governati da parametri, come temperatura e pressione, che variano nel tempo.
- Rocce dei diversi tipi si sono formate nel corso del tempo e si formano tuttora, ma nessuna si è formata «una volta per tutte». Ogni roccia che arriva ad affiorare in superficie finisce prima o poi per fornire materiale per la formazione di nuove rocce.
- La classificazione delle rocce è un potente strumento di indagine, che permette di ricavare informazioni sull'ambiente in cui la roccia si è formata e sul tempo trascorso da quando si è formata.

Con queste chiavi in grado di farci penetrare nell'«archivio» della crosta terrestre, possiamo ricostruire la storia della Terra e cominciare a scoprire «come funziona».

QUESITI

1. Quale processo trasforma una roccia metamorfica in un magma?
   - A Il trasporto.
   - B La sedimentazione.
   - C La fusione.
   - D La ricristallizzazione.
2. Scegli l'alternativa corretta.
   Per entrare nel dominio del processo sedimentario una roccia magmatica intrusiva deve subire **un sollevamento/una deformazione**.
3. Illustra le possibili tappe attraverso le quali una roccia effusiva viene trasformata in una roccia metamorfica.
4. Fai alcuni esempi che illustrano lo scambio di materia tra litosfera e atmosfera.

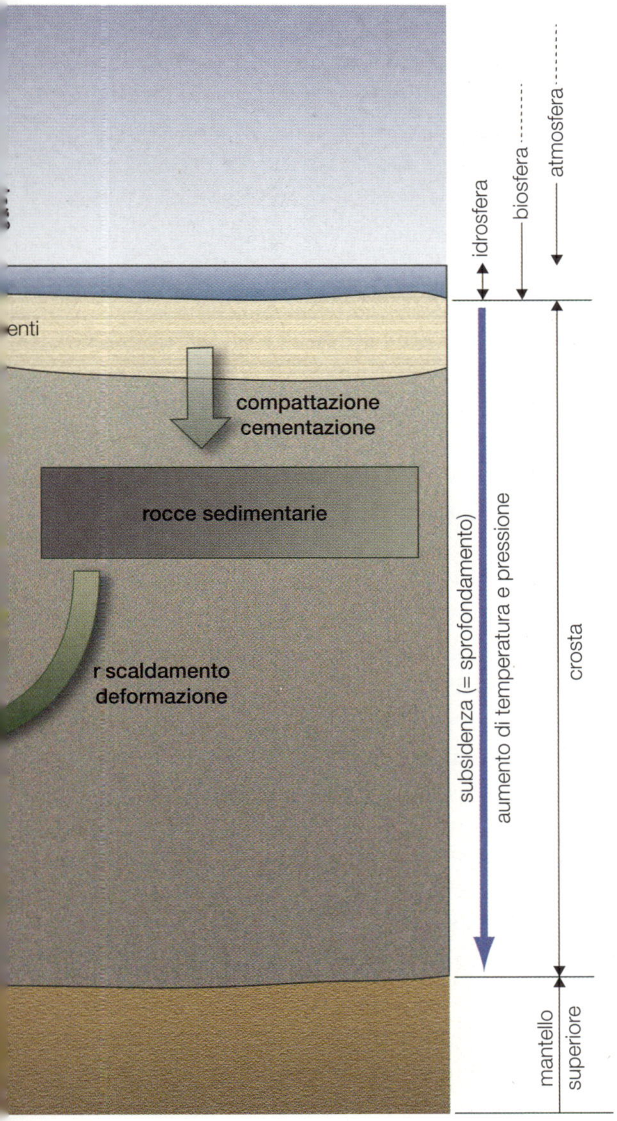

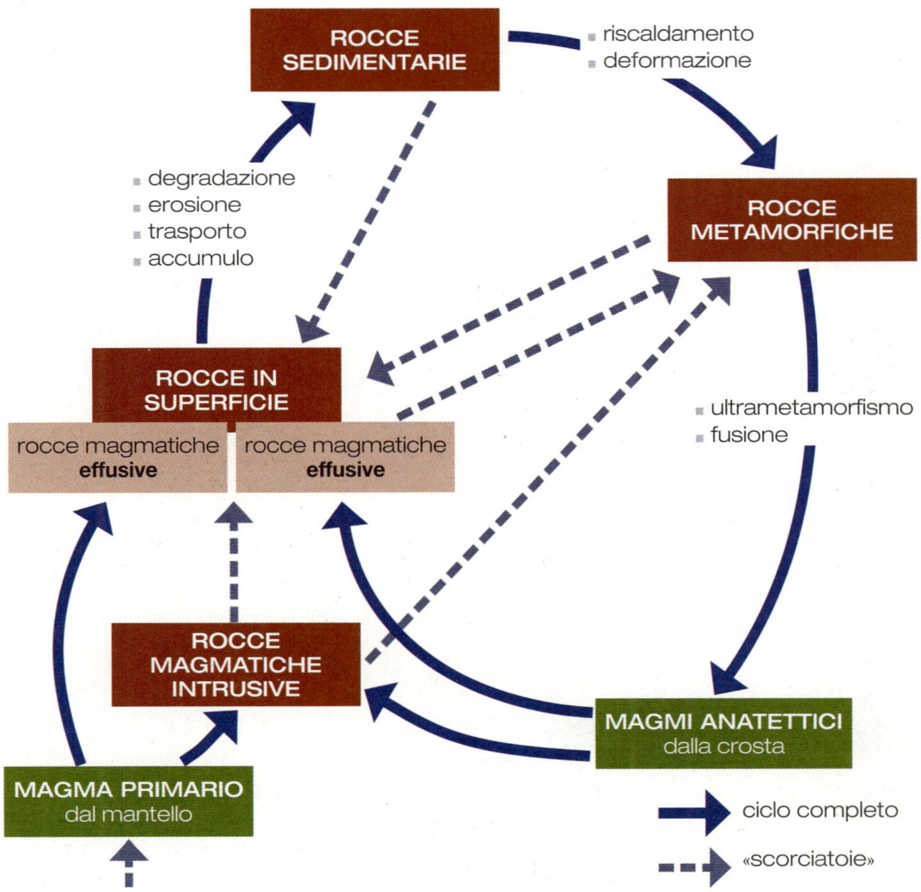

10 Materie prime da minerali e rocce

Si definisce **giacimento minerario** ogni corpo geologico presente nella litosfera che possa essere oggetto di un'attività estrattiva per la presenza di materiali utili ed *economicamente sfruttabili* [Figura 53]. Un giacimento è in pratica il risultato dell'arricchimento localizzato di un materiale che normalmente si trova invece distribuito nella crosta terrestre in concentrazioni assai minori, disperso tra molti altri. Tali arricchimenti sono il prodotto dei processi naturali (chimici, fisici, biologici) che rientrano nel grande *ciclo litogenetico* e che determinano la segregazione e l'accumulo di materiali specifici.

I depositi minerari di interesse economico sono perciò quelli in cui un materiale si presenta in quantità tali da compensare i costi del suo recupero (scavi, raffinazione del prodotto, trasporti ecc.).

Vi sono minerali da cui si ottengono metalli, che servono per costruire innumerevoli strumenti, e diversi altri minerali usati per vari scopi, come pure numerosi tipi di rocce, impiegati sia per costruire strutture (muri, basamenti, massicciate stradali), sia per produrre cemento o per fare rivestimenti di edifici. Vi sono poi combustibili minerali (come gli idrocarburi e il carbone) e nucleari, dai quali si ricava energia. Riesamineremo perciò i minerali e le rocce, per conoscerne il possibile impiego come materie prime (in questo paragrafo) e come fonti di energia (nel paragrafo successivo).

53

Figura 53
Una gigantesca esplosione sul fondo di un vasto scavo a cielo aperto per recuperare risorse minerarie.
La roccia sgretolata verrà poi trasportata all'esterno dello scavo e sottoposta a una serie di trattamenti per liberare la parte mineralizzata dallo scarto e sottoporla a processi di arricchimento, fino al prodotto pronto per l'impiego industriale. Sono interventi sempre più estesi per far fronte alla domanda crescente di materie prime, ma i tempi di formazione di giacimenti minerari, un processo tuttora in corso, sono lunghissimi per cui stiamo sfruttando risorse praticamente «non rinnovabili».
(K. Kasmauski/Corbis)

10.1 Minerali e rocce come risorse di materie prime

Iniziamo con una precisazione: nel campo della ricerca mineraria si distinguono *risorse* e *riserve*.

Il termine **risorsa** indica l'intera quantità di un determinato materiale, presente nei livelli superiori della crosta terrestre, che può diventare *disponibile per il recupero e l'impiego*. Per fare un esempio: la conoscenza teorica dei processi attraverso i quali si forma un certo minerale e lo studio della struttura geologica di un territorio e degli eventi geologici che hanno portato alla sua formazione permettono di ipotizzare se quel minerale può essere presente nel sottosuolo del territorio esaminato e, in tal caso, di fare anche una valutazione della quantità disponibile. Si è individuata, in questo modo, una *possibile risorsa* del territorio. Ma se successive indagini specifiche nel territorio confermano la presenza di quel minerale e la stima della quantità che può *già oggi essere sfruttata economicamente e legalmente*, allora si parla di **riserva**.

Le riserve indicano, perciò, l'insieme dei giacimenti conosciuti e recuperabili. Le risorse comprendono, invece, oltre alle riserve, anche giacimenti già individuati, ma il cui sfruttamento non è (almeno per ora) economicamente conveniente, e giacimenti non ancora accertati, ma che i geologi ritengono di potere ragionevolmente individuare in futuro, a partire da quanto sappiamo sull'origine dei vari tipi di giacimenti e sulla base delle conoscenze della crosta terrestre, in continuo progresso.

Infine, ricordiamo che le risorse minerarie in gran parte non sono rinnovabili, o perché sono state prodotte da processi oggi non più ripetibili, o perché sono il risultato di processi molto più lenti del ritmo delle attività e dei consumi umani. Questa realtà richiede di aumentare le riserve e di individuare nuove risorse e in questo compito sono impegnati a fondo quei settori delle Scienze geologiche che studiano in modo specifico le trasformazioni – nel tempo e nello spazio – della litosfera, l'involucro più esterno del nostro pianeta. Ma ci impone anche di utilizzare queste risorse con accortezza, perché, in ogni caso, non sono inesauri-

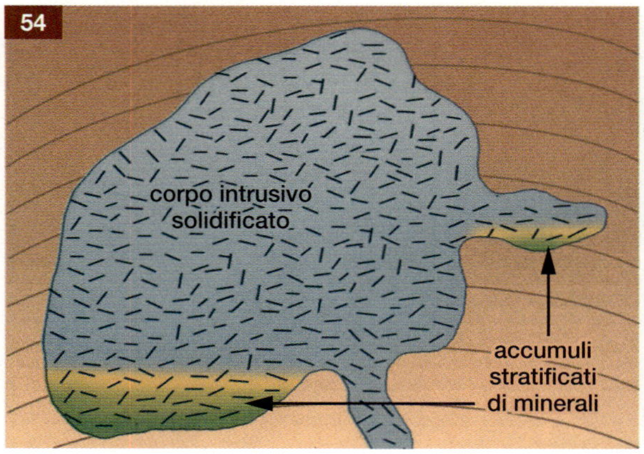

Figura 54
Sezione schematica attraverso un corpo intrusivo femico solidificato nel quale si sono formati accumuli di minerali. Tali arricchimenti sono dovuti alla cristallizzazione precoce di minerali con temperatura di solidificazione elevata e con alta densità, che decantano attraverso una massa magmatica in gran parte ancora fusa.

Figura 55
La cromite (minerale di cromo) forma livelli scuri in una roccia intrusiva stratificata. In questo caso si pensa che si sia verificata una cristallizzazione da un denso liquido ricco in solfuri, smescolatosi dal resto del magma e sceso per gravità sul fondo della camera magmatica dove si è solidificato. Complesso di Bushveld, Sudafrica. (Spence Titley)

bili: ormai lo sappiamo bene e non possiamo ignorare il problema e rimandarlo, drammaticamente, a chi verrà dopo di noi.

Il modo più semplice per avere un'idea di queste risorse di importanza ormai vitale è di esaminare i giacimenti minerari a seconda del processo litogenetico dal quale sono stati prodotti (vedi paragrafo 4). Avremo, così:

- giacimenti minerari di origine magmatica;
- giacimenti minerari di origine metamorfica;
- giacimenti minerari di origine sedimentaria.

10.2 Giacimenti minerari di origine magmatica

Nel corso del processo di raffreddamento di un magma si arriva alla formazione di giacimenti di minerali che si possono classificare in modo schematico in due gruppi: *giacimenti di segregazione magmatica* e *giacimenti filoniani*.

Giacimenti di segregazione magmatica. Molti ammassi di rocce intrusive basiche e ultrabasiche (cioè povere in silice e ricche in ferro e magnesio) presentano alla loro base livelli stratificati formati da un addensamento di minerali metallici. Si parla in tal caso di *giacimenti di segregazione magmatica* (o *liquido-magmatici*), tipicamente ricchi di *cromo*, *titanio* e *platino*, accompagnati da *nichel*, *ferro* e *rame*. Per comprendere come si sia verificata questa segregazione (cioè «isolamento») di minerali specifici in un ammasso di roccia intrusiva, come un batolite, si tenga presente che quei minerali sono ad alto punto di fusione, per cui, nel corso del raffreddamento del magma, si sono cristallizzati prima degli altri (processo noto come «cristallizzazione frazionata») e, a causa della loro elevata densità, sono sprofondati attraverso la massa ancora fusa, fino ad accumularsi nella parte inferiore di essa, dove risultano fortemente concentrati, e formano rocce che vengono distinte con il nome generico di *cumuliti* [Figura 54]. Un tipico esempio di stratificazione di minerali diversi nel corso della cristallizzazione si può osservare spesso in corpi intrusivi basaltici, che presentano alla base abbondante *olivina* (silicato di ferro e magnesio), seguita verso l'alto da pirosseni e plagioclasi. Il minerale a cristallizzare per primo all'interno del magma (all'inizio con una temperatura di circa 1200 °C in lento abbassamento) è stata l'olivina, che, per la sua alta densità, è affondata nel fuso fino a raggiungere il fondo dell'intrusione. Con il procedere del raffreddamento si sono formati cristalli di pirosseno e poi, subito dopo, cristalli di plagioclasio, anche questi scesi via via attraverso il magma residuo e accumulatisi sopra lo strato di olivina. In questo contesto l'olivina costituisce un giacimento metallifero, utile, tra l'altro, per la preparazione di materiali refrattari, cioè resistenti al calore, e per l'estrazione del magnesio.

■ **Smescolamento, processo di smescolamento** Processo attraverso cui le sostanze che fanno parte di un *miscuglio* si separano. Si ricordi che un miscuglio è una miscela eterogenea le cui singole sostanze componenti rimangono separate anche se vengono accuratamente mescolate.

In altri casi tali accumuli si sono formati per cristallizzazione diretta di un fluido magmatico molto denso, che si è smescolato (cioè separato) dalla massa fusa silicatica che si stava raffreddando e che è migrato per gravità verso il basso. È di questo tipo, per esempio, il ben noto giacimento di ferro di Kiruna, in Svezia, in cui il corpo intrusivo si estende per oltre 5 km, con uno spessore medio di 75 metri e con un tenore in ferro di oltre il 60%; il minerale più diffuso è la *magnetite*, un ossido.

Gli elementi che si ricavano dai giacimenti magmatici di segregazione sono tutti di grandissima importanza [Figura 55]. Il *cromo* (tratto dal minerale *cromite*, un ossido) è impiegato nella produzione di acciai speciali e di leghe (come *nichelcromo*, per le cromature); il *platino*, che si trova come elemento nativo, è largamente impiegato in gioielleria, per attrezzature meccaniche ed elettriche di precisione, per apparecchi di laboratorio e come catalizzatore di reazioni chimiche; il *titanio* (estratto dall'*ilmenite*, un ossido di ferro e titanio di segregazione magmatica di alta temperatura) è usato per la produzione di leghe di grande resistenza, impiegate nell'industria aerospaziale, in parti di motori a turbina, in protesi sanitarie.

Figura 56
Diamanti grezzi raccolti in Sudafrica, in sedimenti fluviali. Le pietre limpide e trasparenti sono le più pure; quelle arrotondate hanno subìto un trasporto da parte di acque correnti, che hanno eroso le rocce originali.

Figura 57
Filoni.
A. Filoni di una roccia chiara tagliano un pacco di strati di rocce scure; sono stati formati da materiale fuso risalito dal basso lungo fessure.
B. Dettaglio di un filone pegmatìtico che attraversa un granito grigio. La parte centrale del filone mostra cristalli di grandi dimensioni, legati a un raffreddamento lento; i cristalli più piccoli, lungo il margine del filone, sono dovuti a un raffreddamento molto più rapido. (Martin Miller)

56

57A

57B

Tra i minerali associati all'attività magmatica, un cenno particolare meritano i giacimenti da cui si estrae un minerale unico, il diamante [Figura 56]. Chiamato dai Greci, per la sua durezza, *adàmas,* «indomabile», il diamante si forma per cristallizzazione di carbonio puro ad alta temperatura e, soprattutto, a pressioni elevatissime, che si incontrano nell'interno del pianeta. Alcuni diamanti si sono formati ad almeno 200 km di profondità – quindi molto al di sotto della crosta terrestre – e sono contenuti entro frammenti di rocce del mantello strappate a quelle profondità e trascinate in superficie da lave particolari, chiamate *kimberliti* (da Kimberley, nel Sudafrica, sede di ricchissimi giacimenti); le kimberliti sono state eruttate in superficie a velocità elevate, spinte dalla pressione di componenti volatili, quali vapore acqueo e anidride carbonica, e hanno raggiunto la superficie dopo aver attraversato l'intera litosfera. Altri diamanti mostrano di essersi formati a pressioni, quindi, a profondità maggiori, addirittura nel mantello inferiore, e si ritiene che siano risaliti con il materiale di pennacchi caldi, prima di essere coinvolti in eruzioni.

Giacimenti filoniani. Molto più diffusi e diversificati sono i giacimenti filoniani, formati da minerali precipitati chimicamente da soluzioni acquose calde. Tali giacimenti si presentano tipicamente sotto forma di filoni [Figura 57], cioè riempimenti di fessure entro cui hanno circolato le soluzioni acquose, ma anche come impregnazioni delle rocce circostanti («rocce incassanti»), alterate dal riscaldamento e dalle soluzioni con le quali hanno reagito chimicamente. In quest'ultimo caso, insieme ai minerali metallici precipitano spesso quarzo e calcite, che costituiscono la *ganga*, cioè la parte che, nel processo di estrazione, viene separata dal minerale che interessa e scartata. Lo spessore dei filoni può andare da qualche centimetro a decine di metri; la loro lunghezza varia da qualche decina di metri a oltre 100 kilometri, come nel caso del Mother Lode («filone madre»), l'esteso sistema di filoni di quarzo aurifero che divenne la meta della famosa «corsa all'oro» del 1848 in California.

Gran parte dei giacimenti filoniani è associata a rocce magmatiche intrusive. Con il procedere del raffreddamento del magma, infatti, la maggior parte della massa fusa si cristallizza e diventa solida, dando origine ai minerali silicatici, che costituiscono in grandissima parte, per esempio, i grandi batoliti di granito. Il processo di cristallizzazione dei silicati si completa a temperature molto elevate, ma a quel punto il magma non è ancora tutto solidificato: la porzione che ancora rimane fusa, impoverita degli elementi che hanno formato i silicati, diventa sempre più ricca di *componenti volatili*, cioè sostanze che permangono facilmente allo stato gassoso (come l'acqua) e che la rendono molto fluida, facilitandone la penetrazione entro ogni fessura delle rocce incassanti (quelle, cioè, che circondano la massa in raffreddamento) o anche entro fessure che si aprono nell'ammasso intrusivo stesso per contrazione termica. Inizia, così, il processo di concentrazione di numerosi elementi chimici in una grande varietà di minerali, che si formano in situazioni specifiche.

A seconda della fase di formazione, si possono distinguere:
– giacimenti filoniani pegmatìtici;
– giacimenti filoniani idrotermali.

Giacimenti filoniani pegmatìtici. I fluidi caldi scorrono facilmente entro le fessure, ma, venendo

■ **Pennacchi caldi** (**Hot plume**) Gigantesche colonne di materiale molto caldo, ma non fuso, che risalgono lentamente all'interno del mantello terrestre, perché meno densi del materiale circostante. Hanno diametri di centinaia di kilometri e possono raggiungere la litosfera, fino ad alimentare in superficie un intenso vulcanismo (vedi capitolo 5, paragrafo 10).

■ **Filone** (**Dike, veins**) Dal latino *filum,* allungato. Corpo roccioso tabulare (a forma di tavola), che si forma per intrusione di una porzione di magma lungo fessure nelle rocce che circondano la massa di magma principale.

58A

58B

58C

58D

Figura 58
Minerali silicatici tipici di filoni pegmatìtici, importanti anche come pietre preziose.
A. *Berillo*, con il tipico abito prismatico esagonale, associato a quarzo.
B. *Acquamarina*, varietà limpida del berillo, il cui colore varia dal verde (come nel cristallo naturale qui raffigurato) all'azzurro chiaro (la gemma tagliata, nel riquadro in alto).
C. *Smeraldo*, altra varietà di berillo, il cui colore verde, tipico, è dovuto a tracce di cromo.
D. *Tormalina*, nella varietà rossa, «incastonata» in cristalli di albite, un altro silicato.
(A: M. Parotto; C-D: *Le pietre preziose. Pianeta Terra*, Time-Life e Mondadori, 1985)

59A

59B

59C

Figura 59
Minerali importanti di filoni pegmatìtici, appartenenti ai gruppi *fosfati* e *ossidi*.
A. *Cassiterite*, un ossido di stagno.
B. Corindone, nella *varietà zaffiro*, con il classico colore blu, ben riconoscibile nella forma tagliata in un cristallo limpido (riquadro in basso).
C. *Corindone*, un ossido di alluminio nella *varietà rosso rubino* (usato come gemma quando è perfettamente trasparente).
(A-C: *Fotoatlante dei Minerali e Rocce*, Zanichelli, 1984; C: *Le pietre preziose. Pianeta Terra*, Time-Life e Mondadori, 1985)

a contatto con ampie superfici fredde, la loro temperatura si abbassa rapidamente e questo causa la precipitazione dei materiali in soluzione e la cristallizzazione di nuovi minerali. Si formano così, a temperature al di sotto dei 750 °C, i filoni pegmatìtici, ancora ricchi in alcuni silicati, ma associati a minerali diversi da quelli dell'ammasso intrusivo. Le pegmatiti (dal greco *pègma*, concrezione) sono rocce intrusive, a grana grossolana, costituite essenzialmente dai silicati quarzo, feldspato potassico (ortoclasio) e mica muscovite. I singoli cristalli, se lo spazio in cui si accrescono lo consente, possono raggiungere dimensioni enormi, fino ad alcuni metri.

L'*ortoclasio*, in miscela con caolino e quarzo, è usato per la produzione di porcellane, di isolatori elettrici per altissime tensioni, di smalti ceramici. La *muscovite* è impiegata come isolante elettrico e termico.

Meno frequenti, ma ugualmente importanti, sono altri silicati che accompagnano quelli citati, tra i quali il berillo (silicato di berillio), il topazio (silicato con fluoro) e la tormalina (silicato a composizione complessa, con sodio, ferro, magnesio e boro). Il *berillo* (di cui si è trovato un cristallo lungo 18 metri, del peso di 380 tonnellate!) è la principale fonte per ricavare l'elemento berillio, utilizzato nell'industria nucleare e per la produzione di leghe leggere ad altissima resistenza nell'industria aeronautica, ma è anche molto ricercato come gemma, nelle sue varietà limpide, come l'*acquamarina* (azzurra) e, soprattutto, lo *smeraldo* (verde) [Figura 58A-C]. Anche il *topazio*, nella varietà limpida e trasparente, è usato in gemmologia, come pure le varietà colorate e trasparenti di *tormalina*, molto pregiate e ampiamente commerciate [Figura 58D].

Oltre ai silicati, risorse importanti vengono ancora da fosfati, ossidi e solfuri. Tra i fosfati ricordiamo l'*apatite* (fosfato di calcio), che, insieme all'apatite di origine sedimentaria (nelle fosforiti, vedi più avanti), è la base dell'industria dei fertilizzanti fosfatici.

Tra gli ossidi è molto diffuso e abbondante il *quarzo* (ossido di silicio), che è uno dei minerali più comuni della crosta terrestre e che cristallizza dal magma in un'ampia gamma di situazioni intrusive ed effusive, come pure in ambiente metamorfico. Nel campo industriale è importantissimo per le sue proprietà piezoelettriche, di polarizzazione rotatoria e di permeabilità ai raggi ultravioletti; è usato in grande quantità nell'industria dei vetri, degli smalti, degli abrasivi, dei refrattari, della meccanica di precisione, mentre nelle varietà limpide e variamente colorate è anche impiegato come gemma o pietra ornamentale. Altri ossidi importanti sono la *cassiterite* (ossido di stagno), fondamentale per l'estrazione dello *stagno*, usato in molte leghe (tra le quali, importante anche nello sviluppo della civiltà preistorica, il bronzo) [Figura 59A]; il *corindone* (ossido di alluminio), con la varietà grigia e granulare (smeriglio), ampiamente usata come abrasivo, e con quelle trasparenti e colorate, usate come pietre preziose di gran pregio: *zaffiro* (azzurro) [Figura 59B] e *rubino* (rosso) [Figura 59C]; e l'*uraninite*

60

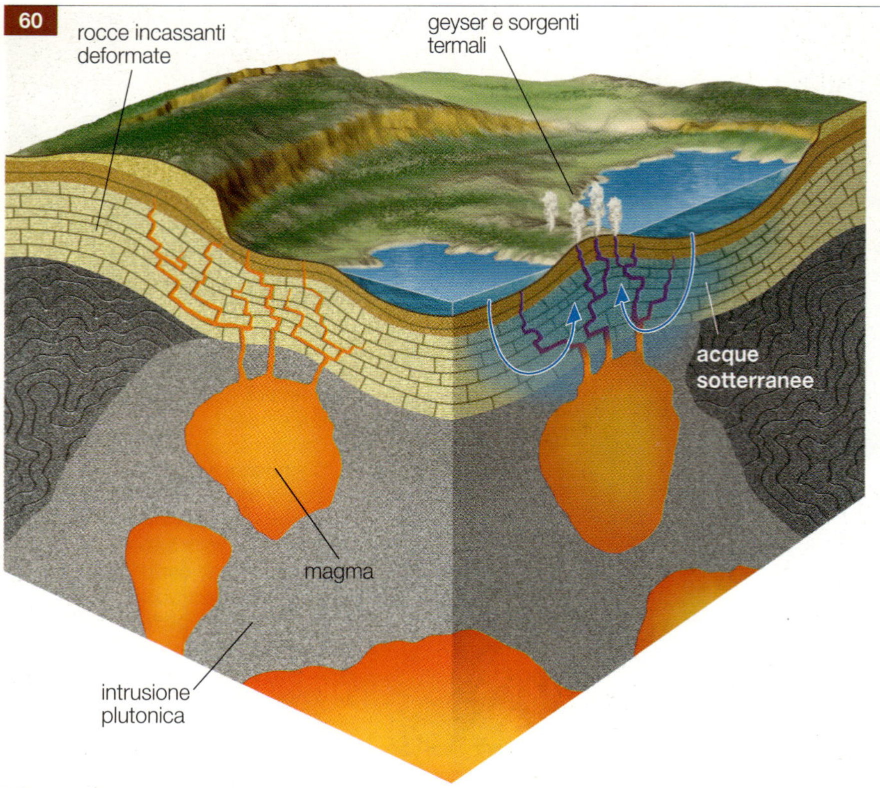

Figura 60
Molti giacimenti minerari si trovano in filoni idrotermali formati da soluzioni calde che risalgono da intrusioni magmatiche. Tutto intorno alla massa intrusiva, ormai solida ma ancora caldissima, soluzioni acquose si diffondono lungo ogni fessura; a mano a mano che tali soluzioni reagiscono con le rocce circostanti e si raffreddano, si formano numerosi minerali (soprattutto ossidi e solfuri), in genere insieme a quarzo e calcite.

61

Figura 61
Una vena aurifera in un filone di quarzo di origine idrotermale. Se un filone aurifero viene sgretolato dall'erosione superficiale, i frammenti, trascinati via dall'acqua, finiscono per depositarsi anche molto lontano, formando sabbie con frammenti d'oro, le *pepite* (vedi più avanti, figura 69). (Consolidated Gold Field PCL, Londra 1984)

■ **Temperatura critica dell'acqua** (**Critical temperature of water**) In condizioni ambientali «normali» l'acqua è presente in due fasi: liquida e gassosa (vapore acqueo). Se aumenta la temperatura, sempre più molecole di acqua passano dalla fase liquida a quella gassosa; giunti a 100 °C, tutta la fase liquida passa alla fase gassosa (*ebollizione*). Se però, pur mantenendo la temperatura a 100 °C, si aumenta la pressione, ricompare la fase liquida. Il fenomeno si verifica anche per temperature più elevate. Se vapore acqueo a 350 °C, per esempio, viene gradualmente compresso, quando la pressione arriva a 166 bar ricompare la fase liquida. Ma se l'esperienza viene ripetuta con vapore a temperatura superiore a 374,4 °C, qualunque pressione si eserciti non porterà mai a formare la fase liquida. Il valore 374,4 °C è detto *temperatura critica dell'acqua*.

(ossido di uranio), minerale in cui per la prima volta furono individuati gli elementi *polonio* e *radio* dai coniugi Curie, nel 1898, e che viene usato per l'estrazione dell'*uranio* come fonte di energia nucleare, ma anche del *radio*, come sorgente radioattiva in vari campi industriali e medici. Infine, tra i solfuri ricordiamo la *molibdenite* (solfuro di molibdeno), principale minerale industriale di molibdeno, metallo impiegato in molte leghe speciali e come lubrificante secco resistente alle alte temperature.

Giacimenti filoniani idrotermali. Con il procedere del raffreddamento, quando la temperatura di questi fluidi scende sotto i 374 °C (valore noto come temperatura critica dell'acqua), rimangono soluzioni acquose surriscaldate, che si infiltrano in ogni fessura delle rocce circostanti o lungo i piani di stratificazione. Con il progressivo diminuire della temperatura (fino a quella ambiente), dalle soluzioni si separano varie associazioni di minerali che, incrostando e riempiendo le fessure, danno origine a tutto un «corteo» di filoni idrotermali che si allontanano in ogni direzione dai margini della massa intrusiva cui sono associati [Figura 60]. Alle temperature più alte si formano minerali di oro, argento, ferro, arsenico, uranio, accompagnati da quarzo; a temperature minori si depositano minerali di zinco, rame, piombo, argento e mercurio, in genere sotto forma di composti con lo zolfo (solfuri), accompagnati da quarzo, fluorite e calcite. Il panorama dei minerali è molto articolato e comprende, in pratica, esempi di tutti i gruppi noti; come abbiamo fatto in precedenza, esaminiamo brevemente i più importanti come risorse.

Tra gli elementi nativi si trovano l'oro (Au) [Figura 61] e l'argento (Ag). L'*oro* si forma in filoni quarziferi ed è impiegato come base monetaria, in gioielleria, per strumenti scientifici ed elettronici; i giacimenti più abbondanti sono, però, quelli di origine secondaria, in ambienti sedimentari. L'*argento* è ricercato per l'impiego in chimica, in elettronica, in gioielleria, ma è raro come elemento nativo e i giacimenti più abbondanti sono quelli che lo contengono come solfuri.

Gli ossidi sono importanti per la presenza di *ematite*, il più diffuso minerale di ferro (anche se non il più ricco in tenore); *ilmenite* e *rutilo*, dai quali si ricava il titanio, e *uraninite*, presente anche nei filoni pegmatìtici.

Di grande importanza sono anche i solfuri, per quantità e usi [Figura 62]. L'*argentite* o *argirite* è il principale minerale per l'argento; la *blenda* o *sfalerite* è il più importante minerale per l'industria dello zinco, impiegato per leghe metalliche (ottone) e per lamiere; la *galena* è il principale minerale per l'industria del piombo, con possibilità di avere come sottoprodotto l'argento, essendo spesso associato all'argentite; il *cinabro* è il massimo minerale industriale per il mercurio, che è presente anche in forma nativa in certe rocce vulcaniche, ma è molto raro; l'*antimonite* è il principale minerale di antimonio, usato in leghe metalliche antifrizione, in batterie elettriche, in vetreria, in medicina e nelle industrie della gomma e dei tessili; la

Figura 62
Importanti minerali del gruppo dei solfuri metallici. I solfuri costituiscono i tipi più comuni dei giacimenti metalliferi. Da sinistra: *galena* (solfuro di piombo), *cinabro* (solfuro di mercurio), *pirite* (solfuro di ferro), *blenda* (solfuro di zinco). (Chip Clark)

Figura 63
Cristallo di barite (nota anche come *baritina*), un solfato di bario.

pirite è fondamentale per la produzione industriale di acido solforico, impiegato in numerosi processi metallurgici. Tra i solfati ricordiamo la *barite*, il principale minerale per l'estrazione del bario, che viene usato nell'industria della carta e della gomma, nell'indagine radiografica, come schermo per radiazioni penetranti (mescolata a malta cementizia) e per preparare un pigmento bianco di pregio [Figura 63]. Infine, tra gli alogeni si trova la *fluorite* (rivedi figura 14A), impiegata per la preparazione dell'acido fluoridrico, indispensabile nell'industria ottica, della ceramica e della plastica.

■ **Dorsali oceaniche e rift valley** (**Ocean ridge and rift valley**) Le dorsali oceaniche corrispondono a settori del fondo oceanico nettamente rilevati rispetto alle piane abissali e formano una fascia continua larga migliaia di kilometri e lunga in totale oltre 60 000 kilometri, che percorre tutti gli oceani. Non è una catena montuosa sommersa, ma corrisponde a un inarcamento del fondo oceanico, lungo la cui sommità corre un ampio solco, la *rift valley*, sede di intensa attività vulcanica sottomarina.

Giacimenti idrotermali «diffusi». Tutto intorno ai batoliti granitici si forma, in definitiva, una gigantesca aureola di rocce incassanti impregnate di diversi tipi di minerali, che hanno subìto processi di forti concentrazioni e che costituiscono, perciò, importanti giacimenti minerari (rivedi la figura 60).

I filoni si presentano in genere associati in sistemi e variamente distanziati tra loro, ma si conoscono casi in cui i minerali sono disseminati in volumi di roccia molto maggiori di quelli occupati dai filoni, tanto da costituire *depositi da impregnazione*. In tali casi, parte dell'ammasso di roccia intrusiva che dà origine ai fluidi idrotermali, insieme a un ampio spessore delle rocce incassanti, risultano diffusamente interessati da una fitta rete di minuscole fratture, che sono state invase dalle soluzioni acquose (idrotermali), che le hanno impregnate minutamente e cementate per precipitazione di minerali metalliferi. In pratica, quest'ampia dispersione di minerali ha prodotto una risorsa a basso tenore, ma di grandi dimensioni, pari a molte tonnellate di minerale metallifero, che consentono l'estrazione su vasta scala con metodi economicamente vantaggiosi, in grandi miniere a cielo aperto [Figura 64]. Tra i giacimenti da impregnazione più importanti sono i ben noti depositi di rame degli Stati Uniti occidentali e del Cile, dai quali si ricava la *calcopirite*, un solfuro doppio di rame e ferro. La calcopirite è uno dei più importanti minerali industriali del rame, un metallo che ha segnato lo sviluppo delle civiltà umane, secondo solo al ferro [Figura 65]. Attualmente il suo maggiore impiego, in quantità enormi, è nel campo elettrotecnico (cavi e fili elettrici) e nella produzione di leghe (ottone, bronzo).

Figura 64
Uno dei vasti scavi aperti nei giacimenti da impregnazione di rame scoperti in Sudamerica, lungo la catena delle Ande. Questa miniera «a cielo aperto» si trova nel deserto di Atacama, nel Cile settentrionale, e i numerosi «gradini» prodotti dal procedere degli scavi sono giunti a circa un kilometro di profondità dalla superficie. (M. Parotto)

Nuove frontiere: depositi idrotermali sul fondo dell'oceano. Lo studio dei fondi oceanici (vedi capitolo 5) ha mostrato che un meccanismo del tipo appena descritto, con acqua che «si carica» di sostanze chimiche sciogliendole dalle rocce che attraversa, è in atto lungo le fratture sul fondo della rift valley, la depressione che corre lungo l'asse delle dorsali oceaniche. L'acqua del mare, che si infiltra nelle fratture e si riscalda fino a qualche centinaio di gradi Celsius, e l'acqua ad alta temperatura che si libera dal magma in risalita sotto la dorsale, sciolgono mi-

Figura 65
Minerali di rame. A sinistra: *calcopirite*, un solfuro di rame e ferro; a destra: *calcocite*, solfuro di rame; al centro: *malachite,* un carbonato di rame che si trova alla superficie dei giacimenti di rame, dai quali deriva per *alterazione*, a causa di una reazione tra i solfuri e la ganga calcarea (vedi più avanti, in Giacimenti di genesi chimica). (Chip Clark)

66

Figura 66
Un tipico esempio dei «fumaioli neri» che si formano sul fondo della rift valley, lungo la sommità delle dorsali oceaniche. Da alcune fessure sgorgano con violenza soluzioni idrotermali caldissime, (fino a 350 °C) e ricche di metalli, che danno origine a minuscole particelle di solfuri di rame, ferro e zinco: le «ciminiere», alte alcuni metri, sono formate da incrostazioni di quei minerali che precipitano chimicamente per il forte raffreddamento a contatto con le acque marine. (B. Murton/Southampton Oceanography Center/SPL)

67

Figura 67
La *Cava Michelangelo* è una delle più grandi cave aperte nei famosi Marmi di Carrara, le rocce metamorfiche che formano il cuore delle Alpi Apuane, in Toscana. Il materiale originario erano calcari depostisi in un mare poco profondo circa 200 Ma fa. Nel corso della formazione dell'Appennino, grandi pacchi di altre rocce, con spessori di molti kilometri, scivolarono sopra quei calcari, che, trovandosi sottoposti a forti pressioni e ad alte temperature, furono metamorfosati. I granuli di calcite, il minerale che forma i calcari, ricristallizzarono aumentando di dimensioni e diedero origine al *marmo* (termine che in Geologia indica questo specifico tipo di rocce metamorfiche). Il colore chiaro e la trasparenza che hanno reso famosi questi materiali, da tempo usati per sculture, indicano che i calcari originari erano molto puri. (C. Webb Portfolio/Alamy)

nerali dalle rocce calde e formano soluzioni idrotermali ricche di composti. Quando risalgono nella crosta superficiale, più fredda, e si liberano sul fondo oceanico, a temperature vicine a 0 °C, a causa del brusco raffreddamento dalle soluzioni precipitano solfuri di rame, ferro e zinco che incrostano la zona di fuoriuscita, formando una specie di ciminiere alte alcuni metri: i «fumaioli neri» (in inglese *black smokers*) [Figura 66]. La scoperta che la crosta basaltica, il «pavimento» di tutti i fondi oceanici, mentre continuamente si forma viene arricchita di enormi quantità di solfuri metallici, ha aperto nuove stimolanti prospettive per la futura ricerca di giacimenti. Ne riparleremo nel capitolo 5, a proposito dei rapporti tra *Tettonica delle placche* e *giacimenti minerari*.

10.3 Giacimenti minerari di origine metamorfica

Continuiamo questa breve rassegna dei processi che portano a concentrazioni di minerali sfruttabili analizzando le rocce che derivano da processi di metamorfismo [Figura 67]. Le rocce prodotte dal **metamorfismo regionale** formano la maggior parte della crosta continentale, e in molti casi la concentrazione di certi minerali raggiunge l'importanza di un giacimento.

Anche il **metamorfismo di contatto** può portare, alla generazione di minerali specifici, ma si tratta di processi localizzati, di modesta importanza come genesi di giacimenti.

Esaminiamo brevemente alcuni interessanti contributi del processo metamorfico regionale alle risorse minerarie, presentando i minerali di alcuni dei gruppi principali.

Tra gli elementi nativi ricordiamo la *grafite*, uno dei due modi di cristallizzare del carbonio. Si forma per metamorfismo di alto grado, come prodotto finale del processo di carbonizzazione di sostanze organiche [Figura 68A]. La grafite è ampiamente impiegata per la produzione di refrattari, di elettrodi, di lubrificanti secchi e per la fabbricazione di matite e coloranti.

Tra gli ossidi citiamo il *corindone*, presente anche nei filoni pegmatìtici, ampiamente usato come abrasivo e, nelle varietà trasparenti e colorate, come pietra preziosa (rubino e zaffiro) e due minerali già incontrati nei filoni idrotermali: il *rutilo* e l'*ilmenite*, importantissimi per l'estrazione del titanio [Figura 68B].

I carbonati sono rappresentati dalla *magnesite*, minerale fondamentale per l'estrazione del magnesio, nella produzione di refrattari per altissime temperature, per speciali tipi di cemento e nell'industria della carta, della gomma e farmaceutica [Figura 68C].

Figura 68
Minerali di interesse industriale in rocce metamorfiche.
A. *Grafite*, l'altra "faccia» del carbonio che cristallizza (la prima è il diamante, che abbiamo incontrato in ambienti di trasformazioni ad altissime pressioni).
B. *Rutilo*, un ossido, in lunghi cristalli sottili, una preziosa riserva di titanio.
C. *Magnesite*, un carbonato, importante per refrattari da impiegare ad altissime temperature.
D. *Sillimanite*, un silicato, anch'esso impiegato per refrattari. (A, B, D: *Minerali e rocce*, Mondadori 1977; C: *Fotoatlante dei minerali e rocce*. Zanichelli, 1984.)

■ **Granati** (**Garnet**) Nome generico di un gruppo di silicati a composizione omogenea, nei quali il gruppo silicatico $[SiO_4]^{4-}$ si combina con un metallo trivalente (alluminio, ferro ferrico, cromo) e uno bivalente (calcio, magnesio, ferro ferroso, manganese). Tra i principali ricordiamo la *grossularia* (verde o giallo o rosa), il *piropo* (rosso fuoco) l'*almandino* (rosso bruno), la *spessartite* (giallo), l'*andradite* (nera) e l'*uvarovite* (verde smeraldo).

■ **Pepita** (**Nugget**) Dallo spagnolo, *seme.* Nodulo di forma arrotondata, levigato, costituito da un metallo nativo tenero; la sua forma è dovuta all'azione delle acque che l'hanno trasportata e le dimensioni possono variare da pochi millimetri a diversi decimetri.

Infine, sono diffusi molti silicati, come le miche *muscovite* (già vista nei filoni pegmatìtici) e *lepidolite* (silicato di litio e potassio), usata industrialmente per l'estrazione del litio; la *sillimanite* (silicato con alluminio), usata per la fabbricazione di refrattari per alte temperature, ma impiegata anche in gioielleria [Figura 68D]; e, infine, la *cianite* (silicato di alluminio), usata per prodotti ceramici resistenti alle alte temperature e per isolanti elettrici di alta qualità.

Il metamorfismo di contatto può dare origine ad alcuni minerali interessanti in gioielleria, come la *grossularia*, che fa parte dei granati, ma come giacimenti minerari è importante la roccia nota come *skarn*, che deriva dal contatto tra magmi di tipo granitico, ricchi di elementi volatili, e calcari, per il verificarsi di un processo *metasomatico*, cioè di reazione tra elementi presenti nei fluidi caldi (in genere ferro, magnesio, manganese e silicio) e la roccia che viene investita; si formano in tal modo mineralizzazioni utili da un punto di vista industriale di rame, ferro, manganese e molibdeno.

Figura 69
Una pepita e la polvere d'oro. Spesso l'oro dei giacimenti alluvionali è in forma di minuscoli granuli, come quelli di una sabbia fine. (J. Bank/Shutterstock)

10 ■ 4 Giacimenti minerari di origine sedimentaria

Il processo sedimentario si svolge sulla superficie terrestre a modeste temperature e pressioni e coinvolge, con caratteristiche specifiche, ambienti continentali, costieri e marini. In tale processo possono formarsi concentrazioni di minerali specifici, cioè veri e propri giacimenti, che si possono riunire in tipi distinti:
– *giacimenti alluvionali*;
– *giacimenti di origine chimica*;
– *giacimenti associati a rocce residuali*;
– *giacimenti associati a rocce di origine biochimica*.

Giacimenti alluvionali. I giacimenti sedimentari più diffusi ed estesi sono quelli di origine detritica (o clastica), noti come *giacimenti alluvionali*. Sono costituiti tipicamente da minerali di grande stabilità chimica e di notevole durezza, che, dopo la disgregazione della roccia-madre, vengono trasportati anche molto a lungo in ambiente fluviale o marino. Essi si accumulano per *decantazione* dalla sospensione acquosa, un fenomeno che si verifica dove il mezzo di trasporto perde energia (per esempio, dove la corrente di un fiume rallenta o lungo una barra costiera); in tali condizioni, i minerali pesanti, ricchi in elementi metallici, decantano più rapidamente rispetto a quelli più leggeri (come il quarzo e i feldspati), e tendono ad accumularsi sul fondo degli alvei fluviali e sulle barre di sabbia formando un giacimento. In modo analogo, le onde marine depositano lungo le spiagge e lungo le barre sommerse, poco profonde, i minerali pesanti che esse portano in sospensione insieme a numerosi altri granuli più leggeri.

È questa l'origine di molti importanti giacimenti di oro [Figura 69], di platino (in polvere fine o in pepite) e di molte gemme, tra cui diamanti, zaffiri e rubini. Sono minerali che si formano in origine come conseguenza di attività magmatica o metamorfica (*giacimenti primari*) e che in seguito, a causa di processi erosivi e di trasporto, vengono «trasferiti» in *giacimenti sedimentari*.

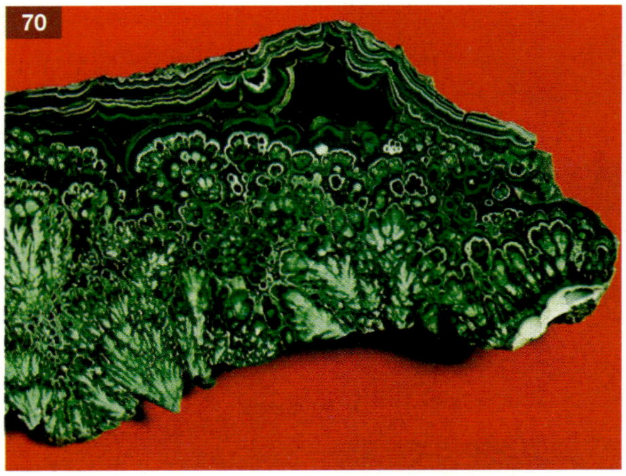

Figura 70
Uno splendido esempio di malachite. La roccia è stata tagliata e lucidata per mettere in evidenza la struttura a concrezioni, con numerosi toni di verde, che ne fanno una pietra decorativa di grande pregio, per soprammobili, tavoli e anche intere colonne. (*Minerali e rocce*, ed. Mondadori, 1977)

Alcuni giacimenti alluvionali si possono seguire verso monte fino a rintracciare il giacimento primario, in genere di tipo magmatico, dal quale i minerali sono stati asportati per erosione. Così è stato, per esempio, al tempo della scoperta dei giacimenti alluvionali di oro nel 1848 in California, che scatenò la famosa «corsa all'oro»; alcuni cercatori, più intraprendenti, cominciarono a risalire i corsi d'acqua in cui si trovavano polvere e pepite, finché scoprirono un esteso sistema di filoni auriferi sui fianchi del batolite granitico della Sierra Nevada, dove scoprirono il famoso *Mother Lode*, già ricordato; così è stato, vent'anni dopo, anche per i ricchissimi giacimenti di diamanti di Kimberley, in Sudafrica, da dove antichi fiumi avevano eroso grandi quantità di diamanti, minerali molto resistenti, e li avevano trasportati fino alla spiagge atlantiche, dove le preziosissime pietre si sono accumulate in estesi giacimenti secondari. Spesso questo tipo di giacimenti è associato ad alluvioni fossili, cioè accumulate da fiumi scomparsi da tempi anche lontanissimi e successivamente ricoperte da altre rocce: è il caso dei vasti giacimenti di oro del Sudafrica. I giacimenti alluvionali sono di gran lunga i più importanti tra quelli sedimentari, sia per natura sia per quantità della risorsa, essendo costituiti, in pratica, da detriti di minerali, per cui fanno parte del vasto mondo delle rocce clastiche, che rappresentano oltre il 90% delle rocce sedimentarie.

Giacimenti di origine chimica. Sono molto meno diffusi e abbondanti rispetto a quelli alluvionali, ma hanno notevole importanza anche i *giacimenti di genesi chimica*, in particolare quelli contenenti minerali metallici.

Giacimenti da trasformazione chimica

Tra i minerali secondari dovuti a *trasformazione chimica* sono importanti quelli associati al *cappellaccio* dei giacimenti minerari, cioè alla parte che affiora in superficie di un giacimento e che, a contatto con l'atmosfera, subisce processi di ossidazione (più epidermici) o di riduzione (più profondi). Nel cappellaccio di giacimenti di rame si forma *crisocolla* (silicato di rame), associata a *malachite* (carbonato di rame) e a *cuprite* (ossido di rame), tutti usati per l'estrazione del rame (la malachite, lucidata, è anche una pietra decorativa di gran pregio: Figura 70). In modo analogo, nella zona di alterazione di giacimenti di solfuri di piombo e zinco si formano l'*anglesite* (solfato di piombo) e la *smithsonite* (carbonato di zinco); entrambi i minerali vengono recuperati per l'estrazione del metallo che contengono.

Giacimenti per precipitazione da soluzioni prodotta da reazioni chimiche

I giacimenti di genesi chimica finora esaminati sono di dimensioni relativamente modeste, ma lo stesso processo sedimentario comprende anche *giacimenti per precipitazione da soluzioni a seguito di reazioni chimiche*, ai quali appartengono i più grandi giacimenti di ferro del mondo: i *giacimenti di «ferro a bande»*, noti nel mondo come *«BIF», Banded Iron Formation* [Figura 71]. Ne parleremo ampiamente nel capitolo 6, al paragrafo 3, al quale si rimanda per ogni dettaglio. Qui ricordiamo che la loro età di formazione è molto antica: oltre il 90% dei gia-

Figura 71
Giacimento di ferro a bande («BIF») in Australia.
A. Vasto affioramento presso Hamersley, in Australia. Il colore ruggine diffuso è dovuto alla limonite, un idrossido di ferro che si forma per ossidazione superficiale di giacimenti di ferro.
B. Un frammento di ferro a bande lucidato: si riconoscono le «bande» grigie di materiale ferrifero (in genere ematite o magnetite) alternate a livelli di selce rossastri.
(A: Science Tisley; B: M. Parotto)

72

Figura 72
Depositi evaporitici in laghi salati nel deserto di Atacama. I numerosi laghi sono alimentati da acque che scendono nella vasta depressione dagli alti rilievi andini, portando in soluzione sali disciolti dalle rocce attraversate. La forte evaporazione (questo deserto è il più arido del mondo) fa precipitare molti composti, che formano una grossa crosta. Le acque che saltuariamente affiorano sono iperaline, ma ospitano grandi quantità di *Artemia salina*, un minuscolo crostaceo adattato a questo ambiente estremo, che a sua volta è alimento per intere colonie di fenicotteri. (C. Caputo)

ciamenti di ferro che conosciamo si sono formati, infatti, prima di 1500 milioni di anni fa.

La loro origine è sedimentaria, per precipitazione chimica in un mare poco profondo, dove il ferro giungeva in soluzione con le acque dei fiumi (che lo sottraevano dai minerali delle rocce affioranti sulle terre emerse, in un'atmosfera ancora priva di ossigeno, per cui il ferro era solubile). Una volta giunto nell'ambiente marino, il ferro precipitava sul fondo a causa dell'ossidazione provocata dall'ossigeno liberato nelle acque del mare (ma non ancora presente nell'atmosfera) dai cianobatteri, a quel tempo molto diffusi.

■ **Cianobatteri** (Cyanobacteria) Noti anche come cianoficee, «alghe azzurre», sono batteri fotosintetici, cioè in grado di realizzare la fotosintesi; oltre alla clorofilla, usata anche dalle piante verdi, possiedono anche altri pigmenti fotosintetici.

Tabella 5
Salinità delle acque.

Composizione salina media delle acque marine			Confronto tra salinità di alcune acque naturali	
Sale	g/l	%		g/l
NaCl (cloruro di sodio)	27,213	77,76	Acqua marina	35
$MgCl_2$ (cloruro di magnesio)	3,807	10,87	Acqua di fiume	0,16
$MgSO_4$ (solfato di magnesio)	1,658	4,73	Mar Baltico	7,2
$CaSO_4$ (solfato di calcio)	1,260	3,60	Mar Caspio	13
K_2SO_4 (solfato di potassio)	0,863	2,45	Golfo di Kara Bogaz	185
$CaCO_3$ (carbonato di calcio)	0,123	0,33	Mar Nero	20
$MgBr_2$ (bromuro di magnesio)	0,076	0,26	Mar Morto	102
	35,000	100,00	Gran Lago Salato, Utah	203

La formazione di depositi di ferro a bande ha cominciato a diminuire a partire da circa 2000 Ma fa, quando l'ossigeno, ormai in continua produzione per l'attività biologica in pieno sviluppo, cominciò a diffondersi dal mare all'atmosfera e a ossidare il ferro presente nelle rocce delle terre emerse, rendendolo insolubile. Terminò, così, la possibilità di un suo trasporto ai mari: la risorsa BIF era ormai assolutamente non rinnovabile e prima o poi, visto il ritmo con cui viene sfruttata, dovremo fare i conti con il suo esaurimento.

Giacimenti per precipitazione da soluzioni acquose prodotta da evaporazione

Giacimenti dello stesso tipo, assai meno estesi ma importanti dal punto di vista industriale per gli elementi che se ne possono estrarre, sono quelli per precipitazione da soluzioni acquose prodotte da evaporazione. Le condizioni ambientali favorevoli sono:
– laghi di acqua salata;
– ambienti marini particolari.

Laghi di acqua salata. Sono i tipici specchi d'acqua presenti in ambienti aridi, nei quali gli immissari portano in soluzione i prodotti del dilavamento dei rilievi circostanti; le acque evaporano continuamente e aumenta la concentrazione dei sali in soluzione, cosicché sul fondo si vanno via via accumulando per precipitazione diversi tipi di minerali evaporitici, come carbonati, solfati e, soprattutto, alogeni. Un lago di questo tipo è il Gran Lago Salato, il più grande lago interno degli Stati Uniti occidentali, nello stato dello Utah (U.S.A.), che occupa il centro di una vasta area desertica. Il lago (la cui salinità è oltre 200 g/l) era un tempo molto più ampio, ma si è andato via via riducendo e il fondo emerso è coperto ovunque da una crosta di sali di grosso spessore e costituisce il Gran Deserto Salato, un'immensa distesa bianca e abbagliante, usata per i primati di velocità di auto e per l'atterraggio di navette spaziali. Dal punto di vista industriale, il giacimento viene sfruttato per la presenza di cloruri e solfati per l'estrazione di *sodio* e *magnesio*.

Laghi di origine simile sono diffusi nel deserto dell'Atacama (Cile settentrionale), il più arido del mondo [Figura 72], e i loro depositi salini vengono ampiamente sfruttati, in particolare per l'estrazione del *litio*, un metallo sempre più ricercato dall'industria elettronica (batterie).

Ambienti marini particolari. Importanza maggiore dal punto di vista industriale hanno i giacimenti chimici di origine marina. L'acqua degli oceani contiene in soluzione, infatti, 84 dei 92 elementi naturali, anche se molti solo in quantità bassissime: la Tabella 5 riassume la composizione media in

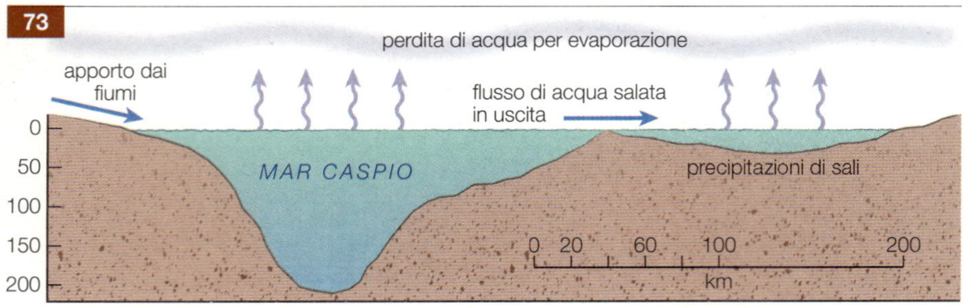

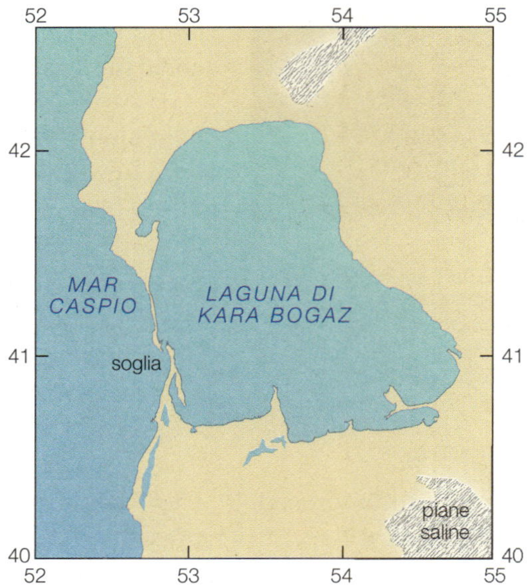

Figura 73
La laguna di Kara Bogaz e il meccanismo di accumulo di sali sul suo fondo. Lo schema mostra come l'evaporazione del modesto spessore di acque produca la continua precipitazione di sali, mentre la perdita di solvente viene compensata da un costante flusso di acqua dal Mar Caspio. (Fonte: Duff, *Holmes Principles of Physical Geology*, Chapman & Hall, 1993)

termini di minerali dei 35 g/l di composti disciolti nell'acqua di mare che, in condizioni opportune, come insenature o bracci di mare in ambiente arido, possono precipitare per evaporazione in concentrazioni tali da costituire una risorsa.

Un caso attuale di ambiente favorevole è quello del golfo di Kara Bogaz (*«buco nero»*), lungo le coste orientali del Mar Caspio, al confine tra Europa e Asia [**Figura 73**]. Il Mar Caspio è la più grande distesa di acque che non abbia contatto con gli oceani, ma la sua lunghissima storia geologica racconta che rappresenta i resti di un braccio di mare rimasto separato dal Mar Nero negli ultimi milioni di anni. Il Mar Caspio oggi riceve notevoli apporti di acque dolci da grandi fiumi, come il Volga e l'Ural. Il golfo ha un'ampia superficie e una profondità che non supera i 10 m; è collegato con il Mar Caspio da una soglia lunga qualche kilometro e larga circa 250 m. Il clima molto arido della regione causa una forte evaporazione, tanto che la salinità delle sue acque è 185 g/l; la perdita di acqua viene continuamente compensata da una forte afflusso dal Caspio attraverso la stretta soglia, con una corrente di 650 m^3/s. L'evaporazione provoca deposito di sali, tanto che nella stagione calda precipitano *salgemma* (cloruro di sodio) e *gesso* (solfato di calcio idrato). Il fondo del golfo è sottoposto a *subsidenza*, cioè a un lento e progressivo sprofondamento, per cui lo spessore di sali che si accumulano cresce nel tempo. Un processo simile deve aver formato le miniere di sale di Wieliczka, in Cracovia (Polonia): sfruttate attivamente per oltre mille anni, sono scavate all'interno di uno strato di sale di oltre 3500 m di spessore, depostosi per evaporazione di acque marine!

Un esempio di evaporazione totale di un bacino con formazione di depositi salini in superficie è visibile in Eritrea, lungo le coste del Mar Rosso. È il *Piano del sale*, una regione depressa, sotto il livello del mare, che un tempo comunicava con il Mar Rosso e che oggi è una delle regioni più calde e secche della Terra. L'isolamento del bacino è stato causato da un allineamento di vulcani non ancora estinti. La depressione, larga da 20 a 40 km, è riempita da uno spesso strato di gesso (fase iniziale dell'evaporazione), ricoperto all'interno da una distesa ampia 25 km di salgemma, mentre al cuore della depressione compare uno strato di minerali di magnesio, a loro volta coperti da minerali di potassio, oggetto di intenso sfruttamento [**Figura 74**].

Nel nostro Paese affiora una fascia di giacimenti evaporitici marini lungo il margine adriatico degli Appennini (soprattutto in Romagna) e in Sicilia (Agrigento e Caltanissetta). Comprendono gesso e, localmente, salgemma, e un tempo sono stati sfruttati per il recupero di zolfo, che si è prodotto per alterazione del solfato di calcio. Purtroppo, il ridotto spessore dei giacimenti e, soprattutto, il lo-

Figura 74
Il *Piano del sale*, in Dancalia (Eritrea).
A. Cavatori di sale sollevano grossi frammenti della coltre di minerale che ricopre il fondo di un antico lago, sfruttando, con l'aiuto di palanchi, la presenza di larghe fratture.
B. I lastroni di sale vengono tagliati in pani, per il trasporto. Nella depressione dancala, sotto il livello del mare, la temperatura supera spesso i 50 °C. (Prisma Bildagentur AG/Alamy)

Figura 75
Un esempio di ambiente evaporitico marino: il Mar Mediterraneo circa 5 milioni di anni fa, quando, per la riduzione della soglia di Gibilterra, divenne un bacino evaporitico sul cui fondo si accumularono depositi evaporitici.

75

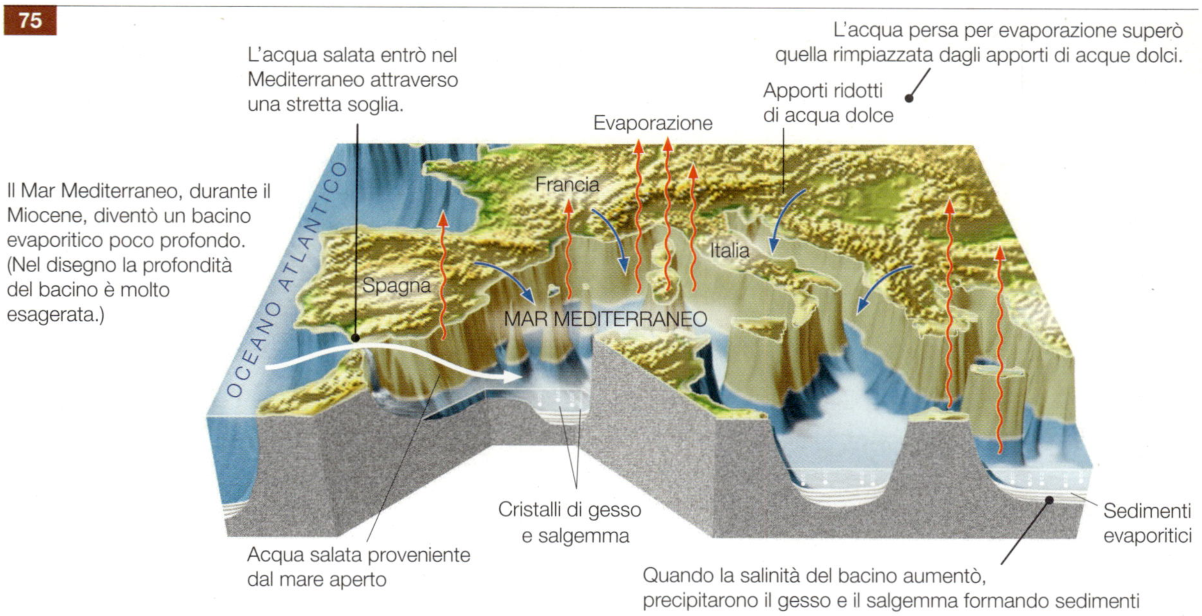

ro pesante coinvolgimento nelle fasi di formazione e sollevamento degli Appennini, che li hanno frammentati e deformati, hanno ridotto a ben poco il potenziale valore di questa risorsa. Le testimonianze fornite dalle evaporiti hanno comunque permesso di ricostruire il meccanismo che ha portato alla formazione di quei depositi salini, mostrato nella Figura 75.

Ricordiamo, a conclusione, gli usi dei minerali citati. Il *salgemma* o *halite*, noto come «sale comune» o «sale da cucina», è indispensabile nell'alimentazione e importantissimo nell'industria chimica, per la preparazione della soda (carbonato di sodio) impiegata nella fabbricazione di vetri, nella preparazione di saponi e detergenti e nella raffinazione del petrolio. La *silvite* (cloruro di potassio) e la *carnallite* (cloruro idrato di potassio e magnesio) sono usati entrambi come fertilizzanti potassici e nell'industria chimica per la produzione di potassio e cloro; la carnallite anche per l'estrazione di magnesio. Il *gesso* (solfato di calcio idrato) è ampiamente impiegato nella produzione di gesso da presa e stucco per l'edilizia, come fondente per ceramiche e come fertilizzante.

Giacimenti associati a rocce residuali. In determinati casi il processo di formazione delle roccce residuali (rivedi paragrafo 7.4) ha portato (e porta) alla concentrazione e all'accumulo di grandi ammassi di alcuni minerali specifici, tanto da dare origine a giacimenti minerari di grande interesse, come quelli di laterite e di bauxite.

Le *lateriti* sono il prodotto della rapida e intensa alterazione di rocce silicatiche ignee o metamorfiche, in zone con climi tropicali caldo-umidi. In tali condizioni, infatti, vengono asportati dalle rocce la silice, gli alcali (sodio e potassio) e il calcio, mentre rimangono in posto *ossidi* e *idrossidi di ferro* e *di alluminio*, che formano ammassi color rosso vivo o rosso bruno con spessori anche di molti metri [Figura 76]. Trovano un limitato impiego locale per la produzione di ferro in modeste qualità. Quando, però, l'alterazione ora descritta subisce una ulteriore evoluzione il deposito perde tutta la silice e anche i composti di ferro, e rimangono depositi biancastri di *bauxite*, una massa di aspetto terroso di idrossidi di alluminio. I giacimenti di bauxite sono una risorsa preziosa, che

Figura 76
Origine della laterite.
A. Profilo di un suolo lateritico, sviluppatosi su una roccia ignea femica, in una regione intertropicale, molto calda e molto umida. Nella zona superiore restano soltanto gli ossidi di ferro più insolubili e altri ossidi simili; talvolta sono presenti anche granuli di quarzo. Tutti i materiali solubili, compresa anche la silice, relativamente insolubile, vengono lisciviati.
B. Suoli lateritici in Australia. I suoli lateritici sono poco adatti all'agricoltura.
(NSIL/D. Roberts/SPL)

76A

76B

viene sfruttata per la preparazione dell'allumina, dalla quale parte il processo metallurgico per l'estrazione dell'alluminio.

Giacimenti associati a rocce di origine biochimica. Tra le rocce la cui origine comprende un processo chimico e che coinvolgono materiali legati ad attività biologica vanno ricordate le *fosforiti*, dette anche *rocce fosfatiche*, una risorsa di grande interesse economico per l'importanza di questi materiali come fertilizzanti.

Oggi gli accumuli di fosforiti si trovano quasi esclusivamente in aree di piattaforma continentale, cioè in acque poco profonde, dove è presente un'altissima attività biologica grazie alla disponibilità di grandi quantità di nutrienti. In tali condizioni, l'abbondante materia organica disponibile con la morte degli organismi si deposita come una continua «pioggia» sul fondo del mare: la successiva degradazione libera il fosforo, che può combinarsi chimicamente con il calcio presente nei sedimenti.

Tra le rocce che derivano da attività organica sono compresi i *carboni* e gli *idrocarburi*. Molte rocce sedimentarie, infatti, contengono in dispersione al loro interno quantità variabili di sostanze organiche, di origine animale, vegetale o mista. Quando i processi della diagenesi non distruggono queste sostanze, esse possono concentrarsi e, attraverso specifici processi chimico-fisici, dare origine a giacimenti di elevato interesse. Poiché, però, questi accumuli sono utilizzati non come materie prime, ma come combustibili fossili per la produzione di energia, li prenderemo in esame in dettaglio nel prossimo paragrafo, come fonti di energia naturale.

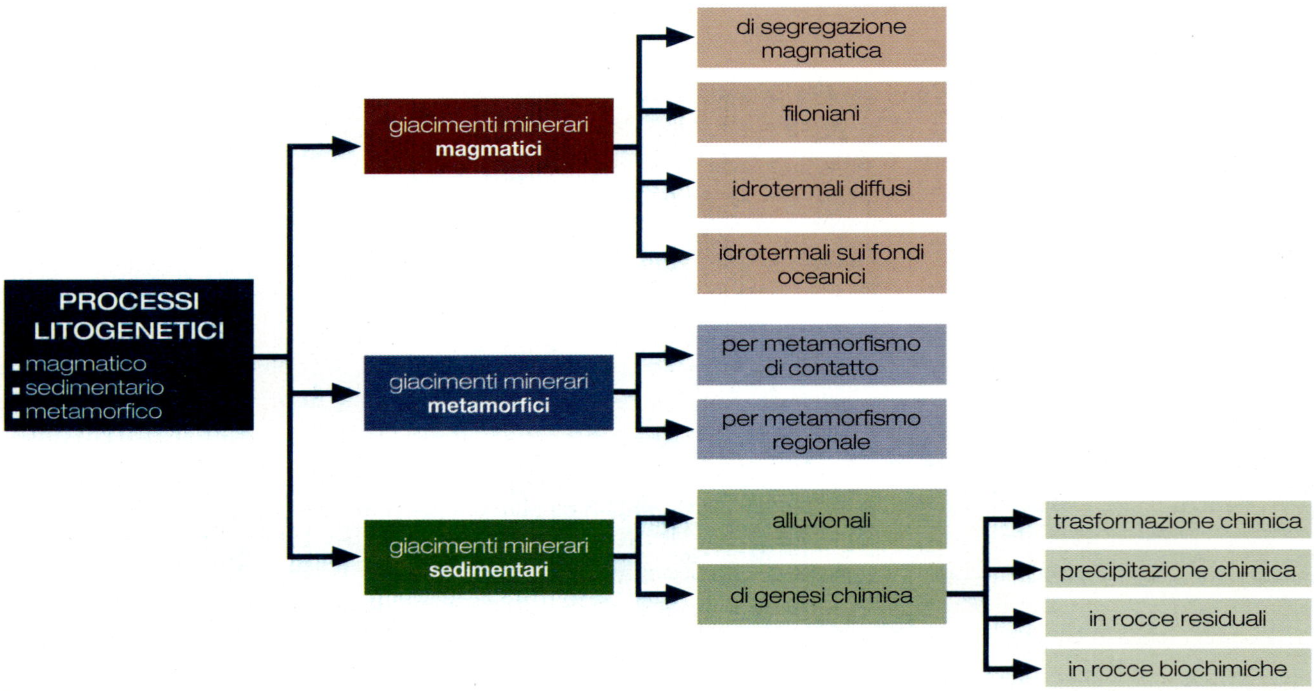

QUESITI

1. Una risorsa mineraria è
   - A l'insieme di tutti i giacimenti conosciuti e recuperabili.
   - B la quantità di un minerale che viene estratta annualmente.
   - C la quantità totale di un minerale che può diventare disponibile per il recupero e l'impiego.

2. Scegli l'alternativa corretta.
   Dai giacimenti filoniani **pegmatitici/di segregazione magmatica** si estraggono vari tipi di minerali metallici che si sono accumulati sul fondo degli ammassi di roccia intrusiva.

3. L'uraninite si estrae da giacimenti
   - A filoniani pegmatitici o filoniani idrotermali.
   - B idrotermali diffusi.
   - C alluvionali.

4. Completa.
   Il processo metamorfico che ha maggiore importanza nella genesi dei giacimenti minerari è quello ....

5. I grandi giacimenti diferro a bande hanno un'origine
   - A magmatica.
   - B metamorfica.
   - C sedimentaria.

6. Da quali tipi di giacimenti si ricava l'alluminio?
   - A Pegmatitici
   - B Filoniani idrotermali
   - C Laghi di acqua salata
   - D Sedimentari associati a rocce residuali

7. Che differenza c'è tra filoni pegmatìtici e filoni idrotermali? In quali si trovano minerali impiegati come pietre preziose?

8. In che senso la conoscenza dei fondi oceanici ha fornito nuove indicazioni per la ricerca di giacimenti minerari?

9. In che modo il processo metamorfico porta alla formazione di giacimenti di grafite?

10. Come si sono formati i grandi giacimenti d'oro del Sudafrica?

11. In quali ambienti si formano i giacimenti per precipitazione dovuta a evaporazione?

ampliamento delle conoscenze

Perché l'amianto rappresenta un pericolo per la salute?

Negli ultimi 25 anni parlare dell'amianto (o asbesto) – un tempo usato ampiamente come isolante antincendio, come isolante in automobili, navi e treni – ha destato e desta tuttora vivo allarme. Alcune malattie letali dei polmoni sono state associate all'inalazione di particelle di amianto, come l'*asbestosi* (che causa un progressivo irrigidimento del tessuto polmonare e difficoltà di respirazione) e il *mesotelioma* (un tumore maligno che interessa la pleura).

In queste malattie si ritiene che sia implicata la pesante esposizione a certuni minerali riuniti sotto il nome commerciale di asbesto; l'abito fibroso acuminato di alcuni tipi di amianto sembra avere un ruolo importante [Figura 77].

I problemi di salute connessi all'uso dell'asbesto divennero di dominio pubblico quando furono intentate cause all'industria dell'amianto per i casi di morte e di invalidità di lavoratori impiegati nelle fabbriche in cui questo materiale veniva trattato. I materiali contenenti amianto sono stati banditi dalle scuole, dagli ospedali e dagli altri edifici pubblici e numerosi paesi, oggi, richiedono che venga chiaramente dichiarato se c'è stato impiego di questi materiali anche nelle contrattazioni per la vendita di case private.

Su questa situazione di allarme più che giustificato è nato un dibattito anche all'interno della mineralogia. Il fatto è che, sotto il termine commerciale di asbesto, sono state raggruppate sei specie mineralogiche distinte di silicati:

- il **crisotilo**, un fillosilicato, membro del gruppo del serpentino;
- la **crocidolite**, un silicato a catena doppia, membro del gruppo degli anfiboli;
- altri quattro silicati a catena doppia (amosite, tremolite, attinolite e antofillite) facenti parte, anch'essi, del gruppo del serpentino.

Sono minerali associati, in genere, alle *Serpentiniti*, rocce prodotte da metamorfismo regionale di basso grado, nella facies *Scisti verdi* (vedi figura 47).

Gli effetti nocivi sembrano essere dovuti più alla formazione di sottili fibre acuminate, che alla natura chimica del minerale. Effettivamente la crocidolite forma fibre acuminate ed è appurato che l'intensa esposizione alla crocidolite è pericolosa.

Anche l'esposizione prolungata ad altre forme di asbesto, come avviene per lavoratori nelle fabbriche che trattano questi materiali, può essere nociva. Il crisotilo sembra invece essere una varietà più innocua in forma pura, ma nell'ambiente si trova spesso in miscela con altre forme nocive.

Quindi le opinioni dei medici e dei mineralogisti sull'importanza dell'eliminazione di tutte le forme di amianto dagli edifici e dalle fabbriche sono concordi e i regolamenti della Comunità europea si applicano a tutti questi minerali, indipendentemente dalla loro forma.

In futuro la mineralogia potrà contribuire a definire meglio la pericolosità dei minerali indicati con il termine «amianto» e aiutare a individuare eventuali altre specie mineralogiche che, per la forma acuminata delle fibre, sono capaci di produrre gravi malattie polmonari.

In Italia, dove ogni anno le morti imputate all'amianto sono oltre un migliaio, la normativa vieta totalmente la produzione, la commercializzazione e l'uso di materiali contenenti amianto, nonché l'estrazione del minerale.

Purtroppo, queste disposizioni, relativamente recenti, non comprendono l'obbligo di eliminare i materiali contenenti amianto prodotti e utilizzati nel passato, a meno che non si riscontrino pericoli per la salute. L'avvio di bonifiche ambientali sistematiche procede a rilento, anche a causa dei costi elevati per le amministrazioni che se ne fanno carico.

(Tratto, con modifiche e aggiunte, da Press F., Siever R., Grotzinger J., Jordan T. H., *Capire la Terra*, a cura di E. Lupia Palmieri e M. Parotto, seconda edizione, 2006, Zanichelli)

Figura 77
Alcuni minerali noti comunemente con il nome generico di «amianto».
A. Il crisotilo, le cui fibre vengono cardate facilmente dal minerale solido per farne tessuti antifiamma.
B. La crocidolite, che forma fibre acuminate.

77A

77B

11 Fonti di energia da minerali e rocce

Video
La formazione del carbone

Video
La formazione di un giacimento di petrolio

■ **Subsidenza** (Subsidence) Movimento di abbassamento di una regione, che è accompagnato, in genere, da un accumulo progressivo di grossi spessori di sedimenti.

Le fonti di energia più sfruttate dall'uomo sono rappresentate da alcuni materiali che si sono accumulati nella crosta attraverso processi geologici della durata media di alcune decine di milioni di anni. Tali processi sono tuttora in atto, ma la rapidità con cui sfruttiamo questo tipo di risorse è incomparabilmente più elevata del ritmo della loro formazione, per cui, in pratica, sono risorse energetiche **non rinnovabili**, in via di esaurimento. Esse sono i *combustibili fossili,* formati dall'accumulo di sostanza organica elaborata attraverso processi biologici che sfruttano l'energia solare, e i *combustibili nucleari*, prodotti dal ciclo litogenetico insieme alle altre rocce della crosta.

Cominceremo con i combustibili fossili, proponendoli come esempio di moderna ricerca di risorse guidata dallo sviluppo delle conoscenze geologiche, e concluderemo questa breve sintesi con un cenno ai combustibili nucleari.

11.1 Giacimenti di carboni fossili

I carboni sono rocce sedimentarie organogene derivate dall'accumulo di sostanze vegetali che, successivamente, hanno subìto più o meno profonde trasformazioni, attraverso processi biochimici e fisici. In condizioni normali i resti vegetali subiscono una lenta distruzione per *ossidazione*, ma se i detriti vegetali si accumulano sott'acqua, l'ambiente può divenire rapidamente stagnante e privo di ossigeno. In questo caso si realizzano le condizioni in cui la produzione di sostanza organica rimane maggiore della capacità di distruzione dell'ambiente [Figura 78].

Se il suolo è soggetto a *subsidenza*, cioè a un processo di abbassamento lento e costante, si forma la ***torba***, un combustibile organico al cui interno si riconoscono ancora rami, radici e foglie. Gli ambienti naturali in cui si accumula la torba sono detti *torbiere*. Nel caso in cui la subsidenza proceda, l'accumulo di torba viene sepolto sotto il peso di altri materiali: si verificano nuove trasformazioni e si passa a un nuovo prodotto, detto ***lignite***, più ricco di carbonio per la continua perdita di acqua e altre sostanze da parte della massa vegetale. Se il seppellimento prosegue, subentra uno stadio debolmente *metamorfico*, causato dal progressivo aumento della temperatura e della pressione, che fa aumentare ulteriormente il tenore di carbonio: si passa così al ***litantrace***, il carbone fossile ampiamente usato come combustibile. Per ulteriori trasformazioni, il carbonio raggiunge concentrazioni superiori al 90% della sostanza totale di partenza: si arriva così all'***antracite***, non molto diffusa, ma assai pregiata per il suo alto potere calorifico [Figura 79]. L'antracite non è, però, l'ultima possibile trasformazione: se quella sostanza organica, ricchissima in carbonio, subisce condizioni di alto metamorfi-

78

Figura 78
Un paesaggio attuale simile agli ambienti in cui si sono formati i grandi giacimenti di carbone del Carbonifero: le Everglades, in Florida (U.S.A). (D. Uhley/ Shutterstock)

79

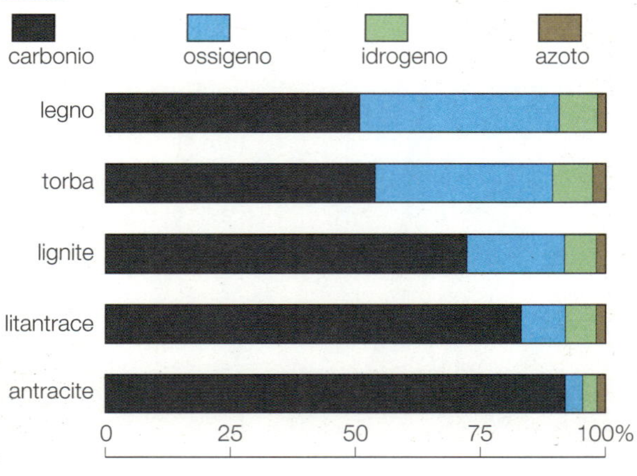

Figura 79
Il grafico mette a confronto le composizioni chimiche medie dei diversi combustibili che derivano dalla sostanza vegetale. I carboni si sono formati a partire da materia vegetale per arricchimento nel tempo in carbonio, come conseguenza di un progressivo impoverimento di ossigeno e idrogeno.

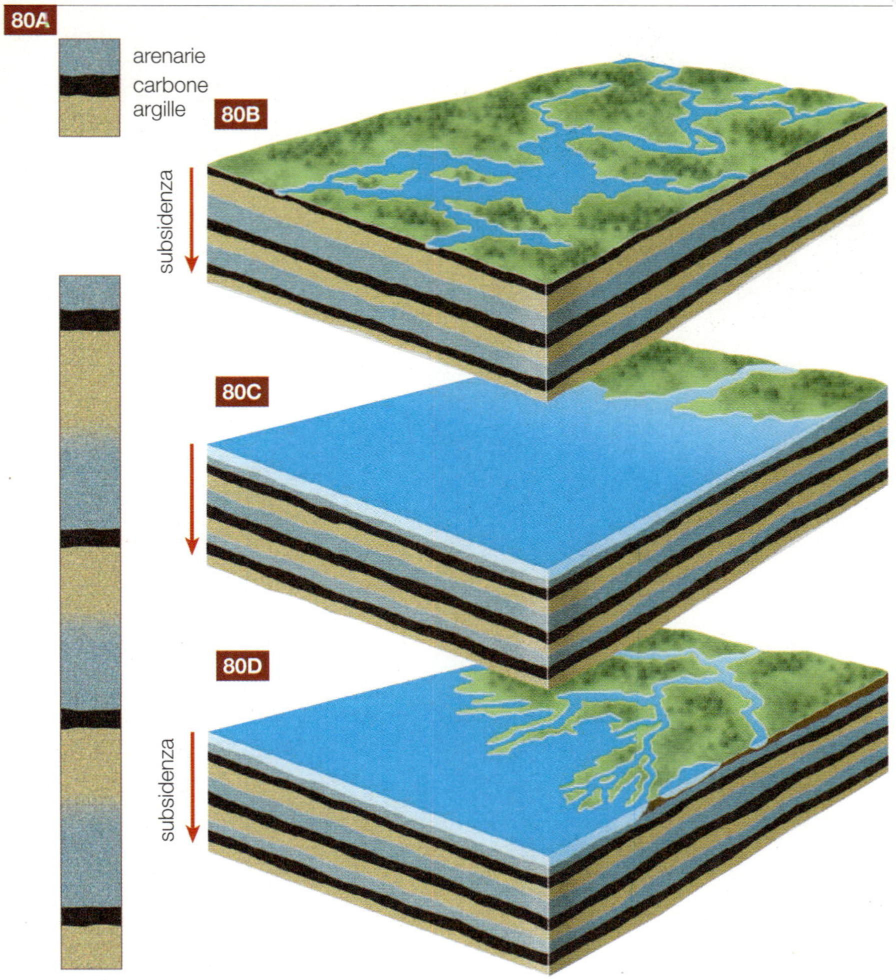

Figura 80
Origine di un giacimento di carbone.
A. In ogni giacimento i livelli di carbone si ripetono numerose volte, separati tra loro da strati di sabbie e argille. Questa successione ciclica di rocce si può formare lungo una piana costiera in subsidenza (schemi B-D), con un clima che favorisca lo sviluppo di un'intensa copertura vegetale.
B. La piana costiera in subsidenza è occupata da una foresta in pieno sviluppo; il materiale organico si accumula sul fondo di numerosi specchi d'acqua, ma il ritmo di questo tipo di sedimentazione, diffusa su tutta l'area, è molto lento.
C. La subsidenza, non compensata dalla sedimentazione, finisce per prevalere e il mare invade tutta l'area.
D. Nelle nuove condizioni, la velocità della sedimentazione (sabbie e argille portate dai fiumi) torna a essere più rapida della subsidenza e i delta fluviali avanzano nel mare: si ricostruisce così un'ampia pianura costiera, su cui tornerà a svilupparsi una nuova foresta. Il materiale organico accumulatosi nella fase precedente (schema B), sepolto sotto altri sedimenti, inizia lentamente la sua «maturazione».

smo si trasforma nel minerale *grafite*, cercato come risorsa mineraria.

Ma se questa è l'origine dei modesti livelli di carbone spesso presenti in molte rocce sedimentarie, come si formano invece i grandi giacimenti di carbone *economicamente sfruttabili*?

Lo studio dei grandi giacimenti di carbone, sfruttati da lungo tempo con innumerevoli sondaggi e miniere, ha messo in evidenza che i singoli livelli di carbone sono ciascuno di modesto spessore (intorno al metro), ma si ripetono numerose volte lungo la verticale (fino a 400, nel famoso bacino carbonifero franco-belga) in successioni di rocce di notevoli spessori (fino a 3000 metri nei bacini carboniferi della Ruhr e della Saar, in Germania). Si è osservato, inoltre, che i livelli di carbone sono sistematicamente alternati a strati di argille e sabbie, che si sono formate costantemente in ambiente di facies costiera, cioè al passaggio tra mare e terre emerse [Figura 80A].

Se si prova a «leggere» questa succesione ciclica di facies, si arriva a concludere che i grandi giacimenti di carboni fossili si sono originati in corrispondenza di vaste pianure costiere, soggette per tempi lunghissimi a una lenta subsidenza, per cui le coste venivano invase da diffuse e sottili lame d'acqua. Quando questi ambienti lagunari e paludosi si formavano in condizioni climatiche opportune, caldo-umide, vi si sviluppava una vegetazione rigogliosa, che dava origine a grossi accumuli di sostanza organica sul fondo di quegli specchi d'acqua, poco profondi. Mentre questo accadeva, la subsidenza continuava, ma non veniva più compensata dall'arrivo di argille, sabbie e ghiaie portate dai fiumi, bloccate dal fitto sviluppo della vegetazione: in pratica, la sedimentazione era ridotta al solo accumulo di resti vegetali, molto lento. Il graduale sprofondamento dell'area lasciava spazio al mare, che tornava ad avanzare (con un processo di trasgressione); le sue acque sostituivano lagune e paludi e ricoprivano gli accumuli organici sotto una coltre di sedimenti marini: prima più grossolani (ghiaie e sabbie), poi più fini (argille e limi) [Figura 80B e C]. Con il tempo, però, senza l'ostacolo della fitta vegetazione, via via «ritiratasi» verso le terre emerse a causa dell'aumento della profondità delle acque per l'avanzata del mare, i sedimenti abbandonati lungo le coste dai fiumi e presi in carico dal mare tornavano a compensare la subsidenza, ricostruendo zone emerse, paludose, adatte alla ripresa della vegetazione; si ripristinava, così, il tratto di costa che prima era invaso dalle acque e su di esso si sviluppava una nuova copertura vegetale, e così via, ciclo dopo ciclo [Figura 80D].

■ **Successione ciclica (di facies)** (**Cyclic sedimentary sequence**) In un pacco di strati rocciosi si parla di *successione ciclica* quando due o più tipi di rocce si ripetono nel pacco in modo sistematico, cioè sempre nello stesso ordine (per esempio: ghiaie, sabbie, argille, ghiaie, sabbie, argille...). L'analisi delle rocce permette di risalire ai diversi tipi di ambienti che si sono succeduti nel tempo.

■ **Trasgressione** (**Transgression**) È il processo di avanzamento del mare che sommerge un'area prima emersa. È indicato anche come *ingressione*.

Figura 81
Colonna schematica dei terreni al di sotto di un settore della crosta terrestre in cui si stanno formano combustibili fossili da vegetazione. L'accumulo di vegetazione si trasforma per compressione in *torba*, e questa, sottoposta a ulteriore compressione, subisce un lieve metamorfismo, che la trasforma successivamente in *lignite*, *litantrace* e *antracite*, per il continuo aumento della temperatura e della pressione man mano che l'accumulo viene sepolto a profondità crescente.

81

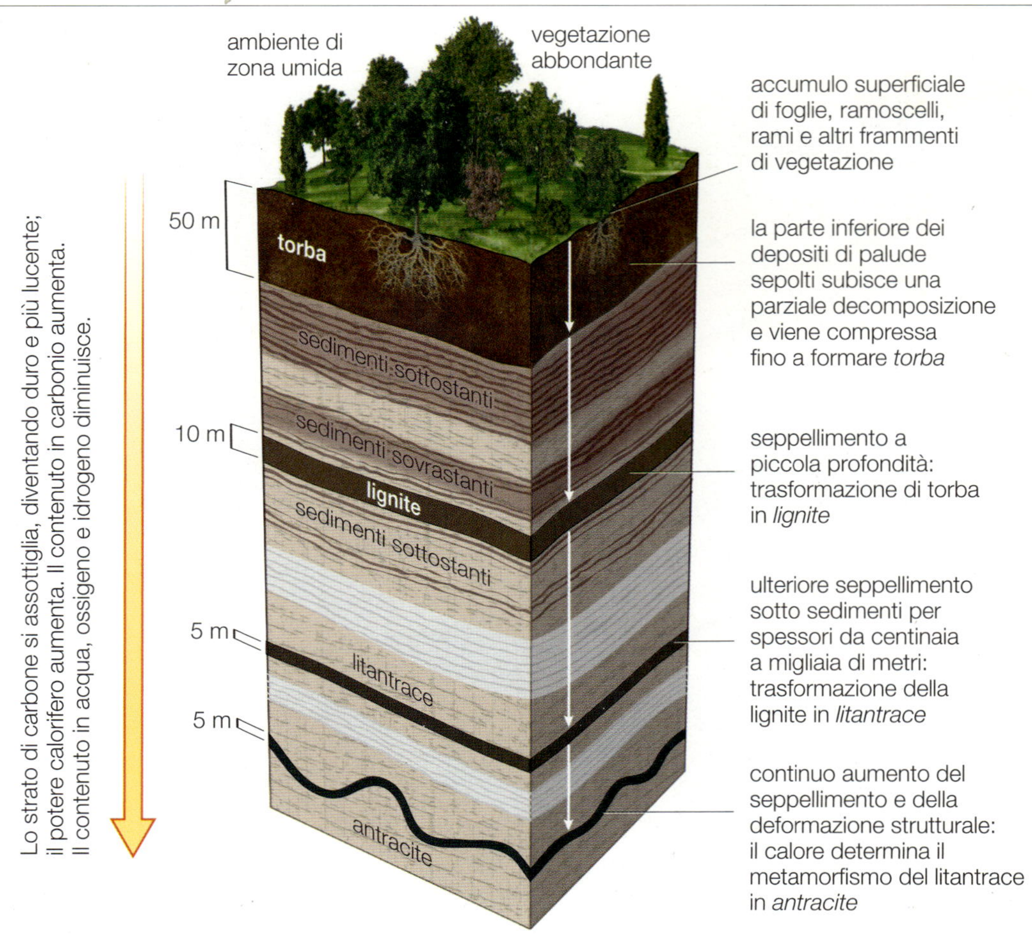

La colonna stratigrafica di Figura 81 riassume il risultato di più cicli, giunti a vari livelli di maturazione e di compattazione.

Il carbone oggi. Le Scienze geologiche hanno messo in luce che il carbone è la risorsa energetica quantitativamente più importante di cui possiamo attualmente disporre. Le stime indicano che le riserve mondiali sono oltre 900 miliardi di tonnellate. Ogni anno si estraggono e commercializzano circa 6 miliardi di tonnellate di questo combustibile fossile: in prospettiva, dunque, il globo dispone di riserve per altri 150 anni. La Cina è il primo produttore e consumatore al mondo, mentre l'Indonesia è diventato il primo esportatore globale (oltre 300 milioni di tonnellate all'anno).

Ma le stesse scienze mettono anche in guardia sui gravi problemi connessi con il recupero e l'impiego su larga scala del carbone, la cui combustione dà origine a ossidi gassosi nocivi e lascia, inoltre, grandi quantità di ceneri che, oltre a contenere alcune sostanze tossiche, pongono il problema non indifferente della loro eliminazione. Rimane, comunque, il problema della continua immissione nell'atmosfera dell'anidride carbonica prodotta dalla combustione del carbone, per gli effetti che questa potrebbe produrre sul delicato equilibrio del sistema Terra.

11.2 Giacimenti di petrolio

Il petrolio è un liquido infiammabile, denso, di colore che in genere può andare dal nero al marrone scuro e si trova in giacimenti, nei quali è presente come una diffusa impregnazione di ammassi di rocce porose, localizzati entro la parte superiore della crosta terrestre. È composto da una miscela di vari idrocarburi, per la maggior parte liquidi.

Usato a lungo come olio per lampade e anche come medicinale, è stato solo verso la metà dell'Ottocento che l'«olio di roccia», conosciuto perché in alcune località sgorgava spontaneamente dal terreno, cominciò ad essere cercato specificamente nel sottosuolo: nell'agosto del 1859, in Pennsylvania (Stati Uniti Nord-orientali), il primo pozzo incontrò il petrolio a soli 21 metri di profondità e segnò l'inizio di una nuova era. Allora, ancora poco o niente si sapeva sulla sua origine e meno ancora su come cercarlo, ma l'impresa fu accompagnata dal rapido sviluppo di strumentazioni sempre più potenti ed efficaci; al di là degli aspetti tecnologici, però, il vero progresso nelle ricerche degli idrocarburi è stato l'aver compreso le condizioni geologiche che hanno portato (e portano) alla formazione di un giacimento.

■ **Petrolio** (**Oil**) Dal tardo latino *petroleum*, composto di *petrae*, «della roccia», e *oleum*, «olio», cioè «olio di roccia». Il termine *petrolio* venne adottato per la prima volta nel 1556 in un trattato del mineralogista tedesco Georg Bauer.

■ **Idrocarburi** (**Hydrocarbons**) Composti chimici organici le cui molecole contengono esclusivamente atomi di carbonio e idrogeno. Costituiscono una classe molto ampia di sostanze, perché gli atomi di carbonio hanno la capacità di legarsi tra loro in catene sia aperte (lineari o ramificate), sia chiuse (ad anello), sia miste (ad anello e aperte). Costituiscono una delle più importanti fonti di energia e rappresentano le materie prime per l'industria petrolchimica (che produce materiali come fibre artificiali, materie plastiche, esplosivi, solventi, resine e infiniti altri).

82A

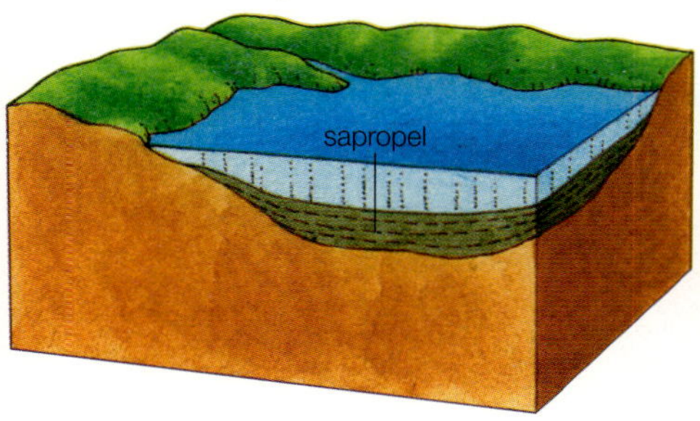

82B

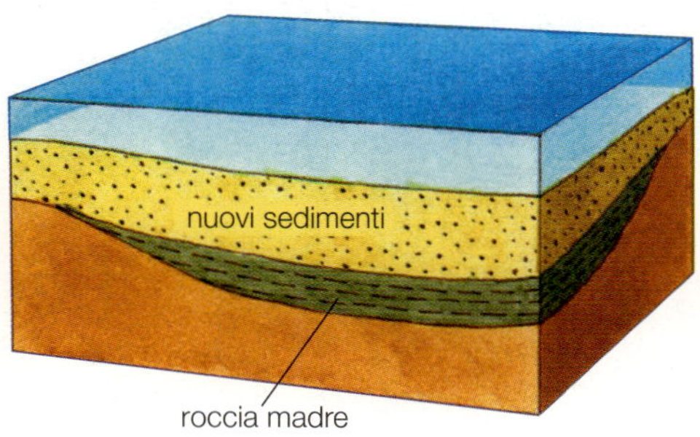

82C

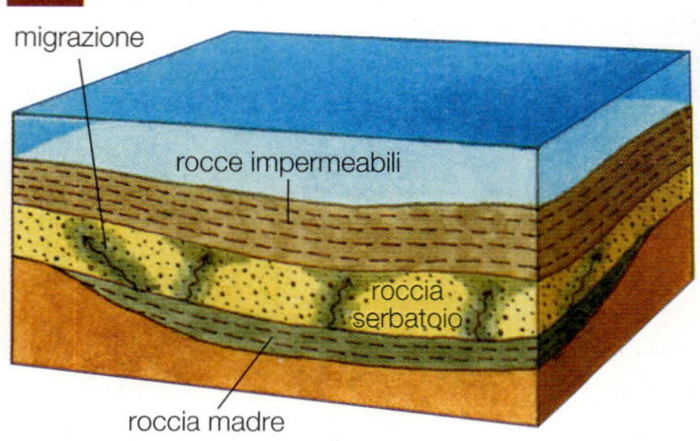

Figura 82
Formazione di un giacimento di idrocarburi.
A. Sul fondo di un golfo marino si accumula il sapropel, una specie di fango scuro ricco di sostanza organica (resti di organismi, soprattutto microscopici).

B. Il sapropel, sottratto all'ossidazione dal continuo accumulo di altri sedimenti, diventa la «roccia-madre»; scendendo lentamente in profondità, con l'aumento di pressione e di temperatura, la sostanza organica si trasforma in un miscuglio di idrocarburi liquidi e gassosi.

C. La pressione degli idrocarburi gassosi e i movimenti della crosta «spremono» la roccia-madre, per cui l'insieme di idrocarburi subisce una «migrazione» attraverso rocce sovrastanti permeabili, finché non incontrano rocce impermeabili, che ne bloccano il movimento.

■ **Pelite** (**Mudstone**) (dal greco *pelòs*, fango). Roccia sedimentaria clastica a granuli molto fini, di dimensioni intermedie tra quelle di una sabbia sottile e quelle di un'argilla. Quando è incoerente è chiamata *fango*, mentre *pelite* indica una trasformazione per diagenesi, che la rende compatta e fissile, cioè suddivisibile in lamine sottili.

L'origine degli idrocarburi. L'origine degli idrocarburi va cercata in sedimenti marini fini in cui sono rimasti sepolti, dopo la loro morte, numerosissimi microrganismi: questa specie di fango, chiamato *sapropel*, col tempo si trasforma in una pelite ed è la *roccia-madre* del petrolio [Figura 82 A e B]. La sostanza organica in essa concentrata, infatti, viene sottratta alla normale distruzione per ossidazione (putrefazione) dal rapido accumulo di nuovi sedimenti detritici e si trasforma in *kerogène* (vedi più avanti); con il tempo, e sotto il carico di altre rocce, questa sostanza subisce una serie di trasformazioni chimiche (a cui partecipano anche batteri anaerobi), che portano alla formazione di idrocarburi liquidi o gassosi. Tali idrocarburi tendono a «migrare», cioè a lasciare la roccia-madre e a muoversi in genere verso l'alto, attraverso rocce, come molte arenarie, abbastanza porose e permeabili, da lasciarli filtrare (*rocce-serbatoio*); questo movimento verso l'alto è dovuto alla bassa densità del petrolio e degli idrocarburi gassosi rispetto all'acqua, che occupa, in genere, i pori delle rocce entro cui avviene la migrazione: gli idrocarburi «spostano» perciò l'acqua, sulla quale possono «galleggiare». La loro migrazione prosegue finché non incontrano rocce di natura diversa, impermeabili [Figura 82C], che la ostacolano; se le rocce impermeabili (*rocce di copertura*) sono configurate in modo da costituire una specie di cupola, gli idrocarburi rimangono «intrappolati»: non potendo più migrare, impregnano la roccia-serbatoio riempiendone tutti i minuscoli pori (come un liquido in una spugna) e si forma così un giacimento. È il caso, per esempio, illustrato nella Figura 83, in cui la trappola è formata da una piega anticlinale.

Come si vede, la formazione di un giacimento di idrocarburi e la sua localizzazione entro la crosta sono il risultato di una serie di precisi eventi geologici; serve un ambiente marino adatto all'accumulo del sapropel (per esempio, vaste lagune o golfi protetti, con scarsa circolazione sul fondo), ma anche tale da permettere la successiva formazione di grossi volumi di rocce adatte a fare da serbatoio e di altre rocce che forniscano un'efficace copertura

Figura 83
Esempio di giacimento di idrocarburi localizzato in una «trappola» formata da una piega anticlinale (concava verso il basso, come un tunnel). Gli idrocarburi sono risaliti dal basso all'interno di una «roccia-serbatoio» (nell'esempio si è ipotizzata un'arenaria, una roccia sedimentaria detritica i cui granuli sono spesso separati da minuscoli pori intercomunicanti, per cui è permeabile). Il loro movimento è stato arrestato da strati di «rocce di copertura», impermeabili (per esempio, argille), disposti come una cupola. Poiché le rocce-serbatoio, come tutte le rocce permeabili, contengono in genere acqua, gli idrocarburi, più leggeri, si spingono verso l'alto e spostano l'acqua verso il basso; alla fine, la roccia-serbatoio risulterà impregnata, come una spugna, di acqua nelle parti più profonde, di idrocarburi liquidi (petrolio) al di sopra dell'acqua e di gas nelle parti più alte.

83

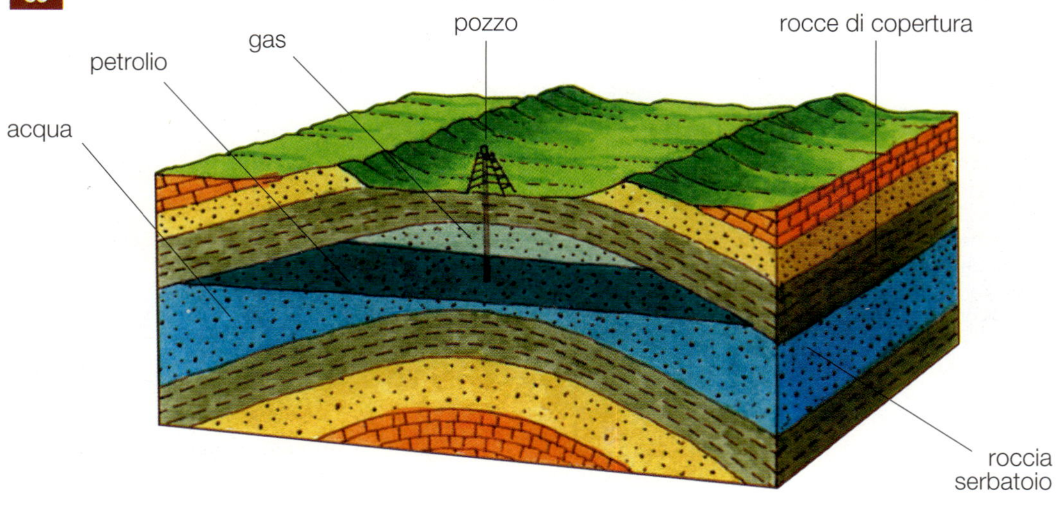

Figura 84
Esempi di alcune delle trappole più importanti e diffuse che possono ospitare giacimenti petroliferi. La prima è la tipica *trappola per piega anticlinale* già descritta nella figura 83. La *trappola stratigrafica* si forma quando sedimenti impermeabili si depongono sopra una superficie poco inclinata che delimita rocce permeabili, inclinate in modo da formare un cuneo che si allarga verso il basso (da dove possono risalire gli idrocarburi) e si restringe verso l'alto, fino a rimanere chiuso dalla copertura impermeabile. Nella *trappola per faglia* il movimento lungo una superficie di taglio, prodotto dalle deformazioni della crosta, porta rocce impermeabili a bloccare rocce permeabili inclinate verso l'alto. La *trappola per domo salino* si forma quando ammassi di sale (roccia evaporitica) impermeabili risalgono verso l'alto (per la loro minore densità rispetto alle rocce circostanti) e fanno inarcare gli strati a forma di cupola.

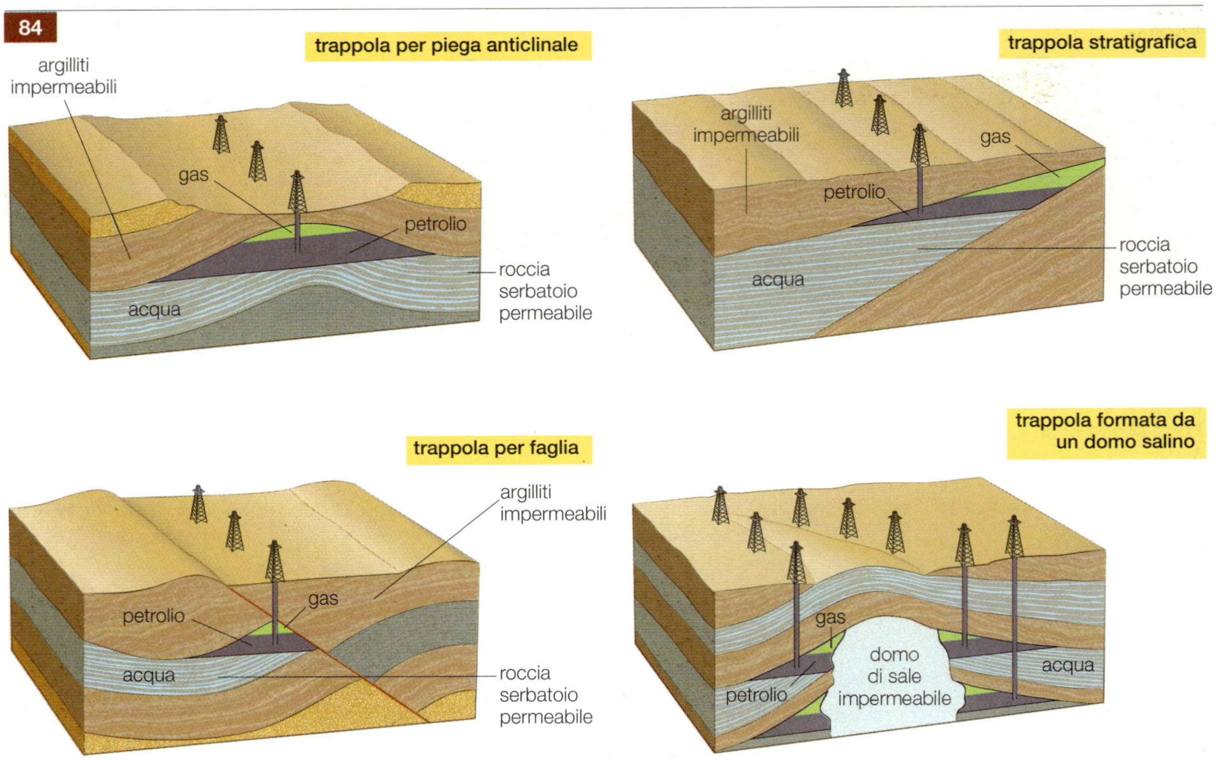

[Figura 84]. È anche necessario che tali strutture non subiscano deformazioni troppo forti, perché in tal caso nelle trappole possono formarsi numerose fessure, lungo le quali gli idrocarburi risalgono in superficie e si disperdono, lasciando solo residui solidi (bitumi).

Le zone favorevoli sono ritenute i grandi *bacini sedimentari*, cioè le vaste aree coperte un tempo da mari poco profondi, in cui si sono potuti accumulare, su fondali in lento sprofondamento (cioè in subsidenza), grossi spessori di sedimenti detritici, costituiti soprattutto da sabbie e argille. Le ricerche sono perciò oggi concentrate nei bacini sedimentari del passato [Figura 85].

Ma le conoscenze sull'origine delle rocce hanno spinto le ricerche anche verso bacini attuali, che corrispondono essenzialmente ai giganteschi accumuli di sedimenti in accrescimento da milio-

■ **Bitumi** (Bitumen, asphalt)
Il termine indica una miscela di più composti organici di alto peso molecolare. La composizione globale media comprende carbonio (in grande prevalenza), idrogeno, zolfo e ossigeno. Si forma per ossidazione naturale di residui del petrolio.

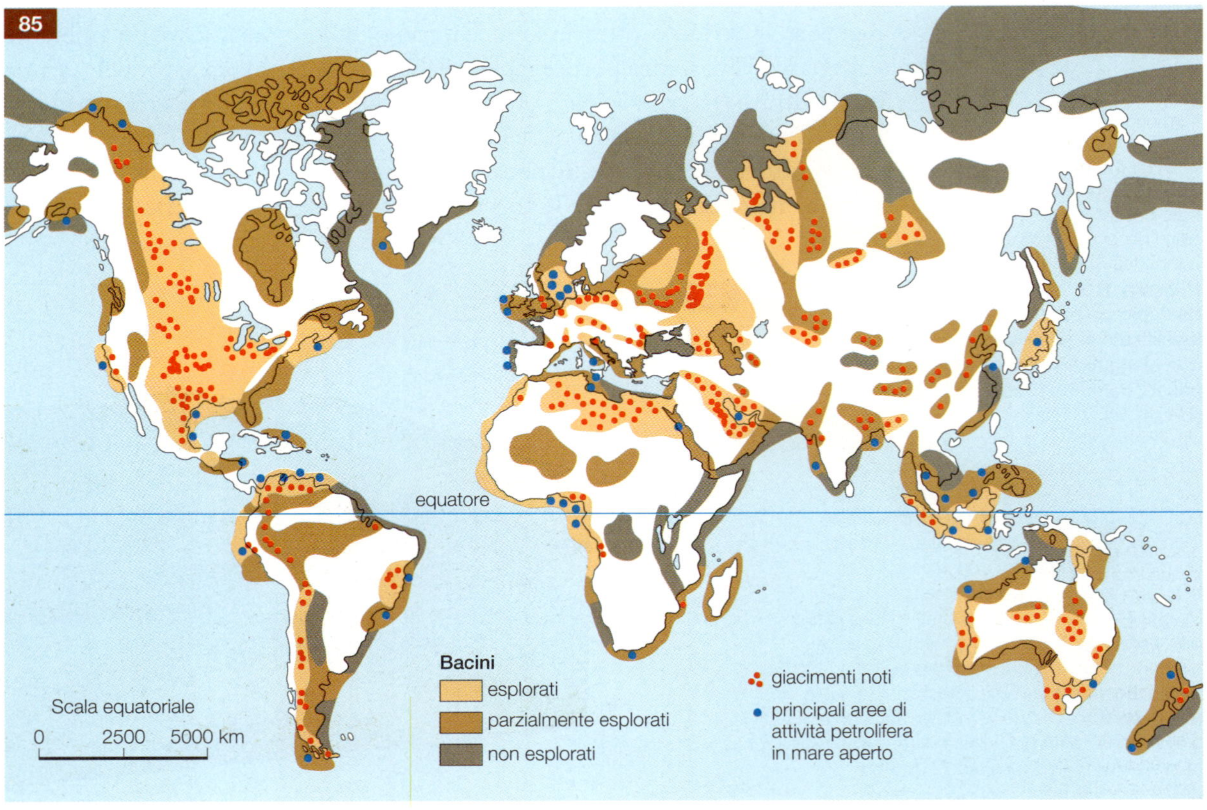

Figura 85
Distribuzione mondiale dei grandi bacini sedimentari e dei principali giacimenti petroliferi. È stata riportata l'estensione dei bacini anche in corrispondenza della piattaforma continentale, sulla quale sono in atto ricerche che impiegano torri di perforazione in grado di operare direttamente in mare.

Figura 86
Schema della rete di gasdotti nazionale. Sono indicati i punti di ingresso dei gasdotti di rifornimento dalle coste africane (Algeria e Libia), dalla Russia e dalle coste del Mare del Nord.

ni di anni lungo le coste che presentano un'estesa piattaforma continentale. Secondo le stime attuali la quantità di riserve di petrolio mondiali sarebbe dell'ordine di 1000 miliardi di barili.

Un futuro per gli idrocarburi? La ricerca di nuove risorse continua. Finora si è operato sulla base di un'origine biogenica del petrolio, attraverso la trasformazione del sapropel. In tali prospettive vengono scartate dalla ricerca le aree in cui affiorano terreni molto antichi, formati da rocce metamorfiche, i fondi oceanici, le fasce fortemente deformate delle catene montuose e anche i sedimenti dell'Era quaternaria, troppo recenti e troppo poco evoluti perché vi si possano già essere formati idrocarburi.

In tempi recenti, però, sono state elaborate alcune teorie abiogeniche (o abiotiche) secondo le quali tutti gli idrocarburi naturali sarebbero di origine abiotica, a eccezione del metano biogenico (spesso chiamato gas delle paludi).

Una di queste teorie suggerisce che i giacimenti di idrocarburi siano originati dal flusso di gas presente a grandi profondità, dove, al momento della formazione della Terra, si sarebbero formati vasti accumuli di carbonio, localizzati nel mantello superiore. Questi depositi, trovandosi in condizioni di elevata temperatura e pressione, subirebbero un processo di polimerizzazione di strutture semplici, come molecole di metano (CH_4), fino a formare lunghe catene di idrocarburi. Si tratterebbe, perciò, di materiale primordiale che risalirebbe attraverso discontinuità nell'involucro roccioso esterno del pianeta, fino a rimare «intrappolato» nella crosta, dove verrebbe «contaminato» nella sua risalita da una biosfera formata da batteri che vivono in condizioni anaerobiche.

Se queste idee trovassero una conferma sperimentale, le stime attuali sulle risorse di idrocarburi potrebbero cambiare drasticamente e la ricerca di nuovi giacimenti dovrebbe allargarsi ad aree finora poco esplorate perché prive delle caratteristiche previste dalla teoria biogenica.

11.3 Giacimenti di gas naturale

Il gas naturale è un miscuglio di idrocarburi gassosi (a temperatura ambiente) di piccola massa molecolare; è costituito in prevalenza da metano (CH_4) e tracce di anidride carbonica, azoto e idrogeno solforato. È ampiamente usato come combustibile industriale e domestico.

Pur essendo spesso presente nella parte più alta dei giacimenti di petrolio greggio, il metano è stato a lungo tenuto in secondo piano come fonte di energia: è stata la pesante crisi del mercato petrolifero degli anni '70 a favorire il definitivo affermarsi del gas naturale come fonte combustibile fossile.

La distribuzione delle risorse di gas è simile a quella del petrolio greggio e questo riflette un'origine comune. Quando è associato al petrolio, il gas, per la sua bassa densità, si libera dal fluido e si accumula nelle parti più alte dell'ammasso di rocce del serbatoio poroso che contiene il giacimento, trattenuto dal «tetto» di rocce di copertura, impermeabile. Sono noti, però, anche numerosi grandi giacimenti a solo gas, in trappole analoghe a quelle del petrolio, formatisi probabilmente per la maggior mobilità degli idrocarburi gassosi, che possono separarsi dalla massa in maturazione e allontanarsi facilmente durante la fase di migrazione.

Attualmente la quantità stimata di risorse disponibili di gas naturale è di poco inferiore a quella del petrolio greggio ed è concentrata in poche aree geografiche. Le riserve sono stimate attualmente in circa 1000 miliardi di barili di petrolio equivalente.

L'Italia è stato uno dei primi Paesi a impiegare il metano nel dopoguerra, sfruttando i giacimenti della Val Padana e, in seguito, quelli sul fondo del mare, lungo le coste dell'Adriatico settentrionale. Oggi, con la riduzione delle nostre riserve, gran parte dei rifornimenti di metano arriva nel nostro Paese attraverso metanodotti provenienti dalla Russia, dall'Olanda e dall'Algeria [Figura 86].

■ **Barile** (**barrel**) Unità di misura della capacità o del volume dei sistemi britannici, usata solo negli U.S.A. e solo per i liquidi. Corrisponde a 159 litri o a 0,159 m³.

■ **Gas delle paludi** (**Natural gas**) Viene così chiamato il metano che si libera dal fondo fangoso di stagni e paludi, dove si accumula sostanza organica che, in ambiente povero o privo di ossigeno, viene decomposta da batteri anaerobi in sostanze semplici, tra le quali il metano.

■ **Greggio** (**Crude oil**) È il termine con cui viene indicato il petrolio che fluisce dal pozzo, prima di subire i processi di raffinazione.

■ **Crisi del mercato petrolifero** (**Oil market crisis**) Il mercato petrolifero ha subito negli ultimi decenni pesanti crisi, che hanno lasciato profondi segni e conseguenze nell'economia mondiale. Quella qui citata è stata la prima e iniziò nell'ottobre del 1973, quando nel Medio Oriente scoppiò la «guerra del *Kippur*» tra Israele e i vicini paesi arabi; tra questi ultimi, i paesi aderenti all'OPEC (*Organizzazione dei Paesi Esportatori di Petrolio*) imposero un rialzo dei prezzi del greggio del 70%, portato ben presto al 130%, mettendo in gravi difficoltà numerosi paesi a economia strettamente dipendente dalle forniture dal Medio Oriente.

■ **Barile di petrolio equivalente** (**Barrel of oil equivalent**) Indica la quantità di gas che equivale, in termini di energia, a un barile di petrolio.

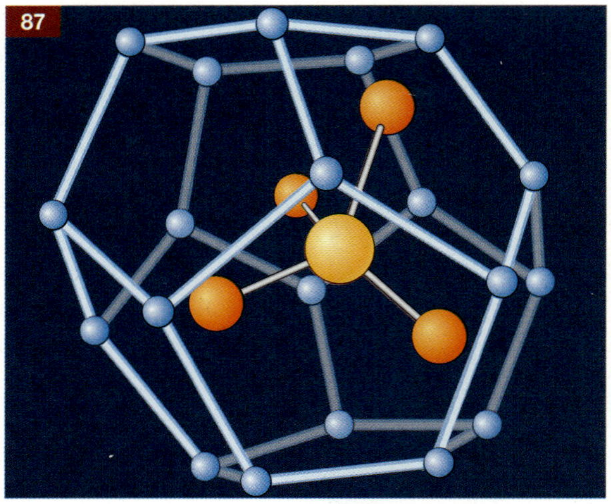

Figura 87
Schema della struttura del *composto di inclusione* noto come *idrato di metano*. Nel tipo qui rappresentato, numerose molecole di acqua allo stato di ghiaccio formano una «gabbia» con 12 facce di forma pentagonale, al cui interno è intrappolato il metano (CH_4: in giallo il grosso atomo di carbonio, che coordina i 4 atomi di idrogeno).

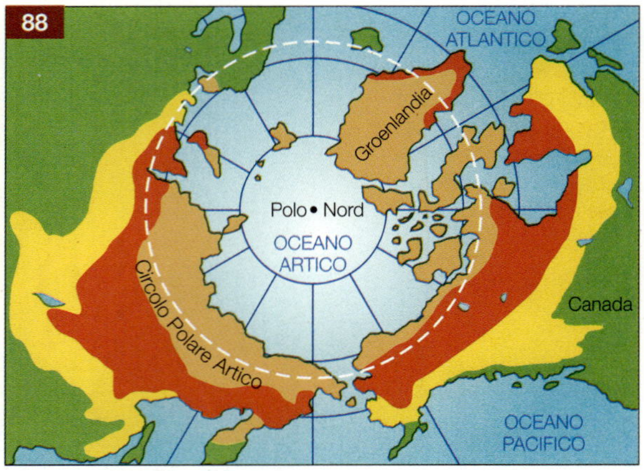

Figura 88
Distribuzione del *permafrost* nell'emisfero nord. In ocra è indicato il permafrost *continuo*, che caratterizza le regioni con clima della tundra, in cui il terreno gelato si estende senza interruzioni. In rosso scuro il permafrost *discontinuo*, delle regioni a clima subartico continentale, in cui il sottosuolo è gelato in placche separate da aree libere dal gelo. In giallo il permafrost *sporadico*, al margine delle regioni precedenti, in cui il suolo gelato compare in zone limitate e di modesta estensione. (Da S. Ciccacci, *Le forme del rilievo*)

■ **Forze di Van der Waals** (Van der Waals force) Forze di attrazione intermolecolari presenti negli elementi e nei composti allo stato solido, liquido e gassoso. Sono forze di legame deboli, dovute a fenomeni di polarizzazione della configurazione elettronica di un atomo, causata dal campo degli atomi vicini, che portano alla formazione di dipoli, in grado di attrarsi. Sono importanti nei gas rari, nell'ossigeno, nell'azoto e in composti organici come il metano.

■ **Clatrato** (Clathrate compound) Il termine deriva dal latino *clathratus*, «chiuso da una grata».

Nuove frontiere: metano in trappola

Nel gelo della Siberia. Verso la metà del secolo scorso alcune ricognizioni tecniche per eliminare la causa di ripetute occlusioni nelle condutture dei gasdotti che attraversavano i gelidi territori della Siberia portò l'attenzione sugli idrati di gas naturali, e in particolare sull'*idrato di metano*. Gli idrati gassosi rientrano nel gruppo di sostanze che i chimici definiscono composti di inclusione: strutture complesse in cui alcune molecole di un componente (*ospitante*) formano un reticolo cristallino che circonda uno spazio vuoto in cui trova posto un'entità chimica di una specie diversa (*ospite*). Tra le due specie chimiche agiscono forze molecolari (forze di Van der Waals), che sono in grado di stabilire un rapporto numerico tra le molecole. Se lo spazio delimitato dal reticolo è chiuso da ogni parte, cosicché l'ospite rimane «intrappolato», il composto è definito clatrato o «composto a gabbia». I *clatrati idrati* (chiamati anche *clatrati gassosi* o *idrati gassosi*) sono formati da molecole di acqua che si legano tra loro e intrappolano molecole di gas: in natura è noto il metano in una gabbia di acqua ghiacciata, con forme simili a quelle dei cristalli di minerali [Figura 87]. Questi composti si formano sotto moderate pressioni e a temperature prossime a 0 °C.

Nei gasdotti siberiani, dove il gas metano umido viaggiava in pressione e a temperature molto basse, si formavano clatrati di metano e i cristalli si agglomeravano e incrostavano le pareti dei tubi, bloccando le valvole. Ma si comprese anche che le fredde zone siberiane potevano presentare condizioni ambientali favorevoli alla formazione di grandi ammassi di sedimenti ghiacciati contenenti molecole di metano. Studi e ricerche in laboratorio e sul terreno hanno portato a concludere che gli idrati di metano potrebbero essere una risorsa enorme di combustibile fossile, ampiamente diffusa.

Il regno del freddo: permafrost e fondi oceanici. Le condizioni ambientali adatte alla formazione di giacimenti di clatrati a metano sono le aree a permafrost e i fondi oceanici (si ricordi che la temperatura sui fondi oceanici è di poco superiore a 0 °C; sul fondo dell'Atlantico si arriva al massimo a 2-3 °C).

Il **permafrost** (dall'inglese *frost*, gelo) indica un livello di terreno (sedimenti e / o rocce), posto a profondità variabile sotto la superficie, in cui le temperature si mantengono costantemente sotto 0 °C per periodi lunghi (almeno 2 anni). Le condizioni di terreno perennemente gelato sono molto diffuse attorno alle calotte glaciali, nella *fascia subpolare* [Figura 88]. Lo spessore del permafrost varia con le condizioni climatiche locali; la profondità della sua base può anche superare i 600 metri.

In quelle condizioni si ritiene che il metano sia biogenico (gas di palude). In aree di lento sprofondamento (subsidenza) lo spessore dei depositi cresce costantemente. I batteri sono diffusi dalla superficie di contatto acqua-sedimenti andando in profondità, in depositi ancora ricchi di acqua, fino a qualche centinaio di metri. Acqua, metano, bassa temperatura e pressione crescente con la profondità portano alla formazione di permafrost, nel quale rimangono intrappolate, come clatrati, grandi quantità di metano.

Grandi giacimenti di idrati di metano sono nelle aree di permafrost del Canada, dell'Alaska e della Siberia, a profondità fra circa 200 e 1000 metri.

I **fondi oceanici** offrono in grandissima parte condizioni di pressione e temperatura favorevoli alla formazione di idrati di metano, con le loro temperature prossime a 0 °C e le pressioni della colonna d'acqua. In questo caso il metano è originato progressivamente dalla materia organica dispersa nei sedimenti, mentre questi sprofondano e vengono ricoperti da nuovi sedimenti portati dai fiumi, con temperature e pressioni via via crescenti: è il processo illustrato a proposito dell'origine degli

89

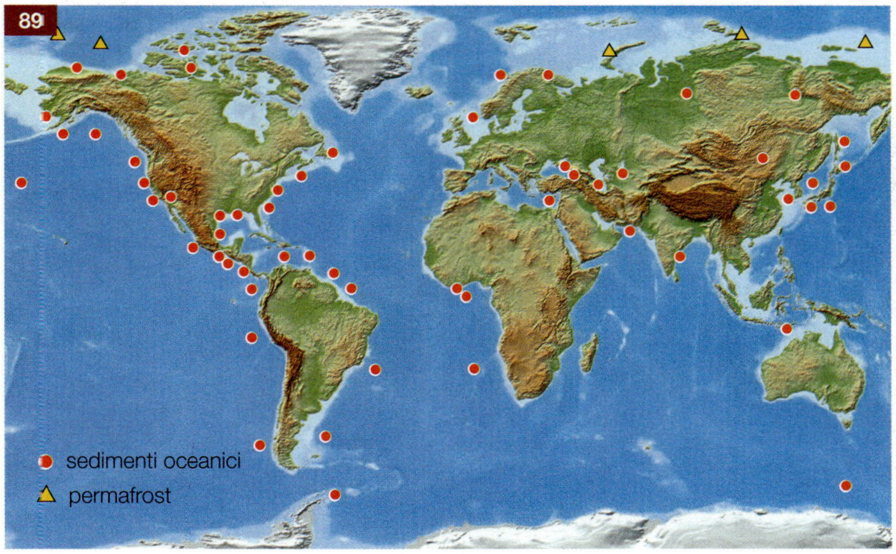

Figura 89
Distribuzione mondiale dei depositi sedimentari contenenti idrati di metano finora identificati. Sono indicate sia aree in zone di permafrost, sia aree lungo la parte alta della scarpata continentale che borda le coste oceaniche. (Fonte: *U.S. Geologycal Service*, via Internet)

idrocarburi. Il rapido seppellimento facilita la «maturazione» della sostanza organica in profondità e la formazione di gas, che può migrare verso l'alto entro sedimenti porosi e imbibiti di acqua; quando arriva in zone con temperature e pressioni adatte può rimanere imprigionato nella formazione di clatrati. Sono stati individuati e studiati giacimenti a idrati di metano nella fascia più alta della scarpata continentale, con grandi corpi di sabbia nei quali il gas occupa dal 60 al 90% degli spazi porosi, accessibili ai mezzi di estrazione correnti, e altri corpi sabbiosi analoghi, sepolti a molte centinaia di metri sotto il fondo oceanico della scarpata continentale e in genere coperti da sedimenti impermeabili, che prevengono la possibile dispersione del metano [Figura 89].

Le stime parlano di riserve diffuse nel mondo per centinaia di miliardi di m^3 di gas: una possibilità concreta per il futuro a medio e lungo termine nel panorama energetico? Forse no, o almeno non ancora: bisognerà prima affrontare il problema dell'impatto ambientale, per il quale sono stati individuati due aspetti importanti. Il primo è che abbiamo comunque a che fare con il metano, il cui uso più comune immette nell'atmosfera prodotti di combustione. Il secondo è un aspetto specifico, legato alla natura dei clatrati. La loro dissociazione libera metano e se questo avviene in modo non controllato (cioè senza il completo recupero nell'estrazione) il gas può disperdersi nell'atmosfera e contribuire all'aumento dell'effetto serra, con una efficacia che è molto superiore a quella dell'anidride carbonica.

La salvaguardia dell'ambiente, di cui tanto si parla, passa anche attraverso queste azioni di prevenzione, che potrebbero arrivare, se necessario, a una drastica riduzione dello sfruttamento.

11.4 Fonti di petrolio «non convenzionale»

Viene indicato come *non convenzionale* il petrolio che si può ricavare con particolari processi chimici da alcuni tipi di rocce impregnate di idrocarburi, come le *argilliti* petrolifere e le sabbie bituminose; la Figura 90 presenta in modo schematico le differenti situazioni geologiche di giacimenti di gas convenzionali e non convenzionali. Di fronte alla prospettiva di una progressiva diminuzione delle fonti di petrolio «tradizionale», sono nati molti progetti che cercano di sviluppare il recupero di queste risorse per rendere i relativi costi compatibili con quelli del petrolio e del gas.

90

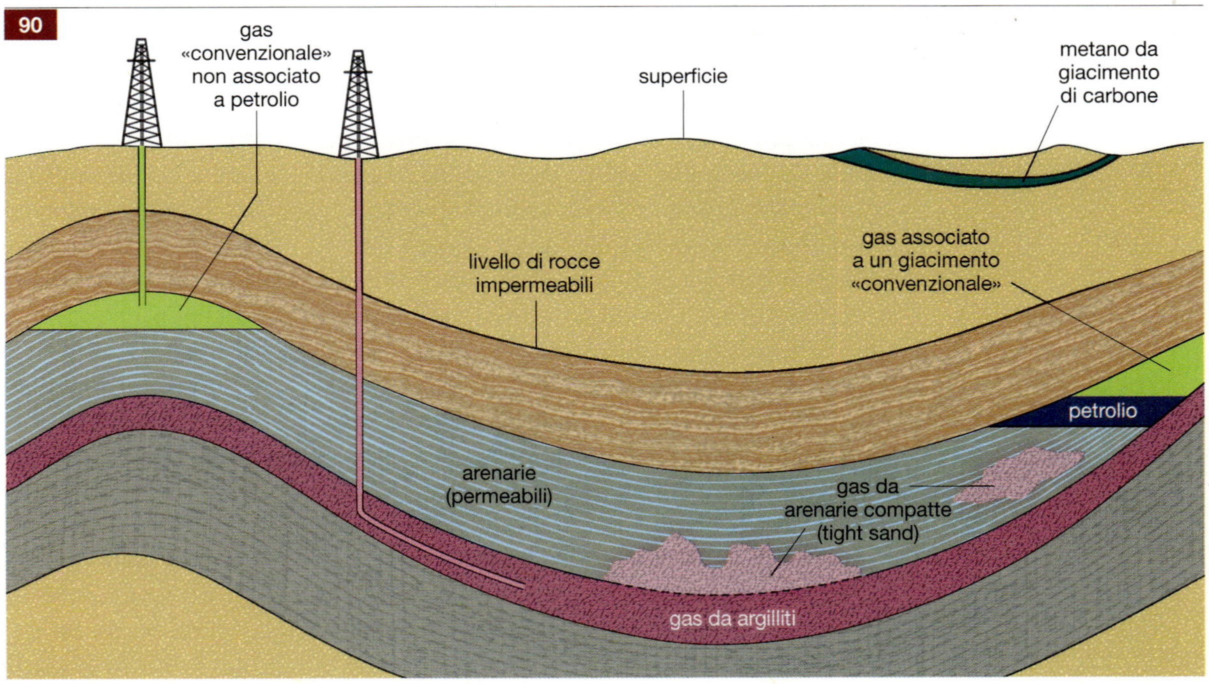

Figura 90
Schema geologico che mette a confronto, in una sezione ideale della crosta in prossimità della superficie, giacimenti di gas «convenzionale» e «non convenzionale». Tra i giacimenti non convenzionali compaiono quelli di gas da argilliti, gas da arenarie compatte e gas da carbone fossile.

Figura 91
Produzione di petrolio sintetico dalle argilliti petrolifere della formazione del Green River, nel Colorado, nello Utah e nel Wyoming. Quasi la metà delle riserve mondiali di argilliti petrolifere si trova in questa formazione. In questo impianto, le argilliti estratte dalle vicine scarpate vengono riscaldate per produrre petrolio sintetico (*syncrude oil*), che successivamente viene raffinato e trasformato in prodotti petroliferi ordinari. L'impianto è capace di produrre 10 000 barili di petrolio sintetico al giorno. (*Unocal Corp*)

Argilliti petrolifere (*oil shales*) Le argilliti (equivalente italiano di *shale*) sono argille, cioè rocce sedimentarie, che a causa del processo di diagenesi sono divenute compatte e hanno perso la loro plasticità. Le argilliti oleifere contengono notevoli quantità di kerogene, una sostanza presente in molte rocce sedimentarie.

Il *kerogene* è una miscela di composti chimici organici derivati dall'accumulo nei sedimenti, in condizioni di scarsa ossigenazione, di resti di organismi viventi; in pratica è la parte organica del *sapropel* citato a proposito dell'origine del petrolio. Le rocce molto ricche di kerogene possono diventare rocce-madri se subiscono un seppellimento sotto altre rocce: con l'aumento di temperatura, infatti, i legami chimici delle grosse molecole del kerogene si rompono e si formano composti a struttura più semplice, gli idrocarburi. È il processo di maturazione, cui segue la migrazione degli idrocarburi entro rocce porose, finché non vengono «intrappolati» sotto rocce impermeabili, formando un tipico giacimento di petrolio.

Le argille petrolifere, invece, sono rocce che, dopo la loro deposizione, non hanno incontrato le condizioni ambientali per subire quelle trasformazioni e hanno conservato il contenuto di kerogene, per cui possono essere sfruttate mediante un processo di distillazione chimica per produrre idrocarburi, cioè «petrolio sintetico». La prima produzione significativa di petrolio estratto da argilliti iniziò nel 1838, in Francia, e fu ripresa da diversi Paesi, per continuare fino a metà del secolo scorso, quando divenne molto più conveniente ed economico l'uso del petrolio estratto da giacimenti.

Ma, come già anticipato, da qualche tempo le condizioni di mercato dei combustibili fossili e la necessità di trovare nuove fonti di energia hanno riacceso l'interesse sulle argilliti petrolifere: in alcuni di questi depositi si possono produrre fino a 570 litri di petrolio per ogni tonnellata di materiale scavato, anche se in genere la produzione è 95-190 litri per tonnellata. Inoltre, le stime sulle risorse, pur con tutte le cautele, indicano una potenzialità maggiore di quella delle attuali riserve mondiali di petrolio; quasi metà di tali riserve si trova negli U.S.A., in un vasto affioramento di argilliti, da tempo sfruttato [Figura 91].

La sfida allo sfruttamento del petrolio «convenzionale» è aperta, ma bisognerà affrontare una serie di gravi problemi ambientali, per le gigantesche quantità di materiale da scavare e di scorie di lavorazione da «stoccare», oltre che per le grandi quantità di acqua necessaria per il processo.

Sabbie bituminose (*tar sands*) Le sabbie bituminose sono depositi sabbiosi impregnati di una sostanza costituita quasi interamente da idrocarburi solidi. I dati geologici indicano che l'arricchimento in idrocarburi si è verificato con la migrazione di petrolio che, risalito in superficie, ha perso i componenti volatili e si è «essiccato».

Queste sabbie vengono coltivate «a giorno», cioè con enormi scavi in superficie, e lavate con vapore e particolari solventi per separare gli idrocarburi dalla roccia; la resa è di un barile di bitume (da trattare ulteriormente) ogni 2 tonnellate di sabbia. Uno dei giacimenti più grandi si trova nell'Alberta, in Canada, ed è noto come *sabbie bituminose di Athabaska*: è il risultato della dispersione di un antico giacimento di petrolio, che ha lasciato un residuo bituminoso su una vasta area [Figura 92].

Le riserve mondiali di sabbie bituminose sono enormi, ma gli scavi su vasta scala e l'enorme quantità di scorie di lavorazione da smaltire pongono seri problemi di impatto ambientale.

Gas da argilliti (*shales gas*) Sono giacimenti, in genere profondi tra 2000 e 4000 metri, in argilliti pochissimo permeabili, i cui minuscoli pori contengono gas imprigionato da una avanzata diagenesi.

92

93

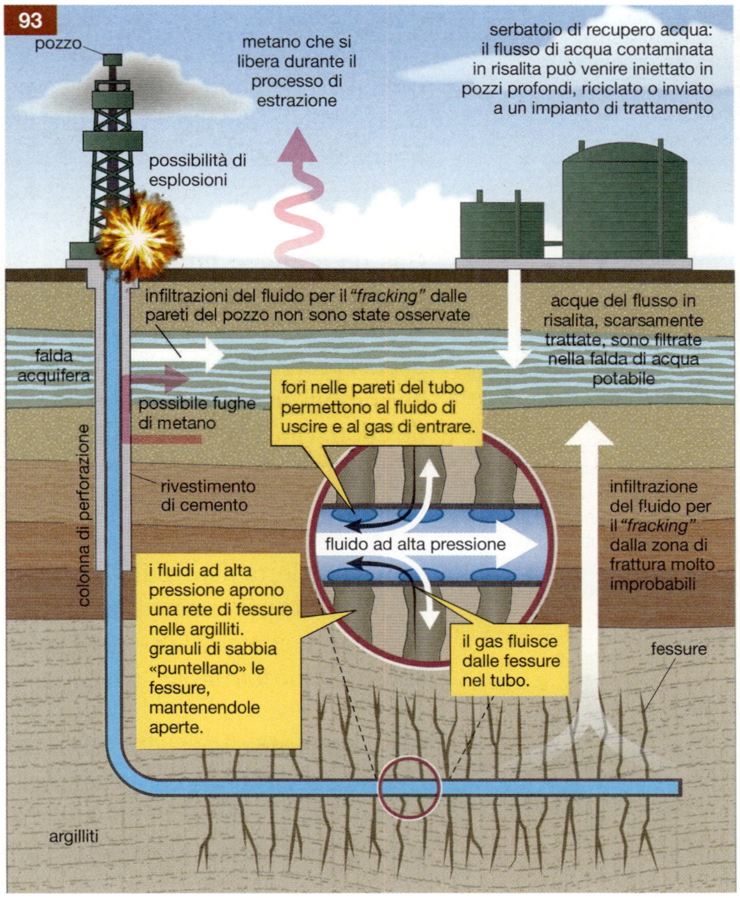

Figura 92
Scavi a cielo aperto per lo sfruttamento di uno dei più grandi giacimenti di sabbie bituminose, lungo il Fiume Athabaska, in Canada.
(D. Barnes/Getty Images)

Figura 93
Schema del processo di *hydraulic fracturing* (o *fracking*). Nello schema sono anche indicati alcuni punti dell'intero processo ritenuti critici, come la possibilità o meno di locali infiltrazioni nelle falde idriche di fluidi usati per la fratturazione o la dispersione di metano nell'atmosfera.

L'estrazione si effettua raggiungendo il giacimento con pozzi verticali, che alla base proseguono con una raggiera di perforazioni orizzontali; in tali condizioni si effettua un processo di *hydraulic-fracturing* (o «*fracking*»), cioè di fratturazione idraulica, ottenuto immettendo nel giacimento acqua ad alta pressione con additivi chimici e sabbia, in modo da produrre nelle rocce un fitta rete di fessure, lungo le quali il gas può muoversi [**Figura 93**]. A quel punto, la rete di perforazioni che penetrano nella zona trattata «raccoglie» il gas, facendolo confluire in superficie.

Si ritiene che la nazione con la più grande riserva di gas da argilliti sia la Cina, ma grande interesse per lo sfruttamento hanno mostrato soprattutto gli Stati Uniti [**Figura 94**]. Anche in Europa, qualche anno fa, era attiva una certa attività di sfruttamento di giacimenti di questo tipo, soprattutto in Po-

94

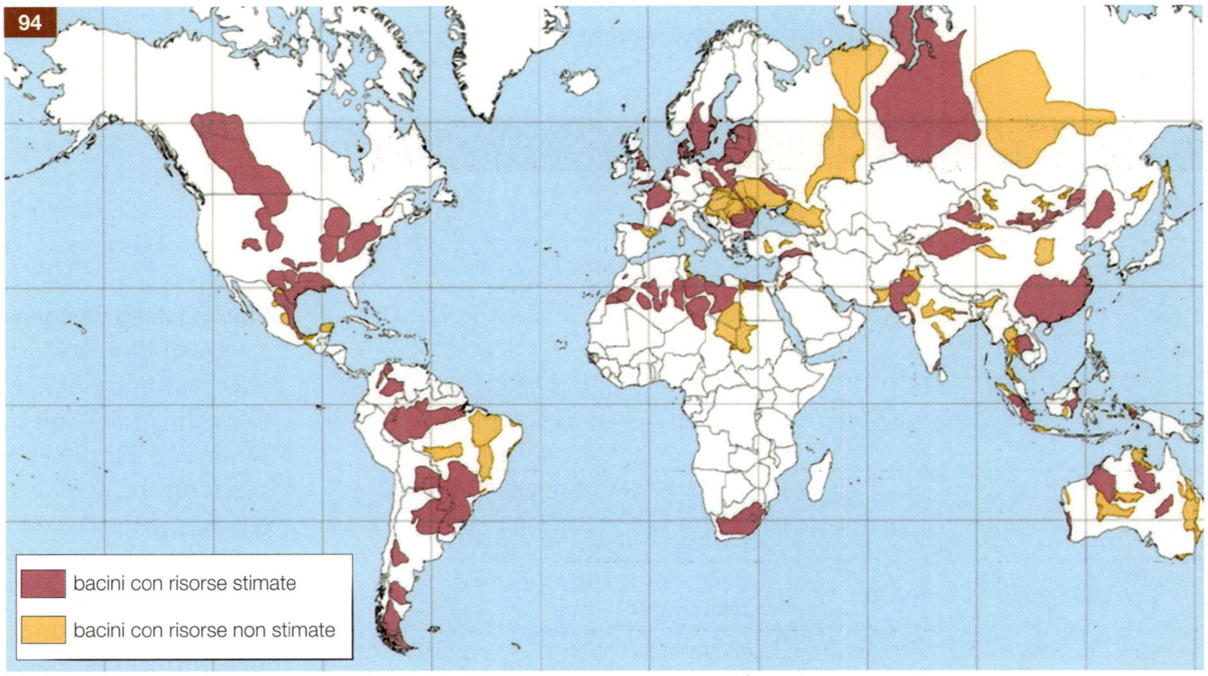

Figura 94
Distribuzione mondiale delle risorse di *gas da argilliti* e di *gas da arenarie compatte*.

■ **Gas di miniera** (**Fire-damp**) Miscela di gas, soprattutto metano (80-90%), che si libera nelle minire di carbone; è noto anche come *grisou*, (leggi «grisù»; termine vallone nato nel bacino carbonifero del Belgio meridionale). Quando si mescola con l'aria in quantità fra il 5 e il 14% forma una miscela che esplode violentemente a contatto con fiamme libere o scintille, causando gravissime catastrofi.

■ **Isotopo** (**Isotope**) L'atomo di un elemento è formato da un nucleo, costituito da *protoni* e *neutroni*, attorno al quale ruotano gli *elettroni*. Ogni elemento è caratterizzato da un numero fisso di protoni (*numero atomico*), che è uguale al numero di elettroni, ma può avere un diverso numero di neutroni, per cui atomi di uno stesso elemento possono avere diverso *numero di massa* (pari alla somma di protoni e neutroni. Vengono detti *isotopi* gli atomi di un dato elemento che, pur avendo lo stesso numero di protoni, differiscono tra loro per il numero di neutroni. Gli elementi che si trovano in natura sono, in realtà, miscele di isotopi, cioè atomi leggermente diversi ma con uguale comportamento chimico. In natura esistono circa 270 isotopi stabili e circa 50 instabili, soprattutto tra gli elementi pesanti.

lonia. Dal 2012, però, l'interesse dei paesi europei si è frenato e lo sfruttamento è stato sospeso per motivi ambientali; in Francia e poi in Bulgaria è stato proibito l'uso del processo di fratturazione idraulica, messo in discussione anche dalla Germania, mentre le ricerche sono continuate in Polonia.

Gas da arenarie compatte (*tight gas*) Il termine *tight* si riferisce al fatto che il gas è «strettamente aderente» alla roccia; in realtà sono giacimenti, in genere profondi, in arenarie molto porose ma poco permeabili, in quanto gli spazi tra i granuli in origine vuoti, cioè i pori che hanno ospitato il gas, non sono comunicanti (probabilmente per la parziale cementazione della roccia durante la diagenesi), per cui il gas non fluisce. L'estrazione richiede che venga prodotta dentro il giacimento una diffusa permeabilità per fessure, che rendano comunicanti gli spazi; come nel caso precedente, si procede con *hydraulic-fracturing*.

Olio «aderente» (*tight oil*) Giacimenti in argilliti pochissimo permeabili, nelle quali è presente il petrolio che però, per le dimensioni ridottissime degli spazi tra i granuli che formano la roccia, è in condizioni pellicolari, cioè fortemente aderente alle superfici che bagna. L'estrazione viene effettuata con pozzi dopo applicazione in profondità del processo di *hydraulic-fracturing*.

Petrolio pesante, ultra denso (*Heavy/extra heavy oil*) Come è noto, il petrolio è una miscela di numerosi tipi di idrocarburi e i greggi sono spesso diversi da giacimento a giacimento, con molti tipi di petroli, differenti tra loro per la miscela di idrocarburi, per la densità, per il tenore in zolfo e in metalli pesanti e così via. Tra questi si distinguono petroli molto densi e così viscosi da rendere difficile non solo l'estrazione, ma anche il trasporto in oleodotto, tanto da richiedere l'impiego di speciali fluidificanti. Tuttavia, esistono giacimenti di questo tipo così estesi, come quelli del Venezuela, da giustificare le ricerche e gli sforzi per la loro coltivazione, anche a fronte dei complessi processi di raffinazione necessari per ricavare dal greggio un prodotto commercialmente vantaggioso.

Tabella 6

Fonti di petrolio «non convenzionale»	
Argilliti «petrolifere» (*oil shales*)	Argilliti ricche di *kerogene*, dal quale si ricava petrolio sintetico
Sabbie bituminose (*tar sands*)	Sabbie impregnate di idrocarburi solidi
Gas da argilliti (*shales gas*)	Argilliti pochissimo permeabili; estrazione dopo *hydraulic-fracturing*
Gas da arenarie compatte (*tight gas*)	Giacimenti in arenarie molto porose, ma poco permeabili, per cui il gas non fluisce; l'estrazione si effettua dopo *hydraulic-fracturing*
Olio «aderente» (*tight oil*)	Argilliti pochissimo permeabili, contenenti petrolio in condizioni pellicolari; estrazione con pozzi dopo *hydraulic-fracturing*
Petrolio pesante (*heavy/extra heavy oil*)	Petrolio costituito dalla frazione di idrocarburi a più alta densità
Metano da carbone (*Coal Bed Methane*)	Gas metano associato ai giacimenti di carbone

Metano da carbone fossile (*CBE, Coal Bed Methane*) Questa risorsa è costituita dal gas metano che si può estrarre dai giacimenti di carbone fossile. Lo sfruttamento sistematico di questo gas è iniziato negli Stati Uniti e in Canada, per la potenzialità dei loro grandi bacini carboniferi, ed è diventato economicamente sempre più importante negli ultimi due decenni, come conseguenza del continuo aumento della richiesta di energia. Il metano si trova negli strati di carbone, trattenuto da un fenomeno noto come *adsorbimento*; la sua presenza in tali giacimenti è ben nota da tempo, in quanto nelle miniere di carbone (e in quelle di zolfo) il gas si libera durante lo scavo e si raccoglie in sacche nelle parti più alte delle gallerie («gas di miniera»).

I Paesi che hanno giacimenti sepolti di carbone stanno valutando attentamente questa opportunità, in quanto non mancano motivi di perplessità, dovute a possibili pericoli ambientali connessi con le tecnologie da porre in opera nel recupero.

A conclusione di questa breve rassegna riassumiamo nella Tabella 6 le diverse fonti di petrolio non convenzionale.

11.5 Fonti di energia nucleare

La scoperta della struttura della materia e i rapidi sviluppi della fisica atomica fin dall'inizio del secolo scorso hanno suggerito ben presto l'idea di ricavare energia dai processi che operano a livello nucleare. L'applicazione pratica oggi seguita è la *fissione* dell'atomo, che impiega alcuni minerali contenenti isotopi radioattivi.

Energia dalla fissione nucleare

La possibilità di sfruttare la grande quantità di energia imprigionata nella struttura dell'atomo era stata intuita con la scoperta della *radioattività naturale*, che libera energia, ma attraverso processi così lenti che, in pratica, non è possibile sfruttarla efficacemente in modo diretto.

Fu Enrico Fermi, verso la metà degli anni '30, a studiare e scoprire il processo della **fissione nucleare**, una reazione nella quale il nucleo di un elemento pesante si scinde in due nuclei più pic-

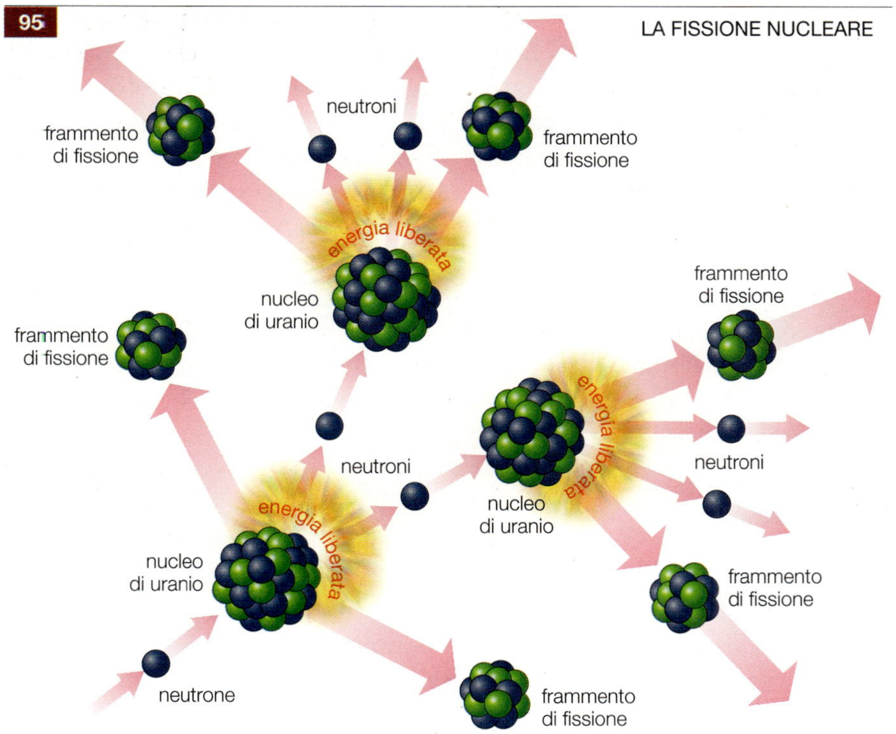

Figura 95
Schema di una reazione di fissione nucleare a catena nell'isotopo uranio-235. Ogni nucleo di uranio colpito da un neutrone si scinde in due frammenti, emettendo neutroni e liberando energia; i nuovi elettroni provocano a loro volta altre fissioni e così via, con un processo rapidissimo, che, se non viene controllato, porta a una violentissima esplosione.

■ **Neutrone** (Neutron) Particella elementare subatomica, appartenente al nucleo dell'atomo. È priva di carica elettrica e possiede una massa circa uguale a quella dell'atomo di idrogeno.

coli (*frammenti di fissione*), liberando una notevole quantità di energia sotto forma di radiazioni e di calore. Se si stimola la fissione dell'isotopo ^{235}U «bombardandolo» con neutroni, i nuclei di elementi più leggeri prodotti dalla fissione sono instabili, per cui emettono a loro volta neutroni e questi possono colpire altri nuclei, dando il via a una *reazione a catena* [Figura 95]. Se la quantità di materiale di partenza supera un certo valore (*massa critica*), la reazione può procedere in modo istantaneo e incontrollato, liberando di colpo un'enorme quantità di energia con una gigantesca esplosione.

Fu ancora Fermi che, nel 1942, riuscì a «imbrigliare» questa energia costruendo a Chicago la prima *pila atomica*, un reattore nucleare nel quale la reazione viene controllata e procede lentamente, liberando energia a poco a poco, così da essere utilizzabile in modo pratico. Un **reattore nucleare di fissione** è costituito da un *nocciolo* (indicato spesso con il termine inglese *core*) contenente il *combustibile fissile* (soprattutto isotopi di uranio, ma anche di plutonio o di torio) che alimenta la reazione a catena. Nel corso della reazione i frammenti di fissione che si muovono all'interno del nocciolo rallentano nel loro percorso e la loro energia cinetica si trasforma in calore: questa è l'energia praticamente utilizzabile.

Energia elettrica dalla fissione nucleare. In una tipica centrale nucleare il calore prodotto dalla reazione nel nocciolo viene estratto da un liquido che alimenta uno scambiatore di calore, nel quale si genera il vapore in pressione, che, attraverso un sistema turbina-alternatore, produce energia elettrica [Figura 96]. In un normale reattore nucleare la fissione di 1 kg di ^{235}U libera una quantità di energia equivalente a quella prodotta dalla combustione di 2700 tonnellate di carbone o di 13,7 barili di petrolio greggio.

Il primo reattore nucleare commerciale, la centrale inglese di Calder Hall (da 50 MW), entrò in

Figura 96
Schema del funzionamento di una centrale nucleare per la produzione di energia elettrica. Il calore liberato nel reattore viene trasferito da un liquido refrigerante a uno scambiatore di calore nel quale circola acqua, che in tal modo viene trasformata in vapore in pressione. Il vapore aziona una turbina accoppiata a un alternatore, che genera energia elettrica.

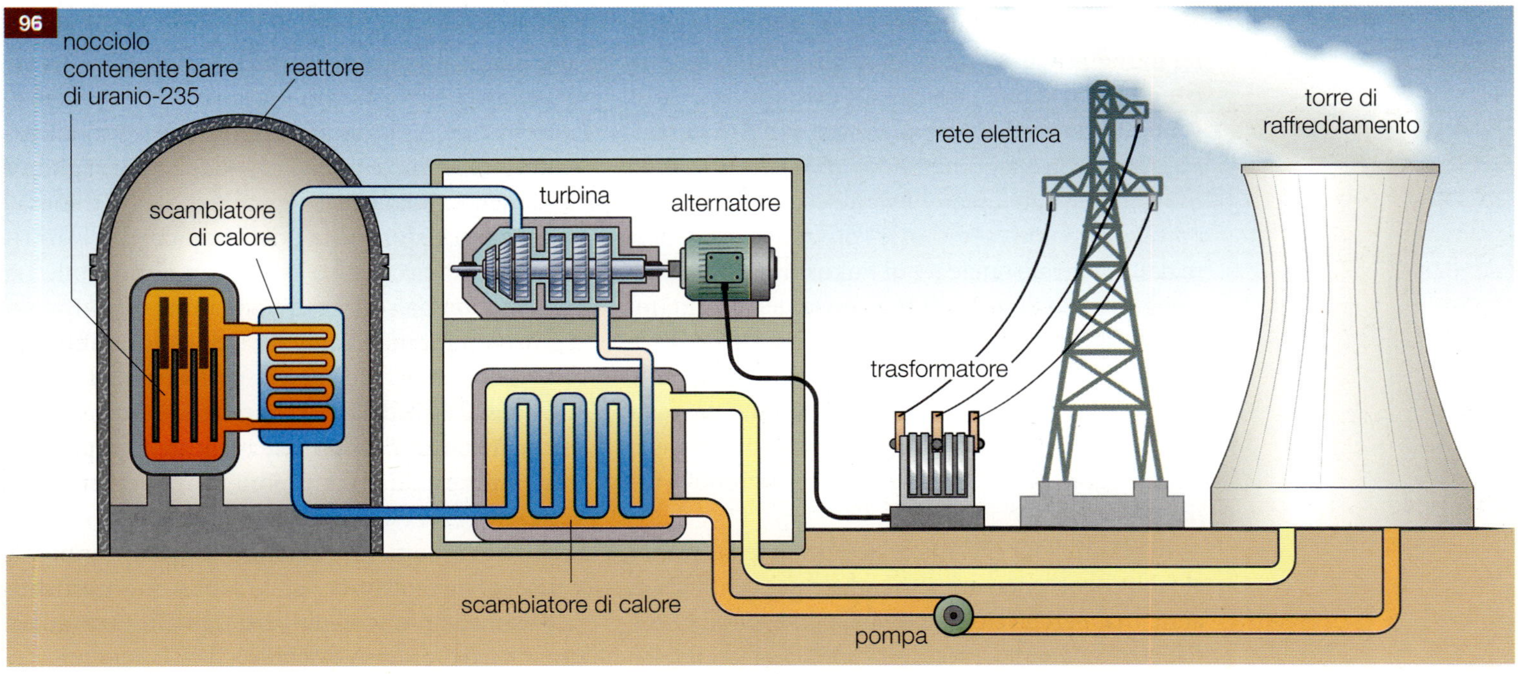

Figura 97
Ecco come apparivano gli edifici di contenimento del reattore della centrale nucleare di Fukushima-Daiichi, danneggiato da un'esplosione dopo che lo tsunami del Tohoku aveva bloccato l'attività della centrale, a seguito del terremoto dell'11 marzo 2011. La foto aerea è stata effettuata il 24 marzo 2011 da un piccolo drone. (AP Photo/Air Photo Service)

Figura 98
Un campione di *autunite*, un minerale che contiene uranio. Il minerale, che si presenta spesso come incrostazioni sulle pareti di filoni pegmatitici e idrotermali, è stato il più usato nel corso della Seconda Guerra mondiale per l'estrazione dell'uranio da impiegare negli ordigni nucleari.

funzione nel 1956: nel ventennio 1970-1990 l'energia elettrica prodotta da centrali nucleari passò dall'1,5% al 17% del totale mondiale riferito a tutte le fonti da cui si può ricavare energia elettrica. Le previsioni fatte negli anni '40 erano state di uno sviluppo maggiore, ma si erano scontrate nella realtà con una diffusa diffidenza nei confronti dell'energia nucleare, poiché si era aperta anche una vera e propria corsa alla costruzione di ordigni nucleari che portò alla *bomba atomica* (o *bomba A*) e all'orribile esperienza di Hiroshima e Nagasaki (1945); e la competizione è continuata, con la realizzazione di armi sempre più potenti.

In realtà, dato il modo in cui è strutturato e funziona, nessun reattore può dare luogo a un'esplosione nucleare. Quel che però può avvenire è che, nonostante i molteplici sistemi di controllo e di sicurezza, si verifichi in qualche caso un guasto nel funzionamento di una delle varie parti del reattore, che dia origine a un surriscaldamento del nocciolo a temperature elevatissime, tali da provocare, in seguito alla rottura di qualche componente o a una esplosione per sovrappressione, una fuga verso l'esterno di materiale radioattivo, con conseguente grave inquinamento ambientale e rischi mortali per ogni essere vivente contaminato. Ricordiamo, come esempio, le conseguenze prodotte dalla centrale nucleare di Fukushima [Figura 97] a seguito dei danni subìti a causa dello tsunami generato da un terremoto (Giappone, 2011). Problemi gravi sono quelli dello smaltimento delle scorie radioattive e dello smantellamento dei reattori esauriti, oltre alla possibile diversione di certi combustibili nucleari verso la fabbricazione di ordigni nucleari.

In effetti, l'energia nucleare potrebbe far fronte al fabbisogno energetico mondiale per centinaia di anni, ma, perché ciò sia possibile, bisognerà prima risolvere una serie di problemi politici e tecnologici.

Una risorsa non rinnovabile. Prendiamo ora in esame un aspetto fondamentale, quello relativo all'origine e alla distribuzione della materia prima per produrre questo tipo di energia, cioè i *combustibili nucleari*.

L'uranio che si trova in alcuni minerali naturali è un miscuglio di tre isotopi, tutti radioattivi, presenti in percentuali diverse: ^{234}U (0,006%), ^{235}U (0,720%) e ^{238}U (99,274%). L'uranio è «immagazzinato» nella crosta terrestre in basse percentuali, pari allo 0,00016% della composizione chimica media della crosta, anche se è molto diffuso. Esso si trova in minime quantità nelle rocce magmatiche intrusive granitiche e nei filoni pegmatitici e idrotermali che le accompagnano (vedi paragrafo 10.2), dove è presente nel minerale *uraninite* (UO_2, un ossido). La formazione di giacimenti di uranio richiede, però, non solo la presenza di grandi batoliti granitici, ma anche che si sia verificato il processo naturale di arricchimento del minerale attraverso l'alterazione del granito, il trasporto in soluzione dell'uranio e la sua deposizione come incrostazioni (*autunite*, un fosfato di uranio e calcio; Figura 98) o come impregnazione di sabbie (*carnotite*, un vanadato di uranio e potassio); questi minerali sono fortemente radioattivi.

Come si vede, anche i combustibili nucleari rientrano, perciò, tra le risorse non rinnovabili. Le riserve mondiali ancora recuperabili assommano a circa 6 milioni di tonnellate di ossido di uranio (Australia, Canada e Kazakistan detengono insieme quasi il 60% delle riserve note estraibili). Esiste anche un altro combustibile nucleare ricavabile da minerali naturali, il torio (Th). Diffuso nella crosta terrestre (0,001%), è più abbondante dell'uranio; si trova in graniti, nel minerale *monazite* (fosfato di cerio), e viene estratto dalle sabbie monazitiche, depositi sedimentari derivati dall'alterazione ed erosione dei graniti [Figura 99].

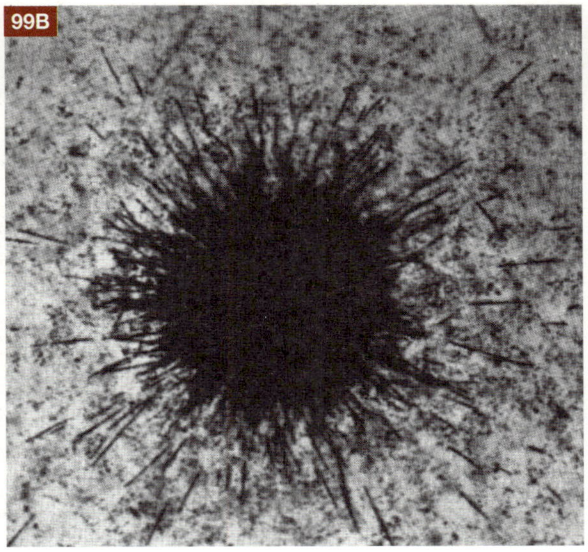

Figura 99
Il torio è un elemento che si estrae dalla *monazite*, un minerale presente in minuscoli cristalli in molti graniti.
A. Il *granito roseo di Predazzo* (Dolomiti) contiene il minerale *monazite* come inclusioni nei cristalli di ortoclasio, che danno il tipico colore alla roccia.
B. Prova fotografica della radioattività dovuta al torio contenuto nella monazite del granito di Predazzo (Dolomiti). Una sottile fettina di granito è stata posta su una lastra fotografica, in un ambiente accuratamente protetto dalla luce, per un periodo di oltre un mese. L'immagine qui riprodotta è il positivo della lastra fotografica dopo lo sviluppo: la porzione di lastra che copriva un cristallo di monazite è stata completamente annerita dalla radioattività, ma tutto intorno alla macchia, distribuite come tanti raggi scuri, si riconoscono numerose tracce singole di particelle α (alfa), emesse in ogni direzione dal decadimento del nucleo radioattivo dell'isotopo torio-232. (da: A. Holmes, *Principles of Physical Geology*)

I problemi maggiori rimangono comunque, il rischio di incidenti nelle centrali, e lo smaltimento delle scorie dei reattori, altamente tossiche e radioattive. Si è chiesto alle Scienze geologiche di individuare strutture terrestri stabili, che comprendano formazioni rocciose impermeabili, capaci di conservare rifiuti radioattivi per i tempi lunghissimi – centinaia, e anche migliaia di anni – in cui la loro pericolosità persiste. Ma, se si considera l'irrequietezza e la complessità della crosta terrestre, non è difficile rendersi conto che si tratta di un problema di non facile soluzione; e nessuno può voler lasciare come eredità alle future generazioni, assieme a risorse energetiche esaurite, un rischio ambientale praticamente incontrollabile.

QUESITI

1. Completa.
   In un giacimento di idrocarburi, il petrolio migra verso l'alto dalla ...., attraverso strati permeabili detti .... fino a incontrare una copertura di strati impermeabili che ne impedisce l'ulteriore risalita.
2. Scegli le alternative corrette.
   Nelle centrali nucleari si sfrutta il processo di **fissione/fusione** nucleare per ricavare energia **elettrica/termica** che viene poi convertita in energia **termica/elettrica**.
3. Che importanza hanno gli idrati di metano nella ricerca di gas naturale?
4. Che cosa si intende «petrolio non convenzionale»?
5. Quali sono i problemi ambientali conseguenti allo sfruttamento su ampia scala di alcune delle fonti di petrolio non convenzionale?

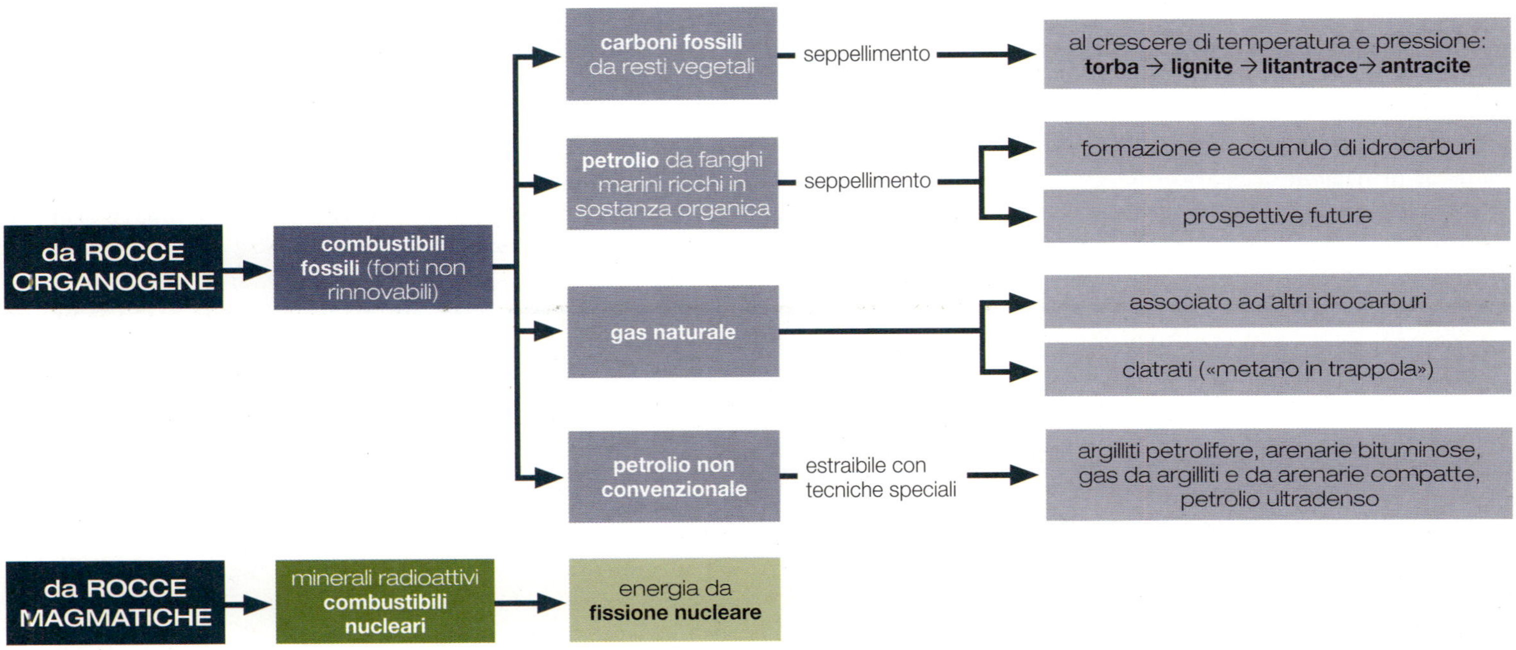

IN SINTESI

termini e concetti fondamentali

I minerali

■ La crosta terrestre, l'involucro più esterno della Terra, è costituita dalle rocce, a loro volta formate dai **minerali**.

■ Un **minerale** è una sostanza naturale solida con una composizione chimica ben definita e con una struttura cristallina, cioè una disposizione ordinata e regolare degli atomi, che si ripete nello spazio a partire da una cella elementare (**reticolo cristallino**).

■ Ogni minerale è caratterizzato da una serie di **proprietà fisiche**: durezza, sfaldatura, lucentezza, colore e densità.

■ I minerali più diffusi sono i **silicati**, che hanno come struttura di base un tetraedro formato da silicio e ossigeno; meno abbondanti sono i minerali **non silicatici**, quali elementi nativi, solfuri, alogeni, ossidi, carbonati, solfati, fosfati e borati.

■ I minerali si formano per cristallizzazione da materiale fuso, per precipitazione da soluzioni acquose calde, per sublimazione di vapori caldi, per evaporazione di soluzioni acquose, per attività biologica, per trasformazioni allo stato solido.

Le rocce

■ Una **roccia** è, nella maggior parte dei casi, un aggregato naturale di diversi minerali, talvolta anche di sostanze non cristalline, di solito compatto. La maggior parte delle rocce è eterogenea, cioè formata da più specie minerali.

■ Lo studio delle rocce ha messo in evidenza che molte di esse si sono formate in profondità e ha permesso di ricostruire processi interni della Terra non direttamente osservabili.

■ I processi che portano alla formazione delle rocce (**processi litogenetici**) sono tre:
- il processo magmatico;
- il processo sedimentario;
- il processo metamorfico.

Rocce magmatiche o ignee

■ Le rocce magmatiche derivano tutte dal raffreddamento di un magma, ossia da roccia fusa ad alta temperatura:
- le rocce **intrusive** (o **plutoniche**) si formano quando il magma solidifica lentamente in profondità e hanno una *struttura granulare olocristallina*;
- le rocce **effusive** si generano quando il magma trabocca in superficie (*lava*) e solidifica rapidamente all'aria libera. Queste rocce presentano una *struttura porfirica*, con pochi cristalli della grandezza di qualche mm immersi in una pasta di fondo.

■ Le rocce magmatiche vengono classificate in base al contenuto di silice dei loro minerali. Si riconoscono:
- **rocce acide** (o **sialiche**), ricche di silice, quali graniti e rioliti;
- **rocce neutre**, quali dioriti e andesiti;
- **rocce basiche** (o **femiche**), povere di silice, quali gabbri e basalti;
- **rocce ultrabasiche**, poverissime di silice, quali le peridotiti.

■ I vari tipi di rocce ignee sono dovuti alla diversa origine dei magmi: primari o anatettici.
- I **magmi primari** risalgono dal mantello, sono basici e hanno composizione prossima a quella del basalto.
- I **magmi anatettici** si formano in seguito a un processo di anatessi, cioè di fusione della crosta continentale a bassa profondità. Sono magmi acidi, ricchi di silice, dotati di un'elevata viscosità.

Rocce sedimentarie

■ Le rocce sedimentarie si formano in superficie, attraverso processi di degradazione, erosione, trasporto e accumulo, operati dagli **agenti esogeni**.

■ Le rocce sedimentarie vengono distinte in base all'ambiente e al modo di formazione in:
- **rocce clastiche**, quali conglomerati, arenarie e argille. Esse si formano per accumulo di materiali asportati dall'erosione e trasportati da acqua, vento o ghiaccio;
- **rocce organogene**, quali calcàri, selce, carboni fossili e idrocarburi. Esse sono costituite da sostanze prodotte dall'attività biologica e si presentano in genere come ammassi di gusci, di resti scheletrici ecc., o di sostanza organica variamente trasformata;
- **rocce chimiche**, che si formano per processi chimici di precipitazione (rocce evaporitiche, quali gesso e salgemma) o di alterazione (rocce residuali, come le bauxiti).

Rocce metamorfiche

■ Le rocce metamorfiche derivano da trasformazioni di qualunque tipo di roccia sottoposto ad aumento di temperatura e / o pressione perché portato in profondità a causa dei continui movimenti della crosta.

■ Il **metamorfismo di contatto** si manifesta nelle rocce che vengono a contatto con magma che risale nella crosta.

■ Il **metamorfismo regionale** si manifesta in rocce che scendono all'interno della crosta e i suoi effetti si intensificano con la profondità.

■ Al variare dell'intensità del metamorfismo si formano minerali nuovi. Tali **minerali indice** consentono di stabilire la facies metamorfica, cioè la temperatura e la pressione e, quindi, la profondità della crosta alla quale si è verificata la trasformazione che ha portato alla roccia metamorfica.

■ L'**ultrametamorfismo** si ha quando un ulteriore aumento di temperatura provoca la fusione totale delle rocce e dà origine a un magma rigenerato o anatettico.

Il ciclo litogenetico

■ I diversi processi litologici fanno parte di un **ciclo litogenetico**, nel quale i materiali della crosta terrestre vengono continuamente rimaneggiati e riciclati, con apporti di nuovo materiale fuso proveniente dal mantello e perdite verso l'esterno: atmosfera e idrosfera, infatti, si sono accumulate e vengono continuamente «alimentate» grazie ai processi vulcanici.

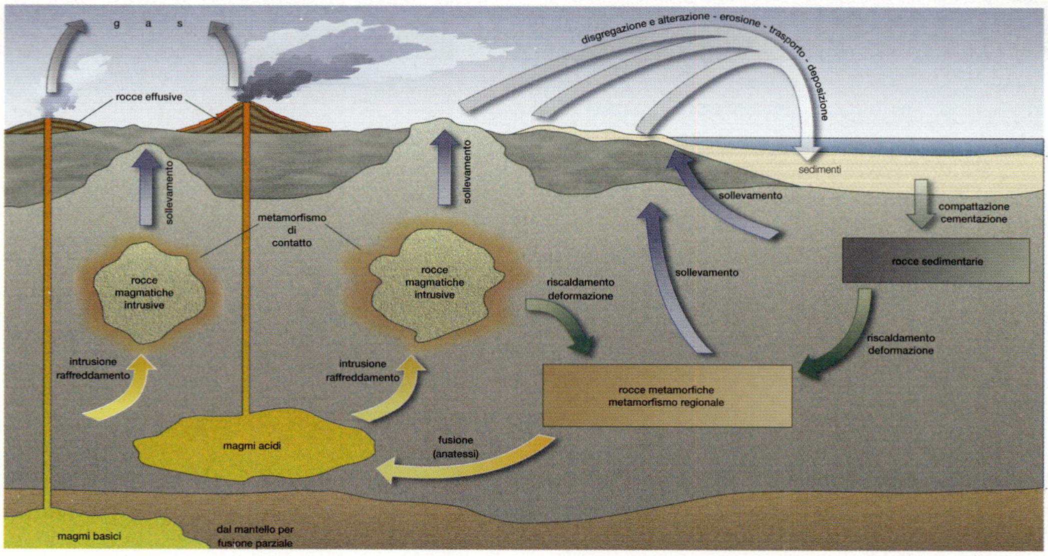

Materie prime e fonti di energia da minerali e rocce

■ Il termine **risorsa** indica l'intera quantità di un determinato materiale, presente nei livelli superiori della crosta terrestre, che può diventare disponibile per il recupero e l'impiego. Il termine **riserva** indica la quantità di un dato materiale che già oggi può essere sfruttata economicamente e legalmente.

■ Si definisce **giacimento** minerario ogni corpo geologico presente nella litosfera che possa essere oggetto di un'attività estrattiva per la presenza di materiali utili ed economicamente sfruttabili.

■ **Giacimenti di origine magmatica**:
- *giacimenti di segregazione magmatica*: ricchi di *cromo*, *titanio* e *platino*;
- *camini kimberlitici*, che portano in superficie i *diamanti*;
- giacimenti *filoniani pegmatitici*: si estraggono *quarzo*, *feldspato potassico* (ortoclasio) e mica *muscovite*, oltre a diverse *gemme preziose*, *fosfati*, *ossidi* e *solfuri*;
- giacimenti *filoniani idrotermali*: si estraggono oro, *argento*, *ferro*, *titanio*, *uranio*, *quarzo*, *solfuri*, *solfati* e *alogenuri*;
- giacimenti *idrotermali diffusi*: da cui si estrae il *rame*;
- per *precipitazione dai fumaioli neri* sul fondo delle dorsali oceaniche: solfuri di *rame*, *ferro* e *zinco*.

■ **Giacimenti di origine sedimentaria:**
- *alluvionali*: fonte di *oro*, *platino* e *gemme preziose*;
- di *origine chimica*: ricchi di *rame* e *ferro* (ferro a bande);
- da *precipitazione per evaporazione di soluzioni acquose*: fonte di *salgemma*, *solfati*, *litio*;
- *associati a rocce residuali*: *lateriti* e *bauxiti* (fonte di *alluminio*);
- *associati a rocce di origine biochimica*: *carbone* e *idrocarburi*.

■ **Giacimenti di origine metamorfica**: soprattutto per opera del metamorfismo regionale, danno origine a importanti concentrazioni di *grafite*, *ossidi*, *carbonati* e *silicati*.

■ Le **fonti di energia non rinnovabili** sono rappresentate da alcuni materiali che si sono accumulati nella crosta attraverso processi geologici della durata media di alcune decine di milioni di anni.

■ I giacimenti di **carboni fossili** si sono sviluppati a partire dall'accumulo e seppellimento di sostanze vegetali, e a seconda del grado di carbonizzazione crescente forniscono *torba*, *lignite*, *litantrace* e *antracite*.

■ L'origine degli **idrocarburi** (*petrolio* e *gas naturale*) va cercata in sedimenti marini fini ricchi di resti di microrganismi, che si sono accumulati in condizioni anaerobiche.

■ Gli idrocarburi tendono a «migrare» verso l'alto, attraverso rocce abbastanza porose e permeabili da lasciarli filtrare, le *rocce-serbatoio*; l'eventuale presenza di rocce impermeabili (*rocce di copertura*) permette agli idrocarburi di restare «intrappolati»: si forma così un giacimento.

■ Le zone favorevoli alla ricerca di idrocarburi sono ritenute i grandi *bacini sedimentari*, sia quelli formatisi nel passato geologico, sia quelli attuali.

■ Il **petrolio** e il **gas non convenzionale** si possono ricavare con particolari processi fisici e chimici da alcuni tipi di rocce impregnate di idrocarburi. Ricordiamo le **argilliti petrolifere** (*oil shales*), le **sabbie bituminose** (*tar sands*), il **gas da argilliti** (*shales gas*) o da **arenarie compatte** (*tight gas*), l'**olio «aderente»** (*tight oil*), il **petrolio pesante**, **ultra denso** (*heavy/extra heavy oil*), il **metano da carbone fossile** (CBE, *Coal Bed Methane*).
Tutte queste fonti presentano problematiche sia di economicità del processo estrattivo che di forte impatto ambientale.

■ I minerali di uranio, ricchi di isotopi radioattivi, dopo opportuni processi di arricchimento vengono usati come combustibile *fissile* nelle centrali nucleari, dove si realizza la *fissione nucleare* di nuclei di ^{235}U in nuclei di atomi più piccoli.
Questo processo sviluppa grandi quantità di energia termica, che viene utilizzata per mettere in moto delle turbine collegate a degli alternatori: in tal modo è possibile produrre energia elettrica a partire dall'energia nucleare.
Lo stoccaggio delle scorie radioattive e i pericoli connessi agli incidenti nelle centrali nucleari sono problemi ambientali di non facile soluzione.

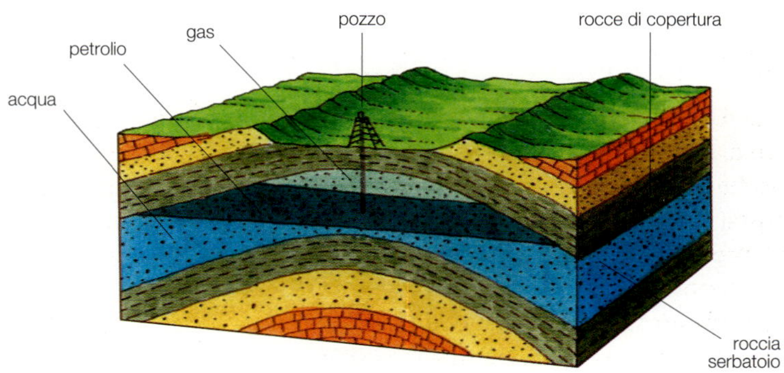

ESERCIZI per il ripasso

ALTRI ESERCIZI SU ZTE ONLINE

1. Completa la mappa con i termini proposti.

chimiche ■ regionale ■ intrusive ■ sedimentarie ■ clastiche ■ di contatto ■ magmatiche

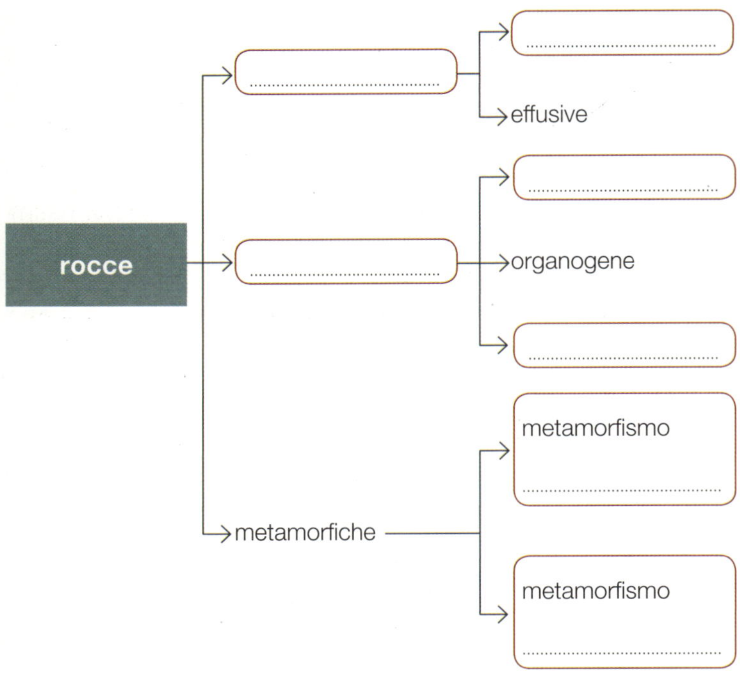

2. I minerali sono costituiti da rocce.
Vero o falso?
Motiva la risposta.

3. Completa.

La .... è la resistenza di un minerale alla scalfittura, e si misura in base alla scala di ....

4. Quale gruppo di rocce costituisce oltre la metà della crosta continentale superiore?

A Rocce sedimentarie.
B Rocce metamorfiche.
C Rocce magmatiche.
D Rocce organogene.

5. Scegli l'alternativa corretta.
Le sostanze amorfe hanno una struttura **cristallina/vetrosa**.

6. Completa.

Un calcare viene trasformato in .... dal metamorfismo di contatto.

7. Le moderne centrali nucleari utilizzano come combustibile fissile

A uranio.
B torio.
C plutonio.
D polonio.

8. Quali tra i seguenti elementi non appartengono al gruppo degli otto che da soli costituiscono oltre il 98% della crosta dei continenti?

calcio ■ potassio ■ magnesio ■ argento ■ fosforo ■ ossigeno ■ rame ■ alluminio ■ silicio ■ sodio

9. I tettosilicati sono silicati caratterizzati da

A una catena singola di tetraedri.
B una catena doppia di tetraedri.
C uno strato bidimensionale di tetraedri.
D una intelaiatura tridimensionale di tetraedri.

10. Per quale dei seguenti processi di cristallizzazione si forma comunemente il salgemma?

A Raffreddamento di materiale fuso.
B Trasformazione allo stato solido.
C Sublimazione di vapori caldi.
D Evaporazione di soluzioni acquose.
E Attività biologica.

11. Il borace (borato di sodio) si forma

A in grandi cristalli dal tipico colore turchese.
B come microscopici cristalli aggregati in noduli.
C per precipitazione sulle rive dei laghi salati.
D dai soffioni ad alta pressione delle centrali geotermiche.

12. Completa.

I .... formano il pavimento degli oceani, e sono il corrispondente .... dei gabbri.

13. Metti in ordine per contenuto di silice crescente i seguenti gruppi di rocce:

☐ femiche (gabbri, basalti);
☐ sialiche (graniti, riolite);
☐ intermedie (dioriti, andesiti);
☐ ultrafemiche (peridotiti).

14. Il processo sedimentario

A avviene al di sotto della crosta terrestre.
B è dovuto all'azione di agenti esogeni su materiali organici.
C è un processo veloce legato a eventi eccezionali (eruzioni).
D inizia con la degradazione meteorica e l'erosione delle rocce affioranti.

15. Completa.

I giacimenti di .... , minerale ricco di idrossidi di alluminio, hanno un'origine .... associata a rocce ....

16. Le rocce organogene silicee

A più diffuse sono le selci.

B sono rocce derivate dall'accumulo di gusci calcarei di organismi marini.

C si formano per precipitazione in depositi detti evaporiti.

D si accumulano creando depositi di carboni fossili e idrocarburi.

17. Metti le rocce clastiche in ordine di diametro crescente delle particelle che le compongono.

☐ Arenarie.

☐ Brecce e puddinghe.

☐ Argilliti.

18. Completa.

Stalattiti e stalagmiti sono rocce .... che si formano dal percolamento di acque sature di .... all'interno di ....

19. Il metamorfismo regionale è in genere collegato

A a eruzioni vulcaniche.

B a maremoti.

C a terremoti.

D a movimenti nella crosta terrestre.

20. Uno stadio di metamorfismo genera le stesse rocce metamorfiche qualunque sia la composizione delle rocce di partenza.
Vero o falso?
Motiva la risposta.

21. Nel ciclo litogenetico il processo di anatessi permette la trasformazione di una roccia

A sedimentaria in una metamorfica.

B metamorfica in magma acido.

C magmatica in magma basico.

D magmatica in una sedimentaria.

22. Se non esistessero l'atmosfera (lo strato d'aria che circonda il pianeta) e l'idrosfera (le acque della Terra), quali rocce non potrebbero formarsi sulla superficie terrestre?

A Le rocce metamorfiche.

B Le rocce magmatiche.

C Le rocce sedimentarie organogene.

D Le rocce effusive.

23. Quali tra i seguenti ambienti non sono favorevoli alla formazione di giacimenti petroliferi?

A Fasce orogeniche a forte deformazione.

B Antichi bacini sedimentari.

C Fasce sedimentarie lungo le piattaforme continentali.

D Affioramenti di rocce metamorfiche molto antiche.

24. Completa.

a) I carbonati sono costituiti da .... e ...., legati a uno o più ioni ....

b) Gli ossidi sono importanti per l'estrazione dei .... : dall'ematite e dalla magnetite, per esempio, si ricava il ....

c) Solfuri e solfati contengono principalmente ...., i primi come singolo atomo, i secondi sotto forma di ....

25. Completa scegliendo tra i seguenti termini:

intrusive ■ porfirica ■ fenocristalli ■ batoliti ■ porfidi ■ ossidiana ■ effusive ■ granulare olocristallina ■ pasta di fondo

Nel caso delle rocce .... il raffreddamento avviene in tempi molto lunghi. Tali rocce presentano una struttura .... con cristalli di grandi dimensioni. Sono detti .... gli ammassi rocciosi con tale struttura, anche giganteschi, che possono affiorare in superficie per erosione.

Nel caso delle rocce .... il magma risale fino in superficie, dove trabocca come lava. Tali rocce presentano una struttura .... in cui alcuni .... si presentano in una .... di cristalli piccolissimi o in parte amorfa.

26. Completa.

Nella fase di .... l'acqua intrappolata nei materiali sedimentari passa da una percentuale del 50-60% a una del .... , contribuendo alla .... dei sedimenti.

27. Quali tra le seguenti rocce metamorfiche presenta il più basso grado di scistosità?

A Filladi.

B Micascisti.

C Gneiss.

D Scisti a glaucofane.

CLIL: Earth Science Highlights

Glossary

Match each word or expression with its definition.

1. ☐ Anatectic magma
2. ☐ Chemical rock
3. ☐ Clastic rock
4. ☐ Coal
5. ☐ Contact metamorphism
6. ☐ Crystalline structure
7. ☐ Diagenesis
8. ☐ Earth's crust
9. ☐ Hydrocarbon
10. ☐ Index minerals
11. ☐ Intrusive rock
12. ☐ Lithogenetic process
13. ☐ Magma
14. ☐ Mineral
15. ☐ Nuclear fission
16. ☐ Ore
17. ☐ Porphyritic texture
18. ☐ Reserve
19. ☐ Reservoir rock
20. ☐ Resource
21. ☐ Rock
22. ☐ Rock cycle
23. ☐ Silicate
24. ☐ Ultrametamorphism

a. An ordered three-dimensional array of atoms in which the basic arrangement (crystal lattice) is repeated in all directions.

b. Molten rock material that forms igneous rock upon cooling.

c. Rocks formed by the alteration or chemical precipitation of minerals that are deposited when water evaporates or becomes over-saturated.

e. A coarse-grained igneous rock formed from magma that intrudes into country rocks deep in the Earth's crust and cools slowly.

d. The process leading to the formation of rocks.

e. A naturally occurring, mostly inorganic, solid crystalline substance, with a specific chemical composition.

f. Rock formed by the accumulation of material removed by erosion and transported by water, wind or ice.

g. In nuclear physics and nuclear chemistry, it is either a nuclear reaction or a process of radioactive decay in which the nucleus of an atom splits into smaller parts (lighter nuclei).

h. Magma produced by the partial melting of crustal rocks, at a depth where pressure and temperature favour the production of significant quantities of liquid

i. Metamorphic processes at extremely high temperatures and pressures; partial to complete fusion of the affected rocks and the production of magma.

j. The quantity of a material that has been found and can be extracted economically with existing technology.

k. Metamorphism resulting from heat and pressure in a small area, such as in rocks in contact with or near an igneous intrusion.

l. The texture of an igneous rock in which larger crystals are set in a finer-grained groundmass, which may be crystalline, glassy or both.

m. An organic compound (gaseous, liquid or solid) that consists primarily of carbon and hydrogen.

n. Something important or necessary to human civilization; the total quantity of a given commodity on Earth (discovered or undiscovered) that might ultimately become part of the reserves.

o. The physical and chemical changes undergone by sediments during lithification and compaction, excluding erosion and metamorphism.

p. Naturally occurring solid aggregate of minerals.

q. A biological sedimentary rock composed almost entirely of organic carbon formed by the diagenesis of wetland vegetation.

r. Any porous, permeable rock that yields oil or gas.

s. A compound whose crystal structure contains SiO_2 tetrahedra, which are either isolated or joined by one or more oxygen atoms to form groups, chains, sheets, or three-dimensional structures with metallic elements.

t. A mineral deposit from which valuable metals can be profitably extracted.

u. Minerals that form under a limited temperature and pressure range. Their presence can be used to identify the depth at which a metamorphic rock originated.

v. A sequence of events involving the formation, alteration, destruction, and reformation of rocks as a result of processes such as magmatism, erosion, transportation, deposition, lithification and metamorphism.

w. The thin, outermost solid shell of the Earth made of rocks, which are composed of minerals.

Summing-up

Complete the following text with the right words from the Glossary

Minerals

■ The __________ is the outermost solid shell of the Earth and is made up of rocks, which in turn are formed by minerals.

■ The study of rocks has shown that many of them were formed at depth and this has made it possible to reconstruct the Earth's internal processes that are not directly observable.

■ A __________: is a naturally occurring solid substance with a well-defined chemical composition and a __________: i.e. an ordered three-dimensional array of atoms in which the basic arrangement (crystal lattice) is repeated in all directions.

■ Each mineral is characterised by a series of physical properties, such as hardness, cleavage, lustre, colour and density.

■ The most common minerals are __________ ,which have a basic tetrahedron structure, made of silicon and oxygen. Non-silicate minerals, such as native elements, sulphides, sulphates, oxides and carbonates, are less abundant.

Rocks

■ In most cases, a __________ is a naturally occurring solid aggregate of several minerals, usually in a very compact form. Non-crystalline substances may also be present.

■ The processes that lead to the formation of rocks (__________) are: the magmatic process, the sedimentary process and the metamorphic process.

■ Various lithological processes form a __________ , in which the materials of the Earth's crust are constantly being reworked and recycled.

Magmatic or igneous rocks

■ All magmatic rocks derive from magma, which is molten rock. There are two groups of magmatic rocks:

- __________ are formed when magma solidifies deep in the Earth, surrounded by other rocks. Under these conditions, cooling takes place slowly over a long time and the rocks have a holocrystalline granular texture;
- extrusive (or volcanic) rocks are formed when magma overflows onto the surface (lava) and quickly cools in the open air. These rocks have a __________ , in which crystals with a size in the order of several millimetres are present in a fine crystalline matrix.

Sedimentary rocks

■ Sedimentary rocks are formed by the __________ of sediments derived from weathering, erosion, transport and deposition processes, all performed by exogenous agents.

■ Sedimentary rocks are classified according to the environment and the way they were formed:

- __________ ,such as conglomerate, sandstone and clay, are formed by the accumulation of material removed by erosion and transported by water, wind or ice;
- organogenic rocks, such as limestone, flint, coal and hydrocarbons, are made of substances produced by biological activity and usually occur as clusters of shells, skeletal remains, etc., or organic matter transformed in a variety of ways;
- __________ ,which are formed by chemical precipitation processes (evaporitic rocks, such as gypsum and rock salt) or alteration (residual rocks, such as bauxite).

Metamorphic rocks

■ Metamorphic rocks are derived from the transformation of any kind of rock that is subjected to a rise in temperature and/or pressure due to the continuous movements of the crust.

■ __________ occurs in rocks that are in contact with magma that rises in the crust.

■ Regional metamorphism occurs in rocks that descend into the crust and its effect intensifies with depth.

■ New minerals formed by variations in the intensity of the metamorphic transformation are called __________ .

Raw materials and energy sources from minerals and rocks

■ The term __________ indicates the entire amount of a given material in the uppermost part of the Earth's crust, available for extraction and use, including the amount that may become available for use in the future. The term __________ indicates the quantity of a material that has been found and can be extracted economically with existing technology.

■ __________ deposits are geological bodies of the lithosphere in which a valuable and useful material occurs at a concentration high enough to make it economically practical to mine.

■ __________ deposits developed from the accumulation and burying of plant material; they provide peat, lignite, bituminous coal or anthracite depending on the degree of carbonization.

■ __________ (crude oil and natural gas) originate within fine marine sediments, rich in organic matter that accumulated in anaerobic conditions.

Hydrocarbons migrate upward through rocks that are porous and permeable enough to let them seep into them: __________ Impermeable rocks create a barrier to the upward migration, in this way a hydrocarbon deposit originates.

■ Nuclear power stations employ uranium-bearing minerals, rich in radioactive isotopes, as nuclear fuel. The __________ of ^{235}U nuclei into nuclei of smaller atoms occurs in the nuclear reactors of the power stations. This process produces huge quantities of thermal energy; this energy is then transformed into electricity by means of turbines connected to power generators. The storage of radioactive waste and the potential accidents in nuclear power stations are difficult environmental problems to solve.

Now listen and check you answer.

Video «Crystal structure»

Watch the video and answer the questions.

1. How would you define crystal habit?
2. What does crystal habit depend on?
3. What is halite's crystal habit?
4. How many crystal systems are there?

QUESITI
per l'applicazione delle conoscenze

1. Leggere un grafico
Il metamorfismo
Inserisci le grandezze rappresentate in ascisse e ordinate, poi descrivi in un massimo di 10 righe il diagramma in figura.

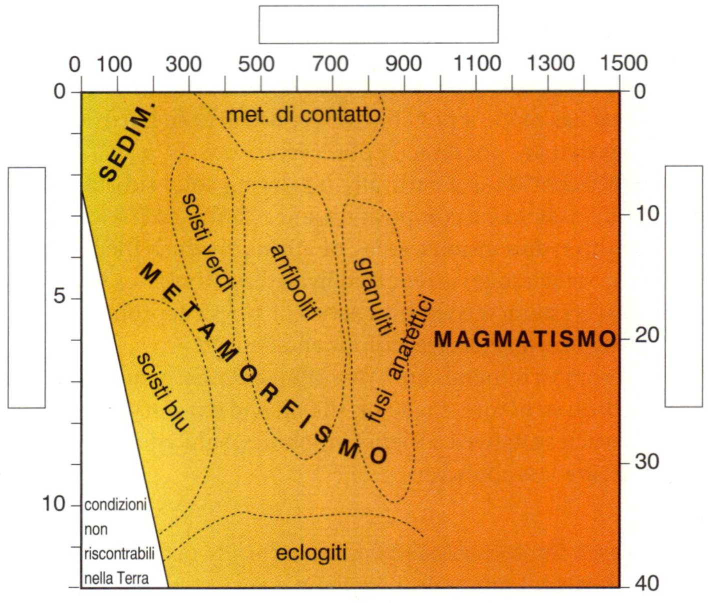

2. Leggere un'immagine
Diamante e grafite
Diamante e grafite sono due elementi nativi che, pur avendo la stessa composizione chimica (carbonio), si formano in condizioni di temperatura e pressione diverse. Di conseguenza non hanno lo stesso reticolo cristallino.
■ Individua quale delle due strutture cristalline qui a fianco corrisponde a quella del diamante e quale invece a quella della grafite.
■ Scrivi una breve didascalia in cui evidenzi i collegamenti fra le differenti proprietà di questi due minerali e le disposizioni dei reticoli cristallini.

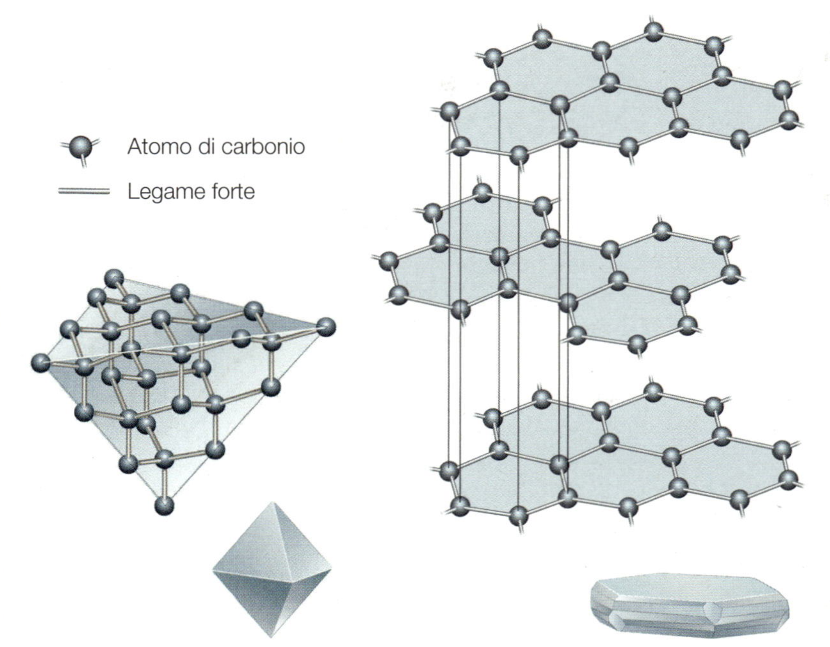

3. Formulare ipotesi
Rocce impossibili
Immagina che sul pianeta Terra non esistano né l'atmosfera né l'idrosfera.
■ Quali rocce ritieni che non potrebbero formarsi sulla superficie terrestre? Perché?
■ Come sarebbe modificato il ciclo litogenetico?
Prova a ridisegnare lo schema che si trova nel paragrafo 9 alla luce di questa ipotesi.

4. Ricercare ed esporre informazioni
L'ardesia
L'ardesia è una roccia piuttosto comune che appartiene al gruppo delle rocce metamorfiche.
■ Ricerca su Internet informazioni su questa roccia, scegliendo siti che ti sembrano scientificamente validi.
■ Scrivi un articolo che presenti questa roccia corredandolo di almeno 3 foto.
Usa i seguenti punti come scaletta:
– composizione chimica e mineralogica,
– condizioni di formazione,
– utilizzi.

2 La giacitura e le deformazioni delle rocce

Questi strati di argilliti e arenarie che si incontrano ad Hartland Quay, lungo la costa del Devon (Inghilterra), si sono depositati 320 milioni di anni fa nelle acque tranquille di un mare tropicale. Originariamente dovevano essere orizzontali e la loro giacitura attuale è una prova delle deformazioni (pieghe, sollevamenti, faglie) prodotte nella crosta terrestre da movimenti in atto in profondità, all'interno del pianeta.
(A. Cooper/Alamy/IPA)

Test d'ingresso

A. Completa.
Le rocce di cui è costituita la crosta terrestre si originano secondo tre processi litogenetici:

- il processo ....,
- il processo ....,
- il processo ....

B. Le rocce magmatiche possono essere intrusive ed effusive.
Quali delle seguenti caratteristiche individuano una roccia intrusiva? (2 risposte esatte)

A Presenza di cristalli di grandi dimensioni.

B Rapida solidificazione in superficie in seguito al raffreddamento della lava.

C Presenza di piccoli cristalli immersi in una pasta di fondo dall'aspetto omogeneo.

D Solidificazione lenta nelle profondità della crosta.

C. Le rocce sedimentarie si differenziano in rocce clastiche, organogene e chimiche.
Completa la tabella con questi nomi di rocce:
bauxiti ▪ arenarie ▪ calcari a coralli ▪ argilliti ▪ alabastro ▪ carbone

Rocce clastiche	Rocce organogene	Rocce chimiche
marne		
	selce a radiolari	opale

D. Le rocce metamorfiche si formano in seguito alla trasformazione di altre rocce provocata da aumenti di pressione e temperatura.
Scegli le alternative corrette.
Il metamorfismo di contatto è dovuto all'effetto di **alte**/**basse** temperature che agiscono a **basse**/**alte** pressioni. Il metamorfismo regionale avviene quando le rocce sprofondano in seguito a movimenti tettonici e vengono sottoposte a **basse**/**alte** pressioni.

1 La Stratigrafia e la Tettonica nello studio delle Scienze della Terra

Nel capitolo 1 abbiamo visto quali materiali costituiscano la crosta terrestre e attraverso quali processi si siano formati e continuino a formarsi i minerali e le rocce, in perenne trasformazione lungo le «vie» del *ciclo litogenetico*.

Lo studio delle rocce, però, non si esaurisce con l'analisi dei loro costituenti e dei processi di formazione; altre osservazioni, per esempio sul loro «assetto geometrico», possono fornirci interessanti informazioni sulla «dinamica interna» della Terra.

■ **Stratigrafia** (Stratigraphy) Dal latino *stratum*, strato, combinato con il greco *graphia*, da *gràpho*, scrivere, che vale «descrizione».

■ **Tettonica** (Tectonics) Dal greco *tektonikós*, che riguarda l'arte del costruire del carpentiere (*tékton*).

1.1 Informazioni dalle rocce

Lungo qualunque incisione naturale, come i versanti di una valle, è facile riconoscere rocce sedimentarie che ci appaiono, in genere, in strati regolarmente disposti l'uno sull'altro, per centinaia di metri di spessore, e che si possono seguire anche per kilometri senza che cambi la loro natura. Oppure si possono incontrare rocce magmatiche intrusive, come un granito, e allora la roccia ci apparirà massiccia, senza stratificazioni, e nel complesso dell'affioramento potremo riconoscere uno di quegli ammassi a forma di cupola che abbiamo chiamato *batoliti* e che sono così grandi da formare, con la loro sommità, un monte intero o una catena di cime. Queste strutture, e altre ancora, sono quelle assunte dai vari tipi di rocce come conseguenza dei diversi processi litogenetici.

Ma in che rapporti si trovano tra loro i diversi corpi rocciosi che, con i loro affioramenti, costituiscono la superficie terrestre? In che modo si sono «organizzati» per realizzare l'architettura della crosta terrestre? Sono semplicemente giustapposti, cioè posti uno a fianco dell'altro come le tessere di un mosaico, oppure risultano accostati in modi più complessi? E in che modo e fino a che punto possiamo ricostruire il loro *assetto geometrico* scendendo in profondità?

La risposta a tali domande ha risvolti applicativi immediati: qualunque intervento di un certo rilievo sul territorio (lo scavo di una galleria, la costruzione di un edificio, la ricerca e lo sfruttamento di risorse minerarie ecc.) richiede la conoscenza di «come è fatto» il sottosuolo anche a grande profondità (i pozzi per idrocarburi scendono ormai oltre i 10 000 metri sotto la superficie). Cominceremo ad affrontare questi problemi con l'aiuto di due discipline: la *Stratigrafia* e la *Tettonica*.

■ La Stratigrafia si occupa di ricostruire le forme dei corpi rocciosi, la loro disposizione nello spazio, le giaciture originarie delle rocce e soprattutto l'ordine con cui le rocce stesse si sono formate [**Figura 1A**].

■ La Tettonica studia le deformazioni che si manifestano, con il passare del tempo, in una successione di rocce, come conseguenza dei movimenti di abbassamento, sollevamento e spostamenti laterali di porzioni della crosta terrestre [**Figura 1B**].

1.2 Ricostruire storie geologiche

La Stratigrafia è dunque il ramo delle Scienze geologiche che studia la successione cronologica dei vari corpi litoidi e i rapporti geometrici tra tali corpi al momento della loro formazione.

Per cominciare prenderemo in esame le rocce sedimentarie, che sono le più semplici da osservare, e vedremo come, dallo studio delle rocce sul terreno, sia possibile ricostruire la distribuzione geografica degli ambienti di deposizione dei corpi sedimentari, di origine continentale o marina, in momenti diversi della storia della Terra, anche lontanissimi nel tempo. Vedremo anche il significato di alcuni *princìpi di Stratigrafia*, suggeriti proprio dall'osservazione, che si sono rilevati strumenti indispensabili in queste indagini e che oggi vengono impiegati da ogni geologo. Arriveremo così a comprendere come, a partire dall'applicazione di quei princìpi, sia possibile «mettere ordine» nella successione di eventi geologici di cui le rocce sono testimonianza.

Ma il problema che stiamo affrontando non è semplice come potrebbe apparire. Le rocce di qualsiasi regione della superficie terrestre non si presentano

1A

1B

Figura 1
«Leggere» le rocce.
A. I numerosi strati di rocce che si susseguono lungo le pareti di un rilievo montuoso rappresentano ognuno un piccolo intervallo della storia della Terra, di cui hanno conservato qualche traccia, sia con la natura petrografica, sia con eventuali resti fossili. Analizzare gli strati dal basso verso l'alto è come «sfogliare» le pagine di un libro: la Stratigrafia fornisce gli strumenti per leggerle.
B. Quando appaiono piegati e lacerati, gli strati mettono in evidenza – come nell'esempio, fotografato nelle Alpi Retiche – gli sforzi cui sono stati sottoposti nel corso del sollevamento dei rilievi di cui fanno parte. La Tettonica permette di interpretare le forme assunte dagli strati e di risalire ai movimenti che le hanno prodotte. (M. Parotto)

quasi mai con la loro «giacitura» originaria, cioè così come si sono formate: le strutture dei singoli corpi litoidi risultano spesso vistosamente modificate e anche i rapporti geometrici originali tra corpi litoidi diversi risultano profondamente alterati. Questo vuol dire che ogni roccia, prima o poi, subisce l'azione di qualche forza che ne provoca la deformazione: le rocce originatesi in mare risultano sollevate ed emerse, gli strati appaiono contorti, raddrizzati e interrotti, i batoliti, che si formano in profondità entro la crosta, sono esposti in superficie e così via.

Dovremo ricorrere, perciò, a un altro ramo delle Scienze geologiche, la *Tettonica*, che studia il modo in cui i materiali della crosta possono deformarsi, le strutture che i corpi litoidi possono assumere con la deformazione e i movimenti che hanno subìto e che hanno fatto loro acquisire la giacitura attuale.

QUESITI

1. Che cosa studia la Stratigrafia?
2. Qual è invece il campo di studi della Tettonica?

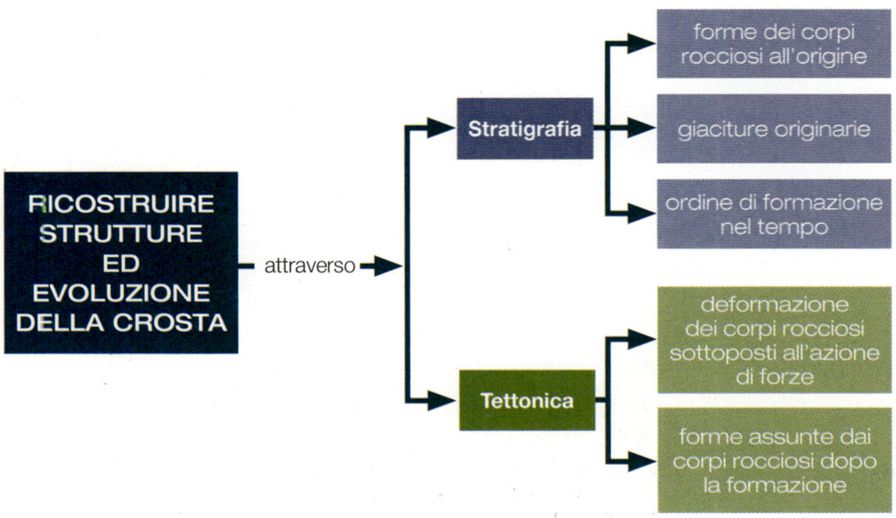

Stratigrafia e Tettonica sono strumenti complementari nell'esame della giacitura e delle deformazioni delle rocce. Vedremo al termine del capitolo che il loro impiego nelle situazioni più diverse ha permesso di riconoscere, nella storia evolutiva della Terra, il ripetersi ciclico di una serie di processi che hanno interessato aree della crosta terrestre.

Scopriremo così il *ciclo geologico* (o *ciclo di Hutton*), che giustifica il ciclo litogenetico, al quale eravamo giunti con lo studio dell'origine delle rocce. Ancor più del ciclo litogenetico, il ciclo geologico indica la presenza di un'intensa e continua attività all'interno del pianeta, le cui tracce sono proprio nelle giaciture delle rocce che, in varie combinazioni, caratterizzano l'architettura della crosta.

2 Elementi di Stratigrafia

Video
I principi della Stratigrafia

La **Stratigrafia** è quella parte delle scienze geologiche che ha come obiettivo la ricostruzione della storia della Terra attraverso due obiettivi principali:

- risalire alla natura e all'estensione geografica dei singoli ambienti fisici che hanno originato (nel tempo) i tipi di rocce che formano la crosta;
- ricostruire l'ordine in cui si sono formate nel tempo tali rocce, cioè stabilire la loro **cronologia relativa** per poter dire: «questa roccia è più antica di quella», anche senza sapere quanto tempo fa si sono formate.

La Stratigrafia studia le **formazioni geologiche**. Una formazione geologica è un corpo roccioso caratterizzato da natura litologica uniforme, riferibile a un ambiente di formazione rimasto omogeneo per un certo intervallo di tempo. Tale corpo roccioso risulta di regola ben distinto dagli altri corpi rocciosi con cui è in contatto.

Avremo così *formazioni sedimentarie* (conglomeratiche, argillose, calcaree ecc.), *formazioni ignee* (piroclastiche o laviche; intrusive o effusive; acide o basiche ecc.) e *formazioni metamorfiche* (di alto o basso grado, di contatto ecc.).

Una formazione di rocce sedimentarie può apparire compatta, cioè senza suddivisioni al suo interno, o stratificata.

Uno **strato** può avere uno spessore variabile, in genere da pochi centimetri ad alcuni decimetri [Figura 2], e può avere un'estensione areale anche molto grande. Lo strato è l'unità più piccola di una serie rocciosa ed è delimitato, nei confronti di altri strati, da superfici di discontinuità più o meno parallele fra loro, chiamate *piani di stratificazione*.

In questo capitolo parleremo soprattutto delle formazioni sedimentarie, sia perché consentono un approccio semplice ai problemi, sia perché, essendo molto diffuse nella nostra penisola, la loro osservazione è relativamente facile.

2

Figura 2
Un esempio di rocce stratificate lungo le scogliere Cliff of Moher, in Irlanda. I singoli strati, messi bene in evidenza dalle differenti sfumature di colore, hanno spessori diversi. Quello raffigurato è un tratto della costa atlantica dell'Irlanda, lungo il quale affiorano calcàri molto antichi di origine marina. La loro geometria quasi orizzontale corrisponde grosso modo a quella dell'originario fondo marino.
(Jon Arnold Images/Alamy)

3

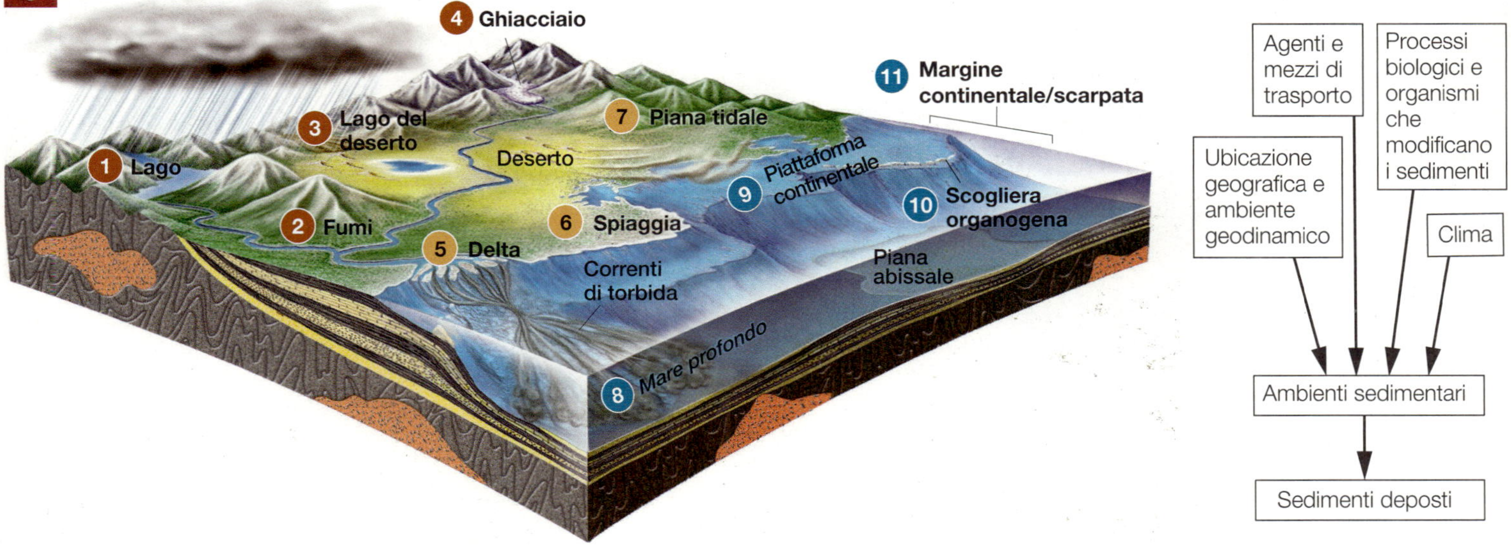

Ambienti continentali	1 Lago	2 Alluvionale	3 Deserto	4 Ghiacciaio
Agente di trasporto	Correnti, onde	Correnti fluviali	Vento	Ghiaccio, acqua di fusione
Sedimenti	Sabbia e fango; precipitati salini in climi aridi	Sabbia, fango e ghiaia	Sabbia e polvere	Sabbia, fango e ghiaia
Clima	Da arido a umido	Da arido a umido	Arido	Freddo
Processi biologici	Organismi di acqua dolce e precipitati chimici	Sostanza organica nei depositi alluvionali fangosi e nelle paludi	Scarsa attività biologica	Scarsa attività biologica
Ambienti costieri	**5 Delta**	**6 Spiaggia**	**7 Piana tidale**	
Agente di trasporto	Correnti fluviali, onde	Onde, correnti di marea	Correnti di marea	
Sedimenti	Sabbia e fango	Sabbia e ghiaia	Sabbia e fango	
Clima	Da arido a umido	Da arido a umido	Da arido a umido	
Processi biologici	Seppellimento di detriti vegetali	Scarsa attività biologica	Miscuglio di organismi e sedimenti	
Ambienti marini	**8 Mare profondo**	**9 Piattaforma continentale**	**10 Scogliera organogena**	**11 Margine continentale/scarpata**
Agente di trasporto	Correnti oceaniche, correnti di torbida	Moto ondoso e maree	Moto ondoso e maree	Correnti oceaniche e moto ondoso
Sedimenti	Fango e sabbia	Sabbia e fango	Organismi calcificati	Fango e sabbia
Processi biologici	Deposizione di resti di organismi	Deposizione di resti di organismi	Carbonati secreti da coralli e da altri organismi	Deposizione di resti di organismi

Figura 3
Quadro schematico degli ambienti sedimentari, che risultano dall'interazione di diversi fattori. Per ogni tipo di ambiente sono indicate le caratteristiche fondamentali e i principali tipi di depositi sedimentari. (Tratto da *Capire la Terra*, 3ª ed., 2016)

2.1 Le facies sedimentarie

Ogni roccia ha delle caratteristiche (come il colore, la composizione mineralogica, il contenuto in fossili) che permettono di distinguerla dalle altre rocce. Il termine **facies** (dal latino, «aspetto») indica proprio l'insieme delle caratteristiche litologiche (e paleontologiche, se sono presenti resti fossili) di una roccia.

La facies dipende dall'ambiente in cui la roccia si è formata. Un **ambiente sedimentario** è un'area di deposito di sedimenti (che si può definire genericamente *bacino sedimentario*) caratterizzata da una particolare combinazione di condizioni climatiche e di processi fisici, chimici e biologici. Le caratteristiche fondamentali di un bacino sedimentario comprendono più aspetti [Figura 3]:

- tipo e quantità di acqua (oceano, fiume …);
- tipo e forza degli agenti di trasporto (acqua, vento …);
- forme del terreno (bassopiano, rilievo, mare costiero …);
- attività biologica (organismi che formano gusci, che costruiscono scogliere coralline …);
- movimenti della crosta terrestre che formano aree sorgente di sedimenti (sollevamento di catene montuose, sprofondamento di bacini …);
- climi (glaciali, desertici, tropicali …).

Figura 4
Antico deposito morenico. L'accumulo è formato da ciottoli di calcàri (bianco-grigi) e di arenarie (giallastre e marroni), di varie dimensioni, mescolati ad abbondante sabbia e limo. Il deposito qui illustrato affiora ai piedi dei Monti Sibillini, sopra Arquata del Tronto (Ascoli Piceno), ed è stato abbandonato da uno degli antichi ghiacciai che, alcune decine di migliaia di anni fa, coprivano le cime più alte degli Appennini.

Figura 5
Un deserto pietrificato. La città di Petra, in Giordania, capitale dell'antico regno dei Nabatei (caduto nel I secolo d.C.), conserva numerosi monumenti scavati in rocce, che sono la testimonianza di antiche dune desertiche, cementate e fossilizzatesi da oltre 300 milioni di anni. La roccia è un'arenaria, formata da granuli di quarzo tenuti insieme da un cemento contenente ossidi di ferro, che conferiscono alla formazione i suoi tipici colori. Da vicino, negli strati si riconoscono i sottili livelli di sabbia che, accumulati dai venti, hanno dato origine alle grandi dune. L'antichissima fase di clima arido che ha permesso la formazione delle dune è stata in seguito sostituita da climi diversi, tanto che i fiumi hanno inciso nella regione profonde valli, dove l'uomo ha vissuto a lungo. Oggi il clima dell'area è tornato a essere desertico. (Photononstop / Tips)

4

5

Riconoscere una determinata facies significa, quindi, identificare l'ambiente fisico di formazione della roccia e poter risalire alla forma complessiva che il corpo litoide aveva al tempo della sua formazione. Le rocce sedimentarie, ad esempio, si possono distinguere, in base agli ambienti di formazione, in tre gruppi:
- le facies continentali,
- le facies di transizione,
- le facies marine.

Le **facies continentali** sono riconoscibili in rocce depostesi su terre emerse, in ambiente subaereo, cioè a diretto contatto con l'aria.

Tra queste, molto diffuse sono le *facies fluviali* (o alluvionali), rappresentate da materiali ora grossolani, ora minuti, deposti da un fiume nel suo alveo. I grandi fiumi della Terra, in milioni di anni, hanno ricoperto, con i detriti strappati ai rilievi, estensioni vallive o pianure costiere immense. Ad esempio un corso d'acqua come il Po, seppur modesto rispetto a tanti altri fiumi del mondo, in un tempo abbastanza breve e con il contributo dei suoi affluenti, ha coperto (di ghiaie, sabbie e argille) tutta la Pianura Padana, per un'estensione di poco inferiore ai 10 000 km^2.

Molto diffuse sono anche le *facies moreniche*, rappresentate da ammassi di detriti abbandonati dai ghiacciai, in particolare al loro fronte, dove con la fusione del ghiaccio si vanno accumulando ciottoli e polveri. Questi ammassi – chiamati *morene* – si riconoscono bene per l'aspetto caotico: ciottoli di ogni genere e dimensione, a volte incisi da sottili strie, immersi in una matrice di limo argilloso. Lungo il piede dei rilievi alpini, al limite con la Pianura Padana, si riconoscono numerosi allineamenti di morene, formatisi durante le età glaciali del Periodo quaternario, quando le Alpi erano tutte ricoperte da enormi ghiacciai che scendevano con grandi lingue fino alla base dei rilievi. Sugli Appennini vi sono invece esigui depositi morenici oltre i 1000 m di quota [Figura 4].

Altre facies continentali ampiamente diffuse sono le *facies desertiche*, con le tipiche dune, collinette sabbiose accumulate dal vento su vaste aree a clima arido; tali collinette sono soggette a continui spostamenti a opera del vento stesso e possono assumere forme e dimensioni diverse. Varie testimonianze di queste facies, anche antichissime, si trovano in molte zone della Terra successivamente interessate da climi umidi o temperati, ben diversi, quindi, da quelli aridi, che portano alla formazione di aree desertiche [Figura 5].

I casi descritti di facies moreniche in un'area oggi priva di ghiacciai e di facies desertiche in un paesaggio modellato da fiumi e abitato a lungo dall'uomo mostrano come, in base all'esame delle rocce affioranti, sia possibile riconoscere l'esistenza nel passato, in una determinata regione, di facies diverse da quelle attuali (facies «fossili»). In altri termini, le facies deducibili dalle rocce permettono di stabilire la presenza di antichi ghiacciai in zone in cui sono totalmente scomparsi, o di ricostruire il percorso di fiumi che non esistono più o, ancora, di documentare l'esistenza, per un certo periodo di tempo, di climi diversi dall'attuale ecc.

Le **facies di transizione** sono tipiche della fascia di passaggio dalle terre emerse al mare. Ne sono un esempio le *facies palustri* o di laghi costieri, che si formano per la mescolanza dell'acqua marina con

■ **Limo (Silt)** Dal latino *limum*, fango. Roccia sedimentaria clastica, incoerente, formata di particelle di dimensioni intermedie tra quelle dei granuli di sabbia e quelle di un'argilla. Il passaggio da un tipo all'altro di tali rocce è graduale, per cui si distinguono *limi sabbiosi* e *limi argillosi*.

■ **Periodo quaternario (Quaternary period)** È il periodo di tempo geologico in cui viviamo. In precedenza veniva considerato un'era, ma da alcuni anni, invece, è ritenuto la parte finale dell'Era cenozoica e si fa iniziare 2 600 000 anni fa.

Figura 6
Resti di una piattaforma carbonatica.
Il poderoso gruppo del Monte Velino, le cui cime dominano la Piana del Fucino da quasi 2500 metri di quota, fa parte di un settore della vasta *piattaforma carbonatica*, i cui resti formano ampia parte delle dorsali montuose dell'Appennino laziale-abruzzese. Il ripido versante del rilievo, sollevato dall'attività di una grande faglia, è formato da molte centinaia di strati di calcari, che si sono deposti nelle vaste lagune all'interno dell'antica piattaforma, al riparo di scogliere coralline. Al tempo in cui si è sviluppata, questa piattaforma carbonatica era molto più a Sud, fra i tropici. (Foto G. P. Cavinato)

l'acqua dolce proveniente dai rilievi montuosi. In questi laghi salmastri, cioè con salinità più bassa di quella del mare, prospera una particolare fauna che predilige la bassa salinità e una flora mista di alghe salmastre e di piante acquatiche.

Vi sono poi le *facies lagunari*, tipiche dei bracci di mare rimasti isolati per lo sviluppo di cordoni o barre sabbiose e collegati con il mare aperto solo da alcuni canali naturali. Le *facies d'estuario* e *di delta* si ritrovano invece dove un fiume sfocia in mare. In quest'ultimo caso la forma, in pianta, dei corpi litoidi che ne derivano è quella di un ventaglio, con spessori massimi all'apice e via via decrescenti verso l'arco periferico. Ricordiamo, infine, la *facies delle dune costiere*, formata da sabbia trasportata dal vento e deposta lungo la spiaggia, perciò simile alla facies desertica.

Le **facies marine** sono tra le più diffuse e la loro natura è strettamente legata alle forme e alle profondità dei fondi oceanici, che qui ricordiamo brevemente. A partire dalla linea di costa si sviluppa la *piattaforma continentale*, con debole pendenza (circa 0,1°), il cui margine è a profondità variabile, ma in genere tra 150 e 200 metri. La sua estensione media è di meno di 100 kilometri, ma è molto maggiore (anche centinaia di kilometri) in corrispondenza di aree continentali piatte e molto ridotta dove il mare lambisce catene montuose. Al di là dell'orlo della piattaforma inizia la *scarpata continentale*, con una pendenza media maggiore (1°-6°), che arriva in genere a circa 2000 metri di profondità. La sua parte inferiore ha una pendenza più dolce e viene distinta come *rialzo continentale*.

La fascia formata da piattaforma e scarpata corrisponde a circa il 15% della superficie terrestre coperta dai mari: il resto forma la vasta estensione dei *fondi oceanici*, con profondità fino a 6000 metri, localmente interrotte dalle *fosse* (o *abissi*), lunghissime depressioni che scendono fino a oltre i 10 000 metri.

Ambienti così differenti sono caratterizzati da facies molto diverse, che possono essere raggruppate in tre grandi suddivisioni, così come si incontrano attualmente a partire dalla costa:

– *facies litorali* – *facies neritiche*	} associate alla piattaforma continentale
– *facies pelagiche*	associate alla scarpata - rialzo continentale e alle piane abissali

Le ***facies litorali*** sono tipiche della fascia costiera, con pochi decimetri o al massimo qualche metro d'acqua, dei fondali sabbioso-argillosi – sempre con acque basse –, poveri di vita vegetale e animale, e, infine, della striscia compresa fra l'alta e la bassa marea.

Procedendo verso il mare aperto vi sono le ***facies neritiche*** (dal greco *nerites*, conchiglia marina) che vediamo abbondare anche oggi, come nel passato, e che sono il regno degli esploratori subacquei: vi si trovano fondi sabbiosi o fondi rocciosi, con scogli e anfratti. Se non vi sono in prossimità sbocchi di grandi fiumi, per cui le acque sono limpide, e se le condizioni climatiche lo consentono, vi si sviluppano praterie di alghe e costruzioni di coralli e madrepore. Sono ambienti ricchi di organismi «bentonici» (legati al fondo) e «nectonici» (nuotatori). In condizioni opportune sulla piattaforma continentale possono svilupparsi anche le lunghe barriere coralline e le ampie piattaforme carbonatiche [Figura 6] (vedi anche capitolo 1, paragrafo 7.3).

Moto ondoso e correnti di marea sono i responsabili della distribuzione e dell'accumulo sulla piattaforma dei sedimenti riversati in mare dai fiumi.

In alto mare, in oceano o comunque a distanza dalle coste, vi sono le ***facies pelagiche*** (dal greco *pélagos*, mare, oceano), in genere caratterizzate dalla deposizione di argille e fanghi di vario tipo (calcarei, silicei ecc.) in cui si trovano in grande prevalenza resti di microrganismi «planctonici» (che vivono in balìa delle acque, presso la superficie del mare).

Le acque della scarpata continentale e del rialzo continentale sono troppo profonde perché il moto ondoso e le correnti di marea possano agire, quindi i sedimenti che più si allontanano dalle coste raggiungono il margine della piattaforma, al di là del quale scendono per gravità e vanno a formare il lungo pendio della scarpata continentale. Tuttavia lungo la scarpata continentale si osservano vistose tracce di frane di materiali sedimentari e grandi «cicatrici» in forma di solchi o di profondi canyon sottomarini, dovuti a processi di erosione. Non solo, ma lungo la scarpata e il rialzo sono distribuiti accumuli di sabbie, silt e fanghi, tutti segni evidenti che in quelle acque profonde si verifica un traspor-

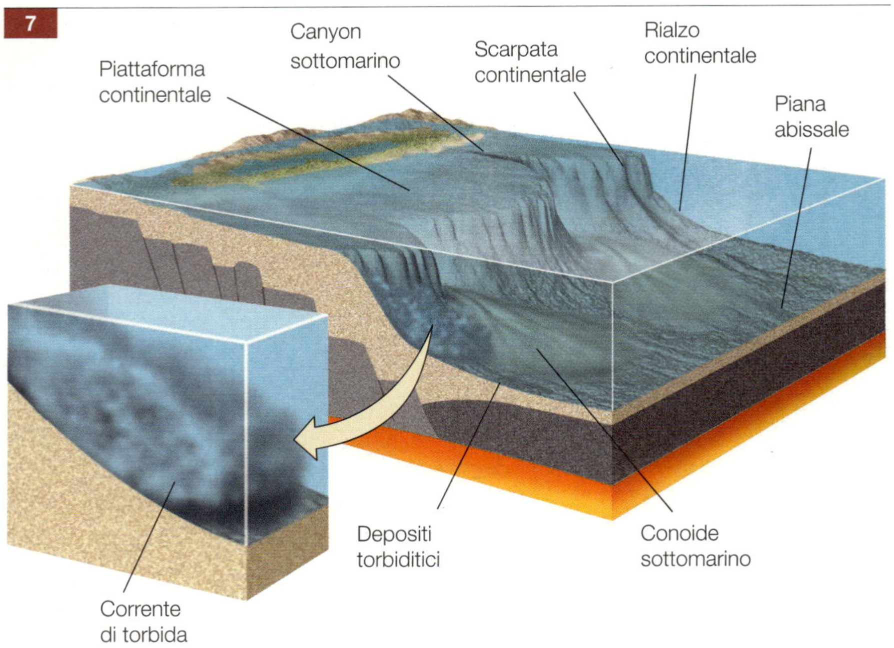

Figura 7
Il sistema *piattaforma-scarpata-rialzo* continentali e le correnti di torbida.
Schema della successione di ambienti e un dettaglio ingrandito di una corrente di torbida in atto.

■ **Flysch** Voce dialettale della Svizzera tedesca che significa *terreno che scivola*, per la facilità con cui gli strati, ricchi di intercalazioni argillose plastiche, possono dare origine a frane lungo i pendii montuosi.

to attivo di sedimenti. Si è scoperto, ormai da tempo, che il meccanismo responsabile di queste facies è la formazione di correnti di torbida. La **corrente di torbida** (o **di torbidità**) è una corrente sottomarina che trasporta abbondante materiale detritico in sospensione (argilla, sabbia, ghiaia) e che scivola a grande velocità (fino a 90 km/h) lungo il pendio della scarpata continentale [Figura 7]. Può essere innescata, tra l'altro, da terremoti che, con le loro vibrazioni, fanno smuovere i materiali accumulatisi lungo il bordo della piattaforma continentale. Il flusso, molto più denso delle acque circostanti, scava lungo il suo percorso ampi e profondi solchi nei

Figura 8
Aspetto tipico dei depositi da correnti di torbida.
A. Un tratto dello spettacolare affioramento di flysch nel quale sono incise le coste dei Paesi Baschi, nella Spagna settentrionale. Gli strati, che erano orizzontali al tempo della loro deposizione, appaiono oggi deformati fino alla verticale e profondamente erosi.
B. Dettaglio di un breve tratto di una successione torbiditica. L'erosione ha messo in luce le singole torbide, la cui parte inferiore, formata dai sedimenti più grossolani e compatti (in questo caso arenarie) è più resistente e finisce per sporgere come uno scalino, con un fronte verticale, mentre i sedimenti intermedi e superiori, via via più fini (silt e argilliti), sono più erodibili e formano un breve pendio meno inclinato. Alla sommità di ogni torbida sporge come un tetto la base della torbida successiva.

depositi precedenti; quando, nella discesa, raggiunge il piede della scarpata, rallenta, si espande e comincia ad arrestarsi, abbandonando i materiali più grossolani fino a fermarsi completamente quando raggiunge le piane abissali, dove decantano lentamente i materiali più fini.

L'accumulo di una frana dà origine a uno strato di modesto spessore, ma di grande estensione; la successione nel tempo di più frane nella stessa area forma un grande «ventaglio», che costituisce un conoide sottomarino di mare profondo. Il rialzo, in definitiva, è una successione di conoidi sottomarini che si affiancano e si sovrappongono in una lunga fascia lungo il piede della scarpata continentale.

Questo fenomeno, nel suo insieme, prende il nome di *risedimentazione* e opera un gigantesco trasferimento di sedimenti dal margine della piattaforma continentale all'inizio delle piane abissali. Se si osserva da vicino un singolo strato, si riconosce chiaramente che dalla torbida si decantano prima i materiali più grossolani, poi quelli via via più fini, così da formare uno strato «*gradato*», nella cui tessitura si distinguono vari tipi di rocce clastiche, che passano uno all'altro per diminuzione delle dimensioni dei granuli (per esempio, dal basso verso l'alto: arenaria grossolana, arenaria fine, silt, argilla). A ogni strato gradato segue un livello di argilla che si depone *dopo* l'accumulo della frana e che rappresenta la sedimentazione pelagica vera e propria (fanghi pelagici) [Figura 8].

Questi depositi sono detti **torbiditi** e possono formare nel tempo successioni con spessori totali di centinaia di metri. In Italia successioni torbiditiche sono diffuse nelle Alpi e negli Appennini, dove sono indicate genericamente con il termine *flysch* e sono formate da alternanze di strati di arenarie (anche calcaree), argilliti o marne, a volte con livelli conglomeratici; le singole torbide sono di modesto spessore, ma ripetute migliaia di volte, tanto che una singola formazione torbiditica può raggiungere spessori di oltre 1000 metri.

Per il geologo il ritrovamento di torbiditi, la cui estensione in superficie può arrivare a migliaia di km^2, è un chiaro indizio della presenza, in passato, di vaste depressioni sul fondo oceanico e della vicinanza di terre emerse con notevoli rilievi, dai quali l'erosione poteva ricavare grandi quantità di detriti che venivano rapidamente convogliati in mare. Oggi sappiamo che ambienti simili sono tipici (anche se non esclusivi) delle fasi in cui si forma ed emerge una nuova catena montuosa. È, questo, un esempio di come gli eventi geologici, grandi o piccoli, lascino le loro tracce sotto forma di rocce.

Si tenga presente, infine, che il passaggio laterale, cioè lungo la superficie terrestre, da un tipo

9

Figura 9
Esempio di una successione di strati di grosso spessore che rappresenta bene il *principio di orizzontalità originaria* e che, con l'applicazione del *principio di sovrapposizione*, permette di distribuire nel tempo gli eventi che hanno portato all'accumulo di grandi spessori di rocce sedimentarie. La profonda incisione del Fiume Colorado ha messo in luce una successione verticale di oltre 1000 metri di rocce stratificate, quasi orizzontali. In quest'area, a partire da oltre 500 milioni di anni fa, i sedimenti sono andati regolarmente accumulandosi strato su strato, per più di 250 milioni di anni. Ai piedi del ripido versante affiorano rocce sedimentarie più antiche, di ambiente marino; salendo, si incontrano rocce che testimoniano il succedersi nel tempo di un ambiente continentale (lacustre e fluviale), poi ancora marino, nuovamente continentale (prima paludoso, poi desertico) e ancora marino (gli strati alla sommità). L'area ha subìto nel tempo essenzialmente movimenti di innalzamento e di sprofondamento. (Interfoto/Alamy)

di facies a un altro può avvenire bruscamente o in modo graduale e sfumato. In entrambi i casi si parla di **eteropìa di facies** (dal greco *eteropìa*, diverso aspetto).

2.2 I princìpi della Stratigrafia

Per conoscere la storia geologica di un certo luogo dobbiamo osservare le rocce presenti per ricavare le seguenti informazioni.

- Come si è formata una certa roccia? In quale ambiente?
- Dopo la sua formazione è rimasta intatta o ha subìto qualche trasformazione o spostamento?
- Di due rocce affiancate, ma diverse, quale si è formata prima e quale dopo? O si sono formate contemporaneamente?

Alla prima domanda sapremmo già rispondere con quanto visto in precedenza (capitolo 1); alle altre due domande cercheremo di rispondere presentando brevemente i princìpi fondamentali della stratigrafia:

- *principio di orizzontalità originaria*;
- *principio di sovrapposizione stratigrafica*;
- *principio di intersezione*.

Lo faremo con un semplice esempio.

Immaginiamo di camminare lungo il versante di un rilievo privo di vegetazione, dove le rocce sono facilmente visibili. Spesso è possibile osservare strati di una certa roccia sedimentaria: seguendo passo passo per centinaia di metri o anche per alcuni kilometri gli stessi strati, è possibile osservare che questi mostrano costantemente la stessa natura, lo stesso colore, gli stessi fossili. Possiamo concludere che essi si sono accumulati, per tutta la loro estensione, in un medesimo ambiente, che ha mantenuto caratteristiche uniformi durante un certo intervallo di tempo. Se esaminiamo quelle rocce e i fossili che esse contengono, possiamo risalire al tipo di ambiente: per esempio, un settore di mare con acque poco profonde e con un fondo fangoso.

Possiamo ora cominciare a ricavare da quanto osservato qualche principio generale.

Principio di orizzontalità originaria. L'osservazione di quanto accade oggi negli ambienti naturali in cui si stanno formando rocce sedimentarie permette di raggiungere un'importante conclusione, che viene espressa dal ***principio di orizzontalità originaria***: *i sedimenti si depositano, di regola, in strati pressoché orizzontali* e, una volta divenuti rocce, dovrebbero continuare ad apparire come strati più o meno orizzontali [Figura 9]. Questo concetto fu messo in luce da Niccolò Stenone, anatomista e na-

10

Figura 10
Il principio di intersezione. L'immagine rappresenta un pacco di rocce sedimentarie stratificate attraversate da un filone magmatico, formato, cioè, da materiale fuso risalito attraverso fratture. Il principio di intersezione permette di concludere che il filone è più giovane delle rocce entro cui si è aperto la strada.

turalista danese del Seicento che studiò a lungo, tra l'altro, la geologia della Toscana (vedi Approfondimento, più avanti nel paragrafo). L'applicazione di tale principio nell'osservazione di un affioramento di rocce sedimentarie è immediata: se gli strati che stiamo osservando ci appaiono inclinati o addirittura verticali o incurvati, si deve concludere che essi hanno assunto la giacitura attuale come conseguenza di movimenti della crosta avvenuti *dopo* la loro formazione.

Abbiamo così trovato un primo modo per ordinare nel tempo le tracce di due eventi geologici diversi: la *formazione* di rocce in strati orizzontali deve precedere l'eventuale spostamento di tali strati dalla giacitura originale, cioè la loro *deformazione*.

Principio di sovrapposizione stratigrafica. Torniamo all'osservazione del versante. Se al di sopra di un certo spessore di strati si trovano altri strati, diversi da quelli sottostanti per natura, colore e fossili, essi si sono formati, evidentemente, in un ambiente diverso: per continuare l'esempio, immaginiamo che i nuovi strati si siano deposti lungo la linea di costa di un antico mare. In ogni caso, al momento della loro deposizione questi nuovi strati hanno ricoperto quelli depostisi in precedenza.

Questa osservazione è alla base del ***principio di sovrapposizione stratigrafica***, che dice che *in una successione di rocce sedimentarie ogni strato è più antico dello strato soprastante e più recente di quello sottostante* (vedi ancora la figura 9).

Principio di intersezione. Supponiamo che gli strati dell'esempio risultino attraversati da un filone (o *dicco*) magmatico, cioè da materiale risalito allo stato fuso lungo una spaccatura della crosta terrestre e poi solidificatosi. Il filone si è formato necessariamente dopo le rocce entro cui è penetrato.

Il ***principio di intersezione*** dice che *intrusioni di magma che tagliano altre rocce sono più giovani di queste* [Figura 10]. Lo stesso principio si applica anche alle fratture o rotture che attraversano le rocce.

Completiamo ora la nostra simulazione di indagini sul terreno con la ricostruzione stratigrafica dell'area esaminata, utilizzando le conoscenze sull'origine delle rocce e i princìpi di stratigrafia. Le testimonianze più antiche sono quelle degli strati che affiorano più in basso: nel nostro caso, possiamo dire che, in un certo momento, l'area era coperta da un mare poco profondo. Successivamente le condizioni ambientali sono cambiate, poiché gli strati sovrastanti risultano essersi formati in prossimità di una costa: il mare si è andato ritirando. Infine, nell'area o in zone vicine si è innescata un'attività magmatica, messa in evidenza da filoni che hanno tagliato gli strati.

In pratica, risalendo il pendio abbiamo ricostruito una breve sequenza di eventi succedutisi nel tempo e lo abbiamo fatto applicando la cronologia relativa, ordinando gli eventi secondo un «prima» e un «dopo».

2.3 Il mare va e viene: trasgressioni e lacune

Se si prova ad analizzare gli strati rocciosi che affiorano lungo il versante di un monte, dalla base alla cima, e si ricostruiscono le caratteristiche degli ambienti che via via hanno dato origine a quegli strati, capita quasi sempre di riscontrare che l'area, in centinaia di milioni di anni, venne sommersa una o più volte dal mare e che altrettante volte rimase emersa per periodi più o meno lunghi.

Il ritiro del mare da un'area sommersa avviene, nella gran parte dei casi, per sollevamento della regione dovuto a movimento della crosta, anche se talora può verificarsi per abbassamento del livello del mare.

Il fenomeno del ritirarsi del mare in stratigrafia viene chiamato **regressione**. Un ritiro delle acque può interessare aree geografiche ridotte o essere di proporzioni molto estese; inoltre può essere di breve durata o interessare un lungo periodo di tempo.

Il processo inverso, nel quale il mare avanza ricoprendo un'area emersa, si chiama **trasgressione** (o **ingressione**) ed è anch'esso altrettanto variabile. Se un'area ha subìto una regressione, seguita a di-

11

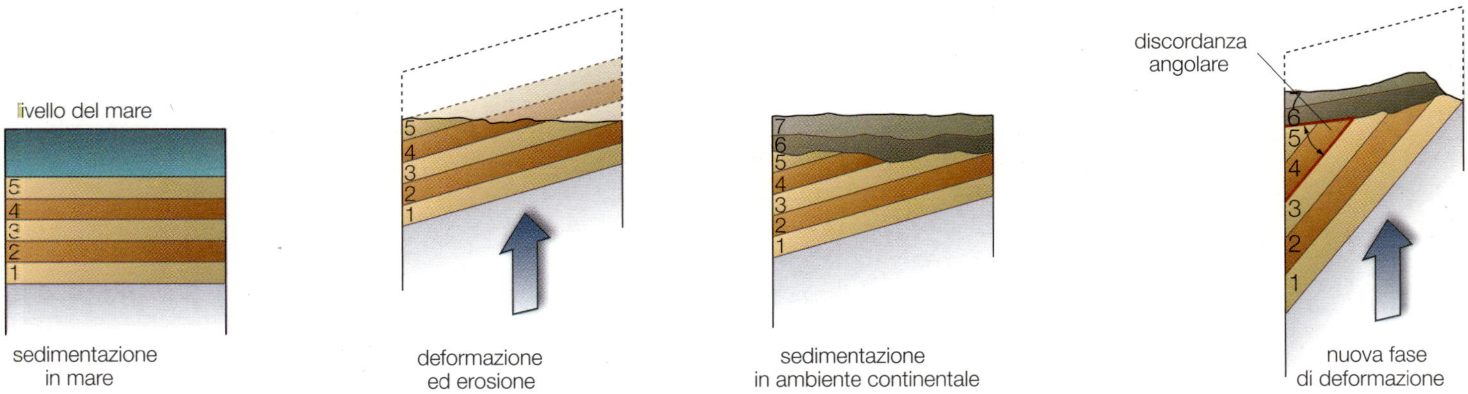

Figura 11
La discordanza angolare di Siccar Point, in Scozia. Strati di arenarie rosse del periodo Devoniano superiore (circa 370 milioni di anni fa), leggermente inclinate, giacciono in discordanza angolare sopra argilliti e arenarie del periodo Siluriano (tra 400 e 440 milioni di anni fa), molto inclinate. La serie di disegni sotto riportati riassume in modo schematico la successione di eventi che hanno dato origine alla discordanza. Si tenga presente che, nel caso generale, i sedimenti di ambiente continentale poggiati sulla superficie di erosione sono seguiti da sedimenti marini, a causa del ritorno del mare sulla terraferma (ingressione).

stanza di tempo da una trasgressione, significa che quell'area, già sommersa, è rimasta emersa per un certo periodo (ad esempio per 50 o 200 milioni di anni) ed è stata poi ricoperta di nuovo dal mare.

Fenomeni come quelli sopra descritti lasciano tracce vistose nella successione delle rocce. Il primo a rendersene conto è stato, verso la fine del Settecento, il geologo James Hutton, l'iniziatore della Geologia moderna, che riuscì a interpretare correttamente la storia geologica di Siccar Point, una località lungo la costa scozzese del Mare del Nord [Figura 11].

Hutton riconobbe che gli strati inferiori si erano formati in mare, dato che contenevano dei fossili caratteristici. In accordo con il principio di orizzontalità originaria, essi dovevano essersi formati come strati orizzontali. Inoltre, per il principio di sovrapposizione, Hutton concluse che quegli strati erano i più antichi della serie stratigrafica. Successivamente, gli stessi strati erano stati sollevati e deformati fino a emergere e assumere la giacitura quasi verticale che mostrano oggi. In seguito l'area era stata quasi del tutto spianata dagli agenti erosivi (fiumi), finché sulla superficie irregolare dovuta all'erosione si erano accumulati strati di nuove rocce sedimentarie. Queste nuove rocce appartenevano a una facies continentale: un ambiente arido costellato di lagune.

Nel caso descritto, la successione di eventi ha fatto sì che gli strati più antichi e quelli più recenti che li ricoprono mostrino giaciture diverse. Tale aspetto «geometrico» è descritto come **discordanza angolare**.

Una discordanza angolare è, in genere, facile da riconoscere e rappresenta un potente strumento di indagine. Nella storia geologica di qualunque regione, essa mette in luce che nel passato quella regione è stata sollevata e deformata fino a diventare una zona emersa, in genere sotto forma di catena montuosa; è stata poi erosa fino ad essere quasi spianata: infine, dopo che qua e là si sono formati nuovi depositi continentali, sull'antica superficie spianata è tornato il mare (ingressione) e si sono accumulati nuovi sedimenti: prima neritici, poi, con il tempo, pelagici.

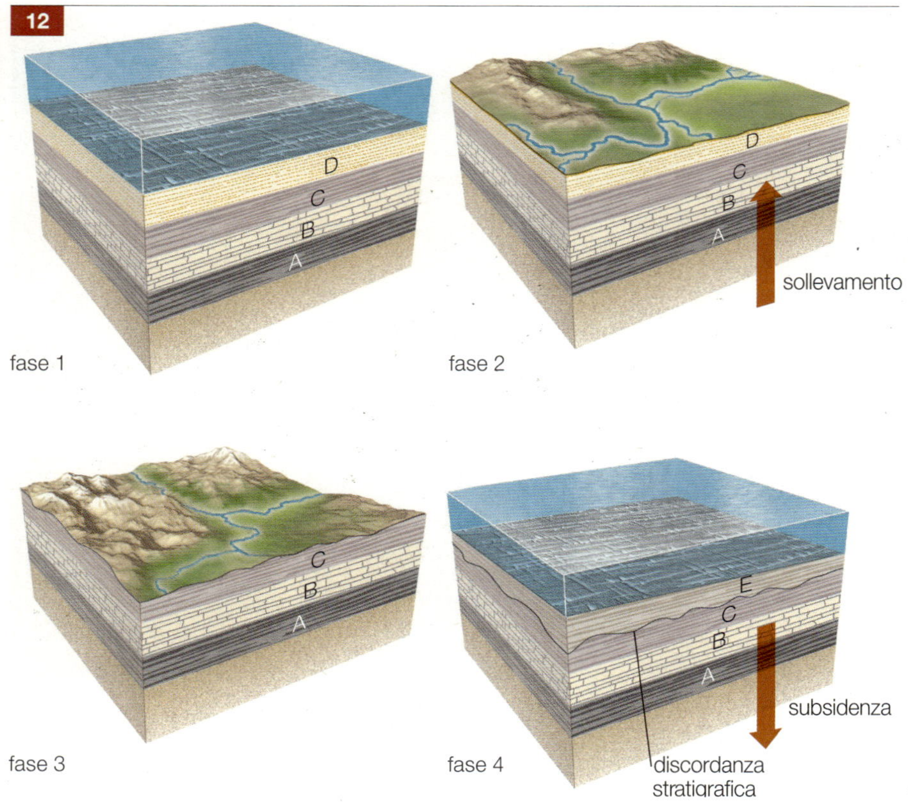

Figura 12
Come si può formare una discordanza semplice.
Le fasi di sedimentazione marina (1 e 4) sono separate da una fase di sollevamento degli strati già formati, che rimangono orizzontali (2), mentre l'erosione spiana le nuove terre emerse (3), per cui la giacitura della superficie sulla quale il mare può tornare ad avanzare coincide in pratica con la giacitura degli strati (4).

È possibile anche riscontrare una *discordanza semplice*, nella quale gli strati rimangono paralleli. Essa si verifica nel caso in cui i movimenti che interessano un'area avvengano secondo la verticale, per cui gli strati già deposti si mantengono orizzontali [Figura 12].

In entrambi i casi di discordanza, per un certo intervallo di tempo si è avuta erosione e non si sono deposte nuove rocce: questi fenomeni danno luogo a una **lacuna di sedimentazione**.

QUESITI

1. Completa.
   Una .... è un corpo roccioso che si è formato in un ambiente rimasto omogeneo per un certo periodo di tempo.
2. Quali sono le principali facies continentali?
   A Facies fluviali, moreniche, desertiche.
   B Facies palustri, lagunari, d'estuario e di delta.
   C Facies litorali, neritiche e pelagiche.
3. Quali sono le principali facies di transizione?
   A Facies fluviali, moreniche, desertiche.
   B Facies palustri, lagunari, d'estuario e di delta.
   C Facies litorali, neritiche e pelagiche.
4. Completa.
   Secondo il principio di .... le fratture che attraversano le rocce si sono formate dopo le rocce stesse.
5. Scegli l'alternativa corretta.
   Quando il mare avanza e ricopre un'area emersa si ha una **regressione/trasgressione**. Quando invece il mare si ritrae o la crosta si solleva e un'area emerge si ha una **ingressione/regressione**.
6. Completa.
   La discordanza tra le giaciture di strati che hanno inclinazioni diverse si chiama discordanza ....
7. Che cos'è una formazione geologica?
8. Elenca i principali ambienti di facies continentali, di transizione e marine.
9. Quali sono i tre princìpi fondamentali della Stratigrafia?

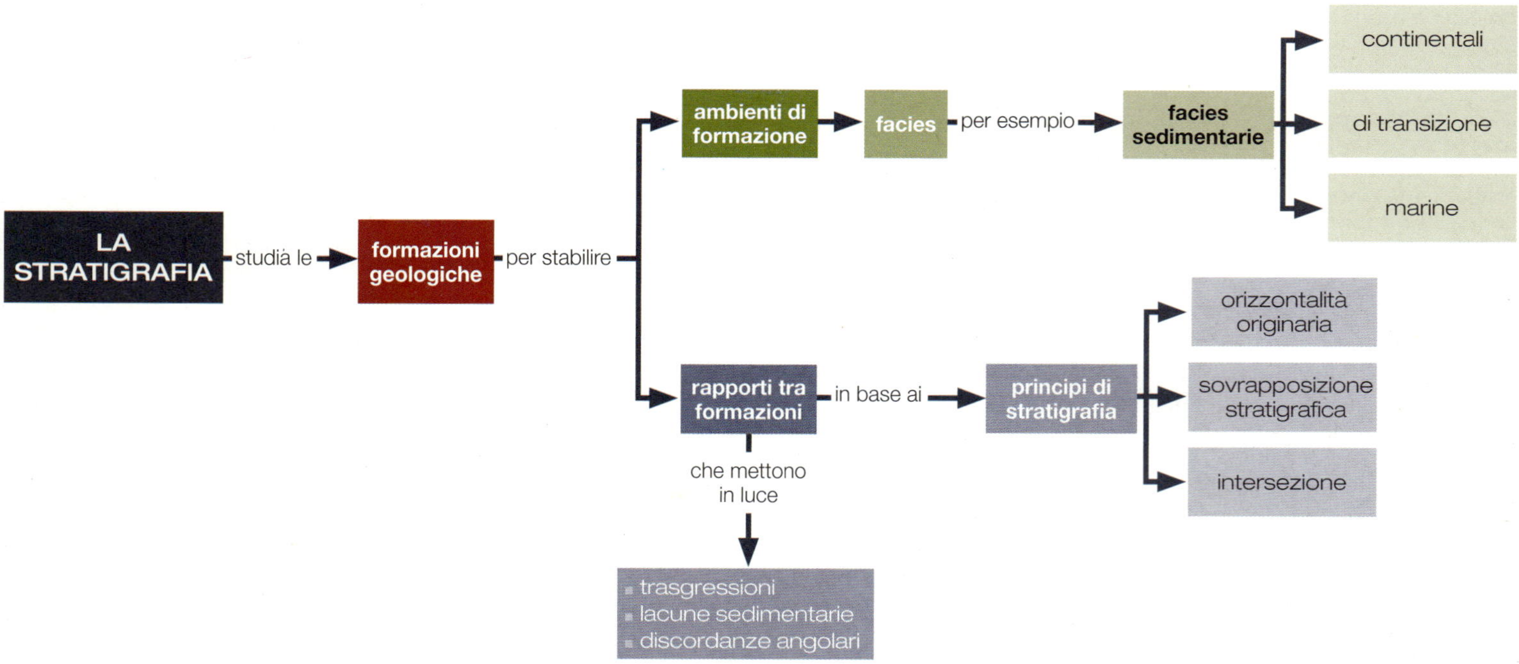

approfondimento delle conoscenze

Niccolò Stenone e la geologia della Toscana

Niccolò Stenone era nato nel 1638 a Copenaghen (il suo nome era *Niels Steensen*, in seguito latinizzato in *Nicolaus Steno*) e si era dedicato con successo allo studio dell'Anatomia. Nei suoi viaggi presso università e studiosi di varie città europee giunse in Italia e vi rimase alcuni anni, ospite del fratello del granduca di Toscana. E qui, a contatto con il fertile ambiente culturale di Pisa e Firenze, dove, a fianco dell'interesse per le lettere, fioriva quello per le scienze sperimentali, Stenone trovò modo di dedicarsi a studi e ricerche nel campo geologico, che andavano dai fossili e minerali alla struttura dell'Appennino Toscano.

Nel suo famoso *Prodromus* («*Su un corpo solido contenuto naturalmente entro un altro solido. Prodromo a una dissertazione*»), scritto prima del suo rientro in patria e rimasto come un testamento scientifico, si incontrano spunti e idee appoggiati a concreti ragionamenti, che diventeranno patrimonio comune solo dopo oltre un secolo. Tra questi ricordiamo l'intuizione della costanza delle forme cristallografiche negli abiti dei minerali, che verrà formulata come rigorosa legge solo nel 1772, dal mineralogista francese Romé de L'isle, e, nel campo della Stratigrafia, i princìpi di orizzontalità originaria e di sovrapposizione.

Ma la modernità del pensiero di Stenone appare ancor più quando parla «*dei diversi cambiamenti che sono accaduti in Toscana*». Le sue numerose e attente osservazioni, effettuate in molte località, lo portano ad affermare che «*lo stato attuale di una certa cosa svela lo stato passato della medesima cosa*»; come dire che alla storia geologica di un'area si può risalire dallo studio di come si presentano oggi le rocce che vi affiorano. Come esempio, Stenone ricostruisce la storia della Toscana, in un'area che potrebbe essere il Valdarno o un'altra delle conche intramontane, e lo fa con le modernissime sezioni geologiche [Figura 13]. Prima di commentarle, ricordiamo come può essere schematizzata la struttura geologica del Valdarno: due rilievi paralleli, formati di rocce sedimentarie antiche di origine marina, ben stratificate, sono separati da un settore sprofondato lungo faglie e riempito in parte da altre rocce sedimentarie più giovani (sabbie e argille), depostesi in un lago ora scomparso; lungo il settore ribassato scorre attualmente l'Arno, che va accumulando i propri sedimenti [Figura 14].

13

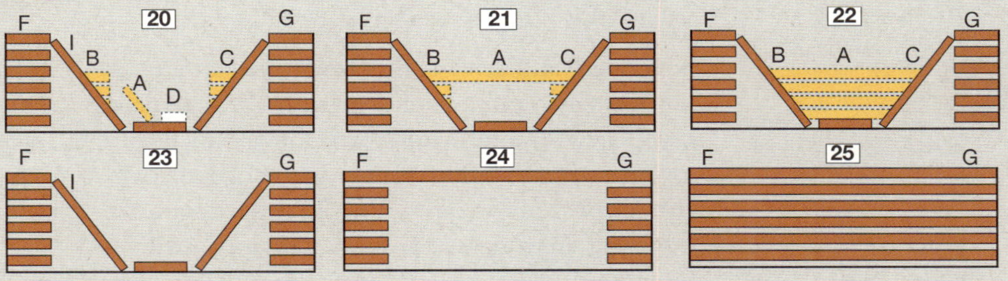

Figura 13
Riproduzione della tavola di sezioni geologiche tratta dal *Prodromus* di Stenone. (I colori sono stati aggiunti per facilitare il confronto con la figura 14)

Ma lasciamo parlare Stenone.

«*Le sei figure, mentre mostrano in che modo possiamo dedurre sei aspetti della Toscana differenti da quello suo attuale, allo stesso tempo servono a comprendere più facilmente ciò che abbiamo detto a riguardo degli strati della Terra. Le linee disegnate con punti rappresentano gli strati arenacei di terra, definiti in tal modo sulla base dell'elemento principale, sebbene a essi siano frammisti strati diversi, sia argillacei sia rocciosi; le linee restanti rappresentano gli strati rocciosi parimenti così definiti sulla base dell'elemento principale, pur essendo situati fra essi, talvolta, altri strati di sostanza più molle* [= argille]. *La figura 25 presenta appunto la sezione verticale nell'epoca in cui gli strati rocciosi erano ancora intatti e paralleli all'orizzonte. La figura 24 presenta notevoli cavità scavate dalle forze delle acque e del fuoco, senza alcun intaccamento degli strati superiori. La figura 23 mostra i monti e le valli sorti dal crollo degli strati superiori. La figura 22 gli strati nuovi creati dal mare nelle suddette valli. La figura 21 la parte erosa degli strati inferiori, senza alcun intaccamento degli strati superiori. La figura 20, infine, presenta le alture e le valli prodotte ivi dal crollo degli strati superiori arenacei.*»

Al di là dei «dettagli tecnici», sorpassati dalle successive conoscenze (i «vuoti» che precedono i crolli non sono mai esistiti, ma i settori sono sprofondati per movimenti tettonici), rimane intatta l'intuizione che «*è certamente incessante il cambiamento delle cose naturali*», in un tempo in cui si riteneva comunemente che la Terra si fosse formata così com'è fin dalla sua origine. «*Riconosciamo sei distinti aspetti nella Toscana* – afferma Stenone –, *giacché è stata due volte fluida, due volte piana e asciutta, due volte disuguale* [frantumata dai crolli].»

Benché non possa essere considerato un fondatore della moderna Geologia (i suoi princìpi verranno riscoperti da altri solo un secolo dopo) Stenone rimane un precursore illuminato, che intuì la via da seguire per cominciare a conoscere il nostro pianeta.

14

Figura 14
Schema semplificato della struttura geologica del Valdarno superiore (vista da Sud verso Nord). I colori della sezione frontale indicano: *marrone*, rocce sedimentarie marine, antiche; *giallo*, sabbie e argille di origine lacustre, più recenti; *bianco*, sedimenti alluvionali dell'Arno. Si confronti lo schema con la sezione 20 nella figura 13.

3 Elementi di Tettonica

Video
La deformazione delle rocce (prima e seconda parte)

Se si osservano diversi affioramenti rocciosi, risulta spesso evidente come la giacitura attuale delle rocce che vi affiorano non corrisponda a quella originaria: strati di sedimenti marini, in origine orizzontali, possono apparire verticali oppure contorti, o spezzati in tronconi ora lontani tra loro. Evidentemente, quelle rocce sono state spostate («dislocate») o compresse («corrugate») da sforzi generati da processi attivi nell'interno della Terra o dagli sforzi legati alla forza di gravità, che si manifesta su una massa rocciosa come pressione litostatica (cioè dovuta al carico delle rocce sovrastanti).

Un ammasso roccioso sottoposto a sforzo può subire un *trasporto* (cioè si sposta in blocco per una certa distanza) o una *deformazione interna* (non si sposta ma cambia di forma). Trasporto e deformazione interna possono manifestarsi insieme o meno e in alcuni casi uno dei due può prevalere nettamente sull'altro.

3.1 Come si deformano le rocce

Il tipo di deformazione e le strutture che ne derivano sono legati al modo in cui si comportano i corpi solidi sottoposti a una sollecitazione, cioè a uno sforzo. Ricordiamo che la Fisica definisce un corpo *perfettamente elastico* quando, applicando a esso una forza crescente, questo si deforma, ma, se si diminuisce la forza fino ad annullarla, il corpo riacquista la sua forma.

Secondo la legge di Hooke, che descrive il comportamento di un corpo elastico ideale, le deformazioni sono sempre direttamente proporzionali alle forze che le provocano. Nei solidi reali, invece, quando lo sforzo supera un certo valore, che varia da sostanza a sostanza, il corpo, al cessare della sollecitazione, non riacquista più la sua forma iniziale: si è raggiunto, in tal caso, il **limite di elasticità**, oltre il quale la deformazione è *plastica*, cioè permanente. Se lo sforzo aumenta ancora, il corpo si rompe, in corrispondenza di un valore della sollecitazione tipico di ogni materiale, chiamato **carico di rottura** [Figura 15].

15

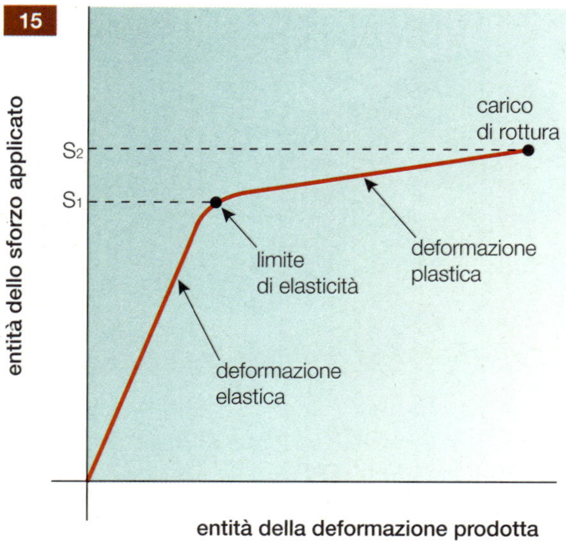

Figura 15
Andamento generale della deformazione in un corpo solido sottoposto a sforzo. Il processo si può seguire in laboratorio, per esempio inserendo un campione del materiale da esaminare (un *provino*, in genere di forma cubica o cilindrica) tra le piastre di una pressa. Si aumenta gradualmente il carico esercitato dalla pressa e si registra su un diagramma l'entità della deformazione (per esempio, la misura del raccorciamento del provino). Il diagramma mostra come all'aumentare dello sforzo applicato a un blocco di materiale, questo si deforma in modo *elastico*: cioè la deformazione è proporzionale (aumentando o diminuendo lo sforzo, la deformazione aumenta o diminuisce). Se lo sforzo supera il valore S_1, detto limite di elasticità (diverso per ogni materiale), la deformazione cessa di essere elastica: aumentando ancora lo sforzo essa diviene permanente (*plastica*). Quando lo sforzo arriva a S_2 (carico di rottura, diverso per ogni materiale), il corpo si rompe.

La natura delle rocce influisce sul loro comportamento. Molte rocce appaiono *rigide*, cioè si comportano in *modo elastico*, ma *fragile*: oltre un certo valore dello sforzo, si rompono, come fanno i basalti. Altre si comportano tipicamente in *modo plastico* o *duttile*: anche con un piccolo sforzo, si deformano in modo permanente, come le argille. Altre ancora hanno un comportamento intermedio: fino a un certo valore dello sforzo reagiscono in modo elastico, oltre tale valore si comportano plasticamente.

Il comportamento di una roccia sottoposta a deformazione può cambiare, però, per l'influenza di alcuni fattori variabili.

All'interno della crosta una roccia è sottoposta alla *pressione litostatica*, dovuta, come già ricordato, al carico delle rocce che la circondano, e tale pressione aumenta con la profondità. Esperienze di laboratorio hanno messo in evidenza che, per un medesimo tipo di roccia, all'aumentare della pressione litostatica aumenta anche l'intervallo in cui si registra la deformazione plastica: questo significa che una roccia posta in profondità entro la crosta richiede una sollecitazione maggiore per rompersi, mentre può, con maggiore facilità, deformarsi plasticamente.

Anche all'aumentare della *temperatura* diminuisce l'intervallo di elasticità e risulta facilitato un comportamento plastico. In modo analogo, la *presenza di fluidi* (come acqua nei pori della roccia) fa

Figura 16
Deformazione plastica dei materiali rocciosi rigidi. Una serie di strati calcarei suggerisce l'immagine di un bastione rigido e resistente. Ma in profondità entro la crosta, con pressioni litostatiche e temperature elevate e con sollecitazioni applicate per tempi lunghissimi, anche le rocce più resistenti possono deformarsi plasticamente in pieghe complesse, come quelle qui illustrate, che affiorano lungo le coste settentrionali dell'Isola di Creta, presso Rethimno.

abbassare il limite di elasticità e facilita, quindi, la comparsa di deformazioni plastiche.

Infine, è importante la *velocità di deformazione*: materiali che si comportano in modo **fragile** (cioè si rompono) quando vengono sollecitati bruscamente, si comportano in modo **plastico** o duttile (cioè si piegano o si «stirano») se la sollecitazione agisce per tempi lunghi.

In definitiva, pressione di carico, temperatura, presenza di fluidi e tempo di applicazione favoriscono la deformazione plastica delle rocce, anche di quelle per loro natura rigide.

Si può quindi concludere che, in generale, le rocce manifestano un comportamento elastico con temperature e pressioni di carico basse: quindi, le rocce sottoposte a sforzi a modeste profondità nella crosta tendono a rompersi e a fratturarsi. Invece, a profondità maggiori nella crosta (8-10 km o più), che comportano temperature e pressioni più elevate, gli stessi tipi di rocce sottoposte a sforzi tendono a piegarsi. Questo spiega come sia possibile osservare strati deformati in modo plastico anche se costituiti da rocce per loro natura fragili, come i calcàri: la loro deformazione è avvenuta in profondità, entro la crosta, e solo successivamente sono affiorati, per erosione delle rocce sovrastanti [Figura 16].

3.2 Quando le rocce si rompono: le faglie

Gli sforzi in atto nel pianeta possono sollecitare in modo diverso due parti contigue di un settore di crosta, oppure è il settore nel suo insieme a presentare resistenza diversa nelle sue parti; in entrambi i casi, se lo sforzo applicato è abbastanza intenso, tra le due parti diversamente sollecitate si forma una lunga e profonda lacerazione ed esse scivolano per decine o centinaia di metri l'una rispetto all'altra: se, esauritosi il fenomeno, le due parti risultano reciprocamente spostate, la frattura viene detta **faglia** [Figura 17].

La superficie lungo cui si è verificato il taglio si chiama **superficie di faglia** oppure *piano di faglia*, o

Figura 17
Una tipica faglia. La lacerazione (indicata dalla freccia) ha interessato, insieme ad altre, un pacco di sedimenti calcàrei e marnosi abbandonati dal Mar Morto lungo le coste israeliane. Come si può dedurre dallo sfasamento degli strati lungo il taglio, il settore a destra è sceso, mentre quello a sinistra si è sollevato, con uno spostamento di circa 50 cm. Per il principio di intersezione, la faglia è più giovane delle rocce che essa taglia; poiché i sedimenti sabbiosi e ghiaiosi della parte alta della scarpata non risultano tagliati, ciò significa che essi si sono accumulati *dopo* che la faglia aveva prodotto il suo effetto sui sedimenti calcàrei e marnosi. (M. Parotto)

18A

18B

Figura 18
Aspetti di una superficie di faglia.
A. La fascia di colore chiaro che corre lungo il versante del rilievo è la parte affiorante della superficie di una grande faglia, lungo la quale uno dei due settori si è sollevato (quello in secondo piano), l'altro è sprofondato (quello in primo piano), con un rigetto di parecchi metri.
B. Dettaglio di una superficie di faglia; si riconoscono le strie, i sottili solchi prodotti durante il movimento dall'attrito tra le rocce lungo la superficie del taglio. In questo caso il movimento di scivolamento è stato orizzontale.

Figura 19
Il diverso movimento delle faglie dirette e delle faglie inverse.
A. Dimensioni dell'area prima dell'intervento di una faglia.
B. *Faglia diretta* (detta anche *normale*). Lo scivolamento reciproco dei due pacchi di strati ai lati della faglia provoca – a causa del piano inclinato – una sia pur modesta estensione in senso orizzontale; le faglie di questo genere indicano quindi che si è verificata una fase di *distensione* nel settore di crosta interessato, per l'azione di forze (o componenti di una forza) divergenti (frecce) che tendono a far allargare l'area.
C. *Faglia inversa*: lo scivolamento dei due pacchi di strati l'uno rispetto all'altro provoca un accorciamento in senso orizzontale.

anche *specchio di faglia*, poiché, a causa dell'attrito, a volte appare perfettamente levigata [Figura 18]. Le rocce ai lati della faglia risultano spesso intensamente frantumate come conseguenza della frizione subìta durante il movimento: si parla in tal caso di **brecce di frizione** o di *cataclasiti*, che, in lunghe fasce, sono spesso la traccia più evidente della presenza di una faglia (mentre la superficie di faglia, in affioramento, è spesso difficilmente riconoscibile a causa dell'erosione).

L'entità dello spostamento di una parte rispetto all'altra, misurata in vari modi, si chiama **rigetto** e può variare da qualche decina di centimetri fino a centinaia o migliaia di metri.

Le faglie vengono distinte in base alla giacitura del piano e a come è avvenuto il movimento reciproco delle due parti. La direzione del movimento si ricava dalle **strie**, cioè dalle sottili incisioni che si producono sul piano di faglia per il forte attrito fra i due blocchi in movimento (si riveda la figura 18B). In base alla giacitura del piano si distinguono:
– faglie che presentano il piano di taglio inclinato;
– faglie con piano di taglio verticale.

■ Se il piano di faglia è inclinato [Figura 19], quest'ultima può essere diretta o inversa. Si parla di **faglia diretta** quando il blocco di rocce che si trova sopra il piano di taglio risulta spostato verso il basso rispetto a quello contiguo. In tal caso, dopo che si è manifestata la faglia, il settore di crosta interessato risulta allargato per l'azione di forze divergenti e si parla di «tettonica distensiva». Si parla, invece, di **faglia inversa** quando il blocco di rocce che si trova sopra il piano di taglio risulta spostato verso l'alto rispetto a quello contiguo, tanto da sormontarlo. In tal caso, il settore di crosta interessato risulta accorciato per l'azione di forze compressive e si parla di «tettonica compressiva». Tettonica distensiva o compressiva sono il risultato di meccanismi di deformazione molto diversi: ne riparleremo quando affronteremo il problema delle forze che provocano le deformazioni.

■ Quando il piano della faglia è verticale, i blocchi risultano in genere uno sollevato e l'altro abbassato; il movimento può essere avvenuto lungo la ver-

19
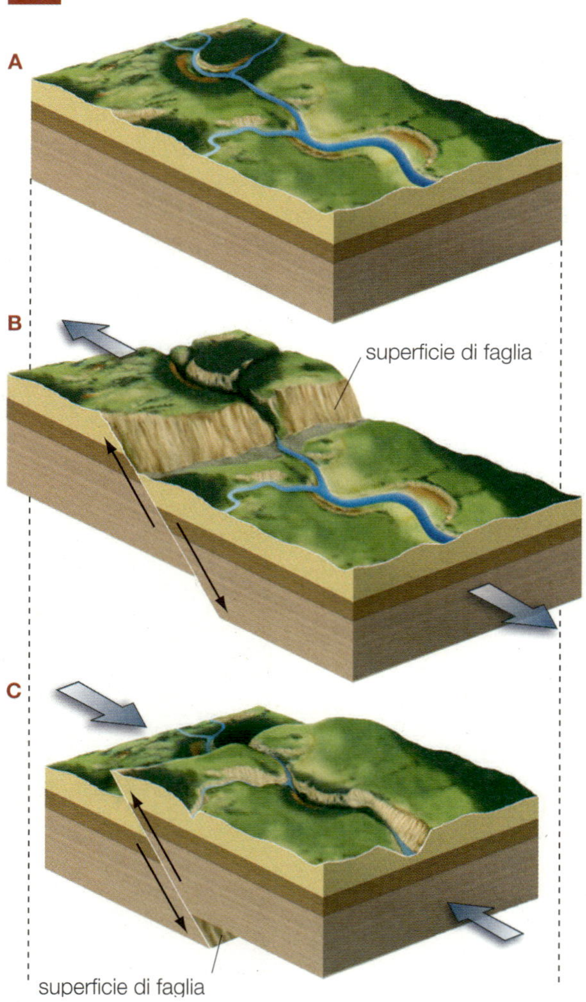

Figura 20
Meccanismi di movimento di faglie con piano verticale.
A. Faglia verticale con movimento obliquo. Per lo spostamento tra i due blocchi (*rigetto*) sono indicate le componenti verticali e orizzontali del movimento.
B. Faglia trascorrente. I due settori sono scivolati uno accanto all'altro in direzioni opposte, lungo un piano di taglio verticale. La direzione del movimento (orizzontale) è messa in evidenza dalle strie orizzontali sul piano di faglia (vedi figura 18B).

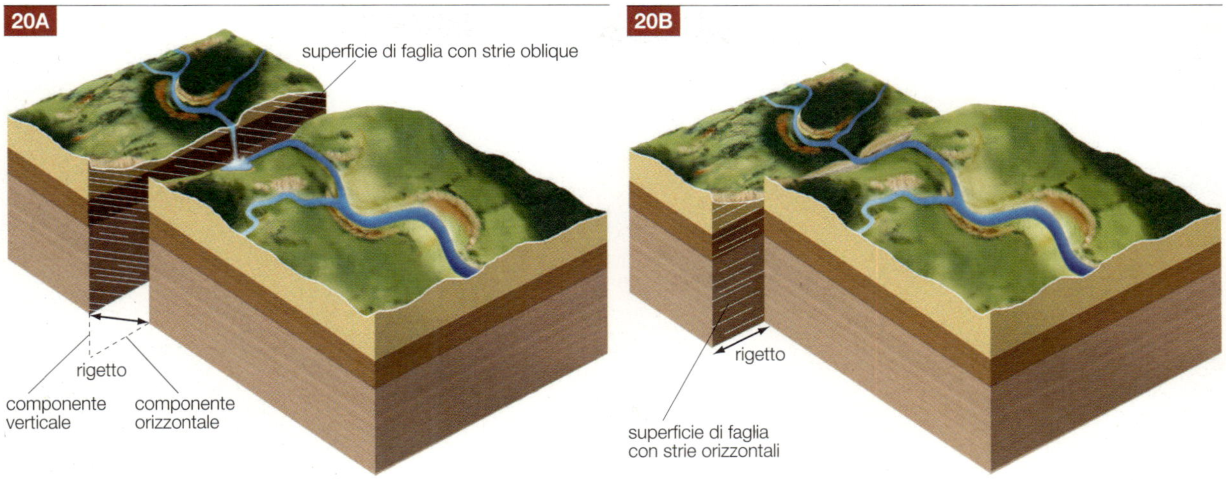

ticale oppure obliquamente, e questo si può dedurre dalla direzione delle strie [Figura 20A]. Quando, invece, il piano è verticale ma le strie indicano che il movimento è stato orizzontale o pochissimo inclinato, si parla di **faglie trascorrenti** [Figura 20 B]. Grandi settori della crosta terrestre risultano scivolati uno a fianco dell'altro per decine o centinaia di kilometri lungo faglie trascorrenti.

Le faglie sono raramente isolate: di regola sono associate in sistemi, a decine, a centinaia, a migliaia, tanto più abbondanti quanto più rigido è stato il comportamento delle rocce che hanno subìto sollecitazioni (risultato di deformazioni avvenute a modeste profondità).

Una tipica associazione di faglie dirette, presente in varie parti del globo, è quella che determina una **fossa tettonica** (o *Graben*): in questo caso due sistemi paralleli di faglie disposte a gradinata [Figura 21] provocano l'abbassamento della striscia di crosta tra essi interposta («fossa») rispetto alle due parti laterali. Se due o più fosse tettoniche si fiancheggiano, i settori che le separano, rimasti relativamente sollevati, prendono il nome di **pilastri** (o *Horst*).

Alle fosse tettoniche corrispondono vere depressioni morfologiche chiamate *rift valleys* (dall'inglese *rift*, spaccatura). La più celebre struttura di questo tipo è la Great Rift Valley dell'Africa Orientale: è lunga oltre 6000 km e larga tra 40 e 60 km, con rigetti complessivi, tra orlo e fondo, di migliaia di metri; è caratterizzata dalla risalita, lungo le grandi faglie che la delimitano, di imponenti quantità di magmi che alimentano un vulcanismo molto attivo. La Great Rift Valley africana si estende dall'Eritrea al Mozambico, attraverso la lunga depressione

Figura 21
Associazione di faglie dirette in fasci paralleli che determinano la formazione di fosse tettoniche. I settori di crosta tra due fosse, che emergono relativamente sollevati, vengono chiamati *pilastri*. Il fenomeno è la conseguenza della «distensione» di un settore di crosta (frecce), che alla fine risulta allargato rispetto alla sua dimensione originale. (Scala verticale esagerata di un centinaio di volte.)

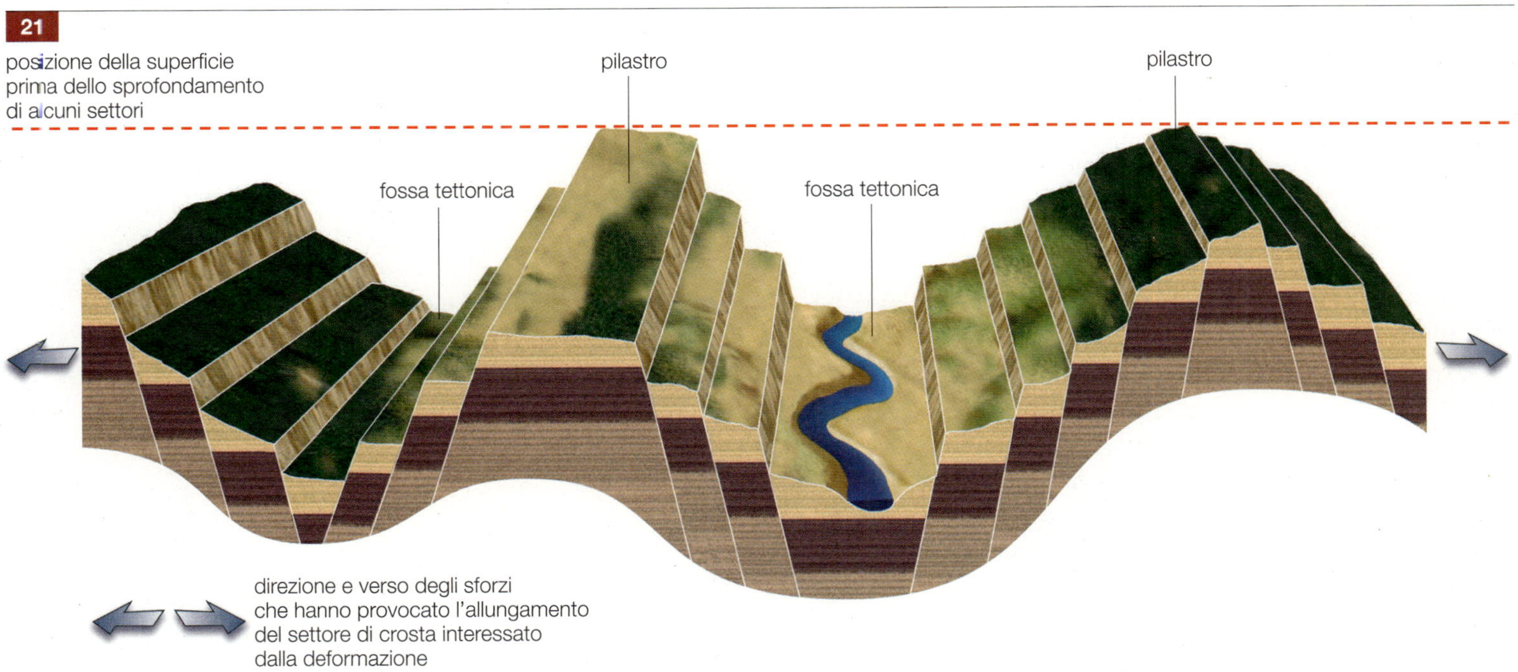

Figura 22
Il sistema delle fosse tettoniche della Rift Valley dell'Africa orientale.
A. Nel settore Nord le fosse, in allargamento da alcuni milioni di anni, sono state già invase dal mare (Mar Rosso e Golfo di Aden); negli altri settori le ampie depressioni ospitano i grandi laghi, alcuni dei quali hanno il fondo a centinaia di metri sotto il livello del mare.
B. La scarpata morfologica in corrispondenza delle faglie che delimitano la fossa nel Kenia settentrionale. Lungo le grandi faglie risalgono imponenti quantità di magmi che alimentano grandi vulcani (come il M. Kenia e il M. Kilimangiaro), mentre l'attività delle faglie si manifesta con sismicità superficiale (vedi capitolo 3, figura 25, e capitolo 4, figura 27). (Foto: Images of Africa Photobank/Alamy)

che ospita i grandi laghi africani. Nell'Africa centro-orientale la fossa si divide in due rami, che si separano e si incurvano attorno a una vasta area, per ricongiungersi più a Sud e formare un'unica fossa, che raggiunge la costa dell'Oceano Indiano di fronte al Madagascar [**Figura 22**].

Verso Nord questa enorme lacerazione della crosta prosegue nel Mar Rosso, nato da una struttura analoga allargatasi, in circa 20 milioni di anni, fino alle dimensioni attuali, e si collega, attraverso il Golfo di Aqaba, alle depressioni del Mar Morto e del Lago di Tiberiade. Queste due depressioni, poste sotto il livello del mare (la superficie del Mar Morto è a −400 m, mentre il suo fondo arriva a −800 m), si sono formate come sprofondamenti sul percorso di una profonda faglia con movimento trascorrente, estesa da Aqaba fino alla Siria, lungo la quale la penisola arabica si muove verso Nord rispetto al settore mediterraneo, che si sposta in senso opposto [**Figura 23**] (come vedremo nel capitolo 5, è una faglia *trasforme* che separa due placche).

Un'altra fossa tettonica assai nota è la Valle del Reno, in Germania: è compresa tra due pilastri, che corrispondono ai massicci montuosi dei Vosgi e della Foresta Nera. Un terremoto «inaspettato»,

Figura 23
Origine tettonica della depressione del Mar Morto.
A. Schema geologico di una parte della fascia di crosta tagliata dalla grande faglia trascorrente che si estende dal Golfo di Aqaba (a Sud) fino alla Siria (a Nord). I settori di crosta a Ovest e a Est della faglia si muovono in direzioni opposte; la sottile striscia che si è trovata fra i due segmenti in cui la faglia si è sdoppiata, ha subito un intenso «stiramento» in direzione Nord-Sud ed è sprofondata.
B. La depressione del Mar Morto nel suo settore settentrionale. In primo piano la fascia costiera ai piedi delle alte pareti che delimitano il lato occidentale della depressione. Al di là dello specchio d'acqua, i rilievi che si affacciano sulla costa giordana. Rispetto a chi guarda, la costa giordana si sposta lentamente verso sinistra. (J. Arnold/Alamy)

24

Figura 24
Una piega completa, formata dall'insieme di un'anticlinale e di una sinclinale. I nuclei delle pieghe presentano alcune complicazioni (strati ispessiti o fagliati, pieghe a piccola scala), per la presenza di rocce di natura diversa, più o meno resistenti alle deformazioni.

provocato probabilmente dal movimento della crosta lungo uno dei sistemi di faglie che la delimitano e che sono, evidentemente, ancora attivi, si verificò nel 1992 e colpì i Paesi Bassi, al confine tra il Belgio e la Germania.

Fosse tettoniche, o *rift*, sono anche quelle depressioni che segnano l'asse delle dorsali oceaniche e che sono sede di fenomeni di espansione della crosta oceanica: ne riparleremo nel capitolo 5.

3.3 Quando le rocce si flettono: le pieghe

Molte rocce, come le argille o il gesso, per la loro stessa natura sono caratterizzate da ampi intervalli di plasticità. Possono comportarsi in questo modo anche rocce più rigide (come i calcàri), purché siano ben stratificate. I numerosi piani di stratificazione – e in particolare se fra strato e strato vi sono livelletti di argilla – facilitano infatti il piegamento, in virtù di numerosi piccoli movimenti differenziali fra uno strato e l'altro. Pensiamo, per esempio, a ciò che avviene quando si piega un mazzo di carte da gioco.

Molte altre rocce acquistano invece un comportamento plastico, come già ricordato, se si trovano in profondità entro la crosta, sotto un notevole carico e a temperature elevate.

In ogni caso, se le sollecitazioni rimangono entro l'intervallo di plasticità di una roccia, il risultato sarà una deformazione senza interruzione degli strati, che si manifesta sotto forma di diversi tipi di **pieghe**.

Le pieghe più frequenti sono le successioni di anticlinali e di sinclinali: in linea di massima, le prime hanno la convessità verso l'alto, le seconde verso il basso [Figura 24 e 25].

L'ampiezza di una piega può variare da pochi decimetri a migliaia di metri e la stessa cosa acca-

25A

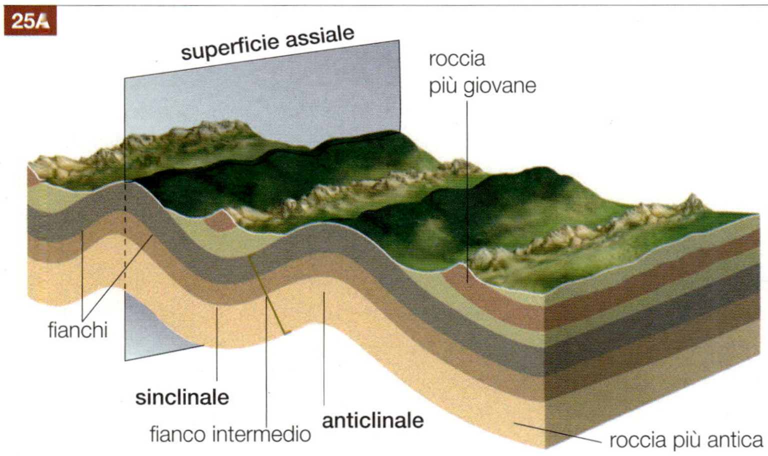

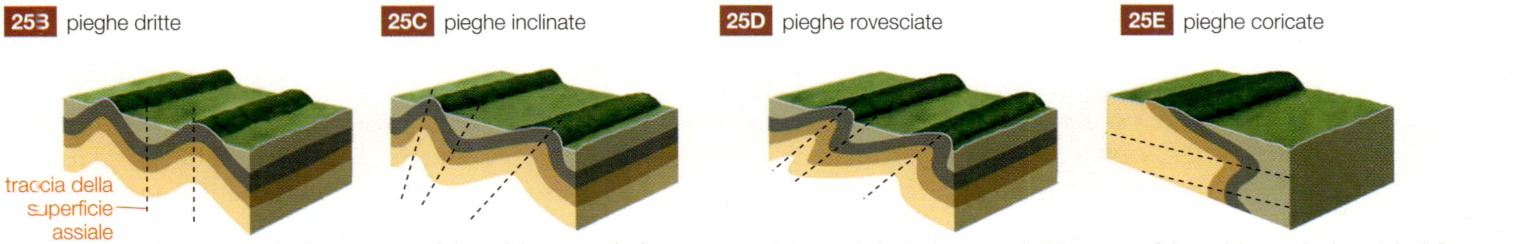

superficie assiale verticale; inclinazione dei fianchi da parti opposte rispetto alla superficie assiale

superficie assiale non verticale; strati di un fianco più inclinati (fino a verticali) di quelli dell'altro

superficie assiale inclinata meno di 45° rispetto al piano orizzontale; fianchi tutti inclinati nella stessa direzione

superficie assiale quasi orizzontale; il fianco inferiore dell'anticlinale, che coincide con il fianco superiore della sinclinale, è rovesciato.

Figura 25
Schemi di pieghe.
A. Successione di anticlinali e sinclinali; in una delle pieghe è indicata, come esempio, la superficie assiale, che separa tra loro i due *fianchi* di una piega.
B-E. Sezioni verticali attraverso alcuni tipi di pieghe, differenti tra loro per la giacitura della superficie assiale (indicata con il tratteggio: essa appare più o meno inclinata a seconda dell'entità delle spinte e della loro orientazione rispetto al «pacco» di strati coinvolti).

26

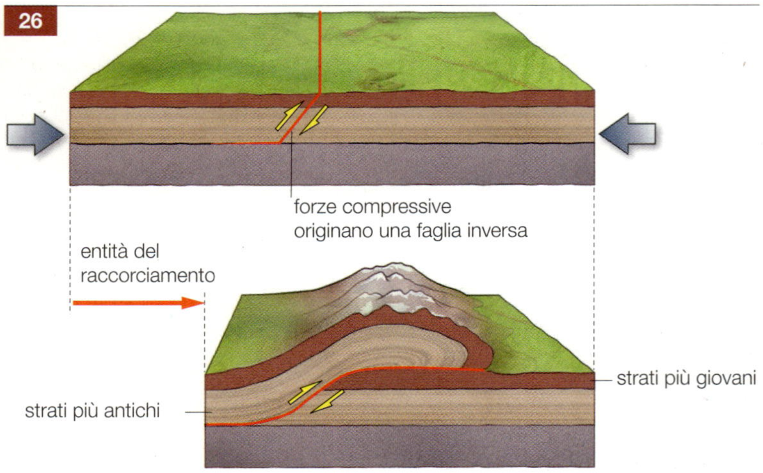

27

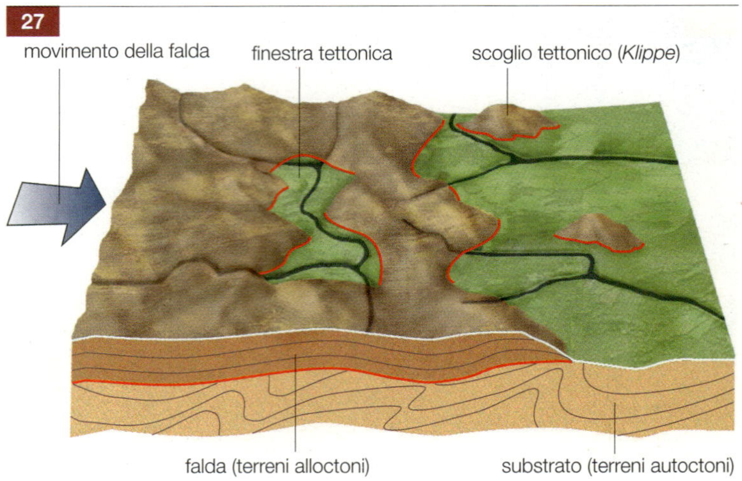

Figura 26
Sovrascorrimenti derivati da evoluzione di faglie inverse. Il raccorciamento totale del settore interessato è notevole.

Figura 27
Schema di falda di ricoprimento. Sul fondo della valle si vedono i terreni su cui è scivolata la falda: il «buco» attraverso la falda si chiama *finestra tettonica*. A destra si riconoscono due *scogli tettonici*, lembi della falda che l'erosione ha isolato. In origine, perciò, la falda doveva essere più estesa verso destra, almeno fino a comprendere completamente gli scogli tettonici. (La linea rossa indica la presenza della superficie di taglio lungo la quale è avvenuto lo scivolamento.)

de per il suo raggio di curvatura (si parla in tal caso di pieghe «blande» oppure «strizzate»). La lunghezza di una piega, invece, è sempre molte volte la sua larghezza. La direzione di allungamento della piega è molto importante, in quanto di regola è *perpendicolare* alla direzione della spinta che ha provocato la deformazione: ciò permette di risalire a come si è mossa la crosta in una regione, quindi di ricavare la direzione delle forze che provocano le deformazioni.

3.4 Quando le rocce si accavallano: sovrascorrimenti e falde

Nel caso di spinte che agiscano nella crosta con grande intensità o molto a lungo, può avvenire addirittura che una grande piega si rovesci completamente sopra una piega contigua. Un fenomeno del tutto simile si può avere anche con una faglia inversa. In ogni caso, quando l'accavallamento di un settore sull'altro diviene molto esteso si parla di **sovrascorrimento** [Figura 26]. Ove esiste un sovrascorrimento si può notare, in una successione verticale, che un pacco di strati più antichi giace al di sopra di materiali più giovani, nel qual caso è facile scoprire il fenomeno riconoscendo – se presenti – fossili più antichi sopra fossili più recenti: in pratica, non risulta rispettato il principio di sovrapposizione.

Se, infine, il fenomeno di sovrascorrimento è così esteso da assumere dimensioni di regione, allora si parla di **falde** (o *coltri*) **di ricoprimento** [Figura 27]. I terreni sovrascorsi, che possono perdere ogni collegamento con la zona in cui è iniziato il movimento, vengono chiamati **alloctoni**. Quelli su cui è avvenuto il sovrascorrimento, se non si sono spostati dal luogo di origine, si definiscono **autoctoni**. Il margine della falda più avanzato si chiama *fronte* e può essere lungo centinaia di km.

Per poter riconoscere ed esaminare un sovrascorrimento o una falda occorre che l'erosione abbia inciso, con i fiumi o i ghiacciai, una valle tanto profonda da lasciar osservare sul fondo la serie sottostante, coperta dai terreni sovrascorsi. Un'incisione di tal genere prende il nome di **finestra tettonica**. Se poi l'erosione ha ormai demolito quasi tutta la falda sovrascorsa, lasciandone solo pochi lembi residui, questi vengono chiamati **scogli tettonici** o, con termine tedesco entrato nell'uso comune, *Klippen* (scogli; al singolare: *Klippe*).

Un caso di amplissime coltri sovrascorse una sull'altra si osserva nelle Alpi e negli Appennini, come del resto in altre parti del globo (Carpazi, Himalaya, Montagne Rocciose ecc.). Le Alpi, sulle quali per la prima volta sono state riconosciute le falde, dalla Liguria fin oltre il confine con l'Austria, sono un gigantesco e complesso edificio formato da numerose falde sovrapposte l'una sull'altra per migliaia di metri [Figura 28]. In questo caso, le falde risultano scivolate verso Nord e Nord-Ovest (anche per 150 km), per cui le spinte che le hanno originate venivano, rispettivamente, da Sud e da Sud-Est.

Esempi di complessi edifici a falde sono anche quelli degli Appennini: le ricerche geologiche hanno dimostrato che, dalla Liguria alla Sicilia, vi sono molti rilievi calcarei e vastissime coltri argillose che, durante l'Era cenozoica, hanno compiuto lunghi tragitti (anche dell'ordine di 100 km) scivolando su piani debolmente inclinati. Dal luogo d'origine, a Ovest dell'attuale penisola, dove successivamente doveva aprirsi il Mar Tirreno, si sono spostate verso l'Adriatico, sormontando spesso formazioni rocciose più giovani e inglobando grossi blocchi che venivano trasportati passivamente.

■ **Era cenozoica** **(Cenozoic)** Il nome di questo intervallo di tempo significa «della vita recente» perché durante questa era si osserva un totale rinnovamento nelle flore e nelle faune, le quali assumono via via gli aspetti attuali. L'era, iniziata 65 milioni di anni fa, arriva fino a oggi; comprende, infatti, il Periodo Quaternario, fino a qualche tempo fa considerato un'era distinta.

28

Figura 28
Una delle più note cime delle Alpi, il M. Cervino, è un Klippe, cioè un lembo isolato di una grande falda. Come è mostrato nel piccolo schema (dove il riquadro blu corrisponde all'area della foto) le rocce dell'elegante piramide, insieme al resto della falda, sono scivolate sopra altre rocce (freccia grande): le prime facevano parte del continente «africano», quelle sottostanti (che formano il ripiano con il lago, nell'immagine) costituivano il fondo dell'antico oceano, che, 180 milioni di anni fa, separava l'Europa dall'Africa. Più in profondità giace la *crosta europea*, sopra la quale è avvenuto il sovrascorrimento.

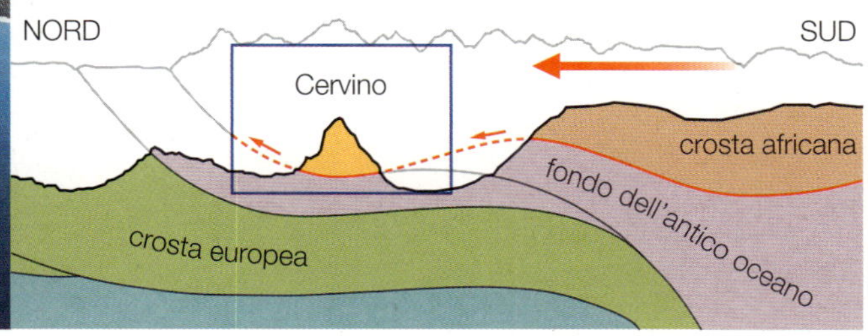

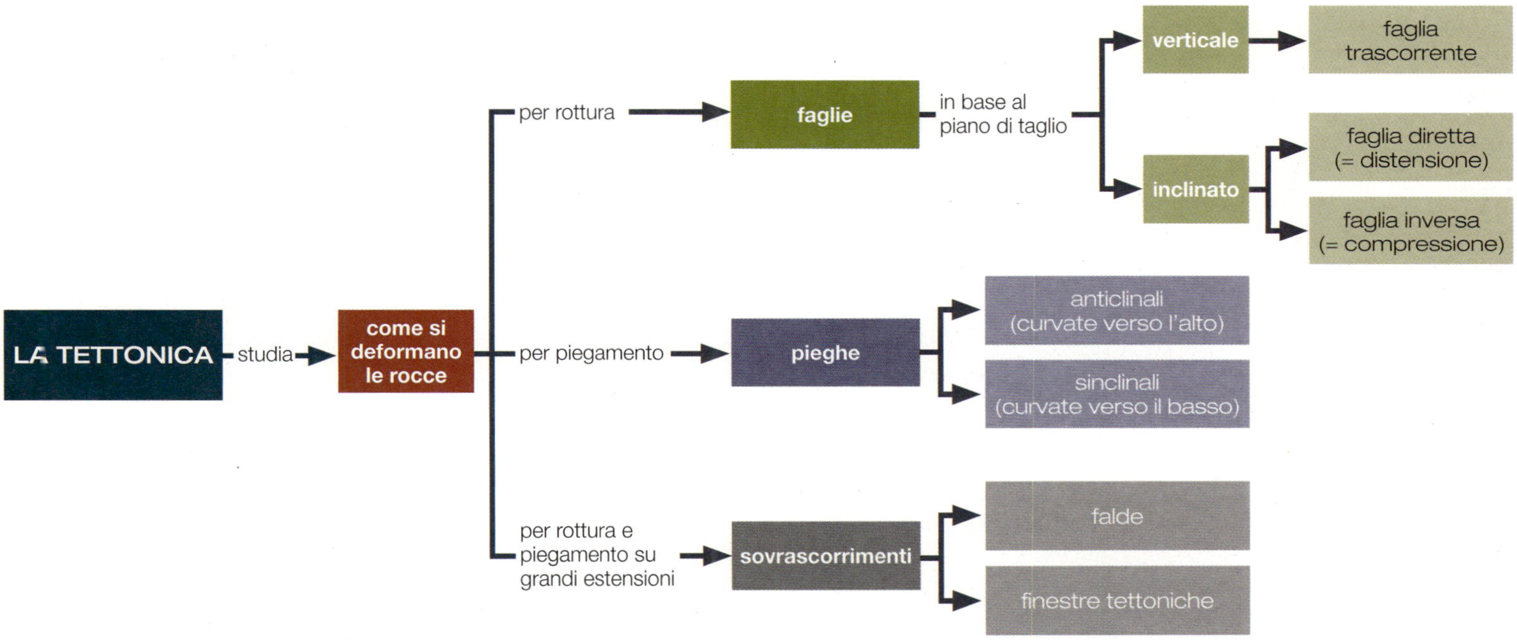

QUESITI

1. Quando un blocco di rocce subisce una deformazione senza rompersi, si può avere
- **A** una piega.
- **B** una faglia.

2. Le faglie inverse sono prodotte da forze di
- **A** trascorrenza.
- **B** compressione.
- **C** distensione.

3. Completa.
Le fosse tettoniche sono depressioni legate a un insieme di faglie ....

4. Scegli l'alternativa corretta.
La direzione di allungamento di una piega è **perpendicolare/parallela** alla direzione della spinta che ha provocato la deformazione.

5. Scegli l'alternativa corretta.
Le concavità rivolte verso il basso che si osservano in una piega sono chiamate **anticlinali/sinclinali**.

6. I sovrascorrimenti possono originarsi solo a partire da una o più pieghe.
☐ Vero ☐ Falso

7. Completa.
Quando l'erosione degli strati sovrascorsi lascia vedere i materiali sottostanti si ha una ....
....

8. Quali sono le differenze tra le faglie dirette e le faglie inverse?

9. Come si formano le pieghe?

10. Cosa si indica con «sovrascorrimento» o «falda»?

ampliamento delle conoscenze

Stratigrafia e tettonica nella ricerca di idrocarburi

Verso la metà dell'Ottocento, tra i prodotti per l'illuminazione era in continuo aumento la richiesta dell'«olio di roccia», che in alcune località sgorgava spontaneamente dal terreno e che era stato intercettato per caso da pozzi scavati in alcune miniere di sale. La *Seneca Oil Corporation* decise di cercare il petrolio nelle «sorgenti» del sottosuolo e fece tale proposta a un certo «colonnello» Drake, che accettò e si recò a Titusville, in Pennsylvania, dove scorreva l'Oil Creek, un torrente nella cui acqua si mescolava petrolio che fuoriusciva da alcune fessure del terreno. Trovò un vecchio fabbro che costruì un rudimentale congegno per scavare un pozzo e iniziò l'impresa. Fu un lavoro lungo ed estenuante, ma una mattina di agosto del 1859 il fabbro-perforatore vide che il pozzo era colmo di petrolio: la «sorgente» era stata finalmente raggiunta a 21 metri di profondità.

A quel tempo poco o niente si sapeva sull'origine del petrolio e meno ancora su come cercarlo, ma dopo il successo di Drake, negli Stati Uniti d'America scoppiò la «febbre dell'oro nero» e si cominciò a scavare pozzi ovunque si scoprissero indizi (come pellicole oleose iridescenti sulla superficie di specchi d'acqua).

Il successo di tali imprese fu dovuto alla grande diffusione, in quelle aree, di estesi giacimenti petroliferi a modesta profondità; ma, una volta esaurite queste favorevoli condizioni, la ricerca cominciò a seguire vie meno occasionali. L'osservazione sistematica delle rocce e delle strutture geologiche in cui si venivano scoprendo i giacimenti portò a concludere che, in genere, il petrolio si trovava accumulato al nucleo di pieghe anticlinali [Figura 29A]. Non solo: come visto nel capitolo 1 (par. 10), si comprese che, per avere un giacimento, nella successione verticale di rocce di un'area vi devono essere buoni spessori di «rocce-serbatoio», cioè rocce permeabili (arenarie o calcari fratturati), entro le quali il petrolio possa muoversi e occupare ogni spazio libero (come fa l'acqua nei pori di una spugna). Inoltre, poiché gli idrocarburi (liquidi e gassosi) tendono a «migrare», cioè a muoversi verso l'alto, per farli accumulare è necessario che, sopra le rocce-serbatoio, vi sia un certo spessore di rocce impermeabili (come le argilliti) e che tali rocce abbiano una struttura a «pentola capovolta», che costituisca una «trappola», altrimenti gli idrocarburi arrivano in superficie e si disperdono. Con la «regola dell'anticlinale» la ricerca passò da casuale a orientata, con lo studio delle rocce affioranti (stratigrafia) e delle loro strutture (tettonica), cercando di estrapolare i dati nel sottosuolo.

Nuovo impatto e nuove strategie vennero dall'applicazione di tecniche geofisiche, come la sismica artificiale (cioè la produzione di piccoli terremoti per studiare la propagazione delle onde nel sottosuolo), che consente di costruire una specie di radiografia delle strutture geologiche sepolte, quindi non direttamente osservabili. Con questi nuovi strumenti, in un'area in cui gli studi geologici di superficie hanno messo in luce la possibilità che si siano formati giacimenti di petrolio, si passa alle indagini geofisiche. Si possono così localizzare strutture profonde (come anticlinali) anche sepolte sotto grossi spessori di depositi sedimentari, da raggiungere con sondaggi esplorativi, come è stato per la Pianura Padana [Figura 29B].

Le compagnie petrolifere investono grandi risorse negli studi e nelle indagini geologiche e geofisiche per individuare nuovi giacimenti. Così si è giunti alle ricerche in mare, al largo delle coste, alla scoperta dei giacimenti che si sono formati al di sotto delle piattaforme continentali. Dai 21 metri del pozzo di Titusville, a migliaia di metri di profondità: il colonnello Drake ne sarebbe, giustamente, orgoglioso.

Figura 29
A. Trappola petrolifera anticlinale. Gli idrocarburi impregnano le rocce-serbatoio e sono intrappolati da rocce impermeabili. Il petrolio galleggia sopra l'acqua contenuta nelle rocce permeabili; il gas, più leggero, si raccoglie nella parte più alta.
B. Sezione geologica costruita con la sismica in un settore al margine sud della Pianura Padana. Le linee nere sono tratti di superfici di strato che riflettono le onde sismiche generate con piccole esplosioni. La parte profonda mostra una struttura con pieghe e faglie (righe rosse) nascosta dai sedimenti più superficiali, con giacitura quasi orizzontale. I colori indicano le età dei diversi terreni. La parte in bianco mostra strati molto inclinati e «circondati» da altre rocce e potrebbe contenere un giacimento. (In ordinata: tempi di andata e ritorno delle onde sismiche riflesse dagli strati e registrate in superficie.)

29A
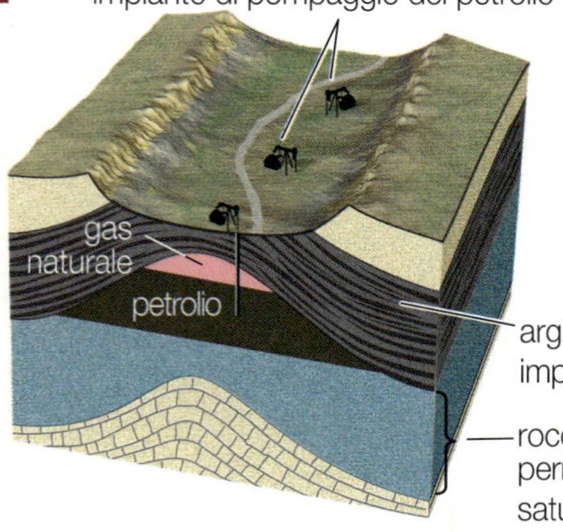

29B
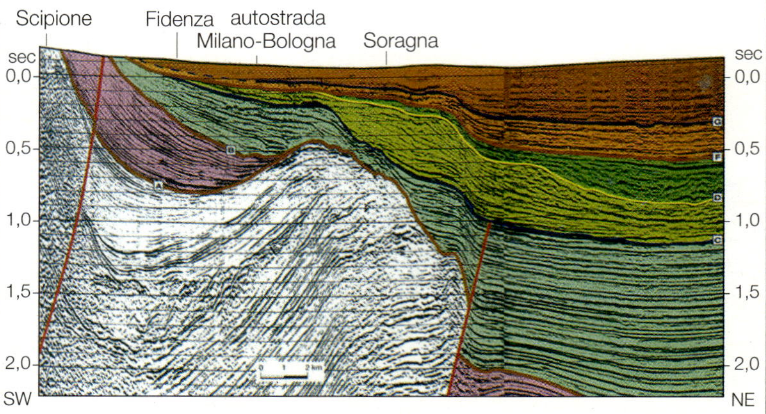

4 Il ciclo geologico

Video
Il ciclo geologico

Proviamo ora a trarre qualche conclusione dagli argomenti fin qui discussi. Siamo in grado di risalire dai corpi rocciosi ai loro ambienti di formazione e abbiamo anche imparato a tener conto del fatto che la giacitura originale dei corpi rocciosi è stata spesso alterata da movimenti della crosta. Inoltre, con i princìpi della Stratigrafia, abbiamo delle «regole» per disporre in una successione cronologica le tracce degli eventi geologici del passato e questo ha permesso di introdurre il parametro *tempo* nella ricostruzione della storia della Terra, dalle origini al suo aspetto attuale.

Immaginiamo di sorvolare l'Europa da Sud verso Nord. Lasciato il Mediterraneo, attraversiamo la fascia delle Alpi, con rilievi alti oltre 4000 metri, scolpiti dall'erosione [Figura 30A]. Le rocce che vi affiorano sono metamorfiche e magmatiche, associate a rocce sedimentarie di origine marina, che si sono deposte tra 250 e 30 Ma fa (milioni di anni fa). Queste rocce sono «accatastate» le une sulle altre in pieghe e falde, prodotte da intense deformazioni della crosta terrestre che, con la loro azione, iniziata alcune decine di milioni di anni fa, hanno spinto estesi «pacchi» di rocce, soprattutto marine, ad accavallarsi uno sull'altro in falde, fino a formare una gigantesca struttura emersa dal mare (catena montuosa). Al di là delle Alpi segue un'altra fascia di rilievi, in gruppi relativamente isolati e con quote modeste (raramente sopra i 1000 metri), come i Vosgi, la Foresta Nera e la Selva Boema [Figura 30B]. Vi affiorano rocce magmatiche e metamorfiche, con modesti spessori di rocce sedimentarie, in genere molto più antiche di quelle delle Alpi. Anch'esse sono state intensamente deformate, ma molto prima delle Alpi, tanto che circa 300 milioni di anni fa formavano una lunga catena montuosa, ormai smantellata dall'erosione.

Discesi gli ultimi versanti di questi rilievi e attraversata la vasta fascia delle grandi pianure europee, estese dalla Francia settentrionale alla Russia, si arriva, ancora più a Nord, all'ampia pianura debolmente ondulata della Svezia e della Finlandia [Figura 30C]. È il regno delle rocce intrusive e metamorfiche che, come si ricorderà, si formano solo in profondità, all'interno dalle crosta terrestre. Per trovarsi in superficie devono essere state spinte verso l'alto da una forte deformazione della crosta, che ha prodotto, a suo tempo, una grande catena montuosa, ormai completamente demolita e addirittura levigata dall'erosione. L'età di quella catena montuosa è di oltre 500 milioni di anni.

Il continente Europa si è accresciuto nel tempo con la formazione di più catene montuose, ognuna derivata dall'accumulo di rocce, in seguito deformate e sollevate. I diversi paesaggi attuali corrispondono a differenti strutture geologiche, che ne raccontano le storie.

Ma come si ricostruiscono queste storie? Attraverso l'analisi sistematica delle rocce affioranti in una data area è possibile ricomporre la successione delle formazioni che, dalla più antica alla più giovane, rappresentano la storia geologica di quell'area. Tali successioni, che possono essere costituite da numerose formazioni e che raggiungono spessori notevoli (anche di migliaia di metri), vengono chiamate genericamente **serie stratigrafiche** e sono rappresentate graficamente in forma di **colon-**

Figura 30
Il succedersi nel tempo di grandi eventi geologici si riconosce già nei paesaggi, che sono il prodotto di lunghe vicende.
A. Gli alti rilievi come il Monte Bianco sono tipici di una giovane catena.
B. I modesti rilievi dell'Europa centrale sono i resti di una catena più antica.
C. La vasta pianura finlandese è quanto rimane di una catena montuosa completamente demolita.

30A

30B

30C

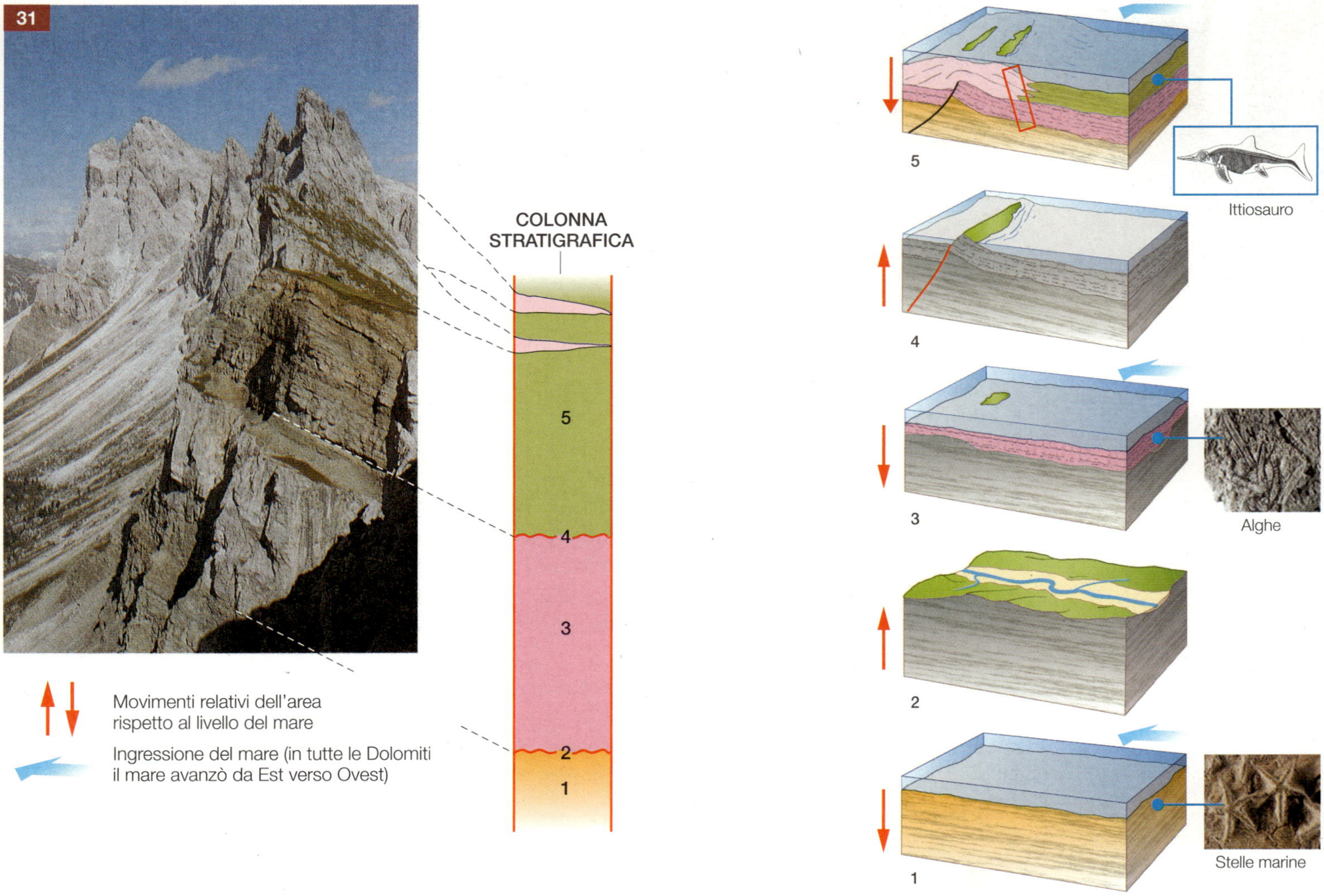

Figura 31
Un esempio di serie stratigrafica e di come si possano ricostruire gli eventi che hanno portato alla sua deposizione: il gruppo delle Odle, nelle Dolomiti occidentali.

ne stratigrafiche. Il principio di sovrapposizione fornisce l'ordine cronologico degli eventi; l'analisi delle rocce, attraverso il riconoscimento delle facies, porta alla ricostruzione dei diversi ambienti; lacune di sedimentazione e discordanze mettono in luce le deformazioni e così via.

Vediamo un esempio reale. Nella foto di **Figura 31** vediamo lo «spigolo» sommitale del Monte Secèda (in primo piano) e le cime calcàree e dolomitiche delle Odle («aghi»), inarcate verso l'alto. Questi rilievi sono intagliati in un tratto della serie stratigrafica delle Dolomiti di Ortisei. I cinque stereogrammi a lato riassumono la successione dei processi geologici che hanno portato alla formazione della serie e sono stati costruiti partendo dall'esame delle diverse rocce. Li commenteremo dal basso verso l'alto, cioè dai terreni più antichi a quelli via via successivi. Nei singoli stereogrammi i colori sulle sezioni laterali mettono in evidenza l'evento in atto (accumulo di rocce o erosione), mentre le rocce formatesi negli eventi precedenti sono in grigio. Nello schema 5, invece, tutta la serie è stata colorata per distinguere i vari tipi di rocce depostesi in tutto l'intervallo di tempo esaminato e gli stessi colori sono stati usati nella colonna a lato della foto. Il riquadro rosso indica il settore della ricostruzione cui si riferisce la foto (tutta l'area appare ora inclinata rispetto alla sua giacitura originale).

1. Alla base affiorano sabbie, argille e calcàri di colore giallastro o grigio e contengono, tra i fossili, «stelle marine». Si sono depositati in un mare poco profondo, con fondali sabbiosi, circa 250 Ma fa.

2. Alla sua sommità, il pacco di strati precedenti risulta eroso: qua e là compaiono tasche riempite di conglomerati e arenarie di origine fluviale. Quindi l'area è emersa ed è stata modellata dall'erosione (circa 240 Ma fa).

3. Segue un pacco di calcàri e dolòmie grigie, con resti di alghe. Si sono deposte in acque marine calde e ben ossigenate. Un mare tropicale ha perciò invaso l'area (*ingressione*, fino a circa 235 Ma fa).

4. La sommità dei calcàri e delle dolòmie risulta a lungo erosa e il pacco di strati mostra tracce di dislocazioni (faglie, in rosso). Ciò vuol dire che l'area è stata nuovamente sollevata e che localmente è addirittura emersa, 235 Ma fa.

5. Il pacco dei calcàri precedenti è in tutta l'area coperto da altri tipi di rocce, tutte marine. Il mare è perciò avanzato di nuovo. Ma l'ambiente non è uniforme, poiché i fondali sono articolati. Dove il mare è più profondo, si accumulano calcàri e marne

32

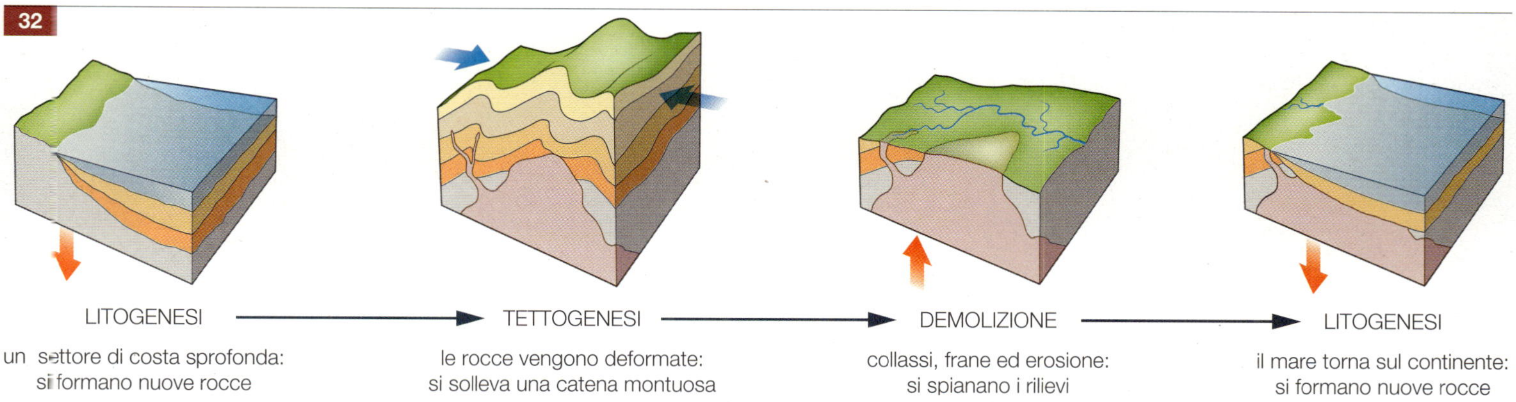

Figura 32
Il ciclo geologico (o di Hutton). I bloccodiagrammi mostrano in modo schematico la successione di eventi che si ripetono nel tempo in vari settori della crosta terrestre. In grigio sono rappresentate le rocce di cicli più antichi; in rosa le masse di rocce magmatiche intrusive, che si mettono in posto in profondità quando si forma una catena montuosa (*frecce rosse*: movimenti di sollevamento o di sprofondamento della crosta; *frecce blu*: forze di compressione che deformano la crosta).

con selci; tra i fossili si trovano radiolari, ammoniti e rettili marini: proprio sul Monte Secèda sono stati trovati i resti di un ittiosauro (ora nel Museo di Ortisei). Dove invece i fondali erano bassi, si sono «impiantati» organismi costruttori, come alghe, coralli e spugne, che hanno costituito vere e proprie scogliere. Mano a mano che l'area sprofonda (è scesa di almeno 1000 m) le scogliere si accrescono verso l'alto e si allargano: i loro margini (scarpate) avanzano verso il mare aperto, come indicato nello stereogramma. La storia geologica si interrompe qui, circa 230 Ma fa. Per ricostruire il seguito è necessario spostarsi in altre aree, dove l'erosione non ha ancora asportato le rocce che hanno ricoperto le antiche scogliere.

Settori della crosta che presentano serie stratigrafiche diverse hanno avuto storie geologiche diverse, che, ricostruite e collegate tra loro (i geologi dicono «correlate»), contribuiscono a delineare l'evoluzione dell'intero pianeta. (È un modo di operare simile a quello degli studiosi che tracciano l'evoluzione storica di un continente a partire dall'esame della storia dei suoi singoli Stati e dei rapporti tra di essi nel tempo.)

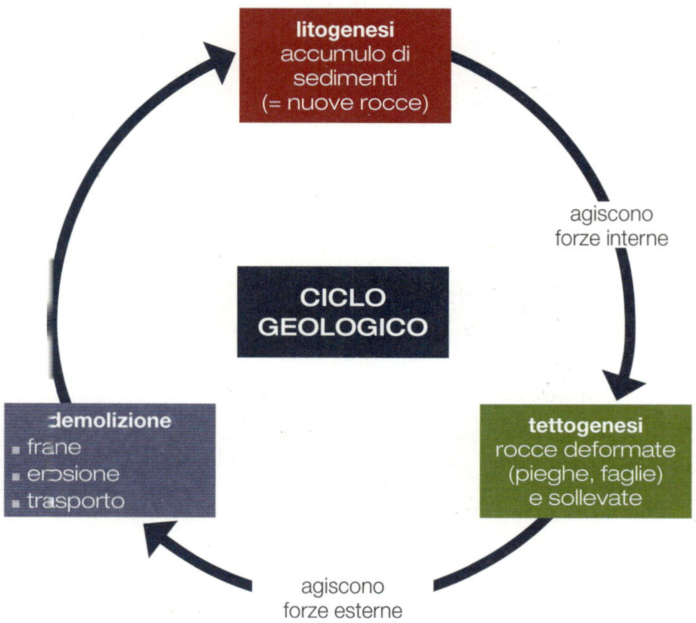

Ed è proprio ricostruendo questi frammenti di storie geologiche che si è fatta strada una nuova idea, suggerita dalla presenza delle lacune di sedimentazione spesso accompagnate da vistose discordanze angolari: la storia del pianeta si può scandire in «capitoli» o, meglio, in cicli. In ogni **ciclo geologico** (noto anche come **ciclo di Hutton**) si susseguono più fasi, con il medesimo ordine:

- formazione di rocce (soprattutto sedimentarie);
- deformazione di quelle stesse rocce per movimenti della crosta (con sviluppo di magmi e di metamorfismo) e sollevamento di catene montuose;
- progressiva demolizione (erosione, frane) delle strutture prodotte dalla deformazione, verso un graduale spianamento della superficie [**Figura 32**].

Dopo tempi lunghissimi il mare può ricoprire la superficie di erosione (trasgressione): inizia così una nuova fase di accumulo di rocce, alla quale seguirà un'altra fase di deformazioni, e così via.

Il ciclo geologico è un nuovo strumento per capire la Terra, ma apre anche nuovi interrogativi: perché si verificano queste ripetizioni cicliche di eventi geologici? E, soprattutto, quali forze, quali energie mantengono attivo il ciclo da miliardi di anni?

Per rispondere a queste domande, dobbiamo imparare qualcosa di più sui processi che operano all'interno della Terra: lo faremo nei prossimi capitoli, con i fenomeni vulcanici e quelli sismici.

QUESITI

1. Completa.
Alla fine di un ciclo geologico il .... può ricoprire la superficie .... e dare inizio a una nuova fase di formazione di ....

2. Studiando la storia geologica dell'Europa, le Alpi risultano una catena molto antica.
☐ Vero ☐ Falso
Motiva la risposta.

3. Che cosa si intende con il termine serie stratigrafica?

4. Da quali fasi è composto il ciclo geologico?

5 Le carte geologiche

Le carte geologiche sono un mezzo per registrare e conservare le informazioni sulla natura, sulla distribuzione e sulla struttura delle rocce che formano la superficie terrestre. Le carte rappresentano, perciò, la sintesi di un gran numero di osservazioni fatte direttamente sul terreno o su campioni di rocce esaminate in laboratorio. In pratica sono carte topografiche, a varie scale, sulle quali vengono aggiunte informazioni relative alla natura e alla forma geometrica dei corpi rocciosi che affiorano nell'area rappresentata [Figura 33].

Negli studi geologici le rappresentazioni cartografiche sono al tempo stesso un punto di arrivo e uno strumento di ulteriore conoscenza:

- sono un punto di arrivo perché offrono una descrizione, per quanto possibile completa, di una parte della crosta terrestre;
- sono anche uno strumento, perché l'analisi e l'interpretazione di carte geologiche di aree diverse consentono di delineare l'evoluzione dell'intera crosta terrestre;
- sono, infine, uno strumento indispensabile anche in molte applicazioni pratiche della Geologia, come, per esempio, nelle indagini per costruire grandi opere (ponti, dighe, gallerie, edifici) o per cercare e recuperare materie prime (attraverso cave, miniere, pozzi) o per progettare interventi sul territorio a risanamento o, meglio, a prevenzione di eventi disastrosi.

■ **Paleozóico** (Paleozoic)
Dal greco *palaiós*, antico e *zôikos*, di animale. Il Paleozoico (o Era paleozoica) è iniziato 541 milioni di anni fa e significa «della vita antica», per le forme viventi ben diverse da quelle attuali; è terminato 252 Ma fa.

■ **Mesozóico** (Mesozoic)
Dal greco *mésos*, medio e *zôikos*, di animale. Il Mesozoico (o Era mesozoica) è iniziato 252 milioni di anni fa (con la fine del Paleozoico) e significa «della vita di mezzo», per le forme viventi non più primitive, ma non ancora di tipo recente, come saranno quelle dell'era successiva. Il Mesozoico si è concluso 66 milioni di anni fa.

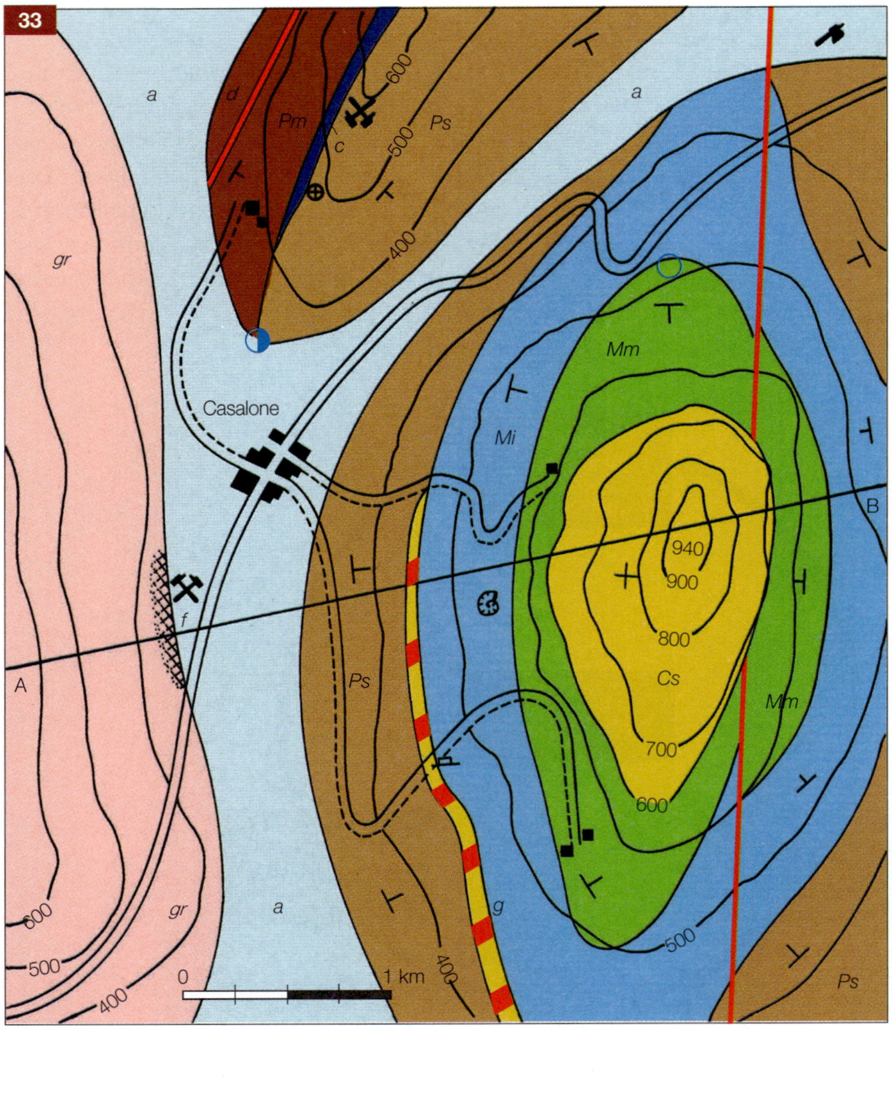

Figura 33
Esempio di carta geologica. I terreni che affiorano nell'area cartografata sono del Paleozoico e del Mesozoico, coperti in trasgressione dai ben più recenti terreni del Cenozoico superiore; a sinistra essi sono a contatto con un'antica massa granitica. Gli strati pendono nel senso indicato dal gambo del simbolo fatto a T; il gambo è tanto più corto quanto più gli strati sono inclinati, come è indicato nella *legenda*. La disposizione nello spazio di tali simboli di giacitura indica che la carta rappresenta una sinclinale, come si vede nella *sezione geologica* della pagina a fronte (in basso), che rappresenta la giacitura degli strati in profondità, ricostruita lungo un taglio verticale secondo la traccia A-B. La piega è rotta da una faglia verticale che ne ha ribassato la parte destra. La linea ondulata di trasgressione (in rosso, nella sezione) separa due formazioni di età molto diversa e sottolinea la presenza di una lacuna. Essa indica che il mare si è ritirato dopo aver depositato le rocce del Mesozoico medio, mentre avvenivano il ripiegamento, la rottura e il sollevamento delle masse litoidi per effetto di un'orogènesi, cioè della formazione di una catena montuosa. Dopo un periodo di emersione ed erosione, il mare è tornato a ricoprire l'area nella parte finale dell'Era cenozoica (4-5 milioni di anni fa); gli strati cenozoici sono rimasti orizzontali, il che significa che l'intera area ha subito in seguito solo un sollevamento verticale che l'ha fatta emergere dal mare, portandola all'altezza attuale.

Una carta geologica è, quindi, una fonte primaria di dati sulle rocce e sulle strutture geologiche, oltre che sulle forme del rilievo terrestre; ma tutte queste informazioni, per poter essere rappresentate, devono essere opportunamente «codificate»: esaminiamo, perciò, con attenzione l'esempio di carta geologica riportato nella figura 33.

Le forme del rilievo, per esempio, sono disegnate dalle curve di livello; la natura e l'età delle rocce che affiorano sono rappresentate da aree di colore diverso; i dati geometrici (come la **giacitura**, cioè la direzione verso cui gli strati risultano inclinati quando non sono orizzontali) sono indicati da speciali simboli, e altri simboli indicano la presenza e il percorso di faglie, la forma delle pieghe, la localizzazione delle sorgenti, delle cave, di fossili particolari, e così via.

Una chiave indispensabile per «leggere» e ricavare informazioni da una carta geologica è la **legenda**, riportata di regola nella cornice del riquadro che delimita la rappresentazione cartografica, nella quale viene descritto in dettaglio il significato di ogni colore e di ogni simbolo usato.

■ **Servizio Geologico d'Italia (SGI) (Geological Survey of Italy)** Il SGI, che faceva già parte del *Dipartimento della Difesa del Suolo*, oggi è inquadrato nell'ISPRA (*Istituto Superiore per la Protezione e la Ricerca Ambientale*), un ente vigilato dal Ministero dell'Ambiente e della Tutela del Territorio e del Mare.

La legenda è spesso accompagnata da una **colonna stratigrafica**, cioè da uno schema grafico che rappresenta idealmente la serie stratigrafica, mettendo in evidenza la successione verticale di tutte le formazioni rocciose che compaiono nell'area in esame. In pratica, la colonna rappresenta lo scorrere del tempo e le formazioni vengono disegnate una sull'altra nell'ordine in cui si sono formate: in basso le più antiche, verso l'alto le più recenti. Vengono indicate, inoltre, se esistono, le posizioni lungo la colonna di discordanze angolari e di lacune di sedimentazione, di eteropìe di facies, di rocce magmatiche intrusive e così via.

Simboli e colori consentono di riconoscere rapidamente natura ed età delle rocce, mentre gli spessori delle singole funzioni sono riportati in scala, per cui sono facilmente calcolabili. Se non ci fossero le deformazioni tettoniche, le colonne stratigrafiche non sarebbero altro che la rappresentazione schematica di quanto si potrebbe direttamente osservare lungo qualche profonda incisione della crosta: è quanto si verifica, per esempio, nel caso della successione di rocce che affiorano lungo i 1000 metri di dislivello delle pareti del Gran Canyon dell'Arizona. Dove invece i movimenti tettonici hanno deformato la crosta, la colonna stratigrafica viene ricostruita a partire da singoli spezzoni, che i geologi pazientemente «legano» uno all'altro man mano che procede lo studio di una regione. In questo caso la colonna stratigrafica non è visibile in nessun luogo nella sua interezza, ma è ugualmente una rappresentazione molto efficace e immediata della storia geologica della regione esaminata.

Infine, nella cornice di una carta geologica compaiono spesso una o più **sezioni geologiche**: si tratta di «tagli» verticali che si immagina di effettuare nella crosta per rappresentare la prosecuzione in profondità dei corpi rocciosi, fin dove è possibile estrapolare i dati raccolti in superficie.

Come si può immaginare, la lettura di una carta geologica non è certo semplice, ma con la pratica è possibile ricostruire la successione nel tempo delle varie rocce e degli ambienti in cui si sono formate, il loro tipo di deformazione, la disposizione delle anticlinali e delle sinclinali, le aree stabili e quelle maggiormente predisposte a subire fenomeni franosi, la possibilità di reperire materie prime utili, compresa l'acqua delle falde, il grado di difficoltà per costruire strade, ferrovie, opere pubbliche. Si comprende come una buona parte delle attività umane si basi su uno studio preliminare delle carte geologiche.

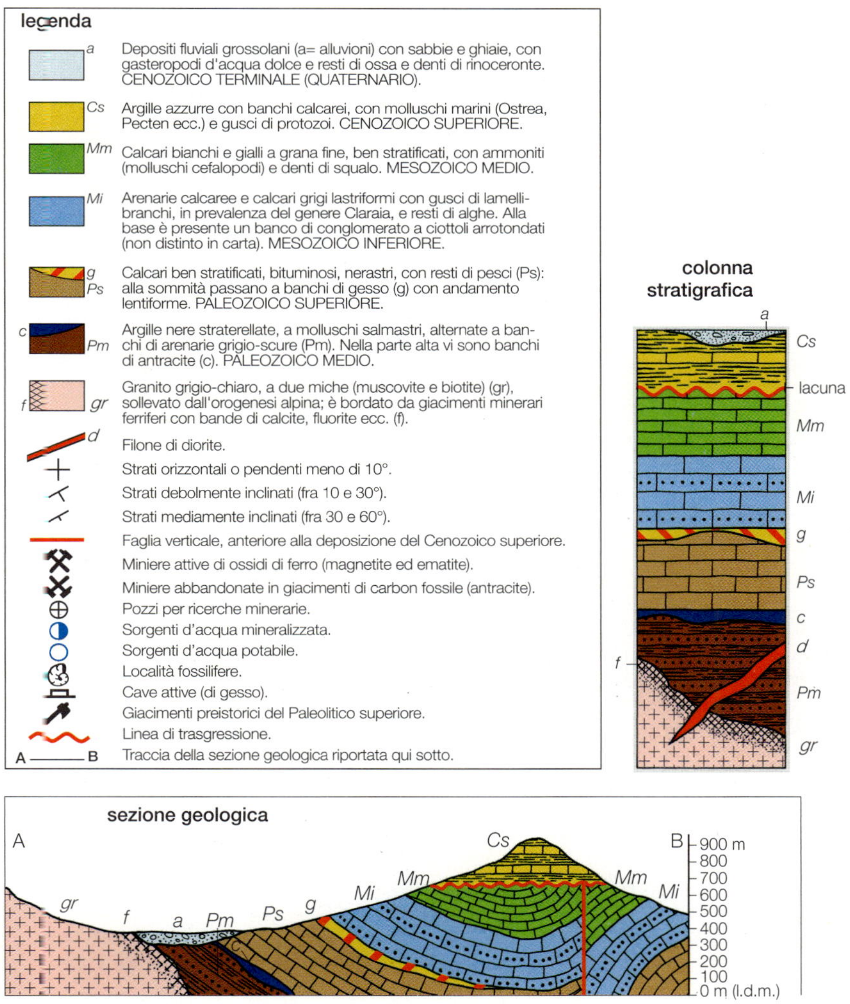

La cartografia geologica italiana ha una lunga e consolidata tradizione e offre un'ampia gamma di documenti, a diverse scale e con diverse finalità.

■ La cartografia geologica di base è compito specifico del Servizio Geologico d'Italia (SGI) che, per legge, è uno degli organi cartografici dello Stato. Il rilevamento della *Carta geologica d'Italia a scala*

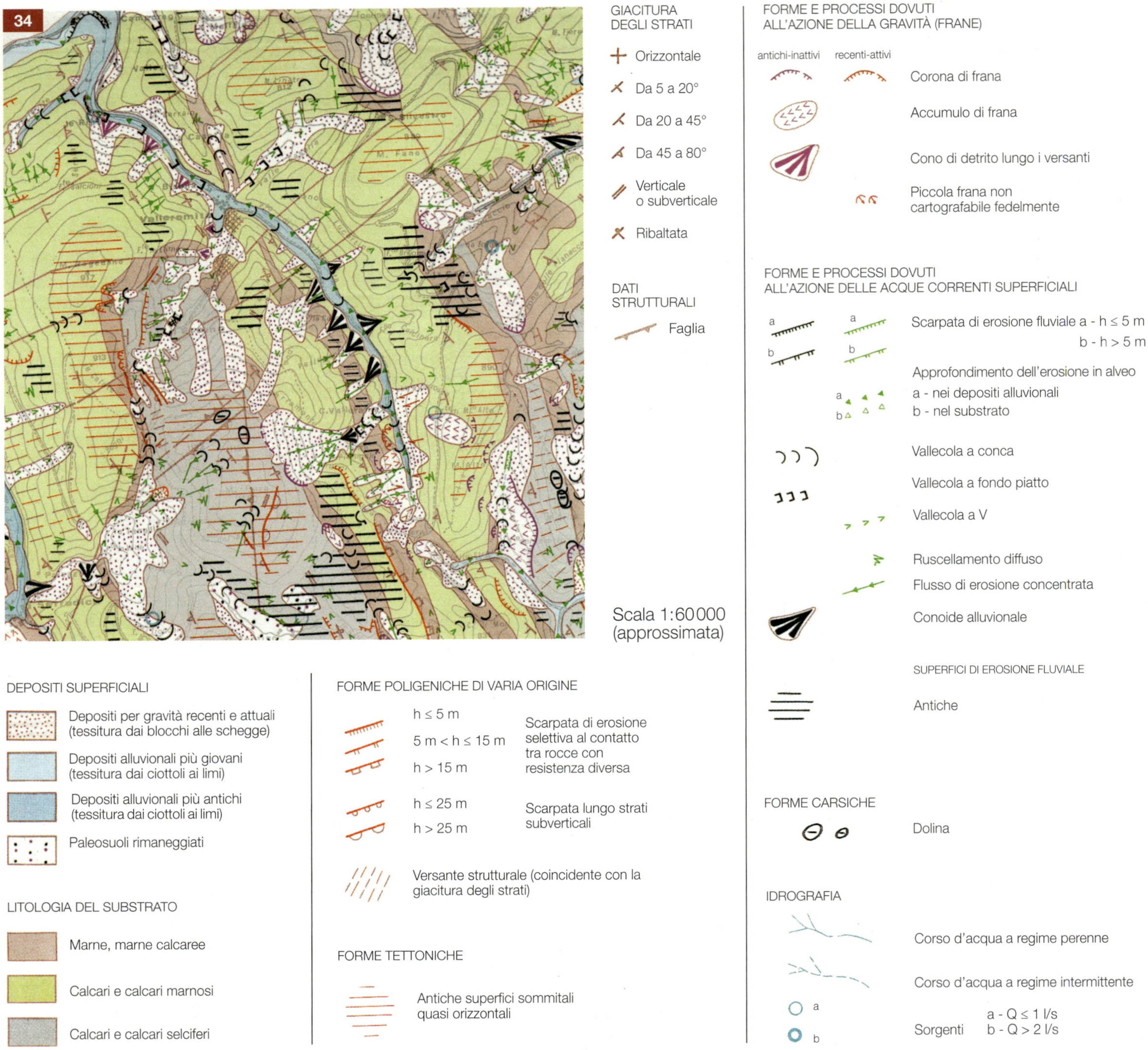

Figura 34
Un esempio di carta geotematica: stralcio della carta geomorfologica di un settore dell'Appennino marchigiano. Una ***carta geomorfologica*** è costruita su una base geologica, che riporta i tipi di rocce affioranti, in particolare i depositi superficiali (alluvioni, detriti, frane) e i principali elementi tettonici (faglie, pieghe, stratificazione). A questo «quadro di fondo» vengono aggiunti elementi specifici, ricavati da accurate analisi di terreno, per mettere in evidenza i processi esogeni che hanno modellato e modellano tuttora le forme del rilievo, cioè il *paesaggio fisico*. Tutte queste indicazioni vengono riportate con appositi simboli geomorfologici: scarpate, frane, accumuli di detriti, forme di erosione fluviale, carsica, glaciale e così via (vedi *Legenda*). Si distinguono anche le forme *attive* (ancora oggi in evoluzione ad opera degli stessi agenti che le hanno generate) o *inattive* (nelle quali operano agenti diversi da quelli che le hanno originate, come una valle glaciale *rimodellata* da un fiume). Ma una carta geomorfologica è anche uno strumento insostituibile nella pianificazione dell'uso del territorio, per esempio perché permette di riconoscere l'evoluzione dei versanti e di individuare aree stabili o instabili, di cui tener conto nelle progettazioni edilizie e nelle indagini per la difesa dai terremoti. Nello stralcio proposto, per esempio, sono molte le aree con *frane attive, scarpate, zone in erosione* che richiedono particolare attenzione. Nello stesso stralcio, inoltre, sono messe in evidenza *aree carsificate* (doline), cioè zone di infiltrazione rapida delle acque di precipitazione, che alimentano la falda idrica e, attraverso questa, le sorgenti; nella pianificazione territoriale tali aree vanno adeguatamente protette dagli inquinamenti. Infine, particolare importanza hanno i *dati idrografici*, che permettono di riconoscere lo stato di evoluzione dei corsi d'acqua e di individuare tratti degli alvei che possono costituire pericolo in caso di forti afflussi meteorici (inondazioni, trascinamento di masse di materiali detritici, danni a costruzioni).
(Stralcio della «Carta geomorfologica del Comprensorio di Valleremita (Fabriano, Marche)», di Ciccacci, D'Alessandro, Dramis, Fredi, Lupia Palmieri e Pambianchi, 1986)

1:100 000 è iniziato nel XIX secolo, esattamente nel 1873, con uno dei primi atti ufficiali del governo dell'Italia appena unita. Fu Quintino Sella, professore di Mineralogia e Ministro delle finanze, a creare il «Regio Ufficio Geologico», per realizzare la carta geologica del territorio nazionale, utile per il processo di industrializzazione che si stava avviando. La complessa operazione è terminata in pratica solo negli anni Sessanta del XX secolo, con un decennio di intense ricerche, terminato con la pubblicazione di oltre 140 fogli, che ha permesso di completare la 1ª edizione della carta e di fornire la 2ª edizione di numerosi fogli che risultavano ormai superati. La carta è composta di 278 fogli a scala 1:100 000 (basati però su rilevamenti al 25 000), in gran parte tuttora disponibili (in originale o in copia anastatica), spesso accompagnati da *Note illustrative*.

L'esigenza di un continuo aggiornamento della cartografia e la necessità di un maggior dettaglio hanno spinto il SGI a iniziare, ormai da diversi anni, il rilevamento e la pubblicazione della nuova *Carta geologica d'Italia alla scala 1:50 000*, costituita da 652 fogli. Allo stato attuale ne sono stati compilati 200, mentre altri 55 sono in lavorazione.

Ricordiamo che a molti fogli (in entrambe le scale) sono associate carte definite genericamente **carte geotematiche** [Figura 34], che mettono in rilievo, per la medesima area del foglio, informazioni su un tema specifico, spesso di interesse applicativo. In realtà, alcune vanno più correttamente definite *derivate*, perché vengono ricavate direttamente dal foglio geologico, sottolineandone determinati aspetti; altre, invece, sono *tematiche* in senso stretto, e vengono elaborate direttamente, già a partire dal rilevamento sul terreno, in funzione del tema prescelto.

■ A fianco della cartografia geologica «ufficiale» esiste poi una vasta produzione di carte geologiche e geotematiche da parte di enti (essenzialmente pubblici, ma anche privati) che svolgono ricerche nel campo delle Scienze della Terra. Ricordiamo, come preminente, l'attività pressoché ininterrotta degli istituti e dipartimenti universitari, sia con proprie ricerche di base, che comportano rilevamenti di terreno e relative documentazioni cartografiche, sia con la partecipazione all'attività del SGI (nel decennio già ricordato ben 19 istituti universitari hanno partecipato al completamento della Carta geologica d'Italia, pubblicando 95 fogli sui 140 realizzati in totale).

Grande importanza ha anche l'attività del CNR (Consiglio Nazionale delle Ricerche), che non solo sostiene l'attività di propri organi di ricerca, ma finanzia proposte di ricerche avanzate da ricercatori esterni (per esempio, delle università) e promuove la realizzazione di progetti di ricerca nazionali di ampio respiro o la partecipazione a programmi di ricerca internazionali. In moltissimi casi, i risultati di tali ricerche comprendono prodotti cartografici puntualmente pubblicati e messi a disposizione della comunità. Importante è anche la produzione cartografica dell'AGIP e di altri enti, come l'ENEL, il Comitato per l'Energia Nucleare e le Ferrovie dello Stato, i quali, per particolari esigenze operative, hanno bisogno di documenti cartografici o geologici che, spesso, vengono poi pubblicati.

Oggi gran parte della cartografia geologica è acquisita con l'appoggio di tecniche informatiche e i dati di terreno, insieme a dati di analisi di laboratorio e a numerosi altri elaborati, sono disponibili per via telematica. La cartografia nazionale, in particolare, è accessibile sul *Portale del Servizio Geologico d'Italia*, nel sito del SGI.

QUESITI

1. Nella colonna stratigrafica che accompagna una carta geologica gli strati rappresentati sono quelli che si osserverebbero se si potesse effettuare un taglio verticale nella crosta in un punto qualunque nella carta.

☐ Vero ☐ Falso

Motiva la risposta.

2. In una carta geologica i diversi colori indicano:

A rocce posizionate a quote diverse

B rocce di colore diverso

C rocce appartenenti a formazioni diverse

3. Quali sono gli scopi e gli usi di una carta geologica?

4. Che cos'è una sezione geologica?

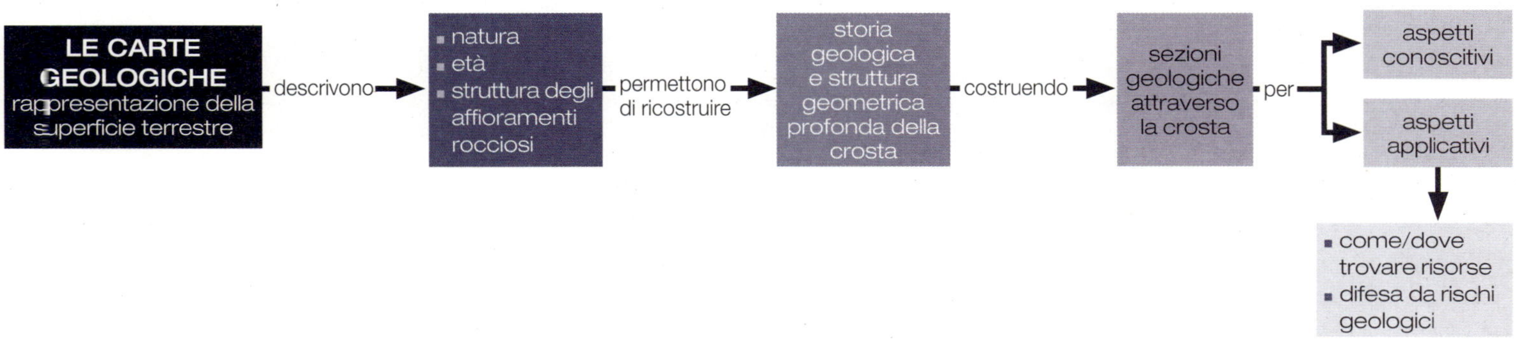

RICERCA con Google Earth

Quando le rocce vengono deformate, possono formare delle pieghe. Un'anticlinale è una piega di forma simile a un arco, mentre una sinclinale è di forma simile a una conca. Se esaminiamo un affioramento roccioso, possiamo riconoscere un'anticlinale da una sequenza di strati che si immergono, cioè si inclinano, allontanandosi dal centro della piega. Per una sinclinale, gli strati si immergerebbero verso il centro della piega. Diamo un'occhiata a questo esempio, nello stato del Wyoming.

Ubicazione Sheep Mountain/Ribbon Canyon, vicino a Big Horn, nello Wyoming

Obiettivo Riconoscere semplici strutture a pieghe

Link Figure 2.24 e 2.25

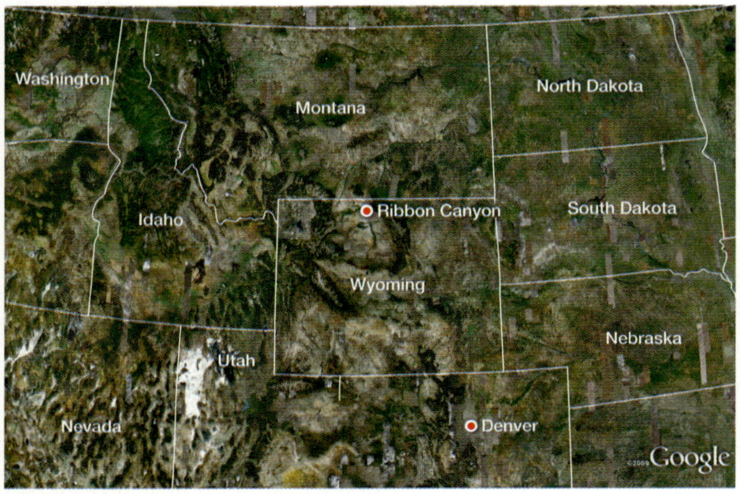

Image © 2009 DigitalGlobe Image USDA Farm Service Agency
Image © 2009 TerraMetrics Image © 2009 Province of British Columbia
Immagine satellitare di Google Earth che mostra gli Stati Uniti nordoccidentali e la localizzazione del Ribbon Canyon, in Wyoming (segnato con un pallino rosso).

Image © 2009 DigitalGlobe Image USDA Farm Service Agency
Immagine satellitare tridimensionale di Google Earth del Ribbon Canyon, in Wyoming, che mostra gli strati che si immergono con ripide pendenze in direzioni opposte.

1. Digita "Ribbon Canyon, Big Horn, Wyoming" nella finestra di ricerca di GE (Google Earth). In basso a sinistra, sotto la tabella "Livelli", seleziona "Terreno" per attivare la visione tridimensionale. Utilizzando lo zoom posiziónati a una quota di osservazione di 8,75 km. Quali sono la latitudine e la longitudine del Ribbon Canyon?

A 44° 39' 12,26" N, 108° 11' 59,32" O
B 44° 31' 30,16" N, 107° 57' 24,39" O
C 45° 15' 17,18" N, 108° 59' 03,12" O
D 45° 29' 07,45" N, 107° 24' 18,94" O

2. L'immagine a destra è centrata sulle coordinate 44° 38' 21,52" N, 108° 10' 50,64" O, a un'altezza dell'osservatore di circa 2,75 km. Abbiamo utilizzato lo strumento "Aggiungi percorso" (una delle icone nella parte superiore dello schermo di Google Earth) per evidenziare alcuni strati su entrambi i lati del rilievo. Prova anche tu a tracciare questi strati. Puoi cambiare il colore delle linee selezionando "Stile, colore" nella finestra "Aggiungi percorso". Da quale parte sembrano immergersi gli strati da ciascun lato del rilievo?

A Gli strati blu si immergono a Sudovest, mentre gli strati rossi si immergono a Nordest.
B Gli strati blu e gli strati rossi si immergono a Sudovest.
C Gli strati blu si immergono a Nordest, mentre gli strati rossi si immergono a Sudovest.
D Gli strati blu e rossi si immergono verso Nordovest.

3. In quale direzione gli strati da entrambi i lati del rilievo appaiono essere inclinati rispetto alla piega? (Potresti aver bisogno di ruotare la prospettiva di visualizzazione per vedere gli strati dai diversi lati. Per fare questo, in alto a destra nello schermo di Google Earth, trascina la "N" lungo il cerchio per cambiare direzione. Puoi anche far scorrere l'immagine più a Sudest per vedere una porzione maggiore di questa struttura.) Ricavate queste informazioni, pensi che quest'area rappresenti un'anticlinale o una sinclinale? Gli strati si immergono:

A allontanandosi dal centro della piega, che quindi è una sinclinale.
B verso il centro della piega, che quindi è una sinclinale.
C allontanandosi dal centro della piega, che quindi è un'anticlinale.
D verso il centro della piega, che quindi è un'anticlinale.

4. Nella medesima area, qual è, approssimativamente, l'altitudine della cima del rilievo?

A 1275 m
B 1320 m
C 1530 m
D 1610 m

5. Pensa a come si formano sinclinali e anticlinali. Ritieni che gli strati più antichi siamo all'interno o all'esterno della piega? (*Suggerimento*: pensa a una pila di fogli di carta, dove i fogli sul fondo della pila rappresentano gli strati più antichi e i fogli sulla cima rappresentano i più giovani. Se pieghi la pila a forma di "U" [una sinclinale], i fogli "più antichi" sono posizionati all'interno o all'esterno della piega? Se pieghi la pila di fogli formando una "U" rovesciata [un'anticlinale], dove sono ora gli strati più antichi?) Nel Ribbon canyon:

A gli strati più antichi sono all'esterno della piega.
B gli strati più antichi sono all'interno della piega.
C gli strati più antichi sono tutti della medesima età.
D gli strati presentano delle faglie, non delle pieghe.

termini e concetti fondamentali

Stratigrafia

■ La **Stratigrafia** fornisce gli strumenti per risalire alle giaciture originarie delle rocce e all'ordine con cui si sono formate.
L'oggetto di studio della Stratigrafia è la formazione geologica. Una **formazione geologica** è un corpo roccioso di natura complessivamente uniforme, originato in un ambiente rimasto a lungo costante.
Lo **strato** è l'unità più piccola di una formazione rocciosa sedimentaria: è, in genere, di modesto spessore ma di grande estensione.

■ La **facies** indica l'insieme delle caratteristiche litologiche di una roccia e dipende dall'ambiente di formazione. Se si determina la facies di una roccia, è possibile risalire all'ambiente in cui si è formata.
Tra le facies sedimentarie sono comuni le facies **continentali** (glaciali, fluviali, desertiche ecc.), di transizione (palustri, lagunari, costiere ecc.) e **marine** (litorali, neritiche, pelagiche ecc.).

■ La Stratigrafia ha elaborato alcuni **principi** per stabilire, in base all'osservazione sul terreno, la cronologia relativa secondo la quale si sono formati i diversi corpi rocciosi:
- il **principio di orizzontalità originaria**;
- il **principio di sovrapposizione stratigrafica**;
- il **principio di intersezione**.

■ Lo studio delle successioni di facies nel tempo mette in luce fenomeni di **regressione**, cioè di ritiro del mare da aree prima sommerse, e di **ingressione** (o **trasgressione**), cioè di avanzata del mare su aree continentali.
La trasgressione dà origine ad una **discordanza** che può essere:
- **semplice**, se gli strati precedenti la trasgressione e quelli successivi sono tutti paralleli (quelli precedenti non erano strati deformati);
- **angolare**, se gli strati precedenti la trasgressione formano un certo angolo con quelli successivi (quelli precedenti erano strati deformati).

Alla discordanza, che descrive un aspetto geometrico, corrisponde una **lacuna di sedimentazione**. La presenza, all'interno di una serie di rocce, di una discordanza con lacuna di sedimentazione indica che nell'area si sono verificati in successione i seguenti eventi:
- deformazione e sollevamento della crosta fino a emersione di una nuova terra (**regressione**);
- erosione della nuova terra emersa;
- ritorno del mare con ripresa di sedimentazione (**trasgressione**).

Tettonica

■ La **Tettonica** studia le deformazioni che interessano le rocce dopo la loro formazione, come conseguenza dei movimenti della crosta terrestre.
I corpi rocciosi appaiono più o meno deformati (traslati e/o cambiati di forma). Le deformazioni sono successive alla loro formazione e si devono all'azione delle forze che agiscono all'interno della crosta terrestre.

■ Le **faglie** sono lacerazioni della crosta lungo le quali alcuni corpi rocciosi scivolano rispetto a quelli contigui. Esistono diversi tipi di faglie:
- le **faglie dirette**, che determinano un allargamento della crosta;
- le **faglie inverse**, che al contrario provocano un raccorciamento della crosta.

■ Un insieme di faglie dirette può provocare uno sprofondamento locale della crosta, detto **fossa tettonica**, in cui i settori di crosta che rimangono rialzati sono chiamati **pilastri**.

■ Se le rocce si deformano incurvandosi senza rompersi si formano le **pieghe** (anticlinali, sinclinali).

■ Se un settore di crosta, scivolando lungo una faglia, finisce per accavallarsi sul settore vicino si genera un **sovrascorrimento** in cui la parte sovrascorsa viene chiamata **falda** o **coltre di ricoprimento**.

Ciclo geologico

■ La **serie stratigrafica** di un'area descrive la successione verticale delle formazioni che affiorano. La lettura e l'interpretazione delle serie stratigrafiche mette in luce delle ripetizioni cicliche di alcuni eventi.

■ Il **ciclo geologico** (o **ciclo di Hutton**) comprende tipicamente:
- la **formazione di rocce**, in genere sul fondo del mare;
- la **deformazione tettonica** di tali rocce per movimenti della crosta, con sviluppo di magmatismo e metamorfismo e con sollevamento di catene montuose;
- la **demolizione** (frane, erosione) delle strutture prodotte dalla deformazione tettonica, fino allo spianamento della superficie.

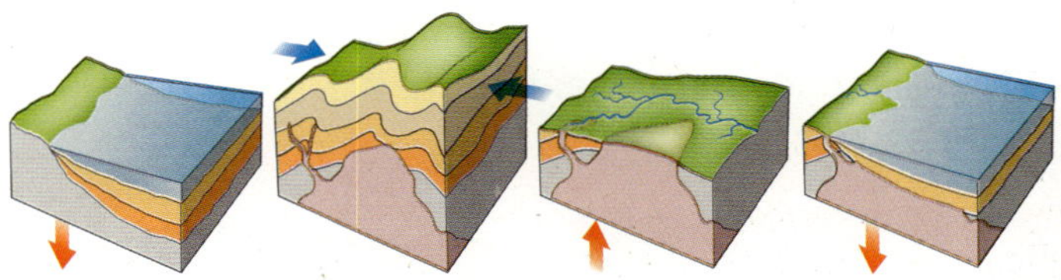

■ In seguito, nella stessa area, si può sviluppare un nuovo ciclo geologico, che inizia con una trasgressione marina e la formazione di nuove rocce sedimentarie, discordanti su quelle più antiche. Le tracce di numerosi cicli simili a quello descritto si riconoscono nelle rocce della crosta terrestre per miliardi di anni.

Carte geologiche

■ Le **carte geologiche** sono un mezzo per registrare le informazioni sulla distribuzione e sulla struttura delle rocce che formano la superficie terrestre.

■ Nella **legenda** della carta sono riportati i significati dei colori e dei simboli utilizzati. Insieme a questi si riporta la **colonna stratigrafica**, uno schema grafico che rappresenta la serie stratigrafica, cioè la successione verticale delle formazioni rocciose.

■ Le **sezioni geologiche**, che spesso compaiono nella cornice della carta geologica, sono tagli verticali che si immagina di effettuare nella crosta allo scopo di rappresentare la prosecuzione in profondità dei corpi rocciosi.

ESERCIZI

per il ripasso

ALTRI ESERCIZI SU ZTE ONLINE

1. Completa la mappa con i termini:
marine ■ moreniche ■ palustri ■ pelagiche ■ delle dune costiere

facies sedimentarie
- continentali
  - fluviali
  - ....
  - desertiche
- di transizione
  - ....
  - lagunari
  - di estuario o delta
  - ....
- ....
  - litorali
  - neritiche
  - ....

2. Completa la mappa con i termini:
tettogenesi ■ demolizione ■ litogenesi

ciclo geologico
- .... → formazione di rocce sedimentarie
- .... → rocce deformate dai movimenti tettonici
- .... → spianamento dei rilievi

3. Abbina alle seguenti immagini il tipo di comportamento delle rocce rappresentate.
fragile ■ plastico

A ....

B ....

C ....

D ....

4. Inserisci i termini corretti al posto dei puntini nella figura.

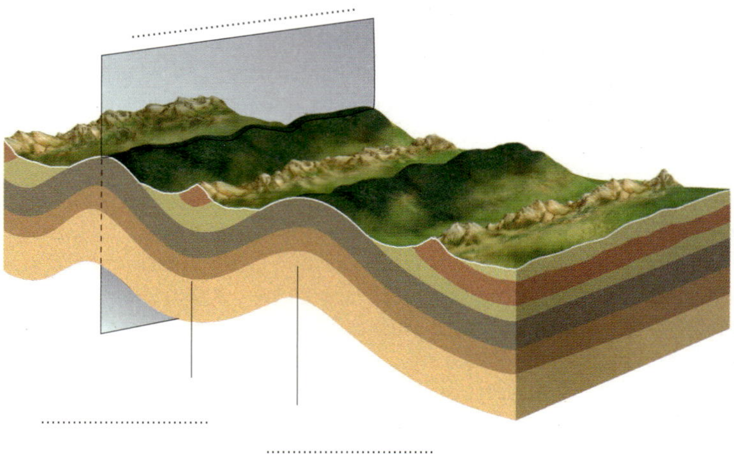

5. Il monte Cervino è un esempio di

A scoglio tettonico o Klippe.
B fronte della falda di scorrimento.
C zona autoctona sovrascorsa.
D finestra tettonica.

6. Abbina ad ogni definizione il principio stratigrafico corrispondente.
principio di intersezione ■ principio di sovrapposizione ■ principio di orizzontalità originaria

A. In un pacco di strati quelli più in basso si sono formati per primi.

....

B. I sedimenti si depositano normalmente in strati pressoché orizzontali e assumono giaciture diverse solo in seguito a movimenti della crosta successivi alla loro deposizione.

....

C. Le fratture o le intrusioni di magma che attraversano le rocce si sono formate successivamente alle rocce stesse.

....

7. Scegli le alternative corrette.
La velocità di deformazione **influisce/non influisce** sul comportamento dei materiali **duttili/fragili**. Infatti, nel caso di deformazioni in tempi lunghi, questi si comportano in modo plastico.

8. Si ha una lacuna di sedimentazione

A quando uno strato di rocce sedimentarie viene coperto dal mare per trasgressione.
B quando su un blocco di rocce si creano nuovi depositi sedimentari.
C quando un blocco di rocce viene eroso senza che vi siano nuovi depositi.
D quando uno strato di rocce sedimentarie emerge dal mare a causa della regressione.

9. Completa il grafico con i termini:
deformazione plastica ■ carico di rottura ■ limite di elasticità ■ deformazione elastica

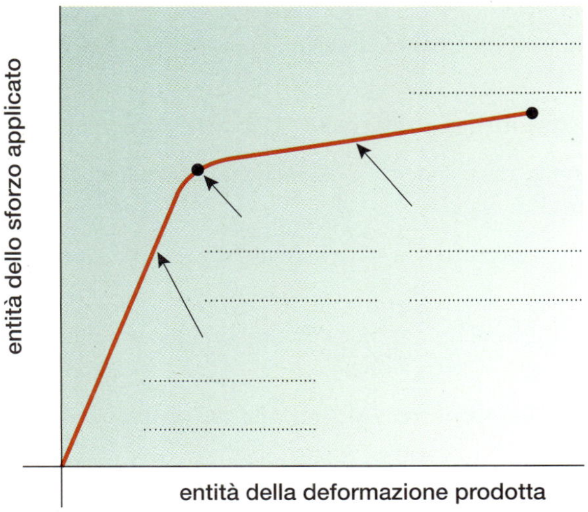

10. Nel caso di pieghe diritte

A la direzione di allungamento è parallela alla spinta.
B non si può risalire alle forze che l'hanno generata.
C la superficie assiale è pressoché orizzontale.
D la superficie assiale è pressoché verticale.

11. Completa il brano scegliendo i termini mancanti tra questi:
omogeneo ■ ignee ■ variabile ■ uniforme ■ eterogeneo ■ metamorfiche ■ sedimentarie

Una formazione geologica è un corpo roccioso caratterizzato da natura litologica .... riferibile ad un ambiente di formazione .... Ci sono formazioni ...., come le conglomeratiche, formazioni ...., come le piroclastiche o laviche, e formazioni .... di alto, medio o basso grado.

12. Una superficie di discordanza

A separa due formazioni rocciose stratificate con diversa giacitura.
B unisce due formazioni rocciose con la stessa giacitura.
C è l'effetto dell'erosione sulle formazioni rocciose, quando non vi sono nuove deposizioni.
D si crea tra due formazioni rocciose quando i movimenti della crosta ne inclinano una rispetto all'altra.

13. Scegli le alternative corrette.
Per un medesimo tipo di roccia, all'aumentare della pressione litostatica **aumenta/diminuisce** l'intervallo in cui si registra una deformazione plastica: ciò significa che una roccia in profondità richiede una sollecitazione **maggiore/minore** per rompersi mentre può più facilmente deformarsi **elasticamente/plasticamente**.

14. Completa il brano scegliendo i termini mancanti tra quelli proposti.

faglie dirette ■ fossa tettonica ■ pilastri ■ trascorrente

La Great Rift Valley è un esempio di .... , formatasi lungo un sistema di ....

Il Mar Morto invece è il prodotto di un depressione dovuta a un particolare processo in atto tra i due segmenti di una faglia di tipo ....

La Valle del Reno in Germania è una fossa tettonica compresa tra due .... che corrispondono al massiccio del Vosgi e a quello della Foresta Nera.

15. Scegli le alternative corrette.
Se un fenomeno di sovrascorrimento è così esteso da assumere dimensioni regionali si parla di **finestre tettoniche/falde di ricoprimento**. Il margine più avanzato si chiama **fronte/Klippe**. I terreni sovrascorsi che possono perdere ogni collegamento con la zona in cui è iniziato il movimento, vengono chiamati **alloctoni/autoctoni**.

16. Nello studio di una serie stratigrafica a che cosa si fa più attenzione?

A A osservarla dall'alto verso il basso.
B All'ampiezza tra due discordanze successive.
C All'inclinazione del campione prelevato rispetto alla giacitura originale.
D Al riconoscimento delle facies (tipi di rocce e fossili) e alle discordanze.

17. Completa.

Nel ciclo di Hutton, dopo la loro formazione, le rocce possono essere deformate a causa di .... che provocano il .... di catene montuose.

Quando, dopo l'erosione, il .... ricopre la zona, nuovi strati di .... si depositano e un nuovo ciclo ricomincia.

Glossary

Match each word or expression with its definition.

1. ☐ Disconformity
2. ☐ Facies
3. ☐ Fault
4. ☐ Fold
5. ☐ Geological cycle
6. ☐ Geological section
7. ☐ Horst
8. ☐ Offset
9. ☐ Principle of original horizontality
10. ☐ Regression
11. ☐ Relative chronology
12. ☐ Reverse fault
13. ☐ Rift
14. ☐ Stratigraphic sequence
15. ☐ Stratigraphy
16. ☐ Stratum
17. ☐ Syncline
18. ☐ Transgression
19. ☐ Thrust
20. ☐ Turbidity current
21. ☐ Unconformity

a. An overriding movement of one crustal unit over another.

b. A principle that states that layers of sediment are originally deposited horizontally under the action of gravity.

c. A tabular or sheet-like body or layer of sedimentary rock, visually separable from other layers above and below it. It is the smallest unit of sedimentary rock.

d. The spread or extension of the sea over areas of land, and the consequent evidence of this advance.

e. A planar or gently curving fracture in the Earth's crust with relative displacement across it.

f. A turbulent flow of water carrying a suspended load of mud that flows down the continental slope beneath the overlying clear water.

g. The aspect, appearance, and characteristics of a rock unit, usually reflecting the conditions of its origin.

h. An elongated, relatively uplifted crustal unit or block that is bounded by faults on its long sides.

i. The retreat or contraction of the sea from areas of land, and the consequent evidence of this withdrawal.

j. A diagram showing the geological features that would be visible if vertical slices were made through part of the crust.

k. The science concerning the description, correlation, and classification of strata in sedimentary rocks.

l. A curved deformation structure formed when an originally planar structure, such as a sedimentary sequence, is bent by tectonic forces.

m. A fold containing the stratigraphically younger rocks at its core. It is generally concave upward.

n. Geochronology in which the time-order is based on superposition and/or fossil content rather than on an age expressed in years.

o. A long, narrow continental trough that is bounded by a normal fault.

p. A substantial break or gap in the geological record where a rock unit is overlain by another that is not next in the stratigraphic succession.

q. An unconformity in which the bedding planes above and below the break are essentially parallel.

r. A chronological succession of sedimentary rocks from older below to younger above, essentially without interruption.

s. Cyclical sequence of events that include the formation of rocks and their tectonic deformation, the uplifting of mountain chains and their successive erosion up to planation.

t. A dip-slip fault in which the hanging wall moves upward relative to the footwall, compressing the structure horizontally.

u. In a fault, the horizontal component of displacement, measured perpendicular to the disrupted horizon.

Summing-up

Complete the following text with the right words from the Glossary.

Stratigraphy

■ ……………………… provides the tools to trace the original attitudes of the rock layers and the order in which they formed. The object of study in stratigraphy is geological formation. A geological formation is a rocky body, of a generally uniform nature, that originated in an environment that was stable for a long time. A ……………………… (or layer) is the smallest unit of sedimentary rock formation: in general, it is of modest thickness but large extent.

■ The ……………………… indicates a set of rock lithological characteristics and depends on the formation environment. The identification of a facies makes it possible to trace the environment in which the rock formed. Common sedimentary facies are continental facies (glacial, fluvial, desert etc.), transition facies (marsh, estuary, coastal, etc.), and marine facies (coastal, neritic, pelagic etc.).

■ ……………………… has developed some principles to establish the relative chronology of the formation of different rocky bodies, based on field observations:

- the principle of original horizontality;
- the principle of (stratigraphic) superposition;
- the principle of intersection.

■ The study of successive facies over time sheds light on the phenomena of ……………………… , the withdrawal of water from previously flooded areas, and ingression (or ………………………), the advance of the sea on continental areas.

■ Transgression gives rise to an ……………………… , which may be:

- ……………………… , if the strata or layers prior to the transgression and the successive ones are all parallel;
- angular unconformity, if the layers prior to the transgression form an angle with successive ones.

■ Unconformities, which describe a geometric aspect, highlight sedimentation gaps. The presence of an unconformity with a sedimentation gap in a series of rocks indicates that the following sequence of events occurred in that area:

- deformation and uplifting of the crust resulting in the emergence of a new land mass (regression);
- erosion of the new land mass;
- return of the sea with resumption of sedimentation (………………).

Tectonics

■ Tectonics study the deformations caused by crustal movements that affect rocks after their formation. Rock bodies appear more or less deformed (translated and/or changed in form).

■ ……………………… are fractures of the crust. Rocks bodies slide against adjacent ones along the faults. There are different types of faults:

- Normal faults, which result in an extension of the crust;
- ……………………… , which, on the contrary, lead to a shortening of the crust.

■ A set of normal faults may cause a local collapse of the crust, called a ……………………… , in which the blocks of crust that stand high are called ……………………… .

■ A fold originates when deformations bend the rocks, without breaking them (anticlines, synclines).

■ A ……………………… originates when a sector of the crust, sliding along a fault, is pushed over a neighbouring sector of the crust. The thrusted sector is called a thrust sheet.

The Geological cycle

■ The ……………………… of an area describes the vertical sequence of the formations involved. The reading and interpretation of stratigraphic series reveals any cyclical repetition of events.

■ The ……………………… (or Hutton cycle) typically includes:

- rock formation, usually on the sea bottom;
- tectonic deformation of these rocks due to movements of the crust, with the development of magmatism and metamorphism and the lifting up of mountain ranges;
- the demolition (by gravitational and erosion processes) of the structures produced by tectonic deformation, up to and including surface planation.

■ A new geological cycle can also develop in the same area, beginning with a marine transgression and the formation of new sedimentary rocks that are unconformable to the older ones. Traces of many similar cycles have been left in the rocks of the Earth's crust over billions of years.

Geological maps

■ Geological maps are a means of recording information about the distribution and structure of the rocks that make up the Earth's surface.

■ The meaning of the colours and symbols used in the map are provided in the legend. A drawing that represents the stratigraphic series, i.e. the vertical succession of rock formations, called the stratigraphic column, is also provided.

■ ……………………… , which often appear in a frame on the geological map, portray the crust as vertical cross-sections in order to represent the way the rocks continue with depth.

Now listen and check your answer.

Video «Rock deformation»

Watch the video and answer the questions.

1. How does the length and thickness of a rocky block change when it is affected by forces acting in opposite and divergent directions?
2. What are the directions of the forces responsible for the compression of a rocky block?
3. How do compressive forces modify a rocky block?
4. How does a transcurrent fault originate?

QUESITI

per l'applicazione delle conoscenze

1. Leggere un paesaggio
Uluru

La foto qui a fianco mostra una immagine aerea del monolite australiano noto come Ayers Rock, che si eleva di 360 m sulla pianura desertica del Territorio del Nord. La massa rocciosa è lunga circa 3,6 km e larga 2. Il suo antico nome è Uluru. Così infatti gli aborigeni chiamano i solchi che incidono sui loro manufatti, ai quali assomigliano i solchi scavati sulla rupe.

Osserva gli strati visibili nella roccia formatasi oltre 500 milioni di anni fa.

- Che cosa puoi dedurre sulla storia di questa formazione rocciosa dall'applicazione dei principi della Stratigrafia?
- Osserva il colore della roccia. Riesci a immaginare quale elemento dà questo colore?

2. Ricercare ed esporre informazioni
Il Gran Canyon del Colorado

Le rocce che affiorano nel Gran Canyon si sono formate in un'ampia varietà di ambienti di sedimentazione, sia sulle terre emerse, sia sotto il mare. Ripetute discontinuità stratigrafiche segnano intervalli di erosione.

- Fai una ricerca su Internet sulla stratigrafia del Gran Canyon.
- Organizza le informazioni in un saggio breve sviluppando i seguenti punti.
  - Quali sono le rocce poste più in basso, e quindi più antiche, della zona? Qual è la loro età? Che cos'è il gruppo di Visnu?
  - Che cos'è la cosiddetta «serie del Gran Canyon»? Gli strati di questa serie sono stati deformati, rispetto alla giacitura orizzontale originaria, dopo la deposizione e il seppellimento?
  - Che cosa sono le arenarie del Tapeates e le argilliti del Bright Angel? Qual è la loro età? Come è stata desunta?
  - Quali sono le formazioni più recenti? Quando si sono formate?

3. Fare un calcolo
Valuta le dimensioni di una piega

Supponiamo che un geologo osservi sul campo 10 pieghe successive (5 sinclinali e 5 anticlinali) tutte uguali e a forma di semicerchio perfetto (vedi il disegno qui sotto).

Il geologo misura tra i due punti estremi della catena di pieghe una distanza di 1000 m.

- Calcola quanto era lungo lo strato che passa per i due punti estremi prima che venisse piegato da forze di compressione.

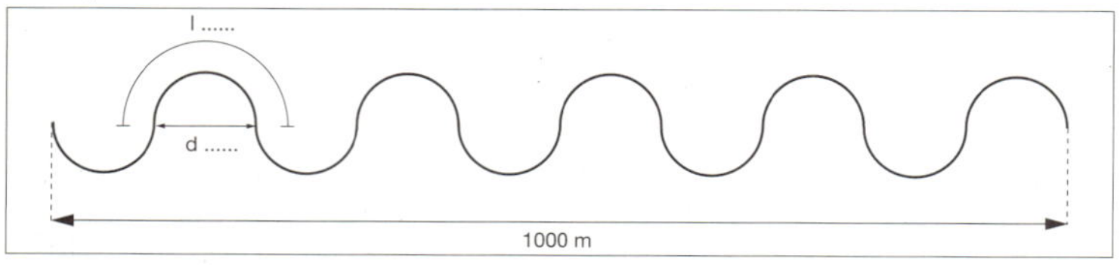

4. Analizzare casi reali
Prodotti degli sforzi tettonici

Scrivi una didascalia di un massimo di 10 righe per ciascuna delle tre fotografie.

A

B

C

3 I fenomeni vulcanici

Una colata di lava molto fluida, tipica dei vulcani hawaiiani, fluisce ancora caldissima, mentre la sua superficie si sta solidificando e assume il caratteristico aspetto di un groviglio di corde. Da oltre 4 miliardi di anni la risalita di materiale fuso dall'interno del pianeta non si è mai arrestata e circa 600 vulcani sono tuttora in attività, ma solo dal XVIII secolo si è cominciato a capire cosa siano i fenomeni vulcanici e quale funzione essenziale abbiano avuto e abbiano ancora nella continua evoluzione della Terra. La vulcanologia, oltre a contribuire alla conoscenza dell'attività del pianeta, fornisce oggi efficaci strumenti di difesa dal rischio vulcanico.
(B. Edmeier/SPL)

Test d'ingresso

A. Quando il magma o la lava solidificano danno origine alle rocce magmatiche.
Le rocce di origine magmatica si dividono in due gruppi fondamentali:

- A rocce intrusive e rocce estrusive.
- B rocce sedimentarie e rocce metamorfiche.
- C rocce intrusive e rocce effusive.
- D rocce sialiche e rocce femiche.

B. La rapidità alla quale solidifica un magma determina la dimensione dei cristalli visibili di una roccia.
Scegli le alternative corrette.
La struttura porfirica delle rocce **intrusive**/**effusive** è caratterizzata da **grandi**/**piccoli** cristalli immersi in una matrice microcristallina o amorfa: questa struttura è dovuta al **rapido**/**lento** raffreddamento del magma di origine.

C. Le rocce magmatiche possono essere classificate anche in base alla composizione chimica.
Completa scegliendo tra i termini proposti.

graniti ■ silice ■ femiche ■ basalti ■ sialiche

Il contenuto di .... di un magma ne influenza la viscosità. Esempi di rocce .... intrusive sono i .... , mentre rocce .... effusive sono i ....

D. I magmi si possono formare sia nel mantello sia nella crosta.
Vero o falso?
Il magma che si origina dalla fusione di una porzione di crosta continentale si definisce anatettico.

1 Il vulcanismo

Figura 1
Un'alta colonna di ceneri e gas si eleva dal vulcano Sinabung (Indonesia). Da miliardi di anni i fenomeni vulcanici trasferiscono materiali solidi e gassosi dall'interno della Terra in superficie e nell'atmosfera. Mentre il nostro pianeta si libera così di una parte della sua energia interna, i nuovi materiali entrano nel delicato equilibrio tra terra solida, idrosfera e atmosfera.
(U. Ifonsasti/Getty Images)

Uno dei segni più evidenti dell'irrequietezza del nostro pianeta è rappresentato dai quasi 600 vulcani attivi, le tipiche forme del paesaggio che nascono intorno a punti della superficie terrestre da cui fuoriescono lava (rocce fuse ad alta temperatura), gas e vapori [Figura 1]. Se poi all'attività dei vulcani visibile in superficie si aggiungono le continue emissioni di lave sul fondo degli oceani, lungo gli oltre 60 000 kilometri di rilievi delle «dorsali oceaniche», il *vulcanismo* rivela le dimensioni di un fenomeno a scala planetaria, che le testimonianze geologiche ci dicono attivo da miliardi di anni.

1

1.1 L'attività vulcanica

L'importanza del vulcanismo tra i processi attraverso cui la Terra non solo si è andata progressivamente trasformando nel tempo fino al suo aspetto attuale, ma continua tuttora a trasformarsi, è ancora più evidente oggi, dopo che sonde spaziali ci hanno mostrato imponenti segni di attività vulcanica su numerosi pianeti e satelliti del Sistema solare. Il più grande vulcano finora scoperto è su Marte, mentre l'attività vulcanica più intensa, addirittura frenetica, è certamente quella di Io, il satellite più interno di Giove; anche le rocce della superficie lunare sono in gran parte il prodotto di vaste eruzioni.

L'*attività vulcanica* può manifestarsi in modi molto diversi, dalla tranquilla effusione di lava a esplosioni parossistiche così violente da sconvolgere un'ampia regione; eppure, nonostante la sua molteplicità di aspetti, il vulcanismo è un fenomeno essenzialmente unitario. Per poterlo considerare nella giusta prospettiva e comprenderne il ruolo nell'evoluzione del pianeta, ne prenderemo in esame alcuni aspetti fondamentali, che si possono schematizzare nei punti che seguono.

- Il *meccanismo che fa innescare i fenomeni vulcanici*.
- I *segni dell'attività vulcanica*: i modi in cui si sviluppa tale attività (cioè i vari *tipi di eruzioni*), le forme (cioè gli *edifici vulcanici* cui dà origine) e l'aspetto che assumono i materiali emessi dalle eruzioni (cioè i *prodotti*).
- Il tipico *dualismo nel modo di presentarsi dell'attività vulcanica*, che si manifesta fondamentalmente con effusioni laviche imponenti ma «tranquille» oppure con esplosioni violente.
- La *distribuzione geografica dell'attività vulcanica*, che non è casuale, ma segue un disegno preciso, tanto da suggerire che tale attività sia il riflesso di qualche processo ben più importante, in atto all'interno del pianeta.

Al termine di questo percorso, dovrebbe risultare chiaro come il ruolo fondamentale dell'intera attività vulcanica sia quello di trasferire imponenti quantità di materiali dall'interno all'esterno del pianeta.

Figura 2
Soufrière Hills è uno stratovulcano di 914 metri di altitudine, situato sull'isola caraibica di Montserrat. Dopo un lungo periodo di quiescenza, è diventato attivo nel 1995 e le sue continue eruzioni, con le conseguenti colate piroclastiche, hanno reso inabitabile la maggior parte dell'isola, oltre ad aver distrutto la sua capitale, Plymouth, coperta da molti metri di prodotti vulcanici (ceneri e fango). La maggior parte della popolazione è stata costretta a lasciare l'isola.

Tutto questo avviene attraverso la continua fusione di rocce in profondità, seguita dalla risalita dei materiali fusi (*magmi*) e dalla loro solidificazione, per raffreddamento, in superficie. È un meccanismo che non solo ha contribuito alla formazione e all'accrescimento della crosta solida del pianeta (con la formazione di grandi quantità di rocce ignee), ma che, con la dispersione in superficie di gas e vapori, ha portato anche alla formazione dell'atmosfera e dell'idrosfera. E senza di esse non sarebbe stato possibile il successivo sviluppo della biosfera.

Le «montagne che eruttano lava e nuvole di fumo» dell'immaginario collettivo sono ormai considerate dai geologi «finestre» che consentono di dare uno sguardo a regioni del nostro pianeta altrimenti inaccessibili, mediante l'analisi di quanto, attraverso tali aperture, risale in superficie.

La conoscenza dei fenomeni vulcanici ha ormai assunto anche una grande importanza in tutte le aree in cui il loro manifestarsi interferisce in qualche modo con l'attività umana. È il caso, per esempio, del *rischio vulcanico*, nei confronti del quale l'unica strategia capace di dare risultati pratici sembra essere quella della prevenzione del danno, che si può attuare solo attraverso la conoscenza approfondita dei meccanismi eruttivi [Figura 2].

Infine, vanno ricordati anche gli effetti positivi dell'attività vulcanica sotto forma di *risorse* per l'attività antropica, come giacimenti minerari e materiali da costruzione (capitolo 4) o energia geotermica.

■ **Isostasia** (Isostasy) Dal greco *ísos*, uguale e *stásis*, stare. I materiali della crosta terrestre (che ha uno spessore di alcune decine di kilometri) «galleggiano» al di sopra dei materiali del mantello, più densi. Il termine isostasia indica la tendenza della crosta a raggiungere una posizione di equilibrio, affondando più o meno nel mantello a seconda del suo spessore. Come vedremo più avanti, un settore di crosta può, nel tempo, assottigliarsi e, quindi, farsi più leggero, o aumentare di spessore e, quindi, divenire più pesante. Come conseguenza, quel settore di crosta sarà soggetto a lentissimi movimenti verso l'alto o verso il basso (aggiustamenti isostatici), per ritrovare l'equilibrio.

1.2 I magmi

Il fenomeno vulcanico nel suo insieme è molto complesso per la molteplicità delle strutture e dei prodotti cui dà origine. Tuttavia, c'è un aspetto del vulcanismo che appare comune a tutte le sue manifestazioni ed è la risalita, dall'interno della Terra, di materiali rocciosi allo stato fuso. Questi, mescolati ai gas, tutti ad alte temperature, una volta giunti in superficie si raffreddano rapidamente e si solidificano oppure si disperdono nell'atmosfera.

Tali masse fuse, chiamate **magmi**, prendono origine all'interno della crosta terrestre o della parte alta del sottostante mantello (in genere tra i 15 e i 100 km di profondità). Esse si formano ogni volta che, a quelle profondità, si verificano particolari condizioni chimiche e fisiche (come aumento di temperatura, diminuzione di pressione, arrivo di fluidi).

L'attività vulcanica può innescarsi improvvisamente in qualche settore della superficie terrestre e persistervi per un tempo più o meno lungo (anche per milioni di anni), prima di estinguersi per il venir meno, in profondità, di quelle condizioni che avevano provocato la formazione di magma.

Il processo di fusione procede gradualmente: il materiale in origine molto caldo, ma ancora solido, si trasforma pian piano in una massa di consistenza pastosa, al cui interno si individuano innumerevoli minuscole gocce di magma che si separano via via da un residuo refrattario (cioè in grado di resistere ad alte temperature senza fondere o subire alterazioni).

Il materiale roccioso allo stato fuso è meno denso della roccia che lo circonda e si espande esercitando una pressione sulle pareti della minuscola cavità in cui si sta formando. Nella roccia circostante si forma così una rete di minuscole fessure, che finiscono per collegarsi a fessure analoghe prodotte da innumerevoli altre gocce di fusione. Quando un volume compreso tra il 5 e il 20% del materiale originario è ormai fuso, le singole gocce di fluido trovano spazi sufficienti per muoversi attraverso la rete di fessure, sempre più fitta e diffusa, e finiscono per unirsi fra loro in una massa continua. A quel punto la massa di magma in formazione inizia a risalire attraverso il materiale ancora solido e assume una tipica forma «a goccia», chiamata *diapiro*. Il fenomeno è del tutto analogo al galleggiamento e rientra nel concetto generale di isostasia.

A questo punto la risalita del magma è relativamente rapida e avviene attraverso le rocce solide sovrastanti, sfruttando ogni fessura che il magma stesso tende ad ampliare o a generare con la sua spinta [Figura 3]. La velocità di risalita di una massa

Figura 3
Esempio di risalita di magma dal mantello, con produzione di fenomeni vulcanici in superficie. L'esempio si riferisce al vulcano Kilauea, nell'Isola di Hawaii. Tra 60 e 70 km di profondità, la temperatura e la pressione consentono la fusione parziale delle rocce, che, a profondità maggiore, pur essendo anche più calde, sono ancora completamente solide, a causa delle forti pressioni dovute al carico delle rocce sovrastanti. Piccoli volumi di materiale fuso si aggregano pian piano fino a formare masse di magma che, essendo meno dense del materiale circostante, risalgono attraverso il mantello superiore e giungono nella crosta, entro la quale possono ristagnare più o meno a lungo formando una *camera magmatica*. Da qui il magma può originare periodicamente un'eruzione lungo la verticale. Il movimento del magma in profondità provoca una caratteristica attività sismica («tremori»).

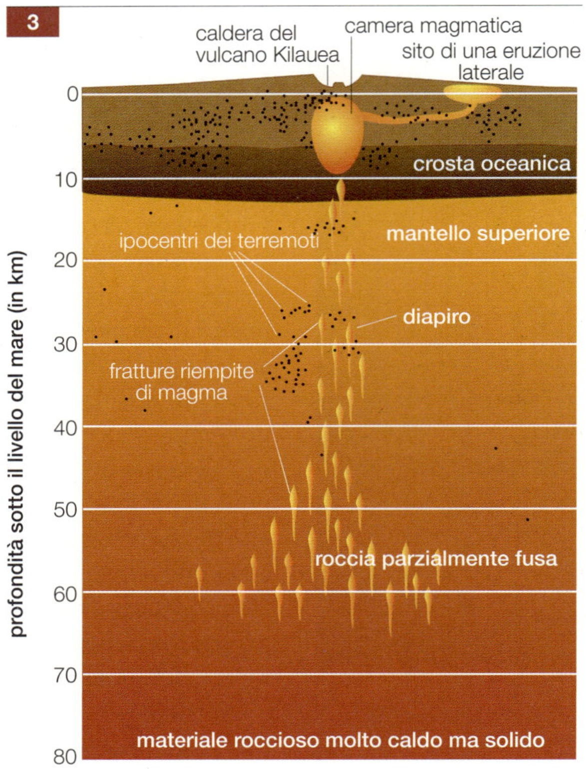

di magma dipende da molti fattori: la sua viscosità (legata alla composizione chimica, alla temperatura e alla presenza di gas), il suo volume, la profondità della zona in cui si origina, la temperatura delle rocce attraverso cui risale ecc. La risalita del magma può quindi rallentare fino ad arrestarsi, per riprendere successivamente. A ogni arresto la natura chimica del fuso può cambiare, ad esempio per l'ingresso al suo interno di parte delle rocce con cui viene in contatto (fenomeni di «mescolamento» e «assimilazione», si riveda il paragrafo 6 del capitolo 1). Man mano che salgono, i diapiri si uniscono e fondono in una massa sempre maggiore. D'altra parte, però, al diminuire della profondità dalla superficie la densità delle rocce solide diminuisce e, come conseguenza, la «spinta di galleggiamento» del diapiro si esaurisce e la massa fusa si accumula e forma una **camera magmatica**.

Qualche vulcanologo ha paragonato efficacemente la camera magmatica a una pentola gigantesca piena di un fluido in ebollizione, posta sul fuoco. Al suo interno il magma ad alta temperatura, a contatto con le rocce circostanti, meno calde, è agitato da movimenti convettivi, per cui risale nel cuore della massa fluida e scende lungo le pareti della camera, sul cui fondo torna a riscaldarsi e a risalire nuovamente. Nel processo perde man mano calore e possono cominciare a formarsi i primi cristalli dei minerali a più alto punto di fusione (cioè i più *refrattari*). Continuano anche i processi, già ricordati, di assimilazione e mescolamento, mentre i gas sciolti nella massa fusa possono cominciare a separarsi e a formare bolle nel fuso.

Tutto questo è il necessario preludio a un'eruzione vulcanica. L'energia che si accumula nella camera magmatica con la liberazione di gas finisce per superare la resistenza della copertura di rocce sovrastanti e si apre un **condotto vulcanico**, attraverso il quale il materiale fuso e i gas si riversano all'esterno con grande forza.

Quando il magma arriva in superficie si innescano i fenomeni vulcanici in senso stretto (anche se i processi appena descritti fanno parte anch'essi del «vulcanismo»), con una molteplicità di forme e di prodotti che si giustificano con le diverse condizioni in cui i magmi possono originarsi in profondità e risalire all'esterno. Ed è proprio attraverso tali diversità di manifestazioni che il vulcanismo ha fornito molti dati indispensabili per comprendere come si è formato e come continua a trasformarsi il nostro pianeta.

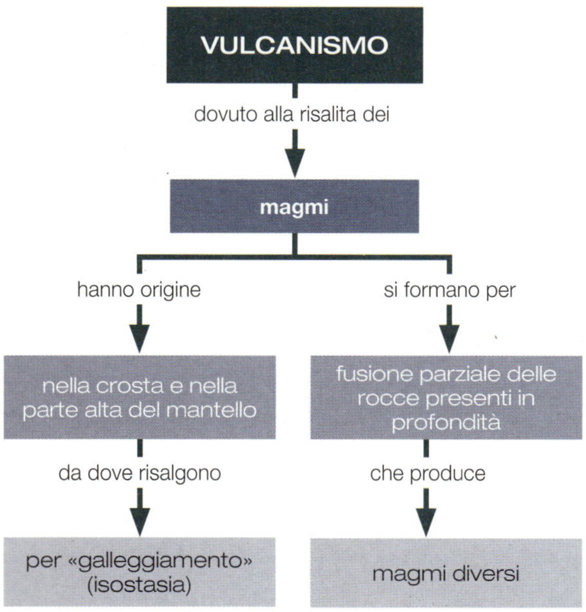

QUESITI

1. Completa.
   Il magma risale attraverso le rocce solide sovrastanti perché è più caldo e meno ....
2. Completa.
   Nella .... il magma si rimescola a causa dei .... , mentre i gas si accumulano in alto.
3. Quanti sono all'incirca i vulcani attivi sulla Terra?
4. Che cosa sono i magmi?
5. Dove si originano i magmi?
6. Da cosa dipende la loro velocità di risalita?

2 Eruzioni, edifici vulcanici e prodotti dell'attività vulcanica

Video
La forma dei vulcani

Video
I tipi di eruzione

Il «trasferimento» di materiale fuso sulla superficie terrestre può avvenire con fenomeni diversi, per cui l'intero processo presenta alcuni aspetti fondamentali:
– il modo in cui si sviluppano in superficie nuove forme del rilievo, cioè i diversi *tipi di eruzioni*;
– il risultato di tale processo, cioè gli *edifici vulcanici* superficiali;
– in che cosa si trasforma il magma, cioè i *prodotti delle eruzioni*.

2.1 I diversi tipi di eruzione

Una lunga tradizione suggerisce di classificare i vulcani in base al tipo di eruzione cui sono associati, ma in realtà tale classificazione presenta dei limiti, dovuti al fatto che in un medesimo vulcano possono alternarsi o succedersi nel tempo tipi di attività diversi.

D'altra parte, la definizione dei differenti tipi di eruzione ha portato ad alcune importanti considerazioni a proposito del significato del vulcanismo, per cui la esamineremo ora approfondendola con maggiore dettaglio.

I fattori che più direttamente influenzano il tipo di eruzione sono due: la viscosità del magma in risalita e il contenuto in gas, soprattutto vapore acqueo.

La viscosità varia moltissimo: è molto elevata nei magmi acidi, che danno origine a lave di *tipo riolitico*, e molto minore nei magmi basici (fino a 10 000 volte di meno), da cui derivano lave di *tipo basaltico*.

Il contenuto in acqua (al di sopra di una certa percentuale) agisce attraverso la capacità di espansione «esplosiva» del vapore ad alte temperature, quando diminuisce la «pressione di confinamento», cioè la resistenza dell'ammasso roccioso attraverso il quale il magma sta risalendo.

Tutto si «prepara» nella risalita dalla camera magmatica e lungo il condotto e dipende dalla velocità con cui il magma si muove, trascinando con sé i gas che si stanno liberando dalla massa fluida. Se il magma arriva a traboccare senza che le bollicine di gas riescano a fondersi in bolle più grandi, allora il magma darà origine a un'**eruzione effusiva**. Questo avviene tipicamente quando il magma è molto fluido e risale a grande velocità nel condotto grazie a un'abbondante alimentazione.

Se invece le bolle di gas riescono a fondersi e crescono fino a frammentare il magma in brandelli, si verificherà un'**eruzione esplosiva**.

In definitiva, natura originale del magma (quindi viscosità), contenuto in gas, temperatura, rapidità di liberazione dei gas sono tutti parametri che influenzano il tipo di eruzione.

Esaminiamo brevemente nella Tabella 1 i diversi tipi di **attività vulcanica** che è possibile caratterizzare, molti dei quali prendono il nome da esempi ben noti.

Tabella 1 Tipi di attività vulcanica

attività	tipo di magma	tipi di eruzione
effusiva dominante	magma fluido e contenuto in acqua variabile ma ridotto	– tipo hawaiiano – tipo islandese
effusiva prevalente	magma meno fluido e modesto contenuto in acqua	– tipo stromboliano
mista (effusiva – esplosiva)	magma viscoso e contenuto in gas e acqua elevato	– tipo vulcaniano – tipo pliniano – tipo peléeano
solo esplosiva	interazione tra magma e acqua	– tipo idromagmatico

■ L'**attività di tipo hawaiiano** è caratterizzata da abbondanti effusioni di lave che derivano da magmi molto caldi, fluidi e con pochi gas. Danno origine a edifici molto larghi rispetto all'altezza, la cui sommità è spesso occupata da un'ampia depressione, chiamata *caldera* (dallo spagnolo, «pentolone»), formatasi per collasso del tetto della camera magmatica, rimasto senza sostegno a seguito del drenaggio verso la superficie di grandi quantità di lava.

4

Figura 4
***Fontane di lava* accompagnano l'emissione di magma fluido e molto caldo.** Queste manifestazioni sono caratteristiche delle numerose eruzioni vulcaniche dell'Isola di Hawaii, che rappresenta la parte emersa di una serie di edifici vulcanici che si innalzano per più di 9000 metri al di sopra del fondo dell'Oceano Pacifico.

Dalle lave fluide i gas si liberano in genere tranquillamente ma, se si accumulano in abbondanza, quando giungono vicino alla superficie possono trascinare per un tratto getti di lava fusa: si innalzano allora spettacolari *fontane di lava*, alte più di 100 m [Figura 4]. I volumi di materiale fuso emesso sono enormi: fino a 2 milioni di m^3 all'ora di lava.

■ Caratteristiche simili presenta l'**attività di tipo islandese**, nella quale, però, la lava, sempre molto fluida, fuoriesce da lunghe fessure invece che da un condotto centrale. Il ripetersi di tali eruzioni dalla stessa fessura porta alla formazione di vasti *espandimenti lavici* basaltici [Figura 5] quasi orizzontali (*plateaux* basaltici), di spessore relativamente modesto, ma estesi per centinaia di migliaia di km^2.

A volte l'attività effusiva è accompagnata da modesta attività esplosiva, con formazione di coni di scorie (ne riparleremo fra i prodotti dell'attività vulcanica).

5

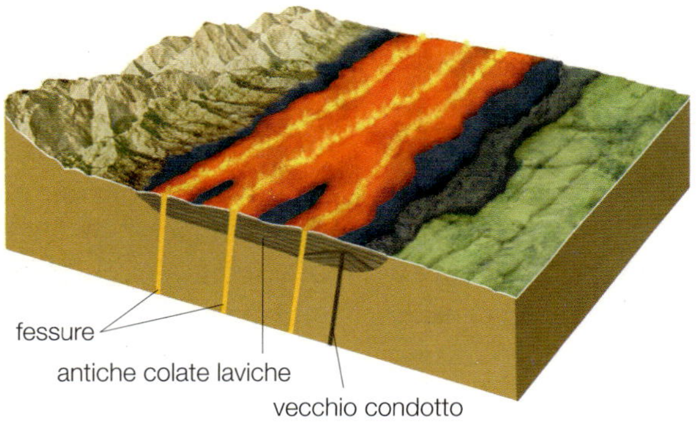

Figura 5
Attività di tipo islandese. La lava, molto fluida, risale da lunghe fessure aperte nella crosta e si espande in vaste coltri, dando origine a giganteschi espandimenti (o *plateaux*) basaltici, estesi per centinaia di migliaia di km^2, con spessori totali anche di 1500 m.

■ L'**attività di tipo stromboliano** (dall'Isola di Stromboli, nelle Eolie) presenta una modesta esplosività a intervalli più o meno regolari [Figura 6].

La lava, abbastanza fluida, ma meno che nei casi precedenti (a Stromboli produce un tipo di basalto), ristagna periodicamente nel cratere, dove inizia a solidificare. Si forma così una crosta solida, al di sotto della quale si vanno accumulando i gas che continuano a liberarsi dal magma: nel giro di un'ora o anche solo di pochi minuti, la pressione di questi gas cresce fino a far saltare la crosta con modeste esplosioni, che lanciano in aria brandelli di lava fusa. Esaurita la spinta dei gas, la lava torna a ristagnare sul fondo del cratere e si forma una nuova crosta solida, fino al ripetersi del fenomeno. La colonna dei materiali espulsa dall'esplosione e sospinta dai gas arriva a solo qualche centinaio di metri di altezza e i brandelli di lava lanciati ricadono a modesta distanza e possono accumularsi, fino a costruire un grosso edificio, come Stromboli, oppure piccoli coni di scorie.

6

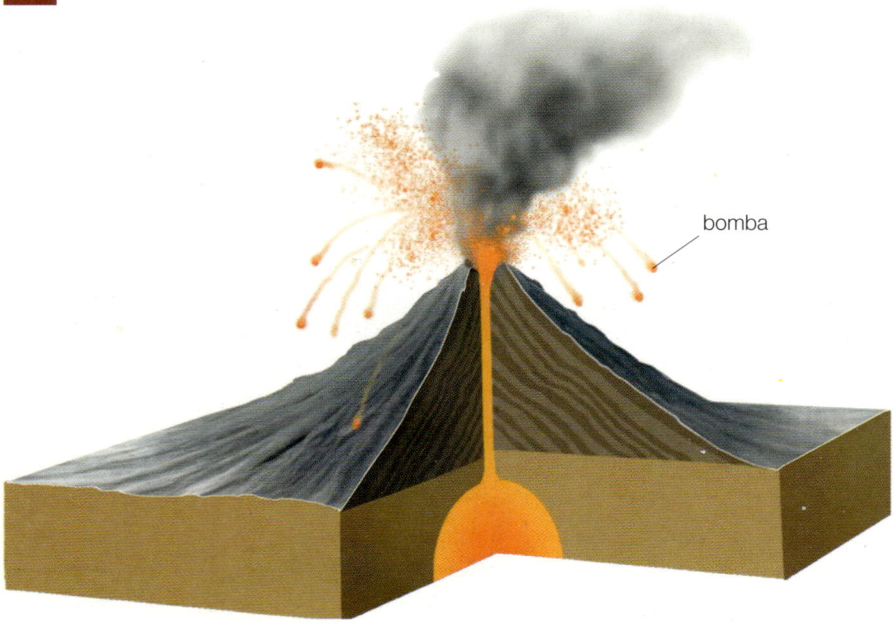

Figura 6
Eruzione di tipo stromboliano. Con periodicità e intensità molto variabili, dal cratere vengono lanciati brandelli di lava fusa che, durante la traiettoria, si rivestono di una crosta plastica e assumono una forma affusolata (*bombe*); insieme, vengono espulsi frammenti del materiale solido che, ostruendo la parte sommitale del condotto, avevano fatto salire la pressione dei gas, fino all'esplosione con cui è iniziata l'eruzione. La colonna eruttiva si innalza per qualche centinaio di metri.

7

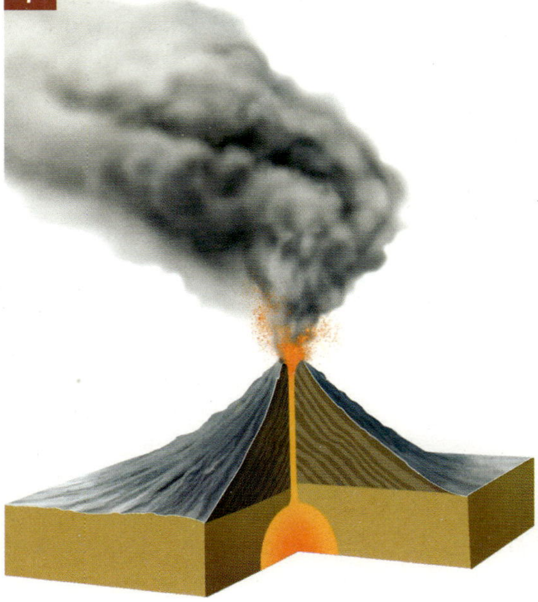

8

Figura 7
Attività di tipo vulcaniano. Le eruzioni sono di tipo esplosivo e molto violente, in quanto la lava, acida e fortemente viscosa, si consolida facilmente alla sommità del camino bloccando le vie d'uscita ai gas intrappolati, che raggiungono pressioni sempre più elevate. A differenza di quello stromboliano, il tipo vulcaniano è caratterizzato generalmente da attività non continuata; essendo infatti molto elevata la quantità di materiale eruttato in una singola eruzione, deve passare un certo intervallo di tempo prima che nella camera si accumuli magma a sufficienza per rinnovare l'attività eruttiva.

Figura 8
Attività di tipo pliniano. Il magma, molto ricco in gas, risale con estrema violenza dalla camera magmatica e viene letteralmente «sparato» verso l'esterno attraverso il condotto, che opera come una canna di fucile. La colonna di vapori, gas e lava polverizzata sale diritta con velocità iniziale superiore a quella del suono, e può raggiungere i 30 km di altezza prima di collassare.

■ L'**attività di tipo vulcaniano** (dall'Isola Vulcano, sempre nelle Eolie) è caratterizzata da un meccanismo simile a quello stromboliano, solo che in questo caso la lava è molto più viscosa (lava acida, da andesiti e rioliti). Perciò i gas si liberano con più difficoltà e la lava solidifica nella parte alta del condotto, dove forma un «tappo» di grosso spessore. I gas impiegano quindi tempi più lunghi per raggiungere pressioni sufficienti a vincere l'ostruzione; quando ciò avviene, l'esplosione è violentissima [Figura 7].

Le attività stromboliana e vulcaniana appaiono abbastanza simili: brevi esplosioni (da pochi secondi a qualche minuto) alternate a intervalli di «riposo», e lancio di frammenti anche di grandi dimensioni. Ma le eruzioni stromboliane si possono seguire senza grossi pericoli, perché l'energia messa in gioco è modesta e i brandelli lanciati cadono vicino al cratere, mentre l'attività vulcaniana è più violenta e pericolosa, con lancio di massi anche a kilometri di distanza. La differenza, come già accennato, è nella maggiore viscosità del magma di Vulcano, che nelle fasi di pausa forma una crosta solida di maggior spessore e più rigida, che richiede una maggior energia dei gas per «saltare».

Le eruzioni di tutti i grandi vulcani, se il loro cratere è ostruito (anche solo per l'accumulo di detriti caduti in esso dalle pareti), avvengono di regola con una fase iniziale di violenta attività vulcaniana.

■ Il termine *vesuviano* indica un'attività vulcanica caratterizzata dall'estrema violenza dell'esplosione iniziale, che svuota un gran tratto del condotto superiore. Il magma può allora risalire con grande velocità da zone profonde, fino a espandersi in maniera esplosiva uscendo dal cratere, dissolvendosi in una gigantesca nube di minutissime goccioline.

Quando tali esplosioni raggiungono il loro aspetto più violento si parla di **attività di tipo pliniano** (da Plinio il Giovane, che per primo ne descrisse una nell'eruzione del Vesuvio del 79 d.C.).

La colonna di vapori e gas fuoriesce dal condotto con tale forza e velocità da salire diritta verso l'alto per alcuni km [Figura 8], prima di perdere energia ed espandersi in una grande nuvola, che assume così una caratteristica forma che ricorda un pino marittimo. Dalla nuvola ricadono grandi quantità di frammenti di lava vetrificata, sotto forma di pomici. Lo studio moderno di eruzioni con attività pliniana ha messo in evidenza che la formazione di colonne eruttive così alte e sospinte in continuità anche per più giorni richiede una forte alimentazione di magma viscoso e ricco di gas, in rapida risalita. Il magma, ricchissimo di bolle in espansione, si riduce a una specie di schiuma, formata da un miscuglio di gas, brandelli di fluido e minerali che stanno cristallizzando, che risale ad altissime velocità, fino a uscire «come una fucilata». Tale attività richiede, inoltre, la presenza di camere magmatiche di grandi dimensioni.

■ Nell'**attività di tipo peléeano** (dalla Montagna Pelée, sull'isola della Martinica) la lava ad altissima viscosità e a temperatura relativamente bassa (600-800 °C) viene spinta fuori dal condotto già quasi solida e forma cupole o torri alte qualche centinaio di metri. Dalla base sfuggono grandi nuvole di gas e vapori, roventi e molto dense (*nubi ardenti discendenti*, vedi paragrafo 3.2), che scendono come valanghe lungo le pendici del vulcano e si espandono su vaste aree con grande velocità.

■ Un meccanismo molto diverso dai precedenti provoca l'**attività idromagmatica**, dovuta all'interazione tra il magma (o rocce riscaldate da un magma) a modesta profondità (fino a qualche km) e l'acqua che permea le rocce (acqua di falda). Un fenomeno

Figura 9
Attività idromagmatica.
Il magma in risalita scalda e frattura rocce in prossimità di una falda acquifera. Il vapore acqueo che si produce si accumula in ogni cavità e frattura, finché la sua pressione diventa sufficiente a far saltare la copertura di rocce e ad aprire un varco fino in superficie. Le rocce preesistenti vengono frantumate dall'esplosione e lanciate all'esterno. Dalla base della colonna, espulsa verso l'alto, si allarga ad altissima velocità una specie di densa nube anulare, formata di vapore e materiali solidi (*base-surge*).

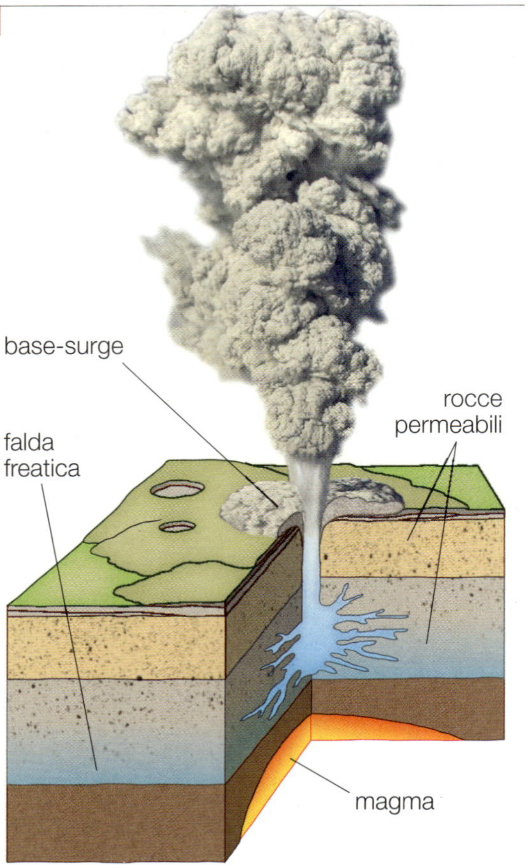

analogo si verifica anche nel corso di eruzioni sottomarine a basse profondità (vedi paragrafo 3.1). Il brusco passaggio dell'acqua allo stato di vapore genera enormi pressioni che possono far saltare l'intera colonna di rocce sovrastanti, aprendo un condotto verso l'esterno. Dal cratere esce con grande violenza una colonna di vapore che trascina con sé frammenti di rocce e, se c'è stato contatto con il magma, lava finemente polverizzata. Dalla base di tale colonna parte una specie di onda d'urto concentrica, tipica di esplosioni violente, che dà origine a una densa nuvola di vapore e materiali solidi, a forma di anello, chiamata *base-surge* («onda di base»); la nube si espande a grande velocità (oltre 150 km/h), lasciando accumuli piroclastici con forme tipiche (simili alle dune dei deserti sabbiosi) [Figura 9].

Crateri di origine idromagmatica e relativi prodotti si riconoscono nei vulcani laziali e campani, tra i quali i Colli Albani, il grande vulcano a sud di Roma, e il Vesuvio, la cui eruzione del 79 d.C. ebbe tragiche conseguenze proprio per l'innescarsi di una forte attività idromagmatica.

■ Un cenno a parte merita l'attività esplosiva che porta alla formazione dei *diatremi*. Quando il magma in risalita da zone molto profonde fuoriesce in modo altamente esplosivo, alla fine dell'eruzione le rocce in cui si apre la parte finale del camino vulcanico vengono ampiamente frammentate dalla violenta pressione dei gas e si forma un cratere largo molte centinaia di metri e profondo anche uno o due kilometri. Tale cavità a forma di imbuto è riempita dalle rocce frantumate e viene chiamata **diatrema**. Lo studio della natura del magma e dei minerali contenuti nei frammenti di rocce strappati a tutto il condotto e trascinati in superficie ha portato a concludere che il meccanismo che li produce si innesca a grandi profondità, almeno 100 km, ampiamente dentro il mantello superiore. A quelle profondità magmi di natura ultrabasica (rivedi capitolo 1, paragrafo 5.2), prodotti da fusione parziale delle rocce presenti e ricchi in gas, soprattutto anidride carbonica, si aprono la via verso l'alto frantumando la litosfera e risalendo a velocità altissima, fino a esplodere nell'atmosfera, nella quale scagliano – a velocità di oltre 2000 km/h – gas e frammenti solidi strappati dal mantello e dalla crosta [Figura 10].

I diatremi più importanti sono i *camini kimberlitici* (da Kimberley, in Sudafrica [Figura 11], dove sono stati inizialmente studiati), non solo per le informazioni su zone profonde del pianeta, altrimenti inaccessibili, ma anche per la preziosa risorsa che hanno reso disponibile, i *diamanti* (vedi par. 5.1).

Figura 10
Stadi della formazione di un diatrema.
A. Il magma in rapida risalita strappa via e trasporta con sé i frammenti di crosta e di mantello, fino a raggiungere la superficie e a fuoriuscire con velocità supersonica.
B. Dopo l'eruzione, il canale alimentatore rimane colmo di materiali e si forma un diatrema, formato da magma solidificato e da una breccia coi frammenti di roccia trasportati.
C. I sedimenti del cono e della superficie, più teneri, vengono erosi, lasciando in evidenza il nucleo del diatrema e i dicchi verticali a raggiera che vediamo oggi.

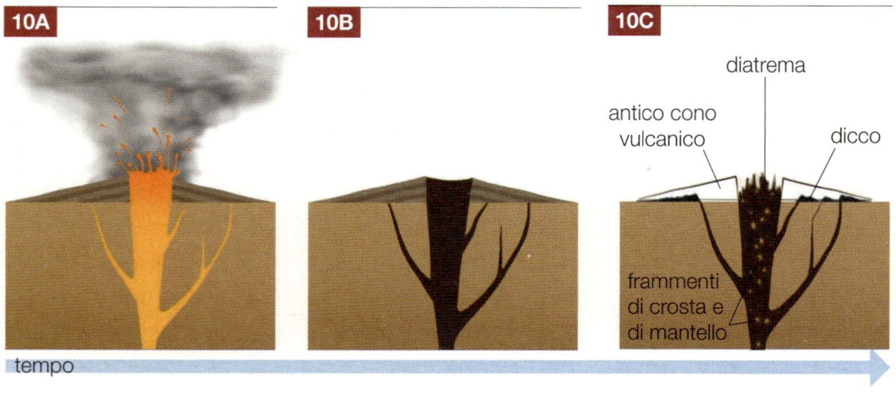

Figura 11
La miniera di diamanti soprannominata Big Hole, a Kimberley, in Sud Africa.
La miniera, oggi esaurita e invasa dall'acqua, fu scavata a mano all'interno di un camino kimberlitico. (Vladislav Gajc/Shutterstock)

12A

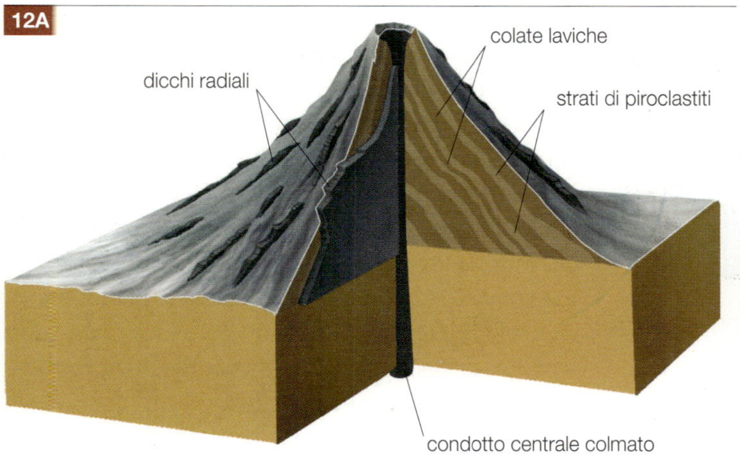

12B

Figura 12
Schema di un vulcano-strato (o composto).
A. L'edificio è costituito da un'alternanza di colate di lava e di strati di piroclastiti. Parte della lava può solidificare entro fratture del cono in collegamento con il condotto centrale, originando una specie di «nervatura» che rafforza l'edificio (*dicchi o filoni radiali*). **B.** Il Monte Fuji, in Giappone, è un vulcano-strato. (J. Mori/Image Bank)

Figura 13
Schema di un vulcano a scudo. **A.** Questo tipo di rilievo si forma per l'accumularsi di migliaia di sottili colate basaltiche, molto fluide, che si espandono prima di solidificarsi in coltri. Alla sommità si può formare, per collasso, una *caldera*, all'interno della quale il condotto può aprirsi con un *cratere a pozzo*, dalle pareti verticali. **B.** Un'immagine aerea dell'immenso vulcano a scudo Mauna Loa, nell'Isola Hawaii. (S. Lee)

2.2 La forma degli edifici vulcanici

Finora si è parlato genericamente di «materiale fuso» o di «magma», ma è necessario fare una precisazione: viene usato il termine **magma** quando ci si riferisce al materiale fuso presente all'interno della crosta, mentre quando tale materiale fuoriesce in superficie e perde gran parte dei gas che conteneva si parla di **lava**. I gas vanno ad arricchire l'atmosfera, mentre i prodotti solidi si accumulano fino a costruire l'edificio vulcanico.

Gli **edifici vulcanici** si accrescono nel punto in cui il materiale fuso fuoriesce:

- all'estremità aperta in superficie (*cratere*) di un condotto di forma, in genere, quasi cilindrica (*vulcani centrali* o *areali*);
- lungo spaccature che penetrano profondamente nell'interno della Terra (vulcani *lineari*).

Il **condotto vulcanico** (o *camino vulcanico*) mette in comunicazione l'edificio esterno con l'area di alimentazione; in genere, nella sua risalita il magma può ristagnare in una **camera magmatica** (o *bacino magmatico*) a bassa profondità (fra 2-3 km e 10 km).

La forma di un edificio vulcanico dipende strettamente dal tipo dei prodotti eruttati e spesso rappresenta un'importante informazione sulla natura del vulcano stesso. Si riconoscono fondamentalmente due tipi di vulcani.

■ I **vulcani-strato** si formano quando fasi di effusioni laviche si alternano con periodi di emissioni esplosive di frammenti sminuzzati di lava, che si depositano poi intorno al cratere, dando origine alle *piroclastiti* (scorie, lapilli, ceneri: vedi paragrafo 2.3).

L'edificio che ne risulta, chiamato anche *vulcano composto*, assume la forma di un cono [Figura 12].

■ I **vulcani a scudo**, come quelli delle Hawaii e dell'Islanda, hanno invece una forma appiattita, dovuta alla notevole fluidità delle lave eruttate (lave basiche, molto calde, che solidificano come basalti). Queste lave sono in grado di scorrere per molti chilometri in larghe colate, anche di modesto spessore, prima di consolidarsi. Tra i vulcani a scudo si annoverano i vulcani più grandi della Terra. Il maggiore, il Mauna Loa, nell'Isola Hawaii, si alza per oltre 4 km sopra il livello del mare [Figura 13], ma la sua base è sul fondo dell'oceano, a oltre 5 km di profondità, per cui in definitiva il suo edificio è alto più di 9 km, con un diametro alla base di circa 250 kilometri.

13A

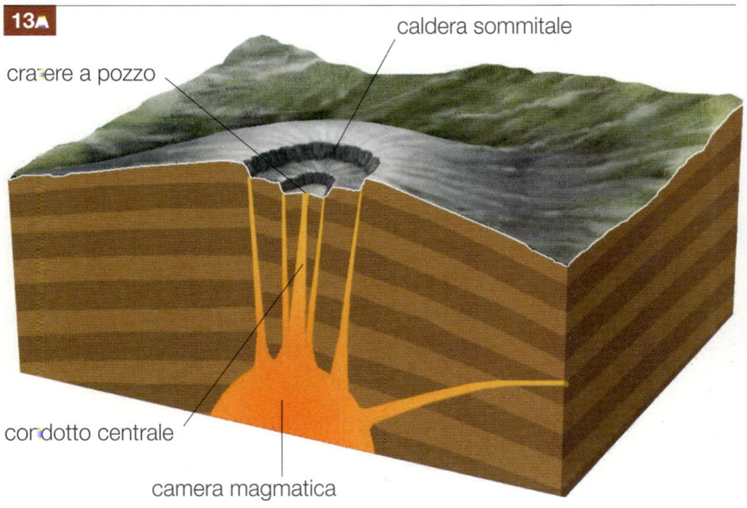

13B

14A
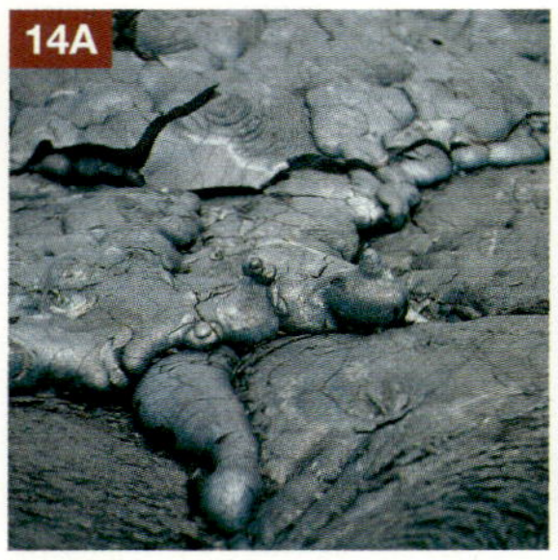
14B

14C

Figura 14
Colate di lava.
A. Colata di lava fluida ormai solidificata. Per il suo aspetto levigato, la lava è definita di tipo *pahoehoe*; in hawaiano: «ci si può camminare sopra a piedi nudi». (R. Funiciello)
B. Una colata di lava a superficie scoriacea. Per il suo aspetto frammentato, questa lava è definita a *blocchi* ed è una varietà della lava *aa* («su cui non si può camminare a piedi nudi»). (EuToch/Shutterstock)
C. Lava a cuscini.

2.3 I prodotti dell'attività vulcanica

Materiali gassosi e materiali solidi (rocce ignee effusive, cioè derivate direttamente dal raffreddamento delle colate di lava, e piroclastiti) sono i tipici prodotti dell'attività vulcanica. Vediamone le caratteristiche essenziali.

■ Tra i **materiali gassosi**, i prodotti più abbondanti sono il vapore acqueo (che in alcune eruzioni arriva al 70%) e l'anidride carbonica, seguiti dai composti dello zolfo, dell'azoto, del cloro e del fluoro. L'importanza di questi materiali è duplice: da un lato essi hanno contribuito a formare gran parte dell'atmosfera e continuano ad alimentarla, dall'altro favoriscono l'innesco delle eruzioni del magma, entro cui si trovano disciolti.

I gas sciolti in un magma sono analoghi all'anidride carbonica sciolta in uno spumante: quando si comincia a togliere il tappo dalla bottiglia, la pressione all'interno di quest'ultima diminuisce e subito l'anidride carbonica comincia a liberarsi sotto forma di bollicine; togliendo completamente il tappo, l'anidride carbonica si libera tumultuosamente e fuoriesce dalla bottiglia, trascinando con sé parte del liquido. Mentre, però, una volta esaurita l'anidride carbonica il vino rimasto nella bottiglia non può più uscire spontaneamente, nel caso dei vulcani, esaurita l'energia dei gas che hanno provocato l'eruzione, il meccanismo viene «ricaricato» da altri gas, che risalgono dall'interno della Terra.

■ I **materiali solidi** che costituiscono gli edifici vulcanici sono le *colate di lava* (o, più esattamente, le *rocce effusive* cui le lave danno origine per raffreddamento) e le *piroclastiti*, che si formano per accumulo di frammenti solidi di varie dimensioni e natura (scorie, lapilli, ceneri, polveri), espulsi dal vulcano nelle fasi esplosive della sua attività. La presenza in un edificio vulcanico di sole lave, sole piroclastiti o di una mescolanza dei due tipi di prodotti dipende dal tipo di eruzione e, quindi, dal tipo di magma che ha alimentato l'attività effusiva.

■ L'aspetto di una **colata di lava** in corso di raffreddamento o già solidificata dipende da vari fattori. Quando la lava che fuoriesce è molto fluida, sulla sua superficie si forma rapidamente una crosta levigata [Figura 14A], sotto la quale la lava continua a scorrere fino ad arrivare a grande distanza, lasciando dietro di sé un tunnel con le pareti di lava. Se, invece, la lava è più viscosa, la superficie della colata, più rigida, si frantuma in numerosi frammenti spigolosi e assume un aspetto scabro [Figura 14B].

Se la colata di lava fuoriesce sul fondo di un oceano, a causa del brusco raffreddamento a contatto con l'acqua, la sua superficie si riveste rapidamente di una crosta vetrosa, che la pressione, dovuta all'arrivo di nuova lava, fa rompere in vari punti: dalle fessure escono fiotti di lava che a loro volta si rivestono di un guscio vetroso. Alla fine la colata appare come una catasta di grosse «focacce»: *pillow-lava* o «lava a cuscini» [Figura 14C].

■ Anche i **depositi piroclastici** o **piroclastiti** possono assumere aspetti molto diversi. La liberazione dei gas da lave abbastanza fluide può dare origine al lancio di brandelli di lava, che ricadono ancora incandescenti e, raffreddandosi, formano le *scorie vulcaniche* [Figura 15A], che possono accumularsi in forma di *coni* intorno al punto di emissione. Se i brandelli sono di grandi dimensioni e si induriscono in superficie, si arriva alle *bombe vulcaniche* [Figura 15B], di forma affusolata.

Nelle fasi esplosive i gas trascinano via grandi quantità di rocce sbriciolate, strappate dalle pareti del camino, e di lava in minute goccioline, che si trasformano in vetro vulcanico. L'espulsione e la ricaduta di questi materiali dà origine a vere e proprie coltri di piroclastiti; a seconda delle dimensioni dei frammenti, si parla di *polvere vulcanica* (molto fine), di *cenere vulcanica* (simile a una sabbia), di *lapilli* (come piccoli ciottoli) e di *blocchi* (anche di decine di tonnellate).

Se la brusca liberazione di gas avviene in un magma acido si forma una specie di schiuma vetrosa, che l'eruzione esplosiva riduce in frammenti: trascinati a grande altezza, questi ricadono poi e si accumulano in livelli di *pomici* [Figura 15C], leggerissime e porose.

In tutti questi casi si parla di **depositi piroclastici da ricaduta**: i materiali espulsi dal condotto hanno seguìto una traiettoria «balistica» oppure, se sono molto fini, sono stati trasportati in quota e sono ricaduti, disperdendosi su ampie aree.

Ben più importanti sono i **depositi piroclastici da flusso**, prodotti da colate piroclastiche (dette anche *ignimbriti*, «piogge di fuoco»). Quando

Figura 15
Piroclastiti.
A. Accumulo di scorie; le dimensioni dei frammenti vanno dal cm a qualche dm. (Lagui/Shutterstock)
B. Grossa bomba vulcanica lanciata dal vulcano Asama, in Giappone. (Photo Researchers)
C. Una pomice di alcuni cm di diametro; la struttura porosa è dovuta al rapido raffreddamento della lava che non ha permesso lo sviluppo di cristalli. I gas si sono liberati in bollicine e hanno lasciato numerosi pori. (R. Crespi)

15A

15B

15C

Figura 16
Una colata di fango (lahar). L'immagine del paese di Bacolor, nelle Filippine, invaso e in gran parte sommerso da una colata di fango scesa dalle pendici del vulcano Pinatubo, mostra la devastazione che tali fenomeni possono produrre. Con la loro elevata densità, i lahar possono trascinare via grandi quantità di materiali. (G.A. Rossi/Tips)

Figura 17
Una delle colate di fango che investì Sarno nel 1998. (M. Sestini/G. Neri)

■ **Sospensione** (**Suspension**) Un tipo di *miscuglio*, cioè di miscela eterogenea, in cui le singole sostanze componenti rimangono separate anche se vengono mescolate. La sospensione indica una dispersione di particelle solide entro un liquido o un gas.

si verifica un'esplosione violenta, frammenti di materiali solidi vengono trascinati verso l'alto in moti vorticosi dai gas roventi, che coinvolgono grandi volumi d'aria. Si forma così una **nube ardente**, una densa sospensione ad alta temperatura (oltre 300 °C) di gas, vapore e frammenti solidi, che nei grandi edifici sale a gran velocità (da 100 a 400 km/h) per migliaia di metri. Questa colonna eruttiva sale ad alta quota, finché i gas si raffreddano e si disperdono; il materiale solido, non più sostenuto, collassa e dà origine alle **colate piroclastiche**, che scendono a velocità elevate e si disperdono intorno alla zona di emissione. Se esiste già un edificio vulcanico, esse scendono lungo i versanti, colmando depressioni e risalendo anche pendii, prima di arrestarsi (dopo decine di km) abbandonando una vasta coltre di materiale solido. L'accumulo è formato da minuscoli frammenti di vetro (per il rapido raffreddamento della lava), rocce strappate alle pareti del condotto e minerali già cristallizzati dal magma; i materiali risultano saldati tra loro al momento del deposito, a temperature ancora di centinaia di gradi.

2.4 Altri fenomeni legati all'attività vulcanica

Nell'attività vulcanica l'acqua è spesso presente in abbondanza, sia per la fusione di neve o ghiacciai che ricoprono eventualmente la sommità del vulcano, sia per la sua espulsione da un lago che occupi un cratere quando vi risalga della lava, sia, infine, per la condensazione del vapore acqueo emesso assieme ai gas. Come conseguenza, i detriti piroclastici incoerenti (cioè formati da granuli «sciolti», non attaccati tra loro) assorbono acqua fino a diventare saturi e, soprattutto quelli che si sono accumulati sulle pendici più ripide del vulcano, finiscono per diventare instabili e per trasformarsi in **colate di fango** [Figura 16].

Queste colate, note anche con il nome indonesiano di *lahar*, si incanalano lungo le valli e scendono con forza distruttiva per parecchi kilometri. Quando si arresta, il fango indurisce rapidamente e si trasforma in una solida roccia che imprigiona tenacemente tutto quello che ha travolto e sepolto.

Alla fine del 1985 nell'eruzione del Nevado del Ruiz, in Colombia, il magma fece fondere rapidamente un ghiacciaio posto alla sommità del vulcano: la colata di fango formatasi in tal modo investì e sommerse la città di Armero e i villaggi circostanti, provocando quasi 30 000 vittime.

I lahar possono formarsi anche molto tempo dopo l'eruzione e possono innescarsi anche lungo le pendici dei rilievi circostanti il vulcano, ricoperti dalle ceneri e polveri eruttate. Prima o poi, infatti, le acque che circolano nei terreni superficiali o che derivano da prolungate precipitazioni, finiscono per imbibire quei materiali trasformandoli in colate di fango che scivolano veloci verso la pianura, lasciando a nudo le valli e le vallecole che avevano colmato durante vecchie eruzioni.

È quanto è successo, per esempio, a Sarno, in Campania, nella primavera del 1998, investita da numerose colate di fango formate a spese delle piroclastiti che hanno ricoperto le pendici dei rilievi appenninici nel corso delle passate eruzioni del vicino Vesuvio [Figura 17].

Altri fenomeni legati all'attività di un vulcano sono le **manifestazioni tardive**. Per molto tempo dopo che è cessata l'emissione di lava, infatti, dalle profondità della terra continuano a salire i *gas* residui, accompagnati da *acque termo-minerali*, che per il loro contenuto in sostanze particolari vengono utilizzate a scopi curativi. È il caso, per esempio, delle terme dell'isola di Ischia, alimentate dai residui di un'attività vulcanica quiescenta. Le terme di Abano

18A

18B

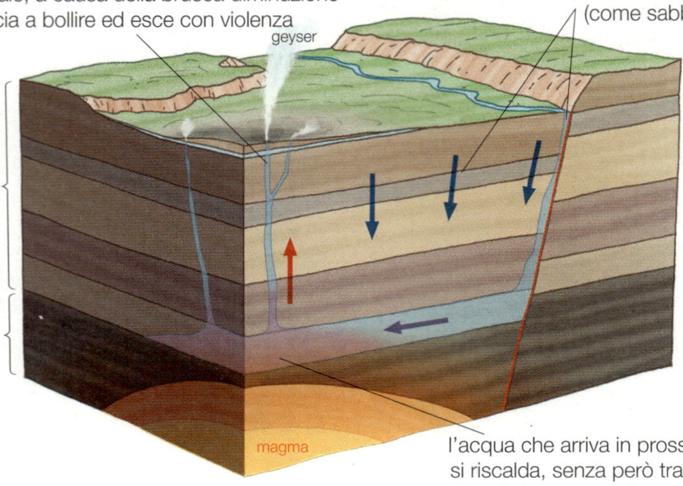

Figura 18
Una tipica manifestazione tardiva: i geyser.
A. Un geyser in eruzione.
B. Schema della formazione e alimentazione di un geyser. L'acqua fredda, scendendo in profondità lungo fessure e muovendosi entro rocce permeabili, si surriscalda in prossimità di una camera magmatica, senza, però, passare a vapore, a causa della forte pressione ivi esistente. L'acqua surriscaldata risale verso l'alto, finché, per la diminuita pressione, entra in ebollizione e prorompe all'esterno con violenza.

(Padova), a lungo collegate al vulcanismo dei Colli Euganei, vecchio di 30 Ma, vengono oggi attribuite invece a un processo geotermico. Le acque calde (da 17 a 58 °C nelle sorgenti) nascono come acque di pioggia, che penetrano nei rilievi a monte dell'area e scendono in profondità (dove la temperatura cresce di 2÷3 °C ogni 100 metri per il *gradiente geotermico*: vedi il capitolo 5), si riscaldano e risalgono in superficie. Fenomeni legati a queste manifestazioni tardive sono i *geyser* [**Figura 18**], che abbondano nell'America Settentrionale e in Islanda, dove costituiscono un'attrazione turistica. Il termine inglese *geyser* è derivato dal nome della sorgente termale islandese *Big Geysir* (che significa «emettere a fiotti»): il fenomeno si manifesta, infatti, quando da una cavità aperta in superficie viene emessa, a intervalli quasi regolari, una colonna d'acqua molto calda, che viene spinta a grandi altezze, come un'enorme fontana.

Altre manifestazioni minori sono le *fumarole*, emissioni di gas e vapori caldi, e le *moféte*, emissioni di acqua e anidride carbonica. I gas vulcanici, tra cui l'anidride carbonica (CO_2), filtrano dalla camera magmatica e risalgono da sotto il vulcano anche quando questo è quiescente. La CO_2 che si libera, essendo più pesante dell'aria, riempie il cratere fino a traboccare e a scendere per gravità lungo le pendici del vulcano, raccogliendosi nelle cavità e nelle depressioni del terreno. Essa, pur non essendo velenosa, può risultare mortale per gli esseri viventi che vi si trovino immersi in quanto, fissandosi all'emoglobina del sangue, riduce la disponibilità di ossigeno per l'organismo.

QUESITI

1. Scegli l'alternativa corretta.
   Le lave basaltiche sono **più/meno** viscose rispetto alle lave di tipo riolitico, che sono **più/meno** acide.
2. Completa.
   I .... sono edifici vulcanici larghi e con fianchi poco ripidi, prodotti da eruzioni di lava molto ....
3. Quali sono i principali tipi di eruzioni?
4. Che differenza c'è tra magma e lava?
5. Come è fatto un vulcano?
6. Quali prodotti vulcanici conosci?
7. Quali manifestazioni vulcaniche tardive conosci?

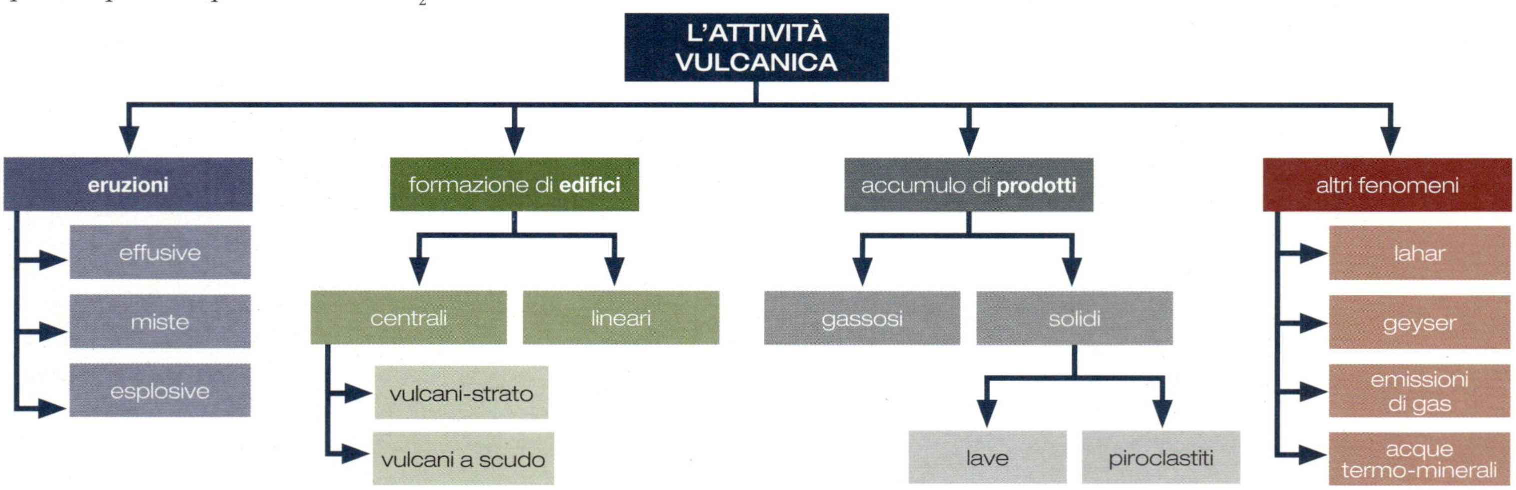

3 Vulcanismo effusivo e vulcanismo esplosivo

Video
La distribuzione dei vulcani

I due tipi fondamentali di vulcanismo (*effusivo* ed *esplosivo*) hanno una distribuzione geografica diversa: in certi settori del pianeta domina il vulcanismo esplosivo, in altri quello effusivo. Questa distribuzione non è casuale e il suo studio può fornire preziose indicazioni sulla dinamica interna della Terra.

Esaminiamo, perciò, più da vicino i due tipi di vulcanismo e la loro distribuzione geografica. In questa analisi ritroveremo i diversi tipi di eruzioni, ma li considereremo da un diverso punto di vista. Per esempio, eruzioni hawaiane e islandesi, ben distinguibili per gli edifici cui danno origine, sono entrambe manifestazioni di tipo tipicamente effusivo: questa «parentela» è il risultato di un'origine profonda con caratteristiche comuni.

3.1 Il vulcanismo effusivo delle dorsali oceaniche e dei punti caldi

Quando un magma fluido risale verso la superficie, i gas in esso disciolti, dopo aver fatto saltare per la pressione l'eventuale ostruzione, si liberano con forza, mentre inizia a traboccare la lava che fluisce e si espande anche su grandi distanze.

La manifestazione più imponente di vulcanismo effusivo sulla Terra avviene sott'acqua ed è associata a una serie di profonde fessure che tagliano l'intera crosta oceanica (per uno spessore di alcuni kilometri) e segnano l'asse delle **dorsali oceaniche**.

Le dorsali oceaniche si elevano anche di 2-3000 m) rispetto alle circostanti piane abissali e formano una fascia larga un migliaio di kilometri e lunga in totale oltre 60 000 km, che dal Mar Glaciale Artico serpeggia attraverso l'Atlantico e l'Indiano e percorre tutto il Pacifico meridionale e orientale. Il sistema di dorsali oceaniche non è una catena montuosa sommersa, ma corrisponde a un inarcamento del fondo oceanico, lungo la cui sommità si aprono le fessure da cui fluisce il magma.

Si tratta, quindi, di eruzioni lineari, come quelle di tipo islandese, che avvengono sul fondo del mare. In tali condizioni, se i materiali eruttati, di natura basaltica, si trovano a notevole profondità, la lava fluisce tranquillamente dalle fessure e si consolida con le tipiche strutture «a cuscini». Se, però, l'eruzione sottomarina avviene a profondità moderata, quindi sotto modeste pressioni della colonna d'acqua, l'emissione della lava è accompagnata da esplosioni che liberano alla superficie del mare nubi bianche di vapore acqueo. L'edificio può arrivare ad emergere dal mare. Così è nata dal mare, nel 1963, l'Isola di Surtsey, al largo delle coste dell'Islanda [Figura 19], che corrisponde a un settore della dorsale Medio-Atlantica che emerge dal mare. Ribadiamo che i magmi di questo vulcanismo risalgono direttamente dal mantello che si trova sotto la crosta oceanica.

Figura 19
Il vulcano Surtsey qualche anno dopo l'inizio della sua attività. In questo tratto la sommità della dorsale oceanica è così poco profonda che il nuovo vulcano è arrivato a emergere. (S. Snead/Bruce Coleman)

20

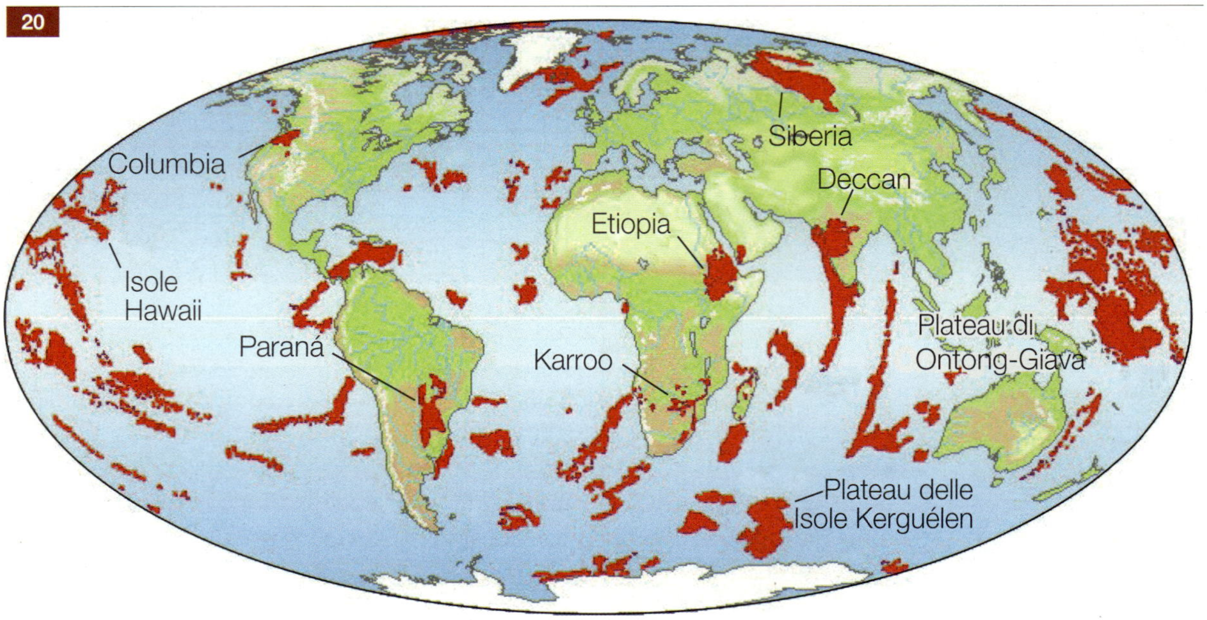

Figura 20
Grandi espansioni di lave legate all'attività di punti caldi. Le aree colorate indicano l'accumulo di gigantesche quantità di lave (fino a diversi milioni di km^3), eruttate nel tempo da condotti centrali o da lunghe fessure della crosta terrestre, sia sui continenti, sia sui fondi oceanici. Si ritiene che queste enormi effusioni si siano originate in corrispondenza di punti caldi, alimentati da pennacchi in risalita da grandi profondità nel mantello, molti dei quali tuttora attivi.

Uno degli esempi meglio studiati di vulcanismo effusivo è, però, quello delle Isole Hawaii, giganteschi vulcani a scudo associati all'attività di un «punto caldo». I **punti caldi** sono zone ristrette della superficie terrestre (ne sono state identificate alcune decine, sia sui fondi oceanici, sia sulle terre emerse), con diametri di 100-200 km, caratterizzate da vulcanismo attivo persistente da milioni di anni [Figura 20].

Sotto ai punti caldi si ha una continua fusione del materiale presente che, a causa delle enormi quantità di lava che traboccano in superficie, viene costantemente «rimpiazzato» dalla risalita da grandi profondità nel mantello di «pennacchi» di materiale caldissimo. Imponenti manifestazioni effusive associate a punti caldi si verificano, come già ricordato, anche sui continenti, sia da grandi sistemi di fessure, sia da vulcani di tipo centrale.

3.2 Il vulcanismo esplosivo

Quando il magma che risale è viscoso, i gas iniziano a liberarsi in singole bollicine, ma la viscosità non permette loro di espandersi liberamente e la pressione da essi esercitata sale continuamente; lo stesso fenomeno accade per magmi meno viscosi ma molto ricchi in gas (vapore acqueo o anidride carbonica).

Come abbiamo già visto, qualunque sia il meccanismo attraverso il quale essa si manifesta (vulcaniano, pliniano o peléeano), quando si arriva all'esplosione i gas roventi fuggono dal condotto con estrema violenza, trascinando frammenti di rocce sbriciolate e lava polverizzata, dando origine a una *nube ardente ricadente* [Figura 21].

21A

21B

Figura 21
Una nube ardente.
A. Un'immagine della nube ardente prodotta dall'eruzione del vulcano Pinatubo, nelle Filippine, avvenuta nel 1991. Dopo l'esplosione iniziale, vengono espulsi enormi quantità di gas e ceneri, che si espandono minacciosamente mentre salgono con grande rapidità verso la stratosfera. I materiali più fini, giunti ad alta quota, hanno influenzato sensibilmente per molti mesi le condizioni climatiche globali della Terra. (NOAA, Boulder, Colorado).
B. Schema dell'eruzione che mostra la colonna eruttiva in salita e in espansione alla sommità (frecce blu), mentre inizia il collasso che forma colate piroclastiche, in discesa lungo i versanti dell'edificio. (Tratto da De Rita, 2015)

22

Figura 22
Eruzione di tipo peléeano.
Una nube ardente scende lungo il fianco del vulcano chiamato Montagna Pelée: mentre una grande nube sale vorticosamente verso l'alto, una valanga di densi vapori, che trascina anche materiali solidi, ha raggiunto la costa (è la striscia più chiara, alla base della nube). Questo fenomeno avvenne alcuni mesi dopo l'eruzione che, nel 1902, aveva distrutto, con un meccanismo analogo, la cittadina di Saint-Pierre. (Musée National d'Histoire Naturelle, Laboratoire de Minéralogie, Parigi)

23

Figura 23
Immagine da satellite della colonna di polveri eruttate dal vulcano Eyjafjallajökull.
L'Islanda è nell'angolo in alto a sinistra (sotto le nubi); le polveri disegnano una striscia chiara sullo sfondo della superficie del mare e si dirigono verso Sud-Est, dove si riconoscono la Gran Bretagna e la penisola scandinava. (NEODAAS / University of Dundee/PA)

Se, a causa di una parziale ostruzione del cratere, l'esplosione avviene lateralmente, la nuvola rotola lungo il pendio con grande velocità (*nube ardente discendente*), come nell'eruzione documentata in Figura 22. La forma più devastante di queste esplosioni è però quella delle *nubi ardenti traboccanti* che fuoriescono da fessure lunghe vari kilometri, invece che da condotti centrali, e che arrivano a centinaia di km di distanza dal punto di emissione, muovendosi con grande velocità (oltre 100 km/h).

Il vulcanismo esplosivo porta in definitiva all'accumulo di enormi quantità di prodotti piroclastici e molto meno di lave. Inoltre, durante un'eruzione esplosiva, gas e ceneri permangono a lungo nell'atmosfera con pesanti conseguenze. Nel 1815 l'eruzione del vulcano Tambora, nell'isola di Giava (Indonesia), disperse i suoi prodotti su un'area di 2500000 km^2 (pari a un quarto della superficie dell'intera Europa). Fu l'eruzione più grande della storia e provocò 90 000 morti, con l'espulsione di oltre 150 km^3 di materiali, parte dei quali, penetrando in mare come colate piroclastiche, generò un violento tsunami. Le ceneri più fini salirono fino alla stratosfera e presero a girare intorno alla Terra, riflettendo nello spazio parte della radiazione solare che riscalda l'atmosfera: il 1816 è noto come «l'anno senza estate» e si ebbero raccolti scarsi in tutto il mondo.

■ **Stratosfera** (Stratosphere) Dal latino *stratum*, disteso e dal greco *sphâira*, sfera. Parte dell'atmosfera compresa tra i 10-12 km e i 50-60 km di altezza. L'aria è molto rarefatta, ma è ancora agitata da intensa circolazione, con venti che possono raggiungere velocità molto elevate.

Più di recente, il 20 marzo 2010, il vulcano Eyjafjallajökull, nel Sud dell'Islanda, ha ripreso dopo 187 anni la sua attività. L'isola è attraversata da una «fossa tettonica», cioè una depressione delimitata da numerose faglie, lungo le quali il magma è risalito con una tipica eruzione di *tipo islandese* (rivedi figura 5). Un'altra caratteristica dei vulcani islandesi è la manifestazione di fasi di forte esplosività, durante le quali la lava viene «soffiata» fuori con tale energia dai gas in violenta espansione da venire polverizzata in milioni di minuscole bollicine, una vera schiuma, che i gas stessi trascinano verso l'alto; inoltre, la presenza di acqua e ghiacci che si trasformano in vapore contribuisce a trascinare in alto la colonna di materiale, che sale così anche per molti kilometri: la nube si allarga in quota e viene «presa in carico» dai venti, che la trasportano anche su grandi distanze [Figura 23].

All'interno della nube le goccioline di lava si raffreddano così bruscamente che invece di formare tipici cristalli di minerali, formano particelle solide di vetro vulcanico [Figura 24], un materiale fragile ma duro (nella scala della durezza di Mohs circa 7, su un massimo di 10). Queste nuvole di sottilissime polveri possono provocare danni a un aereo che le attraversi ad alta velocità, sia abbassando l'efficienza dei filtri, sia «smerigliando» letteralmente le superfici, anche metalliche, su cui fluiscono. Le esperienze non mancano: nel 1991, la gigantesca nube provocata dall'eruzione del Pinatubo, nelle Filippine, salita fin nella stratosfera, ostacolò a lungo i voli e mise fuori uso una grande base aerea.

La nuvola di polvere del vulcano islandese proseguì il suo tragitto in direzione Sud-Est, mettendo in crisi il traffico aereo per parecchi giorni (30 000 voli cancellati). In poche settimane erano state emesse più di 200 000 tonnellate di polveri, che, muovendosi tra i 3 e gli 8 km di altezza, hanno raggiunto anche l'Italia, ma con una bassa concentrazione che le piogge hanno poi dilavato.

Il vulcanismo esplosivo è associato in gran parte a magmi nella cui origine è coinvolta la crosta continentale, per anatessi e contaminazione, ma, come visto per l'Islanda, in condizioni speciali si manifesta anche con magmi di provenienza più profonda.

Figura 24
Se si osservano al microscopio, le particelle di cenere emesse da un'eruzione si rivelano minuscole schegge di vetro vulcanico (la ben nota *ossidiana*).
Le particelle, simili a frammenti di bolle, sono il risultato dell'esplosione violenta di un magma schiumoso, saturo di gas.

24

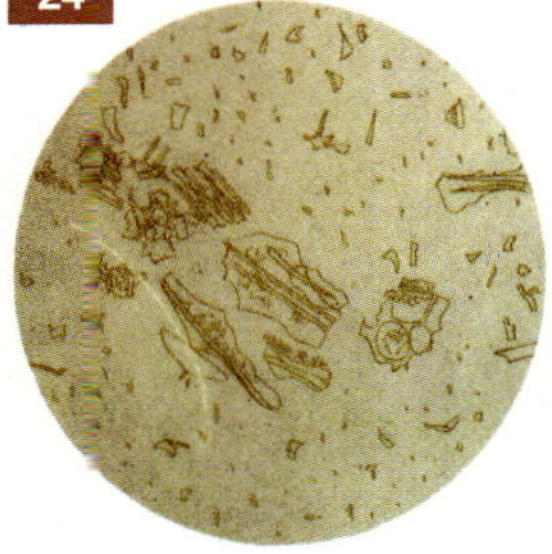

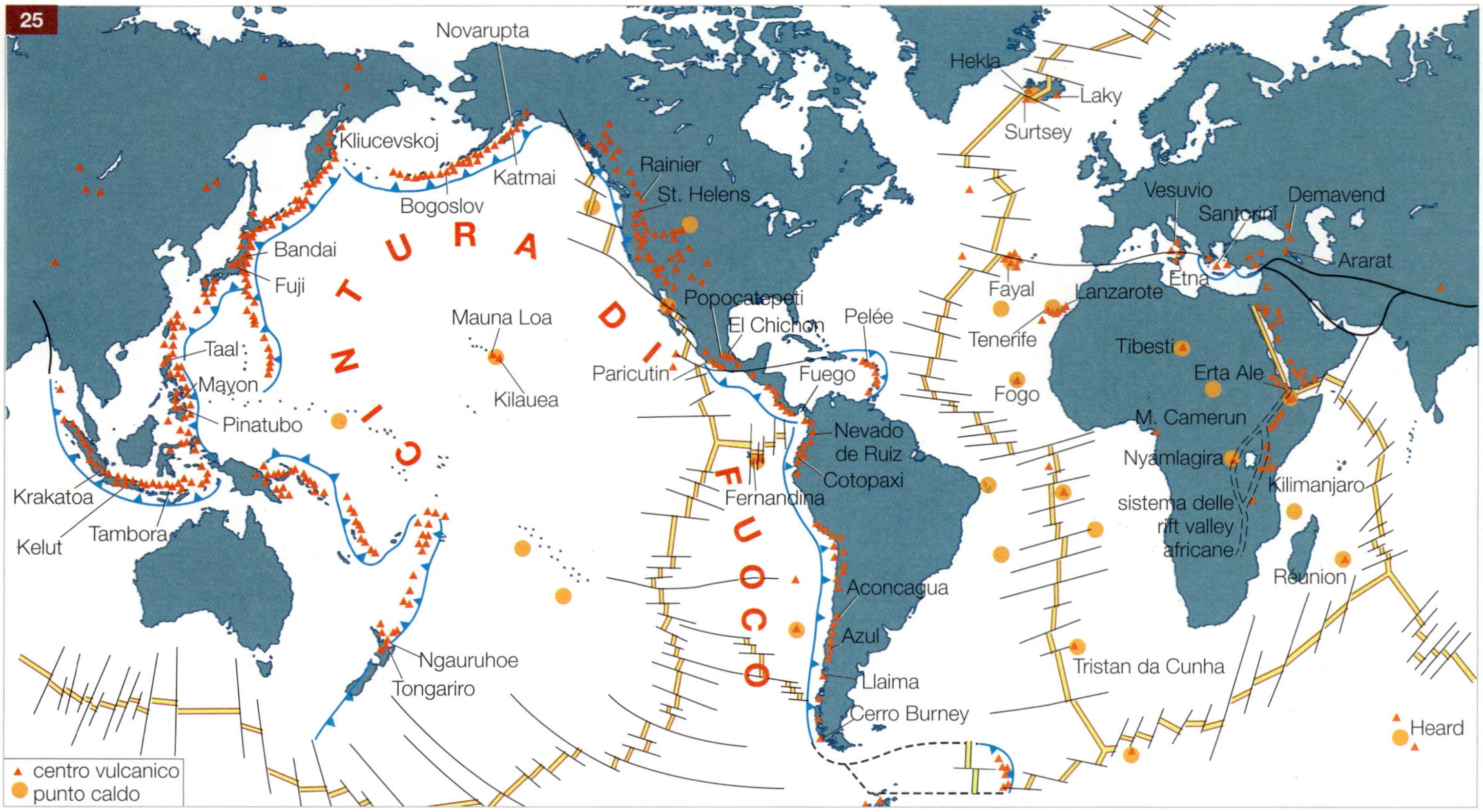

Figura 25
Distribuzione geografica dei quasi 600 vulcani attivi emersi (è indicato il nome dei principali) e dell'attività lineare sottomarina.
Si osservi la stretta associazione tra vulcani e *fosse abissali* oceaniche (linee blu, come lungo la «cintura di fuoco» del Pacifico) e si tenga presente che l'asse dell'intero sistema di *dorsali oceaniche* è in pratica sede di continua emissione di lave basaltiche. Sono stati indicati, inoltre, anche i *punti caldi*, alcuni dei quali sono localizzati in corrispondenza di settori di dorsali oceaniche (come l'Islanda), mentre altri alimentano i grandi vulcani posti all'interno delle vaste piane abissali oceaniche o di aree continentali.

■ **Great Rift Valley** Viene così chiamato il grande sistema di profonde depressioni che percorre l'Africa orientale, dal fiume Zambesi, a Sud, fino a incontrare il Mar Rosso, a Nord, lungo 3500 km. Le depressioni, larghe alcune decine di kilometri, sono limitate da alte e ripide scarpate, prodotte da grandi faglie dirette; esse ospitano i grandi laghi africani, alcuni dei quali hanno il fondo a centinaia di metri sotto il livello del mare. La Great Rift Valley corrisponde a una gigantesca fossa tettonica.

3.3 La distribuzione geografica dei vulcani

Esaminiamo ora i rapporti tra vulcanismo esplosivo o effusivo e la posizione sulla superficie terrestre delle zone di attività vulcanica. La distribuzione dei quasi 600 vulcani attivi sulle terre emerse (continenti e archi insulari) e delle effusioni laviche lungo le dorsali oceaniche non è casuale né uniforme: tende a concentrarsi in lunghe fasce o in catene di edifici, mentre solo una parte dei vulcani sembra avere una distribuzione sparsa [Figura 25]. Si possono distinguere tre diverse situazioni geografiche:

– *edifici lineari lungo le dorsali oceaniche*;
– *edifici centrali lungo i margini dei continenti* o *catene di isole*;
– *edifici centrali o lineari isolati* (*punti caldi*) all'interno di aree continentali e piane abissali oceaniche.

Il tipo di vulcanismo più esteso è quello legato all'emissione di gigantesche quantità di lave basaltiche dalle fessure del sistema mondiale di dorsali oceaniche. Si tratta di un vulcanismo sottomarino effusivo, con grandi accumuli di «lava a cuscini». In qualche caso questo vulcanismo si manifesta sopra il livello del mare: è quanto avviene in Islanda, dove la Dorsale Medio-atlantica emerge per circa 500 km (anche per effetto di un punto caldo).

I grandi vulcani della Terra, quelli con forma a cono, sorgono per la maggior parte lungo margini di continenti o lungo catene di isole fiancheggiati dalle depressioni del fondo oceanico note come «fosse abissali». Più del 60% di tali vulcani si trova lungo l'intero margine dell'Oceano Pacifico, dove costituiscono la «cintura di fuoco». Sono vulcani altamente esplosivi, i cui prodotti, in gran parte piroclastici, sono di natura da intermedia ad acida, anche se non mancano prodotti più basici (*basalti*).

I numerosi centri di emissione di prodotti vulcanici associati a punti caldi sono distribuiti in modo apparentemente casuale in piena area oceanica o all'interno di un continente. Tra quelli oceanici, uno dei centri più estesi è quello delle Isole Hawaii; tra quelli continentali, il più spettacolare è in Africa, nel gruppo Tibesti-Hoggar, ormai estinto. Allo stesso gruppo vengono associati alcuni dei grandi vulcani che sorgono lungo la Great Rift Valley africana e anche l'Etna, il più grande vulcano d'Europa.

L'Etna è un vulcano-strato, formato in realtà da più edifici vulcanici susseguitisi nel tempo, ognuno dei quali ha parzialmente coperto i precedenti [Figura 26], mentre il condotto di alimentazione si è spostato sempre più a Ovest, fino alla posizione attuale [Figura 27].

Le informazioni sui vari aspetti del vulcanismo permettono di stabilire alcuni punti fondamentali.

■ Il vulcanismo si manifesta come trasferimento di materiali dall'interno caldo del pianeta in superficie (nuove rocce) o nell'atmosfera (gas).

■ Tale trasferimento avviene con processi diversi:

– nelle dorsali oceaniche, materiali solidi ma mol-

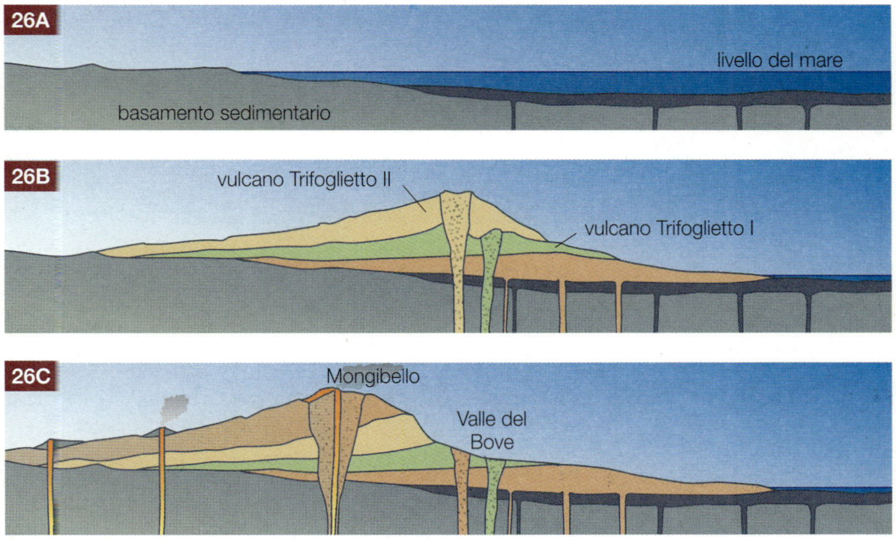

Figura 26
Momenti dell'evoluzione dell'Etna. A. La fase iniziale (600000 anni fa) si manifestò con l'effusione di colate laviche sottomarine, con struttura «a cuscini». **B.** Dopo il ritiro del mare verso Est, tra 120 000 e 100 000 anni fa (seconda fase di attività) lave fluide formarono un vulcano a scudo. Successivamente il magma divenne meno fluido: le effusioni di lave si alternarono con esplosioni e 80 000 fa (terza fase) si formò un vulcano poligenico, per la sovrapposizione di più apparati eruttivi (Trifoglietto I e II), ognuno spostato verso Ovest rispetto al precedente. **C.** Da 35 000 anni fa (quarta fase) si è progressivamente formato un grande vulcano-strato, chiamato Mongibello, alto oltre 3000 m. Una grande frana per collasso (circa 10 000 anni fa) ha prodotto la Valle del Bove, una vasta depressione sul versante orientale.

Figura 27
Panorama sulla Valle del Bove, sulle pendici dell'Etna. È in atto un'eruzione dal cratere apertosi nel settore SE della sommità dell'Etna (ottobre 2011). (A. Zimbone)

to caldi risalgono nel mantello, fondono e fluiscono attraverso fessure che tagliano la crosta;
- a ridosso delle fosse oceaniche, i magmi che attraversano la crosta si arricchiscono in gas, per cui eruttano con esplosioni violente;
- nei punti caldi, il materiale molto caldo risale da grandi profondità e alimenta enormi effusioni.

Dorsali oceaniche e fosse abissali, di dimensioni planetarie, indicano che l'interno della Terra presenta settori diversi per natura dei materiali e condizioni fisiche (temperatura e pressione) e che i materiali sembrano fondere per uno o più processi che fanno variare localmente tali condizioni

QUESITI

1. Che cosa hanno in comune le eruzioni di tipo hawaiiano e islandese?
   - A Sono di tipo effusivo provocate da lava fluida.
   - B Entrambe portano alla formazione di plateaux basaltici.
   - C Entrambe producono fontane di lava a causa dei gas espulsi.
   - D Non hanno nulla in comune.
2. Come si distribuiscono i vulcani nel mondo?
3. Che cosa sono le dorsali oceaniche? Quanto sono lunghe complessivamente?
4. Da quale tipo di vulcanismo sono caratterizzate le dorsali oceaniche?
5. Da quale tipo di vulcanismo sono caratterizzati i punti caldi?

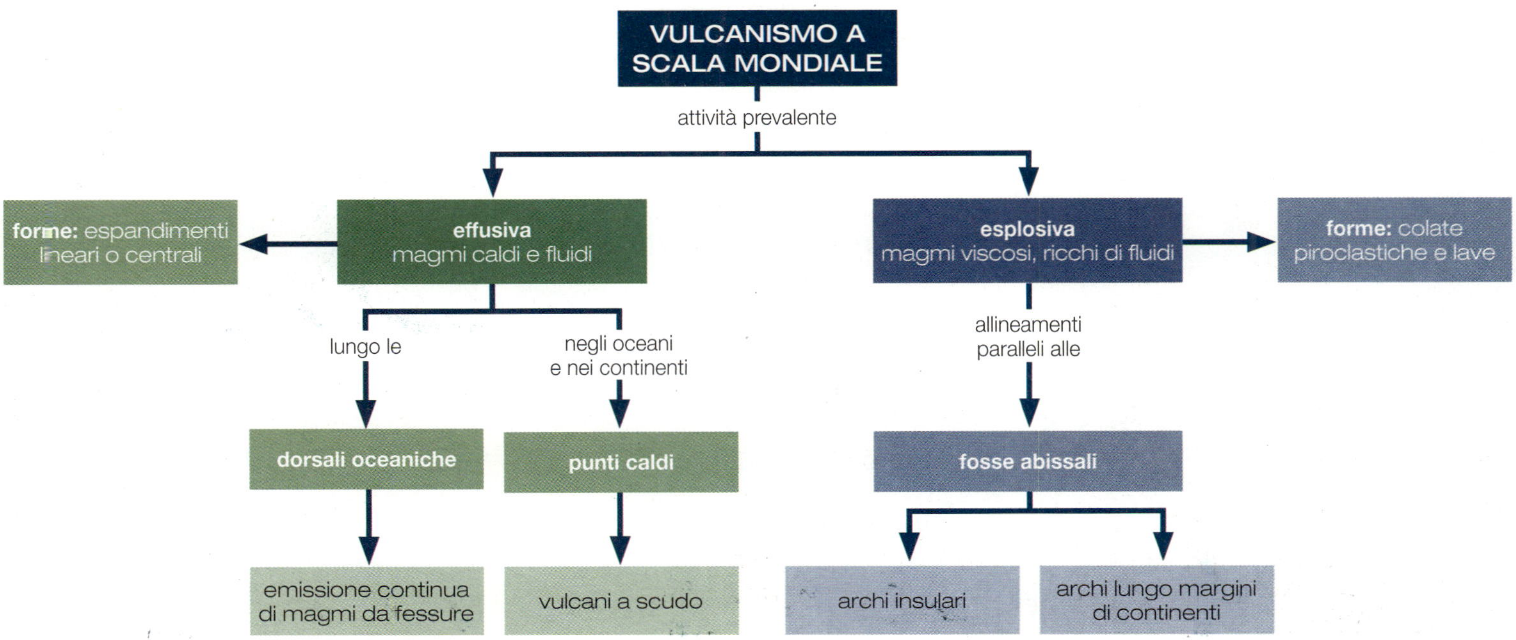

4 Il rischio vulcanico

Video
Il Vesuvio

Video
Tsunami provocati dai vulcani

Le grandi eruzioni vulcaniche sono da sempre un importante fattore di condizionamento per la società umana. Lo sono anzitutto come rischio: ci sono circa 600 vulcani attivi e di essi 1 su 6 ha provocato vittime. Le manifestazioni dell'attività vulcanica che provocano danni sono numerose e comprendono colate piroclastiche, colate di lava, piogge di ceneri, colate di fango ed emissioni di gas.

Per i vulcani che emergono dal mare bisogna anche ricordare gli tsunami, gigantesche onde d'acqua più note in associazione a terremoti (lo vedremo nel capitolo 4), ma che vengono prodotte anche da altre cause. Tra queste ricordiamo grandi esplosioni vulcaniche e collassi di parti di isole vulcaniche, come nell'eruzione esplosiva di Santorini, datata intono al 1410 a.C., che causò onde alte alcune decine di metri che si abbatterono sulla vicina isola di Creta, con pesanti distruzioni che segnarono l'inizio del declino della splendida civiltà minoica. In Italia, nel dicembre del 2002 l'attività dello Stromboli ha provocato uno tsunami, causato dal collasso di una parte (circa 30 milioni di m^3) del versante noto come Sciara del Fuoco, già sede in passato di fenomeni analoghi[Figura 28].

La lotta dei vulcanologi per prevenire questi gravissimi danni conosce luci e ombre. Nel corso dell'eruzione del Pinatubo (Filippine), nel 1991, un gruppo di ricercatori fu in grado di avvertire dell'imminenza di un'eruzione e le autorità pubbliche fecero evacuare 250000 persone, prima che un'eruzione catastrofica sommergesse con grandi lahar gran parte dei villaggi. Anche nel 1994 i 30000 abitanti di Rabaul, in Papua Nuova Guinea, furono fatti evacuare via mare appena in tempo prima che due vulcani entrassero in attività, distruggendo gran parte dell'abitato.

Ma non è sempre così. Nel 1985, i vulcanologi segnalarono l'imminente attivarsi del Nevado del Ruiz, in Colombia, un vulcano noto per la sua pericolosità. Purtroppo, le autorità governative non erano preparate a un'evacuazione e 25 000 persone perirono travolte nei loro villaggi dai lahar. Anche nel 2002 un gruppo di vulcanologi diede l'allarme per l'imminente eruzione del Nyragongo (Repubblica Democratica del Congo), ma per la mancanza di un organismo governativo efficiente l'allarme non fu trasmesso e 400 000 persone furono costrette ad abbandonare ogni cosa.

La vulcanologia è in grado di riconoscere i vulcani pericolosi e di individuare i rischi caso per caso, in base allo studio dei depositi vulcanici di eruzioni precedenti [Figura 29]. È possibile, per esempio, identificare i probabili percorsi di colate di lava o le zone di espansione di colate piroclastiche, e questo consente di delimitare aree da abbandonare o su

Figura 28
Ricostruzione dello tsunami prodotto dal collasso che ha dato origine alla Sciara del Fuoco sull'isola di Stromboli. La Sciara del Fuoco è un ripido pendio che si formò quando un ampio settore del versante di Nord-Ovest del vulcano franò in mare, tra 2000 e 5000 anni fa. Il collasso coinvolse poco meno di 1 km^3 di roccia, che scivolò in mare fino a 2000 metri di profondità, generando uno tsunami. La simulazione di quell'evento, ricostruita al computer, indica che onde alte fino a 50 metri investirono le coste dell'isola e si allontanarono poi con un fronte circolare, raggiungendo le coste calabre dopo circa un quarto d'ora, con altezze di 4 metri. Lo stesso pendio è stato ed è sede di altri collassi, che spesso producono tsunami. (Da Barberi *et al.*, 2004).

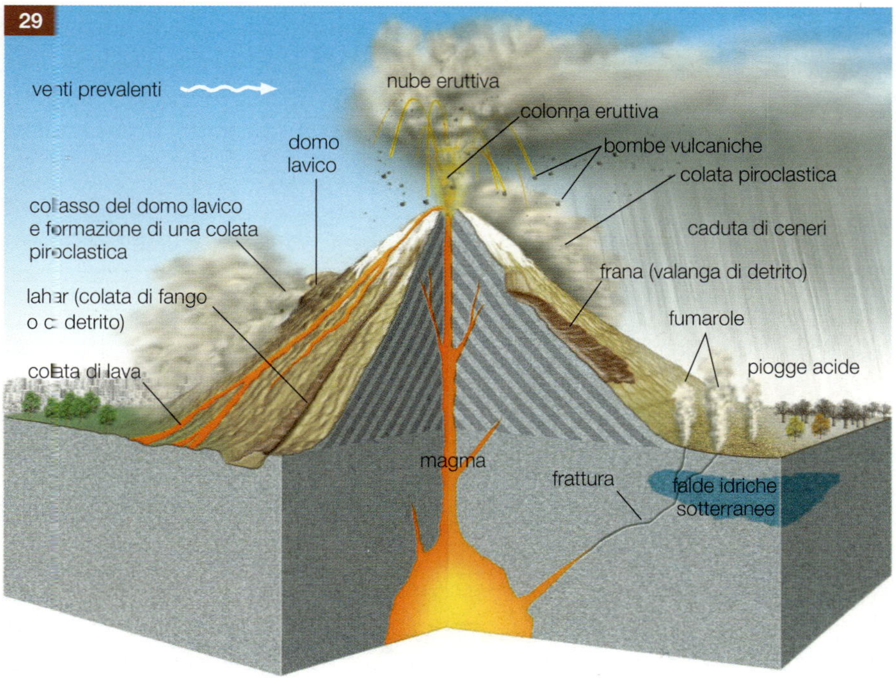

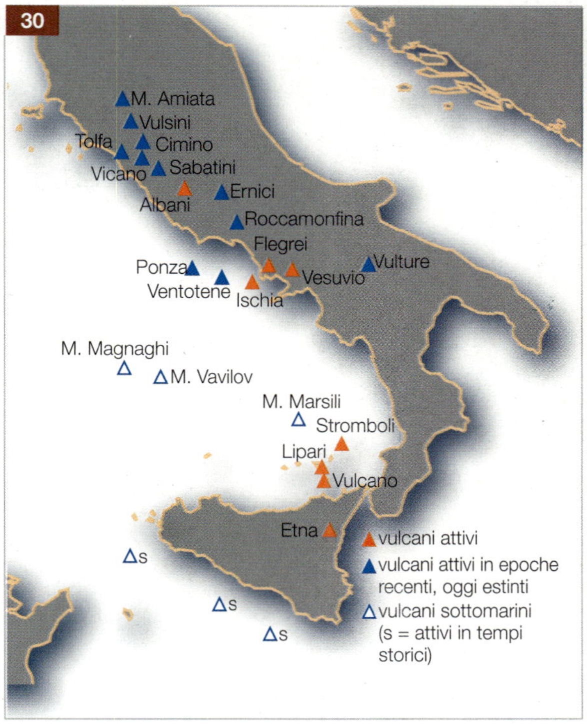

Figura 29
Alcuni eventi pericolosi nell'attività di un vulcano. Il loro verificarsi può provocare gravi danni a persone e cose, costituendo un notevole rischio, che richiede un'accurata preparazione per una prevenzione efficace.

Figura 30
Vulcani presenti nell'area tirrenica, in mare (sottomarini o parzialmente emersi come isole) e lungo le coste. Sono stati distinti i vulcani attivi almeno in epoca storica da quelli oggi considerati estinti, ma attivi fino ad alcune decine di migliaia di anni fa.

cui evitare l'occupazione stabile. Inoltre, il continuo monitoraggio dei vulcani «indiziati» permette di riconoscere fenomeni premonitori, come tremori, rigonfiamento dei fianchi del vulcano, emissioni di gas, variazioni di temperatura delle fumarole e altri ancora, che segnalano l'imminenza dell'eruzione e consentono di far evacuare la popolazione a rischio, se esistono strutture organizzate.

Le eruzioni sono inevitabili, ma la ricerca scientifica e una politica di protezione civile efficiente possono ridurre notevolmente gli effetti catastrofici.

Si è tentata anche la via del controllo delle eruzioni, ottenendo qualche successo, ma solo in particolari casi e su piccola scala: ricordiamo gli interventi per rallentare o deviare il percorso di colate di lava che minacciavano centri abitati durante le eruzioni dell'Etna del 1983 e del 1992.

La prevenzione del rischio rimane quindi la migliore e, forse, l'unica difesa efficace, con l'allestimento di sistemi di monitoraggio e di allarme, con l'organizzazione di piani di evacuazione e con il divieto di occupare con insediamenti aree potenzialmente pericolose.

La vulcanologia ha anche un altro obiettivo: individuare vulcani potenzialmente pericolosi, ma inattivi da tempi lunghissimi e, almeno in apparenza, privi di segni di una possibile attività, come fu per il Vesuvio nel 79 d.C. e il Mount St. Helens nel 1981.

La nuova frontiera sarà imparare a percepire «da lontano» i movimenti delle lave per poterne individuare le possibili vie di effusione in superficie.

4.1 Il rischio vulcanico in Italia

L'Italia, come è ben noto, è costellata di vulcani, la maggior parte dei quali si sussegue lungo le coste dalla Toscana alla Sicilia, alcuni nel Tirreno, totalmente sommersi o in parte emersi come isole, altri in terraferma [Figura 30]. Molti di essi hanno costituito dei complessi imponenti, ma sono ormai totalmente estinti da qualche decina di migliaia di anni, come il Monte Amiata e la catena dei grandi complessi vulcanici del Lazio: Monti Vulsini, Monti Cimini, Monte di Vico, Monti Sabatini e Roccamonfina, ai quali vanno aggiunti i Monti della Tolfa e le Isole Pontine, la cui attività è stata un po' più antica. I Colli Albani sono stati da poco inseriti tra quelli ancora attivi, quiescenti. Altri vulcani sono invece in piena attività, come l'Etna, il più grande vulcano attivo d'Europa, e le Isole Eolie; o sono in fase di temporaneo riposo, come i Campi Flegrei, Ischia e, in particolare, il Vesuvio.
La continua antropizzazione delle zone circostanti questi ultimi tipi di vulcani e lungo le loro pendici, ripropone drammaticamente il problema del rischio vulcanico, alla cui analisi si sono dedicati numerosi studiosi, e la cui valutazione rientra nei compiti della Protezione Civile.
Il **rischio vulcanico** è stato definito come «il prodotto tra la probabilità che avvenga un certo fenomeno vulcanico e i danni che esso provocherebbe». In tale contesto, per la densità degli insediamenti urbani che lo circondano, un vulcano a rischio altissimo è il Vesuvio, a riposo dal 1944, ma certamente attivo.

ampliamento delle conoscenze

Il Vesuvio

La famosa eruzione del 79 d.C., che costò la vita a Plinio il Vecchio e che fu descritta in dettaglio dal nipote Plinio il Giovane, iniziò con l'emissione di un'altissima colonna di ceneri e pomici (fase «pliniana»), che ricaddero poi a terra anche con meccanismi di flusso piroclastico, quando i gas, a tratti, cessarono di trascinare verso l'alto l'immensa nuvola. Le pomici caddero su Pompei e invasero Ercolano, raggiungendo spessori anche di qualche metro. Seguì una fase di calma, durante la quale molti abitanti di Pompei, fuggiti all'inizio dell'eruzione, tornarono nella loro città, e questo segnò la loro fine. Le fasi iniziali dell'eruzione avevano svuotato infatti la camera magmatica (fra 3 e 5 km di profondità) e le acque di falda penetrarono in essa, trasformandosi in vapore ad altissima pressione e provocando una spaventosa esplosione, che coprì tutta l'area con una gigantesca nuvola. Flussi piroclastici, spesso con meccanismi da *base-surge*, scesero rapidamente con grande energia lungo le pendici del vulcano, distruggendo ogni cosa e seppellendo Pompei, Oplonti e Stabia. Ercolano fu invece sepolta da almeno tre colate piroclastiche ricche di pomici e sature di acqua, che ne mantenne relativamente bassa la temperatura.

Il Vesuvio, in realtà, è solo una parte del grande edificio vulcanico, che è nato come vulcano-strato tra 39 000 e 20 000 anni fa [Figura 31A]. Più tardi, il collasso della parte sommitale del vecchio vulcano portò alla formazione di una caldera, all'interno della quale si è innalzato in seguito un nuovo cono, il Vesuvio [Figura 31B], ancora oggi attivo, con l'eruzione del 1944 [Figura 32].

31A

31B

Figura 31
Due momenti dell'evoluzione del Vesuvio.
A. Nella fase più antica, tra 39 000 e 20 000 anni fa, si è formato un grande vulcano-strato che i vulcanologi chiamano Somma, dal nome attuale dei suoi resti. Nei lunghi periodi di quiescenza doveva apparire come un cono regolare completamente ricoperto di boschi, con un'ampia depressione circolare alla sommità.
B. In una seconda fase, una violenta eruzione (a lungo identificata come quella del 79 d.C., ma poi risultata più antica) fece collassare la sommità del cono e si formò un'ampia caldera sfondata verso mare. Nel 79 d.C., all'interno della caldera si alzò un nuovo cono vulcanico, il Vesuvio. Ancora oggi la «montagna» di Napoli presenta, vista dal mare, due cime: una, il Monte Somma, è il bastione residuo dell'orlo della caldera, l'altra è il cono centrale del Vesuvio; tra le due cime decorre l'Atrio del Cavallo, un tratto dell'antico pavimento della caldera.

32

Figura 32
L'ultima eruzione del Vesuvio, avvenuta nel 1944. A sinistra del cono vulcanico attivo si vede il Monte Somma, che è formato dall'orlo residuo dell'antica caldera.

Lo studio accurato della morfologia e delle manifestazioni eruttive del Vesuvio (colate di lava, emissione di prodotti piroclastici, colate piroclastiche e *lahar*) ha permesso di costruire una prima serie di carte del rischio vulcanico connesso con l'eventuale ripresa di attività del Vesuvio, che dovrebbe servire, tra l'altro, a pianificare gli interventi di soccorso nell'imminenza o anche nel corso dell'evento [Figura 33].

Un'altra area a rischio vulcanico altissimo è quella dei Campi Flegrei, i cui lenti movimenti verso l'alto o verso il basso (*bradisismi*), che saltuariamente si manifestano, sarebbero causati da movimenti in una massa di magma posta a solo qualche km di profondità. I Campi Flegrei sono, infatti, un complesso vulcanico con una lunga evoluzione – iniziata almeno 50 000 anni fa – che comprende circa 20 crateri disseminati su un'area di 65 km^2 e mostra numerose tracce di eruzioni esplosive, anche di tipo pliniano. L'ultima eruzione si ebbe nel 1538 e portò alla formazione di un nuovo vulcano, il Monte Nuovo. Anche in quell'occasione l'area di Pozzuoli (che sorge sulle pendici di un cratere, la Solfatara, attivo nel 1198 d.C.) si sollevò fino a far emergere la base del noto Serapeo (un antico mercato romano), in precedenza sprofondato e invaso dal mare. Più volte, in seguito, l'area è tornata a sprofondare e a sollevarsi: l'ultima crisi si è avuta nel 1983, quando il sollevamento del suolo nella zona di Pozzuoli fu accompagnato da sciami di *tremori*, tipici terremoti vulcanici prodotti dai movimenti del magma nel condotto o nella camera magmatica (vedi capitolo 4, paragrafo 6). Dopo un lungo periodo di apprensione per il timore di una nuova eruzione, il fenomeno si è attenuato fino a smorzarsi: evidentemente il magma è riuscito

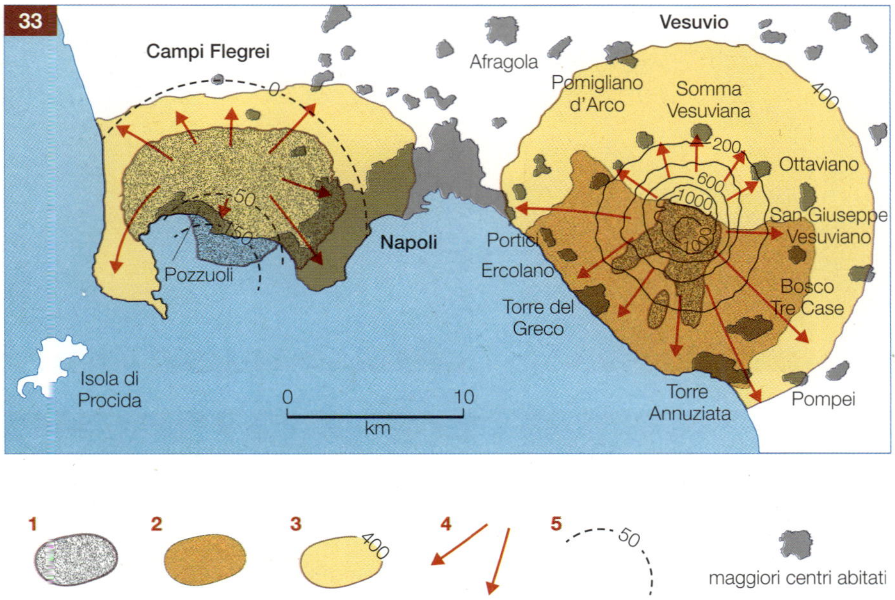

Figura 33
Pericolosità dei vulcani Vesuvio e Campi Flegrei. I simboli indicano:
1. Zone con apertura di bocche vulcaniche;
2. Discesa di colate di lava (limite estremo che potrebbero raggiungere);
3. Ricoprimento di materiali piroclastici (il numero indica lo spessore in cm, ove previsto);
4. Colate piroclastiche e lahar;
5. (per i campi Flegrei) Bradisismo: linee di ugual sollevamento del suolo (in cm), con riferimento all'evento del 1982-1985. (Ripreso da: Ministero dell'Ambiente, *Relazione sullo stato dell'ambiente*, 1989; con semplificazioni)

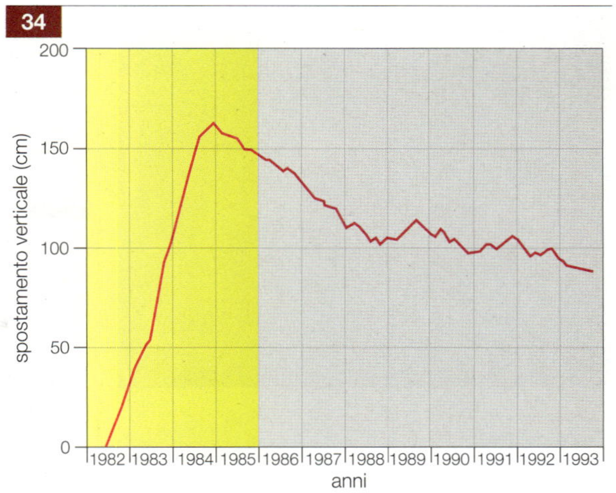

Figura 34
Movimenti verticali del suolo prodotti dal bradisismo di Pozzuoli. Il diagramma riporta i movimenti del suolo misurati dal mareografo del porto di Pozzuoli nel periodo 1982-1993, che mettono in evidenza la crisi del 1982-1985, sottolineata dal fondino giallo. (Da *Le Scienze*, n. 306, febbraio 1994)

a «scaricare» l'energia accumulata, senza arrivare a far saltare la copertura di rocce che lo ricoprono [Figura 34]. Ma il rischio rimane.

Nel caso del Vesuvio e dei Campi Flegrei, la cui attività è stata quasi sempre esplosiva, l'unica possibilità di difesa è nel riconoscere l'avvicinarsi di un'eruzione (attraverso lo studio dei prodotti e delle caratteristiche delle eruzioni precedenti e la rilevazione continua di certi parametri fisici e chimici), per poter evacuare tempestivamente l'area. Nel caso del Vesuvio, si dovrebbero allontanare le oltre 600 000 persone insediate nei 18 comuni circostanti, ritenuti a rischio: i piani predisposti dalla Protezione Civile prevedono, comune per comune, la regione, al di fuori della Campania, in cui far avvenire il trasferimento.

Figura 35
Una fase dell'intervento per deviare la colata di lava dell'Etna, che nel 1983 minacciava di invadere i paesi di Nicolosi e Belpasso. La lava scorreva in un canale i cui argini erano formati dai resti di antiche colate. Nella foto si vede la zona scelta per l'intervento: un breve tratto dell'argine è stato messo in luce asportando il materiale che lo affiancava e creando, così, un invito verso una valle laterale che si allontanava dalla zona a rischio. Nell'argine erano stati inseriti profondamente, con una serie di perforazioni, dei tubi in metallo che, riempiti di esplosivo, sono stati fatti saltare, demolendo così l'argine e ottenendo la deviazione di buona parte della colata nell'alveo predisposto. (M. Parotto)

Quando, invece, l'attività vulcanica è in prevalenza di tipo effusivo, si può tentare di porre in atto anche una **difesa attiva**, durante l'eruzione. È questo il caso, per esempio, dell'Etna, che per la sua attività persistente è un incomparabile laboratorio naturale di vulcanologia e merita di essere sottoposto a una sorveglianza continua, non solo a fini conoscitivi, ma anche per la valutazione del rischio (legato soprattutto a colate laterali) per gli insediamenti urbani e agricoli in espansione sui suoi versanti.

Nell'eruzione del 1983, sotto la guida del vulcanologo Franco Barberi, si è tentato di far deviare una colata di lava, che minacciava i sobborghi di Nicolosi e di Belpasso, facendo saltare, mediante esplosivi piazzati in fori opportunamente scavati, un tratto dell'argine naturale al riparo del quale scorreva la lava, che in tal modo sarebbe defluita in una vallecola disabitata [Figura 35].

Anche se, a causa di difficoltà impreviste, una parte dei fori non poté essere utilizzata e il varco aperto nell'argine fu meno ampio di quanto progettato, il tentativo ha messo in evidenza la possibilità di successo di un intervento del genere.

Nel corso del 1992, sotto la direzione del medesimo vulcanologo, l'impresa è stata ripetuta per far deviare il corso di una colata che minacciava l'abitato di Zafferana Etnea; questa volta si è riusciti a ostruire il condotto lungo cui scorreva la lava facendovi precipitare, con l'aiuto di esplosivi, parti

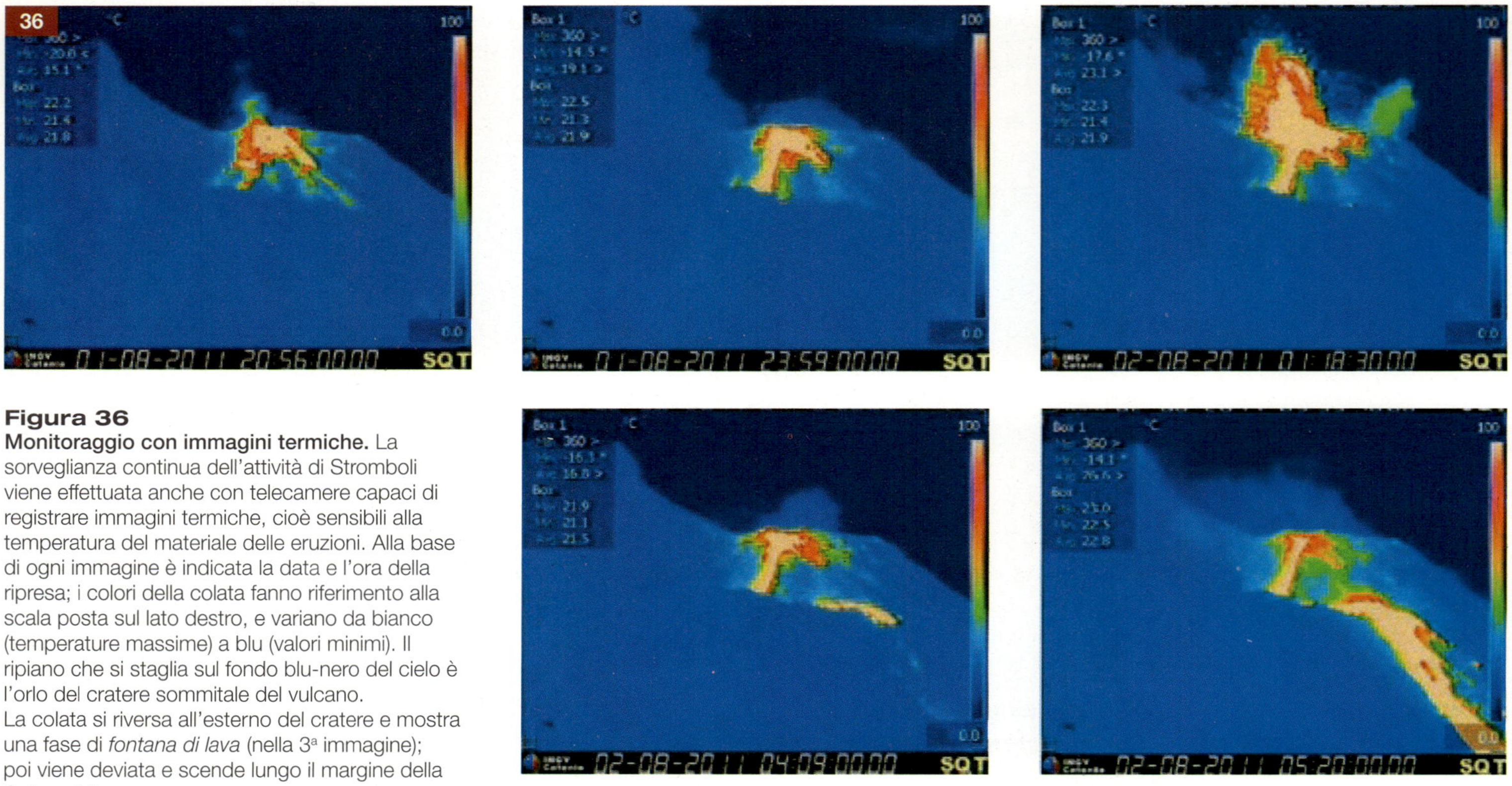

Figura 36
Monitoraggio con immagini termiche. La sorveglianza continua dell'attività di Stromboli viene effettuata anche con telecamere capaci di registrare immagini termiche, cioè sensibili alla temperatura del materiale delle eruzioni. Alla base di ogni immagine è indicata la data e l'ora della ripresa; i colori della colata fanno riferimento alla scala posta sul lato destro, e variano da bianco (temperature massime) a blu (valori minimi). Il ripiano che si staglia sul fondo blu-nero del cielo è l'orlo del cratere sommitale del vulcano.
La colata si riversa all'esterno del cratere e mostra una fase di *fontana di lava* (nella 3ª immagine); poi viene deviata e scende lungo il margine della *Sciara di fuoco.*

degli argini, insieme a grandi blocchi di cemento trasportati da elicotteri. Il punto per l'ostruzione era stato accuratamente scelto, in modo che la lava fosse costretta a defluire in una valle contigua, come poi ha continuato a fare per molti mesi, senza altri pericoli per gli abitanti.

Siamo solo agli inizi, ma il rischio vulcanico nel nostro Paese è troppo reale per limitarsi ad attendere gli eventi e operare, poi, in regime di emergenza. Molte iniziative sono già avviate, come la misura sistematica di parametri fisici e chimici nelle aree indiziate, anche se le reti strumentali indispensabili (sismologica, magnetometrica ecc.) non sono ancora pienamente adeguate. L'Osservatorio Vesuviano a Napoli, l'Istituto Nazionale di Geofisica e Vulcanologia a Catania, insieme a numerosi ricercatori presso varie università, sorvegliano attentamente Campi Flegrei, Vesuvio, Etna, Vulcano e Lipari; ma è anche indispensabile che tale sforzo sia accompagnato da una presa di coscienza del problema da parte di chi vive nelle aree a rischio e di chi dovrebbe fornire un'adeguata protezione (o prevenzione) nei confronti di tale rischio.

4.2 La prevenzione del rischio vulcanico

Stromboli è un vulcano in attività continua, caratterizzato da esplosioni di moderata energia ogni 10-20 minuti. Queste esplosioni «ordinarie» non impediscono al vulcano di produrre fenomeni eruttivi violenti, che possono generare maremoti, con gravi pericoli per i piccoli centri costieri di Stromboli e Ginostra (rivedi la figura 28).

Dopo l'eruzione del 2002, grazie all'intervento del Dipartimento della Protezione Civile Nazionale, è stato realizzato sull'isola un osservatorio con rete sismica capace di monitorare continuamente il vulcano. Inoltre, le strumentazioni installate hanno permesso la raccolta di un'imponente mole di dati, capaci di delineare in maniera accurata le modalità di funzionamento e il comportamento dello Stromboli, così come di altri vulcani [Figura 36].

Stromboli è un vulcano ideale per gli scienziati: erutta gas caldo, cenere e lava da quasi mille anni con regolarità, ma a volte genera esplosioni parossistiche. Così è stato alla fine del dicembre del 2002, quando cessarono le esplosioni regolari e cominciò a fluire lava da nuove aperture al di sotto del cratere sommitale. Nel luglio del 2003 le colate si arrestarono e il vulcano ricominciò a espellere brandelli di roccia fusa. I ricercatori, grazie all'aiuto di una serie di sensori satellitari e da terra, misurarono l'attività sismica, le emissioni di diossido di zolfo e le temperature di gas caldo e di lava. Si trovò, così, che nella prima settimana le bocche vulcaniche emettevano quasi 1,5 metri cubi di magma al secondo, mentre nei sette mesi successivi il flusso era diminuito sensibilmente. Un mese prima della ripresa delle esplosioni la quantità di magma espulso era ridotta a solo 0,2 metri cubi al secondo. Secondo i ricercatori, questo flusso lento aveva favorito il raffreddamento della lava fino a sigillare le bocche vulcaniche, provocando così un aumento della pressione all'interno del vulcano e causando una nuova esplosione.

Studi come questi, insieme alle nuove tecniche di monitoraggio e di analisi dei dati, consentono di analizzare con sempre maggiore efficacia il comportamento dei vulcani. Sul territorio italiano diversi enti di ricerca, assieme al Dipartimento della Protezione Civile, svolgono ormai attività di studio e ricerca con il monitoraggio continuo dei vulcani, per la previsione delle eruzioni, la prevenzione del rischio vulcanico e la difesa dalle eruzioni, che prevede la gestione delle emergenze e il successivo ripristino delle normali condizioni di vita.

Obiettivo del monitoraggio è l'individuazione dei fenomeni correlati ai movimenti di magma in profondità. Tra questi, il rigonfiamento o cambiamento di forma dell'edificio vulcanico a causa della salita del magma, l'incremento o cambiamento della composizione delle emanazioni gassose dal suolo o dai crateri, le alterazioni dei parametri fisico-chimici delle acque di falda. Inoltre, possono essere osservati episodi sismici, rilevati tramite reti di sismometri opportunamente installate nelle aree vulcaniche. I dati vengono acquisiti 24 ore al giorno; il monitoraggio è condotto dall'INGV, l'Istituto Nazionale di Geofisica e Vulcanologia (Roma) con sezioni dislocate a Napoli (l'Osservatorio Vesuviano), a Catania e a Palermo.

Le principali attività vanno dal monitoraggio delle falde acquifere in pozzi e sorgenti nei pressi di un vulcano (misure di temperatura, pH, conducibilità elettrica, livello freatico), al monitoraggio della CO_2 emessa dal suolo (per ricavare indicazioni sui processi di risalita del magma), fino al monitoraggio delle emissioni fumaroliche di alta e bassa temperatura, che comprendono specie gassose come H_2O, CO_2, H_2S, SO_2. Di grande interesse è anche lo studio dei « pennacchi» (*plumes*) vulcanici: i nuovi dati sulla solubilità nel magma dello zolfo, dell'anidride carbonica e di altri gas hanno permesso il monitoraggio e lo studio dei *plumes* vulcanici, attraverso la rilevazione e la misura dei gas più abbondanti, con la messa a punto di speciali tecniche che impiegano sensori elettrochimici. Anche i dati sismici, come già ricordato, sono accuratamente monitorati: l'Osservatorio Vesuviano, per esempio, controlla una rete sismica regionale (RSVO) che raccoglie e trasmette dati in continuazione al centro di sorveglianza, collegato con numerose stazioni opportunamente distribuite sul territorio sorvegliato.

Allo stato attuale l'impegno dei gruppi di lavoro è concentrato nello sviluppo di sistemi automatici per l'elaborazione dei dati. Oggi sono ormai attivi e ampiamente diffusi nel mondo sistemi di nuova generazione, che permettono di inviare via rete i segnali dalle varie stazioni sismiche verso differenti centri di raccolta, eliminando operazioni manuali che possono ritardare la comunicazione e accelerando l'analisi in tempo reale dei dati, in modo da permettere interventi tempestivi dei sistemi di prevenzione e di protezione civile.

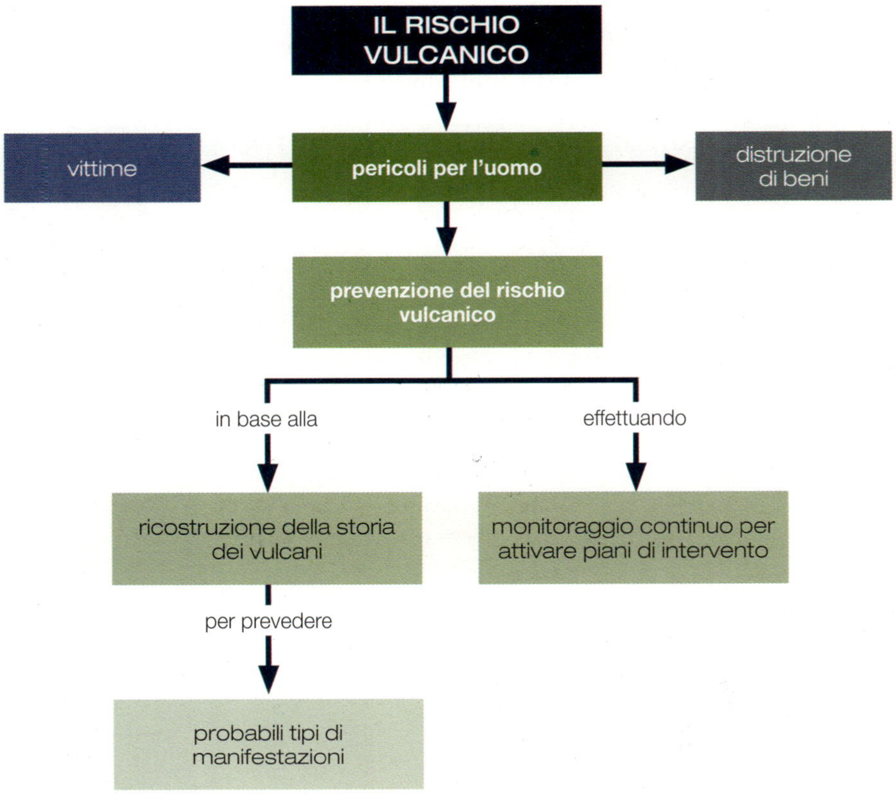

QUESITI

1. Vero o falso?
   Un vulcano può provocare uno tsunami.
   Motiva la risposta.
2. L'eruzione del Vesuvio che nel 79 d.C. sommerse Pompei ed Ercolano fu di tipo
   A stromboliano. C pliniano.
   B vesuviano. D vulcaniano.
3. Quali sono i vulcani italiani attivi?
4. Che cosa si intende per rischio vulcanico?
5. Quali misure di protezione si possono prendere contro i vulcani di tipo esplosivo?
6. Quali misure invece sono possibili contro i vulcani di tipo effusivo?

5 Dai processi vulcanici, risorse per l'uomo

■ **Basolato** Tipo di pavimentazione stradale impiegato per la prima volta dai Romani; il termine deriva da *bàsolo,* una lastra di roccia di origine vulcanica o calcarea, o altra pietra tenace, di notevoli dimensioni (alcuni decimetri), di forma poligonale o rettangolare, con una superficie levigata e il lato opposto rastremato, per essere infisso in una base (spesso sabbia o malta).

I vulcani non sono solo sinonimo di pericolo per l'uomo. Idrosfera e atmosfera sono continuamente riforniti di gas e vapori che si liberano in superficie. I suoli che derivano dai prodotti vulcanici sono fertili per i nutrienti minerali che contengono: ne sono una testimonianza i prodotti dell'attività agricola della fascia costiera laziale-campana, coperta da un mantello quasi continuo dei prodotti piroclastici di una catena di vulcani. Gli stessi materiali eruttati sono fonte di materie prime, mentre l'energia termica associata al vulcanismo entra a far parte del flusso di calore che si libera continuamente dalla superficie terrestre (*flusso termico terrestre*: ne riparleremo nel capitolo 5). L'attività vulcanica offre perciò numerose opportunità per ricavare materie prime ed energia per le nostre necessità.

5.1 Materie prime

Tra i **materiali effusivi** usati in edilizia presenti nel nostro Paese ricordiamo, come esempio, il *porfido quarzifero* o *porfido di Bolzano*, termini commerciali che comprendono numerose varietà, che fanno parte di una successione di *lave* da sialiche a intermedie, ricoperte da *ignimbriti riolitiche*. L'attività che ha prodotto l'accumulo si è manifestata lungo sistemi di fessure associate probabilmente a un'ampia caldera, con un diametro di 60-70 km, e lo spessore totale dei materiali eruttati ha raggiunto, come si vede nel settore tra Bolzano e Trento, spessori totali di 1500-2000 metri. Le violente eruzioni risalgono alla fine dell'Era paleozoica, tra 270 e 275 milioni di anni fa, e si manifestarono nella vasta area emersa che in seguito accoglierà le successioni marine che daranno origine alle Dolomiti.

Le numerose cave, aperte nelle ignimbriti e attive da lungo tempo, forniscono prodotti per varie applicazioni, dai cosiddetti «cubetti» per pavimentazione stradale, ben noti per l'impiego in molte città d'Italia [Figura 37], alle lastre per rivestimenti edilizi, oggetto anche di esportazione. Impiego simile hanno avuto anche le colate di lava dei vulcani laziali, specialmente dei Colli Albani, costituite da *leucititi* (lave alcaline femiche; rivedi capitolo 1, paragrafo 5), ampiamente sfruttate dagli antichi Romani per il basolato delle loro strade carreggiabili, come le famose vie consolari [Figura 38]. Rocce analoghe vengono estratte in tutto il mondo per gli stessi impieghi.

37A

37B

38

Figura 37
Il *porfido quarzifero* delle Dolomiti.
A. Particolare di un fronte di cava aperto in uno dei livelli di ignimbrite; il materiale presenta vari sistemi di fessurazione, che facilitano l'estrazione in lastre per la successiva lavorazione.
B. Un esempio della tipica pavimentazione realizzata con cubetti di porfido. (M. Parotto)

Figura 38
Un esempio di basolato di un'antica strada carreggiabile romana.
Nella figura, un tratto della Via Appia Antica alle porte di Roma, con i bàsoli (cioè i singoli blocchi) ricavati da una varietà locale, molto compatta, di *leucitite*, una roccia molto comune tra le colate di lava dei vulcani laziali e campani. Dopo 2000 anni, i solchi sono il segno della lunga usura per il passaggio dei carri, ma i bàsoli sono ancora strettamente giustapposti.

Figura 39
Scavi «a cielo aperto» per estrazione mineraria in un camino kimberlitico nella miniera di diamanti di Jwaneng, nella Repubblica di Botswana (Africa meridionale). È la più ricca miniera di diamanti del mondo: nel 2006 ha prodotto 15,6 milioni di carati (3120 kg) di diamanti, per un valore di oltre 2 miliardi di dollari. Nel 2010 è iniziato un ampliamento della miniera, dal quale ci si aspetta una produzione di 100 milioni di carati durante il periodo di attività previsto per l'estrazione, per un valore totale di circa 15 miliardi di dollari. (Peter Essik/Aurora Photos)

■ **Litosfera** (Lithosphere) È l'involucro più esterno della Terra, caratterizzato dal suo comportamento complessivamente più rigido (cioè più «resistente» agli sforzi) nei confronti della sottostante astenosfera, più plastica. È formata dall'insieme della crosta (oceanica o continentale) e della parte superiore del mantello.

■ **Conduzione [di calore]** (Thermal conduction) Per conduzione termica si intende la trasmissione di calore causata da microscopiche collisioni (che coinvolgono molecole, atomi ed elettroni) in un mezzo solido, liquido o gassoso; il trasferimento di energia avviene dalle zone a temperatura maggiore verso quelle a temperatura minore.
Oltre alla conduzione termica, esistono altre due modalità di trasferimento di calore, che sono l'*irraggiamento* e la *convezione*.

Molte altre *piroclastiti* trovano largo impiego nell'edilizia, sia come «blocchetti» (ricavati dai *tufi litoidi*, cioè da colate piroclastiche cementate, quindi molto compatte), sia come materiali «sciolti» (lapilli, scorie), impiegate per la produzione di *leganti idraulici*, come le ben note *pozzolane* (che derivano il loro nome da Pozzuoli, presso Napoli), rese famose dai Romani, che le usavano ampiamente in associazione con calce nella confezione delle malte per costruzioni edilizie, capaci di fare presa e di indurire anche sott'acqua.

I **gas vulcanici** sono una fonte di importanti prodotti chimici, come l'acido borico, l'ammoniaca, l'anidride carbonica, mentre di grande interesse è l'*attività idrotermale*, che porta alla concentrazione di minerali metalliferi come risultato di un'interazione tra acqua e attività effusiva; ci riferiamo all'azione dell'acqua del mare che circola attraverso fessure negli edifici sommersi, interessati da continua attività effusiva, lungo tutto l'estesissimo sistema delle dorsali oceaniche: il processo costituisce un efficiente meccanismo di formazione di depositi di minerali metalliferi, che arricchiscono la crosta oceanica (si riveda, nel capitolo 1, a pag. 41, *Nuove frontiere: depositi idrotermali sul fondo oceanico*, con la figura 66).

Nel campo dei **giacimenti minerari** un aspetto assolutamente esclusivo dell'attività vulcanica è quello dei camini kimberlitici (rivedi paragrafo 2.1), che mettono a disposizione i *diamanti* [Figura 39]. In questo caso il vulcanismo è solo un «agente trasportatore», poiché, come già visto (capitolo 1, paragrafo 10) i diamanti cristallizzano a partire da carbonio puro in ambienti caratterizzati da alta temperatura e pressioni elevatissime, quindi a oltre 150 km di profondità, nel mantello superiore. La risalita di lave particolari, come già descritto a proposito dei diatremi, trascina con sé frammenti delle rocce del mantello che contengono i diamanti, già formatisi moltissimo tempo prima della fusione locale che ha prodotto il magma kimberlitico (l'età di formazione dei diamanti per cristallizzazione, determinata per via radiometrica, è risultata antichissima, anche 2-3 miliardi di anni fa).

I diamanti vengono recuperati dalle brecce che riempiono i diatremi. Se, però, un diatrema è di formazione molto antica e, di conseguenza, è stato a lungo attaccato dall'erosione, è possibile trovare giacimenti di diamanti anche nei sedimenti dei fiumi che attraversano l'antica struttura vulcanica o addirittura nelle sabbie lungo le coste del mare in cui quei fiumi si riversano (per la sua durezza, il diamante è molto resistente all'erosione e può essere trasportato per tratti molto lunghi): è il caso dei giacimenti diamantiferi lungo le spiagge atlantiche del Sudafrica, dovuti alla lunga attività dei fiumi che hanno eroso la regione di Kimberley, i cui diatremi si sono formati circa 80 milioni di anni fa (come fa tuttora il Fiume Orange con i suoi affluenti più a monte). In ogni caso, i diamanti hanno «visto la luce» grazie a uno dei processi dell'attività vulcanica.

5.2 Energia

L'interno della Terra è molto caldo, tanto più, quanto più si scende in profondità (a causa di processi che vedremo nel capitolo 5), e questo ha come conseguenza una continua dissipazione di energia nello spazio circostante il pianeta, indicata come **flusso di calore** o, più specificamente, **flusso geotermico**.

Nella parte più esterna del pianeta (la litosfera) il trasporto di calore avviene soprattutto per conduzione, ma tale trasporto diventa molto più efficace nei settori in cui si generano magmi per fenomeni di fusione locale (si riveda *L'origine dei magmi*, nel capitolo 1, paragrafo 6). Quando i magmi risalgono e si consolidano (in profondità o in superficie) cedono la stessa quantità di calore assorbita durante la fusione che li ha prodotti. Come conseguenza, mentre il *gradiente termico*, cioè l'aumento di temperatura con la profondità, è in media di circa 25-30 °C/km, in prossimità dei grandi ammassi intrusivi in consolidamento arriva a oltre 70 °C, per cui nella crosta si possono trovare settori con alte temperature delle rocce a profondità di pochi chilometri rispetto alla superficie, che viene raggiunta da un flusso di calore molto superiore alla media.

Si definisce **energia geotermica** la risorsa associata al flusso di calore: tale energia può essere recuperata in situazioni geologiche particolari, con l'intervento di un mezzo intermediario in grado di «trasportare» rapidamente l'energia in superfi-

40A
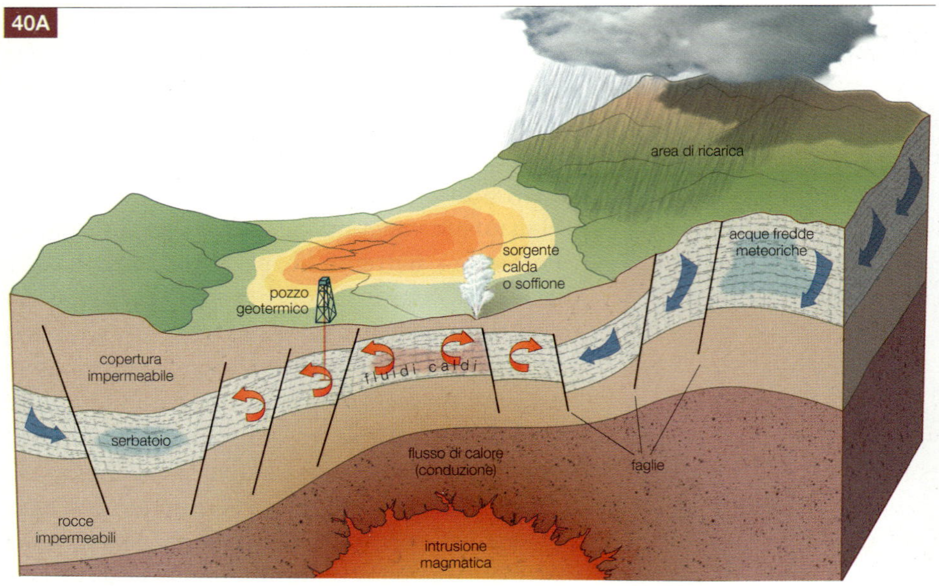

40B

Figura 40
Schema di una struttura geologica appenninica nella quale si è sviluppato un sistema idrotermale ad alta temperatura.
A. Lo schema semplificato del sottosuolo dell'area di Larderello mette in evidenza le condizioni geologiche e geometriche che hanno portato alla formazione di un *campo geotermico.*
Le fasce di colore concentriche disegnate sulla superficie dello schema indicano zone con temperature più elevate delle aree circostanti, crescenti verso la parte centrale, che rivelano la presenza della massa calda in profondità. In quelle zone procedono le ricerche per passare alla realizzazione dei sondaggi meccanici e per recuperare il vapore surriscaldato, che viene trasportato in condotte fino alle centrali. In assenza, localmente, delle rocce di copertura, o dove queste sono tagliate fino in superficie da una faglia (tratti neri nella sezione frontale dello schema), il calore si disperde verso l'esterno, producendo eventualmente sorgenti calde, geyser, soffioni e così via.
B. Veduta panoramica di un settore dell'area geotermica di Larderello, in Toscana, con le tipiche torri di raffreddamento delle centrali geotermoelettriche.

■ **Soffioni** (**Natural steam vents**) Getti naturali di vapore acqueo accompagnato da anidride carbonica, ammoniaca, acido solfidrico, acido borico e gas nobili, che fuoriescono da fessure del suolo a temperature da 120 a oltre 200 °C e pressioni fino a 6 atmosfere. Molto noti quelli della Toscana, come a Larderello, conosciuti come *soffioni boraciferi*.

■ **Entalpia** (**Enthalpy**) L'entalpia, che può essere considerata proporzionale alla temperatura, è una funzione di stato di un sistema termodinamico ed esprime la quantità di energia che esso può scambiare con l'ambiente esterno. L'entalpia viene usata per esprimere l'energia termica dei fluidi, e fornisce un'idea del suo valore relativo; in ambito geotermico è usuale suddividere le risorse in *bassa*, *media* e *alta* entalpia.

cie. La situazione geologica favorevole è la presenza, a modesta profondità, di masse intrusive in raffreddamento (con temperature tra 600 e 900 °C), o anche una camera magmatica. In tali condizioni l'acqua che penetra in superficie, se incontra rocce *permeabili*, può scendere fino a incontrare, al di sotto, rocce impermeabili: si costituisce, così, un *serbatoio* di acqua che impregna lo spessore di rocce permeabili. Il calore che si propaga dalla massa di rocce intrusive calde riscalda il serbatoio, in cui finiscono per circolare acque calde e vapore, che rimangono isolati rispetto alla superficie dovunque ci sia una *copertura* di rocce impermeabili. Se le rocce serbatoio sono curvate a cupola, il vapore si accumula e si forma un giacimento di energia sotto forma di vapore ad alta temperatura e a forte pressione. Si realizza, così, quello che viene definito un *sistema idrotermale ad alta temperatura* (superiore a 140 °C). Il vapore ad alta temperatura imprigionato nel sottosuolo può risalire in superficie lungo eventuali faglie e liberarsi con violenza, formando i soffioni, ma più spesso rimane intrappolato in profondità: è la situazione che si osserva nella ben nota area geotermica di Larderello, in Toscana, schematizzata nella Figura 40.

41
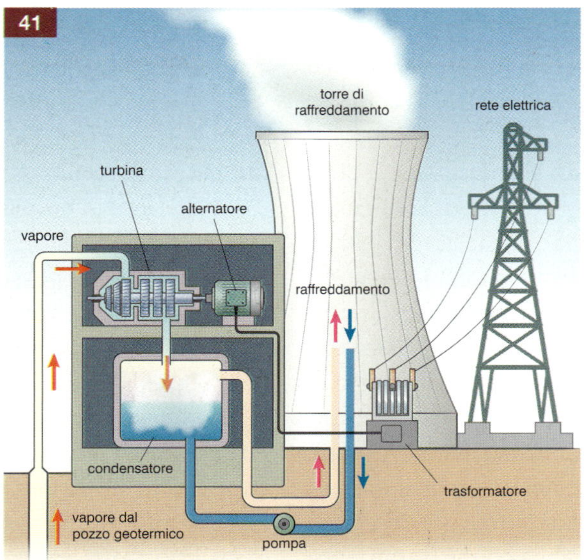

Figura 41
Schema di una centrale geotermoelettrica. Il vapore, estratto con sondaggi meccanici, viene portato alla centrale da tubi coibentati per azionare un complesso turbine-alternatori, che trasformano l'energia del vapore in energia elettrica. Alte torri di raffreddamento fanno condensare il vapore ormai freddo e l'acqua viene iniettata di nuovo nel sottosuolo.

In una struttura simile a quella di Larderello il *serbatoio* può essere raggiunto da sondaggi meccanici e il vapore viene fatto risalire e viene condotto con speciali tubazioni fino a grandi centrali, dove la sua energia fa muovere apposite macchine (turbine accoppiate ad alternatori) che producono energia geotermoelettrica [Figura 41].

L'Italia, per la sua evoluzione geologica e le strutture che ne sono derivate, ha numerose zone di interesse geotermico, con risorse «ad alta entalpia» (cioè con temperature superiori a 150 °C), in particolare nell'area tosco-laziale, dove, a profondità facili da raggiungere con perforazioni meccaniche, si possono incontrare temperature abbastanza elevate (maggiori di 150-200 °C) da trasformare in vapore ad alta pressione l'acqua che eventualmente vi arrivi a circolare, e questo in aree con grosso spessore di copertura di rocce impermeabili, che trattengono il vapore (come nello schema di figura 40). Pro-

■ **TWh/a** (Terawattora/anno) *TWh/a* è un'unità di misura dell'elettricità: 1 TWh/a = 10^{12} wattora/anno (cioè 1 miliardo di kilowattora/anno).

■ **Tonnellate equivalenti di petrolio** (Ton of oil equivalent) La *tonnellata equivalente di petrolio* (tep) è un'unità di misura per confrontare tra loro riserve di combustibili fossili diversi ed è pari all'energia fornita senza dissipazione da una tonnellata di petrolio greggio. Questa quantità corrisponde a circa 11 200 kWh (*tep ideale*), ma nella pratica, riferendosi al rendimento della tecnologia di produzione energetica, si pone 1 tep = 4500 kWh.

■ **Orogenesi** (Orogeny) Insieme dei processi chimico-fisici che portano alla deformazione di un settore di crosta, provocandone il sollevamento e la strutturazione in catene montuose. La deformazione è accompagnata da risalita di grandi quantità di magmi che si mettono in posto anche a modeste profondità (quando non danno origine a eruzioni vulcaniche), dove si raffreddano lentamente (in milioni di anni) trasformandosi in rocce magmatiche intrusive (come i graniti).

prio in Toscana, a Larderello, entrò in funzione nel 1904 il primo impianto al mondo per la produzione di energia elettrica sfruttando vapore di origine geotermica. In tali aree il valore del gradiente geotermico arriva anche a 10 volte quello normale.

La produzione di energia geotermoelettrica in Italia, dopo una lunga fase di modesti contributi, è andata crescendo gradualmente dagli anni '50 del secolo scorso, quando si aggirava su 2 TWh/a (terawattora/anno), fino a superare i 5 TWh/a nel 2010. Si ricordi che, in ogni caso, dal punto di vista dell'inquinamento, l'energia geotermica è una risorsa a bassissimo impatto ambientale.

Il contributo totale dell'energia geotermica ai consumi totali di energia elettrica in Italia è stato nel 2010 di 1,3 milioni di *tep* (tonnellate equivalenti di petrolio), pari allo 0,7% del consumo totale. Si consideri che il contributo principale è quello dei combustibili fossili (83%), seguito da quello delle fonti rinnovabili diverse dalla geotermia (11%) [fonte: *Ministero per lo Sviluppo Economico,* 2011]. È, per ora, un modesto contributo, ma può essere incrementato, soprattutto, come vedremo, nel campo della *bassa entalpia*.

Le risorse a livello mondiale di energia geotermica ad alta entalpia non sono distribuite in modo uniforme, ma sono localizzate in settori della crosta che hanno avuto una particolare evoluzione geologica, come per esempio la risalita di magmi a bassa profondità in tempi relativamente recenti, nel corso di un'orogenesi. Tuttavia sono numerosi i Paesi che possono disporre di energia geotermica, sia per produzione di energia elettrica, sia per usi termici, cioè per riscaldamento, e vi è un interesse crescente nel tempo per questa fonte che si può considerare rinnovabile (se lo sfruttamento è condotto in modo adeguato) e sostenibile, come già accennato.

Molto consistenti e più diffuse sono le aree con risorse geotermiche «a bassa entalpia», cioè con fluidi a temperature inferiori a 130 °C, a profondità utili per i sondaggi meccanici. Tali fluidi non sono adatti per la produzione di energia elettrica, ma trovano ampio impiego per usi industriali, civili e agricoli (serre, riscaldamenti urbani) con un notevole contributo al risparmio energetico.

In ogni caso, le stime sulla disponibilità mondiale di energia geotermica, soprattutto a bassa entalpia, indicano che almeno il 90% di questa fonte non è ancora utilizzato.

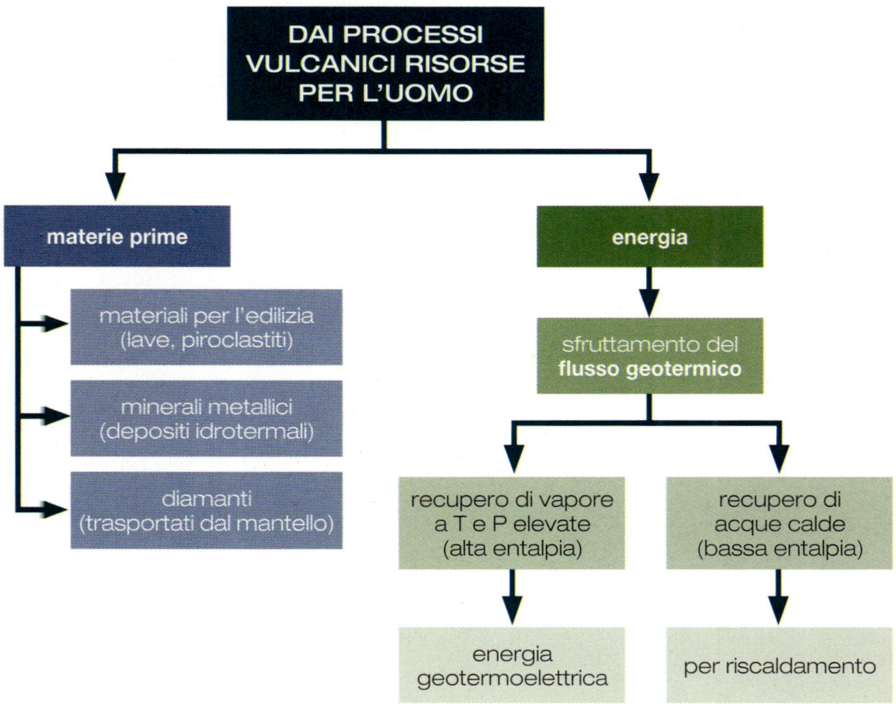

QUESITI

1. Vero o falso?
   I suoli che derivano da materiale piroclastico di solito sono poco fertili.
   Motiva la risposta.
2. L'attività idrotermale lungo le dorsali oceaniche produce depositi di
   A diamanti. **B** gas.
   C minerali metalliferi. **D** ossidiana.
3. Scegli l'alternativa corretta.
   Il gradiente termico medio della crosta terrestre è circa **25/250** °C per kilometro, ma in prossimità dei grandi ammassi intrusivi in raffreddamento può arrivare a oltre **700/70** °C per kilometro.
4. Quale può essere l'impiego delle lave come risorse?
5. Qual è l'impiego pratico più comune degli accumuli di piroclastiti sciolte?
6. Qual è il ruolo del vulcanismo nella presenza di diamanti sulla superficie terrestre?
7. Quali sono le condizioni generali per la formazione di un «giacimento» che possa fornire energia geotermica?
8. Quali aree italiane sono favorevoli alla ricerca di energia geotermica?
9. Qual è l'impatto ambientale nello sfruttamento di un campo geotermico?
10. Qual è la differenza tra risorse ad alta entalpia e a bassa entalpia?

RICERCA
con Google Earth

Alcuni dei più spettacolari e pericolosi vulcani si trovano negli archi insulari e nelle catene di rilievi vulcanici al di sopra delle zone di subduzione. Google Earth è un buono strumento per osservare le dimensioni e le forme di questi vulcani. Lo utilizzeremo per investigare un esempio famoso, il Monte Fuji, sull'isola giapponese di Honshu.

Ubicazione Monte Fuji, Giappone

Obiettivo Osservare le forme e le dimensioni di un vulcano-strato attivo

Link Figura 12

Vista del Monte Fuji, in Giappone, da Google Earth.

1. Digita "Monte Fuji, Giappone", nella finestra di ricerca di Google Earth; una volta arrivato sulla località, inclina verso Nord la vista e osserva la topografia della montagna da un'altitudine di qualche kilometro. Usa il cursore per misurare l'altezza del picco sul livello del mare. Quale delle seguenti risposte descrive meglio la forma generale del Monte Fuji?

- **A** Una grande fessura lineare nella superficie terrestre.
- **B** Un vulcano a scudo molto largo, non molto rilevato.
- **C** Un cono di scorie dai fianchi ripidi, non molto elevato.
- **D** Un vulcano-strato molto elevato, dai fianchi ripidi.

2. Basandoti sulla tue osservazioni del Monte Fuji e dell'area circostante, quale singolo elemento ti convince che stai guardando un vulcano?

- **A** Il numero degli alberi e la quantità di neve presenti lungo i fianchi della montagna.
- **B** La presenza di un cratere in cima alla montagna.
- **C** I ripidi pendii della montagna e la grande frana sul fianco meridionale.
- **D** La vicinanza della montagna alla costa del Giappone e la sua distanza dalla Cina.

3. Dopo aver considerato le caratteristiche visibili del Monte Fuji da diverse angolazioni, come classificheresti il suo livello di attività vulcanica nel periodo in cui è stata acquisita la foto satellitare?

- **A** Le forme erose del paesaggio attorno al vulcano indicano che è estinto, una conclusione ulteriormente supportata dalla presenza di neve.
- **B** I pendii ripidi, la forma circolare e il cratere ben definito indicano un'attività vulcanica recente, ma l'abbondante presenza di neve vicino al bordo del cratere suggerisce che il vulcano non è attualmente in eruzione.
- **C** I pendii ripidi, la forma circolare e il cratere ben definito, sommati alla presenza di lava fresca sui campi innevati sulla sommità principale, indicano che il vulcano è attivo ed è attualmente in eruzione.
- **D** La forma circolare e ben definita del cratere suggerisce un vulcano che è stato attivo, ma la mancanza di lava fresca e la presenza di neve indicano che il vulcano è estinto.

4. A Tokyo, in Giappone, una delle più grandi città del mondo, risiedono più di 12 milioni di persone. Per valutare il pericolo per Tokyo derivante dal Monte Fuji, consideriamo che si prevede che i venti prevalenti spingano verso Est la nube prodotta da una grande eruzione, dalla quale possa depositarsi fino a un metro di cenere a più di 100 km dal vulcano. Misura la distanza e la direzione dal vulcano al centro urbano di Tokyo. Quale delle seguenti affermazioni è più coerente con questa informazione?

- **A** Il Monte Fuji è troppo distante da Tokyo per costituire un pericolo significativo.
- **B** Il vulcano costituisce un pericolo significativo per Tokyo perché è vicino alla città e perché i venti prevalenti probabilmente spingerebbero una nube eruttiva nella sua direzione.
- **C** Il vulcano costituisce solo un moderato pericolo per Tokyo; è abbastanza vicino, ma i venti prevalenti probabilmente spingerebbero una nube eruttiva lontano dalla città.
- **D** Il vulcano non è un pericolo per Tokyo, perché è estinto e non ci si aspetta che entri in eruzione.

IN SINTESI

termini e concetti fondamentali

Il magma

■ Il vulcanismo coinvolge, da miliardi di anni, l'intero pianeta. È dovuto alla risalita dall'interno della Terra di **magmi**, cioè di materiali rocciosi allo stato fuso, mescolati a gas e vapori.

■ I magmi si originano all'interno della crosta e nella parte alta del mantello, tra i 15 e i 100 km di profondità. Il processo di fusione si verifica in presenza di particolari condizioni chimiche e fisiche (come aumento di temperatura, diminuzione di pressione, arrivo di fluidi) e avviene gradualmente.

■ La massa fusa si muove verso l'alto per la sua minore densità rispetto ai materiali circostanti. La velocità di risalita del magma dipende dalla sua viscosità, dal volume, dalla profondità della zona in cui si origina, dalla temperatura delle rocce circostanti.

L'attività vulcanica

■ Quando un magma fuoriesce sulla superficie terrestre perde gran parte dei gas e vapori che contiene e viene chiamato **lava**.

■ L'attività vulcanica sulla superficie terrestre dà origine a **edifici vulcanici**, che si accrescono al termine di un condotto vulcanico (**vulcani centrali**) o lungo grandi spaccature (**vulcani lineari**).

■ La forma dell'edificio vulcanico dipende dal tipo di materiale eruttato. Esistono:
- **vulcani-strato**, dalla tipica forma a cono e caratterizzati da eruzioni esplosive;
- **vulcani a scudo**, caratterizzati da eruzioni effusive.

■ Il tipo di eruzione dipende dal grado di viscosità del magma.
- Magmi poco viscosi, quindi molto fluidi, comportano **attività effusiva**, con colate di lava (eruzioni di tipo hawaiiano e islandese).
- Magmi molto viscosi, quindi poco fluidi, comportano **attività esplosiva**, con emissione di colonne di ceneri e colate piroclastiche (eruzioni di tipo pliniano e peléeano).
- Magmi con caratteristiche intermedie determinano **attività mista** (eruzioni di tipo stromboliano e vulcaniano).

■ L'interazione tra **magma** e **acqua** di falda o di mare dà luogo a eruzioni esplosive molto violente (**attività idromagmatica**).

I prodotti vulcanici

■ I prodotti emessi dalle eruzioni vulcaniche possono essere gassosi, liquidi e solidi.

■ I **materiali gassosi** hanno contribuito alla formazione dell'atmosfera e favoriscono la risalita del magma e le eruzioni esplosive.

■ I materiali liquidi danno origine alle **colate di lava** che solidificando formano le **rocce effusive**. Dai magmi che fuoriescono sott'acqua si formano le tipiche **lave a cuscino**.

■ I **materiali solidi** vanno a costituire gli edifici vulcanici. L'accumulo di materiale vulcanico di varia dimensione e natura viene detto **piroclastite** (scorie vulcaniche, lapilli, ceneri, polveri) e si affianca alle rocce effusive.

■ All'attività vulcanica sono ricollegabili anche i **lahar** (colate di fango) e le **manifestazioni vulcaniche tardive** (acque termo-minerali, geyser).

La distribuzione geografica dei vulcani

■ I fenomeni vulcanici si verificano in corrispondenza di tre diverse situazioni geografiche, con modalità e natura dei magmi diverse, che indicano condizioni non omogenee dei materiali all'interno del pianeta:
- lungo le *dorsali oceaniche* (*eruzioni lineari effusive*);
- in *punti isolati* (*punti caldi*) all'interno dei continenti o delle piane abissali oceaniche (eruzioni effusive);
- lungo i *margini di un continente* o lungo un *arco di isole* fiancheggiati da fosse abissali (eruzioni esplosive).

■ In Italia esistono numerosi edifici vulcanici. Molti di questi sono vulcani attivi, quali l'Etna, il Vesuvio e i vulcani delle isole Eolie.

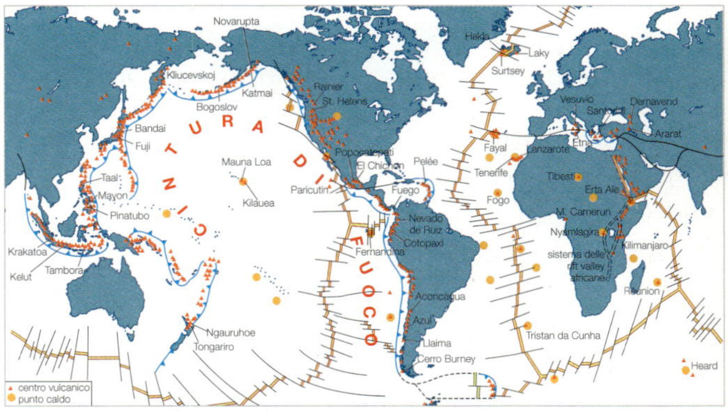

I vulcani e l'uomo

■ Il **rischio vulcanico** è definito come il prodotto tra la probabilità che avvenga un certo fenomeno vulcanico e i danni che esso provocherebbe.

■ Nei confronti dei vulcani con attività esplosiva, l'unica difesa è rappresentata dalla **prevenzione**, con lo studio dell'attività vulcanica precedente e il monitoraggio, per riconoscere l'avvicinarsi di un'eruzione. Nel caso dei vulcani effusivi, invece, è possibile mettere in atto anche una **difesa attiva**, durante l'eruzione.

■ L'attività vulcanica è allo stesso tempo una **risorsa** per l'uomo: i suoli che derivano dai prodotti vulcanici sono molto fertili, le rocce effusive e i depositi piroclastici sono impiegati come materiale da costruzione, i gas vulcanici e l'attività idrotermale sono una fonte di elementi chimici e minerali. Di notevole importanza, anche se ancora non pienamente sfruttata, è poi l'**energia geotermica** che deriva dal lento raffreddamento di grandi ammassi intrusivi in profondità.

ESERCIZI per il ripasso

ALTRI ESERCIZI SU ZTE ONLINE

1. Completa la mappa scegliendo tra i termini seguenti.

idromagmatico ■ hawaiiano ■ esplosive ■ stromboliano ■ pliniano ■ effusive

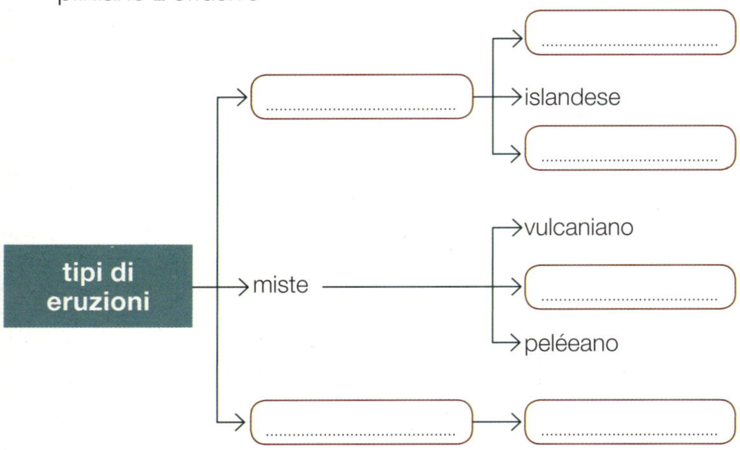

2. Vero o falso?
Magma e lava hanno la stessa composizione chimica.
Motiva la risposta.

3. Completa.
Quando l'attività di un vulcano è esclusivamente esplosiva, con interazione tra .... e acqua di falda, si hanno eruzioni di tipo ....

4. Quali tra questi materiali non sono piroclastiti?
- A I lapilli.
- B Le bombe vulcaniche.
- C Le ceneri.
- D Le colate laviche.

5. I soffioni sono
- A fuoriuscite di vapore.
- B fuoriuscite di gas.
- C fuoriuscite di fumo e polveri.
- D fuoriuscite di ceneri.

6. Vero o falso?
Le emissioni di gas vulcanici si accompagnano solo a eruzioni di lava.
Motiva la risposta.

7. Scegli l'alternativa corretta.
Lo Stromboli è un vulcano attivo a intervalli di pochi **minuti/giorni**, con piccole **effusioni/esplosioni**.

8. I gas vulcanici sono composti in massima parte di
- A anidride carbonica.
- B zolfo.
- C vapore acqueo.
- D ammoniaca.

9. Le emissioni di acqua e anidride carbonica che si verificano come manifestazione tardiva di un'attività vulcanica prendono il nome di
- A fumarole.
- B moféte.
- C geyser.
- D lahar.

10. Lungo le dorsali oceaniche si verificano eruzioni di tipo
- A islandese.
- B vulcaniano.
- C idromagmatico.
- D pliniano.

11. Vero o falso?
Il Vesuvio è il più grande vulcano europeo.
Motiva la risposta.

12. Scegli l'alternativa corretta.
In presenza di magmi **più/meno** viscosi si hanno eruzioni di tipo effusivo; magmi che hanno un contenuto **elevato/scarso** di gas determinano eruzioni di tipo esplosivo.

13. Scegli l'alternativa corretta.
Nelle eruzioni di tipo **vulcaniano/pliniano** si origina una nube dalla caratteristica forma di pino marittimo, dalla quale ricadono a terra frammenti di lava vetrificata, sotto forma di **pomici/bombe vulcaniche**.

14. Le eruzioni di tipo stromboliano sono
- A eruzioni di tipo esplosivo.
- B miste effusive-esplosive, con magma molto viscoso.
- C miste effusive-esplosive, ma prevalentemente effusive.
- D eruzioni di tipo effusivo.

15. Quale delle seguenti risorse non ha un'origine vulcanica?
- A Miniere di diamanti in camini kimberlitici.
- B Depositi di minerali metalliferi sul fondo oceanico.
- C Cave di porfido quarzifero.
- D Giacimenti di oro.

16. Scegli l'alternativa corretta
Gli edifici vulcanici si accrescono nel punto in cui il materiale fuso fuoriesce. Possono essere vulcani **centrali/lineari**, se si formano lungo spaccature che penetrano all'interno della Terra, o vulcani **centrali/lineari**, se formatisi all'estremità aperta in superficie di un condotto di forma quasi cilindrica. **La camera magmatica/il condotto vulcanico** è l'area dove il magma in risalita può stagnare mentre **il condotto vulcanico/la camera magmatica** mette in relazione l'edificio esterno con l'area di alimentazione.

17. In quale tipo di eruzione la lava ad altissima viscosità viene spinta fuori dal condotto quasi solida e a forma di torri alte qualche centinaio di metri?
- A Eruzioni di tipo hawaiiano.
- B Eruzioni di tipo stromboliano.
- C Eruzioni di tipo vulcaniano.
- D Eruzioni di tipo peléeano.

18. **La densa nuvola di vapori e materiali solidi, a forma di anello, tipica delle eruzioni di tipo idromagmatico, è chiamata**

A base-surge.
B *plateau*.
C caldera.
D fontana di lava.
E nube ardente discendente.

19. **La cosiddetta «lava a cuscini» o *pillow-lava* si produce quando la lava in raffreddamento**

A fuoriesce sul fondo di un oceano e la sua superficie si riveste di una crosta vetrosa che la nuova lava fa rompere in vari punti.
B è molto fluida e sulla sua superficie si forma una crosta levigata sotto la quale la lava continua a scorrere.
C è molto viscosa e la sua superficie rigida si frantuma in numerosi frammenti spigolosi e taglienti.

20. **Quale tra i seguenti complessi vulcanici italiani non può dirsi estinto?**

A Monti Vulsini.
B Campi Flegrei.
C Isole Pontine.
D Monti Sabatini.

21. **Scegli l'alternativa corretta.**
La formazione **delle fontane di lava/dei plateaux basaltici** è dovuta ai gas che trascinano la lava durante le eruzioni di tipo **hawaiiano/islandese**.

22. **In quale delle seguenti eruzioni italiane si è tentato di porre in atto un intervento di difesa attiva?**

A Etna nel 1983.
B Campi Flegrei nel 1538.
C Stromboli nel 2002.
D Vesuvio nel 1944.

23. **Completa scegliendo tra i termini proposti**

traboccante ■ discendente ■ ricadente

Nel vulcanismo esplosivo, quando la nube ardente perde energia la colonna di materiale solido ricade sul vulcano creando una nube ardente .... che scorre velocemente lungo le sue pendici. Si osserva invece la formazione di una nube ardente .... , quando l'esplosione avviene lateralmente invece che verso l'alto a causa di una parziale ostruzione del cratere, e di una nube ardente .... quando questa fuoriesce da fessure lunghe vari kilometri invece che da condotti centrali.

24. **In un geyser l'acqua raggiunge l'ebollizione in prossimità della superficie a causa**

A della diminuzione di temperatura.
B della diminuzione di pressione.
C dell'aumento di temperatura.
D dell'aumento di pressione.

25. **Scegli l'alternativa corretta**
I **vulcani a scudo/vulcani-strato**, come quelli hawaiiani o islandesi, hanno una forma **a cono/appiattita** dovuta alle loro lave **acide/basiche** caratterizzate da **notevole/ridotta** fluidità. I **vulcani a scudo/vulcani-strato** invece si formano in seguito all'alternanza di effusioni laviche ed emissioni esplosive di piroclastiti.

26. **Completa scegliendo tra i termini proposti**

effusive ■ esplosive ■ colate di lava ■ piroclastiti

I materiali solidi che vanno a costituire gli edifici vulcanici sono le .... prodotte nelle fasi .... dell'attività vulcanica, o meglio le rocce che si originano dal loro raffreddamento, e le .... che si formano per accumulo di frammenti solidi di varie dimensioni e natura espulsi dal vulcano nelle fasi ....

27. **Scegli l'alternativa corretta**
In corrispondenza **delle dorsali oceaniche/delle fosse oceaniche/dei punti caldi**, il materiale caldissimo risale da grandissime profondità e alimenta effusioni per milioni di anni. Invece **nelle dorsali oceaniche/nelle fosse oceaniche/nei punti caldi** i materiali solidi, ma molto caldi, risalgono nel mantello da elevate profondità e fondono in prossimità della crosta oceanica fluendo attraverso fessure. Infine a ridosso **delle dorsali oceaniche/delle fosse oceaniche/dei punti caldi** i magmi che risalgono interagiscono con i materiali della crosta, modificandosi chimicamente e arricchendosi in gas.

28. **Completa scegliendo tra i termini proposti.**

impermeabili ■ permeabili ■ sistema idrotermale ■ vapore ■ 600 °C ■ intrusive ■ serbatoio ■ 140 °C

L'acqua piovana penetra attraverso rocce .... fino a incontrare uno strato di rocce impermeabili: si forma così un .... Se più in profondità vi è una massa di rocce .... calde in consolidamento (temperature comprese tra .... e 900 °C), l'acqua del serbatoio si trasforma in vapore. Se al di sopra del serbatoio c'è uno strato di rocce .... che impediscono la risalita dei fluidi, si forma un .... ad alta temperatura (superiore ai ....). Il serbatoio può essere raggiunto da sondaggi meccanici e il .... può essere fatto risalire per alimentare una centrale geotermoelettrica.

CLIL: Earth Science Highlights

Glossary

Match each word or expression with its definition.

1. ☐ Central eruption
2. ☐ Effusive eruption
3. ☐ Effusive rock
4. ☐ Fissure eruption
5. ☐ Geothermal energy
6. ☐ Hot spot
7. ☐ Hydromagmatic activity
8. ☐ Lahar
9. ☐ Lava
10. ☐ Lava flow
11. ☐ Magma
12. ☐ Magma chamber
13. ☐ Nuée ardente
14. ☐ Peléan type eruptions
15. ☐ Pillow lava
16. ☐ Pyroclastics
17. ☐ Shield volcano
18. ☐ Stratovolcano
19. ☐ Volcanic edifice
20. ☐ Volcanic risk
21. ☐ Volcanic vent

a. A region of intense, localised volcanism, not associated with ocean ridges or deep oceanic trenches.

b. Energy produced when underground water is heated as it passes through a subsurface region of hot rocks.

c. Highly explosive activity caused by the circulation of water in the proximity of magmas.

d. A hill or mountain constructed from the accumulation of lava and other volcanic materials.

e. The channel or conduit volcanic material passes through on its way towards the Earth's surface. It connects the magma chamber to the emission centre.

f. A concave-shaped volcano formed from alternating layers of lava flows and beds of pyroclasts.

g. A lateral, superficial outpouring of molten lava from a vent or fissure.

h. Ejection of debris and lava flows from a central point, forming a more or less symmetrical volcano.

i. A large pool of magma that forms in the lithosphere as rising magmas melt and push aside surrounding solid rocks.

j. Fragmentary volcanic rocks ejected into the air.

k. Magma that flows out onto the Earth's surface.

l. A type of explosive volcanic eruption characterised by gaseous clouds and/or the development of volcanic domes.

m. A general term for lavas displaying a pillow-like structure and formed in a subaqueous environment.

n. Torrential mud flow of wet volcanic debris.

o. The molten rock below the Earth's surface.

p. Igneous rock solidified on or near the surface of the Earth.

q. Eruption of low viscosity magma, which gas can easily escape from; it forms lava flows.

r. A swiftly flowing, turbulent gaseous cloud, sometimes incandescent, ejected from a volcano and containing ash and other pyroclastics in its lower part.

s. The product of the probability of a given volcanic phenomenon taking place and the damage it would cause.

t. A broad, shield-shaped volcano with a circumference of many tens of kilometres and more than two kilometres high, built by successive flows of basaltic lava from a central vent.

u. A volcanic eruption, emanating from large, nearly vertical crack in the Earth's surface rather than a central vent.

Summing-up

Complete the following text with the right words from the Glossary.

Magma

■ Volcanism is a phenomenon that has affected the entire planet for billions of years. It is caused by ...., molten rock mixed with gases and vapours, rising from the Earth's interior up to the surface.

■ Magmas originate inside the crust and in the upper part of the mantle, from 15 to 100 km deep. The melting process occurs under specific chemical and physical conditions (such as high temperature, low pressure, the arrival of fluids).

■ Magmas are liquids, therefore they are less dense than the rocks that produced them; so, as magma accumulates, it begins to rise through the lithosphere.

■ The rate of ascent of a mass of magma depends on many factors: viscosity, volume, depth of the zone it arises from and the temperature of the surrounding rocks.

Volcanic activity

■ When magma erupts from the Earth's surface it loses much of the gas and vapours it contains and it becomes what is called ....

■ Volcanic activity on the Earth's surface gives rise to ...., which, in the case of .... develop at the end of a volcanic vent, or in the case of .... develop along large fissures.

■ The shape of the volcano depends on the type of material that erupts. There are:

- .... with typical cone-shaped edifices, characteristic of explosive eruptions;
- .... with broad, shield-shaped edifices, characterized by effusive eruptions.

■ The type of eruption depends on the viscosity of the magma.

- Low viscosity magmas are very fluid and give rise to ...., discharging lava flows (Hawaiian and Icelandic type eruptions).
- High viscosity magmas are not very fluid and involve explosive eruption, producing eruption columns of ash and pyroclastic flows, as in Plinian and Peléan type eruptions.
- Intermediate magmas cause both effusive and explosive eruption (Volcanian and Strombolian type eruptions).

■ Interaction between hot magma and groundwater results in highly explosive eruptions that are typical of ....

Volcanic products

■ The products emitted during volcanic eruptions can be gaseous, liquid and solid.

■ Gaseous materials have contributed, and still do, to the formation of the atmosphere and promote the ascent of magma and explosive eruptions.

■ Liquid materials give rise to .... that form .... upon solidifying. Magma that is extruded underwater forms typical ....

■ Solid materials build the volcanic edifices. The accumulation of volcanic material of varying size and nature is termed .... (scoria, lapilli, ash); pyroclastics are associated with effusive rocks.

■ Volcanic activity also explains .... (mudflows) and late volcanic emanations (thermo-mineral waters, geysers).

Geographical distribution of volcanoes

■ Volcanism occurs in three different geographical contexts:

- along oceanic ridges (effusive fissure eruptions);
- at ....: restricted regions of the Earth's surface / crust in the interior of continents or abyssal plains (effusive eruptions).
- along continental margins or island arcs at the border of oceanic trenches (explosive eruptions).

■ In Italy there are numerous volcanoes. Many of them are active such as Etna, Vesuvius and the volcanoes of the Aeolian Islands.

Volcanoes and Man

■ .... is defined as the product of the probability of a given volcanic phenomenon taking place and the damage it would cause.

■ In the case of explosive volcanoes the only defence is avoidance. This is based on the study of previous volcanic activity and monitoring some chemical and physical parameters; the aim is to recognise the approach of an eruption. In the case of effusive volcanoes, however, it is possible to implement active defence during the eruption.

■ Volcanic activity also creates resources. Soils that develop on volcanic deposits are very fertile; effusive rocks and pyroclastic deposits are used as building materials; volcanic gases and hydrothermal activity supply important chemical elements and metallic minerals; kimberlite pipes provide diamonds. Although it has not yet been used widely, ... – derived from the cooling of large intrusive bodies – is of great importance.

Now listen and check your answer.

Video «Tsunamis caused by volcanoes»

Watch the video and answer the questions.

1. What kind of activity typifies the Stromboli volcano?
2. What is a tsunami? What can cause it?
3. Which events that can occur on a volcano slope may be responsible for a tsunami?
4. How high were the tsunami waves that affected the coast of Calabria 2000 to 5000 years ago? ?

QUESITI
per l'applicazione delle conoscenze

1. Fare un'osservazione

Rocce magmatiche effusive

Osserva la foto qui a fianco. Sono stati messi in acqua un campione di pomice e uno di ossidiana. Entrambe le rocce derivano dal rapido raffreddamento di lava, ed entrambe hanno alto contenuto di silice, ma il loro aspetto è molto differente.

- Qual è la differenza principale fra i due campioni?
- Quale roccia ha densità maggiore?
- Quale caratteristica della lava può aver determinato la formazione della pomice? Di quale tipo di eruzione è un prodotto?

La struttura porosa della pomice ha una particolarità caratteristica: i numerosi pori da cui è formata non sono collegati tra loro, ma assomigliano a una miriade di piccole bollicine isolate una rispetto alle altre.

- Secondo te questa caratteristica rende la pomice permeabile o impermeabile?

S. Terry/SPL

2. Leggere un grafico

Gas vulcanici

Il grafico qui accanto rappresenta la composizione dei gas principali eruttati da alcuni vulcani.

Si tratta di un grafico triangolare, utile per rappresentare il rapporto fra 3 valori la cui somma debba dare sempre 100. Ogni lato del triangolo equilatero è divisa in 10 segmenti che rappresentano il 10%.

Questi grafici si leggono in senso orario a partire dal lato sinistro.

Vediamo come leggere i valori relativi al vulcano rappresentato con il punto A (l'Etna): congiungendo il punto con il lato sinistro leggiamo la percentuale di H_2O (28%), sul lato destro il valore della CO_2 (23%) e alla base di SO_2 (49%). Attenzione: le linee che congiungono i punti ai lati devono avere sempre le direzioni che vedi in rosso nel grafico.

- Ora leggi i valori dei punti B (Monte St. Helens, Washington, USA), C (Erta Ale, Etiopia), D (Kilauea, Hawaii) e riporta tutte le percentuali nella tabella qui a lato.
- Cerca nella carta del paragrafo 3 i quattro vulcani e individua a quali situazioni geografiche sono associati.

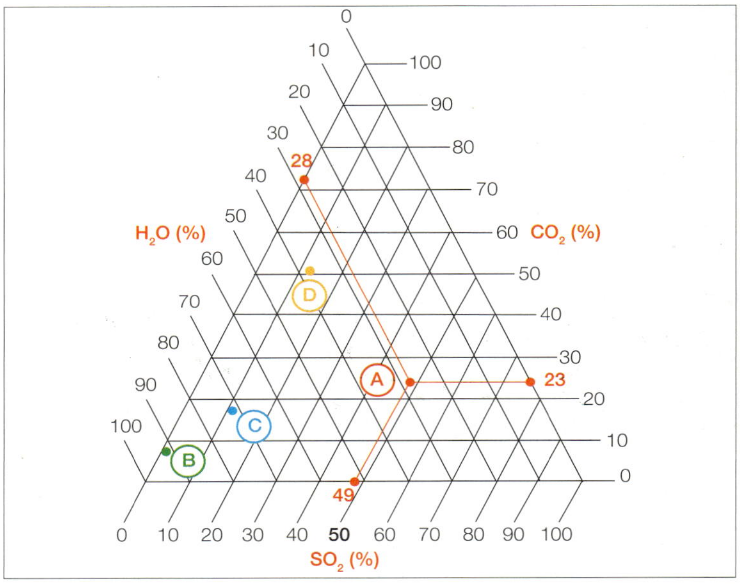

	Etna	Monte St. Helens	Erta Ale	Kilauea
H_2O				
CO_2				
SO_2				

3. Ricercare informazioni

L'attività vulcanica in corso

Il Global Volcanism Program dello Smithsonian Institution (Washington DC) raccoglie informazioni a livello globale sull'attività vulcanica in atto.

Visitando il sito del progetto puoi trovare molte informazioni sui vulcani di tutto il pianeta.

- Consultando la pagina che si chiama «Weekly Volcanic Activity Report» troverai una «mappa» aggiornata e un bollettino dell'attività in corso.

– Osserva la mappa e individua le attività più vicine all'Italia.

– Dove si trova la maggior densità di fenomeni in corso?

- Salva l'immagine della mappa e controlla nuovamente il bollettino dopo 1 settimana e dopo 1 mese. Che differenze ci sono nella distribuzione dell'attività vulcanica?

4 I fenomeni sismici

Agosto 2016. Un forte terremoto colpisce l'Appennino centrale, con epicentro nella zona al confine tra Umbria, Marche, Abruzzo e Lazio. Ancora una volta numerose vittime e cumuli di macerie rivelano la tragica fragilità di tanti centri abitati del nostro Paese, dove il rischio sismico è da tempo ben noto, ma non è ancora affrontato con efficaci e convinti interventi di prevenzione. I terremoti, però, hanno anche un altro aspetto, meno drammatico: sono uno dei riflessi dell'attività della Terra nella sua continua evoluzione e proprio lo studio delle onde sismiche ha aperto la via per comprendere questi giganteschi processi. La conoscenza di come «viva» il nostro pianeta può aiutarci a evitare che eventi naturali, per quanto spaventosi, si trasformino per noi in pesanti catastrofi (ZUMA Press/Alamy/IPA).

Test d'ingresso

A. Ogni onda è caratterizzata da una determinata *frequenza*.
Che relazione c'è tra la frequenza e il periodo di un'onda?

- A Sono direttamente proporzionali.
- B Sono inversamente proporzionali.
- C Sono legati da una relazione cubica.
- D Sono legati da una relazione quadratica.

B. Le rocce possono avere un comportamento fragile oppure plastico (o «duttile»).
Completa.
Quando un settore di crosta è sollecitato da uno sforzo tettonico abbastanza intenso, le rocce che lo compongono superano il carico di rottura e si forma una

....

C. Il logaritmo in base 10 di un numero positivo *a* è l'esponente a cui bisogna elevare 10 per ottenere *a*.
Quanto vale $\log_{10} 1$?

- A 0
- B 1
- C 10
- D 100

D. Quando un'onda attraversa la superficie di separazione tra due mezzi diversi essa subisce un fenomeno detto rifrazione.
Scegli l'alternativa corretta.
Nel passaggio dal primo al secondo mezzo l'onda **cambia/non cambia** direzione di propagazione e **cambia/non cambia** la propria velocità.

1 Lo studio dei terremoti

La **Sismologia**, cioè lo studio dei terremoti (detti anche *sismi*, dal greco *seismòs*: scossa), ha mosso i primi passi nel XVIII secolo e da allora ha compiuto un lungo cammino. Ciò è stato possibile grazie alla raccolta di innumerevoli dati e alla loro elaborazione da parte di un numero sempre crescente di studiosi. Si è capito il meccanismo che origina un terremoto; si sono costruiti strumenti capaci di di registrare le vibrazioni della Terra; si è trovato il modo di interpretare queste registrazioni. I terremoti sono divenuti, così, la principale fonte di conoscenze sull'interno della Terra.

■ **Vibrazione** (Vibration) Una vibrazione è un'oscillazione periodica intorno a un punto di equilibrio. Tale oscillazione si ripete più volte in un secondo e il corpo che vibra trasmette l'oscillazione ai corpi che lo circondano: prende origine, così, una *perturbazione* che si propaga via via nel materiale circostante e che dura finché continua la vibrazione nel punto d'origine. La perturbazione si propaga in ogni direzione. Si ricordi che quello che si propaga non è la materia, che compie solo piccole oscillazioni, ma il movimento, cioè l'energia che si «libera» nel punto in cui inizia la vibrazione.

■ **Frequenza** (Frequency) La frequenza di una vibrazione indica quante volte quella vibrazione si ripete nell'unità di tempo e si misura in hertz: 1 Hz = 1 oscillazione al secondo. Per le *onde elastiche* va da una a milioni di volte al secondo.

1.1 Un fenomeno frequente nel tempo, ma localizzato nello spazio

Un terremoto è una vibrazione più o meno forte della Terra prodotta da una rapida liberazione di energia meccanica in profondità, nella crosta o nel mantello. Il punto in cui l'energia si libera è l'**ipocentro** (o *fuoco*) del terremoto: da esso l'energia si propaga per onde sferiche che, pur indebolendosi con la distanza, attraversano tutta la Terra, tanto da poter essere registrate dagli strumenti in tutto il mondo. Tali onde sono analoghe a quelle acustiche (la cui frequenza, compresa tra i 16 e i 20 000 Hz, è abbastanza elevata da essere percepita dall'orecchio come un suono).

Il terremoto non è un fenomeno casuale: in un anno se ne verificano in tutta la Terra circa un milione (in media uno ogni 30 secondi); ma solo qualche migliaio di essi è abbastanza forte da essere percepito dall'uomo, e tra questi solo poche decine possono causare gravi danni se si verificano in zone abitate. La maggioranza dei sismi è registrata soltanto da strumenti, ma è evidente che essi sono eventi naturali molto diffusi.

Il fatto che i terremoti si verifichino continuamente nel tempo non vuol dire che si verifichino ovunque. I sismi si manifestano quasi esclusivamente entro certe fasce della superficie terrestre, le aree *sismicamente attive* o *sismiche*, mentre mancano in altre aree, definite *asismiche* [Figura 1].

La distribuzione generale delle fasce sismiche coincide con il decorso delle grandi catene montuose, delle dorsali oceaniche e di altre tipiche figure della superficie terrestre, come le fosse abissali. Tale coincidenza non è casuale: ne riparleremo nel paragrafo 6.

1

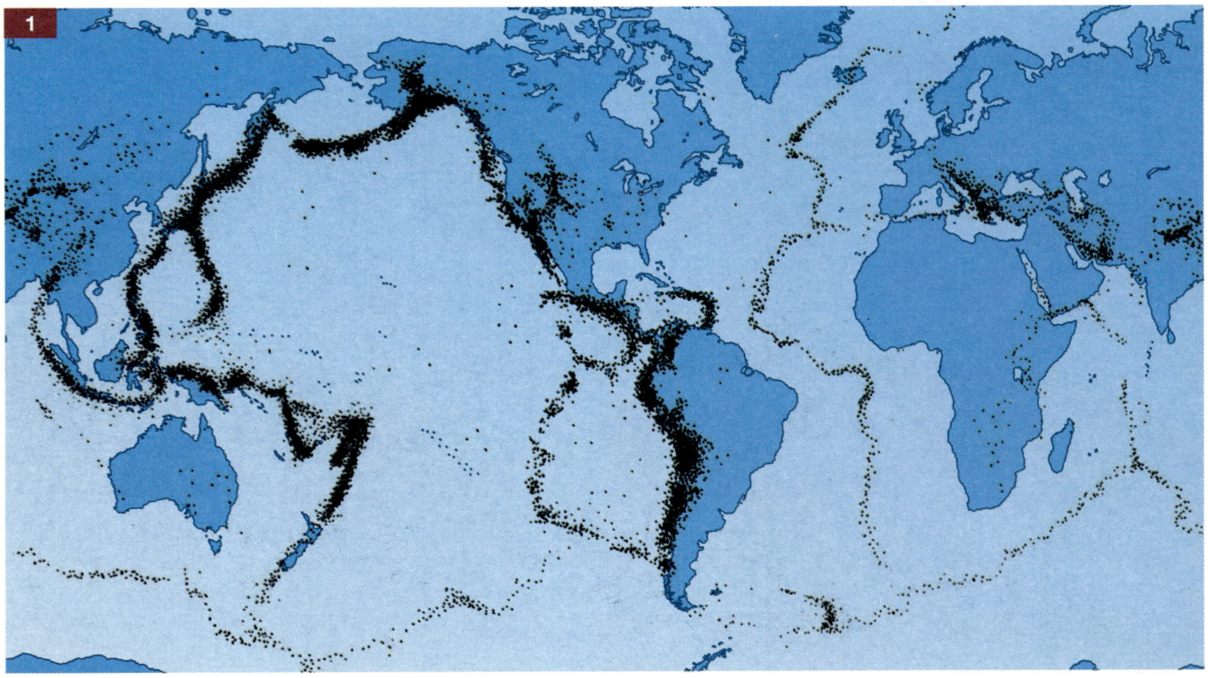

Figura 1
Epicentri di circa 30 000 terremoti registrati in un decennio (Servizio Geodetico Costiero degli Stati Uniti d'America).
I sismi sono chiaramente localizzati lungo fasce ben definite, sia sulle terre emerse, sia sui fondi marini. Tra le fasce si estendono zone, anche molto ampie, che sono praticamente prive di epicentri, cioè non vi si generano terremoti.

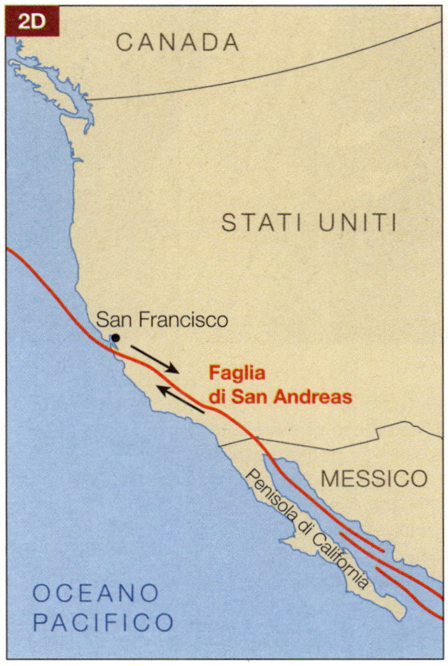

Figura 2
Il meccanismo del rimbalzo elastico (o reazione elastica).
A. Due blocchi contigui di crosta, inizialmente a riposo, vengono sottoposti a sforzo e costretti a muoversi in direzioni opposte. Le rocce si deformano elasticamente. (Le linee bianche sono riferimenti per mettere in evidenza le deformazioni della superficie).
B. Quando le tensioni superano il loro limite di rottura, inizia a formarsi una faglia lungo la quale i due blocchi cominciano a scivolare (linea rossa, la faglia affiora): questo avviene man mano che le rocce, prima compresse, riacquistano il loro volume, «rimbalzando» nella direzione del movimento. Dalla zona di rottura – in profondità – si propagano onde sismiche, che arrivano anche in superficie.
C. La superficie di faglia si estende velocemente a tutto il settore deformato, finché i due blocchi si arrestano in una nuova posizione di riposo.
D. Posizione geografica della Faglia di San Andreas (linea rossa). Le frecce indicano il movimento in versi opposti della crosta terrestre ai lati della grande lacerazione.

Un'area è detta asismica perché al suo interno non si generano terremoti, ma ciò non significa che in essa non se ne risentano gli effetti, dovuti al propagarsi di «vibrazioni» provenienti da vicine zone sismiche. Poiché, però, l'energia di un terremoto si dissipa con la distanza dal punto in cui si è manifestato, a mano a mano che ci si allontana dalle zone sismiche gli effetti dei terremoti si affievoliscono, fino a scomparire, e la vibrazione viene percepita solo da speciali strumenti.

1.2 Il modello del rimbalzo elastico

■ **Legge di Hooke** (**Hooke's law**) La legge di Hooke stabilisce che in un corpo elastico esiste una proporzionalità diretta tra la deformazione d che esso subisce e la forza F che la provoca:

$$F = k \cdot d$$

Verso la metà del XIX secolo Robert Mallet, un ingegnere irlandese dedicatosi allo studio dei terremoti, era arrivato alla conclusione che un terremoto consiste in una serie di onde elastiche che si propagano attraverso la Terra, causate dalla deformazione o frattura di masse rocciose nel sottosuolo (vedi Ampliamento delle conoscenze, *I primi passi della Sismologia*). Ma fu solo dopo il terremoto di San Francisco del 1906 che il sismologo americano Harry F. Reid propose un modello del meccanismo secondo cui si verificherebbero le deformazioni all'origine dei terremoti.

Il disastroso terremoto di San Francisco fu accompagnato da vistosi movimenti del terreno lungo la *Faglia di San Andreas*, una profonda lacerazione nella crosta terrestre che attraversa la California meridionale per quasi 1000 km in direzione NW-SE [Figura 2D]. Dopo il terremoto alcuni elementi del paesaggio, come strade, palizzate e corsi d'acqua risultarono troncati e le estremità tagliate apparivano spostate lateralmente l'una rispetto all'altra anche di 6 metri. Reid prese in esame alcuni rilevamenti topografici effettuati nella zona nel corso dei 50 anni precedenti il terremoto e altri ripetuti dopo l'evento. Mise così in evidenza che, prima del terremoto, anno dopo anno, quelle strade, palizzate e corsi d'acqua si erano incurvati nel tratto in cui attraversavano il percorso della faglia. Era come se i terreni ai lati di quest'ultima si fossero mossi in direzioni opposte, con un movimento molto lento ma continuo [Figura 2A, B].

Reid giunse alla conclusione che le rocce, sottoposte a qualche sforzo, si comportano dapprima in maniera elastica (secondo la legge di Hooke), poi si deformano progressivamente fino a che non viene raggiunto il limite di rottura (vedi capitolo 2, figura 15). In quel momento nella massa rocciosa si innesca una frattura a partire dal punto più debole e si crea una faglia, lungo il cui piano le rocce possono scorrere le une contro le altre in direzioni opposte. Le due parti dell'originaria massa rocciosa, libere di reagire elasticamente, riacquistano bruscamente il loro volume e la loro posizione di equilibrio, con una serie di rapide vibrazioni, che si trasmettono alle masse rocciose circostanti e che possono durare da pochi secondi a qualche minuto, a seconda di come e di quanto si estende la frattura [Figura 2C]. Se nella massa rocciosa esiste già una faglia (come era il caso del terremoto di San Francisco), è il forte attrito tra i due blocchi della faglia a impedire all'inizio ogni movimento, per cui le rocce cominciano a deformarsi elasticamente: quando però la tensione che si accumula nelle rocce supera la resistenza do-

Figura 3
Il terremoto che ha colpito la Turchia nell'agosto del 1999. A. La deformazione dei binari della ferrovia tra Izmit e Sakanya è avvenuta in corrispondenza della grande frattura della crosta nota come Faglia Anatolica. Questa grande faglia, che più volte nel passato si era mossa provocando forti terremoti, si è, quindi, «riattivata»: il settore a Nord della faglia (in alto nella foto) si è spostato verso destra, quello a Sud verso sinistra. (Olympia, Milano)
B. Posizione geografica della Faglia Anatolica.

vuta all'attrito, la faglia si «riattiva» e il movimento avviene lungo di essa, come si può vedere nell'esempio riportato in Figura 3.

Secondo il modello del **rimbalzo elastico** (o della **reazione elastica**) di Reid, con il brusco ritorno delle masse rocciose all'equilibrio, l'energia elastica accumulata durante la deformazione si libera, in parte sotto forma di calore per l'attrito lungo la superficie della faglia, in parte sotto forma di violente vibrazioni. Queste si propagano come onde sismiche verso tutte le direzioni, a partire da un certo volume di roccia: l'**ipocentro**.

Quello che avviene nella preparazione e nel manifestarsi di un terremoto è analogo a ciò che succede quando si fa flettere una bacchetta di legno bloccata alle estremità: la bacchetta si deforma elasticamente fino a che, se lo sforzo continua, si spezza di colpo in due frammenti che, con rapide vibrazioni, tornano quasi istantaneamente rettilinei, «schiaffeggiando» a ogni oscillazione l'aria circostante, nella quale si propagano onde. Nel caso della Terra, le rocce sono sottoposte a sforzo da movimenti in atto nella crosta e nel mantello superiore. Nei volumi di rocce interessati si accumula energia come deformazione elastica, finché, superata la loro resistenza, l'energia si libera improvvisamente, generando nuove faglie o riattivandone di antiche e provocando il terremoto. Il fenomeno può esaurirsi in qualche secondo, ma può prolungarsi fino a 4 o 5 minuti e produrre terremoti violenti. In quest'ultimo caso si ritiene che la frattura si propaghi con una certa velocità, dal punto in cui si è innescata, per decine o centinaia di km, finché il movimento si blocca per l'attrito crescente e l'esaurirsi dell'energia.

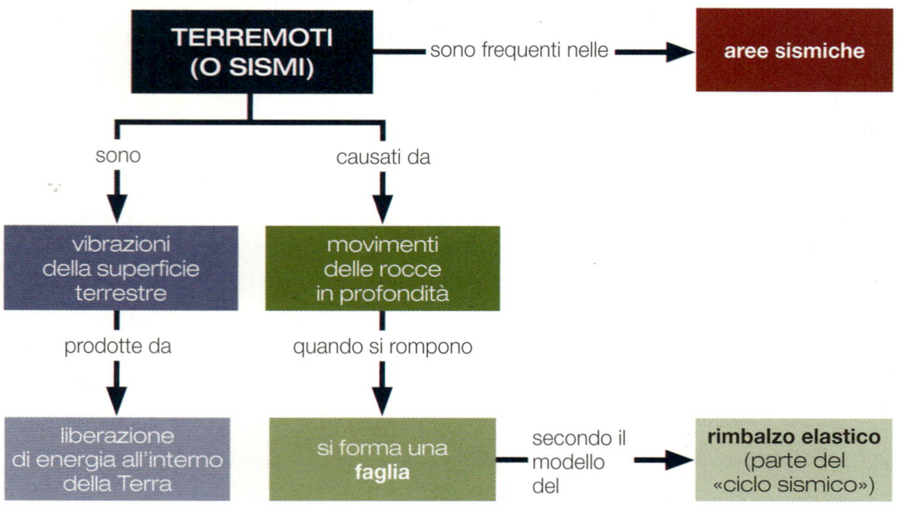

1.3 Il ciclo sismico

Per la teoria del rimbalzo elastico una zona in cui si è appena manifestato un terremoto dovrebbe aver raggiunto un nuovo equilibrio, che garantirebbe un periodo di tranquillità sismica. Il perdurare delle forze tettoniche, in grado di deformare la crosta, tornerà però ad accumulare nuova energia, fino al manifestarsi di un'altra crisi sismica. Il processo si può schematizzare come un **ciclo sismico**, che si ripete nell'evoluzione geologica di una regione. Nel ciclo si distinguono più stadi: in quello *pre-sismico* (prima della rottura) la deformazione elastica provoca variazioni in alcune caratteristiche delle rocce; in quello *post-sismico* (dopo il sisma) l'area colpita va verso un nuovo equilibrio, attraverso *scosse successive* o *repliche* (anche migliaia).

La nozione di ciclo sismico è di grande importanza, in quanto è il presupposto che giustifica una serie di ricerche sulla previsione dei terremoti. Si può pensare, infatti, di individuare, per una regione sismica, il probabile intervallo tra crisi sismiche successive. Inoltre, il meccanismo di accumulo di energia indica, come già suggerito dalla distribuzione geografica delle aree sismiche, che i terremoti possono verificarsi solo là dove esistono strutture geologiche in movimento. Infine, le alterazioni delle caratteristiche delle rocce negli stadi che precedono il terremoto possono essere utilizzate come fenomeni premonitori dell'approssimarsi dell'evento (vedi più avanti, nel paragrafo 7).

QUESITI

1. Completa.
   Il terremoto è una .... che si verifica nella .... o nel .... e si propaga sotto forma di ....
2. Scegli l'alternativa corretta.
   Nel modello del rimbalzo elastico l'energia che si è **accumulata/liberata** nelle rocce causandone la deformazione **elastica/plastica** viene **accumulata/liberata** improvvisamente durante il terremoto, mentre le rocce tornano a uno stato di equilibrio.
3. Di che cosa si occupa la Sismologia?
4. Schematizza il ciclo sismico.

ampliamento delle conoscenze

I primi passi della Sismologia

Le prime intuizioni che il terremoto corrisponde al propagarsi di onde risalgono alla metà del '700, ma doveva passare quasi un secolo prima che queste intuizioni venissero comprese.

Sarà l'ingegnere irlandese Robert Mallet a compiere, quasi un secolo dopo, il passo decisivo sulla via della comprensione dei fenomeni sismici. Il suo interessamento ai terremoti nacque dalla lettura di un volume pubblicato nel 1830 (i *Principi di Geologia* di Charles Lyell, il fondatore della geologia moderna).

La sua esperienza di ingegnere lo convinse che nello studio dei terremoti era indispensabile analizzare come si propagano le onde meccaniche che provocano sul terreno e sugli edifici numerosi diversi effetti. In varie occasioni aveva osservato le esplosioni in cave di pietra, stando a una certa distanza dal fronte di demolizione, e si era reso conto che il terreno sul quale si trovava aveva avuto «un sussulto» qualche istante *dopo* l'esplosione, che evidentemente aveva provocato delle vibrazioni, propagatesi nel terreno.

Alcuni esperimenti gli permisero di concludere che le onde elastiche (e quindi anche quelle che si propagano in un terremoto) si muovono con velocità diverse a seconda del tipo di terreno entro cui si muovono: più lente nella sabbia, molto più veloci nel granito.

Mallet andò oltre, con una serie di osservazioni nell'area a est di Napoli sconvolta dal terremoto del 1857. In base agli effetti sugli edifici, concluse che il movimento del terreno era stato causato da «*un'onda di compressione, dovuta all'improvvisa flessione dei materiali elastici che formavano una porzione della crosta terrestre* [rocce], *o al loro rilassamento e conseguente frattura*». Nel corso delle sue ricerche, Mallet compilò anche una carta della distribuzione della sismicità delle regioni mediterranee, dalla quale risulta chiaro che i terremoti si manifestano lungo fasce «sismiche», mentre ampie zone non hanno attività [Figura 4].

Verso la fine dell'Ottocento si compie il passo decisivo, soprattutto per merito di John Milne, geologo inglese chiamato a insegnare in Giappone, nel Collegio Imperiale di Tokyo. Insieme ad alcuni suoi collaboratori, impiegando nuovi *sismografi* molto sensibili, Milne riconobbe l'esistenza di onde sismiche di diversi tipi, che si muovevano con velocità differenti, e cominciò a calcolare la distanza della sorgente di un terremoto in base al ritardo, nel momento della registrazione, tra onde che, generate insieme, avevano viaggiato a velocità diverse.

Nella sua attività Milne privilegiò la ricerca e la documentazione di dati, ma dedicò minore attenzione alla ricerca teorica sui terremoti. Fu invece il geologo e sismologo Bunjiro Koto a proporre un'idea stimolante alla conclusione di una serie di osservazioni sugli effetti del terremoto che, nel 1891, sconvolse un'ampia zona a Ovest di Tokyo. Egli constatò che lungo l'affioramento di una faglia, ben visibile in superficie per oltre 100 kilometri attraverso l'Isola di Honshu, il terreno si era sollevato da un lato e abbassato dall'altro con un rigetto di alcuni metri. Altri studiosi avevano già osservato che, in concomitanza con forti terremoti (frequenti in Giappone), si erano manifestate in superficie fratture e faglie (che, lo ricordiamo, sono fratture con spostamento relativo delle due parti a contatto); ma Koto ebbe un'intuizione rivoluzionaria. Gli spostamenti del terreno da lui osservati in superficie seguendo la faglia non erano un *effetto* del terremoto: al contrario, dovevano essere stati i movimenti delle rocce lungo la faglia che si stava bruscamente sviluppando a provocare il terremoto. L'improvvisa rottura in profondità di un grande ammasso di rocce e il conseguente scivolamento con forte attrito dei due blocchi lungo un'estesa superficie (la faglia) doveva aver liberato un'enorme quantità di energia, che si era propagata in ogni direzione sotto forma di onde sismiche, provocando in superficie le vibrazioni del terreno responsabili degli effetti disastrosi.

La «causa prima» del terremoto non era stata ancora individuata, ma ci si era avvicinati moltissimo. Toccherà al sismologo americano Harry F. Reid, nello studio del terremoto di San Francisco del 1906, mettere in luce in modo conclusivo il meccanismo che origina i terremoti e aprire, così, una nuova via alla ricerca geologica.

Figura 4
La prima carta completa della sismicità delle zone del Mediterraneo fu disegnata nel 1857 dall'irlandese Robert Mallet, grande studioso del fenomeno «terremoto».
È indicata chiaramente la fascia di sismicità che dal Nordafrica, attraverso la Sicilia, circonda il Mar Adriatico e l'area del Mar Egeo, e prosegue a nord e a sud della Turchia (confronta con il dettaglio a destra, da una carta moderna della sismicità: i puntini rappresentano gli epicentri).

4

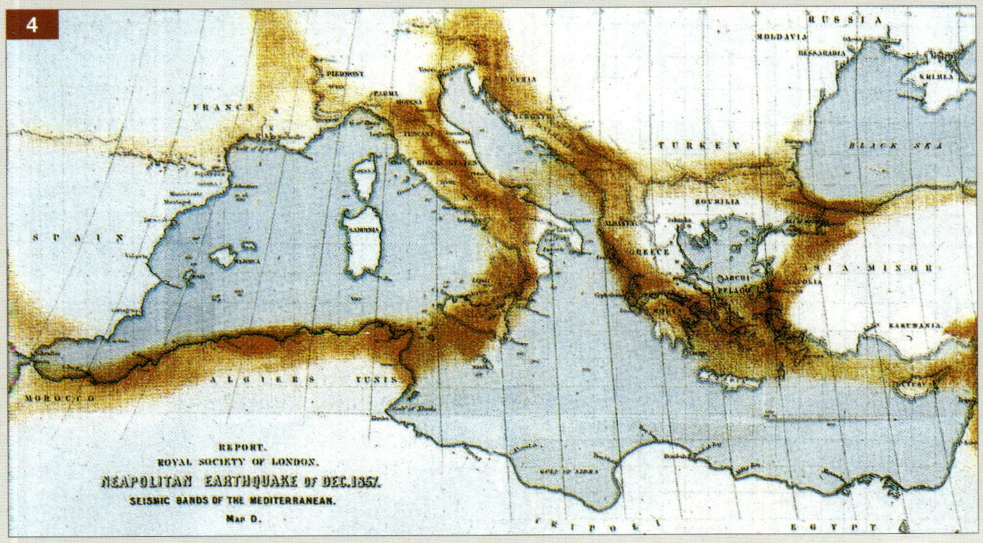

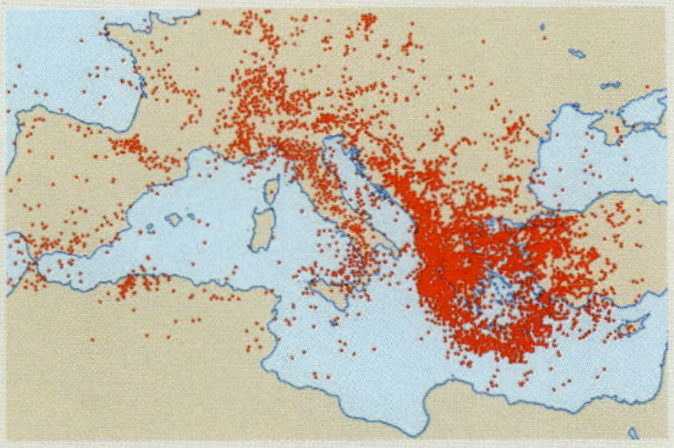

2 Propagazione e registrazione delle onde sismiche

Video
Determinare l'epicentro di un sisma

Una parte dell'energia che si libera all'ipocentro si propaga sotto forma di onde sismiche attraverso le rocce circostanti, che si comportano come corpi elastici [Figura 5]: possiamo pensare che, nel rimbalzo elastico, le particelle di materiale vicine alla faglia compiano delle rapide oscillazioni intorno a un punto di equilibrio prima di fermarsi, e che tale perturbazione si propaghi da una particella a quella contigua, in tutte le direzioni. Non c'è, dunque, trasporto di materia, ma una perturbazione elastica che si propaga, allargandosi dall'ipocentro come un'onda sferica.

■ **Rifrazione** (Refraction) Quando un'onda elastica che si propaga all'interno di un materiale raggiunge la superficie di separazione con un materiale diverso, nell'attraversare tale superficie subisce una *rifrazione*, cioè cambia velocità e direzione di propagazione.

■ **Riflessione** (Reflection) Quando un'onda elastica raggiunge la superficie di separazione tra due materiali diversi, una parte della sua energia «rimbalza» su tale superficie e torna a propagarsi nello stesso materiale, ma con diversa direzione.

2.1 Differenti tipi di onde sismiche

I movimenti all'ipocentro producono differenti tipi di deformazioni, cui corrispondono differenti tipi di onde. Inoltre, la struttura della Terra, con l'alternarsi di materiali diversi, provoca, nelle onde che si propagano, fenomeni di rifrazione e riflessione. Per questo motivo, per esempio, onde che si dirigono inizialmente verso l'interno del pianeta possono in parte rimbalzare verso la superficie, interferendo con altre onde. Nella zona posta in superficie sulla verticale dell'ipocentro, chiamata **epicentro** del terremoto, arriva così un groviglio di onde di ogni frequenza e velocità e il terreno vibra a lungo e più violentemente che se fosse raggiunto da una singola sequenza di onde. Per questo gli strumenti posti in vicinanza dell'epicentro «vanno fuori scala» o forniscono registrazioni confuse.

Per riconoscere i tipi di onde emesse da un terremoto bisogna portarsi a distanza dall'epicentro: infatti, poiché si muovono con velocità diverse, le onde arrivano in tal caso in tempi successivi. Si distinguono tre gruppi di onde:
- *onde longitudinali* (dette anche *di compressione*);
- *onde trasversali* (o *di taglio*);
- *onde superficiali*.

Le **onde longitudinali** (o *di compressione*) sono quelle al cui passaggio le particelle di roccia oscillano avanti e indietro nella direzione di propagazione dell'onda stessa: la roccia subisce rapide variazioni di volume, comprimendosi e dilatandosi alternativamente a seconda delle rapide oscillazioni che i blocchi di roccia nella zona dell'ipocentro compiono dopo la deformazione elastica [Figura 6A]. Sono le onde più veloci, per cui sono dette anche *onde prime* od *onde P*: si muovono nella crosta con velocità tra 4 e 8 km/s (14-28 000 km/h). Si propagano in ogni mezzo, nelle rocce più compatte, nel magma fuso, nell'acqua e nell'aria: il rombo cupo che accompagna l'inizio del terremoto è dovuto alle onde P che arrivano in superficie e provocano spostamenti d'aria, con frequenze che rientrano in parte nella banda di quelle percepibili dall'orecchio umano.

Lo scivolamento delle masse rocciose lungo il piano di faglia provoca anche deformazioni che si propagano come **onde trasversali** (o *di taglio*). Al loro passaggio le particelle di roccia compiono delle oscillazioni perpendicolari alla direzione di propagazione [Figura 6B]; il blocco di roccia subisce variazioni di forma, ma non di volume (non si «schiaccia»). Sono più lente delle onde P: nella crosta viaggiano con velocità variabile tra 2,3 e 4,6 km/s; sono chiamate perciò *onde seconde* od *onde S*. Non possono però propagarsi attraverso i fluidi; infatti, mentre in un solido le molecole che si muovono trascinano con sé quelle contigue, in un fluido le forze tra molecole sono così deboli che ciò non avviene. Perciò se le onde S, nel loro movimento, incontrano una massa di magma fuso, si smorzano rapidamente e non si propagano oltre in quella direzione.

5

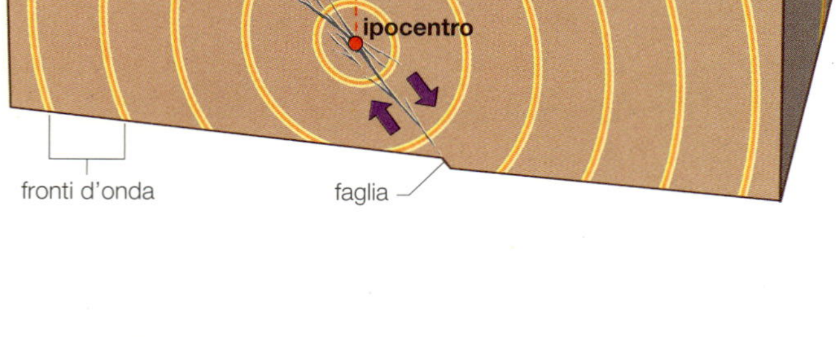

Figura 5
Dall'ipocentro, che è il volume di rocce in cui si verifica lo spostamento iniziale della faglia, le onde sismiche si propagano in ogni direzione. Il punto in superficie, posto sulla verticale dell'ipocentro, è detto epicentro. I fronti d'onda rappresentano le posizioni raggiunte a un certo momento dalle singole vibrazioni che si propagano dall'ipocentro.

ampliamento delle conoscenze

I primi passi della Sismologia

Le prime intuizioni che il terremoto corrisponde al propagarsi di onde risalgono alla metà del '700, ma doveva passare quasi un secolo prima che queste intuizioni venissero comprese.

Sarà l'ingegnere irlandese Robert Mallet a compiere, quasi un secolo dopo, il passo decisivo sulla via della comprensione dei fenomeni sismici. Il suo interessamento ai terremoti nacque dalla lettura di un volume pubblicato nel 1830 (i *Principi di Geologia* di Charles Lyell, il fondatore della geologia moderna).

La sua esperienza di ingegnere lo convinse che nello studio dei terremoti era indispensabile analizzare come si propagano le onde meccaniche che provocano sul terreno e sugli edifici numerosi diversi effetti. In varie occasioni aveva osservato le esplosioni in cave di pietra, stando a una certa distanza dal fronte di demolizione, e si era reso conto che il terreno sul quale si trovava aveva avuto «un sussulto» qualche istante *dopo* l'esplosione, che evidentemente aveva provocato delle vibrazioni, propagatesi nel terreno.

Alcuni esperimenti gli permisero di concludere che le onde elastiche (e quindi anche quelle che si propagano in un terremoto) si muovono con velocità diverse a seconda del tipo di terreno entro cui si muovono: più lente nella sabbia, molto più veloci nel granito.

Mallet andò oltre, con una serie di osservazioni nell'area a est di Napoli sconvolta dal terremoto del 1857. In base agli effetti sugli edifici, concluse che il movimento del terreno era stato causato da «*un'onda di compressione, dovuta all'improvvisa flessione dei materiali elastici che formavano una porzione della crosta terrestre* [rocce], *o al loro rilassamento e conseguente frattura*». Nel corso delle sue ricerche, Mallet compilò anche una carta della distribuzione della sismicità delle regioni mediterranee, dalla quale risulta chiaro che i terremoti si manifestano lungo fasce «sismiche», mentre ampie zone non hanno attività [Figura 4].

Verso la fine dell'Ottocento si compie il passo decisivo, soprattutto per merito di John Milne, geologo inglese chiamato a insegnare in Giappone, nel Collegio Imperiale di Tokyo. Insieme ad alcuni suoi collaboratori, impiegando nuovi *sismografi* molto sensibili, Milne riconobbe l'esistenza di onde sismiche di diversi tipi, che si muovevano con velocità differenti, e cominciò a calcolare la distanza della sorgente di un terremoto in base al ritardo, nel momento della registrazione, tra onde che, generate insieme, avevano viaggiato a velocità diverse.

Nella sua attività Milne privilegiò la ricerca e la documentazione di dati, ma dedicò minore attenzione alla ricerca teorica sui terremoti. Fu invece il geologo e sismologo Bunjiro Koto a proporre un'idea stimolante alla conclusione di una serie di osservazioni sugli effetti del terremoto che, nel 1891, sconvolse un'ampia zona a Ovest di Tokyo. Egli constatò che lungo l'affioramento di una faglia, ben visibile in superficie per oltre 100 kilometri attraverso l'Isola di Honshu, il terreno si era sollevato da un lato e abbassato dall'altro con un rigetto di alcuni metri. Altri studiosi avevano già osservato che, in concomitanza con forti terremoti (frequenti in Giappone), si erano manifestate in superficie fratture e faglie (che, lo ricordiamo, sono fratture con spostamento relativo delle due parti a contatto); ma Koto ebbe un'intuizione rivoluzionaria. Gli spostamenti del terreno da lui osservati in superficie seguendo la faglia non erano un *effetto* del terremoto: al contrario, dovevano essere stati i movimenti delle rocce lungo la faglia che si stava bruscamente sviluppando a provocare il terremoto. L'improvvisa rottura in profondità di un grande ammasso di rocce e il conseguente scivolamento con forte attrito dei due blocchi lungo un'estesa superficie (la faglia) doveva aver liberato un'enorme quantità di energia, che si era propagata in ogni direzione sotto forma di onde sismiche, provocando in superficie le vibrazioni del terreno responsabili degli effetti disastrosi.

La «causa prima» del terremoto non era stata ancora individuata, ma ci si era avvicinati moltissimo. Toccherà al sismologo americano Harry F. Reid, nello studio del terremoto di San Francisco del 1906, mettere in luce in modo conclusivo il meccanismo che origina i terremoti e aprire, così, una nuova via alla ricerca geologica.

4

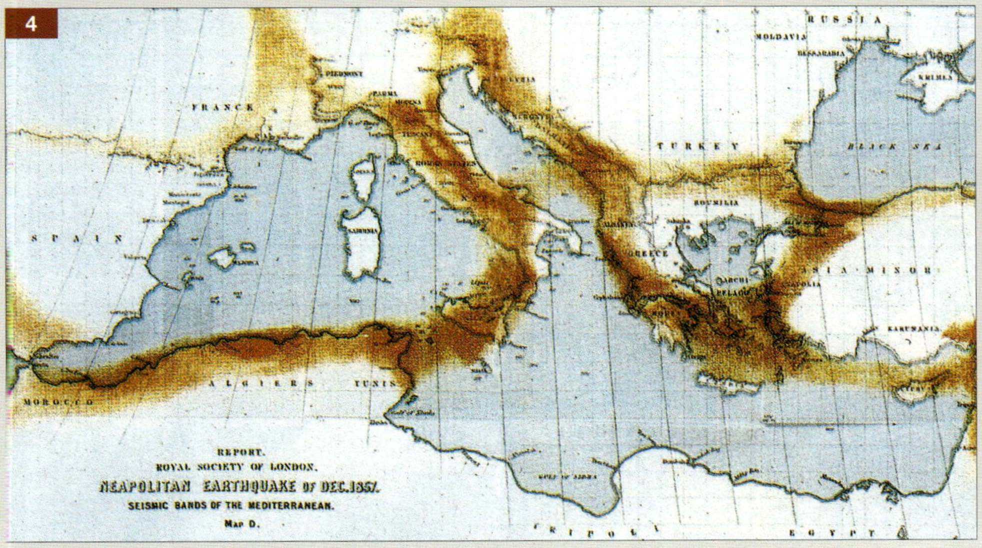

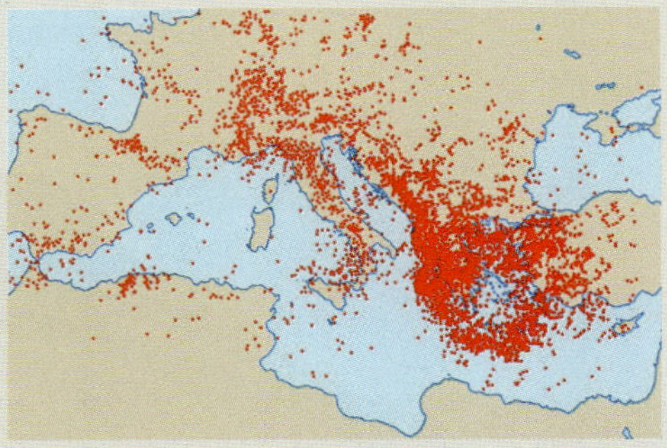

Figura 4
La prima carta completa della sismicità delle zone del Mediterraneo fu disegnata nel 1857 dall'irlandese Robert Mallet, grande studioso del fenomeno «terremoto».
È indicata chiaramente la fascia di sismicità che dal Nordafrica, attraverso la Sicilia, circonda il Mar Adriatico e l'area del Mar Egeo, e prosegue a nord e a sud della Turchia (confronta con il dettaglio a destra, da una carta moderna della sismicità: i puntini rappresentano gli epicentri).

2 Propagazione e registrazione delle onde sismiche

Video
Determinare l'epicentro di un sisma

■ **Rifrazione** (Refraction)
Quando un'onda elastica che si propaga all'interno di un materiale raggiunge la superficie di separazione con un materiale diverso, nell'attraversare tale superficie subisce una *rifrazione*, cioè cambia velocità e direzione di propagazione.

■ **Riflessione** (Reflection)
Quando un'onda elastica raggiunge la superficie di separazione tra due materiali diversi, una parte della sua energia «rimbalza» su tale superficie e torna a propagarsi nello stesso materiale, ma con diversa direzione.

Una parte dell'energia che si libera all'ipocentro si propaga sotto forma di onde sismiche attraverso le rocce circostanti, che si comportano come corpi elastici [Figura 5]: possiamo pensare che, nel rimbalzo elastico, le particelle di materiale vicine alla faglia compiano delle rapide oscillazioni intorno a un punto di equilibrio prima di fermarsi, e che tale perturbazione si propaghi da una particella a quella contigua, in tutte le direzioni. Non c'è, dunque, trasporto di materia, ma una perturbazione elastica che si propaga, allargandosi dall'ipocentro come un'onda sferica.

2.1 Differenti tipi di onde sismiche

I movimenti all'ipocentro producono differenti tipi di deformazioni, cui corrispondono differenti tipi di onde. Inoltre, la struttura della Terra, con l'alternarsi di materiali diversi, provoca, nelle onde che si propagano, fenomeni di rifrazione e riflessione. Per questo motivo, per esempio, onde che si dirigono inizialmente verso l'interno del pianeta possono in parte rimbalzare verso la superficie, interferendo con altre onde. Nella zona posta in superficie sulla verticale dell'ipocentro, chiamata **epicentro** del terremoto, arriva così un groviglio di onde di ogni frequenza e velocità e il terreno vibra a lungo e più violentemente che se fosse raggiunto da una singola sequenza di onde. Per questo gli strumenti posti in vicinanza dell'epicentro «vanno fuori scala» o forniscono registrazioni confuse.

Per riconoscere i tipi di onde emesse da un terremoto bisogna portarsi a distanza dall'epicentro: infatti, poiché si muovono con velocità diverse, le onde arrivano in tal caso in tempi successivi. Si distinguono tre gruppi di onde:
- *onde longitudinali* (dette anche *di compressione*);
- *onde trasversali* (o *di taglio*);
- *onde superficiali*.

Le **onde longitudinali** (o *di compressione*) sono quelle al cui passaggio le particelle di roccia oscillano avanti e indietro nella direzione di propagazione dell'onda stessa: la roccia subisce rapide variazioni di volume, comprimendosi e dilatandosi alternativamente a seconda delle rapide oscillazioni che i blocchi di roccia nella zona dell'ipocentro compiono dopo la deformazione elastica [Figura 6A]. Sono le onde più veloci, per cui sono dette anche *onde prime* od *onde P*: si muovono nella crosta con velocità tra 4 e 8 km/s (14-28 000 km/h). Si propagano in ogni mezzo, nelle rocce più compatte, nel magma fuso, nell'acqua e nell'aria: il rombo cupo che accompagna l'inizio del terremoto è dovuto alle onde P che arrivano in superficie e provocano spostamenti d'aria, con frequenze che rientrano in parte nella banda di quelle percepibili dall'orecchio umano.

Lo scivolamento delle masse rocciose lungo il piano di faglia provoca anche deformazioni che si propagano come **onde trasversali** (o *di taglio*). Al loro passaggio le particelle di roccia compiono delle oscillazioni perpendicolari alla direzione di propagazione [Figura 6B]; il blocco di roccia subisce variazioni di forma, ma non di volume (non si «schiaccia»). Sono più lente delle onde P: nella crosta viaggiano con velocità variabile tra 2,3 e 4,6 km/s; sono chiamate perciò *onde seconde* od *onde S*. Non possono però propagarsi attraverso i fluidi; infatti, mentre in un solido le molecole che si muovono trascinano con sé quelle contigue, in un fluido le forze tra molecole sono così deboli che ciò non avviene. Perciò se le onde S, nel loro movimento, incontrano una massa di magma fuso, si smorzano rapidamente e non si propagano oltre in quella direzione.

Figura 5
Dall'ipocentro, che è il volume di rocce in cui si verifica lo spostamento iniziale della faglia, le onde sismiche si propagano in ogni direzione. Il punto in superficie, posto sulla verticale dell'ipocentro, è detto epicentro. I fronti d'onda rappresentano le posizioni raggiunte a un certo momento dalle singole vibrazioni che si propagano dall'ipocentro.

5

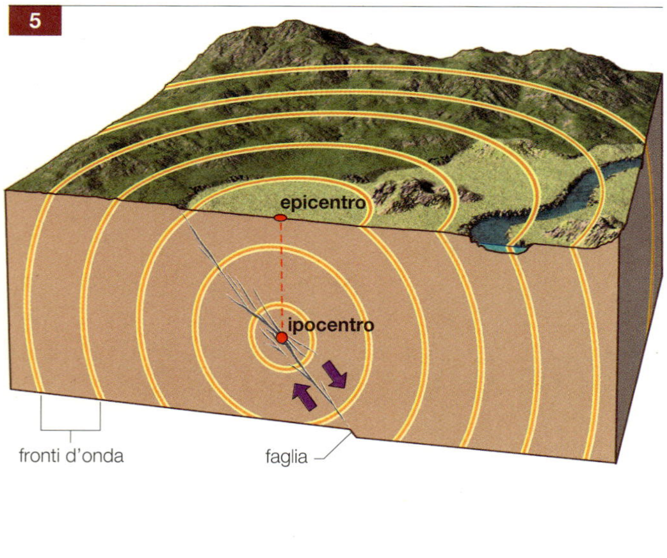

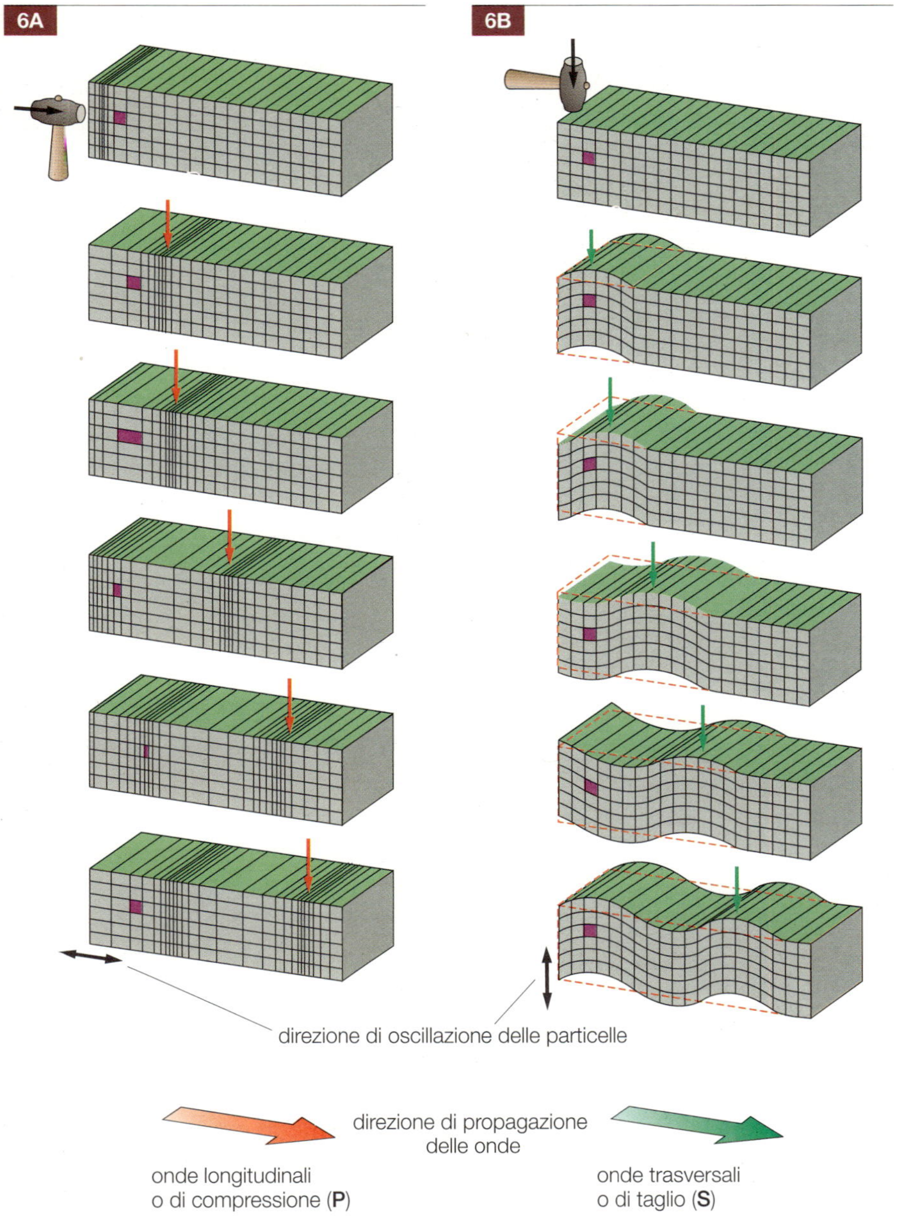

Figura 6
Propagazione delle onde interne: onde longitudinali e onde trasversali.
A. Stadi della deformazione di un blocco di materiale attraversato da onde longitudinali o di compressione (onde P). In alto, il blocco all'inizio della deformazione (il martello simula la sollecitazione); sùbito sotto, in successione verso il basso, è schematizzato il passaggio di una cresta di compressione (indicata dalla piccola freccia rossa), che si sposta attraverso la roccia con la velocità dell'onda P, ed è seguita da una rarefazione. Ogni piccola porzione di materia (come il quadratino colorato in figura) al passaggio di tali onde si dilata e si comprime alternativamente (freccia a due punte) nella direzione in cui si propaga l'onda (freccia grande rossa), come conseguenza del movimento in avanti e indietro di tutti i suoi punti.
B. Stadi di deformazione di un blocco di materiale attraversato da onde trasversali o di taglio (onde S). Una cresta d'onda (indicata dalla piccola freccia verde) si muove attraverso il blocco con la velocità dell'onda S, man mano che i punti, raggiunti dalla deformazione, si muovono in su e in giù (freccia a due punte), perpendicolarmente alla direzione di propagazione dell'onda (freccia grande verde). Il quadratino rosso si trasforma in parallelogramma al passaggio dell'onda di taglio, ma conserva la sua superficie (la distanza tra i due lati verticali rimane costante).

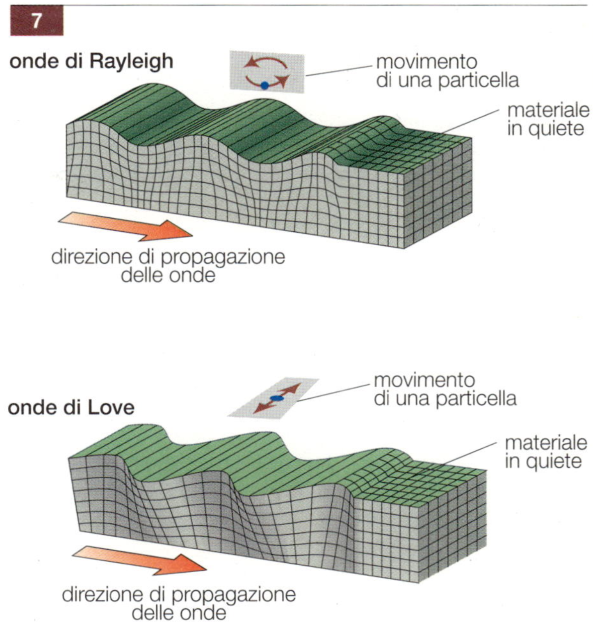

Figura 7
Propagazione delle onde superficiali: onde di Rayleigh e onde di Love. In entrambi i casi è stato schematizzato il movimento di una singola particella al passaggio di una di tali onde. Come si vede, la deformazione provocata dalle onde superficiali si smorza con la profondità.

Le onde P e le onde S, che si generano nell'ipocentro, sono chiamate complessivamente **onde interne** o *di volume*.

Quando le onde interne raggiungono la superficie, si trasformano in parte in **onde superficiali** [Figura 7], che si propagano dall'epicentro lungo la superficie terrestre (come increspature sulla superficie dell'acqua), mentre si smorzano rapidamente con la profondità.

Tra le onde superficiali ricordiamo le *onde di Rayleigh* (indicate con R) e le *onde di Love* (L).

Le onde R furono previste su base matematica da John W. Strutt (Lord Rayleigh) nei suoi studi sulla propagazione delle onde in mezzi elastici. Al propagarsi di un'onda R le particelle compiono orbite ellittiche in un piano verticale lungo la direzione di propagazione, come avviene per le onde in acqua lontane dalla costa.

L'esistenza e le caratteristiche delle onde L furono previste dal matematico A. Love. Al passaggio di un'onda L le particelle oscillano trasversalmente alla direzione di propagazione (come le onde S), ma soltanto nel piano orizzontale.

Le onde superficiali sono più lunghe di quelle interne da cui derivano e si muovono più lentamente; possono percorrere però lunghissime distanze (fino a compiere più volte il giro della Terra) prima di estinguersi.

Riassumendo, durante un terremoto nell'ipocentro si generano gruppi di onde P ed S per tutta la durata del movimento della faglia attivata; queste si propagano in ogni direzione e, quando arrivano in superficie, generano a loro volta le onde L ed R. La velocità e la direzione di propagazione delle onde interne (P ed S) si modificano al passaggio attraverso materiali differenti per caratteristiche fisiche (densità e resistenza al taglio e alla compressione), per cui tali onde vengono riflesse e rifratte.

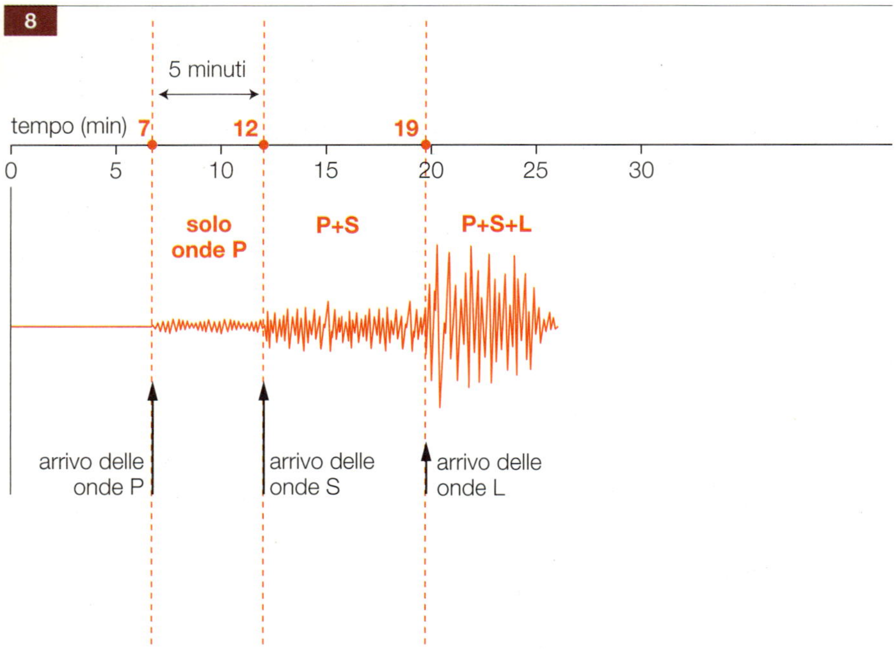

Figura 8
Esempio di sismogramma. La componente orizzontale del movimento, registrata in una stazione lontana dall'epicentro, indica il momento del primo arrivo dei vari tipi di onde che partono dall'ipocentro. Come si ricava dalla figura, in questo caso le onde S sono giunte alla stazione sismica con 5 minuti (12 – 7) di ritardo rispetto alle onde P.

In superficie, quindi, arrivano non solo onde che hanno effettuato un percorso «diretto», ma anche onde che hanno seguito percorsi più lunghi e complessi, «rimbalzando» più volte all'interno della Terra prima di raggiungere la superficie, e giungendo perciò in ritardo rispetto alle prime. Progressi decisivi nel campo della sismologia sono derivati dall'invenzione di strumenti sempre più sensibili nel percepire e registrare i movimenti del suolo, cioè dei *sismografi*, che consentono di raccogliere e archiviare una grande quantità di informazioni sui terremoti (vedi Approfondimento, *I sismografi*).

2.2 Come si registrano le onde sismiche

La registrazione del movimento sismico da parte di un sismografo si chiama *sismogramma*. Poiché i diversi tipi di onde prodotte in un terremoto si propagano con velocità differenti e seguendo percorsi di diversa lunghezza, quanto più si è lontani dall'ipocentro, tanto maggiore è l'intervallo di tempo che passa tra il momento in cui iniziano ad arrivare le onde più veloci e quello in cui giungono le onde più lente. Nell'area prossima all'epicentro il sismogramma appare quindi molto complicato o confuso, sia per l'ampiezza delle oscillazioni, che possono mandare fuori scala gli strumenti (quando i sismogrammi erano registrati su rotoli di carta si diceva che «saltavano i pennini»), sia per l'arrivo quasi contemporaneo di vari tipi di onde, a causa della brevità del cammino effettuato. A una certa distanza dall'epicentro, invece, i gruppi di onde cominciano a separarsi e nel sismogramma si riconosce una struttura fondamentale. La prima parte del sismogramma, in cui si riconosce l'inizio delle oscillazioni, corrisponde all'arrivo delle onde P; nella parte centrale del sismogramma all'arrivo delle onde P si sovrappone quello delle onde S; nell'ultima parte del sismogramma (*coda*) compaiono prevalentemente le onde superficiali, più lente ma molto più ampie [**Figura 8**].

Dalla lettura dei sismogrammi si possono ricavare numerose informazioni, come la potenza e la durata del terremoto, la posizione dell'epicentro, la profondità dell'ipocentro, la direzione e l'ampiezza del movimento lungo la faglia che ha generato il terremoto, l'orientamento e l'estensione di quest'ultima. Per la stessa via si ricavano dati sulla struttura interna della Terra, dal suo nucleo fino in superficie.

2.3 Come si localizza l'epicentro di un terremoto

Per ricavare informazioni dai sismogrammi, bisogna averne classificati in gran numero e avere ricavato, a partire da essi, un diagramma. In tale diagramma vengono messi a confronto i tempi di arrivo dei singoli tipi di onde (per esempio, P ed S) con le distanze dall'epicentro delle stazioni in cui sono stati registrati i singoli sismogrammi [**Figura 9A**]. In pratica queste curve, chiamate **dromocrone** (o **curve spazio-tempo**), indicano i tempi di propagazione di ogni tipo di onda in funzione della distanza dall'epicentro, come si osserva in **Figura 9B**; esse sono state continuamente migliorate con il progredire delle tecniche di registrazione, soprattutto da quando sono stati disponibili sismogrammi di esplosioni nucleari, di cui erano noti con precisione luogo e momento dell'esplosione. I sismologi hanno oggi a disposizione, sotto forma di tabelle o di grafici in forma digitalizzata, i tempi di propagazione dei vari tipi di onde per qualsiasi distanza e per terremoti con ipocentri a diverse profondità.

In base alla dromocrona è possibile ricavare la **distanza dell'epicentro** di un terremoto da una stazione sismica: è sufficiente misurare, sul sismogramma registrato in quella stazione, la differenza tra il tempo di arrivo della prima onda P e quello della prima onda S, e cercare poi sull'ascissa della dromocrona la distanza epicentrale cui corrisponde un intervallo tra le due curve pari all'intervallo di tempo misurato [**Figura 9B**].

Con tale semplice operazione si ricava la distanza dell'epicentro da una stazione, ma non la **posizione dell'epicentro**. Per fare questo è necessario poter

9A

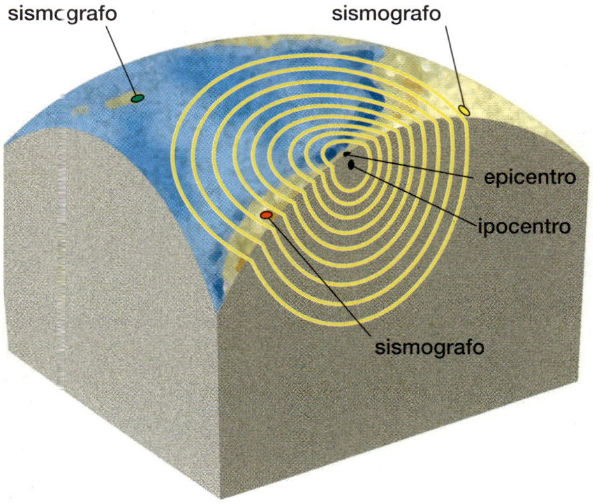

9B

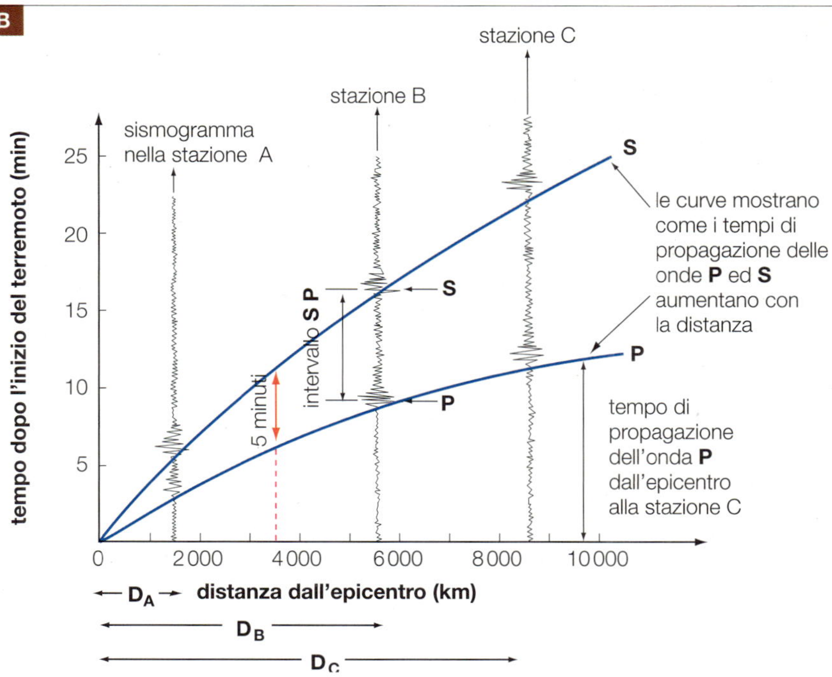

Figura 9
Localizzazione dell'epicentro con i sismogrammi.
A. Le onde sismiche prodotte da un terremoto si allontanano in maniera concentrica dall'ipocentro e arrivano ad alcune stazioni sismografiche lontane in tempi diversi.
B. Esempio di dromocrone, costruite per le onde P ed S. Quanto più una stazione sismica è lontana dall'epicentro (origine dell'ascissa), tanto maggiore è l'intervallo di tempo che passa tra il momento in cui inizia il terremoto (origine dell'ordinata) e il momento in cui viene registrato l'arrivo dei vari tipi di onde. Poiché queste ultime si muovono con velocità diverse, il distacco tra il primo arrivo di onde P e di onde S aumenta con la distanza della stazione sismica dall'epicentro, tanto che, in base a tale ritardo, misurato su un sismogramma, è possibile ricavare la distanza epicentrale. Nel caso del sismogramma riportato nella figura 8, per esempio, il ritardo tra onde P ed S è di 5 minuti; se si cerca nel diagramma il punto delle ascisse per cui la distanza verticale tra le dromocrone delle onde P e delle onde S (segmento in rosso) corrisponde a tale ritardo (espresso con le stesse unità di misura delle ordinate), si può vedere che la distanza dell'epicentro è stata di circa 3500 km.
C. Esempio di localizzazione di un epicentro. Se si determina la distanza di una stazione sismica dall'epicentro di un terremoto, per esempio D_A, si può soltanto dire che l'epicentro si trova su una circonferenza di raggio = 1500 km, con centro nella stazione A. Se però (come nello schema B) sono note anche le distanze epicentrali di almeno altre due stazioni B e C, le tre circonferenze, centrate nelle tre stazioni e di raggio rispettivamente 1500, 5600 e 8600 km, si incontrano in un solo punto, che indica la posizione dell'epicentro cercato.

9C

Se a questo punto il sismologo disegna un cerchio attorno a ciascuna stazione sismica, con il raggio ricavato in base alle curve spazio-tempo…

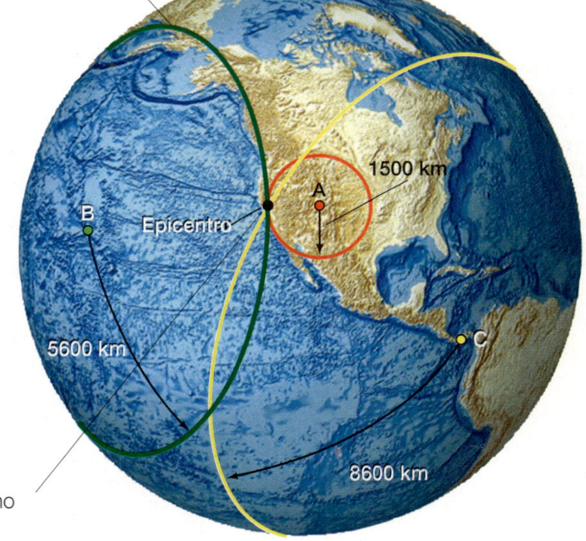

… il punto nel quale si intersecano i cerchi localizzerà l'epicentro del terremoto (sotto il quale, in profondità, sarà l'ipocentro).

disporre delle distanze dall'epicentro di almeno tre stazioni sismiche: in tal caso è sufficiente tracciare, su una carta geografica *equidistante*, tre circonferenze con centro nelle tre stazioni e con raggio di lunghezza pari alla distanza epicentrale determinata per ciascuna stazione, ridotta alla scala della carta. Il punto di intersezione tra le circonferenze fornisce la posizione dell'epicentro [**Figura 9C**].

Perché un sismogramma possa fornire anche indicazioni sulla **profondità dell'ipocentro** sono necessarie invece le registrazioni di numerose stazioni, per poter impiegare metodi di elaborazione statistica. Sono stati distinti così terremoti *superficiali*, con profondità ipocentrale tra 0 e 70 km, *intermedi*, con profondità tra 70 e 300 km, e *profondi*, con ipocentro a oltre 300 km. Il terremoto più profondo finora registrato è avvenuto in Giappone, a oltre 700 km di profondità. I terremoti superficiali, che si verificano soprattutto nella crosta (sia pure in situazioni geologiche diverse), rilasciano complessivamente il 75% dell'energia liberata da tutti i terremoti.

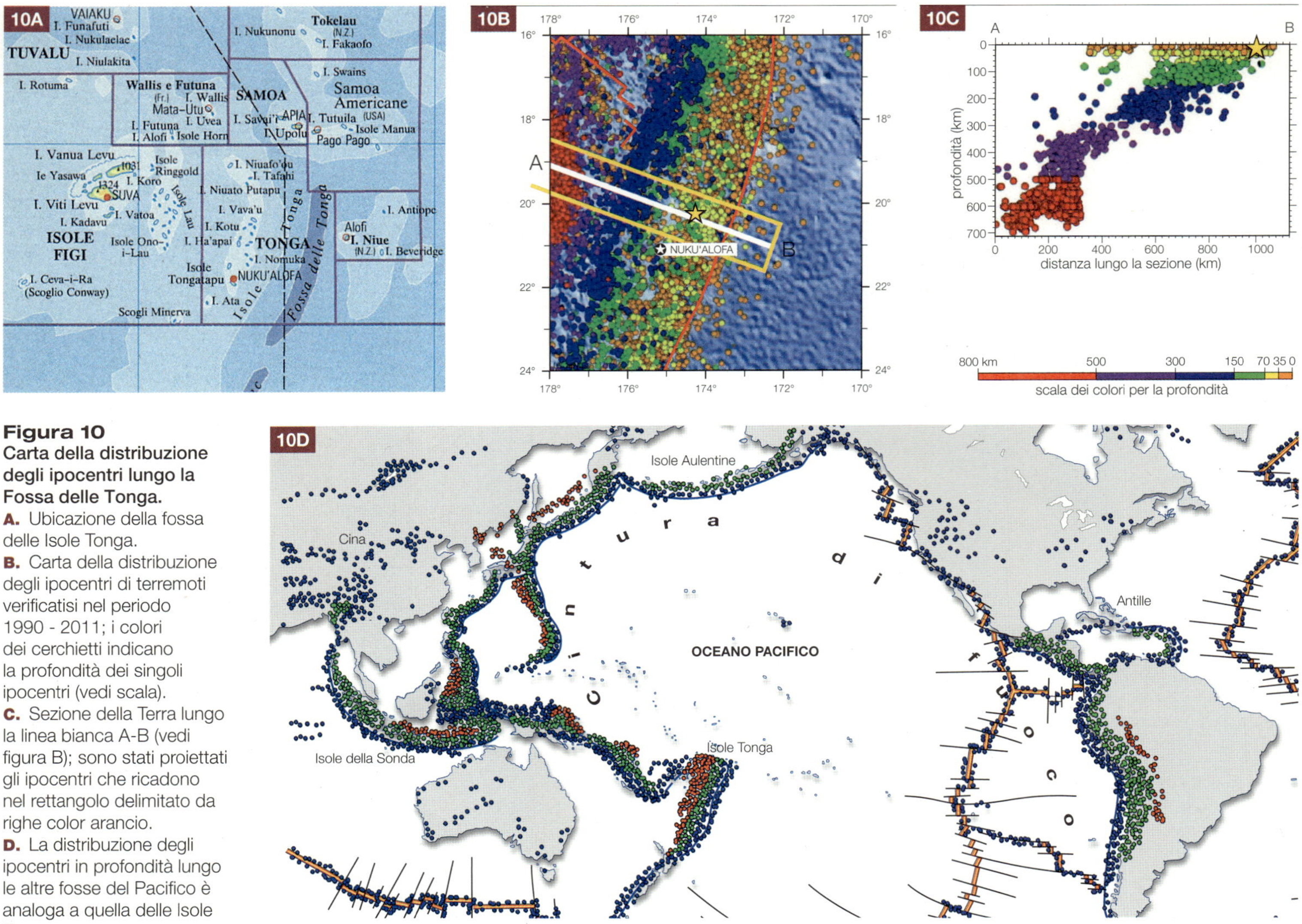

Figura 10
Carta della distribuzione degli ipocentri lungo la Fossa delle Tonga.
A. Ubicazione della fossa delle Isole Tonga.
B. Carta della distribuzione degli ipocentri di terremoti verificatisi nel periodo 1990 - 2011; i colori dei cerchietti indicano la profondità dei singoli ipocentri (vedi scala).
C. Sezione della Terra lungo la linea bianca A-B (vedi figura B); sono stati proiettati gli ipocentri che ricadono nel rettangolo delimitato da righe color arancio.
D. La distribuzione degli ipocentri in profondità lungo le altre fosse del Pacifico è analoga a quella delle Isole Tonga.

I terremoti molto profondi sono localizzati in massima parte tutto intorno all'Oceano Pacifico, in larghe fasce che fiancheggiano le fosse abissali. Non solo, ben presto i sismologi si sono resi conto che, in quelle fasce sismiche, più un ipocentro è profondo, più risulta essere lontano dalla fossa presso la quale si verifica [**Figura 10**]. Questa caratteristica alla fine è risultata un punto fondamentale nel modello elaborato per spiegare i movimenti della crosta e del sottostante mantello, come vedremo nel Capitolo 5.

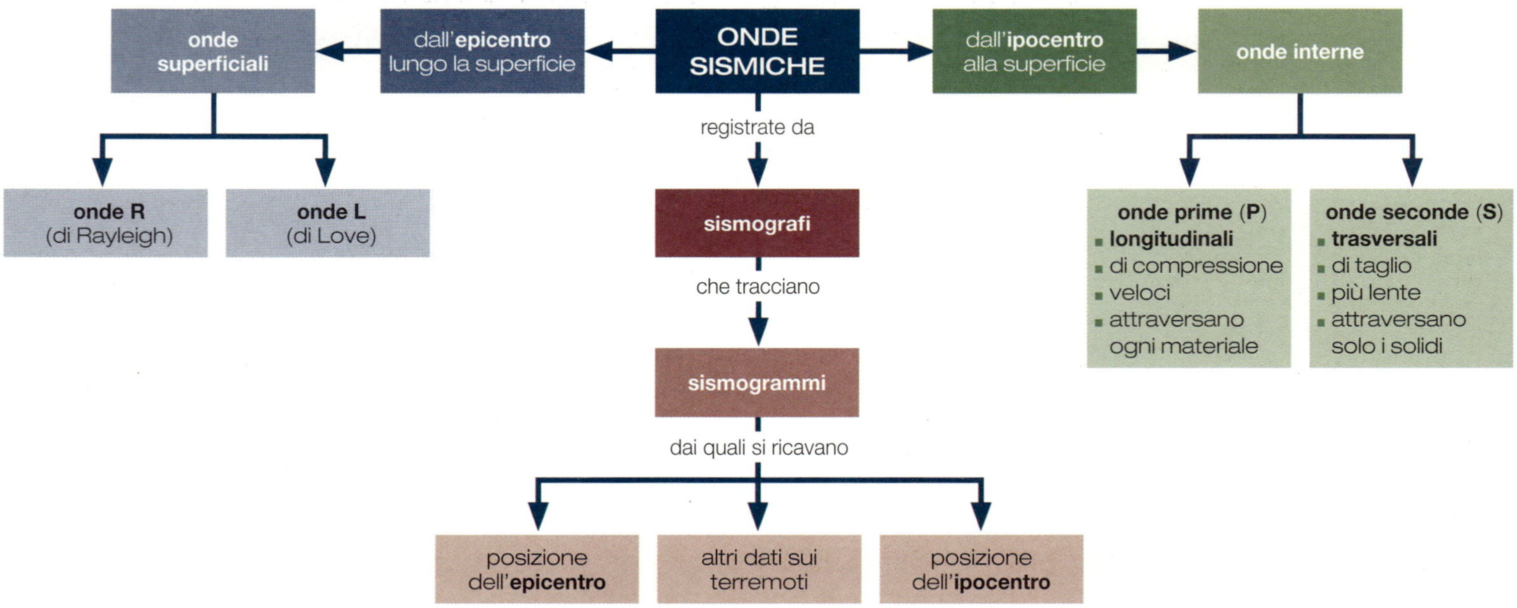

approfondimento delle conoscenze

I sismografi

I primi tentativi di mettere in evidenza con uno strumento il movimento del suolo in un terremoto portarono alla fabbricazione di vari tipi di *sismoscopi*. I più precisi tra tali strumenti erano in grado di suggerire la direzione dell'epicentro del sisma.

Il **sismografo**, invece, è uno strumento che trasforma il complesso movimento del suolo durante un terremoto in una registrazione permanente. È uno strumento prezioso, poiché consente di analizzare opportunamente e di riesaminare in qualunque momento il groviglio in apparenza inestricabile di onde che raggiungono la superficie nel breve tempo che dura un terremoto. Un sismografo si basa sull'inerzia di una massa sospesa, che tende a rimanere immobile anche quando il supporto inizi a muoversi insieme al suolo per il manifestarsi di una vibrazione [Figura 11]. Un pennino scrivente, solidale con la massa, lascia una traccia su una striscia di carta che ruota a mezzo di un rullo solidale con il suolo: si registrano così le vibrazioni del suolo rispetto alla massa, teoricamente ferma nello spazio.

Per analizzare in maniera completa il movimento del suolo se ne registrano separatamente le componenti secondo un sistema di tre assi perpendicolari. In ogni stazione sismica, quindi, sono contemporaneamente in funzione tre sismografi: uno in grado di muoversi solo lungo la verticale, per cui è sensibile solo alla parte di movimenti del suolo verso l'alto o verso il basso; gli altri due liberi di muoversi solo sul piano orizzontale, lungo due direzioni tra loro perpendicolari (in genere Nord-Sud ed Est-Ovest), per cui sono sensibili solo alla parte del movimento del suolo lungo tali direzioni; dalla combinazione delle 3 componenti si risale al reale movimento del suolo momento per momento.

Un tempo la massa inerte era costituita da un vero e proprio pendolo; oggi, anche se il principio costruttivo è rimasto il medesimo, si ricorre a geometrie ben più complesse e sofisticate per avere strumenti sensibili ai più piccoli movimenti del suolo. Anche la registrazione delle oscillazioni, che un tempo era a stilo (punta che lascia una traccia chiara su carta affumicata), negli strumenti moderni molto sensibili avviene in forma digitale.

Poiché le onde sismiche hanno un'ampia gamma di frequenze, per raccogliere tutte le informazioni fornite da un terremoto sono necessari più tipi di strumenti. Alcuni sismografi sono così sensibili da percepire movimenti di un solo nanometro, che poi vengono amplificati decine di migliaia di volte per essere registrati su carta; altri sono invece così robusti da sopportare le violente accelerazioni provocate dalle scosse dei terremoti più forti.

Altri ancora sono specificamente progettati per registrare onde di periodo molto lungo (come le *oscillazioni libere*, vibrazioni della Terra nel suo insieme), che sfuggono ai normali sismografi.

La sensibilità dei sismografi moderni è limitata solo dal «rumore di fondo», cioè da vibrazioni del terreno costantemente presenti ma non dovute a terremoti, come quelle prodotte dall'urto del vento o del mare contro la terraferma, dalle attività di un complesso industriale, dal riscaldamento e raffreddamento diurni dello strato esterno della crosta terrestre, e così via. La capacità di rilevamento di strumenti molto sensibili può essere aumentata dall'uso contemporaneo di molti di essi; il Progetto *USARRAY* impiega una rete mobile di 400 sismografi, installati via via in aree diverse, fino a coprire tutti gli Stati Uniti: si possono mettere così in evidenza movimenti del terreno che sono inferiori a frazioni di micron.

11

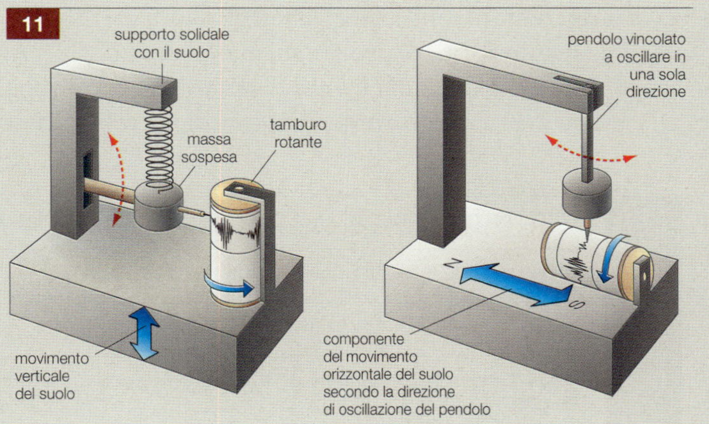

Figura 11
Struttura di base di un sismografo.
A sinistra: configurazione adatta per registrare la componente verticale delle oscillazioni del terreno. A destra: configurazione che permette di registrare le componenti orizzontali delle oscillazioni del terreno (N-S oppure E-O).

QUESITI

1. Completa.
Il punto nel sottosuolo in cui ha inizio la propagazione delle vibrazioni sismiche è detto .... del terremoto; il punto in superficie sulla sua verticale è detto ....

2. Completa.
Le onde P sono onde ....
Le onde S sono onde ....

3. Le onde S provocano nella massa rocciosa una variazione
A di volume. C di velocità.
B di forma. D di temperatura.

4. Per localizzare l'epicentro di un terremoto sono necessarie
A 2 stazioni. B 3 stazioni. C 5 stazioni.

5. Che cos'è l'epicentro di un terremoto?

6. Quali tipi di onde sismiche esistono?

7. Quali sono le onde più veloci?

8. Qual è la principale differenza tra onde di volume e onde superficiali?

9. Come funziona un sismografo?

10. Quali informazioni si possono ricavare dalla lettura di un sismogramma?

11. A che profondità arrivano gli ipocentri?

3 La «forza» di un terremoto

Video
Misurare i danni di un terremoto

La Sismologia ha fornito un primo strumento per valutare la forza di un terremoto con la proposta delle scale di *intensità*, basate sullo studio degli effetti del terremoto; in seguito, con l'introduzione delle registrazioni strumentali, a tali tipi di scale è stata affiancata la valutazione della *magnitudo*, che meglio può definire la forza del terremoto, indipendentemente dagli effetti con cui si manifesta in superficie. Attenzione: intensità e magnitudo non sono «in alternativa», ma si impiegano contemporaneamente, in quanto offrono informazioni diverse.

3.1 Le scale di intensità dei terremoti

I primi dati su cui basare una valutazione della forza di un terremoto sono stati gli effetti prodotti dai sismi sul territorio, in particolare sui manufatti. Lo scopo iniziale di tali indagini era di delimitare le aree in cui un terremoto aveva provocato danni tra loro simili, per poter ripartire gli aiuti in proporzione del danno.

Verso la fine del Settecento il medico italiano Domenico Pignataro, in base all'esame dei danni e delle vittime provocati dai terremoti italiani avvenuti tra il 1783 e il 1786, stabilì una scala di confronto con 4 categorie: *leggero*, *moderato*, *forte*, *fortissimo*. Era una suddivisione molto semplice, tuttavia era anche un primo tentativo di classificazione valida per i terremoti in generale, e non per i singoli eventi.

Solo un secolo dopo cominciarono a comparire scale di intensità più precise, utilizzabili per tutti i terremoti. Ricordiamo quella presentata da G. Mercalli nel 1902: inizialmente articolata in 10 gradi, crescenti con la forza del terremoto, questa scala è stata in seguito più volte modificata, per tener conto, ad esempio, dell'introduzione di nuove tecniche nelle costruzioni, ed è impiegata come scala **MM** (Mercalli Modificata) negli Stati Uniti d'America.

Attualmente, la *scala di intensità* più usata in Europa è la **scala MCS** (Mercalli-Càncani-Sieberg), divisa in 12 gradi [Tabella 1]; nei paesi dell'Est

Tabella 1
La scala MCS (Mercalli-Càncani-Sieberg). Questa presentazione è semplificata: la scala utilizzata nella pratica corrente è molto più articolata nelle singole descrizioni, con precisazioni e dettagli che guidano gli operatori nell'analisi degli effetti sul territorio.

I	Sisma non percepito dall'uomo; registrato solo dai sismografi (*impercettibile*).
II	Percepito ai piani alti delle case (i quali oscillano più dei piani a terra) da persone sensibili (*molto lieve*).
III	Percepito da più persone, oscillazione di oggetti appesi e vibrazioni (*lieve*).
IV	Oscillazioni e vibrazioni come al passare di automezzi pesanti, tintinnio di vetri, vibrazioni di vasellame, scricchiolio di pareti (*moderato*).
V	Scossa che sveglia chi dorme, scricchiolii, tintinnii, spavento; cadono calcinacci (*abbastanza forte*).
VI	Fa fuggire le persone all'aperto, produce rumori e boati, fa cadere oggetti pesanti, provoca qualche lesione agli edifici (*forte*).
VII	Provoca panico, caduta di intonaci, camini e tegole, rottura di vetri, danni di scarsa entità ai muri, piccole frane in materiali sciolti, suono di campane, onde sugli specchi d'acqua (*molto forte*).
VIII	Si sente anche guidando automezzi, danneggia murature anche buone ma non di cemento armato; provoca la caduta di torri, palizzate, alberi e l'apertura di crepacci nel suolo (*distruttivo*).
IX	Distrugge edifici non particolarmente resistenti, rompe tubazioni sotterranee, provoca ampi crepacci nel terreno, apre crateri con espulsione di sabbia e fango (*fortemente distruttivo*).
X	Distrugge buona parte degli edifici, danneggia dighe ed argini, devia fiumi e rotaie, provoca grandi frane, sposta orizzontalmente i terreni che si sono fessurati (*catastrofico*).
XI	Rovina completamente gli edifici, rompe ogni tubazione, tronca le comunicazioni, provoca un gran numero di vittime (*totalmente catastrofico*).
XII	Distrugge ogni opera umana, sposta grandi masse rocciose o vasti tratti di terreno in cui si aprono larghi crepacci, lancia in aria oggetti, provoca grandi frane e può causare migliaia di vittime.

12

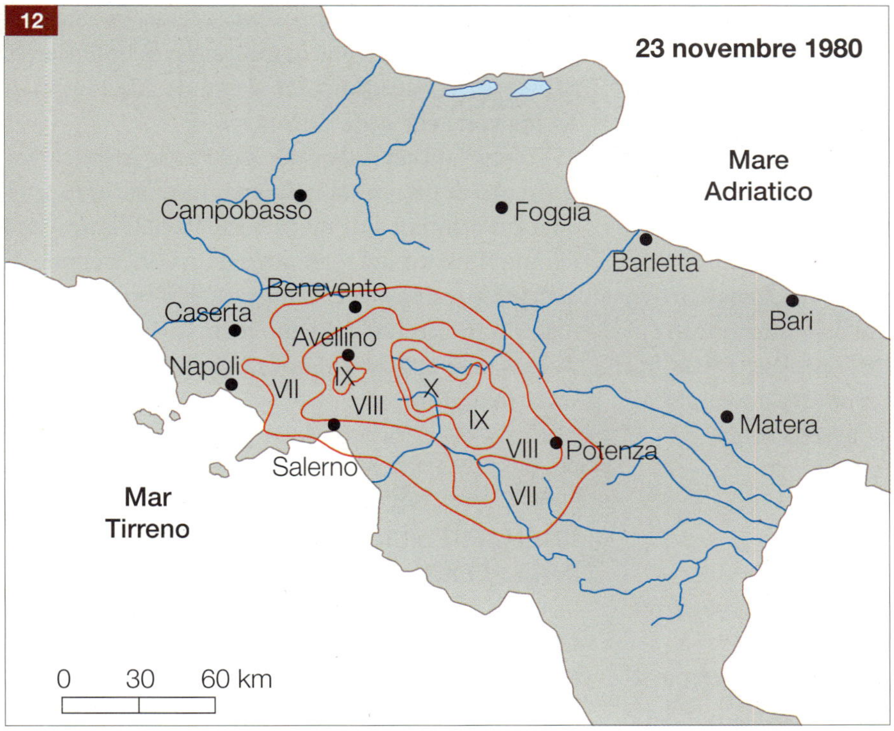

Figura 12
Isosisme del terremoto dell'Irpinia del 23 novembre 1980. Il sisma si manifestò con intensità massima all'epicentro pari al grado X della scala MCS. La forma allungata e articolata delle isosisme mette in evidenza che l'energia sismica si è propagata con diversa efficacia nelle diverse direzioni, a causa della disomogeneità delle rocce e delle strutture geologiche presenti tra l'ipocentro e la superficie. In questo caso, verso W e verso SE si sono avuti effetti notevoli (VII grado) anche a distanze dall'epicentro doppie rispetto ad altre direzioni, lungo le quali si è avuto un più rapido smorzamento. (Da *Atlas of Isoseismal Maps of Italian Earthquakes*, CNR,1985, semplificato)

Figura 13
Carta delle massime intensità macrosismiche (scala Mercalli modificata) osservate nei comuni italiani. I dati sono stati tratti dal *Catalogo dei forti terremoti in Italia*, dal 461 a.C. al 1980. (Dal sito INGV)

■ **Smorzamento** (Damping)
Nella propagazione di un'onda indica la diminuzione progressiva dell'ampiezza dell'oscillazione, per trasformazione dell'energia a causa delle resistenze di attrito, che variano con i tipi di materiali attraversati.

europeo è impiegata la *scala MSK* (S. Medvedev, W. Sponheur e V. Karnik, proposta nel 1963), utilizzata anche in Italia a fianco della scala MCS.

Nelle scale di confronto per terremoti, l'**intensità** viene stabilita in base alla valutazione degli effetti prodotti dal terremoto su persone, manufatti e terreno. Sono, questi, i dati *macrosismici* di un terremoto e si riferiscono all'area entro cui il sisma è stato percepito. A ogni località viene assegnato un grado di intensità, massimo nell'area epicentrale e via via decrescente in località sempre più lontane, fino a zone in cui non si sono rilevati effetti. Dopo aver riportato su una rappresentazione cartografica dell'area indagata i valori dell'intensità per ciascuna località, si tracciano delle linee «di confine» tra le zone in cui il terremoto si è manifestato con intensità diverse: si ottiene, così, una serie di curve chiuse, dette **isosisme**, la più interna delle quali racchiude l'area dell'epicentro o *epicentro macrosismico* [Figura 12]. L'isosisma più esterna che è possibile tracciare delimita l'area complessiva all'interno della quale il terremoto è stato percepito; all'esterno di essa il terremoto non ha provocato invece effetti rilevabili direttamente dagli esseri umani.

La forma e l'andamento delle isosisme forniscono informazioni sulla struttura geologica dell'area in esame. Per esempio, se ci sono direzioni in cui le isosisme appaiono più ravvicinate tra loro e, dall'epicentro, si raggiunge in minor spazio l'area priva di effetti, vuol dire che le onde sismiche sono state rapidamente attenuate dalle rocce presenti in quella zona, con un effetto di smorzamento (vedi ancora la figura 12).

Ma l'uso delle isosisme rivela tutta la sua importanza nello studio dei terremoti del passato, per i quali mancano, ovviamente, dati strumentali. I dati si raccolgono da cronache e documenti del tempo, dei tipi più diversi. Sono stati così costruiti appositi *cataloghi sismici*, che contengono ormai i dati di migliaia di terremoti (per l'Italia si è risaliti indietro nel tempo per oltre 2000 anni), in base ai quali è stata prodotta la *Carta delle massime intensità macrosismiche* [Figura 13].

3.2 La magnitudo di un terremoto

Le registrazioni strumentali dei terremoti permettendo di avere a disposizione sismogrammi che riproducono in scala le oscillazioni subìte dal suolo, hanno fornito il mezzo per valutare la «forza» di un terremoto.

Se per due terremoti distinti, ma con lo stesso epicentro, si mettono a confronto i sismogrammi registrati in stazioni poste a varie distanze, si osserva che il rapporto tra l'ampiezza massima delle onde registrate, determinato per ogni stazione, è sempre lo stesso, indipendentemente dalla distanza della stazione dall'epicentro. In base a ciò si può concludere che, a parità di distanza dalla sorgente (e di altre condizioni), un terremoto più forte di un altro fa registrare sul sismogramma oscillazioni più ampie.

Nel 1935, il sismologo Charles F. Richter propose di misurare la **magnitudo** di un terremoto con-

13

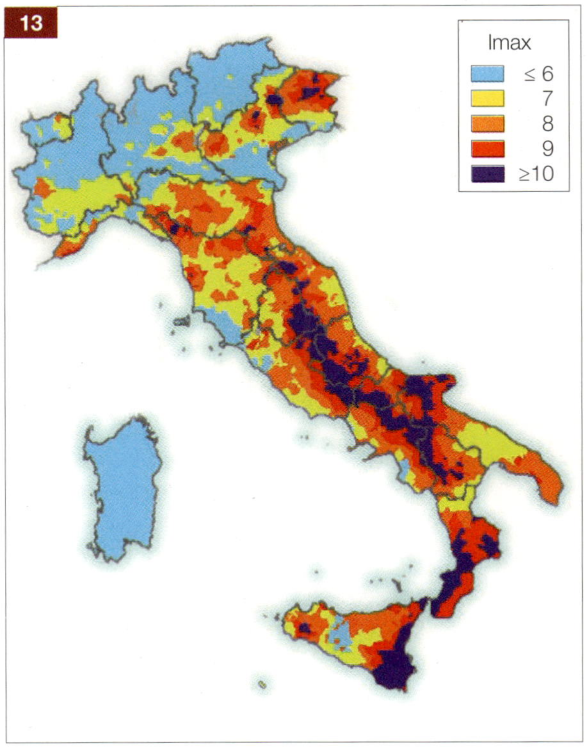

frontando l'ampiezza massima delle onde registrate da un sismogramma relativo a quel terremoto (indicata con A) con l'ampiezza massima (A_0) delle onde fatte registrare da un terremoto scelto come riferimento (*terremoto standard*). Come riferimento egli scelse un *terremoto che produce su un sismografo standard, posto a 100 km dall'epicentro, un sismogramma con oscillazione massima uguale a 0,001 mm*.

Supponiamo che l'epicentro di un sisma si trovi, casualmente, proprio a 100 km dalla stazione in cui il sisma viene registrato, e che l'ampiezza massima delle oscillazioni che esso ha prodotto, misurata sul sismogramma, sia di 0,1 mm; avremo che:

$$\frac{\text{A (massima per il terremoto sconosciuto)}}{\text{A}_0\text{ (massima per il terremoto standard)}} = \frac{0{,}1}{0{,}001} = 100;$$

il terremoto registrato risulta, cioè, 100 volte più «grande» di quello standard.

Quello esaminato, però, è un caso molto particolare: in genere, infatti, un terremoto si verifica a distanza dalla stazione minore o maggiore di quei 100 km scelti per definire il terremoto di riferimento. In tali casi, per poter confrontare il valore di A con quello di A_0, è necessario determinare il valore di A_0 a distanze dall'epicentro diverse da 100 km, tenendo conto dell'*attenuazione* (o *smorzamento*) che le onde subiscono a mano a mano che si allontanano dalla loro sorgente. In pratica per ogni stazione si costruiscono apposite tabelle che permettono di calcolare come varia qualunque valore di A_0 in funzione della distanza dall'epicentro.

L'ampiezza massima di un forte sisma può essere anche dieci milioni di volte maggiore di quella di un terremoto debole; per evitare numeri di magnitudo troppo grandi, Richter propose di ricorrere ai logaritmi in base dieci, per cui la magnitudo è

$$M = \log_{10} \frac{A}{A_0};$$

$$\text{oppure } M = \log_{10} A - \log_{10} A_0.$$

Dalla formula si ricava che, se $A = A_0$, la magnitudo è zero: un terremoto con $M = 0$ è, quindi, un terremoto di forza uguale a quella del terremoto di riferimento.

Se invece A è maggiore di A_0, il valore di M è positivo e cresce con l'aumentare di A/A_0: non esiste un limite teorico della magnitudo, ma in pratica la massima magnitudo mai registrata è stata 9,5 (Cile, 1960). Si può pensare che il limite superiore della magnitudo dipenda dalla quantità massima di energia che può essere accumulata in una roccia prima che questa si rompa. Lo stesso Richter suggerì che «il limite è nella Terra, non nella scala». Non esiste nemmeno un limite inferiore della magnitudo: se A è minore di A_0, il valore di M è negativo. Gli strumenti più sensibili sono già arrivati a registrare magnitudo -2 o -3 (che provocano, cioè, oscillazioni ampie qualche frazione di millesimo di millimetro; $M = -2$, per esempio, corrisponde all'energia di un mattone che cade da un tavolo).

Poiché la *scala della magnitudo* è logaritmica, un aumento di una unità nella magnitudo corrisponde a un aumento di un fattore 10 nell'ampiezza del movimento del terreno, e a una liberazione di energia circa 30 volte maggiore. Un terremoto di magnitudo 8 è 100 volte più forte di uno di magnitudo 6, e libera una quantità di energia circa 900 volte maggiore.

3.3 Magnitudo diverse: ML, mb, MS, Mw

L'idea di Richter di misurare la grandezza di un terremoto (sperimentata in California) era circoscritta a eventi vicini ai sismografi e poco profondi, e i valori venivano indicati come **ML**: **magnitudo locale**. Quando la tecnica fu estesa a terremoti di ogni profondità e distanza dalle stazioni, fu necessario sviluppare scale di magnitudo diverse, in quanto, per esempio, terremoti con ipocentri profondi sviluppano treni di onde superficiali di scarsa entità, mentre l'analisi di questo tipo di onde è importante nel metodo Richter. Esaminiamo perciò brevemente queste differenti scale, per evitare le perplessità suscitate ad ogni evento sismico da notizie che riportano valori diversi di magnitudo per un medesimo terremoto, mentre spesso sono solo *magnitudo* di tipo diverso riportate senza il dovuto riferimento.

Nelle normali attività delle stazioni sismiche si usano insieme due scale, indicate con *mb* e *MS*, per le quali sono state messe a punto due espressioni specifiche.

Scala mb, per le onde di volume:

$$mb = \log_{10} (A/T) + Q(D, h)$$

dove A = *ampiezza* (in micron) di onde P; T = corrispondente *periodo* (in secondi); Q (D, h) = fattore di correzione per la *distanza* (D) dall'epicentro (ricavata dall'intervallo S-P) e per la *profondità* (h) dell'ipocentro (in km).

Scala MS, per le onde superficiali:

$$MS = \log_{10} (A/T) + 1{,}66 \log_{10} (D) + 3{,}30$$

dove A = *ampiezza* delle onde di Rayleigh;

T = *periodo* intorno a 20 s;

D = *distanza* dell'epicentro.

Le due magnitudo non coincidono necessariamente con la ML, ma hanno ciascuna importanza per descrivere la forza del terremoto; differiscono anche tra

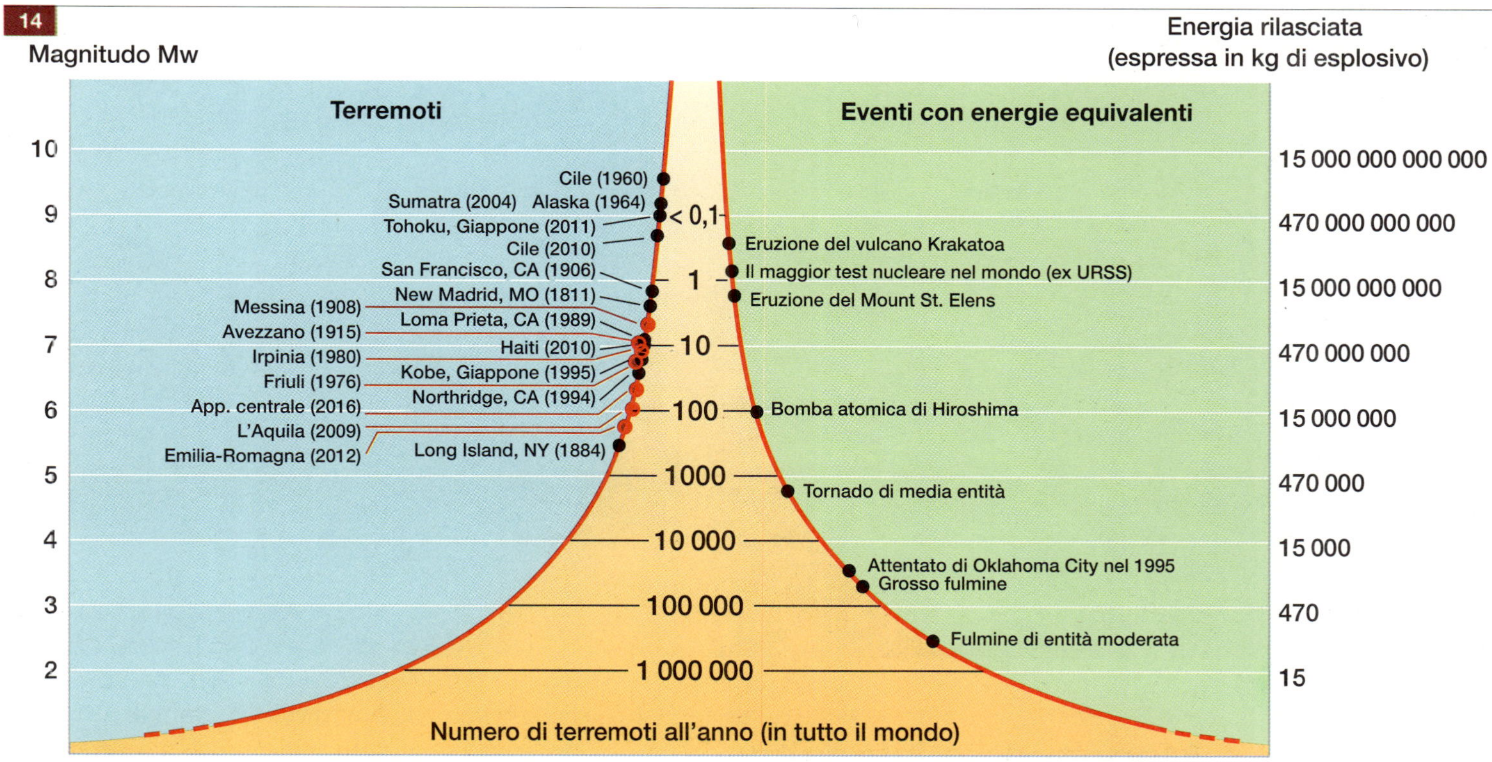

Figura 14
Terremoti a confronto: magnitudo, energia, frequenza.
Relazione tra la magnitudo di momento (scala a sinistra), l'energia rilasciata dai terremoti (scala a destra) e il numero di terremoti che ogni anno avvengono in media nel mondo (scala sulle linee orizzontali nell'area colorata). Sono stati inclusi per confronto esempi di terremoti di varie magnitudo (in rosso: terremoti in Italia) e di altre fonti di rilascio improvviso di energia. Nell'attentato terroristico di Oklahoma City, citato nel grafico e verificatosi il 10 aprile 1995, fu impiegata una potente esplosione che provocò la distruzione e il danneggiamento di oltre 300 edifici, con 168 morti e 680 feriti. (Iris Consortium, http// www.iris.edu; terremoti in Italia: INGV)

loro a causa del diverso modo di irraggiare energia (nel breve o nel lungo periodo) a seconda della dimensione della faglia che ha provocato il terremoto.

Per avere stime uniformi della magnitudo, indipendenti dalla presenza o assenza delle onde superficiali, è stata messa a punto una nuova misura, la *magnitudo di momento*. Il punto di partenza è il *momento sismico* (MO), un parametro fisico che permette di valutare il «lavoro» svolto dal terremoto, misurato come prodotto tra l'*area* (S) della porzione della faglia che genera il terremoto e lo *spostamento medio* ($\bar{d}$) lungo la superficie della faglia stessa, e tiene conto della *resistenza alla rottura* per sforzo di taglio (μ) della roccia che viene fagliata (tra 25 e 75 GPa):

$$MO = \mu \bar{d} S$$

In pratica il momento sismico è proporzionale all'energia totale rilasciata dal terremoto e si misura in *newton per metro* (Nm).

La **magnitudo di momento** è:

$$Mw = 2/3 \log_{10} (MO) - 10{,}7$$

Questa misura, quindi, è proporzionale all'area della parte di faglia che si è attivata e all'energia sismica che si è generata. I valori numerici sono simili a quelli del metodo Richter, ma la nuova equazione permette una più precisa valutazione della magnitudo: per esempio, nel caso del terremoto dell'Aquila (2009) si è avuto ML = 5,8, mentre la Mw è risultata 6,3. Quando sono state riesaminate le registrazioni di molti grandi terremoti, è stato necessario alzare i valori di magnitudo rispetto a quelli di ML.

I sismologi ritengono che la Mw sia più significativa per dare una misura della grandezza di un terremoto nell'ipocentro. Il momento sismico, infatti, non dipende dal tipo di onde né dalla posizione degli strumenti di registrazione. Inoltre consente di calcolare la magnitudo di terremoti molto forti, tanto da superare la capacità di registrazione degli strumenti.

La magnitudo non è una misura diretta dell'energia totale liberata da un terremoto, ma è correlabile con essa tramite relazioni empiriche; per l'Italia tale relazione è:

$$\log E = 9{,}15 + 2{,}15\ M$$

(dove E = energia totale espressa in erg e M = magnitudo delle onde di superficie).

A titolo di esempio, un terremoto superficiale con M = 5,5, che è il valore con il quale cominciano a manifestarsi danni consistenti, libera circa 10^{20} erg di energia. La maggior parte dell'energia sismica viene dispersa in calore e solo una frazione si trasforma in scuotimento del suolo.

La quantità di energia elastica liberata in media in un anno dai terremoti in tutto il mondo è di circa 10^{26} erg (quasi tutta dovuta a pochi grandi terremoti). La Figura 14 mette in relazione valori di magnitudo e alcuni esempi di fenomeni diversi dai terremoti ma che liberano quantità di energia equivalenti. L'esame dei dati mette in evidenza che pochi grandi terremoti (cioè con magnitudo vicino a 7 o superiore) liberano più energia di centinaia di migliaia di piccole scosse messe insieme. I piccoli terremoti non sono perciò, come a volte si sente ripetere, una «valvola di sicurezza» in grado di prevenire una grande scossa.

■ **Sforzo di taglio** (**Shear stress**) Sforzo esercitato da una superficie su un'altra adiacente e parallela, lungo una direzione parallela a entrambe.

15A

15B

Figura 15
Un esempio di terremoti con uguale intensità e magnitudo diversa.
A. Terremoto di Tangshang (Cina), del 27 luglio 1976, con magnitudo 7,6. Gli effetti di questo terremoto si sono manifestati su un ampio territorio con intensità massima I_{max} = IX-X.
B. Il terremoto del Friuli, del 6 maggio 1976 ha avuto magnitudo 6,1, quindi è stato molto meno forte, ma gli effetti in superficie hanno avuto la stessa intensità massima: I_{max} = IX-X.

3.4

Magnitudo e intensità a confronto

Sottolineiamo la differenza tra magnitudo e intensità, come strumenti per valutare la «forza» di un terremoto. Il 27 luglio 1976 si è avuto in Cina un terremoto con intensità massima di grado IX-X; la magnitudo è risultata 7,6. Il 15 aprile 1979 si è verificato un terremoto nel Montenegro, con intensità massima IX, uguale a quella del terremoto cinese; in questo caso, però, la magnitudo è risultata solo 6,1: il terremoto, cioè, è stato circa 100 volte meno forte. Non c'è sempre corrispondenza precisa, quindi, tra intensità e magnitudo, e può accadere che due terremoti di diversa magnitudo provochino effetti classificati nel medesimo grado di intensità [Figura 15].

La magnitudo è una misura strumentale della forza del terremoto nel punto in profondità in cui questo si è originato. Ogni terremoto ha una sua magnitudo che non è legata né alla posizione né alla distanza della stazione sismica. Per un determinato terremoto, quindi, il valore della magnitudo è il medesimo da qualunque punto della Terra venga effettuata la misurazione.

L'intensità si riferisce invece agli effetti provocati dal terremoto in una certa zona e, per uno stesso evento, assume tutta una serie di valori, da quello massimo nella zona dell'epicentro al valore nullo a una certa distanza. Il grado di intensità è perciò una valutazione del modo in cui il sisma è stato avvertito nelle varie zone. Come «intensità di un terremoto» va quindi intesa l'*intensità massima* registrata. I due concetti non sono, perciò, intercambiabili. Tuttavia, la disponibilità, nei cataloghi sismici, di numerosi esempi di terremoti per i quali sono state determinate la magnitudo e l'intensità massima all'epicentro ha permesso di elaborare una relazione empirica tra queste due diverse misure, valida in prima approssimazione solo per una determinata regione e per terremoti di profondità modesta.

Tale relazione viene usata, ovviamente, per terremoti «storici», per i quali non esistono registrazioni strumentali.

3.5

Forti movimenti e accelerazione

Le scale di intensità misurano gli effetti di un terremoto che si propaghi sulla superficie del pianeta, mentre la magnitudo misura la «forza» di un terremoto all'ipocentro, dove esso si genera; ma per misurare il reale movimento del terreno e valutarne le conseguenze (gli effetti) è necessario recuperare il concetto di accelerazione. È facile percepire le forze che su un'auto ci schiacciano sul sedile o ci spingono in avanti ogni volta che si accelera o si frena bruscamente: ebbene, forze analoghe si sperimentano durante un terremoto e sono il manifestarsi dell'accelerazione in un *moto vario*, cioè non uniforme, come è appunto quello di un forte scuotimento del suolo.

Quando, agli inizi del secolo scorso, si cominciò a pensare a un'edilizia antisismica, con l'obiettivo di costruire edifici in grado di resistere a forti terremoti, l'esperienza del ben noto terremoto di San Francisco (1906) aveva suggerito l'uso del cemento armato e la limitazione dell'altezza degli edifici.

■ **Accelerazione** (**Acceleration**) In un moto vario la velocità cambia da momento a momento. La rapidità con cui varia la velocità istantanea viene espressa quantitativamente dal concetto di *accelerazione*. Un punto del suolo raggiunto dalle vibrazioni di un terremoto si muove proprio cambiando più volte bruscamente direzione e velocità.
Nel Sistema Internazionale l'unità di misura dell'accelerazione è m/s^2 (metro al secondo quadrato).

16

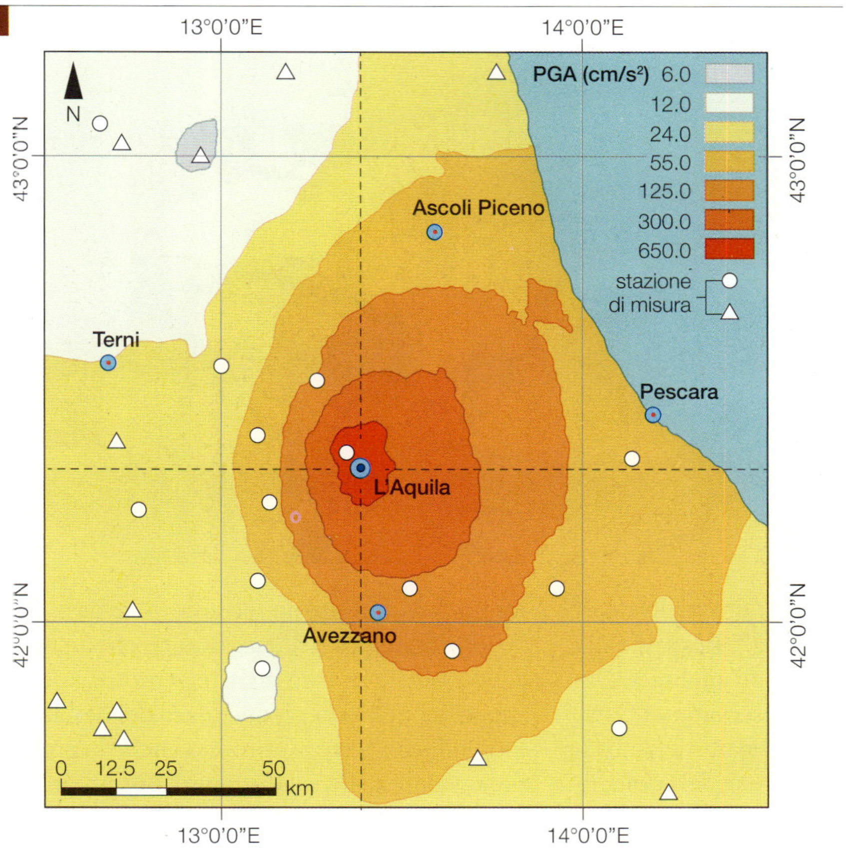

Figura 16
Carta dei valori di accelerazione orizzontale massima del suolo (PGA) registrati durante l'evento principale del terremoto dell'Aquila (2009). L'accelerazione è espressa in cm/s^2 ed è indicata la posizione delle stazioni di misura. L'epicentro macrosismico è stato localizzato nel settore sud-ovest della città. (Tratto da: *Progettazione sismica*, n. 3, 2009)

Ma il violento terremoto di Tokyo del 1923 mostrò che tali precauzioni erano tragicamente insufficienti. Il progresso decisivo si ebbe solo quando, nel 1940, furono realizzati gli *accelerometri*, speciali strumenti capaci di misurare forti movimenti del terreno e progettati per operare vicino all'epicentro, sopportandone le scosse più violente. Si cominciarono ad avere dati concreti sui complessi movimenti del terreno, con rapidissime e continue variazioni di velocità, in direzione e valore, descritte dall'accelerazione.

Per un'idea più immediata dei valori dell'accelerazione si fa riferimento al valore dell'accelerazione di gravità, **g** (pari a circa 9,8 m/s^2), che indica una brusca variazione di velocità (è l'accelerazione di un'auto che percorre 100 metri, partendo da ferma, in soli 4,5 secondi). Il dato più importante è il valore dell'accelerazione massima del suolo (*PGA, Peak Ground Acceleration*, picco di accelerazione del suolo), che viene rappresentato su una base cartografica dell'area in esame, come nella Figura 16.

I sismologi esprimono in genere l'accelerazione in frazioni di g: in terremoti moderati, e fino a qualche decina di kilometri dall'epicentro, i valori dell'accelerazione sono compresi tra 0,05 e 0,35 g, ma in alcuni casi si è arrivati ben oltre, come nel terremoto di Ancona del 1972 (M = 4,5), in cui si superò 0,6 g, cioè un valore di accelerazione pari a oltre la metà di quella della gravità. Una delle più forti accelerazioni in direzione orizzontale si registrò nel terremoto di San Fernando, in California, del 1971 (M = 6,5), con 1,15 g!

Anche i movimenti verticali possono assumere forti valori; tanto che si riportano casi di oggetti scagliati verso l'alto, quindi con accelerazioni più forti di quella di gravità: pietre e pali scalzati dal terreno così bruscamente da lasciare buche con pareti integre. Nel terremoto di Gazli (Uzbekistan) del 1976 (M = 7) si è registrata un'accelerazione verticale pari a 1,3 g.

L'importanza di tali misure è fondamentale per l'edilizia antisismica, che opera per una difesa dai terremoti. Gli edifici, per la loro stabilità, devono sostenere la spinta della gravità, per cui sopportano meglio le accelerazioni in direzione verticale (verso l'alto o verso il basso), mentre sono i moti nel piano orizzontale, che provocano movimenti di va e vieni delle fondamenta con forti accelerazioni, a sollecitare maggiormente le strutture, provocandone il collasso: si tenga presente che un'accelerazione di 0,1 g (cioè un decimo della gravità) è già in grado di provocare danni. Da tempo nella progettazione edilizia è possibile impiegare speciali strumentazioni, come la tavola vibrante, una piattaforma che è in grado di riprodurre le sollecitazioni indotte da un forte sisma e di applicarle a modelli in scala di edifici o a singole componenti di costruzioni in progetto [Figura 17], per realizzare strutture capaci di resistere agli effetti di un possibile terremoto.

Nella *difesa dai terremoti*, di cui ci occuperemo più avanti, sono diventate perciò fondamentali le **Carte di pericolosità sismica** di un'area geografica,

17

Figura 17
Costruire per difendersi dagli effetti dell'accelerazione.
Un modello di casa antisismica montato su tavola vibrante, per essere sottoposto ai bruschi movimenti del terremoto e valutarne la resistenza.

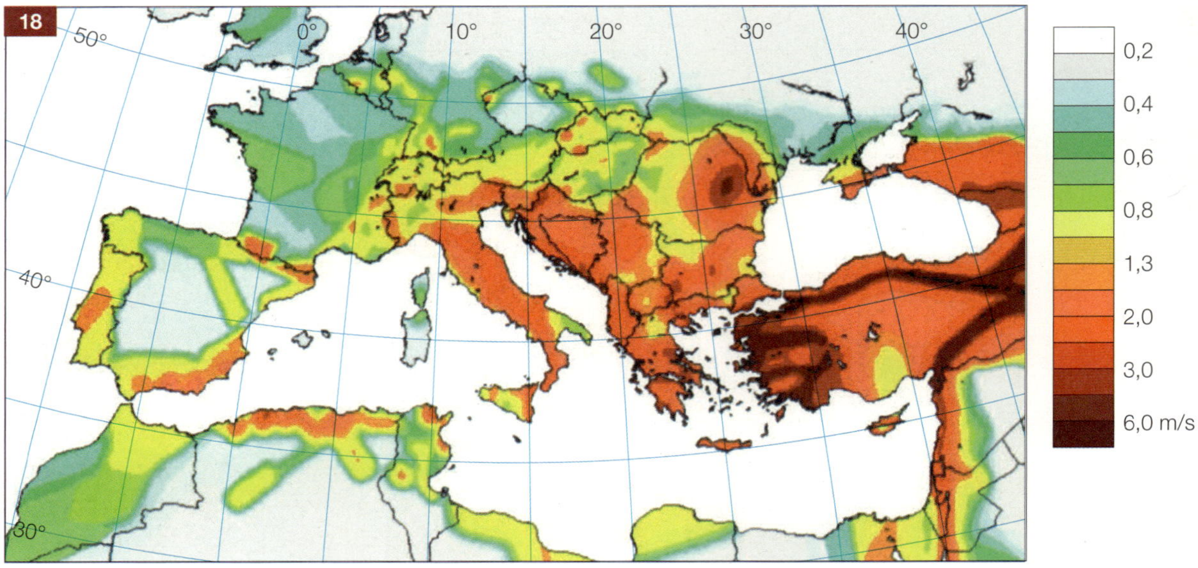

Figura 18
Carta della pericolosità sismica dell'Europa centromeridionale.
Il livello di pericolosità nelle fasce variamente colorate è espresso dal valore dell'accelerazione orizzontale massima al suolo (PGA), espressa in m/s^2, che ci si può attendere in base ai dati sismici finora disponibili. Come si vede, i valori più elevati di accelerazione sismica si sono verificati, e si attendono, in Turchia, lungo fasce ben definite. (*Seismotectonics and Seismic Hazard Assessment*, sito ETHZ, Politecnico di Zurigo).

che mostrano la distribuzione dei diversi livelli di scuotimento del terreno [Figura 18], ricavati dalla storia sismica di quell'area in base all'analisi dei dati sismici raccolti nel tempo e conservati nei Cataloghi sismici (vedi paragrafo 7). Il parametro usato è l'*accelerazione orizzontale massima* del suolo, in quanto i manuali di ingegneria sismica fanno riferimento alla forza orizzontale che un edificio deve sopportare durante un terremoto. In base alla trattazione statistica dei dati sismici, che tiene conto del periodo di ritorno di un terremoto in una stessa area e del grado di completezza dei dati finora disponibili, tali carte esprimono anche la probabilità che il valore dello scuotimento indicato in una determinata fascia aumenti del 10% entro un periodo di 50 anni.

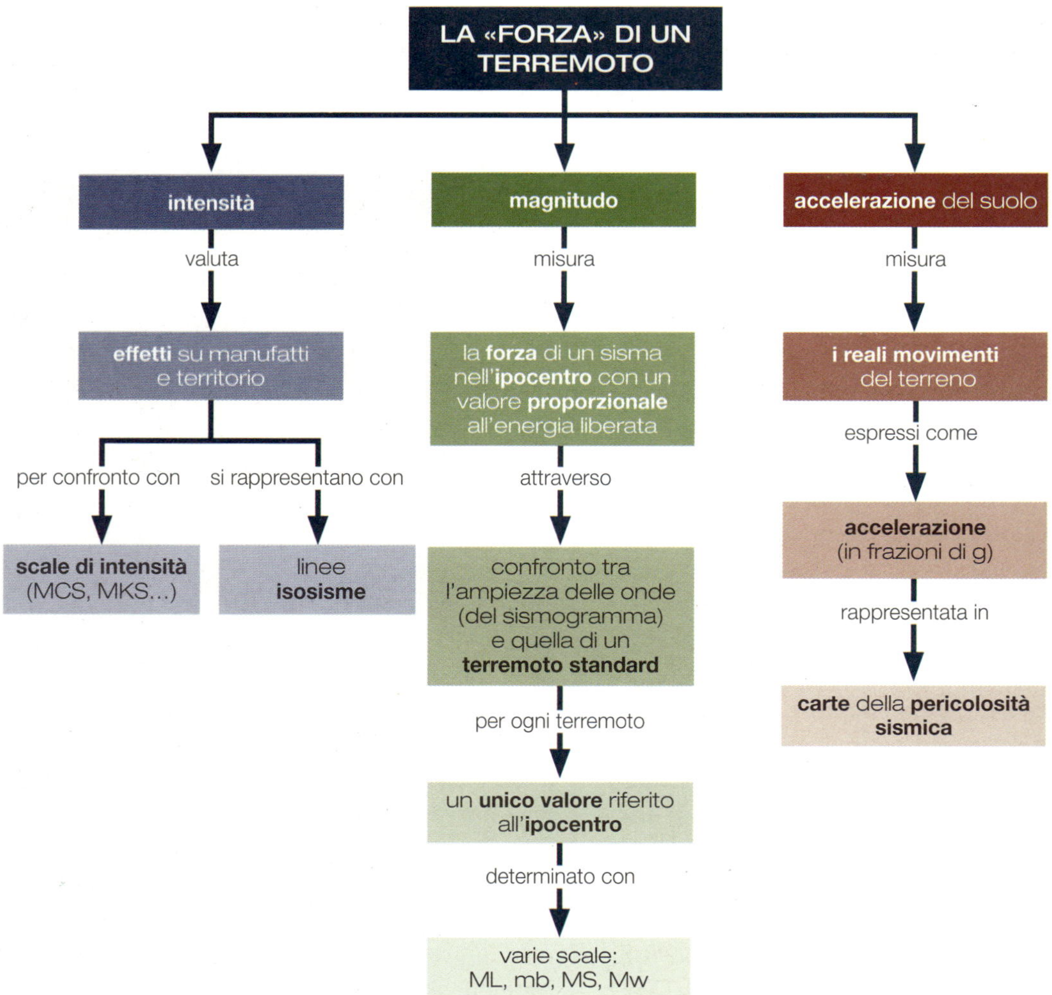

QUESITI

1. In un terremoto di magnitudo 2, le oscillazioni registrate a 100 km di distanza hanno un'ampiezza massima di
   - A 0,001 mm.
   - B 0,01 mm.
   - C 0,1 mm.
   - D 1 mm.
2. Un terremoto di magnitudo 5 (scala Richter) è più o meno forte di un terremoto di intensità 6 (scala MCS)?
   - A È più forte.
   - B È meno forte.
   - C Ha uguale forza.
   - D I valori non sono confrontabili.
3. Che cosa indica l'intensità di un terremoto?
4. Che cosa sono le isosisme?
5. Che cos'è la magnitudo di un terremoto?
6. Come viene ricavata la magnitudo?
7. Che differenza c'è tra l'intensità e la magnitudo?
8. Che cosa indica l'accelerazione in un terremoto?
9. Che cosa mostra una carta di pericolosità sismica?

4 Gli effetti del terremoto

L'arrivo delle onde sismiche in superficie determina un'oscillazione complessa del terreno, che viene trasmessa agli oggetti sovrastanti. Case, ponti e altri manufatti subiscono danni che possono arrivare fino al crollo totale degli edifici, come è accaduto anche di recente in Italia.

4.1 Effetti primari ed effetti di sito

■ **Modo di vibrazione** (**Mode of vibration**) Ogni corpo, da un barattolo a una campana a un grattacielo, come conseguenza della sua forma e delle sue dimensioni, ha un proprio modo caratteristico di vibrare se viene sollecitato da qualche forza; ogni corpo, cioè, è capace di oscillare con un proprio periodo ben preciso.

I danni principali agli edifici sono provocati soprattutto dai movimenti orizzontali del suolo e dalle forti accelerazioni che gli edifici subiscono, ma dipendono molto anche dalla durata delle oscillazioni: se le scosse si prolungano, investono strutture ormai indebolite dalle vibrazioni precedenti.

In realtà un terremoto dà il via a una specie di reazione a catena: quando gli *effetti primari*, dovuti ai meccanismi di generazione e di propagazione delle onde sismiche, raggiungono la superficie, innescano una serie di *effetti di sito*, associati, cioè, a caratteristiche locali, come forme della superficie, struttura geologica, natura dei terreni affioranti. Esaminiamo separatamente i due tipi di effetti.

Effetti primari

Un terremoto può provocare deformazioni immediate e permanenti (definite *cosismiche*), che dipendono dalle dimensioni del piano di faglia, dal movimento della faglia e dalla magnitudo dell'evento. Tali deformazioni si manifestano con la comparsa di faglie, che a volte arrivano ad affiorare e formano lunghe scarpate, e con gli scuotimenti del suolo, accompagnati spesso dalla formazione di fratture nel terreno e da sollevamenti e abbassamenti del suolo, che provocano dislivelli lungo strade e ferrovie e possono far deviare il corso dei fiumi.

Lo scuotimento è diverso a seconda del tipo di vibrazione. Al passaggio dell'onda P le rocce si comprimono e si dilatano, con le onde S il terreno oscilla trasversalmente rispetto alla direzione di propagazione delle onde e con le onde superficiali il terreno è costretto a eseguire movimenti più complessi. Inoltre, le onde P ed S provocano vibrazioni ad alte frequenze (maggiori di 1 Hz), mentre le onde superficiali sono in genere a bassa frequenza. Come conseguenza l'insieme delle onde costringe il terreno a vibrare in modo complesso, con diverse frequenze (in gran parte tra 0,1 e 3 Hz).

Questi dettagli meritano attenzione, perché possono spiegare le diversità di comportamento delle strutture investite dallo scuotimento; in linea generale, per esempio, vibrazioni ad alta frequenza sollecitano maggiormente le costruzioni basse, mentre le costruzioni alte sono più sensibili alle vibrazioni di bassa frequenza. Ogni edificio ha un suo modo di vibrazione, quindi edifici diversi possono reagire in modi differenti all'arrivo delle onde sismiche.

Ma ci sono anche altre complicazioni, per le quali si parla di effetti di sito, strettamente legati a caratteristiche locali del territorio colpito dal sisma e in grado di produrre conseguenze disastrose.

Effetti di sito

Quando gli scuotimenti arrivano in superficie, difficilmente trovano un «mezzo» rigido e omogeneo, che risponda nello stesso modo in ogni zona alle sollecitazioni delle onde sismiche. Il movimento di queste ultime, infatti, può risultare localmente tanto modificato da rendere molto diverso da luogo a luogo il comportamento dei terreni raggiunti dalle vibrazioni. In una città colpita da un sisma, per esempio, si possono osservare fianco a fianco zone in cui gli edifici appaiono fortemente danneggiati e zone in cui i manufatti sono quasi intatti [Figura 19]. Vediamo brevemente qualche esempio di questi effetti.

Figura 19
Differente comportamento di edifici contigui nel corso di un terremoto (città di Adapazari, Turchia, 1999).
Si osservano edifici intatti a fianco di edifici simili ma totalmente distrutti; la causa è spesso nel diverso tipo di costruzioni, ma anche nella diversa natura geologica del terreno di fondazione. (Olimpia)

19

20

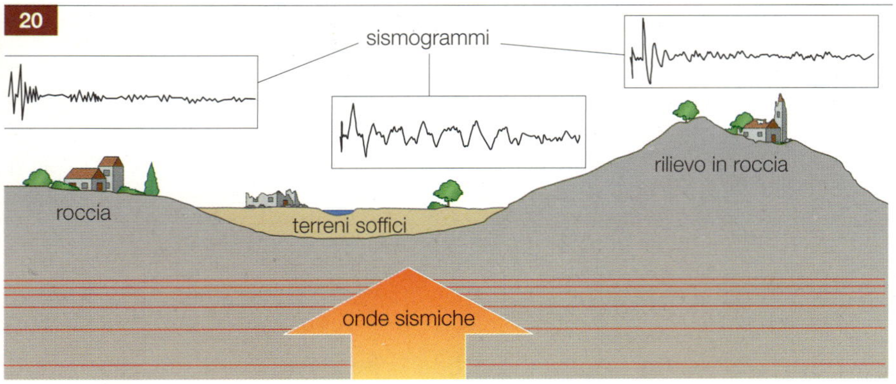

Figura 20
Schema di possibili amplificazioni dovute a effetti di sito. Le oscillazioni possono amplificarsi passando da terreni rocciosi a terreni soffici, oppure in corrispondenza di un brusco rilievo del basamento roccioso.

■ **Amplificazioni.** In un'area in cui affiora un basamento rigido si possono manifestare forti amplificazioni in corrispondenza di bruschi rilievi topografici che emergono da una pianura, come una lunga e stretta cresta. Amplificazioni ancora maggiori si manifestano quando le onde sismiche giungono in superficie passando da un basamento rigido a sedimenti non consolidati, come antichi depositi lacustri o alluvionali [Figura 20]. In tal caso aumentano molto l'ampiezza e la durata delle onde di un certo periodo (il cui valore dipende dallo spessore dei sedimenti non consolidati). Si possono avere anche fenomeni di risonanza tra onde e oscillazione dei sedimenti sollecitati, con effetti disastrosi per le eventuali costruzioni. Riparleremo più avanti di questo fenomeno, che si è manifestato con gravissime conseguenze nel ben noto terremoto di Città del Messico del 1985.

■ **Liquefazione dei terreni.** In campo geologico liquefazione indica un fenomeno che si manifesta con la perdita improvvisa di resistenza allo sforzo di taglio di un materiale, con la conseguente fluidificazione di ampi volumi di terreno che non sono più in grado di sopportare un peso sovrapposto. La liquefazione avviene in genere in sedimenti sabbiosi fini o limosi, saturi per la presenza di acqua di falda. In condizioni di riposo i clasti, cioè i granuli che lo compongono, hanno una disposizione disordinata. Le vibrazioni di un terremoto fanno riassestare i granuli (per esempio, quelli più piccoli riempiono completamente gli spazi tra quelli maggiori); come conseguenza, il sedimento si compatta, mentre l'acqua che occupava gli interstizi viene spinta verso l'alto e può uscire in superficie, trascinando con sé parte del sedimento (e formando i cosiddetti «vulcanelli di sabbia»). A causa delle vibrazioni delle onde sismiche, quindi, i sedimenti perdono ogni consistenza, per cui gli edifici sovrastanti affondano in essi [Figura 21]. Fenomeni come questi si sono verificati nel terremoto dell'Emilia del 2012.

■ **Frane sismo-indotte.** Conseguenza delle vibrazioni possono essere anche vari tipi di frane, dalla caduta di massi allo scivolamento di parti di un versante. La sollecitazione sismica può riattivare vecchie frane, che sono in pratica un ammasso di materiali accumulati in equilibrio «temporaneo», ma può anche innescare nuove frane. Il terreno, infatti, all'arrivo dei diversi treni di onde viene scosso in più direzioni e subisce violente accelerazioni, per cui, soprattutto lungo un pendio, una massa rocciosa può subire l'azione di una forza orizzontale di entità simile al peso delle rocce (che fa da resistenza) e un tratto del versante scivola o crolla. Le conseguenze possono essere disastrose se il fenomeno è diffuso, soprattutto per le vie di comunicazione: il terremoto dell'Irpinia del 1980 innescò circa 200 frane.

■ **Rigido** (Rigid) La *rigidezza* è l'attitudine di materiali solidi a resistere a sollecitazioni esterne (compressione, torsione) con minime deformazioni, fino eventualmente a rompersi bruscamente. Per le rocce rigide (come il granito) si parla si *comportamento fragile*.

■ **Periodo** (Period) Indica l'intervallo di tempo che dura un'oscillazione completa; è l'inverso della frequenza.

■ **Risonanza** (Resonance) È un fenomeno per cui un corpo viene posto in vibrazione (oppure la sua vibrazione viene fortemente amplificata) da oscillazioni esterne di periodo uguale o multiplo di quello caratteristico del corpo.

21

Figura 21
Il cedimento delle fondamenta, conseguente alla liquefazione del suolo, ha fatto sprofondare, e, in certi casi, anche cadere questi edifici in Turchia durante il terremoto del 1999. Le strutture erano state costruite in modo da resistere alle forti sollecitazioni dei sismi, per cui sono rimaste intatte. (G. Naso)

Figura 22
All'origine di un maremoto associato a un terremoto vi è il brusco sollevarsi (o abbassarsi) di un settore del fondo del mare. In mare aperto l'altezza dell'onda non supera il metro, ma al diminuire della profondità del mare diminuisce la velocità dell'onda e ne cresce l'altezza, per cui sulle coste si abbattono muraglie d'acqua alte anche fino a 30 m.

22

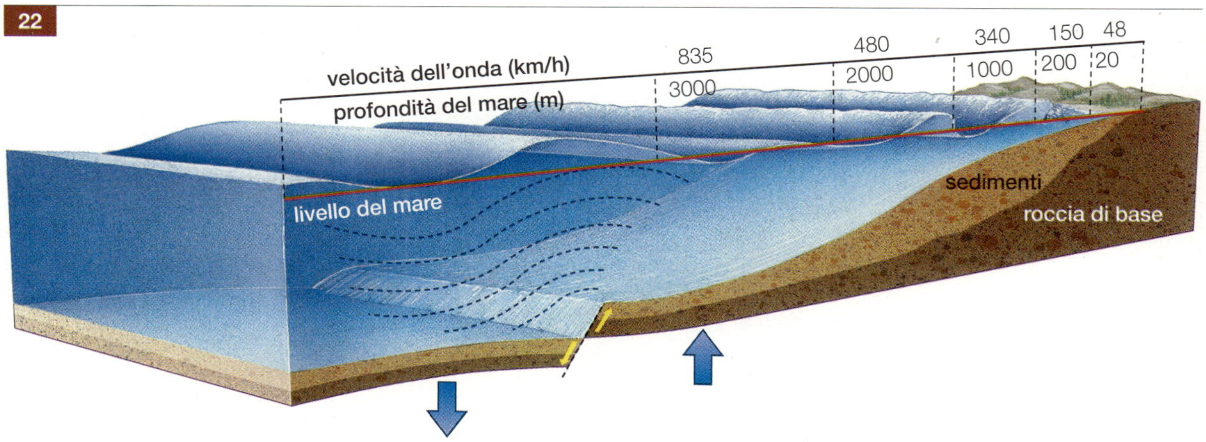

Questi esempi danno un'idea della complessità del fenomeno e delle difficoltà di predisporre un'efficace difesa dai terremoti, quando manchi una conoscenza di dettaglio della geologia delle aree da edificare, che risultano, in genere, un complesso mosaico di zone tra loro diverse per caratteristiche dei terreni che vi affiorano e che comportano, di conseguenza, differenti «risposte» alle sollecitazioni sismiche.

Per completare il quadro degli effetti di un terremoti ricordiamo gli **effetti secondari transitori**, che cessano cioè con lo scuotimento o poco dopo, come l'oscillazione del suolo, molto vistosa nell'area dell'epicentro, e le variazioni del livello dell'acqua nei pozzi, oltre al rombo cupo che precede e accompagna il terremoto stesso, mentre ai danni dovuti al crollo degli edifici si devono aggiungere quelli da incendi, causati dalla rottura di linee elettriche e di condutture del gas; anche carestie ed epidemie sono altre gravi conseguenze indirette dei terremoti.

4.2 Maremoti o tsunami

Se il terremoto si verifica sotto il fondo del mare, nelle zone costiere si possono risentire gli effetti di un **maremoto**, chiamato ormai generalmente **tsunami**, con termine giapponese che significa «onda di porto», anche se il fenomeno non ha niente a che fare con le maree. Il maremoto si manifesta come un'onda d'acqua che si muove a grande velocità sulla superficie del mare e può percorrere spazi anche molto vasti, prima di investire una costa e di esaurirsi.

Come si ricorderà (vedi capitolo 3), il maremoto può essere causato da eventi diversi: collasso di isole vulcaniche, grandi frane sottomarine e grandi eruzioni vulcaniche in mare; tutti fenomeni che possono scaricare bruscamente in mare grandi volumi di materiali. Ma effetti analoghi vengono provocati anche da improvvisi movimenti del fondo marino associati a un terremoto. Quando, infatti, il movimento della faglia che provoca il terremoto fa sollevare o abbassare bruscamente un tratto del fondo del mare, l'oscillazione di quest'ultimo provoca, nella massa d'acqua sovrastante, una perturbazione che si manifesta, sulla superficie del mare, come onde molto lunghe, che si propagano con velocità (in mare aperto) tra 500 e 900 km/h [Figura 22]. Si faccia attenzione a non confondere queste onde con le onde sismiche generate dallo stesso terremoto, che sono molto meno lunghe e viaggiano molto più velocemente.

In pieno oceano la distanza tra le creste di due onde successive di maremoto può arrivare fino a 300 km, mentre l'altezza delle onde in genere non supera il metro. Di conseguenza, in mare aperto il passaggio di un'onda di maremoto può restare del tutto inosservato a chi si trova su una nave, anche se il movimento interessa tutta la colonna d'acqua fra la superficie e il fondo. (Per confronto, si ricordi che le normali onde oceaniche, prodotte dal vento, interessano solo modesti spessori d'acqua e si muovono al massimo a 90 km/h.) Quando si avvicinano alla costa, man mano che la profondità delle acque diminuisce, l'altezza delle onde cresce, la distanza tra le creste diminuisce e alla fine sono ondate gigantesche quelle che si abbattono sulle coste, devastandole in profondità [Figura 23]. Se è la depressione (ventre) dell'onda che arriva per prima

Figura 23
Gli effetti dell'onda di maremoto che ha raggiunto le coste del Giappone nel marzo 2011. Quando la prima onda si è rovesciata sulla zona di Fukushima era alta oltre 10 metri.

23

24

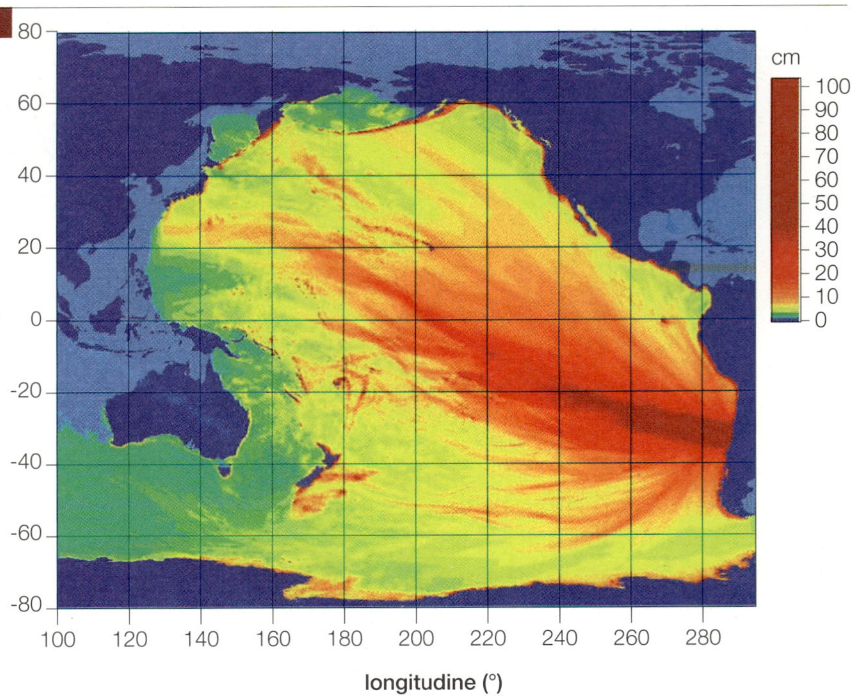

Figura 24 **Propagazione del maremoto generato dal terremoto del Cile del 2010.** La scala dei colori indica l'altezza dell'onda in mare aperto (in cm). Gli effetti si sono sentiti fino sulle coste dell'Australia e dell'Asia.

alla costa, si abbassa improvvisamente il livello del mare, che si ritira verso il largo lasciando emerso un ampio tratto del fondo. Subito dopo arriva la cresta dell'onda e il livello del mare si innalza, formando un'onda alta anche 30 metri, che si rovescia sulla costa travolgendo ogni ostacolo e trascinandolo poi in mare con l'onda di ritorno.

Il maremoto può percorrere enormi distanze [Figura 24]. Nel 2004 un terremoto al largo dell'Isola di Sumatra, in Indonesia (con Mw = 9), provocò il sollevamento del fondo del mare di alcuni metri: il conseguente maremoto arrivò con onde alte oltre 20 metri sulle coste vicine all'epicentro e raggiunse le coste dell'Africa. Provocò 300 000 vittime. Nell'Oceano Pacifico, dove si verificano spesso violenti maremoti, esiste oggi un'efficiente centro di sorveglianza attivo 24 ore su 24, che, con l'aiuto di speciali boe oceaniche collegate via radio, individua il propagarsi di uno tsunami, ne calcola i tempi di arrivo sulle coste e diffonde l'allarme a tutte le località minacciate, evitando, se non i danni, la perdita di vite umane.

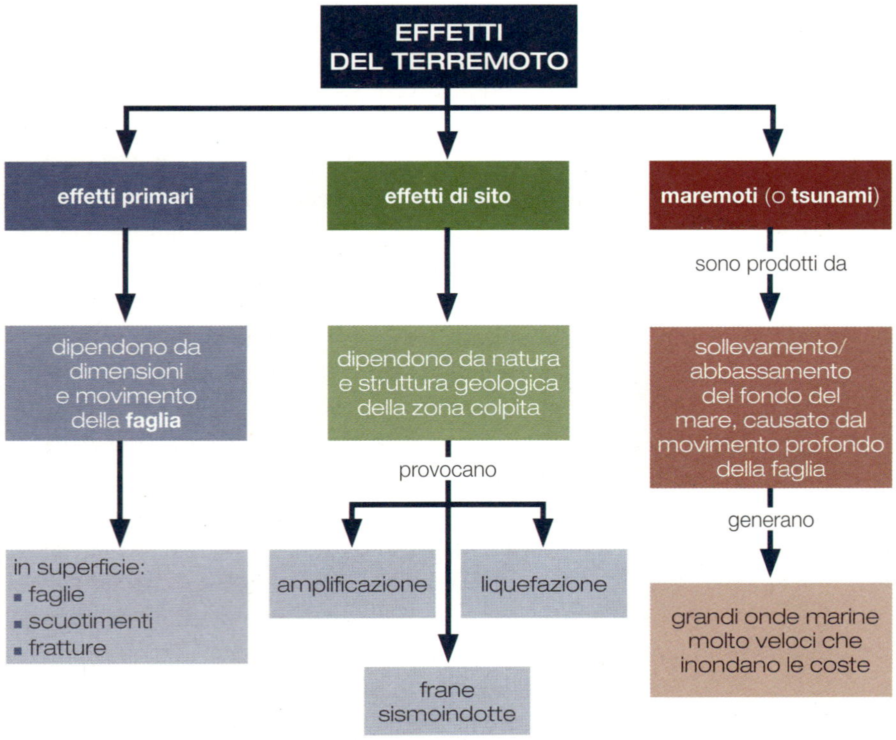

QUESITI

1. Completa.
   Le .... sono effetti di sito che si verificano, per esempio, quando le onde sismiche giungono in superficie passando da un basamento rigido a dei sedimenti non consolidati, come antichi depositi alluvionali. In questi casi aumentano molto l'.................................... e la .... delle onde di un determinato periodo.
2. Scegli l'alternativa corretta.
   Le onde degli tsunami in mare aperto sono molto **lunghe/corte** e la loro altezza è **piccola/grande**. Quando si avvicinano alla costa la lunghezza d'onda **cresce/diminuisce** e l'altezza delle onde **aumenta/cala**.
3. Quali parametri hanno influenza sugli effetti di un terremoto?
4. Che cosa si intende per effetti primari?
5. Che cosa si intende per effetti di sito? Fanne qualche esempio.
6. Che cosa si intende con il termine tsunami?

5 I terremoti e l'interno della Terra

Video
Le onde sismiche attraverso materiali differenti

Video
Gli involucri terrestri

La struttura interna della Terra è stata identificata in base a dati sismici; i sismogrammi, registrando l'arrivo di onde che hanno attraversato in ogni senso la Terra, ne forniscono una specie di radiografia. Le onde sismiche, infatti, portano con sé una serie di informazioni sui terreni attraversati, codificate sotto forma di variazioni delle loro traiettorie e della loro velocità di propagazione, che, in linea di massima, tende ad aumentare quanto più le onde scendono in profondità, ma con le vistose eccezioni che vedremo tra breve.

La velocità di propagazione delle onde sismiche dipende dalle caratteristiche elastiche del materiale e dalla sua densità.

Per le *onde di compressione*:

$$V_p = \sqrt{\frac{k + 4/3\mu}{\delta}}$$

– nel granito, $V_p = 5{,}5$ km/s;
– nell'acqua, $V_p = 1{,}5$ km/s.

Per le *onde di taglio*:

$$V_s = \sqrt{\frac{\mu}{\delta}}$$

– nel granito, $V_s = 3$ km/s;
– nell'acqua (e in tutti i fluidi), $V_s = 0$.

k = coefficiente che indica la resistenza di un materiale alla compressione
μ = coefficiente che indica la resistenza di un materiale allo sforzo di taglio
δ = densità del materiale.

25

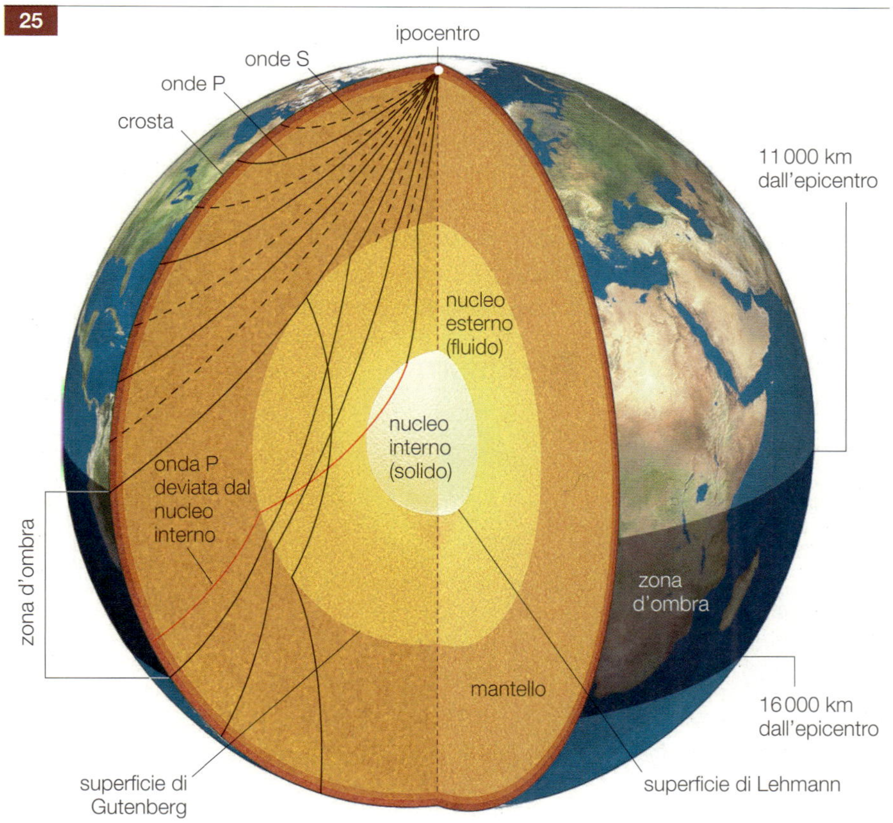

Figura 25
Traiettorie delle onde P ed S attraverso l'interno della Terra. Nell'esempio, l'ipocentro è ipotizzato al di sotto del Polo Nord. Le onde P (linee nere continue), attraversano tutto il mantello e a una certa profondità vengono deviate (rifratte) dal nucleo terrestre e raggiungono la superficie a distanze dall'epicentro maggiori di 16 000 km. La zona d'ombra è una fascia della superficie non raggiunta direttamente dalle onde P. Le onde S (linee nere a tratteggio) non si propagano nel nucleo esterno, che è considerato, per questo, liquido. La linea rossa indica la traiettoria di un'onda P che, una volta entrata nel nucleo esterno, è penetrata anche nel nucleo interno e viene rifratta, tanto da riemergere in superficie nella zona d'ombra (ma molto in ritardo) per il lungo percorso effettuato).

Le traiettorie delle onde P che, in un mezzo omogeneo, sono rettilinee, si propagano verso l'interno della Terra lungo linee curve [Figura 25]. Ciò avviene perché le onde attraversano mezzi con caratteristiche meccaniche diverse e vengono rifratte, cioè cambiano direzione passando da un materiale all'altro. Al cambiamento di direzione è associato anche un cambiamento di velocità di propagazione dell'onda, che dipende dalle caratteristiche elastiche e dalla densità dei materiali attraversati. Una traiettoria che ha subìto ripetute rifrazioni, cioè variazioni di direzione, dovrebbe apparire come spezzata. Quando, però, le caratteristiche dei materiali che vengono attraversati variano gradualmente, le deviazioni sono così limitate e continue che la traiettoria è assimilabile a una linea curva. Se, invece avviene un passaggio brusco fra due materiali molto diversi, allora la deviazione dell'onda rifratta è molto netta: la curva s'interrompe e la traiettoria prosegue con una nuova curva (si vedano, nella figura 25, le traiettorie che dall'ipocentro attraversano il mantello fino a incontrare il nucleo e proseguono poi nel nucleo). Si è visto inoltre che per ogni terremoto esiste una **zona d'ombra** (una fascia della superficie terrestre compresa tra 11 000 e 16 000 km dall'epicentro) all'interno della quale in pratica non arrivano onde P dirette.

La zona d'ombra ha rivelato l'esistenza all'interno della Terra di un **nucleo** di materiale diverso da quello che lo avvolge, tanto da far deviare per rifrazione le traiettorie delle onde.

Le onde P perdono velocità nell'attraversare il nucleo, mentre le onde S non possono nemmeno penetrarvi. Ciò ha portato a concludere che il nucleo, almeno nella parte più esterna, deve essere fluido. L'analisi delle traiettorie delle onde che sfiorano il nucleo e di quelle che lo intercettano e vengono rifratte ha permesso al sismologo statunitense B. Gutenberg di localizzare a circa 2900 km di profondità il limite tra il nucleo e il materiale che lo avvolge; tale limite è la discontinuità o **superficie di Gutenberg** (o di Wiechert-Gutenberg).

Viene definita **discontinuità** (**sismica**) la superficie che separa due materiali nettamente diversi per le caratteristiche fisiche che influenzano la propagazione delle onde elastiche: densità, resistenza alla compressione e allo sforzo di taglio. Le onde sismiche, raggiungendo una superficie di questo tipo, subiscono una brusca variazione di velocità, cui corrisponde un brusco cambiamento di direzione della loro traiettoria. Se la superficie di discontinuità segna il passaggio a materiale liquido (come il magma), le onde di taglio smettono di propagarsi, mentre quelle di compressione proseguono, ma molto più lentamente.

■ **Plastico** (**Plastic**) La *plasticità* è l'attitudine generica di materiali solidi a subire deformazioni permanenti quando sottoposti a sollecitazioni esterne. Nel caso di rocce che reagiscono in modo plastico, si usa in genere l'espressione *comportamento duttile*, anche se la *duttilità*, a rigore, si riferisce a sostanze che si possono allungare o ridurre in fili sottili senza rompersi (come molti metalli).

Sempre studiando le traiettorie delle onde sismiche è stato identificato in seguito il **nucleo interno**, solido, il cui limite, a una profondità di 5170 km, è noto come **discontinuità** o **superficie di Lehmann** (dal nome della sismologa danese che l'ha identificata).

Il materiale che avvolge il nucleo è chiamato **mantello**. Esso si estende dal nucleo fin quasi alla superficie del pianeta senza però affiorare. A modesta profondità le onde sismiche incontrano una netta superficie di discontinuità, la **superficie di Mohorovičić** (dal nome del sismologo croato che l'ha scoperta) o, più semplicemente, **Moho**. Tale superficie segna la separazione tra le rocce che costituiscono il mantello e quelle che formano l'involucro esterno della Terra, la **crosta**. All'interno della crosta si vedono strutture di maggior dettaglio, ricorrendo alla sismica artificiale (vedi Approfondimento, *Terremoti artificiali per «radiografare» la Terra*).

L'indagine sismica ci fornisce, quindi, un «modello» del pianeta, formato da tre involucri concentrici, fatti di materiali che si comportano in modo diverso nei confronti della propagazione delle onde sismiche: un nucleo, solido al suo interno e fuso nella parte esterna, avvolto da un mantello, il quale a sua volta è ricoperto da una sottile crosta.

Lo studio delle onde sismiche ha messo anche in evidenza che, fra i 70 e i 250 km di profondità, la loro velocità diminuisce per tornare poi a crescere con la profondità. Questa fascia, in cui il mantello mostra un comportamento più plastico, è chiamata **astenosfera** (dal greco *àstenos*, debolezza) ed è interpretata come una zona in cui il materiale presente è parzialmente fuso.

Le rocce che ricoprono l'astenosfera fino alla superficie si comportano invece come un involucro rigido, cui è stato riservato il nome di **litosfera** (un tempo usato per indicare genericamente la «Terra solida»): pertanto la litosfera comprende sia la crosta sia una parte di mantello, separate dalla Moho.

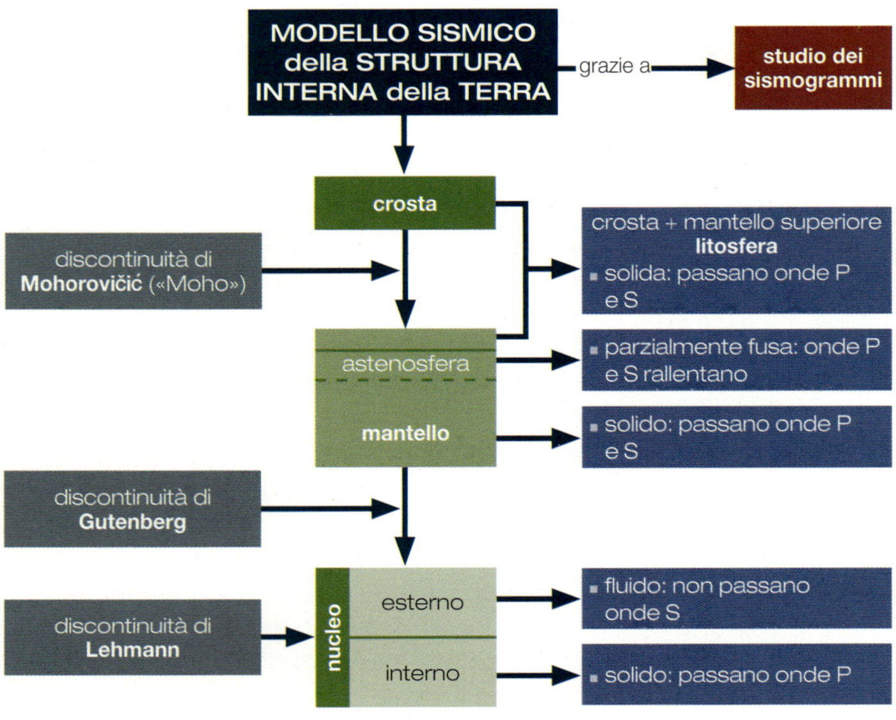

QUESITI

1. Completa.
La direzione di propagazione di un'onda che viaggia attraverso un mezzo omogeneo è individuata da una linea ....
2. Quando raggiungono i 2900 km circa di profondità le onde P
   A si arrestano.
   B rallentano bruscamente.
   C accelerano gradualmente.
3. Le onde S non si propagano oltre la superficie
   A di Mohorovičić.
   B di Gutenberg.
   C di Lehmann.
4. In quale modo i sismi forniscono informazioni sull'interno della Terra?
5. Quali sono i principali strati che costituiscono l'interno della Terra?
6. Che cos'è una discontinuità e quali discontinuità esistono all'interno della Terra?

approfondimento delle conoscenze

Terremoti artificiali per «radiografare» la Terra

Le tecniche sviluppate nella ricerca sismologica e le prospettive offerte da questo tipo di indagini hanno portato allo sviluppo della **sismica artificiale**, di ampio impiego, per esempio, per individuare strutture geologiche sepolte, che possono contenere giacimenti di idrocarburi.

In queste ricerche si provocano artificialmente piccole scosse, facendo esplodere cariche di tritolo sul fondo di pozzetti appositamente perforati, o facendo cadere una pesante massa sul terreno; una serie di piccoli strumenti ricevitori molto sensibili, detti *geòfoni*, infissi nel suolo lungo una linea a distanze prestabilite, raccoglie le onde che arrivano direttamente dalla sorgente e quelle eventualmente riflesse da superfici (di strati o di faglie) presenti sotto l'area indagata e che separano rocce a caratteristiche diverse. Il tempo intercorso tra il momento dello scoppio e quello dell'arrivo delle onde riflesse (da frazioni di secondo ad alcuni secondi) permette di risalire alle profondità delle superfici che hanno prodotto le riflessioni: per ogni «punto di scoppio» si ricostruisce così una successione delle superfici presenti in profondità, ciascuna per una breve estensione. I punti di scoppio vengono ripetuti a brevi distanze uno dall'altro per un allineamento che può coprire decine o anche centinaia di km. Una centrale mobile di calcolo raccoglie i dati trasmessi di volta in volta dai geòfoni e li elabora secondo programmi di calcolo ormai ampiamente automatizzati. Alla fine, viene costruito un diagramma in cui in ascissa sono riportati in successione i singoli punti di scoppio e in ordinata, sotto ogni punto di scoppio, piccoli tratti che indicano la presenza di superfici riflettenti, distribuiti a seconda del tempo *di andata e ritorno* delle onde riflesse (il che equivale a disporli in funzione della loro profondità: anche parecchi km).

I moderni metodi di elaborazione dei dati consentono di ottenere rappresentazioni continue lungo l'allineamento indagato, che simulano con notevole realismo sezioni del sottosuolo ricche di dettagli (vedi Capitolo 2, figura 29B).

Operazioni analoghe vengono effettuate anche in mare, con l'impiego di una nave oceanografica che si muove lungo una rotta e con velocità stabilita, trascinando appositi «cannoni ad aria compressa», la cui azione fa propagare in mare onde meccaniche a intervalli prefissati. Le onde «di ritorno» (riflesse dal fondo del mare e dalle superfici, più profonde, che separano rocce diverse) vengono captate da *idròfoni*, piccoli strumenti inseriti in lunghi tubi di plastica flessibili e galleggianti, trainati dalla nave, a bordo della quale vengono ricevuti e registrati i dati rilevati a ogni esplosione. L'elaborazione dei dati fornisce una sezione sismica della parte più esterna del pianeta, estesa in profondità per molti kilometri [Figura 26].

Figura 26
Un profilo sismico a riflessione rilevato lungo un tratto dell'Oceano Atlantico nord-occidentale. Il profilo mostra una sezione attraverso l'intera crosta, fino alla parte superiore del mantello. Come si può vedere, l'oceano è profondo circa 5,5 km (A: fondo del mare, in blu) e sotto di esso c'è un «pacco» di sedimenti con uno spessore di circa 1,5 km, all'interno del quale si riconoscono alcune riflessioni orizzontali, prodotte da superfici che separano sedimenti di natura diversa. Il *riflettore* irregolare a 7 km di profondità (B: evidenziato in verde) è la parte superiore della crosta oceanica magmatica effusiva (*basalti* dello strato oceanico 2: vedi Capitolo 5, figura 17). Il limite tra crosta oceanica e mantello, la *Moho*, si presenta come un forte riflettore a una profondità di circa 13 km (C: evidenziato in giallo dove meglio visibile). Si confronti questa sezione sperimentale con il modello sismico del nostro pianeta nella figura 25.

26

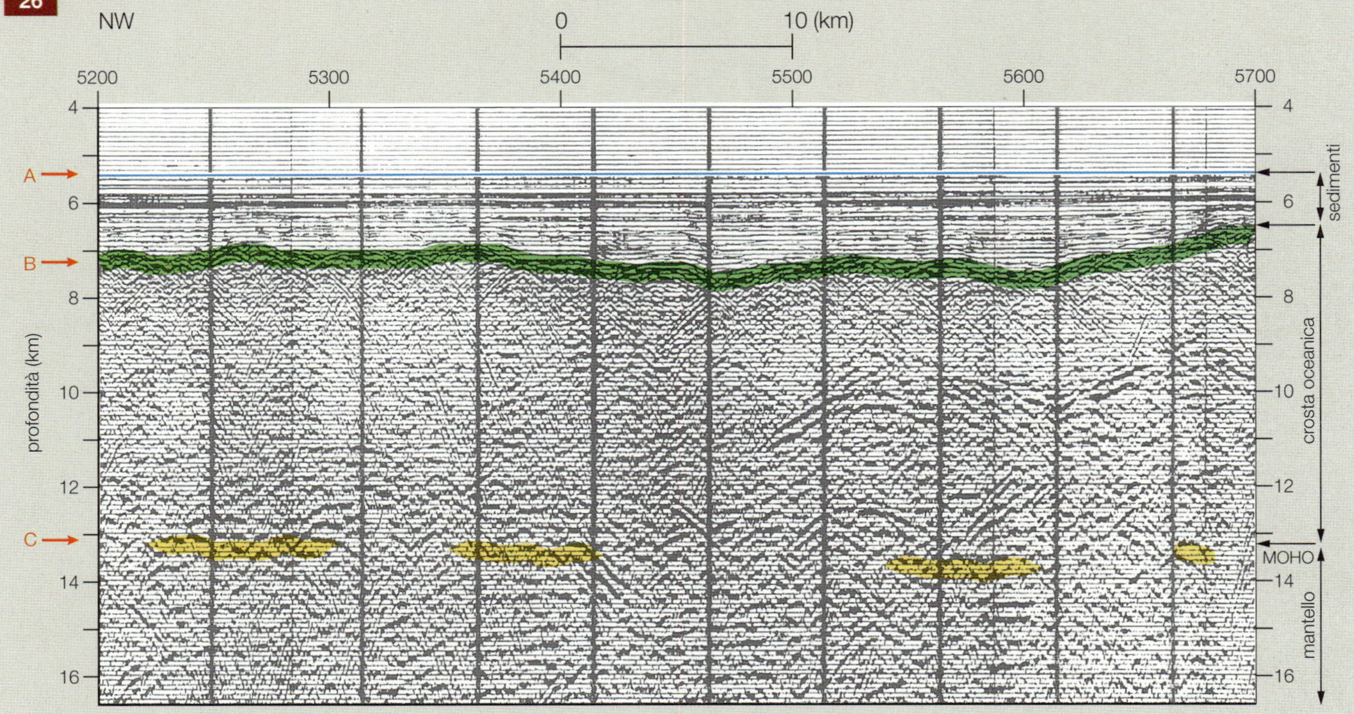

6 La distribuzione geografica dei terremoti

La distribuzione dei terremoti sulla superficie del pianeta, come del resto quella dei vulcani, non è casuale, ma gli epicentri risultano allineati secondo fasce ben definite dal punto di vista geografico e geologico.

Queste fasce coincidono in particolare con le dorsali oceaniche, le fosse abissali e le catene montuose di recente formazione. Esaminiamo la distribuzione geografica degli epicentri con l'aiuto della Figura 27.

- Una sismicità significativa e con ipocentri superficiali segue il sistema di *dorsali oceaniche*.
- Una sismicità molto più intensa segue tutte le grandi *fosse oceaniche* dell'Oceano Pacifico, sia lungo i continenti americani, sia lungo gli archi insulari (dalle Aleutine fino alle Isole Tonga). Una sismicità analoga segna l'arco delle Isole della Sonda e quello delle Antille. Gli ipocentri vanno da superficiali (a ridosso delle fosse) a progressivamente molto profondi (man mano che ci si allontana dalle fosse): è come se fossero «distribuiti» lungo una superficie ideale che scende nell'interno della Terra, fino a oltre 700 km di profondità. Tale superficie è nota come **superficie di Benioff-Wadati** (dai nomi del sismologo russo che, nel 1954, mise in evidenza questa regolarità nella distribuzione degli ipocentri profondi, e del sismologo giapponese che, anni prima, aveva riconosciuto che gli ipocentri si facevano più profondi andando dalla Fossa del Giappone verso il continente asiatico). Vedremo, studiando la Tettonica delle placche, il significato di tali allineamenti, per i quali fin dall'inizio si era ipotizzata l'esistenza di faglie che scendono a grandi profondità.
- Una fascia di forte sismicità segue le *catene montuose di formazione recente*, dal Mediterraneo all'Himalaya, con un ramo che prosegue verso la Cina e con alcuni archi insulari ad esse collegati (Egeo, Eolie). Tali terremoti raramente superano i 100 km di profondità.

Figura 27
Distribuzione mondiale degli epicentri negli ultimi trent'anni. I colori degli epicentri si riferiscono alla profondità dell'ipocentro, distinto come superficiale, intermedio e profondo. Le dorsali oceaniche sono caratterizzate da sismicità tutta superficiale, mentre lungo le fosse oceaniche gli ipocentri sono distribuiti a ogni profondità, fino a quelle massime di oltre 700 km. (Dati dal catalogo Harvard CMT)

27

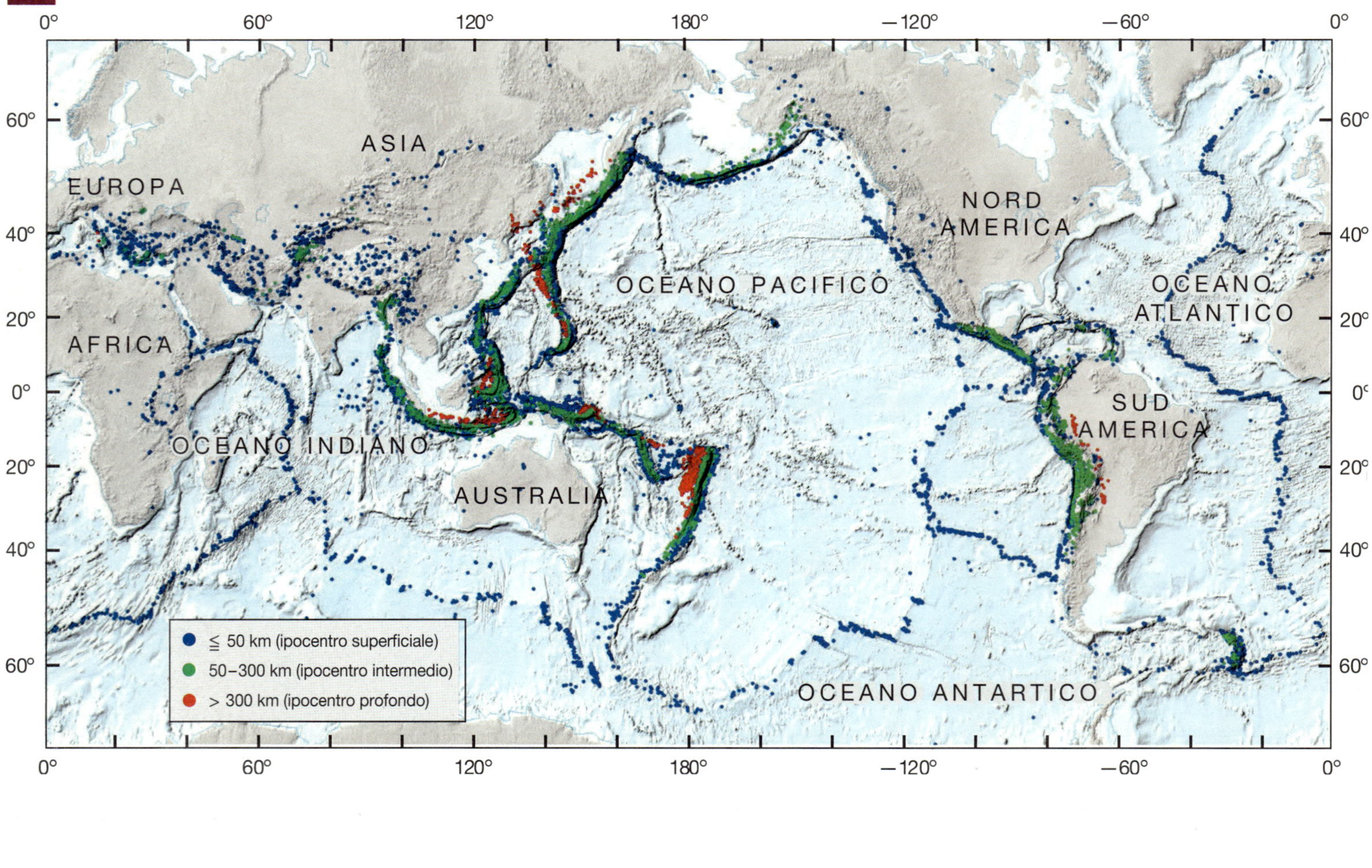

28

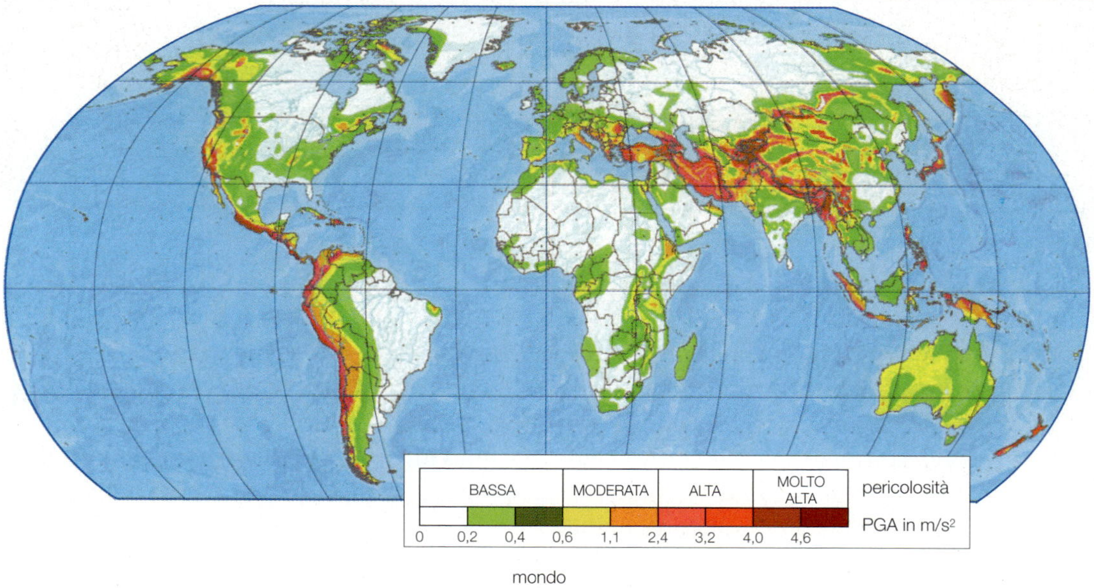

Figura 28
Carta mondiale della pericolosità sismica. La carta è stata elaborata nel 1999 dal *Programma Mondiale per la Valutazione della Pericolosità Sismica*. Il livello di pericolosità è espresso in termini di accelerazione massima al suolo (*PGA, picco di accelerazione del suolo*, misurato in m/s²); come si ricorderà (vedi paragrafo 3.5), la carta esprime anche la probabilità che i valori indicati possano essere superati del 10% nel giro di 50 anni. (Sito USGS, *Servizio Geologico degli Stati Uniti d'America*)

■ I **terremoti vulcanici** (chiamati *tremori*) sono, invece, vibrazioni del suolo prodotte dal movimento del magma in risalita entro la crosta e nel camino vulcanico. I vulcanologi vi cercano indicazioni per una previsione delle eruzioni, ma tali vibrazioni non sono certo la causa delle eruzioni.

Possiamo ora trarre qualche conclusione.

L'analisi appena riassunta evidenzia che le fasce sismiche sono associate a grandi strutture geologiche, soprattutto le dorsali oceaniche (terremoti superficiali) e le fosse abissali (terremoti da superficiali a molto profondi). Le stesse strutture sono caratterizzate, come si ricorderà, anche da intenso vulcanismo (rispettivamente effusivo ed esplosivo).

A parte il caso dei tremori, assolutamente circoscritto, la presenza contemporanea di sismicità e vulcanismo, segni di una forte attività interna della Terra, rende i sistemi di dorsali e di fosse luoghi speciali per la conoscenza del pianeta.

La carta della distribuzione geografica dei terremoti offre stimolanti indicazioni sui meccanismi di deformazione della crosta terrestre e della dinamica dell'interno del pianeta. Nello stesso tempo, però, i dati di quella carta, insieme con le conoscenze fornite dallo studio della sismicità storica, aprono un'altra importante prospettiva sull'analisi della sismicità mondiale.

La Figura 28 riproduce la *Carta mondiale della pericolosità sismica*, che offre un'immagine della sismicità in termini di *probabile verificarsi in determinate zone di terremoti capaci di produrre determinate accelerazioni*. Come vedremo nel prossimo paragrafo, queste informazioni aprono la strada alla possibilità di una prevenzione del rischio sismico, l'unica che possa già fornire un'efficace difesa dai terremoti.

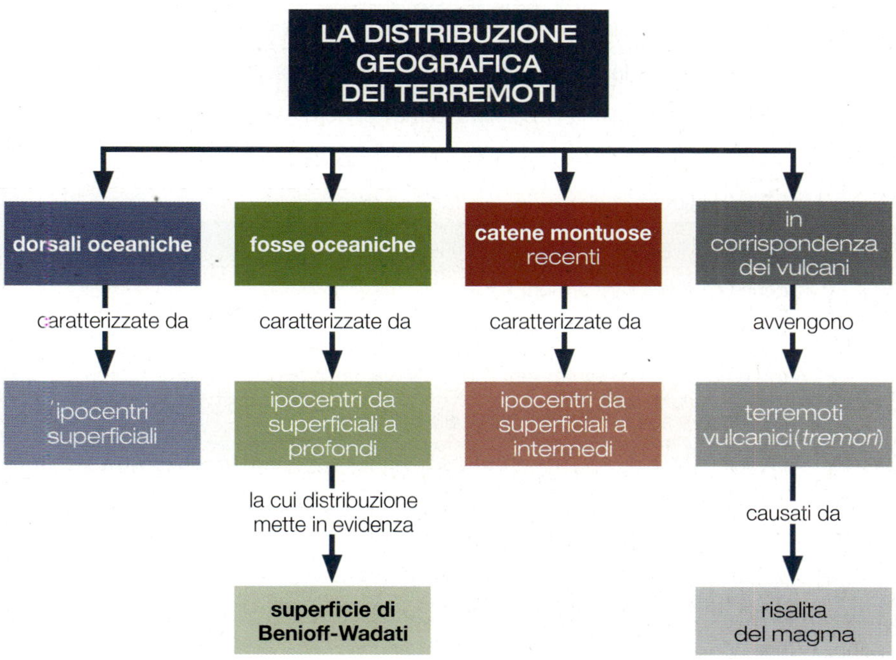

QUESITI

1. Scegli l'alternativa corretta.
   Lungo la Cintura di fuoco si hanno ipocentri **superficiali/profondi** a ridosso delle fosse e sempre più **superficiali/profondi** man mano che ci si allontana da esse.
2. Scegli l'alternativa corretta.
   I terremoti che si verificano in prossimità delle dorsali oceaniche sono **molto/poco** intensi e hanno ipocentri **superficiali/profondi**.
3. Scegli l'alternativa corretta.
   Alle catene montuose di **recente/antica** formazione che si estendono dalle Alpi all'Himalaya corrisponde una fascia sismica con terremoti con ipocentri **superficiali/profondi**.
4. Come sono distribuiti sulla superficie terrestre gli epicentri dei terremoti?
5. Che cos'è la superficie di Benioff-Wadati?
6. Qual è la causa dei terremoti vulcanici?

7 La difesa dai terremoti

Video
Il rischio sismico

Tabella 2
Alcuni dei terremoti più forti negli ultimi 50 anni, con indicazione della loro *magnitudo di momento* (Mw). Sono messi in evidenza, per confronto, i terremoti più forti in Italia nello stesso periodo.

Il tributo pagato ai terremoti in termini di danni e, soprattutto, di vittime è spaventoso: nelle zone sismiche i terremoti e gli eventi da essi innescati (incendi, carestie, epidemie) provocano ogni anno in media da 10000 a 15000 vittime; non solo, ma singoli eventi possono provocare centinaia di migliaia di morti, oltre a danni incalcolabili alle strutture sociali di un intero paese [Tabella 2].

È pertanto necessario investire nella ricerca per aumentare le conoscenze sulla **previsione** dei terremoti e soprattutto nella **prevenzione** del rischio sismico.

7.1 Previsione dei terremoti

La *previsione* dovrebbe poter indicare *quando* e *dove* si verificherà un terremoto, e con *quale intensità*. Che risposte si possono dare oggi in base a quanto sappiamo sull'origine dei terremoti?

Il problema viene affrontato secondo due diverse linee:
- *previsione deterministica*;
- *previsione statistica*.

Anno	Luogo	Magnitudo (Mw)	Danni ed effetti geologici
1964	Alaska	9,2	tsunami
1970	Perú	9	66000 morti
1976	Guatemala	7,5	22000 morti; 200 km di fratturazione lungo una faglia
1976	Italia, Friuli	6,4	965 morti; nessuna faglia in superficie
1976	Cina, Tangshan	7,8	650000 morti circa
1980	Italia, Irpinia	6,9	3000 morti circa; 300 000 senzatetto
1985	Messico	8,1	10000 morti a città del Messico, con gravi devastazioni
1994	California, Northridge	6,7	58 morti e 7000 feriti; montagne sollevate di 15 cm; frane
1994	Bolivia del Nord	8,2	ipocentro a 637 km, il sisma più profondo mai registrato
1995	Giappone, Kobe	6,9	5500 morti, 37000 feriti, 310000 sfollati; faglia superficiale di 9 km
1998	Papua Nuova Guinea	7,0	3000 morti, villaggi distrutti; maremoto con onde alte fino a 7 metri
1999	Turchia, Izmit	7,6	15600 morti; settimo sisma (in 60 anni) lungo la faglia dell'Anatolia
2001	India, Gujarat	7,7	20000 morti; all'interno del continente, senza faglia superficiale
2002	Alaska, Denali	6,7	effetti in aree disabitate; il più forte sisma nel Nord America dal 1906
2004	Indonesia, Sumatra	9,3	300000 morti e 500000 feriti per maremoto (onde fino a 20 m)
2008	Cina, Sichuan	7,9	87000 vittime
2009	Italia, Abruzzo	6,3	300 morti circa, migliaia di senzatetto, L'Aquila devastata
2010	Haiti	7	centinaia di migliaia di morti
2010	Cile	8,8	maremoto; ha raggiunto le coste asiatiche
2011	Giappone, Tohoku	9,0	maremoto; ha provocato gravi danni alla centrale di Fukushima
2011	Turchia, Van	7,3	ipocentro a soli 7 km; gravi danni alle abitazioni
2012	Italia, Emilia	5,9	ipocentro a pochi km; movimenti nelle strutture appenniniche sepolte sotto la Pianura Padana emiliana
2016	Italia, Appennino centrale (agosto)	6,0	ipocentro a pochi km; 300 morti circa, gravi danni
2016	Italia, Appennino centrale (ottobre)	6,5	sisma appartenente alla stessa sequenza del precedente; gravi danni, migliaia di sfollati.

Fonti: Bolt A.B., *I terremoti*, Zanichelli; Grotzinger J.P., Jordan T.H., *Capire la Terra* 3ª ed., Zanichelli; Barberi F. e altri, *Terra pericolosa*, ETS; INGV

29

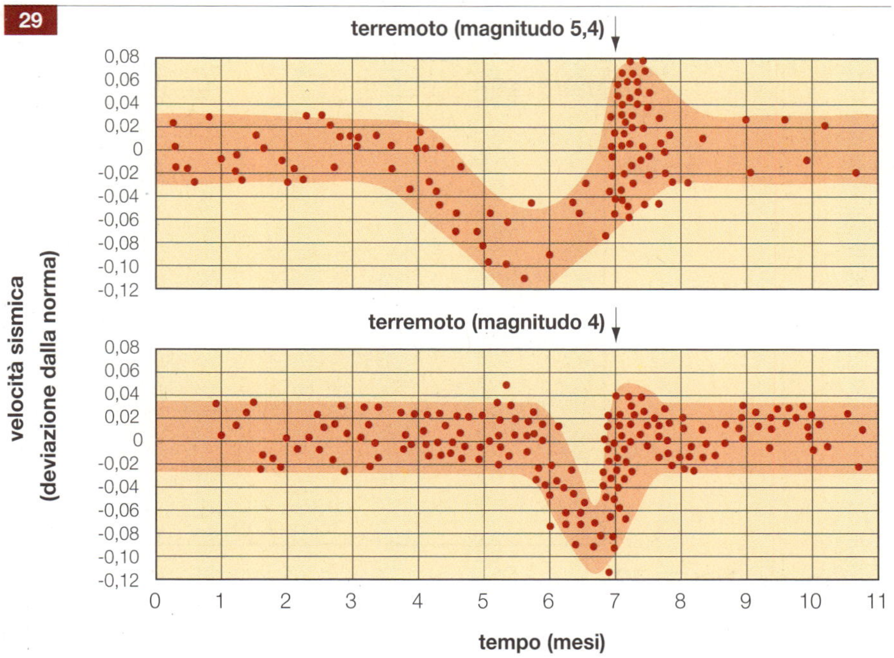

Figura 29
Variazioni della velocità delle onde sismiche rispetto al valore normale, prima e dopo il manifestarsi di un terremoto di magnitudo intermedia. I diagrammi sono stati costruiti in base a dati ricavati dall'analisi di numerosi piccoli terremoti, verificatisi nella regione di Garm, in Asia centrale, prima e dopo l'evento maggiore. Ogni punto rappresenta una deviazione (in più o in meno) della velocità sismica dai valori normali per quella regione, ed è stato ottenuto misurando i tempi di percorso delle onde P ed S tra l'epicentro di ogni piccolo terremoto e le stazioni sismiche locali. La banda colorata indica la dispersione statistica dei dati; la freccia indica il momento in cui è avvenuto il terremoto. La velocità delle onde sismiche è espressa come rapporto tra la velocità delle onde P e quella delle onde S: (V_p/V_s).

La **previsione deterministica** viene tentata attraverso l'esame di *fenomeni precursori*, cioè una serie di eventi che ricorrono in un intervallo di tempo precedente il terremoto.

Nel febbraio del 1975 un violento terremoto colpì la regione di Haicheng, nella Cina settentrionale. L'evento era stato previsto da tempo e seguito nella sua «preparazione» dai sismologi, che si erano basati su numerosi fenomeni precursori; le autorità avevano preparato e messo in stato di pre-allarme la popolazione con una campagna di educazione pubblica e, quando fu segnalata l'imminenza dell'evento, ordinarono l'evacuazione di tutta l'area indiziata (350 × 200 km). Cinque ore dopo si verificò un terremoto di magnitudo 7,6 che distrusse o danneggiò il 90% delle costruzioni; ma su tre milioni di persone coinvolte vi furono solo poche centinaia di vittime.

L'anno seguente, nella regione di Tangshan, a soli 400 km di distanza, furono osservati alcuni possibili segni premonitori, ma non si riuscì ad andare più in là di un allarme a tempo indeterminato. Quando il terremoto arrivò (con $M \cong 8$) provocò 650 000 vittime. Evidentemente, alcuni fenomeni ritenuti segni dell'imminenza di un terremoto potevano comparire prima dell'evento, o mancare del tutto; ma la tenacia dei ricercatori non è stata vinta.

Alla base della ricerca di **fenomeni precursori** sta il modello del rimbalzo elastico. In una massa rocciosa sottoposta a sforzo si verifica una deformazione elastica; ma, prima della rottura della roccia, è stato individuato uno stadio in cui la roccia tende a dilatarsi. Questo fenomeno, chiamato *dilatanza*, provoca, nelle caratteristiche fisiche e nel comportamento delle rocce, alcune anomalie che possono essere usate come fenomeni precursori: tra questi, la *variazione della velocità* nella propagazione delle onde P [Figura 29], *sensibili sollevamenti* di ampie aree e l'*aumento della quantità di gas radon* disciolto nelle acque delle falde o che si libera dalla superficie del terreno.

Il radon è un elemento radioattivo gassoso che si libera lentamente da alcuni minerali contenuti nelle rocce della crosta e che tende a sfuggire verso la superficie per disperdersi nell'atmosfera. Il brusco aumento della sua concentrazione è imputato a una sua più ampia «fuga», favorita dall'apertura di microfessure che fanno aumentare enormemente la superficie di roccia a contatto con l'aria.

La previsione deterministica richiede la sorveglianza continua di vaste aree, con risultati, nonostante notevoli progressi, non ancora sufficientemente attendibili.

La **previsione statistica** dei terremoti si basa sull'osservazione che la distribuzione geografica delle aree sismiche non è casuale, ma definita, e sul presupposto che, in ogni data area, la «storia sismica» (per la quale si prendono in esame l'intervallo tra le fasi di attività, i valori massimi di magnitudo raggiunti dai sismi ecc.) abbia caratteristiche statisticamente simili nel tempo.

Il modello del rimbalzo elastico rende accettabile l'idea di una periodicità dell'attività sismica in una determinata regione, poiché all'origine dei terremoti vi sono movimenti tettonici, che agiscono con modalità costanti per tempi lunghi.

Strumenti basilari per ogni previsione statistica sono i **cataloghi sismici**, che contengono i dati caratteristici di tutti i terremoti di cui si è avuta notizia o di cui è disponibile la registrazione strumentale. L'Italia ha una lunga tradizione nel campo degli studi storici sui terremoti, grazie al patrimonio delle sue biblioteche: i primi cataloghi sismici sono di fine Ottocento (quello di Mercalli è del 1883).

Nel 1985 compariva il *Catalogo dei terremoti italiani dall'anno 1000 al 1980*, nell'ambito di un progetto nazionale del CNR. Pochi anni dopo iniziava l'attività del Gruppo di lavoro per il *CPTI, Catalogo Parametrico dei Terremoti Italiani*, per unificare tutte le informazioni sui terremoti italiani prodotte da numerosi studi e cataloghi. L'edizione più recente è il *CPTI15*, che comprende 4584 terremoti con $I > 5$ o $Mw > 4{,}0$, prodotto dall'Istituto Nazionale Geofisica e Vulcanologia.

La previsione statistica è di scarsa utilità pratica per un allarme sismico. È però di grande importanza nel circoscrivere aree indiziate, per le quali è *statisticamente probabile* l'imminenza di un terremoto. In tali aree diviene allora ragionevole concentrare le ricerche per una previsione deterministica: è in tal senso che i due tipi di previsione sono stati definiti «complementari».

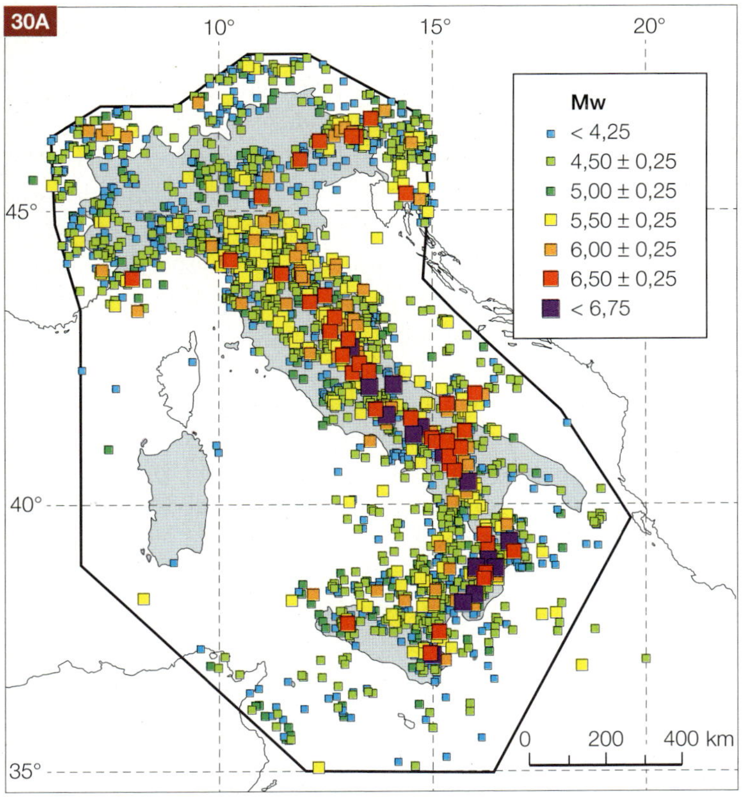

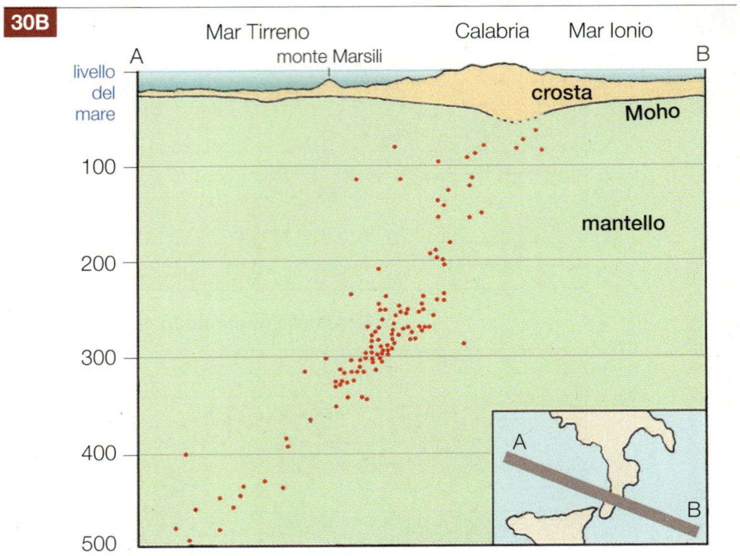

Figura 30
I terremoti italiani
A. Distribuzione geografica degli epicentri, distinti per classi di Mw, compresi nel CPTI15. (Da: *emidius.mi.ingv.it/CPTI15/*) I terremoti con epicentri lungo la penisola sono quasi tutti superficiali, quindi si generano entro la crosta. Quelli sotto il Mare Tirreno sud-orientale sono invece da intermedi a profondi.
B. La sezione dal Mare Tirreno al Mare Ionio, attraverso la Calabria, mostra che la profondità degli ipocentri in quest'area (*pallini rossi*) cresce dalla costa calabra in direzione Nord-Ovest, fino a un massimo, finora registrato, di circa 400 km.

7.2 La prevenzione del rischio sismico

Per molto tempo ancora la difesa dai terremoti potrà venire solo da una costante **prevenzione del rischio sismico**, che è legato a diversi parametri.

- La **pericolosità sismica**: indica la probabilità che in una certa area si risentano gli effetti di un terremoto (vedi ancora le figure 18 e 28).
- La **vulnerabilità**: è una valutazione della «debolezza» di un territorio di fronte a un terremoto; tiene conto della possibilità per le persone di salvarsi, per gli edifici di resistere, per i mezzi di soccorso di raggiungere l'area colpita.
- I **costi**: si riferiscono alle perdite di vite, ai danni agli edifici, agli interventi per la ricostruzione, al danno sociale per le attività colpite.

Per diminuire i costi si deve diminuire la vulnerabilità, ma questo può chiedere ingenti risorse per gli interventi preventivi sulle strutture esistenti. L'azione preventiva dovrebbe essere volta perciò a individuare le zone a rischio sismico e a indicare gli interventi necessari in tali zone per evitare, o ridurre al minimo, le vittime e i danni in caso di sismi. Se non si può ridurre la pericolosità, si può però arrivare ugualmente a ridurre il rischio.

La **sismicità** di un'area si può determinare, almeno in prima approssimazione, in base all'intensità e alla frequenza dei terremoti che in tale area si sono verificati in passato, nell'arco di tempo per il quale sono disponibili informazioni. Si parte, quindi, dai cataloghi sismici, elaborandone opportunamente i dati in modo da arrivare a una classificazione (o *zonazione*) sismica, cioè a suddividere il territorio in esame in aree a diversa sismicità.

Per quanto riguarda la situazione italiana [**Figura 30**], solo Sardegna e Penisola Salentina sono praticamente prive di epicentri (risentono effetti di terremoti lontani). L'arco alpino è poco sismico ad eccezione del Trentino-Alto Adige, mentre il resto dell'Italia centro-settentrionale, con rare «isole», è decisamente sismico. La sismicità maggiore si osserva nell'Italia centro-meridionale: tra Campania, Basilicata, Calabria e Sicilia si è distribuito ben il 50% degli eventi di intensità pari o superiore al grado IX MCS avvenuti negli ultimi 2000 anni.

Nel nostro Paese la classificazione sismica solo di recente è stata completata e aggiornata: tutto il territorio nazionale risulta sismico, diviso in 4 **zone**, con gradi di pericolosità diversi, decrescenti dalla 1ª alla 4ª [**Figura 31**]. Le diverse zone sono caratterizzate da differenti intervalli di valori dell'accelerazione orizzontale del suolo [**Figura 32**]. A titolo di esempio: la 1ª zona è caratterizzata ampiamente da $a/g > 0{,}25$, cioè l'accelerazione orizzontale arriva a quasi un quarto dell'accelerazione di gravità (circa 2,5 m/s^2); nella 4ª, invece, $a/g < 0{,}05$.

Questa fase di previsione statistica che, come già ricordato, non può avere grande valore pratico per un allarme sismico, consente invece di passare a una fase operativa, con l'elaborazione e l'applicazione di opportune tecniche di **edilizia antisismi-**

31

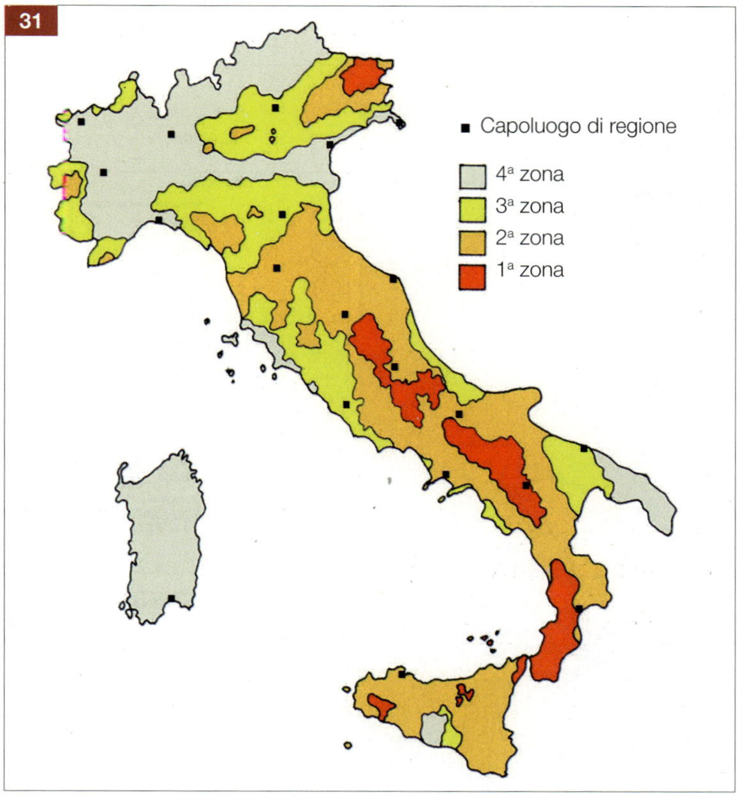

32

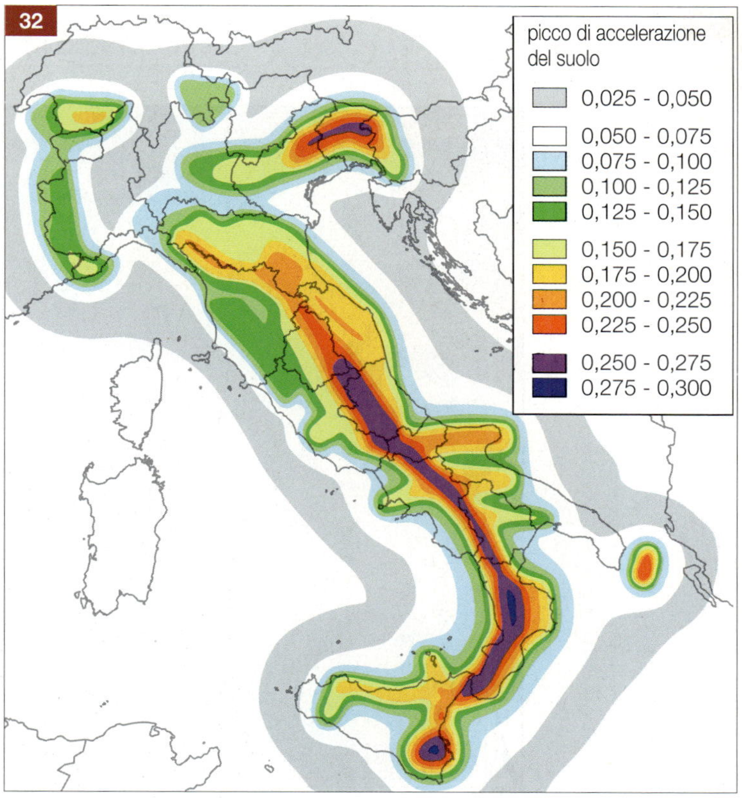

Figura 31
Classificazione sismica del territorio nazionale (2003). La pericolosità diminuisce dalla 1ª zona alla 4ª. Insieme alla nuova classificazione sono state aggiornate anche le norme tecniche per le costruzioni, con indicazioni specifiche per i ponti. (Sito INGV)

Figura 32
Carta della pericolosità sismica del territorio italiano. La carta è stata elaborata dall'INGV (*Istituto Nazionale per la Geofisica e la Vulcanologia*) per il Dipartimento della Protezione Civile, nel 2004. I colori rappresentano i valori del *picco di accelerazione del suolo* espressi come frazioni dell'accelerazione di gravità, con probabilità che vengano superati del 10% nel giro di 50 anni (si ricordi che un valore di 0,1 *g* è in grado di produrre danni). Il massimo di pericolosità è associato principalmente all'asse della catena appenninica.

ca, non solo per nuove costruzioni, ma anche per la ristrutturazione dell'esistente (si pensi, per esempio, alla vulnerabilità dei centri storici di molte nostre città). Tali interventi vanno estesi non solo alle case e agli edifici pubblici, ma anche alle grandi opere, come ad esempio dighe, vie di comunicazione, porti, aeroporti, grandi complessi industriali; e alle reti di rifornimento dell'acqua, del gas, dell'energia elettrica: tutte strutture che, danneggiate da un terremoto, possono a loro volta provocare danni ancor più gravi.

Nell'opera di prevenzione dovrebbe rientrare, inoltre, anche l'elaborazione di **piani di intervento** per l'organizzazione di soccorsi in caso di terremoto, adattati alle varie zone: si tratterebbe, cioè, di individuare in anticipo – quindi in momenti *senza emergenza* – i percorsi stradali da privilegiare per l'afflusso e l'evacuazione di mezzi, le aree di raccolta e smistamento dei materiali di primo intervento, i responsabili delle varie operazioni e così via. È evidente, in tale prospettiva, anche l'importanza di un'efficace **educazione di massa**, per una adeguata preparazione della popolazione al momento dell'emergenza: l'esperienza maturata in tal campo in altri paesi può essere veramente preziosa. Un promemoria con alcune norme di comportamento in caso di terremoto è stato diffuso alcuni anni fa dal Servizio Sismico Nazionale, per preparare la popolazione ad affrontare in modo responsabile un evento sismico (queste informazioni si trovano nel retro della copertina del libro). Purtroppo il Servizio Sismico Nazionale, come gli altri Servizi Tecnici dello Stato, ha cambiato inquadramento e non svolge più questo compito, che richiederebbe invece un impegno continuo nelle attività di prevenzione del rischio sismico, che interessa gran parte del nostro Paese.

7.3 La prevenzione mediante la microzonazione sismica

Accanto alla *zonazione sismica* prima descritta, che viene anche chiamata *macrozonazione*, si è individuata una **microzonazione sismica** (MS), applicata a zone ristrette, ma di rilevante importanza economica e sociale, come nel caso dei già citati centri storici. In tale operazione, che richiede analisi di maggior dettaglio, accanto alle indagini sismiche tradizionali viene data particolare importanza alla struttura geologica di superficie, per mettere in evidenza il modo in cui, caso per caso, i diversi terreni di fondazione risponderanno al passaggio delle onde sismiche, poiché le condizioni locali dei terreni su cui vengono fondate le costruzioni edilizie influiscono in maniera importante sugli effetti di un terremoto. Per microzonazione sismica si intende quindi la valutazione della pericolosità sismica locale attraverso l'individuazione di zone di territorio caratterizzato da comportamento sismico omogeneo. In sostanza la MS individua e caratterizza le zone a diversa *stabilità* in caso di terremoto.

33

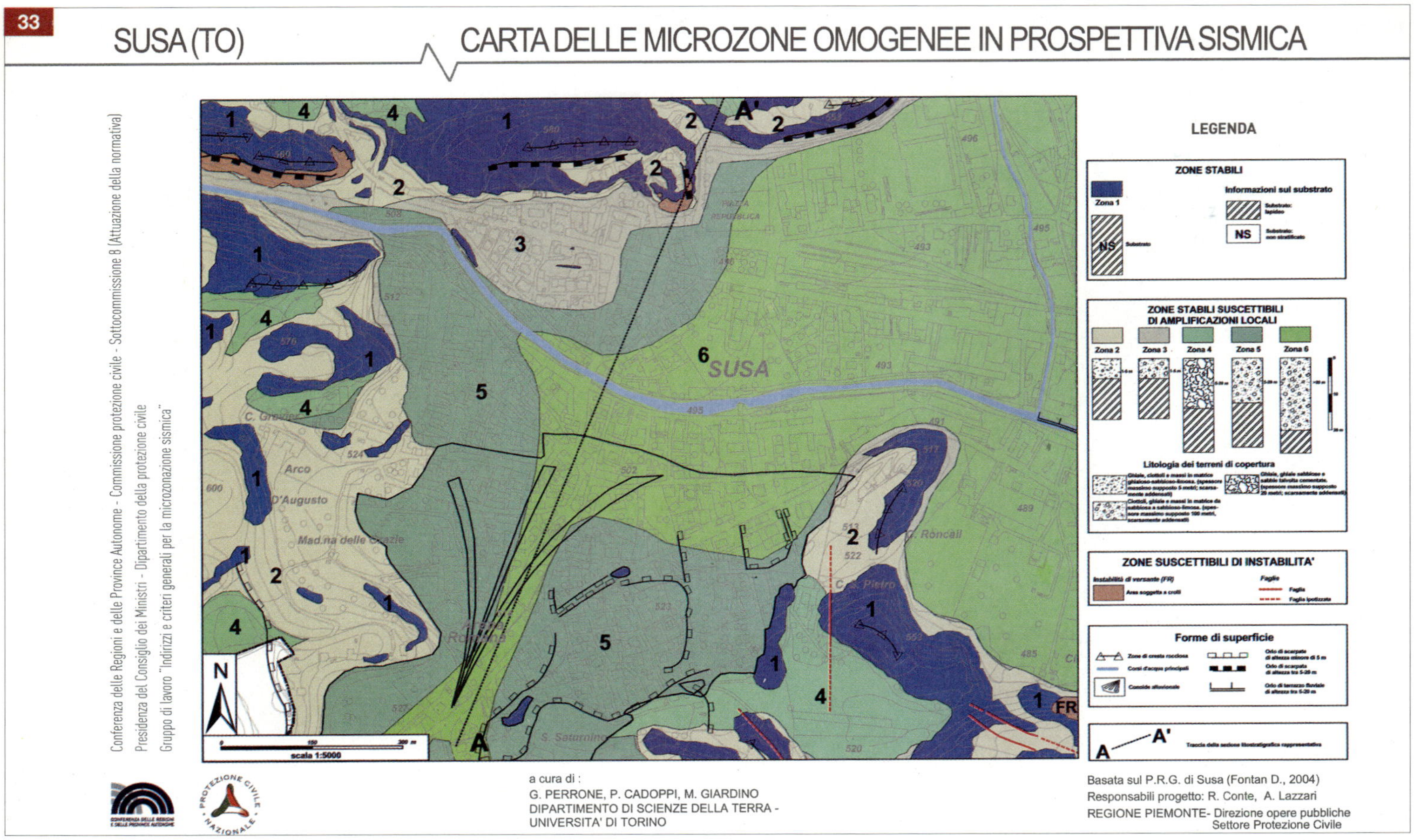

Figura 33
Esempio di carta delle microzone omogenee in prospettiva sismica: l'area della città di Susa (Torino). Le aree indicate con **1** sono ***zone stabili***; la legenda informa che vi affiora materiale roccioso (lapideo), non stratificato. Questo materiale trasmette le vibrazioni delle onde sismiche senza amplificare il movimento. Le aree numerate da **2** a **6** sono ***zone stabili suscettibili di amplificazioni locali***. Come si ricava dalle colonne stratigrafiche riportate nella *Legenda*, vi affiorano terreni detritici (ghiaie e sabbie fluviali), che ricoprono, con diversi spessori, il substrato roccioso stabile. Con il **colore viola** sono indicate ***zone suscettibili di instabilità***: la legenda precisa che si tratta di *instabilità di versante*, cioè di aree soggette a crolli. Alla stessa categoria appartengono le **linee rosse**, che indicano la presenza e la posizione di faglie.

Ricordiamo, a titolo di esempio, uno dei casi in cui la mancanza di adeguati interventi preventivi su un territorio a rischio sismico ha portato a conclusioni drammatiche. Nel 1985 un forte terremoto danneggiò gravemente, con migliaia di vittime, Città del Messico, nonostante la notevole distanza dall'epicentro (sulla costa del Pacifico, a oltre 300 km dalla città). I danni, gravissimi, risultarono circoscritti a un'area limitata del centro storico; si vide poi che l'area danneggiata era stata occupata, in epoca precolombiana, da una città azteca, costruita su un lago. In seguito il bacino del lago era stato colmato da terreni di riporto, sui quali si era estesa la nuova città. Durante il terremoto, in corrispondenza di tale area le oscillazioni della coltre di terreni di riporto rispetto alle rocce circostanti e sottostanti, per un effetto di *risonanza* risultarono amplificate fino a valori paragonabili a quelli registrati all'epicentro e la loro durata risultò addirittura triplicata. L'effetto sulle costruzioni fu ancora più disastroso perché nell'area sorgevano molti grattacieli che, per forma e dimensioni, avevano un periodo di oscillazione simile a quello delle oscillazioni amplificate: in tali condizioni furono perciò costretti a oscillare ben oltre i limiti della loro resistenza e finirono per collassare.

In questo terremoto e in molti altri è risultata chiara la necessità di tener conto, nella progettazione urbanistica, della **risposta sismica** dei terreni di fondazione, che si può prevedere una volta che se ne conoscano natura e spessori.

Per quanto riguarda la microzonazione in Italia, già le norme emanate dopo il terremoto di Messina e Reggio Calabria del 1908 vietavano le costruzioni «*su terreni posti sopra e presso fratture, o che fossero franosi, e tali da comunicare ai fabbricati vibrazioni e sollecitazioni tumultuarie per differente costituzione geologica e diverse resistenze da luogo a luogo*...».

Era già chiaro come le deformazioni delle costruzioni fossero collegate alle caratteristiche locali dei terreni; lo dimostravano livelli di danneggiamenti molto diversi in edifici simili per struttura pur essendo posti in siti vicini, oppure effetti di accelerazione molto maggiori in terreni sciolti rispetto a siti su roccia.

Gli studi di microzonazione puntano alla conoscenza di tali fenomeni per ricavare informazioni utili per pianificare o realizzare interventi sul territorio con fini di difesa dai terremoti.

Le indagini procedono per livelli successivi di approfondimento e partono da dati già disponibili (come le carte geologiche e morfologiche) per arrivare ad analisi specifiche sul terreno. Il documento base, noto come *Carta della microzonazione omogenea in prospettiva sismica*, permette di suddividere il territorio in tre categorie [Figura 33]:

1) **zone stabili**, pianeggianti, con terreni rocciosi in affioramento;

2) **zone stabili suscettibili di instabilità** in caso di terremoto, nelle quali ci si può aspettare amplificazione del movimento del suolo per il tipo di terreni presenti o per le forme del terreno (creste o picchi);
3) **zone suscettibili di instabilità**, dove sono possibili scivolamenti dei versanti, liquefazioni, attivazioni di faglie nel terreno, cedimenti diversi per entità in aree contigue. Particolare attenzione viene dedicata all'individuazione di *faglie attive*, cioè di faglie lungo le quali si riconoscono tracce di movimenti in tempi geologicamente recenti: anche qualche milione di anni.

Le *forme di superficie* segnalano morfologie circoscritte (creste, scarpate, conoidi) che possono provocare locali amplificazioni del movimento del suolo; per esempio, si osservi come in molte delle zone 1, di per sé stabili, la presenza di lunghe creste sommitali introduca elementi di instabilità (le creste, in genere, fanno amplificare il movimento).

La scala della carta, di grande dettaglio, consente di valutare il rischio per gli edifici costruiti sulle singole zone o al passaggio tra zone diverse, o ancora, in prossimità di forme di superficie.

Approfondimenti successivi alla prima suddivisione nelle tre categorie affrontano problemi specifici messi in luce dalle prime analisi o compensano la mancanza di dati. I numerosi specialisti impegnati, tra i quali in primo piano geologi e geofisici, forniscono informazioni e parametri a ingegneri e architetti per la progettazione di edifici e infrastrutture antisismici, in funzione delle criticità rilevate nell'area indagata.

Le operazioni di zonazione, e, in generale, di prevenzione sismica sono indubbiamente molto complesse, ma la realizzazione di questa possibile difesa non è solo una questione scientifica o tecnica: il costo di tali operazioni, che interessano il bene comune, e la necessità di predisporre leggi e norme tecniche specifiche, ne fanno anche una questione economica e politica.

Basti pensare che, per una corretta pianificazione e gestione del territorio a livello di comune o di regione, si dovrebbe disporre preventivamente della zonazione sismica: se questo è ancora possibile in aree di futuro sviluppo, ben più gravi, quasi insolubili, sono i problemi che nascono per aree che, pur risultando a rischio sismico, sono ormai da tempi lunghissimi fortemente urbanizzate.

Può sembrare logico, ma appare altrettanto impensabile allontanare una popolazione da una zona risultata altamente sismica, per proteggerla dai prossimi terremoti: i paesi ricostruiti a fianco o sulle rovine di quelli distrutti da un terremoto sono indicazioni significative di una realtà umana, dalla quale non si può prescindere.

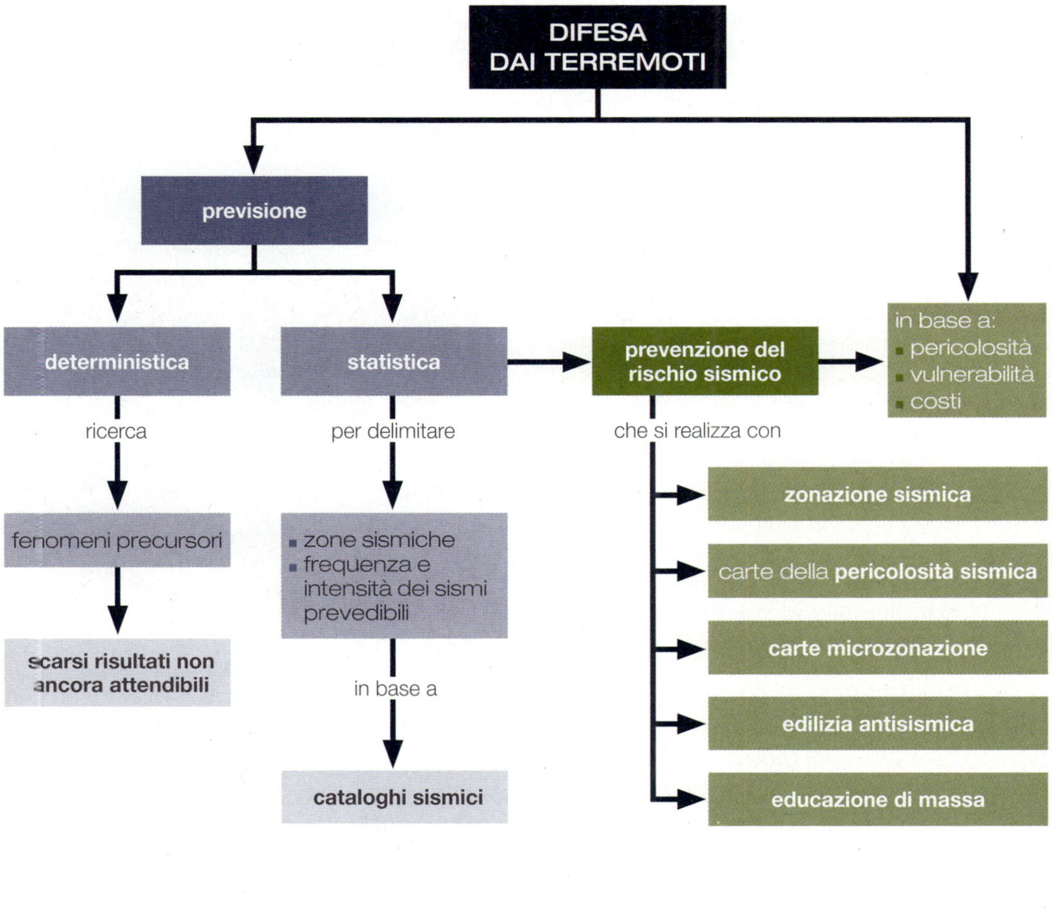

QUESITI

1. Scegli l'alternativa corretta.
   Nella previsione **deterministica/statistica** dei terremoti si studiano i **cataloghi sismici/fenomeni precursori** per individuare le zone dove è maggiore la probabilità di verificarsi di un terremoto che produca una certa accelerazione orizzontale del suolo.
2. Le zone a maggiore rischio sismico in Italia sono
   A Calabria, Pianura padana e Sicilia.
   B Appennini, Friuli e Sardegna.
   C Calabria, Appennini centro-meridionali e Friuli.
   D Pianura padana, Alpi e Sardegna.
3. Che cos'è la previsione deterministica dei terremoti?
4. Su quali basi si fonda la previsione statistica dei terremoti?
5. Quali sono le più importanti misure di prevenzione da prendere contro i terremoti?
6. Quali categorie di territorio si possono distinguere con la carta della microzonazione?

approfondimento delle conoscenze

Quali sono le attuali possibilità di difesa dai terremoti in Italia?

L'Italia è un Paese a forte rischio sismico, sia per la frequenza e l'intensità degli eventi avvenuti sul suo territorio, sia in termini di perdite di vite umane e di costo economico, dovuto ai danni alle costruzioni e al blocco delle attività produttive. Nel nostro Paese, le zone a rischio sismico elevato sono distribuite principalmente lungo l'arco appenninico, la Calabria e la Sicilia nord-orientale.

Il terremoto del 1997 in Umbria ha prodotto danni alle persone e alle cose per un valore di 5 miliardi di euro, senza considerare le gravissime perdite del patrimonio artistico. I danni provocati possono essere paragonati al terremoto del 1989 in California, nonostante il terremoto italiano abbia avuto un'energia 30 volte inferiore. Come mai in Italia il rapporto tra i danni di un terremoto e l'energia rilasciata è notevolmente più elevato rispetto ad altri Paesi che presentano elevata sismicità?

Sicuramente, ciò è dovuto in gran parte al nostro patrimonio edilizio che presenta una notevole fragilità, a causa soprattutto di strutture scadenti o vecchie e delle sue caratteristiche tipologiche e costruttive. Il rischio sismico è elevato per l'elevato valore dei parametri di vulnerabilità (che esprime la propensione di una struttura a subire danni in concomitanza di fenomeni sismici di determinata intensità) ed esposizione (che riassume la quantità e qualità dei beni esposti, altissime, vista l'alta densità abitativa e il patrimonio storico, artistico e paesaggistico).

Alcuni dati riportati dalla Protezione Civile permettono di inquadrare più concretamente il problema sismico in Italia: 2500 terremoti con intensità MCS maggiore del V grado nell'ultimo millennio, 200 dei quali distruttivi; 120 000 vittime nell'ultimo secolo; 20 terremoti con intensità superiore o uguale al IX grado MCS dal 1900 ad oggi; un terremoto disastroso in media ogni 4 anni, e un danno economico valutato per gli ultimi venticinque anni in circa 75 miliardi di euro. Inoltre, non si possono ignorare le conseguenze sul patrimonio storico, artistico, monumentale.

Come possiamo difenderci? La previsione di un terremoto consiste nello stabilire quando e dove si verificherà un evento sismico e si basa su segnali premonitori e sull'indagine storica. L'analisi di segnali premonitori tenta una previsione deterministica; l'indagine storica ha come obiettivo una previsione statistica, basata sulla regolarità del ciclo sismico e sulla distribuzione non casuale dei terremoti nel tempo e nello spazio.

In questa sfida sono coinvolte diverse discipline, dalla sismologia strumentale alla geodesia, alla geologia e alla geochimica, impegnate tra l'altro in un continuo monitoraggio del territorio che i dati storici hanno già indicato come «indiziato». L'Istituto Nazionale di Geofisica e Vulcanologia (INGV), con diverse sedi ubicate nel territorio italiano, ha installato diverse reti di sorveglianza permanenti e temporanee. Scopo della rete è il monitoraggio dell'attività sismica in tempo reale, per individuare quanto più rapidamente e precisamente possibile l'area di un evento sismico, e fornire ogni dato utile a chi organizza l'intervento immediato di soccorso [Figura 34]. Allo stesso tempo, l'archivio di dati in continuo aumento consente di migliorare la valutazione del livello di rischio e della probabilità di verificarsi di un evento nelle aree sorvegliate.

Nel 2001, l'INGV e il Dipartimento di Protezione Civile stipularono un accordo triennale per potenziare il sistema di sorveglianza nazionale e da allora tale rete sismica ha raggiunto un livello di eccellenza mondiale. Alle 90 stazioni già attive nel 2001, se ne sono aggiunte altre cento, tutte digitali.

Attualmente, la rete sismica nazionale copre le aree a maggior rischio sismico del nostro Paese e quasi tutte le stazioni trasmettono i dati in tempo reale. Per incrementare la capillarità sul territorio del monitoraggio sono stati stipulati accordi di collaborazione con altri enti che gestiscono reti sismiche regionali e locali, come l'Università di Genova, il Centro Ricerche Sismologiche di Trieste, la Fondazione Prato Ricerche, la Regione Marche, l'Osservatorio A. Bina di Perugia e altri, mentre per il monitoraggio su scala nazionale vengono utilizzate anche le reti sismiche di sorveglianza dei vulcani attivi. In questi ultimi anni, un nuovo accordo tra il Dipartimento della Protezione Civile e l'INGV ha dato il via al rinnovamento della totalità della rete, con 350 stazioni sismiche moderne, per un monitoraggio più accurato di tutto il territorio italiano e per continuare a raccogliere dati per lo studio dei processi sismici.

Inoltre, nel 1981 il Consiglio dei Ministri ha istituito un *Gruppo nazionale per lo studio dei problemi inerenti la difesa dai terremoti*, mentre nel 1993 è stato costituito, presso il CNR, il *Gruppo Nazionale per la Difesa dai Terremoti* (GNDT), che raccoglie e coordina l'attività di numerosi studiosi e del quale si avvale la Protezione Civile. Il Servizio Sismico Nazionale, oggi inserito nella struttura della Protezione Civile, ha invece il compito di dare esecuzione a quanto previsto dalla legge sismica nei confronti della normativa tecnica in campo sismico. È stata di recente completata la classificazione sismica dell'intero territorio nazionale, attraverso la quale oltre 8 000 comuni sono stati inseriti in una delle classi di pericolosità sismica previste, che impongono ciascuna precisi vincoli edilizi.

Nel 2003 è stata pubblicata un'ordinanza della Protezione Civile che fornisce un aggiornamento di due strumenti normativi per la riduzione del rischio sismico: la *nuova classificazione sismica* e la *normativa sismica*, che regola la progettazione e la valutazione della sicurezza delle costruzioni.

Difendersi è possibile: cominciamo a conoscere le regole. Ma bisogna anche imparare a rispettarle e questo richiede che ognuno faccia la sua parte: ricercatori da un lato e amministratori del bene pubblico dall'altro. La posta in gioco è troppo alta per affidarsi all'improvvisazione o, peggio ancora, al fatalismo.

34

Figura 34
Il soccorso deve poter effettuare interventi rapidi, che per essere realizzabili in modo efficace richiedono una programmazione prima dell'emergenza. Nell'immagine, uno dei centri di raccolta allestito da parte della Protezione Civile, subito dopo il terremoto che ha colpito l'Appennino centrale nell'agosto del 2016. (Newzulu/Alamy/IPA)

termini e concetti fondamentali

I terremoti

■ Quando gli sforzi tettonici che provocano la deformazione elastica dei corpi rocciosi superano il limite di rottura, le rocce si fratturano e si genera (o si riattiva) una **faglia**. Il terremoto si verifica quando lungo la superficie di faglia le rocce deformate tornano bruscamente all'equilibrio con un meccanismo di **rimbalzo elastico**, caratterizzato da violente oscillazioni. Tale perturbazione parte dall'**ipocentro** e si propaga nelle aree circostanti sotto forma di onde sferiche. Il punto in superficie sulla verticale dell'ipocentro si chiama **epicentro**.

■ Questo processo costituisce il **ciclo sismico**, che può ripetersi sistematicamente in una regione.

■ Le **fasce sismiche** in cui si concentrano gli epicentri corrispondono a:
- **dorsali oceaniche**, caratterizzate da terremoti con ipocentri superficiali;
- **fosse oceaniche**, con ipocentri allineati lungo la **superficie di Benioff-Wadati**, da superficiali a profondi;
- **catene montuose** di recente formazione, con ipocentri da superficiali a intermedi.

■ Inoltre esiste una sismicità legata al vulcanismo (**tremore vulcanico**) prodotta dal movimento del magma in risalita entro la crosta e nel condotto vulcanico.

Le onde sismiche

■ Un terremoto genera onde elastiche di tre tipi:
- **onde P: onde longitudinali** (o **di compressione**); sono le onde più veloci;
- **onde S: onde trasversali** (o **di taglio**); sono meno veloci e non si propagano nei fluidi;
- **onde superficiali: onde di Rayleigh (R) e di Love (L)**, che si generano quando le onde interne raggiungono la superficie terrestre; esse si propagano sulla superficie con grandi ampiezze, ma si attenuano rapidamente in profondità.

Le onde P ed S sono dette **onde interne**, o *di volume*.

■ I movimenti del suolo durante un terremoto vengono registrati dai **sismografi** nei **sismogrammi**.

Analizzando i tempi di arrivo (*dromocrone*) delle onde P ed S sui sismogrammi di almeno tre diverse stazioni è possibile *localizzare* l'epicentro di un terremoto.

■ Lo studio della propagazione delle onde sismiche permette di ricavare informazioni sulla **struttura interna della Terra**.

Il pianeta è formato da strati concentrici separati da **discontinuità sismiche**, attraversando le quali le onde cambiano bruscamente velocità e direzione (*rifrazione*).

■ Dalla superficie verso l'interno si riconoscono:

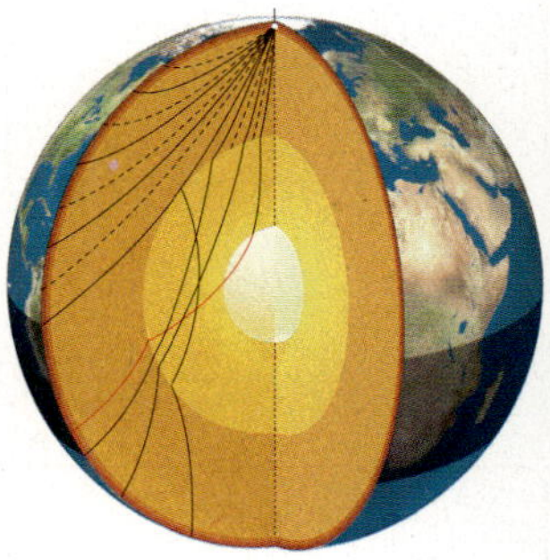

- la **crosta** (fino a circa 35-70 km di profondità);
- il **mantello** (fino a circa 2900 km di profondità);
- il **nucleo**, che si divide in nucleo **esterno**, liquido (dai 2900 ai 5170 km di profondità) e in nucleo **interno**, solido (dai 5170 km di profondità fino al centro della Terra).

■ L'arrivo delle onde sismiche in superficie determina un'**oscillazione complessa** del terreno, che viene trasmessa agli oggetti sovrastanti.

■ I **danni** principali agli edifici sono provocati soprattutto dai movimenti orizzontali del terreno e dipendono dalla durata delle oscillazioni, dal tipo di costruzioni e dalla natura geologica del terreno su cui poggiano.

■ Terreni diversi rispondono in modo diverso al passaggio delle onde sismiche (**effetti di sito**), amplificandone talvolta gli effetti in modo disastroso.

■ Se il terremoto si verifica sotto il fondo del mare, nelle zone costiere si possono risentire gli effetti di un **maremoto** o **tsunami**.

Misurare la forza dei terremoti

■ L'**intensità** è la valutazione degli effetti prodotti da un sisma sulle persone, sui manufatti e sul territorio (*dati macrosismici*). Si misura con la **scala MCS** (Mercalli-Càncani-Sieberg), divisa in 12 gradi.

■ Nelle rappresentazioni cartografiche, le **isosisme** sono le linee che delimitano fasce in cui il terremoto si è presentato con uguale intensità.

■ La **magnitudo** misura invece la forza di un terremoto a confronto con un terremoto standard preso come riferimento.

■ Si calcola a partire dalle ampiezze massime delle onde misurate sui sismogrammi (**scala Richter**) ed è una scala logaritmica.

■ Oggi per la misura della magnitudo si usano scale diverse: **mb** (onde di volume), **MS** (onde superficiali), **Mw** (magnitudo di momento, che misura l'energia liberata dal terremoto).

■ Un parametro fondamentale nella valutazione del terremoto è l'**accelerazione** orizzontale del suolo (**PGA**, *Peak Ground Acceleration*), espressa in frazioni di g (accelerazione di gravità).

La difesa dai terremoti

■ Le vie seguite per la previsione dei sismi includono:
- la **previsione deterministica**, in cui si analizzano i **fenomeni precursori**, cioè gli eventi che si ritiene precedano un terremoto;
- la **previsione statistica**, che si basa sull'individuazione delle zone ad alta *pericolosità sismica*, grazie all'analisi dei **cataloghi sismici**.

■ In tutte le aree a rischio, come l'Italia, è fondamentale la **prevenzione del rischio sismico**: analisi dettagliata del territorio con la *microzonazione sismica* per prevenire adeguatamente gli effetti del terremoto, costruzione di edifici antisismici ed educazione della popolazione.

ESERCIZI per il ripasso

ALTRI ESERCIZI SU ZTE ONLINE

1. ■□□ **Completa la mappa scegliendo tra i termini seguenti.**

solido ■ Gutenberg ■ mantello ■ Lehmann ■ nucleo interno ■ Mohorovičić ■ fluido

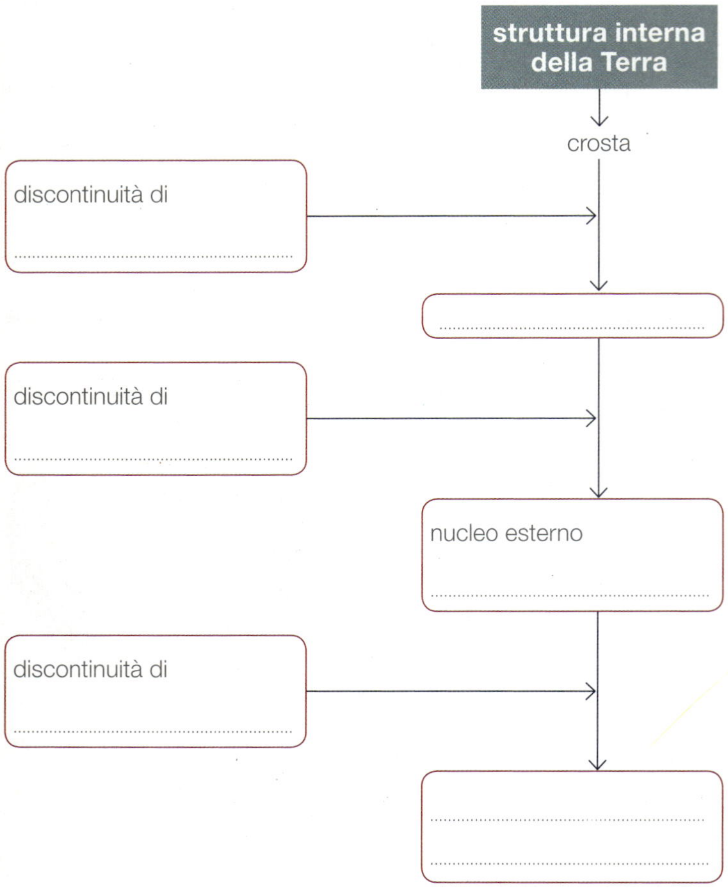

2. ■□□ **Attualmente qual è la scala di intensità più usata in Europa?**

A Scala Mercalli.
B Scala MCS.
C Scala MSK.
D Scala Richter.

3. ■□□ **La superficie ideale lungo cui si distribuiscono gli ipocentri dei terremoti, da quelli più superficiali a ridosso delle fosse a quelli molto profondi man mano che ci si allontana da esse, è detta**

A superficie di Mohorovičić.
B superficie di Benioff-Wadati.
C superficie di Gutenberg.
D superficie di Lehmann.

4. ■□□ **Dove è situato l'epicentro del terremoto rispetto al suo ipocentro?**

A All'altro capo della faglia.
B Sulla superficie, in corrispondenza della verticale.
C Più in basso di alcuni kilometri.
D I due punti coincidono.

5. ■□□ **Scrivi sotto a ciascuna immagine il nome dell'onda sismica che provoca la deformazione rappresentata.**

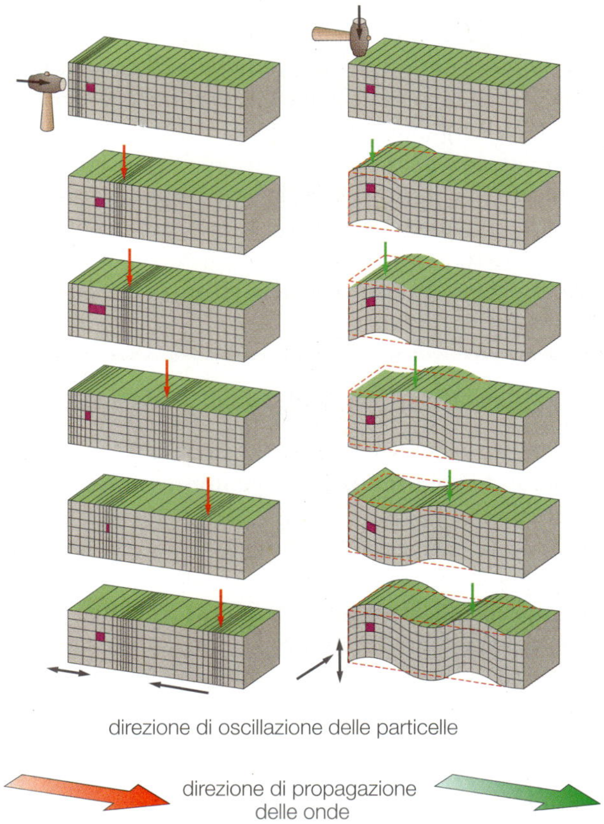

....

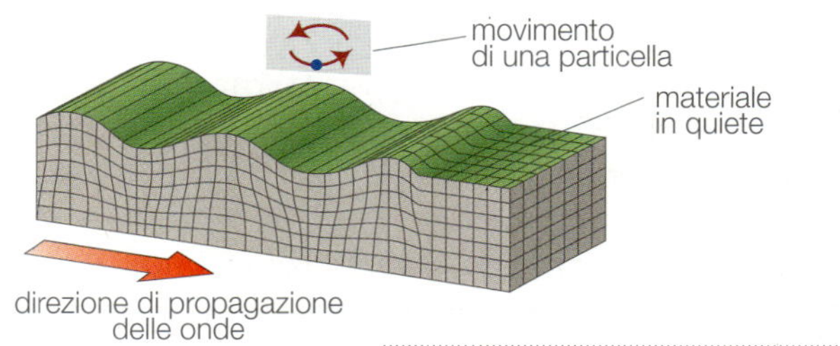

....

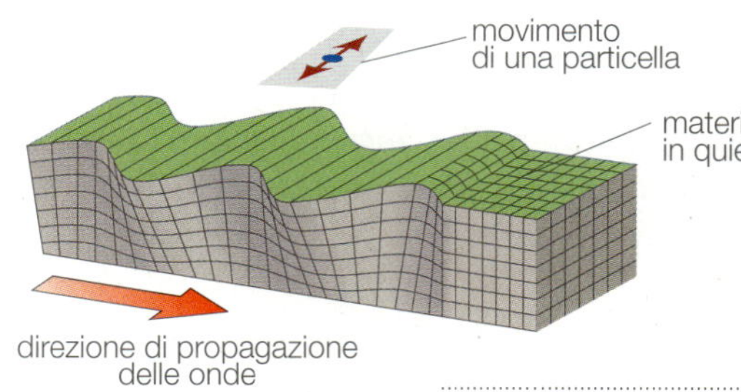

....

6. ■□□ **Le curve che indicano i tempi di propagazione delle onde sismiche in funzione della distanza dall'epicentro prendono il nome di**

A dromocrone.
B fronti d'onda.
C sismogrammi.
D isosisme.

7. Vero o falso?
Durante un terremoto, i danni agli edifici sono provocati soprattutto dai movimenti verticali del terreno.

8. Scegli le alternative corrette.
I terremoti vulcanici si chiamano **scosse/tremori** e sono dovuti **alle eruzioni/agli spostamenti** di magma; per questo in genere sono meno forti dei terremoti tettonici.

9. Completa.
Le onde .... sono più veloci delle onde S; le onde S sono più veloci delle onde ....

10. Scegli l'alternativa corretta.
Più forte è un terremoto, **maggiore/minore** sarà l'ampiezza massima delle onde sismiche.

11. Gli epicentri dei terremoti sulla superficie terrestre
A sono distribuiti lungo fasce geografiche ben determinate.
B sono distribuiti uniformemente.
C seguono le linee dei continenti.
D mostrano una distribuzione casuale.

12. Scegli l'alternativa corretta.
Un'onda sismica che passa da rocce in cui si muove con una certa velocità a rocce in cui si muove più velocemente **cambia/non cambia** la direzione di propagazione.

13. La sismica artificiale
A è utilizzata per la ricerca di idrocarburi.
B si basa su terremoti naturali.
C sfrutta l'ampiezza delle onde sismiche.
D dà una visione approssimativa del sottosuolo.

14. La profondità massima dell'ipocentro di un sisma può raggiungere circa i
A 7 km.
B 70 km.
C 700 km.
D 7000 km.

15. Le onde di tipo L
A sono onde di volume longitudinali.
B sono le più veloci e si trasmettono in ogni mezzo.
C sono ampie e lente e producono ingenti danni.
D provocano una compressione del terreno e quindi sono le più dannose.

16. Vero o falso?
Terremoti con lo stesso grado della scala MCS che avvengono in zone diverse provocano gli stessi danni.
Motiva la risposta.

....

....

17. Completa.
La sismicità della Cintura di fuoco è associata alle .... Quella rilevata sul fondo degli oceani corrisponde invece alle ....

18. Il grafico seguente mostra l'andamento con la profondità della velocità delle onde P e delle onde S all'interno della Terra.

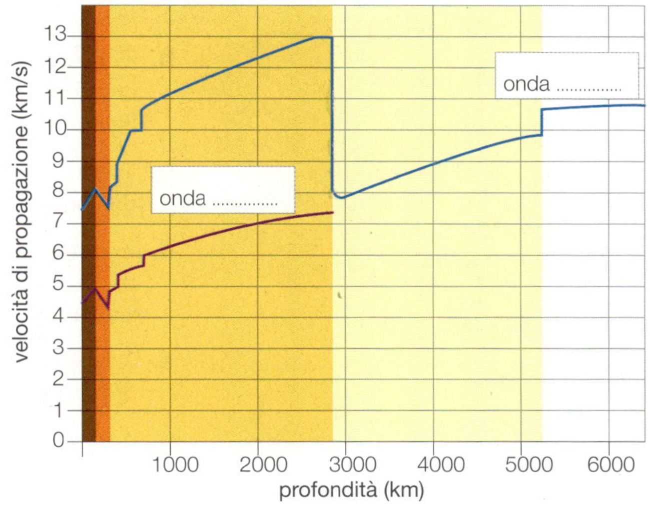

Distingui quale curva è riferita alle onde P e quale alle onde S, motivando la risposta.

Quale strato viene attraversato dalle onde tra i 2900 e i 5170 km di profondità? ....

Che effetto ha sulle onde P ed S? ....

....

....

19. Scegli l'alternativa corretta.
L'intensità/la magnitudo di un sisma viene stabilita in base alla valutazione degli effetti prodotti dal terremoto su persone, manufatti e terreno. Questi sono chiamati dati **macrosismici/microsismici** di un terremoto e si riferiscono all'area in cui il sisma è stato percepito. A ogni località in quest'area viene assegnato un grado di intensità: all'area epicentrale viene assegnato il grado di intensità **massimo/minimo**. Le linee di confine tra zone con differenti intensità vengono chiamante **dromocrone/isosisme**.

20. Completa.
Durante un maremoto al diminuire della .... del mare diminuisce la .... dell'onda e ne cresce ....

21. Se nel sismogramma registrato a 100 km dall'epicentro di un sisma le oscillazioni hanno ampiezza massima 0,01 mm, la magnitudo del sisma è
A 1.
B 2.
C 10.
D 100.

CLIL: Earth Science Highlights

Glossary

Match each word or expression with its definition.

1. ☐ Body wave
2. ☐ Earthquake intensity
3. ☐ Earthquake magnitude
4. ☐ Elastic rebound
5. ☐ Epicentre
6. ☐ Hypocentre
7. ☐ Inner core
8. ☐ Isoseismal line
9. ☐ Love waves
10. ☐ Mantle
11. ☐ Outer core
12. ☐ P-wave
13. ☐ Seaquake
14. ☐ Seismic hazard
15. ☐ Seismic belt
16. ☐ Seismic discontinuity
17. ☐ Seismograph
18. ☐ Site effect
19. ☐ S-waves
20. ☐ Volcanic tremor

a. An isoseismal line is a contour line on a map indicating points of equal intensity for a particular earthquake.

b. The layer of the Earth extending from the core-mantle boundary to the inner core, at a depth of 2,900 to 5,170 km, composed of molten iron and nickel and small amounts of lighter elements, such as oxygen and sulphur.

c. The intensity of shaking and ground disruption by an earthquake that can be expected in the long-term at some specified location.

d. A measure of the effects of an earthquake at a particular site. Intensity depends not only on the earthquake magnitude, but also on the distance from the earthquake to the epicentre and on the local geology.

e. A type of surface wave with horizontal motion that is shear or transverse to the direction of propagation.

f. A surface at which the velocity of seismic waves abruptly changes; a boundary between seismic layers of the Earth.

g. A seismic body wave propagated by a shearing motion that involves oscillation perpendicular to the direction of propagation. It does not travel through liquid.

h. The point along a fault at which slipping initiates an earthquake.

i. An earthquake that occurs beneath the ocean.

j. The region that forms the main bulk of the Earth, between the crust and the core, containing rocks of intermediate density, mostly compounds of oxygen with magnesium, iron and silicon.

k. A seismic wave that moves through the interior of the Earth, as opposed to surface waves that travel near the Earth's surface. P and S waves are body waves.

l. Narrow geographic zone on the Earth's surface, where most earthquake activity occurs.

m. The central part of the Earth below a depth of 5,170 km, consisting of a solid sphere, composed of iron and nickel, suspended within the liquid outer core.

n. A measure of the strength of an earthquake, or the strain energy released by it, determined by seismographic observations.

o. An instrument that records the seismic waves generated by earthquakes.

p. Modification of seismic wave effects by local geological conditions.

q. A mechanism of faulting and earthquake generation. As the crustal blocks on either side of a fault are deformed by tectonic forces, they remain locked in place by friction, accumulating elastic strain energy, until they fracture and rebound to their undeformed state.

r. A continuous or semi-continuous ground vibration produced by magma degassing, underground boiling and ascending through the crust and the central vent.

s. The geographic point on the Earth's surface directly above the hypocentre of an earthquake.

t. The fastest of the seismic waves that involves particle motion (alternating compression and expansion) in the direction of propagation.

Summing-up

Complete the following text with the right words from the Glossary.

The study of earthquakes

■ When tectonic stresses responsible for the elastic deformation of rocky blocks are greater than the strength of the rock, rocks break up and a new fault originates or an old one is reactivated.
An earthquake occurs when rocks deformed along a fault plain abruptly return to equilibrium through the mechanism of ………………, characterised by violent oscillations.
This perturbation starts from the ……………… and propagates in the surrounding areas as spherical waves. The area on the surface located vertically above the hypocentre is called the ……………… of the earthquake. This sequence of events constitutes the seismic cycle, which can repeat systematically in a given region.

■ ……………… are places where epicentres can group together and may be:

- oceanic ridges, where shallow earthquakes occur;
- deep-sea trenches, where shallow to deep-focus earthquakes happen along the Benioff-Wadati zone;
- recently uplifted chains, where shallow to intermediate earthquakes take place.

■ Seismicity can also derive from volcanic activity: ……………… is caused by the magma's ascent through the crust and the central vent.

Seismic wave propagation and recording seismic waves

■ An earthquake generates three types of elastic waves:

- P-waves: longitudinal waves (or compressional waves); these are the fastest;
- S-waves: transverse waves (or shear waves) – they are slower than P-waves and do not propagate in fluids;
- surface waves: Rayleigh waves (R) and Love waves (L). They are generated when the ……………… (i.e. P and S waves) reach the surface of the Earth. They travel on the surface with high amplitude, but rapidly mitigate with depth.

■ Movements of the ground during an earthquake are recorded by seismographs and shown on seismograms.
It is possible to locate the epicentre of an earthquake based on the time interval between the arrival of P-waves and S-waves, recorded by at least three different stations.

■ The paths of seismic waves through the Earth's interior allow us to reconstruct the planet's internal structure.
The Earth is made of concentric layers, separated by internal boundaries called ……………… . Wave velocity and direction change abruptly when they cross them.

■ Moving from the Earth's surface downward there are:

- the crust (up to a depth of about 35-70 kilometres)
- the ……………… (up to a depth of about 2,900 kilometres)
- the core: divided into a liquid ……………… (extending from 2,900 km down to 5,170 km) and a solid ……………… (from the depth of 5,170 km to the centre of the Earth).

■ The arrival of seismic waves onto the surface causes a complex oscillation of the ground that is transmitted to the objects aboveground. Most damage to buildings derives mainly from horizontal ground motions, and depend on the duration of the oscillation, the type of building and the geological characteristics of the ground they stand on.

■ Different terrains react in different ways when the seismic waves cross them, giving rise to ……………… that sometimes enhance the earthquake's effect disastrously.

■ If an earthquake occurs on the sea bottom, coastal areas can experience the effects of ……………… (or tsunamis).

Measuring the size of an earthquake

■ ……………… is the evaluation of the effects produced by a seismic event on people, objects and land. The scale used in Europe and America to evaluate the intensity of seismic events is the MCS scale (Mercalli-Càncani-Sieberg), which is divided into 12 degrees.

■ In cartographic representations, ……………… are the lines that identify the boundaries of the bands in which earthquakes occur with equal intensity.

■ ……………… measures the strength of an earthquake, compared to a standard earthquake for reference. It is calculated starting from the maximum amplitude of the waves recorded by seismograph (Richter scale, which is a logarithmic scale).

■ At present, different scales are used to measure magnitude: mb for body waves; MS for surface waves; and MW for moment magnitude, which measures the energy released by the earthquake.

■ Peak ground acceleration (PGA) is a crucial parameter in the evaluation of earthquakes; it is expressed in fractions of g (gravity acceleration).

Earthquakes and Man

■ The approaches used to predict earthquakes are:

- deterministic prediction, based on the analysis of precursors that are thought to precede the earthquake;
- probabilistic prediction, based on the identification of areas of high ……………… through the analysis of seismic catalogues.

■ Seismic risk prevention is of primary importance in all areas of high risk, such as Italy. It implies building earthquake-resistant structures, educating people about earthquakes and a detailed analysis of the land to allow seismic microzonation, which is necessary to adequately prevent the effects of the earthquake.

Now listen and check your answer.

Video «Seismic waves through different materials»

Watch the video and answer the questions.

1. What happens when a seismic wave crosses materials with different characteristics?
2. How would the velocity of P-waves and S-waves change if the Earth's interior were made of homogeneous materials?
3. What does the different velocity of seismic waves tell us about the Earth's interior?
4. What is the difference in S-wave and P-wave behaviour when they reach the depth of 2,900 km?

QUESITI
per l'applicazione delle conoscenze

1. Leggere un grafico
Il sismogramma

Per ricavare il valore della magnitudo di un terremoto si possono utilizzare diagrammi come quello qui accanto. Vediamo come si procede.

1. Si calcola il ritardo delle onde S rispetto alle onde P e si riporta il valore nella scala A che permette di conoscere, in base a esso, la distanza dall'epicentro.
2. Si misura nel sismogramma l'ampiezza massima delle oscillazioni e si riporta il valore nella scala C.
3. Si congiungono i punti individuati nella scala che indica la distanza dall'epicentro e nella scala che indica l'ampiezza massima delle oscillazioni.
4. Il segmento tracciato intercetta la scala B in un punto che indica la magnitudo del terremoto.

■ Calcola la magnitudo del terremoto a cui si riferisce il sismogramma della figura.

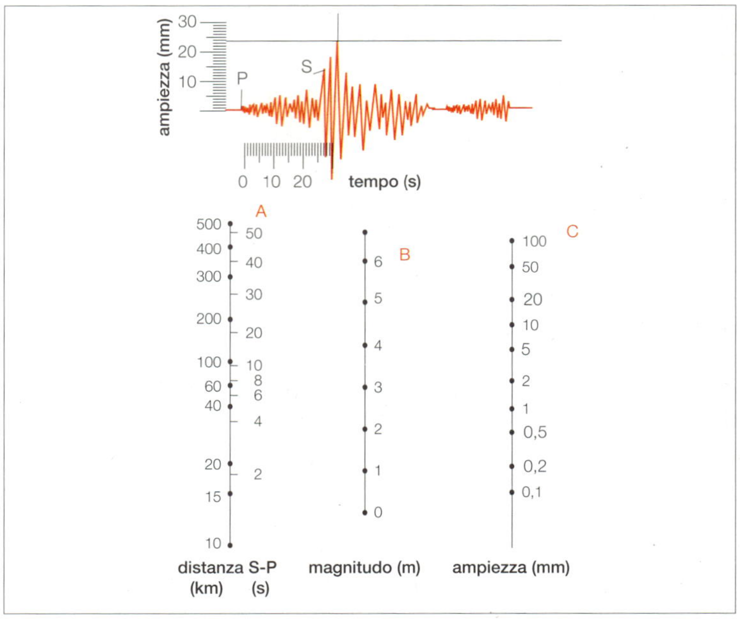

2. Leggere una carta sismica
Le isosisme

Osserva la carta delle isosisme del terremoto di Frascati (Roma) del 10 aprile 1911. I punti con a fianco un numero romano (in nero) indicano le località in cui è stato possibile valutare l'intensità (secondo la scala MCS) con cui il terremoto è stato avvertito; i triangoli si riferiscono a località in cui il sisma non è stato percepito.

Rispondi alle domande.

■ Dove si trovava l'epicentro?
■ Quale intensità ha avuto il terremoto nell'epicentro?
■ In quali direzioni si è propagato più efficacemente il terremoto?
■ Che cosa si può dedurre a proposito delle strutture geologiche del sottosuolo in queste aree?

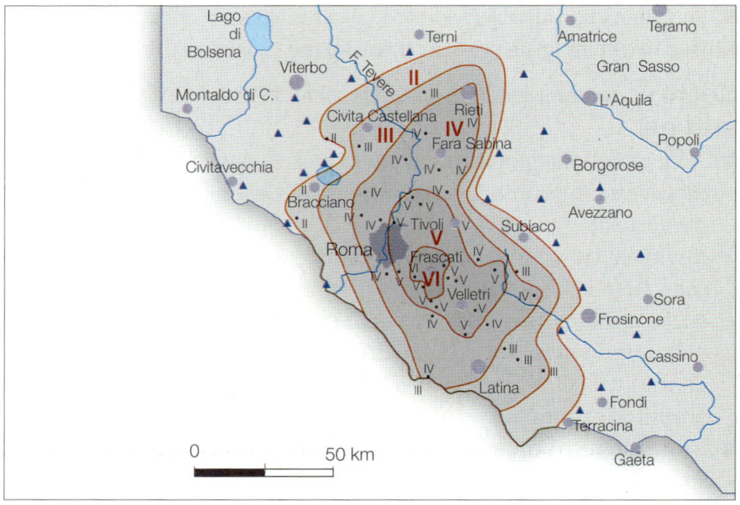

3. Ricercare ed esporre informazioni
Il terremoto de L'Aquila

Il 6 aprile 2009 un terremoto ha colpito la città de L'Aquila e parte della sua provincia.

■ Ricerca informazioni su questo evento sismico, scegliendo fonti che ti sembrano scientificamente valide.
■ Prepara una presentazione di 5 slide, utilizzando, dove possibile, carte e fotografie.
■ Per organizzare la tua ricerca puoi partire dalle seguenti domande:
– Dove sono stati localizzati l'epicentro e l'ipocentro?
– Quali sono state la magnitudo e l'intensità?
– Qual è stata la causa del sisma?
– Quali sono stati i paesi e le città più colpite?
– Quali sono stati i danni rilevati?
– La zona era sufficientemente preparata a difendersi da eventuali fenomeni sismici?

4. Prepararsi alle emergenze
Come comportarsi in caso di terremoto

Leggi il promemoria delle norme di comportamento in caso di terremoto, che si trova nel retro della copertina.
Osserva gli ambienti in cui vivi (l'aula della tua classe, la tua camera a casa...) e pensa a come dovresti comportarti in caso di terremoto.

■ Quali sarebbero i maggiori pericoli?
■ Che cosa potrebbe fornirti un riparo e metterti in sicurezza?

5 La Tettonica delle placche: un modello globale

Nei rilievi del Parco nazionale del Paine, in Patagonia, le cime di colore scuro sono formate da rocce di origine marina che ricoprono un ammasso di granito, nel quale sono state intagliate dall'erosione glaciale le pareti rocciose chiare. Quello che osserviamo è il risultato di un'intrusione di magma all'interno di rocce accumulatesi sul fondo di un antico mare. In seguito quel settore di crosta è stato sollevato e profondamente eroso: oggi le torri del Paine sono la testimonianza di un «momento» della lunga evoluzione delle Ande, la più antica «fabbrica di montagne» del mondo. (Shutterstock)

Test d'ingresso

A. Le eruzioni vulcaniche possono essere *effusive*, *esplosive* o *miste*.
Scegli l'alternativa corretta.
Il vulcanismo associato alle dorsali è di tipo **esplosivo/effusivo**, quello associato ai vulcani posti lungo gli archi insulari o lungo i margini continentali è di tipo **esplosivo/effusivo**.

B. L'analisi delle onde sismiche ha permesso di fare delle ipotesi sulla struttura interna della Terra.
La Terra è suddivisa in tre grandi involucri concentrici separati da superfici di discontinuità.
La superficie di Mohorovičić separa

- A il mantello dal nucleo esterno.
- B il nucleo esterno dal nucleo interno.
- C la crosta dal mantello.
- D la crosta oceanica dalla crosta continentale.

C. I terremoti non sono distribuiti uniformemente sulla superficie terrestre ma si concentrano in certe fasce.
I terremoti che avvengono lungo le fosse abissali sono caratterizzati da

- A ipocentri superficiali e bassa magnitudo.
- B ipocentri profondi e bassa magnitudo.
- C ipocentri da superficiali a profondi e bassa magnitudo.
- D ipocentri da superficiali a profondi e alta magnitudo.

D. La distinzione tra i vari tipi di magma si basa sul loro contenuto in silice.
Completa.
Le rocce che derivano da magmi ultrabasici (rocce ultrabasiche o *ultrafemiche*) hanno un .... contenuto di silice.

1 La dinamica interna della Terra

Il nostro viaggio di studio intorno alla Terra, per cercare di capire la natura del pianeta e i processi che ne sono all'origine, giunge, con questo capitolo, a una prima conclusione.

Siamo partiti dall'esame dei materiali della crosta terrestre e abbiamo ricostruito il *ciclo litogenetico*, attraverso il quale minerali e rocce si trasformano e si rinnovano continuamente da miliardi di anni. Siamo passati poi allo studio della giacitura delle rocce e siamo giunti al concetto di *ciclo geologico* (o *ciclo di Hutton*), che scandisce l'evoluzione della crosta terrestre attraverso lunghe fasi di formazione di rocce, deformazione ed erosione, che si ripetono nel tempo in una prospettiva apparentemente senza fine, mentre *vulcanismo* e *sismicità* segnano la continua attività del pianeta.

Queste trasformazioni, testimoniate per tempi lunghissimi, sono il segno di una **dinamica interna** attiva, cioè di «movimenti» che avvengono in profondità a spese dell'energia del pianeta e di cui le strutture della crosta sono il riflesso visibile in superficie.

La scoperta di una dinamica interna che da tempo interessa il nostro pianeta ci ha spinto a cercare testimonianze attuali di tali attività: tra i «segni» più vistosi abbiamo scelto il vulcanismo e la sismicità, di cui abbiamo parlato nei due capitoli precedenti.

Lo studio del *vulcanismo* ha mostrato il continuo trasferimento di materiale caldissimo dall'interno della Terra in superficie, con la formazione di nuove rocce e la liberazione di fluidi che vanno ad alimentare l'idrosfera e l'atmosfera.

La *sismicità* sottolinea invece la posizione di fasce di crosta «irrequiete».

Sia i vulcani sia i terremoti mostrano, con la loro presenza e la distribuzione geografica e con i diversi modi di manifestarsi, di essere il risultato di qualche meccanismo «globale», capace di «far muovere» l'intera parte più esterna del nostro pianeta, provocando litogenesi, vulcanismo, sismicità e imponenti deformazioni [Figura 1].

Numerosi erano stati i tentativi, già nell'Ottocento, di trovare spiegazioni e collegamenti tra i vari fenomeni, ma fu solo nella seconda metà del

Figura 1
Il Mare Egeo: catene di isole sparse in acque poco profonde tra la Grecia e l'Anatolia, mentre verso Sud, al di là dell'avamposto isolato di Creta, si passa al mare aperto della profonda fossa ellenica.
Cosa «nasconde» quello splendido angolo del nostro pianeta? Al suo interno, infatti, è attivo un arco di vulcani (di cui fa parte l'isola di Santorini) e tutta l'area è fortemente sismica. In realtà è un settore di grande attività. Da milioni di anni l'Africa si sta muovendo lentamente verso Nord e il fondo del mare che bagna le sue coste sta scendendo all'interno del pianeta lungo la fossa ellenica, provocando terremoti e alimentando l'arco vulcanico. La parte di crosta terrestre sopra la massa di materiale che sprofonda ha ceduto e si è formata la depressione del Mar Egeo, dal quale emergono come isole le sommità di antiche catene montuose. Gli splendidi paesaggi marini, testimoni di grandi civiltà, sono il risultato di movimenti interni del pianeta. (NASA)

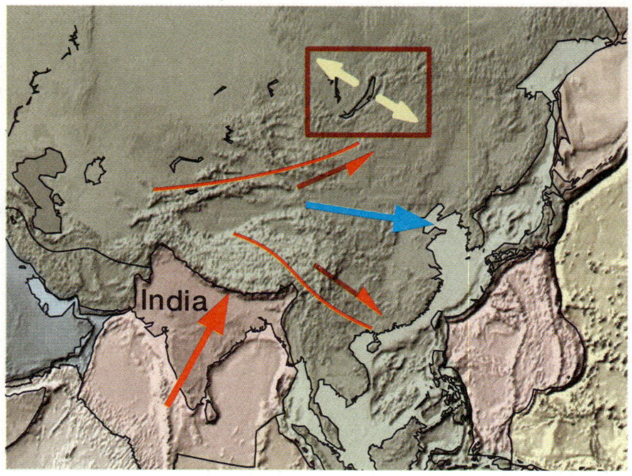

Figura 2
Il Lago Baikal, il più profondo del mondo, riempie una profonda «fossa tettonica» (graben) lungo una spaccatura della crosta terrestre.
Lo schema a lato (nel quale il riquadro rosso indica l'area dell'immagine) ricostruisce l'origine di quella fossa. L'India, premendo contro la gigantesca area euroasiatica (freccia rossa), costringe il settore Cina-Mongolia a muoversi verso est (freccia blu), lungo faglie che operano da «binari» (linee rosse). Come conseguenza il settore in movimento si stacca dal resto dell'Asia (frecce gialle) formando lunghissimi *graben*, come quello del Baikal. (NASA)

Novecento che si cominciò a intravedere una teoria valida per l'intero pianeta. Negli anni Sessanta del XX secolo la Geologia stava vivendo un «momento magico». I rapidi progressi nelle tecniche per raccogliere informazioni sul nostro pianeta, sia con analisi di laboratorio, sia operando sul terreno, avevano fornito, nei 15 anni dopo la Seconda guerra mondiale, numerosi nuovi dati a sostegno di idee e ipotesi che da tempo si agitavano tra gli studiosi delle Scienze della Terra. Alcune splendide intuizioni, troppo in anticipo sui loro tempi quando erano state espresse, trovarono finalmente conferma e questo consentì ai ricercatori di spingersi oltre, in un succedersi di scoperte che fecero parlare di una «riscoperta della Terra».

Nel giro di un decennio quella riscoperta si concretizzò in una teoria globale, nota come «Tettonica delle placche»: la formazione delle rocce, il sollevarsi di catene montuose, il vibrare sismico dell'intero pianeta, l'incessante affluire in superficie di magmi incandescenti, il modificarsi di forma dei continenti [Figura 2] e degli oceani (con la scoperta di eventi ciclici più ampi di quelli noti, il *ciclo del supercontinente* o *di Wilson*) trovarono nella nuova teoria un'interpretazione unificante, un modello che descrive il nostro pianeta come un insieme di sistemi tra loro interdipendenti, legati da processi chimici, fisici e biologici attivi da miliardi di anni. In pochi decenni la nuova teoria, attraverso continue verifiche ed elaborazioni, ha raggiunto una notevole maturità, aprendo nuove vie alla conoscenza del nostro pianeta.

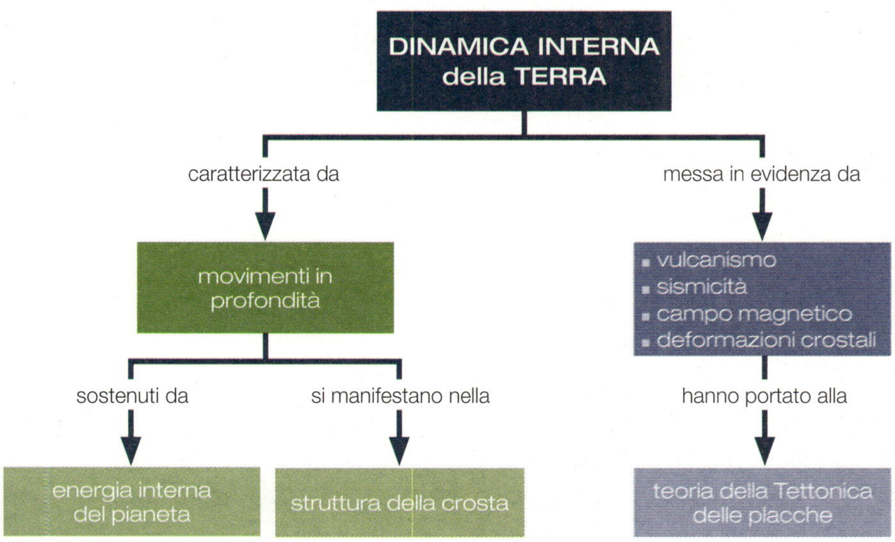

QUESITI

1. Quali sono i fenomeni che segnalano la presenza di un'attività interna del nostro pianeta?
   - A Perturbazioni atmosferiche, buco dell'ozonosfera ed effetto serra.
   - B Eruzioni vulcaniche, uragani e terremoti.
   - C Vulcanismo, sismicità e deformazioni crostali.
   - D Erosione, deposito e sedimentazione.
2. La teoria della Tettonica delle placche è stata introdotta
   - A nell'antichità.
   - B nell'800.
   - C dopo la Prima guerra mondiale.
   - D negli anni '70 del '900.

2 Alla ricerca di un «modello»

Abbiamo visto che la crosta terrestre è il prodotto di una lunga evoluzione attraverso continue trasformazioni, che coinvolgono giganteschi volumi di rocce nel *ciclo litogenetico*, e che si susseguono nel tempo secondo *cicli geologici* (vedi capitoli 1 e 2). Abbiamo osservato, inoltre (vedi capitoli 3 e 4), che la distribuzione geografica dei vulcani e degli eventi sismici – manifestazioni in superficie di processi attivi all'interno del pianeta – caratterizza settori ben definiti, per cui la parte esterna della Terra appare percorsa da una rete di fasce «attive», che delimitano aree più «tranquille». L'esame dei fenomeni sismici, infine, ci ha consentito di spingere le osservazioni fino al centro della Terra e di mettere in luce, nel nostro pianeta, una struttura globale fatta di «gusci» concentrici di materiali diversi.

La grande massa di dati e osservazioni che sta dietro alle conclusioni ora sintetizzate ha portato all'elaborazione di un «modello globale» dell'attività del pianeta, noto come *Tettonica delle placche*, che sembra spiegare il significato dei cicli geologici e l'origine dell'energia che li «tiene in moto». Cominciamo dal modello complessivo che descrive la struttura interna della Terra.

Figura 3
I principali involucri concentrici nella struttura interna della Terra. Sono evidenziati i relativi spessori.

3

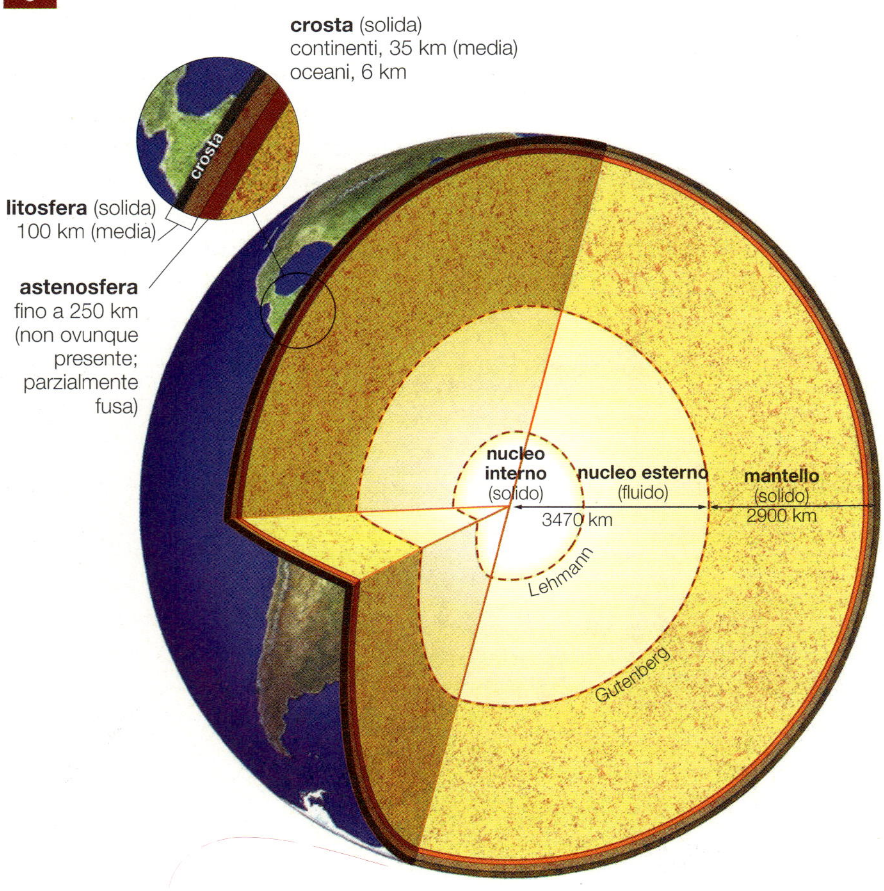

2.1 La struttura interna della Terra

L'esatta misura delle dimensioni del nostro pianeta ha permesso di calcolarne il *volume* (V), che è pari a $1{,}083 \times 10^{21}$ m^3. Le leggi della Fisica sull'attrazione gravitazionale tra i corpi hanno permesso a loro volta di determinare la massa della Terra (M), che è di $5{,}976 \times 10^{24}$ kg. Dal rapporto tra massa e volume si ricava immediatamente la **densità media** della Terra:

$$D = \frac{M}{V} = 5{,}52\ \text{g/cm}^3$$

(oppure, $D = 5520$ kg/m^3 nel *Sistema Internazionale*). Il risultato di questo calcolo consente di arrivare a una prima conclusione sull'interno della Terra. Poiché le rocce che costituiscono la crosta hanno densità media tra 2,7 e 3 g/cm^3, l'interno del pianeta deve essere formato da materiali a densità molto elevata per raggiungere il valore medio calcolato. È, questo, solo un esempio delle numerose analisi indirette che hanno consentito di raccogliere dati sull'interno del nostro pianeta.

Per tale via, soprattutto attraverso lo studio dei terremoti, si è giunti a riconoscere che il nostro pianeta presenta una struttura a involucri concentrici di diversa natura e spessore [Figura 3].

Si riconoscono:

- una sottile *crosta*, relativamente leggera, che ricopre lo strato sottostante;
- uno spesso *mantello* roccioso, composto di silicati di ferro e magnesio e più denso della crosta, che avvolge a sua volta il guscio più interno;
- un grosso *nucleo* (distinto in *nucleo interno* e *nucleo esterno*), metallico, molto denso.

Vediamo ora in maggiore dettaglio le caratteristiche di questi tre involucri.

■ **Discontinuità sismica** (**Seismic discontinuity**) Superficie che separa due materiali diversi per le caratteristiche fisiche che influenzano la propagazione delle onde elastiche: densità, resistenza alla compressione e allo sforzo di taglio. Le onde sismiche, raggiungendo una superficie di questo tipo, subiscono una brusca variazione di velocità (aumento o diminuzione), cui corrisponde un brusco cambiamento di direzione della loro traiettoria. Se la superficie di discontinuità segna il passaggio a materiale liquido (come il magma), le onde di taglio smettono di propagarsi, mentre quelle di compressione proseguono, ma molto più lentamente.

■ **Kilobar (kbar)** (**Kilobar**) Un *kilobar* equivale a 1000 *bar* e corrisponde a circa 1000 volte la pressione atmosferica (1 bar = 10^5 pascal).

■ **Rigidezza** (**Brittleness**) La *rigidezza* è l'attitudine di materiali solidi a resistere a sollecitazioni esterne (compressione, torsione) con minime deformazioni, fino eventualmente a rompersi bruscamente. Per le rocce rigide (come il granito) si parla di *comportamento fragile*.

■ **Plasticità** (**Ductility**) La *plasticità* è l'attitudine di materiali solidi a subire deformazioni permanenti se sottoposti a sollecitazioni esterne. Quando ci si riferisce a sostanze che si possono allungare o ridurre in fili sottili senza rompersi (come molti metalli) si parla più precisamente di *duttilità*; per le rocce che reagiscono in modo plastico si dice *comportamento duttile*.

■ **Olivina** (**Olivine**) *Silicato* di ferro e magnesio, il cui reticolo cristallino è formato da tetraedri di silicio isolati. La densità dell'olivina ricca in magnesio (come dovrebbe essere quella del mantello) è di 3,2 g/cm³.

2.2 La crosta

La **crosta** è la parte più esterna del pianeta: un involucro rigido e sottile, il cui spessore varia da una media di 35 km sotto i continenti (ma con massimi di 60-70 km in corrispondenza delle grandi catene montuose) a una media di 6 km sotto i fondi oceanici. La natura complessiva della crosta è ben nota dallo studio degli affioramenti, che comprendono non solo materiali che si sono formati in superficie (come le rocce sedimentarie e quelle effusive), ma anche vaste porzioni di materiali formatisi a varie profondità nella crosta (come le rocce metamorfiche e quelle intrusive) e trasportati poi verso l'alto dai movimenti che caratterizzano il *ciclo geologico*, fino ad affiorare. La sua composizione è molto eterogenea, tanto che la densità crostale media varia da 2,7 g/cm³ per le rocce granitoidi (rocce magmatiche ricche di silice, come i graniti) tipiche dei continenti, a circa 3 g/cm³ per le rocce basiche (rocce magmatiche povere di silice e ricche di ferro, magnesio e calcio, come i basalti) che costituiscono i vasti fondi oceanici, al di sotto della modesta copertura di sedimenti marini. Queste differenze sono di fondamentale importanza, tanto che, come vedremo nel paragrafo 5, si distinguono una *crosta continentale* e una *crosta oceanica*.

La base della crosta è indicata da una brusca discontinuità sismica, la *superficie di Mohorovičić* o *Moho*.

2.3 Il mantello

Il **mantello** rappresenta l'82% in volume della Terra e si estende dalla Moho fino a circa 2900 km di profondità, dove è presente la *discontinuità sismica di Gutenberg*. La pressione aumenta, con la profondità, da 9 a circa 1400 kilobar e la densità dei materiali sale da 3,3 a 5,6 g/cm³.

Le rocce del mantello presentano nel complesso notevole *rigidezza*. I dati sismici, però, hanno messo in evidenza che in una fascia tra 70 e 250 km di profondità il materiale presente appare meno rigido: è stata, così, identificata l'**astenosfera** (sfera «debole»), interpretata come una zona in cui le rocce del mantello sono parzialmente fuse (forse per non più del 10%). Si tratta di una zona a maggiore *plasticità*, la cui presenza nel mantello è continua sotto le aree oceaniche, mentre sotto quelle continentali è incerta, o, forse, spostata più in profondità.

L'involucro formato dall'insieme della crosta e del mantello fino all'astenosfera viene definito **litosfera** (rivedi figura 3), per sottolinearne il comportamento complessivamente più rigido (cioè più «resistente» agli sforzi) nei confronti della sottostante astenosfera. Come vedremo, è questa la parte della Terra che, con i suoi movimenti, provoca profonde trasformazioni nella superficie del pianeta.

Dati diretti sulla composizione del mantello si ricavano solo in poche aree della superficie terrestre, nelle quali i giganteschi movimenti della litosfera hanno portato ad affiorare lembi di mantello superiore. Per risalire alla composizione media dei materiali del mantello si è dovuto ricorrere, perciò, a metodi di indagine indiretti, per esempio mettendo a confronto le velocità di propagazione entro il mantello di onde meccaniche (ricavate dall'analisi di onde sismiche generate dai terremoti) con le analoghe velocità determinate in laboratorio per tutta una serie di rocce. Si ricordi che la velocità delle onde sismiche dipende, tra l'altro, dalle caratteristiche meccaniche del mezzo attraversato. Il confronto [Figura 4] suggerisce che i materiali il cui comportamento più si avvicina a quello del mantello superiore sono le **peridotiti**, rocce ultrabasiche formate quasi esclusivamente da olivina e pirosseni (entrambi silicati di ferro e magnesio).

4

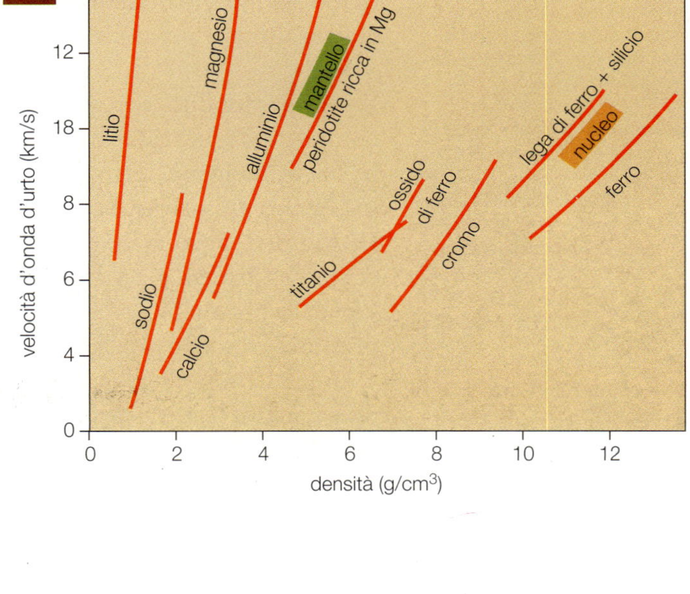

Figura 4
Curve che rappresentano la velocità di propagazione di onde meccaniche (come sono quelle sismiche) in alcuni tipi di materiali. Le velocità sono state determinate in laboratorio per diversi valori della pressione (in funzione della quale varia la densità dei singoli materiali). Le due aree in colore verde e arancio rappresentano il comportamento dei materiali del mantello e del nucleo, dedotto da analisi sismiche. Come si può osservare, nei confronti della caratteristica qui esaminata, la *peridotite* mostra proprietà molto simili a quelle del mantello e conclusioni analoghe si possono ricavare per una lega metallica (ferro-nichel)+silicio nei confronti del nucleo.

Figura 5
Esempio di xenolite proveniente dalla parte alta del mantello: un nodulo di peridotite (verde chiaro) avvolto da una crosta nera di basalto. Il nodulo è un frammento di roccia trascinato in superficie da lave che si originano, per fusione parziale, nel mantello superiore, della cui natura rappresentano una testimonianza diretta, anche se parziale. L'esemplare qui fotografato proviene dalle Isole Canarie ed è largo una decina di cm. (L. Spinozzi, Dipart. Scienze della Terra, Università «Sapienza» di Roma)

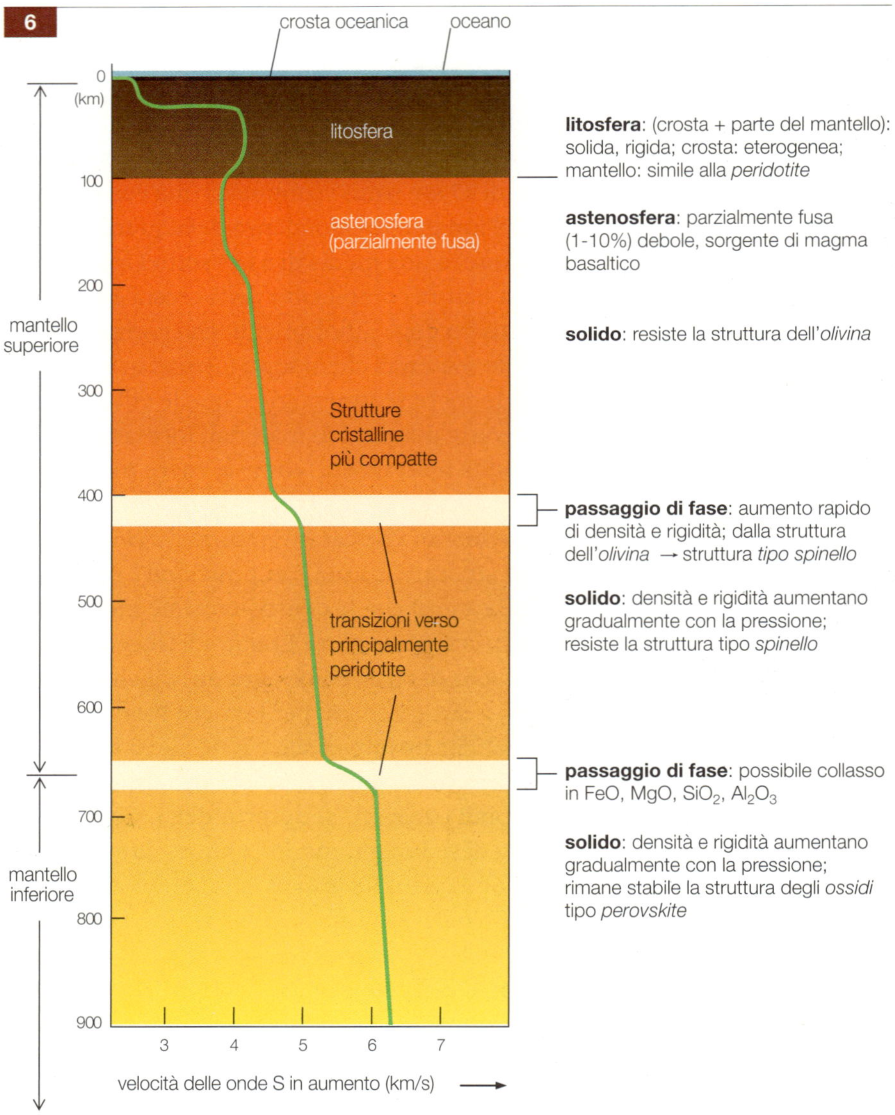

Figura 6
Modello attuale della struttura e composizione dei 900 km più esterni della Terra. L'intervallo esaminato comprende la crosta oceanica, il mantello superiore e parte del mantello inferiore. Si osservi che la crosta terrestre e la parte più alta del mantello vengono riunite insieme con la denominazione di litosfera.

Un dato interessante è che le lave di certi vulcani che si originano al di sotto della crosta, quindi nelle parti più alte del mantello, sono di natura basaltica e contengono frammenti solidi di rocce (detti *xenoliti*) strappati dalle pareti più profonde del condotto vulcanico durante la loro risalita: tali frammenti sono di natura *peridotitica* [Figura 5]. Anche le rocce dei frammenti della parte più alta del mantello, ritrovati all'interno di alcune catene montuose, sono essenzialmente peridotiti.

Più in profondità, il resto del mantello sembra composto dagli stessi elementi (in netta prevalenza silicio, ossigeno, ferro, magnesio), che però, come hanno dimostrato specialisti di Mineralogia e Petrografia, devono essere organizzati in reticoli cristallini diversi, via via più adatti, con l'aumentare della profondità, a resistere alle temperature e pressioni crescenti [Figura 6].

In prossimità di circa 400 kilometri di profondità, l'analisi sismica rivela un improvviso aumento della velocità delle onde S. Ebbene, comportamento analogo mostra l'olivina in laboratorio, quando venga portata a temperature e pressioni corrispondenti a quelle presenti nel mantello a circa 400 km di profondità: le analisi mostrano che la composizione chimica del minerale non cambia, ma la sua struttura cristallina «collassa», si fa più compatta («passaggio di fase») e diviene simile a quella del minerale *spinello* (che in realtà è un ossido).

Alla profondità di circa 700 km si osserva un altro rapido aumento della velocità delle onde S; esperimenti di laboratorio confermano che, in quelle condizioni di pressione e temperatura, la struttura compatta dell'olivina collassa ulteriormente e si trasforma in vari ossidi, come FeO, Al_2O_3, MgO e SiO_2, acquistando una struttura cristallina ancora più compatta, simile a quella di un altro ossido, il minerale *perovskite*.

A profondità maggiori la velocità delle onde nel mantello aumenta gradualmente, senza più segni di particolari variazioni fino alla prossimità del nucleo. Questa regione relativamente profonda, con spessori di oltre 2000 km, viene indicata come **mantello inferiore**.

■ **Xenoliti (o inclusi)** (**Xenoliths**) Dal greco *xénos*, straniero, e *líthos*, pietra. Brandelli di rocce inclusi in un ammasso magmatico (intrusivo o effusivo). Vengono strappati alle rocce circostanti dal magma in risalita e rimangono «inglobati» nelle rocce che si formano con la solidificazione.

■ **Spinello** (**Spinel**) Ossido di magnesio e alluminio. Il suo reticolo cristallino è formato da una struttura molto compatta di atomi di ossigeno (anioni), mentre gli atomi di magnesio e alluminio (cationi), molto più piccoli, occupano le minuscole lacune tra gli ossigeni. La sua densità è 3,55 g/cm³.

■ **Perovskite** (**Perovskite**) Ossido di calcio e titanio. La sua struttura cristallina è così compatta che la densità di questo minerale è 4 g/cm³.

Lega (Alloy) Soluzione solida di un metallo con altri metalli, con proprietà meccaniche diverse da quelle degli elementi che la costituiscono.

2.4
Il nucleo

La discontinuità sismica di Gutenberg segna il passaggio al **nucleo** della Terra che, con un raggio di circa 3470 km (più della metà di quello dell'intero pianeta), comprende il 16% del volume della Terra. La pressione aumenta con la profondità, da 1400 kbar fino a oltre 3600 kbar; la densità, che alla base del mantello, come si ricorderà, era di 5,6 g/cm^3, aumenta bruscamente in corrispondenza della discontinuità di Gutenberg, passando a 9,7 g/cm^3, e continua ad aumentare fino a raggiungere i 13 g/cm^3 al centro della Terra.

I dati sismici indicano che il materiale della parte più esterna del nucleo (fino alla *discontinuità di Lehmann*, a 5170 km di profondità) ha le caratteristiche di un fluido, mentre poi si passa a un nucleo solido, che rimane tale fino al centro della Terra.

Sulla natura del nucleo sono state fatte nel tempo varie ipotesi, come quella formulata da Emil Wichert che, alla fine del XIX secolo, suggerì una lega di ferro-nichel, analoga a quella di un tipo di meteoriti di elevata densità (8 g/cm^3) molto comuni nel Sistema solare e interpretate come frammenti del nucleo di uno o più pianeti, probabilmente «frantumatisi» per collisione con altri corpi. Attualmente, geofisici e geochimici sono sostanzialmente concordi sulla natura di lega metallica del nucleo esterno, che sarebbe composto in gran prevalenza di ferro (con il 5% di nichel), ma con qualche elemento meno denso, come il *silicio* o, più probabilmente, l'*ossigeno* e lo *zolfo*, che possono giustificarne la densità dedotta da dati sismici, che risulta di un 10% minore di quanto dovrebbe essere per una lega di ferro-nichel allo stato fuso. La composizione esatta, però, è ancora oggetto di ricerche e dibattiti.

Il nucleo interno, invece, è una sfera solida con un raggio di 1220 km (più di due terzi del raggio della Luna); il suo stato solido è dovuto alle fortissime pressioni che prevalgono sull'effetto delle temperature molto elevate che caratterizzano, come vedremo, il centro della Terra. La sua densità è maggiore di quella del nucleo esterno e corrisponde in pratica a quella che avrebbe in quelle condizioni una lega quasi pura di ferro-nichel.

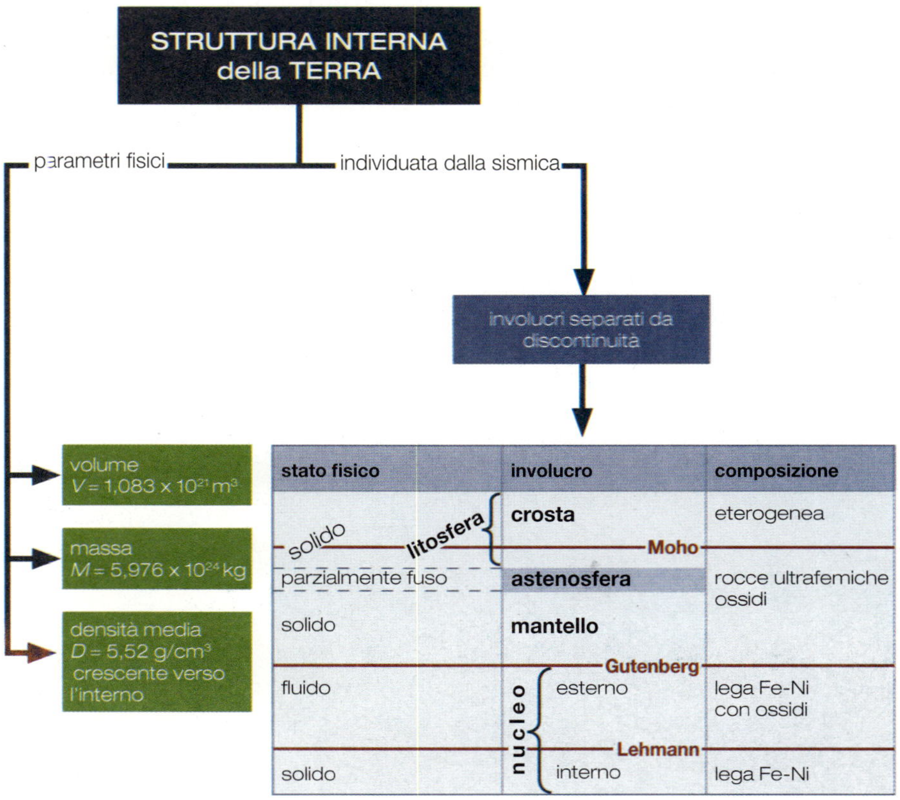

QUESITI

1. Scegli le alternative corrette.
   Lo spessore medio della crosta varia da circa **35 km/60-70 km** sotto i continenti a circa **35 km/6-7 km** sotto gli oceani.
2. Vero o falso?
   Il mantello è composto esclusivamente da rocce solide.
   Motiva la risposta.
3. La litosfera è costituita
   A dalla crosta e dallo strato più superficiale del mantello.
   B dal mantello e dallo strato più profondo della crosta.
   C dal mantello e dalla parte più esterna del nucleo.
4. Completa.
   Il nucleo interno è allo stato solido perché al suo interno prevale l'effetto della .... su quello della ....
5. Come si calcola il valore della densità media della Terra?
6. Che cosa si deduce dal confronto tra la densità media della Terra e la densità media delle rocce della crosta?
7. Quali rocce compongono il mantello?
8. Che cos'è l'astenosfera?
9. Qual è la probabile composizione del nucleo?

3 Un segno dell'energia interna della Terra: il flusso di calore

■ **Isotopi radioattivi** (**Radioactive isotopes**) Gli isotopi sono nuclei atomici di un elemento che differiscono per il numero di neutroni. Gli isotopi, eccetto quelli dell'idrogeno, hanno lo stesso nome dell'elemento cui si riferiscono, seguito dal *numero di massa* (numero dei protoni e neutroni nel nucleo); per esempio, uranio 238, il più abbondante in natura, indica l'isotopo dell'uranio con 92 protoni e 146 neutroni, mentre l'uranio 235 ha 143 neutroni. Gli isotopi di un elemento hanno lo stesso comportamento chimico. Sul totale di 92 elementi naturali, esistono circa 320 isotopi di cui 50 instabili, detti *radioattivi*. Questi elementi mutano spontaneamente («decadono») e si trasformano in isotopi di elementi diversi, liberando energia.

L'interno della Terra è molto caldo e, come conseguenza, il pianeta perde continuamente calore da tutta la sua superficie. Numerosi fatti, come l'attività dei vulcani, la fuoriuscita di acqua calda dalle sorgenti termali, o l'aumento di temperatura che si sperimenta scendendo in una miniera, ci dicono che l'interno della Terra è caldo, tanto più quanto più si scende in profondità. In effetti, anche se il calore che sentiamo in superficie è dovuto essenzialmente alla radiazione solare, la Terra perde continuamente calore da tutta la sua superficie.

3.1 Il flusso di calore

Il **flusso termico** terrestre (la quantità di calore emessa nell'unità di tempo per ogni unità di superficie) è molto basso: in media 0,06 W/m^2 (per confronto, il flusso di energia solare è, con il Sole allo Zenit, di 1000 W/m^2). Tuttavia, dal punto di vista energetico il flusso termico è il più imponente tra i fenomeni terrestri, poiché la quantità di energia liberata per tale via in un anno è 50 volte maggiore dell'energia liberata da tutti i terremoti e le eruzioni vulcaniche nello stesso periodo di tempo: anzi, questi fenomeni sono legati, direttamente o indirettamente, proprio al flusso di calore.

La Terra ci appare come un gigantesco motore termico: ma qual è l'origine del calore che lo mantiene attivo?

Un tempo si riteneva che il calore terrestre fosse unicamente il residuo dello stadio primordiale della Terra, in cui il pianeta doveva essere totalmente fuso, ma tale ipotesi è risultata ben presto inadeguata. Si è dovuti arrivare alla scoperta della radioattività per individuare la soluzione del problema. Tra i materiali che costituiscono la Terra, infatti, sono presenti vari **isotopi radioattivi**. L'energia cinetica delle particelle emesse dagli isotopi radioattivi si trasforma nel calore che fluisce continuamente dalla superficie della Terra. Il problema, però, non è così semplice. Esistono, infatti, sulla superficie terrestre zone con flusso termico molto più elevato della media, come le dorsali oceaniche [Figura 7]; si ritiene che tali situazioni siano dovute all'esistenza di *correnti convettive* nel mantello, cioè a reali spostamenti di materiale più caldo (quindi meno denso) che risale da zone profonde verso la superficie, dove parte del calore si libera e fa aumentare il flusso termico locale, mentre altro materiale, raffreddatosi in vicinanza della superficie (quindi divenuto più denso), ridiscende.

Per comprendere come nel mantello solido possano esistere correnti convettive (ipotizzate e sostenute da molti geofisici già a partire dagli anni

7

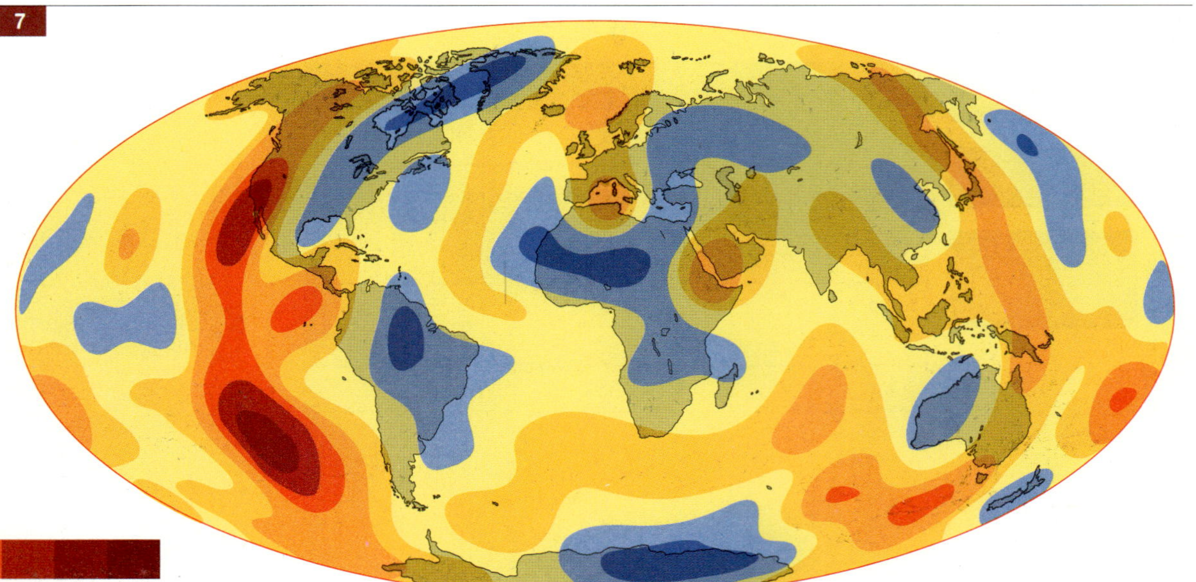

Figura 7
***Carta del flusso termico* della Terra, basata su oltre 5000 misure effettuate su tutta la superficie (terre emerse e fondi oceanici).**
Le zone caratterizzate da un flusso termico più elevato corrispondono alle dorsali oceaniche; quelle con flusso termico molto basso corrispondono invece a parti interne dei continenti, geologicamente molto antiche, e ai settori dei bacini oceanici più lontani dalle dorsali. (*The Cambridge Encyclopedia of Earth Sciences*, 1981)

flusso termico in mW/m^2

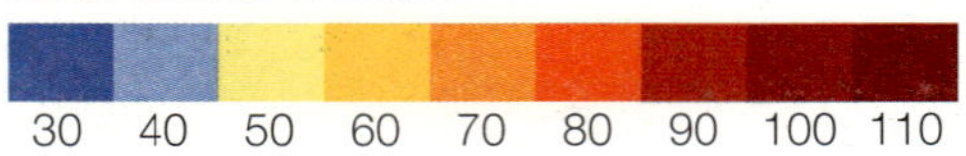

8

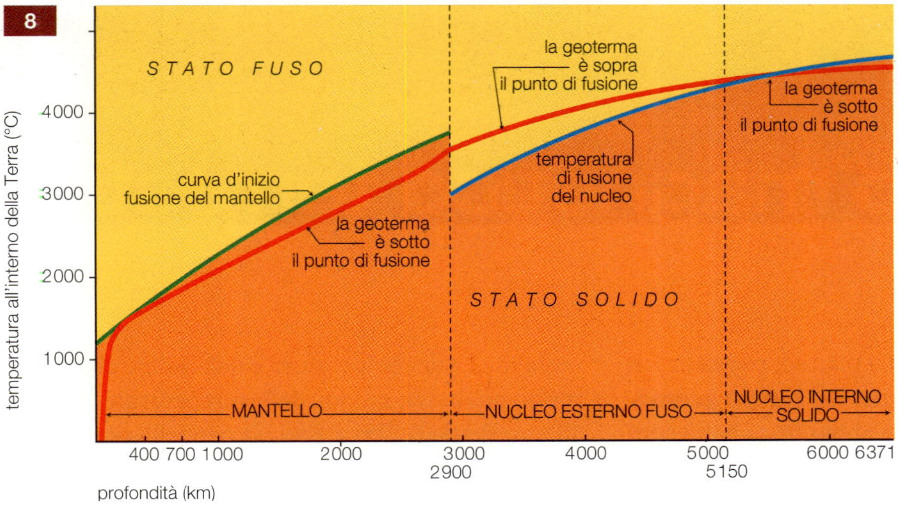

Figura 8
La *geoterma* (curva rossa) descrive l'aumento della temperatura con la profondità. Le altre due curve descrivono l'andamento, calcolato, del punto di fusione per i materiali del mantello (curva verde) e del nucleo (curva blu).

■ **Correnti convettive** (Convection) La convezione è una forma di propagazione del calore all'interno di un corpo che avviene mediante *trasferimento di materia* tra punti che siano a diverse temperature. I movimenti convettivi si possono manifestare nei fluidi: un tipico esempio è quello di un circuito di riscaldamento, in cui l'acqua calda sale verso l'alto mentre quella fredda scende a sostituirla. Tuttavia nei solidi come l'interno della Terra *correnti convettive* possono verificarsi in tempi molto lunghi, con velocità dell'ordine di qualche cm/anno.

Trenta del XX secolo), si tenga presente che, in determinate condizioni (come nel caso di forze che agiscono per tempi lunghissimi) anche i solidi possono «scorrere», comportandosi, quindi, come fluidi (in cui i fenomeni convettivi sono caratteristici). In definitiva, all'interno del mantello, masse di rocce profonde, divenute più calde del materiale circostante a causa del decadimento degli isotopi radioattivi, tendono a risalire verso la crosta, sia pure con movimenti lentissimi (qualche cm / anno), mentre masse di rocce vicine alla crosta, divenute più fredde, scendono verso il basso, dove tornano a riscaldarsi e possono risalire nuovamente verso la crosta. L'origine di questi giganteschi rimescolamenti di materiale va cercata, quindi, in una disomogeneità termica del mantello, a sua volta dovuta a una distribuzione originaria non omogenea degli elementi radioattivi (ma anche a influenze da parte del nucleo, che libera continuamente calore). In ogni caso, i movimenti convettivi nel mantello hanno profonde conseguenze sull'evoluzione della parte più esterna della Terra, la litosfera.

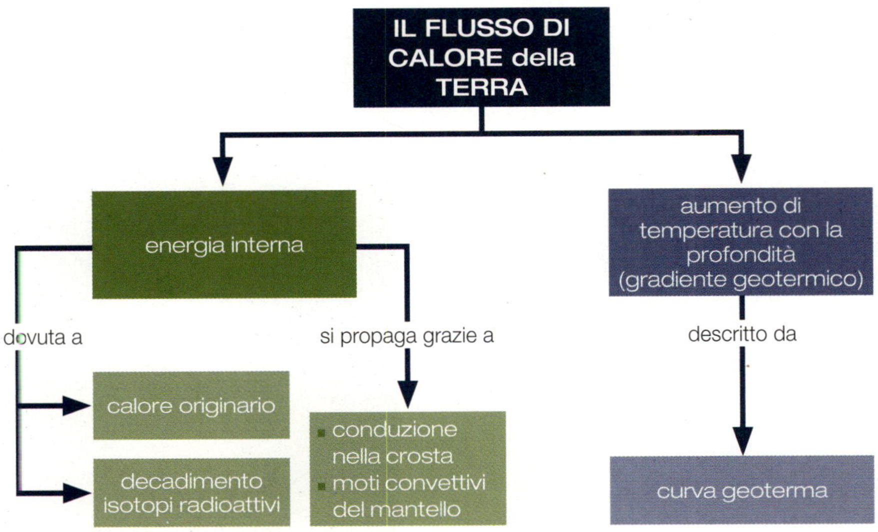

3.2 La temperatura interna della Terra

La temperatura all'interno della crosta terrestre aumenta in media di circa 30 °C ogni km di profondità (**gradiente geotermico**). Tale gradiente termico, però, non può rimanere costante con il crescere della profondità, altrimenti si dovrebbero estrapolare per l'interno della Terra valori della temperatura che sarebbero del tutto incompatibili con ogni dato conosciuto.

I geofisici, perciò, hanno costruito la curva dell'andamento della temperatura con la profondità, chiamata **geoterma**, basandosi sul modello della struttura interna della Terra [**Figura 8**].

I dati sismici indicano che il **mantello** è solido; poiché si ritiene che sia formato da silicati di ferro e magnesio e da ossidi, la sua temperatura deve essere inferiore alla temperatura di fusione di quei silicati e ossidi (determinata in laboratorio: curva verde). Solo nell'astenosfera, parzialmente fusa (tra 70 e 250 km), la temperatura deve essere vicina a quella a cui inizia la fusione di quei silicati.

Nel **nucleo esterno** la temperatura deve essere ovunque superiore al punto di fusione della lega metallica ipotizzata (curva blu), mentre più in profondità le altissime pressioni mantengono la lega sotto il punto di fusione, per cui il **nucleo interno** è solido. Al centro della Terra la temperatura non dovrebbe superare i 5000 °C.

Lo studio del flusso termico e della temperatura della crosta a deboli profondità è della massima importanza per lo sfruttamento dell'**energia geotermica**, trasformabile in energia elettrica (vedi paragrafo 5 del capitolo 3).

QUESITI

1. Scegli l'alternativa corretta.
   Le aree molto attive dal punto di vista geologico sono caratterizzate da un flusso termico **minore/maggiore** rispetto alla media della superficie terrestre.
2. Vero o falso?
   La concentrazione degli elementi radioattivi nel mantello è omogenea.
   Motiva la risposta.
3. Completa.
   L'andamento della temperatura con la ....
   è descritto da una curva detta ....
4. Definisci il flusso termico terrestre. Qual è il suo valore medio?
5. Qual è l'origine del calore emesso dalla Terra?
6. Che cosa sono le correnti convettive del mantello?

4 Il campo magnetico terrestre

Video
Paleomagnetismo e migrazione del Polo nord magnetico

■ **Dinamo ad autoeccitazione** (Self exciting dynamo) Un disco di materiale buon conduttore di elettricità che, posto in rotazione, si muove attraverso le linee di flusso di un campo magnetico: in tali condizioni si genera, nel conduttore, una corrente elettrica indotta, che viene fatta fluire in un circuito. È proprio questa corrente che, attraversando un solenoide inserito nel circuito, genera e mantiene il campo magnetico attraverso cui ruota il disco conduttore. Per innescare la dinamo è necessaria, all'inizio, la presenza di un campo magnetico esterno (come quello di un magnete), la cui funzione viene assunta, dopo l'avvio, dal campo magnetico generato dalla corrente indotta: da quel momento il sistema continua a mantenere attivo il campo magnetico, finché il conduttore è mantenuto in movimento.

La Terra, come il Sole e altri pianeti, possiede un campo magnetico. La struttura del **campo geomagnetico** può essere descritta abbastanza bene supponendo di porre al centro del pianeta una barra magnetica, il cui asse formi un angolo di circa 11° con l'asse di rotazione terrestre, capace di generare una forza magnetica la cui intensità diminuisce con la distanza dal pianeta; un ago magnetico libero di oscillare sotto l'influenza di questa forza si allinea quasi secondo la direzione Nord-Sud (i poli magnetici sono un po' spostati rispetto ai poli geografici). Ma esiste veramente questa barra magnetica?

4.1 La «geodinamo»

Il campo geomagnetico, anche se simile, per la sua forma, a quello di una calamita rettilinea, non si può spiegare con la presenza all'interno della Terra di una gigantesca barra magnetica. In quest'ultimo caso, infatti, il campo è dipolare (presenta, cioè, due poli verso i quali confluiscono tutte le linee di forza [Figura 9A e 9B]), mentre il campo geomagnetico si può definire solo *prevalentemente dipolare*, poiché, rispetto all'andamento dipolare teorico, presenta alcuni evidenti scostamenti.

Inoltre, al di sopra di una certa temperatura critica, detta *punto di Curie* (vedi Approfondimento delle conoscenze, *Come si magnetizzano lave e sedimenti*) i materiali magnetici perdono il loro magnetismo permanente e tale temperatura è dell'ordine di 500 °C, molto più bassa, quindi, delle temperature presenti all'interno della Terra. Esclusa perciò la presenza di un qualcosa di analogo a un magnete permanente, le ipotesi sull'origine del campo geomagnetico si sono orientate verso un modello simile a quello delle dinamo ad autoeccitazione, come quelle in uso nelle centrali elettriche [Figura 9C].

Nelle centrali elettriche, l'energia per continuare a far funzionare il campo magnetico (e per la distribuzione agli utenti) proviene dal lavoro meccanico per tenere in rotazione la bobina, in genere fornito da vapore in pressione o da acqua in caduta. Nel caso della Terra, il materiale conduttore in movimento viene individuato nel nucleo esterno formato da una lega metallica fusa, «agitato» da movimenti convettivi come quelli del mantello, ma molto più veloci (vedi oltre, nel paragrafo 10).

Per l'innesco della «geodinamo» basta che il nostro pianeta abbia attraversato occasionalmente qualche campo magnetico sporadico, probabilmente di origine solare, mentre erano già in atto i moti convettivi. Da quel momento, finchè ci sarà una fonte di energia per mantenere in movimento il materiale fluido – analogo al disco tenuto in rotazione dalla dinamo –, il nucleo può continuare a mantenere attivo un campo magnetico.

In pratica il campo geomagnetico indica la regione di spazio intorno al pianeta nella quale sono presenti interazioni magnetiche prodotte dal mecca-

Figura 9
Modelli di campi magnetici.
A. Una barra magnetica genera un campo dipolare, con un polo sud e un polo nord.
B. Un campo magnetico dipolare può essere generato anche all'interno di una spira di filo metallico percorso da una corrente elettrica.
C. Simulazione al computer del campo magnetico terrestre nel modello della geodinamo. Le linee del campo nel nucleo esterno (delimitato dalla circonferenza minore) appaiono «aggrovigliate» a causa dei movimenti convettivi che danno origine all'effetto dinamo. Le linee che attraversano il mantello diventano più regolari e simili a quelle di un dipolo, fino ad emergere dalla superficie (circonferenza maggiore).

9A

barra magnetica

9B

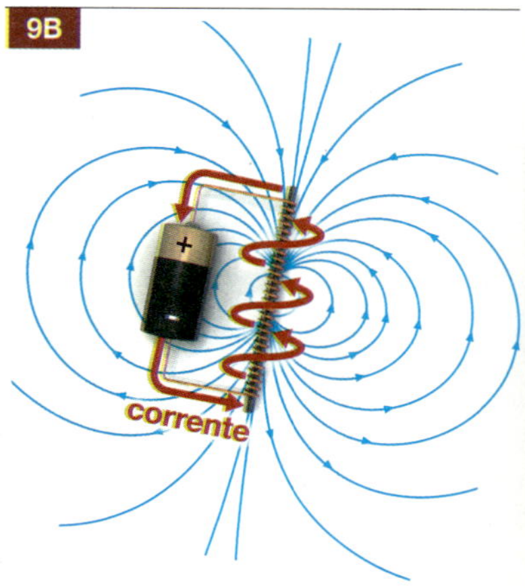

elettromagnete

9C

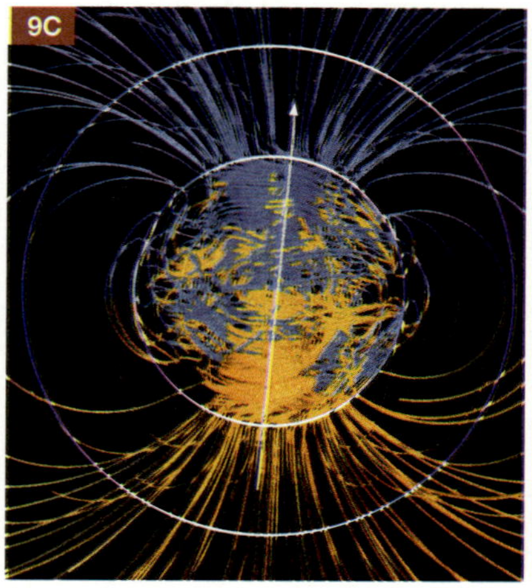

10

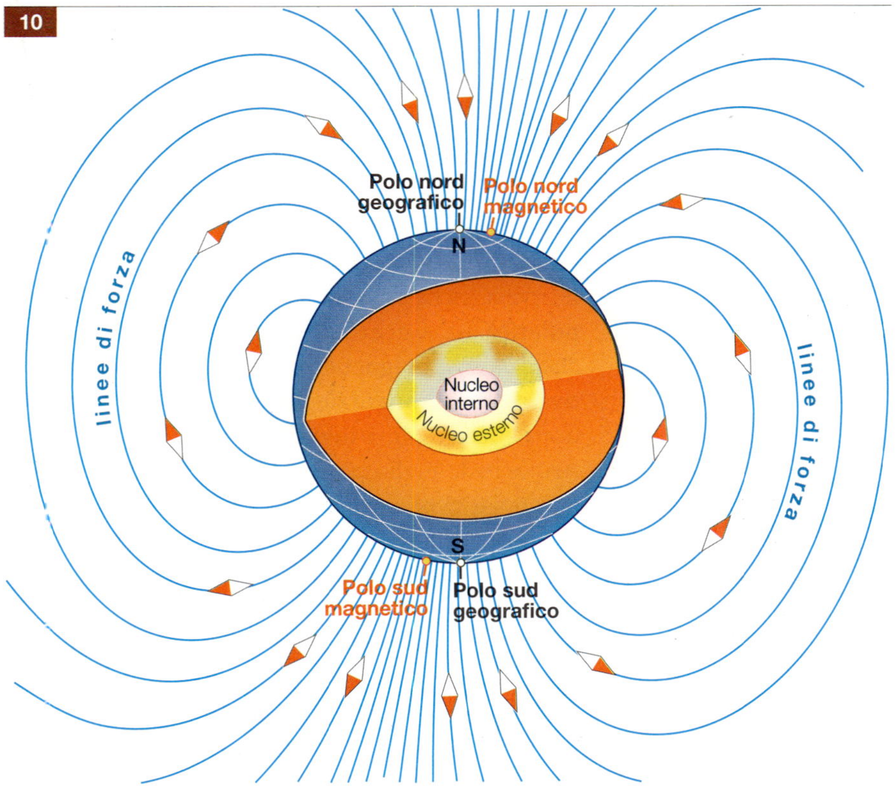

Figura 10
Linee di forza del *campo magnetico terrestre*. L'andamento complessivo è molto simile, anche se non completamente, a quello che verrebbe prodotto se al centro della Terra fosse posta una gigantesca barra magnetica, inclinata di 11° rispetto all'asse di rotazione. L'asse ideale di tale campo incontra la superficie terrestre in due punti, i *poli magnetici*, la cui posizione rimane molto vicina a quella dei poli geografici. Il disegno rappresenta una sezione del campo geomagnetico, la cui influenza è estesa, ovviamente, a tutto lo spazio circostante il pianeta, con intensità che decresce all'aumentare della distanza.

nismo prima descritto. Il campo è «disegnato» dalle linee di forza, rispetto alle quali un magnete, come un ago di bussola, libero di ruotare rispetto al suo centro di gravità si dispone tangenzialmente, con un estremo rivolto sempre verso un luogo prossimo al Polo nord geografico (punto che è chiamato *Polo nord magnetico*) e l'altro estremo verso un luogo (*Polo sud magnetico*) situato in vicinanza del Polo sud geografico [Figura 10].

L'intensità del campo magnetico diminuisce all'aumentare della distanza. Inoltre, varia regolarmente dal polo magnetico all'*equatore magnetico*: se il geocampo fosse solo dipolare, l'induzione nei poli magnetici dovrebbe essere 62×10^{-6} T (tesla), e all'equatore magnetico sarebbe 31×10^{-6} T. Ma in aggiunta al campo dipolare vi è anche un campo non dipolare, che è irregolare, i cui effetti si sommano a quelli del campo dipolare. Quello che si misura sul terreno, quindi, è il *campo magnetico totale*; sottraendo matematicamente dal campo totale quello dipolare teorico, si individua una serie di «irregolarità» locali che mostrano l'andamento del *campo non dipolare*.

■ **Tesla (T)** (Tesla) Il *tesla* (T), dal nome del fisico croato Nikola Tesla, è l'unità di misura dell'induzione del campo magnetico in un punto dello spazio (nel Sistema Internazionale di Unità).

■ **Magnetizzazione indotta** (Induced magnetization) Conferimento di proprietà magnetiche a un corpo, inducendo un orientamento dei dipoli magnetici nella sua struttura atomica tramite l'immersione in un campo magnetico esterno.

4.2 Il paleomagnetismo

La conoscenza del campo geomagnetico, qualunque ne sia l'origine, ha aperto prospettive inaspettate con la scoperta del **paleomagnetismo**, che consente lo studio del campo magnetico terrestre del passato. Molte rocce, infatti, conservano una propria magnetizzazione, indotta dal campo geomagnetico al momento della loro formazione (vedi Approfondimento *Come si magnetizzano lave e sedimenti*).

La datazione di rocce di varie età e la misura del loro magnetismo ha permesso di scoprire che il campo geomagnetico esiste da almeno 3,5 miliardi di anni.

La scoperta più interessante è stata che la direzione della magnetizzazione conservata in rocce antiche è in genere diversa da quella del campo geomagnetico attuale; anzi, tale direzione cambia a seconda dell'età della roccia esaminata, come se il Polo nord magnetico avesse occupato nel tempo posizioni differenti. Ma l'ipotesi che i poli magnetici della Terra siano «migrati» nel tempo si scontra con un'altra constatazione: per una stessa età, rocce di continenti diversi indicano una diversa posizione del polo magnetico.

Tale contraddizione si supera con un radicale mutamento di prospettiva. Non sono stati i poli magnetici a spostarsi, ma sono stati i continenti a muoversi, scivolando e ruotando lentamente sulla superficie terrestre, mentre i poli magnetici sono rimasti sempre all'incirca nella posizione attuale rispetto all'asse di rotazione della Terra [Figura 11]. Di conseguenza, le rocce hanno cambiato posizione e orientamento nel tempo e con esse si è spostato, quando era presente, anche il loro campo magnetico fossile.

11

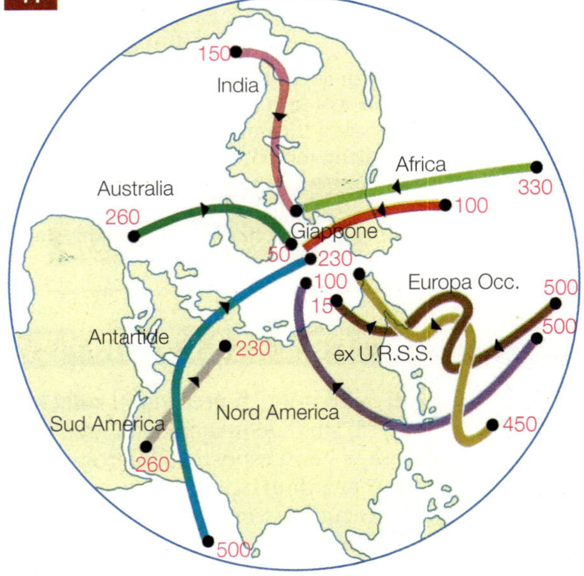

Figura 11
***Curve della «migrazione» apparente* del *Polo nord magnetico*, costruite in base all'analisi di rocce prelevate da diversi continenti.** Le cifre indicano l'età cui si riferisce la localizzazione paleomagnetica del polo; per esempio, la posizione del polo 260 milioni di anni fa risulta in corrispondenza dell'Arabia, in base ai dati misurati in Sudamerica, o dell'Atlantico, con i dati misurati in Australia. Queste e altre analoghe divergenze si superano se si ammette che i poli non abbiano mutato sostanzialmente la loro posizione, ma che si siano mossi invece, nel tempo, i continenti.

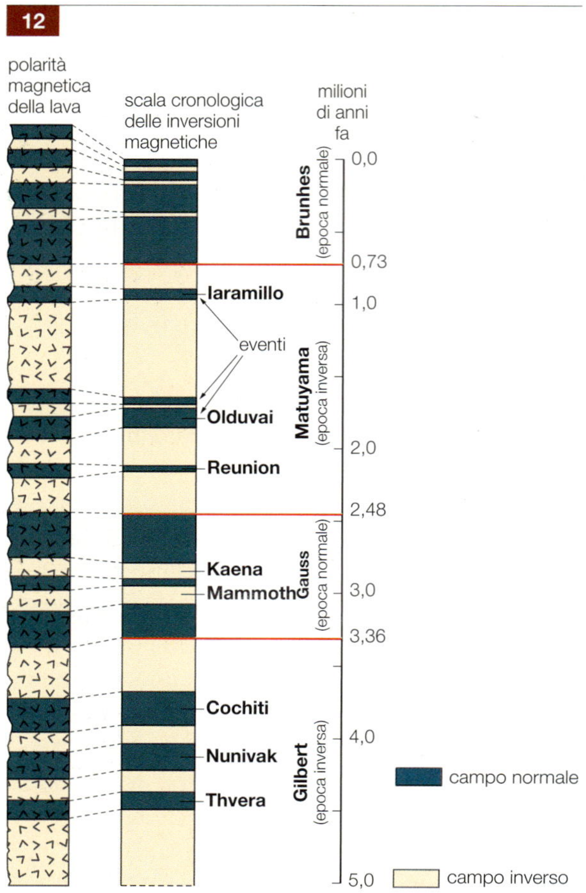

Figura 12 ***Scala paleomagnetica*****, costruita in base all'età delle inversioni magnetiche «registrate» in colate di lava degli ultimi 5 milioni di anni.** L'intera successione non è reperibile da nessuna parte, ma è stata ricostruita in base ad affioramenti di lava distribuiti in varie zone della superficie terrestre. Le lave sono state datate con metodi radiometrici. Sono state riconosciute, nell'ordine, quattro *epoche* magnetiche, caratterizzate, alternativamente, da polarità «normale» o «inversa»; all'interno delle lunghe epoche sono stati riscontrati alcuni brevi *eventi*, con polarità opposta a quella dell'epoca che li comprende. (I nomi delle epoche sono stati dedicati a noti studiosi del magnetismo.) La scala paleomagnetica è stata ormai estesa indietro nel tempo, fino a circa 170 Ma fa, ma facendo ricorso a dati diversi, le anomalie magnetiche dei fondi oceanici (come vedremo nel par. 7).

L'idea che i continenti possano muoversi era già stata proposta, su basi diverse, almeno 40 anni prima, ma le scoperte del paleomagnetismo hanno contribuito a riportarla alla ribalta.

Il paleomagnetismo ha portato anche a un'altra importante scoperta. In molte rocce di età recente (formatesi cioè quando i continenti avevano raggiunto le posizioni attuali) la direzione di magnetizzazione risulta esattamente opposta a quella del campo geomagnetico attuale, come se, al momento della formazione di quelle rocce, il Polo nord magnetico fosse al posto del Polo sud, e viceversa. Il fenomeno si osserva anche in rocce molto più antiche, il cui campo magnetico, oltre a indicare una direzione più o meno ruotata rispetto a quella attuale, rivela anche la presenza di ripetute **inversioni di polarità**. La conclusione che ne è stata tratta indica che il campo magnetico terrestre è passato alternativamente da **normale**, cioè orientato con il Polo nord come oggi, a **inverso**. È stato possibile ricostruire in dettaglio la successione dei periodi di tempo a polarità normale e inversa che si sono susseguiti negli ultimi 5 milioni di anni: si è stabilita, così, una **scala stratigrafica paleomagnetica** [Figura 12].

L'epoca magnetica in cui viviamo è durata 700 000 anni: potrebbe essere prossima una nuova inversione di polarità. Sappiamo ben poco su come avvenga tale fenomeno, ma è possibile che il campo magnetico si indebolisca per qualche tempo, lasciando la Terra priva del suo scudo naturale contro certe radiazioni cosmiche; secondo alcuni studiosi, le inversioni di polarità potrebbero perciò avere influenza sull'evoluzione biologica.

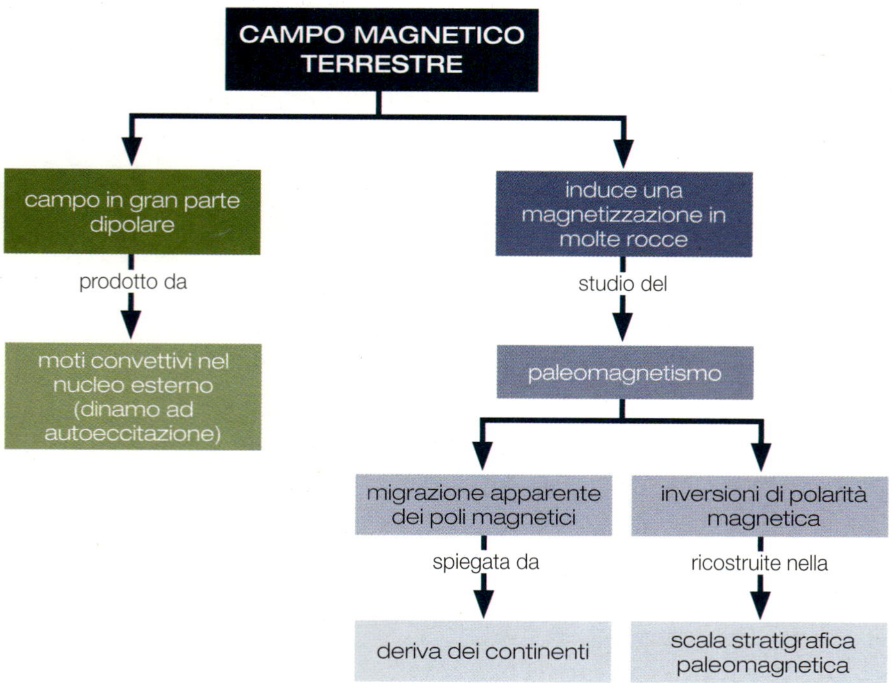

QUESITI

1. Il paleomagnetismo consente di
   - **A** studiare i fossili.
   - **B** ricostruire la migrazione dei continenti nel tempo.
   - **C** verificare la nascita delle montagne.
   - **D** raccogliere dati sul flusso di calore.
2. Completa con i termini mancanti scegliendoli tra i seguenti.
   della deposizione ■ magmatiche ■ del raffreddamento ■ sedimentarie
   Le rocce .... vengono magnetizzate dal campo magnetico terrestre al momento .... della lava che le ha prodotte.
   Le rocce .... conservano traccia del campo magnetico presente al momento .... sul fondo del mare.
3. Qual è la probabile origine del campo magnetico terrestre?
4. Rocce della stessa età ritrovate in continenti diversi indicano con il loro paleomagnetismo una posizione del polo magnetico al momento della loro formazione *diversa* a seconda del continente in cui sono state raccolte. Quale conclusione è stata tratta a seguito di questa osservazione?
5. In che cosa consistono le inversioni di polarità che hanno interessato nel tempo il campo magnetico terrestre?

approfondimento delle conoscenze

Come si magnetizzano lave e sedimenti

Quando una lava si raffredda, al suo interno si formano numerosi cristalli di minerali, alcuni dei quali (come la magnetite, un ossido di ferro) sono particolarmente sensibili alla presenza del campo magnetico terrestre che esiste al momento della loro formazione. Tali minerali vengono magnetizzati per induzione dal campo geomagnetico, ma all'inizio l'orientamento dei dipoli magnetici della struttura atomica è diretto in modo casuale, per l'agitazione dovuta all'elevata energia termica. Quando, però, la loro temperatura scende sotto il punto di Curie, i cristalli diventano minuscole calamite permanenti, con il loro piccolo ma sensibile campo magnetico orientato come quello terrestre che lo ha prodotto [Figura 13].

In seguito, se la lava non viene nuovamente fusa, la sua magnetizzazione rimane inalterata per milioni di anni e continua a indicare la direzione del polo magnetico al momento della sua solidificazione.

Qualcosa di analogo si verifica anche nelle rocce sedimentarie. Tra i granuli che i fiumi trasportano al mare, molti sono magnetizzati (possiedono, cioè, un piccolo campo magnetico); questi ultimi, mentre lentamente decantano e scendono sul fondo del mare, a causa dell'influenza del campo magnetico terrestre esistente in quel momento si comportano come minuscoli aghi di bussola e si orientano statisticamente secondo tale campo [Figura 14]. Quando i sedimenti si litificano, questi granuli isorientati conferiscono alla nuova roccia una propria magnetizzazione stabile (che è la somma dei piccoli ma numerosissimi campi magnetici associati ai singoli granuli).

In entrambi i casi esaminati, la roccia, effusiva o sedimentaria, registra fedelmente l'andamento del campo magnetico terrestre e questo magnetismo «fossile» può essere rivelato e misurato con opportuni strumenti.

■ **Punto di Curie (o Temperatura di Curie)** (**Curie point**) È il valore di temperatura al di sopra del quale un materiale magnetico perde la sua magnetizzazione; se lo stesso materiale è a temperatura superiore e viene raffreddato in presenza di un campo magnetico, viene magnetizzato stabilmente per induzione quando passa al di sotto del suo *punto di Curie* (per esempio, nella magnetite, un ossido di ferro, questo si verifica a 580 °C).

13

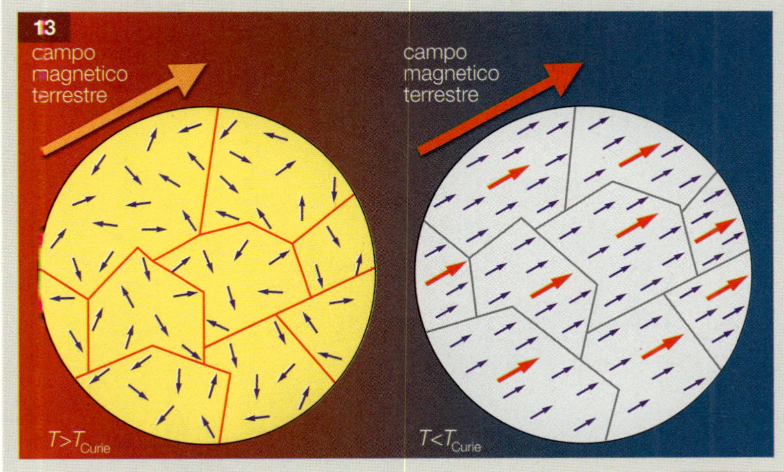

Figura 13
Magnetismo «termoresiduale» in rocce magmatiche.
A sinistra. Quando una lava comincia a raffreddarsi e a cristallizzare, ma è ancora molto calda (con temperature superiori al punto di Curie), l'agitazione termica irregolare degli atomi è maggiore dell'azione del campo magnetico terrestre, per cui i loro minuscoli campi magnetici (*frecce blu*) non si allineano, ma sono orientati a caso: la lava non viene magnetizzata.
A destra. A poco a poco la lava si raffredda e la sua temperatura scende sotto il punto di Curie. Da quel momento l'effetto dell'induzione del campo magnetico terrestre supera quello dell'agitazione termica (che è funzione della temperatura) e i piccoli campi magnetici si allineano tutti per induzione secondo il campo esterno. A questo punto, i cristalli che si sono formati dalla lava sono diventati piccoli magneti rigidamente connessi tra loro e contribuiscono con il loro campo, più o meno intenso (*frecce rosse*), a dare alla roccia una propria magnetizzazione permanente.

14

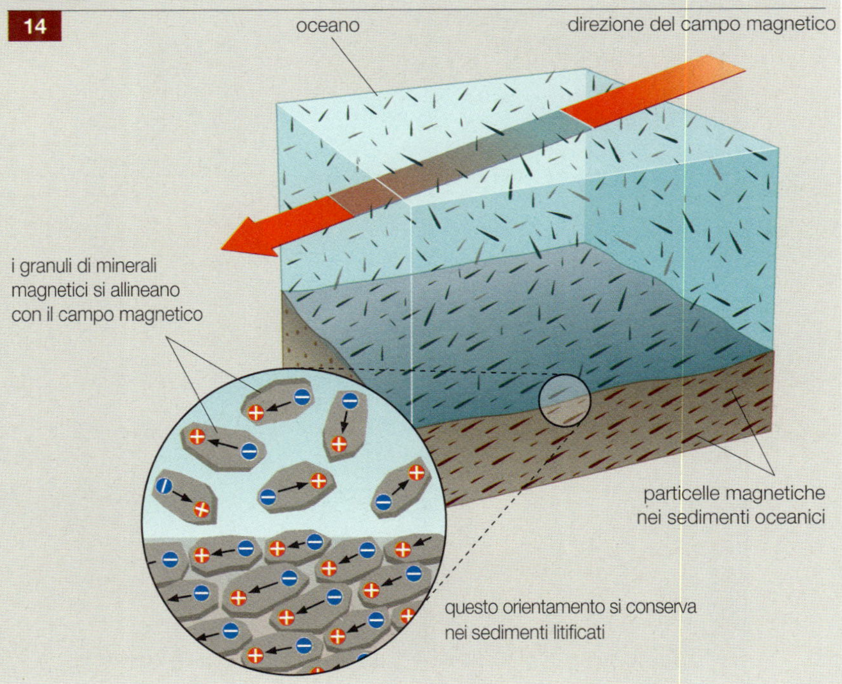

Figura 14
Magnetismo residuo in depositi sedimentari detritici.
I granuli di minerali magnetici, trasportati all'oceano con altri sedimenti, si allineano con il campo magnetico terrestre mentre decantano attraverso l'acqua e si depositano sul fondo. Questo orientamento si conserva nei sedimenti quando diventano rocce, che, in tal modo, registrano il campo che c'era al momento del deposito.

5 La struttura della crosta

Video
L'isostasia

Gli elementi raccolti sulla *struttura interna* della Terra, sul *paleomagnetismo* e sullo *stato termico* del pianeta, e i dati esposti sulla *litogenesi* nel capitolo 1, ci consentono ora di affrontare il problema dei meccanismi attraverso cui è avvenuta nel passato, e procede tuttora, l'evoluzione della Terra. Inizieremo con un'analisi un po' più approfondita della crosta [Figura 15].

15

Figura 15

La superficie solida della Terra appare articolata su due livelli: uno comprende le parti più elevate, cioè le aree continentali e le loro prosecuzioni sommerse come piattaforme continentali; l'altro comprende le parti più depresse, a partire dal margine delle piattaforme continentali fino alle piane abissali, coperte dai mari.

I due domini presentano aspetti morfologici diversi: essi sono il risultato di processi geologici che mettono in evidenza il ruolo profondamente diverso svolto da aree continentali e oceaniche nell'evoluzione del pianeta. Le aree continentali sono caratterizzate da vaste pianure, attraversate o bordate da lunghe e alte catene montuose. Le aree oceaniche appaiono invece «movimentate» da un ampio mosaico di strutture diverse e in pratica scoperte solo nella seconda metà del secolo scorso, tanto da aver fatto parlare di una «riscoperta della Terra».

Le *dorsali oceaniche* formano una lunga fascia rilevata del fondo marino che si sviluppa per circa 64000 km e si innalza anche per oltre 4000 m dai fondi oceanici (*piane abissali*), fino a emergere in alcuni punti con isole vulcaniche. Vi sono poi strette *fosse abissali*, lunghe migliaia di kilometri e profonde anche più di 10 000 metri. Esistono infine numerosi *monti sottomarini* (*seamount*), in genere di origine vulcanica, come i *guyot*, caratteristici rilievi a sommità pianeggiante.

16

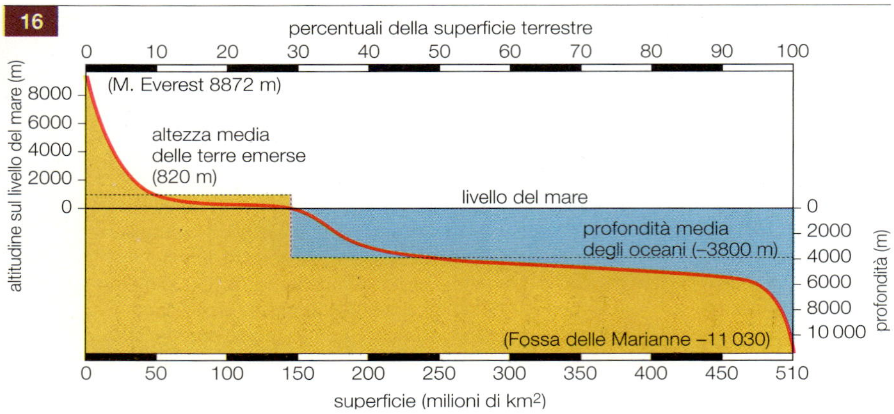

Figura 16
La distribuzione delle quote dell'intero pianeta, studiata in modo statistico, viene sintetizzata nella curva ipsografica della superficie terrestre. In ascissa sono riportate le aree, tanto in valori assoluti (in basso) che in percentuale rispetto all'estensione totale della superficie terrestre (in alto); in ordinata le altezze e le profondità, dalla vetta più elevata del rilievo emerso (a sinistra) alla massima depressione abissale finora conosciuta (a destra). Si deve osservare che la curva ipsografica è una «curva cumulativa»; per ogni suo punto, il valore dell'ascissa indica l'estensione di tutta la porzione di superficie che è compresa fra la corrispondente quota dell'ordinata e l'altitudine massima del rilievo terrestre. Si può notare che le terre emerse hanno il loro più grande sviluppo ad altezze inferiori ai 1000 m, mentre le zone molto elevate sono complessivamente poco estese; i fondi marini hanno invece in massima parte profondità comprese fra i 2000 e i 6000 m sotto il livello del mare, ma anche per essi i valori massimi sono limitati a una ristretta estensione.

Esistono due tipi di crosta:
- la **crosta oceanica**; costituisce il fondo degli oceani ed è interamente coperta dalle acque;
- la **crosta continentale** corrisponde ai continenti e alla loro prosecuzione sotto il livello del mare; comprende la piattaforma continentale e buona parte dell'adiacente scarpata continentale.

In seguito, i termini «oceanico» e «continentale» riferiti alla crosta andranno intesi nel senso appena precisato. I due tipi di crosta sono molto diversi tra loro per vari aspetti: *spessore*, *quote medie della superficie* (emersa o sommersa), *età delle rocce* che vi compaiono, *natura delle rocce* e *loro giacitura*.

5.1 Crosta oceanica e crosta continentale

Spessore.

Lo spessore della crosta è indicato dalla profondità della Moho, la discontinuità sismica che segna l'inizio del mantello. La crosta continentale è più spessa di quella oceanica: in media il suo spessore arriva quasi ovunque a 35 km, tranne in corrispondenza delle catene montuose, dove raggiunge i 60-70 km. La crosta oceanica ha invece uno spessore medio di soli 6 km sotto il fondo del mare e si assottiglia ancora più in corrispondenza del centro delle dorsali oceaniche.

Quote medie della superficie.

La distribuzione delle quote dell'intero pianeta è stata studiata in modo statistico e il risultato è sintetizzato dalla *curva ipsografica della superficie terrestre.* La differenza più immediatamente osservabile è che il livello medio della superficie della crosta continentale è di oltre 4000 metri maggiore di quello medio della crosta oceanica [Figura 16].

Tale situazione non è casuale: la crosta continentale sovrasta ovunque quella oceanica, ma avendo uno spessore medio molto maggiore significa anche che essa risulta «affondata» nel sottostante mantello più di quella oceanica.

Età delle rocce.

Nella crosta continentale compaiono rocce di ogni età, tra oggi e circa 4 miliardi di anni fa, mentre nessun punto dei fondi oceanici presenta rocce più antiche di 190 milioni di anni. La crosta oceanica attuale si è formata perciò in un periodo di tempo che è l'ultimo 4% dell'intera storia della Terra: tutti i bacini oceanici sono strutture giovani del pianeta, mentre le aree continentali sono strutture molto più persistenti.

Natura delle rocce e loro giacitura.

■ La **crosta oceanica** mostra una struttura a strati molto regolare [Figura 17].

A partire dall'alto si riconoscono:
- un modesto spessore di **sedimenti** poco o per niente litificati, cioè non ancora compattati e induriti (detto strato 1);
- un considerevole spessore di **basalto** (chiamato strato 2);
- uno strato di **gabbro**, la roccia magmatica che è il corrispondente intrusivo del basalto (chiamato strato 3).

La Moho segna il passaggio alle rocce ultrabasiche (peridotiti) del mantello, ma il suo significato verrà meglio definito nel paragrafo 8.2.

■ La **crosta continentale** presenta invece una composizione estremamente eterogenea, nella quale si affiancano in superficie rocce sedimentarie, magmatiche e metamorfiche (vedi ancora la figura 17).

La composizione media della crosta superiore è intermedia tra quelle della granodiorite e della diorite. Nella crosta inferiore compaiono le granuliti a granati, rocce metamorfiche di alta temperatura che si formano in assenza o scarsezza di acqua, come è presumibile che avvenga in un ambiente così profondo.

Nemmeno la crosta continentale, pur con le sue

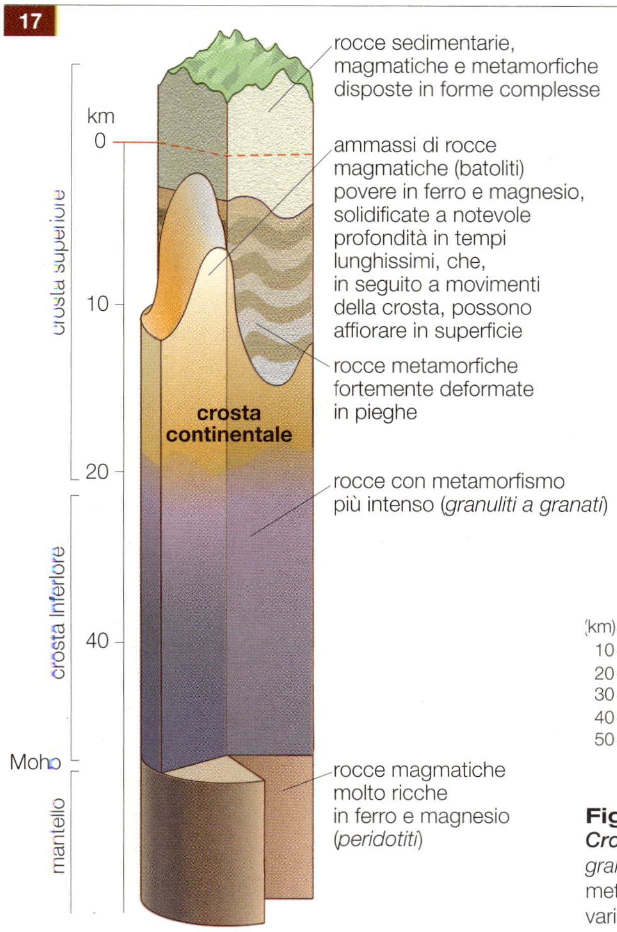

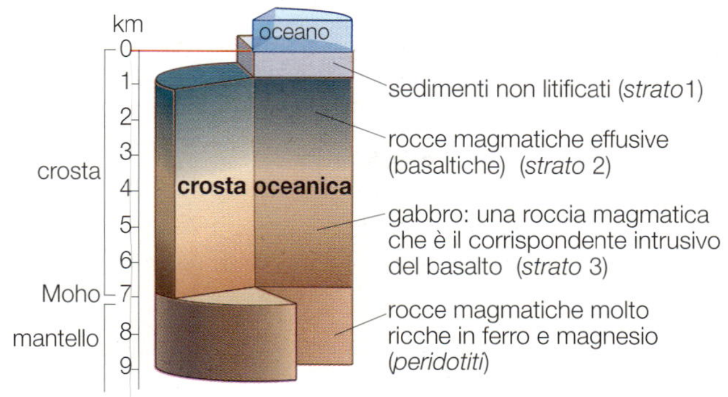

Figura 17
***Crosta oceanica e crosta continentale*: confronto tra spessori, struttura e natura.** Le *granuliti a granati*, la cui presenza è ipotizzata nella composizione della crosta continentale inferiore, sono rocce metamorfiche di alto grado, prodotte dal metamorfismo regionale di alta temperatura e pressione variabile, in assenza o scarsezza di acqua.

rocce antichissime, è una struttura permanente, presente fin dall'inizio della storia della Terra. Essa ha avuto, invece, una complessa evoluzione, dominata dal processo detto **orogenesi** («origine delle montagne»), quello che ha portato alla formazione di grandi catene montuose. La ricostruzione della storia della Terra mostra che, quando una fascia di crosta ha subìto un'orogenesi, con il tempo è diventata un lembo di crosta continentale stabile. Le vaste aree continentali ci appaiono oggi come un mosaico di *aree cratoniche* e di *fasce orogeniche* [Figura 18].

Figura 18
Schema semplificato della distribuzione degli scudi e relativi tavolati, e delle grandi fasce orogeniche. Gli orogeni rappresentati sono il prodotto dell'evoluzione della crosta nel corso degli ultimi 500 milioni di anni e sono la testimonianza di grandi fasi di orogenesi, ciascuna delle quali ha portato alla formazione di imponenti catene montuose. La più antica, l'*orogenesi caledonica*, si è verificata tra 500 e 400 milioni di anni fa; la più recente, l'*orogenesi alpino-himalayana*, è iniziata circa 100 milioni di anni fa e non si è ancora esaurita.

cratoni
- scudi
- tavolati

orogeni
- alpino-himalayano
- mesozoico
- ercinico
- caledonico

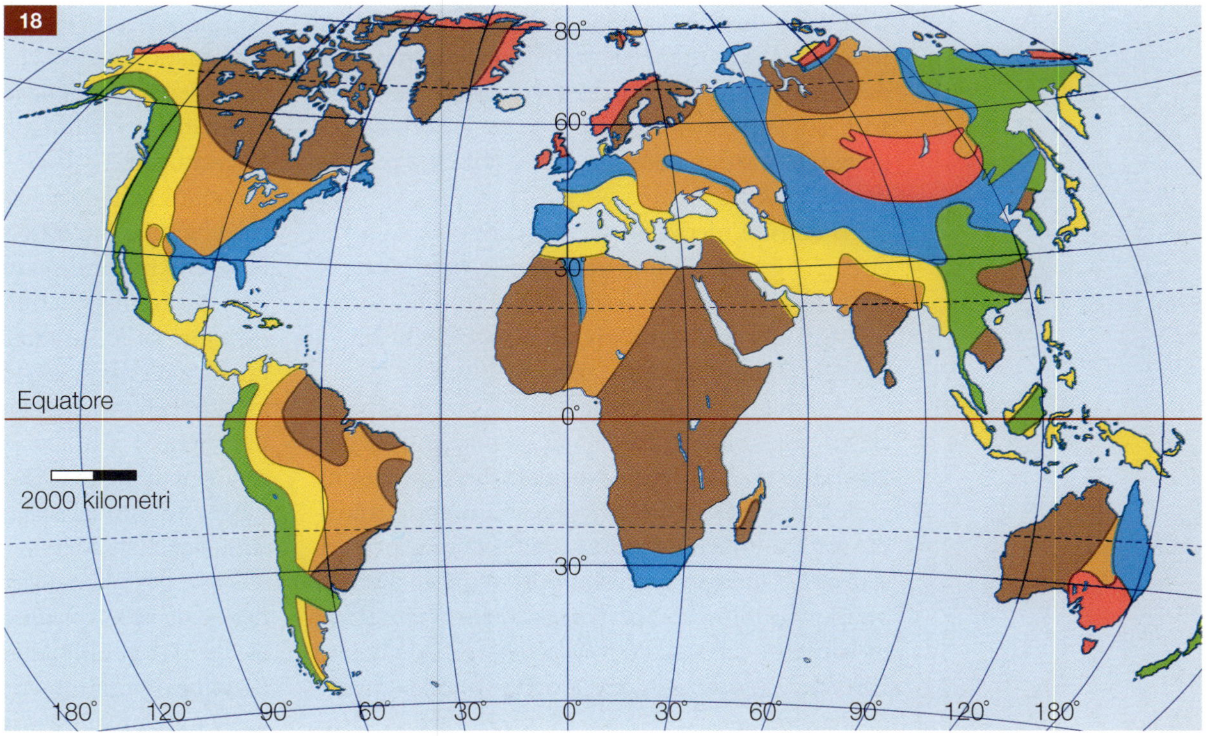

■ **Cratone** (Craton) Dal greco *kràtos*, forza. Il termine si riferisce alla loro condizione di «aree di forza», cioè da molto tempo resistenti alle deformazioni, in contrapposizione alle aree soggette a orogenesi.

■ **Orogeno** (Orogene) Dal greco *òros*, montagna, e *gènesis*, origine. Fascia di crosta, lunga migliaia di kilometri, intensamente deformata (con pieghe, faglie, falde e diffusi prodotti di metamorfismo e magmatismo) a causa di estesi movimenti interni al pianeta.

■ **Principio di Archimede** (Archimedean principle) «Un corpo immerso in un fluido riceve una *spinta* dal basso verso l'alto pari al peso del fluido spostato».

Le **aree cratoniche** (o **cratoni**) sono le parti più antiche: appaiono come ampie pianure debolmente bombate verso l'alto e sono costituite da ammassi di rocce ignee e metamorfiche (*scudi*), in parte ricoperte da rocce sedimentarie di età più recente (*tavolati*). I cratoni sono formati dai resti di catene montuose molto antiche, spianate dall'erosione, e sono stabili, cioè non sono stati più deformati almeno nell'ultimo mezzo miliardo di anni.

Le **fasce orogeniche** (**orogeni**) sono quelle in cui l'orogenesi si è verificata in tempi meno antichi (in genere entro gli ultimi 500 milioni di anni): negli orogeni più recenti il processo non si è ancora concluso e la crosta in cui si è manifestato non ha ancora raggiunto la stabilità delle aree cratoniche; è il caso delle Ande e della catena alpino-himalayana, dove la crosta arriva a 70 km di profondità e che mostrano le tracce di un'intensa attività geologica, come vulcanismo, sismicità, rilievi accentuati e in forte erosione e così via.

Cratoni e orogeni sono strutture diverse, ma strettamente collegate: infatti, gli scudi presentano, come già descritto, tracce di orogenesi antichissime; inoltre, anche se sono stabili da lungo tempo, non sono inerti: prima o poi qualche loro settore viene «riattivato», come sta già avvenendo, per esempio, nel cratone africano.

Come vedremo più avanti, essi rappresentano il prodotto del continuo «riciclaggio» della crosta continentale.

5.2 L'isostasia

La constatazione, ricavata dall'andamento della Moho, che la crosta terrestre nel suo insieme affonda più o meno nel mantello a seconda del suo spessore, suggerisce che la crosta possa letteralmente galleggiare sul mantello a causa della sua minore densità media.

La densità media della crosta continentale è di circa 2,7 g/cm^3, quella della crosta oceanica è di circa 3 g/cm^3. In entrambi i casi si tratta di valori inferiori alla densità media del mantello che, in vicinanza della Moho, vale circa 3,3 g/cm^3.

La tendenza della crosta a raggiungere una posizione di equilibrio attraverso il fenomeno del galleggiamento è chiamata **isostasia**, un termine che indica una condizione di uguale equilibrio (quindi «statica») nei confronti della forza di gravità di settori della crosta terrestre posti a quote diverse. Vengono inoltre chiamati *aggiustamenti isostatici* i movimenti verticali (verso l'alto o verso il basso) con cui la crosta reagisce a ogni modifica di tale equilibrio.

Cerchiamo di chiarire un po' meglio questi concetti e le conclusioni cui ci portano.

Se si osservano i materiali che affiorano in un'area cratonica, si riconoscono ampie aree con rocce metamorfiche, che, per la loro natura, mostrano di essersi formate a seguito dello sprofondamento di rocce più antiche, entro la crosta. Questo si deduce dagli effetti prodotti su tali rocce dal metamorfismo regionale (rivedi il capitolo 1, paragrafo 8.2). Quelle rocce ci dicono, in realtà, che i materiali originali (di qualunque tipo fossero) sono sprofondati per molti kilometri, subendo il processo metamorfico, e poi sono risaliti verso l'alto fino ad affiorare in superficie.

A cosa è dovuto questo fenomeno?

Come vedremo meglio in seguito (paragrafo 8), quando un settore di crosta (in genere una fascia lunga molte migliaia di kilometri) si deforma a causa di movimenti profondi, finisce per inarcarsi e sollevarsi lentamente, fino a dare origine a una catena montuosa. Nel corso del processo di deformazione (che dura milioni di anni) quel settore aumenta di spessore, anche fino al doppio del valore medio, e diviene, perciò, sempre più pesante.

Come conseguenza, sprofonda via via nel sottostante mantello, finché la spinta di galleggiamento (del tutto analoga alla spinta prevista dal principio di Archimede) non ne compensa il maggior peso. In superficie, a quel settore di crosta ispessito corrisponde una catena montuosa, che, nonostante il suo grande peso, può restare sollevata, rispetto alla quota media della crosta continentale, proprio perché è sostenuta dal grosso ispessimento di materiale crostale relativamente leggero, che «sporge verso il basso» e costituisce le **radici** dell'orogeno [Figura 19].

A mano a mano che l'erosione demolisce («alleggerisce») la nuova catena montuosa, le radici si riducono di volume (in pratica, i loro materiali risalgono verso l'alto e il mantello riacquista la sua posizione originale), continuando a tenere sollevati rilievi sempre meno imponenti [Figura 20]. Quando la catena montuosa sarà totalmente spianata (nel giro di centinaia di milioni di anni), la «sporgenza» delle sue radici sarà sparita e lo spessore locale della crosta avrà raggiunto il valore medio che si osserva sotto gli scudi e i tavolati, che, come già visto, è di circa 35 km. Comportamento simile mostra, ovviamente, anche la crosta oceanica, che, però, è molto più omogenea per spessore, natura e struttura, per cui la sua superficie è meno articolata. Anch'essa, quindi, galleggia sul mantello, al di sopra del quale affiora ovunque regolarmente stratificata. La Moho, quindi, sta a indicare la posizione di equilibrio raggiunta dai due tipi di crosta nel loro «galleggiare» sul mantello.

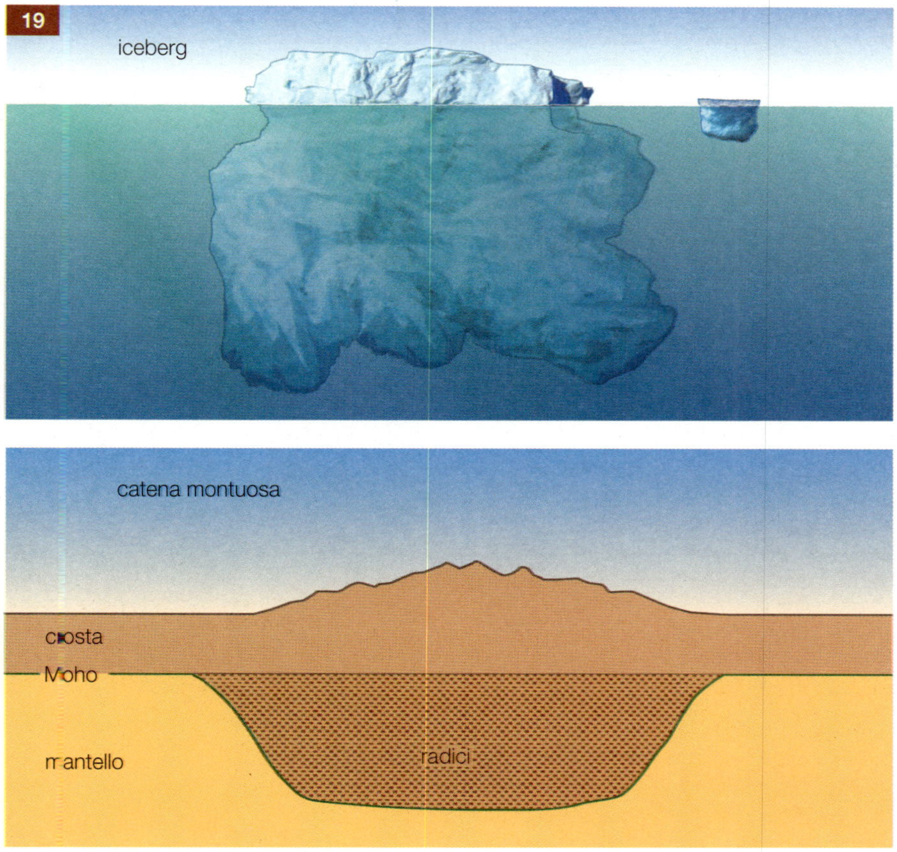

Figura 19
La spinta isostatica è paragonabile, concettualmente, a quella che consente il galleggiamento di un iceberg. La crosta continentale con il suo grosso spessore è confrontabile con un iceberg che «pesca» molto e che emerge sulla superficie. La crosta oceanica, più sottile, è confrontabile con un lastrone di ghiaccio, che pesca meno dell'iceberg e si alza poco sull'acqua. Questo spiega il forte dislivello tra le quote medie dei due tipi di crosta. (Si tenga presente che, a parità di spessore, sarebbe la crosta oceanica a «sprofondare» di più, per la sua densità media più elevata).

Ma in quale modo può il mantello, costituito di materiali rigidi, «fluire» per far posto alle radici?

Questo accade quando si esercita una forza su un solido per tempi lunghissimi, per cui un materiale che, sollecitato bruscamente da una forza, si comporta in modo rigido (per esempio si rompe), se viene sollecitato da una forza anche minore, ma applicata a lungo con continuità, risponde invece deformandosi come se fosse una sostanza estremamente viscosa.

Un classico esempio di tale modo di comportarsi è quello della ceralacca, quel materiale un tempo largamente usato, ma anche oggi spesso impiegato, per sigillare documenti o plichi, confezionato in bastoncini lunghi alcuni centimetri. Quando una barretta di ceralacca viene colpita con un martello va in frantumi come un solido fragile; appoggiata, invece, come un ponticello su due sostegni, in modo che su di essa agisca in continuità la forza di gravità, dopo qualche tempo appare incurvata sotto il proprio peso, come una sostanza plastica.

Nel caso del mantello, la sollecitazione dovuta a un terremoto è molto brusca e i suoi materiali «reagiscono» in modo rigido; ma lo sforzo esercitato dalla crosta ispessita (in pratica, una spinta verso il basso per il suo peso) si prolunga per milioni di anni e il mantello reagisce come un materiale molto viscoso e può «scorrere», sia pure con estrema lentezza.

Alcune aree continentali sono risultate, a questo proposito, veri laboratori naturali, che hanno permesso di misurare l'entità media dei movimenti verticali della crosta nel corso del tempo. Si tratta di vaste zone che, nel corso dell'ultima glaciazione, sono rimaste a lungo coperte da una coltre di ghiaccio spessa da 2 a 3 km, formatasi nel giro di poche migliaia di anni. L'immenso carico del ghiaccio ha fatto lentamente incurvare verso il basso la crosta continentale, che è sprofondata nel mantello, ma che, alla fine dell'evento glacia-

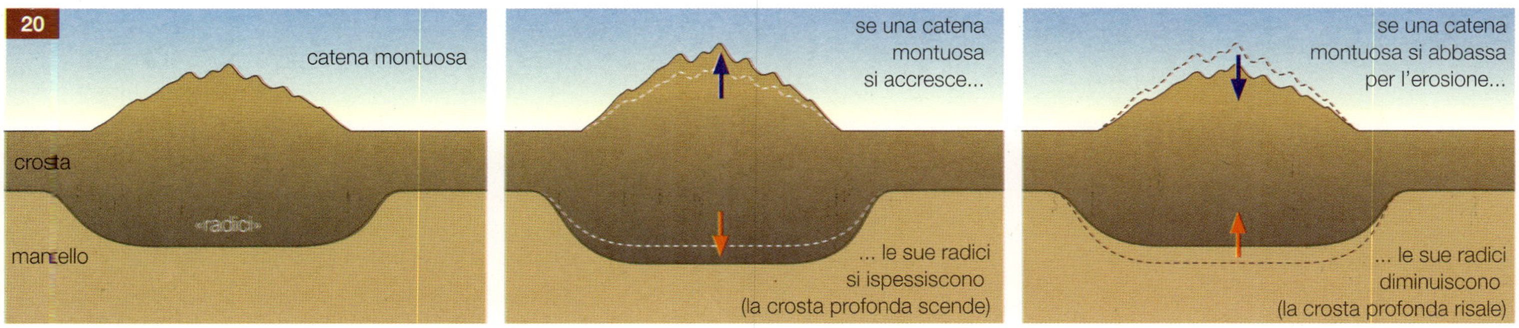

Figura 20
Aggiustamenti isostatici di una catena montuosa. In condizioni di equilibrio il peso della catena è controbilanciato dallo sprofondamento di una parte della crosta sottostante nel mantello, che forma le «radici». Se il peso della catena aumenta perché si accresce per i movimenti della crosta, le radici sprofondano nel mantello fino a ricevere una spinta che bilancia l'aumento di peso; le radici risultano aumentate di dimensioni. Se la catena «perde peso», la spinta di galleggiamento delle radici diviene eccessiva, per cui la crosta risale e le radici si riducono via via di volume.

Figura 21
Esempio schematico di aggiustamento isostatico: il sollevamento crostale post-glaciale.
A. All'inizio di una glaciazione si forma un ghiacciaio continentale, che continua a ispessirsi per migliaia di anni.
B. La crosta continentale si curva verso il basso sotto il peso del ghiaccio e sprofonda nel mantello, fino a raggiungere la necessaria «spinta di galleggiamento».
C. Alla fine della glaciazione, il rapido riscaldamento scioglie la calotta di ghiaccio. La crosta sprofondata comincia a risalire.
D. Un caso reale: il sollevamento della penisola baltica. La figura riporta i valori (in metri s.l.m.) del sollevamento della Fennoscandia (la regione che comprende la Penisola scandinava e la Finlandia) negli ultimi 5000 anni, determinati misurando le quote raggiunte dalle tracce di antiche linee di costa, che si sono rinnovate via via che la terra emergeva. La crosta, fatta sprofondare dal peso di un'enorme coltre di ghiaccio, non ha ancora finito di risalire, dopo che il ghiacciaio è ormai sparito da oltre 10 000 anni; il movimento è lentissimo a causa dell'elevata viscosità del mantello. Nel Golfo di Botnia la costa, liberata dai ghiacciai circa 8000 anni fa, si solleva in media di circa 1 metro al secolo.

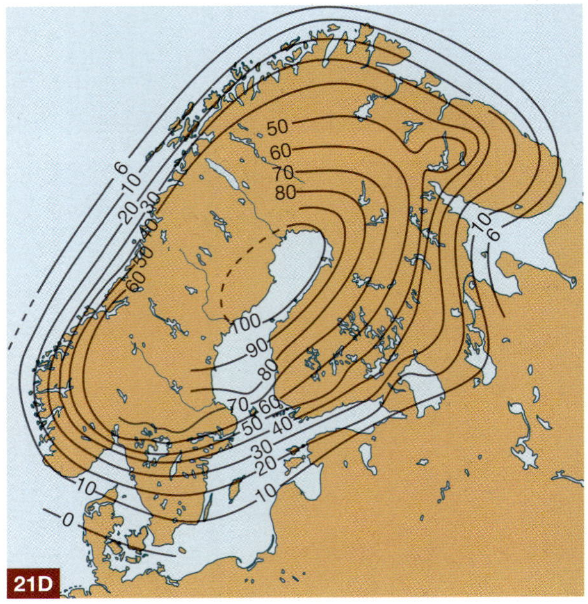

le, ha cominciato a sollevarsi, come è schematizzato nella Figura 21.

I due tipi di crosta sono mondi inconciliabili. Perché mostrano differenze così profonde nella loro natura? Lo vedremo partendo dalla crosta oceanica, il cui studio ha portato a risultati inaspettati.

LA CROSTA
↓ galleggia sul
mantello
↓ per un fenomeno di
isostasia (in base al Principio di Archimede)
↓
aggiustamenti isostatici
↓ in risposta a
variazioni di spessore della crosta

STRUTTURA della CROSTA TERRESTRE

	continentale	oceanica
spessore medio	35 km	6 km
densità media	2,7 g/cm³	3 g/cm³
quote medie	800 m	–3800 m
età max rocce	4000 Ma	190 Ma
natura rocce	eterogenea	omogenea
struttura	complessa: ▪ orogeni ▪ cratoni	regolare: ▪ sedimenti ▪ basalto ▪ gabbro

QUESITI

1. L'età delle rocce che formano la crosta continentale può arrivare fino a .... mentre l'età delle rocce della crosta oceanica non supera i ....
2. Scegli l'alternativa corretta.
   La Fennoscandia si sta attualmente **sollevando/abbassando** a causa dell'aggiustamento isostatico dovuto **allo scioglimento/all'ispessimento** di un ghiacciaio avvenuto 10 000 anni fa.
3. Vero o falso?
   Le radici della crosta continentale sono più spesse al di sotto dei cratoni che al di sotto delle catene montuose di recente formazione.
   Motiva la risposta.
4. Quali sono le principali differenze tra la crosta continentale e la crosta oceanica?
5. Quali sono gli strati che formano la crosta oceanica?
6. Descrivi la composizione della crosta continentale. È omogenea come quella della crosta oceanica?
7. Che cosa sono le aree cratoniche? E le fasce orogeniche?
8. In che cosa consiste l'isostasia?
9. Che cosa afferma il principio di Archimede? Se non lo ricordi, cercalo sul libro di fisica o su Internet.
10. Perché dopo un'orogenesi la crosta continentale, divenuta più spessa e pesante, affonda solo in parte nel mantello?

6 L'espansione dei fondi oceanici

Video
Le prove paleontologiche e paleoclimatiche della deriva dei continenti

L'idea che le grandi strutture della Terra, come i continenti e gli oceani, fossero forme stabili nel tempo geologico fu contrastata all'inizio del secolo scorso dalla comparsa di teorie «mobiliste», secondo le quali i continenti potrebbero invece muoversi lungo la superficie terrestre, creando spazi per nuovi oceani e facendone scomparire di vecchi.

La teoria più completa e geniale in proposito fu presentata nel 1912 e pubblicata in forma completa nel 1915 dal tedesco Alfred Wegener [Figura 22].

6.1 La deriva dei continenti

Secondo Wegener, circa 200 milioni di anni fa vari lembi di crosta continentale, oggi separati tra loro da ampi oceani, si trovavano uniti in un unico grande continente, cui egli diede il nome di **Pangèa** (dal greco, «tutto terra»), circondato da un unico grande oceano, chiamato **Pantàlassa** (dal greco, «tutto mare»); a partire da quell'epoca il Pangèa si sarebbe smembrato in più parti (destinate a diventare le Americhe, l'Africa, l'Eurasia, l'India, l'Australia, l'Antartide), che si sarebbero sempre più allontanate tra loro secondo un meccanismo noto come **deriva dei continenti** [Figura 23](vedi Approfondimento, *La «Terra mobile» di Wegener*, a pag. 208).

La teoria della deriva dei continenti partiva da premesse valide e i dati oggi disponibili, migliorati e, soprattutto, enormemente accresciuti e arricchiti dalle indicazioni del paleomagnetismo, non possono far altro che confermare la «diaspora» dei frammenti di Pangèa.

Dove invece la teoria di Wegener risultava poco sostenibile era nelle cause e nelle modalità della deriva, in quanto le forze invocate per spiegare questo fenomeno apparivano del tutto inadeguate. Come conseguenza, tutta la teoria venne contrastata, mentre la mobilità della crosta veniva ammessa solo per movimenti isostatici, sollevamenti e abbassamenti (cioè verso l'alto e verso il basso). Per affermarsi decisamente, l'idea di una «Terra mobile» aveva bisogno di nuovi dati, come supporto a brillanti intuizioni. Negli

22

23

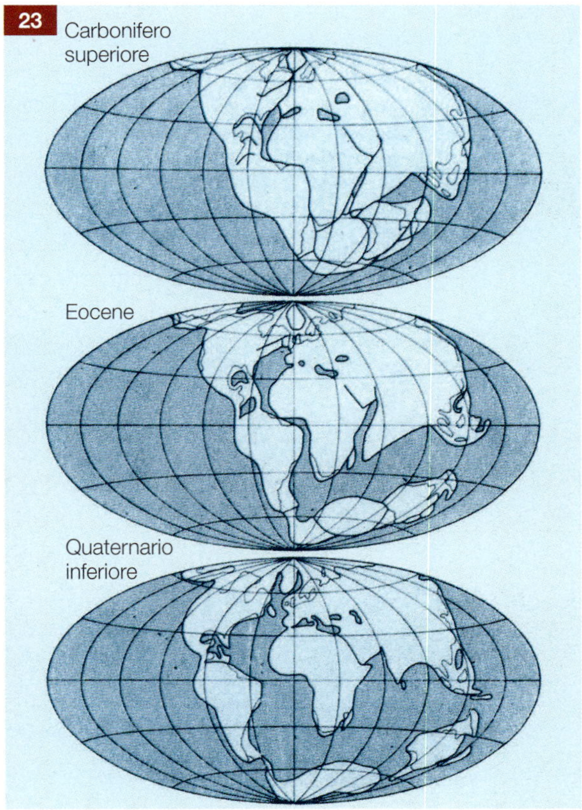

Figura 22
Alfred Wegener (a sinistra) in partenza per la spedizione in Groenlandia durante la quale perse la vita nel 1930.

Figura 23
Ricostruzione del Pangèa e del suo successivo smembramento secondo Wegener.
(Da A. Wegener, *Die Entstehung der Kontinente und Ozeane*, 1915)

24

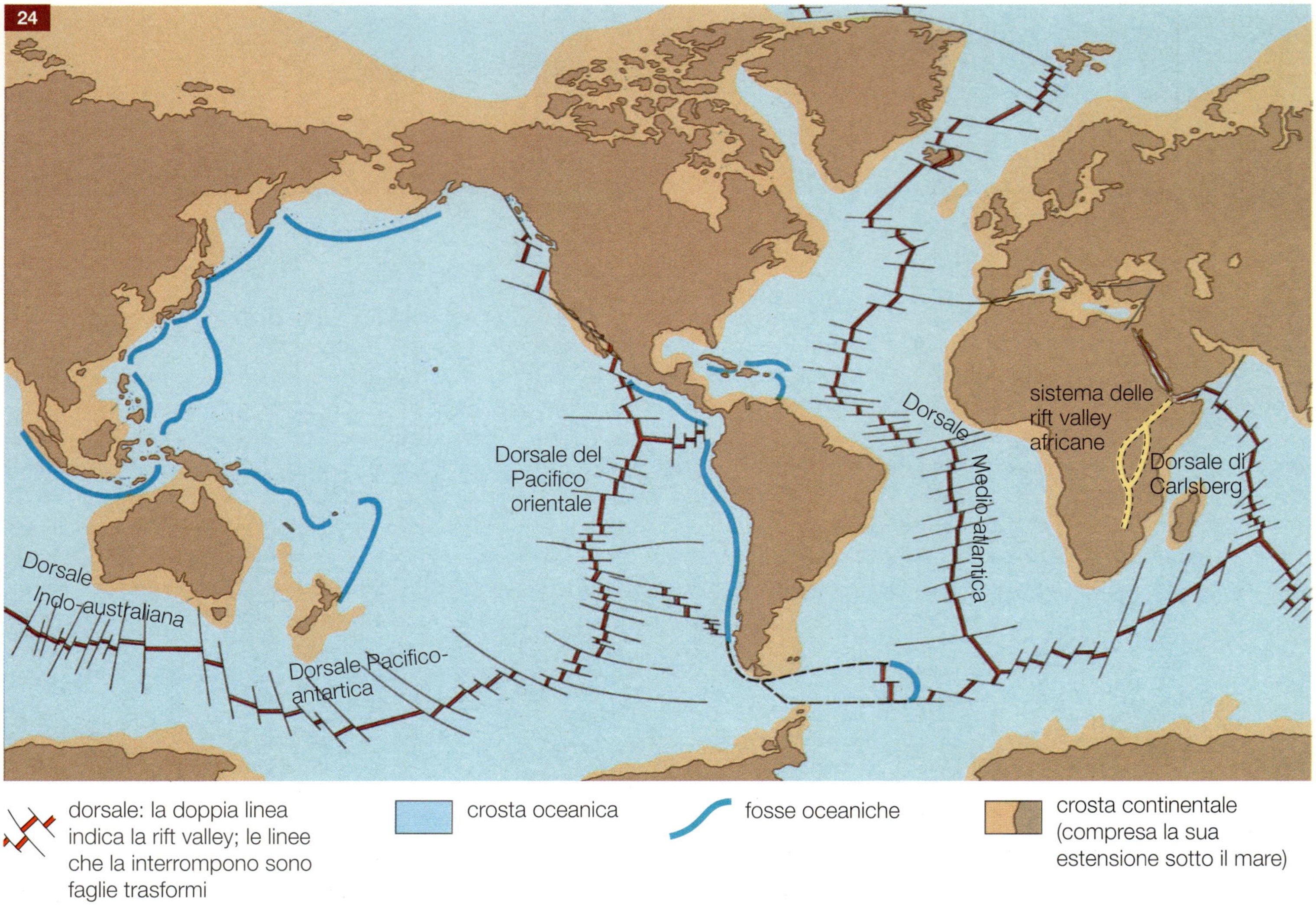

Figura 24
Schema semplificato del sistema globale di dorsali, fosse e faglie trasformi.

anni Sessanta del XX secolo l'impiego di mezzi adeguati e di tecniche d'avanguardia, come speciali navi oceanografiche in grado di perforare il fondo degli oceani, permise di scoprire che il «pavimento» degli oceani non è stabile, ma in continua evoluzione: la crosta oceanica si rinnova e si consuma incessantemente, con velocità di qualche cm/anno. Vediamo i punti essenziali del meccanismo che viene comunemente chiamato **espansione dei fondi oceanici**, partendo dall'esame di due gruppi di strutture oceaniche: le dorsali oceaniche e le fosse abissali.

6.2 Le dorsali oceaniche

Sul fondo degli oceani si snoda un sistema di dorsali sommerse, lungo complessivamente oltre 60 000 kilometri; esse sono state spesso paragonate a catene montuose sommerse, ma in realtà sono qualcosa di totalmente diverso. Le **dorsali oceaniche** corrispondono a una lunghissima fascia di crosta oceanica – ampia da 1000 a 4000 kilometri – inarcata verso l'alto tanto che la sua sommità è almeno 2-3000 metri più alta degli adiacenti fondi oceanici [Figura 24]. Si potrebbero paragonare le dorsali a una specie di gigantesca «cicatrice» in rilievo che dal Mar Glaciale Artico serpeggia attraverso l'Atlantico, l'Indiano e il Pacifico meridionale e orientale, con alcune diramazioni, come quella che dall'Oceano Indiano sale verso Nord e prosegue lungo il Mar Rosso.

La cresta del sistema di dorsali è quasi ovunque segnata da un solco longitudinale largo qualche decina di kilometri e profondo 1500-3000 metri, chiamato **rift valley** per la sua grande somiglianza con il sistema di fosse dell'Africa Orientale, noto come accade, per esempio, Great Rift Valley; in qualche punto la sommità di una dorsale arriva ad emergere dalla superficie del mare, come accade, per esempio, alle Isole Azzorre e in Islanda [Figura 25]. La grande depressione è limitata sui due lati da scalinate di ripide pareti tra loro quasi parallele che corrispondono a un sistema di faglie attraverso l'intera crosta, che qui risulta molto assottigliata.

Un diverso sistema di faglie, trasversali rispetto all'asse della rift valley, disarticola invece le dorsa-

25

Figura 25
La Dorsale Medio-atlantica emerge in Islanda. Si riconosce una zona di fessure (lungo la valle percorsa dal corso d'acqua) del tratto di rift valley che attraversa l'intera isola. Le rocce sono gli stessi tipi di basalti che, allontanandosi dall'isola, costituiscono il fondo dell'Oceano Atlantico. (Icelandic Photo/ZEFA)

Figura 26
Struttura della litosfera in corrispondenza di una *dorsale oceanica*. La grande valle lungo l'asse della dorsale corrisponde a una fascia di fessure entro la litosfera. Lungo tali fessure risale continuamente magma dalla sottostante astenosfera parzialmente fusa e viene così alimentata l'effusione di lave basaltiche sul fondo della *rift valley* (freccia rossa). La litosfera risulta perciò interrotta lungo le dorsali e i due settori contigui che ne risultano si allontanano reciprocamente (frecce grandi bianche divergenti e frecce piccole sul fondo del mare). Nel movimento si riaprono di continuo nuove fessure, che rinnovano la *rift valley* e aprono la via all'afflusso di altro magma.

li in numerosi segmenti, ciascuno dei quali risulta spostato rispetto a quelli contigui [Figura 26]. Tali lacerazioni sono state chiamate **faglie trasformi**. Si osservi che lungo il tratto di faglia compreso tra due segmenti successivi di rift valley il fondo oceanico si muove in due direzioni opposte, provocando violenti terremoti per il forte attrito. Un tipico esempio è la faglia di San Andreas, che collega due tratti di dorsale oceanica posti uno a Nord-Ovest della California, l'altro all'interno del Golfo di California (rivedi la figura 24). Lungo le faglie che delimitano la rift valley risale continuamente dal mantello magma che fuoriesce da innumerevoli punti sul fondo del mare e solidifica come roccia basal-

26

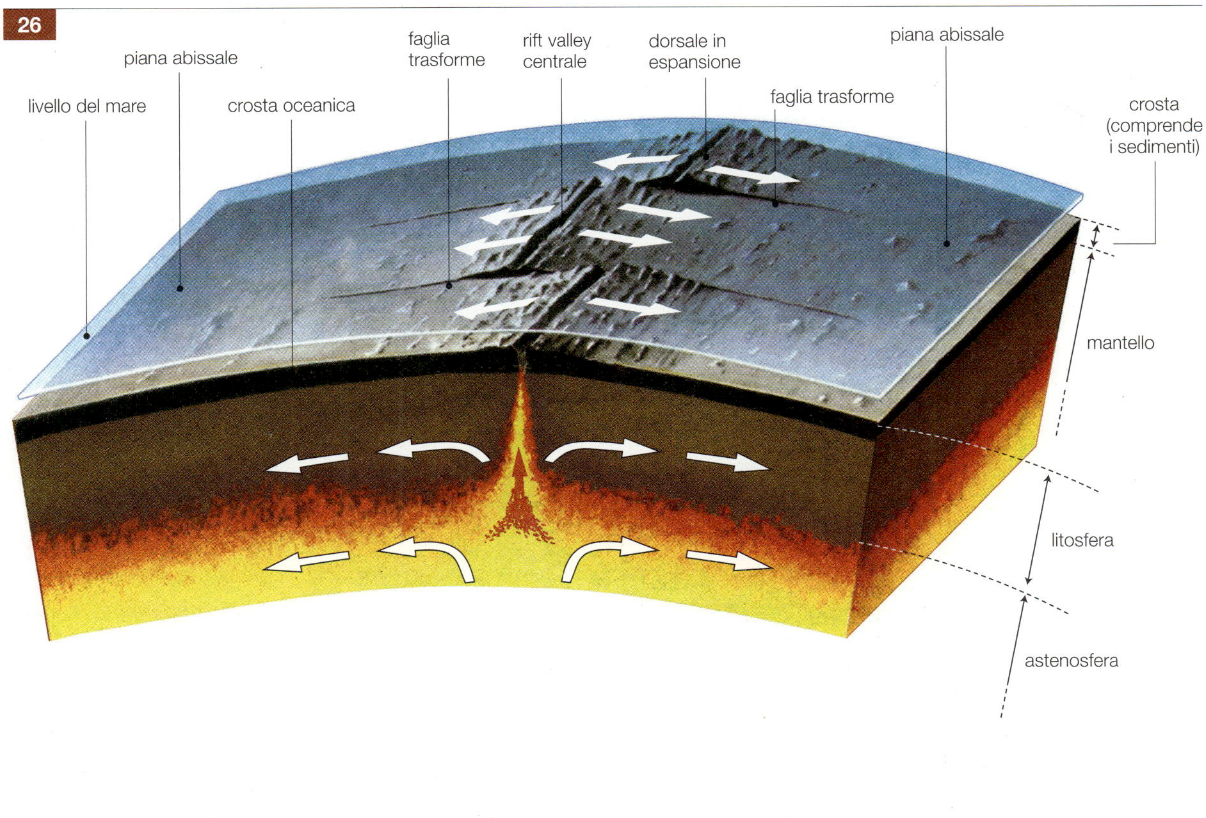

Figura 27
Il batiscafo Alvin campiona lave a cuscini sul fondo dell'Oceano Pacifico.
(R. White/Corbis.)

■ **Lava a cuscini** (**Pillow lava**) Se una colata di lava fuoriesce sul fondo del mare, a causa del brusco raffreddamento a contatto con l'acqua la sua superficie si riveste rapidamente di una crosta vetrosa, che la pressione dovuta all'afflusso di altra lava fa rompere in vari punti: dalle fessure escono fiotti di lava, che a loro volta si rivestono di un guscio vetroso. Alla fine la colata appare come una catasta di masse tondeggianti, che permettono di riconoscere facilmente l'origine sub-acquea della roccia.

tica con la caratteristica forma di «lava a cuscini» [Figura 27]. Infine, numerosi terremoti, con ipocentro tra la superficie e una decina di km, si verificano lungo tutta la rift valley e lungo le faglie trasformi.

Sul fondo delle rift valley sono state scoperte numerose sorgenti idrotermali. L'acqua fredda del mare penetra nelle fratture lungo le dorsali, scende per parecchi kilometri e si riscalda a contatto con i basalti. Divenuta meno densa, l'acqua risale fino a sgorgare con violenza dal fondo marino, con un «getto» caldissimo (fino a 380 °C), ricco di gas e di minerali portati via in soluzione dai basalti. Tali sorgenti sono chiamate *fumaioli neri* per il colore del getto, dovuto alla presenza di solfuri disciolti; a contatto con l'acqua fredda del mare, dalla soluzione calda precipitano chimicamente i minerali, che, con le loro incrostazioni, formano «ciminiere» alte alcuni metri [Figura 28].

Del tutto inaspettata è stata la scoperta intorno ai fumaioli di oasi di vita popolate da specie sconosciute di vermi, molluschi bivalvi, granchi e altri organismi. Alla base della loro catena alimentare vi sono dei solfobatteri che ricavano l'energia necessaria alla produzione di sostanze organiche dall'ossidazione dei solfuri. Alla profondità di 3000 metri, dove la luce non penetra, si sono così sviluppati ecosistemi complessi che non si basano sulla fotosintesi, ma su una forma di chemiosintesi.

Questa scoperta è alla base dell'ipotesi che su Europa, uno dei satelliti di Giove, si possa essere sviluppato qualcosa di simile sul fondo dell'oceano di acqua che avvolge l'intero satellite.

L'insieme delle caratteristiche osservate indica che, sotto la crosta oceanica, in corrispondenza delle dorsali, deve esistere un flusso ascendente continuo di materiale molto caldo, non fuso, o forse solo in minima parte. Il materiale risale da livelli profondi entro il mantello, dove, come già detto, forti squilibri termici attiverebbero ampi movimenti convettivi. In vicinanza della superficie, per la diminuita pressione litostatica, parte del materiale caldo passerebbe allo stato fuso e risalirebbe attraverso le fratture che delimitano la rift valley, fino a traboccare sul fondo del mare e a dare origine, per raffreddamento, ai grandi accumuli di lave a cuscini.

La quantità di lava che fuoriesce lungo tutte le dorsali è imponente, ma è pur sempre una piccola frazione dell'enorme massa di materiale caldo, ma solido, in risalita dal mantello. Arrivata in prossimità della superficie, ma fino a profondità di molti kilometri, tale massa si espande, dividendosi in due rami che si allontanano in direzioni opposte rispetto alla posizione della dorsale (vedi frecce bianche grandi in figura 26), e si muovono, sempre a velocità di qualche cm / anno, insieme alle piane abissali che ne costituiscono la sommità, continuando però a perdere calore. Come conseguenza di questi movimenti profondi, in superficie i due fianchi delle dorsali si allontanano l'uno dall'altro a partire dalla rift valley. Dalle numerose faglie che continuamen-

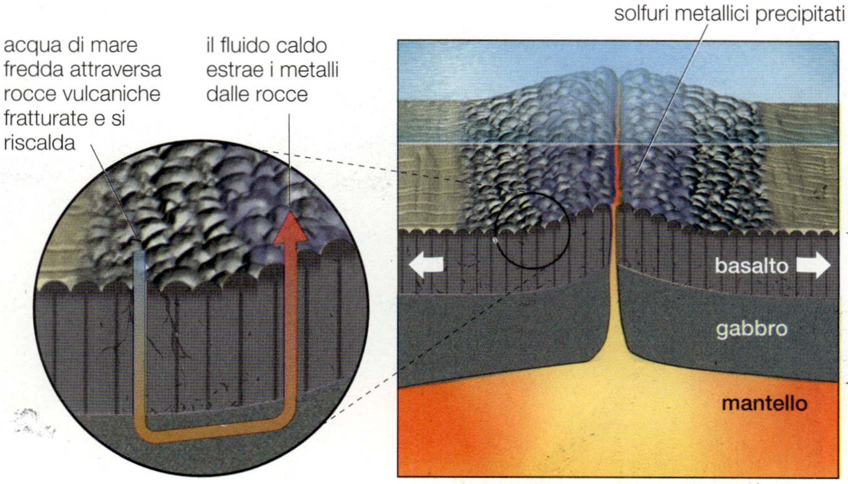

Figura 28
Un tipico esempio dei «fumaioli neri» che si formano sul fondo della rift valley, lungo la sommità delle dorsali oceaniche. Da alcune fessure sgorgano con violenza soluzioni idrotermali caldissime (fino ben oltre a 350 °C) e ricche di metalli, che danno origine a minuscole particelle nere di solfuri di rame, ferro e zinco: le «ciminiere», alte alcuni metri, sono formate da incrostazioni di quei minerali. (J. Edmond)

te si aprono risale immediatamente il magma che si libera per la decompressione, la quale provoca la fusione parziale del materiale risalito in prossimità della superficie. Con il raffreddamento, tale magma forma nuovi ammassi di rocce effusive (basalti) e intrusive (gabbri), per uno spessore di qualche kilometro e su tutta l'estensione della rift valley. Non appena consolidate, anche le nuove rocce vengono coinvolte nel meccanismo in atto: essendosi formate lungo il fondo dell'intera rift valley, una parte di esse risulterà saldata a un fianco della dorsale (di cui seguirà il movimento), l'altra parte all'altro fianco. Nuove faglie taglieranno anche queste rocce appena solidificate e altro magma continuerà ad affluire. In definitiva, i fondi oceanici si accrescono e si espandono a partire dalla rift valley con un movimento continuo e le dorsali sono, perciò, la «fucina» che genera nuova crosta oceanica.

Per comprendere meglio questi concetti è però necessario tener presente che l'accrescimento e il movimento non riguardano la sola crosta, ma l'intera litosfera e coinvolgono, perciò, anche la parte più alta del sottostante mantello. Come si vede nella figura 26, sotto le dorsali la litosfera si assottiglia (da 70 km fino a pochi kilometri) e l'astenosfera, la parte più plastica del mantello, risale in prossimità della superficie, con le rocce già prossime al punto di fusione. Dalla sommità della «colonna» di astenosfera in risalita si separano i magmi basaltici; il resto della colonna si divide in due parti, che non fondono ma si raffreddano e si saldano alla vecchia litosfera.

Oltre alla formazione di nuova litosfera, l'attività delle dorsali ha un importante riflesso, questa volta indiretto, nei confronti di un altro processo litogenetico molto importante, come conseguenza di quanto avviene lungo il contatto tra la crosta oceanica e quella dei continenti che si allontanano per la progressiva espansione. Man mano che, col passare del tempo, la litosfera oceanica si allontana dalla dorsale, si raffredda, quindi aumenta di densità e subisce un processo di subsidenza, cioè comincia a sprofondare sotto il livello del mare, verso un nuovo equilibrio isostatico rispetto al mantello sottostante. I fianchi delle dorsali oceaniche si fanno via via più profondi man mano che ci si allontana dalla rift valley, finché la litosfera, ormai fredda, entra in una condizione di stabilità e continua a espandersi senza subsidenza. Nascono così le vaste *piane abissali*, livellate intorno ai 4000 metri di profondità. In questo modo anche tutta la fascia lungo la quale sono saldate crosta oceanica e continentale scende sotto il livello del mare e comincia ad accogliere i sedimenti portati dai fiumi. Queste concavità allungate sono chiamate **bacini da subsidenza termica** e vengono colmate dai sedimenti fin quasi al livello del mare lungo tutto il margine del continente, dando origine, così, alla *piattaforma continentale* e alla contigua *scarpata continentale*, che scende verso le piane abissali.

Questi enormi volumi di sedimenti vengono chiamati **prismi sedimentari**: la forma di tali accumuli, infatti, è quella di un lungo prisma disteso parallelamente alle coste, con tre facce: una è la superficie su cui poggiano i sedimenti (formata da crosta continentale saldata a crosta oceanica), un'altra è la superficie della piattaforma continentale (modellata dal moto ondoso, che agisce solo fino a meno di 200 metri di profondità) e la terza è la scarpata continentale (che corrisponde alla superficie formata dai sedimenti sciolti, che si accumulano solo per gravità, senza modellamento di altri agenti).

I margini continentali lungo i quali avviene questa evoluzione sono distinti come **margini passivi**, per la loro stabilità, che si prolunga nel tempo per molti milioni di anni, mentre i prismi sedimentari arrivano a spessori di alcune migliaia di metri e si accrescono verso il largo per oltre 100 km, come lungo le coste atlantiche del Sudamerica. Tuttavia

29

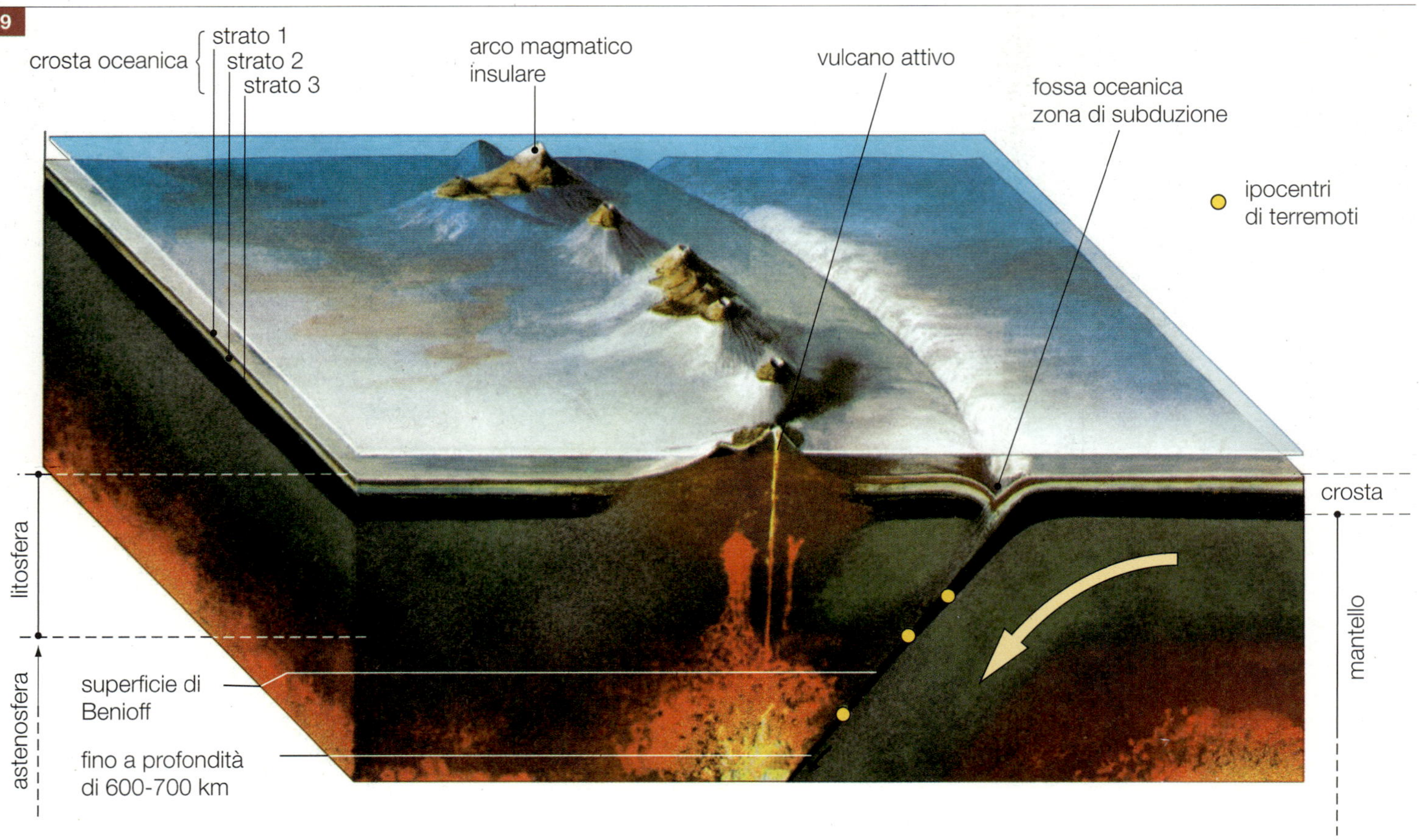

Figura 29
Struttura della litosfera in corrispondenza di una *fossa oceanica*, come lungo l'arcipelago delle Isole Marianne. La litosfera fredda e densa scende in profondità (*subduzione*) e comincia a fondere, alimentando un intenso vulcanismo, in gran parte di tipo esplosivo (*arco vulcanico o magmatico insulare*); contemporaneamente, i violenti attriti con le rocce circostanti provocano sforzi che si traducono in violenti terremoti lungo tutta la litosfera in discesa: sarebbe questa l'origine della superficie di Benioff.

i prismi sedimentari sono strutture di importanza fondamentale nell'evoluzione della crosta del pianeta, perché prima o poi quei sedimenti si trasformeranno in rocce e verranno coinvolti nel gigantesco processo di formazione delle catene montuose, l'orogenesi, come vedremo nel paragrafo 8.2.

6.3 Le fosse abissali

I fondi oceanici presentano un altro tipo di strutture caratterizzate da intensa attività: sono le **fosse abissali**, depressioni del fondo lunghe migliaia di kilometri e relativamente strette, molte delle quali scendono a più di 10 000 m di profondità. Un tipico allineamento di tali strutture è presente lungo il bordo occidentale del Pacifico, dove le fosse si susseguono dallo Stretto di Bering fino alla Nuova Zelanda, come pure al largo di Giava e Sumatra e lungo le coste del Sudamerica (vedi nuovamente la figura 24).

Rispetto alla sua quota media, che è quella delle vaste piane abissali, il fondo oceanico scende, in corrispondenza di una fossa, di oltre 5 km [Figura 29]. L'attività vulcanica è sistematicamente presente, ma è localizzata a una certa distanza dalla fossa, dove si individua un **arco vulcanico** o **arco magmatico**.

Se la fossa fiancheggia il margine di un continente, lungo quest'ultimo si innalza una catena di vulcani (come le Ande).

Se invece la fossa è in pieno oceano, parallelamente ad essa si osserva un arco di isole vulcaniche (come le Isole Marianne della figura 29).

A differenza di quanto avviene nelle dorsali, dove si verificano effusioni di lave fluide, il vulcanismo lungo le fosse è altamente esplosivo, alimentato da magmi molto ricchi di gas e vapori. Tutte le più violente esplosioni vulcaniche si verificano in prossimità di una fossa oceanica (come quella del vulcano Pinatubo lungo la fossa delle Filippine, avvenuta nel 1991; vedi capitolo 3, figura 21). Il magma che alimenta un tale tipo di vulcanismo è in genere andesitico, ma nella stessa zona risalgono anche magmi basaltici.

I sistemi arco-fossa, sono accompagnati anche da forte sismicità. La distribuzione complessiva degli ipocentri dei terremoti permette di individuare una superficie ideale, la **superficie** o **piano di Benioff** (o di Benioff-Wadati), che scende in profondità con un angolo, rispetto alla superficie terrestre, compreso in genere tra 30 e 70° (vedi capitolo 4, figura 10). Questo particolare allineamento di terremoti ha fatto pensare, fin dalla sua scoperta, alla presenza di grandi faglie che scendono in profondità; ma per quale meccanismo? E quale rapporto c'è tra le fosse abissali e gli archi vulcanici? Per trovare una risposta è necessario mettere insieme le caratteristiche delle dorsali oceaniche e quelle delle fosse abissali: vediamo il quadro che ne emerge.

6.4 Espansione e subduzione

Se l'interpretazione delle dorsali oceaniche come luogo di formazione ed espansione di nuova litosfera oceanica è corretta, allora deve esistere qualche forma di consunzione di litosfera in altri settori del globo, la cui superficie complessiva dovrebbe, altrimenti, aumentare di continuo (un fenomeno previsto in realtà da qualche studioso, ma finora non adeguatamente dimostrato).

Il collegamento tra dorsali e fosse è al centro dell'ipotesi dell'**espansione dei fondi oceanici**.

In questa ipotesi, le dorsali oceaniche, in rilievo rispetto alle piane abissali, sono sostenute dalla risalita di materiale caldo in movimento nel mantello. Tale materiale alimenta il vulcanismo della dorsale, i cui prodotti, una volta divenuti solidi, contribuiscono alla formazione di nuova crosta oceanica, mentre sotto la crosta si accresce nello stesso tempo nuovo mantello litosferico.

A sua volta la litosfera oceanica, trascinata dai movimenti profondi del mantello, si allontana da un lato e dall'altro della rift valley, formando così il pavimento delle vaste piane abissali.

Contemporaneamente, a una certa distanza dalle dorsali la litosfera, da tempo in movimento, ormai divenuta più fredda e pesante, comincia ad affondare, con un lento movimento, detto di **subduzione**: si inflette verso il basso (si formano così le fosse) e si immerge nel mantello. Nella sua discesa entro zone a temperature via via più elevate, la litosfera si riscalda e comincia a fondere, finché in profondità risulta ampiamente riassimilata dal mantello.

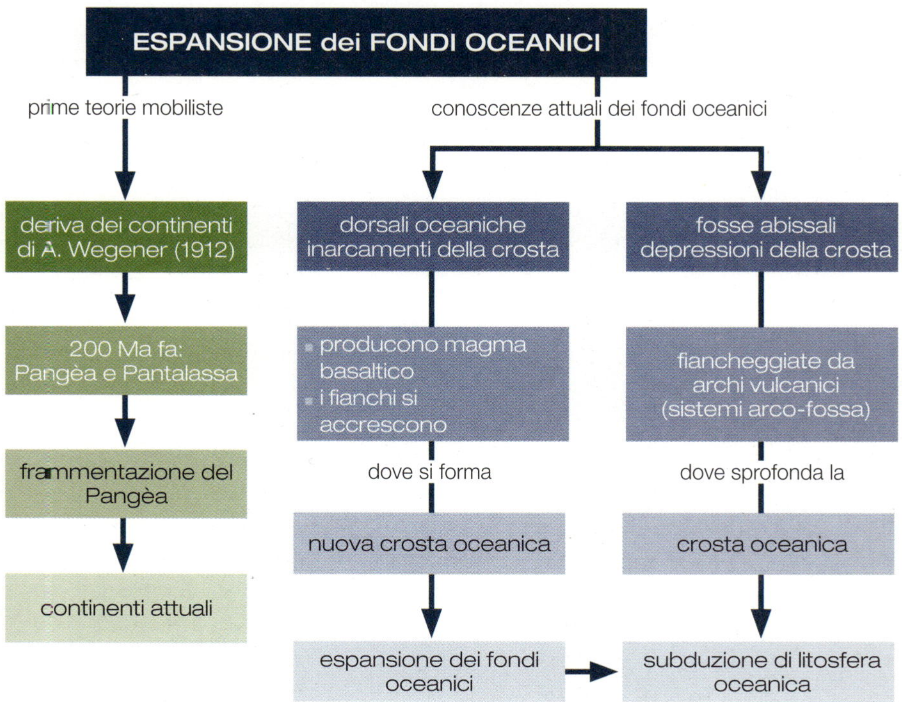

Non tutto il materiale della litosfera viene però «riciclato» nel mantello: la fusione graduale della crosta oceanica e dei sedimenti che la ricoprono, trascinati nel movimento di subduzione, produce grandi volumi di magma che, essendo meno denso del materiale del mantello circostante, risale verso la superficie e alimenta il vulcanismo degli archi vulcanici (siccome parte del magma si consolida anche a una certa profondità, dando origine a rocce intrusive, si parla più generalmente di *archi magmatici*).

Inoltre, la discesa della litosfera avviene con violenti attriti, che si manifestano come terremoti. La superficie di Benioff viene interpretata perciò come una «radiografia» che permette di intravvedere la litosfera che sprofonda. La mancanza di ipocentri più profondi di circa 700 km sarebbe un segno che, a quelle profondità, gran parte della litosfera è stata ormai riassimilata, oppure che, a causa della perdita di rigidità dei materiali per l'elevata temperatura, non si verificano più quei meccanismi che originano i terremoti a minori profondità.

L'ipotesi dell'espansione dei fondi oceanici, proposta nel 1960 dal geologo H. Hess, apparve estremamente promettente fin dalla sua prima formulazione, ma, come fu rilevato dal suo stesso autore, essa rimaneva «un saggio di geopoesia» finché non si fosse trovata una «prova indipendente» che ne confermasse l'attendibilità. Prove e conferme vennero nel giro di pochi anni da una serie di entusiasmanti scoperte.

QUESITI

1. Completa.
   La sommità delle dorsali è percorsa quasi ovunque da una depressione detta ....
2. Scegli l'alternativa corretta.
   Il vulcanismo associato alle fosse abissali è **effusivo/esplosivo**.
3. Vero o falso?
   Lungo le dorsali oceaniche si ha la subduzione della litosfera.
   Motiva la risposta.
4. Scegli l'alternativa corretta.
   Allontanandosi dalla dorsale la litosfera oceanica diventa più **fredda e pesante/calda e leggera**.
5. Che cos'è una dorsale oceanica?
6. Che cosa sono le faglie trasformi? Quali fenomeni geologici ritieni che si verifichino in corrispondenza di queste faglie?
7. Che cos'è la superficie di Benioff?
8. In che cosa consiste il meccanismo di espansione dei fondi oceanici?
9. Perché si ritiene indispensabile che sulla Terra siano contemporaneamente attive dorsali oceaniche e fosse abissali?

approfondimento delle conoscenze

La «Terra mobile» di Wegener

L'idea di una «Terra mobile», la cui superficie cambia aspetto nel tempo per il continuo reciproco spostarsi di settori della crosta, è nata all'inizio del secolo scorso ed ha avuto il suo principale teorico in Alfred Wegener, ben noto per aver proposto la *deriva dei continenti*.

Wegener considerava le aree continentali come zattere di *sial* galleggianti sul *sima*, indicando con **sial** (da ***si****licio* e ***al****luminio*) la crosta a composizione media granitica, meno densa, e con **sima** (da ***si****licio* e ***ma****gnesio*) il materiale sottostante, più denso, di composizione basaltica, che affiorava sul fondo degli oceani e costituiva, secondo l'autore, un involucro continuo.

Nella teoria, i grossi frammenti di crosta sialica, immersi nel sima molto viscoso «come *iceberg* nell'acqua», sarebbero andati pian piano alla *deriva verso Ovest* per essere rimasti in ritardo rispetto alla rotazione della Terra verso Est. L'inerzia dei lembi di sial, che tuttora slitterebbero lentamente sul sima, avrebbe portato le Americhe nella loro posizione attuale dando origine alle Montagne Rocciose e alle Ande.

Risulta fondamentale, nella teoria, il concetto di un sial rigido che galleggia sul sima ed è in grado di muoversi rispetto a quest'ultimo, che, in tempi molto lunghi, si comporterebbe in modo plastico.

Prove geografiche e geologiche della deriva dei continenti

Wegener (nato a Berlino nel 1880 e scomparso in una spedizione tra i ghiacci della Groenlandia nel 1930), studioso di meteorologia ma con ampi interessi in vari campi delle scienze, era rimasto fortemente colpito dalla notevole somiglianza delle linee di costa dell'Africa e dell'America del Sud (del resto già sottolineata da altri studiosi): lo ricorda lo stesso Wegener all'inizio del libro con il quale pubblicò la sua teoria: «*La prima idea di una deriva dei continenti mi si presentò già nel 1910. Nell'esaminare la carta geografica dei due emisferi, ebbi l'impressione immediata della concordanza delle coste atlantiche, ma ritenendola improbabile non la presi per allora in considerazione. Nell'autunno del 1911, essendomi capitata in mano una relazione su un antico collegamento continentale tra il Brasile e l'Africa, venni a conoscenza dei risultati paleontologici ottenuti, a me ignoti fino allora. (...) Le osservazioni fatte furono così notevoli che si radicò in me la convinzione dell'esattezza fondamentale di quell'idea. Idea che resi nota per la prima volta il 6 gennaio 1912*».

Egli pensò che questa somiglianza non fosse casuale, ma derivasse dal fatto che i due continenti fossero stati in precedenza uniti. Questa ipotesi, ovviamente, aveva bisogno di prove e Wegener cominciò dalla geologia. Come non basta riunire i frammenti di un foglio di giornale per essere sicuri di aver ricostruito la pagina di cui facevano parte, ma si deve controllare che le righe di stampa, nella ricostruzione, abbiano riacquistato la loro completezza, così Wegener ritenne che un'eventuale precedente contiguità tra Africa e Sudamerica dovesse risultare comprovata dalla corrispondenza tra gli elementi *geologici* e *paleontologici* messi in luce dallo studio delle rocce oggi affioranti lungo le coste dei due continenti. La necessità di ipotizzare l'esistenza di antichi «ponti continentali» che in seguito sarebbero sprofondati sotto gli oceani – postulata fino a quel tempo per spiegare le analogie tra le associazioni fossili – veniva in tal modo a cadere, mentre analogie simili venivano riscontrate in altre parti del mondo, come fra Australia e Sud America o fra Europa e Nord America.

Con un paziente lavoro, Wegener ricostruì la configurazione delle terre emerse così come dovevano presentarsi alla fine dell'Era paleozoica (circa 250 Ma fa), quando si era formato un «supercontinente» che egli chiamò *Pangèa* («tutto terra»), circondato da un unico oceano, il *Pantàlassa* («tutto mare»), e delineò anche le tappe della *deriva dei continenti* che, a partire dalla progressiva frammentazione del Pangèa, in meno di 200 milioni di anni ha portato la superficie del pianeta al suo aspetto attuale. Se si riuniscono i continenti come proposto da Wegener, grandi catene montuose, faglie lunghe kilometri, e perfino giacimenti minerari si trovano in perfetta continuità attraverso le giunzioni.

Prove paleontologiche

Negli strati sedimentari del Permiano (l'ultimo periodo dell'Era paleozoica, tra 290 e 250 Ma fa) del Brasile e del Sudafrica vengono rinvenuti gli identici resti di un piccolo rettile che viveva in acque dolci – *Mesosaurus* – e di una pianta – *Glossopteris* – la cui distribuzione geografica interessa due continenti oggi separati da un ampio oceano; anzi, i resti della pianta si trovano anche in India, Australia e Antartide, aree continentali separate da estese superfici marine. La diffusione in aree tra loro così lontane degli stessi organismi viventi tipici di ambienti continentali, incapaci perciò di superare gli oceani, si può spiegare ipotizzando che, a quel tempo, le terre avessero una diversa configurazione, e che aree oggi separate fossero contigue [Figura 30].

Fino a circa metà dell'Era mesozoica le faune fossili nei due continenti, Sud America e Africa, continuano a essere identiche. Gli ambienti dovevano far parte di una fascia costellata di laghi, nei quali vivevano rettili terrestri, anfibi e pesci d'acqua dolce, che non avrebbero potuto superare l'oceano oggi frapposto tra i due continenti. Dall'ultima parte dell'Era mesozoica, circa 100 Ma fa, i depositi e le faune fossili appaiono, invece, radicalmente diverse nei due continenti: da quel momento, l'evoluzione della fauna e della flora in Sud America deve aver seguito strade molto diverse da quelle seguite in Africa, a mano a mano che i due continenti si separavano e un nuovo oceano, in progressivo allargamento, creava un ostacolo alla libera comunicazione tra gli organismi continentali.

Prove paleoclimatiche

Wegener riportò su di un planisfero le antiche fasce climatiche dell'Era paleozoica. Rocce elaborate da ghiacciai continentali affiorano in Africa occidentale, in Brasile e in India, luoghi dove oggi il clima è tutt'altro che glaciale; viceversa, grandi giacimenti di carbone (resti di vaste foreste di tipo equatoriale) si trovano in Antartide e in Australia. Solo riunendo i continenti nel Pangèa e spostandoli più a Sud, le fasce paleoclimatiche riacquistano una disposizione coerente [Figura 31].

Attraverso queste e numerose altre prove Wegener aveva riconosciuto chiaramente la mobilità della crosta continentale (rivedi la figura 23); le sue idee, però, erano così in anticipo sui tempi, che incontrarono scetticismo e forti opposizioni. Solo pochi studiosi sostennero la deriva dei continenti e tra questi va ricordato il geologo sudafricano Alexander Du Toit, che a sua volta propose (nel 1937) una ricostruzione un po' diversa: due grandi continenti, che chiamò Gondwana (a Sud) e Laurasia (a Nord), separati da un oceano (Mare di Tetide) [Figura 32].

Quello che mancava alla teoria di Wegener era invece un «motore» abbastanza potente da far muovere i continenti, ma per questo i tempi non erano ancora maturi: altre grandi scoperte dovevano venire, soprattutto nel campo della Geofisica, prima che, cinquant'anni più tardi, la *Tettonica delle placche* fornisse un nuovo, concreto quadro di riferimento per un'antica idea.

30

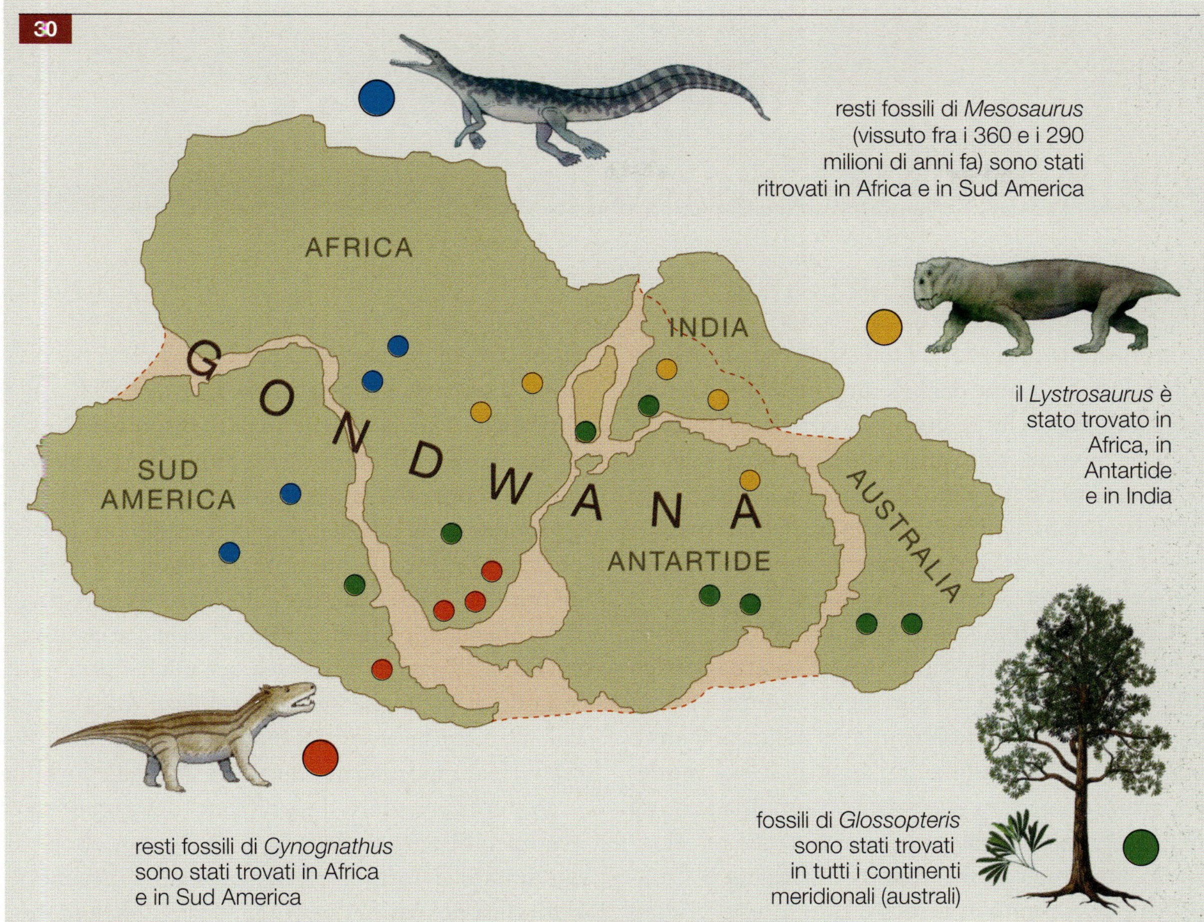

Figura 30
Prove paleontologiche della deriva dei continenti.
Distribuzione dei resti fossili della pianta *Glossopteris* e di tre diversi rettili di ambienti terrestri, vissuti alla fine dell'Era paleozoica. La presenza di resti di una stessa flora e di medesimi rettili su terre oggi separate da ampi oceani non è facilmente spiegabile (al tempo di Wegener si ipotizzavano «ponti continentali» di crosta che sarebbero poi sprofondati, ma non se ne è trovata traccia).
Unendo insieme i continenti in cui si trovano resti della flora a *Glossopteris*, si ricompone una grande terra emersa (che i geologi hanno chiamato *continente Gondwana*, dal nome di una provincia dell'India). In questo modo si spiegano bene le aree di distribuzione della flora e dei rettili.

31

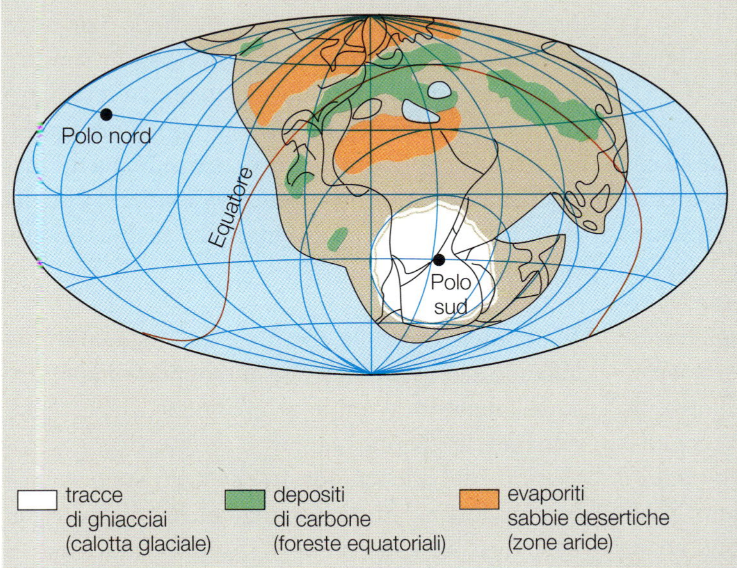

Figura 31
Ricostruzione del supercontinente Pangèa nel periodo Carbonifero, come proposto da Wegener. È messa in evidenza la posizione delle fasce climatiche, dedotta in base all'analisi delle rocce del Carbonifero e la posizione che dovevano avere, di conseguenza, l'Equatore e i poli. In realtà, non erano i poli ad essere «spostati», ma l'intera massa continentale, che a quel tempo occupava ampiamente l'emisfero meridionale, come si ottiene immaginando di spostare il Pangèa verso Sud, fino a far coincidere i poli individuati da Wegener con quelli attuali.

32

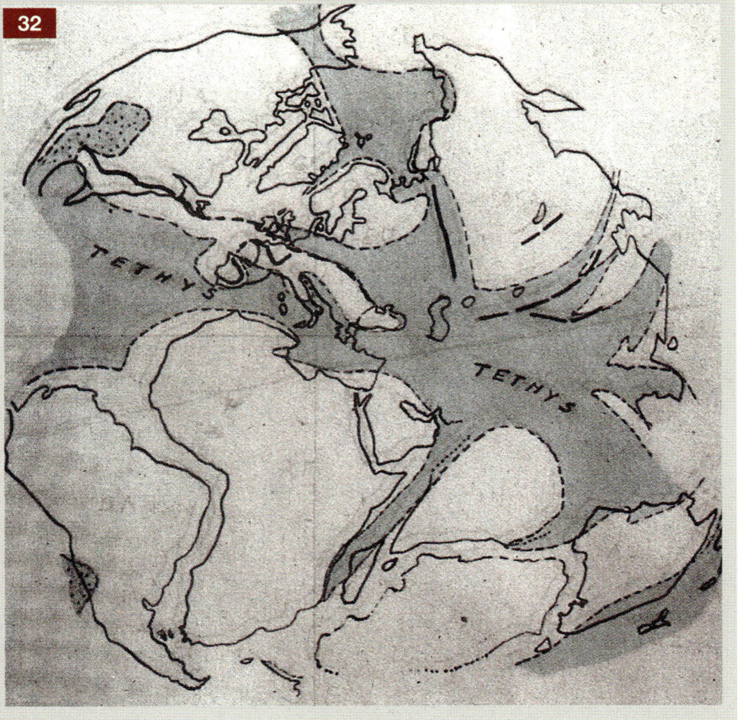

Figura 32
La ricostruzione di Du Toit, pubblicata nella sua opera *Our wandering continents* (1937). La ricostruzione si appoggiava sulle sue ricerche stratigrafiche in Sudamerica e Sudafrica, che gli avevano permesso di ricostruire un dettagliato quadro di correlazioni tra le terre meridionali e l'India. (da: Autori Vari, *La deriva dei continenti*, Time-Life e Mondadori, 1985)

7 Le anomalie magnetiche sui fondi oceanici

Video
L'espansione dei fondi oceanici

Un contributo decisivo all'ipotesi dell'espansione dei fondi oceanici venne dal paleomagnetismo. Le navi oceanografiche che percorrevano i mari agli inizi degli anni Sessanta erano provviste di sensibili *magnetometri*, strumenti in grado di misurare e registrare in modo continuo l'intensità totale del campo magnetico terrestre, e questo permise di riconoscere l'esistenza di numerose **anomalie magnetiche**.

Esse indicano lo scarto in più o in meno tra la misura dell'intensità totale del campo magnetico attuale di un luogo e il suo valore teorico, calcolato per la medesima latitudine. Tali scarti sono provocati dalla presenza, in superficie o a modesta profondità, di masse rocciose con una propria magnetizzazione (paleomagnetismo) che interferisce localmente con il campo geomagnetico attuale. Tale fenomeno era noto da tempo sulle terre emerse, ma la sorpresa nel caso dei fondi oceanici fu nello scoprire che le anomalie magnetiche risultavano distribuite secondo uno schema generale molto regolare. Nel 1963 due ricercatori inglesi, F. Vine e D.H. Matthews, diedero una spiegazione delle forme delle anomalie, mostrando che potevano essere considerate una «prova indipendente» dell'espansione dei fondi oceanici.

Le rocce della crosta oceanica, sotto la modesta copertura di sedimenti, sono basalti che, al momento della loro formazione, hanno acquisito una magnetizzazione conforme al campo geomagnetico allora esistente, che è rimasta «registrata» nelle rocce come paleomagnetismo. Quando un magnetometro viene trascinato a rimorchio sulla superficie del mare da una nave oceanografica, registra l'*intensità totale* del campo magnetico che sta attraversando, cioè percepisce sia l'effetto del campo geomagnetico attuale, sia quello del paleomagnetismo delle zone basaltiche che formano il tratto di fondo oceanico al di sopra del quale sta transitando. Di conseguenza, quando si iniziarono le prime misure ci si attendeva di trovare valori del campo magnetico localmente maggiori o minori di quelli previsti per il campo geomagnetico teorico.

Tutto questo era stato verificato puntualmente in misure effettuate sistematicamente sulla crosta continentale, dove si era riconosciuta una distribuzione irregolare di zone di intensità diversa dal previsto, a seconda della natura delle rocce vicine alla superficie. Ma via via che furono disponibili misure estese a settori sempre più ampi di crosta oceanica, si scoprì che le anomalie magnetiche in corrispondenza dei fondi oceanici mostravano invece ovunque un andamento generale regolare, formato da numerose fasce di valori alternativamente maggiori (*anomalie positive*) e minori (*anomalie negative*), parallele all'asse delle dorsali oceaniche; non solo: le fasce di anomalie hanno larghezze diverse una dall'altra, ma la successione della larghezza delle fasce si ripete specularmente ai due lati della dorsale.

Per comprendere il significato del gigantesco arabesco disegnato dalle anomalie magnetiche ai lati di tutte le dorsali, si tenga presente l'inversione periodica del campo geomagnetico. Partendo da tali presupposti, i due ricercatori inglesi interpretarono le zone di anomalie magnetiche positive dei fondi oceanici come risultato dell'interferenza positiva tra campo geomagnetico attuale e porzioni di crosta oceanica aventi *magnetismo residuo* con *orientazione uguale* a quella del campo attuale (per cui le intensità dei due campi magnetici si sommano tra loro). Le zone di anomalie negative risulterebbero dall'interferenza negativa tra campo geomagnetico attuale e porzioni di crosta oceanica aventi magnetismo residuo con *orientazione contraria* a quella del campo attuale (la cui intensità risulta, perciò, diminuita).

Ma come è possibile che fasce di crosta contigue abbiano acquistato magnetismo opposto in presenza del medesimo campo geomagnetico, e per di più con una ripetizione regolare e simmetrica? La conclusione dei due studiosi fu che la crosta oceanica non si è formata tutta insieme, ma in tempi diversi, e l'ipotesi dell'espansione dei fondi oceanici, a quel tempo appena formulata, forniva in tal caso la chiave di interpretazione.

I basalti che si solidificano sul fondo della rift valley si magnetizzano nella direzione del campo magnetico terrestre presente in quel momento; la nuova striscia di crosta che via via si forma viene a sua volta lacerata nel senso della lunghezza dal movimento di espansione e le due strisce che ne risultano vengono allontanate dal centro della rift valley, in direzioni opposte. Le nuove spaccature vengono invase da altro magma ma, se nel frattempo si è invertito il campo magnetico terrestre, le nuove rocce verranno magnetizzate in direzione opposta a quella delle rocce formatesi in precedenza. Il processo di espansione prosegue come prima descritto e così altra crosta si allontana dalla rift valley insieme a quella più antica, dalla quale si distingue per la direzione di magnetizzazione opposta. Questo meccanismo spiega la distribuzione a fasce parallele delle anomalie magnetiche, e ne giustifica anche la disposizione speculare rispetto alla rift valley, da cui ha origine l'espansione [**Figura 33**].

L'ipotesi dell'espansione dei fondi oceanici comporta anche altre conseguenze.

1) L'età del «pavimento» oceanico, cioè dello strato di basalto sotto i sedimenti, deve essere tanto più antica quanto più ci si allontana dalle dorsali.
2) Lo spessore dei sedimenti deve essere molto ridotto sulle dorsali, dove la crosta basaltica si è appena formata, e deve aumentare invece man mano che ci si allontana dalla rift valley e si passa a crosta sempre più antica.

Entrambe le previsioni sono state confermate grazie alle crociere della nave oceanografica Glomar Challenger, in grado di perforare e campionare i sedimenti marini e di penetrare nel sottostante strato di basalto anche su fondi abissali (vedi Approfondimento *Calcolare la velocità di espansione di un oceano*).

Le fasce di anomalie magnetiche più recenti, quindi più vicine alle dorsali, sono state correlate con le epoche a polarità normale o inversa della scala paleomagnetica. Stabilita in tal modo l'età di una determinata fascia di anomalie e misurata la distanza tra questa fascia e la dorsale da cui si è allontanata, è stato possibile risalire alla velocità di espansione di vari tratti delle dorsali, che è risultata di pochi centimetri all'anno (velocità = distanza / tempo). Una volta determinata la velocità di espansione delle varie dorsali, è stato possibile, con qualche opportuna

Figura 33
Un rilevamento oceanografico sulla Dorsale di Reykjanes, una parte della Dorsale Medio-Atlantica a Sudovest dell'Islanda.
La figura illustra come gli scienziati siano riusciti a spiegare la distribuzione dell'intensità del campo magnetico alla luce di due teorie: (1) la direzione del campo magnetico terrestre si inverte a intervalli di decine di migliaia di anni e (2) l'espansione del fondo oceanico allontana gradualmente dalla dorsale la nuova crosta appena magnetizzata.

33

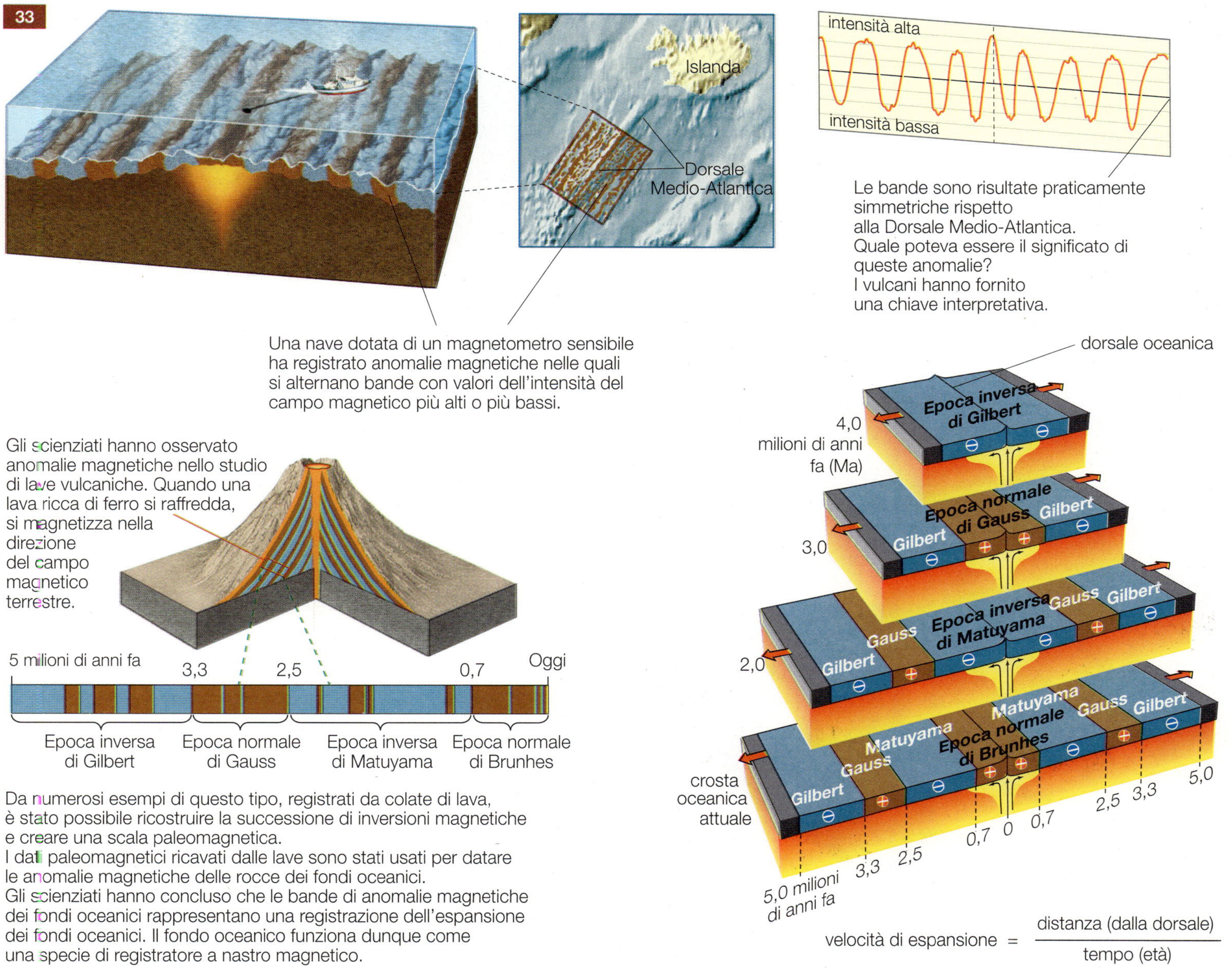

approfondimento delle conoscenze

Calcolare la velocità di espansione di un oceano

Tra la fine degli anni '60 e i primi anni '80 del secolo scorso la nave oceanografica Glomar Challenger effettuò un centinaio di crociere in tutti gli oceani, nel corso delle quali realizzò in totale oltre mille perforazioni sul fondo marino, anche a migliaia di metri di profondità [Figura 34], recuperando circa 100 km di «carote» (così vengono chiamati i campioni di roccia cilindrici che si estraggono dal sottosuolo con la perforazione).

Una delle prime crociere fu progettata per verificare l'ipotesi dell'espansione dei fondi oceanici, da poco enunciata, con una traversata dell'Oceano Atlantico meridionale. La rotta partì dall'asse della Dorsale Medio-atlantica (cioè dalla *rift valley*) per seguire all'incirca il parallelo 30° Sud; la nave si fermò in numerose stazioni, nelle quali effettuò perforazioni sul fondo del mare per recuperare campioni dell'intera coltre di sedimenti che, nel tempo, ha ricoperto il «pavimento» di basalto. La datazione, attraverso i fossili contenuti nei sedimenti a diretto contatto con il basalto (cioè quelli che si sono depositi subito dopo la solidificazione della lava), permise di stabilire l'età in cui si è formato il basalto raggiunto nelle singole stazioni.

Il diagramma di Figura 35 mostra il risultato: i sedimenti sono tanto più antichi quanto più ci si allontana dalla dorsale, in pieno accordo con quanto previsto dall'ipotesi dell'espansione. Ma il diagramma ottenuto consente anche di calcolare la velocità media di espansione, poiché pone in correlazione spazio e tempo.

Nel caso dell'Atlantico meridionale, prendiamo, per esempio, la stazione 6: a distanza di 1000 km dall'asse della dorsale, si trova basalto formatosi circa 50 Ma fa. Questo significa che il basalto formatosi lungo l'asse della dorsale si è spostato in seguito di 1000 km in 50 milioni di anni, quindi con una velocità media

v= 1000 km : 50 Ma = 0,00002 km/anno

cioè 2 cm/anno; velocità simili si ottengono anche per le altre stazioni. Poiché nell'espansione entrambi i fianchi della dorsale si allontanano simmetricamente dall'asse della dorsale, si può concludere che in quel settore di Atlantico le coste dell'Africa e dell'America meridionale si sono allontanate tra loro a velocità media di circa 4 cm/anno.

Figura 34
La Glomar Challenger era dotata di un'alta torre di perforazione, analoga a quella impiegata nelle ricerche petrolifere, e nelle soste per effettuare i sondaggi sul fondo del mare impiegava uno speciale sistema di posizionamento dinamico per rimanere ferma. L'elaboratore di bordo, in base agli impulsi trasmessi da un sonar posato sul fondo, calcolava l'eventuale deriva della nave e comandava le manovre necessarie a mantenerla ferma sulla verticale della perforazione. Nel riquadro è mostrato, ingrandito, lo speciale imbuto, largo 5 metri e dotato di sonar, che guidava il reinserimento della colonna di perforazione nel foro, ogni volta che questa era stata sollevata a bordo per estrarre le «carote» prelevate dalla testa perforante (lunga 10 m) nel suo avanzamento.

Figura 35
Età dei sedimenti marini più antichi trovati a contatto con il basalto in diverse stazioni, a confronto con la loro distanza dall'asse della Dorsale Medio-atlantica, lungo la traversata effettuata dalla Glomar Challenger a circa 30° Sud. Poiché è un diagramma spazio/tempo, i dati permettono di calcolare la velocità media di espansione del fondo oceanico.

34

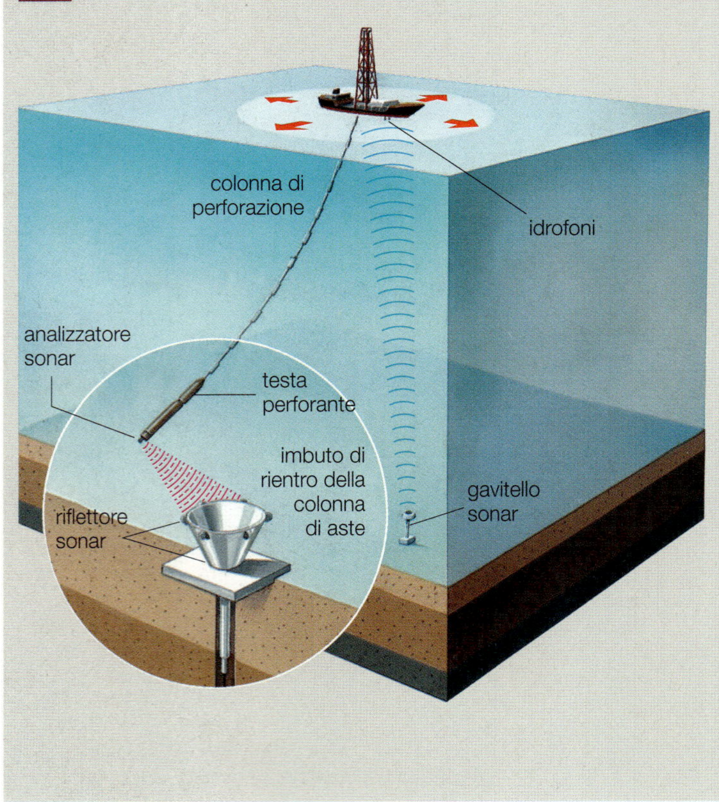

35

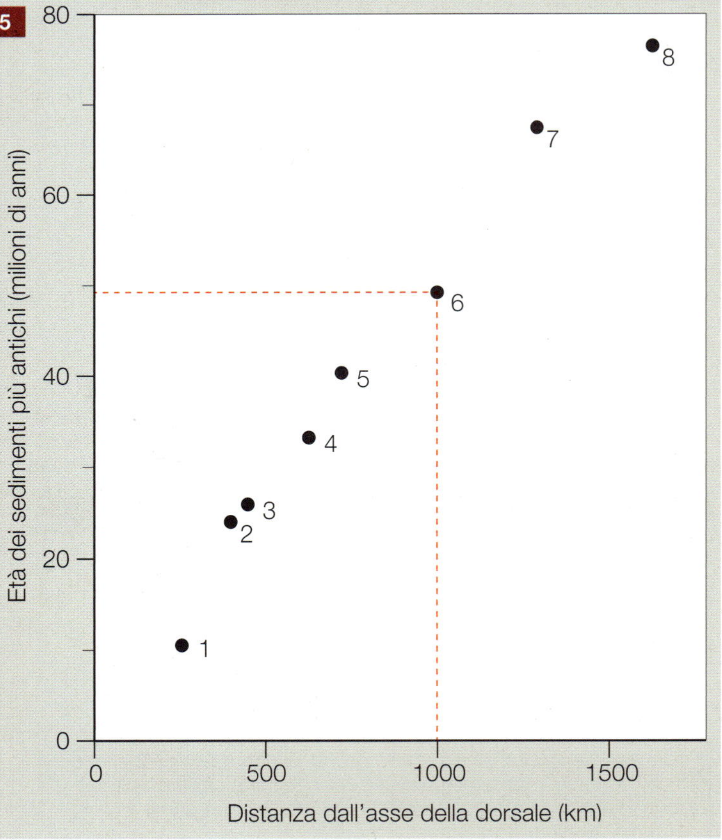

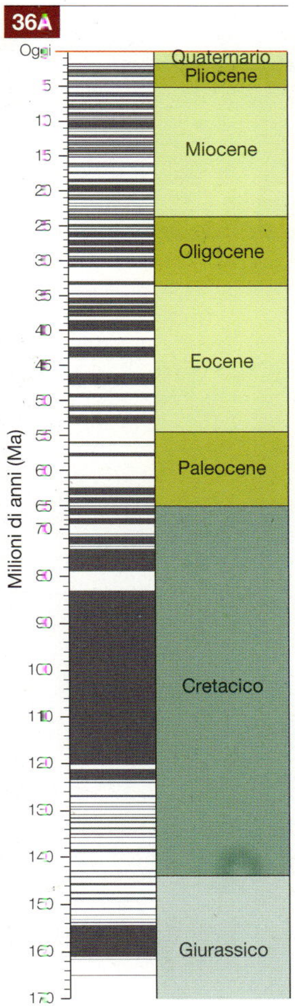

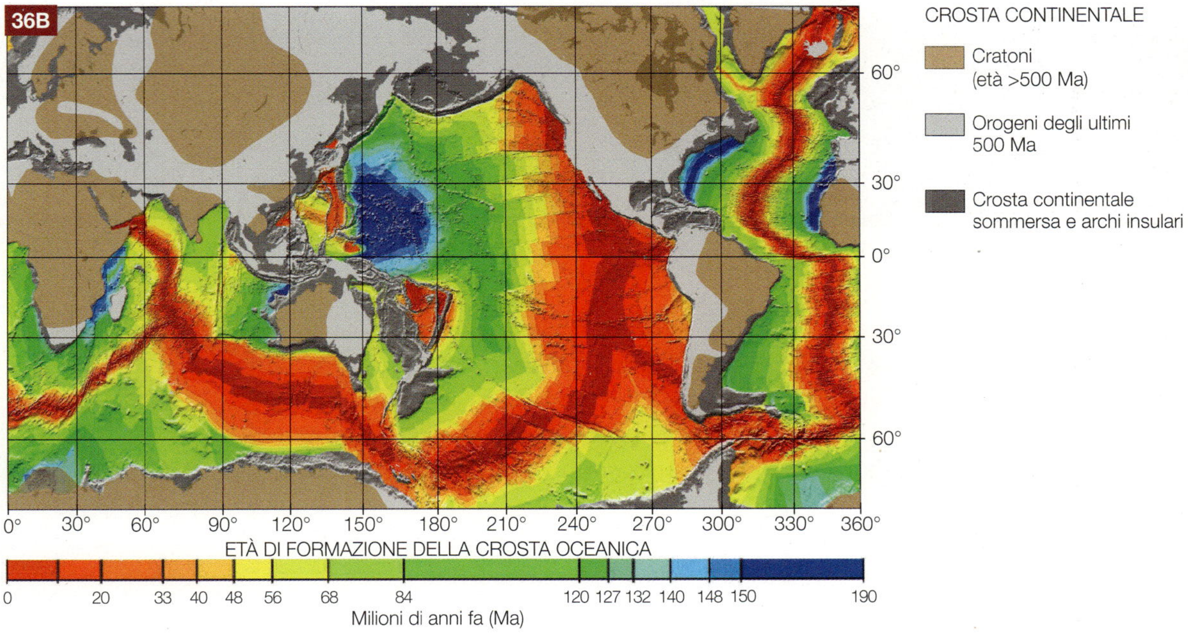

Figura 36
Datazione dei fondi oceanici per mezzo delle anomalie magnetiche.
A. *Scala paleomagnetica* estesa a 170 Ma. Le sottili fasce nere indicano periodi nei quali il Nord magnetico coincideva con il Nord geografico. La fascia nera molto più grande delle altre (nel Cretacico) sembra corrispondere a un lungo periodo di «tranquillità magnetica», cioè senza inversioni di polarità.
B. *Schema mondiale dell'espansione dei fondi oceanici*, messo in evidenza dall'età dello strato 2 della crosta oceanica (le lave basaltiche sotto i sedimenti; rivedi figura 17); tale età è stata determinata in base alle anomalie magnetiche e controllata in più punti con sondaggi. Per esempio, la fascia di colore rosso più scuro, che segue l'andamento delle dorsali oceaniche, comprende tutte le zone di anomalie magnetiche (positive e negative) formatesi tra oggi e 20 Ma fa, e così via. Le dorsali oceaniche, da cui fuoriesce di continuo nuovo materiale, coincidono con il fondo marino più giovane e l'età di formazione del fondo marino è via via più antica allontanandosi dalle dorsali, mentre nessuna parte dei fondi oceanici è più antica di 190 milioni di anni. La struttura dell'Oceano Atlantico è simmetrica, mentre quella del Pacifico lo è molto meno, in quanto parte del fondo viene continuamente distrutta nelle fosse di subduzione che circondano quell'oceano.

assunzione, risalire all'età di tutte le singole fasce di anomalie magnetiche individuate, dato che quanto più una fascia di anomalie risulta lontana dalla dorsale cui è parallela, tanto più deve essere antica. La scala paleomagnetica, inizialmente limitata ai più recenti 5 Ma (rivedi figura 12) è stata via via estesa fino a comprendere l'intera successione di fasce di anomalie, fino a stabilire l'età della crosta oceanica (in pratica, dello strato 2, quello di lave basaltiche) sotto tutti gli oceani [**Figura 36A**]. Si è scoperto, così, che i fondi oceanici conservano la registrazione delle inversioni del campo magnetico solo degli ultimi 190 milioni di anni, e questa è anche l'età massima di tutta la crosta oceanica [**Figura 36B**]: crosta più antica è certamente esistita, ma è ormai persa, inghiottita nelle zone di subduzione.

QUESITI

1. Le anomalie del campo magnetico terrestre rilevate dai magnetometri sono dovute a
   - **A** la distribuzione eterogenea di rocce magnetizzate nella crosta continentale.
   - **B** l'instabilità del campo magnetico generato nel nucleo esterno.
   - **C** la forma non perfettamente sferica della Terra.
2. In che cosa consistono le anomalie magnetiche registrate sui fondi oceanici?
3. Come sono distribuite le anomalie magnetiche rispetto alle dorsali?
4. Che cosa comporta l'esistenza dei due tipi di anomalie magnetiche?
5. Come si può calcolare l'età di una fascia di anomalie magnetiche?

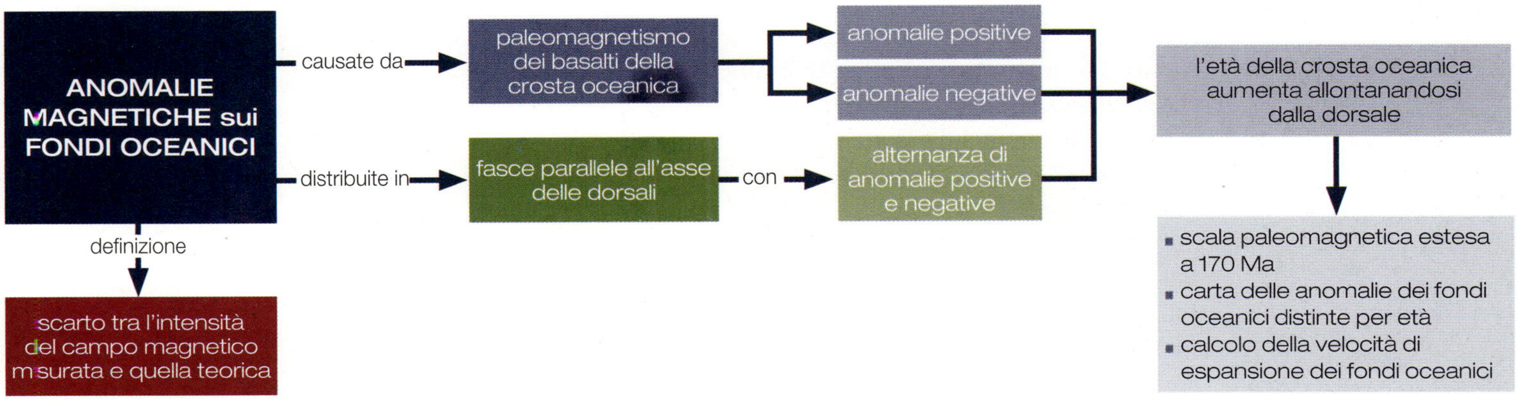

8 La Tettonica delle placche

Video
Margini fra le placche

Abbiamo visto che la crosta terrestre è il prodotto di una lunga evoluzione attraverso continue trasformazioni, che coinvolgono giganteschi volumi di rocce e che si susseguono nel tempo secondo cicli geologici.

Abbiamo osservato, inoltre, che la distribuzione dei vulcani e degli eventi sismici non è casuale ma caratterizza settori ben definiti, per cui la parte esterna della Terra appare percorsa da una rete di fasce particolarmente attive, che delimitano aree più «tranquille».

La grande massa di dati e osservazioni che sta dietro queste conclusioni, insieme all'ipotesi dell'espansione dei fondi oceanici, ha portato all'elaborazione di un **modello globale** dell'attività del pianeta, chiamato **Tettonica delle placche**. Questa teoria, formulata nel corso degli anni Sessanta del XX secolo, prende in esame il comportamento della litosfera, cioè dell'involucro rigido più esterno della Terra, che poggia sull'astenosfera, meno rigida, rispetto alla quale la litosfera può muoversi. La teoria sembra spiegare in modo soddisfacente il significato dei cicli geologici e l'origine dell'energia che li «tiene in moto».

8.1 Le placche litosferiche

La litosfera è intersecata per tutto il suo spessore da fasce molto attive, caratterizzate da sismicità e vulcanismo, lunghe migliaia di kilometri e relativamente strette:

- le dorsali di espansione,
- le fosse di subduzione,
- le grandi faglie trasformi.

Nel loro insieme esse formano un'immensa rete che si dirama su tutta la litosfera, suddividendola in una ventina di maglie dette **placche**. Di queste maglie irregolari sei sono molto vaste, le altre assai minori [Figura 37].

Le placche possono essere formate da sola litosfera oceanica (come la placca del Pacifico), o da sola litosfera continentale (come la placca euroasiatica), o da porzioni di litosfera dei due tipi (come la placca africana). I bordi delle singole placche,

Placca (Plate) È la traduzione del termine inglese *plate*, introdotto dai geologi che hanno elaborato la teoria nota come *Plate Tectonics*, «Tettonica (caratterizzata dal movimento) delle placche». Il termine *zolla*, usato a volte in alternativa, non rende l'idea, in quanto in italiano indica solo un blocco compatto di suolo (che si stacca dal terreno quando si lavora con strumenti agricoli), ma non certo di forma piatta e con spessore modesto rispetto alle altre dimensioni, come avviene, invece, nelle placche della litosfera.

37

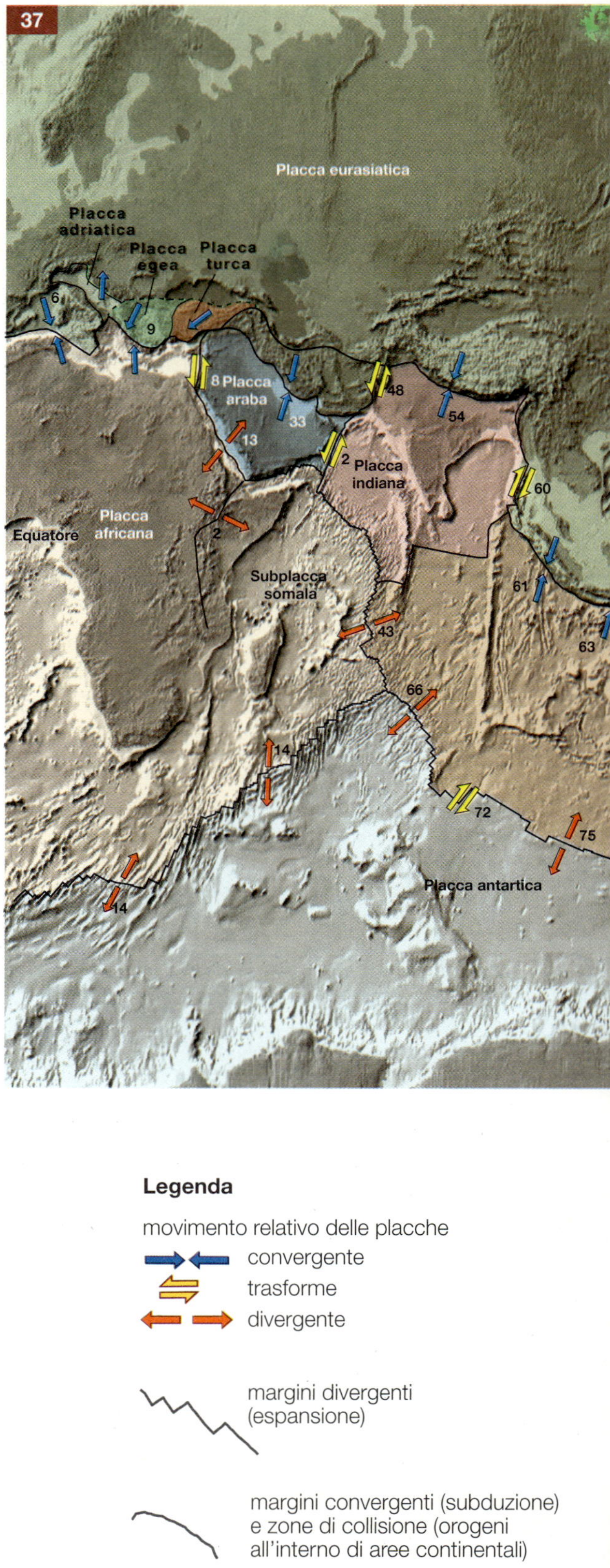

chiamati **margini**, vengono distinti, a seconda della loro funzione, in tre tipi.

- **Margini costruttivi** o **divergenti**: sono le dorsali oceaniche, lungo le quali si costruisce nuova litosfera oceanica che via via si allontana dalla dorsale.
- **Margini distruttivi** o **di convergenza**: sono le fosse oceaniche, lungo le quali la litosfera, divenuta col tempo fredda e densa, viene distrutta nel processo di subduzione.
- **Margini conservativi**: sono alcune grandi faglie trasformi, lungo le quali due placche scorrono l'una a fianco dell'altra in direzioni opposte (o con diverse velocità), con fenomeni di metamorfismo e forte attività sismica, ma senza variazioni nel volume della litosfera. (Si ricordi che numerose faglie con meccanismo analogo compaiono anche all'*interno* delle placche, a partire dalle dorsali: vedi paragrafo 6.2).

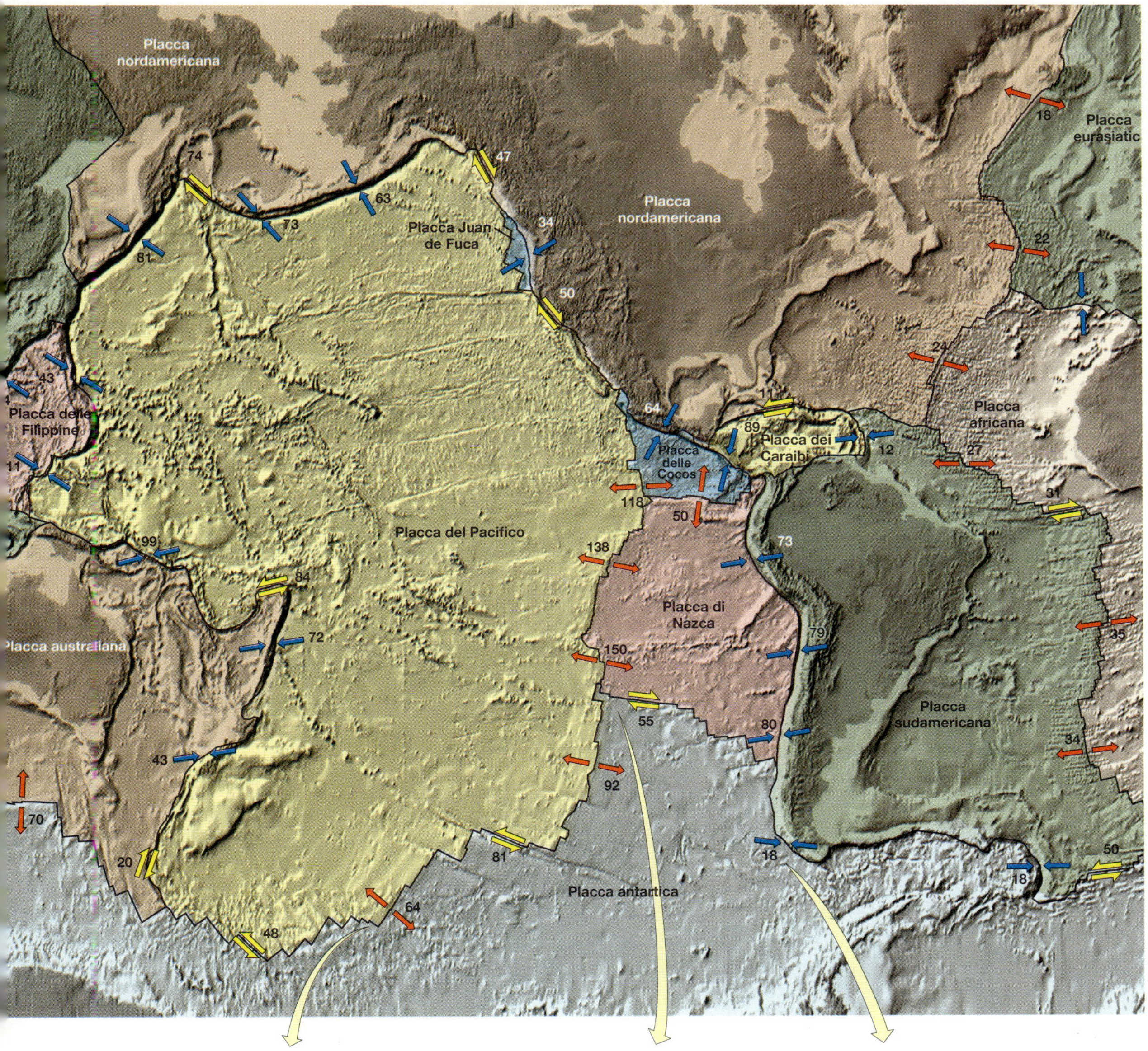

Figura 37
Il mosaico di *placche* in cui risulta suddivisa la litosfera. Ogni placca è delimitata da una combinazione di dorsali, fosse oceaniche e faglie trasformi. Le velocità di espansione lungo le dorsali e quelle di subduzione presso le fosse (in mm/anno) sono state ricavate in base all'età e all'estensione delle anomalie magnetiche sui fondi oceanici (rivedi la figura 36). Le *zone di collisione* corrispondono a settori lungo i quali i margini di antichi continenti, a causa dei movimenti delle placche, sono entrati in contatto e si sono saldati, come è avvenuto tra Placca indiana e Placca euroasiatica. (da *Capire la Terra*, Zanichelli, 2016, con modifiche)

in corrispondenza dei margini divergenti le placche si separano e si forma nuova litosfera

in corrispondenza dei margini trasformi le placche scivolano orizzontalmente l'una rispetto all'altra

in corrispondenza dei margini convergenti le placche entrano in collisione e una delle due viene trascinata nel mantello e riciclata

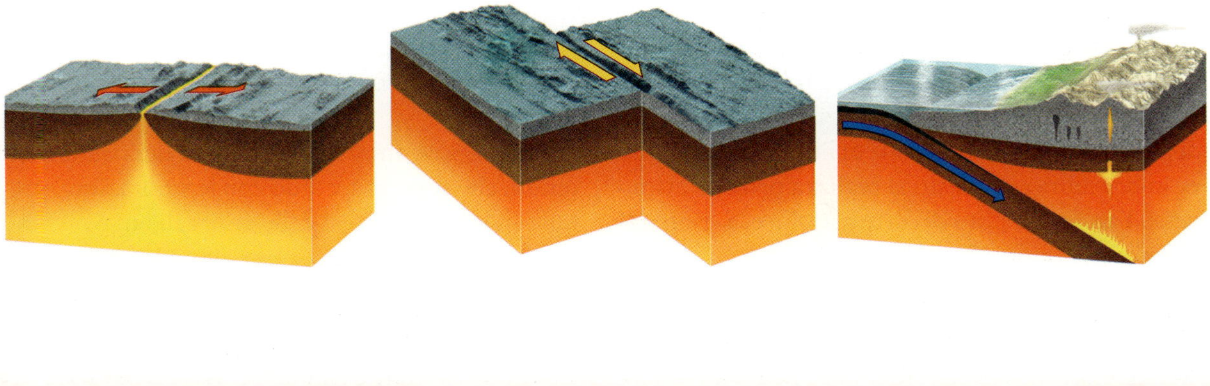

38

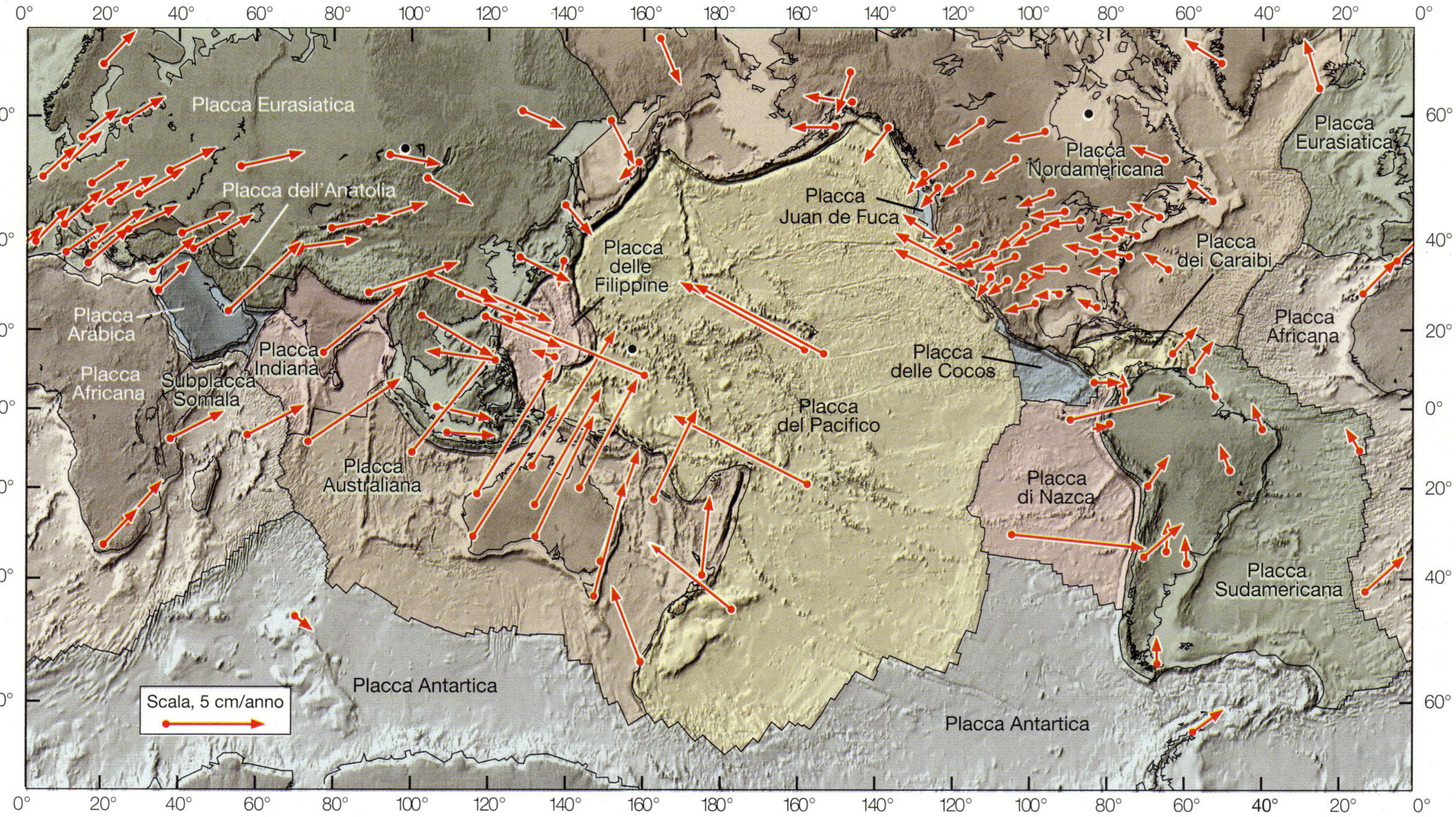

Figura 38
Rappresentazione del movimento delle placche determinato con il *Sistema di posizionamento globale*, attraverso misure delle distanze tra stazioni GPS poste su placche differenti. Il monitoraggio delle stazioni è stato continuo per diversi anni e le conclusioni sono state espresse come *vettori*: le frecce indicano direzione e verso del movimento, mentre la loro lunghezza è proporzionale all'entità del movimento, secondo la scala riportata nella figura. (JPL/Cal Tech, in: Press *e altri*, *Capire la Terra*, 2006)

■ **Cinematica** (Kinematics)
È la parte della meccanica che studia il moto dei corpi, indipendentemente dalle cause che lo producono e inteso come fenomeno spazio-temporale, con lo scopo di descrivere la traiettoria percorsa dal punto materiale o dal sistema rigido esaminato.

Poiché le placche sono a contatto reciproco, ogni margine è comune a due placche. Inoltre, le placche litosferiche occupano in ogni momento tutta la superficie della Terra, per cui non rimangono mai spazi vuoti tra le tessere di questo mosaico.

Alcune placche sono circondate in gran parte da margini costruttivi (come quella Africana e quella Antartica): in tal caso la loro superficie aumenta continuamente nel tempo.

Altre placche sono limitate sia da dorsali sia da fosse (come la Placca sudamericana) e in tal caso la loro superficie può rimanere stazionaria o modificarsi col tempo.

In definitiva, le dorsali sono luoghi in cui i movimenti convettivi in atto nel mantello si manifestano con inarcamenti della litosfera e fuoriuscita di magma: continua a formarsi, così, nuova litosfera oceanica, che via via si allontana dalla rift valley dando luogo all'espansione dei fondi oceanici.

Le fosse abissali sono invece i luoghi in cui la litosfera ritorna nel mantello e viene in gran parte riciclata nel processo di subduzione.

Nell'ipotesi, finora accettabile, che l'estensione totale della superficie della Terra non si modifichi nel tempo in modo significativo, il bilancio globale di produzione e consunzione di litosfera deve essere in equilibrio, e questo si realizza proprio attraverso l'accrescimento di certe placche e la contemporanea riduzione di altre.

Espansione dei fondi oceanici, subduzione, spostamenti lungo faglie trasformi: l'intero mosaico delle placche è in continuo movimento, anche se a velocità così modeste che il movimento non è direttamente percepibile.

Tuttavia, è ormai disponibile un quadro cinematico dei movimenti delle placche litosferiche grazie ai dati forniti dal *Sistema di posizionamento globale* (più noto con la sigla GPS), basato su una «costellazione» di satelliti artificiali che orbitano intorno alla Terra.

I ricevitori GPS basati a terra registrano onde radio ad alta frequenza, in connessione con precisi orologi atomici installati sugli stessi satelliti, e consentono di localizzare con estrema precisione la posizione del ricevitore. È così possibile scoprire variazione di distanza tra le posizioni di ricevitori GPS posti a terra, registrate durante diversi anni: se i ricevitori sono localizzati su placche diverse, si può misurare il movimento di tali placche sia come valore assoluto, sia come direzione e verso. Da più anni i geologi stanno dunque misurando il movimento delle placche su base annuale in diverse stazioni, disseminate opportunamente su tutto il pianeta.

La **Figura 38** mostra un esempio dei risultati ottenuti, che sono in accordo con le valutazioni ottenute in base all'analisi delle anomalie magnetiche dei fondali oceanici.

39

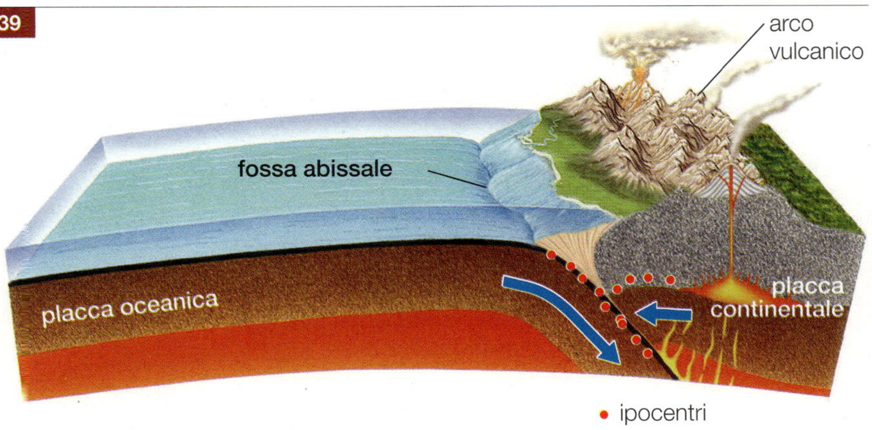

Figura 39
Orogenesi come conseguenza della subduzione di litosfera oceanica al di sotto di litosfera continentale. L'attività dei numerosi vulcani esplosivi e i violenti terremoti che spesso sconvolgono tali zone sono segni evidenti del processo in corso.

8.2 L'orogenesi

La forma volutamente schematica e semplificata con cui abbiamo presentato il modello della Tettonica delle placche può far pensare che fosse e dorsali siano forme stabili del pianeta e che tutta l'attività sia concentrata nel trasferimento di litosfera oceanica dalle dorsali alle fosse di subduzione. Ma non è così: proprio la scoperta dell'espansione dei fondi oceanici ha riportato l'attenzione sui continenti, la cui struttura geologica, conosciuta e studiata da più tempo, è molto complessa.

Si osservi la figura 37, a partire dall'Oceano Atlantico. All'interno dell'oceano è attiva una dorsale in espansione: di conseguenza, la distanza tra Nordamerica ed Europa e tra Sudamerica e Africa deve aumentare continuamente. D'altra parte, se il Sudamerica si muove verso occidente interferisce con la fossa di subduzione del Perù-Cile, lungo la quale la litosfera oceanica della Placca di Nazca (che si muove verso Est per l'espansione della dorsale del Pacifico orientale) si inflette al di sotto della Placca Sudamericana. Come conseguenza la fossa di subduzione si sposta verso Ovest; in pratica, si sposta la linea lungo cui la litosfera oceanica della Placca di Nazca è costretta a inflettersi e a scendere all'interno del pianeta.

In questo complesso «gioco ad incastro» il ruolo della crosta continentale appare ben poco attivo: i blocchi continentali vengono infatti trasportati «alla deriva» lungo la superficie terrestre dal movimento delle placche di cui fanno parte, un movimento che è guidato dall'accrescersi e dal consumarsi della litosfera oceanica.

Come si vede, ritorna il concetto di «deriva dei continenti» proposto da Wegener, ma con una differenza sostanziale. Per Wegener i continenti (*sial*) galleggiavano su un involucro continuo (*sima*) e si muovevano in esso come *iceberg* alla deriva nel mare; oggi sappiamo, invece, che i blocchi di crosta continentale sono solidali con la litosfera, di cui seguono i movimenti.

Ma questo comportamento «passivo» può avere conseguenze di grande portata se un lembo di crosta continentale finisce per interferire con una fossa di subduzione. Il risultato, infatti, può essere un'**orogenesi**, cioè un processo di intensa deformazione crostale che coinvolge grandi volumi di rocce, con fenomeni di metamorfismo e magmatismo, e che porta al sollevamento di una nuova catena montuosa.

Vediamo ora le diverse situazioni in cui può formarsi un **orogeno**, come viene chiamato nel suo insieme il prodotto di un'orogenesi:
– *litosfera oceanica in subduzione sotto litosfera continentale*;
– *collisione continentale*;
– *accrescimento crostale*;
– *litosfera oceanica sotto litosfera oceanica*.

Litosfera oceanica in subduzione sotto un margine di litosfera continentale. Se un continente con la litosfera cui è associato, a causa dei complessi movimenti delle placche, finisce per trovarsi a ridosso di una fossa oceanica, non entra in subduzione come farebbe la litosfera oceanica. La litosfera continentale, infatti, meno densa, non può sprofondare entro il mantello, ed è costretta a «galleggiare». In questo caso, è la litosfera oceanica della placca antistante, cioè quella che forma il «pavimento» della fossa, a infilarsi sotto il margine continentale [Figura 39], che viene deformato dal violento attrito che genera numerosi terremoti, la cui profondità ipocentrale segna il percorso della placca che scende (superficie di Benioff). Dalla crosta oceanica in subduzione vengono strappati i sedimenti oceanici insieme a lembi dei sottostanti basalti. Spinte da forze enormi, queste masse rocciose finiscono per saldarsi al margine del continente e per formare una nuova striscia di crosta continentale.

In un ambiente così «mobilizzato» la crosta continentale si accresce di spessore, anche per la risalita di grandi quantità di magmi: si verifica allora il processo di orogenesi, con il sollevamento di una nuova catena montuosa. Tale processo prosegue fino a che è attiva la subduzione, contrastato solo dai processi superficiali che demoliscono i rilievi.

È quello che sta accadendo, da alcune centinaia di milioni di anni, lungo il margine pacifico delle due Americhe. Il risultato è una lunga fascia montuosa, in lento sollevamento, costellata di alti vulcani e investita spesso da violenti terremoti. L'ampia Cordigliera lunga oltre 10 000 km che corre lungo il margine occidentale del Nordamerica, e che comprende anche le Montagne Rocciose, e la grande Cordigliera delle Ande, estesa lungo le coste del Sudamerica per oltre 10 000 km, sono strut-

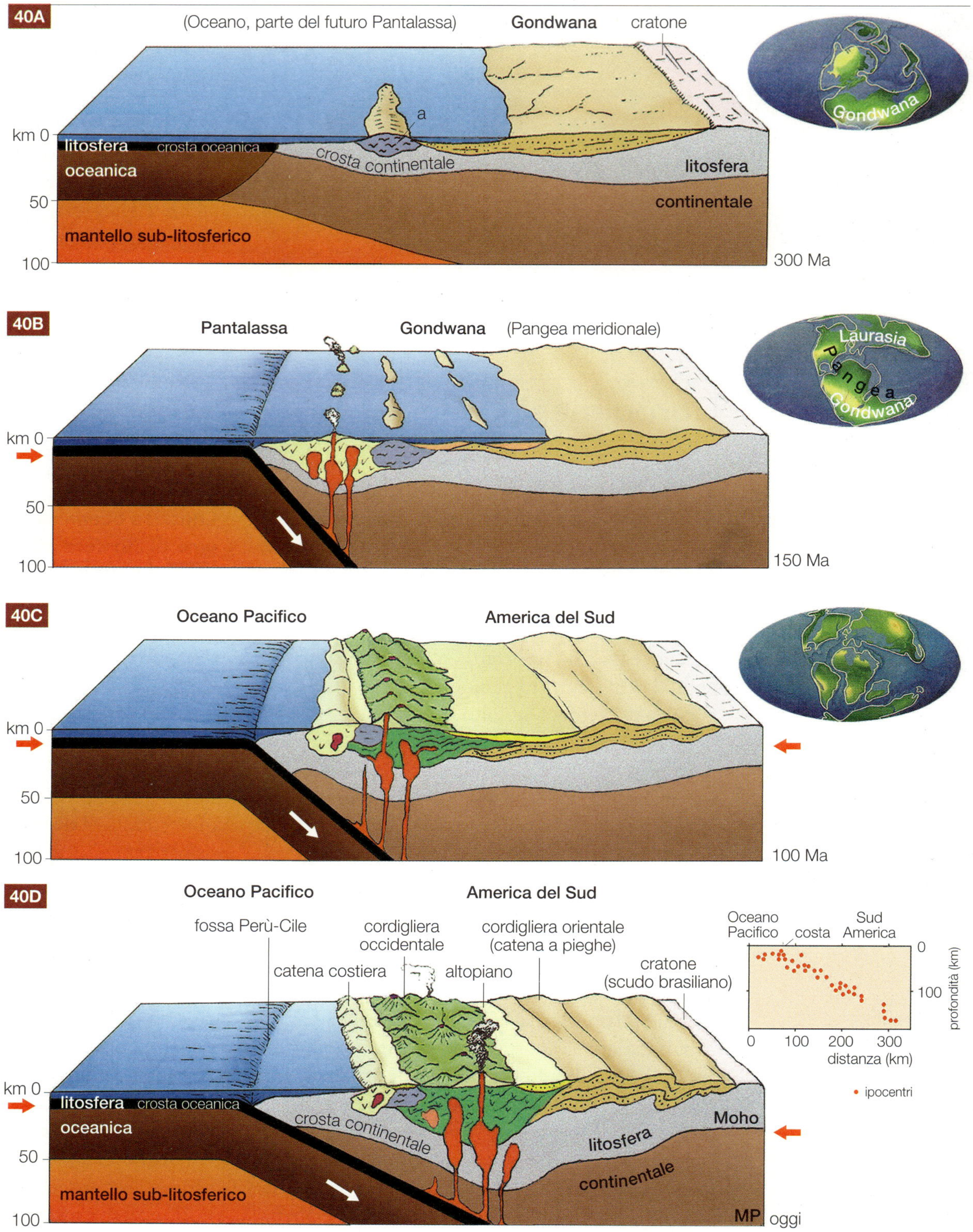

Figura 40
Alcune fasi della lunga evoluzione della Cordigliera delle Ande, un processo ancora molto attivo.
A. Nell'Era paleozoica un grande oceano confinava con il continente Gondwana, il cui margine sud-occidentale diventerà il «pavimento» della Cordigliera delle Ande. Il simbolo «**a**» indica i terreni di accrezione. *Nel planisfero*: incomincia a delinearsi il Pangea.
B. 200 Ma fa, già nell'Era mesozoica, una fossa di subduzione è attiva lungo il margine del Gondwana (che ormai fa parte del Pangea), con lo sviluppo di un nuovo arco magmatico, mentre lunghi bacini marini costieri raccolgono sedimenti. *Nel planisfero*: inizia la frammentazione del Pangea.
C. Verso la fine dell'Era mesozoica, con l'apertura dell'Oceano Atlantico meridionale, si identifica il Sudamerica e la litosfera si muove più rapidamente verso Ovest. Il vecchio arco magmatico si è estinto e viene eroso; un nuovo arco magmatico si attiva verso Est. Ancora più a Est si formano ampie deformazioni a pieghe. *Nel planisfero*: si riconoscono le forme dei continenti attuali.
D. Il processo dell'orogenesi andina è in piena attività: si riconoscono la *Catena costiera* (resti del più antico arco magmatico), la *Cordigliera occidentale*, con i resti del secondo arco e con l'imponente catena di vulcani attivi dell'arco magmatico attuale, e la *Cordigliera Orientale*, che continua a muoversi verso Est, sopra il cratone. Tra le due cordigliere da lungo tempo si è sviluppato un bacino in subsidenza che raccoglie i prodotti di un'intensa erosione e che si manifesta in superficie con un vasto *altopiano*. Il grafico mostra la distribuzione degli ipocentri dei terremoti prodotti dalla placca in subduzione, proiettati lungo una sezione che attraversa le Ande a Sud di Santiago. (*Elaborazione grafica S. Mora*)

ture imponenti per le dimensioni e con una storia geologica lunga e molto complessa, dominata dall'interazione tra la litosfera oceanica coperta dall'Oceano Pacifico e la litosfera continentale delle due Americhe. Proviamo a seguire, come esempio, l'evoluzione della Cordigliera andina attraverso quattro fasi principali, con l'aiuto di alcune sezioni geologiche rappresentate nella **Figura 40**.

■ I resti che testimoniano gli eventi più antichi risalgono al tempo in cui non si era ancora completato il Pangea, ma esisteva già un grande continente (chiamato *Gondwana*) bagnato da un antichissimo oceano, che diventerà il *Pantalassa* [**Figura 40A**]. Si riconoscono lembi di terreni dell'Era paleozoica e sono stati riconosciuti resti di terreni di *accrezione* (prodotti da un processo di cui parleremo più avanti).

■ Con l'inizio dell'Era mesozoica (250 Ma fa) il Pangea è ormai completo. Lungo le sue coste si attiva una fossa di subduzione, con la formazione di un arco magmatico [**Figura 40B**]. L'arco era più vicino alla fossa di quanto non sia l'arco vulcanico

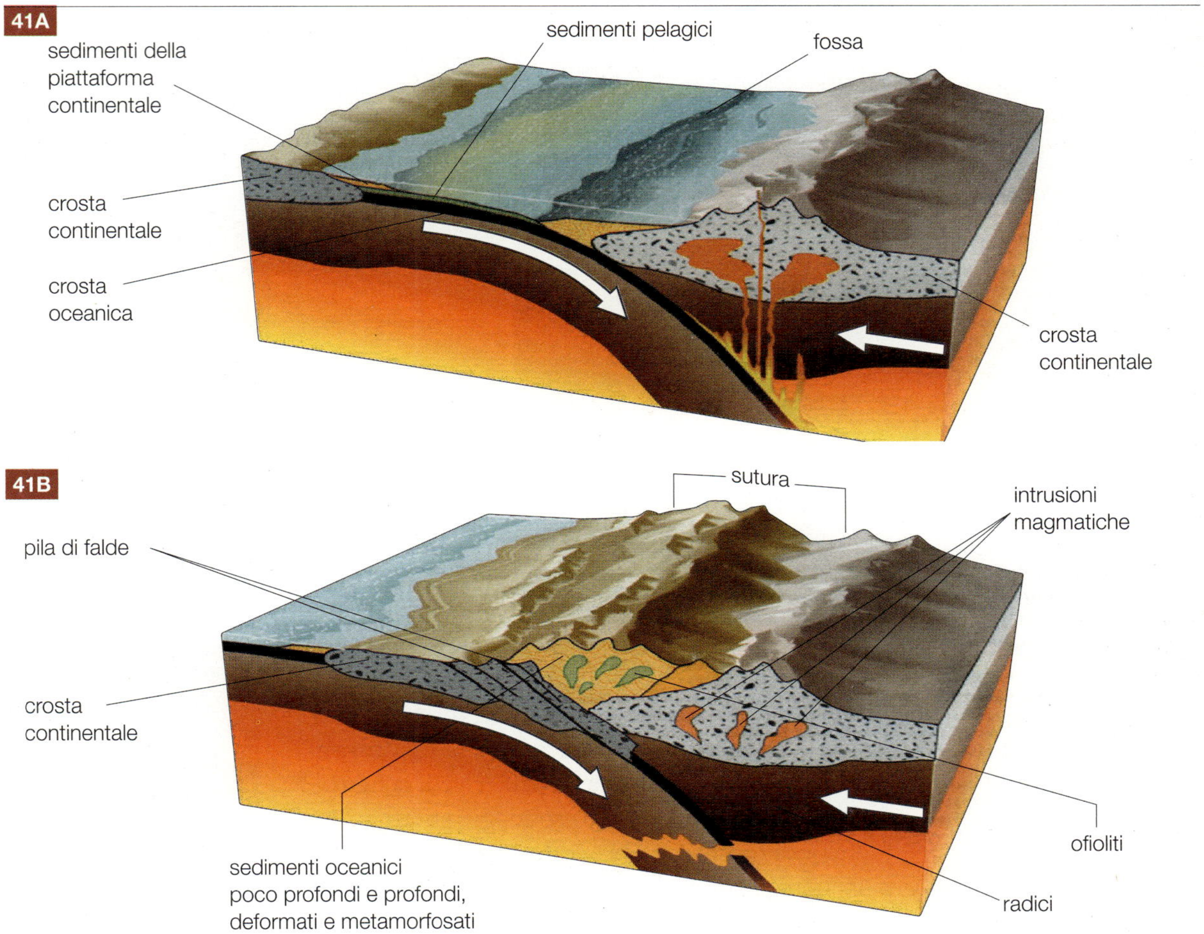

Figura 41
Collisione tra due continenti.
A. La parte oceanica di una placca che trasporta un continente entra in subduzione sotto una placca continentale.
B. I due continenti entrano in collisione. Il continente a sinistra si frammenta in falde che scivolano una sull'altra, impilandosi. La crosta continentale si ispessisce: in parte sprofonda nel mantello litosferico (radici), mentre in parte risulta sollevata in un'alta catena montuosa. Nella zona di collisione vengono sollevate anche altre rocce tipicamente associate alla convergenza tra placche: intrusioni magmatiche, sedimenti della piattaforma continentale e di acque profonde, deformati e metamorfosati, e frammenti di ofioliti. In profondità le due litosfere continentali si saldano, mentre la litosfera oceanica si stacca e sprofonda nel mantello, dove si può «rintracciare» fino a qualche centinaio di kilometri perché continua a generare terremoti profondi.

di oggi: la litosfera in subduzione doveva scendere con un angolo più accentuato di quello odierno, per cui le sue rocce raggiungevano con un minore cammino la profondità a cui cominciavano a fondere (circa 100 km). I resti di quell'arco affiorano oggi lungo la Catena Costiera.

■ Circa 150 Ma fa, nel corso del Mesozoico, il Pangea comincia a frammentarsi, con l'apertura del futuro Oceano Atalantico. Tra 100 e 60 Ma fa, per il movimento verso Ovest del futuro Sudamerica, si intensifica il processo di subduzione e si sviluppa un secondo arco magmatico: nella crosta si formano grandi batoliti.

Il nuovo arco è spostato a Est rispetto al precedente, che, non più alimentato, si estingue e viene eroso [**Figura 40C**]. Gli sforzi in atto nel processo di subduzione si propagano verso l'interno del continente e provocano deformazioni (catena a pieghe).

■ Dalla fine dell'Era mesozoica il processo di subduzione continua ed è tutt'oggi molto attivo. L'arco si è spostato ancora più a Est e nello stesso modo si è propagata la deformazione delle strutture più antiche [**Figura 40D**].

■ **Batolite** (Batholith) Il termine batolite, dal greco *bathýs*, profondo e *líthos*, roccia, indica i giganteschi ammassi di rocce magmatiche intrusive, lunghi anche migliaia di kilometri e larghi centinaia di kilometri, che si estendono a grandi profondità entro la crosta continentale.

Collisione continentale. Immaginiamo un lembo di litosfera continentale il cui margine corra lungo una fossa di subduzione, mentre la crosta oceanica della placca antistante si immerge sotto di esso. Se la placca che sta sprofondando comprende anche un continente [**Figura 41A**], questo, una volta che si è consumata tutta la litosfera oceanica, arriva alla fossa e la «collisione continentale» è inevitabile. I due margini continentali entrano in contatto e vengono deformati, finché si saldano facendo aumentare lo spessore della crosta. Nasce così una catena montuosa, che rimane come una vistosa cicatrice all'interno di un unico grande continente [**Figura 41B**]. È quanto è accaduto, per esempio, tra il margine meridionale dell'Eurasia e il continente India, andato alla deriva da Sud verso Nord dopo la frammentazione del Pangèa, del quale faceva parte. Dalla collisione è sorta la gigantesca catena himalayana.

Nel processo di collisione l'oceano che separa i due continenti viene progressivamente ridotto in ampiezza fino a estinguersi. I grandi accumuli di sedimenti (prismi sedimentari), presenti lungo le coste dei due continenti, vengono compressi nella gigantesca «morsa» e deformati in pieghe e falde, spinte ad accavallarsi una sull'altra per grandi spessori. Negli ammassi rocciosi coinvolti nella collisione si sviluppano forti pressioni, mentre la temperatura è relativamente bassa; in tali condizioni possono formarsi rocce metamorfiche particolari, chiamate *scisti blu*. Anche alcuni lembi del pavimento basaltico dell'oceano vengono coinvolti nel-

■ **Scisti blu** (Blueschists) Roccia metamorfica derivata da rocce sedimentarie argillose o vulcaniche, formata in condizioni di alte pressioni e temperature moderate. Il tipico colore è dovuto alla presenza del minerale *glaucofane* (un anfibolo ricco in sodio), di colore blu.

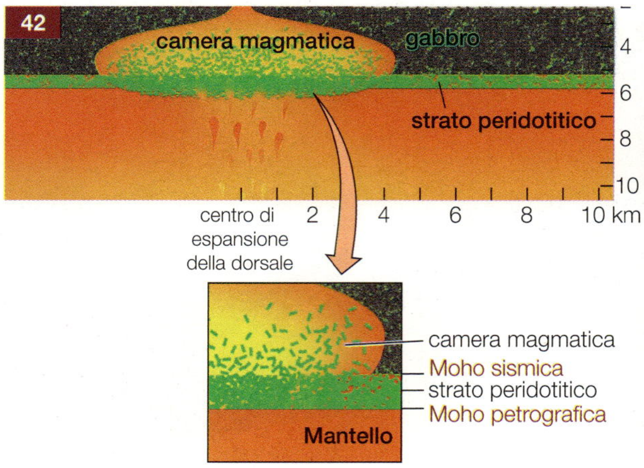

Figura 42
Moho *petrografica* e Moho *sismica*. Nella camera magmatica, al di sotto della dorsale oceanica, i cristalli di olivina si separano dal magma e si accumulano, formando lo *strato peridotitico*, che rimane in continuità con il gabbro, quando il resto del magma cristallizza completamente; quindi la sua genesi è diversa da quella delle peridotiti del mantello, sulle quali si appoggia.

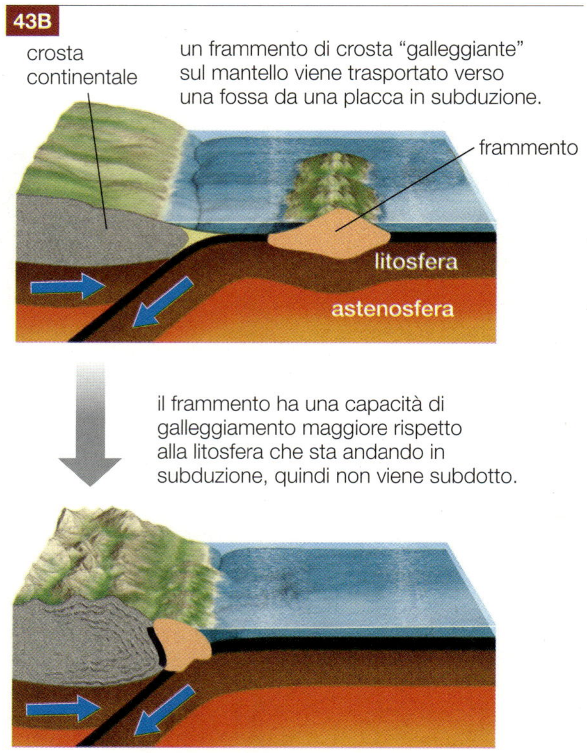

Figura 43
Un esempio spettacolare delle deformazioni provocate nelle rocce dalle collisioni tra frammenti di crosta nel corso di un'orogenesi per accrescimento crostale.
A. In questo caso, che si riferisce ad alcuni rilievi dell'Alaska, gli strati di rocce di varia natura – ben distinguibili per i diversi colori – in origine orizzontali, risultano raddrizzati, piegati e contorti. (*Le Scienze*, Quaderni, n. 13, 1984)
B. Schema di due momenti del processo di accrezione.

■ **Ofioliti** (Ophiolite) Dal greco *òphis*, serpente, e *líthos*, roccia. Si riferisce al colore verde scuro di queste rocce, simile a quello di alcuni serpenti che si incontravano frequentemente nelle zone in cui vennero per la prima volta studiate.

la collisione e si ritrovano lungo l'asse della catena montuosa come ammassi di rocce chiamate **ofioliti** o «rocce verdi», per il loro colore prevalente. Le ofioliti mostrano in effetti una successione regolare di basalti con struttura a «cuscini», ricoperti da sedimenti oceanici, e di gabbri, a volte associati ad ammassi di peridotiti (rocce ultrabasiche). La **successione ofiolitifera** ricalca bene la struttura a strati della crosta oceanica attuale (rivedi la figura 17), più volte attraversata da sondaggi effettuati su fondi oceanici, mentre le peridotiti dovrebbero appartenere al sottostante mantello, mai raggiunto finora da perforazioni.

Come si ricorderà, il limite tra crosta e mantello è stato riconosciuto in origine in base all'analisi di onde sismiche, il cui percorso risultava modificato dal passaggio tra due materiali diversi, in seguito identificati come gabbri (crosta) e peridotiti (mantello). Il ritrovamento nelle catene montuose di successioni ofiolitifere ancora associate a lembi di peridotiti ha permesso di esaminare direttamente il passaggio crosta-mantello; ricordiamo tra le più complete e spettacolari successioni ofiolitifere quelle dell'Isola di Cipro, i cui rilievi, alti 2000 metri, sono formati da lembi della parte superiore di un'antica litosfera oceanica strappati da una zona di subduzione (collegata alla Fossa abissale Ellenica). Si è scoperto, così, che per un certo spessore le peridotiti a contatto con lo strato di gabbri sono legate, per la loro formazione, alla crosta oceanica; questo strato peridotitico è, infatti, una *cumulite*, cioè è ricchissimo di cristalli di olivina (minerale tipico delle peridotiti) che si sono accumulati sul fondo della camera magmatica quando il magma in risalita lungo una dorsale ha iniziato a cristallizzare (l'olivina si forma prima degli altri cristalli, quando molta parte del magma è ancora allo stato fuso). Le vere peridotiti del mantello, con caratteristiche sismiche analoghe, cominciano più in basso: per questo si distingue una *Moho petrografica* posta un po' più in profondità rispetto alla tradizionale *Moho sismica* [Figura 42].

Accrezione o accrescimento crostale. Il meccanismo delle placche può portare alla formazione di una catena montuosa anche seguendo un'altra via, con un processo che si può definire «orogenesi per accrezione crostale» e che, con il progredire degli studi, si sta rivelando più diffuso di quanto non sembrasse. Questo si verifica quando frammenti di crosta di varia natura (isole, vulcani sottomarini estinti, piccoli continenti), in origine in aree anche molto lontane fra loro, si trovano «incastonati» in una placca oceanica in progressivo movimento verso una fossa di subduzione (vedi figura 40A).

Man mano che arrivano nella fossa, questi frammenti verrebbero strappati via dalla placca che sprofonda e spinti ad accavallarsi contro il margine del continente lungo cui si trova la fossa. Si sarebbero formate per tale via le catene costiere dell'Alaska e degli Stati Uniti nordoccidentali [Figura 43], e si ritiene che un processo analogo sia

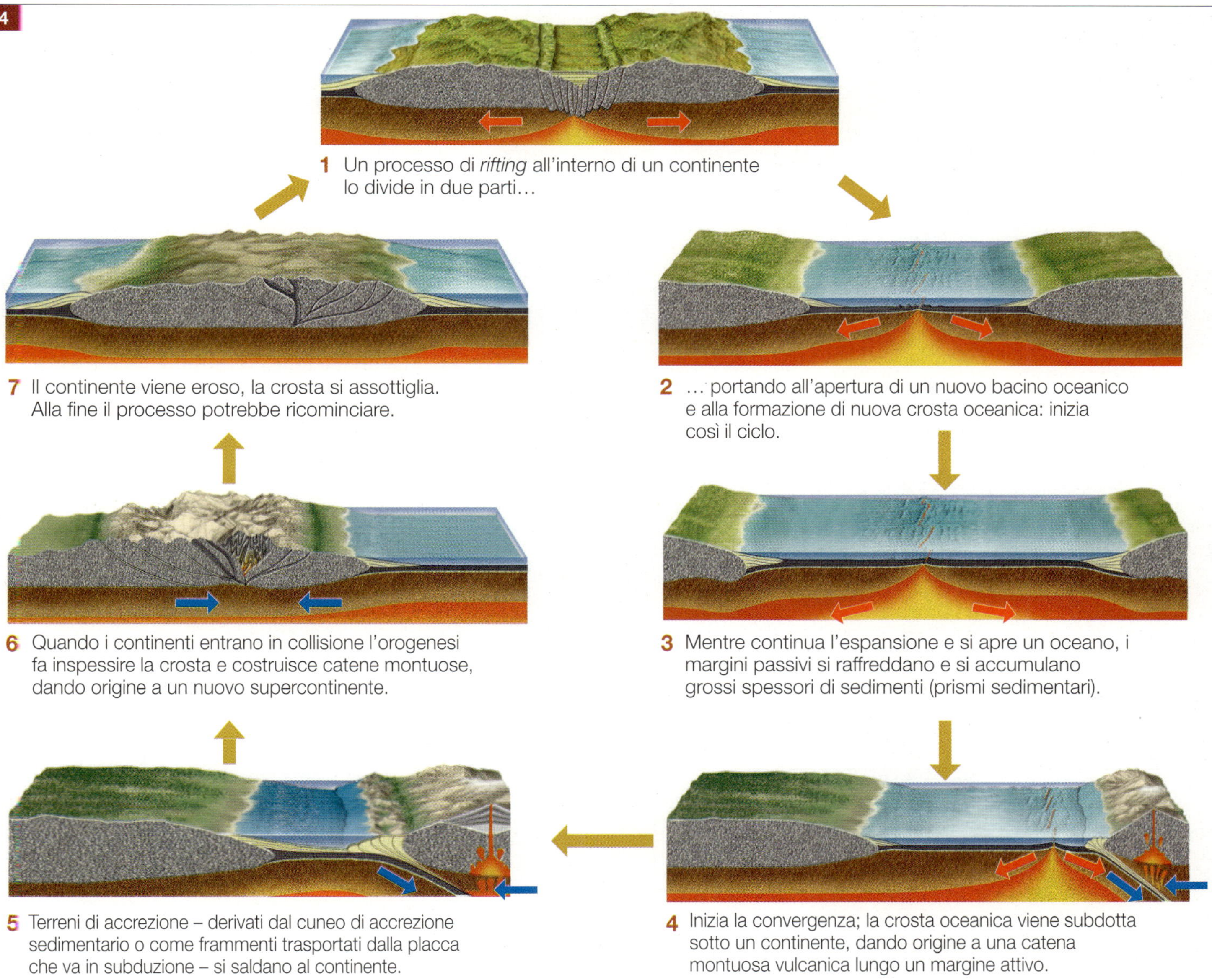

Figura 44
Il ciclo di Wilson. I processi della Tettonica delle placche, con l'apertura e la chiusura dei bacini oceanici e l'assemblaggio e frammentazione della litosfera continentale, sono alla base del Ciclo di Wilson.

stato attivo lungo il margine occidentale del Gondwana e abbia formato le strutture precedenti alla costruzione della Cordigliera andina, oggi riconoscibili lungo le coste del Sudamerica.

Crosta oceanica sotto crosta oceanica. Se una placca oceanica si trova a convergere contro un'altra placca oceanica, è la placca più fredda e densa che si inabissa nel mantello ed entra in subduzione sotto quella più calda e meno densa.

I magmi che si formano per la fusione parziale della placca in subduzione e del mantello sovrastante risalgono fino a traboccare sul fondo dell'oceano, a lato della fossa abissale.

Si forma in questo modo una catena di vulcani sottomarini, che arrivano a emergere dalla superficie dell'oceano. Il continuo afflusso di magmi e l'accumulo di sedimenti prodotti dall'erosione dei vulcani allarga e consolida gli edifici e si origina un **arco insulare**. Tipico esempio è l'arco delle Isole Marianne, lungo la fossa omonima (vedi figura 29).

8.3 Il ciclo di Wilson

Fosse e dorsali non sono forme stabili: prima o poi le fosse vengono distrutte in un processo di collisione, mentre le dorsali, per il mutare dei moti convettivi nel mantello, diventano inattive.

Tuttavia, gli stessi mutamenti nei moti del mantello possono far nascere una nuova dorsale e un nuovo oceano con un processo in più stadi.

Si apre così la prospettiva di una successione di eventi che possono susseguirsi nel tempo lungo una specie di ciclo. Proviamo a seguire gli stadi di questo processo ciclico con l'aiuto dello schema rappresentato nella [Figura 44].

■ Quando grandi volumi di materiale caldo, in risalita nel mantello, arrivano al di sotto di un lembo di litosfera continentale stabile, questa si inarca e si frattura. Le lunghe spaccature provocano un allineamento di grandi fosse tettoniche, profonde centinaia di metri, delimitate da faglie [Figura 44.1].

Figura 45
Un continente inizia a frammentarsi. Nello schema è stato messo in evidenza il sistema di fratture della Rift Valley (lineee nere): un'ampia fascia di intensa attività tettonica (con vulcanismo e sismicità) che parte dal Mar Rosso, un oceano giovanissimo in continua espansione. Se l'attività continuerà con le attuali caratteristiche, l'intero settore dalla Somalia al Mozambico diventerà una placca autonoma, insieme a un ampio settore dell'Oceano Indiano (*Placca somala*). Ma anche l'area intorno al Lago Vittoria sembra avviata a separarsi dal resto del continente: è già stato proposto di chiamarla *Placca Nubiana.*

Dalle spaccature fuoriesce il magma che ricopre il fondo delle fosse. È lo **stadio embrionale** della frammentazione di una litosfera continentale, come quella che si osserva nel sistema della Great Rift Valley. Quest'ultimo attraversa l'Africa orientale dall'Etiopia al Mozambico e viene considerato come un tentativo di formare un nuovo oceano [Figura 45]: se avrà séguito, un settore dell'Africa orientale si staccherà dal resto del continente e formerà una nuova placca, insieme a un ampio settore dell'Oceano indiano (già indicata come Subplacca somala, rivedi figura 37).

■ Se il processo di espansione continua, i due margini continentali si allontanano e le lave in risalita formano una prima striscia di nuova crosta oceanica, mentre le acque dei mari vicini cominciano a invadere la depressione che si sta allargando [Figura 44.2].

È lo **stadio giovanile**, in cui si trova il Mar Rosso. Esso si è formato per l'allargamento di una frattura tra Africa e Arabia, apertasi circa 20 milioni di anni fa e ampia oggi 300 km.

■ La fase successiva porta allo **stadio di maturità** [Figura 44.3]. L'oceano si è ampliato; la crosta oceanica, allontanandosi dalla dorsale, si raffredda, si contrae e diventa più densa, per cui sprofonda (*subsidenza termica*) e si formano le piane abissali, in continuo ampliamento con il tempo. Lungo i margini dei due continenti, nella fascia di passaggio tra le due litosfere, che viene coinvolta nello sprofondamento per subsidenza termica, l'accumulo dei detriti portati dai fiumi dà origine ai prismi sedimentari (rivedi il paragrafo 6.2). È questo lo stadio attuale dell'Oceano Atlantico, che cominciò ad aprirsi a partire da oltre 180 milioni di anni fa, quando il Pangèa si frammentò e si formarono le attuali Americhe, da un lato, e l'Europa e l'Africa dall'altro.

I margini di questo oceano, se riaccostati, combaciano molto bene, come già aveva osservato Wegener; l'incastro tra i due margini è quasi perfetto se si considerano non le linee di costa attuali, ma il limite della crosta continentale che arriva a circa metà della scarpata continentale ed è coperto dal prisma sedimentario.

■ Sul fondo dell'oceano in espansione le bande di anomalie magnetiche registrano lo scorrere del tempo. Un oceano, però, non può allargarsi all'infinito: gli equilibri sotto la litosfera finiscono per mutare e la dorsale diviene inattiva. Il fondo del vecchio oceano si restringerà e la litosfera oceanica si consumerà per l'attivarsi di qualche nuova fossa di subduzione [Figura 44.4].

■ I due continenti, separatisi in origine proprio per l'espansione di quell'oceano, entreranno in collisione e si salderanno in un unico continente, mentre i prismi sedimentari, deformati e sollevati, formeranno una catena montuosa. In profondità si salderanno le due litosfere [Figura 44.5 e 44.6].

■ Il nuovo blocco di litosfera continentale diviene stabile: lungo i margini del continente, ormai solo passivi, continuano ad accrescersi i prismi sedimentari, alimentati dai processi di smantellamento erosivo della vasta area emersa [Figura 44.7].

Ma la stabilità «definitiva» non è la regola del nostro pianeta, come ci dimostra la ricostruzione della sua lunga evoluzione, che vedremo nel prossimo capitolo. Nel tempo, i meccanismi profondi che agitano il mantello possono provocare la frantumazione del supercontinente e il processo descritto potrebbe ricominciare.

La successione di eventi appena sintetizzata, ripetutasi numerose volte nella storia della Terra, può portare a un'altra fase di trasformazione della litosfera di portata globale. Può accadere (in realtà è accaduto) che un settore di litosfera oceanica continui a espandersi, facendo allargare l'oceano che la ricopre; i blocchi di litosfera continentale ai suoi margini si allontaneranno sempre più, mentre altri oceani, che prima li separavano, si chiuderanno per subduzione (visto che la Terra conserva le sue dimensioni). Ma i movimenti che si svolgono su una superficie sferica porteranno inevitabilmente a entrare via via in collisione i lembi di litosfera continentale spinti / mossi dall'espansione del grande oceano. Alla fine, la litosfera continentale si troverà «aggregata» in un unico vasto blocco, un *supercontinente*.

È accaduto all'antenato dell'Oceano Pacifico, allargatosi fino a diventare, 250 milioni di anni fa, un unico oceano, il Pantàlassa di Wegener, di cui il Pacifico è un resto.

■ **Ciclo di Wilson** (**Wilson cycle**) Il ciclo è stato così chiamato in onore di J. Tuzo Wilson, uno studioso che ha dato un contributo fondamentale alla Tettonica delle placche.

Il meccanismo che governa la Tettonica delle placche si è rivelato un potente strumento di indagine. È possibile percorrere a ritroso le fasi della progressiva espansione degli oceani sottraendo via via le fasce di anomalie magnetiche dei fondi oceanici in una rappresentazione come quella di figura 32B, a partire dalle più recenti, per arrivare a ricostruire il Pangèa, il «supercontinente» che Wegener aveva già riconosciuto come l'unica vasta terra emersa esistente circa 250 milioni di anni fa, poi smembratasi in frammenti «andati alla deriva».

Ma il Pangèa, come lo stesso Wegener aveva riconosciuto, non è sempre esistito; si è formato a seguito di una serie di collisioni tra lembi continentali ancora più antichi, derivati a loro volta dallo smembramento di un altro supercontinente esistito circa 500 milioni di anni fa e chiamato Pannotia, a sua volta preceduto da altri supercontinenti.

L'incessante movimento delle placche costringe ciclicamente i lembi di crosta continentale a saldarsi via via, fino a formare un supercontinente che ben presto gli stessi movimenti frammentano in nuovi continenti in separazione e in movimento verso nuove collisioni. Il ciclo del supercontinente o **ciclo di Wilson** è la nuova unità di misura dell'evoluzione del nostro pianeta e ha una durata dell'ordine di circa 500 milioni di anni. È probabile che esso fosse attivo già oltre 2 miliardi di anni fa.

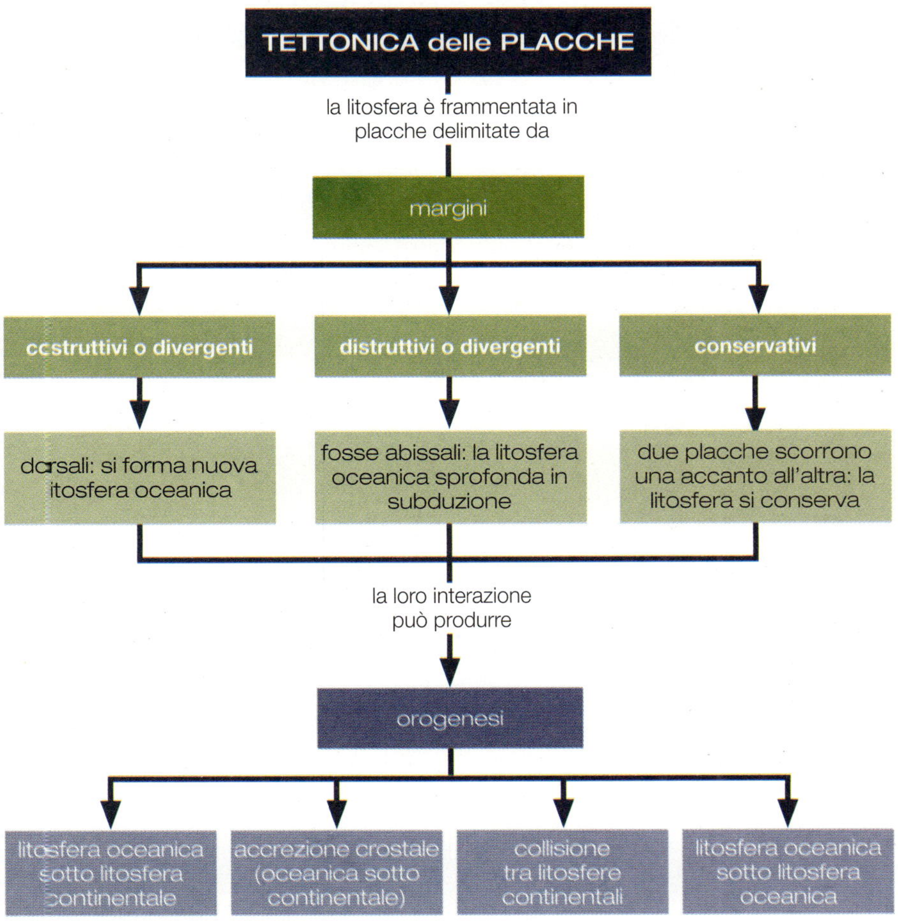

QUESITI

1. Lo spessore delle placche comprende
   - A solo la crosta.
   - B la crosta e una parte di mantello solido.
   - C la crosta e l'astenosfera.
2. Completa.
   I margini .... o divergenti sono le ...., dove si forma nuova litosfera e si svolge il processo di .... dei fondali oceanici.
3. Se due porzioni di crosta continentale collidono tra loro si ha la formazione di
   - A una catena montuosa.
   - B un arco vulcanico.
   - C un arco di isole vulcaniche.
   - D un nuovo oceano.
4. Si forma un arco di isole vulcaniche quando
   - A si ha una collisione continentale.
   - B si ha subduzione di crosta continentale sotto crosta continentale.
   - C si ha subduzione di crosta oceanica sotto crosta continentale.
   - D si ha subduzione di crosta oceanica sotto crosta oceanica.
5. L'Oceano Atlantico ha cominciato ad aprirsi circa
   - A 20 milioni di anni fa.
   - B 80 milioni di anni fa.
   - C 180 milioni di anni fa.
6. Che cosa sono le placche litosferiche? Quante sono?
7. Quale tipo di litosfera forma le placche?
8. Quali tipi di margine tra le placche esistono?
9. Che cosa accade in corrispondenza dei margini costruttivi? E in corrispondenza dei margini distruttivi?
10. In quali situazioni può verificarsi un'orogenesi?
11. Come si è formata la catena dell'Himalaya?
12. Cos'è il «ciclo di Wilson»?

9 La verifica del modello

Il modello della Tettonica delle placche è indubbiamente affascinante e ha superato oltre 40 anni di verifiche e prove. Come insegna la storia delle scienze, nuovi dati potrebbero richiedere modifiche più o meno estese della teoria o addirittura potrebbero portare verso un nuovo modello, ma attualmente è quello che meglio spiega la maggior parte dei dati e delle osservazioni, in un quadro coerente di fenomeni e processi.

Mettiamolo alla prova per spiegare il vulcanismo e la sismicità, due fenomeni diffusi in tutto il pianeta ma fortemente «localizzati» in ben determinate zone del pianeta, come è messo in evidenza dalla loro distribuzione geografica.

9.1 Vulcani: ai margini delle placche o all'interno delle placche

Confrontiamo la distribuzione geografica dei vulcani con il mosaico delle placche [Figura 46]. Possiamo trarre alcune osservazioni.

Il **vulcanismo essenzialmente effusivo** lungo l'asse delle dorsali oceaniche è dovuto alla risalita dalle profondità del mantello di materiale solido, ma molto caldo, che fa inarcare la litosfera. Il magma

Figura 46
Il mosaico delle placche e la distribuzione dei vulcani e dei terremoti.

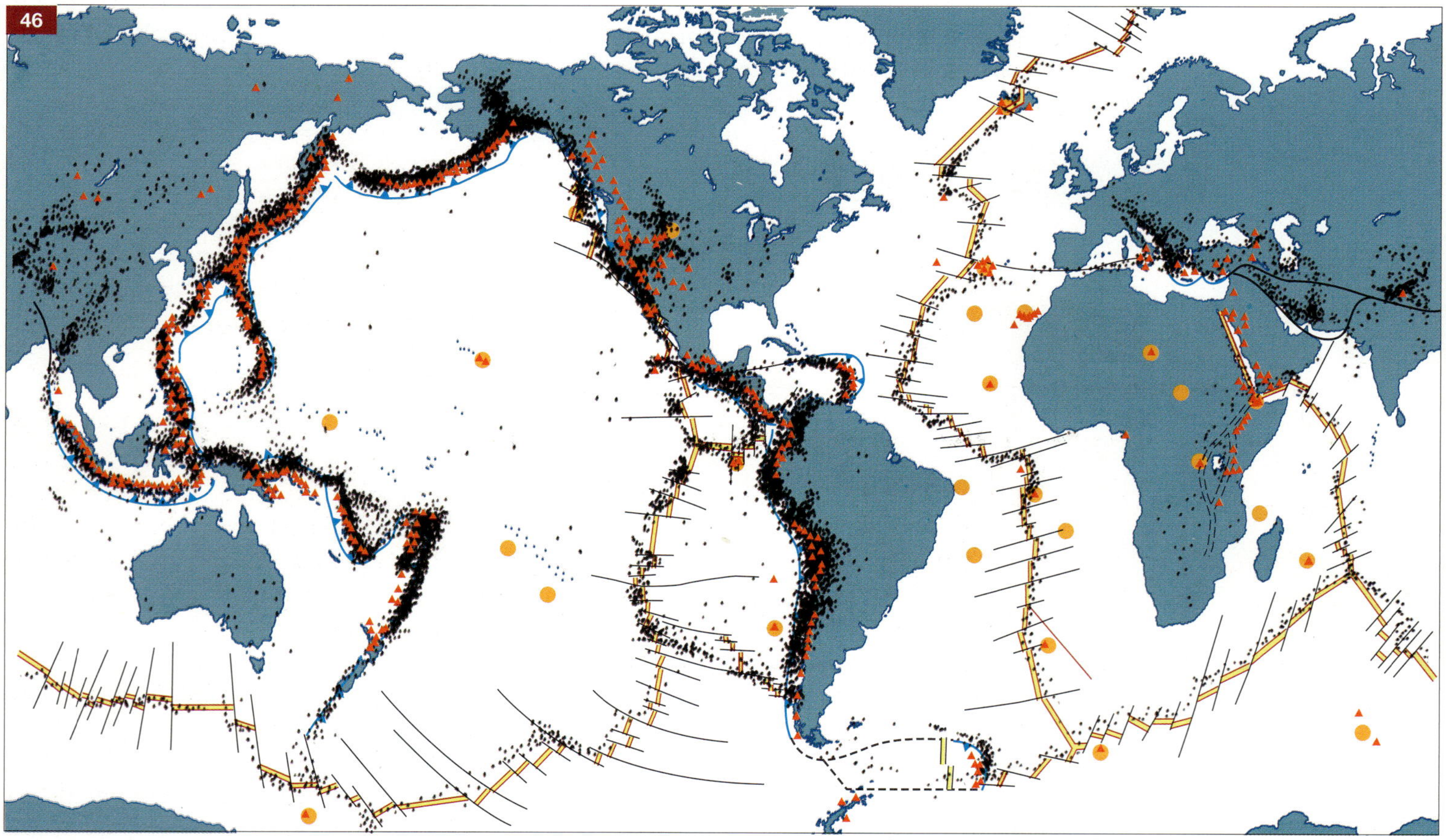

vulcani
punti caldi
epicentri di terremoti
dorsali oceaniche
fosse abissali

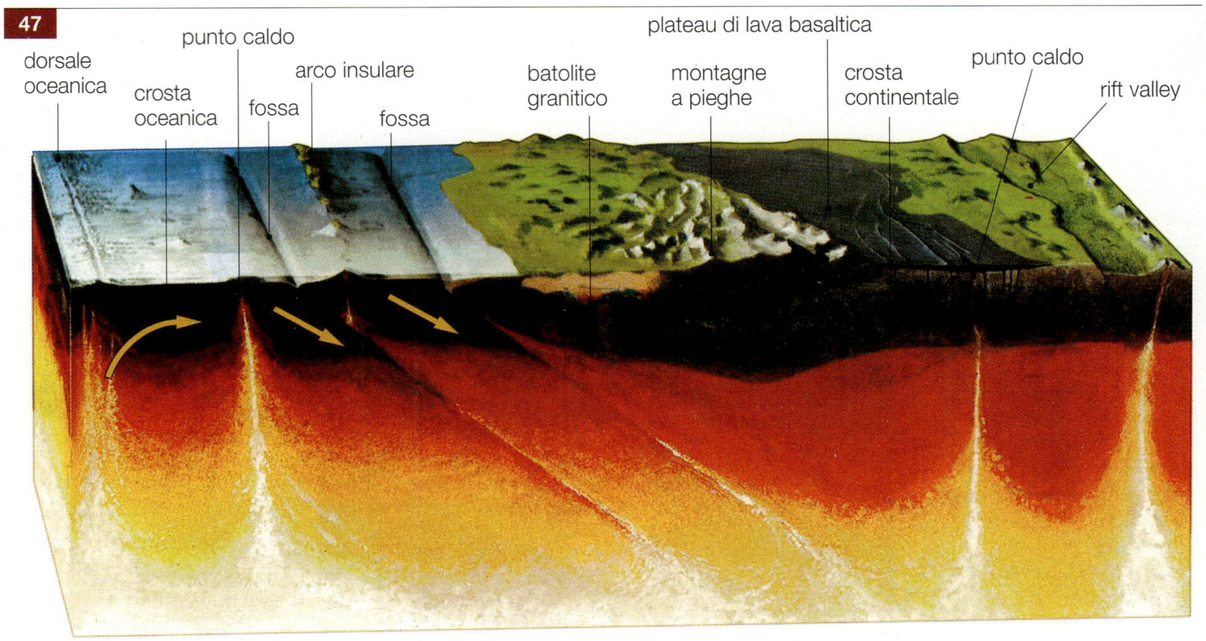

Figura 47
Schema dei rapporti tra vulcanismo e struttura della litosfera. Sono rappresentate situazioni in cui il vulcanismo è associato a margini di placche in costruzione (dorsale oceanica), in consunzione (zona di subduzione) o a punti caldi.

deriva dalla fusione parziale delle rocce della parte sommitale della litosfera (si riveda la figura 26) ed è, quindi, di natura basaltica e dà origine a lave fluide, che fuoriescono «tranquillamente».

Il **vulcanismo fortemente esplosivo** è localizzato lungo gli archi insulari vulcanici o lungo il margine dei continenti che fronteggiano le fosse abissali. Tale vulcanismo è collegato al processo di subduzione, nel corso del quale la placca che sprofonda viene in parte fusa (il resto entra via via a far parte del mantello). La presenza di notevoli spessori di sedimenti marini (argille, sabbie, calcàri), tutti imbevuti di acqua, fa sì che il magma prodotto dalla fusione sia ricco in silice (quindi viscoso) e in fluidi (vapore acqueo, anidride carbonica). Di conseguenza, il vulcanismo dà origine a manifestazioni altamente esplosive. Le lave sono in gran parte da intermedie (o neutre) a sialiche (andesiti e rioliti), ma non mancano lave basaltiche, per la fusione parziale anche della porzione del mantello che si trova al di sopra della placca che sprofonda [Figura 47].

La risalita di tali fluidi ad alta temperatura favorisce inoltre quel processo di intensa trasformazione e fusione della crosta continentale profonda che va sotto il nome di *anatessi* e che porta alla formazione dei giganteschi batoliti, messi in luce dall'erosione in molte catene montuose (rivedi le figure 39, 40 e 41).

I **centri vulcanici all'interno delle placche** sono localizzati sia in pieno oceano (Hawaii, Canarie, Réunion), sia sui continenti (Africa orientale, Europa). In qualche caso si tratta di vulcanismo associato a grandi fratture della crosta che preludono all'«apertura» di un continente, come nel caso della Great Rift Valley dell'Africa orientale. Nella maggior parte dei casi siamo invece di fronte alla manifestazione in superficie di un «**punto caldo**»: ristrette aree della crosta caratterizzate da elevato flusso termico e continua effusione di lave basaltiche (rivedi le figure 46 e 47). È nota circa una quarantina di punti caldi. Essi corrisponderebbero alla risalita localizzata di materiale caldo di origine molto profonda e non sembrano direttamente legati all'attività dei margini delle placche, anche se qualcuno di essi si trova sul percorso di una dorsale (come in Islanda).

9.2 Terremoti: ai margini delle placche o all'interno dei continenti

Se confrontiamo la distribuzione mondiale dei terremoti di figura 46 con il mosaico delle placche, appare chiaro come le due immagini siano strettamente correlate: l'allineamento degli ipocentri delinea i margini delle placche. In effetti, la distribuzione dell'attività sismica coincide per oltre il 95% con i margini delle placche.

Lungo le **dorsali**, le forze che tendono a far allontanare uno dall'altro i due fianchi della rift valley provocano continuamente l'attivazione (o la riattivazione) di numerose faglie, e tutto questo si traduce in sismi di modesta entità, compresi entro i primi 10 km di spessore della crosta. Anche le numerose faglie trasformi che interrompono le dorsali sono sorgenti di terremoti superficiali (in genere fino a 15 km). Come insegna la faglia trasforme di San Andreas, il loro movimento laterale avviene a scat-

Figura 48
Sismicità in catene montuose recenti. Il 25 aprile 2015 l'area centrale del Nepal è stata investita da un violento terremoto ($M_{Richter}$ = 7,8), che ha provocato nella zona epicentrale gravissimi danni (corrispondenti a un valore dell'Intensità del IX-X grado) e 8000 morti, mentre gli effetti si sono risentiti dal Tibet all'India e fino al Bangladesh. L'ipocentro, a 15m km di profondità, era localizzato lungo una delle grandi faglie che disarticolano l'orogeno himalayano e che periodicamente vengono riattivate dal persistere dei movimenti legati alla subduzione dell'India sotto l'Asia. (N. Asfouri/AFP/Getty Images)

ti, intervallati da periodi più o meno lunghi, durante i quali la faglia si «ricarica».

La forte sismicità associata alle **fosse oceaniche** è legata alla subduzione di una placca sotto l'altra. Molti dei maggiori terremoti che si verificano in tale situazione sono compresi nei primi 50 km di profondità e sono in gran parte legati alle numerose faglie provocate nel margine della placca sovrastante dal fortissimo attrito con la placca in subduzione. A maggiori profondità, fino ad un massimo finora registrato di poco oltre 700 km, i terremoti sarebbero conseguenza delle forti compressioni subìte dalla placca di litosfera, fredda e relativamente fragile, che penetra nell'astenosfera e nel mantello superiore, mentre viene pian piano «consumata». La superficie di Benioff, con il suo allineamento di ipocentri, «segnala» la discesa della placca.

Nelle **catene montuose** di orogenesi recente, nate da collisioni continentali, non si sono ancora esaurite le gigantesche spinte che hanno deformato e fatto saldare tra loro i margini venuti a contatto. È questo il caso delle catene himalayane, in corrispondenza delle quali la placca indo-australiana continua a muoversi e a premere contro quella euroasiatica, con spinte i cui effetti si propagano fin nel cuore dell'Asia (rivedi la figura 2). In tali situazioni, grandi masse rocciose vengono continuamente coinvolte negli sforzi in atto nella crosta e finiscono per dare origine, con il solito meccanismo, a terremoti. Inoltre, il settore di crosta ispessito a seguito della collisione tende a riacquistare una posizione di equilibrio isostatico e si muove verso l'alto, provocando altre deformazioni, fonti a loro volta di terremoti [Figura 48]. Sono necessari molti milioni di anni perché quel nuovo settore di crosta divenga stabile e praticamente asismico.

Come abbiamo visto, l'interazione tra le placche spiega piuttosto bene la distribuzione, anche in profondità, dei terremoti, un «segnale» dei complessi movimenti della litosfera. Una piccola percentuale di terremoti, a volte anche violenti, cade però **lontano dai margini**. Si pensa che, occasionalmente, alcuni sforzi si possano propagare all'interno di una placca litosferica e possano crescere fino a superare localmente la resistenza delle rocce stesse, soprattutto in qualche punto di minor resistenza, provocando uno dei rari terremoti localizzati all'interno di una placca (per esempio lungo antiche faglie).

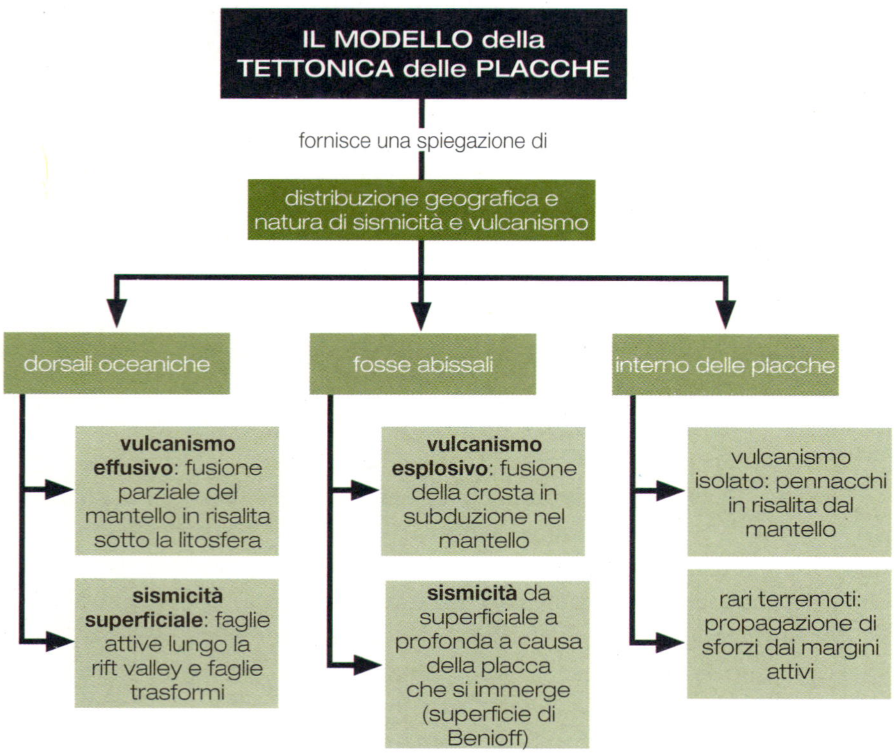

QUESITI

1. Scegli le due risposte corrette.
   Le dorsali oceaniche sono caratterizzate da
   A vulcanismo effusivo.
   B vulcanismo esplosivo.
   C sismi superficiali.
   D sismi profondi.
2. Che rapporto esiste tra vulcanismo, sismicità e dinamica delle placche?
3. Come può essere interpretato il vulcanismo esplosivo lungo il margine dei continenti, alla luce della Tettonica delle placche?
4. Che cosa sono i punti caldi?
5. Come può essere interpretata la forte sismicità associata alle fosse oceaniche, alla luce della Tettonica delle placche?

10 Moti convettivi e punti caldi

Vulcanismo, sismicità, sollevamento di catene montuose, apertura e scomparsa di oceani, deriva dei continenti, con tutta una serie di altri fenomeni connessi sembrano aver trovato un logico quadro di riferimento nella Tettonica delle placche. Ma cosa fa muovere il complesso meccanismo delle placche? Molti elementi fanno pensare a movimenti convettivi all'interno del mantello, provocati da locali squilibri termici, a loro volta causati dal calore liberato da processi radioattivi, ma il problema non è semplice e sembra coinvolgere anche il nucleo.

Un contributo decisivo per comprendere l'origine del movimento delle placche è venuto ancora una volta da studi sismici. Esperimenti di laboratorio su rocce indicano che, con un aumento di temperatura di 100 °C, la velocità delle onde S che attraversano le rocce del mantello (come le peridotiti) si riduce sensibilmente. Se il mantello è veramente in convezione, la velocità delle onde sismiche dovrebbe variare di diversi punti percentuale da un luogo all'altro.

Ebbene, i sismologi possono oggi costruire modelli tridimensionali di queste piccole variazioni nella velocità delle onde sismiche – ottenendo, quindi, anche un modello dei moti convettivi del mantello – con l'impiego delle nuove tecniche di *tomografia sismica*.

La **tomografia sismica** è l'adattamento di un metodo usato in medicina per studiare l'interno del corpo umano, chiamato «tomografia assiale computerizzata» (TAC). I sensori della TAC costruiscono delle immagini tridimensionali degli organi interni misurando piccole differenze nei percorsi dei raggi X che vengono fatti passare attraversano il corpo in varie direzioni.

Allo stesso modo, i sismologi utilizzano le registrazioni di onde sismiche effettuate da migliaia di sismografi in tutto il mondo per analizzare sistematicamente l'interno della Terra lungo molte direzioni diverse, in modo da costruire un modello tridimensionale della struttura profonda del pianeta. Questo metodo consente di individuare zone in cui le onde accelerano o rallentano: i sismologi hanno scelto come assunzione ragionevole, sostenuta dagli esperimenti in laboratorio prima citati, che le regioni nelle quali le onde accelerano sono composte di materiali densi e relativamente freddi (per esempio, placche oceaniche in subduzione), mentre le regioni in cui le onde rallentano indicano la presenza di materiali relativamente caldi e in grado di risalire per galleggiamento [Figura 49].

Il quadro fornito dalla tomografia sismica ha rivelato grandi strutture nel mantello collegate a moti convettivi.

49

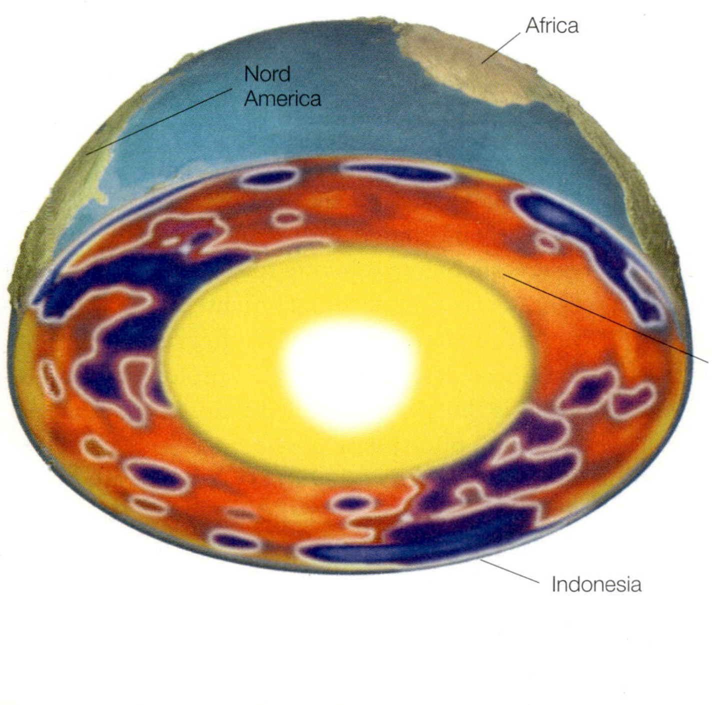

Figura 49
La tomografia sismica descrive la struttura tridimensionale del mantello. La sezione della Terra mostra le variazioni di velocità delle onde S ricavate dalla tomografia sismica. Regioni con onde S più veloci indicano rocce relativamente più fredde e più dense (colori blu e viola). Si pensa che le rocce dense che affondano obliquamente sotto il Nordamerica siano lembi di litosfera fredda provenienti da un'antica placca Farallon, ormai subdotta. Una struttura analoga si osserva sotto il Sudamerica, per la subduzione della litosfera della Placca del Pacifico, in atto da tempi lunghissimi (rivedi figura 40). Anche sotto l'Indonesia è visibile materiale freddo in subduzione.
Le regioni con velocità delle onde S più lente (in rosso e giallo) indicano rocce relativamente più calde e meno dense. Un grande ammasso allungato giallo-arancio di roccia calda è stato identificato dai geologi come il «super-pennacchio» africano: misura 1200 km di larghezza e si innalza obliquamente per 1500 km al di sopra del limite nucleo-mantello. Si ritiene che la «spinta» verso l'alto della sua sommità sia la causa dell'inarcamento e del sollevamento della litosfera in corrispondenza dell'Africa meridionale.

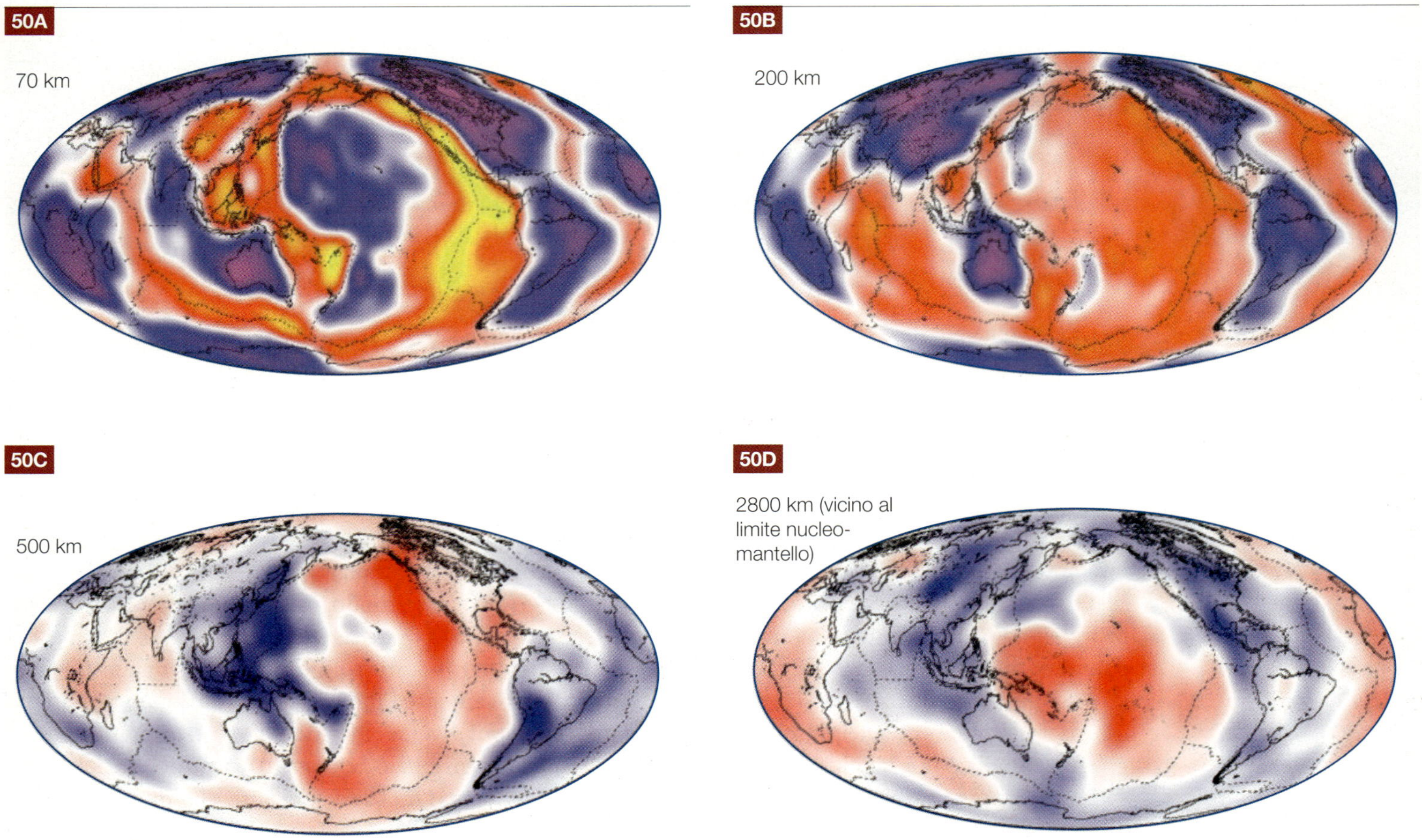

Figura 50
Andamento delle temperature a diverse profondità nel mantello, dedotte da variazioni della velocità delle onde S. Giallo e rosso indicano zone relativamente calde; blu e viola, zone relativamente fredde. Le figure rappresentano le proiezioni in piano di quattro involucri concentrici, ottenuti immaginando di «tagliare» delle superfici sferiche nel mantello a varie profondità. Su ogni superficie sono stati proiettati i profili dei continenti. (Si ricordi che, in realtà, le superfici diminuiscono di dimensioni scendendo in profondità.)

- Vicino alla superficie (a 70 km di profondità, Figura50A) si può chiaramente osservare la struttura associata alla Tettonica delle placche. Zone di bassa velocità delle onde S sono associate alla risalita di astenosfera calda lungo le dorsali oceaniche e alla risalita di magmi sotto gli archi vulcanici nelle zone di subduzione, mentre velocità relativamente elevate delle onde S si trovano nella litosfera fredda e nei fondali oceanici antichi o sotto i cratoni continentali.
- Più in profondità (200 km, Figura 50B) la distribuzione delle zone calde e fredde non sembra direttamente collegabile con dorsali e zone di subduzione. Si osservano ampie regioni di mantello «calde» sotto i grandi bacini oceanici, mentre appare «freddo» il mantello sotto i vasti cratoni continentali.
- A profondità ancora maggiori (500 km, Figura 50C) non si osserva più alcuna corrispondenza tra zone a diverse temperature e distribuzione dei continenti.
- In prossimità del limite tra mantello e nucleo (circa 2800 km, Figura 50D) compare una regione calda posta sotto il centro dell'Oceano Pacifico, circondata da un largo anello di materiale relativamente freddo. I sismologi hanno ipotizzato che le zone fredde rappresentino un «cimitero» di lembi di litosfera oceanica subdotti al di sotto degli archi vulcanici del Pacifico – la Cintura di Fuoco – e scesi fino a toccare il nucleo durante gli ultimi 100 milioni di anni circa.

Complessivamente, il modello mette in evidenza che lembi di litosfera fredda sprofondano attraverso l'intero mantello, dimostrando che il sistema della tettonica delle placche comprende moti convettivi che si estendono fin quasi al limite nucleo-mantello

Esaminiamo in dettaglio la figura 49. L'immagine mostra chiaramente materiali che provengono da antica litosfera oceanica del Pacifico che è stata quasi totalmente subdotta sotto il Nord America. Il blocco che affonda obliquamente sembra aver penetrato l'intero mantello. La figura indica anche un blocco di rocce fredde che sprofonda sotto l'Indonesia (lungo il margine inferiore della sezione). Inoltre si può vedere anche un grande ammasso di roccia più calda, ritenuto un «super-pennacchio» (vedi più sotto), che misura 1200 km di larghezza e si innalza obliquamente per 1500 km al di sopra del limite nucleo-mantello fino a sotto l'Africa

Figura 51
L'Africa meridionale è quasi interamente costituita da un grande altopiano, largo più di 1500 kilometri. Negli ultimi 100 milioni di anni la crosta terrestre di quest'area continentale ha continuato a sollevarsi raggiungendo in media i 2000 metri di quota sul livello del mare. Come conseguenza i fiumi stanno incidendo vigorosamente tutta l'area, rimodellando il paesaggio. Non si tratta del formarsi di una nuova catena montuosa, ma di un inarcamento ad ampia scala dell'intera litosfera, che i recenti studi sulla dinamica interna della Terra attribuiscono a una lenta, ma inesorabile risalita di una gigantesca colonna di materiale caldo all'interno del pianeta, proprio sotto il settore che comprende l'Africa meridionale.

meridionale. Questa massa calda galleggiante che spinge in alto materiali più freddi può forse spiegare il forte sollevamento, in atto da milioni di anni, degli altopiani del Sudafrica [Figura 51]. Questa morfologia è in contrasto con la struttura geologica dell'intera Africa, che, a parte il settore costiero settentrionale (con un orogeno recente) e l'estremità meridionale (resti di rilievi dell'Era paleozoica), corrisponde a un cratone. Questo significa che il grosso lembo continentale che corrisponde all'Africa non subisce orogenesi da oltre 500 milioni di anni, per cui l'erosione (anche a opera di vaste glaciazioni alla fine dell'Era paleozoica) ha demolito da tempo le numerose catene montuose formatesi in ere più antiche, facendo affiorare le loro radici. Ma la morfologia «coerente» con queste vicende geologiche, fatta di grandi pianure, con estesi reticoli fluviali, è presente solo nell'Africa centrale e settentrionale, mentre l'Africa meridionale, come già detto, si sta sollevando e questo fenomeno viene messo in grande evidenza dalla forte ripresa dell'attività erosiva dei fiumi, in particolare con la formazione di grandi cascate. I moti del mantello stanno facendo «ringiovanire» l'Africa…

Per completare il quadro dei moti convettivi all'interno del mantello è necessario prendere in esame i fenomeni che si verificano al passaggio tra nucleo e mantello. Infatti il fortissimo calore presente nel nucleo interno (allo stato solido per l'elevatissima pressione) si propaga verso l'esterno. Il nucleo esterno, che, per la minor pressione, è allo stato fuso, assorbe questo calore, che si aggiunge al calore prodotto «in loco» da materiali radioattivi e al calore che si libera man mano che porzioni della lega ferro-nichel solidificano e si aggregano al nucleo interno. Come conseguenza, il nucleo esterno è agitato da energici moti convettivi con velocità di parecchi kilometri all'anno, che con grande efficacia trasferiscono il calore alla base del mantello. Nel mantello inferiore, quindi, si localizzano regioni con diverse condizioni termiche, per cui vi si verificano moti convettivi, sia pure di appena qualche cm / anno (un milione di volte più lenti dei moti del nucleo). Dalle regioni più calde presenti alla base del mantello si innalzano colonne di materiale caldo, i **pennacchi**, ciascuno con diametro di un centinaio di kilometri, che arriverebbero fino in superficie, dove si manifesterebbero nei **punti caldi**

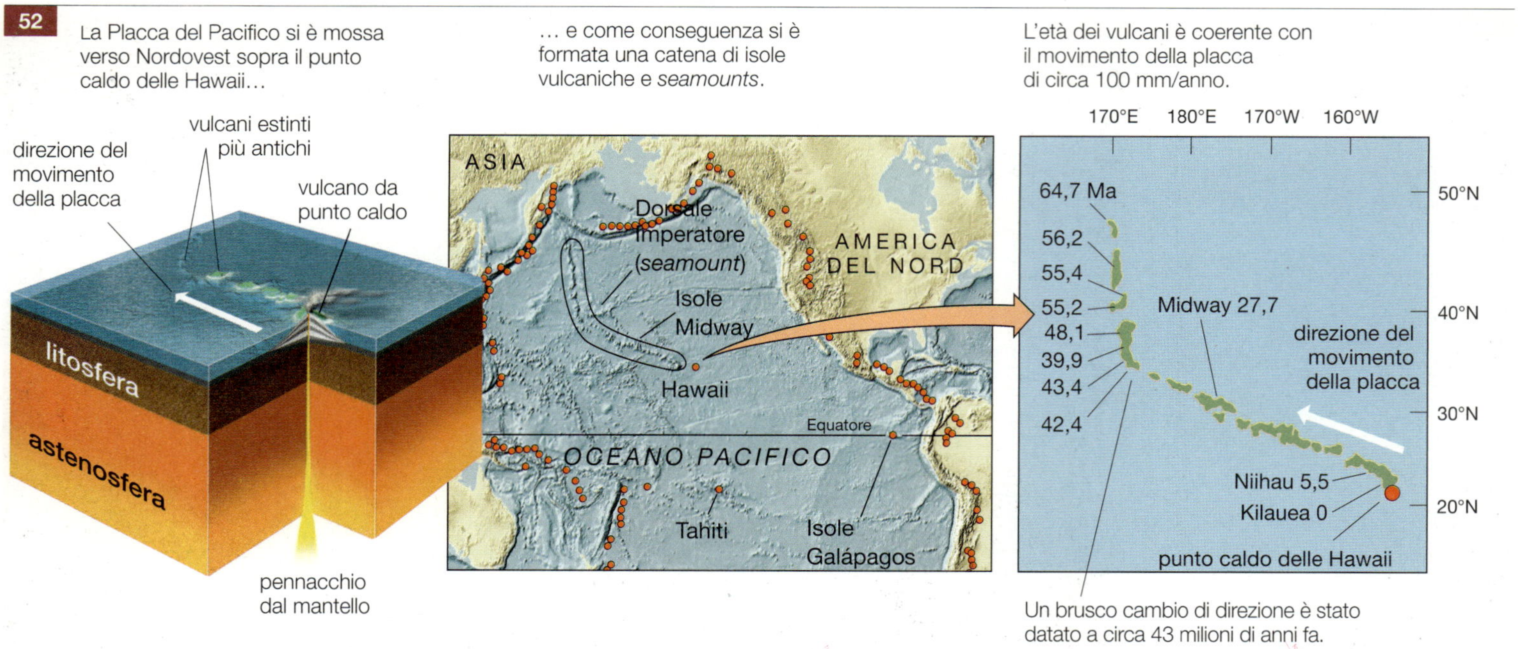

Figura 52
Vulcanismo da punto caldo. Il movimento delle placche al di sopra di punti caldi ha generato allineamenti di vulcani, la cui attività risulta via via più antica da un estremo all'altro della catena. L'arcipelago delle Isole Hawaii e la sua prosecuzione (monti sottomarini della Dorsale Imperatore) mostrano che l'età dell'attività dei vulcani cresce da Sudest (attivi nell'Isola Hawaii) verso Nordovest. (da *Capire la Terra*, Zanichelli, 2016)

(*hot spots*), caratterizzati da alto flusso termico e intenso vulcanismo. Tali punti sono attivi da milioni di anni e sembrano fissi rispetto al continuo movimento delle placche, come è stato ipotizzato per i vulcani delle Isole Hawaii-Imperatore [**Figura 52**].

I pennacchi caldi, quindi, «pomperebbero» calore direttamente dal nucleo alla superficie, attraverso l'intero mantello. In tale prospettiva, i movimenti delle placche sarebbero legati ai moti convettivi dell'intero mantello, ma con interferenze dovute alla risalita dei pennacchi, la cui azione prolungata è in grado di «forare» la litosfera e di riversare in superficie enormi volumi di magmi basaltici, per tempi lunghissimi.

La tomografia sismica ha profondamente modificato il precedente modello di movimenti nel mantello organizzati in semplici celle convettive, sostituendolo con un'immagine ben più complessa e articolata. Gran parte dei giganteschi volumi di litosfera oceanica fredda che scendono in subduzione arriva fino al nucleo, prima di riscaldarsi e di tornare in ciclo; contemporaneamente, da vari punti della base del mantello particolarmente riscaldati dal nucleo salgono anche colonne isolate di materiale divenuto più caldo e, quindi, meno denso di quello circostante. Moti lentissimi ma inesorabili, che da miliardi di anni agitano l'interno del pianeta e di cui i movimenti della litosfera e tutto ciò che avviene in superficie sono un lontano riflesso.

Siamo alla frontiera di ricerche che stanno aprendo orizzonti inaspettati ed entusiasmanti: forse è incominciato il viaggio al centro della Terra.

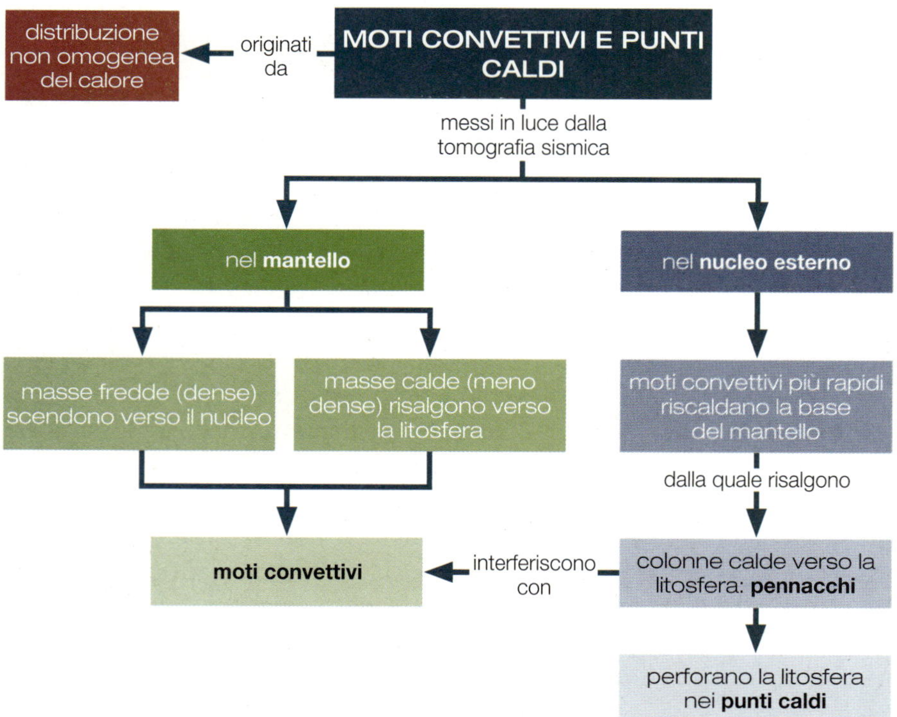

QUESITI

1. Scegli l'alternativa corretta.
   Nel mantello, il materiale più caldo e quindi **più denso/meno denso** tende a spostarsi **dal basso verso l'alto/dall'alto verso il basso**.
2. Le correnti convettive
   A interessano solo il nucleo esterno.
   B coinvolgono tutto il mantello.
3. In che cosa consiste la tomografia sismica? Quali informazioni ha fornito questa tecnica sull'interno della Terra?
4. Qual è la probabile origine dei moti convettivi nel mantello?
5. Qual è l'origine dei punti caldi?

ampliamento delle conoscenze

Dai moti convettivi nel mantello anche il terremoto di Sumatra del 2004

L'area sconvolta nel 2004 dal terremoto di Sumatra e dal conseguente maremoto fa parte di una delle fasce più attive della litosfera, lungo la quale la crosta dell'Oceano Indiano viene a contatto con la crosta continentale dell'Indonesia. Il contatto è segnato dalla fossa abissale di Giava, fiancheggiata da un arco insulare (che fa parte delle Isole della Sonda) con una catena di oltre 160 vulcani, di cui circa 70 attivi con manifestazioni altamente esplosive. È una tipica zona di convergenza: da un lato le due placche oceaniche indiana e australiana e dall'altro il «promontorio» sud-orientale della gigantesca placca continentale euroasiatica (rivedi figura 37). Il processo è in atto da decine di milioni di anni e la placca che sta andando in subduzione è stata individuata da indagini di tomografia sismica fin oltre i 600 km di profondità [Figura 53A]. Quest'area presenta, però, delle complicazioni. Il movimento della placca oceanica è in direzione SW-NE: poiché la fossa ha una forma arcuata in pianta, nel settore di Sumatra la subduzione avviene in direzione molto obliqua rispetto all'asse della fossa. Come conseguenza gli sforzi in atto hanno lacerato la litosfera continentale per tutto il suo spessore e l'isola è tagliata in due da una faglia trascorrente, parallela alla fossa, che continua a riattivarsi; ad ogni terremoto il settore verso mare di Sumatra risulta mosso verso NW rispetto al settore opposto [Figura 53B]. Inoltre, sul fondo dell'Oceano Indiano sono stati riconosciuti i resti di una dorsale oceanica estinta circa 40 Ma fa, visibile come rilievo sommerso (dorsale di Warthon, riconoscibile nella carta di figura 15, a NE del Bacino di Warthon), cui corrisponde un grosso ispessimento della crosta oceanica. Questa vecchia dorsale viene pian piano «risucchiata» in profondità sotto Sumatra, ma, con il suo grosso spessore, sta ostacolando il movimento di discesa e richiede ogni volta grande accumulo di energia elastica, prima di rompersi, con maggior rilascio di energia sismica.

In questo contesto geodinamico, eventi come quello del 2004 si sono manifestati in passato ripetutamente e saranno inevitabili nel futuro. Questa previsione è oggi ben più di un'ipotesi, perché può basarsi sulla conoscenza di come si muovono le placche: come abbiamo visto nel paragrafo 8.1, è ormai possibile il monitoraggio continuo dei movimenti crostali. Wegener sperò di poter confermare la deriva dei continenti facendo ricorso al posizionamento astronomico, che determina la posizione di punti della superficie facendo riferimento alla posizione di una stella, ma oggi sappiamo che le velocità di espansione degli oceani sono circa mille volte minori di quelle che si potevano misurare con le tecniche allora disponibili. Ma a partire dagli anni Settanta si è andato sviluppando un nuovo metodo di posizionamento astronomico, che utilizza i segnali provenienti da «radio-sorgenti quasi stellari» (quasar) raccolti da enormi antenne paraboliche. Con questo metodo è possibile misurare distanze intercontinentali con la precisione del millimetro. Nel 1986, si dimostrò come la distanza tra Europa e America settentrionale sia aumentata di 19 mm/anno nel corso di 5 anni, un dato, questo, che si avvicina molto alle previsioni fatte dai geologi in base al modello della Tettonica delle placche.

Infine, dalla metà degli anni Ottanta, i geologi hanno potuto avvalersi di una tecnica meno costosa, basata su una nuova «costellazione» di 24 satelliti orbitanti intorno alla Terra, cioè il Sistema di Posizionamento Globale (GPS), che costituiscono il riferimento esterno al pianeta, esattamente come fanno le stelle fisse e i quasar nel posizionamento astronomico. Tale sistema permette di determinare con grande precisione la posizione di numerosi punti sulla superficie terrestre e di ripetere periodicamente tale operazione per ogni punto. Se la posizione di un punto cambia nel tempo, si può calcolare lo spostamento e in quale direzione è avvenuto.

Il quadro generale dei movimenti delle placche è stato presentato nella figura 38; proviamo ora a esaminarla fissando l'attenzione sull'area del terremoto di Sumatra.

Le variazioni di distanza tra i ricevitori GPS posizionati a terra su placche differenti, registrate nel corso degli anni, sono in accordo sia per grandezza che per direzione con quelle ricostruite sulla base delle anomalie magnetiche dei fondali oceanici.

Come si vede, nel movimento di subduzione la placca australiana si muove verso NE con velocità di circa 7 cm/anno, tra le più elevate oggi rilevabili. Nello stesso tempo, il settore sud-orientale della placca euroasiatica si muove verso Est di 2-3 cm/anno, e questo rende ancora più complessa l'interazione tra le due placche. Questi meccanismi, azionati dai moti convettivi del mantello, rimarranno attivi per tempi lunghissimi e nelle isole lungo la fossa continueranno, purtroppo, a manifestarsi periodicamente forti terremoti.

53A
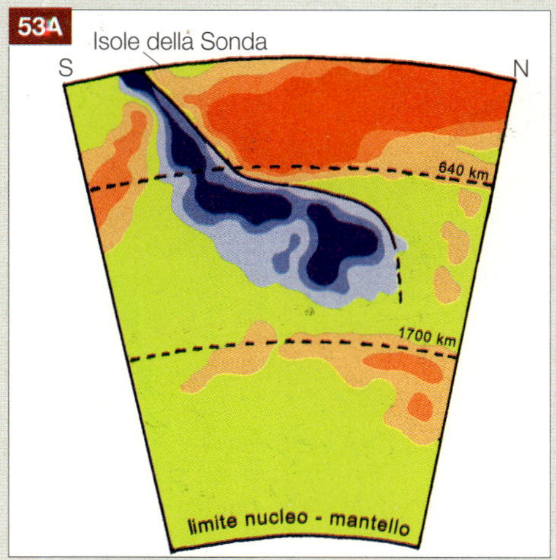

53B
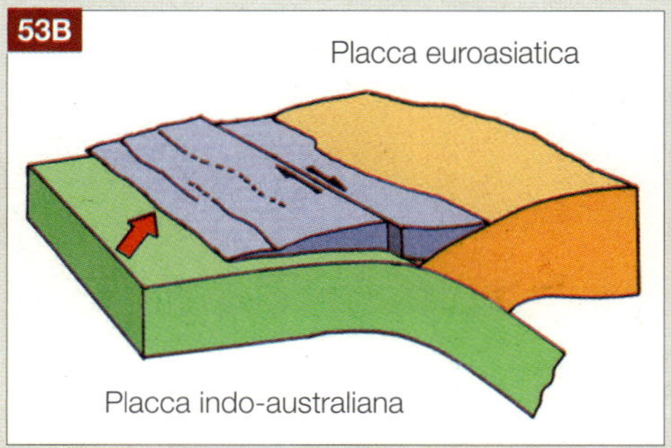

Figura 53
A. La placca oceanica in subduzione nel mantello sotto l'Isola di Giava, così come viene mostrata dalla tomografia sismica. I colori in toni di rosso indicano settori con velocità delle onde sismiche minori della media e corrispondono a zone meno dense e più calde; i toni di blu indicano, invece, velocità maggiori della media e corrispondono a zone più dense e più fredde, dovute alla presenza della placca in discesa. Superati i 600 km di profondità, la pendenza della placca è molto diminuita, ma la discesa continua.
B. La direzione obliqua con cui la placca oceanica entra in subduzione ha provocato e mantiene attiva una grande faglia trascorrente nella litosfera sovrastante.

11 Risorse: la Tettonica delle placche e i giacimenti minerari

Il modello della Tettonica delle placche ha fornito una chiave di interpretazione sull'origine e sulla distribuzione geografica dei giacimenti minerari associati ad attività magmatica [Figura 54].

Nell'area della dorsale, lungo il cui asse è diffusa un'intensa attività effusiva, i processi idrotermali sottraggono, sciogliendoli, i minerali dispersi nelle rocce magmatiche (basalti) in via di raffreddamento e li fanno concentrare per precipitazione nella parte superiore della nuova crosta oceanica, nelle zone dei «fumaioli neri» (rivedi figura 28), che si arricchiscono in solfuri di rame, zinco, ferro e altri metalli.

I basalti della crosta oceanica così arricchiti, anzi, rivestiti di composti metallici, si spostano verso una fossa abissale, dove entrano in subduzione sotto il margine di un continente; in quella condizione, secondo il modello, l'attrito strappa alla placca in subduzione lembi di crosta oceanica, che si saldano stabilmente alle strutture continentali.

Lembi di antica crosta oceanica si trovano in effetti «incastrati» entro molte catene montuose e sono noti come *ofioliti* o, meglio, *successioni ofiolitifere*, formate da basalti e gabbri, a volte metamorfosati, associati a sedimenti marini, proprio come nella struttura della crosta oceanica attuale raffigurata nella figura 17 e nello schema di figura 42. Nell'isola di Cipro [Figura 55], come lungo la catena dei Monti Urali e molte altre catene montuose (in misura molto modesta anche nell'Appennino ligure-toscano), proprio alle ofioliti sono associati ricchi depositi di minerali di rame, i quali, in tale interpretazione, si sarebbero originati per circolazione idrotermale lungo antiche dorsali oceaniche, secondo il meccanismo dei «fumaioli neri», illustato nella figura 28.

Ma il rapporto tra Tettonica delle placche e giacimenti non si limita alle mineralizzazioni delle ofioliti, che d'altra parte rappresentano solo una piccola parte della placca oceanica in subduzione.

Figura 54
Tettonica delle placche e giacimenti minerari. Sezione schematica attraverso un ampio settore della crosta terrestre nella quale compaiono due tipici ambienti legati alla dinamica delle placche: una zona di espansione (dorsale oceanica) e una zona di subduzione (fossa oceanica e arco magmatico). In corrispondenza della dorsale, i processi di tipo idrotermale arricchiscono la crosta oceanica di minerali metallici (tra cui rame, ferro, zinco, manganese); nella zona di subduzione, la progressiva fusione della placca in discesa nel mantello porta alla risalita di magmi arricchiti in vari elementi chimici, per cui nell'arco magmatico sovrastante si formano dei giacimenti con associazioni di minerali diversi, mano a mano che ci si allontana dalla fossa.

54

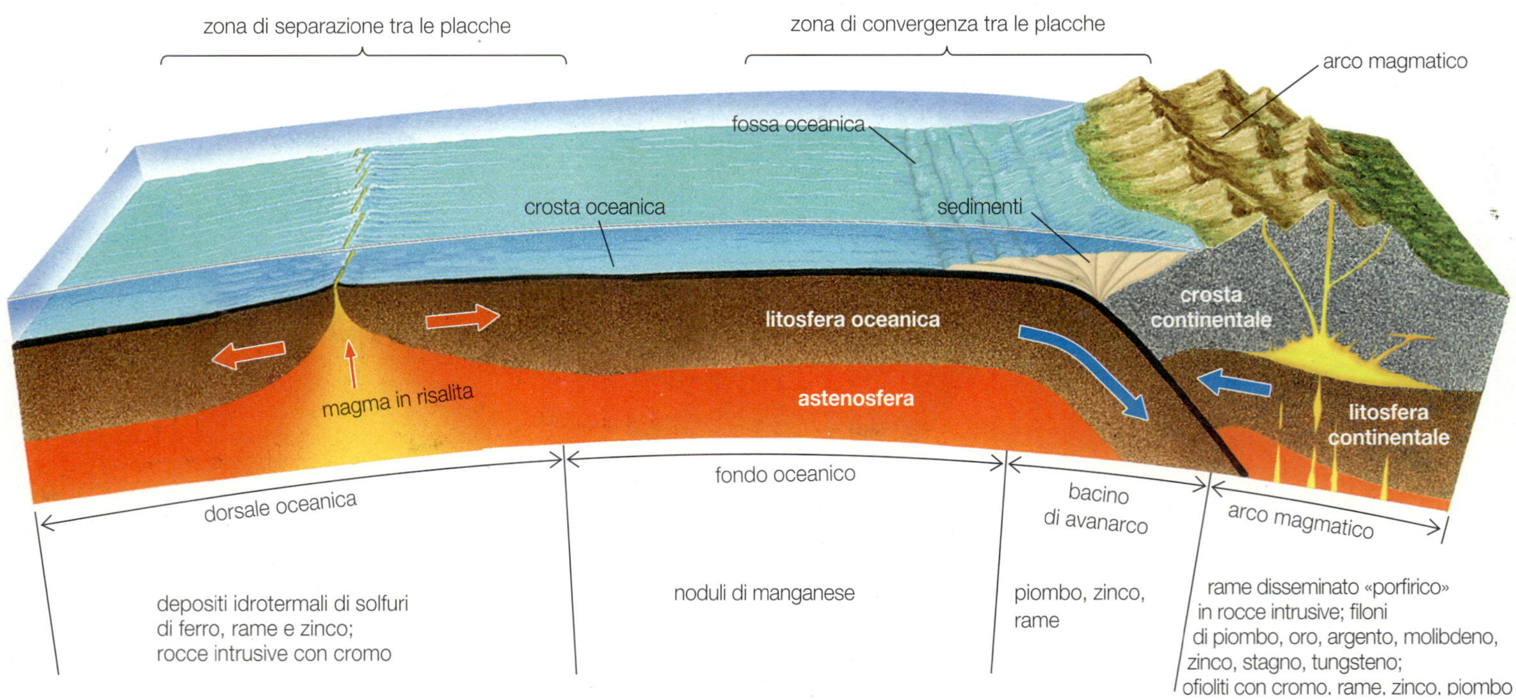

Figura 55
Settore centrale dell'isola di Cipro, nel Mediterraneo orientale.
A. L'isola è attraversata dal Massiccio di Troodos, una catena di rilievi che in questa immagine da satellite si distingue per il suo colore scuro. Le rocce di questi rilievi, di origine magmatica, sono lembi di un'antica crosta oceanica sollevati fino agli attuali 2000 m dal progressivo incunearsi del margine settentrionale, sommerso, dell'Africa al di sotto dell'Eurasia. Il rame (in latino *cuprum*, dall'isola di Cipro) si trova in ammassi di solfuri alla sommità di lave basaltiche «a cuscini», che rappresentano effusioni vulcaniche sottomarine lungo un'antica dorsale oceanica. (NASA)
B. Immagine di un versante del massiccio di Troodos con i segni evidenti degli scavi e degli accumuli di scorie per l'estrazione di minerali di rame entro un affioramento di ofioliti. (Idea Studio/Shutterstock)

Il resto della placca, che continua a scendere in profondità, inizia a fondere, a cominciare dalla sottile crosta oceanica basaltica: i minerali in essa concentratisi fondono anch'essi e i prodotti risalgono con i magmi entro la sovrastante crosta continentale, dove si accresce l'arco magmatico.

Secondo questa interpretazione, i ricchi giacimenti di ferro, rame, oro, argento, piombo, zinco e stagno e altri metalli, disseminati lungo tutta la catena delle Ande, sarebbero il risultato di una lunga «distillazione» avvenuta in due fasi:

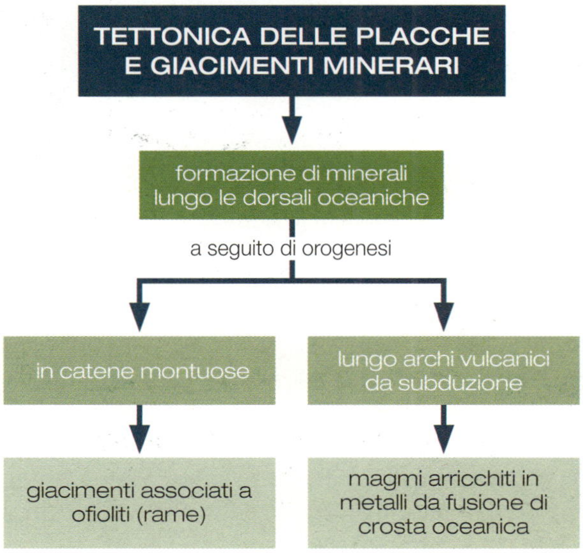

a) risalita, lungo le dorsali del Pacifico orientale, di magmi basaltici, derivati dalla fusione parziale del mantello, e formazione di depositi idrotermali nei fumaioli neri lungo le rift valley (al largo della costa sudamericana);
b) in seguito, a causa dell'espansione del fondo oceanico, quando la crosta oceanica è entrata in subduzione e si è fusa, risalita di magmi arricchiti di metalli; questi ultimi avrebbero «impregnato» in tal modo la crosta continentale posta sopra la zona di subduzione, formando ampie fasce di solfuri.

Lungo il margine del continente sudamericano si sarebbero così concentrati elementi chimici un tempo dispersi nella massa del mantello sotto le dorsali del Pacifico orientale.

Alla luce di queste idee suggerite dai meccanismi della tettonica delle placche, la prospezione in catene montuose e negli scudi per scoprire ammassi di ofioliti o di resti di antichi archi vulcanici, formati in una zona di subduzione, è ormai diventata un obiettivo strategico della ricerca mineraria.

QUESITI

1. Qual è l'origine delle successioni ofiolitifere che si trovano in molte catene montuose?
2. Qual è l'origine dei giacimenti di metalli presenti lungo tutta la catena andina?

IN SINTESI

termini e concetti fondamentali

La Terra: struttura, campo magnetico e flusso di calore

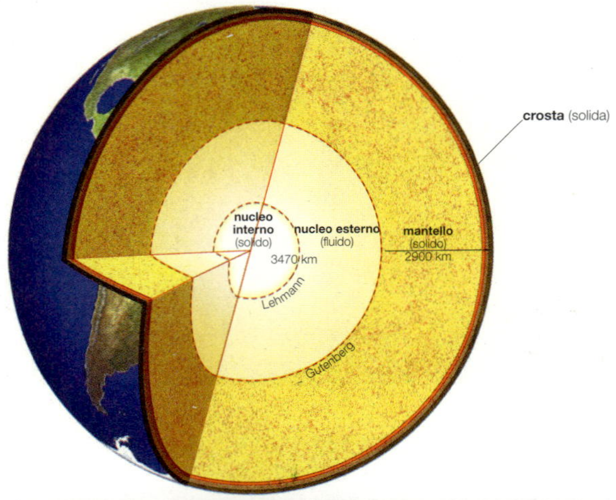

■ La Terra è formata da una serie di involucri concentrici:
- la **crosta**, con spessore di poche decine di km, relativamente leggera e con composizione eterogenea;
- il **mantello**, con uno spessore di circa 2900 km, costituito nella parte superiore da rocce ultrabasiche (peridotiti che in profondità, per le forti temperature e pressioni, si trasformano in ossidi);
- il **nucleo**, con un raggio di 3470 km, costituito da una lega metallica di ferro e nichel con qualche elemento meno denso (come silicio e zolfo).

■ Esistono due tipi di crosta: **crosta continentale** e **crosta oceanica**.

	crosta continentale	crosta oceanica
spessore medio	35 km (60-70 km sotto le catene montuose)	6 km
quota media	800 m	–3800 m
età delle rocce più antiche	4 miliardi di anni	190 milioni di anni
struttura	eterogenea (cratoni e orogeni)	omogenea (strato 1: sedimenti; strato 2: basalto; strato 3: gabbro)

■ L'origine del campo magnetico terrestre è probabilmente legata alla presenza di materiali metallici allo stato fuso (lega ferro-nichel) in movimento nel nucleo esterno (modello dinamo ad autoeccitazione).

■ Molte rocce possono essere magnetizzate al momento della loro formazione e conservano tracce del campo magnetico terrestre che le ha influenzate (**paleomagnetismo**). In base alla magnetizzazione delle rocce è possibile ricostruire l'apparente *migrazione del Polo nord magnetico* nel passato. L'analisi dei dati suggerisce che nel tempo i continenti abbiano cambiato posizione. Si è scoperto che i due poli magnetici si invertono periodicamente di posizione; si verificano cioè delle **inversioni di polarità** del campo magnetico terrestre.

■ Il **flusso di calore** emesso dalla Terra deriva dal decadimento degli isotopi radioattivi nel mantello e dal calore residuo dello stato di fusione iniziale della Terra.

■ Il **flusso termico**, cioè la quantità di calore emessa nell'unità di tempo per ogni unità di superficie, vale 0,06 W/m^2.

■ Il flusso termico è disomogeneo e riflette la presenza di **correnti convettive**: materiale più caldo risale nel mantello mentre materiale più freddo sprofonda alla velocità di qualche cm/anno.

■ La **temperatura** all'interno della crosta aumenta in media di circa 30 °C/km (circa 5000 °C al centro del pianeta).

L'espansione dei fondi oceanici

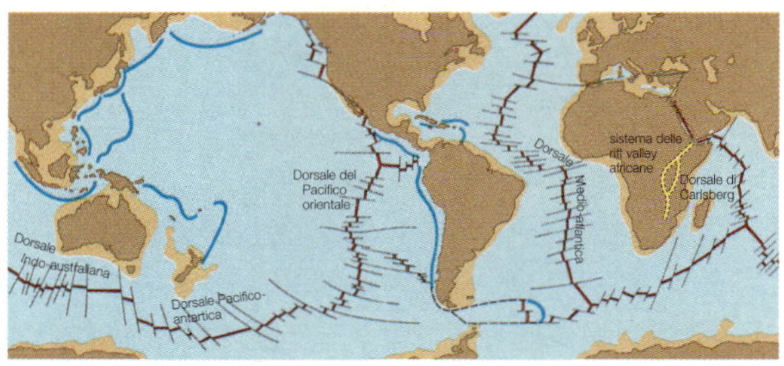

■ Sul fondo degli oceani sono presenti:
- un sistema di **dorsali oceaniche**, lungo complessivamente 60 000 km;
- numerose **fosse oceaniche**.

■ Le **dorsali oceaniche** sono inarcamenti della crosta oceanica percorse da un profondo solco, detto ***rift valley***, dal quale fuoriesce continuamente magma basaltico in risalita dal mantello, che solidifica e forma nuova crosta. Un sistema di fratture trasversali (**faglie trasformi**) rispetto all'asse della *rift valley* disarticola le dorsali in segmenti.

■ Le **fosse oceaniche** sono depressioni del fondo oceanico lunghe migliaia di km che raggiungono la profondità di 10 000 m.

■ L'ipotesi dell'**espansione dei fondi oceanici** prevede che lungo la *rift valley* delle dorsali si formi continuamente nuova litosfera e che i due fianchi delle dorsali si allontanino reciprocamente. Contemporaneamente, nelle fosse oceaniche altra litosfera, ormai fredda e densa, sprofonda nel mantello (con un meccanismo detto **subduzione**) e viene riciclata. Questo sprofondamento provoca terremoti (i cui ipocentri sono distribuiti su una superficie inclinata detta **superficie Benioff o di Benioff-Wadati**), mentre la progressiva fusione del materiale che affonda produce magmi che risalgono in superficie dove alimentano numerosi vulcani (**arco vulcanico**). Globalmente la nuova litosfera che viene prodotta in corrispondenza delle dorsali bilancia quella vecchia che viene riciclata nelle fosse.

■ Una conferma dell'espansione dei fondi oceanici è rappresentata dalla distribuzione simmetrica e parallela all'asse delle dorsali delle **anomalie magnetiche positive e negative** registrate sui fondi oceanici. Tali anomalie sono dovute al paleomagnetismo dei basalti della crosta oceanica che si sono formati in epoche a diversa polarità magnetica.

La Tettonica delle placche

- La litosfera è suddivisa in una ventina di **placche** di varie dimensioni: 6 molto vaste, le altre minori.
- I margini tra le placche possono essere di tre tipi:
  - **margini costruttivi** sono le dorsali oceaniche lungo le quali si costruisce nuova litosfera oceanica;
  - **margini distruttivi** sono le fosse oceaniche lungo le quali la litosfera viene distrutta nel processo di subduzione;
  - **margini conservativi** sono alcune grandi faglie trasformi lungo le quali due placche scorrono l'una a fianco dell'altra in direzioni opposte.
- Le placche possono essere formate da sola litosfera oceanica, da sola litosfera continentale o da entrambe.
- Il movimento delle placche provoca la profonda deformazione di interi settori di crosta con formazione di catene montuose (**orogeni**).
- L'**orogenesi** può avvenire secondo vari meccanismi:
  - per **consunzione di litosfera oceanica** in subduzione sotto un margine di litosfera continentale;
  - per **collisione continentale** dopo la consunzione di litosfera oceanica interposta tra due placche in convergenza tra loro;
  - per **accrescimento crostale** a seguito di collisioni di frammenti di crosta di varia natura trascinati a saldarsi lungo un margine di litosfera continentale;
  - per **consuzione di litosfera oceanica** in subduzione sotto litosfera oceanica (arco insulare).
- Il movimento delle placche porta alla periodica aggregazione di un **supercontinente** destinato ogni volta a smembrarsi. Questo ciclo di eventi è chiamato **ciclo di Wilson**.

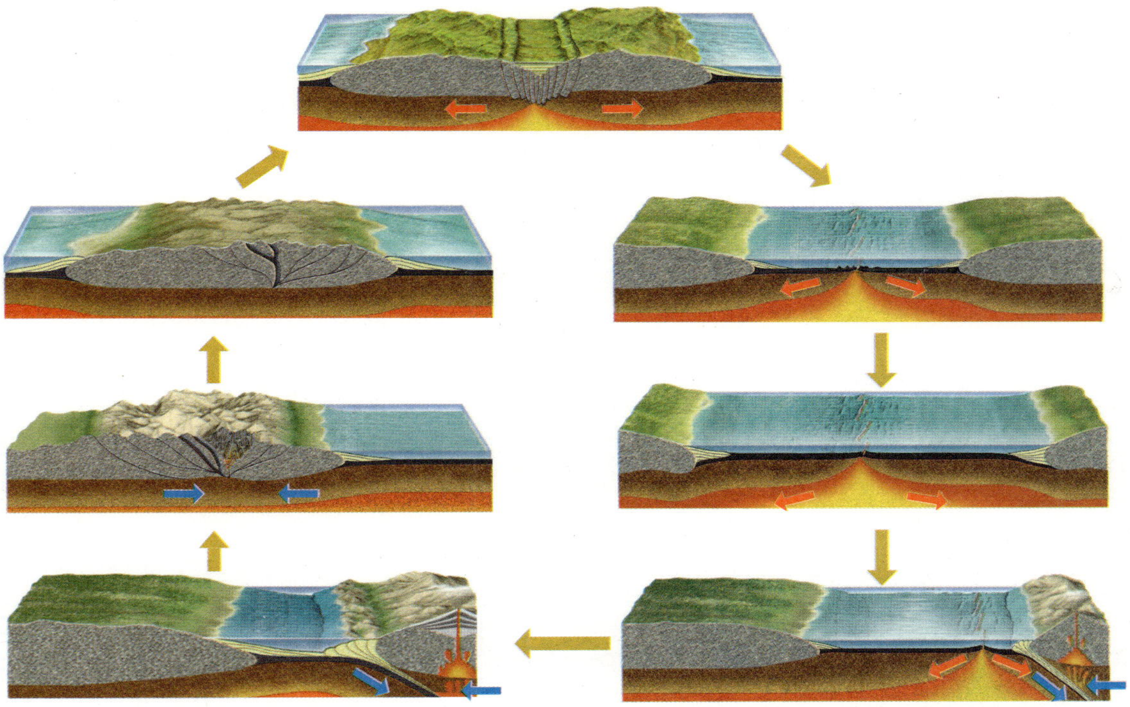

- I fenomeni vulcanici e quelli sismici sono strettamente connessi alla Tettonica delle placche.
- **Vulcanismo effusivo e terremoti superficiali** sono associati alle dorsali oceaniche, dove si verificano la fusione parziale del mantello in risalita e l'attivazione di faglie lungo la *rift valley*.
- **Vulcanismo esplosivo** e **terremoti profondi** sono collegati alla superficie di subduzione nelle fosse abissali. Qui si verifica la fusione della litosfera che discende verso l'interno della Terra e l'attivazione di faglie nella placca che affonda.
- Il **vulcanismo isolato** all'interno delle placche è dovuto alla risalita nel mantello di colonne di materiale caldo, i **pennacchi** (*plume*), che si manifestano in superficie come **punti caldi** (*hot spot*).
- Si ritiene che il «motore» della Tettonica delle placche consista in **movimenti convettivi** all'interno del mantello, innescati da locali squilibri termici, a loro volta causati dal calore liberato da processi radioattivi; ma nel processo interviene anche la produzione di calore dal nucleo.
- La **tomografia sismica** fornisce una specie di «radiografia» della struttura interna del pianeta, distinguendo regioni relativamente più calde (e quindi meno dense) e più fredde (e quindi più dense).
- Si riconoscono grandi volumi di litosfera fredda e densa in sprofondamento dalle fosse di subduzione, alcuni scesi ormai attraverso l'intero mantello fino alla periferia del nucleo. Altri volumi di rocce più calde risalgono invece come pennacchi che arrivano a «perforare» la litosfera e alimentano in superficie i punti caldi.

per il ripasso

ALTRI ESERCIZI SU ZTE ONLINE

1. Completa la mappa con i termini proposti.

distruttivi ■ dorsali oceaniche ■ faglie trasformi ■ costruttivi ■ conservativi ■ espansione dei fondali ■ fosse oceaniche ■ margini ■ moti convettivi

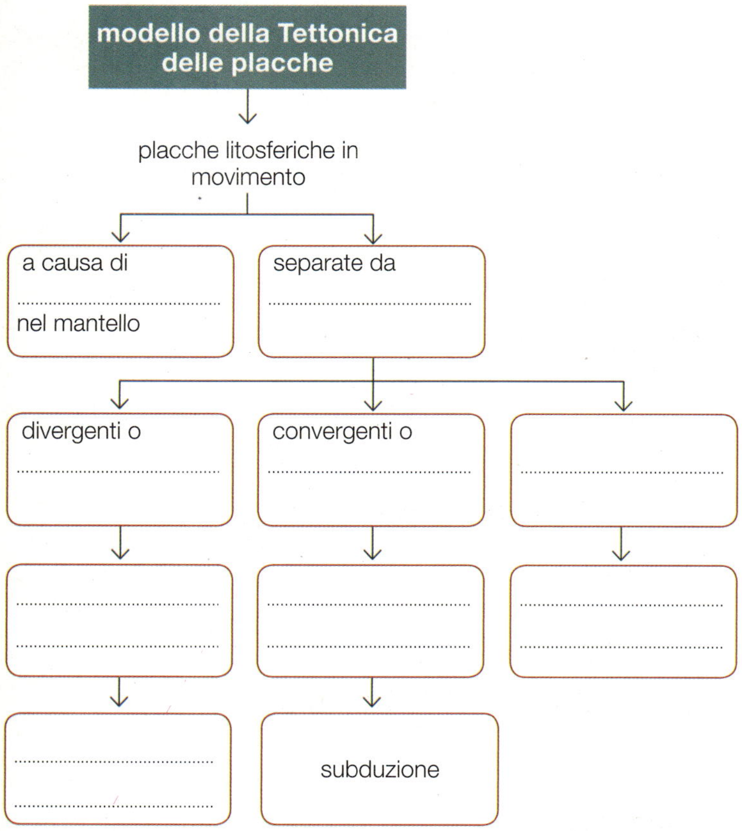

2. La densità media delle rocce che costituiscono la crosta terrestre al di sotto della copertura sedimentaria vale

A 1,5-2,3 g/cm^3
B 2,7-3 g/cm^3
C 3,3-5,6 g/cm^3
D 9,7-13 g/cm^3

3. Quando una catena montuosa si solleva le sue «radici»

A si abbassano nel mantello.
B si alzano.
C rimangono alla stessa profondità.

4. Tra i 70 e i 250 km di profondità si trova

A la litosfera.
B l'astenosfera.
C il nucleo esterno.
D il nucleo interno.

5. Le aree della crosta continentale in cui l'orogenesi si è verificata in tempi meno antichi, e generalmente negli ultimi 500 milioni di anni, prendono il nome di

A cratoni.
B orogeni.
C scudi.
D tavolati.

6. Scegli le alternative corrette.

La distribuzione di **punti caldi**/**vulcani** e terremoti è stata utile per individuare **i margini**/**lo spessore** delle placche.

7. Scegli l'alternativa corretta.

La velocità di movimento delle placche è di qualche **millimetro**/**centimetro**/**metro** l'anno.

8. La catena delle Ande si è formata per

A collisione continentale.
B accrescimento crostale.
C crosta oceanica sotto crosta oceanica.
D crosta oceanica in subduzione sotto un margine continentale.

9. Scegli l'alternativa corretta.

La crosta terrestre è un involucro rigido e sottile. Il suo spessore varia da una media di **6**/**35** km sotto i continenti a una media di **6**/**35** km sotto gli oceani. La sua densità minima si riscontra in corrispondenza delle rocce **basaltiche**/**granitoidi**, ossia rocce magmatiche **povere**/**ricche** di silice, tipiche dei **continenti**/**fondali oceanici**. Il limite inferiore della crosta terrestre è indicato dalla discontinuità di **Gutenberg**/**Moho**.

10. L'energia interna della Terra

A è dovuta solo ai decadimenti di isotopi radioattivi che avvengono nel nucleo.
B in parte è energia residua della formazione, in parte è energia dai decadimenti radioattivi.
C è dovuta alla rotazione del pianeta e del suo nucleo.
D arriva in superficie uniformemente.

11. Completa.

Le .... hanno permesso di datare i fondi oceanici. Dalla datazione è risultato che i fondi oceanici in prossimità delle .... sono più giovani, mentre l'età massima dei fondi marini più antichi è circa .... di anni.

12. La teoria proposta da Wegener sulla deriva dei continenti fu contrastata soprattutto perché

A forniva prove insufficienti a sostenere l'effettiva deriva dei continenti.
B le sue prove paleoclimatiche e paleontologiche si rivelarono subito errate.
C non chiariva le cause e le modalità del movimento.
D non spiegava come le aree continentali potessero «galleggiare» sul sima.

13. La migrazione apparente dei poli

- **A** è causata dalle inversioni di polarità.
- **B** è riportata nella scala paleomagnetica.
- **C** è spiegabile con il movimento dei continenti.
- **D** si è fermata 3,5 milioni di anni fa.

14. Dove possono formarsi i batoliti nell'interazione tra placche?

- **A** Lungo margini trasformi tra placche continentali.
- **B** Lungo margini trasformi tra placche oceaniche.
- **C** Nel processo di subduzione di una placca oceanica sotto una placca continentale.
- **D** Per la risalita di magmi lungo margini divergenti.

15. Come si formano gli archi di isole vulcaniche?

- **A** Nella subduzione tra due placche oceaniche.
- **B** Dalla subsidenza della crosta continentale.
- **C** Nella collisione tra due placche continentali.
- **D** Dalla fuoriuscita di magma dei punti caldi.

16. Mar Rosso e Oceano Atlantico sono due stadi della stessa fase del ciclo di Wilson. Quale?

- **A** Creazione di una fossa abissale per subduzione di una placca oceanica.
- **B** Scomparsa di una fossa abissale per uno scontro tra placche oceaniche.
- **C** Accumulo di sedimenti lungo una fossa abissale.
- **D** Apertura di un nuovo oceano per l'attivazione di una dorsale.

17. Le dorsali sono originate e alimentate da

- **A** pennacchi di materiale caldissimo.
- **B** correnti convettive nel mantello.
- **C** zone con materiale più freddo.
- **D** correnti convettive nel nucleo.

18. L'espansione di un fondo oceanico di solito si interrompe quando

- **A** la dorsale diventa inattiva.
- **B** la dorsale oceanica crea nuove catene montuose.
- **C** la placca oceanica non ha più spazio perché circondata da placche continentali.
- **D** si forma un supercontinente circondato da un'unica distesa d'acqua.

19. Completa il testo scegliendo tra le alternative proposte.

l'82% ■ il silicio ■ solido ■ Gutenberg ■ fluido ■ Lehmann ■ il 16% ■ ossigeno ■ nichel ■ zolfo

La discontinuità di .... segna il passaggio dal mantello al nucleo della Terra. Quest'ultimo costituisce circa .... del volume terrestre ed è diviso dalla discontinuità di .... in un nucleo esterno, con le caratteristiche di un .... e in un nucleo interno ....

Il nucleo sembrerebbe composto da una lega metallica di ferro e .... con elementi meno densi come .... e .... nel nucleo esterno.

20. Completa le due figure scegliendo tra i termini proposti.

Crosta continentale

peridotiti ■ rocce con metamorfismo più intenso (granuliti a granati) ■ rocce sedimentarie, magmatiche e metamorfiche ■ batoliti ■ rocce metamorfiche deformate in pieghe

Crosta oceanica

sedimenti non litificati ■ peridotiti ■ gabbri ■ rocce basaltiche

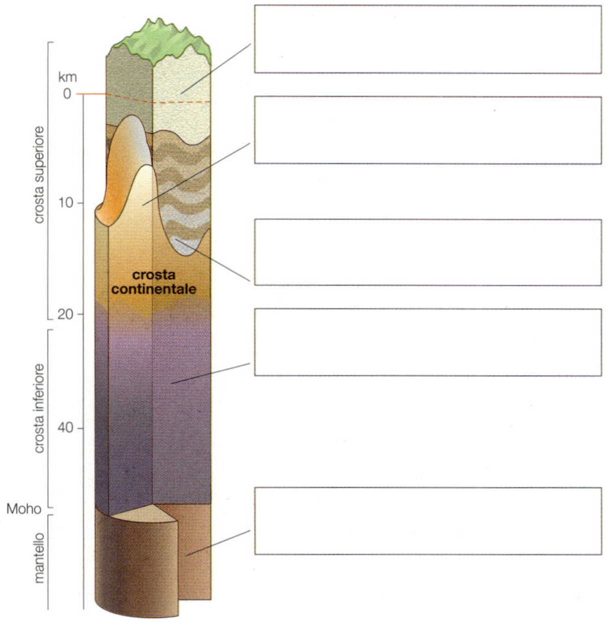

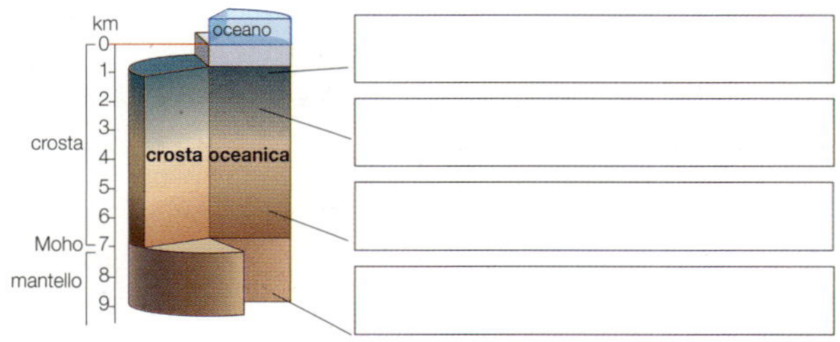

21. Scegli le alternative corrette.

Se una **dorsale oceanica/fossa abissale** fiancheggia il margine di un continente si forma una catena di vulcani. Il vulcanismo delle dorsali è di tipo **effusivo/esplosivo** mentre quello delle fosse, alimentato da magmi **poveri/ricchi** in gas e vapori, è di tipo **effusivo/esplosivo**. Inoltre in corrispondenza delle fosse si osserva una **debole/forte** sismicità con gli ipocentri dei terremoti distribuiti lungo una superficie ideale detta ***rift valley*/superficie di Benioff**.

CLIL: Earth Science Highlights

Glossary

Match each word or expression with its definition.

1. ☐ Constructive boundary
2. ☐ Continental collision
3. ☐ Convection cell
4. ☐ Crust
5. ☐ Destructive boundary
6. ☐ Earth's magnetic field
7. ☐ Geothermal gradient
8. ☐ Lithosphere
9. ☐ Magnetic anomaly
10. ☐ Magnetic polarity reversal
11. ☐ Mantle plume
12. ☐ Ocean trench
13. ☐ Orogeny
14. ☐ Plate Tectonics
15. ☐ Polar wandering
16. ☐ Seafloor spreading
17. ☐ Subduction
18. ☐ Transform fault
19. ☐ Volcanic arc
20. ☐ Wilson Cycle

a. A boundary between lithospheric plates where the plates move toward each other and one plate is recycled into the mantle.

b. The rate of increase in temperature of the Earth with depth. It differs from place to place depending on the heat flow in the region.

c. The opening and closing of ocean basins through Plate Tectonic processes.

d. A narrow, cylindrical jet of hot, solid material rising from deep within the mantle, thought to be responsible for intraplate volcanism.

e. Mountain building, particularly by the folding and thrusting of layers of rock, often with accompanying magmatic activity.

f. The thin outer layer of the Earth (about 6 km to 70 km thick), consisting of relatively light materials that melt at low temperatures. There are two types; continental crust, consisting mainly of granite and granodiorite, and oceanic crust made mostly of basalt.

g. The theory proposing that the lithosphere is broken into 20 plates that move over the Earth's surface. Each plate acts as a distinct rigid unit that rides on the asthenosphere. The theory attempts to explain seismicity, volcanism, mountain building, and evidence of palaeomagnetism.

h. Long-term, more or less systematic displacement of the Earth's poles, which may have occurred during geological times.

i. A pattern of movement of mantle material in which the central area rises up and the outer area flows down, due to thermal variations.

j. A plate boundary where the plates slide past each other and lithosphere is neither created nor destroyed.

k. A change in the Earth's magnetic field between normal polarity (magnetic north points roughly towards the geographic North pole) and reversed polarity (magnetic north points roughly towards the geographic South pole).

l. The strong, rigid outer shell of the Earth that encases the asthenosphere and contains the crust and the uppermost part of the mantle down to an average depth of 100 km.

m. A curved chain of volcanoes in the overriding tectonic plate of a subduction zone. Volcanic arcs form due to rising magma formed as the sinking plate melts.

n. Also known as the geomagnetic field; it is the magnetic field that extends from the Earth's interior out into space. The origin of the magnetic field is the circulation of electrical currents in the Earth's molten metallic core.

o. A boundary between lithospheric plates where two plates move apart and new lithosphere is created.

p. The sinking of an oceanic plate beneath an overriding plate at a convergent plate boundary.

q. A narrow, elongated depression of the deep-sea floor, with steep sides, parallel to the continents margin, between the continental margin and the abyssal plain.

r. The mechanism that creates new seafloor along the rift at the crest of an oceanic ridge as adjacent plates move apart. The crust separates along the rift, and new seafloor forms as new hot magma wells up into these cracks.

s. A phenomenon of Plate Tectonics that occurs at convergent boundaries as two continental plates run into each other. As both plates are of low density, subduction does not take place and the plates are broken and forced upward.

t. A pattern of long, narrow bands of high and low magnetic field on the seafloor that are parallel to and almost perfectly symmetrical to the crest of an ocean ridge.

Summing-up

Complete the following text with the right words from the Glossary.

The Earth: structure, magnetic field and surface heat flux

■ The Earth is made up of concentric layers:
– the __________ i.e. the outermost relatively light shell;
– the mantle, about 2,900 km thick, made predominantly of ultrabasic rocks;
– the core, with a radius of 3,470 km, made mainly of a metallic alloy of iron and nickel.

■ There are two types of crust:
– the continental crust is heterogeneous in structure, 4 billion years old, on average 35 km thick and 800 m high;
– the oceanic crust is homogeneous in composition, 190 million years old, on average 6 km thick and –3,800 m deep.

■ The __________ is probably due to electric currents flowing in the liquid iron-nickel outer core (self-exciting dynamo).

■ Many rocks can be magnetized at the time of their formation and preserve traces of the Earth's palaeomagnetic field that influenced them. Rock magnetization, therefore, allows us to reconstruct the apparent North magnetic __________ in the geological past. Data suggest that continents changed their position with time and periodical __________ , between normal polarity and reversed polarity, occurred.

■ The Earth's interior heat flow derives mainly from the decay of radioactive isotopes and subordinately from the core residual primordial heat.

■ The Earth's surface heat flux, the amount of heat emitted per unit time per unit area, is 0.06 W/m^2. It is uneven and reflects the presence of __________ , where hotter material rises in the mantle whilst cooler material sinks at the rate of a few centimetres per year.

■ The __________ , i.e. the rate temperature increases inside the crust with depth; is on average about 30 °C per kilometre; temperature at the centre of the planet reaches about 4,300 °C.

Seafloor spreading

■ A system of ocean ridges and ocean trenches are present on the ocean floor. Ocean ridges are elevated regions of the oceanic crust. Basaltic magma constantly rises from the mantle and solidifies to form new crust in rift valleys, which cross the ocean ridges. __________ are depressions of the ocean floor that extend thousands of kilometres and reach a depth of 10,000 m.

■ According to the __________ hypothesis, new lithosphere forms continuously along the rift valley, while the two sides of the ridges move away from each other. Meanwhile, cold, dense lithospheric slabs sink into the mantle by __________ at the ocean trenches and are recycled.

■ Earthquakes with hypocentres along the Benioff zone reveal the descending slabs, whose progressive melting feeds the volcanism of __________ .

■ The symmetrical distribution of positive and negative __________ on both sides of the ocean ridges is evidence of the magnetic polarity reversals recorded by the ocean basalts at the time of their formation, confirming the seafloor spreading hypothesis.

Plate Tectonics

■ The lithosphere is divided into twenty plates of various sizes and compositions, bounded by:
– __________ : ocean ridges that new oceanic lithosphere is built onto;
– __________ ocean trenches where the lithosphere is destroyed by subduction;
– conservative boundaries: __________ where two plates slide along each other in opposite directions.

■ Plate movements are responsible for __________ that may be accomplished by:
– consumption of oceanic crust, through subduction beneath the margin of a continent;
– __________ , following consumption of oceanic lithosphere interposed between two convergent plates;
– crustal growth as a result of crustal fragments welding to a continental margin.

■ Movement of the tectonic plates leads to the aggregation of a supercontinent and its successive break up: this is the __________ .

■ Volcanism and seismicity are strictly dependent on Plate Tectonics: effusive volcanism and surface earthquakes are associated with ocean ridges; explosive volcanism and deep earthquakes are related to the process of subduction; intraplate volcanism at hot spots is due to the rise of columns of hot material from deep within the mantle.

■ Convective movements due to thermal imbalances within the mantle are thought to be the engine of Plate Tectonics.

■ Seismic tomography provides something similar to an X-ray of the Earth's interior, as it allows the distinction of hotter, less dense regions from the cooler, denser ones. This technique has revealed large volumes of cold, dense lithosphere that are sinking into the mantle and have almost reached the core. Volumes of hotter rocks migrate upward as __________ , feeding the hot spots.

Now listen and check your answer.

Video «Paleontological evidence of continental drift»

Watch the video and answer the questions.

1. Which fossils provided the most important palaeontological evidence of continental drift?
2. How long ago did they live?
3. What was the first piece of evidence that brought Wegener to hypothesize continental drift?
4. Which present-day landmasses made up the ancient supercontinent Gondwana?

QUESITI

per l'applicazione delle conoscenze

1. Schematizzare un fenomeno

I margini trasformi

La figura qui a fianco illustra il modo in cui una faglia trasforme collega un margine costruttivo a uno distruttivo. Scrivi una didascalia di almeno 10 righe per spiegare il fenomeno e cerca nella figura 37 un esempio della situazione descritta.

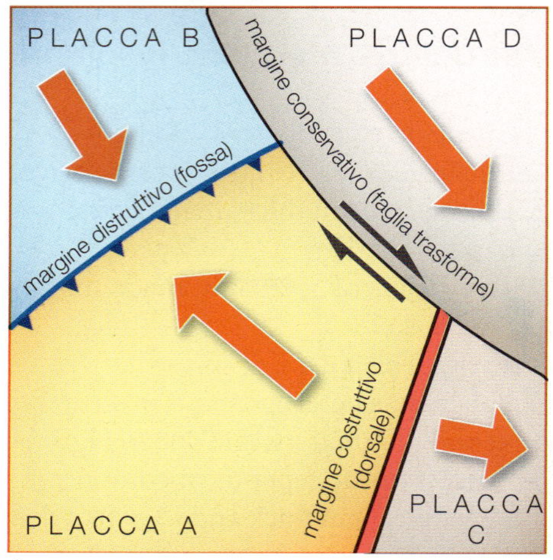

2. Leggere un'immagine

La formazione degli atolli corallini

La formazione di un atollo corallino può avvenire in corrispondenza delle linee di espansione di una dorsale, dove si verifica la formazione di vulcani sottomarini. La situazione è illustrata dalla figura qui a fianco.

I vulcani si accrescono mentre si spostano lateralmente, trascinati dal fondo oceanico in movimento, e a una certa distanza dalla dorsale si estinguono. Alcuni di questi vulcani riescono a emergere dall'acqua e sui loro fianchi si possono formare dei banchi di coralli.

Il movimento del fondo porta il vulcano a scendere sotto il pelo dell'acqua. Se questo inabissamento non è troppo rapido, i coralli, che possono vivere soltanto in acque basse, si accumulano in strati, crescendo sugli scheletri dei coralli sottostanti, e formano vere e proprie «torri» sottomarine.

Osserva il disegno e rispondi.

a. In corrispondenza di quale tipo di margine si formano gli atolli corallini?
b. Cosa succede al vulcano man mano che si allontana dalla dorsale?
c. Quali condizioni permettono alla colonia di coralli di crescere?
d. Nella «torre» di coralli dove si trovano i coralli vivi?

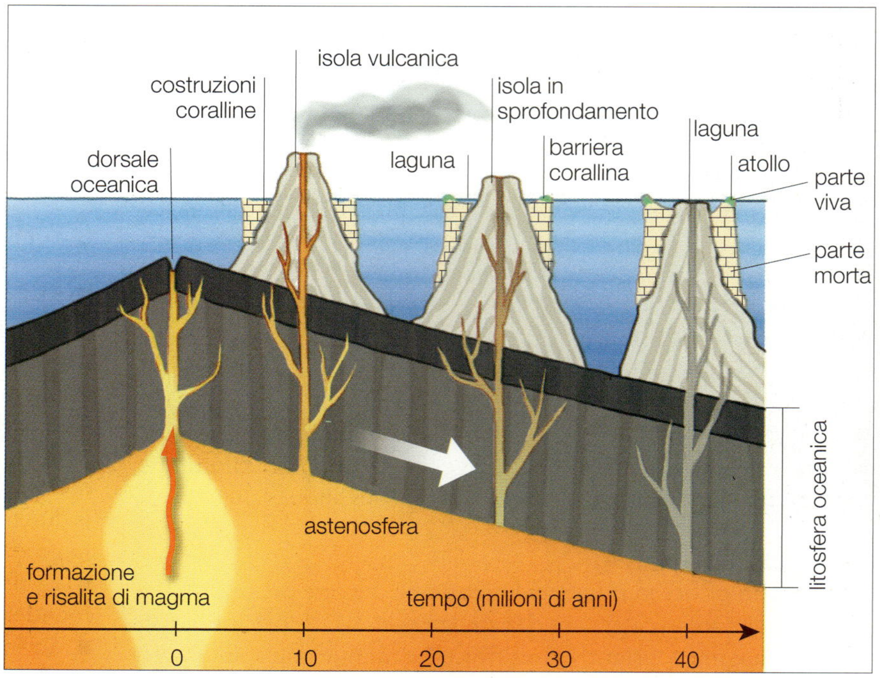

3. Lavorare in gruppo

I giacimenti minerari e la Tettonica delle placche

Dividete la classe in due gruppi. Un gruppo avrà il compito di fare una ricerca sui giacimenti minerari della zona della Ande e l'altro su quelli della zona degli Urali.

Scegliete quali aspetti approfondire (se dare più spazio alle dinamiche geologiche o alla prospettiva economica) e preparate una tesina con i risultati della vostra ricerca.

All'interno del gruppo dividetevi chiaramente i compiti e stabilite dei momenti in cui trovarvi per verificare che tutti stiano procedendo secondo i piani.

Documentatevi da diverse fonti (libri, enciclopedie, non soltanto Internet).

Date al vostro lavoro una struttura da tesi vera e propria con:

- un titolo;
- un indice;
- una introduzione;
- paragrafi dedicati ai diversi aspetti del tema;
- bibliografia e sitografia ragionate.

Mentre scrivete la tesina non concentratevi soltanto sui contenuti ma anche sulla loro esposizione: ponetevi l'obiettivo di essere chiari e di suscitare l'interesse del lettore. Alla fine rileggete tutto, controllando che non ci siano passaggi oscuri o ripetizioni.

6 La storia della Terra

Quattro miliardi e mezzo di anni: una lunghissima storia. Da una prima crosta rovente, ormai persa per sempre, la superficie del pianeta si è trasformata senza soste. Vaste distese di crosta oceanica si sono formate per essere riassimilate nel mantello, mentre lembi di crosta continentale si sono ripetutamente aggregati in super continenti per poi frammentarsi. Su questa scena è comparsa la vita, almeno 3500 milioni di anni fa, e da allora ha conosciuto una continua evoluzione. Nell'immagine, un «momento» di questa avventura: un fossile di pesce tropicale, proveniente dalle rocce sedimentarie di Bolca (Verona); è la prova che quelle rocce si sono formate a latitudini ben diverse da quelle in cui è stato trovato e che, dal tempo della deposizione, si sono mosse per migliaia di kilometri verso Nord.(Visuals Unlimited/ Corbis).

Test d'ingresso

A. Si ritiene che l'Universo abbia 13,8 miliardi di anni.
Quando si è formata la Terra?

- A 46 miliardi di anni fa.
- B 4,6 milioni di anni fa.
- C 460 000 anni fa.
- D 4,6 miliardi di anni fa.

B. I fossili che si trovano in antichi strati permettono di risalire all'età di formazione delle rocce che li contengono.
In che tipo di rocce è più facile trovare i resti di organismi fossilizzati?

- A Magmatiche.
- B Sedimentarie.
- C Metamorfiche.

C. Completa

L'antico supercontinente ipotizzato da Wegener, dal quale hanno avuto origine i continenti attuali, si chiama ....

D. I movimenti delle placche lungo i margini convergenti causano spesso il sollevamento di enormi catene montuose.
Dallo scontro di quali placche ha avuto origine la catena himalayana?

- A Placca Indiana e Placca Araba.
- B Placca Pacifica e Placca Indiana.
- C Placca Indiana e Placca Euroasiatica.
- D Placca Africana e Placca Euroasiatica.

1 La storia di un sistema integrato

Abbiamo percorso il nostro pianeta dalla superficie fino al suo interno e ne abbiamo riportato uno strumento di conoscenza, il modello della Tettonica delle placche, con il quale possiamo interpretare l'«irrequietezza» della Terra. Il nostro viaggio continua: non nello spazio, ma nel tempo, per ricostruire l'evoluzione della Terra, dalle origini al suo aspetto attuale.

1.1 Un sistema «integrato»

Ricostruire, sia pure a grandi linee, i quattro miliardi e mezzo di anni di evoluzione del nostro pianeta non è semplice. Le ricerche sulle rocce, vero archivio della storia della Terra, estese ormai a gran parte della superficie terrestre, hanno messo in luce un continuo intrecciarsi di vicende nel lento passaggio da una massa informe di polvere cosmica all'attuale corpo roccioso, coperto di acque e avvolto da un'atmosfera, sul quale è comparsa la vita, giunta, con l'uomo, a riflettere sul suo passato.

La Terra, infatti, non è un semplice aggregato di materiali solidi, liquidi e gassosi, ma si è rivelata come un «*sistema integrato*», cioè un insieme di componenti, ciascuna con la propria individualità, che interagiscono tra loro attraverso una complessa serie di processi fisici, chimici e biologici. Le singole parti (o «sfere») sono come involucri a stretto contatto. Esaminiamole brevemente [Figura 1].

La **litosfera** (a volte indicata anche come «geosfera») corrisponde alla parte solida della Terra, formata da minerali e rocce. Si osserva nelle terre emerse, ma essa costituisce anche il fondo degli oceani e prosegue in profondità all'interno del pianeta per migliaia di kilometri. Si ricordi, però, che il termine litosfera ha assunto oggi anche un significato più ristretto, quando indica l'insieme di crosta terrestre e della porzione più superficiale del sottostante mantello, per uno spessore complessivo di 100 km (vedi capitolo 5, paragrafo 2.2.). La superficie di questa sfera è costantemente modellata dall'azione di grandi processi, legati a *forze interne* (eruzioni vulcaniche, formazioni di catene montuose, apertura di nuovi oceani) e a *forze esterne* (l'erosione operata dalle acque, dai ghiacci, dal vento).

1

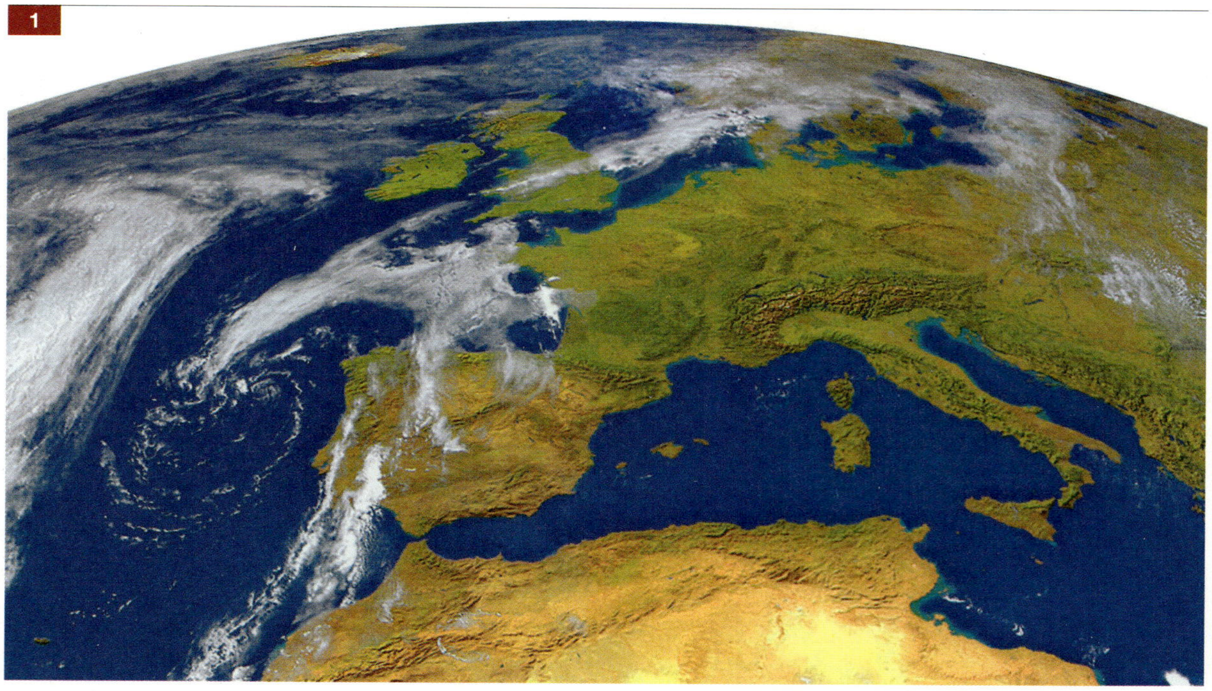

Figura 1
Un angolo del «sistema integrato Terra» visto dallo spazio. Nell'immagine la superficie del nostro pianeta appare dominata dal colore blu sfumato di azzurro dell'idrosfera marina e dal colore arancio-giallo della litosfera, con sfumature rossastre nelle zone desertiche. Sottili veli e vortici bianchi mostrano i sistemi di nuvole dell'atmosfera, mentre sfumature di verde rivelano la presenza della biosfera. (NASA)

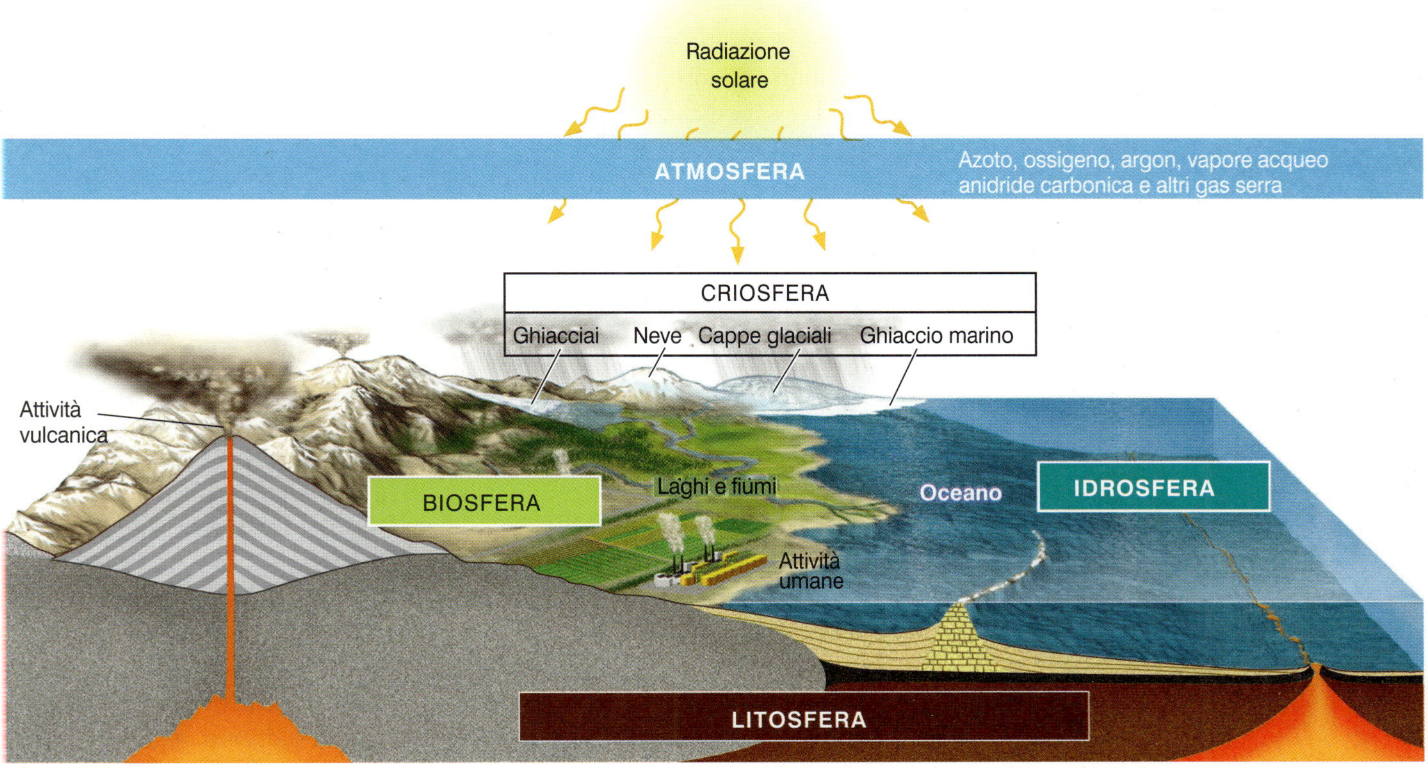

Figura 2
L'uomo nel sistema integrato Terra. Le comunità umane partecipano alla fitta rete di interazioni che caratterizza il sistema Terra, modificando l'ambiente in modo profondo: prelevano dal pianeta enormi quantità di materie prime, disperdono nell'ambiente rifiuti e scarti di lavorazione, modificano il paesaggio con i propri insediamenti. Spesso le attività antropiche modificano in modo irreversibile i processi che regolano i delicati equilibri tra le diverse componenti del sistema. È vero che tali equilibri sono dinamici, ma prima di provocarne la modifica bisognerebbe essere consapevoli delle conseguenze che ne possono derivare.

L'**idrosfera** è lo strato di acque che ricopre, con gli oceani e i mari, oltre il 70% della superficie del pianeta. Essa comprende anche le acque dolci dei fiumi e dei laghi, e quelle che si infiltrano nel sottosuolo. Dell'idrosfera fa parte anche la **criosfera** («sfera di ghiaccio»), cioè l'acqua allo stato solido presente nelle calotte glaciali, nei ghiacciai di montagna e nei mari polari. In realtà, la criosfera è spesso considerata una sfera a sé stante, per l'influenza specifica sulla superficie terrestre da parte delle calotte di ghiaccio, che, nelle periodiche epoche glaciali, rivestono gran parte del pianeta.

L'**atmosfera** è l'involucro gassoso che avvolge la Terra e che si manifesta in modo vistoso negli ammassi e nei vortici di nubi. La sua massa si concentra nei primi 30 km sopra la superficie, anche se i gas, via via più rarefatti, arrivano fino a 2000-2500 km di quota. In prossimità del suolo è composta da azoto (78%) e ossigeno (21%); la percentuale restante comprende altri gas, tra i quali vapore acqueo e anidride carbonica.

La **biosfera** comprende tutti gli organismi che vivono sulle terre emerse, in mare e nell'atmosfera. Tra gli organismi viventi e il resto del pianeta si verificano continui scambi di materia ed energia. Uno dei risultati più vistosi è la formazione di grandi accumuli di petrolio e carbone.

Le «sfere» si sono formate nel corso della storia della Terra e sono legate da complesse relazioni, per cui ogni modifica in una di esse comporta una risposta globale, che coinvolge le altre. L'assetto del nostro pianeta, perciò, è il risultato di un **equilibrio dinamico** che comprende continui scambi tra interno del pianeta, superficie terrestre, oceani e atmosfera. Così, per esempio, l'interazione tra *biosfera* e *litosfera* ha portato all'accumulo di imponenti masse rocciose, come i calcari prodotti dall'attività di organismi marini (coralli, gasteropodi, alghe), che sono capaci di realizzare i loro gusci sottraendo il carbonato di calcio all'acqua del mare in cui vivono e costruiscono, così, estese barriere coralline. Queste ultime, con il tempo, finiscono per costituire interi settori di catene montuose, come è stato per le Dolomiti o l'Appennino centrale.

I processi che operano nell'*idrosfera* contribuiscono al modellamento della litosfera, con l'erosione e il trasporto dei sedimenti. Effetti analoghi sono prodotti anche dall'*atmosfera* (erosione del vento, alterazione chimica). La presenza dell'atmosfera è di vitale importanza per la biosfera, limitando le escursioni termiche giornaliere entro una gamma di valori compatibili con la vita, mentre con la presenza dell'ozonosfera determina l'assorbimento delle radiazioni ultraviolette provenienti dal Sole, nocive per gli esseri viventi. A sua volta la biosfera modifica l'atmosfera: l'ossigeno nell'aria è prodotto dall'attività del mondo vegetale, senza il quale la composizione dell'atmosfera sarebbe molto diversa (come è stato nei primi tempi dell'evoluzione della Terra). Anche l'uomo, come parte della biosfera, interagisce con il resto del sistema [Figura 2], ma troppo spesso sembra non rendersene conto. Eppure conosciamo ormai una lunga storia di eventi che può aiutarci a operare evitando pesanti conseguenze, che vengono definite «imprevedibili» ma sono, molto spesso, solo frutto di ignoranza e superficialità.

Nel nostro «viaggio nel tempo» cercheremo, perciò, di seguire la storia della Terra seguendo il filo di un'evoluzione in cui ogni evento è strettamente condizionato da quanto lo ha preceduto, attraverso la continua interazione «integrata» di litosfera, atmosfera, idrosfera e biosfera.

1.2 Ricostruire la storia della Terra

Abbiamo potuto già renderci conto dell'importanza del *tempo* nei processi geologici: nella crosta terrestre sono state riconosciute tracce di movimenti anche di migliaia di kilometri, che sono avvenuti e avvengono alla velocità di qualche cm/anno. Non è facile accettare questa prospettiva, che va oltre la comune esperienza umana, ma l'evidenza dei dati ha avuto ragione ed è ai geologi che dobbiamo il concetto di «tempo profondo», che si misura in milioni e miliardi di anni.

■ *Ricostruire l'evoluzione della Terra* non è «raccontare una storia».

Lo studio delle rocce e dei loro ambienti di formazione è guidato dall'osservazione di quanto accade *oggi* sulla superficie terrestre, secondo un concetto sintetizzato nella frase «il presente è la chiave del passato». Tuttavia con il progredire delle conoscenze quel concetto è risultato insufficiente: non solo sono state scoperte tracce di processi che oggi, per le mutate condizioni ambientali, non sono più possibili, ma si è anche compreso che molti processi oggi in atto si sono verificati in passato in modo ciclico e, pertanto, solo lo studio di come si sono svolti ci può permettere di prevedere cosa dobbiamo aspettarci in futuro; si pensi alle variazioni climatiche: fenomeni analoghi si sono verificati più volte nel passato della Terra, con oscillazioni (dal caldo al freddo e viceversa) le cui tracce sono studiabili in dettaglio. Al vecchio concetto ricordato se ne è andato perciò affiancando un altro, che possiamo riassumere con la frase: «il passato è la chiave del presente».

■ *Ricostruire la storia della Terra* significa «provare» il modello che ne interpreta la dinamica interna. Possiamo seguire il *ciclo del supercontinente*, attraverso il movimento delle placche, per quasi 3000 Ma indietro nel tempo, ma la Terra ha avuto origine circa 4600 Ma fa: si può applicare lo stesso modello a tempi così lontani?

■ **Ma (m. y., million years)** È un'unità di misura che corrisponde a *un milione di anni*; la sigla è formata dal prefisso *M* (maiuscolo: nel Sistema Internazionale moltiplica l'unità cui si associa per 10^6) e dall'unità di tempo *a* = anno (simbolo e unità fuori del Sistema Internazionale di Unità, ma ancora impiegati per la loro praticità).

Resti di crosta oceanica e continentale risalgono a circa 3500 Ma fa e, a quanto pare, gran parte della crosta continentale attuale si era già formata circa 2000 Ma fa. Quali processi hanno portato a tale differenziazione?

Alcune testimonianze ci portano ancora più indietro nel tempo, a oltre 4000 Ma fa: fanno parte già di una crosta molto differenziata, di tipo continentale, ma come era fatta e come si è formata la prima crosta che ha rivestito il mantello?

Mancano finora tra le rocce rintracciate in superficie resti che risalgano alle prime fasi dell'evoluzione della Terra, ma ci sono venute in aiuto le scoperte fatte dalla missione *Apollo* sulla Luna. La genesi del nostro satellite risale, infatti, al tempo in cui la Terra si era appena formata e l'evoluzione dei due corpi fu all'inizio simile; tuttavia, per le sue minori dimensioni, sulla Luna l'attività interna si concluse circa 3000 Ma fa, per cui la superficie lunare è rimasta da allora praticamente immutata. La missione Apollo, effettuata dagli Stati Uniti negli anni Sessanta, riportò a terra una serie di campioni di rocce che, come vedremo, hanno consentito di ricostruire la parte mancante dell'evoluzione della Terra.

■ *La storia del nostro pianeta* comprende anche altri eventi importanti.

Alcune tracce mostrano che la composizione della sua atmosfera iniziale è cambiata nel tempo con la comparsa dell'ossigeno libero legata alla nascita della vita, le cui prime testimonianze fossili risalgono ad almeno 3500 Ma fa.

La biosfera non era presente all'origine, ma da quando, in seguito, ha iniziato il suo sviluppo, ha cominciato anche a interagire con gli altri «involucri» terrestri.

■ *La vita*, così come la conosciamo, ha potuto svilupparsi per la presenza stabile di acqua (liquida): questo, oltre alla temperatura in superficie che è dovuta alla particolare distanza dal Sole, ha reso il nostro pianeta «unico» tra i pianeti del Sistema solare [Figura 3].

Pur avendo avuto un'origine comune, nello stesso settore di nebulosa solare, questi pianeti hanno avuto evoluzioni diverse: i dati che arrivano dalle numerose missioni spaziali ci stanno aprendo prospettive inaspettate e affascinanti sull'evoluzione «globale» del Sistema solare.

Torniamo all'evoluzione della Terra: prima considereremo alcuni concetti per comprendere come si possa ricostruire la storia del pianeta (metodi di datazione, significato dei fossili); poi riassumeremo i più importanti avvenimenti che, in circa 5 miliardi di anni, hanno portato la Terra al suo aspetto attuale.

3A

3B

Figura 3
Gran parte della biosfera è rappresentata dalle foreste che hanno cominciato a comparire circa 400 milioni di anni fa. Il loro aspetto è cambiato notevolmente nel tempo, con una continua evoluzione.
A. Ricostruzione di una tipica foresta equatoriale del Carbonifero (tra 300 e 360 Ma fa): dal suolo acquitrinoso si elevano, tra gli altri, i fusti delle equisetacee (a destra, simili all'attuale *coda di cavallo*, ma gigantesca) e delle sigillarie, simili a colonne con lunghe file di cicatrici lasciate dalle foglie che rivestivano tutto il tronco, ed erano molto diffuse le felci (nell'angolo in basso a destra). Tra i molti insetti, già diffusi, un vero «gigante»: la Meganeura, una libellula con un'apertura d'ali di 75 cm.
B. Una foresta nelle Isole Hawaii: le antiche forme sono quasi tutte estinte da lungo tempo, mentre quelle attuali sono caratterizzate da una grande conquista dell'evoluzione, i fiori.

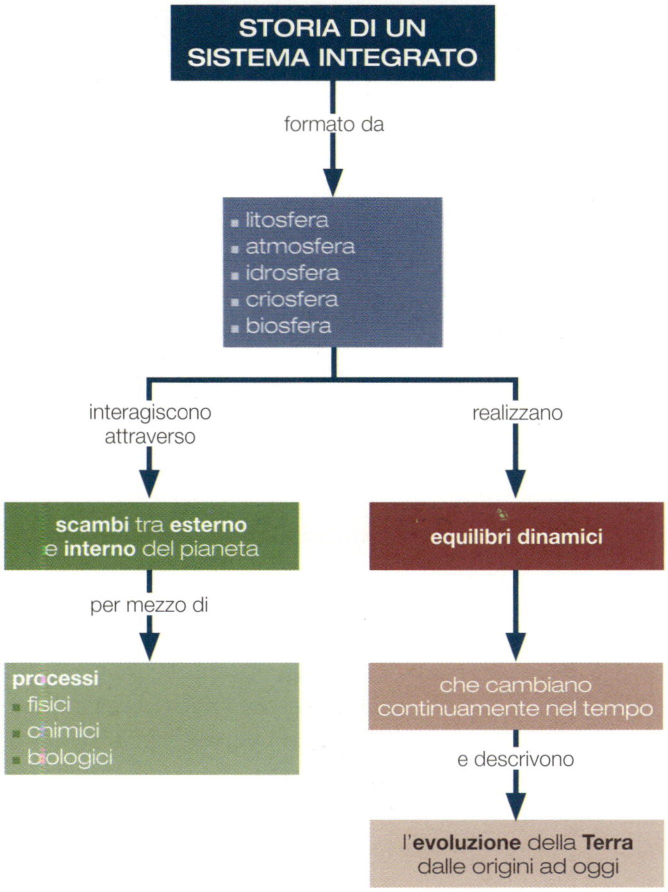

QUESITI

1. La formazione delle Dolomiti è un esempio di interazione tra
   - A biosfera e litosfera.
   - B atmosfera e idrosfera.
   - C idrosfera e biosfera.
2. Quali sono le parti che compongono il sistema Terra «integrato»?
3. Quali sono e come si dividono le forze che modellano la litosfera?
4. Quali sono gli effetti dell'atmosfera sulla biosfera?
5. Quanto tempo fa è comparsa la vita sul nostro pianeta?
6. Grazie alla presenza di quale composto chimico?

2 La datazione nelle Scienze della Terra

Video
Il processo di fossilizzazione

Il Sistema solare si è formato circa 4600 Ma (milioni di anni) fa e da allora la Terra, come gli altri pianeti che ne fanno parte, ha subìto continue trasformazioni, attraverso una lunghissima serie di eventi. Lo studio della storia della Terra nasce dal tentativo di ricostruire tali eventi nell'ordine in cui si sono verificati. Fondamentale, per questo, è poter datare gli eventi del passato geologico.

2.1 Geocronologia e geocronometria

La **Geocronologia** si limita a riconoscere che una roccia è più antica di altre e più recente di altre ancora. Quella che si ottiene è quindi una datazione relativa.

I princìpi di orizzontalità originaria, di sovrapposizione e di intersezione permettono di ricostruire, regione per regione, una precisa successione di formazioni rocciose (le *serie sedimentarie*). Attraverso innumerevoli confronti e correlazioni tra successioni di rocce affioranti in ogni parte del globo è stato possibile arrivare a una **scala cronostratigrafica** (o **scala dei tempi geologici**) generale [Figura 4]. Questa scala riassume, seguendo l'ordine in cui si sono susseguiti, i «capitoli» in cui è possibile suddividere l'evoluzione del pianeta.

In tal modo si può dire, per esempio, che una roccia è riferibile al «periodo Giurassico», perché è più antica delle rocce attribuibili al «periodo Cretacico» e più recente di quelle ascritte al «periodo Triassico», senza bisogno di conoscere l'età in anni di quella roccia.

È un po' come riferire un edificio, per le sue caratteristiche architettoniche, al Rinascimento: non se ne definisce la data di costruzione, ma si indica che è *più recente* degli edifici del periodo gotico e *più antico* di quelli del periodo barocco.

Nel caso della **Geocronometria**, invece, si procede a una misura in anni dell'età di una roccia con vari metodi. Il più potente di questi metodi è la datazione radiometrica, che arriva a coprire l'intero intervallo di tempo della storia della Terra. La **datazione radiometrica** (o **isotopica**) si basa sul processo fisico di disintegrazione degli *isotopi radioattivi* di certi elementi che entrano a far parte del reticolo cristallino di molti minerali all'atto della loro formazione.

Vengono detti isotopi gli atomi di un dato elemento che, pur avendo lo stesso numero di protoni (numero atomico) differiscono tra loro per il numero di neutroni (e quindi per il numero di massa, dato dalla somma tra neutroni e protoni). Gli elementi che si trovano in natura sono, in realtà, miscele di isotopi, cioè atomi leggermente diversi per massa ma con uguale comportamento chimico.

In natura, oltre a circa 270 isotopi stabili, se ne conoscono circa 50 *instabili*. Questi ultimi sono gli *isotopi radioattivi* o *radionuclidi*, i cui nuclei si modificano spontaneamente nel tempo («decadono») con emissione di particelle e di radiazioni elettromagnetiche. Poiché con il decadimento cambia il numero di particelle del nucleo, l'isotopo di partenza si trasforma in un altro isotopo dello stesso elemento (se varia solo il numero di neutroni) o di un elemento diverso (se varia il numero di protoni): per esempio, l'isotopo ^{238}U, il più comune tra quelli dell'uranio, instabile, attraverso numerose trasformazioni intermedie giunge a un prodotto finale stabile che è un isotopo del piombo (^{206}Pb).

Elementi con isotopi radioattivi, come l'uranio, il radio e altri, sono presenti nei minerali di molti tipi di rocce e questo ha suggerito, oltre un secolo fa, di sfruttarne la presenza per datare le rocce che li contengono.

Il processo di decadimento, infatti, procede nel tempo ad un ritmo costante, diverso e ben noto per ogni isotopo, per cui è stato possibile elaborare un metodo che, partendo dalla quantità di un isotopo instabile e del suo prodotto stabile presenti nei minerali di una roccia, permette di calcolare da quanto tempo quel decadimento è in atto: in pratica, quanto tempo fa (in anni) si sono formati i minerali di quella roccia. Questo significa poter stabilire l'età di una roccia formata per raffreddamento di un magma o per cristallizzazione metamorfica o, anche, attraverso alcuni processi sedimentari. (Si veda anche l'Approfondimento delle conoscenze, *Rocce come «orologi» naturali*, a pagina 248.)

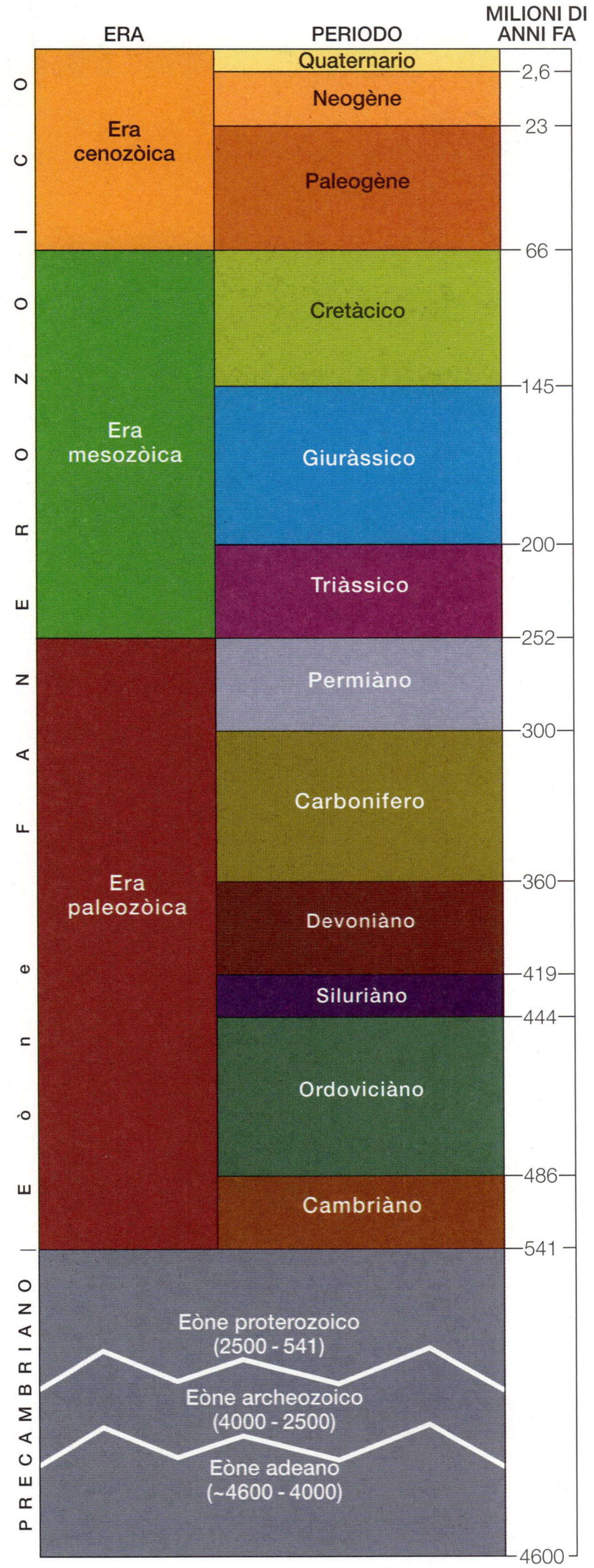

Figura 4
Scala stratigrafica generale. Oltre al Precambriano, sono rappresentate le suddivisioni maggiori dell'Eòne fanerozoico (**ère**) e i singoli «capitoli» in cui si articola ognuna di esse (**periodi**), con l'indicazione dell'*età radiometrica* dei limiti tra i periodi. Nello schema, l'altezza dei singoli intervalli è all'incirca proporzionale alla durata in Ma del periodo che rappresentano, tranne che per il Precambriano, la cui rappresentazione in scala richiederebbe di aggiungere verso il basso una striscia lunga quasi come sette volte l'altezza delle pagine di questo libro. L'età radiometrica è stata aggiornata secondo i dati più recenti della *International Commission on Stratigraphy*, un organismo che raccoglie specialisti di tutto il mondo, con il compito di stabilire con la miglior approssimazione l'età radiometrica dei limiti tra i vari intervalli di tempo (dalle ère ai *piani*, che sono suddivisioni interne ai periodi). La commissione sceglie per ogni limite anche la località-tipo della superficie terrestre da usare come riferimento, per le caratteristiche che giustificano la scelta di quel limite (come litologia, fossili e ogni altra struttura geologica significativa). La scala, qui ampiamente sintetizzata, è basata sulla *International Chronostratigraphic Chart*, edizione 2016 (ottobre). (Per successivi aggiornamenti o approfondimenti vedi il sito www.stratigraphy.org)

I due sistemi di datazione, relativa e radiometrica, sono andati integrandosi, e attualmente gli intervalli della scala stratigrafica sono tutti definiti con le età radiometriche dei loro limiti inferiore e superiore. Stabilire l'età relativa di una roccia significa quindi ricavarne anche l'età cronologica, sulla base delle corrispondenze fornite dalla scala stratigrafica generale.

2.2 I fossili e il processo di fossilizzazione

La parola **fossile** indicava in passato qualsiasi oggetto estratto dal sottosuolo. Nel suo attuale significato indica i resti di organismi viventi, animali o vegetali, che hanno popolato i mari e le terre emerse e che sono stati inglobati e conservati entro le rocce sedimentarie.

■ **Fossile** (Fossil) Dal latino *fòssilis*, «che si ottiene scavando». Indicava, in origine, rocce, minerali, gemme e tutte quelle forme, presenti nelle rocce, che assomigliavano a organismi viventi.

approfondimento delle conoscenze

Rocce come «orologi» naturali

La datazione radiometrica è stata una grande conquista della Fisica e della Geochimica che, con l'introduzione di tecniche di analisi sempre più sensibili e raffinate, ha chiuso un lungo periodo di accesi dibattiti e di tentativi per valutare i tempi geologici e ha permesso notevoli progressi nelle conoscenze geologiche.

Verso la fine dell'800 il fisico francese Henri Becquerel scoprì la radioattività naturale dell'uranio e la chimica Marie Curie, di origine polacca e naturalizzata francese, scoprì e isolò un altro elemento radioattivo, il radio. Pochi anni dopo, nel 1905, il fisico britannico Ernest Rutherford ipotizzò che si potesse usare il fenomeno della radioattività naturale per misurare l'età delle rocce e ottenne i primi risultati nel suo laboratorio. In pochi anni furono perfezionati i metodi di datazione e scoperti altri elementi radioattivi; iniziò la datazione sistematica di molti tipi di rocce e fu subito chiaro che la Terra, come già avevano sostenuto molti geologi, doveva avere un'età di miliardi di anni, molto più alta di quanto non venisse comunemente accettato.

Il punto di partenza per arrivare alla datazione fu la constatazione che gli atomi degli isotopi instabili, detti *capostipiti*, decadono via via nel tempo. La particolarità del processo è che avviene con un ritmo costante secondo una precisa legge; è stato possibile, così, stabilire per ogni isotopo il *tempo di dimezzamento*, cioè il tempo necessario perché, a seguito del decadimento, la quantità di un elemento radioattivo presente in un minerale si riduca alla metà. Per esempio, per un certo isotopo radioattivo, dopo che è trascorso il primo intervallo di tempo di dimezzamento, misurato a partire dal momento in cui l'isotopo è stato incorporato nei cristalli di un minerale di nuova formazione, resta la metà degli atomi capostipiti, cioè 1/2 del numero iniziale di atomi, mentre il resto è presente come prodotto stabile. Al termine del secondo intervallo uguale al tempo di dimezzamento, resta la metà di quella metà, ossia 1/4 del numero iniziale; quando sarà trascorso il terzo intervallo, ne resterà 1/8, e così via [Figura 5]. Il tempo di dimezzamento è caratteristico per ogni tipo di isotopo [Tabella 1] e non è alterabile da fattori esterni, quali temperatura, pressione o concentrazioni chimiche.

Supponiamo, per esempio, che un magma contenente isotopi radioattivi di un elemento si raffreddi e si trasformi in roccia. Dal momento in cui gli atomi di un isotopo instabile entrano a far parte dei reticoli cristallini di un minerale, inizia il processo di decadimento: col passare del tempo, pur rimanendo fissi nella loro posizione nei cristalli, quegli atomi si trasformano nei corrispondenti *isotopi stabili,* ormai inamovibili se la roccia non viene alterata. Se ora si esamina in laboratorio la composizione chimica di quella roccia, si possono determinare la quantità di isotopo stabile presente e quella dell'isotopo instabile («capostipite») che era presente all'inizio del decadimento (pari alla somma della quantità di capostipite ancora presente e di quella «consumata» per dare origine alla forma stabile). Con questi dati è possibile stabilire quante volte è trascorso il tempo di dimezzamento (o una sua frazione) e risalire *a quanto tempo fa* quella roccia si è cristallizzata.

Alcuni isotopi decadono velocemente, per cui hanno tempi di dimezzamento brevi e si esauriscono rapidamente. Se in una roccia tutti gli atomi capostipiti si sono trasformati in discendenti, l'«orologio» radiometrico si è scaricato (e si può sapere quanto tempo c'è voluto), ma non si può stabilire *da quanto tempo* sia «fermo». Bisognerà allora ricorrere a un altro elemento radioattivo, di più lunga vita: nel caso dell'uranio-238 il tempo di dimezzamento è pari a 4,5 miliardi di anni, il che significa che è possibile datare per via radiometrica rocce formatesi in qualunque momento della storia della Terra, purché contengano quell'isotopo.

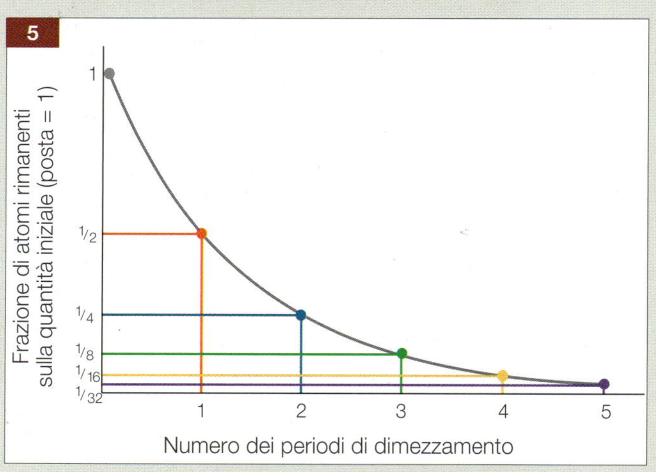

Figura 5
Il numero di atomi radioattivi in un determinato minerale diminuisce nel tempo con un ritmo esponeziale. La curva, costruita passando per i punti che indicano (in ordinata) la *quantità* di isotopo instabile rimasta al passare di ognuno dei periodi che (in ascissa) esprimono il *tempo di dimezzamento*, descrive la velocità di decadimento di un isotopo radioattivo. In pratica, dopo che il tempo di dimezzamento è trascorso per 5 volte dall'inizio del decadimento, la quantità di isotopo instabile diventa quasi trascurabile.

Isotopo radioattivo	Tempo di dimezzamento	Isotopo finale
uranio-238	4510 milioni di anni	piombo-206 (solo oltre i 20 Ma)
uranio-235	713 milioni di anni	piombo-207 (solo oltre 20 Ma)
torio-232	13 900 milioni di anni	piombo-208 (solo oltre 50 Ma)
potassio-40	1300 milioni di anni	argon-40 (solo oltre 50 000 anni)
rubidio-87	47 000 milioni di anni	stronzio-87 (solo oltre 10 Ma)
carbonio-14	5570 anni	azoto-14 (non oltre 70 000 anni)

Tabella 1
Esempi di tempo di dimezzamento di alcuni isotopi. Nella terza colonna è indicato l'intervallo di età per il quale ogni isotopo può essere impiegato per datazioni radiometriche.

Figura 6
Sezione di un tronco d'albero fossilizzato, dalla Foresta Pietrificata dell'Arizona (età: 200 Ma). La circolazione di acqua con silice nei sedimenti che avvolgevano i tronchi ha provocato la *fossilizzazione* del legno, per la sostituzione della sostanza organica con *opale* (fase amorfa della silice) che, nella diagenesi, si trasforma in una varietà di quarzo.

Il processo di **fossilizzazione**, che permette la conservazione di questi resti, può avvenire in vari modi.

Molto comune è la fossilizzazione per **mineralizzazione**, che si verifica facilmente per le parti dure, come scheletri interni, gusci esterni, rivestimenti calcàrei di organismi vari. Tale processo normalmente si attua per impregnazione o sostituzione molecolare del fosfato tricalcico (Ca_3PO_4) delle ossa con carbonato di calcio ($CaCO_3$). Non è raro il caso di sostituzione con silice (SiO_2), come avviene nei legni fossili silicizzati, a livello tanto minuto da conservare perfettamente la struttura originaria [Figura 6].

Se le parti dure degli organismi non si fossilizzano, possono andare distrutte, o venire disciolte e asportate dalle acque circolanti. In tal caso, del fossile, ormai inglobato nella roccia, può rimanere l'**impronta** (o **calco esterno**) o il **modello** (o **calco interno**).

Anche i vegetali vengono conservati con una certa facilità, attraverso un processo di **carbonizzazione** che determina la formazione dei carboni fossili. Non di rado entro il carbon fossile si riconoscono rami o altre parti di alberi delle ère passate o intere piante con fronde, fusto e radici. Il processo si verifica quando i resti di intere foreste rimangono seppelliti sotto i sedimenti. Le sostanze organiche, non più a contatto con l'ossigeno dell'aria, subiscono delle reazioni chimiche che portano a un aumento in percentuale della quantità di carbonio contenuta nei resti rispetto a quella che contenevano quando gli organismi erano in vita.

Casi particolari sono quelli in cui vengono trovate le parti molli di animali, come succede per gli insetti perfettamente conservati nell'ambra, una resina indurita di antiche conifere, gialla e trasparente, entro cui, quand'era ancora tenera, rimasero invischiati piccoli esseri viventi [Figura 7].

Di grande interesse, benché raro, è il rinvenimento di organismi conservati completi: è il caso di elefanti o di altri mammiferi conservati per millenni congelati nel **permafrost** [Figura 8], il terreno perennemente ghiacciato della tundra siberiana. Vengono considerate come fossili anche le sole **impronte**, senza veri resti di organismi, che a volte compaiono sulle superfici rocciose. È il caso di una serie di orme di dinosauri che rappresen-

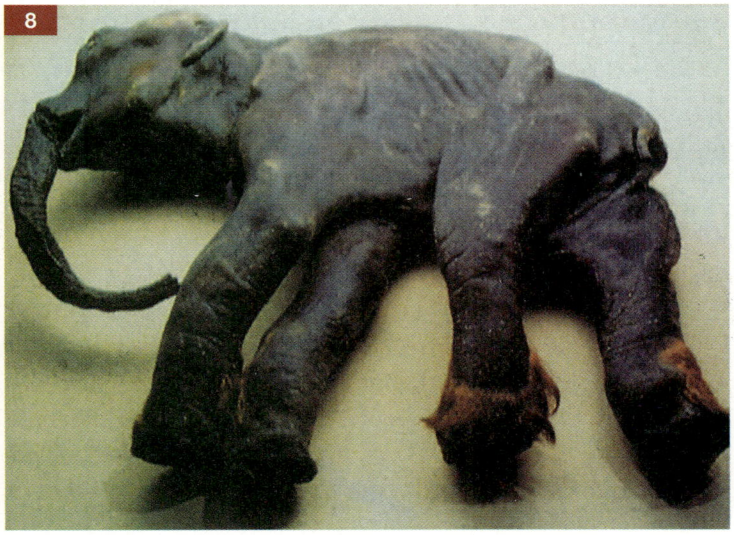

Figura 7
Una vespa rimasta invischiata nella resina di qualche conifera. Nel tempo, la resina si è indurita e trasformata in ambra.

Figura 8
Un cucciolo di mammut trovato congelato nel permafrost, in Siberia.

9

Figura 9
Tracce di una «passeggiata» di dinosauri. Le impronte di rettili si sono impresse in sedimenti fangosi, in seguito induriti e coperti da altri sedimenti, che hanno protetto le tracce. La diagenesi, trasformando i sedimenti in rocce, ha conservato le tracce per milioni di anni, finché l'erosione le ha riportate alla luce.

■ **Eòne** (Eon) Dal greco *aión*, lungo tempo, eternità. Termine variamente impiegato in filosofia e nelle religioni misteriche, il cui significato originale indicava un periodo di tempo molto esteso.

tano la testimonianza di vere e proprie passeggiate, lunghe parecchi metri: sono molto suggestive, per esempio, quelle trovate presso Rovereto, nella Valle dell'Adige [Figura 9], o quelle scoperte presso Altamura (nelle Murge), che appartengono ad almeno 125 esemplari diversi.

Se si esaminano uno per uno, dal basso verso l'alto, gli strati di una lunga successione di rocce sedimentarie, si osserva che i fossili che si ritrovano in basso sono presenti per un certo spessore di strati. Ma, prima o poi, tali fossili scompaiono e fanno la loro comparsa altri fossili che, a loro volta, lasceranno il posto ad altri organismi ancora, in una specie di «staffetta» senza fine. Rocce sedimentarie di periodi diversi della storia della Terra sono perciò caratterizzate da associazioni di fossili tipiche, diverse da periodo a periodo, ognuna collegata a un preciso momento dell'evoluzione biologica. Riconoscere un fossile presente in una roccia significa non solo avere un elemento in più per risalire all'ambiente di formazione di quella roccia (suggerito dalle «abitudini di vita» del tipo di organismo), ma anche definirne l'età relativa e, attraverso la scala stratigrafica, anche l'età cronometrica.

I fossili di organismi che vissero su un'area estesa e che, dopo un periodo relativamente breve, si estinsero rapidamente, risultano presenti in piccoli spessori di rocce diffuse su ampie regioni. Grazie a loro è possibile collegare («correlare») a distanza (addirittura in continenti diversi) strati formatisi nello stesso intervallo di tempo. Questi organismi sono detti **fossili guida** e sono della massima importanza per mettere in ordine la lunghissima serie di eventi che scandiscono la storia della Terra.

2.3 La storia della Terra è divisa in eòni, ère, periodi

Proviamo ora a ripercorrere questa lunga storia attraverso alcuni momenti fondamentali, cercando di sottolineare la continua interazione delle componenti del sistema Terra: *litosfera*, *idrosfera*, *atmosfera* e, dopo la sua comparsa, *biosfera*. Cercheremo anche di comprendere quando potrebbe aver «cominciato a funzionare» il modello della Tettonica delle placche e di riconoscere le tracce dei grandi cicli geologici che sembrano aver caratterizzato l'evoluzione della litosfera, come il *Ciclo di Hutton* (rivedi il capitolo 2, paragrafo 4) e il *Ciclo di Wilson* (capitolo 5, paragrafo 8.3).

Quelli che offriremo saranno solo dei «flash» in una storia che affonda le sue radici in un passato di oltre 4 miliardi di anni, soprattutto per la prima lunghissima parte, in cui le tracce rimaste sono meno abbondanti e di più difficile interpretazione, come suggerisce la mancanza di immagini in gran parte della «spirale del tempo» della Figura 10.

La storia della Terra è stata suddivisa in numerosi intervalli, più o meno ampi e variamente raggruppati in suddivisioni maggiori (vedi ancora la figura 4).

Gli intervalli fondamentali sono i **periodi**, di lunghezza diversa tra loro (da pochi milioni a varie decine di milioni di anni). I periodi sono raggruppati in **ère**, anch'esse di durata diversa (fino a qualche centinaio di milioni di anni). Questa articolazione si presta bene a scandire gli ultimi 600 Ma circa dell'evoluzione della Terra, ma per i lunghissimi intervalli precedenti si ricorre a unità maggiori, gli **eòni**, che dal più antico al più recente sono:

- **Eòne adeano**: i «primi giorni» della Terra, dalle origini a 4000 Ma fa;
- **Eòne archeozoico**: il tempo dell'inizio, da 4000 a 2500 Ma fa;
- **Eòne proterozoico**: il tempo della vita primitiva, da 2500 a 541 Ma fa;
- **Eòne fanerozoico**: il tempo della vita manifesta, da 541 Ma fa a oggi.

Generalmente, ci si riferisce ai primi tre eòni (adeano, archeano e proterozoico) con il termine **Precambriano**, cioè precedente al Cambriano, con il quale 541 Ma fa è iniziato l'Eòne fanerozoico. Per semplicità seguiremo anche noi quest'uso.

Figura 10
Questa lunga spirale rappresenta il tempo trascorso dall'origine del nostro pianeta a oggi, e permette di avere un'idea della distribuzione nel tempo di alcuni dei principali avvenimenti che hanno caratterizzato la storia della Terra. L'intera evoluzione dell'uomo occupa solo una piccola frazione della spirale. Il lungo intervallo di tempo che precede l'Era paleozoica, indicato in figura, anch'esso suddiviso in intervalli, viene complessivamente definito *Precambriano*. Le datazioni radiometriche che compaiono nella figura sono state aggiornate in base ai più recenti dati della *International Commission on Stratigraphy* (vedi figura 4).

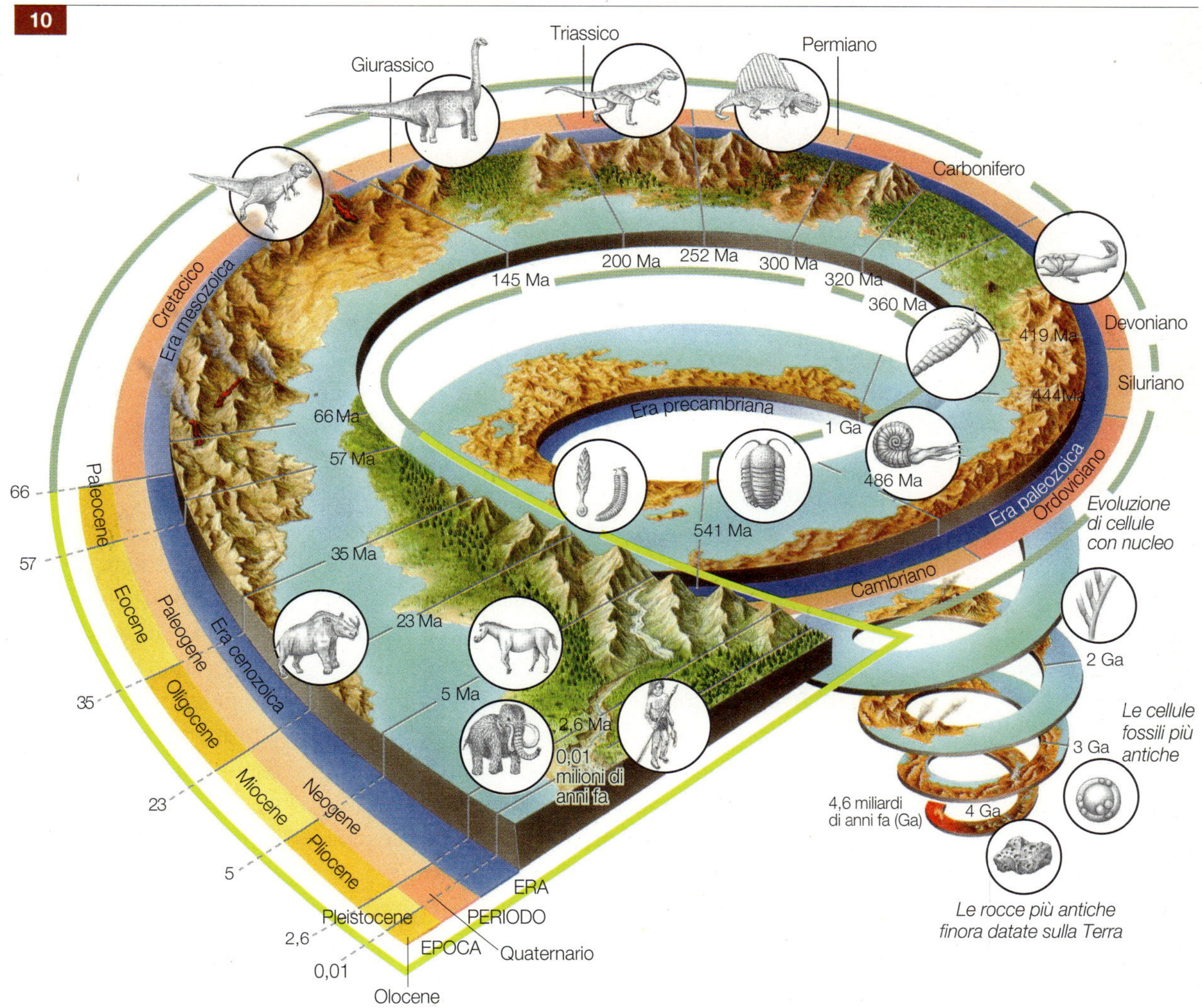

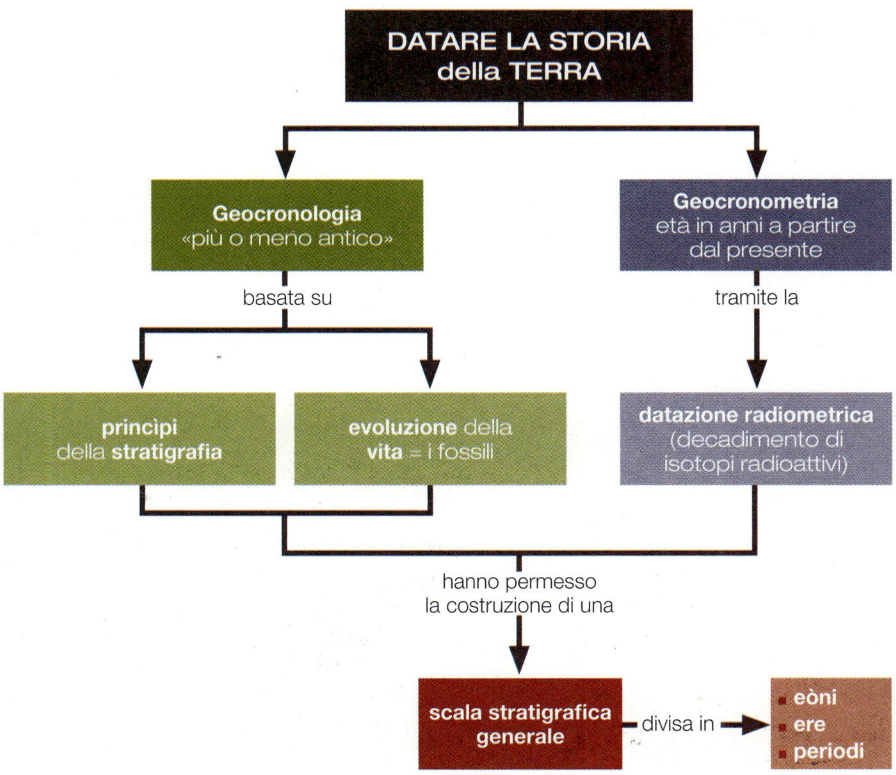

QUESITI

1. I fossili guida sono fossili di organismi vissuti
   - [A] per un breve periodo di tempo, su un'area geografica estesa.
   - [B] per un lungo periodo di tempo, su un'area geografica estesa.
   - [C] per un breve periodo di tempo, su un'area geografica ristretta.
2. Scegli l'alternativa corretta.

   Uno dei processi più comuni di fossilizzazione è la **carbonizzazione/mineralizzazione** che si verifica facilmente per le parti dure dei vari organismi; i vegetali possono essere conservati facilmente attraverso il processo di **carbonizzazione/mineralizzazione**.
3. Che cos'è la Geocronologia?
4. Quali tipi di datazioni sono fornite dalla Geocronologia?
5. Che cos'è la Geocronometria?
6. Su quali datazioni si basa?
7. Come si ottiene una datazione radiometrica?
8. Come avviene il processo di fossilizzazione e che cosa produce?

3 Il Precambriano

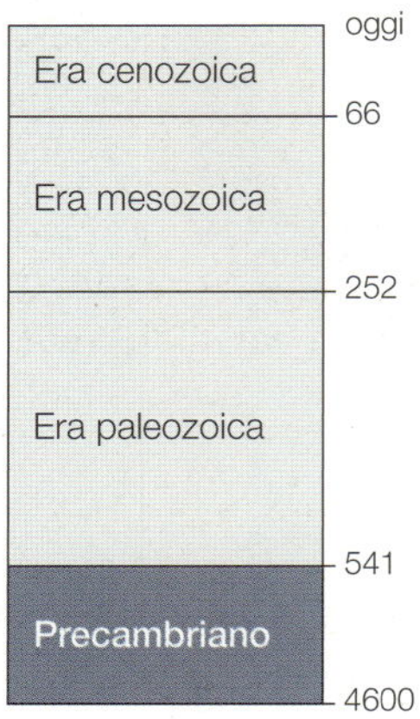

Il Precambriano è un intervallo di tempo lunghissimo, che corrisponde all'85% di tutta la storia della Terra. Il Precambriano offre una successione di episodi tra loro staccati e molto meno definiti di quelli più recenti. Tutto ciò dipende dal fatto che le rocce precambriane sono state piegate, fagliate, intruse da magmi e, soprattutto, metamorfosate anche intensamente più volte, e ciascun evento ha mascherato ampiamente quelli precedenti. Inoltre, i resti fossili sono estremamente rari e viene spesso a mancare, di conseguenza, la possibilità di correlare affioramenti tra loro lontani. Tuttavia, è in questo periodo che si verificano alcune delle più importanti trasformazioni del pianeta che condizioneranno profondamente tutta la sua successiva evoluzione: cerchiamone perciò le tracce, esaminando i tre eòni in cui è stato diviso il Precambriano: Adeano, Archeozoico e Proterozoico.

11

Figura 11
Un'immagine delle prime fasi del Sistema solare. Attorno alla stella da poco accesa ruotano numerosi corpi di diverse dimensioni. La maggior parte di essi, attraverso ripetute collisioni, darà origine ai pianeti. Molti altri continueranno a bombardare le nuove superfici, costellandole di crateri. (da Morgan L., Brown B., *Il grande pianeta,* De Agostini, 1989)

3.1 Da una nube di polvere di stelle nasce il Sistema solare

Il Sistema solare, di cui fa parte la Terra, occupa un piccolo settore della Via Lattea, la nostra galassia. Per tempi lunghissimi, in quel settore si era estesa una grande *nebulosa,* cioè una gigantesca nube di gas e di polveri finissime, fredda e rarefatta, simile a tante altre diffuse nella galassia. La nube comprendeva idrogeno ed elio (gli elementi più diffusi nell'Universo) e una certa quantità di tutti gli altri elementi chimici, che oggi sono presenti nella composizione dei vari corpi del Sistema solare, e che rappresentavano una «polvere» di stelle più antiche, esplose alla fine della loro evoluzione.

Circa 5 miliardi di anni fa, come conseguenza di perturbazioni dovute a cause sconosciute, una parte della nube cominciò a collassare su sé stessa e nella contrazione si originò un gigantesco vortice, con la forma di un disco appiattito. Per milioni di anni al centro del disco si accrebbe un nucleo sempre più denso e caldo, che finì per dare origine alla stella Sole circondata da miliardi di corpi che le orbitavano intorno velocemente fino a grandi distanze [**Figura 11**].

Ripetute collisioni tra granuli di ghiacci e polveri portarono alla loro aggregazione in corpi di dimensioni sempre maggiori, chiamati «planetesimali» [**Figura 12**]. Successive collisioni e aggregazioni tra planetesimali diedero origine ai pianeti, che, nelle loro orbite intorno al Sole, «ripulirono»

12

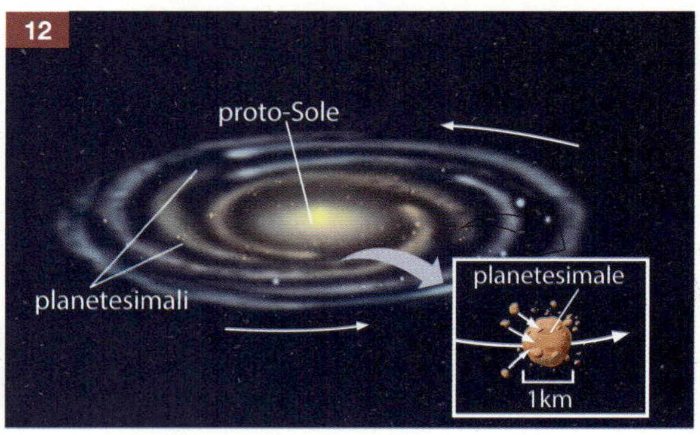

Figura 12
La formazione dei *planetesimali*. Nella parte più esterna del disco, formata da gas e polveri, si originano granuli che collidono tra loro e si aggregano in piccoli agglomerati o planetesimali.

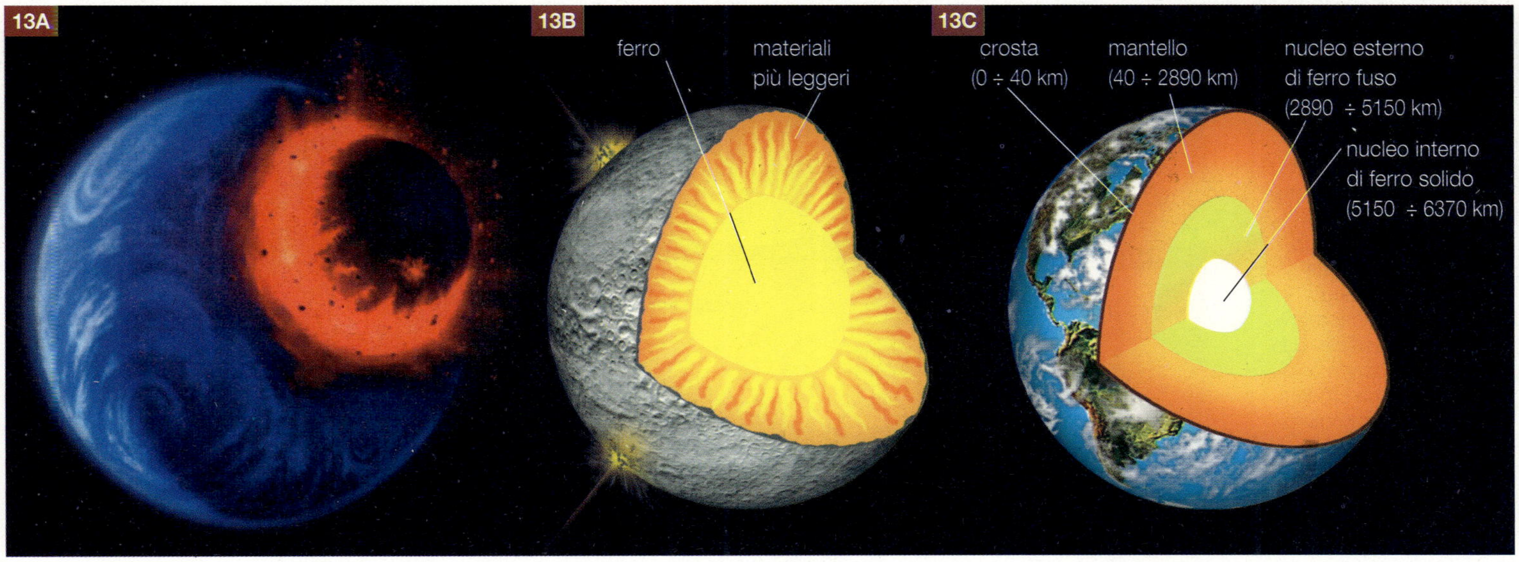

Figura 13
La «catastrofe del ferro», all'inizio dell'Eòne adeano.
A. Una ricostruzione del «grande impatto» che portò alla formazione della Luna (da *Le Scienze*, settembre 1994).
B. La massa di materiali che costituisce il pianeta, riscaldata dal calore liberato dalla contrazione gravitazionale, dal continuo bombardamento meteoritico e dal grande impatto, assume anche in profondità una consistenza pastosa e, nella parte più esterna, è ampiamente fusa; come conseguenza, i materiali si separano: il ferro e altri metalli ad alta densità scendono verso l'interno, probabilmente come rivoli di ferro liquido attraverso una trama di silicati porosi; i silicati, a loro volta, essendo meno densi, risalgono verso l'alto.
C. Il lungo processo diede al pianeta la struttura «a involucri» che lo caratterizza anche oggi: un denso *nucleo* metallico avvolto da uno spesso *mantello* silicatico, ricoperto da una sottile *crosta* eterogenea.

Materiali refrattari (Refractory materials) Materiali che resistono, senza fondere o alterarsi, a elevate temperature. Ricordiamo che ogni sostanza ha un suo specifico *punto di fusione*, che indica il valore della temperatura necessario per far-la passare dallo stato solido allo stato liquido, e che il punto di fusione varia, per ogni sostanza, con il variare della pressione o in presenza di fluidi.

lo spazio circostante dagli abbondanti residui delle collisioni costringendoli, con la forza gravitazionale, a precipitare sulle loro superfici come meteoriti. Il giovane Sistema solare conobbe allora una lunga fase di «bombardamento cosmico», illuminato e riscaldato dalla «fornace nucleare» del Sole. Comincia così la storia della Terra, il terzo pianeta a partire dalla stella Sole.

3.2 Eòne adeano (o Adeano): dalle origini a 4000 Ma fa

L'Adeano comprende i frammenti più antichi della storia della Terra. Circa 4450 Ma fa il nostro pianeta era ormai uscito dalla fase di accrescimento per aggregazioni di planetesimali e aveva dimensioni simili a quelle attuali. L'energia liberata dalla contrazione per effetto della gravità, dai processi di decadimento degli isotopi di elementi radioattivi e, soprattutto, dai ripetuti impatti del grande bombardamento cosmico lo aveva ampiamente riscaldato anche in profondità. Inoltre, circa 4500 Ma fa, quando già era avanzato il processo di accrezione, era avvenuto il «grande impatto» con la Terra di un planetesimale delle dimensioni del pianeta Marte, la cui massa è 1 / 10 di quella del nostro pianeta [Figura 13A]. La gigantesca collisione aveva provocato la formazione della Luna per la riaggregazione del mantello del corpo impattante (da allora rimasta in orbita intorno alla Terra) e la fusione di gran parte del mantello terrestre fino a profondità di alcune centinaia di kilometri, con la formazione di un vero oceano di magma. Come conseguenza dell'enorme quantità di energia assorbita per l'impatto, l'intero interno del pianeta si riscaldò, tanto da assumere uno stato «pastoso», nel quale i diversi materiali potevano muoversi [Figura 13B]. Iniziò così il processo noto come **differenziazione**: all'interno del pianeta, il ferro e il nichel, per la loro alta densità, iniziarono a scendere verso il centro della Terra, fino a formare il nucleo [Figura 13C]. Quell'evento è spesso citato come «catastrofe del ferro». La differenziazione portò i minerali silicatici a concentrarsi nella parte esterna al nucleo, in quanto meno densi e più refrattari.

Il nucleo di ferro-nichel, inizialmente liquido, rimase avvolto da uno spesso mantello di minerali silicatici, mentre il raffreddamento determinò ben presto la formazione di una prima crosta.

Le rocce che testimoniamo tale evento sulla Terra non si sono conservate, poiché sono state cancellate dagli eventi successivi. Sulla Luna, invece, si è in parte conservata la crosta primitiva, vecchia di oltre 4400 Ma (le rocce più antiche riportate dagli equipaggi delle missioni *Apollo* risalgono a 4410 Ma); in realtà, l'intenso bombardamento meteoritico sbriciolò quella crosta, ma i detriti prodotti dalle collisioni formarono i giganteschi accumuli di brecce che costituiscono gli altopiani della superficie della Luna (le parti che, viste dalla Terra, appaiono più chiare). L'evoluzione geologica della Luna si arrestò 3000 Ma fa e da allora i materiali degli altopiani sono rimasti praticamente immutati, per cui la missione *Apollo 15* ha potuto raccogliere frammenti di quella antichissima crosta, che è risultata formata da *anortosite*, una roccia magmatica della famiglia dei gabbri e dei basalti. Si ricordi che rocce del tutto analoghe costituiscono l'attuale crosta oceanica del nostro pianeta, prodotte da magmi che derivano da fusione parziale del mantello: indagini geofisiche (effettuate da alcune delle missioni *Apollo*) hanno messo in evidenza che anche sotto la crosta della Luna è presente un mantello fatto di materiali solidi, di natura basica.

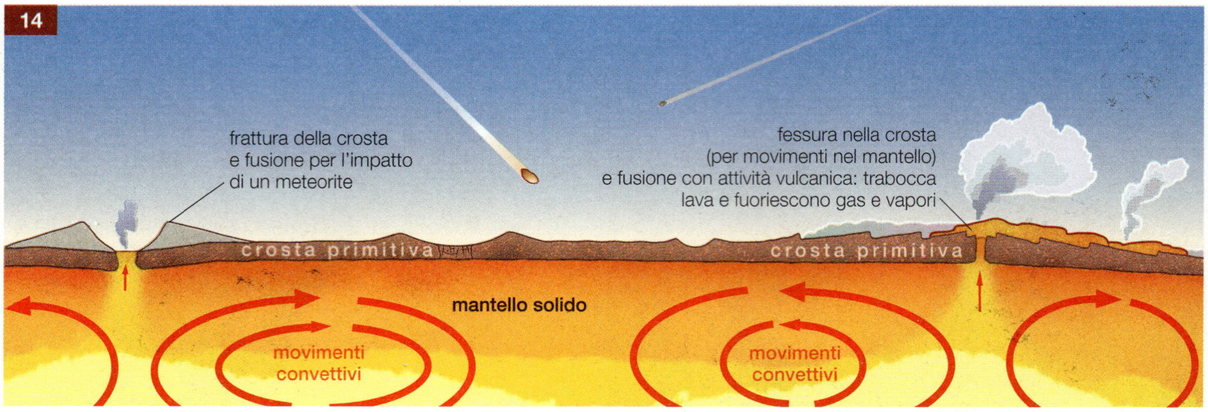

Figura 14
Ipotesi di una crosta basaltica primitiva, di modesto spessore, così come avrebbe potuto presentarsi 4200 Ma fa. Gli impatti meteoritici sulla superficie e i moti convettivi nel sottostante mantello, molto caldo, frantumano ripetutamente la crosta che si sta solidificando. Parte del mantello fonde e trabocca in superficie. Gas e vapore acqueo vulcanici si mescolano con prodotti simili portati dalle comete.

Sulla base di queste scoperte si ritiene che nelle prime fasi di evoluzione della Terra si sia verificato un processo analogo e che anche il mantello del nostro pianeta si sia ricoperto di una primitiva **crosta basaltica** [Figura 14], in seguito smantellata dagli impatti del grande bombardamento meteoritico e cancellata dai numerosi eventi successivi. L'attività della Terra, infatti, non ha conosciuto soste e anche dal buio di tempi così lontani è emerso qualche segno che l'evoluzione geologica stava procedendo: prima della fine dell'Adeano, si è formato anche qualche lembo di crosta diversa da quella primitiva basaltica, simile a quella che viene distinta come continentale. Di quest'ultima è rimasta qualche esile traccia. In Australia, nel 1983, è stata trovata un'arenaria associata a terreni di circa 3000 Ma anni fa (quindi successivi all'Adeano), che contiene però granuli di zircone, la cui età radiometrica è risultata di 4300 Ma. Ritrovamenti più recenti, sempre in Australia, esaminati con tecniche avanzatissime, hanno portato questa età a 4400 milioni di anni. Quest'ultima è, ovviamente, l'età della roccia dalla quale sono stati erosi i granuli di zircone quando si è formata l'arenaria. La roccia «madre» è totalmente scomparsa, ma poiché gli zirconi sono minerali del granito, che è una tipica roccia di crosta continentale, essi indicano che a quell'epoca c'era già qualche lembo di **crosta differenziata**, cioè che aveva subito qualche forma di differenziazione magmatica. È un aspetto della storia della Terra che seguiremo da vicino: oggi, la crosta continentale costituisce il 40% del totale della crosta terrestre.

Nell'Adeano la Terra acquistò ben presto un'**atmosfera**. Non era l'atmosfera primitiva di idrogeno ed elio, in quanto tali gas erano stati precedentemente soffiati via dal *vento solare*, una gigantesca esplosione di energia che accompagnò l'inizio dell'attività solare e investì tutto il sistema di pianeti in formazione, e in seguito anche dagli impatti dei planetesimali. Si trattava invece di una **atmosfera secondaria**, formatasi per «degassazione», cioè per risalita di «bolle» di gas e vapori imprigionati nei planetesimali al tempo dell'aggregazione. I gas si liberarono verso l'esterno quando il mantello era in gran parte fuso. La composizione di quell'atmosfera comprendeva: vapore acqueo (in parte derivato da impatti di comete), idrogeno, acido cloridrico, anidride carbonica e azoto. Reazioni chimiche in quell'atmosfera avrebbero prodotto anche metano (CH_4) e ammoniaca (NH_3). Questa densa miscela di gas e vapori innescò un effetto serra che, mantenendo la temperatura elevata, impedì a lungo il rapido raffreddamento della Terra. L'atmosfera secondaria era del tutto priva di ossigeno, quindi era assolutamente proibitiva per la massima parte delle forme di vita attuali.

Anche l'acqua, presente come vapore nella nebulosa originale quando i pianeti si stavano formando, fu soffiata via dal vento solare. L'acqua che entrò a far parte inizialmente dell'atmosfera terrestre in forma di vapore acqueo proveniva forse dai minerali idrati presenti nei planetesimali, ma è anche probabile che fosse giunta in una fase più tarda, portata in forma di ghiaccio da meteoriti o da comete che cadevano sulla Terra provenendo da zone esterne del Sistema solare. In seguito, quando la riduzione della temperatura superficiale permise la condensazione del vapore, si formò l'**idrosfera**: si calcola che se anche solo il 10% degli impatti del grande bombardamento fossero stati dovuti a comete, la Terra avrebbe ricevuto acqua a sufficienza per gli oceani attuali. Le piogge che cadevano sulla Terra primitiva non contenevano sali, ma i primi mari cominciarono a raccogliere i sali portati dai fiumi che trasportavano i prodotti della degradazione superficiale. Nello stesso tempo, le acque marine che penetravano in profondità lungo le prime dorsali oceaniche e si riscaldavano, quando risalivano e traboccavano sul fondo dell'oceano trasportavano ioni di elementi come calcio e potassio, che avevano asportato per alterazione chimica dalla crosta oceanica in via di formazione. Calcoli geochimici hanno portato a concludere che la salinità degli oceani dell'Archeano era simile a quella dei mari attuali.

■ **Zircone** (**Zircon**) $Zr(SiO_4)$, silicato di zirconio. È un minerale durissimo, di alta densità, che si trova in minuscoli cristalli in rocce magmatiche acide (come, tipicamente, i graniti) e nelle rocce metamorfiche che ne derivano. Alcune varietà, limpide, sono usate come gemme.

■ **Differenziazione magmatica** (**Magmatic differentiation**) Processo mediante il quale un *magma* «capostipite» può dare origine a magmi (e poi a rocce) di varia composizione. Alla base del processo c'è la constatazione che minerali diversi cristallizzano a temperature differenti, per cui la composizione del magma in raffreddamento cambia man mano che viene impoverito degli elementi chimici entrati nei minerali già cristallizzati.

■ **Minerali idrati** (**Hydrated minerals**) Composti chimici che contengono molecole d'acqua nella loro struttura cristallina, sotto varie forme. Ne sono esempi il gesso $CaSO_4 \cdot 2H_2O$ (solfato di calcio biidrato) e i minerali argillosi, in cui le molecole di acqua sono racchiuse tra gli «strati» che formano il reticolo cristallino.

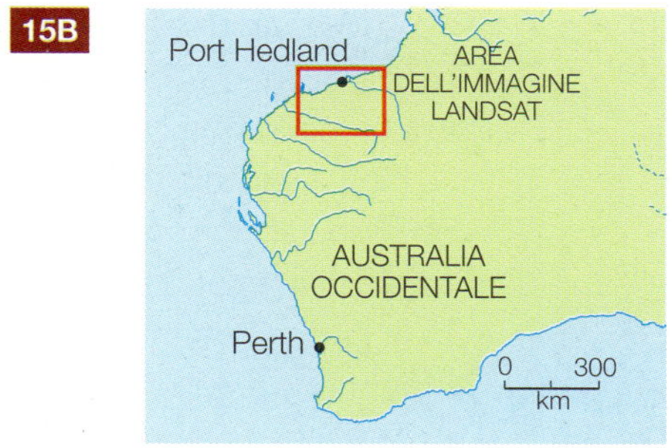

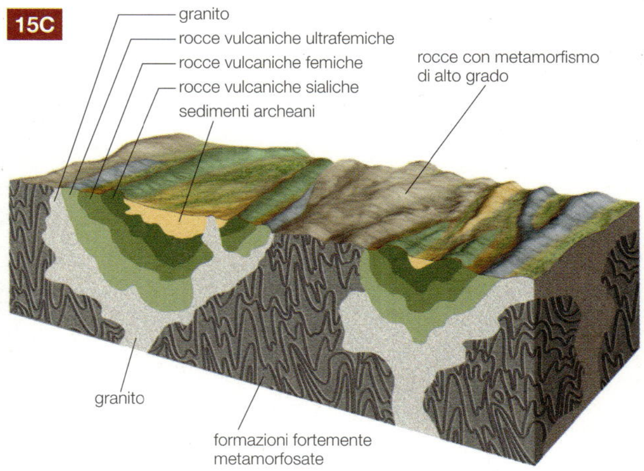

Figura 15
Struttura crostale formata da *catene a pietre verdi* associate a *gneiss granitoidi*.
A. L'immagine, presa da satellite, mostra gli «ovali» chiari di gneiss (la serie di «macchie» chiare, di varie forme e dimensioni, sotto il centro dell'immagine) circondati da catene di rocce profondamente deformate (di colore tra verde e blu). L'affioramento risale a 2800-2600 Ma fa, verso la fine dell'Archeano. I terreni che circondano quest'area sono più giovani e appartengono al successivo Eone proterozoico. (NASA)
B. Posizione dell'area rappresentata nella figura A.
C. Schema della possibile formazione delle *catene a pietre verdi*. La sezione geologica mostra sedimenti marini, lembi di crosta oceanica e prodotti di archi vulcanici «schiacciati» tra proto-continenti che stanno entrando via via in collisione. Quei materiali, deformati e metamorfosati durante la «suturazione» dei lembi continentali, formano catene a pietre verdi «incastonate» in un continente divenuto più esteso.

Verso la fine dell'Adeano, poco più di 4000 Ma fa, la Terra aveva una crosta solida, probabilmente basaltica. Tale crosta era ricoperta da un mare poco profondo, dal quale emergevano rare terre: isole vulcaniche circondate dai detriti di erosione e lembi di una crosta differenziata. L'atmosfera densa, calda, aggressiva per la presenza di acidi (solforico e cloridrico) attaccava le rocce affioranti e scioglieva alcuni elementi che le acque trascinavano in mare. Tra questi elementi compariva il calcio, che combinandosi con l'anidride carbonica diede origine ai primi calcàri. Questo fenomeno sottrasse CO_2 dall'atmosfera abbattendo l'effetto serra e innescando un meccanismo regolatore che da allora ha continuato, per miliardi di anni, a operare efficacemente.

3.3 Eòne archeozoico o Archeano: da 4000 a 2500 Ma fa

L'Archeano inizia per convenzione con le rocce più antiche finora trovate: si tratta di veri ammassi rocciosi di quell'età, mentre gli zirconi trovati in Australia sono solo granuli compresi in una roccia molto più giovane. Tali rocce, che affiorano in Canada, sono **gneiss**, cioè rocce fortemente metamorfosate, la cui età è risultata di 3962 (±3) Ma (vedi l'Approfondimento delle conoscenze, *La roccia più antica della Terra: 3962 (±3) Ma*).

Queste rocce sono frammenti di una crosta simile a quella dei continenti attuali, quindi già molto differenziata rispetto alla primitiva crosta basaltica che si ritiene esistesse nell'Adeano. La crosta primitiva basaltica sembra perciò scomparsa senza tracce, riciclata dai moti convettivi, tumultuosi e disordinati, del giovane mantello molto più caldo di quello attuale, e via via sostituita da nuova crosta basaltica, sempre più simile a quella oceanica attuale. Sembra probabile che si fosse già da allora innescato un meccanismo simile a quello attuale dell'espansione dei fondi oceanici, con una crosta basaltica destinata a essere continuamente riassorbita nel mantello per essere rimpiazzata da gigantesche effusioni di nuova lava.

D'altra parte, la crosta continentale, per sua natura meno densa, non poteva venire riassorbita nel mantello, ma per le sue modeste dimensioni non poteva nemmeno formare un involucro continuo. Si cominciava a individuare il profondo «dualismo» fra i due tipi di crosta, che caratterizza tuttora il nostro pianeta.

Qualche prova in tal senso si è conservata; si tratta di terreni un po' meno antichi, formatisi tra 3500 e 2600 Ma, più frequenti in affioramento, nei quali si riconoscono due tipi di associazioni di rocce [Figura 15]:

– «*catene a pietre verdi*», che comprendono rocce vulcaniche femiche e rocce sedimentarie (arenarie e conglomerati a ciottoli di granito);
– *gneiss granitoidi*, corrispondenti ad ammassi di rocce intrusive ricche in silice simili al granito, successivamente metamorfosate.

■ **Batteri** (Bacteria) Organismi unicellulari di dimensioni microscopiche (lunghezza 0,3-100 μm; larghezza 0,3-2 μm). La cellula è «procariote», cioè priva di membrana nucleare intorno all'unico cromosoma, mentre il citoplasma è racchiuso da una membrana; può essere dotata di uno o più flagelli per il movimento. Alcuni si riuniscono in colonie filiformi o a grappoli; si riproducono per scissione e possono vivere in assenza di ossigeno (anaerobi) e resistere a lungo alla disidratazione e a temperature estreme (da −200 a +99 °C).

Le rocce intrusive ricche di silice testimoniano in maniera chiara che una crosta di tipo continentale era ormai diffusa.

Nell'Australia occidentale i due tipi di rocce sono associati in modo significativo: le catene a pietre verdi formano lunghe fasce strette tra ampi lembi di gneiss granitoidi di forma grosso modo ovale, lunghi fino a qualche centinaio di km (rivedi la figura 15A). Le catene a pietre verdi risultano intensamente deformate in pieghe del tutto simili a quelle delle catene montuose recenti e le rocce vulcaniche che vi affiorano sono basalti con la tipica struttura a «cuscini» delle eruzioni sottomarine: di conseguenza, si pensa che già allora si verificassero collisioni tra blocchi di crosta continentale (gli «ovali» di gneiss granitoidi), che facevano deformare le rocce e i sedimenti di antichi fondi oceanici interposti.

Le catene a pietre verdi si sarebbero formate in corrispondenza di antiche zone di subduzione (rivedi la figura 15C). Già molto prima della fine dell'Archeano, quindi, poteva essersi innescato un meccanismo simile a quello della Tettonica delle placche. La litosfera dell'Archeano era, rispetto a quella odierna, più sottile, più calda e articolata in placche più piccole, ma molto più numerose. Devono pertanto essersi manifestate collisioni e lacerazioni di una prima crosta di tipo continentale, che poteva meglio «galleggiare» sul mantello.

Le terre emerse, prive di suolo e di alberi, erano sottoposte a un'erosione molto più intensa di oggi. L'atmosfera, ricca di anidride carbonica e povera di ossigeno, era molto aggressiva. Inoltre, gli impatti con meteoriti erano ancora frequenti. Tuttavia, proprio nell'Archeano, lungo i margini di quei continenti sommersi dal mare, maturò un evento che doveva influenzare profondamente la successiva evoluzione del pianeta: la comparsa della vita e il successivo sviluppo della **biosfera**, che da allora è andata formando un sistema integrato con l'insieme litosfera-idrosfera-atmosfera.

L'origine della vita è un argomento complesso e tuttora molto dibattuto. In proposito sono state formulate numerose teorie tra le quali nessuna ha ottenuto una validità superiore alle altre. I dati e le prove su cui si basano le teorie sull'origine della vita provengono da campi diversi quali la biologia, la biochimica, la genetica e la geologia. Il contributo della geologia riguarda la ricostruzione degli ambienti, l'indicazione dei materiali disponibili sulla superficie terrestre nei tempi remoti in cui la vita è comparsa e, soprattutto, la descrizione delle forme fossili ritrovate nelle rocce e la determinazione dell'età della loro formazione.

Le più antiche tracce di organismi viventi risalgono a 3500 Ma fa, ma le forme riconosciute, pur essendo molto semplici (simili ai batteri) sono già molto complesse in confronto ai composti inorganici presenti sulla superficie terrestre. Si pensa perciò che la comparsa di organismi viventi sia stata preceduta dalla formazione di un ambiente chimico in cui processi non biologici avrebbero dato origine a soluzioni di sostanze organiche, come amminoacidi, carboidrati e nucleotidi, che sono la base per la formazione di proteine e acidi nucleici.

Secondo la *teoria organica*, un ambiente adatto all'innescarsi di questa *evoluzione chimica* potrebbe essere stato quello dell'atmosfera formatasi con la degassazione del pianeta (e definita, come si ricorderà, «secondaria»), dove la radiazione ultravioletta, scariche elettriche (fulmini) o altre forme di energia, interagendo con le sostanze presenti, avrebbero prodotto molecole organiche complesse. Quei primi composti organici si sarebbero via via trasferiti e accumulati, favorendo ulteriori reazioni chimiche, nei primi mari, probabilmente lungo le coste, dove si formano facilmente pozze d'acqua saltuariamente alimentate dalle maree. In tali ambienti si sarebbe formato così un **brodo primordiale**, contenente acidi grassi e ossiacidi e, in seguito, grassi e zuccheri, che avrebbero fornito la materia prima per i futuri esseri viventi.

La possibilità teorica di una simile concatenazione di eventi è stata verificata in laboratorio nel 1953 dal noto esperimento di Miller-Urey: si fece scoccare una scarica elettrica in un contenitore riempito di metano, ammoniaca, idrogeno e vapore acqueo, per simulare l'atmosfera di allora e i fulmini che la attraversavano. L'acqua fatta condensare al termine dell'esperimento (durato per alcuni giorni) conteneva alcuni amminoacidi semplici, cioè le unità che costituiscono le proteine.

Ipotesi più recenti, che recuperano, in realtà, un'idea da tempo prospettata, partono dall'osservazione che molecole organiche complesse abbondano nelle nubi interstellari, nelle comete e nelle meteoriti litoidi. Gli impatti di comete e di asteroidi che portarono acqua, gas e altre sostanze sul nostro pianeta all'inizio del suo sviluppo, potrebbero avere portato anche quelle molecole organiche. Molti studiosi sono ormai convinti dell'origine nello spazio se non della vita, almeno delle complesse molecole che hanno preceduto la comparsa di forme viventi. Se le molecole organiche provenienti dallo spazio hanno avuto un ruolo effettivo nella comparsa della vita sulla Terra, il medesimo processo potrebbe essersi verificato anche altrove, come su Marte o sotto la superficie ghiacciata di Europa (uno dei satelliti di Giove), dove esistono condizioni favorevoli allo sviluppo della vita. Qualunque sia stato il percorso iniziale, il cammino successivo è ancora molto lungo, in quanto protei-

approfondimento delle conoscenze

La roccia più antica della Terra: 3962 (±3) Ma

Il frammento di roccia illustrato nella Figura 16 proviene da una zona a Sud-Est del Gran Lago degli Schiavi, nei Territori del Nord-Ovest, in Canada. Nel 1989 un gruppo di geologi raccolse questo tipo di rocce in un'isoletta entro il fiume Acasta, dove affioravano rocce metamorfiche, già note per essere molto antiche; le successive analisi con tecniche di datazioni radiometriche mostrarono che avevano trovato i resti metamorfosati delle più antiche rocce finora note sulla Terra: l'età dei campioni raccolti risultò, infatti, 3962 (±3) Ma. (Il termine ±3 indica l'errore con cui si ottiene la misura, per cui la vera età della roccia può essere fino a 3 Ma maggiore o minore del valore trovato.)

Il litotipo è uno *gneiss*, cioè una roccia metamorfica che deriva da trasformazione – a opera di un forte aumento di pressione e temperatura – di rocce sedimentarie argillose o di rocce magmatiche granitiche e dioritiche (cioè da *sialiche* a *neutre*).

Poiché l'età radiometrica è quella del tempo in cui la roccia è stata metamorfosata, le rocce «originali» erano ancora più antiche; in sostanza, l'affioramento del fiume Acasta ci dice che, circa 4 miliardi di anni fa, dalla crosta primitiva si erano già differenziati almeno piccoli lembi di crosta di tipo «continentale», cioè diversa dall'originale crosta basaltica.

Questa roccia è uno **gneiss tonalitico**. Il termine *gneiss* indica un'alternanza di bande formate da minerali con aspetto grossolanamente granulare e di bande nelle quali prevalgono i minerali di aspetto lamellare. L'aggettivo *tonalitico* si riferisce alla composizione mineralogica della roccia che è risultata simile a quella della *tonalite* (dal Passo del Tonale, sul Massiccio della Presanella), una roccia magmatica intrusiva simile alla *diorite*, ricca di plagioclasio associato a quarzo (scarso), orneblenda (un anfibolo) e biotite.

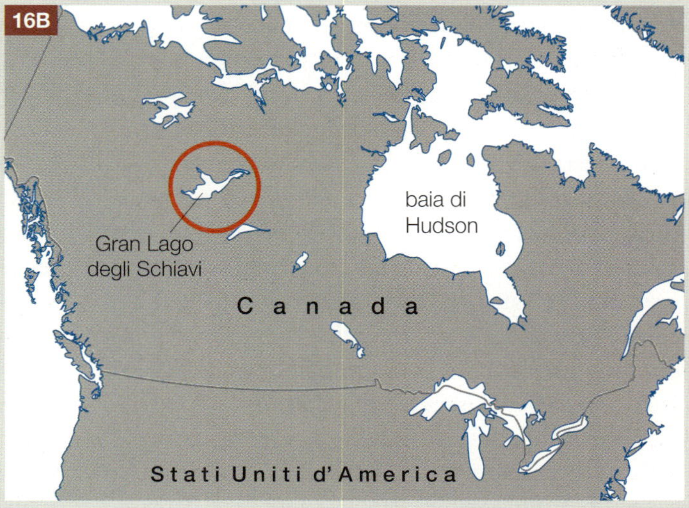

Figura 16
Un campione delle rocce più antiche della Terra, affioranti lungo il Fiume Acasta, in Canada.
A. Nella massa scura di biotite e orneblenda spiccano le bande arancio-rosa di feldspati.
B. Il cerchio rosso indica l'area da cui proviene il campione di roccia.

Composizione mineralogica degli «gneiss di Acasta»

Accurate analisi mineralogiche e petrografiche hanno permesso di riconoscere i singoli minerali dalla cui aggregazione risultano formati questi gneiss.

Plagioclasio oligo-andesina [miscela di $NaAlSi_3O_8$ e $CaAlSi_2O_8$]: di colore da bianco ad arancio-rosa.

Quarzo [SiO_2]: traslucido, grigio biancastro.

Biotite [mica nera: $K(Mg, Fe^{2+})_3(AlSiO_{10})(OH)_2$]: laminette grigio-scuro.

Orneblenda [$NaCa_2(Mg, Fe^{2+})_4(Al, Fe^{3+}, Ti)_3Si_8O_{22}(OH)_2$]: nelle bande scure.

Zircone [$Zr(SiO_4)$]: in cristalli microscopici, come «accessorio» (meno dell'1% del totale).

Compaiono inoltre vari altri accessori, tra cui allanite, titanite, granato, magnetite, pirite e molti altri, in tracce.

La datazione radiometrica è stata effettuata su un minuscolo cristallo di zircone che è stato analizzato utilizzando il metodo uranio-piombo. Lo strumento impiegato è chiamato *SHRIMP*, *Super High-Resolution Ion Micro-Probe* («super microsonda ionica ad alta risoluzione»); esso può colpire il campione da esaminare con un fascio molto sottile (del diametro di 25 micrometri) di atomi di ossigeno ionizzati, che fanno evaporare gli atomi di uranio e di piombo presenti nel punto colpito. Gli atomi vaporizzati vengono quindi fatti passare in uno spettrometro di massa che li separa e li conta; si ottengono, così, le misure delle quantità dell'*isotopo capostipite* e dell'*isotopo stabile* che ne è derivato.

■ **Spettrometro di massa** (Mass spectrometer)
Strumento che separa e analizza atomi e molecole di sostanze allo stato gassoso. Le particelle del gas vengono ionizzate da una scarica elettrica e costrette a muoversi velocemente come un unico fascio lungo un tubo a vuoto, fino a un campo magnetico, che fa modificare più o meno la traiettoria di particelle con massa diversa. Le particelle così separate finiscono in un analizzatore che le identifica.

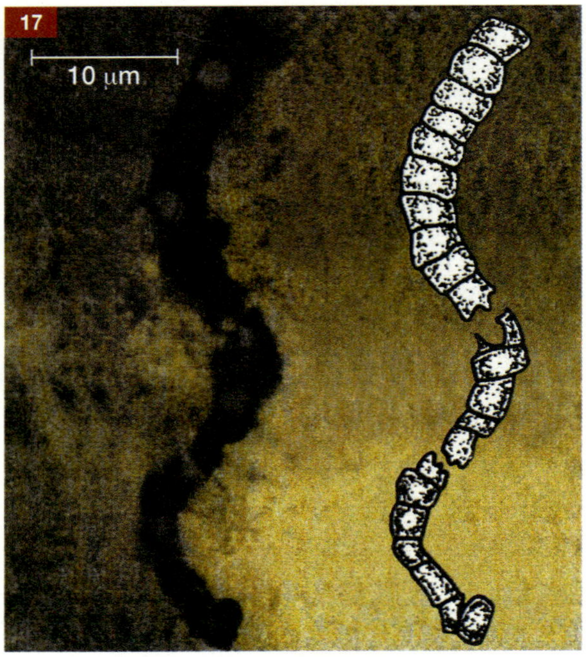

Figura 17
Le più antiche forme di vita finora note, trovate in rocce di 3500 Ma fa.
Mosaico di microfotografie e ricostruzione schematica di *Primaevifilum septatum*, un filamento formato di cellule procariote più o meno simili tra loro (μm = micrometro). Le rocce che contengono numerosi esemplari di organismi come quelli illustrati affiorano a Warrawoona, nell'Australia nord-occidentale. (Da S. Raffi, E. Serpagli, *Introduzione alla Paleontologia*, UTET, 1993)

ne e acidi nucleici devono essersi poi organizzati in unità autonome, **proto-cellule**, in grado di autoreplicarsi e capaci di scambi con l'ambiente. Anche se non sappiamo bene come, tutto questo era però avvenuto già 3500 Ma fa, l'età a cui risalgono le prime tracce fossili di organismi viventi, trovate nel Sudafrica e nell'Australia occidentale [Figura 17].

Le «tracce di vita» sono **stromatoliti** e microfossili. In realtà le stromatoliti, che si formano anche oggi, sono tracce dell'attività biologica di una comunità di microrganismi e hanno l'aspetto di concrezioni formate da numerose sottili lamine di calcàre (Figura 18 , nell'Approfondimento *L'importanza delle stromatoliti*). La loro importanza è dovuta al fatto che, nelle forme viventi, i microrganismi sono *cianobatteri* (anche detti «alghe azzurre»), capaci di attività fotosintetica. La fotosintesi è un processo in grado di sintetizzare materia organica sfruttando l'energia luminosa e liberando come sottoprodotto l'ossigeno. Le stromatoliti archeane sono le più antiche testimonianze di un'attività biologica a livello batterico. In uno degli affioramenti dell'Africa meridionale sono stati scoperti, oltre alle stromatoliti, numerosi batteri fossili [Figura 18E].

■ **Microfossili** (Microfossils) Resti fossili di organismi di piccolissime dimensioni, in genere unicellulari.

■ **Cratone** (Craton) Dal greco *krátos*, forza. Il termine si riferisce alla loro condizione di «aree di forza», cioè da molto tempo resistenti alle deformazioni, in contrapposizione alle aree soggette a orogenesi.

I biologi pongono nell'Archeano l'origine di un *ancestore universale*, cioè l'antenato da cui si svilupparono tre grandi domini: *Bacteria* e *Archaea* (comparsi già nell'Archeano) ed *Eukaria* (gli eucarioti). I discendenti dei primi due gruppi sono rimasti organismi unicellulari; i discendenti degli Eukaria comprendono forme più complesse, con cellule provviste di nucleo che contiene i geni, una struttura che ha reso possibile l'evoluzione da organismi unicellulari a organismi pluricellulari (animali e piante).

Possiamo perciò concludere che già 3500 Ma fa esistevano complesse associazioni di microrganismi *procarioti* (cioè privi di nucleo distinto). Alcuni di essi erano probabilmente *eterotrofi* (che per nutrirsi dovevano assimilare direttamente dall'ambiente le molecole necessarie), ma altri erano ormai *autotrofi*, in grado, cioè, di produrre i propri alimenti in modo autonomo attraverso la fotosintesi, divenuta un processo metabolico fondamentale circa 2,7 miliardi di anni fa. Questi ultimi hanno dato il via, in sordina, a una rivoluzione straordinaria, liberando ossigeno in un ambiente in cui tale gas era praticamente assente.

3.4 Eòne proterozoico: da 2500 a 541 Ma fa

L'inizio del Proterozoico è stato posto a 2500 Ma fa in base a datazioni radiometriche. Il passaggio dall'Archeano al Proterozoico è graduale ed è caratterizzato dalla continua crescita della crosta continentale che, all'inizio del nuovo eòne, aveva raggiunto l'80% circa del volume attuale. La maggior parte della crosta terrestre era di tipo oceanico.

Le rocce del Proterozoico sono molto diffuse e costituiscono gran parte della crosta continentale attuale. Nel corso di quasi 2 miliardi di anni, dal «tumultuoso» succedersi di eventi dell'Archeano si passa a una evoluzione più progressiva, che trasforma il nostro pianeta dal suo aspetto più antico al suo «volto» moderno.

Il cambiamento profondo è rappresentato dal modo in cui si deforma la litosfera: cominciano a sorgere catene montuose lunghe migliaia di kilometri, mentre la crosta continentale va assumendo estensioni e spessori sempre più simili a quelli attuali. Si passa, cioè, dai numerosi micro-continenti sparsi in una crosta di tipo oceanico ampiamente diffusa, come abbiamo visto nell'Archeano, ai due tipi di crosta che ritroviamo anche oggi:
- **cratoni**, lembi molto estesi di crosta continentale resistenti alle deformazioni;
- **fasce di crosta oceanica**, mobili e distribuite tra i cratoni.

Nella ricostruzione degli eventi del Proterozoico trova efficace applicazione il modello della Tettonica delle placche, responsabile di numerose orogenesi. Attraverso ripetuti processi di subduzione e collisione, i grandi volumi di sedimenti strappati alle terre emerse dall'erosione e accumulati in mare vengono deformati, parzialmente fusi e infine «saldati» a qualche altro cratone.

La crosta continentale viene, perciò, continuamente rimaneggiata dai movimenti delle placche.

approfondimento delle conoscenze

L'importanza delle stromatoliti

Se si mettono a confronto le composizioni delle atmosfere di Venere, Terra e Marte, risulta evidente una profonda differenza tra il nostro pianeta e gli altri due: l'atmosfera terrestre contiene grandi quantità di ossigeno (oltre il 20%), mentre su Venere questo gas è praticamente assente e su Marte è in quantità minime (0,1%).

Questa diversità è forse il segno più vistoso della strada tutta particolare imboccata dall'evoluzione del nostro pianeta, che per certi aspetti è divenuto unico nel Sistema solare.

Le tracce della trasformazione da un'atmosfera primitiva, simile a quella degli altri pianeti (anidride carbonica, vapore acqueo, azoto e tracce di pochi altri gas, tra cui scarsissimo ossigeno), a un'atmosfera ricca di ossigeno risalgono a tempi molto lontani, addirittura all'inizio dell'Archeano, e si susseguono per almeno due miliardi di anni; le testimonianze sono concrezioni calcaree diffuse nel tempo e tuttora in formazione in particolari ambienti.

Le **stromatoliti** sono biostrutture, cioè accumuli di carbonato di calcio in numerose lamine sottili originati dall'attività di microrganismi unicellulari che vivono in colonie. Lungo le coste attuali dell'Australia nord-occidentale, al riparo entro basse lagune con acque molto salate, nella fascia che rimane scoperta con la bassa marea, affiorano, per kilometri e kilometri, innumerevoli cupolette o basse colonne dalla superficie viscida: sono stromatoliti «viventi» o, meglio, in costruzione. Ognuno dei piccoli ammassi (lunghi anche un metro) è ricoperto da un sottile velo soffice e scivoloso formato da colonie filamentose di cianobatteri (o cianoficee, «alghe azzurre»): l'involucro appiccicoso di ogni cellula di batterio cattura granelli di detriti che successivamente vengono cementati tra loro da carbonato di calcio (fatto precipitare dall'attività degli stessi batteri) e formano un sottile straterello. Quando una singola lamina si indurisce, alcuni batteri rimangono imprigionati e muoiono, mentre altri sopravvivono e il processo continua con un nuovo involucro. Attraverso tale meccanismo, illustrato nella Figura 18A-C, la stromatolite cresce lamina su lamina, con una velocità media di poco più di un centimetro ogni dieci anni [Figura 18D].

Durante il giorno le colonie di batteri sfruttano la luce del Sole per produrre carboidrati (zuccheri) a partire dall'anidride carbonica e da alcuni sali sciolti nell'acqua (fotosintesi); come «sottoprodotto» nel processo si libera ossigeno, che si scioglie nell'acqua del mare e passa poi in gran parte nell'atmosfera.

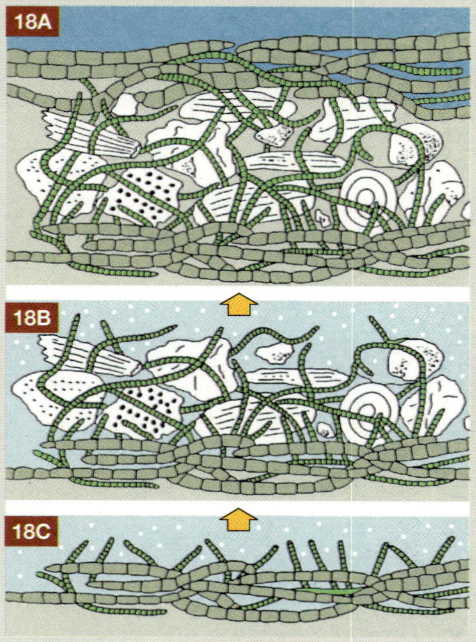

Figura 18
Formazione delle stromatoliti.
A. e **B.** Durante il giorno. Nel sottilissimo «tappeto» algale, sottili filamenti che crescono verso l'alto intrappolano granuli di sedimenti di varia origine. Le minuscole bollicine bianche sono formate dall'ossigeno che si libera durante la fotosintesi.
C. Durante la notte. Lo sviluppo delle alghe è prevalentemente orizzontale e «lega» in modo stabile i granuli intrappolati, formando una lamina di sedimento. (Da S. Raffi, E. Serpagli, *Introduzione alla Paleontologia*, UTET, 1993)

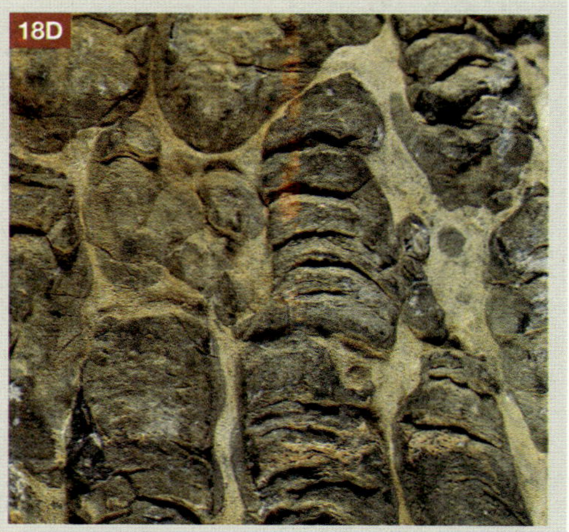

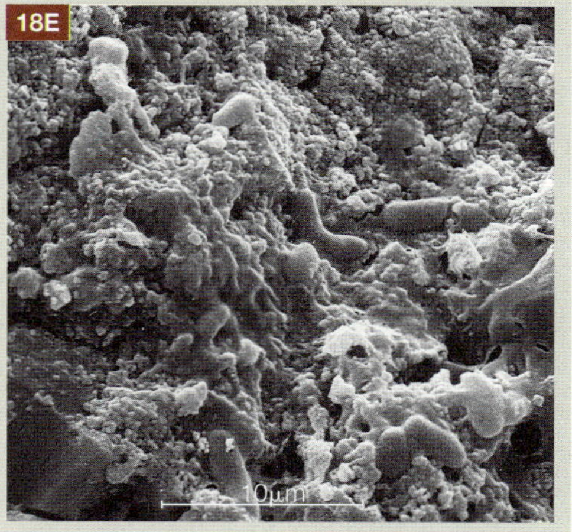

D. Un esempio di struttura delle stromatoliti messo in evidenza dall'erosione (le «colonne» sono alte 10 cm).
E. Batteri fossili trovati in strutture stromatolitiche affioranti nella zona di Barberton in Sudafrica. Queste colonie risalgono a oltre 3,3 miliardi di anni fa. (F. Westal, CNRS Orléans)

Le stromatoliti sono, in pratica, piccole «centrali» che immettono ossigeno nell'atmosfera: oggi sono molto rare e la produzione di ossigeno avviene da parte di innumerevoli vegetali capaci di fotosintesi, e così è stato a partire da circa 600 Ma fa (poco prima dell'inizio dell'Eòne fanerozoico). Ma in precedenza le stromatoliti sono state abbondantissime e risalgono addirittura ad almeno 3500 Ma fa, quando i microrganismi che le producevano erano tra le prime forme di vita di cui si abbia traccia [Figura 18E].

Con lo sviluppo e la diffusione delle stromatoliti aumentò l'ossigeno libero disciolto nei mari e questo provocò una drastica estinzione in massa dei microrganismi anaerobi, cioè di quelle primissime forme di vita, capaci di chemiosintesi e di fermentazione, per le quali l'ossigeno era un «veleno»; solo alcune si «ritirarono» in ambienti specifici, come sorgenti calde in ambiente vulcanico. Altre forme, invece, trovarono il modo di «convivere» con l'ossigeno e di ricavarne, anzi, grandi vantaggi.

L'ossigeno, infatti, è chimicamente molto attivo e si combina facilmente con composti organici liberando notevoli quantità di energia: l'uso dell'ossigeno nella respirazione è un processo estremamente efficiente. Ma le stesse proprietà reattive possono distruggere le cellule se queste non sono adeguatamente protette e tale protezione si realizzò solo con la comparsa degli enzimi. Forse furono necessarie decine o centinaia di milioni di anni, ma quando ciò avvenne, l'evoluzione «aveva fatto» un'altra scelta fondamentale. Gli organismi che si trovarono in vantaggio furono, perciò, quelli capaci di impiegare l'energia solare per combinare anidride carbonica e acqua, ottenendo zuccheri e liberando, come prodotto secondario, ossigeno; nello stesso tempo, essi erano in grado di usare l'ossigeno per «demolire» gli zuccheri trasformandoli in anidride carbonica e acqua e ottenendo energia per ogni necessità biologica.

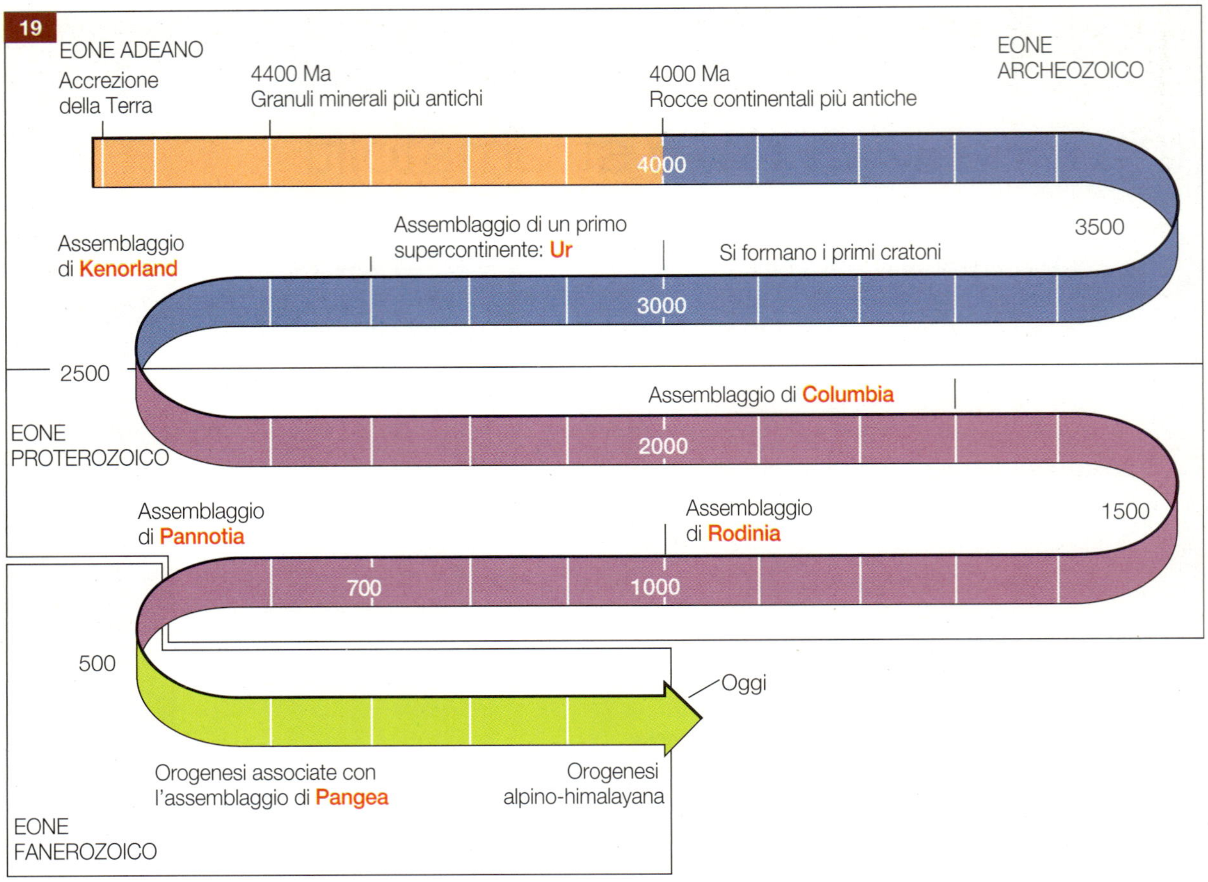

Figura 19
I supercontinenti nella storia della Terra. I tratti a colori diversi hanno lunghezze proporzionali alle durate dei singoli eoni. Sono indicati i tempi della formazione dei supercontinenti e di alcuni eventi fondamentali nell'evoluzione della litosfera.

Da allora, con lo sviluppo del nuovo stile tettonico, nell'evoluzione della crosta ha acquistato sempre più importanza il progressivo «riciclaggio» della vecchia crosta continentale attraverso il ripetersi del ciclo geologico: *erosione* e spianamento delle aree emerse, con *accumulo* di nuovi sedimenti nei mari; *orogenesi* con formazione di nuove fasce di crosta continentale che emerge; ripresa dell'erosione che fa accumulare nei mari nuovi sedimenti e così via. Nello stesso tempo, anche la crosta oceanica subisce profonde trasformazioni, con il processo di subduzione, attraverso il quale torna a far parte del mantello; a differenza della crosta continentale, però, quella oceanica viene completamente perduta, tranne esigui lembi che possono rimanere «incastrati» nella crosta continentale nel corso dell'orogenesi. La crosta continentale non subisce subduzione, ma continua a «galleggiare» in blocchi, che i movimenti della crosta portano a saldarsi tra loro o a frammentarsi, facendo cambiare lentamente, ma senza soste, il volto della Terra.

Verso la fine del Proterozoico la crosta continentale aveva ormai raggiunto uno spessore di 30 km (simile allo spessore medio attuale). Con l'aumentare delle testimonianze geologiche è più facile tentare la ricostruzione della distribuzione delle terre emerse e dei mari. Durante la lunga evoluzione della Terra, il movimento casuale dei continenti ha portato più volte alla formazione, collisione dopo collisione, di un'unica distesa di terre emerse: i cosiddetti *supercontinenti*. Fino a ora sono stati individuati diversi supercontinenti [Figura 19]: **Ur** (messo insieme circa 3000 Ma fa, alla fine dell'Archeano), **Kenorland** (2700-2500 Ma fa) e **Columbia** (tra 1900 e 1700 Ma fa) sono i più antichi e di essi non è stata possibile una ricostruzione accurata. **Rodìnia** [Figura 20], formatosi circa 1000 Ma fa, è invece il più antico esempio di supercontinente che si sia riusciti a ricostruire finora in dettaglio ma verso la fine del Proterozoico si era frammentato e nel giro di 100 milioni di anni i frammenti erano tornati ad aggregarsi in modo diverso, fino a formare un nuovo supercontinente, chiamato **Pannòtia** [Figura 21]. Il *ciclo di Wilson* era dunque già attivo.

Nel corso del Proterozoico comincia a cambiare la composizione dell'atmosfera, grazie alla continua emissione di O_2 da parte dei microrganismi fotosintetizzanti. Il fenomeno è registrato nelle rocce dell'epoca: nell'Archeano e per tutta la prima parte del Proterozoico, in varie parti della superficie terrestre si sono andati formando giganteschi **giacimenti di «ferro a bande»** (BIF, *Banded Iron Formation*, Figura 22).

Oltre il 90% dei giacimenti di ferro che conosciamo si sono formati in questo periodo. La loro origine è sedimentaria, per precipitazione chimica in un mare poco profondo, dove il ferro giungeva

Figura 20
Una ricostruzione del supercontinente Rodìnia, formatosi circa 1 miliardo di anni fa. È il più antico supercontinente finora ricostruito in dettaglio, ma è stato preceduto almeno da altri tre supercontinenti, di volta in volta smembrati in frammenti alla deriva, verso una successiva riaggregazione in forme diverse.

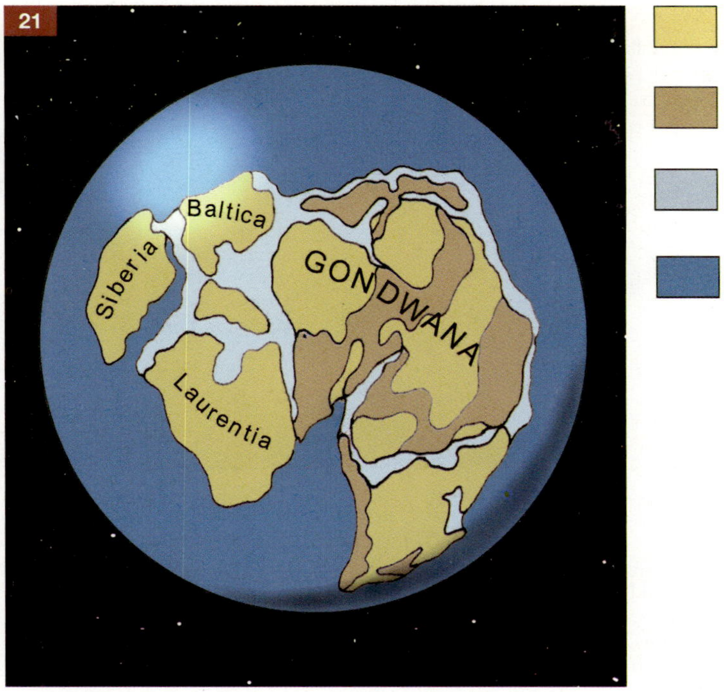

Figura 21
Ricostruzione del supercontinente Pannòtia. Le regioni Laurentia, Siberia e Baltica, separate da mari poco profondi, corrispondono agli attuali scudi canadese, siberiano e baltico. La vasta area indicata come Gondwana si frammenterà solo nell'Era mesozoica.

■ **Ruggine** (**Rust**) Insieme dei composti chimici (idrossidi e carbonati basici di ferro) che si formano sulla superficie di metalli o di minerali contenenti ferro e che si presentano come una sostanza bruno-rossiccia. Il fenomeno di formazione della ruggine in natura è una *alterazione chimica*, provocata dall'ossigeno dell'atmosfera che reagisce con i metalli.

in soluzione con le acque dei fiumi (che lo sottraevano dai minerali delle rocce affioranti sulle terre emerse). Ma il ferro è trasportabile in soluzione solo nella sua forma *ferrosa* (Fe^{2+}) e questo poteva avvenire solo in un'atmosfera *riducente*, cioè priva o molto povera di ossigeno. In caso di atmosfera ossidante, cioè ricca di ossigeno, il ferro si sarebbe trasformato nella forma *ferrica* (Fe^{3+}), insolubile.

Figura 22
Un tipico esempio di ferro a bande. Si riconosce l'alternanza di «bande» grigie di minerale ferrifero (in genere ossidi di ferro, come *ematite* o *magnetite*) alternate a livelli di selce rossastri. Il campione proviene da una miniera del Michigan (U.S.A.).

Una volta giunto nell'ambiente marino, il ferro ferroso poteva divenire insolubile e precipitare sul fondo a causa dell'ossidazione provocata dall'ossigeno liberato dai cianobatteri che costruivano stromatoliti. In autunno e inverno, invece, l'attività dei cianobatteri si affievoliva e sul fondo del mare si deponevano selce e carbonato di calcio, dando origine all'alternanza di «bande».

La formazione di depositi di ferro a bande è diminuita a partire da circa 2000 Ma fa: non ne esistono che siano più recenti di 1500 Ma. Nello stesso periodo compaiono e sono sempre più frequenti in tutto il mondo formazioni rocciose di ambiente continentale, note come **strati rossi**, che rappresentano depositi fluviali costituiti in gran parte da arenarie cementate da ossidi di ferro ferrico, che conferiscono loro il tipico color ruggine.

L'ossigeno libero, dopo aver via via «ripulito» i mari dal ferro ferroso, aveva cominciato a diffondersi nell'atmosfera, a partire da 2,4 miliardi di anni fa, fino a raggiungere un valore stabile. Era così iniziata, senza più interrompersi, l'ossidazione di tutto il ferro presente nelle rocce delle terre emerse.

Nella prima metà del Proterozoico la vita si diffonde con una grande varietà di forme e con l'affermazione di organismi *aerobi*, cioè che possono

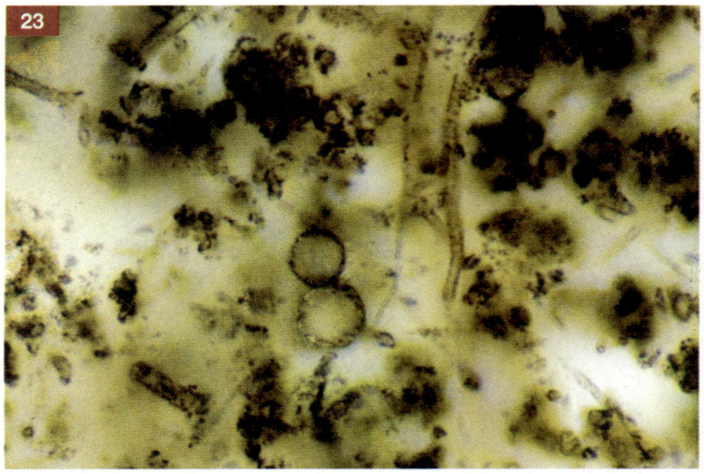

Figura 23
Tipiche forme di organismi viventi di circa 2000 Ma fa. Queste forme sono state trovate in rocce sedimentarie, ricche in selce, che si sono formate un miliardo e mezzo di anni dopo quelle in cui sono state trovate le più antiche forme di vita finora note (vedi figura 17). Nonostante il lunghissimo periodo di tempo trascorso, sono ancora organismi unicellulari e procarioti, ma sono molto diffusi, con oltre cento diversi generi, molti dei quali simili agli attuali cianobatteri (alghe azzurre). Gli esemplari qui raffigurati vengono dalla formazione di Gunflint, in Canada (ingrandimento: ×80).

vivere solo in presenza di ossigeno. Nelle selci della formazione di Gunflint (Ontario, Canada), che risalgono a circa 2000 Ma fa, si sono trovati resti di una trentina di generi di organismi procarioti, tra i quali molti cianobatteri fotosintetici simili a quelli già comparsi alla fine dell'Archeano [Figura 23]. L'ossigeno prodotto nella fotosintesi nei mari continuò a passare nell'atmosfera: verso la fine del Proterozoico la sua concentrazione nell'atmosfera era arrivata al 10% di quella attuale.

Nella seconda parte del Proterozoico l'evoluzione biologica porta a nuove forme di vita. A partire da almeno 1400 Ma fa (ma forse già da 1800 Ma fa), in rocce sedimentarie che affiorano in molte parti della Terra si trovano i primi organismi eucarioti, cioè con un nucleo ben sviluppato e, quindi, con possibilità di riproduzione sessuata (meiosi). L'aumento dell'ossigeno nell'atmosfera, prima ricordato, è stato uno degli eventi più importanti nella storia della Terra, in quanto avrebbe favorito, indirettamente, l'affermarsi delle alghe eucariote, facendo aumentare la presenza nelle acque marine di nitrati (per ossidazione di NH_3), un importante nutriente per quel tipo di alghe. Continuano a diffondersi i procarioti, soprattutto cianobatteri, tanto che le stromatoliti raggiungono il loro massimo sviluppo.

Infine, compaiono forme più complesse. Nelle rocce delle colline di Ediacara (presso Adelaide, in Australia), vecchie di 600 Ma, sono stati trovati resti fossili di varie specie di metazoi, cioè di *organismi pluricellulari* a corpo molle privi di parti resistenti [Figura 24]. Ma questi organismi, che alcuni considerano forme primitive di gruppi attuali, e che altri ritengono invece forme a sé stanti, scomparvero tutti poco prima dell'Eòne fanerozoico. È la prima testimonianza di un'«estinzione in massa» tra i metazoi, dovuta allo sviluppo di predatori o forse a difficoltà ambientali. Ma altri tipi di metazoi sopravvissero all'estinzione e l'evoluzione biologica proseguì.

Figura 24
Una ricostruzione della comunità biologica di *Ediacara*, nella quale compaiono i primi metazoi, le cui forme si sono diffuse tra 630 e 570 Ma fa. Gli animali, tutti a corpo molle, cioè privo di parti scheletriche dure, vivevano su fondali sabbiosi, in acque poco profonde. Alcuni organismi sono medusoidi, liberi di «nuotare» (1 e 2, meduse); altri, a forma di fronda, sono forse colonie ancorate al fondo (3) simili a pennatule attuali, colonie formate da polipi; altri ancora sono simili a echinodermi (4) e artropodi (5); altri infine sono ovali, piatti e con numerosi segmenti simili a vermi (6). Non presentano tracce di bocca né di sistemi circolatorio, respiratorio o digerente, per cui i processi metabolici dovevano avvenire attraverso il corpo (forse in simbiosi con alghe o batteri capaci di sintetizzare sostanze organiche, attraverso fotosintesi o chemiosintesi). La dimensione degli organismi varia da pochi mm a qualche decina di cm. (SPL / Grazia Neri)

Verso la fine del Proterozoico, con l'aumento dell'ossigeno nell'atmosfera, comincia a formarsi lo **strato dell'ozono** (ossigeno sotto forma di molecole triatomiche, O_3).

L'ozono si forma nella stratosfera (tra 15 e 60 km di quota) per azione delle radiazioni solari sull'ossigeno molecolare e agisce da schermo delle radiazioni ultraviolette che, se raggiungessero la superficie terrestre, potrebbero provocare seri danni biologici. Con la formazione dello strato di ozono si preparano le condizioni che permetteranno il passaggio della vita dai mari alle acque superficiali e alle terre emerse. È il preludio alla *fase fanerozoica*, cioè «della vita manifesta», che si avvia a conquistare l'intera superficie terrestre.

ampliamento delle conoscenze

La Terra può diventare *una palla di neve*?

Sono note da tempo tracce di eventi glaciali a scala globale avvenute nel Protozoico, sotto forma di ampie superfici rocciose levigate e coperte di strie e solchi scavati dal movimento di ghiacciai a tavolato di dimensioni continentali e da estesi depositi glaciali (simili alle morene) tenacemente cementati, denominati tilliti (vedi più avanti, figura 46).

L'epoca glaciale proterozoica più recente si è estesa tra 750 e 600 Ma fa, con ripetute alternanze di intervalli glaciali e intervalli interglaciali, più caldi. Le testimonianze di quelle glaciazioni sono diffuse in tutti i continenti attuali (derivati, come vedremo, dalle ripetute frammentazioni di vari supercontinenti succedutisi nel tempo), ma l'aspetto più interessante – in tempi di particolare attenzione per i grandi mutamenti climatici – è che la ricostruzione di quegli antichissimi continenti (effettuata con l'aiuto di dati paleomagnetici; si riveda il capitolo 5, paragrafi 4.2 e 7) ha portato a concludere che il ghiaccio possa essersi esteso nell'emisfero boreale molto a Sud, fin quasi all'equatore! È nata così, alcuni anni fa, l'ipotesi che la Terra possa essere stata completamente ricoperta di ghiaccio, da un polo all'altro. Sulla *Snowball Earth*, cioè **Terra a palla di neve**, il ghiaccio era ovunque sulle terre emerse, ma anche gli oceani erano ghiacciati: la temperatura media doveva essere come nell'attuale Antartide, circa –40 °C, e la vita era impossibile ovunque, tranne che in pochi luoghi prossimi ai vulcani in attività. Da qualche parte, tuttavia, la superficie del mare doveva affiorare libera dai ghiacci, visto che alla glaciazione – durata alcuni milioni di anni – sono sopravvissuti molti gruppi di organismi eucarioti, la cui presenza è documentata in rocce molto più antiche del grande evento glaciale.

Come può essersi innescato il processo che avrebbe prodotto la glaciazione totale? Un possibile scenario proposto dai sostenitori dell'ipotesi prevede che, in una fase iniziale, quando la Terra stava ormai da tempo raffreddandosi, le calotte glaciali polari si espansero e, come conseguenza, le loro superfici bianche rifletterono una quantità crescente della radiazione solare in arrivo (effetto ben noto come albedo). Con una tipica *retroazione positiva*, l'aumento dell'albedo terrestre provocò un ulteriore raffreddamento globale che, a sua volta, favorì una maggiore espansione delle calotte glaciali. Il processo sarebbe proseguito fino a raggiungere le latitudini tropicali, ricoprendo il pianeta di uno spesso strato di ghiaccio. Per alcuni milioni di anni la Terra rimase sepolta da una coltre di ghiacci, mentre i vulcani attivi che emergevano da essa continuavano a liberare lentamente anidride carbonica nell'atmosfera. Quando la concentrazione di anidride carbonica raggiunse un livello critico, si innescò un effetto serra che fece innalzare rapidamente la temperatura e fondere i ghiacci, fino a tornare all'equilibrio iniziale, con due calotte polari glaciali.

L'ipotesi ha sollevato perplessità da parte di alcuni studiosi che non concordano sul fatto che gli oceani fossero totalmente ghiacciati, ma le testimonianze di antiche glaciazioni a latitudini molto basse sono evidenti, come è evidente la riduzione attuale delle superfici ghiacciate, che comporta una diminuzione dell'albedo, con un conseguente aumento della radiazione solare che raggiunge la superficie terrestre. Il riscaldamento dell'atmosfera è ben più complesso e coinvolge altri processi, in un delicato equilibrio di retroazioni positive e negative, ma il concetto ricordato all'inizio di questo capitolo, «il passato è la chiave del presente», deve guidarci a non sottovalutare questi «segnali» che emergono dalla storia dell'evoluzione della Terra: dobbiamo cercarne una spiegazione, che potrebbe fornire qualche preziosa indicazione per guidare i nostri rapporti attuali con il pianeta.

■ **Tillite** (Tillite) Depositi di origine glaciale litificati, cioè trasformati in rocce compatte. Sono costituiti da ciottoli spigolosi, a volte mescolati con grossi frammenti di rocce di tipi diversi, sparsi in una matrice limoso-argillosa. Corrispondono ai depositi fluvio-glaciali abbandonati durante il ritiro di un ghiacciaio o di una coltre glaciale (chiamati, in inglese, *till*). Il termine si riferisce a rigore ai depositi molto antichi (si conoscono tracce di ghiacciai continentali anche nel Proterozoico).

■ **Albedo** (Albedo) L'*albedo* o *potere riflettente* esprime il rapporto tra la quantità di energia riflessa o diffusa da una superficie e la quantità totale di energia che l'ha investita. Nel caso della Terra, la quantità di radiazione solare riflessa dalla superficie coperta di ghiacci o di neve oscilla tra il 45 e il 95 % di quella che riceve.

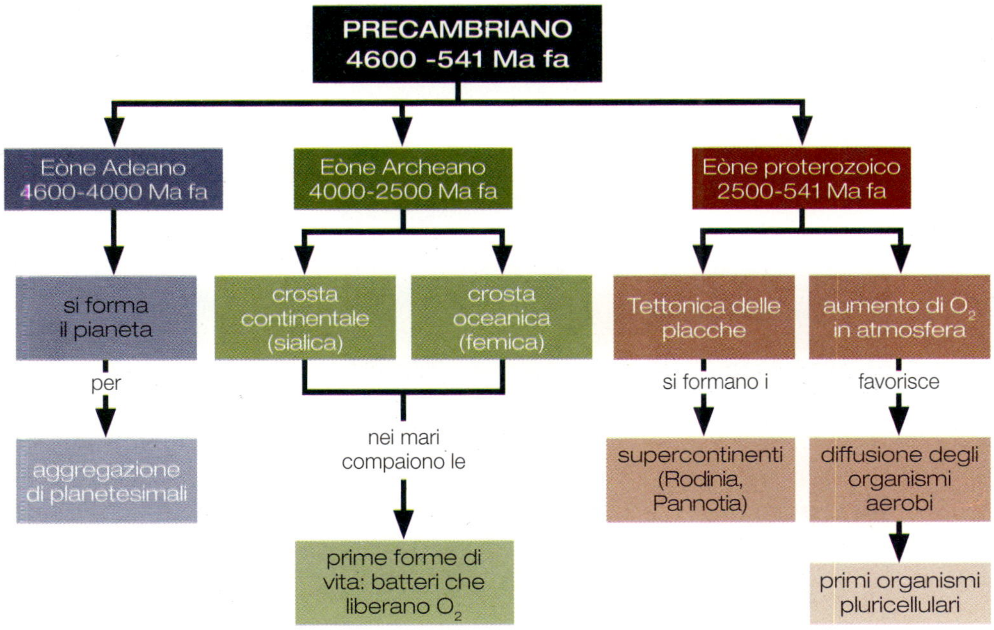

QUESITI

1. Metti in ordine i viventi a partire dal tipo comparso in epoca più antica.
   - ☐ Organismi autotrofi.
   - ☐ Organismi pluricellulari.
   - ☐ Organismi eucarioti.
   - ☐ Cellule procariote.
2. Quando è comparsa la crosta differenziata?
3. Come si è formata l'atmosfera terrestre?
4. Da dove proveniva l'acqua che forma l'idrosfera?
5. Quali sono i principali eventi geologici avvenuti nell'Archeano?
6. Come è comparsa la vita sulla Terra?
7. Quali eventi caratterizzarono la litosfera nel Proterozoico?

4 Eòne fanerozoico: il «tempo della vita manifesta» (da 541 Ma fa a oggi)

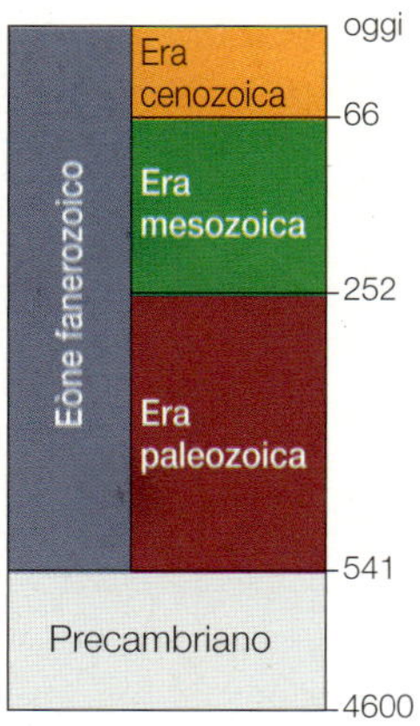

Il Fanerozoico è il periodo di tempo in cui si assiste a un aumento enorme del numero di forme di vita. Dopo tre miliardi di anni di lenta evoluzione biologica degli organismi precursori monocellulari, la vita sembra accelerare improvvisamente le sue trasformazioni. Si moltiplicano gli organismi pluricellulari, che presto si arricchiscono di parti resistenti come gusci e scheletri, compaiono altri tipi di comunità interdipendenti, legate da una complessa catena alimentare. Le forme viventi si insediano ovunque, occupando via via tutti gli ambienti e passando dalle acque degli oceani alle terre emerse. L'ossigeno atmosferico, che molti organismi già da tempo producono, raggiunge i livelli attuali.

All'inizio del Fanerozoico anche il supercontinente Pannòtia inizia a frammentarsi e i singoli continenti – ben diversi da quelli attuali – si disperdono alla deriva. Nel giro di 300 milioni di anni altre collisioni formeranno un nuovo supercontinente, quello individuato da Wegener e da lui chiamato **Pangèa**. Anche questo ben presto si frammenterà in lembi che, ruotando e allontanandosi tra loro, si avvieranno ad assumere le forme e le posizioni dei continenti attuali. Il meccanismo della Tettonica delle placche appare perfettamente funzionante.

L'ambiente chimico-fisico (la terra solida, l'idrosfera e l'atmosfera) e l'ambiente degli esseri viventi (la biosfera) formano un sistema integrato di grande complessità, per cui ogni modifica al suo interno si ripercuote sull'intero sistema, con effetti anche devastanti. Ne sono testimonianza le **estinzioni in massa** che a più riprese portano alla scomparsa di numerosi gruppi di organismi viventi [Figura 25]. Il più grande evento di estinzione in massa, che portò alla scomparsa di più del 50% dei generi esistenti, avvenne verso la fine dell'Era paleozoica e si concluse circa 250 Ma fa. Un'altra, forse più nota perché portò alla scomparsa dei dinosauri, risale alla fine dell'Era mesozoica, 66 Ma fa. Dopo ogni estinzione il sistema ha reagito e la vita è ripresa.

Sembra quasi che questi eventi, apparentemente improvvisi, rientrino in un ciclo evolutivo globale del nostro pianeta, scandito dal continuo formarsi di supercontinenti, che si disperdono in frammenti per tornare di nuovo a ricostituirsi, con forme diverse ma uguale significato. Ma, forse, il vero ciclo, se esiste, ha un ritmo che ancora ci sfugge, magari legato in qualche modo all'evoluzione dell'intero Sistema solare, di cui siamo parte integrante. O il ciclo del tempo è solo un'apparenza e ci stiamo muovendo nel tempo, come lungo la traiettoria di una freccia?

L'intervallo di tempo coperto dal Fanerozoico è molto più breve degli altri eòni: appena 541 Ma; ma le testimonianze sono così abbondanti che è difficile scegliere tra i numerosi eventi ricostruiti. Ci aiuterà in questo la suddivisione in ère e periodi che i geologi hanno da tempo riconosciuto come «scansioni» naturali nella storia più recente della Terra. Dalla più antica alla più recente, le ère sono:
- *Era paleozoica*: tra 541 e 252 Ma fa;
- *Era mesozoica*: tra 252 e 66 Ma fa;
- *Era cenozoica*: tra 66 Ma fa e oggi.

Figura 25
Estinzioni in massa. Il grafico mostra il numero di generi di animali marini con gusci o scheletri presenti via via nel corso dell'Eone fanerozoico. Si riconoscono tre grandi estinzioni in massa, alla fine del Paleozoico (la maggiore), del Triassico e del Mesozoico, indicate nel grafico dalle frecce. (Pa = Paleocène-Oligocène; Ne = Miocène-Pliocène)

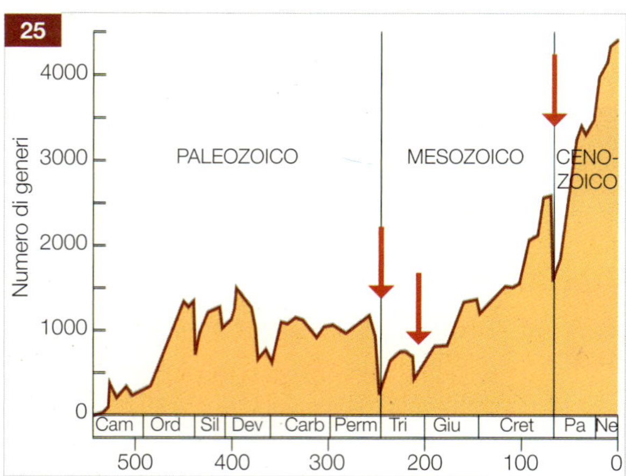

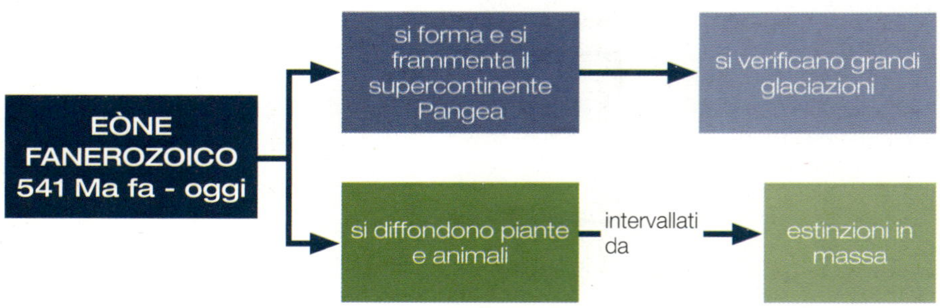

QUESITI

1. Che cosa sono le estinzioni in massa? Quando si sono verificate?
2. In quali ere si divide l'Eòne fanerozoico?

5 Era paleozoica

Video
Evoluzione e diffusione delle piante

Video
Evoluzione e diffusione degli animali

L'Era paleozoica (o **Paleozoico**, «della vita antica») inizia 541 milioni di anni fa e si conclude 252 Ma fa. Venne chiamata anche *primaria*, prima che si scoprisse l'esistenza di terreni ancora più antichi.

L'era è stata suddivisa in vari *periodi*, che possiamo raccogliere in due «gruppi»:

– il Paleozoico inferiore, che va da 541 a 419 Ma fa (diviso nei periodi *Cambriano*, *Ordoviciano* e *Siluriano*);
– il Paleozoico superiore, che va da 419 a 252 Ma fa (diviso in *Devoniano*, *Carbonifero* e *Permiano*).

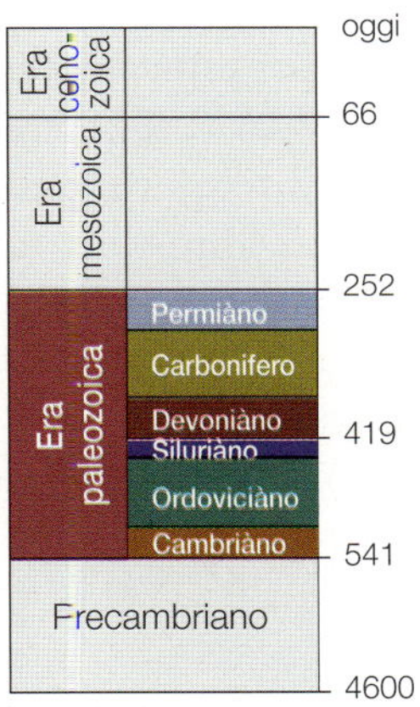

5.1 Il Paleozoico inferiore: antichi continenti alla deriva mentre la vita conquista le terre emerse

Poco dopo l'inizio del Paleozoico, il supercontinente Pannòtia aveva iniziato a frammentarsi ed era stato sostituito da alcuni continenti che andavano alla deriva [Figura 26]. L'emisfero meridionale era dominato da un grande continente, **Gondwana**, i cui frammenti formano oggi gli scudi di vari continenti e subcontinenti: Sudamerica, Africa, Australia, Antartide e India. Tracce di una vasta glaciazione, trovate in Africa occidentale, permettono di situare gli antichi terreni in prossimità del Polo Sud. Altri continenti (*Laurentia*, *Baltica*, *Siberia* e *Cina*) e vari frammenti minori erano distribuiti più a Nord, almeno all'altezza dell'Equatore.

Con il passare del tempo il meccanismo della Tettonica delle placche portò a collisione, a più riprese, i vari blocchi continentali. Il blocco continentale nordamericano (Laurentia) si avvicinò al blocco europeo (Baltica); l'oceano interposto (*Protoatlantico* o *Giapeto*) si andava chiudendo e nel suo interno doveva essere attiva una fossa di subduzione. Verso la fine del Paleozoico inferiore (nel Siluriano) si arrivò alla collisione tra i due continenti europeo e nordamericano. Questo processo determinò l'**orogenesi caledonica** (dal latino *Caledònia*, antico nome della Scozia). Futura Europa e futura America del Nord si saldarono in un unico continente (**Laurussia**), mentre il continente asiatico rimase isolato; il continente Gondwana continuò la sua lenta deriva verso Nord. Inutile cercare, in un periodo così antico, i lineamenti dei continenti attuali.

I resti dell'orogenesi caledonica, ridotti ormai a modesti rilievi dalla successiva erosione, sono oggi riconoscibili nei Monti Appalachi settentrionali (Stati Uniti nordorientali), in Groenlandia, Irlanda, Scozia e Norvegia. In Italia, lembi di rocce del Paleozoico inferiore si trovano in Sardegna e in Carnia, che allora facevano parte del Gondwana.

26

Terre emerse
Calotta glaciale
Mare poco profondo
Oceano

Figura 26
L'aspetto della superficie terrestre all'inizio dell'Era paleozoica, tra 400 e 500 milioni di anni fa. Il grande continente *Gondwana* dominava l'emisfero meridionale, mentre gli altri continenti minori si trovano più a Nord. Non sono state rappresentate le dorsali e le fosse, che pure erano attive, per l'incertezza sulle loro posizioni.

Le rocce del periodo iniziale del Paleozoico (*Cambriano*, dal latino *Càmbria*, antico nome del Galles, la regione inglese da cui iniziò lo studio del Paleozoico inferiore) sono così ricche di fossili che si parla di «esplosione cambriana». Il termine sottolinea che la comparsa di un gran numero di forme di vita, anche molto diverse tra loro, fu un evento geologicamente rapido, che si manifestò nel giro di pochi milioni di anni. Sulle colline di Burgess, nel Canada occidentale, un affioramento di *argilliti* successive a terreni del Proterozoico contiene una ricca fauna di invertebrati marini eccezionalmente ben conservati, soprattutto se si pensa che in gran parte erano animali a corpo molle, cioè totalmente privi di scheletri o gusci. Nella fauna di Burgess sono rappresentati, sia pure con forme molto primitive, quasi tutti i gruppi moderni (spugne, mollu-

Figura 27
Un fossile proveniente dalla comunità biologica trovata nelle *argilliti di Burgess*, in Canada, che risalgono a 530 Ma fa. Questo invertebrato è stato chiamato *Hallucigenia*: lungo soltanto qualche centimetro, era provvisto di due serie di appendici: quelle superiori erano simili a spine, quelle inferiori erano una specie di trampoli, per la deambulazione sul fondo argilloso.

schi, vermi, artropodi), anche se prevalgono gruppi *di incerta posizione sistematica*, cioè con anatomie tali da non poterli attribuire a nessun gruppo animale noto [Figura 27].

Resti di organismi simili a quelli della fauna di Burgess sono stati trovati in tutto il mondo: essi si diffusero perciò ampiamente, forse come una risposta dei primi metazoi alla grande varietà di ambienti marini disponibili.

Sembra proprio che immediatamente dopo la comparsa di organismi pluricellulari l'evoluzione biologica abbia portato alla nascita di specie con piani corporei molto diversi tra loro. Questa sorta di «sperimentazione» naturale, avvenuta tra la fine del Proterozoico e l'inizio del Paleozoico, ha originato due faune così diverse come quella di Ediacara (tutti organismi a corpo molle, già abbastanza diversificati, ma con pochi tipi fondamentali; rivedi figura 24) e quella di Burgess (numerosi tipi di organizzazioni biologiche e comparsa di parti dure, come quelli di figura 27).

Dopo l'episodio di Burgess, l'evoluzione segue numerose altre vie. Tra gli invertebrati marini dominano, inizialmente, i **trilobiti** [Figura 28], forme intermedie tra gli insetti e i crostacei, munite di numerose zampe per muoversi sui fondali sabbiosi dei mari di allora. Essi si diffondono ovunque e spariranno solo dopo oltre 200 Ma.

A queste forme si associano via via numerosi altri invertebrati: spugne, coralli, brachiopodi, molluschi, echinodermi. Le rocce del periodo successivo, l'*Ordoviciano* (da *Ordovici*, nome di un antico popolo che abitava nel Galles), contengono resti fossili dei primi vertebrati: sono gli **ostracodermi** [Figura 29], antenati dei pesci, così chiamati per avere la pelle rivestita da una corazza ossea. Nel *Siluriano* (da *Sìluri*, nome di un antico popolo del Galles) alcune fasce di terre emerse, paludose e costiere, vengono conquistate dalle prime piccole piante, alte poche decine di centimetri, con un fusticino e un semplicissimo apparato fogliare [Figura 30]. Compaiono anche i primi invertebrati che si avvicinano alle terre emerse, prima in ambienti marino-salmastri, poi lagunari: sono gli eurypteridi, un gruppo di artropodi simili agli attuali xifosuri, come il limulo. Nello stesso periodo compare sulla terraferma il primo invertebrato che sia riuscito a lasciare l'acqua, un aracnide, simile a una specie di scorpione come quelli attuali.

Figura 28
Un esemplare di *trilobite*, con il corpo tipicamente segmentato. L'esemplare qui raffigurato, che è lungo 10 cm, è stato trovato in rocce del Siluriano-Devoniano del Nordamerica. (G. Pinna, Milano)

Figura 29
Resti fossili di *ostracodermi*. A Dura Den, in Scozia, sono state scoperte le tracce di un antico stagno (dell'Ordoviciano) che, prosciugandosi rapidamente, ha permesso la conservazione di numerosi esemplari di pesci, in gran parte ostracodermi. Si riconoscono in molti esemplari le placche che ne corazzavano l'intero corpo. La testimonianza è eccezionale perché permette di avere un'idea di una comunità vivente e non solo di un accumulo casuale di organismi.

30

Figura 30
Le piante conquistano la terraferma, ancora totalmente deserta, verso la fine del Siluriano. Ricostruzione del tipico ambiente paludoso costiero in cui si sviluppano le prime *crittogame vascolari*, piante senza fiori, con tessuti conduttori ben sviluppati e riproduzione attraverso sporangi, oggi rappresentate, per esempio, da muschi e felci. (J. Augusta, Z. Burian)

Una delle «innovazioni biologiche» più importanti dell'esplosione cambriana fu la comparsa, negli organismi, di parti scheletriche mineralizzate. Ne apparvero di varia natura (carbonato di calcio, fosfato di calcio, silice): da allora l'accumulo di tali parti nei grandi depositi di sedimenti di origine biogena continua a operare un efficace trasferimento di materia dalla biosfera alla litosfera, all'interno del ciclo di trasformazione delle rocce.

■ **Pangèa** (Pangea) Dal greco *pan*, tutto, con il significato di totalità, e *gê*, terra: la totalità delle terre (emerse).

■ **Pantàlassa** (Panthalassa) Dal greco *pan*, tutto, con il significato di totalità, e *thálassa*, mare.

■ **Tetide** (Tethys Sea) Nome originale di quell'antico oceano, proposto dal geologo austriaco E. Suess verso la fine dell'800. Deriva da quello della dea greca figlia di Urano e Gea, sposa di Oceano e madre dei fiumi.

5.2 Paleozoico superiore: nasce il supercontinente Pangèa e scoppia la grande crisi biologica

La seconda parte del Paleozoico è dominata dal progressivo riunirsi dei vari continenti, fino alla formazione di una nuova unica massa di crosta continentale: un altro «supercontinente».

All'inizio del Paleozoico superiore, il lungo oceano che separava il continente meridionale (Gondwana) dai due continenti settentrionali (Laurussia e continente asiatico o siberiano, a loro volta divisi da un ampio mare) comincia a chiudersi: il Gondwana entra infatti in collisione con il bordo meridionale del Laurussia e i due continenti si saldano.

L'attuale Europa centrale si trovava sull'Equatore, come dimostrano i suoi cospicui giacimenti di carbon fossile, che derivano da antiche foreste di tipo equatoriale. Il Sudafrica era invece coperto da una calotta di ghiaccio.

Verso la fine del Paleozoico, anche il continente asiatico (o siberiano) si salda al Laurussia: si innalzano i Monti Urali e si forma il **Laurasia** [Figura 31]. Insieme al Gondwana, le terre emerse formano ora un gigantesco unico continente (**Pangèa**), circondato da un vasto oceano (**Pantàlassa**); all'interno del supercontinente penetra profondamente un ampio mare, che si apre verso Est (chiamato **Tètide**).

La collisione tra le masse continentali determina l'**orogenesi ercinica**, con il sollevamento di alcune catene montuose. Le tracce dell'orogenesi ercinica si seguono nell'Inghilterra meridionale, nell'Europa centrale, negli Urali, in parte dell'Atlante (Nordafrica), nell'Africa meridionale e negli Appalachi

31

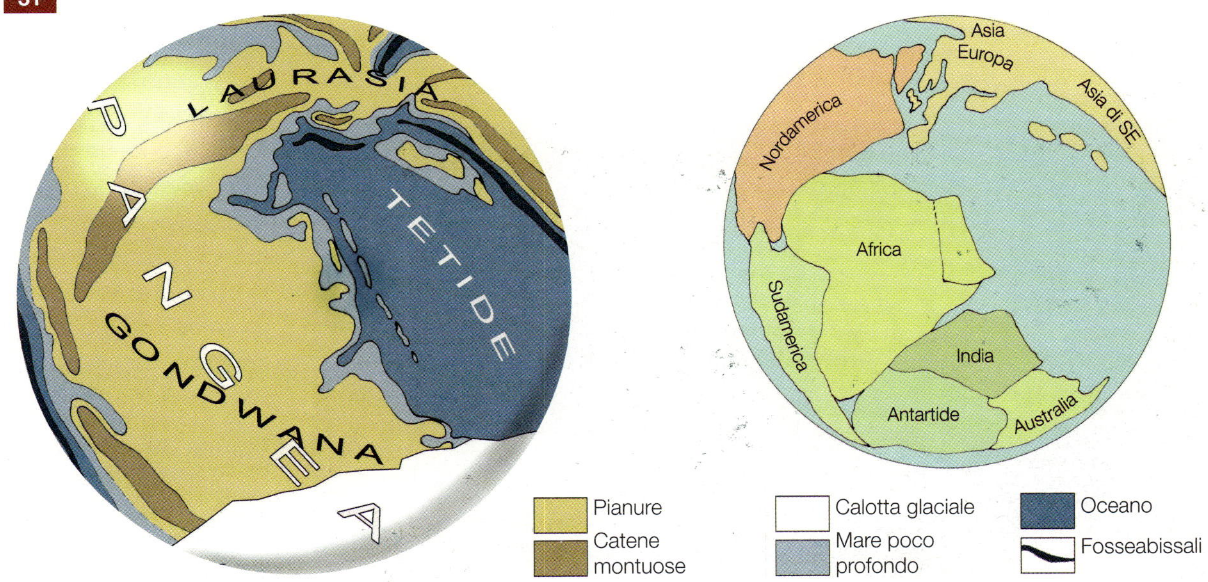

Figura 31
Aspetto della superficie terrestre alla fine dell'Era paleozoica, circa 250 milioni di anni fa, con il supercontinente Pangèa. Nello schema piccolo sono indicati i continenti attuali formatisi con la frammentazione di Pangèa.

32

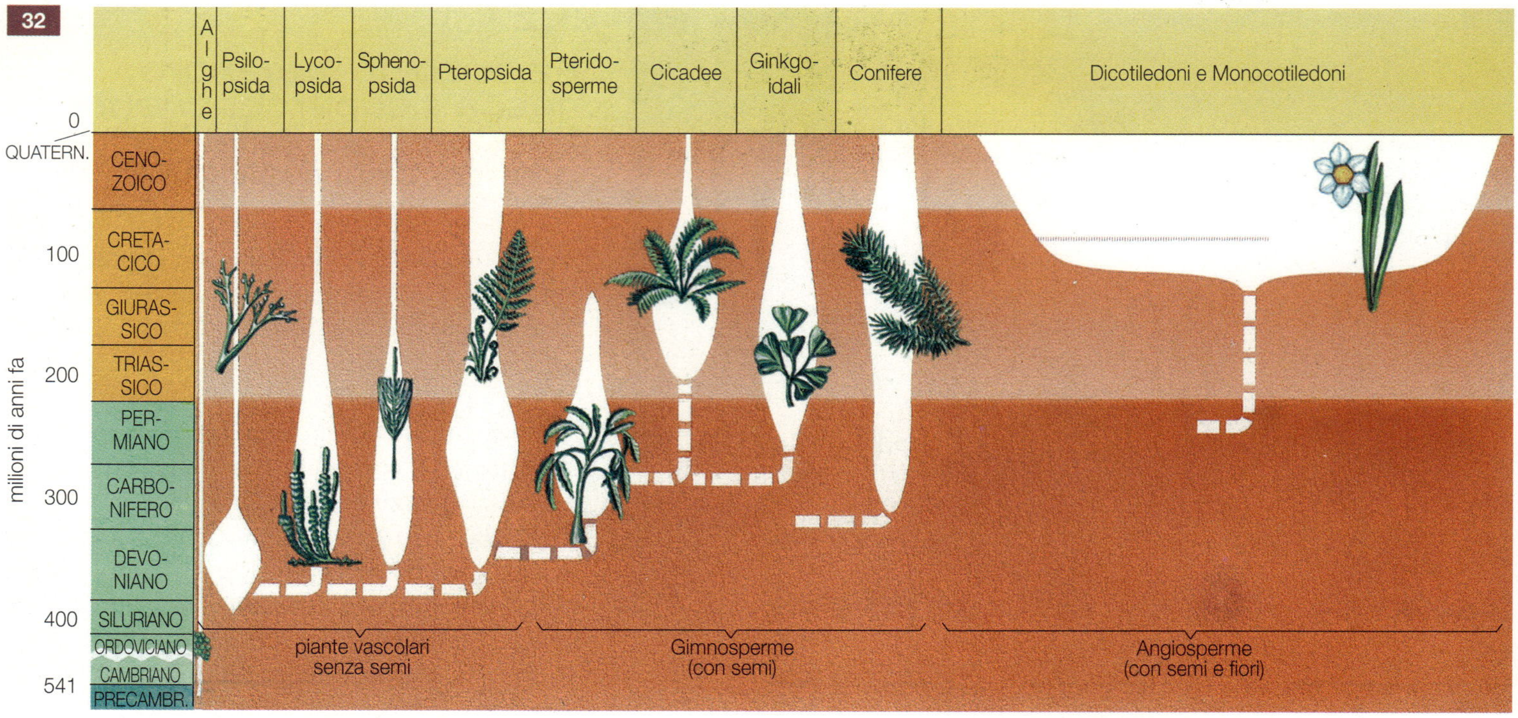

Figura 32
Quadro schematico dell'evoluzione e dello sviluppo dei principali gruppi vegetali dal Paleozoico a oggi. In ordinata è rappresentata la scala dei tempi (in pratica, l'Eone fanerozoico), mentre la successione orizzontale di fasce verticali rappresenta la distribuzione dei diversi gruppi di vegetali, disposti, da sinistra a destra, secondo l'ordine di comparsa nel tempo. I tratteggi indicano possibili rapporti di «parentela». Le parti larghe delle fasce indicano abbondanza di forme: tra il Carbonifero e il Permiano, per esempio, quasi tutti i gruppi già comparsi sono presenti con numerose forme. Dove le fasce si assottigliano, indicano la riduzione più o meno forte del numero di forme rappresentative del gruppo (come le *Pteridosperme*, estinte nel Giurassico). Si noti che le alghe hanno la loro origine indietro nel tempo, nel Precambriano, e sono rimaste sempre presenti attraverso una successione di numerosissime forme, mentre le piante «moderne», con fiori, hanno iniziato la loro grande diffusione solo a partire da 100 Ma fa e la loro continua crescita sembra indicare una minore sensibilità a eventuali condizioni ambientali avverse.

■ **Gimnosperme** (**Gymnosperms**) Dal greco *gymnós*, nudo, e *spérma*, seme: «dal seme nudo (non protetto)». Piante con *ovuli* (e successivamente *semi*), non racchiusi da un ovario.

■ **Pesci cartilaginei** (**Cartilaginous fishes**) Pesci il cui scheletro è completamente costituito di cartilagine, un tessuto connettivo resistente ed elastico (come è tipicamente negli squali).

■ **Pesci ossei** (**Bony fishes**) Pesci provvisti di scheletro osseo, articolato in genere in cranio, colonna vertebrale e cinture ossee: scapolare (pinne pettorali) e pelvica (pinne addominali).

meridionali (Stati Uniti); dopo circa 300 milioni di anni quelle catene montuose sono ridotte, in molti casi, a modesti rilievi, come sono, in Europa centrale, i Vosgi, la Foresta Nera e la Selva Boema.

Mentre i continenti si andavano aggregando, i numerosi gruppi di organismi già comparsi conoscono un periodo di grande diversificazione.

Le piante [Figura 32] si diffondono ampiamente verso l'interno dei continenti, formando foreste di alberi alti decine di metri. Nel periodo Carbonifero vi erano ormai grandi foreste, simili a quelle attuali dell'Amazzonia e del Congo; esse erano formate in particolare da *gimnosperme*, tra cui le *conifere* e le *felci* [Figura 33]. Dall'accumulo e dal seppellimento di tanta sostanza vegetale è derivata gran parte dei giacimenti di carbon fossile che danno il nome a questo periodo.

Tra gli animali, gli invertebrati continuano a diffondersi nei più diversi ambienti. Nelle grandi foreste si moltiplicano gli *artropodi*, soprattutto gli *insetti*, tra cui libellule giganti, con apertura d'ali di 70 cm (si riveda la figura 3). Gli insetti diventeranno uno dei gruppi zoologici di maggior successo, con le oltre 750 000 specie finora descritte. Essi rappresenteranno, dal punto di vista delle interazioni sociali, uno dei gruppi più avanzati nell'evoluzione degli animali, come dimostra lo sviluppo della complessità di alcune loro comunità (api, formiche, termiti).

Sono però i *pesci* a diventare protagonisti di una nuova fase dell'evoluzione biologica. Già comparsi in precedenza con forme corazzate, i pesci si diffondono ben presto con nuove forme: i *pesci cartilaginei* e i *pesci ossei* (oggi i vertebrati più numerosi per specie). A loro volta, alcuni pesci ossei, con forme

33

Figura 33
Un campione di felci dai terreni del Carbonifero. Sulla roccia argillosa nera che li contiene, i resti vegetali risaltano per il loro colore chiaro, acquisito nel processo di fossilizzazione (dimensioni: 1/2). Fossili simili si trovano anche in Sardegna (Sulcis) e in Toscana (Livornese).

34

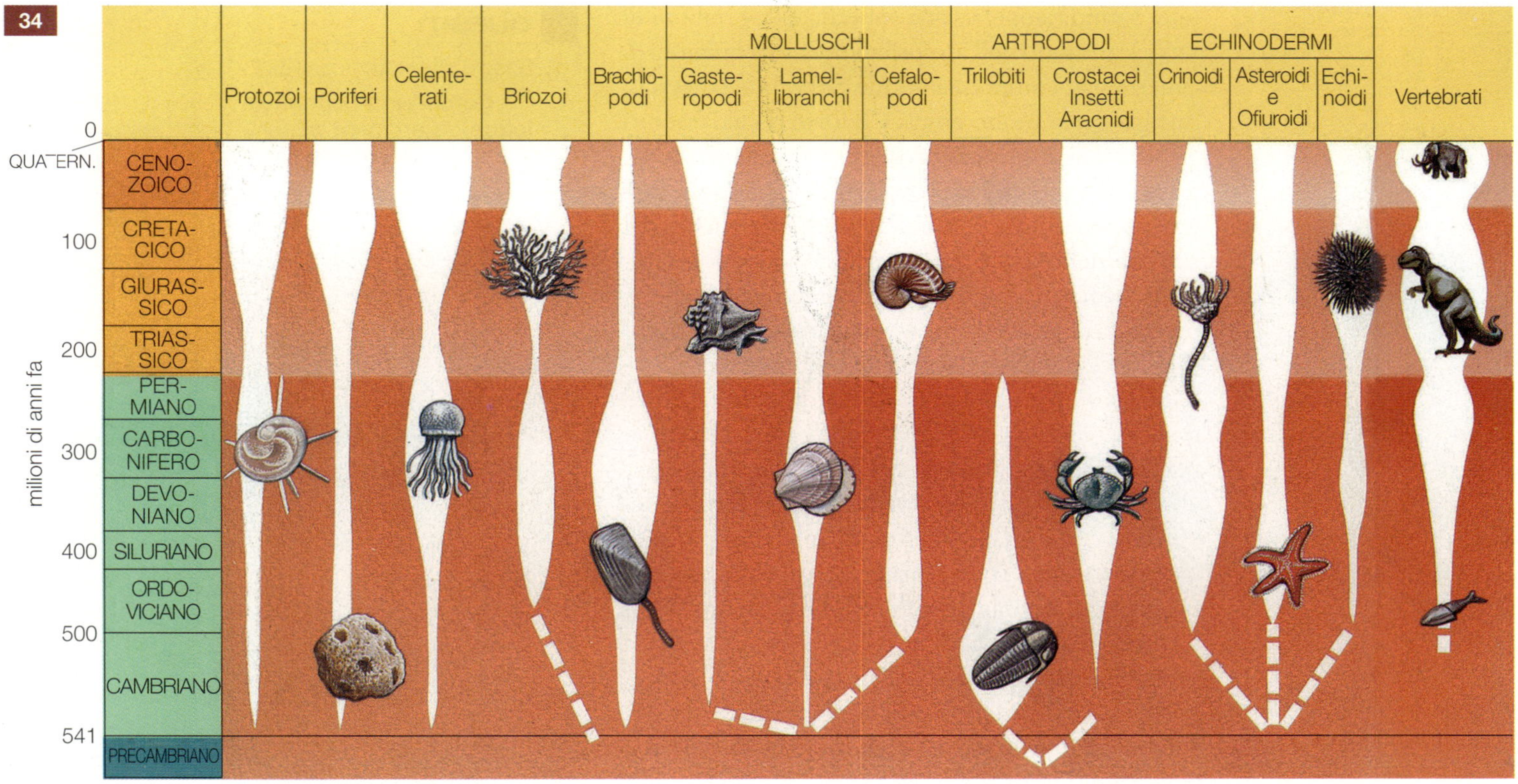

Figura 34
Quadro schematico dell'evoluzione e dello sviluppo dei principali gruppi animali dal Paleozoico a oggi. Lo schema è costruito come quello della figura 32: le fasce bianche verticali rappresentano la distribuzione nel tempo dei diversi gruppi animali, e la loro diversa larghezza indica la variazione nel tempo del numero di forme sviluppatesi in ogni gruppo. Il restringimento delle fasce indica grandi estinzioni (come alla fine del Permiano e del Cretacico), con diminuzione di molti generi e la scomparsa totale di alcuni. Si noti come i metazoi (gli organismi pluricellulari), comparsi solo alla fine del Precambriano, si diffondano all'inizio del Paleozoico con tutti i gruppi principali. Scorrendo il diagramma lungo linee orizzontali si può avere un'idea delle associazioni faunistiche che hanno caratterizzato i singoli periodi della storia della Terra.

■ **Trap** (**Trap**). Voce (inv.) che indica una successione verticale di grandi *espandimenti basaltici*: il termine ha origine dalla parola svedese "trappa", che significa *gradino*, e si riferisce alla morfologia di zone in cui le piste che le percorrevano superavano con una serie di salti una successione di colate di lave basaltiche.

dalle pinne lobate, simili a zampe, e con polmoni primitivi che affiancano le branchie nell'assorbire l'ossigeno, iniziano ad adattarsi alla vita sulle terre emerse. Col tempo compaiono le prime specie del gruppo degli *anfibi*, i primi animali terrestri provvisti di quattro arti (tetrapodi). Gli anfibi abitano le immense foreste paludose e sono adattati a vivere in terraferma, anche se ancora legati all'acqua per una parte del loro ciclo biologico: la riproduzione.

Ma nuove forme, ancora più adatte alla vita fuori dal mare, fanno la loro comparsa verso la fine dell'Era paleozoica: sono i primi *rettili* che, dopo un rapido sviluppo in competizione con gli anfibi, avranno un'ampia diffusione nell'era successiva.

Con il Paleozoico superiore i gruppi fondamentali di organismi animali sono ormai quasi tutti comparsi [Figura 34].

I geologi hanno posto la fine dell'Era paleozoica in corrispondenza di una *crisi biologica* di vaste proporzioni, che portò una grande **estinzione in massa**. Nel giro di qualche milione di anni l'85% delle forme viventi scomparve (si riveda la figura 25).

La formazione del supercontinente Pangèa, facendo modificare drasticamente il regime delle correnti marine e quello delle masse d'aria dell'atmosfera, determinò notevoli cambiamenti climatici. Inoltre, per la saldatura di più continenti in uno solo si ridusse la superficie della piattaforma continentale (la zona dove, come è noto, è più diffusa la vita).

Ma questi cambiamenti generali sono avvenuti lentamente. Che cosa può aver provocato la più grande strage di specie viventi nella storia della Terra?

Tutte le possibili spiegazioni della crisi biologica permiana si rifanno alle gigantesche eruzioni vulcaniche che produssero in Asia il grande spessore di espandimenti basaltici noti come *Trap siberiani*, messi in posto circa 252 Ma fa dall'attività di qualche punto caldo (vedi capitolo 5). Il volume di basalti emesso superò i 2 milioni di kilometri cubi e l'eruzione durò circa un milione di anni, con un ritmo medio di emissione da 2 a 4 km^3/anno. (Per avere un'idea dell'imponenza di tale attività, si tenga presente che è simile al ritmo di produzione di basalto della dorsale oceanica tra le placche del Pacifico e di Nazca, la più grande «fabbrica» di magma della Terra attuale, capace di formare una crosta basaltica lunga 5600 km, con uno spessore medio di 7 km.)

I basalti della Siberia, eruttati direttamente in superficie da profonde fessure nella crosta continentale, hanno ricoperto una superficie di 4 milioni di km^2, scaricando nell'atmosfera massicce quantità di ceneri e gas, compresi anidride carbonica e metano, due gas-serra molto efficaci. Il forte riscaldamento globale dell'atmosfera prodotto indirettamente attraverso l'effetto serra provocò una stagnazione delle acque oceaniche profonde, come conseguenza del riscaldamento delle regioni polari, nelle quali si arrestò la formazione di masse di acque fredde che in precedenza scendevano in profondità alle alte latitudini distribuendo ossigeno sui fondi oceanici.

Sono stati individuati diversi processi chimico-biologici che potrebbero essere stati attivati da quella diffusa stagnazione delle acque del mare, con effetti letali per gli esseri viventi. In ogni caso, numerosi dati confermano che la crisi biologica permiana fu associata a un riscaldamento globale, con una progressiva stagnazione dei fondi marini, privati in tal modo di ossigeno, e che tali condizioni furono la probabile conseguenza delle grandi eruzioni vulcaniche in Asia. Vedremo più avanti come il vulcanismo sia un'ipotesi sostenuta da molti studiosi anche per la grande estinzione alla fine dell'Era mesozoica, in contrapposizione a quella che individua la causa nella caduta di un grande meteorite.

QUESITI

1. Scegli l'alternativa corretta.
Nel **Cambriano/Siluriano** avviene l'orogenesi **caledonica/ercinica**, di cui vediamo le tracce nelle colline della **Norvegia/Sicilia**.

2. Al termine dell'Era paleozòica le terre emerse sono aggregate nel supercontinente
- A Rodinia.
- B Gondwana.
- C Pangèa.
- D Laurasia.

3. Vero o falso?
Tra i fossili guida del Paleozòico ci sono i mammiferi.
Motiva la risposta.

4. Nel Carbonifero si sono sviluppate la maggior parte
- A delle foreste.
- B degli anfibi.
- C dei rettili.
- D delle trilobiti.

5. Quando e per quali ragioni si verifica l'orogenesi caledonica?

6. Che cosa si intende con il termine «esplosione cambriana»?

7. Quando e per quali ragioni si verifica l'orogenesi ercinica?

8. Che cosa sono Pangea, Pantalassa e Tetide?

9. Quando si manifestò e che cosa produsse la maggior estinzione in massa del Paleozoico?

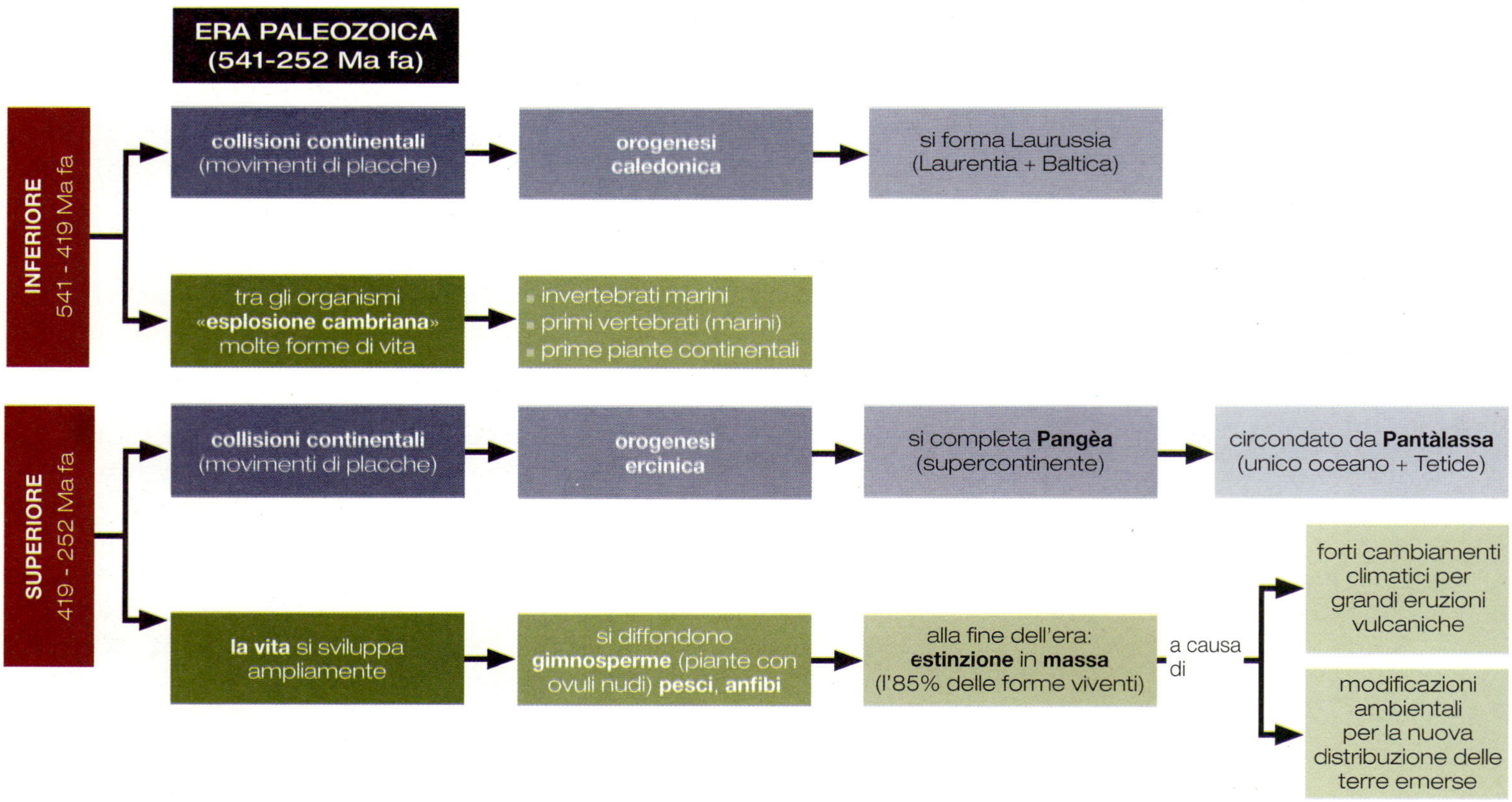

6 Era mesozoica

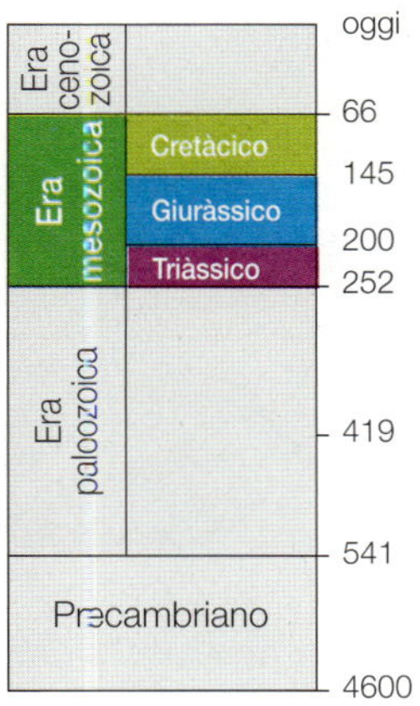

L'Era mesozoica (o **Mesozoico**, «della vita di mezzo») è nota anche con il nome di *secondaria* o anche «Era dei rettili» ed è un lungo lasso di tempo (circa 185 Ma, tra 252 e 66 milioni di anni fa), durante il quale si nota una minore attività orogenetica. L'evento fondamentale è, invece, la frammentazione del supercontinente Pangèa, di cui è diretta conseguenza l'aspetto attuale della superficie della Terra.

6.1 La frammentazione del Pangèa

Circa 200 Ma fa iniziò la frammentazione del supercontinente Pangèa, che gradualmente si suddivise in blocchi in reciproco allontanamento per l'espansione di nuovi fondi oceanici, a partire da quello che diventerà il futuro Atlantico centrale; nello stesso tempo scompaiono per subduzione ampi settori di vecchi oceani. Questi movimenti rappresentano la cosiddetta «deriva dei continenti» riconosciuta da A. Wegener, le cui tappe sono riassunte nella Figura 35 (rivedi Approfondimento: *La «Terra mobile» di Wegener*, a pag. 208).

Verso la metà del Mesozoico si apre un settore al margine ovest della Tètide e si forma un nuovo tratto di oceano in espansione, noto come **Oceano Ligure-piemontese**, in quanto i resti di quell'oceano sono oggi diffusi nei rilievi del Piemonte e della Liguria sotto forma di *ofioliti* (cioè frammenti di crosta oceanica basaltica, associata a sedimenti marini); il nuovo oceano mette in comunicazione la vecchia Tètide con l'Atlantico centrale [Figura 35A]. I sedimenti che, nel corso del Mesozoico, si accumulano sulle sponde africane ed europee di tale oceano sono quelli che, trasformati in rocce, formano oggi le catene alpina e appenninica, cioè l'ossatura della nostra penisola (ne parleremo nel paragrafo 10).

35A

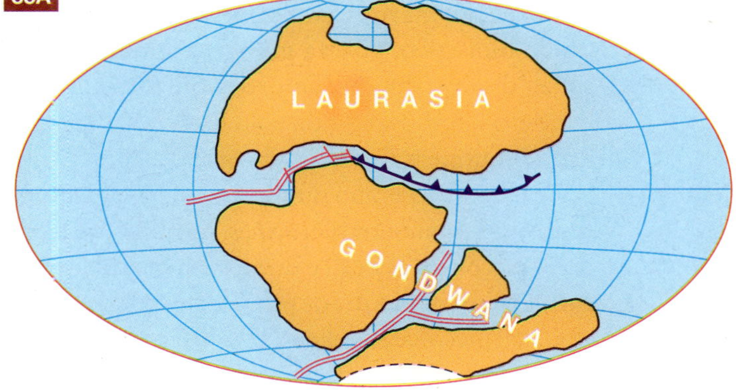

35B

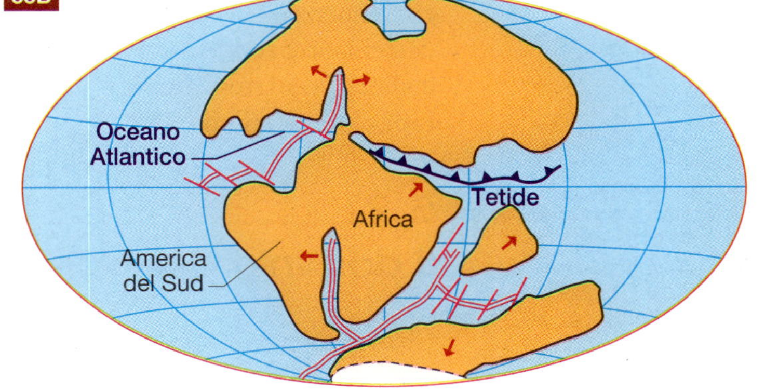

Figura 35
Le principali fasi della frammentazione del Pangèa nel corso dell'Era mesozoica.
A. 150 Ma fa, nel Giurassico, il Pangèa si divide in *Laurasia* e *Gondwana* e il continente meridionale comincia a smembrarsi; compaiono nuove dorsali oceaniche e inizia un reciproco movimento di deriva dei nuovi continenti. Comincia a formarsi l'Atlantico centrale. Verso Ovest l'Atlantico confluisce nel Pantàlassa.
B. 130 Ma fa, verso l'inizio del Cretacico, si dividono anche Sudamerica e Africa e inizia la formazione dell'Oceano Atlantico meridionale; come conseguenza, l'Africa comincerà a muoversi verso Nord. Prosegue l'espansione degli altri oceani.
C. 65 Ma fa, alla fine dell'Era mesozoica, la frammentazione del Pangèa è quasi completa; l'Africa si va avvicinando all'Eurasia, con la quale entrerà in collisione nel corso dell'Era cenozoica, e così anche l'India, che completerà la sua lunga deriva saldandosi all'Asia.

35C

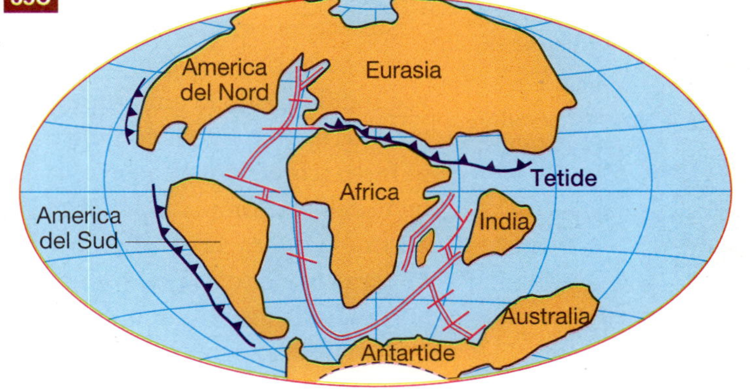

36

37

Figura 36
Calcàre ricco di resti fossili di *ammoniti* del Giurassico. Si notino lo sviluppo a spirale e l'ornamentazione di questi molluschi cefalopodi che, con la loro rapida evoluzione ed estensione geografica, hanno dato modo di procedere a una dettagliata suddivisione in intervalli dell'Era mesozoica. Di solito le ammoniti hanno diametri di alcuni cm, ma ne sono state raccolte anche di enormi, con diametro superiore a un metro. (Foto G. Pinna, Milano)

Figura 37
Il *Tarbosaurus*, un dinosauro carnivoro e feroce, «parente» del *Tyrannosaurus rex*. Era lungo oltre 10 metri, con denti aguzzi e robuste zampe posteriori; quelle anteriori erano atrofizzate. (Disegno di R. Zanetti, Bologna)

■ **Triassico** (Triassic) Dal termine *trias*, perché in Europa centrale si distinguevano tre pacchi sovrapposti di terreni diversi.

■ **Angiosperme** (Angiosperms) Dal greco *angèion*, vaso, ricettacolo, e *spérma*, seme: «dal seme (contenuto) in un ricettacolo». Piante con ovuli contenuti in un ovario e semi racchiusi in un frutto.

■ **Giurassico** (Jurassic) Dalla catena del Giura, tra il Fiume Rodano (Giura franco-svizzero) e il Fiume Reno (Giura tedesco).

Prima della fine del Mesozoico, i nuovi oceani Atlantico e Indiano sono in piena maturità. In quest'ultima fase la Placca africana e la Placca indiana hanno iniziato un movimento verso quella Euroasiatica: sul fondo dell'Oceano Tètide è ormai attiva una fossa di subduzione [Figura 35B ; linea blu con triangoli]. Altre fosse di subduzione si sono attivate lungo i margini occidentali dei continenti americani alla deriva verso Ovest, sotto i quali si va consumando parte del fondo dell'Oceano Pantàlassa, ormai ridotto in ampiezza e avviato a divenire l'odierno Oceano Pacifico [Figura 35C]. Come conseguenza, i margini dei continenti americani si deformano e cominciano a sollevarsi le grandi cordigliere, la cui storia non si è ancora conclusa (vedi capitolo 5, paragrafo 8.2).

6.2 Il dominio dei rettili

Gli organismi viventi sopravvissuti alla grande crisi biologica che segnò la fine del Paleozoico iniziarono a diversificarsi e cominciarono a occupare le nicchie ecologiche rimaste vuote.

Sulle terre emerse, scomparse le grandi foreste paleozoiche ricche di piante vascolari, già dal Triassico si diffondono le gimnosperme, tra cui troviamo ancora le *conifere*, con imponenti alberi d'alto fusto (come le sequoie e le araucarie). Verso la metà dell'èra compaiono però le angiosperme (vedi ancora la figura 32), piante in grado di produrre un seme protetto da un involucro e con i fiori che, attirando gli insetti impollinatori (compaiono, in quel periodo, anche vespe e farfalle), facilitano la fecondazione. Nei mari si assiste alla diffusione di un'enorme quantità di cefalopodi, molluschi che comprendono le ben note *ammoniti*, dalla tipica conchiglia a spirale: vivono per tutta l'èra, con un gran numero di forme via via diverse, tanto da fornire molti fossili guida [Figura 36].

Il Mesozoico è però soprattutto l'«Era dei rettili» [Figura 37] che dominano il pianeta per oltre 160 Ma. Il loro vantaggio nei confronti degli anfibi fu la possibilità di riprodursi senza bisogno di un ambiente acquatico. Ciò si realizzò grazie alla capacità di deporre un uovo protetto da un guscio solido al cui interno l'embrione, immerso in un liquido biologico, poteva giungere a maturazione senza disidratarsi. Nella loro evoluzione, i rettili invasero ogni spazio: non solo le terre emerse e le acque continentali, ma anche i mari e l'aria.

Tra i rettili vi erano numerose forme dei famosi **dinosauri** (*sâuros*, rettile, *deinós*, terribile): ve n'erano di piccoli [Figura 38] e di enormi, di erbivori e di carnivori, di nudi e di corazzati, di terrestri e di marini. Dai piccoli e saltellanti rettili di mezzo metro, adatti alla corsa, si passava a forme giganti, lunghe fino a trenta metri e pesanti decine di tonnellate.

Tra i rettili marini più diffusi vi erano gli *ittiosauri*, con gli arti trasformati in pinne, un corpo a forma di delfino e una lunga fila di denti appuntiti per afferrare gli abbondanti pesci. Vi erano rettili volanti, con una membrana alare dall'apertura che poteva superare i 7 metri; è stato dato loro il nome di *pterosauri* (dal greco *pterós*, ala).

Da qualche gruppo di rettili, nel corso del Giurassico, il periodo intermedio del Mesozoico, nacquero anche i primi *uccelli*, che all'inizio avevano ancora alcuni caratteri rettiliani (denti, una lunga coda con vertebre), ma erano già ricoperti di vere

38

Figura 38
Il primo ritrovamento di dinosauro completo in Italia: un cucciolo vissuto oltre 110 Ma fa, rinvenuto presso Pietraroia (Benevento). Si chiama *Scipionyx samniticus* (ma a Napoli lo hanno subito battezzato «Ciro») ed era lungo meno di 50 cm. L'intestino, perfettamente conservato (vedi ingrandimento), è molto corto e questo fa pensare a qualche forma di omotermia: sembra che anche altri dinosauri avessero «sangue caldo» e questo pone qualche difficoltà all'ipotesi di estinzioni totali per cause climatiche (freddo). (National Geographic, 1999)

39

Figura 39
Resti di *Sinornithosaurus*, trovati in Cina nel 1999 in rocce di 120 milioni di anni fa, del periodo Cretacico. Questo scheletro, perfettamente conservato, appartiene a un piccolo dinosauro con alcune caratteristiche da uccello, come i lunghi arti anteriori e le penne, mentre la coda rigida è tipica dei dinosauri. Si ritiene che non fosse in grado di volare e che le penne avessero la funzione di trattenere il calore del corpo.

■ **Calcare litografico** (**Lithographic limestone**) Calcare a grana estremamente fine, così compatto da essere stato a lungo utilizzato in lastre per *litografia*, una tecnica di stampa con incisione che utilizzò all'inizio il calcare delle note cave di Solenhofen, in Baviera, nelle quali fu trovato, nel 1861, l'*Archaeopteryx lithografica*.

■ **Cretacico** (**Cretaceous**) Dalla grande diffusione in tutta l'Europa nord-occidentale di un calcare bianco, friabile, ricco di foraminiferi e altri microrganismi a guscio carbonatico, che lungo le coste della Manica francese è chiamato *Craie* (pron. cré).

piume. L'*Archaeopteryx*, grande quanto un corvo, trovato nella seconda metà dell'800 in un calcare litografico della Baviera, è considerato un anello di transizione (almeno per la forma) tra rettili e uccelli e risale al periodo Giurassico. Più di recente sono stati trovati altri tipi di dinosauri con alcune caratteristiche da uccelli, come il *Sinornithosaurus* («rettile-uccello cinese»), vissuto in Cina nel periodo Cretacico [Figura 39].

All'ombra dei rettili, nel Mesozoico, si originano nuove caratteristiche biologiche: in alcune forme di piccole dimensioni, onnivore o insettivore, compare la capacità di mantenere costante la temperatura del proprio corpo, detta *omotermia*. Questi animali sono, cioè, «a sangue caldo», in contrapposizione ai rettili, «a sangue freddo», anche se già alcuni dinosauri erano probabilmente omotermi (vedi il caso brevemente presentato con la figura 38). Nelle nuove forme l'embrione si sviluppa completamente all'interno del corpo della madre fino al momento del parto, che produce un individuo già relativamente maturo, o che comunque viene assistito fino all'autosufficienza.

Queste novità segnano la comparsa dei **mammiferi**, le cui caratteristiche risulteranno vincenti: prima, però, dovrà scomparire, o ridursi di molto, il predominio dei rettili.

6.3 Le due estinzioni in massa dell'Era mesozoica

La «grande moria dei dinosauri» è forse l'evento più diffusamente noto dell'evoluzione biologica del nostro Pianeta, ma l'era mesozoica ha conosciuto anche un'altra estinzione in massa, tra le maggiori di ogni tempo, che segnò la chiusura del periodo Triassico, circa 200 Ma fa.

La grande crisi biologica alla fine del Triassico

Anche questa estinzione in massa, come quella della fine del Paleozoico (vedi il paragrafo 5.2), si è verificata durante un periodo relativamente breve di effusione di gigantesche quantità di lave basaltiche per la risalita di magma dal mantello attraverso le profonde fratture nella crosta continentale del Pangèa, quando il supercontinente cominciò a frammentarsi. La fratturazione diede origine al futuro Oceano Atlantico centrale e provocò l'emis-

■ **Dicchi e Filoni-strato** (**Dyke** and **Sill**) I *dicchi* sono corpi magmatici di forma tabulare che tagliano trasversalmente le superfici di stratificazione delle rocce in cui penetrano. I *filoni-strato* sono corpi magmatici tabulari, formati dall'iniezione di magma fra strato e strato nella formazione rocciosa in cui penetra, per cui risultano paralleli alla stratificazione. I dicchi sono la principale via di trasporto del magma attraverso la crosta.

sione di espandimenti basaltici accompagnati da sciami di dicchi e da filoni-strato, con un volume totale in grado di competere con i Trap siberiani come la maggior estensione di basalti continentali mai formatasi sulla Terra. Oggi, dopo l'allargamento dell'Oceano Atlantico, quei basalti affiorano lungo le coste atlantiche degli Stati Uniti, del Nord Africa e della parte settentrionale del Sud America (che un tempo erano un unico settore di crosta continentale nel «cuore» del Pangèa; rivedi la figura 31).

Come si arrivò all'estinzione? L'emissione nell'atmosfera di grandi quantità di anidride carbonica accentuò l'effetto serra. Studi specifici, condotti sui resti fossili di alcune piante (come le *ginkgoacee* e le *cicadee*, due gruppi di piante ancora viventi: rivedi la figura 32), le cui foglie hanno alcune caratteristiche molto sensibili alla quantità di anidride carbonica presente nell'atmosfera, hanno permesso di stabilire che il livello di anidride carbonica era aumentato di 7-8 volte rispetto a quello attuale. Questi valori hanno portato a calcolare che, come conseguenza, la temperatura globale media doveva essere salita di circa 6-7 °C verso la fine del Triassico.

Il rapido riscaldamento climatico spiegherebbe la scomparsa di molte piante terrestri particolarmente sensibili ai cambiamenti climatici, e questo mise in crisi molte popolazioni di animali erbivori, la cui riduzione compromise a sua volta la sopravvivenza di molti carnivori.

Alla fine della crisi, dopo la conclusione dell'evento vulcanico, erano scomparsi molti dei grandi anfibi, mentre i dinosauri sopravvissero in maggior numero e si avviarono a dominare numerosi ecosistemi.

L'estinzione in massa della fine del Cretacico

L'era Mesozoica termina alla fine del periodo Cretacico con un'altra grande crisi biologica (vedi ancora la figura 25). Circa 66 milioni di anni fa, in un periodo di tempo relativamente breve – ma dell'ordine di alcuni milioni di anni – si estinguono numerosi gruppi di organismi. Tra questi, tutti i dinosauri e i rettili marini e volatori (i soli rettili che sopravvivono sono coccodrilli, tartarughe, serpenti e lucertole), tutte le ammoniti e anche molti gruppi di microrganismi che popolavano gli oceani.

Le cause di quella crisi non sono ancora ben chiare, anche perché molti altri gruppi zoologici non sembrano aver subìto alcuna influenza, sia nei mari, come i pesci e molti molluschi, sia sui continenti, come gli uccelli, i mammiferi e le diffusissime angiosperme (rivedi le figure 32 e 34).

Tra le varie ipotesi sul declino dei dinosauri una delle più suggestive chiama in causa le *variazioni climatiche* che provocano cambiamenti ambientali a scala regionale, per esempio come conseguenza di una diminuita trasparenza dell'atmosfera. L'interruzione della fotosintesi alla base della catena alimentare a causa dell'oscuramento del Sole può provocare, infatti, la riduzione drastica delle scorte di cibo per i grandi erbivori e, di conseguenza, la mancanza di prede per i carnivori.

Questa ipotesi, però, lascia qualche perplessità, perché non spiega come mai durante la crisi del Cretacico si siano estinti i dinosauri e non gli uccelli o i coccodrilli.

L'ipotesi climatica, tuttavia, è decisamente suggestiva e in ogni caso invita a un approfondimento a proposito di due tra le possibili cause che potrebbero provocare variazioni climatiche su scala planetaria.

■ *Una prolungata serie di eruzioni vulcaniche*. (Si riveda quanto discusso a proposito della grande estinzione in massa alla fine del Paleozoico, nel paragrafo 5.2.). Per alcuni ricercatori francesi (Vincent Courtillot e altri) i tempi dell'estinzione sarebbero stati lunghi (centinaia di migliaia di anni) e potrebbero essere stati la conseguenza di violente eruzioni vulcaniche in grado di produrre polveri e gas in quantità tali da provocare un oscuramento del Sole e da favorire la precipitazione di piogge acide. Qualcosa di simile è avvenuto nel 1815 in Indonesia con la tremenda esplosione che scoperchiò il vulcano Tambora. Le polveri vulcaniche stazionarono per anni negli strati più alti dell'atmosfera, impedendo una sufficiente insolazione, tanto da ridurre drasticamente i raccolti e da provocare carestie.

■ *L'impatto di un corpo celeste sulla superficie della Terra*. Secondo un gruppo di ricercatori americani di Berkeley (guidato da Luis Alvarez, premio Nobel per la Fisica, e da suo figlio Walter, geologo), la causa della crisi biologica del Cretacico andrebbe ricercata nell'impatto di una cometa o di un asteroide sulla superficie terrestre. Questo impatto avrebbe provocato il sollevamento di una gigantesca nuvola di polvere che avrebbe oscurato il Sole. La catastrofe sarebbe stata improvvisa e questa ipotesi troverebbe una conferma nell'elevata concentrazione dell'elemento iridio che viene rinvenuta negli strati di roccia formatisi in mare al passaggio tra il Cretacico e il Terziario. Tale concentrazione, per la prima volta studiata in un livello argilloso affiorante presso Gubbio, in Umbria, è solitamente bassa nelle rocce terrestri mentre è presente nei corpi di origine extra-terrestre. Gli studiosi ritengono che l'impatto sia avvenuto in America centrale, dove sarebbero state riconosciute tracce di un cratere da impatto di circa 200 kilometri di diametro nel Golfo dello Yucatan (*Cratere di Chicxulub*; Figura 40).

Figura 40
Una ricostruzione del possibile aspetto del cratere di Chicxulub, originato dal grande impatto meteoritico 65 milioni di anni fa. Da allora una gran parte del cratere è stata erosa e sommersa dal mare, mentre della parte sulla terraferma sono rimaste modeste tracce.

Un problema importante riguarda la durata della crisi biologica e quindi in quanto tempo si sono estinti i dinosauri. I metodi di datazione hanno sempre un margine di errore (su 100 milioni di anni l'errore minimo è di 100 000 anni), mentre la documentazione geologico-paleontologica è largamente incompleta. Non è possibile, cioè, stabilire se un'estinzione sia avvenuta in 10 000 anni o, tantomeno, in 1000 o 100 anni.

Alla luce di questa incertezza, entrambe le ipotesi hanno ricevuto serie obiezioni. All'ipotesi dell'impatto possono essere fatte alcune critiche metodologiche: se non si riescono a distinguere intervalli di età minori di 100 000 anni, come si può sostenere che le estinzioni siano avvenute in un periodo di tempo più breve, quasi istantaneo? Per lo stesso motivo sono scarse le possibilità di mettere in relazione le crisi biologiche di tutte le specie – peraltro non contemporanee in senso stretto – con l'eventuale impatto.

D'altro canto, una critica fondamentale viene fatta anche all'ipotesi delle eruzioni vulcaniche: un fenomeno di questa portata dovrebbe aver lasciato tracce fossili estese su tutto il pianeta, ma rinvenimenti di queste tracce non risultano, allo stato attuale delle ricerche, così numerosi.

È molto probabile che un insieme combinato di diverse cause, come l'oscuramento atmosferico (provocato dall'impatto di asteroidi o da eruzioni), le piogge acide, la grande regressione marina alla fine del Cretacico abbiano contribuito a fiaccare i gruppi che si sono poi estinti.

D'altra parte, i dinosauri riuscivano ad adattarsi molto bene, come dimostrano i resti trovati di recente a latitudini un tempo polari: c'è chi pensa che il solo raffreddamento temporaneo non avrebbe potuto sterminarli tutti. È stato infatti ipotizzato che nella remota Australia alcuni di essi siano sopravvissuti a lungo, anche al di là del fatidico limite Cretacico-Terziario.

In ogni caso, la scomparsa di un gruppo di organismi, che avevano dominato il pianeta come nessun altro prima, lasciò campo libero allo sviluppo degli ancora piccoli e rari mammiferi. L'èra successiva vedrà la loro rapida diffusione in ogni nicchia ecologica.

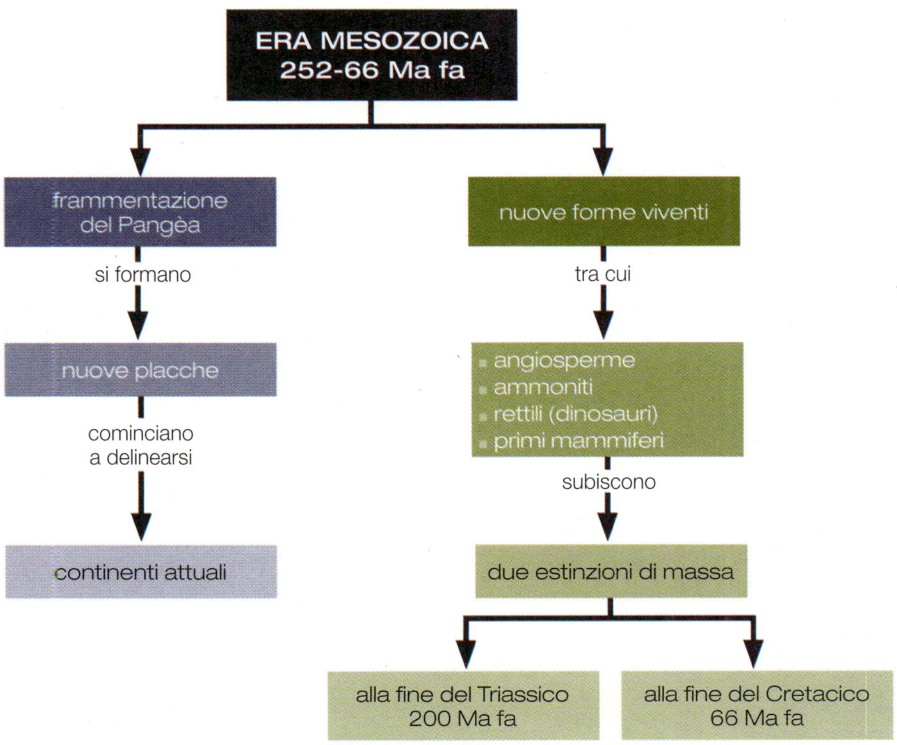

QUESITI

1. Completa.
Le .... sono fossili guida dell'Era mesozòica.

2. I primi uccelli comparvero
A nel Triassico.
B nel Giurassico.
C nel Cretacico.

3. All'inizio del Cretacico
A il Gondwana era ancora unito.
B l'Australia era separata dall'Antartide.
C Laurasia si divise in tre blocchi.
D iniziò a formarsi l'Atlantico meridionale.

4. Quali sono gli eventi geologici più importanti dell'Era mesozoica?

5. Quali gruppi zoologici dominano il Mesozoico? Quali altri gruppi compaiono durante questo periodo?

6. Quali ipotesi sono state fatte per spiegare la scomparsa dei dinosauri e di molte altre specie alla fine del Mesozoico?

7 Era cenozoica

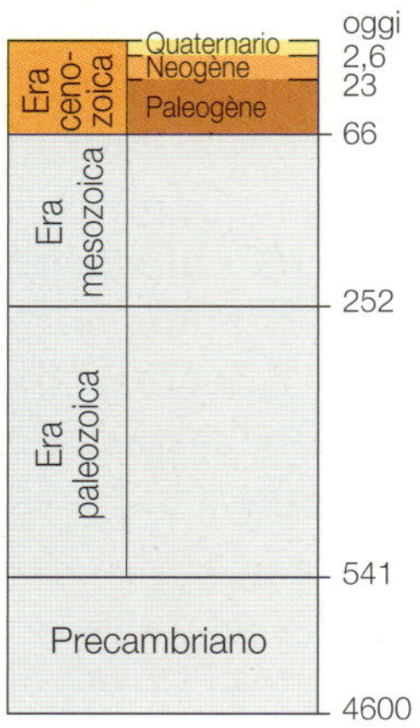

L'Era cenozoica (o **Cenozoico**, della «vita recente»), detta anche *terziaria*, è nota come «Era dei mammiferi». Essa è iniziata 66 milioni di anni fa ed è tuttora in corso. Viene suddivisa in 3 periodi: *Paleogène* (il più antico), *Neogène* e *Quaternario* (il più recente). Dedichiamo questo paragrafo ai primi due periodi; al terzo dedicheremo il paragrafo 8.

7.1 Le grandi catene montuose danno alla Terra il suo aspetto attuale

Nel corso dell'Era cenozoica si sollevano le grandi catene montuose attuali e cambia il volto della Terra (**orogenesi alpino-himalayana**). L'India, alla deriva verso Nord, entra in collisione con l'Eurasia: dalla deformazione dei due margini continentali e del fondo oceanico interposto prende origine un gigantesco edificio montuoso, la catena himalayana, che salda tra loro i due continenti [**Figura 41**]. Più a Ovest, anche il margine del continente africano completa la sua collisione con il bordo dell'Eurasia: si sollevano grandi catene a falde di ricoprimento, estese da Gibilterra all'Iran, che si saldano ai rilievi himalayani.

Nella collisione, i sedimenti presenti sul fondo degli oceani Tètide e Ligure-piemontese vengono sollevati e deformati in falde. Questi sedimenti vanno a costituire due catene: una estesa dalle Alpi occidentali, attraverso Carpazi e Caucaso, fino

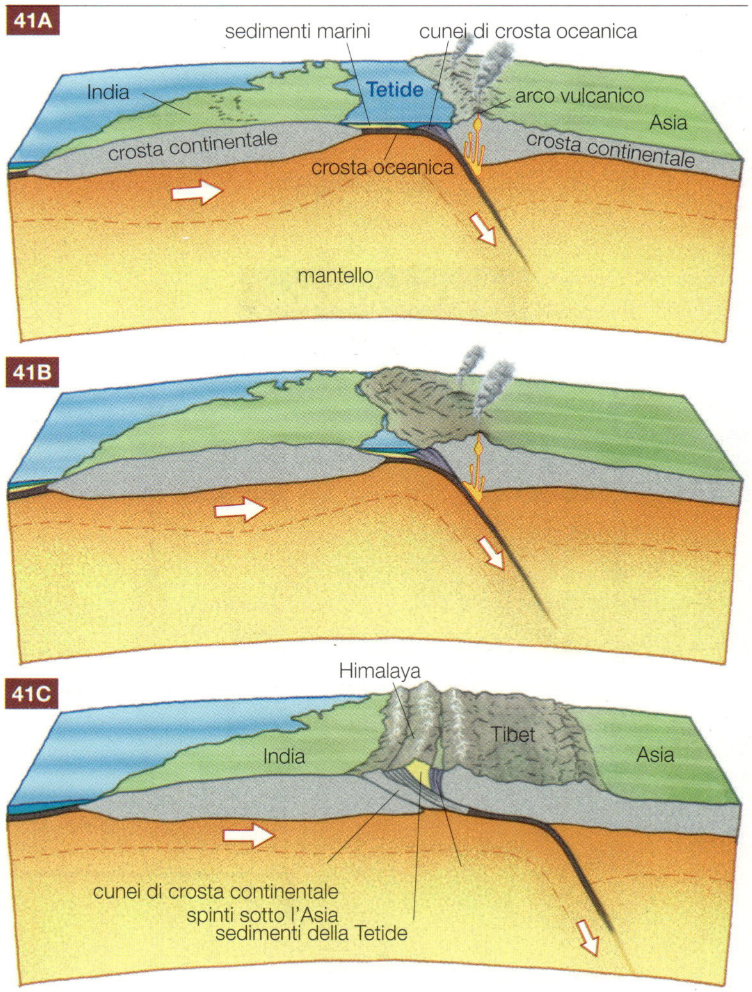

Figura 41
Resti di un oceano sul «tetto del mondo»: formazione dell'Himalaya per collisione tra placche. Le rocce dell'Himalaya comprendono: sedimenti marini deposti lungo le antiche coste dell'India, resti di crosta della Tetide, resti di un arco vulcanico. Queste rocce sono oggi accatastate in grandi pile e molto deformate, ma se si risale ai loro ambienti di formazione è possibile ricostruire l'origine delle catena montuosa.
A. 60 Ma fa: la Placca indiana, formata da crosta continentale (India) e oceanica (Tetide), si sta muovendo verso nord, mentre il fondo dell'oceano scende in subduzione sotto la Placca asiatica. Come conseguenza, lungo il margine dell'Asia si accumulano, per l'attrito, cunei di crosta oceanica, mentre più all'interno si attiva una catena di vulcani.
B. 40 Ma fa: l'India giunge a collisione con l'Asia; la crosta dell'India e i sedimenti marini che la ricoprono si infilano sotto i cunei di crosta oceanica. Comincia a sollevarsi una fascia di rilievi, mentre la Tetide va scomparendo.
C. Oggi: la crosta continentale indiana continua ad avanzare, ma per l'attrito contro il bordo dell'Asia si è lacerata in lunghi cunei che sono scivolati uno sull'altro e si sono impilati sopra l'India. Nella fascia di saldatura la crosta ha raggiunto grossi spessori e, per galleggiamento, si è sollevata, formando Himalaya e Tibet.

42

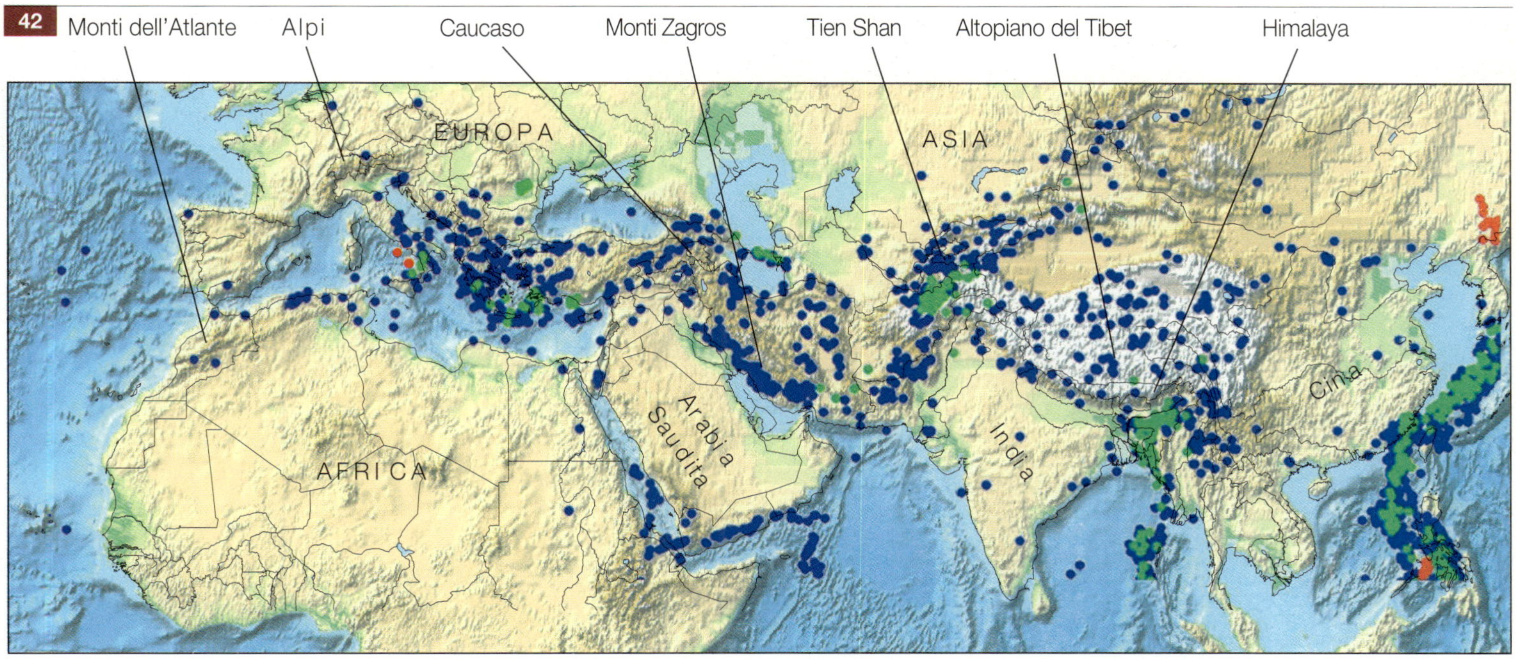

Figura 42
La fascia orogenica alpino-himalayana, con le catene di alti rilievi generate dalla collisione tra le placche Africana, Arabica e Indiana e la grande Placca Eurasiatica. Un'attività sismica continua e intensa indica che l'orogenesi è ancora in atto.

Figura 43
Calcàre con *nummuliti*, protozoi con guscio calcàreo fatto a disco, qui sezionati per mostrare la struttura interna del guscio, formato da centinaia di cellette. Nell'Eocene e nell'Oligocene le nummuliti costruirono, coi loro gusci, masse rocciose dello spessore di decine di metri. Grandezza doppia del naturale. (Museo di Geologia, Università «Sapienza», Roma)

all'Iran settentrionale e al massiccio del Pamir; l'altra, più giovane, estesa dai rilievi tunisini, attraverso Appennini e Dinaridi, fino ai Tauri (Turchia), ai Monti Zagros (Iran meridionale) e, anch'essa, al Pamir. Dal Pamir proseguono come catene himalayane [Figura 42].

Le due catene si sono saldate tra loro e dell'oceano non restano oggi che piccoli bacini (l'Adriatico e il Mediterraneo orientale). La parte occidentale del Mediterraneo e il Mar Tirreno sono invece nuovi: si stanno tuttora formando per assottigliamento e sprofondamento di alcuni settori di crosta (vedi paragrafo 10 e figura 60).

Mentre avvenivano queste collisioni, gli oceani Atlantico e Indiano si erano progressivamente ampliati. Lungo i margini verso il Pacifico dei continenti americani, invece, è proseguita la subduzione di crosta oceanica che ha portato al sollevamento delle Montagne Rocciose e della cordigliera andina occidentale, ancora oggi in formazione (rivedi il capitolo 5, paragrafo 8).

A partire dal Neogene, verso la fine dell'Era cenozoica, dall'Africa si è staccata la Penisola Arabica, lungo una gigantesca frattura che, allargandosi, ha dato origine al Mar Rosso, tuttora in espansione. A fare le spese di questo movimento è il Golfo Persico, destinato a chiudersi per la collisione tra Arabia e Iran.

43

7.2 Dall'evoluzione dei mammiferi nascono i primati

Gli organismi viventi sopravvissuti alla crisi biologica della fine del Mesozoico si avviano ad assumere caratteristiche per noi sempre più familiari. Le angiosperme, le piante con i fiori, continuano a diffondersi e a diversificarsi (vedi ancora la figura 32). Anche gli invertebrati marini assumono aspetti simili a quelli delle specie attuali, con famiglie di *molluschi*, *echinodermi*, *briozoi* ecc. completamente nuove. I pesci abbondano, soprattutto nelle regioni tropicali, con molti esemplari a scheletro osseo.

Grande importanza, per la loro ampia diffusione, raggiungono anche i microscopici *foraminiferi*, un gruppo di protozoi tra i quali ricordiamo le *nummuliti* (così chiamate perché grandi quanto un soldo: *nummus*, in latino) [Figura 43]. Le nummuliti sono ottimi fossili guida e sono abbondanti in molte rocce calcaree. Ad esempio, le pietre usate per costruire le piramidi egizie sono calcari a nummuliti.

Figura 44
Scheletro di *Oreopithecus* negli strati di lignite (carbon fossile del Terziario) del Miocene di Baccinello (Grosseto). Era un primate alto meno di un metro e aveva denti simili a quelli di un bambino. Il cranio è abbastanza diverso da quello delle scimmie odierne. Gli arti anteriori erano molto lunghi. La parte gialla del bacino è ricostruita. (Calco presso il Museo di Paleontologia, Università «Sapienza», Roma)

I veri protagonisti del rinnovamento biologico sono però i *mammiferi* che, occupando tutte le nicchie ecologiche rimaste libere per la scomparsa dei rettili, si differenziano rapidamente. Inoltre aumentano enormemente di numero e in breve tempo diventano i dominatori del globo. Compaiono i progenitori dei carnivori, degli erbivori moderni e dei mammiferi marini, che nel corso dell'era vengono affiancati e sostituiti via via da altre forme. Compaiono i primi *equidi*, i progenitori dei cavalli, seguiti da *canidi* e *ursidi*. Verso la fine dell'era vi sono ormai mammiferi molto simili a quelli attuali, tra cui elefanti, rinoceronti e ippopotami, che popolavano a quel tempo anche le pianure del Piemonte e della Toscana, ricche di laghi.

Nel corso dell'era compaiono, e si sviluppano rapidamente, anche i *primati*, cui appartiene la specie *Homo sapiens*. Fra i primati, sono stati scoperti – nelle ligniti del Grossetano, accumulatesi 8 Ma fa – alcuni piccoli individui chiamati *Oreopithecus* [Figura 44]. Questa specie, per la conformazione particolare dei denti, è stata posta da alcuni studiosi in un gruppo di forme che si differenziano dai *pongidi* (le scimmie antropomorfe) e risultano vicine, invece, alla linea evolutiva che porterà, più avanti, alla comparsa degli *ominidi*.

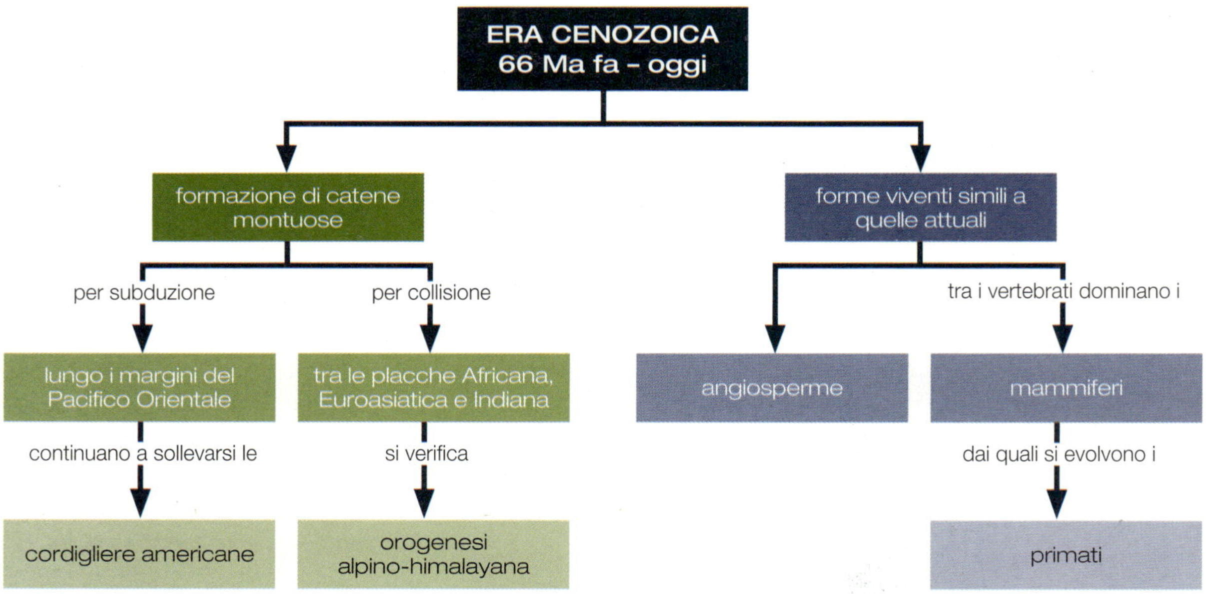

QUESITI

1. Scegli l'alternativa corretta.
   Le **Alpi**/**Ande** si sono sollevate nella collisione tra la Placca Eurasiatica e la **Placca Indiana**/**Placca Africana**.
2. Ancora oggi rimangono piccoli bacini che sono residui dell'antica Tètide; quali sono?
   A Mediterraneo occidentale e Tirreno.
   B Mediterraneo orientale e Adriatico.
   C Mar Rosso e Mar Nero.
   D Mar Caspio e Golfo Persico.
3. Quali di questi viventi hanno fatto la loro comparsa prima del Cenozòico?
   A I primati.
   B Gli equidi.
   C Gli uccelli.
   D Gli elefanti.
4. Vero o falso?
   La catena himalayana è formata solo da blocchi di crosta continentale.
   Motiva la risposta.
5. Quali catene montuose si formano nel corso dell'Era cenozoica?
6. Quali specie animali dominano il Cenozoico?

8 Il Quaternario: gli ultimi 2 600 000 anni

Video
Verso l'uomo moderno

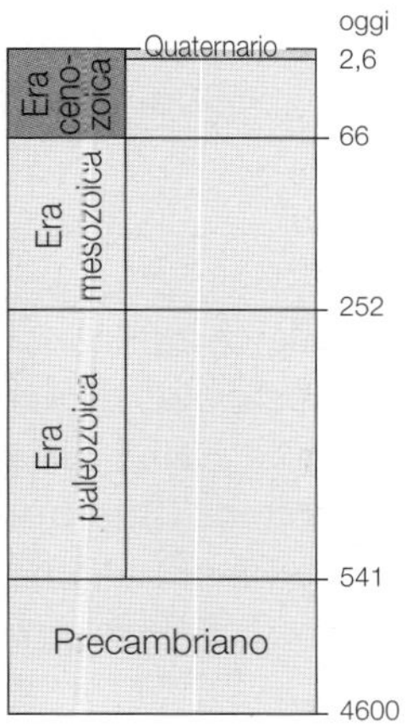

Chiunque abbia qualche conoscenza di Storia della Terra, può rimanere sorpreso di non trovare, a questo punto, il consueto titolo *Era neozoica* (della «vita nuova») per l'intervallo di tempo più recente.

In realtà già da tempo alcuni studiosi consideravano il Quaternario, per le sue caratteristiche generali, un *periodo* piuttosto che un'era. In effetti uno dei grandi eventi le cui tracce avevano spinto i geologi a parlare di un'*era post-terziaria*, sono state le glaciazioni, tanto che qualcuno ancora dice «Era glaciale». Ma le glaciazioni si erano già manifestate in altre epoche geologiche, anche se queste ultime hanno lasciato un'«impronta» vistosa nei paesaggi in cui viviamo. Inoltre, nuove ricerche hanno messo in luce che le prime chiare tracce del raffreddamento climatico che portò allo sviluppo delle glaciazioni si rinvengono in depositi sedimentari di circa 2,6 Ma, quindi già nel corso dell'Era cenozoica.

Dopo lunghi dibattiti tra specialisti in commissioni internazionali e nei Congressi mondiali di Geologia, nel corso del 2009 si è giunti a una proposta definitiva, largamente condivisa da quanti operano nel campo della storia recente della Terra. Lasciamo agli specialisti eventuali altri dibattiti, per le scoperte che certamente verranno, e limitiamoci qui a osservare che l'altro grande evento spesso citato come caratteristico del periodo, cioè la comparsa dell'uomo, in realtà ha le sue radici ben più indietro nel tempo, in pieno Cenozoico, per cui rimane difficile stabilire l'inizio di una «Era antropozoica» (era dell'uomo), come è stata anche chiamata l'Era neozoica. Seguiamo perciò, le indicazioni della IUGS, l'*Unione Internazionale di Scienze Geologiche*, e consideriamo il Quaternario come il periodo finale dell'Era cenozoica, con inizio circa 2,6 Ma fa e tutt'oggi in corso.

8.1 Le glaciazioni

Una passeggiata sulle Alpi può essere una buona occasione per osservare gli effetti delle glaciazioni quaternarie: depositi di ciottoli striati, un circo glaciale incastonato in un versante, o il profilo a U di una valle, rivelano che in passato quei rilievi erano ricoperti di neve e di ghiaccio, mentre le valli erano colmate da ghiacciai che lentamente scendevano verso la pianura.

Tutti questi aspetti rappresentano la testimonianza che per vari «momenti» del Quaternario il clima era più freddo di adesso. In tali intervalli di tempo metà dell'America del Nord, buona parte dell'Asia, l'Europa settentrionale e la catena delle Alpi (fino alla base dei laghi prealpini), come pure le Ande e l'Antartide, erano coperte da vaste coltri di ghiaccio.

Al contrario, durante gli intervalli interglaciali il clima era mediamente più caldo di oggi e le masse ghiacciate erano estremamente ridotte: in Europa, ad esempio, prosperava una quantità di grossi mammiferi che oggi ritroviamo solo in Africa o in India.

Per spiegare queste periodiche oscillazioni termiche occorre rifarsi anzitutto a cause astronomiche, quali la *precessione degli equinozi*, la *variazione dell'eccentricità dell'orbita* e il *mutamento dell'inclinazione dell'asse terrestre*, come è stato fatto dall'astronomo iugoslavo M. Milanković nella sua teoria sull'origine delle glaciazioni quaternarie. In pratica, quando tutti e tre i movimenti suddetti hanno come effetto una diminuzione della radiazione solare estiva, si ha come risultato una fase glaciale; nel caso opposto si ha un ritiro dei ghiacciai.

I risultati vennero presentati da Milanković sotto forma di grafici, relativi a diverse latitudini, i quali mettevano in evidenza le variazioni della quantità di radiazione ricevuta nel tempo dalla Terra. Si è visto così che, alle medie latitudini, le fasi di crescita dei ghiacciai sono state determinate da abbassamenti della temperatura media estiva di 6-8 °C, associati a un aumento delle precipitazioni medie.

La curva teorica di Milanković è stata correlata con la successione di glaciazioni ricostruita dall'analisi dei depositi morenici effettuata all'inizio del XX secolo in varie località della Baviera, dalle quali derivano i nomi dati alle età glaciali; dalla più antica alla più recente: *Günz*, *Mindel*, *Riss*, *Würm*. A queste venne aggiunta in seguito una quinta età glaciale, più antica delle precedenti, a cui venne dato nome *Donau* (Danubio), poiché ne furono rico-

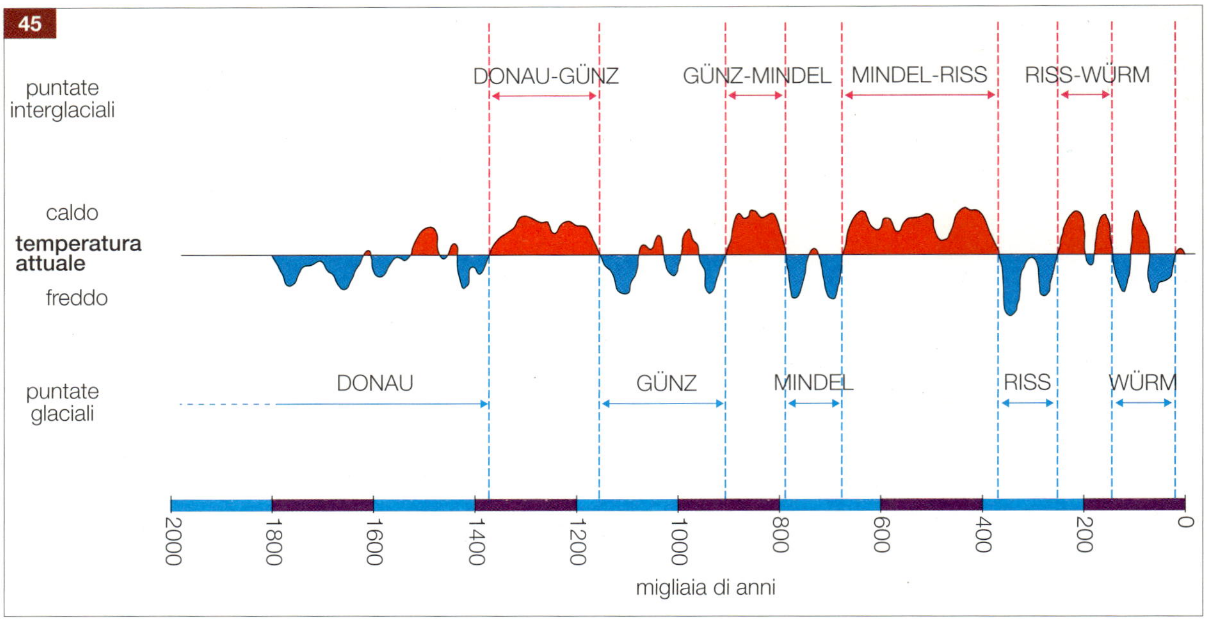

Figura 45
Esempio di curva di Milanković costruita in base a elementi astronomici, con le variazioni climatiche durante il Quaternario. La curva è stata estrapolata fino a due milioni di anni fa. Sotto, le età glaciali; sopra, le età interglaciali (ognuna divisa in più fasi). La curva indica, con le sue oscillazioni, le variazioni della temperatura media rispetto alla temperatura attuale, per una determinata latitudine. Sulla posizione del *Donau* vi sono pareri discordi. Si osservi che ogni puntata glaciale o interglaciale non è unica, ma è divisa in più fasi separate da brevi intervalli rispettivamente tendenti al caldo o al freddo.

nosciute per la prima volta le tracce presso quel fiume [Figura 45].

Le recenti ricostruzioni paleoclimatiche, operate grazie alle perforazioni dei ghiacci polari, hanno messo però in evidenza una situazione più complessa, tanto che a questa divisione in 5 glaciazioni, anche se confermata da successive ricerche, si sono affiancate nuove scale stratigrafiche di grande dettaglio, basate sull'impiego di isotopi dell'ossigeno, che hanno messo in evidenza numerose oscillazioni climatiche ripetutesi nel corso del Quaternario. Questi isotopi vengono impiegati per la ricostruzione di antiche condizioni ambientali anche per il resto dell'Era cenozoica. Per ulteriori informazioni su questi moderni metodi di indagine, si veda l'Approfondimento *Stratigrafia isotopica* a pag. 285.

In ogni caso, i moti millenari sono una delle cause principali delle glaciazioni, ma non l'unica: altri elementi sembrano influire sulla comparsa di una fase climatica glaciale. L'estensione globale del manto nevoso, per esempio, dipende anche dalla presenza o meno di alte e giovani catene montuose (e queste sono conseguenza del verificarsi di una fase orogenetica), come è successo recentemente con l'orogenesi alpino-hymalaiana.

Grande importanza sembra avere anche la deriva dei continenti, che può far avvicinare o allontanare dai poli le terre, facendo conseguentemente aumentare o diminuire l'estensione dei manti nevosi. Ad esempio, durante il Paleozoico l'estesissimo continente di Gondwana si trovava molto più a Sud rispetto alla posizione odierna dei suoi frammenti. Esso è stato interessato da estese glaciazioni paleozoiche, oggi testimoniate da *tilliti* [Figura 46], cioè da resti di antiche morene, presenti in Africa centrale. Da allora a oggi il continente africano si è mosso verso l'Equatore compiendo un tragitto di 10 000 km.

Figura 46
Una tillite del Proterozoico, simile a quelle del Gondwana, ma affiorante in Norvegia, presso Moelv. Si riconoscono i ciottoli di rocce diverse, «imballati» nel materiale fine che li ha protetti dall'usura durante il trasporto da parte di un ghiacciaio, per cui hanno conservato forme spigolose.

Le conseguenze dell'alternanza di puntate fredde e calde furono imponenti. Le quantità di acqua marina immobilizzate sui continenti sotto forma di ghiaccio, o viceversa tornate al mare per fusione, fecero abbassare o alzare il livello del mare anche di un centinaio di metri. Le linee di costa subirono quindi grandi spostamenti in tempi relativamente brevi: le acque dell'Adriatico giunsero a più riprese in Lombardia per ritirarsi altrettante volte. Molte isole scomparvero, o si congiunsero ad un vicino continente o a un'isola maggiore (tipica è l'unione di Malta con la Sicilia: Figura 47).

I sedimenti glaciali più antichi dell'area mediterranea si trovano in Calabria, dove affiorano come argille marine sollevate fino a 1000 metri di quota. L'origine di tali sedimenti è da far risalire a un pe-

47A
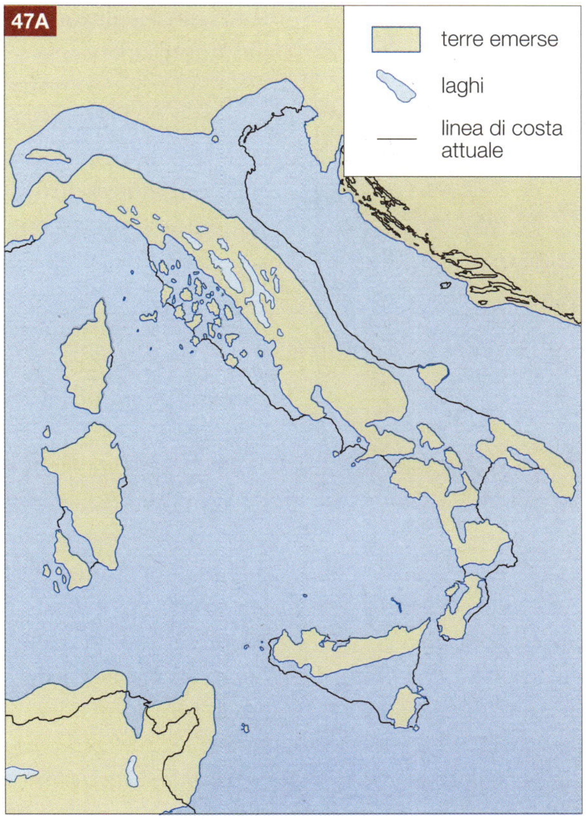

47B

Figura 47
La forma dell'Italia in due diverse fasi verso la fine dell'Era cenozoica.
A. Nel Pliocene (la parte superiore del periodo Neogene) un'estesa ingressione marina sommerse ampi tratti delle coste, formando un profondo golfo ai piedi delle Alpi e frammentando la catena appenninica in numerose isole. Tra i rilievi appenninici si aprivano numerosi specchi lacustri, tra i quali il grande *Lago Tiberino* (a forma di Y capovolta), oggi colmato di antiche alluvioni, incise dal percorso del Fiume Tevere nella parte settentrionale (tra Sansepolcro e Todi). (La linea nera sottile disegna le coste attuali.)
B. Nel corso del periodo Quaternario, durante l'ultima grande glaciazione (detta würmiana), i ghiacci immobilizzati sui continenti provocano una forte diminuzione dell'acqua a disposizione e un conseguente abbassamento del livello del mare. Sono indicate le aree costiere italiane presumibilmente emerse in corrispondenza dell'ultima glaciazione. Studi più recenti suggeriscono che il Gargàno fosse unito alla Iugoslavia da una striscia di terra emersa e che le isole maltesi fossero unite alla Sicilia, almeno durante l'acme della glaciazione.

riodo di *clima freddo*, come rivela la presenza di abbondanti resti fossili di molluschi detti **ospiti freddi** (o *nordici*), scesi fino al Mediterraneo dai mari del Nord in cerca di acque meno gelide, anche se ancora fresche. L'esempio più tipico è il mollusco bivalve *Arctica islandica*, che si è ritirato oggi nei mari dell'Islanda.

I terrazzi marini situati lungo le coste, al di sopra del livello del mare attuale, rappresentano antiche fasce costiere sollevate da movimenti crostali. All'interno delle rocce che formano tali terrazzi si osservano, invece, i giacimenti «caldi», che si riconoscono per i banchi calcàrei invece che argillosi e per la presenza di **ospiti caldi**, che risalivano le coste africane dell'Atlantico per raggiungere le tiepide acque del Mediterraneo, dal quale oggi sono scomparsi.

48

Figura 48
Ricostruzione di *Elephas primigenius*, il *mammut* dalle zanne ricurve e dalla folta pelliccia. Era alto dai 3 ai 4 metri, si era adattato ai climi freddi europei delle glaciazioni del Quaternario e preferiva gli ambienti di tundra. Nello stomaco di qualche esemplare sono stati rinvenuti resti di betulle, conifere e altri vegetali d'ambiente a clima rigido. Scomparve pochi millenni or sono, dopo l'ultima glaciazione, durante la quale si era spinto, a Sud, fino in Italia (Ricostruzione di J. Agusta e Z. Burian)

8.2 Le glaciazioni provocano grandi migrazioni

Durante le glaciazioni vasti territori vennero coperti da calotte di ghiaccio di grande spessore. Anche le Alpi erano coperte da un unico enorme ghiacciaio, i cui lobi scendevano verso Sud fino alla Pianura Padana. Le ondate successive di freddo e le avanzate dei ghiacciai provocarono in parte una migrazione verso zone più calde dei mammiferi insofferenti al freddo, in parte la scomparsa di specie che vennero sostituite da forme meglio adattate.

Fra gli elefanti, che popolavano con grandi mandrie soprattutto le pianure dell'Italia peninsulare (Toscana, Lazio, Campania), scomparve ben presto l'*Elephas meridionalis*, tipico della prima parte del Quaternario. Esso venne sostituito dall'*Elephas antiquus*, che resistette fino all'ultima glaciazione, e dall'*Elephas primigenius* (*mammut*), che era una specie più adatta al clima freddo [Figura 48].

Verso la fine del Quaternario è frequente la comparsa di *faune nane* in popolazioni rimaste in condizioni di *insularità*, cioè confinate in isole abbastan-

Figura 49
Scheletri fossili di elefanti nani (*Elephas falcòneri*), limitati alle isole del Mediterraneo e vissuti verso la fine del Quaternario. Gli esempi raffigurati provengono dallo scavo di una grotta del Siracusano. Il maschio adulto (dietro a destra) misura alle scapole un'altezza di 90 cm; la femmina (a sinistra) non possedeva zanne, caso unico fra tutte specie di elefanti; il neonato (dietro la femmina) è alto 30 cm; è il più piccolo elefante mai trovato, un esemplare unico al mondo. (Museo di Paleontologia, Università «Sapienza», Roma)

za lontane dal continente da non avere scambi con altre faune. In Sicilia, a Malta, a Creta sono stati trovati scheletri di elefanti, ippopotami ed altri animali di taglia ridotta. Il caso più evidente è quello degli elefanti insulari, come l'*Elephas falcòneri* [Figura 49], che allo stadio adulto non superava il metro, nonostante derivasse da *Elephas antiquus*, alto al garrese fino a 5 metri. La grande taglia di un elefante o di un ippopotamo assicura protezione nei confronti dei predatori. Nelle isole, invece, possono mancare i predatori e pertanto la mole non è più un vantaggio. Anzi, un animale di piccole dimensioni ha meno bisogno di nutrimento e si adatta meglio alla vita sulle isole, dove le risorse alimentari sono spesso limitate. Le faune insulari nane, sebbene meglio adattate durante le fasi fredde, successivamente diventano vulnerabili: nelle isole del Mediterraneo nessun erbivoro nano è sopravvissuto all'arrivo dei grandi carnivori e degli esseri umani.

Anche le flore seguirono le vicende climatiche. Nei periodi freddi si estesero fino alla Pianura Padana betulle e altri alberi oggi tipici di climi più settentrionali.

8.3 L'evoluzione umana

Lo studio dell'evoluzione umana si prefigge di riconoscere, analizzare e stabilire i passi che hanno portato alla nascita della specie *Homo sapiens*, alla quale tutti noi apparteniamo. Questo studio è basato soprattutto sul ritrovamento di reperti fossili e, più recentemente, ha cominciato ad avvalersi anche degli studi di genetica. Proprio grazie al confronto tra DNA sappiamo che la specie più prossima alla nostra è lo scimpanzè. Dallo studio dei fossili invece si ritiene che l'antenato comune più recente tra noi e lo scimpanzè sia *Sahelanthropus tchadensis*, una scimmia vissuta approssimativamente 7 Ma fa, i cui resti fossili vennero ritrovati nel 2001 sulle rive del lago Ciad.

Quali fossero i nostri successivi antenati e in che rapporti essi fossero è oggetto di acceso dibattito tra i paleoantropologi. Alcuni ritengono che la specie *Orrorin tugenensis*, soprannominato «Uomo del millennio» in quanto i resti sono stati trovati nel 2000 in Kenya, possa essere il nostro più antico antenato bipede. Questa scimmia visse circa 6 Ma fa. Altri scienziati ritengono invece che il ramo evolutivo che ha portato agli esseri umani sia proseguito con una delle specie appartenenti al genere *Australopithecus*.

In Africa sono stati ritrovati numerosi fossili appartenenti a questo genere. Tali reperti vengono ascritti a specie appartenenti sostanzialmente a due gruppi di australopitecine: uno con corpo robusto (da cui evolverà il genere *Paranthropus* che rappresenta un ramo dell'evoluzione che non conduce all'*Homo*) e un gruppo con corpo gracile. A quest'ultimo gruppo appartengono, tra le altre, la specie *Australopithecus afarensis* (la famosa «Lucy») e *Australopithecus africanus*, che per le sue caratteristiche si ritiene la candidata più indicata per stare sulla nostra linea evolutiva.

Qualunque fosse il nostro antenato, circa 2 milioni di anni fa egli diede origine alla prima specie del genere *Homo*. La specie *Homo habilis* viene riconosciuta come umana in quanto, pur essendo contemporanea a molte australopitecine, per la prima volta nel corso dell'evoluzione mostra un'espansione del cervello. Il genere *Homo* comprende almeno 4 specie (6 secondo alcuni). Quella successiva a *Homo habilis* è *Homo ergaster*, un ominide molto robusto vissuto in Africa meridionale fino a circa 1,4 Ma fa. Un'altra specie sua contemporanea, *Homo erectus*, mostra una serie di caratteri più affini ai nostri (ad esempio, denti più piccoli e capacità cranica maggiore). *Homo erectus* rappresenta la prima specie ominide a lasciare il continente africano. Fossili appartenenti a questa specie sono stati infatti ritrovati in Georgia, in Cina e in Indonesia e forme analoghe sono vissute anche in Europa. Presso la cittadina di Ceprano, nel Lazio meridionale, è stato trovato nel 1994 un cranio di uomo sepolto tra i resti della riva di un antico lago.

Inizialmente, in base ai primi dati geologici, il reperto, riferito a una forma precedente a *Homo sapiens*, venne datato a circa 800-900 000 anni fa, ma ricerche specifiche condotte nell'ultimo decennio in modo integrato da specialisti di più discipline (geologia, sedimentologia, geodinamica, analisi dei pollini, archeologia preistorica) hanno concluso che l'età dell'«uomo di Ceprano» è compresa tra 385 000 e 430 000 anni fa (fase calda dell'interval-

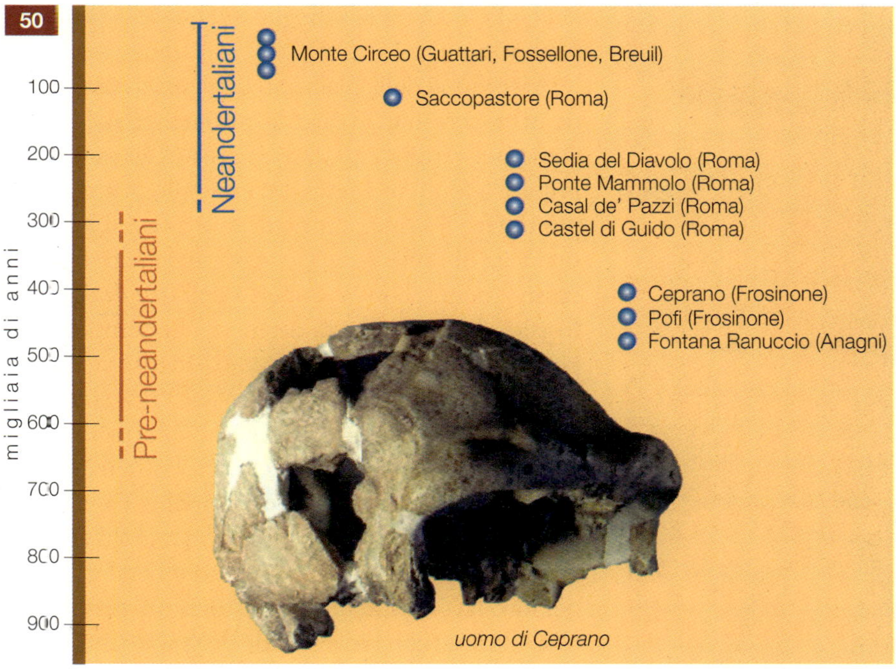

Figura 50
Cronologia dei fossili umani precedenti la comparsa di *Homo sapiens* rinvenuti in siti preistorici del Lazio (cerchietti blu). È rappresentato il cranio di *Homo* rinvenuto presso Ceprano, il più importante reperto fossile di uomo nel nostro Paese e uno dei pochi reperti che documentano l'aspetto fisico dei più antichi esseri umani che, circa un milione di anni fa, si diffusero nelle regioni mediterranee del continente europeo. Per i tratti molto arcaici alcuni autori riferiscono l'uomo di Ceprano a una forma pre-neandertaliana. (G. Manzi)

Figura 51
***Amigdala* in quarzite, del Paleolitico della Mauritania.** (G. Pinna, Milano)

lo isotopico marino M11; vedi l'Approfondimento delle conoscenze, *Stratigrafia isotopica*). Questo reperto rimane, comunque, uno dei più antichi fossili riferibili ai primi «europei» [Figura 50].

A partire da *Homo erectus* evolvette l'unica specie del genere *Homo* che non si sia estinta: *Homo sapiens*. I più antichi resti di *Homo sapiens* sono stati trovati sulle rive del fiume Omo, in Etiopia. Essi datano a circa 200 000 anni fa. Le caratteristiche di questi individui non erano ancora completamente uguali alle nostre, pertanto essi vengono indicati come esemplari arcaici. I cosiddetti *Homo sapiens* moderni, del tutto simili a noi, appaiono circa 100 000 anni fa. L'espansione degli esseri umani moderni in tutte le parti del pianeta ha di fatto determinato la scomparsa di tutte le altre specie appartenenti al genere *Homo*, tra le quali il ben noto *Homo neanderthalensis*, una specie europea e asiatica che convisse con noi fino a circa 24 000 anni fa.

8.4 Resti delle industrie umane

Ai depositi continentali del Quaternario sono spesso associate delle tipiche *industrie*, cioè giacimenti di prodotti o di residui di lavorazione dell'attività umana. Le più antiche sono quelle della *pietra scheggiata*. Venivano usati allora ciottoli di selce, una pietra dura dalla quale si ottenevano, con la percussione, lame, schegge a bordo tagliente, asce appuntite, punte di freccia ecc. L'età della pietra scheggiata si svolge per tutto il lungo periodo noto come **Paleolitico**, nel quale le varie industrie si distinguono con nomi specifici, derivati da quelli delle località sede dei ritrovamenti.

La capacità di scheggiare la pietra non è esclusiva dell'*Homo sapiens*. Nell'Africa centrale sono stati rinvenuti, in terreni di 1,8 milioni di anni fa, rudimentali utensili litici e resti di crani che sono stati attribuiti a *Homo habilis*.

A tempi meno antichi (all'incirca tra 1 000 000 e 400 000 anni fa) risalgono le industrie a grosse schegge del *Chelleano* (o *Abbevilliano*), atte a colpire anche grandi animali, e le *amigdale* («a forma di mandorla»), grandi quanto una mano [Figura 51], che venivano legate ad un bastone e usate per vibrare colpi che potevano sfondare il cranio agli animali da preda. In depositi più recenti si trovano manufatti di più accurata fattura (vi sono persino arpioni di osso per la pesca), come quelli rinvenuti in varie località della Dordogna (Francia), nella Valle di Neander (Germania) e, in Italia, a Saccopastore (Roma; datati tra 130 000 e 100 000 anni fa) e al *Circeo* (Lazio meridionale). Gli utensili erano stati prodotti da *Homo neanderthalensis*, e si ritrovano fino a circa 30 000 anni fa.

Alla parte finale del Paleolitico risalgono le prove della nascita di due importanti manifestazioni della cultura umana. Si sviluppano una forma di *religione* primitiva, su basi magico-rituali, e l'*arte*, con artisti chiamati di tribù in tribù ad incidere graffiti ed

Figura 52
Animali graffiti e dipinti dall'uomo del Paleolitico superiore nella grotta di Lascaux (Dordogna, Francia), conosciuta con l'appellativo di «Cappella Sistina della Preistoria». Per i colori venivano usati il nero fumo, l'ocra rossa e l'ocra gialla, impastati con il grasso degli animali.

eseguire dipinti in rosso, giallo e nero sulle pareti e sulla volta delle caverne, considerate come luoghi sacri di culto [Figura 52].

Ad un breve intervallo di transizione, detto **Mesolitico**, segue, a partire da circa 10 000 anni fa, il **Neolitico**, età della *pietra levigata*. Durante questo periodo si usavano rocce più tenere che venivano accuratamente lavorate ottenendone utensili i cui bordi erano mantenuti taglienti levigandoli con rocce più dure. Veniva ormai ampiamente usato anche l'osso, con le schegge del quale si facevano persino aghi per cucire.

Al termine delle glaciazioni, gli esseri umani sono ormai presenti in diversi continenti e si differenziano nei gruppi attuali. Ben presto, *Homo sapiens* impara a fondere e lavorare i metalli, prima quelli più teneri: il rame, circa 6000 anni fa, e il bronzo, una lega di rame e stagno, circa 5000 anni fa. Successivamente, con la scoperta dell'uso del carbon fossile, che permette di ottenere alte temperature per fondere i metalli, nel Medio Oriente si iniziò a fondere anche il ferro, a partire dal XII secolo a.C.

Dal momento in cui viene introdotta anche la produzione degli oggetti in argilla cotta è un rapido succedersi di culture protostoriche: l'agricoltura prende il sopravvento sulla caccia, molti animali vengono addomesticati e aiutano gli esseri umani nel loro lavoro. La lunga preistoria umana giunge così alla fine: con l'invenzione della scrittura siamo ormai giunti alle soglie della storia.

Il Fanerozoico, così ricco di testimonianze e di tracce, ci ha permesso di costruire strumenti mentali per indagare non solo il passato più remoto della Terra, ma anche per sondare il nostro futuro. L'ultima parte del Fanerozoico è anche il tempo in cui la vita, con l'uomo, ha iniziato a riflettere su se stessa; ultimo entrato in scena, l'uomo sta cercando il suo ruolo nei confronti del pianeta: conoscere meglio la nostra Terra è la sola via per viverci meglio e per lasciarci vivere quelli che verranno dopo di noi.

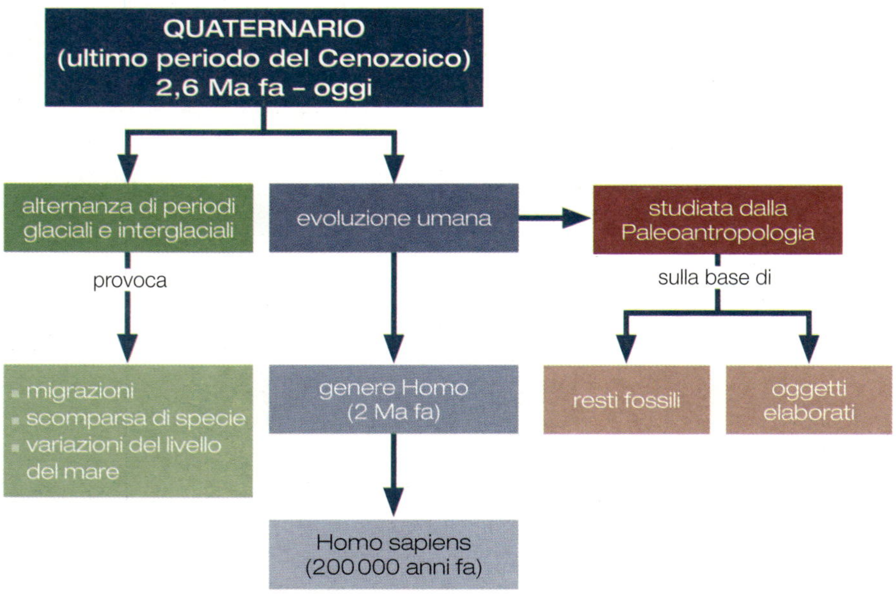

QUESITI

1. Completa.
   Il Quaternario è l'ultimo .... del Cenozòico ed è iniziato .... di anni fa.
2. Nel Quaternario si sono succedute almeno
   A 3 età glaciali.
   B 4 età glaciali.
   C 5 età glaciali.
3. Vero o falso?
   Homo neanderthalensis e Homo sapiens hanno convissuto per più di 100 000 anni.
   Motiva la risposta.
4. Che cosa sono le glaciazioni? Per quali ragioni si verificano?
5. Quali sono le principali conseguenze ambientali di una glaciazione?
6. Quali sono le principali «tappe» dell'evoluzione umana?
7. Quali sono le principali «tappe» dell'evoluzione delle industrie umane?

Stratigrafia isotopica

Abbiamo già parlato dell'uso di isotopi instabili per datazioni radiometriche (vedi il paragrafo 2.1), ma esistono anche isotopi stabili di diversi elementi che vengono impiegati per ricostruzioni di caratteristiche ambientali del passato, in base alle quali è stato possibile comporre una scala stratigrafica confrontabile con le altre, già viste, che si basano sulla successione di eventi paleomagnetici (vedi capitolo 5, figura 12) o sulla successione dei fossili (biostratigrafia).

L'ossigeno è uno di questi elementi. In natura, è presente con tre diversi isotopi (^{16}O, ^{17}O, ^{18}O), due dei quali sono molto più abbondanti dell'altro. Il rapporto tra le abbondanze reciproche di questi due isotopi è un valore notevolmente costante in tutti gli oceani, nelle cui acque l'ossigeno compare in numerosi composti sciolti in soluzione. Negli oceani attuali la quantità totale di ossigeno presente è formata dalle seguenti percentuali isotopiche:

^{16}O (ossigeno 16), pari al 99,76% di tutto l'ossigeno presente;
^{18}O (ossigeno 18), pari allo 0,2%

(il resto, in quantità minima, è costituito dall'ossigeno 17).

Nei mari attuali il rapporto tra i due isotopi $^{18}O/^{16}O$ (indicato come $\delta^{18}O$[1]) è quindi 1/500 e lo stesso rapporto si trova nei gusci di $CaCO_3$ (carbonato di calcio) che molti organismi marini si costruiscono prelevando gli elementi necessari dall'acqua del mare; i gusci conservano, perciò, l'«informazione». Questa è la situazione attuale: ma il chimico Harold Hurey, verso la metà del secolo scorso, dimostrò che tale rapporto dipende dalla temperatura dell'acqua al momento della precipitazione chimica del $CaCO_3$ e la scoperta aprì una strada inaspettata. Pochi anni dopo, il geologo italiano Cesare Emiliani raccolse numerosi dati sul valore del rapporto $^{18}O/^{16}O$ misurato nei gusci calcarei di foraminiferi planctonici (minuscoli protozoi che popolano le acque marine superficiali), presenti in sedimenti fossili depostisi sul fondo del mare negli ultimi 150 000 anni: il valore del rapporto isotopico mostrava numerose oscillazioni. Lo studioso interpretò tali variazioni come conseguenza di cambiamenti della temperatura delle acque in cui erano vissuti i foraminiferi, dovute a vere e proprie oscillazioni climatiche, le stesse che avevano prodotto le fasi glaciali.

Il meccanismo è il seguente. In condizioni «normali» l'ossigeno dell'acqua che evapora continuamente dagli oceani è formato in prevalenza da ^{16}O (per la sua più elevata tensione di vapore): come conseguenza aumenta indirettamente negli oceani la quantità di ^{18}O. Il rapporto «standard» viene, però, continuamente ristabilito con il ritorno al mare dell'isotopo ^{16}O attraverso le precipitazioni e il successivo scorrimento fluviale [Figura 53A]. Tuttavia, se il clima comincia a cambiare e inizia una fase glaciale, l'isotopo ^{16}O, evaporato, non torna agli oceani, ma rimane in gran parte «bloccato» nelle calotte glaciali e nei ghiacciai. Durante una fase glaciale, perciò, negli oceani rimane più alto il rapporto $^{18}O/^{16}O$ e il dato viene «registrato» dalla composizione dei gusci degli organismi che vivono in quel periodo [Figura 53B].

L'interpretazione è stata confermata da numerose ricerche successive, con l'esame di sedimenti pelagici da sondaggi («carote») effettuati sui fondali di diversi mari, che hanno messo in evidenza come le variazioni del rapporto isotopico negli oceani siano globali e sincrone, come è provato da dati paleomagnetici e datazioni radiometriche rilevati sui medesimi sedimenti.

Le variazioni nel tempo del $\delta^{18}O$, rappresentate con grafici continui che presenta-

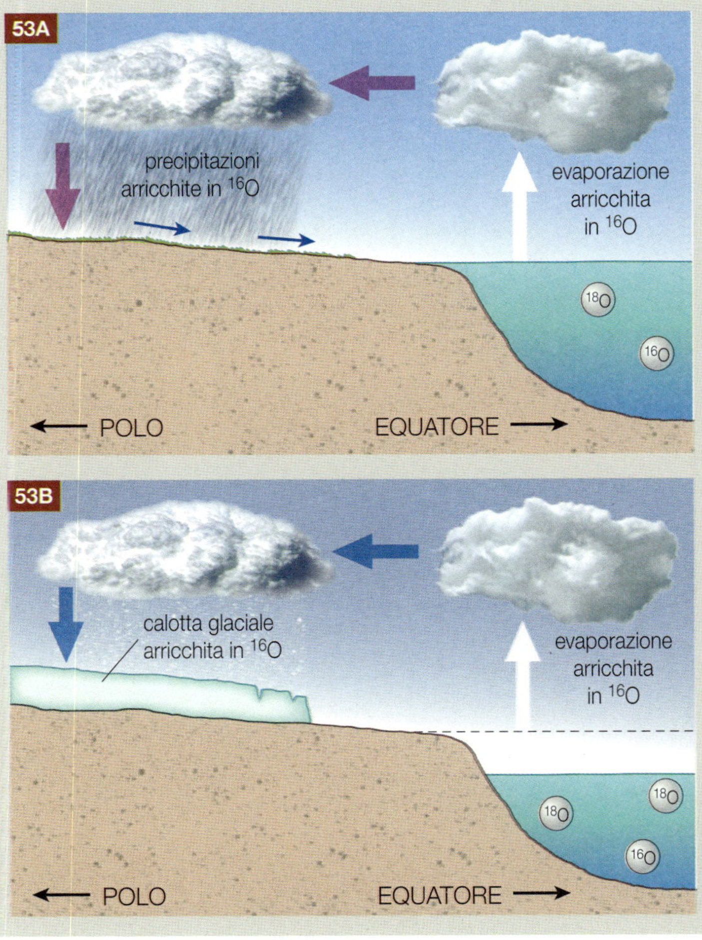

(¹) Si ricorda che il simbolo δ (delta) è usato per indicare la differenza tra due valori della stessa grandezza.

Figura 53
Variazione del rapporto $^{18}O/^{16}O$ nell'acqua del mare nell'alternarsi dei periodi interglaciali e glaciali.
A. Durante gli interglaciali le molecole dell'acqua con ^{16}O evaporano più facilmente e il mare si arricchisce indirettamente di ^{18}O. Le precipitazioni, però, restituiscono alla superficie l'acqua arricchita di ^{16}O, che ritorna al mare, per cui in definitiva il rapporto non si modifica.
B. Durante i periodi glaciali l'acqua arricchita in ^{16}O rimane «bloccata» nelle calotte glaciali e, come conseguenza, i mari si arricchiscono via via di ^{18}O: l'incremento dell'isotopo pesante, il $\delta^{18}O$, viene «registrato» dai gusci carbonatici che si formano in quel periodo.

54

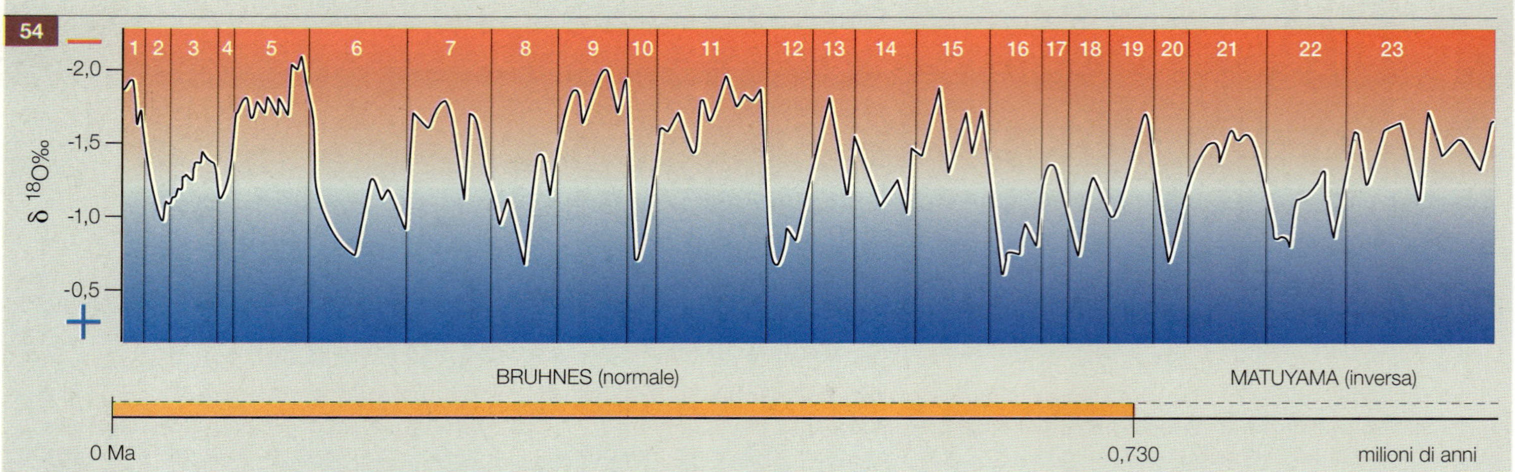

Figura 54
***Stadi isotopici* dell'ossigeno nel Quaternario.** La curva descrive le variazioni del $\delta^{18}O$ nel corso degli ultimi 900 000 anni circa; i valori sono espressi in unità per mille (‰) rispetto a uno standard di riferimento. I numeri in alto si riferiscono agli *stadi isotopici*. In basso è riportato, per confronto, il tratto corrispondente della Scala paleomagnetica, con le età in milioni di anni. (Fonte: Rey J., 1997, con semplificazioni)

no numerosi picchi e valli, hanno permesso di individuare un'alternanza di intervalli con rapporti $^{18}O/^{16}O$ alti e bassi, denominati *stadi isotopici*, numerati progressivamente da oggi indietro nel tempo [Figura 54]. Gli stadi con numero pari, cioè quelli con arricchimento di ^{18}O, corrispondono a periodi con estesi volumi di ghiacci (decine di milioni di km^3), gli stadi dispari corrispondono a periodi con volumi glaciali minimi, come l'attuale (numerato con 1), che indica un periodo *interglaciale caldo*.

I limiti tra stadi isotopici sono stati posti a metà strada tra i valori $\delta^{18}O$ massimi e minimi, per cui gli stadi indicano una successione di fasi climatiche; le più importanti tra queste, per valori e durata, corrispondono alla classica successione di quattro intervalli glaciali e quattro interglaciali previsti dalla *curva di Milanković* e riconosciuti dai geologi specialisti delle Alpi nello studio dei depositi e delle morfologie di terreno.

L'intero processo che ha portato alle oscillazioni del $\delta^{18}O$, qui riassunto in breve e in modo schematico, è nella realtà piuttosto complesso e deve tener conto di numerosi parametri, di situazioni locali (come i mari chiusi, con limitato rimescolamento delle acque) e di limitazioni per alcuni aspetti biologici. Tuttavia, il metodo degli isotopi dell'ossigeno è risultato di grande importanza ed efficacia negli studi paleoambientali, soprattutto nella paleo-oceanografia. L'integrazione con la *stratigrafia paleomagnetica* e con la *biostratigrafia*, basata sui fossili, ha permesso di ricostruire l'evoluzione climatica del Quaternario, mentre l'estensione delle analisi fino al Cretacico superiore ha messo in evidenza il progressivo raffreddamento delle acque dell'Atlantico negli ultimi 70 milioni di anni (cioè nell'Era cenozoica), con il brusco ulteriore raffreddamento verificatosi alla fine del periodo Pliocene [Figura 55].

Gli stadi isotopici più recenti sono ricchi di eventi. Dopo l'ultimo massimo glaciale (16 000-20 000 anni fa) è iniziato il riscaldamento climatico, con scioglimento delle vaste calotte glaciali polari e conseguente aumento del livello del mare (circa 100 metri lungo le coste tirreniche). Ma il riscaldamento non è stato continuo: circa 12 500 anni fa si è avuto un breve periodo di raffreddamento (durato un migliaio di anni), con arresto della risalita del livello del mare. L'evento, definito il «colpo di coda» dell'ultima glaciazione, è noto come «Dryas recente», dal nome di un fiore di ambiente artico (*Dryas octopetala*) che nei periodi freddi aveva esteso il suo areale di diffusione verso Sud, per ritirarsi verso Nord negli interglaciali. Di quell'evento, registrato come un'oscillazione minore nello stadio isotopico 1, possiamo ancora trovare un'ultima eco: in plaghe isolate sui rilievi alpini e anche lungo i crinali dell'Appennino, fiorisce ancora la piccola *Dryas*, i cui antenati sono stati trovati dai geologi allo stato fossile in depositi di tundra delle Alpi, che risalgono a quando condizioni climatiche fredde avevano favorito una diffusa migrazione di quella flora fino alle nostre latitudini.

55

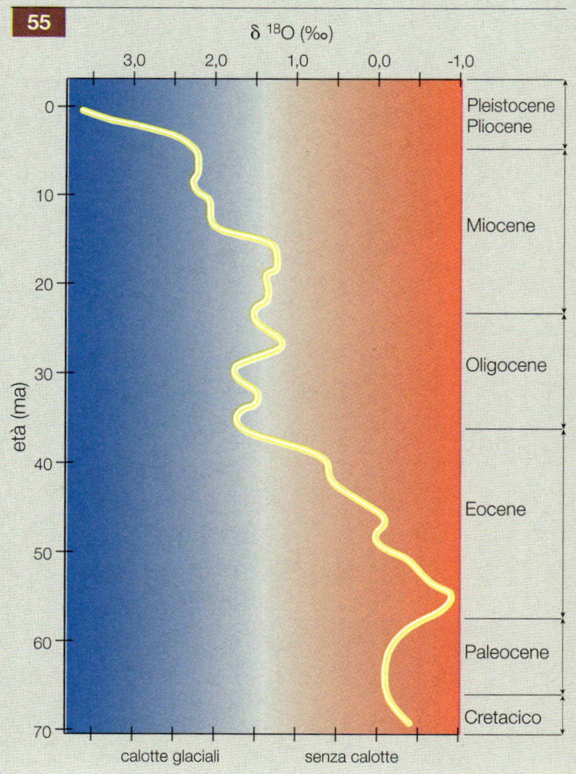

Figura 55
Curva delle variazioni del $\delta^{18}O$ nel corso dell'Era cenozoica. Le analisi hanno preso in esame gusci di *foraminiferi bentonici* (cioè che vivono sul fondo del mare), contenuti in sedimenti dell'Oceano Atlantico e prelevati con sondaggi. I valori del $\delta^{18}O$ sono espressi in frazioni per mille dello *standard*, riferito alla composizione media attuale dell'acqua di mare aperto; per esempio: $\delta^{18}O = 3$, vuol dire che i gusci esaminati sono più ricchi in $\delta^{18}O$ del 3 per mille rispetto al valore standard.

9 Storia della Terra: un quadro sinottico

A questo punto del nostro lungo viaggio nel tempo, cerchiamo di «raccogliere le idee». Lo faremo con la *tavola sinottica* che compare nelle due pagine che seguono; le cui diverse parti permettono di seguire meglio le successioni di eventi dal cui intreccio risulta formata la storia della Terra. Questo commento servirà da guida alla lettura della tavola.

Il nostro pianeta si può considerare un *sistema integrato*, cioè un insieme di componenti che interagiscono strettamente tra loro attraverso una complessa serie di processi fisici, chimici e biologici. La presentazione di tali componenti «disaggregate» in colonne distinte rischia, perciò, di essere fuorviante, se non si procede a una lettura integrata della tavola, cioè in orizzontale (secondo gli intervalli scanditi dalle linee) e dal basso verso l'alto (secondo il progredire del tempo).

La scala dei tempi è molto dilatata per l'Era cenozoica e fortemente contratta per le ere precambriane (al di sotto della linea bianca ondulata che interrompe tutta la tavola e che segna il cambio di scala).

Litosfera. Viene schematizzata la progressiva trasformazione del pianeta, dalla fase di aggregazione di polveri, gas e ghiacci all'individuazione di un nucleo avvolto da un mantello, fino all'attivarsi della Tettonica delle placche.

Le colonne **Attività orogenica globale** e **Attività vulcanica** mettono in evidenza la maggiore o minore intensità dei due processi a seconda dei movimenti delle placche.

Idrosfera. Il livello medio dei mari ha subìto ripetute fluttuazioni, sia per *variazioni del volume dell'acqua oceanica* (per esempio, per il formarsi o il fondersi dei grandi ghiacciai continentali), sia per *variazioni nella capacità volumetrica dei bacini oceanici* (per l'accumulo dei prismi sedimentari e per le variazioni del volume delle dorsali oceaniche, più o meno «gonfie» in funzione di maggiori o minori velocità di espansione).

Nella colonna **Variazioni relative del livello del mare** la curva indica, in modo semplificato, numerosi cicli di innalzamento e abbassamento del livello del mare rispetto al livello medio attuale.

Nella colonna **Principali glaciazioni** compaiono gli eventi per i quali sono state raccolte testimonianze di attività glaciale.

Atmosfera. L'evoluzione dell'involucro gassoso è descritta attraverso due aspetti fondamentali.

La colonna **Variazione della temperatura** mostra le oscillazioni della temperatura media globale in superficie, in confronto alla media attuale. Le variazioni climatiche, con la loro interferenza su altri processi (come l'erosione), mostrano l'influenza dell'energia solare nel delicato equilibrio dinamico che governa il pianeta.

La colonna **Variazione dei principali componenti** riassume il passaggio dall'*atmosfera primordiale* alla *nuova atmosfera* (secondaria), formata dall'accumulo di gas liberati dall'attività vulcanica, e mostra il modificarsi di questa atmosfera da *riducente* a *ossidante*, con l'immissione di quantità via via crescenti di ossigeno prodotto dalla comparsa di organismi aerobi fotosintetici. Con l'aumento dell'ossigeno si è formata la *fascia dell'ozono*, mentre l'anidride carbonica, all'inizio abbondante, è andata riducendosi a tracce minime.

Biosfera. Nella colonna **Eventi biologici**, accanto alle segnalazioni di comparsa e diffusione dei principali gruppi di organismi, si è voluto dare particolare risalto alle *estinzioni in massa*, come momenti ricorrenti nella storia della biosfera.

Nella colonna **Faune e flore più significative** si è tentato di dare un'immagine visiva delle associazioni di forme viventi che hanno caratterizzato i diversi periodi della storia della Terra (lettura «orizzontale»); contemporaneamente, si è cercato di suggerire alcune linee di evoluzione delle forme nel tempo (lettura «verticale»). Come esempio di lettura orizzontale si osservi il periodo Giurassico, caratterizzato dalla diffusione di gimnosperme, esacoralli, ammoniti, rettili erbivori, rettili alati e primi uccelli. Come esempio di lettura verticale si provi a seguire, sulla destra della colonna, la successione che nell'Era paleozoica porta dai pesci primitivi ai crossopterigi, agli anfibi e ai rettili, e che prosegue poi nel Mesozoico da un lato verso la grande differenziazione dei rettili e lo sviluppo degli uccelli, dall'altro verso la comparsa dei mammiferi.

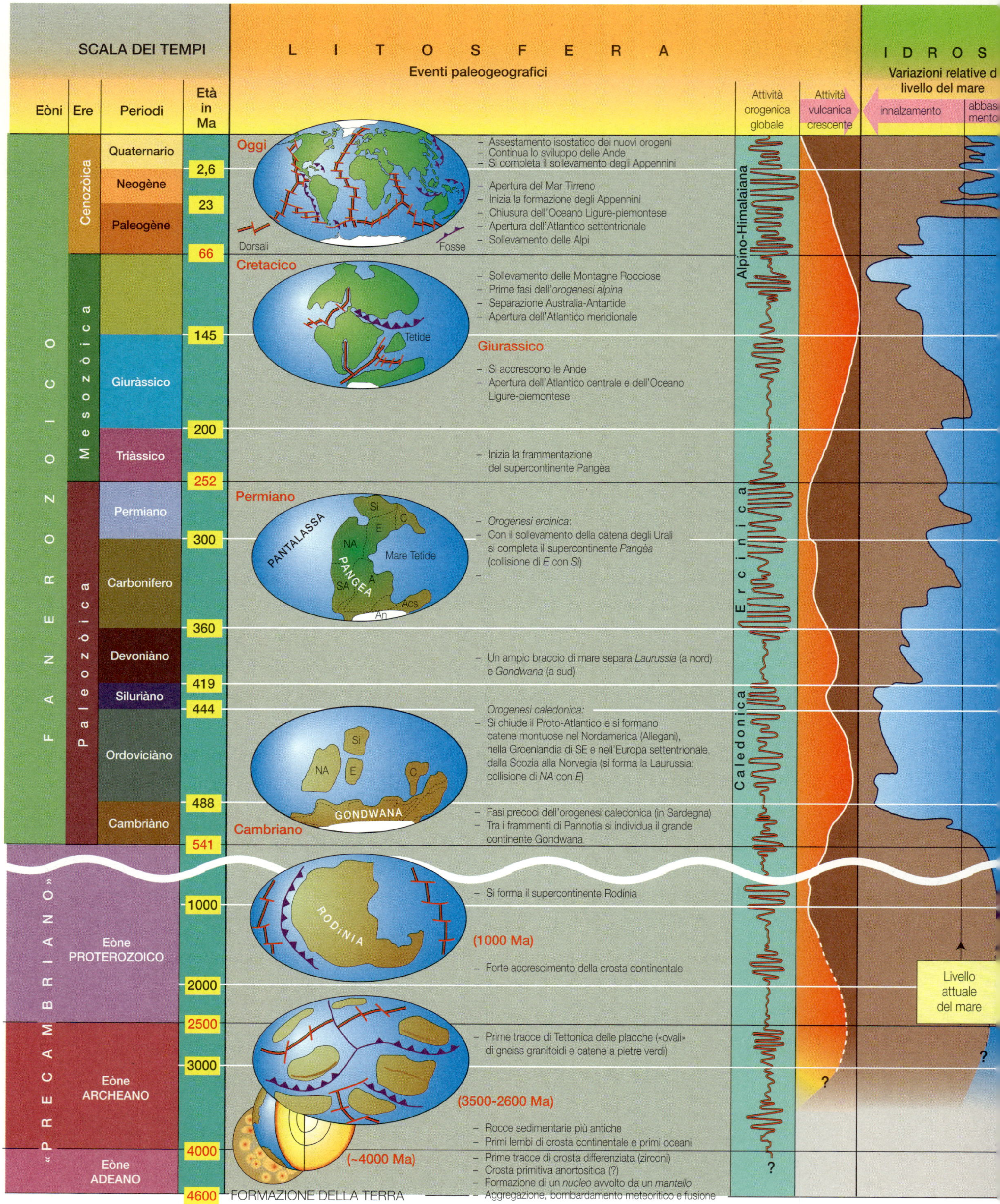

Tavola sinottica dell'evoluzione nel tempo della Terra. La storia del nostro pianeta è quella di un complesso *sistema integrato*, che risulta dalla stretta interferenza di alcune componenti fondamentali, qui sintetizzate nei quattro «involucri» che lo costituiscono: la Terra solida (indicata in modo semplificato come *litosfera*), l'insieme delle acque marine e continentali (*idrosfera*), la copertura di gas e vapori (*atmosfera*) e la biomassa, cioè l'insieme degli organismi viventi (*biosfera*). L'aspetto del pianeta è, perciò, il risultato di un equilibrio dinamico regolato da numerosissime variabili collegate che, con le loro variazioni, ne hanno determinato – e ne determinano tuttora – continue trasformazioni.

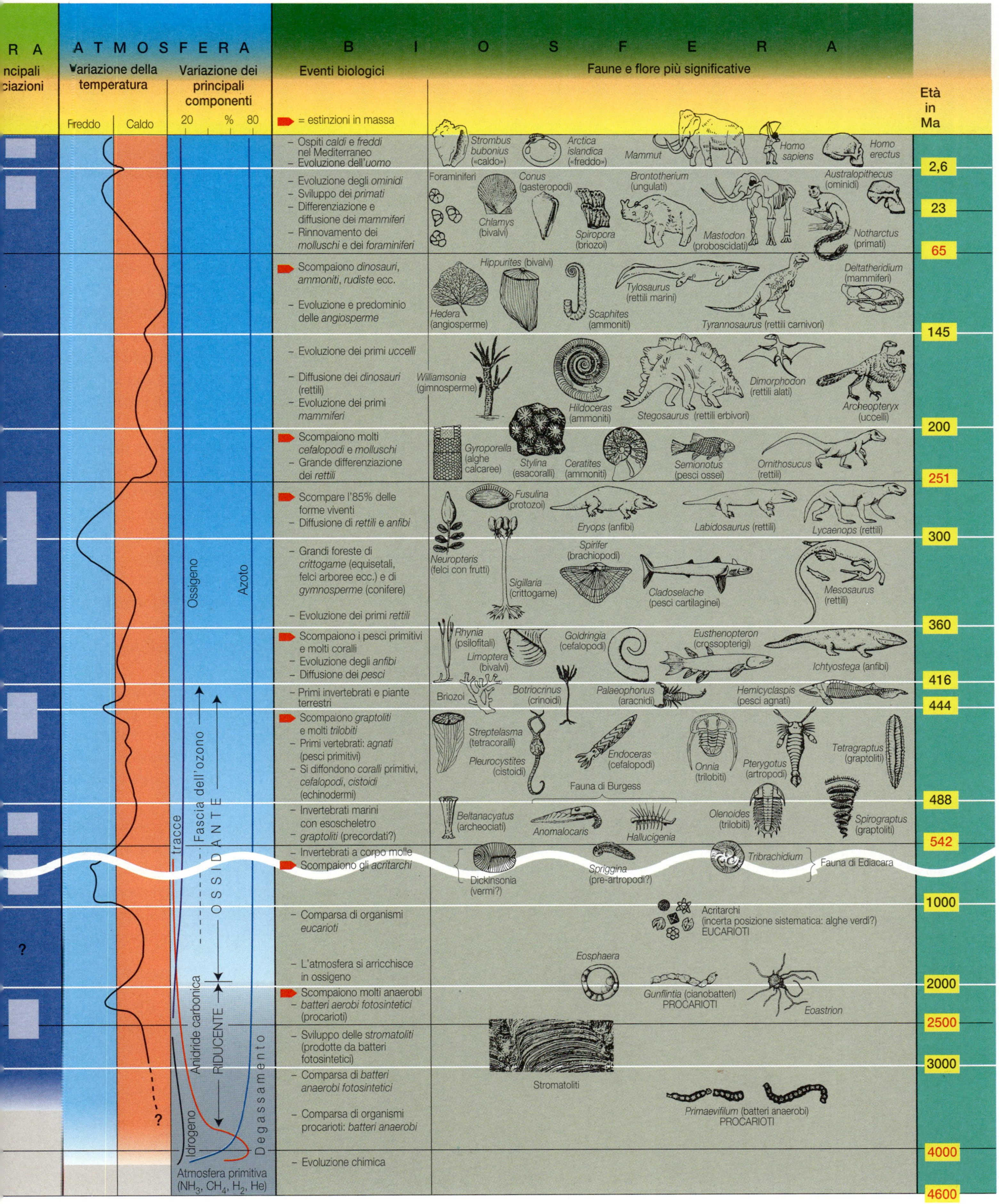

Fonti: Gould J.L., Gould C.G., *Life at the Edge, Reading from Scientific American*, Freeman and C., New York, 1989.
Raffi S., Serpagli E., *Introduzione alla Paleontologia*, Scienze della Terra, UTET, 1993.
Haq B.U., Hardenbol J., Vail P.R., «Chronology and fluctuating sea levels since the Triassic», *Scienze*, **235**, 1987.
Frakes L.A., *Climates throughout geologic time*, Elsevier, Amsterdam, 1979.
Cloud P., *Oasis in the space. Earth history from the beginning*, W.W. Norton & Company, New York-London, 1988.
Stanley S.M., *Eart System History*, 3ª ed., W.H. Freeman and C., New York, 2009.

10 Storia geologica del territorio italiano

La struttura geologica dell'Italia è il risultato di vicende verificatesi sostanzialmente nel corso degli ultimi 230 milioni di anni della storia della Terra, un intervallo di tempo che può sembrare lungo, ma che è appena 1 / 20 dell'età del nostro pianeta. Non mancano affioramenti di rocce più antiche in Sardegna e nelle Alpi Orientali, ma i frammenti di storia geologica che tali rocce permettono di ricostruire riguardano le vicende che hanno portato alla formazione dell'attuale Europa centrale e di parte dell'odierna Africa settentrionale (orogenesi caledonica ed ercinica): tali vicende, concluse alla fine dell'Era paleozoica, si possono considerare l'«antefatto» della storia geologica dell'Italia.

Iniziamo a descrivere l'evoluzione geologica che ha portato alla formazione dell'Italia partendo dalla distribuzione delle terre emerse e dei mari alla fine dell'Era paleozoica. Allora si era conclusa la formazione del «supercontinente» Pangèa, circondato da un unico, vasto oceano. Una parte di questo oceano costituiva la Tètide, che penetrava, con un ampio golfo, nel settore orientale del Pangèa, all'incirca a cavallo dell'Equatore (vedi di nuovo la figura 31).

All'inizio dell'Era mesozoica il Pangèa comincia a frammentarsi in blocchi continentali che si allontanano l'uno dall'altro. Come conseguenza, le coste vengono invase dalle acque e sugli antichi depositi continentali si accumulano grossi spessori di sedimenti marini.

Nel corso del Mesozoico la frammentazione del Pangèa si completa e i movimenti delle nuove placche portano alla graduale separazione del continente di Gondwana da quelli eurasiatico e nordamericano. L'antica crosta continentale si assottiglia progressivamente e il mare si fa più ampio e più profondo, finché, alla fine del periodo Giurassico, il processo di apertura si completa con la comparsa sul fondo del mare di una fascia di profonde fessure, da cui traboccano grandi quantità di lave basaltiche. Si originano così anche vari tratti di una dorsale oceanica, il cui decorso, all'incirca NE-SO, segna l'asse dell'Oceano Atlantico centrale e dell'Oceano Ligure-piemontese, in continua espansione. Le loro acque confluiscono in quelle del Pantàlassa, a ovest, e della Tètide, a Est [Figura 56].

L'Oceano Ligure-piemontese era compreso tra il bordo dell'Europa centrale (già formata alla fine dell'Era paleozoica) e la piccola placca Adria (da alcuni ritenuta una prosecuzione dell'Africa, appena coperta dal mare).

Lungo i margini dell'Oceano Ligure-piemontese si andavano accumulando due grandi prismi sedimentari (uno detto «europeo» e l'altro «africano»), separati dalla fascia di crosta oceanica comprendente la dorsale e coperta solo da un modesto spessore di sedimenti [Figura 57A].

Entro un'ampia fascia parallela alle coste si alternavano bassi fondali separati da lunghi bracci di mare più profondo. Sui bassi fondali si svilupparono vaste scogliere, i cui resti si trovano oggi, per esempio, nelle Dolomiti o nell'Appennino laziale-abruzzese-campano. Negli ampi spazi di ma-

Figura 56
150 Ma fa: la Tètide si espande verso Ovest per l'apertura dei nuovi oceani Atlantico centrale (AC) e Ligure-piemontese (L). S = futura Spagna.
La linea rossa al centro dei nuovi oceani indica la dorsale che produce nuova crosta; le linee con triangoli sono fosse di subduzione. Lungo i margini dei continenti separati dalle dorsali si accumulano prismi sedimentari. Adria, coperta da un mare basso, è il futuro *avampaese* adriatico.

56

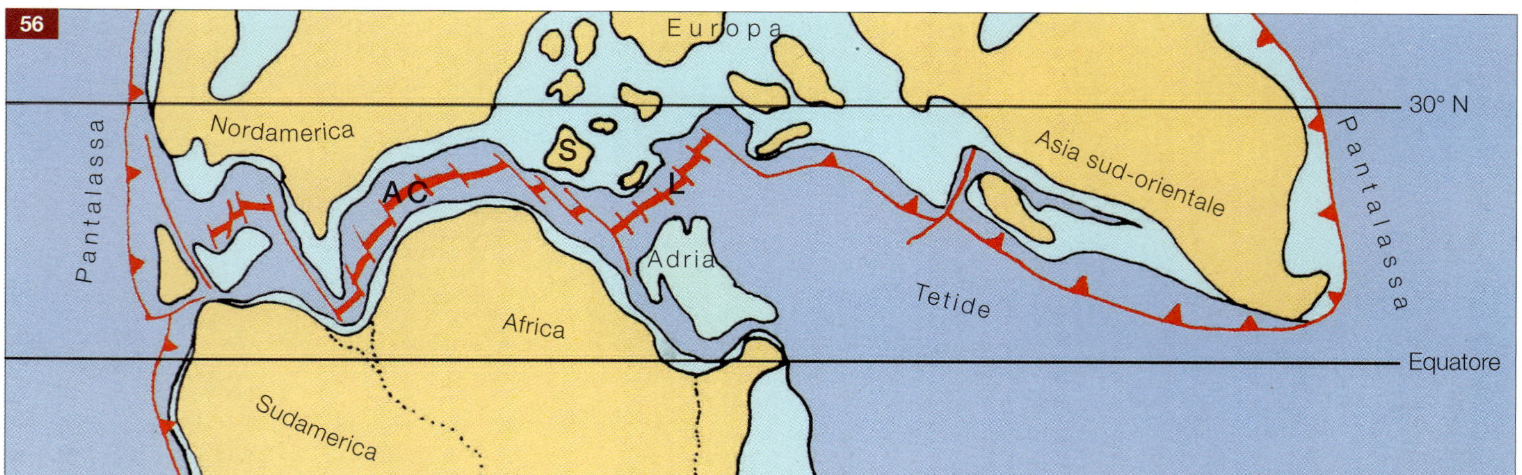

57A

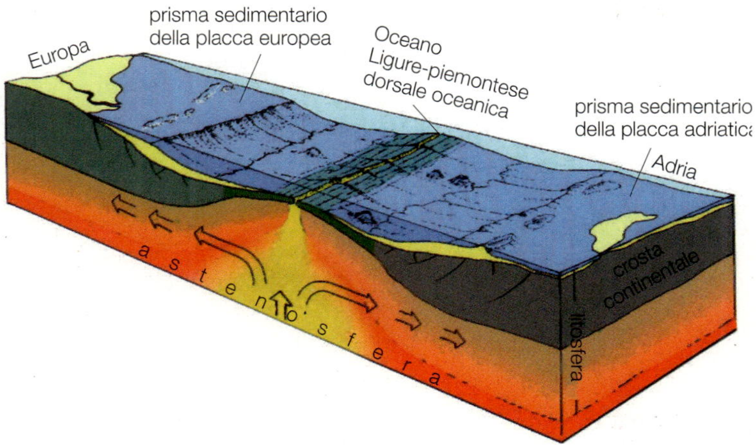

57B

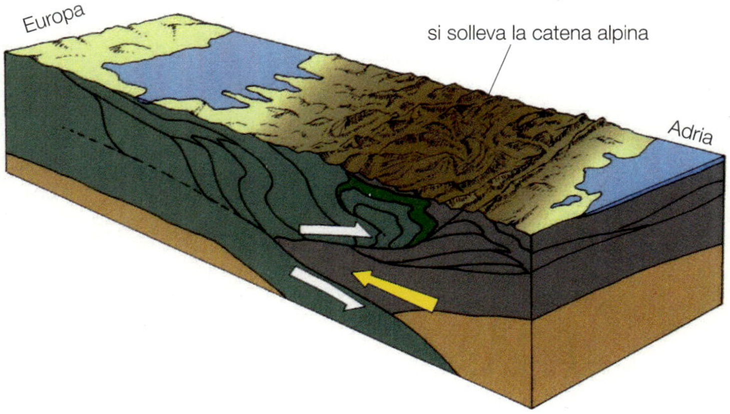

Figura 57 Ricostruzione paleogeografica (cioè «dell'antica geografia») di due momenti dell'evoluzione dell'Oceano Ligure-piemontese.
A. Fase di massima espansione, nel periodo Giurassico: al di sotto dell'oceano l'antica crosta continentale appare assottigliata e divisa in due settori (adriatico ed europeo), separati da crosta oceanica in continua formazione, a partire dalla dorsale oceanica. Lungo i margini dei due continenti si accrescono i prismi sedimentari.
B. Fase di chiusura, nell'Era cenozoica. Gran parte della crosta oceanica è sprofondata in subduzione nel mantello sotto Adria e i due continenti entrano in collisione. Adria sovrascorre verso Nord, incuneandosi in profondità nel margine europeo già deformato (freccia gialla): i prismi sedimentari si lacerano in ampie falde, che si accatastano fino a formare la nuova catena montuosa.

re più profondo che separavano e circondavano le scogliere si accumularono, nello stesso intervallo di tempo, rocce sedimentarie di diverso tipo (marne, argille, selce), con fossili di ambiente pelagico (come le ben note ammoniti). Questi tipi di rocce si trovano oggi, tra l'altro, nelle Prealpi lombarde e nell'Appennino umbro-marchigiano.

Nei settori dell'oceano più lontani dalle coste si deposero invece modesti spessori di sedimenti fini, in genere argillosi, con resti di organismi marini pelagici. Rocce derivate da quei sedimenti si trovano nell'Appennino tosco-ligure-emiliano e campano-lucano e nelle Alpi Occidentali.

La lunga fase di espansione dell'Oceano Ligure-piemontese ebbe termine circa 100 milioni di anni fa. Il continente africano, per il progressivo aprirsi dell'Oceano Atlantico meridionale (vedi ancora la figura 35B e C) cominciò a muoversi verso l'Eurasia, mentre sul fondo dell'Oceano Ligure-piemontese si originò una *fossa di subduzione*. Ebbe inizio, così, un processo di *collisione continentale*, che coinvolse ampiamente i due prismi sedimentari e la crosta su cui si erano accresciuti. Compresse lentamente in una formidabile morsa, le rocce sedimentarie dei prismi e quelle metamorfiche e magmatiche della crosta si frantumarono progressivamente in grandi scaglie, che scivolarono come *falde* di ricoprimento le une sulle altre, fino ad accumularsi in gigantesche pile [Figura 57B]. All'interno di questi ammassi rocciosi si aprivano la via, risalendo da zone profonde, grandi masse di magma. La crosta oceanica formatasi con l'espansione dell'Oceano Ligure-piemontese venne trascinata in gran parte in profondità, nel mantello, dalla subduzione. Alcuni lembi però, strappati via nella collisione, finirono anch'essi tra le falde, dove oggi li troviamo come *ofioliti* (o *rocce verdi*), sia nelle Alpi Occidentali, sia nell'Appennino tosco-ligure [Figura 58].

58

Figura 58 Ofioliti dell'Appennino in affioramento lungo la costa ligure, presso Levanto. Si riconoscono gli ammassi di lave basaltiche a cuscino, che rappresentano lembi della crosta dell'Oceano Ligure-piemontese. (G. Zanzucchi)

Figura 59
Evoluzione nel tempo e nello spazio del «sistema» catena-avanfossa-avampaese.

A. La catena comincia a formarsi per la spinta di forze che agiscono sulla crosta: grossi pacchi di rocce vengono spinti uno sull'altro (lungo superfici di taglio: linee rosse con piccole frecce). La pila di falde, che emerge dal mare, con il suo peso fa sprofondare la crosta e lungo il bordo della catena si forma una depressione invasa dal mare (*avanfossa*), in cui si accumulano sedimenti (in colore arancio). Più al largo, la crosta non ancora deformata rimane stabile e costituisce l'*avampaese*.
B. Le forze continuano la compressione: le vecchie falde si spostano più avanti e sormontano le nuove falde (costruite anche a spese dei sedimenti dell'avanfossa, che in tal modo si estingue). La catena, avanzando, fa sprofondare un altro settore dell'avampaese e si forma una nuova avanfossa, che raccoglie altri sedimenti (in colore giallo). L'avampaese si riduce ulteriormente. L'attuale crosta (di tipo continentale) al di sotto dell'Adriatico costituisce l'avampaese della catena appenninica, mentre la sua parte più vicina alle coste è l'avanfossa attuale, in lento sprofondamento, compensato dal continuo accumulo di sedimenti provenienti dallo smantellamento dei versanti orientali dell'Appennino: sono gli ultimi segni, come vedremo più avanti, dell'attività dell'orogeno.

59A

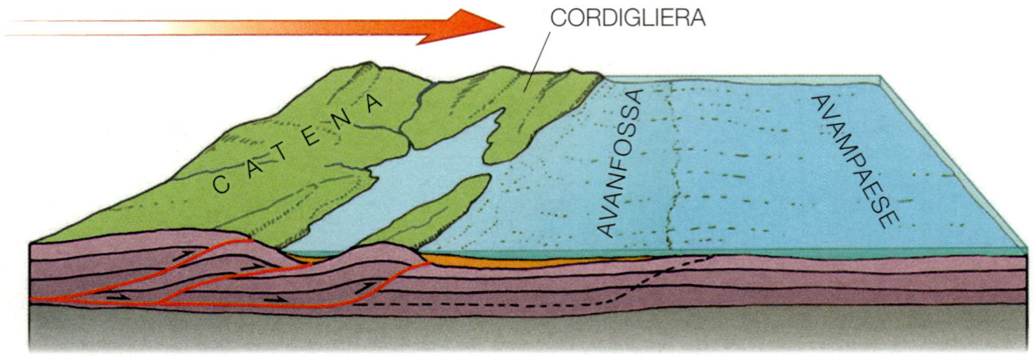

59B

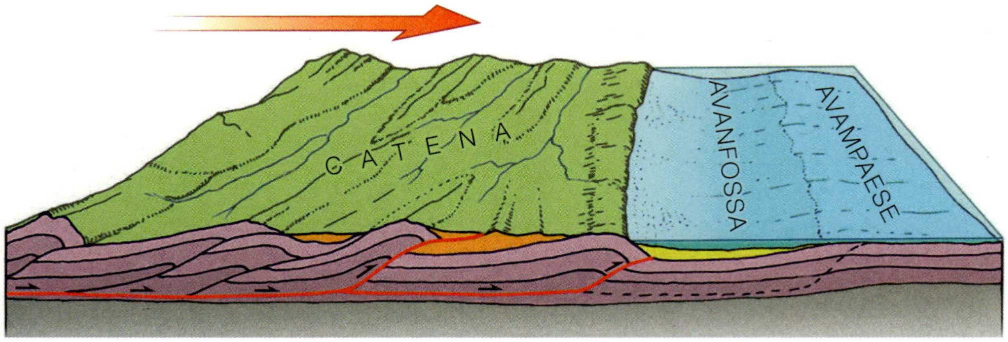

La fascia di crosta in corrispondenza della collisione aumentò di spessore e, a causa del conseguente *aggiustamento isostatico*, si sollevò, dando origine a nuove catene montuose, tra cui le Alpi e gli Appennini. Contemporaneamente, verso Est la collisione tra India e Asia, avvenuta lungo un'altra estesa fossa di subduzione, portava alla formazione delle catene himalayane (si riveda la figura 41).

Per poter comprendere meglio l'attuale struttura geologica dell'Italia dobbiamo tener presente come si sviluppa nel tempo la formazione di una catena montuosa da collisione continentale. Il suo sollevamento non si manifesta in un unico evento: l'analisi dettagliata delle deformazioni (faglie, pieghe, falde) che portano alla struttura dell'orogeno mostra, infatti, che non sono tutte contemporanee, ma sono scalate nel tempo e nello spazio, secondo il modello *orogeno-avanfossa-avampaese*, illustrato in modo schematico nella Figura 59.

Quando nell'ampio settore di crosta oceanica che separa due placche in collisione (si riveda il capitolo 5, paragrafo 8.2) cominciano a manifestarsi i primi sforzi della compressione, è solo una parte di quel settore che inizia a deformarsi, con la formazione di falde che sovrascorrono le une sulle altre seguendo la direzione delle spinte che agiscono. Si forma così una prima lunga «cordigliera» che emerge dal mare; nello stesso tempo, il peso dell'accumulo di falde fa sprofondare il settore di crosta contiguo e il fondo del mare si approfondisce, dando origine a quella che viene chiamata *avanfossa*. L'ampio settore più lontano dalla fascia deformata, chiamato *avampaese*, rimane «tranquillo» e su di esso prosegue la normale sedimentazione [Figura 59A], ma la compressione continua: la parte di orogeno già formata si sposta e la deformazione coinvolge come falde anche i depositi che stanno riempiendo l'avanfossa.

Il meccanismo si ripete più volte nel tempo [Figura59B], spostandosi verso l'avampaese (il quale, in pratica, si riduce un po' ogni volta che si forma un'avanfossa), mentre la catena si amplia per l'aggiunta di nuovi settori: il suo «fronte» avanza perciò in modo sostanzialmente continuo per molti milioni di anni, finché si completa la collisione tra i due continenti (o, più esattamente, tra le due litosfere continentali) e l'orogeno rimane come una *sutura* (si riveda il capitolo 5, figura 41).

Riprendiamo ora in esame la struttura dell'Italia e dei mari circostanti, facendo riferimento al *Modello geologico strutturale* schematizzato nella Figura 60, e cominciamo con l'osservare che in esso compare più volte il termine «avampaese». Ricordiamo che esso indica quella parte di crosta continentale verso la quale (e sulla quale), nel corso di una collisione, scivolano e si accatastano le falde. Nella figura compare un «Avampaese europeo», verso il quale si sono mosse le falde che formano le Alpi; ma compare anche un «Avampaese africano», strettamente collegato con un «Avampaese adriatico», verso cui risultano mosse le falde dell'Appennino e della Sicilia, del Sudalpino (Prealpi lombarde e venete, Dolomiti, Alpi Giulie) e delle Dinaridi. L'Avampaese adriatico, interpretato come un prolungamento di quello africano (chiamato perciò un tempo «Promontorio africano»), sembra piuttosto corrispon-

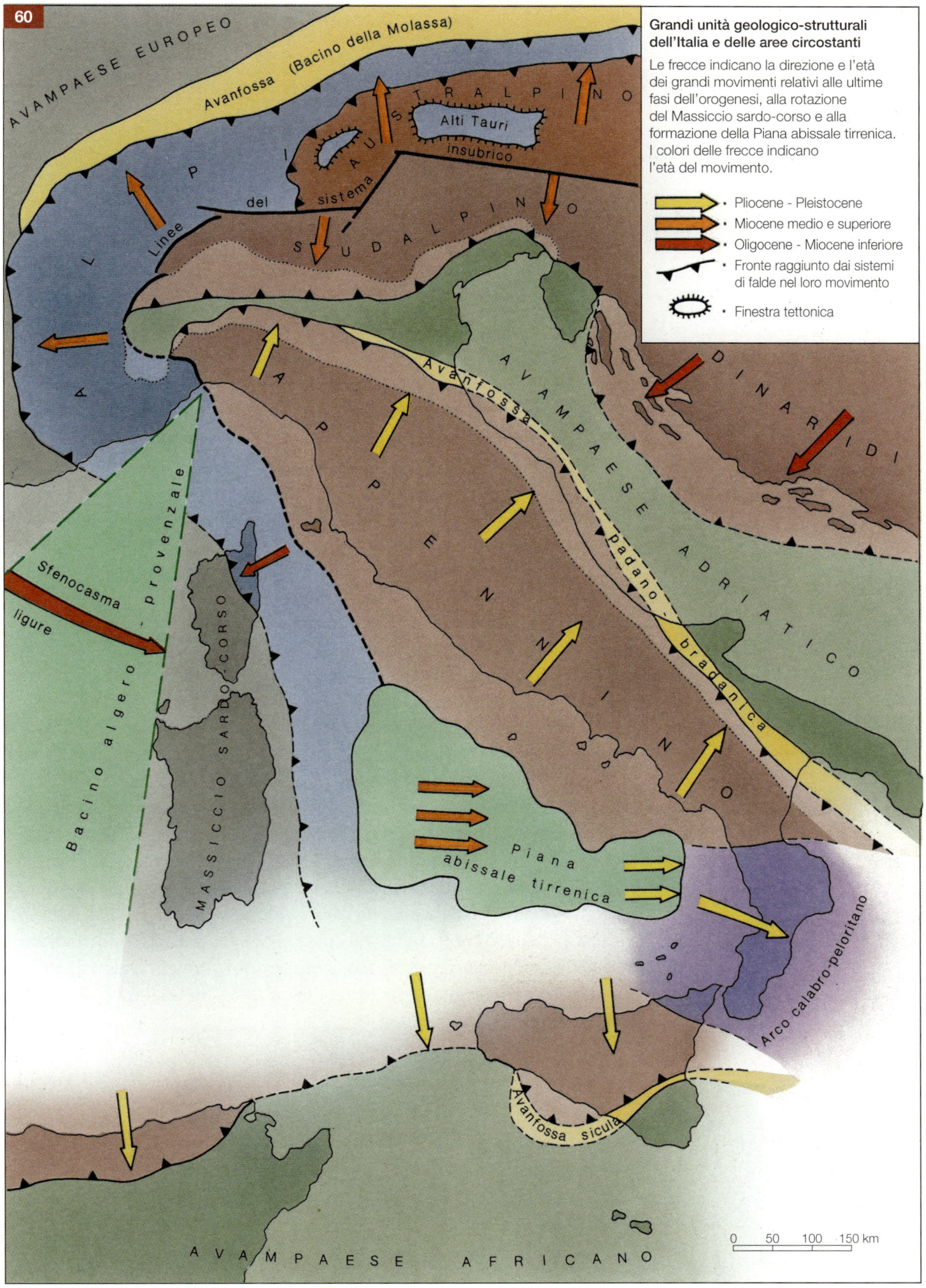

Figura 60
I differenti colori contraddistinguono le strutture geologiche che si sono via via affiancate nel corso dell'orogenesi. Si riconoscono l'Avampaese europeo e l'Avampaese africano-adriatico, le due avanfosse più recenti, in gran parte ricoperte dalle catene, e le due catene a falde, con le rispettive direzioni ed età di movimento (frecce). Le linee a punti delimitano la parte di strutture (a colori più tenui) sommerse dal mare o sepolte sotto sedimenti molto recenti.

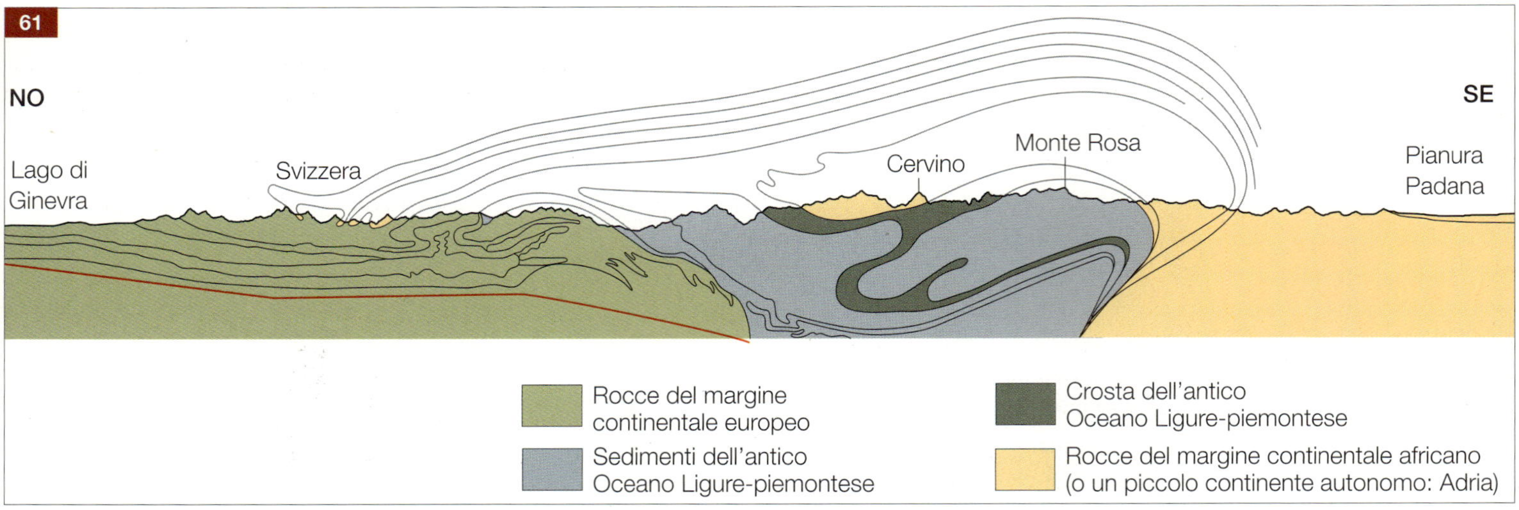

Figura 61
Una sezione geologica attraverso le falde delle Alpi occidentali. Dopo la collisione, la catena montuosa ha saldato, come una cicatrice, le due croste continentali europea e adriatica (rivedi anche il capitolo 2 paragrafo 3.4).

■ **Finestra tettonica** (**Tectonic window**) Parte interna di una falda che l'evoluzione ha inciso così profondamente da attraversarne tutto lo spessore e da mettere in luce i terreni sottostanti, quelli, cioè, su cui la falda è sovrascorsa. Può essere di grandi dimensioni, come la *Finestra degli Alti Tauri* (nelle Alpi orientali austriache), all'interno della quale affiorano oltre 150 kilometri di rocce su cui sono scivolati, muovendosi da Sud verso Nord, i terreni dei rilievi che circondano la catena degli Alti Tauri (vedi figura 60).

dere, come sopra ricordato, a una piccola placca indipendente, chiamata «Adria». I sedimenti che la ricoprono affiorano nell'Istria, nel Gargano e nella Penisola Salentina.

Poiché sono stati individuati due diversi avampaesi, si deve concludere che la collisione tra Europa e Africa ha originato due diverse catene: una scivolata verso l'Europa, l'altra verso l'Africa e l'attuale area adriatica. Più precisamente, il prisma sedimentario europeo è stato deformato per primo ed è stato spinto ad accavallarsi sopra il margine europeo, dove ha formato l'arco delle Alpi occidentali e la sua prosecuzione orientale, verso i Carpazi [Figura 61].

Mentre la catena alpina si stava sollevando, è iniziata anche la deformazione del prisma africano-adriatico, che è scivolato in falde sui margini dell'Avampaese africano-adriatico, formando la catena che comprende i rilievi costieri algerini e tunisini, i rilievi della Sicilia, l'Appennino, il Sudalpino e le Dinaridi. Le due catene risultano saldate da una poderosa «cicatrice», indicata nella figura 60 come «linee del sistema insubrico». Partendo da Est, il limite geologico tra strutture «europee» e strutture «africane» segue la Val Pusteria, prosegue lungo la Valtellina e piega poi verso Sud fino a raggiungere il Mar Tirreno, sul cui fondo proseguono le due catene.

Questa descrizione schematica delle due catene ha bisogno, però, di un'ulteriore spiegazione.

Gran parte dei rilievi dell'Australpino, pur trovandosi a Nord del sistema insubrico, sono formati da lembi di crosta e del prisma africano, scivolati verso l'Europa e al di sopra delle altre falde alpine. Questa sovrapposizione è messa in luce in modo spettacolare nelle **finestre tettoniche** degli Alti Tauri e dell'Engadina (si riveda la figura 60), due profonde lacerazioni nelle falde dell'Australpino, attraverso cui è possibile osservare le falde sottostanti. Anche nelle Alpi occidentali compaiono strutture analoghe. Nelle Alpi centrali, la poderosa mole del Bernina fa parte di una grande falda di crosta continentale «adriatica» scivolata da Sud verso Nord fino sul margine della crosta europea. Al di sotto di questa falda australpina si trova una grande falda formata da rocce metamorfiche di un lembo di mantello [Figura 62].

Figura 62
La struttura a falde delle Alpi centrali nel settore del Bernina. La linea rossa indica l'affioramento del piano di taglio lungo il quale masse di gneiss e di graniti della crosta continentale «adriatica» (A) sono scivolate verso Nord sopra rocce metamorfiche del mantello (M). (M. Parotto)

Alla collisione continentale si sono in seguito sovrapposti processi diversi, non ancora esauriti. A partire da circa 20 milioni di anni fa, un frammento dell'antico margine europeo si è staccato dal resto del continente ed è ruotato in senso antiorario (vedi di nuovo la figura 60): il fenomeno ha portato nella sua posizione attuale il Massiccio sardo-corso, che rappresenta perciò un lembo del continente europeo.

Successivamente, 7-8 milioni di anni fa, anche a Est del Massiccio sardo-corso la crosta ha cominciato ad assottigliarsi e a «distendersi». Si è formato così un altro bacino, il Mar Tirreno, che da allora in poi è in graduale ampliamento. Sul fondo della piana abissale i sondaggi effettuati da una nave oceanografica hanno individuato grandi spessori di lave basaltiche, la cui età è via via più recente andando dalla Sardegna alla Calabria: il settore sudorientale del Tirreno si è formato solo due milioni di anni fa.

Queste rotazioni ed espansioni di ampi settori di crosta hanno modificato e completato la struttura della catena appenninica. Così è avvenuto per i rilievi dell'«arco calabro-peloritano», le cui rocce hanno forti analogie con rocce delle Alpi, mentre sono nettamente diverse da quelle del resto dell'Appennino: essi rappresenterebbero un frammento di crosta europea spinto e ruotato fino a «incastrarsi» nella catena appenninica. Inoltre, questi movimenti sono ancora attivi: il Mare Adriatico, unica sezione nel Mediterraneo centrale che faceva parte dell'antico oceano, sembra destinato a scomparire con la progressiva saldatura tra Appennini e Dinaridi.

QUESITI

1. L'Oceano Ligure-piemontese si forma nel
   - [A] Cambriano.
   - [B] Devoniano.
   - [C] Giurassico.
2. Scegli l'alternativa corretta.
   Quando l'accumulo di falde che forma una catena montuosa fa sprofondare il settore di crosta contiguo si forma un **avanfossa/avampaese**, che con il tempo avanza sempre più verso l'**avanfossa/avampaese**.
3. Dove sono e a che periodo risalgono le rocce più antiche d'Italia?
4. Quali parti della nostra penisola si sono formate nel mare della Tètide?
5. Come e quando si sono formate le Alpi?
6. Quali importanti finestre tettoniche sono presenti nelle Alpi?

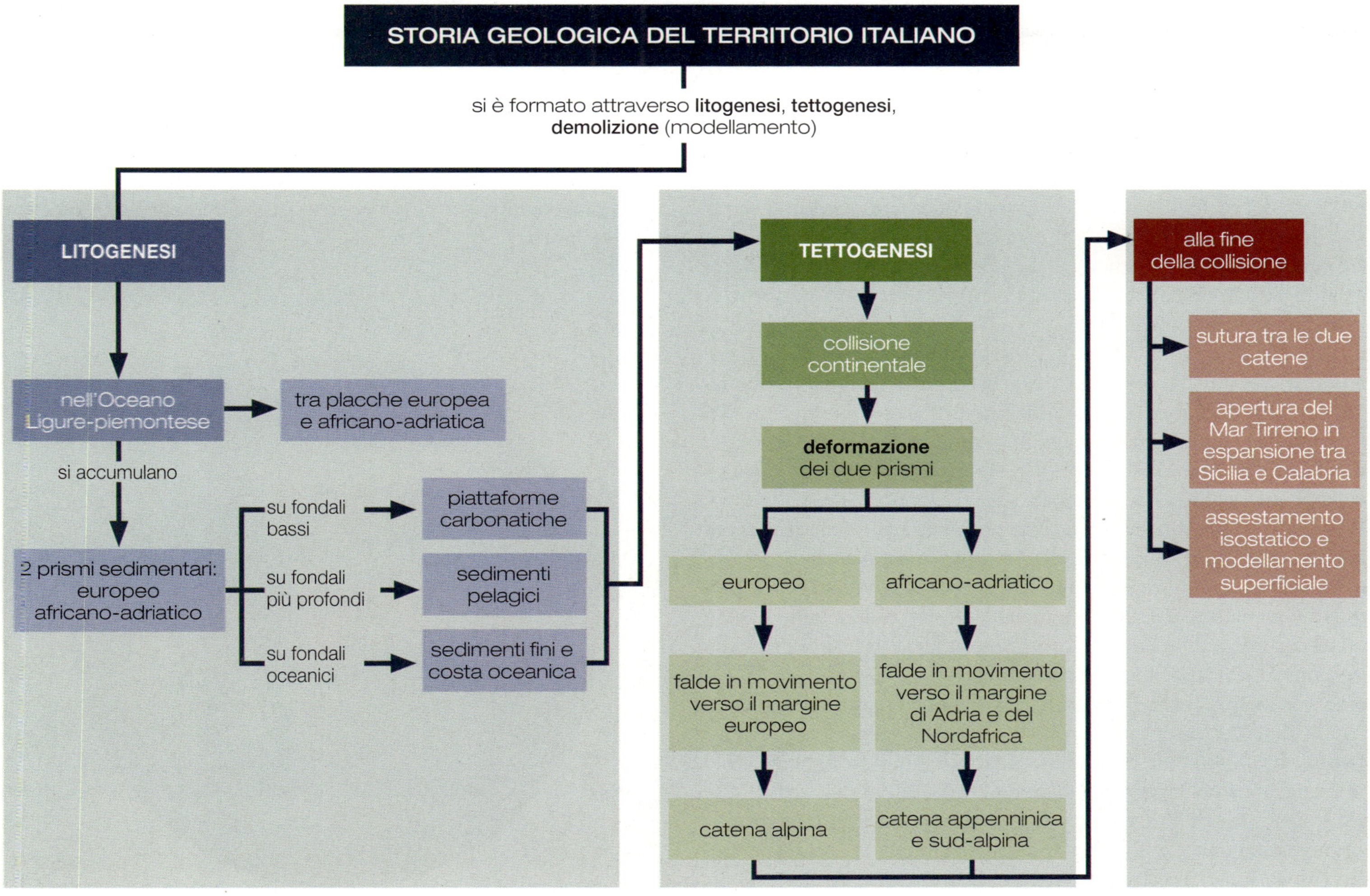

IN SINTESI

termini e concetti fondamentali

La storia della Terra: 4,6 miliardi di anni

■ La Terra è un **sistema integrato**, cioè un insieme di componenti che interagiscono attraverso processi fisici, chimici e biologici: **litosfera** (terra solida), **idrosfera** (acque), **criosfera** (ghiacci), **atmosfera** (gas) e **biosfera** (gli esseri viventi). L'assetto del pianeta è il risultato di un **equilibrio dinamico**, con scambi tra interno del pianeta, superficie, oceani e atmosfera.

■ La **Geocronologia** permette di stabilire un ordine tra le rocce che testimoniano i diversi eventi. Essa fornisce pertanto una datazione relativa.

■ La **Geocronometria** permette invece di determinare l'età assoluta in anni di una certa roccia. Ciò è possibile soprattutto grazie alle datazioni radiometriche, basate sul decadimento degli isotopi radioattivi.

■ La storia della Terra viene divisa in intervalli che compongono la **scala stratigrafica** (o scala dei tempi geologici).

■ Uno degli strumenti più importanti per datare gli eventi del passato sono i **fossili**, che permettono anche di ricostruire le tappe dell'evoluzione biologica.

■ La storia della Terra viene divisa in numerosi intervalli: i **periodi**, che vengono raggruppati in **ère**, che a loro volta formano quattro **eòni** principali. I primi tre eòni comprendono insieme circa 4 miliardi di anni e vengono indicati come Precambriano.

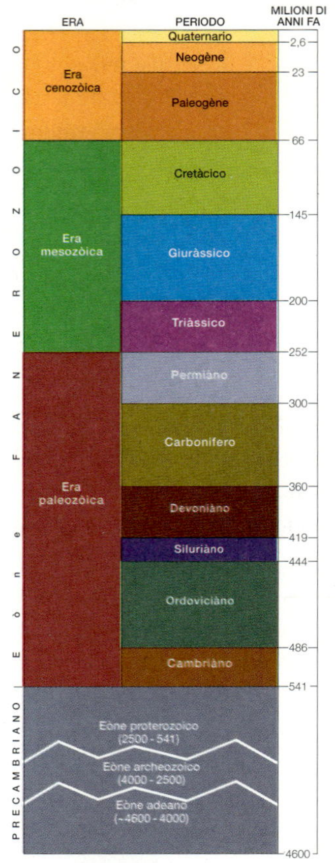

Il Precambriano

■ Il Precambriano comprende tre eòni.

■ Nell'**Eòne adeano** (4600 - 4000 Ma fa) avviene la formazione del pianeta per aggregazione di planetesimali, la differenziazione del nucleo e del mantello e la solidificazione di una prima crosta terrestre di natura basaltica.
Comincia a formarsi anche qualche lembo di **crosta differenziata**, granitoide, simile all'attuale crosta continentale: sono stati trovati grandi minerali di 4400 Ma fa.

■ Nell'Adeano si forma una densa **atmosfera** ricca di elio, azoto, anidride carbonica e vapore acqueo, ma priva di ossigeno. Si forma anche l'**idrosfera**, per la condensazione dell'acqua proveniente dai minerali dei planetesimali e dagli impatti di comete e meteoriti.

■ All'**Eòne archeano** (4000 - 2500 Ma fa) risalgono le rocce più antiche: gli gneiss di Acasta, in Canada, che risalgono a 3962 ± 3 Ma fa. Esistono testimonianze finora trovate che durante l'Archeano si era già innescato il meccanismo della Tettonica delle placche.

■ All'Archeano inoltre risalgono le testimonianze delle prime **forme di vita**: batteri che formano *stromatoliti*, che risalgono a 3500 Ma fa. La comparsa di organismi fotosintetizzanti fa sì che l'ossigeno da loro prodotto venga liberato nell'atmosfera.

■ Nell'**Eòne proterozoico** (2500 - 541 Ma fa) la crosta continentale continua ad accrescersi e si formano delle zone spesse e stabili dette *cratoni*. Circa 1000 Ma fa le collisioni continentali portano alla formazione di un supercontinente chiamato **Rodìnia**.

■ La diffusione delle **stromatoliti** determina una continua produzione di **ossigeno**. L'atmosfera, progressivamente arricchita di questo gas, si trasforma lentamente da riducente a ossidante. Questo passaggio è testimoniato dalla presenza di giacimenti marini di *ferro a bande*, in cui il ferro si presenta in forma ridotta, mentre sulle terre emerse si accumulano sedimenti con ferro ossidato.

■ Verso il termine del Proterozoico compaiono i primi **organismi pluricellulari**.

Eone fanerozoico

■ Il **Fanerozoico** è caratterizzato dall'enorme sviluppo e dalla varietà degli organismi viventi, i quali invadono ogni possibile nicchia ecologica terrestre. È suddiviso in tre ere: Paleozoico, Mesozoico e Cenozoico

Era paleozòica (541 - 252 Ma fa)

■ Il **supercontinente Rodìnia** si frammenta in diversi continenti, i quali tornano a combinarsi in **Pannotia**, che a sua volta si frammenta; i nuovi lembi si disperdono alla deriva e circa 300 Ma fa si riuniscono nuovamente a formare il supercontinente, **Pangèa**.
■ Le collisioni tra placche sollevano grandi catene montuose (orogenesi **caledonica** ed **ercinica**).
■ L'inizio del Paleozoico è caratterizzato dalla cosiddetta «**esplosione cambriana**», cioè dalla comparsa relativamente rapida di un gran numero di forme di vita molto differenti tra loro (testimoniata, ad esempio, dalla famosa *fauna di Burgess*).
■ Successivamente si sviluppano enormemente gli invertebrati e compaiono le prime **piante terrestri** (tra cui le gimnosperme). Nascono e si diffondono i primi **vertebrati**: pesci e anfibi.

■ Il Paleozoico si chiude con una grande **estinzione in massa** che porta alla scomparsa dell'85% delle forme di vita esistenti.

Era mesozòica (252 - 66 Ma fa)

■ Nell'Era mesozoica il **Pangèa** si frammenta e inizia una nuova deriva dei continenti. Si aprono e si allargano alcuni nuovi oceani (Atlantico, Indiano e Ligure-piemontese).
■ A seguito della crisi biologica della fine del Paleozoico si assiste ad una nuova diffusione delle specie viventi sopravvissute: si affermano le **angiosperme** e soprattutto i **rettili**. Il Mesozoico viene per questa ragione indicato come «**Era dei rettili**», anche se compaiono pure le prime specie di uccelli e mammiferi.
■ Nell'Era mesozoica si manifestano due **estinzioni in massa**, una 200 Ma fa (forse per eruzioni vulcaniche), l'altra alla fine dell'era. Quest'ultima comportò la scomparsa di numerosi gruppi tra i quali i ben noti dinosauri. Si ritiene che la causa di questa nuova crisi biologica sia da ricercare nell'impatto con un grande corpo celeste oppure in una prolungata serie di eruzioni vulcaniche.

Era cenozòica (66 Ma fa - oggi)

■ Nel corso dell'Era cenozoica scompaiono gli oceani Tètide e Ligure-piemontese e si formano le grandi catene montuose attuali (**orogenesi alpino-himalayana**).
■ La subduzione della crosta ai margini dell'Oceano Pacifico continua a determinare l'accrescimento delle catene montuose costiere del Nord e del Sudamerica.
■ Il mondo biologico assume un aspetto simile a quello attuale: il gruppo dei **mammiferi** si sviluppa enormemente. All'interno di questi si origina il gruppo dei **primati**, a cui appartengono anche gli esseri umani.
■ Il **Quaternario** (2,6 Ma fa – oggi) è l'ultimo periodo dell'Era cenozoica ed è caratterizzato dall'alternarsi di intervalli di freddo intenso, le **glaciazioni**, che determinano l'accumulo sulla superficie terrestre di enormi masse di ghiaccio, e di intervalli di clima più mite, o **interglaciali**.
■ Le glaciazioni hanno provocato grandi migrazioni di faune e flore, con forme di **habitat** freddo che scendevano a basse latitudini, per ritirarsi verso Nord durante gli intervalli interglaciali.

■ Durante il Quaternario si completa l'evoluzione umana, che attraverso diversi stadi del genere *Homo* porta alla comparsa della specie **Homo sapiens**.

Storia geologica del territorio italiano

■ Il territorio italiano è **geologicamente** piuttosto **giovane**. Le rocce più antiche si trovano in Sardegna e risalgono al periodo Cambriano.
■ La maggior parte delle rocce della nostra penisola si è formata sul fondo degli oceani e dei mari poco profondi che caratterizzavano l'Oceano Ligure-piemontese.
■ L'evento più importante degli ultimi 100 milioni di anni è però la nascita delle Alpi attraverso l'**orogenesi alpina**. Essa trae origine dalla collisione tra la crosta continentale africano-adriatica e quella europea.
■ La catena si forma per il sovrascorrimento di grandi falde di ricoprimento che dalla crosta africano-adriatica si impilano sopra quella europea.
■ Il Mar Tirreno è un nuovo oceano, in apertura da pochi Ma.

ESERCIZI
per il ripasso

ALTRI ESERCIZI SU ZTE ONLINE

1. Le ere geologiche sono suddivise in
- A periodi.
- B epoche.
- C eòni

2. Completa la tabella con i termini mancanti.

Cenozoico ■ Fanerozoico ■ Carbonifero ■ Mesozoico ■ Cambriano ■ Quaternario ■ Giurassico ■ Paleozoico

<table>
<tr><td rowspan="12">..................</td><td rowspan="3">..................</td><td>..................</td></tr>
<tr><td>Neogene</td></tr>
<tr><td>Paleogene</td></tr>
<tr><td rowspan="3">..................</td><td>Cretacico</td></tr>
<tr><td>..................</td></tr>
<tr><td>Triassico</td></tr>
<tr><td rowspan="6">..................</td><td>Permiano</td></tr>
<tr><td>..................</td></tr>
<tr><td>Devoniano</td></tr>
<tr><td>Siluriano</td></tr>
<tr><td>Ordoviciano</td></tr>
<tr><td>..................</td></tr>
</table>

3. Quali tra i seguenti Eòni vengono indicati con il termine Precambriano?
- A Adeano, Archeozoico, Proterozoico
- B Adeano, Proterozoico, Fanerozoico
- C Archeozoico, Proterozoico, Fanerozoico
- D Adeano, Archeozoico, Fanerozoico

4. Quando è iniziato il Quaternario?
- A 2,6 milioni di anni fa.
- B 200 milioni di anni fa.
- C 541 milioni di anni fa.
- D 4000 milioni di anni fa.

5. Il più comune processo di fossilizzazione degli organismi è
- A la mummificazione.
- B la mineralizzazione.
- C la carbonizzazione.
- D il congelamento nel permafrost.

6. Completa la mappa con i termini mancanti.

ammoniti ■ trilobiti ■ nummuliti
Mesozoico ■ Cenozoico ■ Paleozoico

fossili → ....

Era: ....

fossili → ....

Era: ....

fossili → ....

Era: ....

7. Quale classe di viventi dominò l'Era mesozòica?
- A I rettili.
- B I pesci.
- C I dinosauri.
- D I mammiferi.

8. Scegli l'alternativa corretta.
Durante una glaciazione il livello del mare si **alza/abbassa** e lunghi tratti di costa **vengono sommersi/emergono**.

9. L'ultimo massimo glaciale c'è stato
- A 1 milione di anni fa.
- B 500 milioni di anni fa.
- C 50 000 anni fa.
- D 20 000 anni fa.

10. Scegli le alternative corrette.
Tutti i gruppi umani ora esistenti derivano da ***Homo neanderthalensis*/*Homo sapiens*** il quale migrò dall' **Europa/Africa** verso tutti gli altri continenti.

11. Il Neolitico è anche detto

A Età della pietra scheggiata.
B Età della pietra levigata.
C Età dei metalli.
D Età del carbon fossile.

12. Quando sono comparse le prime forme di vita sulla Terra?

A Nell'Eòne adeano.
B Nell'Eòne archeozoico.
C Nell'Era cenozòica.
D Nel Periodo cretacico.

13. In quale periodo sono comparsi i primi mammiferi?

A Cambriano.
B Carbonifero.
C Cretacico.
D Quaternario.

14. Si ritiene che la Tettonica delle placche fosse attiva già

A 3 miliardi di anni fa.
B 4 miliardi di anni fa.
C 2 miliardi di anni fa.

15. Completa.

Il nucleo del nostro pianeta si è formato quando i materiali della Terra vennero riscaldati dagli impatti meteorici e dalla .... e poi separati per ....

16. Vero o falso?

Le comete hanno avuto un ruolo fondamentale nella formazione dell'idrosfera.
Motiva la risposta.

....

....

17. Quando hanno iniziato a distinguersi la crosta oceanica e la crosta continentale?

A 2 miliardi di anni fa.
B 3 miliardi di anni fa.
C 4 miliardi di anni fa.

18. I primi organismi unicellulari eucarioti risalgono a

A 1,4 miliardi di anni fa.
B 2,5 miliardi di anni fa.
C 3,4 miliardi di anni fa.
D 4 miliardi di anni fa.

19. Completa.

Durante il periodo .... il Pangèa si divide nei due grandi continenti Laurasia e ....

20. Quali catene montuose si sono originate nella collisione tra la Placca euroasiatica e la Placca africana?

A Himalaya.
B Alpi.
C Ande.
D Appalachi.
E Caucaso.

21. Il gruppo di *Homo sapiens* a cui appartiene l'uomo moderno è comparso circa

A 7 milioni di anni fa.
B 2 milioni di anni fa.
C 1,7 milioni di anni fa.
D 200 000 anni fa.

22. Da quale classe di viventi si svilupparono gli uccelli? E quando?

A Dai rettili, 150 Ma fa.
B Dai dinosauri, 200 Ma fa.
C Dagli anfibi, 250 Ma fa.
D Dai mammiferi, 70 Ma fa.

23. Il Mar Mediterraneo occidentale

A si è formato in seguito a uno sprofondamento e assottigliamento della crosta.
B è una delle ultime testimonianze dell'antica Tètide.
C si era già formato all'inizio del Cenozòico.

24. Completa.

Il Mare .... e il Mediterraneo .... sono tracce dell'antica Tètide.

25. Scegli le alternative corrette.

Durante l'orogenesi himalayana, la Placca indiana era composta da **sola crosta continentale/crosta continentale e oceanica**. Durante la collisione la placca in subduzione è stata quella **indiana/euroasiatica**.

26. Scegli le 3 alternative corrette.

Quali delle seguenti sono tracce della glaciazione che ha raggiunto le Alpi?

A I circhi glaciali.
B I circoli polari.
C Le valli dal profilo a U.
D Le valli dal profilo a V.
E Le flore a Dryas.
F I fossili di foraminiferi.

27. Le rocce più antiche del territorio italiano si trovano in

A Liguria e risalgono al Triassico.
B Sicilia e risalgono al Devoniano.
C Toscana e risalgono al Permiano.
D Sardegna e risalgono al Cambriano.

CLIL: Earth Science Highlights

Glossary

Match each word or expression with its definition.

1. ☐ Banded iron formation
2. ☐ Caledonian orogeny
3. ☐ Cambrian explosion
4. ☐ Craton
5. ☐ Earth system
6. ☐ Eon
7. ☐ Era
8. ☐ Fossil
9. ☐ Geochronometry
10. ☐ Geological time scale
11. ☐ Hadean Eon
12. ☐ Homo sapiens
13. ☐ Ice age
14. ☐ Mass extinction
15. ☐ Pangea
16. ☐ Planetesimal
17. ☐ Relative dating
18. ☐ Rodinia
19. ☐ Stromatolites
20. ☐ Tethys

a. A part of the Earth's crust that has attained stability, and has been slightly deformed for a prolonged period.

b. A division of geological time including several periods, but shorter than an eon.

c. A worldwide history of geologic events that divides the Earth's history into intervals. Many intervals are marked by distinctive sets of fossils and bounded by times when those sets of fossil changed abruptly.

d. The specific name of modern man; the only extant species of the genus Homo. This species also includes extinct types of primitive man such as Cro-Magnon man.

e. A time with episodes of widespread continental glaciation.

f. The supercontinent that formed at the end of the Palaeozoic Era and began breaking up about 200 Ma to form today's continents.

g. The Cambrian explosion, also referred to as Cambrian radiation, refers to the sudden appearance and rapid diversification of most major living animal body plans registered in the fossil records. It may have represented the most important evolutionary event in the history of life on Earth.

h. Supercontinent that assembled about 750 Ma and broke up at the beginning of the Palaeozoic Era, about 540 Ma.

i. Layered mounds of sediments formed by cyanobacteria. Cyanobacteria secrete a mucus-like structure that sediment sticks to. As each layer of cyanobacteria becomes buried by sediment it colonizes the new surface, building a mound upward.

j. One of the small celestial bodies that according to one theory, fused together to form the planets of the Solar System.

k. Trace of an organism of a past geologic age that has been preserved in the Earth's crust.

l. Rock composed of alternating layers of magnetite or haematite (iron oxides) and chert. These rocks proved the theory that the transformation of an oxygen-rich atmosphere happened during the Proterozoic Eon.

m. The earliest eon in the history of the Earth from the first accretion of planetary material (around 4,600 Ma, until the date of the oldest known rock, about 4,000 Ma).

n. Measurement of geological time by geochronological methods, especially radiometric dating.

o. The largest subdivision of geological time. The Earth's history is divided into 4 Eons: Hadean, Archean, Proterozoic and Phanerozoic.

p. An ocean that occupied the general position of the Alpine-Himalayan orogenic belt between the Hercynian and Alpine orogenies. It was largely obliterated by the Alpine-Himalayan continental collision.

q. The process of placing rocks and geological structures in the correct chronological order. This process does not yield ages in number of years.

r. The extinction of a large number of species within a relatively short period of geological time, thought to be due to catastrophic global events or widespread environmental changes that occurred too rapidly for most species to adapt to.

s. The collection of Earth's open, interacting, and often overlapping geospheres.

t. A name commonly used for the early Palaeozoic deformation in Western Europe that created an orogenic belt, extending from Ireland and Scotland north-eastward towards Scandinavia.

Summing-up

Complete the following text with the right words from the Glossary.

The history of the Earth: 4.6 billion years

■ The Earth is an integrated system, that is to say a set of components that interact with each other through physical, chemical and biological processes. The components of the .... are the lithosphere, the hydrosphere, the cryosphere, the atmosphere and the biosphere.

■ Geochronology provides ________ based on the sequence of events recorded by rocks.
■ ________ allows the determination of the absolute age of a given rock, based on the decay of radioactive isotopes.
■ One of the most important tools for dating past events are ________ , which also permit us to reconstruct the stages of biological evolution.
■ The Earth's history consists of intervals that make up the stratigraphic scale or ________ . These intervals are periods, which are grouped into ________ , which in turn form four principal ________ .

Precambrian

■ The Precambrian includes the first three eons that cover a time span of approximately 4 billion years.
■ The oldest, the ________ (4,600-4,000 Ma, million years ago) witnessed the aggregation of ________ to form the Earth about 4,000 Ma; the differentiation of the planet core and mantle; the solidification of an early basaltic crust and the subsequent appearance of a differentiated granitoid crust. In this eon, an atmosphere lacking oxygen developed and the hydrosphere was born, through the condensation of water from the impact of comets and meteorites.
■ The oldest rocks found on Earth date back to the successive Archaean Eon (4,000-2,500 Ma). In this eon Plate Tectonics began and ________ , the earliest forms of life, appeared about 3,500 Ma. These photosynthetic organisms started releasing oxygen into the atmosphere.
■ During the Proterozoic Eon (2,500-570 Ma), the continental crust kept on growing, and thick, stable zones called ________ originated. About 750 Ma, continental collisions led to the formation of the supercontinent ________ . The atmosphere gradually became enriched with oxygen due to the spread of stromatolites, thus changing it from a reducing mixture to an oxidizing one. ________ , in which iron changes from the reduced to the oxidised form, are evidence of this modification. Towards the end of the Proterozoic the first multicellular organisms appeared.

Phanerozoic Eon

■ The Phanerozoic was characterised by an explosion of living organisms, which occupied every ecological niche on Earth. Three eras belong to this eon: Palaeozoic, Mesozoic and Cenozoic.

Palaeozoic Era (541-252 Ma)

■ The Rodinia supercontinent broke up into several continents. About 300 Ma, however, these continents assembled again to form a new supercontinent called ________ . The Hercynian orogeny and the ________ built large mountain ranges.
■ At the beginning of this era, the ________ of diversity led to the appearance of a huge number of complex organisms over a relatively short period, as demonstrated by the Burgess shale fossils. Later on invertebrates developed rapidly; vertebrates evolved and spread (fish and amphibians); terrestrial plants appeared (including gymnosperms).
■ The Palaeozoic ended with mass extinction that led to the disappearance of 85% of all existing life forms.

Mesozoic Era (252-66 Ma)

■ Pangea broke up and a new continental drift started. A number of new oceans opened and expanded: the Atlantic, Indian and ________ .
■ Following the biological crisis of the late Palaeozoic, angiosperms and reptiles dominated, and conquered practically all ecological niches. The Mesozoic is for this reason referred to as the "Age of Reptiles", even though it also witnessed the appearance of the first species of birds and mammals.
■ The Mesozoic Era ended with another ________ . Many groups disappeared, including dinosaurs. Two main theories explain this new biological crisis: one involves a collision with a large celestial body, whilst the other suggests a long series of volcanic eruptions.

Cenozoic Era (66 Ma to the present)

■ The Tethys and Ligure-Piemontese oceans disappeared. The Alpine-Himalaya orogenesis built up the current high mountain ranges. The coastal mountain ranges of North and South America were formed by lithospheric subduction at the eastern margin of the Pacific Ocean.
■ The biological world witnessed the huge development of mammals, particularly primates, which human beings belong to.
■ During Quaternary (2,6 Ma to the present day) periods of very cold climates – the ________ – alternated with intervals of warmer climates, or interglacials. Isotopic investigations have highlighted the progressive cooling of the global climate during the Cenozoic, culminating in the Quaternary glaciations. Large migrations of plants and animals occurred due to climate modifications.
■ Human evolution was completed, leading to the formation of the species ________ .

Geological history of Italy

■ Italy is geologically quite young. The oldest rocks are found in Sardinia and date back to the Cambrian period. Most of the rocks originated on the bottom of the ocean and shallow sea that characterized the Tethys and Ligure-Piemontese oceans.
■ The most important event over the last 100 million years was Alpine orogeny which built the Alps. It was a result of the collision between the Adriatic-African continental crust and that of Europa, leading to large slabs of the African-Adriatic crust being piled up over the European crust.

Now listen and check your answer.

Video «Towards modern Man»

Watch the video and answer the questions.

1. Is there any difference between the anatomy of Homo sapiens that evolved about 200,000 years ago and that of modern man?
2. When in the Earth's history did the bipedal motion of Primates appear?
3. How old are the most ancient remains of the genus Homo?
4. What important geological event is likely to have favoured the evolution of bipedalism?

QUESITI per l'applicazione delle conoscenze

1. Fare una proporzione
La storia della Terra in 12 ore

A partire dalla scala dei tempi geologici, fai una proporzione per poter rappresentare i 4,6 miliardi di anni della storia della Terra in 12 ore. Poni che l'ora «zero» coincida con la formazione del Sistema solare e le ore 12 corrispondano al tempo attuale.

■ Quanti milioni di anni vale un'ora?

Nell'orologio vuoto qui sotto segna l'inizio delle ère e dei periodi con delle piccole tacche.

Scegli 5 eventi della storia della Terra a tuo piacere e segnali (con un colore diverso) nel punto corrispondente dell'orologio.

■ Come sono disposte le tacche che hai inserito nell'orologio?

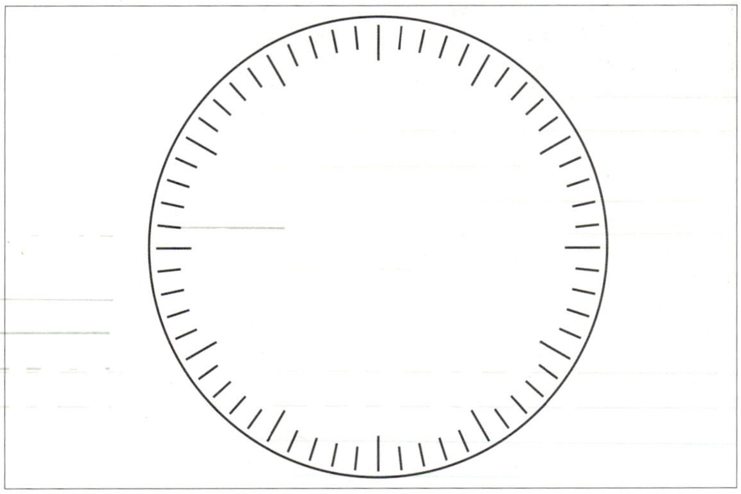

2. Leggere un'immagine
L'evoluzione umana

Osserva il grafico qui a fianco che illustra l'evoluzione del genere *Homo*.

Utilizzando le informazioni che hai studiato, e facendo una ricerca dove necessario, scrivi un commento all'immagine che contenga:

- la spiegazione delle caratteristiche delle diverse specie,
- la distribuzione delle diverse specie sulla Terra,
- un commento sulla successione cronologica.

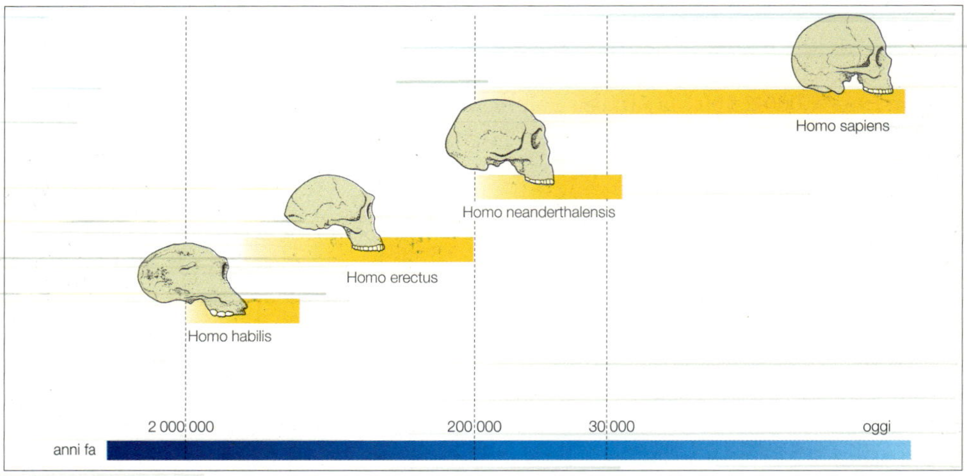

3. Formulare ipotesi
La fossilizzazione

Secondo te, quale fra i seguenti animali attualmente viventi ha maggiore probabilità, in futuro, di conservarsi come fossile: una medusa, una vongola o una zebra?

Rifletti sulle caratteristiche dei tre organismi e sugli ambienti in cui essi vivono.

■ In quali condizioni potrebbe avvenire la fossilizzazione?

■ Quali parti dei loro corpi potrebbero conservarsi?

4. Ricercare ed esporre informazioni
La geocronometria

La geocronometria è una disciplina che si occupa di stabilire l'età in anni di una roccia.

Scegliendo fonti che ti sembrano scientificamente valide e che dovrai riportare in bibliografia, ricerca informazioni sulle tecniche di indagine utilizzate per misurare l'età di una roccia, con particolare riferimento alla tecnica della datazione radiometrica.

■ Organizza le informazioni raccolte tenendo conto dei seguenti punti:

- Come si calcola un'età radiometrica? Qual è il principio utilizzato?
- Quali sono gli elementi chimici da tenere in considerazione?
- Che cos'è il periodo di dimezzamento?
- Ci sono altri metodi per determinare l'età numerica?

■ Scrivi un breve saggio sviluppando ciascun punto in un massimo di 20 righe.

■ Correda la tua produzione con le immagini, i disegni o le fotografie che ritieni opportuni.

7 L'atmosfera terrestre e i fenomeni meteorologici

In questa suggestiva fotografia l'ultima luce del Sole, ormai scomparso sotto l'orizzonte, rivela – oltre le scure nubi – la presenza e la stratificazione della parte più bassa dell'*atmosfera*, con vari colori. (NASA)

Test d'ingresso

A. La materia si presenta in tre stati di aggregazione:

- ....
- ....
- ....

B. Durante i passaggi di stato la temperatura rimane costante, ma è necessario fornire o sottrarre *calore* alla sostanza perché questa cambi stato di aggregazione.
In quali di questi passaggi di stato la sostanza cede calore all'ambiente?

- A Fusione.
- B Evaporazione.
- C Condensazione.
- D Solidificazione.

C. La *pressione* è definita come il rapporto tra la forza che agisce su una certa superficie e l'area della superficie stessa. Nel Sistema Internazionale si misura in *pascal* (Pa).
A quale unità di misura equivale un pascal?

- A 1 Pa = 1 kg · m/s
- B 1 Pa = 1 N/s
- C 1 Pa = 1 N/m^2
- D 1 Pa = 1 J/m^2

D. Quando una certa massa di aria viene riscaldata, aumenta di volume e diminuisce di densità; quindi il suo peso per unità di superficie diminiusce, e perciò essa tende a salire. Quando una massa di aria si raffredda, viceversa, si contrae e diventa più densa.
Scegli le alternative corrette.
In un caldo pomeriggio estivo, l'aria presente sopra una spiaggia assolata tenderà a **espandersi**/**contrarsi** e spostarsi verso il **basso**/**l'alto**.

1 L'importanza dell'involucro di aria che ci circonda

Ovunque si svolga la nostra vita, in qualsiasi zona del mondo ci rechiamo (in alta montagna o in una pianura costiera o in pieno oceano), ad ogni momento siamo in presenza e a contatto di una componente fondamentale, fra le più caratteristiche, del pianeta Terra: l'**atmosfera**.

L'esperienza quotidiana ci rivela – con i venti, le piogge e il bel tempo – che non è una parte tranquilla; le riprese da satellite ci offrono immagini sempre più chiare della sua dinamicità, pur mostrandone soltanto la piccolissima frazione costituita dalle nubi, la sola a noi visibile oltre alle nebbie e allo smog [Figura 1].

Il nostro pianeta è interamente avvolto da questo involucro aeriforme, che è trattenuto dalla forza di attrazione della Terra ed è perciò costretto a seguirla nei movimenti che essa compie nello spazio celeste. Sotto l'azione della gravità e della forza centrifuga dovuta alla rotazione terrestre, questa coltre di aria deve aver assunto una forma analoga a quella del globo terracqueo. Per questo motivo, pur non potendo individuare con precisione il suo limite superiore, la chiamiamo **atmosfera** (dal greco *atmós*, vapore e *sphâira*, sfera).

Come un enorme filtro, l'atmosfera protegge la Terra dalle radiazioni a noi nocive che arrivano dallo spazio e ne regola il riscaldamento da parte del Sole. Fra i gas che la costituiscono figura l'ossigeno, l'elemento indispensabile per la vita; d'altra parte, l'insieme degli organismi viventi agisce sull'atmosfera, intervenendo nella sua composizione e contribuendo così a mantenerla pura (come fanno normalmente le piante) o ad inquinarla (come va facendo sempre più l'uomo).

Figura 1
I cicloni Dennis e Cindy (sull'Oceano Atlantico), ripresi dal satellite GOES-8 il 28 agosto del 1999. Questi cicloni sono espressioni violente, e spesso drammatiche, della dinamicità dell'atmosfera terrestre.
Immagini come queste, ripetute con frequenza ravvicinata, consentono di seguire l'evoluzione di molti fenomeni meteorologici (velocità dei venti, andamento delle piogge, sviluppo delle perturbazioni ecc.), rivelando la complessità della potentissima «macchina ad aria e acqua» che, alimentata dalla radiazione solare, produce il tempo atmosferico. (National Oceanic and Atmospheric Administration, Stati Uniti d'America)

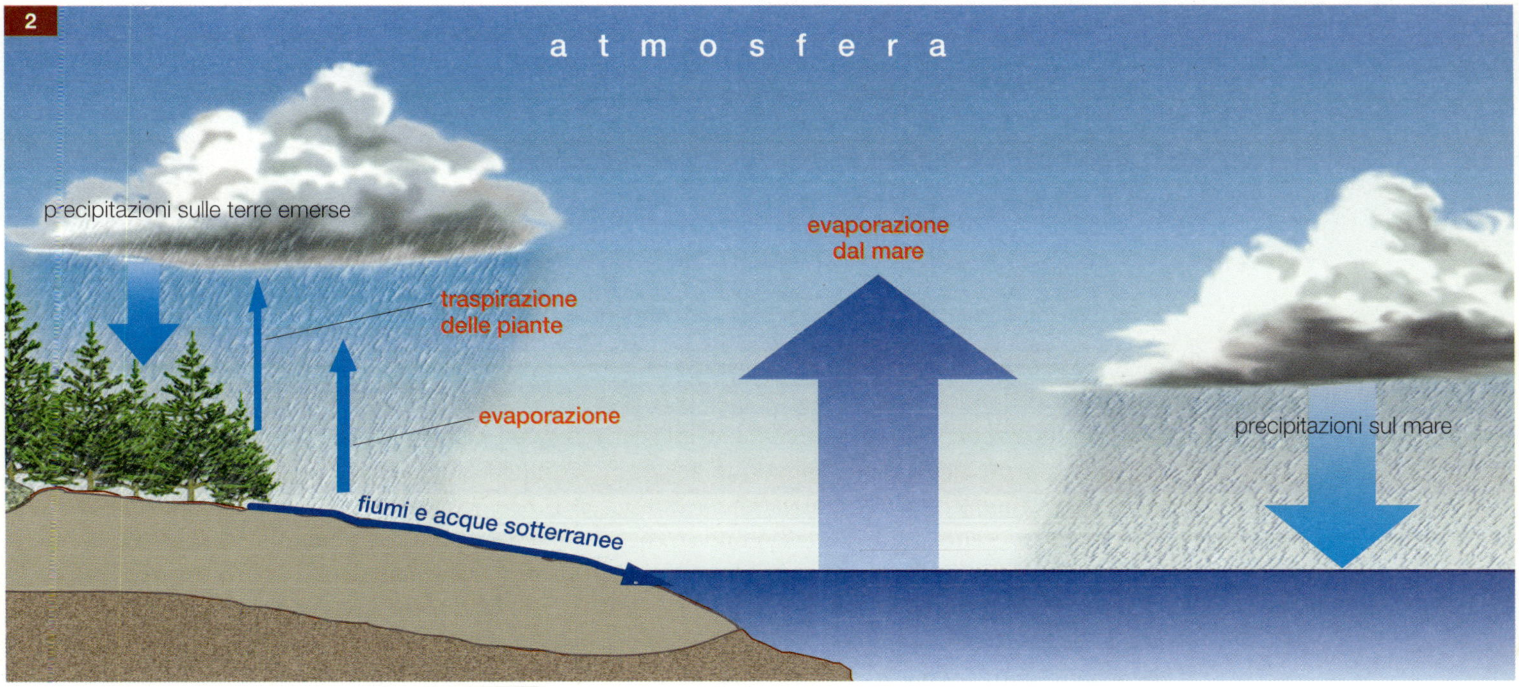

Figura 2
Il continuo scambio di acque tra il mare e le terre emerse avviene attraverso l'atmosfera. Il *ciclo dell'acqua* si realizza con i passaggi di stato (liquido, solido, aeriforme) di questa sostanza.

L'influenza dell'atmosfera si esercita pure sul rilievo terrestre, del quale essa contribuisce a plasmare gli aspetti, sia mediante processi chimici di alterazione delle rocce, sia con processi fisici di disgregazione, trasporto e deposizione dei materiali rocciosi; ed anche la superficie marina ne subisce l'azione, reagendo con movimenti a volte imponenti (onde e correnti) alle sollecitazioni che l'atmosfera vi esplica con i venti.

Ma l'importanza dell'aria non si esaurisce in questi rapporti, poiché essa costituisce anche il mezzo attraverso cui si compie il ciclo di un'altra sostanza per noi insostituibile, cioè l'acqua; difatti è per tramite dell'atmosfera che avviene – mediante i processi di evaporazione, condensazione e precipitazione – la continua circolazione delle acque tra il mare e le terre emerse [Figura 2].

Tutte queste connessioni confermano che non è corretto considerare come regni distinti la *litosfera*, l'*idrosfera* e l'*atmosfera*; queste sono, anzi, le diverse componenti di un'unica entità – il **sistema Terra** – tra le quali esiste un continuo interscambio di materia ed energia, e nelle quali si inserisce e si sviluppa un'altra componente fondamentale, la *biosfera*, ossia la sottile pellicola (di terreno, acqua e aria) abitata dagli esseri viventi.

La **Meteorologia** – la scienza che studia l'atmosfera e i fenomeni che vi si svolgono (le «meteore», dal greco *metéora*, le cose che sono in alto) – deve la sua denominazione ad Aristotele, che nel IV secolo a.C. scrisse il primo trattato su questa disciplina. Ma la Meteorologia come scienza vera e propria, branca fondamentale della Geofisica, può considerarsi nata nel XVII secolo, quando si affermò il metodo d'indagine sperimentale dei fenomeni naturali e furono inventati strumenti di misura come il termometro e il barometro; da allora essa ha fatto progressi sbalorditivi, grazie ai numerosi dati misurati sulle terre e sul mare e, in particolare, ai rilevamenti ottenuti con speciali apparecchi installati su palloni sonda (fino a circa 40 km di altezza), a bordo di razzi (fino a 400 km) e su satelliti artificiali.

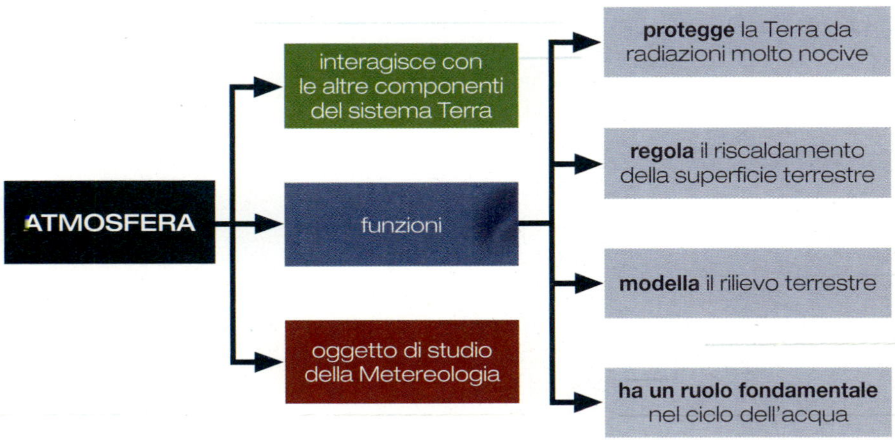

QUESITI

1. Che cos'è l'atmosfera?
2. Quali funzioni svolge l'involucro di aria che avvolge il globo terracqueo?
3. Qual è la scienza che ha come campo di studi l'atmosfera e i fenomeni che in essa si svolgono?
4. Quali sono le componenti del sistema Terra?

2 Composizione, suddivisione e limite dell'atmosfera

Video
La composizione dell'atmosfera

Video
Dall'atmosfera primordiale all'atmosfera attuale

Il miscuglio di gas che avvolge il nostro pianeta non ha caratteristiche omogenee.

Nella sua porzione più bassa, presso la superficie del globo terracqueo, la composizione dell'atmosfera è ben conosciuta. Oltre al vapore acqueo e alle impurità presenti, l'**aria** che ci circonda e che respiriamo contiene in media [Figura 3]:
- il 78,08% (in volume) di *azoto*,
- il 20,95% di *ossigeno*,
- circa lo 0,93% di *argon* e lo 0,04% di *anidride carbonica*,
- circa lo 0,01% di *altri gas* (neon, elio, kripton, xenon, idrogeno, ozono, anidride solforosa, ammoniaca, ossido di carbonio ecc.).

2.1 Una composizione che varia con la quota

L'aria secca non presenta sostanziali variazioni di composizione fino all'altezza di un centinaio di kilometri, ma a quote più elevate la radiazione solare opera un'intensa dissociazione dei gas, con passaggio dallo stato molecolare allo stato atomico e con una serie di reazioni chimiche che fanno mutare la percentuale dei vari componenti. Sopra i 100 km si fa sempre più abbondante l'ossigeno atomico, fino ad un'altezza di 800 km circa; ancora più in alto tendono a diventare prevalenti i gas più leggeri, come idrogeno ed elio.

Oltre a questi componenti, l'atmosfera contiene sempre una certa quantità di impurezze, cioè di polveri provenienti dalla superficie terrestre e dallo spazio interplanetario, che costituiscono il *pulviscolo atmosferico*.

Importantissimo è poi il **vapore acqueo**, la cui quantità è variabile e diminuisce rapidamente verso l'alto, tanto che la massima parte di esso si trova negli strati più bassi dell'atmosfera. Nonostante non rappresenti più del 3-4% dell'intera atmosfera, l'acqua – allo stato aeriforme, allo stato liquido e anche allo stato solido (cristalli di ghiaccio) – può essere considerata come la causa determinante della maggior parte dei fenomeni che si svolgono negli strati più bassi dell'atmosfera.

L'**ossigeno**, fra tutti i componenti dell'aria, è il più importante per noi. Ad altezze superiori a una decina di kilometri l'atmosfera contiene sia l'ossigeno biatomico (O_2), sia quello triatomico, cioè l'*ozono* (O_3), che assorbe le radiazioni ultraviolette dello spettro solare, nocive per gli esseri viventi.

L'**azoto**, il componente più abbondante, è inerte nella funzione respiratoria del mondo organico; esso viene assorbito soltanto da alcune piante, come le leguminose, grazie all'azione di alcuni batteri che vivono nelle loro radici. Inerti sono anche l'*argon* e gli altri *gas rari*.

L'**anidride carbonica**, assai importante, viene assorbita dai vegetali nella reazione di fotosintesi clorofilliana ed è da questi utilizzata per fissare il carbonio. Essa contribuisce anche a trattenere il calore irradiato dalla Terra nello spazio, cosicché le sue variazioni influiscono sulla temperatura dell'aria.

La quantità di anidride carbonica presente nell'atmosfera è variabile: di notte è più abbondante che durante il dì, perché le piante assorbono anidride carbonica soltanto sotto l'azione della luce solare; nelle aree urbane è maggiore che nelle campagne e in tutte le zone della Terra coperte da fitta vegetazione.

Figura 3 La composizione dell'atmosfera.

3

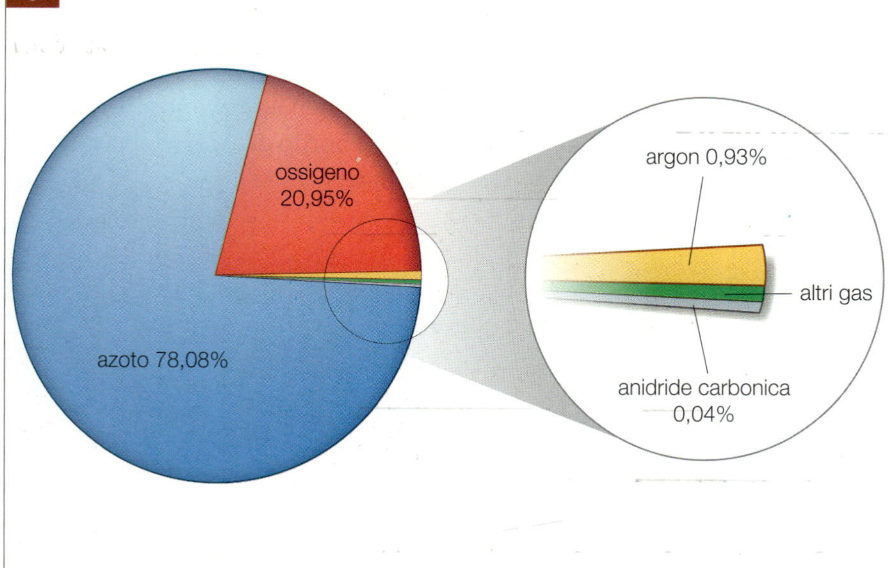

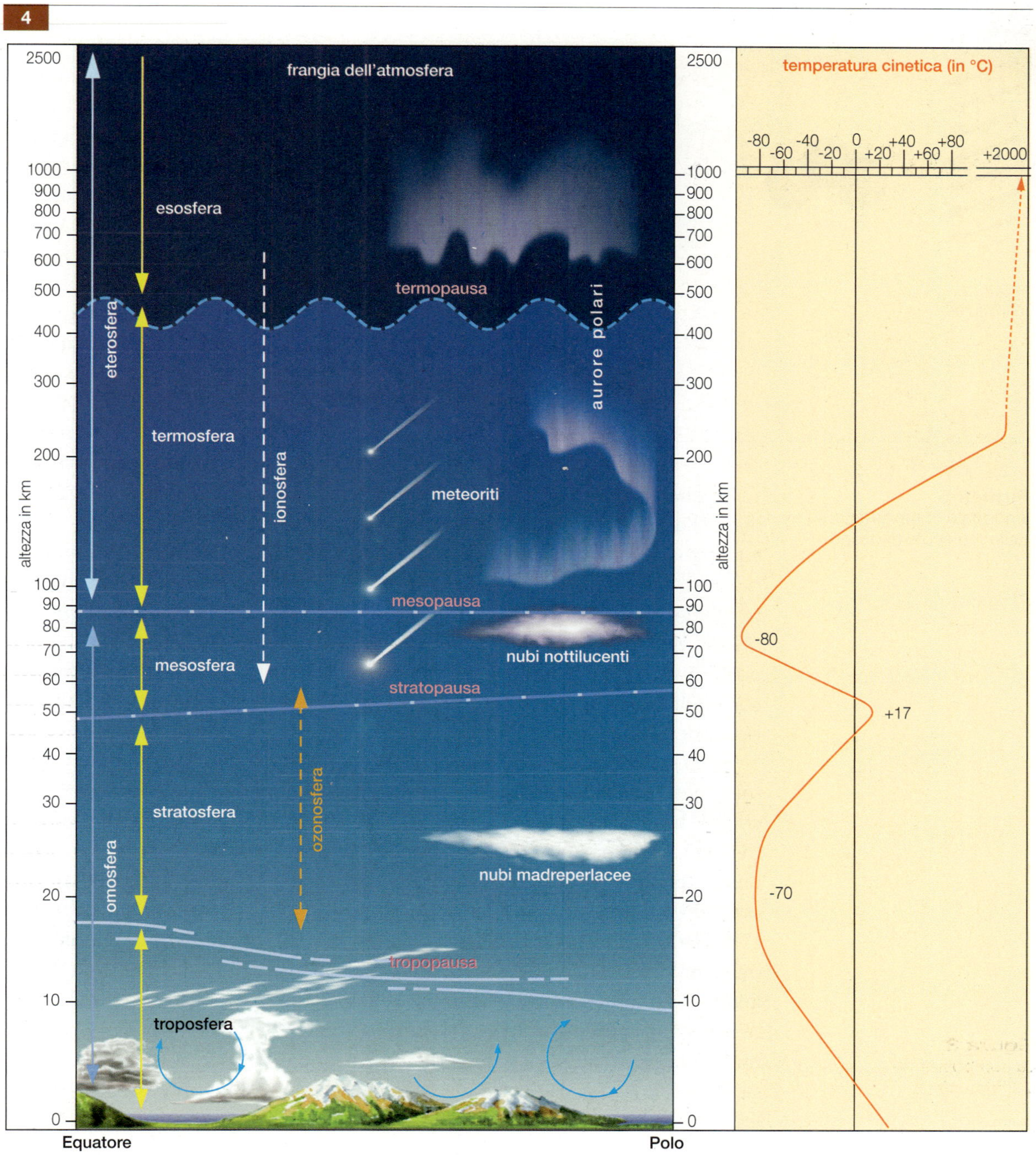

Figura 4
Suddivisione e struttura dell'atmosfera. Tutta la regione compresa fra la superficie terrestre e gli 80-100 km di altezza è denominata *omosfera*, perché la sua composizione percentuale è quasi omogenea; nella regione superiore, detta *eterosfera*, la materia gassosa è soggetta a dissociazione molecolare e a processi di diffusione, fotodissociazione e fotoionizzazione che la rendono molto eterogenea. Le ulteriori divisioni sono basate principalmente sull'andamento della temperatura con l'altezza.

2.2 Una struttura a strati e un confine mal definibile

Sulla base degli studi più recenti, nell'atmosfera si possono distinguere varie parti sovrapposte (dette «sfere»), ognuna con caratteristiche particolari, separate da limitate zone di transizione (dette «pause») poste a quote variabili con la latitudine e con le stagioni [Figura 4].

Dalla superficie terrestre fino a un'altezza media di 10-12 km (circa 8 km sui poli, 17 km sull'Equatore) c'è la *troposfera*, il cui limite superiore è la *tropopausa*; dalla tropopausa ai 50-60 km si estende la *stratosfera*, limitata superiormente dalla stratopausa; al di sopra di questo livello e fino all'altezza di 80 km circa si sviluppa la *mesosfera*, il cui limite superiore è dato dalla *mesopausa*; dagli 80-90 km ai 400-500 km si estende la *termosfera*, che termina verso l'alto con la *termopausa*; oltre la termopausa ha inizio l'*esosfera*.

La **troposfera** (dal greco *trópos*, rivolgimento, mutamento) è la parte più bassa e più densa dell'atmosfera. È il regno delle perturbazioni meteorologiche e della vita. In essa sono concentrati circa i 3/4 dell'intera massa gassosa e quasi tutto il vapore acqueo dell'atmosfera.

L'aria della troposfera viene riscaldata e raffreddata essenzialmente dalla superficie terrestre e per questo motivo la sua temperatura diminuisce con l'altezza, in media di circa 0,6 °C ogni 100 metri: questo valore rappresenta il *gradiente termico verticale* della troposfera.

5

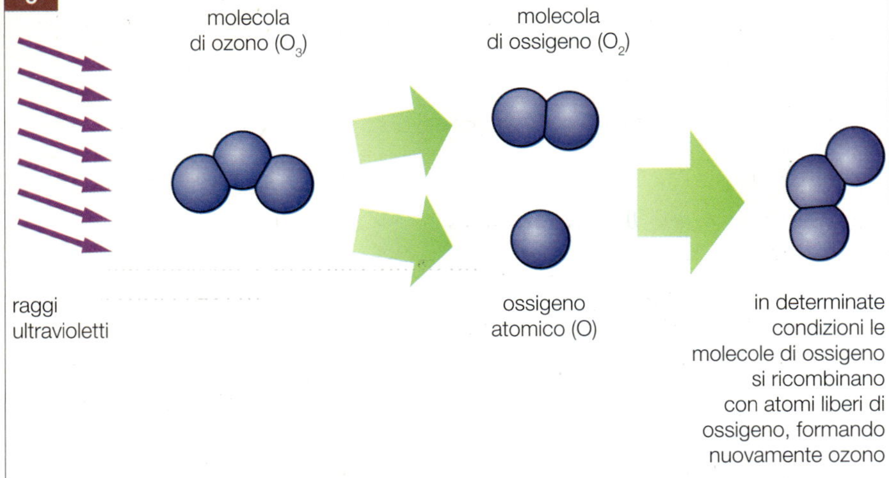

Figura 5
Il normale comportamento delle molecole di ozono.

Poiché al livello del mare la temperatura media dell'aria si aggira intorno ai 25 °C nelle regioni equatoriali e intorno ai –10 °C nelle regioni polari, e dato che lo spessore della troposfera è molto maggiore sulle prime (17 km) che sulle seconde (8 km), ne deriva che al limite superiore della troposfera si raggiungono temperature più basse in corrispondenza dell'Equatore (–70 °C) che in corrispondenza dei poli (–45 °C).

Nella **tropopausa** il gradiente termico verticale muta nettamente; perciò si considera questo livello come il luogo della più bassa temperatura dell'aria. In realtà, vi sono parecchie «inversioni» (dove il gradiente termico verticale inverte il segno) ed anche «sacche» a temperatura costante sovrapposte.

La troposfera è caratterizzata da movimenti orizzontali e verticali di masse d'aria. Le correnti aeree dominanti sono occidentali e la loro velocità in genere cresce con l'altezza, raggiungendo il massimo (fino a 400-500 km/h) verso la tropopausa; il loro flusso orizzontale provoca moti turbolenti che producono un continuo rimescolamento dell'aria. A causa dei moti verticali ascendenti e discendenti delle masse d'aria, si formano e si dissolvono le nubi e si hanno le precipitazioni.

Nella **stratosfera** i componenti gassosi rimangono in proporzioni costanti, ma sono sempre più rarefatti. Il vapore acqueo e il pulviscolo atmosferico diminuiscono rapidamente con la quota e non si hanno formazioni nuvolose con precipitazioni. Intorno ai 20-30 km appaiono a volte nubi sottili e iridescenti (*nubi madreperlacee*), costituite forse da cristalli di ghiaccio.

La temperatura della stratosfera mantiene valori prossimi a quelli della tropopausa fino ad una quota di circa 20 km; poi aumenta verso l'alto con un gradiente variabile di 1-3 °C per kilometro. Questo aumento è dovuto alla presenza di uno strato di *ozono* (O_3): l'**ozonosfera**, una specie di «scudo» che assorbe gran parte delle radiazioni solari ultraviolette. I raggi ultravioletti scindono le molecole biatomiche di ossigeno, e una parte dell'ossigeno atomico forma molecole triatomiche di ozono [Figura 5]; in questo processo viene assorbito circa il 2% della radiazione solare in arrivo, e così la stratosfera assorbe energia. La presenza dell'ozono si accentua verso i 30 km, cosicché intorno ai 50-60 km si raggiungono valori termici tra 0 e +10 °C, con un massimo di +17 °C. In corrispondenza di questo massimo di temperatura è localizzata la **stratopausa**.

Le osservazioni compiute con razzi meteorologici hanno dimostrato che nella stratosfera si svolge un'intensa circolazione d'aria, con notevoli variazioni anche orizzontali della temperatura e venti che possono raggiungere velocità molto elevate.

La **mesosfera** è caratterizzata da una accentuata rarefazione degli elementi gassosi e da un graduale aumento di quelli più leggeri a scapito di quelli più pesanti.

Nella mesosfera la temperatura riprende a diminuire con l'altezza e raggiunge il valore minimo, variabile tra i –70 e i –90 °C, intorno agli 80 km. A questa quota si possono osservare a volte le *nubi nottilucenti*, costituite probabilmente di cristalli di ghiaccio e di minutissime polveri. L'osservazione delle nubi nottilucenti mostra che anche nell'alta mesosfera esiste un complesso sistema di correnti aeree, con velocità fino a 300 km/h. Connesse a questi moti sono le variazioni in altezza della **mesopausa**, come avviene nella tropopausa e nella stratopausa.

Nella **termosfera** le proporzioni dei vari componenti gassosi appaiono cambiate e la densità assume valori sempre minori, a mano a mano che si procede verso l'alto.

Questa regione dell'atmosfera è caratterizzata da un continuo aumento della temperatura con l'altezza: secondo calcoli teorici, tra i 110 e i 120 km essa dovrebbe essere già risalita a 0 °C, a 150 km si aggirerebbe intorno ad alcune centinaia di gradi sopra lo zero e, al limite superiore, in prossimità della **termopausa** supererebbe il migliaio di gradi. Questi valori, per l'estrema rarefazione dell'aria e l'enorme aumento del cammino libero medio delle molecole, non vanno intesi però secondo il concetto ordinario di temperatura; essi rappresentano soltanto le «*temperature cinetiche*», cioè quelle che sarebbero necessarie al livello del mare perché le molecole possedessero la stessa energia cinetica che hanno a queste altezze.

Un aspetto interessante della parte di atmosfera posta sopra i 50-70 km è la sua *ionizzazione*, cioè la

■ **Energia cinetica** (Kinetic energy) È la capacità di un corpo in movimento di compiere lavoro. L'energia cinetica K di un corpo di massa m che si muove a velocità v è data dal prodotto: $K = \frac{1}{2}mv^2$

Figura 6
Un'aurora polare fotografata in Norvegia.

presenza di moltissime particelle dotate di cariche elettriche (ioni) prodotte dalle radiazioni X ed ultraviolette solari e dai raggi cosmici. Il fenomeno interessa soprattutto la termosfera, che perciò viene denominata anche **ionosfera**.

Nella ionosfera si formano le *aurore polari*, quelle manifestazioni luminose – in aria rarefatta e ionizzata – che si osservano nel cielo delle regioni polari, sotto forma di raggi, di archi e di drappeggi multicolori [Figura 6].

L'**esosfera** è la parte più esterna e la meno conosciuta dell'involucro aeriforme che circonda la Terra.

La temperatura di questa «sfera» aumenta con l'altezza, fino a raggiungere e forse superare i 2000 °C (temperatura cinetica). Perciò, le particelle dei gas che costituiscono l'esosfera devono avere velocità enormi. Se la velocità delle particelle rimane inferiore alla «velocità di fuga» (11,2 km/s), esse percorrono orbite ellittiche e possono allontanarsi dall'atmosfera e rientrarne; ma se la loro velocità è maggiore sfuggono definitivamente.

La regione dove le particelle gassose sono fuori del campo di gravitazione del nostro pianeta, e non partecipano più alla rotazione terrestre, è detta *frangia dell'atmosfera*. Comunemente essa si considera estesa fino ai 2000-2500 km, ma questo limite è soltanto convenzionale. In realtà bisognerebbe dire che l'atmosfera terrestre termina dove la sua densità diviene uguale a quella dei gas della corona solare in cui è immersa e con cui ha scambi non solo di calore, ma anche di particelle materiali.

Studi compiuti sulla luminescenza notturna indicano, comunque, che l'involucro atmosferico che avvolge il nostro pianeta non è perfettamente sferoidale: dai suoi strati superiori una parte dei gas rarefatti si protende a forma di «coda di cometa» verso la parte non illuminata del globo. Sembra che tale coda sia il risultato della pressione esercitata dalla radiazione solare sulla parte più esterna dell'atmosfera terrestre.

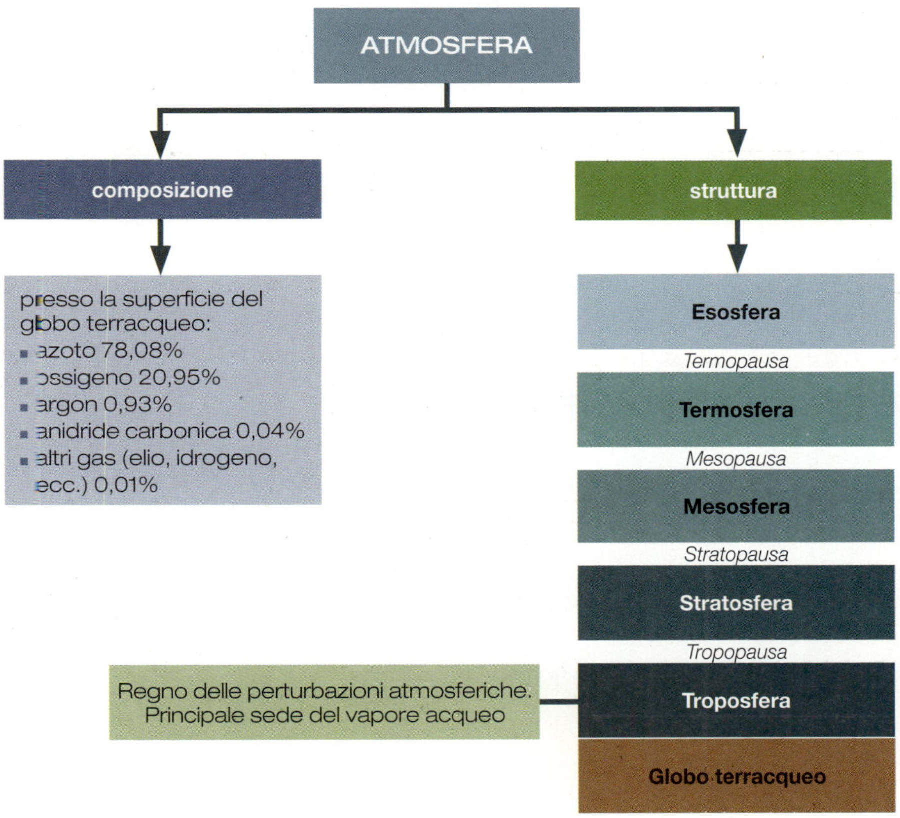

QUESITI

1. Le perturbazioni meteorologiche caretterizzano la
   - A termosfera.
   - B troposfera.
   - C mesosfera.
   - D esosfera.
2. Vero o falso?
   Il gas presente in maggiore quantità nell'atmosfera è l'ossigeno, seguito dall'azoto.
3. Scegli l'alternativa corretta.
   Nella stratosfera la temperatura **aumenta/diminuisce** procedendo verso l'alto, a causa della presenza di **ozono/ioni**.
4. Qual è la composizione media dell'aria che respiriamo?
5. Come varia la composizione dell'atmosfera con l'aumentare della quota?
6. Quali sono le diverse parti dell'atmosfera?
7. Come varia la temperatura nella troposfera?
8. Che cos'è l'ozonosfera?

approfondimento delle conoscenze

Dall'atmosfera primordiale all'atmosfera attuale

L'*origine* dell'atmosfera terrestre e la sua *evoluzione*, fino alle condizioni odierne, non sono ancora accertate. Le ipotesi che vengono formulate subiscono continue revisioni, poiché sono basate su una scarsa quantità di dati, specialmente per quanto attiene agli eventi più remoti della lunga storia della Terra (circa 4,6 miliardi di anni).

È certo, però, che nei primi tempi l'aria del nostro pianeta doveva essere un miscuglio di gas molto diverso da quello di oggi: molto probabilmente vi abbondavano i gas leggeri, soprattutto idrogeno ed elio, e vi era una consistente quantità di anidride carbonica, oltre a metano e ammoniaca. L'**atmosfera primordiale** della Terra [Figura 7] poteva essere molto simile a quella odierna di Giove, di Saturno, di Urano e di Nettuno.

Secondo le ipotesi più recenti, l'attuale scarsità di idrogeno e di gas nobili (elio, argon, neon ecc.) indicherebbe che la Terra abbia perso la sua atmosfera iniziale quando la sua temperatura era molto più elevata: le molecole e gli atomi dei gas superavano facilmente la velocità di fuga, disperdendosi nello spazio. L'**atmosfera attuale** si sarebbe formata in un secondo tempo per liberazione di gas dall'interno, in seguito a fenomeni vulcanici e a reazioni chimiche, quando la Terra aveva già una crosta solida e la temperatura era più bassa.

Partendo da queste ipotesi, l'azoto, l'anidride carbonica e il vapore acqueo presenti nella attuale atmosfera sono attribuiti alle esalazioni attraverso fratture prodotte dall'intenso bombardamento meteoritico e ai processi vulcanici avvenuti nel passato. Si ritiene che l'ossigeno si sia formato dalla scomposizione del vapore acqueo, sotto l'azione di scariche elettriche o della radiazione solare, e – dopo la comparsa della vita sulla Terra – soprattutto dall'acqua, con il concorso dell'anidride carbonica, attraverso la fotosintesi clorofilliana operata dalle piante.

Fino a circa 3,5 miliardi di anni fa l'atmosfera terrestre era ancora ricca di idrogeno, ma la concomitante presenza di anidride carbonica (CO_2), metano (CH_4), ammoniaca (NH_3) e vapore acqueo (H_2O) a un certo punto rese possibile la sintesi delle prime molecole organiche, dapprima semplici e poi sempre più complesse. Attraverso processi lunghi e ancora poco conosciuti, si sviluppò così – in seno agli oceani da poco formatisi – la *materia vivente* (fondamentalmente costituita da combinazioni chimiche di carbonio, idrogeno, ossigeno e azoto).

Alcune testimonianze paleontologiche indicano che primitivi organismi viventi (soprattutto alghe marine unicellulari) «inventarono» il processo della fotosintesi, per utilizzare l'energia solare, all'incirca 3 miliardi e mezzo di anni fa. Con questo processo l'anidride carbonica cominciò poi ad essere metabolizzata dalle piante primitive, mentre nell'aria veniva immessa una quantità via via crescente di ossigeno; si preparò così l'ambiente adatto per accogliere forme di vita sempre più evolute e si passò dall'*evoluzione chimica* all'*evoluzione biologica*, che coinvolse l'intero «sistema Terra».

In sostanza, si passò – nel tempo – da un'atmosfera riducente a una atmosfera ossidante, senza la quale sulla Terra non avremmo la vita come la conosciamo oggi. E ciò dimostra che per lo sviluppo della vita è necessario un ambiente idoneo, ma poi – in tempi lunghi – la vita stessa modifica l'ambiente, adattandolo alla propria evoluzione.

1) Procarioti eterotrofi
2) Procarioti autotrofi → cianobatteri
3) Evoluzione cellule eucarioti
4) Fuori escono dall'acqua
5) Eucarioti evoluti mettono piede sulla terra

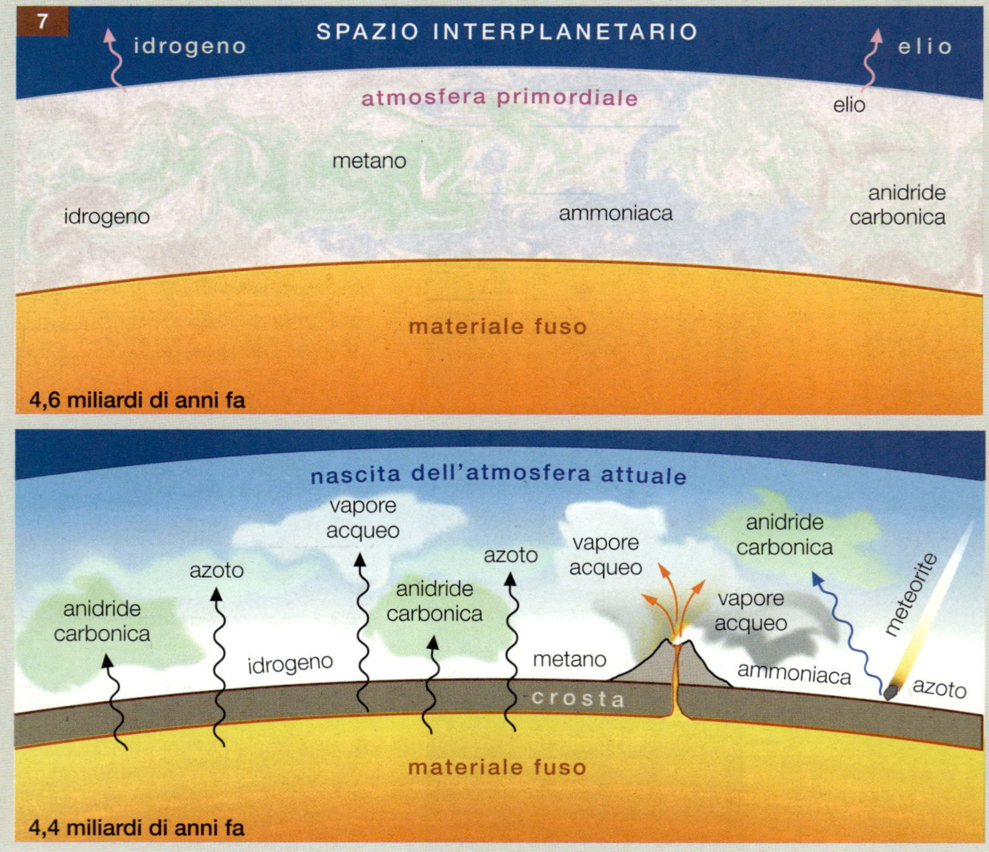

Figura 7
L'*atmosfera primordiale*, che la Terra ha perso nei primi tempi della sua evoluzione (*sopra*), e l'origine dell'*atmosfera attuale* (*sotto*).

3 La radiazione solare e il bilancio termico del sistema Terra

Video
Il bilancio radiativo del sistema Terra-atmosfera e l'effetto serra

■ **Piccola caloria** (Small calorie). È la quantità di calore necessaria per elavare da 14,5 a 15,5 °C la temperatura di un grammo di acqua distillata, a pressione atmosferica normale. È mille volte più piccola della kilocaloria, o «grande caloria», o semplicemente *caloria*.

Come se fosse un'immensa fornace atomica, il Sole emette continuamente una radiazione intensissima, che è valutabile in $5{,}2 \cdot 10^{24}$ kilocalorie al minuto.

Di questa **radiazione solare** inviata nello spazio in ogni direzione, la Terra (compresa la sua atmosfera) riceve soltanto una porzione modesta, pari a quasi mezzo miliardesimo del totale. Ciò equivale a dire che al limite superiore dell'atmosfera su ogni centimetro quadrato di superficie, orientata perpendicolarmente alla radiazione, arrivano circa 2 piccole calorie al minuto. Questa quantità è detta *costante solare*.

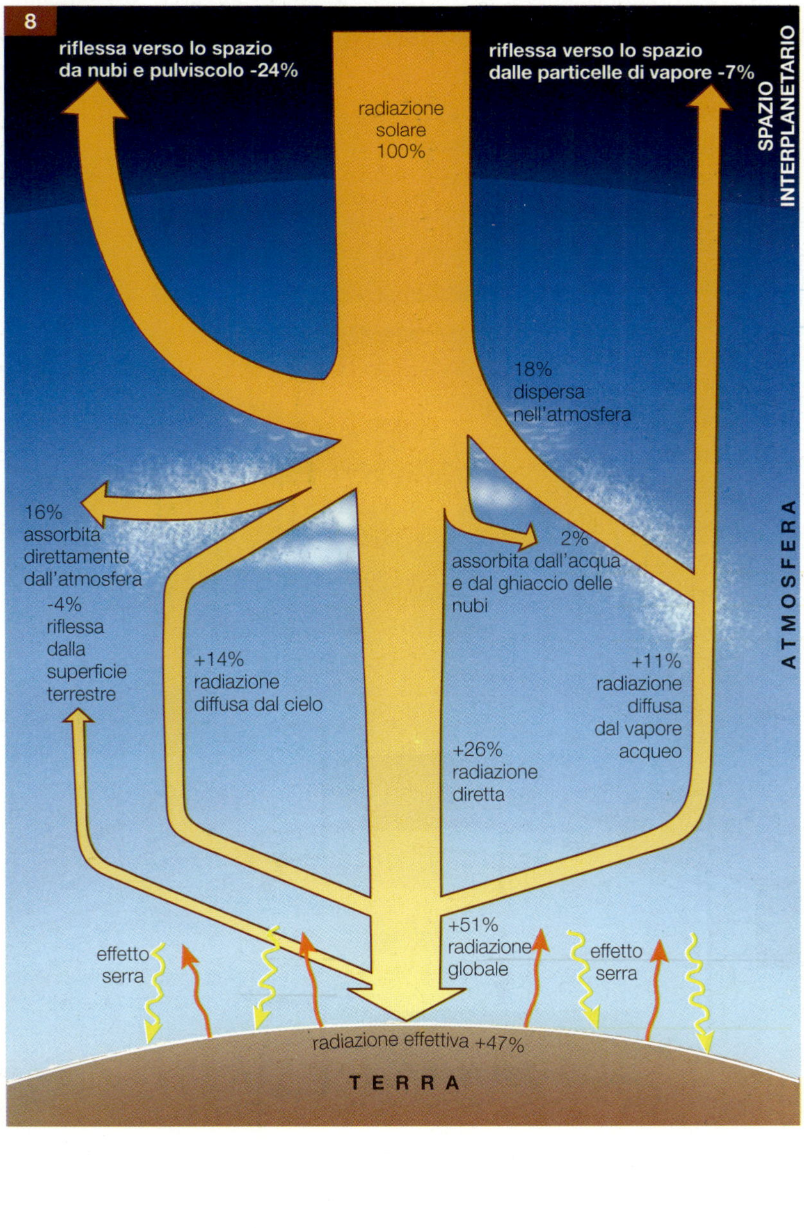

3.1 La radiazione globale, la radiazione effettiva e l'albedo

L'energia solare ci giunge sotto forma di radiazioni, ossia di onde elettromagnetiche. La quasi totalità di queste radiazioni ha lunghezze d'onda relativamente piccole, comprese fra 0,17 e 4 μm (1 μm, o micrometro = 10^{-3} mm), che in Meteorologia sono considerate «onde corte».

La Terra riceve energia dal Sole, la assorbe e la converte in calore e, di conseguenza, emette anch'essa energia, sotto forma di radiazioni con lunghezze d'onda all'incirca fra 4 e 80 μm, indicate come «onde lunghe». Il sistema Terra-atmosfera guadagna e perde energia: il divario fra la *radiazione solare* che entra e la *radiazione terrestre* che esce forma il **bilancio termico** – o, meglio, **bilancio radiativo** – del nostro pianeta [Figura 8].

Della radiazione solare che giunge al limite dell'atmosfera, soltanto il 51% riesce ad arrivare fino alla superficie del globo terracqueo, dopo aver attraversato l'involucro aeriforme: questa quantità costituisce la **radiazione globale**; ma a essa va sottratto ancora il 4% circa, a causa della riflessione media dovuta al globo terracqueo (oceani, laghi, nevai e ghiacciai, rocce, vegetazione ecc.), riducendosi così la **radiazione effettiva** al 47%. Quest'ultima parte si trasforma in energia che viene emessa dalla Terra, ed è così impiegata: il 23% circa è utilizzato per l'evaporazione e passa nell'atmosfera co-

Figura 8
Radiazione solare e *bilancio radiativo* del sistema Terra. L'energia che giunge dal Sole al limite dell'atmosfera, come radiazione ad «onde corte», viene in parte riflessa nello spazio, ad opera delle nubi, del pulviscolo e del vapore acqueo (31%); in parte è assorbita dall'atmosfera, soprattutto per opera dei gas degli strati più alti (ionosfera) e dell'ozono, del vapore acqueo e dell'anidride carbonica (18%); in parte giunge alla superficie del globo terracqueo (51%), che ne riflette una piccola quantità (4%). La *radiazione effettiva* a disposizione del globo terracqueo (47%) viene riemessa sotto forma di radiazioni a «onde lunghe» che danno il maggior contributo al riscaldamento dell'atmosfera.

■ **Calore latente** (**Latent heat**) Quantità di calore che occorre fornire o sottrarre a una unità di massa di una determinata sostanza perché essa subisca un cambiamento di stato, senza che abbia luogo alcuna variazione di temperatura. Per l'evaporazione dell'acqua, ad esempio, occorre calore; nel processo inverso (condensazione del vapore) si libera la stessa quantità di calore che, alla stessa temperatura, è stata assorbita nell'evaporazione.

me calore latente; il 10% è speso nei moti convettivi e turbolenti dell'aria; il 14% forma la cosiddetta «radiazione notturna», che in buona parte riesce ad attraversare l'atmosfera.

Nel complesso, il rapporto fra la quantità di energia che viene riflessa immediatamente nello spazio e l'energia totale in arrivo, ossia il **potere riflettente** o **albedo**, del sistema Terra-atmosfera si può valutare intorno al 35%. Le nubi, il pulviscolo e le particelle di vapore sono responsabili delle perdite più elevate (il 31%); ma anche la superficie delle terre e degli oceani contribuisce a far perdere una parte dell'energia solare (il 4%).

3.2 Il riscaldamento dell'atmosfera dal basso e l'effetto serra

Il sistema Terra-atmosfera dispone soltanto del 65% della radiazione solare incidente; la quantità assorbita (e riemessa) dallo «strato» più superficiale delle terre emerse e degli oceani è notevolmente maggiore di quella assorbita dall'atmosfera (vedi ancora la figura 8). Di conseguenza, la gran parte del calore atmosferico deve derivare indirettamente dalla superficie del globo, la quale funziona come una piastra, riscaldando l'aria dal di sotto.

L'atmosfera si comporta come i vetri di una serra: come questi, essa lascia passare senza perdite sensibili le radiazioni luminose solari, ma intercetta le radiazioni termiche terrestri e così può mantenersi calda. Tale comportamento, dovuto principalmente alla presenza del vapore acqueo e dell'anidride carbonica, è noto sin dalla fine del XIX secolo e viene indicato come **effetto serra**; di esso si discute molto poiché sembra che il suo meccanismo si stia intensificando per cause antropiche.

Il vapore acqueo e i cosiddetti «*gas serra*» – che comprendono, oltre all'anidride carbonica (CO_2), anche il metano (CH_4), il protossido di azoto (N_2O) e alcuni altri gas prodotti soprattutto da attività umane – fanno sì che la temperatura superficiale della Terra sia attualmente di circa 35 °C superiore a quella che si avrebbe in loro assenza.

Tuttavia, se si prendono in considerazione lunghi intervalli di tempo, si può constatare che la temperatura media dell'aria non va continuamente aumentando: il sistema Terra-atmosfera restituisce allo spazio la stessa quantità di energia che riceve dal Sole. Questo **equilibrio termico** si verifica nel corso di un intero anno e per il globo terrestre nel suo complesso. Così, ad esempio, la zona equatoriale assorbe più calore di quanto ne perde (bilancio positivo), mentre le zone polari ne perdono più di quanto ne ricevono (bilancio negativo). Però, nel corso dell'anno, né la regione equatoriale diventa più calda, né quelle polari diventano più fredde, perché il calore si trasferisce dai luoghi più caldi a quelli più freddi della Terra, grazie ai grandi movimenti dell'aria e alle correnti marine.

QUESITI

1. Quanta parte della radiazione solare viene riflessa dall'atmosfera nello spazio?

A 47% **C** 31%

B 51% **D** 4%

2. Scegli l'alternativa corretta.
Le radiazioni riemesse dalla Terra hanno lunghezza d'onda **maggiore**/**minore** rispetto a quelle provenienti direttamente dal Sole, e si manifestano come **calore**/**luce**.

3. Completa.
Il bilancio termico globale è la differenza fra la radiazione .... in entrata e la radiazione .... in uscita.

4. Che cos'è l'albedo?

5. Con quale modalità avviene principalmente il riscaldamento dell'atmosfera?

6. Quali sono i principali gas serra presenti nell'atmosfera?

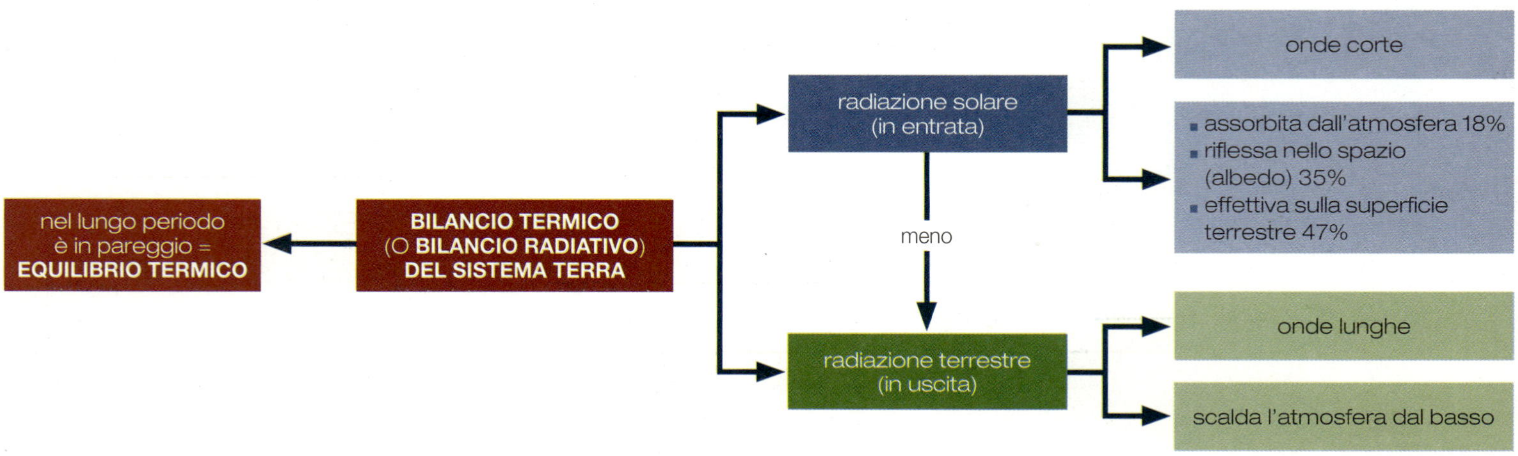

ampliamento delle conoscenze

L'utilizzazione dell'energia solare

La radiazione proveniente dal Sole è un flusso ininterrotto che annualmente corrisponde, al livello della superficie terrestre, all'energia ottenibile con la combustione di circa 70 000 miliardi di tonnellate di carbone, pari a diecimila volte l'odierno consumo mondiale annuo di combustibile convenzionale. È ovvio, quindi, l'interesse per le possibili utilizzazioni dell'energia solare. Le tecnologie in fase di studio, sperimentazione o applicazione sono diverse; ma tutte contemplano la concentrazione della radiazione solare a mezzo di lenti o di specchi [Figura 9] o di apparecchiature analoghe.

Una delle principali forme di utilizzazione consiste nella trasformazione dell'energia solare in energia termica a bassa temperatura, fra i 60 e i 100 °C, per molti usi comuni: riscaldamento di edifici, climatizzazione di serre, produzione di acqua calda per usi domestici e industriali.

Un'altra forma di utilizzazione consiste nella conversione per via termodinamica dell'energia solare in energia meccanica e quindi in energia elettrica; essa si può applicare a pompe solari, a gruppi elettrogeni per località isolate e a centrali elettriche di grande potenza, capaci di alimentare una rete di distribuzione.

Queste due forme di utilizzazione si basano sui **collettori solari**, cioè su apparecchiature che ricevono la radiazione solare incidente e la trasmettono ad un fluido (generalmente acqua) che viene riscaldato.

Esistono ormai da lungo tempo migliaia e migliaia di applicazioni del primo tipo (*pannelli solari*) in vari Paesi del mondo. In Italia hanno cominciato a diffondersi soltanto in questi ultimi anni, da quando si è notevolmente abbassato il costo degli impianti.

La costruzione di una centrale solare di grande potenza (per esempio, da un milione di kilowatt elettrici) oggi verrebbe a costare sei o sette volte di più di una centrale nucleare di ugual potenza; ma bisogna considerare che i costi andrebbero via via diminuendo con le costruzioni successive, le spese di gestione sarebbero enormemente inferiori (la radiazione solare non si deve comprare) e si avrebbe il vantaggio di produrre **«energia pulita»**, non inquinante come quella delle centrali che consumano carbone o petrolio.

Nel campo delle tecnologie più promettenti per la trasformazione dell'energia solare in energia elettrica, va emergendo la **conversione fotovoltaica**, basata sulla proprietà che hanno alcuni materiali (come il silicio), opportunamente trattati, di generare energia elettrica quando vengono colpiti dalla radiazione solare. I generatori che utilizzano questa proprietà sono denominati «celle fotovoltaiche».

Attualmente il costo dell'energia prodotta con il sistema fotovoltaico non è ancora competitivo rispetto ai sistemi convenzionali, salvo che per piccole utenze isolate.

Fra le possibilità di impiego dell'energia solare, meritano di essere citati altri due metodi, anche se si trovano ancora allo stadio iniziale. Uno di questi riguarda la **realizzazione di biomasse**, ossia la coltivazione di piante a rapida crescita, che possono essere usate come combustibile direttamente o essere convertite in idrocarburi pregiati (come il metano), in alcoli, in sostanze oleaginose ecc. L'altro metodo consiste nella **conversione per via fotochimica e fotobiologica**, per riprodurre industrialmente un processo naturale che si verifica in certe alghe, le quali liberano idrogeno dall'acqua sotto l'azione della luce. In questo campo si conducono ricerche avanzate anche in Italia.

Tutte queste forme di utilizzazione dell'energia solare potranno trovare estese applicazioni nei Paesi che godono di condizioni di *insolazione* più favorevoli: quelli della fascia intertropicale, ma anche molti altri nelle zone temperate. Molto interessati al problema sono diversi Paesi dell'Africa e del Medio Oriente; ottime prospettive si offrono pure all'Italia, che dispone di scarsissime materie prime energetiche e non difetta invece di insolazione, specialmente nelle regioni meridionali.

Ma l'interesse per le possibili utilizzazioni della radiazione solare è di rilevanza globale. Si tratta, infatti, di una fonte di **«energia rinnovabile»**, a differenza di quella che si ottiene dai combustibili o di quella nucleare. Inoltre, essa apre ai Paesi più industrializzati grandi possibilità nel campo dell'esportazione di tecnologie e della realizzazione di impianti. E, per di più, si sta già pensando che nel futuro l'energia solare potrebbe essere raccolta da sonde spaziali in orbita, dove il Sole splende continuamente, per essere inviata sulla Terra sotto forma di microonde e quindi convertita in elettricità disponibile in tutti i Paesi del globo.

9

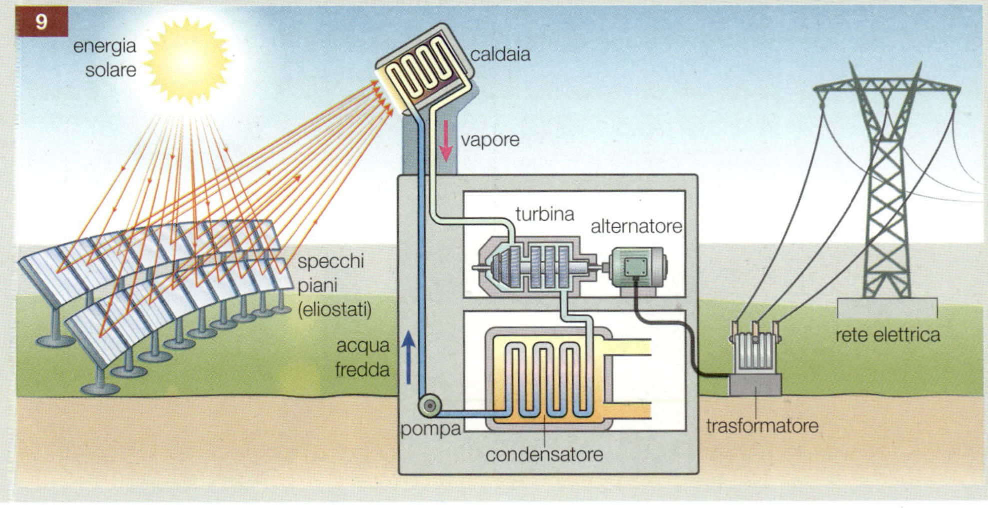

Figura 9
Schema di una *centrale solare a specchi*.
Numerosi specchi posti in serie e opportunamente orientati dirigono la radiazione solare verso la sommità di una torre e la concentrano sulla parete di in una caldaia riempita d'acqua, che viene riscaldata e trasformata in vapore. Il vapore aziona una turbina accoppiata con un alternatore, che produce energia elettrica. Il ciclo è continuo finché il Sole lo alimenta, perché il vapore, raffreddato e condensato, viene rinviato come acqua alla caldaia.

4 La temperatura dell'aria

Rarefatta → - densità di gas nell'aria

Video
L'influenza dei fattori geografici sulle temperature

Le misure eseguite con vari mezzi di esplorazione indicano che normalmente la temperatura dell'aria diminuisce con l'aumentare dell'altezza; dunque, l'atmosfera riceve calore principalmente dalla superficie del globo terracqueo e solo subordinatamente dal Sole, che comunque è la «fonte primaria e indiretta del calore».

L'aria dei livelli inferiori è più calda di quella sovrastante perché è più vicina alla «fonte diretta di calore», ma anche perché è più densa, più ricca in vapore acqueo e pulviscolo, e quindi più idonea ad assorbire la radiazione terrestre rispetto all'aria dei livelli più alti, che è più rarefatta, più secca e più pura.

Sappiamo che nella troposfera la **diminuzione di temperatura con l'altitudine** è di circa 0,6 °C / 100 m, mentre l'andamento termico delle regioni sovrastanti presenta diverse irregolarità. Ma anche nella troposfera non sono rari i casi di isotermia o addirittura di *inversione termica*, cioè di aumento della temperatura col crescere dell'altezza, sia pure in spessori d'aria limitati (decine o centinaia di metri) [Figura 10]. Questa anomalia è dovuta comunemente ad un rapido irraggiamento terrestre, frequente nelle notti invernali calme e serene, che porta ad un raffreddamento più intenso dei livelli d'aria a diretto contatto con il terreno.

L'inversione termica può avere notevoli riflessi economici: nei luoghi dove essa si manifesta con frequenza occorre tenerne conto nella scelta delle colture agricole (evitando quelle che temono le nebbie o il gelo), nella localizzazione delle stazioni climatiche ecc.

4.1 Come influiscono i fattori geografici sulla temperatura dell'aria

Oltre a variare con l'altitudine, la temperatura dell'aria dipende anche da numerosi altri *fattori*.

- La radiazione solare ricevuta dai diversi luoghi della Terra varia sensibilmente al variare dell'angolo di incidenza che i raggi del Sole formano col piano dell'orizzonte: maggiore è quest'angolo, più breve è il tragitto dei raggi entro l'atmosfera e maggiore risulta la quantità di energia che giunge sull'unità di superficie [Figura 11]. Perciò il calore che la superficie delle terre e del mare può cedere all'aria, e quindi la temperatura di quest'ultima, dipende dalla latitudine, dalla stagione, dall'ora del giorno e dall'esposizione ed inclinazione del terreno [Figura 12].
- Un altro fattore che influisce notevolmente sulla temperatura dell'aria deriva dal diverso comportamento delle terre e delle acque rispetto all'energia calorifica. In genere, il terreno e le rocce si riscaldano intensamente e rapidamente sotto l'azione dei raggi solari: la loro capacità termica (attitudine a ricevere e ritenere calore) è modesta, sia per il basso calore specifico (quantità di calorie necessarie per elevare di un grado la temperatura dell'unità di massa), sia perché la radiazione riesce a penetrarvi per uno spessore limitato e il calore si propaga nell'interno solo per conduzione. Perciò nelle terre emerse il riscaldamento interessa soltanto lo strato più superficiale

10

Figura 10
Il fenomeno dell'*inversione termica*. Se la temperatura dell'aria diminuisse sempre con l'aumentare della quota, questa colonna di fumo tenderebbe a salire insieme all'aria che si riscalda a contatto con il terreno, e si disperderebbe verso l'alto. Quando l'aria a contatto con il terreno si trova invece a essere più fredda dello strato di aria sovrastante, essa non può risalire e rimane come intrappolata: il fumo arriva fino a una certa quota, dove incontra uno strato di aria più calda che ne impedisce l'ulteriore ascesa. (JohanTheGhost/ Wikimedia Commons)

11

Figura 11
Il diverso riscaldamento dei vari luoghi della superficie terrestre dipende dall'inclinazione dei raggi del Sole. A causa della sfericità della Terra, una stessa quantità di raggi solari si distribuisce su una zona più o meno ampia, a seconda dell'inclinazione con cui i raggi colpiscono la superficie terrestre. Perciò le varie parti della Terra vengono riscaldate in maniera diversa.

Figura 12
L'*esposizione* e l'*inclinazione dei versanti* esercitano una notevole influenza sul riscaldamento del terreno, e quindi sulla temperatura dell'aria sovrastante. Nelle regioni temperate e polari del nostro emisfero i luoghi rivolti a Sud godono di un periodo di insolazione più lungo rispetto a quelli esposti a Nord; nell'emisfero australe avviene il contrario. Il riscaldamento dei pendii è tanto maggiore quanto più essi si avvicinano alla perpendicolarità con i raggi solari.

(fino a qualche metro di profondità), che raggiunge presto elevate temperature (durante il dì e in estate), ma altrettanto rapidamente e intensamente si raffredda in mancanza di radiazione (durante la notte e d'inverno). Le acque, invece, avendo un maggior calore specifico (in media 2,5 volte più alto di quello delle rocce) ed essendo trasparenti alle radiazioni, possiedono una capacità termica più elevata. Inoltre, nel mare e nei grandi laghi il rimescolamento prodotto dai venti, dalle onde e dalle correnti provvede a rinnovare lo strato superficiale e a distribuire il calore in una massa molto grande; cosicché il riscaldamento, che interessa le acque fino a profondità elevate (anche qualche centinaio di metri), è molto più lento e meno pronunciato, e altrettanto lento è il raffreddamento [Figura 13].

Queste diversità nell'assorbimento ed irraggiamento del calore solare si ripercuotono sull'andamento termico dell'aria, che presenta oscillazioni giornaliere e stagionali più marcate in corrispondenza delle zone più interne dei continenti (*regime continentale*) e più attenuate in vicinanza del mare (*regime marittimo* o *oceanico*) o di grandi laghi.

■ Si deve considerare, inoltre, che il mare, con le sue correnti calde (di provenienza equatoriale) o fredde (di provenienza polare), può anche provocare aumenti o diminuzioni della temperatura che si mantengono per tutto il corso dell'anno nelle regioni costiere.

■ Sulla temperatura dell'aria influisce pure in maniera sensibile la copertura vegetale: le piante assorbono notevoli quantità di calore per le loro funzioni vitali ed emettono in abbondanza vapore acqueo, che attenua la quantità di energia che può giungere al suolo. Perciò, dove la vegetazione è abbondante, le temperature estive sono attenuate e i valori invernali non sono mai molto bassi.

Poiché la superficie terrestre ha componenti di varia natura (rocce, acque) con molteplici aspetti (montagne, pianure, mari, laghi), i **fattori geografici** esaminati – ossia l'*altitudine*, la *latitudine*, l'*esposizione*, la *posizione delle terre e dei mari*, le *correnti marine*, la *vegetazione* – si intrecciano e fanno sì che la temperatura dell'aria vari non solo nel tempo, ma anche da luogo a luogo della Terra.

Facendo la media delle temperature registrate a intervalli regolari di tempo nella giornata (o eseguendo la media aritmetica della temperatura massima e minima registrate nelle 24 ore), in un determinato luogo, si ottiene la **temperatura me-**

Figura 13
Il diverso comportamento termico delle terre emerse e del mare influisce sulla temperatura dell'aria. Le terre, infatti, hanno una capacità termica molto minore di quella delle acque e perciò riscaldano e raffreddano l'aria sovrastante più rapidamente di quanto avviene sul mare.

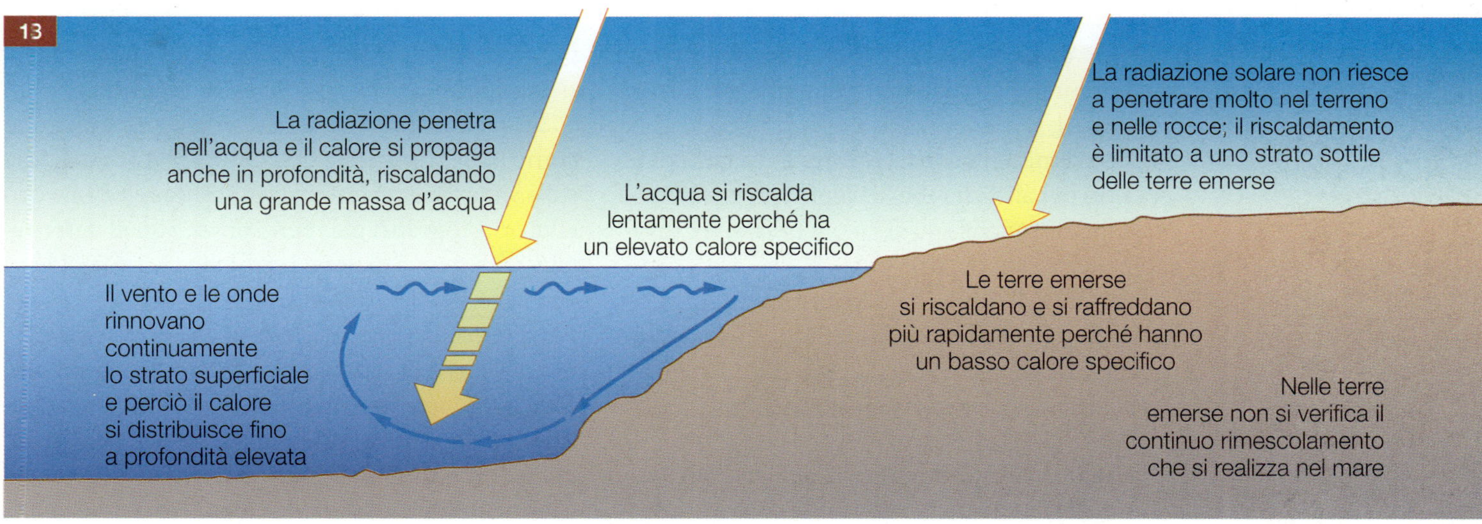

dia giornaliera. Dai valori medi giornalieri si può passare alle **temperature medie mensili** e da queste alla **temperatura media annua**.

Dato che i valori relativi a brevi intervalli di tempo possono essere influenzati da cause occasionali, derivanti da situazioni meteorologiche transitorie, per lo studio della temperatura – come per quello di altri caratteri o fenomeni atmosferici (umidità dell'aria, piogge ecc.) – si ricorre spesso al calcolo dei valori medi relativi ad un lungo periodo di anni di osservazione (in genere un trentennio). Questi valori medi consentono di avere un quadro dell'andamento «normale» della temperatura in un determinato luogo o in una data regione.

L'andamento della temperatura dell'aria al suolo durante la giornata, per un dato luogo e in condizioni di cielo sereno, è caratteristico: la temperatura comincia ad aumentare rapidamente subito dopo il sorgere del Sole e continua a crescere per tutto il tempo in cui l'energia solare in arrivo prevale su quella perduta per emissione terrestre, fino a raggiungere il valore più alto qualche ora dopo il passaggio del Sole sul meridiano del luogo; quindi la temperatura diminuisce lentamente e continua ad abbassarsi per tutto il tempo in cui la radiazione terrestre supera quella solare, fino a raggiungere il valore più basso quando sta per risorgere il Sole. Il momento di massima temperatura (ore 13-15) non coincide con quello di massima intensità della radiazione solare (ore 12), perché la temperatura continua ad aumentare finché la radiazione in arrivo supera quella in partenza: ciò si verifica per un po' anche dopo il mezzodì locale, quando l'energia in arrivo comincia ad attenuarsi.

L'**escursione termica giornaliera** – ossia la differenza tra la temperatura massima e quella minima, registrate in uno stesso luogo nelle 24 ore – è legata alle altre condizioni meteorologiche. Essa è resa irregolare dai fenomeni di condensazione del vapore acqueo ed è ridotta dalla presenza di ammassi nuvolosi che ostacolano l'irradiazione solare e la dispersione del calore. Normalmente, però, l'escursione giornaliera dipende dai fattori già ricordati:

- tende a diminuire con il crescere della latitudine (i valori più alti si hanno ai tropici, dove si possono superare anche i 40 °C, i più bassi si registrano nelle calotte polari);
- è maggiore d'estate che d'inverno;
- è netta nelle regioni continentali, smorzata in quelle marittime;
- è più elevata al livello del mare che ad alte quote.

L'andamento della temperatura dell'aria durante l'anno segue quello della radiazione solare, e quindi dipende innanzitutto dalla latitudine. Però, analogamente a quanto accade nell'andamento termico giornaliero, le temperature più alte e quelle più basse si registrano con un ritardo di un mese o poco più rispetto ai corrispondenti massimi e minimi di intensità della radiazione solare in arrivo.

L'**escursione termica media annua** – ossia la differenza fra la temperatura media del mese più caldo e quella media del mese più freddo – è minima all'Equatore (2-4 °C) e va aumentando verso i poli (40-50 °C), a causa del sempre maggiore divario fra la quantità di calore ricevuta d'estate e quella ricevuta d'inverno.

A parità di latitudine, essa:

- è maggiore nell'interno dei continenti che in prossimità degli oceani;
- è più alta nelle regioni aride o caratterizzate da scarsa nuvolosità che nelle zone ricche di vegetazione o di corsi d'acqua o di piogge;
- tende a diminuire col crescere dell'altitudine, ma in maniera meno netta dell'escursione giornaliera.

4.2 La rappresentazione delle diversità termiche

Per avere una visione immediata della distribuzione della temperatura sulla superficie terrestre, o su una sua parte, si usa segnare sulla carta geografica, in corrispondenza di ogni stazione di misura, il valore della temperatura misurata e si congiungono con linee continue tutti i punti in cui la temperatura è risultata la stessa; le linee così ottenute sono le **isoterme** e le carte sulle quali vengono tracciate sono le *carte delle isoterme* [Figura 14].

A seconda dei dati utilizzati per costruirle, si hanno carte delle isoterme giornaliere, mensili, stagionali o annue. Le più ricche di informazioni sono quelle delle *isoterme di gennaio* e delle *isoterme di luglio*, ossia del mese più freddo e del mese più caldo dell'anno (in relazione all'emisfero che si considera).

Le carte delle isoterme della figura 14 mostrano come la distribuzione della temperatura dell'aria sulla superficie terrestre sia in stretta relazione con i fattori geografici già menzionati, i quali determinano l'esistenza di **zone termiche** non coincidenti con le *zone astronomiche*.

L'esame di queste carte delle isoterme consente di notare che le temperature tendono a diminuire dalla zona intertropicale verso i poli, ma l'andamento delle isoterme non segue quello dei paralleli: le deviazioni maggiori si hanno in corrispondenza dei continenti (specie nei rilievi) e sono massime nell'e-

■ **Zone astronomiche** (**Zones of latitude**) Le zone astronomiche della superficie terrestre si differenziano, in funzione della latitudine, per le diverse condizioni di illuminazione e di inclinazione dei raggi solari durante l'anno. Esse sono: la *Zona torrida* (o *Zona intertropicale*), limitata dai due tropici e divisa in due dall'Equatore; la *Zona temperata boreale*, compresa fra il Tropico del Cancro ed il Circolo polare artico, e la *Zona temperata australe* tra il Tropico del Capricorno ed il Circolo polare antartico; la *Calotta polare artica*, che si estende dal Circolo polare artico al Polo nord, e la *Calotta polare antartica* dal Circolo polare antartico al Polo sud.

14

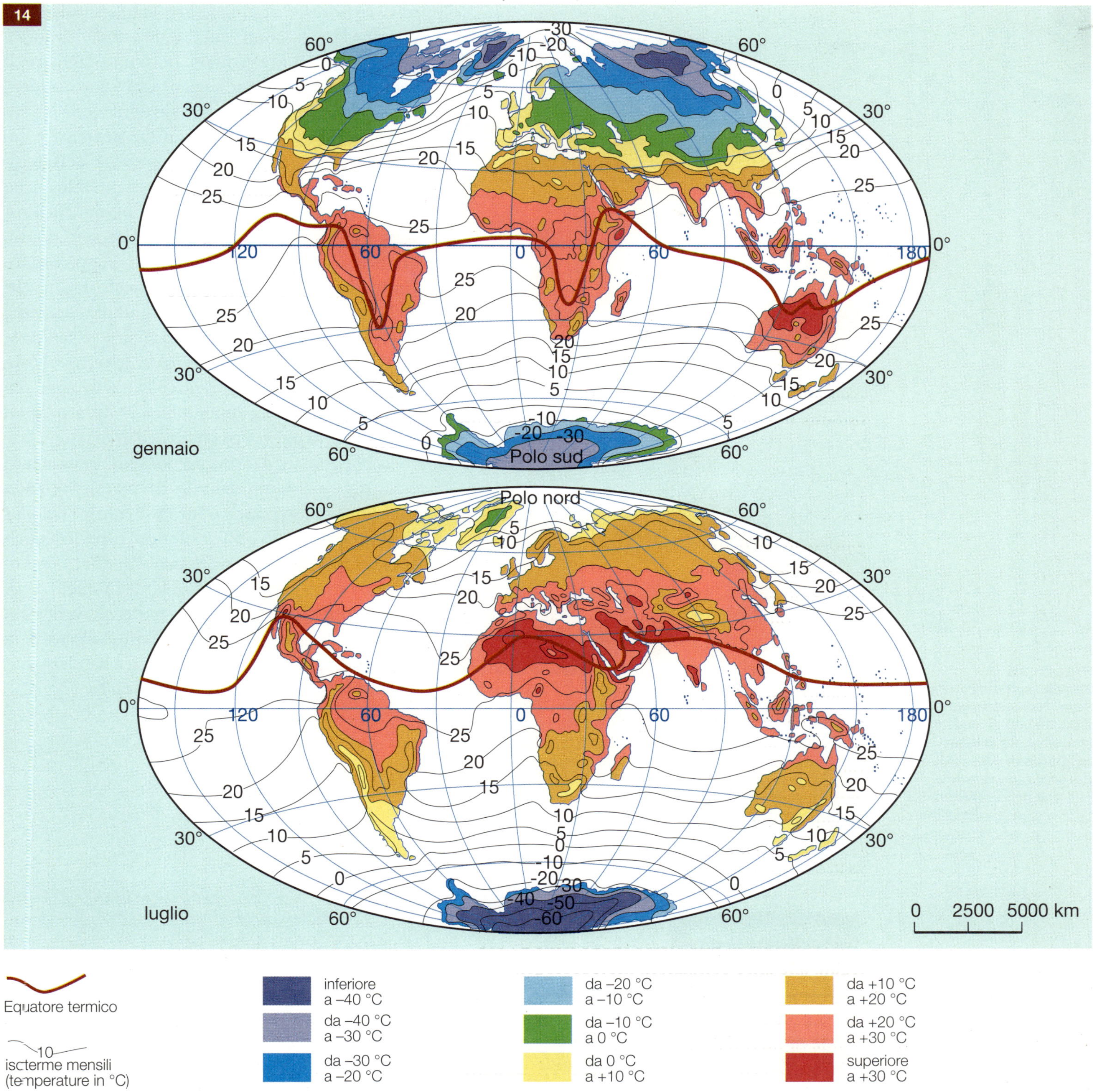

Figura 14
***Temperatura dell'aria sulla superficie terrestre*, rappresentata mediante *isoterme*.** Le due carte mostrano, rispettivamente, la distribuzione geografica delle temperature medie del mese più freddo e del mese più caldo dell'anno per il nostro emisfero (il contrario per l'emisfero australe). In gennaio le temperature più elevate si riscontrano nell'emisfero australe, dove esistono aree limitate con medie intorno ai 30 °C (Africa meridionale, America Meridionale) o poco superiori (Australia nordorientale); contemporaneamente nell'emisfero boreale alcune regioni hanno temperature medie molto basse, anche inferiori ai −40 °C (Siberia nordorientale, Groenlandia). In luglio nell'emisfero boreale si hanno ampie regioni di massimo riscaldamento, con temperature medie superiori ai 30 °C (Africa settentrionale, Arabia, Asia centrale ecc.); nell'emisfero australe, dove si sente maggiormente l'influsso del mare, non si raggiungono valori molto bassi, tranne che in Antartide. La zona equatoriale presenta le escursioni termiche annue minori, con temperature medie che sugli oceani e nelle regioni costiere raramente superano i 25 °C. Questa fascia, posta a cavallo dell'Equatore, in gennaio si espande un po' più nell'emisfero australe e in luglio nell'emisfero boreale; essa è interrotta o attenuata in corrispondenza degli alti rilievi montuosi. Alle medie latitudini l'escursione termica annua non è molto pronunciata, tranne che nelle regioni più lontane dal mare. Nelle aree polari la temperatura media rimane inferiore a 0 °C durante tutto l'anno su vaste regioni (Antartide, Groenlandia interna). Le escursioni termiche maggiori si hanno nell'interno dei continenti, soprattutto nell'emisfero boreale.
Nell'emisfero boreale si trova l'*Equatore termico annuale*, la linea che unisce tutti i punti della superficie terrestre che hanno le temperature medie annue più alte; l'Equatore termico di gennaio e quello di luglio hanno andamenti diversi (linee rosse).

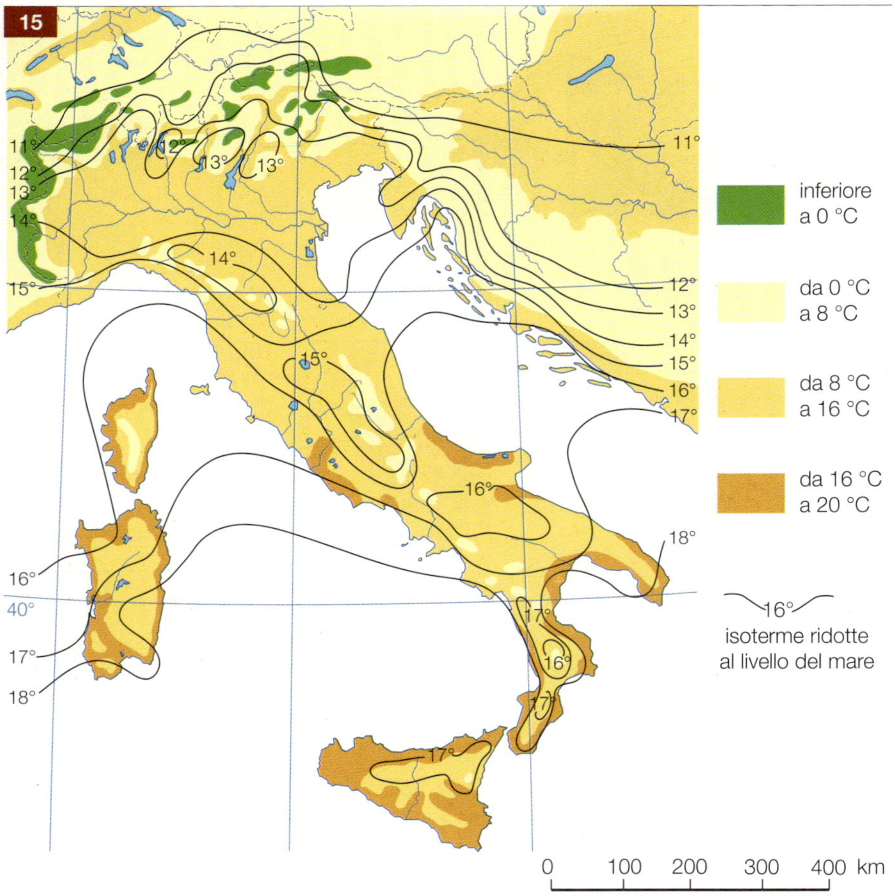

Figura 15
Temperature dell'aria in Italia. Nella carta sono indicate con diversi colori le medie annue delle temperature vere, cioè desunte dai valori reali misurati nelle varie località. Le linee sottili che separano i diversi colori sono altrettante isoterme «vere o reali». Le linee nere più marcate rappresentano invece le isoterme «ridotte al livello del mare», cioè quelle che si avrebbero se tutte le località si trovassero alla stessa altitudine (per l'appunto, al livello del mare); tali isolinee si costruiscono apportando ai valori reali misurati una correzione che tiene conto della diminuzione della temperatura con l'altitudine (mediamente 0,6 °C/100 m): si elimina così l'influenza del fattore orografico e si mettono meglio in luce gli effetti di altri fattori (latitudine, distanza dal mare ecc.) sull'andamento della temperatura.

misfero boreale, attenuate in quello australe e minime nella zona compresa fra i 40° e i 60° di latitudine Sud, quasi interamente occupata dal mare. Il percorso delle isoterme sugli oceani è però influenzato dalle correnti marine, calde o fredde.

La Figura 15 illustra in maniera sintetica le caratteristiche principali e la distribuzione della temperatura nel territorio italiano, consentendo anche osservazioni sulle singole zone o regioni che possono interessare maggiormente ciascuno di noi. Fra i caratteri generali più salienti, si può notare l'influenza della latitudine: procedendo da Sud verso Nord le temperature medie annue tendono a diminuire. Ancora più marcato appare in molti casi l'effetto della distanza dal mare: le temperature annue presentano i valori più bassi nelle zone più interne della catena appenninica e soprattutto in quelle ancora più continentali dell'arco alpino, anche a prescindere dall'altitudine (vedi l'andamento delle isoterme ridotte al livello del mare), rivelando anche una più spiccata azione moderatrice del Mar Tirreno (più ampio e più profondo) rispetto a quella esercitata dal Mare Adriatico. Gli effetti dell'orografia sono in genere prevalenti su quelli degli altri fattori: l'andamento delle isoterme vere è abbastanza simile a quello delle isoipse (le curve di livello), mentre in molti tratti è diverso l'andamento delle isoterme ridotte al livello del mare.

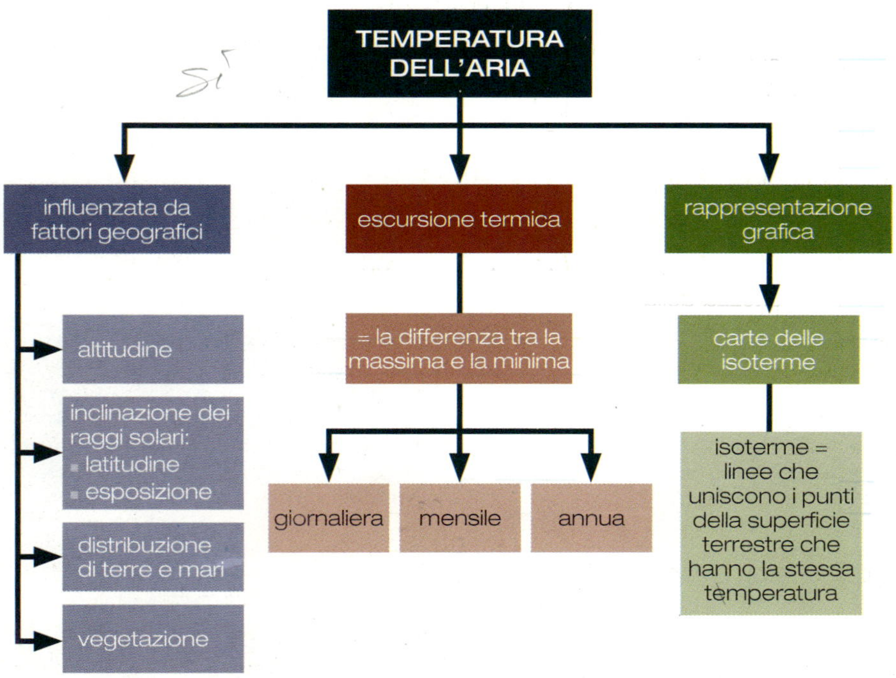

QUESITI

1. Agli equinozi, con l'aumentare della latitudine, l'inclinazione dei raggi solari rispetto alla perpendicolare al piano dell'orizzonte
   - A aumenta.
   - B diminuisce.
   - C resta invariata.
2. Scegli l'alternativa corretta.
   Le acque marine si riscaldano più **rapidamente/lentamente** e fino a profondità **maggiori/minori** rispetto alle terre emerse.
3. Completa.
   Le carte nelle quali è rappresentata la distribuzione della temperatura si chiamano carte delle
   ....
4. Quali sono i fattori geografici che influiscono sulla temperatura dell'aria?
5. Che cosa si intende per escursione termica giornaliera? E per escursione termica media annua?
6. Di quanto diminuisce la temperatura dell'aria con l'altitudine, nella troposfera?

5 La pressione atmosferica e i venti

Video
Come varia la pressione atmosferica

Video
Le brezze di mare e di terra

Come tutti gli enti materiali sottoposti all'attrazione terrestre – siano essi solidi, liquidi o aeriformi – anche l'atmosfera ha un peso, che è complessivamente pari a quello di un ipotetico involucro d'acqua che avvolgesse la Terra con uno spessore di poco più di 10 metri.

La **pressione atmosferica** – ossia il rapporto fra il peso dell'aria e la superficie su cui essa agisce – al livello del mare, alla latitudine di 45° (accelerazione di gravità 9,8 m/s^2) e alla temperatura di 0 °C fa equilibrio ad una colonnina verticale di mercurio alta 760 mm e con sezione uniforme di 1 cm^2 [Figura 16]. Questo valore, che corrisponde pressappoco a 1033 g/cm^2 o $1013 \cdot 10^3$ dyn/cm^2, rappresenta l'unità di pressione, o *pressione normale*, e prende il nome di **atmosfera** (atm).

Spesso la pressione atmosferica viene espressa con la sola altezza in mm della colonnina di mercurio (mmHg o torr) del barometro torricelliano; ma l'unità di misura più adottata in Meteorologia è il millesimo di bar o **millibar** (mb). La pressione normale di 760 mmHg equivale a circa 1013 millibar. Nel Sistema Internazionale di Unità, l'unità di pressione è il *pascal* (Pa); il suo multiplo **ettopascal** (hPa) corrisponde a 1 millibar.

16

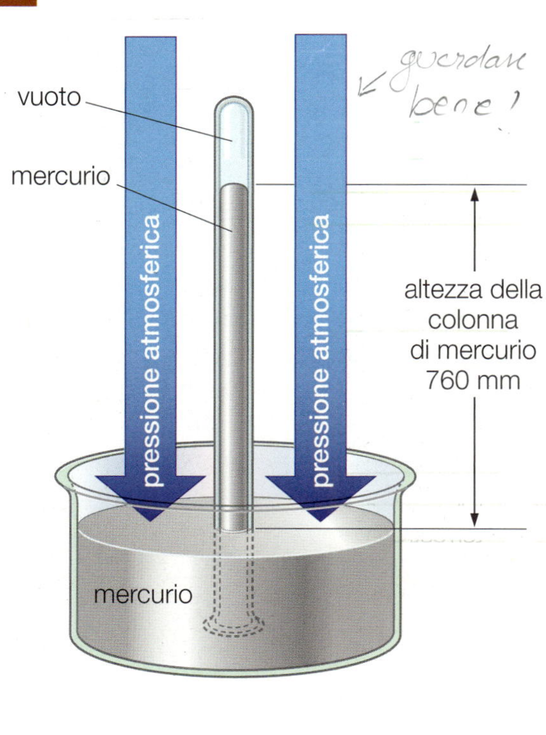

Figura 16
La determinazione della pressione atmosferica. Lo strumento utilizzato per misurare la pressione atmosferica è il *barometro* (dal greco *báros*, peso, e *métron*, misura), ideato da E. Torricelli nel 1643 e ben noto alla Fisica.

5.1 Come varia la pressione atmosferica

La pressione atmosferica è legata a molti **fattori geografici** e **fattori meteorologici** che la fanno variare da luogo a luogo della superficie terrestre ed anche da momento a momento nello stesso luogo.

- La pressione dipende innanzitutto dall'*altitudine*. Elevandosi sopra il livello del mare essa diminuisce, perché si riduce lo spessore della colonna d'aria sovrastante che grava sulla unità di superficie. Questa diminuzione non è costante: è più accentuata negli strati inferiori dell'atmosfera, più densi e quindi più pesanti, e si attenua con l'altezza, in concomitanza con la rarefazione dell'aria.
- La pressione atmosferica varia anche con il variare della *temperatura*. Col riscaldamento l'aria si dilata, diventa meno densa e quindi il suo peso per unità di superficie diminuisce, ed essa tende a spostarsi verso l'alto; al contrario, col raffreddamento l'aria subisce una contrazione, diventa più densa e perciò più pesante e tende a portarsi verso il basso [Figura 17]. Di conseguenza, due masse d'aria con uguale volume e composizione, ma differente temperatura, avranno pressione diversa: minore quella calda, maggiore quella fredda. Perciò, normalmente al livello del mare la pressione è più alta sulle calotte polari che sulla fascia equatoriale; negli strati superiori, invece, dato che la diminuzione di pressione con l'altitudine è più rapida nell'aria fredda e pesante che nell'aria calda e leggera, ad un certo livello (già intorno ai 5000 m) la pressione è minore sopra i poli e maggiore sopra l'Equatore.

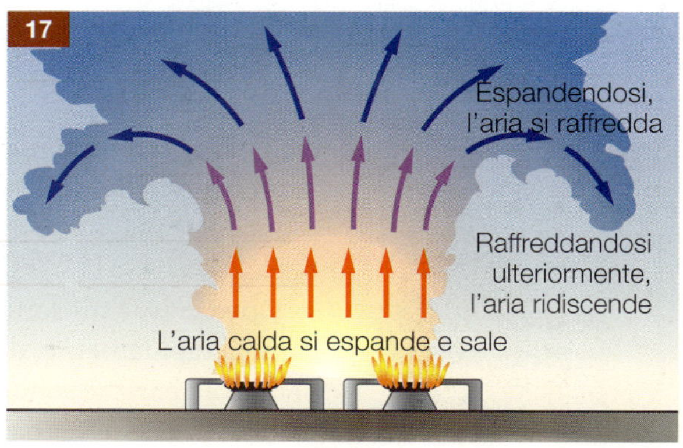

Figura 17
La pressione diminuisce all'aumentare della *temperatura dell'aria*. Quando una massa d'aria si riscalda, si espande e si sposta verso l'alto; quindi il suo peso per unità di superficie diminuisce (anche quella sopra al fornello di casa si comporta così). Quando si raffredda tende a diventare più pesante, e quindi a tornare verso il basso, esercitando così una pressione maggiore.

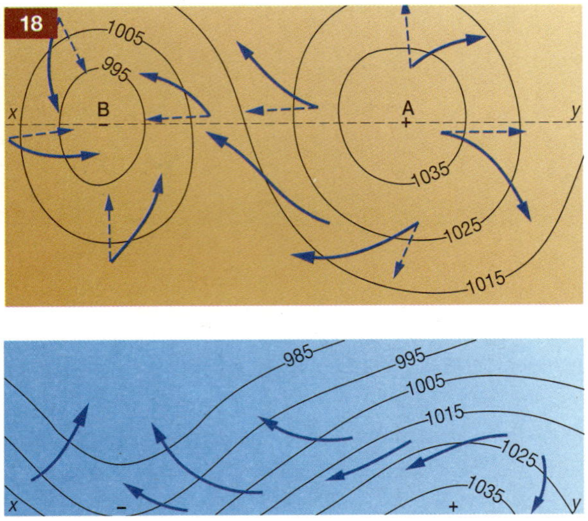

Figura 18
***Aree anticicloniche* ed *aree cicloniche* e andamento dei *venti* nell'emisfero boreale. In alto è riportata una rappresentazione planimetrica, in basso un profilo lungo la traccia *x-y*; i numeri sulle isobare indicano i valori della pressione in millibar. L'area anticiclonica (A) è quella col segno +, l'area ciclonica (B) quella col segno –; la direzione reale dei venti è indicata dalle frecce continue.** Se la Terra non ruotasse, i flussi d'aria assumerebbero lo stesso andamento delle acque che scorrono lungo i versanti di una montagna (frecce tratteggiate), cioè seguirebbero la via più breve per colmare il dislivello di pressione, intersecando perpendicolarmente le isobare. In realtà, la *forza di Coriolis*, dovuta alla rotazione terrestre, agisce sulle masse d'aria in movimento e le fa deviare verso destra nell'emisfero boreale (verso sinistra in quello australe), cosicché i flussi d'aria divergono dalle aree anticicloniche con andamento in senso orario e convergono nelle aree cicloniche con andamento in senso antiorario (nell'emisfero australe in modo opposto). Quindi, i venti tendono a spirare parallelamente alle isobare: presso la superficie terrestre, a causa dell'attrito, essi tagliano le isobare con angoli variabili fra i 45° (sulle zone accidentate) ed i 10° (sul mare), ma a quote più elevate (già intorno a 500-600 m) seguono fedelmente le isobare. Nel loro movimento, i venti lasciano alte pressioni alla loro destra nell'emisfero boreale e alla loro sinistra nell'emisfero australe (*legge di Buys-Ballot*). Ciò è ben osservabile a scala globale nelle *carte delle isobare* della figura 22.

■ La pressione diminuisce con l'aumentare della quantità di *vapore acqueo* presente nell'aria: a parità di temperatura, un dato volume di vapore acqueo pesa meno, circa i 3/5, di un ugual volume di aria secca.

5.2 Le diversità di pressione e i flussi dei venti: dalle aree anticicloniche alle aree cicloniche

Lo studio della distribuzione della pressione atmosferica sulla superficie terrestre si esegue segnando sulle carte geografiche le **isobare**, linee che uniscono i punti di ugual pressione ridotta al livello del mare, alla temperatura di 0 °C e alla gravità normale (solo «riducendo» i valori osservati, le differenze riscontrate fra varie località riflettono le vere differenze bariche esistenti). Come le isoterme, anche le isobare possono essere giornaliere, mensili o annue.

Le isobare delimitano zone dove la pressione è più alta da altre dove la pressione è più bassa; le prime vengono dette **aree anticicloniche** o **anticicloni** e sono quelle nelle quali l'aria, relativamente più densa e quindi più pesante, tende a spostarsi verso il basso e a divergere con moto vorticoso verso le circostanti zone di bassa pressione; le seconde sono dette **aree cicloniche** o **cicloni** e sono quelle in cui l'aria, meno densa, si sposta verso l'alto e converge vorticosamente al centro [Figura 18].

Quando si parla di aree anticicloniche e di aree cicloniche non ci si riferisce ai valori assoluti della pressione: un'area è anticiclonica quando la sua pressione è maggiore di quella delle aree circostanti, è ciclonica se la sua pressione è minore.

Dove le isobare sono molto vicine la pressione cambia rapidamente; dove sono molto spaziate, le variazioni bariche sono poco accentuate. Una valutazione di queste variazioni si ottiene considerando il *gradiente barico orizzontale*, che è il rapporto tra la differenza di pressione esistente fra due punti e la distanza che li separa, misurata perpendicolarmente alle isobare.

Le differenze nella distribuzione orizzontale della pressione causano spostamenti d'aria che tendono a ristabilire l'equilibrio barico, esplicando anche l'importante funzione di trasporto di calore. I movimenti d'aria che avvengono parallelamente alla superficie terrestre, dalle zone anticicloniche verso le zone cicloniche, sono i **venti**.

La loro velocità è espressa in m/s o in km/h o in «nodi» (miglia marine all'ora), e viene misurata con gli *anemometri*.

■ **Anemometri** (Anemometers) Dal greco *ánemos*, vento. Strumenti costituiti generalmente da tre o quattro coppe emisferiche che, investite dal vento, ruotano su un asse e fanno muovere l'indice di un quadrante sul quale è segnata la velocità.

5.3 Venti locali a ritmo diurno e venti regionali a ritmo stagionale: le brezze e i monsoni

Per comprendere il meccanismo con cui si svolgono i movimenti dell'aria, possiamo esaminare alcuni *venti locali*, come le **brezze** *di mare e di terra*. Questi sistemi di venti sono dovuti al diverso comportamento termico delle acque marine (o lacustri) e delle terre, e agli «squilibri barici» – ossia di pressione atmosferica – che ne derivano; perciò essi spirano alternativamente dal mare verso la terra nelle ore diurne e dalla terra verso il mare nelle ore notturne [Figura 19].

Nelle zone costiere, durante le ore diurne il rapido riscaldamento del terreno produce condizioni di bassa pressione che fanno affluire aria dalle alte pressioni che si instaurano sul mare, relativamente più fresco (*brezza di mare*); nelle ore notturne, viversa, l'aria si sposta dalla terra emersa, che si è raffreddata più velocemente, verso il mare (*brezza di terra*).

Le brezze di mare e di terra sono particolarmente attive nella zona intertropicale durante tutto l'anno, ma si avvertono spesso anche nelle regioni temperate durante l'estate. Nelle nostre regioni queste brezze si spingono fino a 15-25 km da entrambi i lati della linea di costa (ai tropici fino a 100 km) e interessano uno strato d'aria di 600-700 m (ai tropici anche 1-2 km); più in alto l'aria si sposta in senso opposto, per uno spessore quasi corrispondente.

Un fenomeno simile alle brezze di mare e di terra si verifica frequentemente in montagna, nei giorni sereni estivi, fra gli alti versanti e le parti basse delle valli. Sulle cime montuose il riscaldamento del terreno e dell'aria è più rapido che nei fondovalle e nelle pianure vicine, come più rapido

Figura 19
Brezze di mare e brezze di terra. La brezza di mare si genera nella tarda mattinata e si mantiene fino a sera, con massimo nel pomeriggio; la brezza di terra si leva intorno alla mezzanotte e si mantiene sino al mattino.

20A

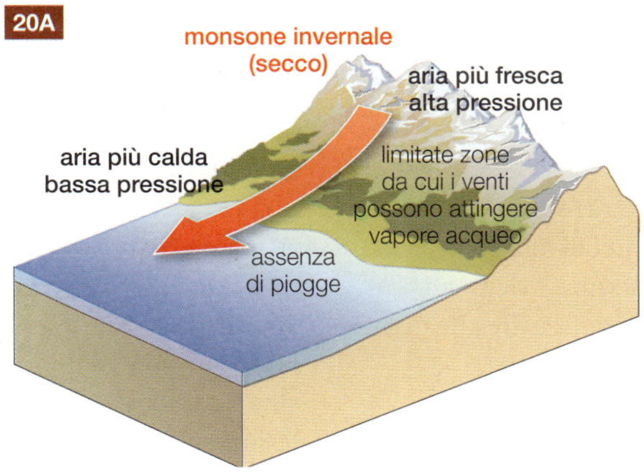

20B

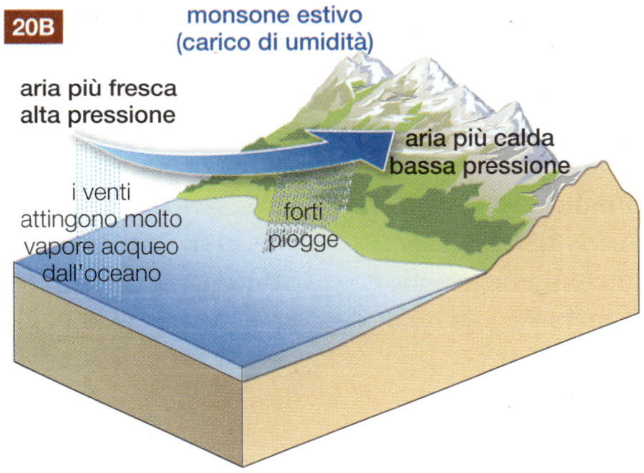

Figura 20
Monsone invernale e monsone estivo.
A. In inverno l'aria presente sull'Oceano Indiano si raffredda più lentamente di quella che si trova sulle terre emerse; la pressione è di conseguenza più alta sui continenti che sull'oceano e i venti spirano dalla terra verso il mare (monsone invernale, secco).
B. In estate l'aria sul continente si riscalda fortemente e si forma un'area di relativa bassa pressione. Dall'oceano, dove la pressione è più alta, l'aria arricchitasi di umidità si sposta dunque verso terra, dove si verificano abbondanti piogge (monsone estivo, molto umido).

è il raffreddamento dopo il tramonto del Sole: si hanno così le *brezze di valle*, che spirano dal basso verso l'alto nelle ore diurne, e le *brezze di monte*, che soffiano con moto discendente nelle ore notturne; esse si manifestano, però, con minore regolarità di quelle marine o lacustri.

Contrasti barici analoghi a quelli che determinano le brezze, ma estesi su spazi molto più vasti, sono corresponsabili di sistemi di venti che possono coinvolgere regioni molto ampie, come avviene nell'Oceano Indiano e nell'Asia meridionale, in tutta la fascia che va dalle coste della Somalia a quelle della Cina orientale. Qui si hanno importanti *venti periodici* a ritmo stagionale, che presentano velocità di 35-70 km/h e interessano la troposfera fino ad altezze di 2000-6000 metri: sono i **monsoni**, che soffiano dal mare verso il continente nel semestre estivo, apportando piogge copiosissime, e dal continente verso il mare nel semestre invernale, durante il quale sono freddi e secchi [Figura 20].

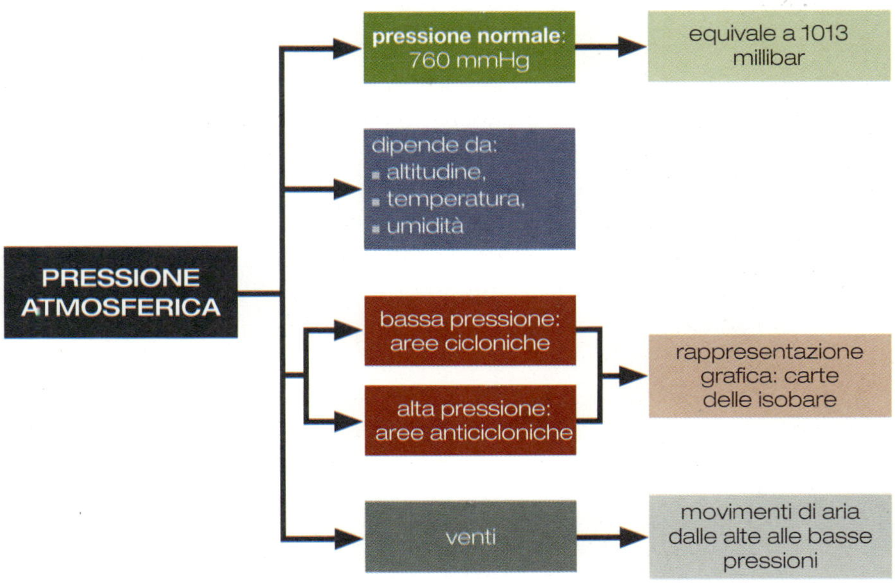

QUESITI

1. Quale massa d'aria esercita la pressione maggiore, a parità delle altre condizioni?
   - **A** Aria che contiene 5 g/m³ di vapore acqueo.
   - **B** Aria che contiene15 g/m³ di vapore acqueo.
2. Completa.
   Una massa d'aria calda esercita una pressione .... di una massa di aria fredda di pari volume, e di conseguenza tende a ....
3. Scegli l'alternativa corretta.
   Il monsone **estivo/invernale** soffia dal mare verso il continente, ed è **umido/secco**.
   La brezza di terra soffia durante **il dì/la notte.**
4. Con quale strumento si misura la pressione atmosferica?
5. Qual è l'unità di misura della pressione atmosferica nel Sistema Internazionale?
6. Definisci aree anticicloniche e aree cicloniche.

6 La circolazione generale dell'atmosfera

Video
Evoluzione di una corrente a getto del fronte polare

Nell'esaminare l'andamento generale delle pressioni e dei venti su tutta la superficie terrestre, occorre fare una distinzione fra quanto avviene nella bassa troposfera (fino ai 3000-5000 m di quota), dove la circolazione delle masse d'aria è fortemente influenzata dalla presenza di mari, terre emerse, rilievi montuosi ecc., e quanto si verifica invece nelle parti più alte della troposfera, dove le influenze dell'attrito fra suolo ed aria, del diverso comportamento termico di terre ed acque, e degli altri numerosi fattori locali, non si fanno sentire che in maniera trascurabile.

6.1 I diversi andamenti dell'aria nella bassa e nell'alta troposfera

I lineamenti essenziali della **circolazione nella bassa troposfera** si possono indicare nell'esistenza, in ciascun emisfero, a Nord e a Sud dell'Equatore, di tre distinti sistemi di venti che prendono origine da zone di differente pressione, le quali si snodano attorno alla Terra secondo lo schema della Figura 21.

- Alle basse latitudini la velocità lineare di rotazione della Terra è maggiore di quella dei moti dell'aria, che perciò tendono ad assumere direzione prevalente da Est verso Ovest: si hanno così due zone di venti orientali, detti **alisei**, che spirano da NE nell'emisfero boreale e da SE nell'emisfero australe, convergendo verso l'Equatore, dove è situata una zona di *basse pressioni equatoriali*. Intorno ai 30° di latitudine Nord e Sud, l'aria si muove con la stessa velocità della Terra e vi regnano due zone simmetriche di *alte pressioni subtropicali*, dalle quali le masse d'aria divergono tanto verso l'Equatore (originando gli alisei) che verso le medie latitudini. Si formano così due celle convettive, una per emisfero, dette *celle di Hadley* (da immaginare come due «tubi circolari» posti attorno al globo).
- Nelle zone comprese fra i 35° ed i 55° di latitudine, sia nell'emisfero boreale che in quello australe, l'aria si muove più velocemente della Terra, determinando venti da Ovest: in queste regioni soffiano i **venti occidentali**, che muovono dalle alte pressioni subtropicali verso le due zone di *basse pressioni subpolari* situate intorno ai 60° di latitudine Nord e Sud, alimentando altre due celle convettive, dette *celle di Ferrel*.
- Alle latitudini estreme si hanno i **venti orientali polari**, che provengono dalle zone di *alte pressioni polari* circostanti ai due poli e sono diretti originariamente verso le basse pressioni subpolari; anche essi vengono deviati dalla rotazione della Terra, oltre ad essere modificati nel loro percorso dall'attrito con la superficie terrestre.

Gli alisei sono considerati *venti costanti*, perché «in complesso» mantengono costante la direzione e il verso durante tutto l'anno; essi sono abbastanza *regolari*, perché conservano una velocità media intorno ai 20 km/h. La convergenza degli alisei degli opposti emisferi verso l'Equatore provoca la formazione di correnti d'aria ascendenti: è questa la zona delle *calme equatoriali*, dove gli antichi velieri a volte rimanevano immobili per settimane. In certi casi, però, in questa zona si creano violenti moti vorticosi dell'aria, di estensione limitata ma di in-

Figura 21 ***Circolazione nella bassa troposfera.*** La rappresentazione, molto schematizzata, mette in luce l'esistenza di situazioni speculari nei due emisferi. La causa degli spostamenti di masse d'aria è data dall'esistenza di zone di differente pressione, fra le quali i venti dovrebbero muoversi secondo l'andamento dei meridiani; la rotazione terrestre li fa però deviare da questa direzione e, assieme all'attrito ed agli ostacoli di superficie, conferisce ad essi l'andamento che osserviamo.

21

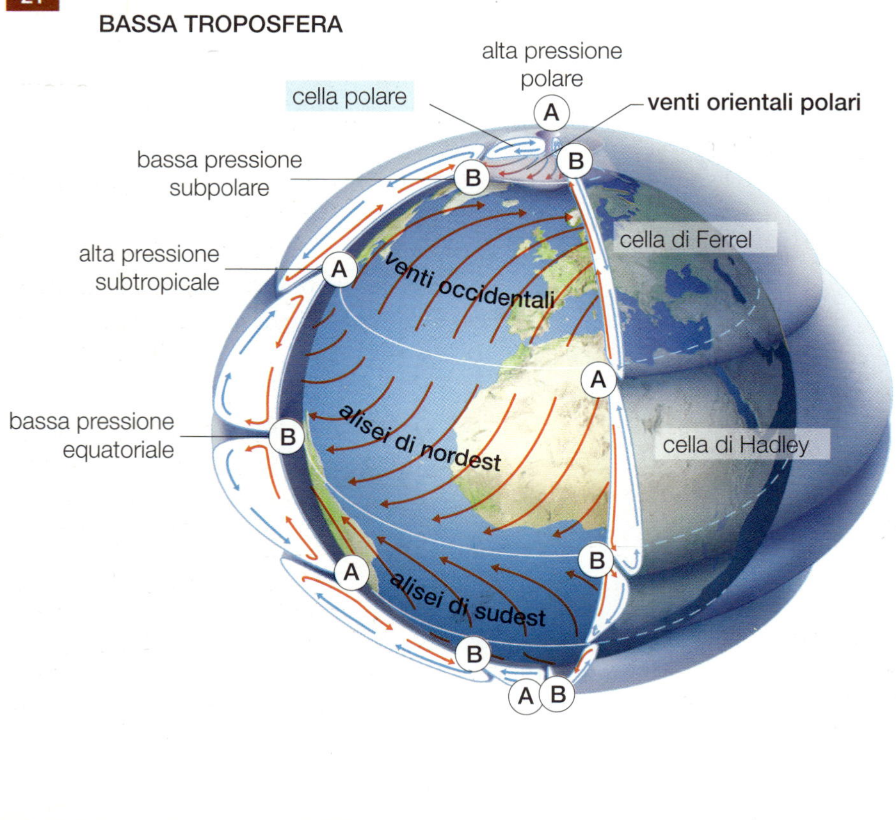

22

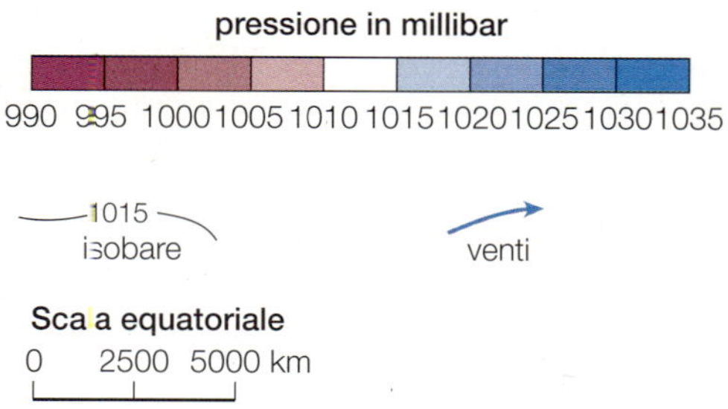

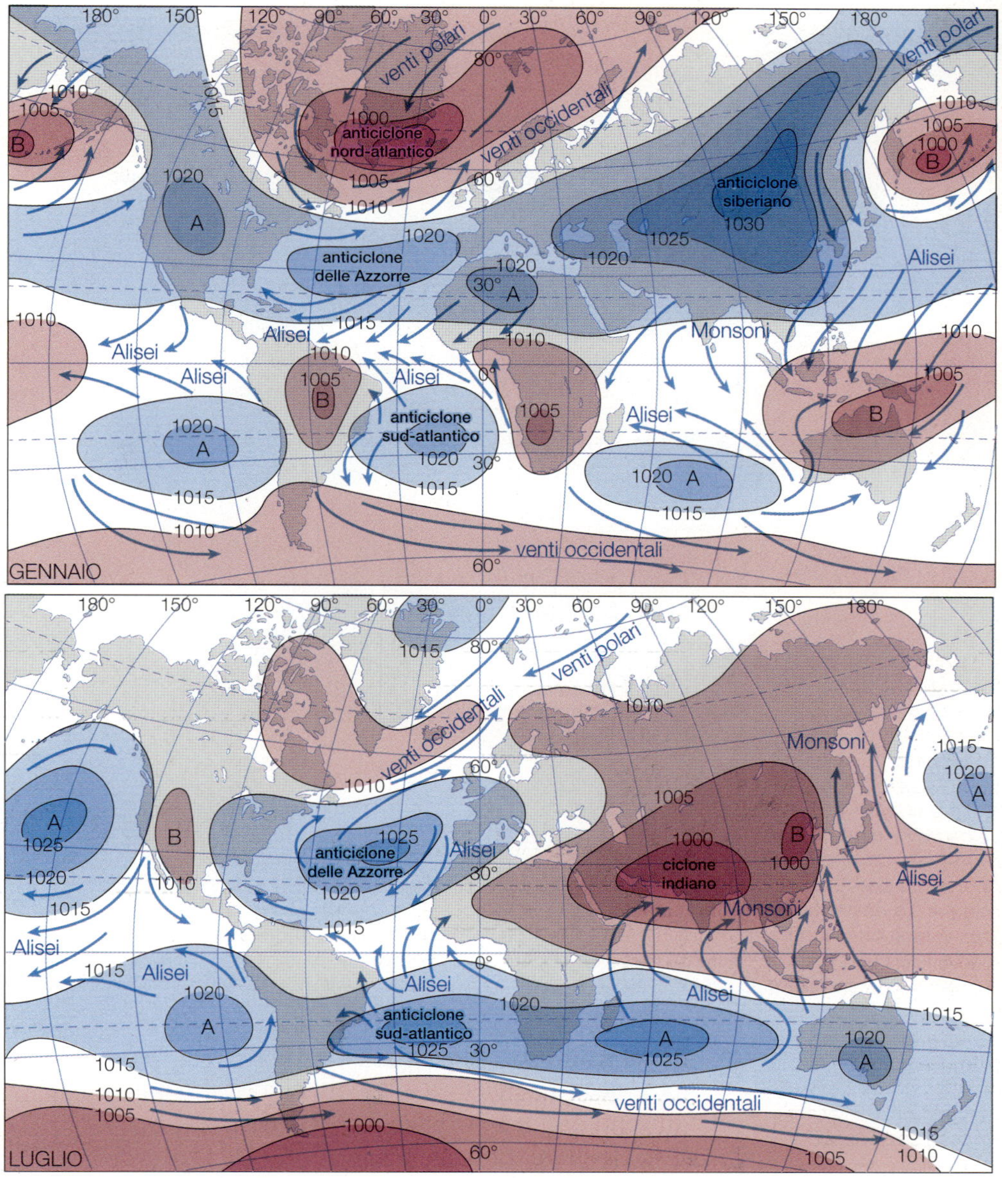

Figura 22
***Isobare* e *venti* di gennaio e di luglio.** La circolazione nella bassa troposfera è più complessa di quella indicata nello schema della figura 21, che non tiene conto di vari fattori, quali l'orografia, la distribuzione delle terre e degli oceani ecc. Queste due carte mostrano l'effettivo andamento medio delle isobare e dei venti nel mese più freddo e nel mese più caldo dell'anno (per il nostro emisfero). Procedendo dall'Equatore verso le alte latitudini, in entrambe le carte si osserva il susseguirsi alternato di serie di cellule discontinue cicloniche (B) e anticicloniche (A), dovute in parte a fattori termici e in maggior parte a fattori dinamici; fra esse si sviluppano diversi sistemi di venti che escono dalle aree anticicloniche fluendo in senso orario nell'emisfero boreale ed in senso antiorario nell'emisfero australe, mentre entrano nelle aree cicloniche ruotando in modi rispettivamente opposti. La distribuzione delle cellule barometriche e dei venti è diversa nei due periodi dell'anno: il moto apparente del Sole determina il loro spostamento complessivo verso Sud in gennaio e verso Nord in luglio. L'influsso termico si fa sentire soprattutto nel nostro emisfero, dove sono più accentuati i contrasti fra continenti e oceani, e fa variare anche l'estensione delle cellule cicloniche ed anticicloniche; esso è particolarmente marcato sull'area asiatica, dove si verifica un nettissimo capovolgimento barico stagionale che è responsabile dell'andamento periodico dei monsoni.

tensità notevolissima. In passato erano temute dai naviganti persino le alte pressioni subtropicali, dove l'aria (compressa e discendente) ha caratteri di immobilità (*calme subtropicali*).

Anche i venti occidentali (*westerlies*, in inglese) generalmente vengono considerati come venti costanti, ma in realtà sono poco regolari (per direzione e velocità) e spesso turbolenti, soprattutto nell'emisfero boreale, dove portano aria calda e umida sulle regioni occidentali dei continenti.

Poco conosciuti sono i venti polari, che portano aria fredda fino alle regioni temperate. Le basse pressioni subpolari, dove convergono correnti di aria calda di provenienza tropicale e correnti di aria fredda di provenienza polare, sono sedi di estese e frequenti perturbazioni meteorologiche.

In effetti, la circolazione nella bassa troposfera è meno semplice e regolare di quanto appare nella figura 21; e ciò dipende in parte dai diversi fattori che agiscono nella porzione di troposfera più vicina alla superficie terrestre. Le zone di differente pressione, che sono la causa dei grandi movimenti dell'aria a bassa quota (nel cosiddetto «*strato geografico*» della troposfera), non formano anelli uniformi e continui su tutto il globo, ma sono distribuite in una serie di cellule discontinue che si spostano alternativamente verso Nord e verso Sud [Figura 22], seguendo l'apparente moto annuo del Sole. La circolazione risulta perciò più complessa e frammentata (*circolazione cellulare*) e ha caratteristiche diverse nella stagione estiva e in quella invernale.

La **circolazione nell'alta troposfera** assume caratteri diversi da quella dello strato sottostante, perché viene a mancare l'azione frenante dell'attrito e degli ostacoli orografici di superficie. La velocità dei venti, perciò, tende ad aumentare con l'altezza. Inoltre si invertono le condizioni bariche: già intorno ai 5000 m di altitudine la pressione sulla zona equatoriale è più alta che sulle calotte polari (al suolo la situazione è opposta), per cui si generano

23

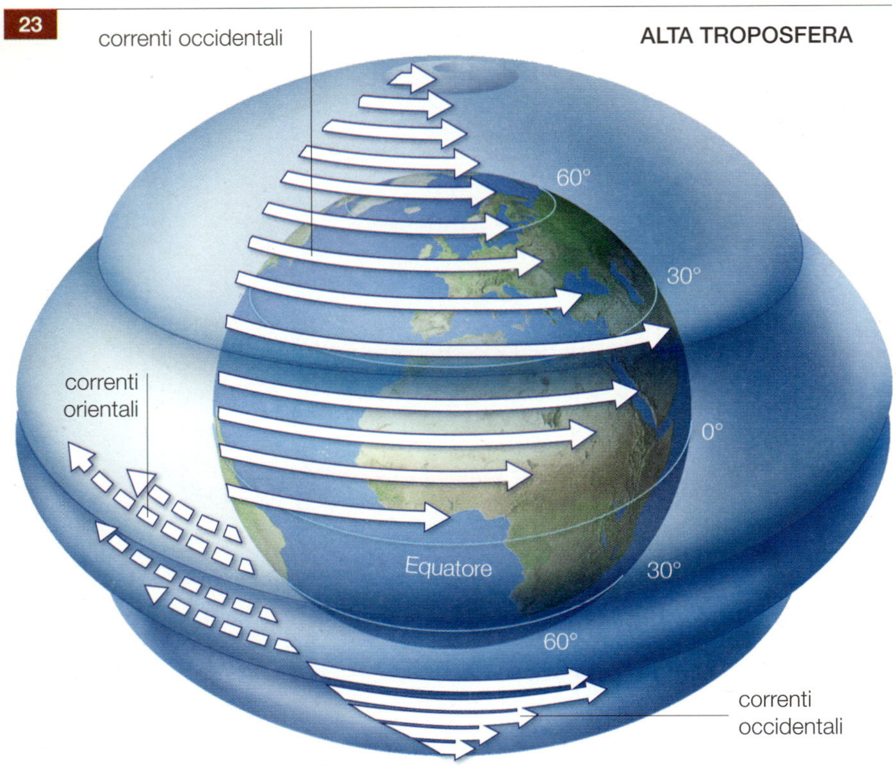

Figura 23
***Circolazione nell'alta troposfera*. La rappresentazione mostra l'esistenza di situazioni speculari nei due emisferi; la lunghezza delle frecce è proporzionale alla velocità dei venti.** Un confronto con la figura 21 mostra le differenze con la circolazione che si svolge nella bassa troposfera: entrambe sono condizionate dalla rotazione della Terra, ma, mentre nello *strato geografico* l'attrito con la superficie del globo terracqueo fa in modo che i venti conservino ancora una componente secondo la direzione dei meridiani, in questo *strato libero* della troposfera essi si sviluppano su tutto il nostro pianeta secondo la direzione dei paralleli.

flussi d'aria diretti dall'Equatore verso i poli; la rotazione terrestre devia questi flussi trasformandoli in venti occidentali, che muovono da Ovest verso Est. La circolazione generale ad alta quota si svolge, quindi, essenzialmente secondo l'andamento dei paralleli (*circolazione zonale*).

Le ricerche meteorologiche moderne hanno accertato che, sopra i 3000-5000 m di quota, nella quasi totalità dei due emisferi scorrono venti occidentali con velocità crescenti verso l'alto e verso le medie latitudini, dove (presso il «tetto» della troposfera) possono raggiungere i 300-500 km/h. Le due larghe fasce di queste **correnti occidentali** sono separate da una ristretta zona intertropicale di **correnti orientali**, che rappresentano il riflesso ad alta quota degli alisei [Figura 23]. Si è pure constatata la presenza di una più limitata *corrente occidentale equatoriale*, che scorre tutto l'anno dall'Africa occidentale al Pacifico, a quote inferiori (intorno ai 1000 m). Pur non conoscendone bene l'origine, si ritiene che questa «controcorrente equatoriale» faccia parte della circolazione atmosferica zonale e quindi sia continua su tutto il globo.

Come si è accennato, il gigantesco flusso delle correnti occidentali è particolarmente intenso sopra le zone temperate della Terra, dove si hanno dei veri e propri «fiumi d'aria» profondi alcuni kilometri e larghi non meno di 500 km, che circolano più o meno sinuosamente intorno al globo, mantenendo il loro asse ad una altezza media di 12 km. A queste ristrette fasce di venti con velocità elevatissime (fino a 500 km/h) è stato dato il nome di **correnti a getto**, o *jet streams*.

In effetti, in ogni emisfero si sviluppano: una *corrente a getto subtropicale*, localizzata in una fascia compresa tra i 25° e i 35° di latitudine, e una *corrente a getto del fronte polare*, che si trova invece a latitudini prossime ai 60°. La corrente a getto subtropicale è pressoché rettilinea e cambia posizione durante l'anno: durante l'inverno si avvicina all'Equatore, mentre in estate si sposta verso il polo. La corrente a getto del fronte polare ha un andamento assai irregolare e forma delle profonde saccature. I mutamenti di questa corrente a getto determinano lo spostamento delle aree di alta e bassa pressione permanenti nella bassa troposfera [Figura 24].

Attualmente le correnti a getto vengono esplorate con continuità e se ne conoscono gli aspetti più importanti. La loro origine non è stata ancora del tutto chiarita, ma quasi sicuramente è da mettere in relazione con il contatto tra masse d'aria calde e umide di provenienza tropicale e masse d'aria fredde e asciutte di provenienza polare; un ruolo importante dovrebbe essere poi sostenuto dalla rotazione terrestre, che contribuirebbe ad imprimere la loro grande velocità.

6.2 Le cause dinamiche della circolazione atmosferica

Le *correnti a getto* presentano variazioni stagionali in latitudine, altitudine e velocità. In ciascun emisfero, durante l'inverno l'asse del getto si sposta verso l'Equatore e verso l'alto, raggiungendo le velocità massime; in estate e nell'emisfero opposto avviene il contrario. La velocità assiale aumenta poi nelle zone di passaggio tra continenti e oceani, per i contrasti termici ivi esistenti.

Si hanno anche oscillazioni cicliche delle correnti a getto, che si compiono in periodi più brevi (una settimana o poco più), con formazione di onde orizzontali molto ampie (migliaia di km), le quali tendono ad accentuarsi, fino a staccarsi dal flusso principale. Ne derivano immissioni di masse di aria calda tropicale verso le alte latitudini e di aria fredda polare verso le basse latitudini (rivedi la figura 24).

In sostanza, le **teorie moderne** sulla circolazione dell'atmosfera sostengono che i principali fenome-

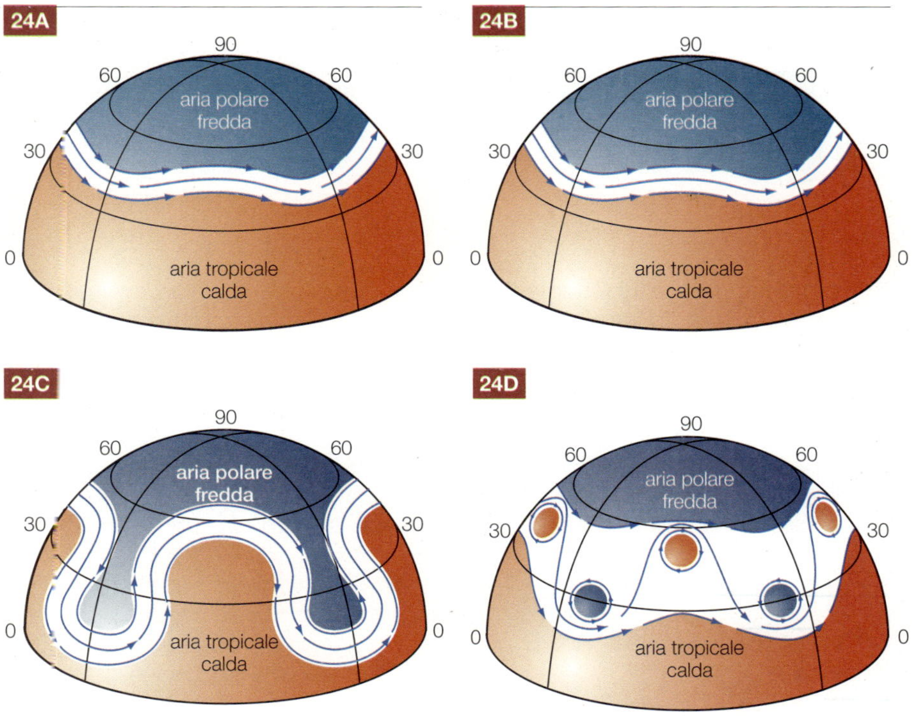

Figura 24
Stadi dell'evoluzione di una corrente a getto del fronte polare.
A. Quando la velocità della corrente supera i 150 km/h, si sviluppa in modo quasi rettilineo, secondo l'andamento dei paralleli.
B. Se la velocità scende sotto i 150 km/h la corrente si ondula e sale leggermente in latitudine.
C. A velocità ancora inferiore (meno di 70 km/h) le onde si approfondiscono e occupano quasi tutto l'emisfero; masse d'aria polare possono penetrare verso Sud e masse d'aria tropicale possono avanzare verso Nord (nell'emisfero boreale).
D. Superata una certa ampiezza, le onde si spezzano, dando luogo a una serie di masse d'aria frammentarie. Al termine del ciclo il sistema si rigenera nelle condizioni iniziali. La frammentazione produce cadute d'aria (*subsidenza dinamica*) dal lato equatoriale delle correnti a getto e ascese d'aria sul lato polare: si creano così, rispettivamente, le cellule anticicloniche delle zone subtropicali e le cellule cicloniche delle zone temperate e subpolari, presenti nella bassa troposfera.

ni che si svolgono nella troposfera dipendono:
- dalla posizione in latitudine delle ondulazioni delle correnti zonali;
- dalla loro velocità;
- dalla loro ampiezza.

Il sistema di venti della fascia intertropicale sarebbe un fenomeno secondario e non la causa della circolazione atmosferica generale.

Secondo questa nuova veduta, gli alisei sono correnti orientali zonali che, a contatto con le terre e il mare, subiscono una torsione a causa dell'attrito; difatti, sopra i 700-800 m essi spirano da Est verso Ovest e più in alto, intorno agli 8-9 km, lasciano il posto alle correnti occidentali, che soffiano ad ogni latitudine fino a quote superiori alla tropopausa.

Anche per i monsoni si ha oggi una nuova interpretazione. Il monsone di Sud-Ovest, che si stabilisce nel semestre caldo sopra l'Oceano Indiano e l'Asia meridionale, corrisponde all'aliseo di Sud-Est che viene deviato quando in estate migra verso l'emisfero boreale. Il monsone di Nord-Est, che spira nel semestre freddo su tutta l'area dell'Oceano Indiano, rappresenta la normale corrente dell'aliseo, che d'inverno si ristabilisce a quelle latitudini.

A queste *cause dinamiche* si sovrappongono però sempre i *fattori termici* della concezione classica della circolazione atmosferica: presso la superficie del globo terracqueo essi accentuano la loro azione, rinforzando la velocità e mascherando la direzione delle originarie correnti zonali.

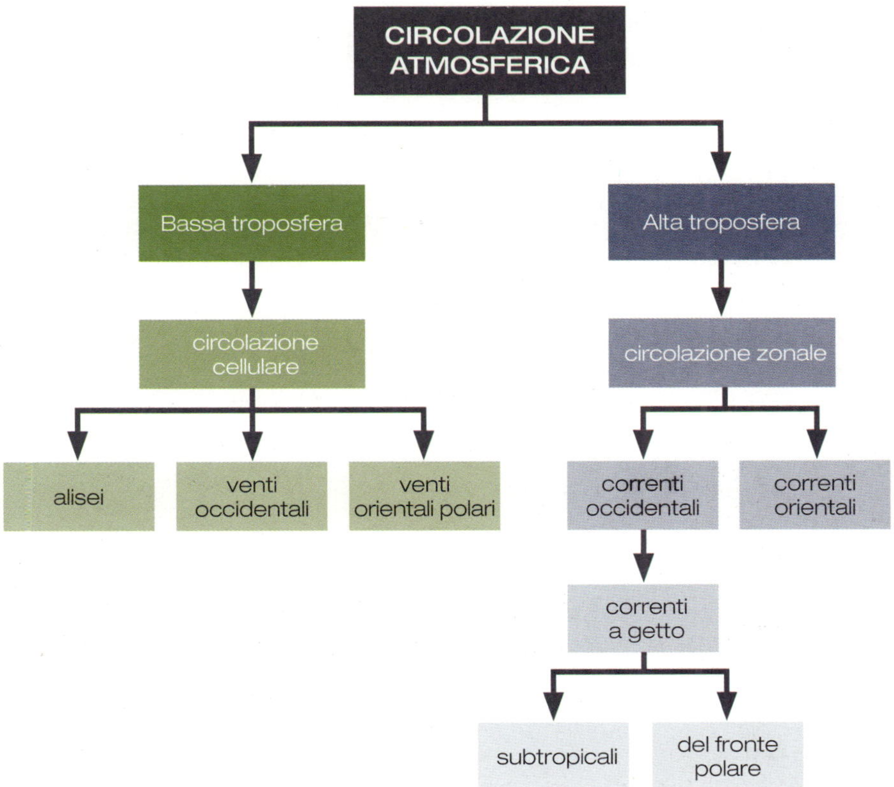

QUESITI

1. I venti occidentali soffiano
- A dalle basse pressioni equatoriali.
- B dalle alte pressioni subtropicali.
- C dalle basse pressioni subpolari.
- D dalle alte pressioni polari.

2. Nell'emisfero boreale gli alisei spirano
- A da Nord-Est.
- B da Sud-Est.
- C da Sud-Ovest.
- D da Nord-Ovest.

3. Scegli l'alternativa corretta.
La circolazione generale dell'aria ad alta quota **non risente/risente** dell'attrito fra aria e terre o mare; perciò si hanno venti **meno/più** veloci.

4. Vero o falso?
Le correnti a getto si muovono da Ovest verso Est.

5. Che cosa sono gli alisei?

6. A quali latitudini spirano i venti occidentali?

7. Che cosa sono le correnti a getto?

8. Da quali fattori dipende la circolazione generale dell'aria nella troposfera?

ampliamento delle conoscenze

L'utilizzazione dell'energia eolica

L'energia eolica è stata una delle forme di energia maggiormente impiegate nell'antichità, anche se via via abbandonata o accantonata in tempi moderni: tutta la navigazione fino alla invenzione della macchina a vapore si è fondata sui venti. I primi **mulini a vento** sono anteriori all'anno 1000, e ne esistono tuttora di funzionanti in varie parti del mondo (celebri quelli olandesi); ancora oggi in alcune regioni italiane è il vento a far girare piccoli mulini per il pompaggio dell'acqua dai pozzi e qualche volta per l'alimentazione elettrica di case isolate.

Ma l'energia dei venti presenta difetti che limitano la sua utilizzazione. Innanzitutto la concentrazione energetica è molto bassa. È stato calcolato che l'*energia cinetica* dei venti su tutto il globo è pari a 3×10^{23} joule/anno, la maggior parte della quale viene dissipata nell'atmosfera sotto forma di calore; soltanto una piccola frazione di questa energia totale può essere imbrigliata, poiché in massima parte la circolazione atmosferica ha luogo ad altitudini troppo elevate. La quantità di energia che si potrebbe ricavare sfruttando il vento è stimata intorno a 10^{18} joule/anno, mentre l'attuale domanda complessiva di energia nel mondo è circa 300 000 volte maggiore.

La grande irregolarità, nel tempo e nello spazio, sia dell'intensità, sia della direzione dei venti rappresenta un altro ostacolo ad un impiego generalizzato dell'energia eolica.

Però quella del vento è la fonte di **«energia rinnovabile»** più competitiva con le fonti tradizionali nella produzione di energia elettrica. Infatti si tratta di un tipo di energia molto diffusa che è disponibile sotto forma meccanica e perciò trasformabile con buon rendimento in elettricità.

Gli attuali **generatori eolici di elettricità** (*aerogeneratori*) derivano dai tradizionali mulini a vento. Essi sono costituiti da un «rotore» formato da alcune pale, fissate su di un mozzo, che sottraggono al vento parte della sua energia cinetica per trasformarla in energia meccanica, e quindi in energia elettrica [Figura 25].

Dopo un periodo di pausa nelle ricerche, verso la fine degli anni Settanta del XX secolo l'interesse per l'energia eolica è riemerso, in conseguenza delle crisi petrolifere e della crescente domanda di energia in tutti i Paesi del mondo.

Complessivamente, negli anni Ottanta sono stati installati nel mondo impianti di produzione di energia elettrica da energia eolica per una potenza di 1660 megawatt. L'85% di quel totale era concentrato in California. In Italia in quegli anni sono stati installati diversi aerogeneratori di potenza compresa fra 3 e 10 kW ed è stata attivata una centrale da 400 kW, composta di otto aerogeneratori da 50 kW; inoltre sono stati sperimentati generatori eolici con potenza di centinaia e anche di qualche migliaio di kilowatt, che attualmente sono ben diffusi in varie regioni italiane.

Oggi l'energia eolica è in grado di competere sul piano economico con l'energia elettrica prodotta mediante combustibili fossili; il suo mercato è stato valutato intorno ai 2 miliardi di dollari già nel 1998, e da allora al 2014 ha fatto registrare una crescita di circa il 25% all'anno. Questi risultati economici sono molto importanti e fanno pensare ad uno sviluppo consistente nell'utilizzazione di questa fonte energetica. Essi sono stati ottenuti mediante il perfezionamento dei controlli elettronici degli aerogeneratori, con la messa a punto di materiali più leggeri (fibre di vetro) per la costruzione delle pale e anche con i *generatori ad asse verticale*, le cui pale possono ruotare a prescindere dalla direzione del vento, mentre quelle dei mulini ad asse orizzontale devono avere il vento di fronte.

Certamente le prospettive in questo campo sono più limitate di quelle offerte dall'energia solare. Le possibilità di utilizzare l'energia del vento per produrre elettricità sufficiente ad alimentare delle vere e proprie *reti di distribuzione* riguardano soprattutto le zone della Terra sottoposte ai venti più costanti e più regolari.

Di difficile soluzione è invece il problema connesso con la bassa frequenza dei venti, che è caratteristico di varie regioni del mondo e si registra anche in alcune zone italiane (ad esempio, nella Pianura Padana). In questi casi le piccole potenze ricavabili dall'energia eolica potranno avere applicazioni relativamente ristrette. E tuttavia anche queste forme di impiego non sono da sottovalutare, ma anzi meritano di essere studiate in modo approfondito, soprattutto se si tiene conto che quella del vento è un'altra forma di **«energia pulita»**, oltre che rinnovabile, a disposizione dell'uomo.

Un aspetto che occorre considerare, però, è quello dell'**impatto ambientale** prodotto dagli aerogeneratori nei luoghi prescelti per l'installazione. Infatti i generatori eolici risultano ingombranti, per cui possono «imbruttire» i paesaggi, e spesso sono anche rumorosi. Un metodo che può risolvere il problema è quello di localizzare gli aerogeneratori in mare, creando *parchi eolici offshore*: l'installazione di aerogeneratori in zone marine non lontane dalle coste, anche se più costosa, non solo consente di attenuare il problema dello spazio, ma permette anche di accrescere la produzione di elettricità, dato che sul mare i venti sono più costanti e intensi (spesso superano la velocità di 7-8 metri al secondo).

Figura 25
Schema di un aerogeneratore ad asse orizzontale, una macchina che trasforma l'energia eolica (ricavata dal vento) in energia elettrica. Il vento fa ruotare una o più *pale* montate su un asse, il cui movimento si trasmette a un *alternatore*. Alcuni meccanismi specifici permettono di adattare la velocità di rotazione alle diverse condizioni di carico (*ingranaggi riduttori* o *moltiplicatori*) mentre altri provvedono a mantenere le pale orientate nella direzione del vento. L'alternatore è collegato alla rete elettrica.

25

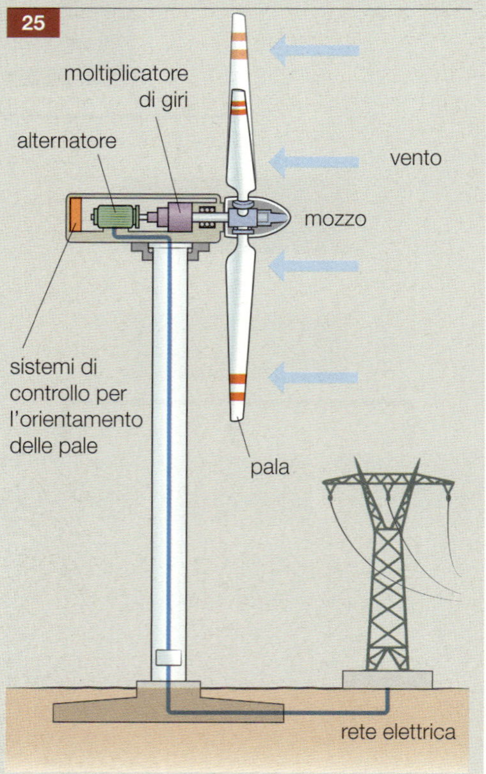

7 L'umidità dell'aria e le precipitazioni

Video
Il meccanismo di saturazione dell'aria

Pur essendo presente in quantità molto variabile nello spazio e nel tempo, il **vapore acqueo** è per molti aspetti uno dei componenti più importanti dell'atmosfera. Esso proviene principalmente dalla continua evaporazione del mare – predominante su quella dei laghi, dei corsi d'acqua e del suolo umido – e, in misura nettamente minore, dalla traspirazione delle piante. Il vapore acqueo così prodotto si trasforma in nubi e nebbie, precipita in forma liquida (pioggia) o solida (neve, grandine) e torna sulla superficie terrestre, da dove il «ciclo dell'acqua» riprende.

L'intensità dell'*evaporazione* varia con la temperatura, aumentando al crescere di questa, ma è anche agevolata dal vento e dalla secchezza dell'aria sulla superficie evaporante. La *traspirazione* è influenzata principalmente dall'insolazione e varia nelle diverse essenze vegetali; essa si ha soltanto durante i periodi vegetativi e nelle ore diurne.

La misura diretta di questi due processi è però molto difficile; la loro intensità e la loro distribuzione sulla superficie terrestre si osservano negli effetti che ne derivano, cioè nell'*umidità atmosferica*.

26

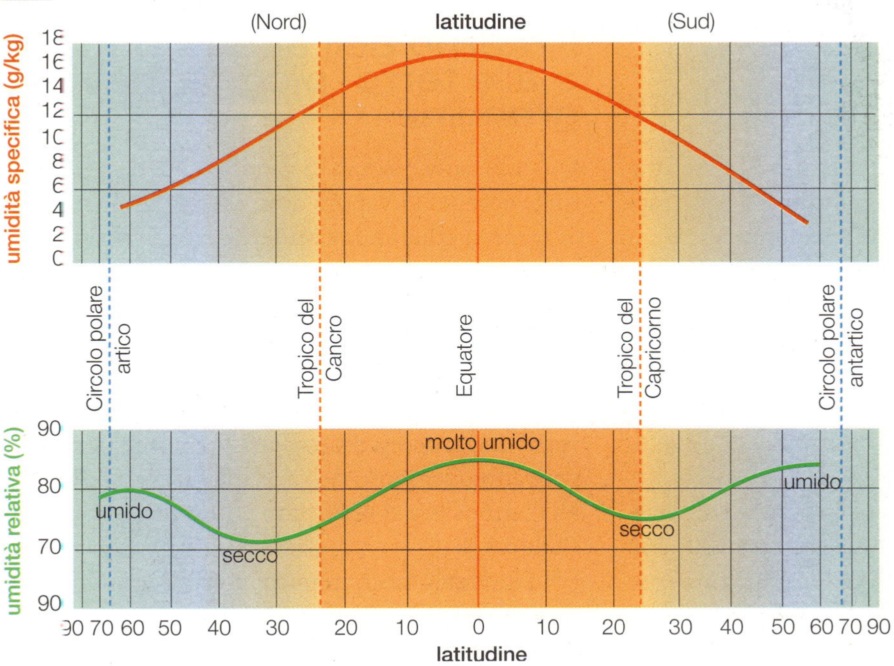

7.1 L'umidità assoluta e l'umidità relativa

L'**umidità assoluta** è la «quantità di vapore acqueo (espressa in grammi) contenuta nell'unità di volume di aria (1 m³) in un dato momento e in un determinato punto dell'atmosfera». Essa varia con:

– la temperatura, e quindi con la latitudine [Figura 26]; per cui diminuisce dalle regioni equatoriali (20-25 g/m³) a quelle polari (1-2 g/m³);
– il procedere verso l'interno dei continenti, diminuendo specialmente dove regnano condizioni di alta pressione;
– l'altitudine, decrescendo in modo repentino all'aumentare di questa.

L'aria non può contenere una quantità illimitata di vapore acqueo; arrivata ad un certo punto, essa ne diviene satura. Il *limite di saturazione* varia però con la temperatura: maggiore è la temperatura, più vapore può essere contenuto in un dato volume d'aria (per esempio, a 10 °C sono sufficienti 9 g di vapore per saturare 1 m³ di aria, mentre a 25 °C ne occorrono 23 g).

Più che l'umidità assoluta, è utile conoscere l'**umidità relativa**, che è il «rapporto tra la quantità di vapore acqueo effettivamente presente in un dato volume di aria e la massima quantità che potrebbe esservi contenuta alla medesima temperatura» (ossia il rapporto fra l'umidità dell'aria e il suo limite di saturazione a quella temperatura). L'umidità re-

Figura 26
Variazioni dell'umidità dell'aria con la latitudine (valori medi annui). L'umidità assoluta (qui espressa come *umidità specifica*, cioè in grammi di vapore acqueo per kilogrammi della massa d'aria) aumenta all'aumentare della temperatura; il suo valore dunque decresce dall'Equatore ai poli ed è minore presso il Circolo polare antartico rispetto al Circolo polare artico, a causa delle temperature meno rigide riscontrate presso quest'ultimo. L'umidità relativa è inversamente proporzionale alla temperatura. I suoi valori massimi si riscontrano, però, all'Equatore; qui, infatti, pur essendo elevato il limite di saturazione, è altrettanto elevata l'umidità assoluta, a causa della forte evaporazione e del continuo apporto di vapore operato dai venti alisei. Altri due massimi si riscontrano in prossimità dei circoli polari, dove le basse temperature fanno abbassare il limite di saturazione.

27

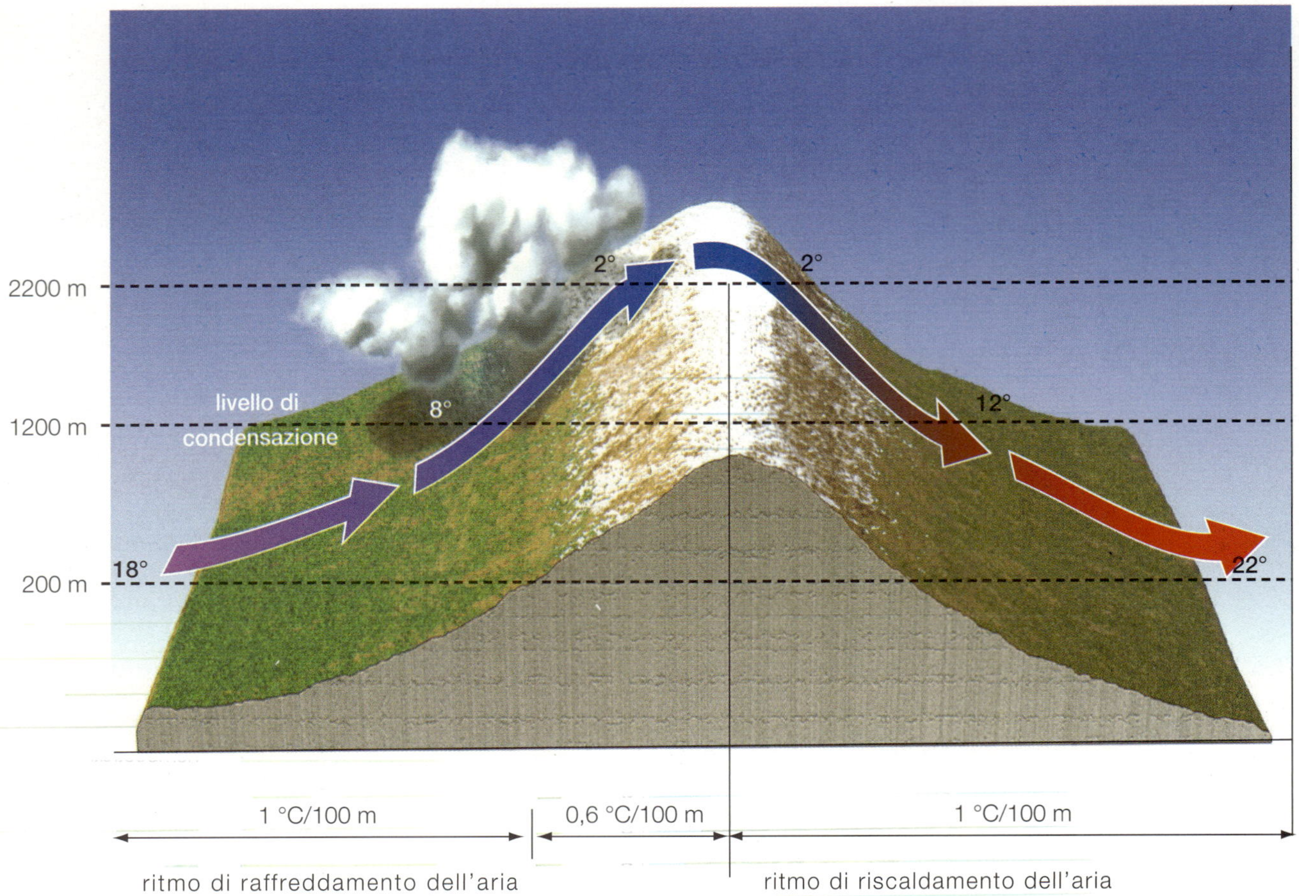

Figura 27
Uno dei possibili meccanismi che portano alla *saturazione* dell'aria in vapore acqueo, alla *condensazione* del vapore e quindi alle *precipitazioni*. Quando una massa d'aria in moto incontra un rilievo, ne risale il versante sopravento per superarlo. L'aria ascendente si espande e quindi si raffredda di circa 1 °C ogni 100 m di innalzamento; se è umida, ad una certa quota diventa satura di vapore acqueo, dopo di che avviene la condensazione, si formano nebbie e nubi e avvengono le precipitazioni. Con la condensazione si libera il calore latente del vapore acqueo e perciò l'aria che continua a salire si raffredda più lentamente (circa 0,6 °C/100 m). Arrivata in cima al rilievo, essa è ormai secca ed è costretta a scendere, comprimendosi e riscaldandosi con un ritmo quasi regolare (1 °C/100 m); per cui, ad ogni altitudine, dall'altro lato del monte (versante sottovento) l'aria assume una temperatura superiore a quella che aveva salendo. Questo fenomeno è tipico del *föhn*, vento montano che muove dal versante meridionale delle Alpi, dove porta abbondanti precipitazioni, e, dopo aver valicato la catena montuosa, scende caldo e secco verso le vallate settentrionali della Svizzera e del Tirolo. Lo stesso fenomeno si osserva però per tutti i venti che investono rilievi montuosi, specie se provengono da zone marine, dove si caricano di vapore acqueo.
Una massa d'aria ascendente costituisce un **vento anabatico**; una massa d'aria, inizialmente fredda, discendente costituisce un **vento catabatico**.

■ **Igrometri** (Hygrometers) Sono strumenti misuratori, di vario genere, che prendono questo nome dal greco *ygrós*, umido. Uno dei più diffusi è l'*igrometro a capello*, nel quale viene utilizzata la proprietà che ha il capello umano di variare in lunghezza col variare dell'umidità relativa: l'allungamento è proporzionale all'U.R. se il capello è sgrassato.

lativa (U.R.), che viene misurata con gli igrometri, si esprime in percentuale: per l'aria satura l'U.R. è del 100%, mentre un valore di U.R. del 50% indica che il vapore acqueo contenuto nell'aria è solo la metà di quanto necessario per saturarla.

Essendo strettamente legata al limite di saturazione, che compare al denominatore di questo rapporto, l'umidità relativa tende a variare:

- in senso inverso alla temperatura (rivedi la figura 26), decrescendo nelle zone e nei periodi più caldi e aumentando nelle zone e nei periodi più freddi (ma i valori più alti si registrano nella fascia equatoriale);
- diminuendo pure con l'altitudine, anche se in modo molto più irregolare.

Valori dell'umidità relativa particolarmente bassi sono stati riscontrati nei deserti tropicali con venti caldi (Sahara: U.R. 10-15%); notevolmente elevati sono quelli delle regioni costiere boreali in inverno (Germania settentrionale: U.R. 85-90%).

7.2 Il ritorno dell'acqua al mare e alle terre: piogge, neve e grandine

Quando l'aria è satura di vapore acqueo, ogni eventuale eccesso di vapore deve essere eliminato. Ciò avviene mediante la **condensazione**, ossia attraverso il passaggio dell'acqua dallo stato aeriforme a quello liquido; oppure mediante la **sublimazione**, cioè con diretto passaggio allo stato solido, quando la temperatura è molto bassa.

Ad un eccesso di vapore si può giungere attraverso due processi diversi: per aggiunta di vapore o per raffreddamento dell'aria già satura [Figura 27]. Nell'atmosfera si verificano entrambe queste possibilità:

- l'aumento del contenuto in vapore si può avere come effetto dell'evaporazione da una superficie liquida o umida sottostante;

Figura 28
Principali tipi di *nubi* e loro distribuzione verticale. Le nubi alte (cirri, cirrocumuli, cirrostrati), che si formano sopra i 6000 m, sono costituite da minuscoli aghetti di ghiaccio e non provocano precipitazioni. Quelle medie (altocumuli, altostrati), che si trovano fra i 6000 ed i 2500 m, sono formate in prevalenza da goccioline d'acqua, possono essere associate a piogge e a volte sono precorritrici di tempeste. Le nubi basse (stratocumuli, nembostrati, strati), che si formano sotto i 2500 m, sono le maggiori apportatrici di precipitazioni, associate a fenomeni temporaleschi, specie se risultano costituite da gocce d'acqua miste a particelle di ghiaccio e quando hanno una notevole estensione verticale (come i cumulonembi). I cumuli sono nubi di bel tempo. (Da H.M. Papel, G.L. Petriconi, *Nubi mediterranee*, Vallagarina/C.N.R., 1980)

– il raffreddamento si può avere per effetto di emissione di energia radiante, per contatto dell'aria con una superficie fredda, per mescolanza con una massa d'aria più fredda, o in seguito a un movimento di ascesa con relativa espansione dell'aria.

La manifestazione più immediata di questi processi consiste nella formazione di goccioline liquide, del diametro di circa 1 / 100 di millimetro, che si formano preferibilmente intorno a «nuclei di condensazione» (particelle minutissime di cloruro di sodio, acido solforico, polveri di carbone, ceneri, ioni carichi di elettricità ecc.) e che rimangono sospese nell'aria; assieme a cristallini esagonali o aghetti di ghiaccio, che si formano a temperature inferiori a 0 °C, esse costituiscono le **nebbie** e le **nubi** (o **nuvole**). Le prime hanno origine in prossimità del suolo, quando l'aria umida si trova a contatto con superfici fredde, come le nebbie mattutine, le nebbie polari ecc.; le seconde si formano ad altezze più elevate, da qualche centinaio di metri fino ai limiti della troposfera (ma ne esistono anche più in alto), ed assumono forme, colori e dimensioni varie [Figura 28].

Le nubi non sono masse di aria e acqua inerti, ma si trovano in uno stato di continuo disfacimento e riformazione. Infatti una parte del prodotto della condensazione (o della sublimazione) si porta normalmente verso il basso, ma rievapora nell'incontro di strati d'aria più caldi. Quando le goccioline d'acqua, o le particelle di ghiaccio, raggiungono dimensioni tali da non poter più essere sostenute dall'aria, allora hanno luogo le **precipitazioni**. Queste, però, non sono originate da tutti i tipi di nubi, ma soltanto da quelle a notevole spessore verticale, che hanno la base a quote non molto elevate; in particolare da certe «nubi miste», composte di particelle d'acqua e di ghiaccio, come i nembostrati (che danno precipitazioni regolari) e i cumulonembi (piovaschi e acquazzoni), e dai nembi (che producono manifestazioni temporalesche).

Le precipitazioni più comuni e più frequenti avvengono in forma liquida, cioè come *pioggia*. Ma anche quelle solide non sono del tutto rare: la *neve*, che nelle nostre regioni cade quasi esclusivamente d'inverno ed è abbondante soltanto a quote elevate, nelle regioni polari è la forma consueta di precipitazione. Caratteristica dei temporali nelle regioni temperate è poi l'occasionale formazione e caduta di *grandine*.

Esclusa l'Antartide ed alcune delle cime più elevate del rilievo terrestre, in nessuna altra parte del mondo le precipitazioni sono soltanto nevose. Inoltre, la quantità di neve, il numero dei giorni di caduta e la durata del ricoprimento nevoso sono molto variabili da luogo a luogo: in complesso tendono ad aumentare col crescere della latitudine e dell'altitudine, ma dipendono anche da altri fattori (esposizione, venti dominanti ecc.). La grandine, infine, può essere considerata come un fenomeno sporadico, connesso con la frequenza dei temporali, cioè con tempeste atmosferiche caratterizzate da moti ascensionali e turbolenti dell'aria, violente precipitazioni, scariche elettriche con lampi e tuoni.

I chicchi di grandine si formano a causa di forti moti convettivi che portano le goccioline d'acqua supraffuse (cioè raffreddate al di sotto di 0 °C, ma non ancora ghiacciate) dalla parte media a quella alta delle nubi temporalesche; in questa zona esse congelano e ricadono per gravità nella parte media, dove si ricoprono di altra acqua. Le pulsazioni dei moti convettivi possono far ripetere il ciclo più volte, finché non si raggiungono le dimensioni necessarie per la precipitazione. Perciò i granuli di grandine hanno spesso struttura concentrica, con strati di ghiaccio trasparente alternati a strati di neve fusa e ricongelata; il loro diametro varia normalmente fra 5 e 20 mm, ma può essere anche più grande.

Una forma particolare di condensazione diretta dell'umidità atmosferica è la *rugiada*, che si forma frequentemente nelle notti calme d'estate, su superfici che si sono raffreddate più rapidamente dell'aria umida sovrastante. Se il raffreddamento avviene a temperature inferiori a 0 °C si ha sublimazione diretta del vapore acqueo, con formazione di particelle di ghiaccio: è la *brina*, che è frequente d'inverno ma si può avere anche in primavera e in autunno.

La misura delle precipitazioni atmosferiche è data dall'altezza in millimetri alla quale si eleverebbe – sulla superficie topografica – lo strato d'acqua caduta, se questa non scorresse, non si infiltrasse nel terreno e non evaporasse. Tale altezza si desume dal volume dell'acqua caduta su una superficie orizzontale di area conosciuta. Su questo principio sono basati i *pluviometri* (*pluviografi*, se registrano i valori a intervalli temporali definiti), strumenti che si usano per eseguire la misura delle piogge; essi sono costituiti da un imbuto metallico che si appoggia su un recipiente raccoglitore dotato di una scala graduata.

■ **Zenit** (**Zenith**) Dall'arabo *samt*, via, direzione. Lo *Zenit* è il punto in cui la verticale innalzata sopra la testa di un osservatore incontra la volta celeste, mentre il punto opposto – agli antipodi – si chiama *Nadir*.

7.3 Luoghi umidi e luoghi aridi

La distribuzione delle precipitazioni sulla superficie terrestre è disuguale: vi sono regioni dove le precipitazioni non si verificano per interi anni o sono molto scarse (zone aride) ed altre dove cadono per diverse centinaia di millimetri o addirittura per alcuni metri all'anno (zone umide). La loro quantità è molto variabile anche nella stessa località, da un anno all'altro. Perciò, nello studio delle precipitazioni si prendono in considerazione i valori medi relativi ad un periodo di osservazione sufficientemente lungo (30-50 anni); la loro distribuzione geografica viene poi rappresentata sulle carte mediante le **isoiete**, linee congiungenti tutti i luoghi che ricevono la stessa quantità media di precipitazioni in un anno (isoiete annue), oppure nei singoli mesi (isoiete mensili).

La *carta delle isoiete annue* [Figura 29] mostra come la piovosità sulla superficie terrestre dipenda da numerosi fattori geografici e meteorologici. Maggiori indicazioni e maggiori dettagli si ricavano dalle carte delle isoiete costruite a scala più grande per territori meno estesi. Le possibilità di ottenere informazioni dettagliate dipendono, però, dalla disponibilità di dati sufficienti per costruire la carta, ossia dalla presenza di stazioni di misura in numero adeguato e funzionanti per diversi anni. Purtroppo non tutte le regioni del mondo possiedono ancora un'adeguata rete di stazioni pluviometriche.

Nella lettura delle carte delle isoiete è importante considerare che i valori delle precipitazioni non si riferiscono soltanto alle piogge, ma comprendono anche le nevi (e la grandine), espresse come «equivalente in acqua».

Nello studio delle precipitazioni occorre tenere conto della loro ripartizione mensile e stagionale, cioè del **regime pluviometrico**, variabile da luogo a luogo della Terra e molto importante per i suoi riflessi sul ciclo vitale delle piante, sullo scorrimento delle acque continentali e sulle attività umane.

Nella zona intertropicale il regime pluviometrico è in stretta relazione con l'apparente cammino annuo del Sole: le piogge più abbondanti si verificano subito dopo il passaggio del Sole allo Zenit, perché in questo periodo si verifica un maggiore riscaldamento e sono più attivi i moti ascendenti dell'aria.

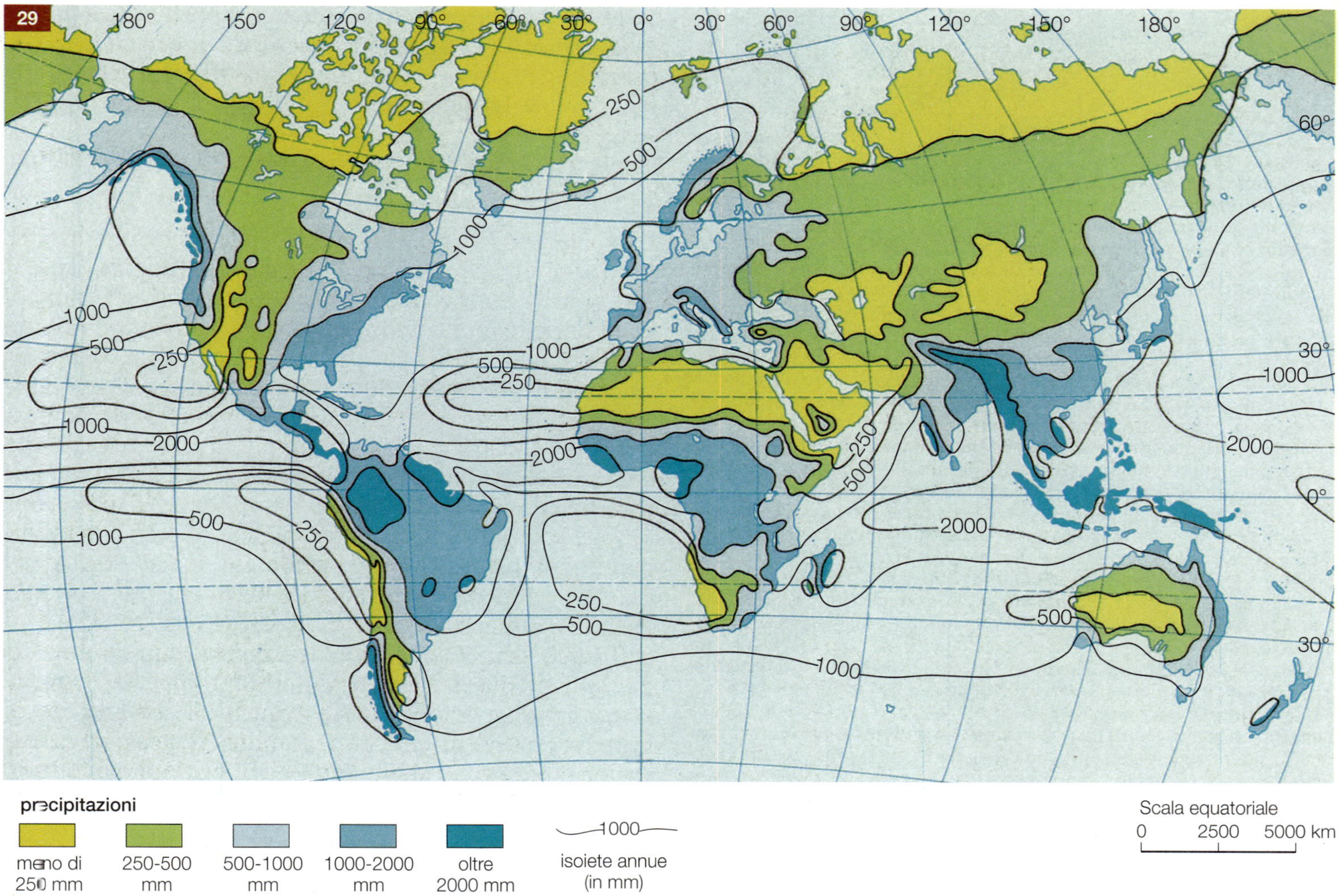

Figura 29
Carta delle isoiete annue. La *piovosità* – ossia l'altezza media annua delle precipitazioni (liquide e solide) – tende a diminuire con la latitudine, come la temperatura; essa è però condizionata da molti altri fattori, che modificano anche sensibilmente questo andamento generale.
Le irregolarità sono dovute innanzitutto alla distribuzione delle aree più o meno stabili di alta pressione (dove si registrano le piovosità minori) e di bassa pressione (dove si registrano le piovosità maggiori). Un attento confronto con la figura 22 (carta delle isobare) consente di cogliere questa relazione.
La ineguale ripartizione delle precipitazioni meteoriche nelle varie regioni della Terra è inoltre connessa con la distribuzione delle terre emerse e dei mari, con la presenza e con la disposizione dei rilievi montuosi, con l'altitudine (la piovosità tende ad aumentare con l'altitudine, almeno fino a una certa quota).
La media generale delle altezze di precipitazione annua sulla superficie terrestre è di 1500 mm. Le piovosità massime sono state rilevate su alcune coste delle regioni equatoriali (Debungia, nel Camerun: 9880 mm) e sui fianchi di rilievi esposti a venti marini: a Cerrapungi, nell'Assam (India), la media di un venticinquennio è stata di 12 087 mm, con un massimo assoluto registrato nel 1861 di ben 22 990 mm. Le piovosità minime conosciute sono state registrate nelle zone di alte pressioni subtropicali (Il Cairo, in Egitto: 30 mm; Antofagasta, nel Cile: 4 mm).

Pertanto, le regioni equatoriali tendono ad avere due massimi di precipitazione equinoziali, sebbene l'intensità dell'evaporazione assicuri la caduta di piogge durante tutto l'anno (*regime equatoriale*).

Spostandosi verso i tropici, in entrambi gli emisferi si individuano regioni con due stagioni umide alternate a due secche (*regime subequatoriale*), e regioni con un solo periodo piovoso solstiziale ed un periodo asciutto (*regime tropicale*).

Nelle regioni dove soffiano i monsoni si ha pure l'alternanza di una stagione piovosa che corrisponde al semestre estivo, con venti di mare, e di una stagione asciutta invernale, con venti di terra (*regime monsonico*).

Un regime pluviometrico simile a quello monsonico si riscontra anche in certe parti delle zone temperate calde, sul lato orientale dei continenti; sul lato occidentale, invece, lo spostamento stagionale delle aree di alta pressione determina una estate secca e un inverno piovoso (*regime mediterraneo*).

Le regioni temperate più fresche che sono direttamente sottoposte all'influsso dei venti occidentali ricevono piogge in tutte le stagioni, ma con frequenti concentrazioni invernali (*regime marittimo*); quelle continentali più interne hanno invece prevalenti precipitazioni estive (*regime continentale*).

Infine, nelle regioni polari le precipitazioni si verificano soprattutto d'estate e d'autunno, ma sono scarse e prevalentemente nevose (*regime polare*).

La media generale dell'altezza di precipitazione annua sull'intero territorio italiano è di circa 970 mm. In linea di massima, tale quantità potrebbe essere ritenuta sufficiente per le varie esigenze d'acqua

30

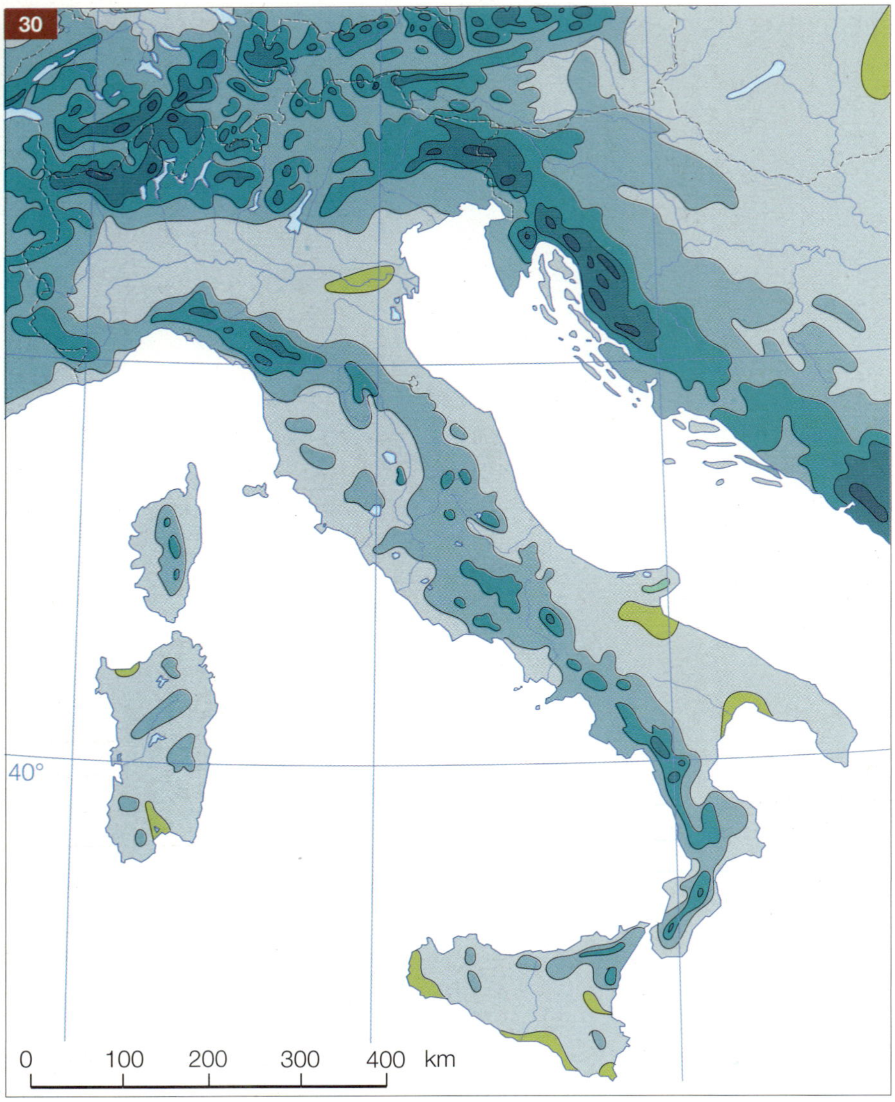

meno di 500 mm
da 500 a 1000 mm
da 1000 a 1500 mm
da 1500 a 2000 mm
da 2000 a 3000 mm
superiore a 3000 mm

Figura 30
Distribuzione delle *precipitazioni medie annue* in Italia e su parte dei territori degli Stati confinanti. La carta indica con colori diversi l'entità complessiva di piogge, nevi e grandine (dove queste si verificano); le linee di separazione fra i colori corrispondono ad altrettante *isoiete*. Si registrano maggiori piovosità sul versante tirrenico degli Appennini rispetto a quello adriatico, abbondanza di piogge sulle Apuane e precipitazioni molto cospicue sulle Alpi; i valori più elevati si raggiungono nelle Alpi Carniche e Giulie, dove in parecchi luoghi vengono superati i 3000 mm annui. La piovosità tende a diminuire nelle regioni centro-meridionali, che sono più prossime alle zone di alta pressione (aride) subtropicali; precipitazioni medie inferiori ai 500 mm annui («piogge nane») si registrano – in particolare – in una ristretta fascia prospiciente il Golfo di Taranto, e in diversi luoghi della Sicilia e della Sardegna. Peraltro, proprio in queste aree il regime delle piogge è piuttosto irregolare, presentando una marcata siccità estiva, e quindi le deficienze d'acqua si fanno risentire maggiormente. Se confrontiamo questa figura con quella delle temperature medie annue in Italia (figura 15 di questo capitolo), possiamo rilevare come nelle regioni meridionali la scarsezza di precipitazioni si associ a temperature più elevate, che fanno perdere molta acqua per evaporazione, limitando le possibilità di sviluppo della vegetazione.

della popolazione, ma bisogna considerare che esistono differenze anche profonde fra le varie regioni [Figura 30]. Queste differenze sono in gran parte dovute alle accidentalità orografiche, che in genere favoriscono i movimenti ascendenti dell'aria e perciò le precipitazioni, ma in alcune zone incrementano i moti discendenti e quindi ostacolano la condensazione del vapore acqueo. Sono importanti, perciò, le diverse provenienze e il diverso tenore in umidità delle masse d'aria che giungono nelle varie località del nostro territorio.

QUESITI

1. Scegli l'alternativa corretta.
   L'umidità assoluta **aumenta/diminuisce** con l'aumentare della temperatura: è più bassa **ai poli rispetto all'Equatore/ all'Equatore rispetto ai poli**.
2. L'umidità relativa dell'aria satura è del
   A 25%. B 75%.
   C 50%. D 100%.
3. Definisci l'umidità assoluta.
4. Che cos'è l'umidità relativa?
5. Con quali strumenti si misura l'umidità dell'aria?
6. In che modo l'umidità relativa di una massa d'aria può aumentare?
7. Che cosa si intende per «regime pluviometrico»?

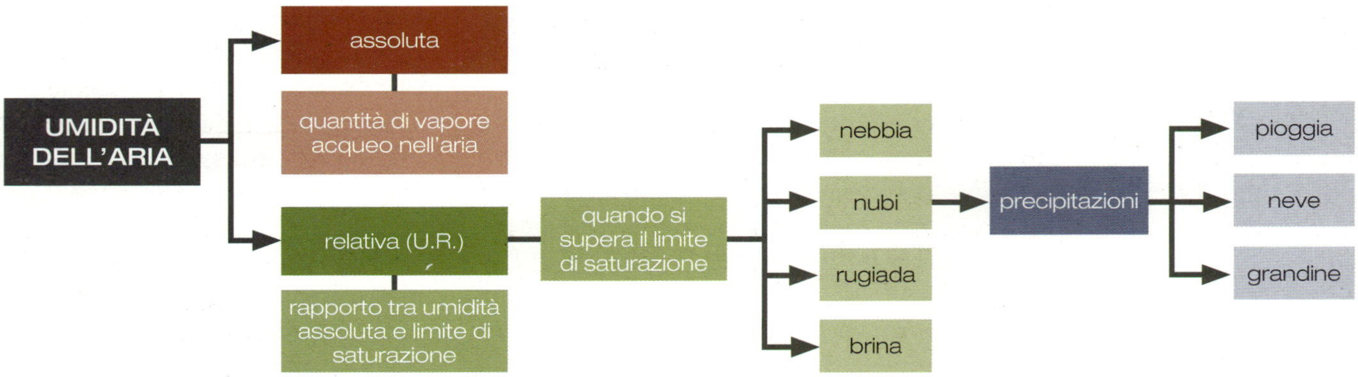

8 Il tempo atmosferico e le perturbazioni cicloniche

Per i meteorologi il **tempo** (**atmosferico**) è il complesso delle condizioni fisiche che caratterizzano l'atmosfera in un dato momento e in un determinato luogo.

Le osservazioni strumentali compiute a scala globale hanno dimostrato che il tempo atmosferico non cambia in maniera disordinata, ma anzi è possibile riconoscerne vari «tipi» che si ripetono più o meno con le stesse modalità; essi sono regolati da quei «centri di azione dell'atmosfera» che sono le aree di alta e di bassa pressione, cioè gli anticicloni e i cicloni.

Si è potuto constatare inoltre che, accanto alle alte e basse pressioni permanenti o stagionali, esistono anche anticicloni e cicloni temporanei che permangono solo alcuni giorni su posizioni determinate o addirittura cambiano la loro posizione e la loro struttura di ora in ora. Mentre le prime determinano condizioni meteorologiche relativamente stabili, a questi altri sono associati frequenti mutamenti del tempo. In particolare, i cicloni temporanei danno luogo a forti venti e a moti ascendenti dell'aria con conseguente raffreddamento, formazione di nubi, precipitazioni e temporali; pertanto, essi vengono considerati come *perturbazioni* delle condizioni meteorologiche.

Le più importanti **perturbazioni atmosferiche** possono essere distinte in:
- *cicloni tropicali* (o delle basse latitudini);
- *cicloni extratropicali* (o delle medie latitudini).

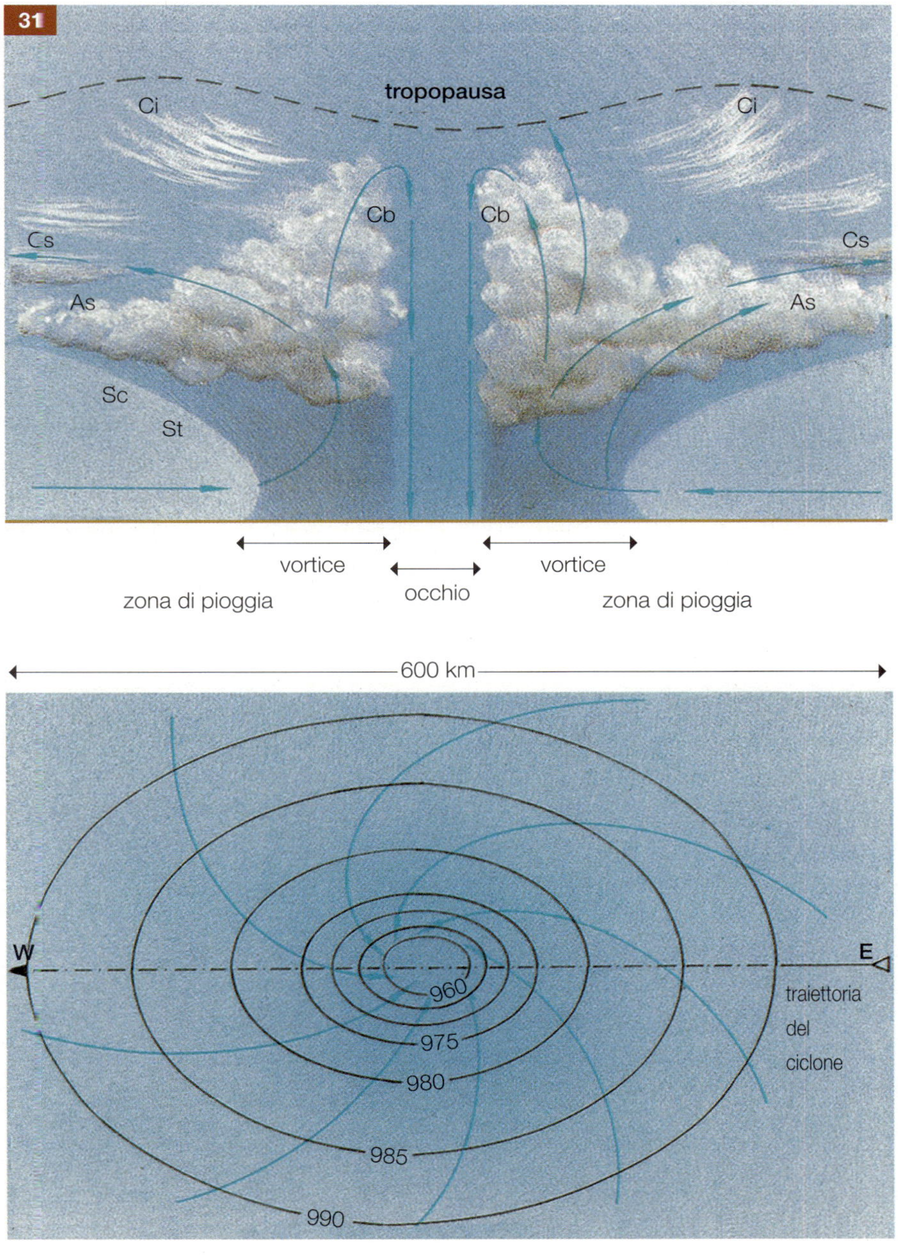

Figura 31
Caratteristiche di un *ciclone tropicale*. In basso è rappresentato l'andamento planimetrico delle isobare (valori della pressione in millibar) e dei venti; in alto una sezione verticale con le varie parti del vortice e i sistemi di nubi che l'accompagnano (Ci = cirri; Cs = cirrostrati; As = altostrati; St = strati; Sc = stratocumuli; Cb = cumulonembi). Quando il ciclone è in pieno sviluppo i venti descrivono spirali quasi perfette – antiorarie nell'emisfero boreale, orarie in quello australe – e sono accompagnati da piogge torrenziali (in media 120-150 mm nelle 24 ore) e da manifestazioni temporalesche; essi soffiano intorno ad un'area centrale, del diametro di 20-50 km, chiamata *occhio del ciclone*, dove si hanno soltanto moti discendenti dell'aria, la calma è quasi completa ed il cielo è pressoché privo di nubi. Questa zona è racchiusa dalla barriera dei sistemi nuvolosi circostanti, che possono arrivare fino alla tropopausa; nell'anello vorticoso che l'accompagna, in prossimità della superficie terrestre si hanno le più alte velocità dei venti.

8.1 I cicloni tropicali e i tornado

Le maggiori perturbazioni atmosferiche che interessano le regioni della Terra poste alle *basse latitudini* (fino ai 30° Nord e Sud, o poco oltre) sono i **cicloni tropicali** [Figura 31]. Queste perturbazioni sono connesse a depressioni bariche molto pronunciate,

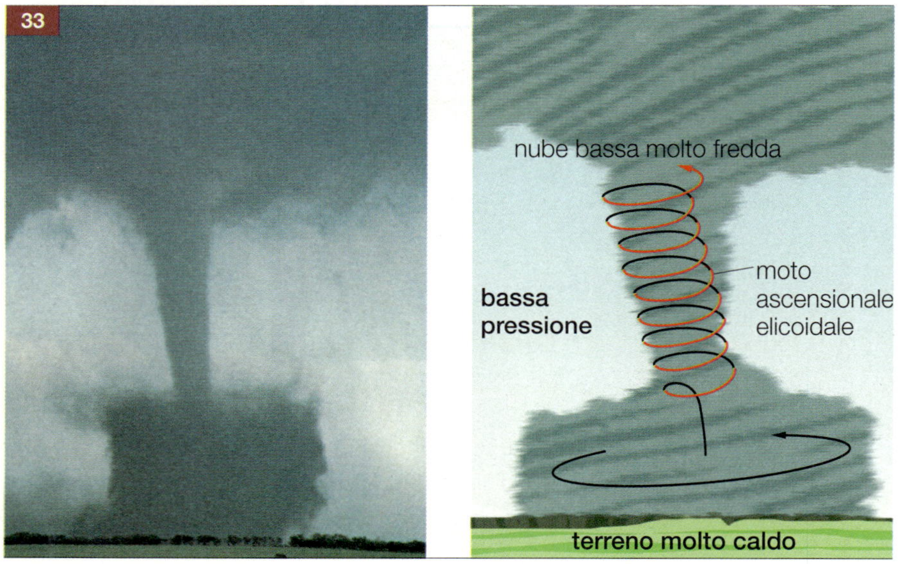

Figura 32 **Un *ciclone tropicale* sull'Oceano Atlantico (emisfero boreale).** La suggestiva immagine mostra con chiarezza la cavità dell'*occhio del ciclone* e l'andamento a spirale dei sistemi nuvolosi che l'accompagnano (confrontare con la figura 31 in basso). (NASA)

Figura 33 **Un *tornado* e il suo meccanismo di azione.**

le quali hanno origine in prossimità dell'Equatore, prevalentemente sui settori orientali degli oceani. Qui l'aria è molto calda e umida e gli alisei dei due emisferi vengono a diretto contatto fra loro (o si incontrano con la corrente occidentale equatoriale). Le fasi iniziali del loro sviluppo non sono ancora del tutto chiare: secondo un'accreditata ipotesi, i venti di provenienza opposta e l'elevata temperatura producono forti moti ascendenti e rotatori dell'aria, facendo nascere un vortice del diametro di poche decine di kilometri, che poi si allarga progressivamente fino a raggiungere un massimo di 600-1000 km. Il sollevamento dell'aria umida marittima, che affluisce a ritmo sempre più intenso, provoca la condensazione del vapore acqueo e quindi la liberazione di grandi quantità di *calore latente*; l'energia che ne deriva è enorme e i venti assumono velocità elevatissima, spesso superiore ai 200 km/h.

Queste perturbazioni hanno una durata che può arrivare a due o tre settimane e si spostano con relativa lentezza (25-35 km/h) dalla zona di formazione, muovendo da Est verso Ovest e deviando gradualmente – a causa della rotazione terrestre – verso NW nel nostro emisfero e verso SW nell'emisfero australe. Esse si presentano in determinate stagioni ed in certe regioni vicine ai tropici, senza apparente regolarità; si sviluppano solo sul mare e si estinguono in tempi relativamente brevi all'ingresso sulla terraferma, dopo aver provocato mareggiate violentissime e danni imponenti.

Il loro periodo di maggior frequenza coincide spesso con la tarda estate e con l'inizio dell'autunno; le regioni più colpite si trovano nell'Oceano Pacifico occidentale (in Giappone, in Cina e nelle Filippine sono noti come *tifoni*, mentre nell'Australia settentrionale vengono chiamati *willy-willies*), nella zona tropicale dell'Atlantico settentrionale (*uragani* delle Antille e del Golfo del Messico [Figura 32]), nell'Oceano Indiano (*cicloni* del Golfo del Bengala).

I cicloni tropicali sono tra i più impressionanti fenomeni meteorologici che si verificano sulla Terra, capaci di apportare in breve tempo più danni e distruzioni di qualsiasi altra forza naturale, ad eccezione dei terremoti.

Ancora più terrificanti, ma molto meno estesi, sono i **tornado** (o *trombe d'aria*), la cui natura è però ben diversa da quella dei cicloni tropicali. Essi sono simili alle *trombe d'acqua* che si osservano a volte sui mari; si formano durante il maltempo e consistono in un lungo e stretto vortice che si protende verso il suolo da una nube temporalesca. Il loro diametro medio è di circa 200 m e la loro caratteristica principale è un turbinoso moto a spirale attorno ad un asse verticale, con correnti ascensionali rapidissime [Figura 33]. Queste perturbazioni hanno estensione molto limitata (alcune centinaia di metri), ma energia elevatissima (velocità dei venti anche superiore ai 500 km/h); inoltre, si possono verificare in tutte le zone del mondo.

I tornado hanno vita breve e traiettoria di pochi kilometri (velocità di spostamento 30-80 km/h), ma ciò è sufficiente a provocare distruzioni tremende: case danneggiate o distrutte, treni deragliati, automobili sollevate a varie decine di metri di altezza e fatte ricadere a notevole distanza ecc. Si manifestano specialmente in primavera e possono verificarsi in tutte le parti del mondo; la più alta frequenza si ha però negli stati centro-occidentali e meridionali degli Stati Uniti d'America.

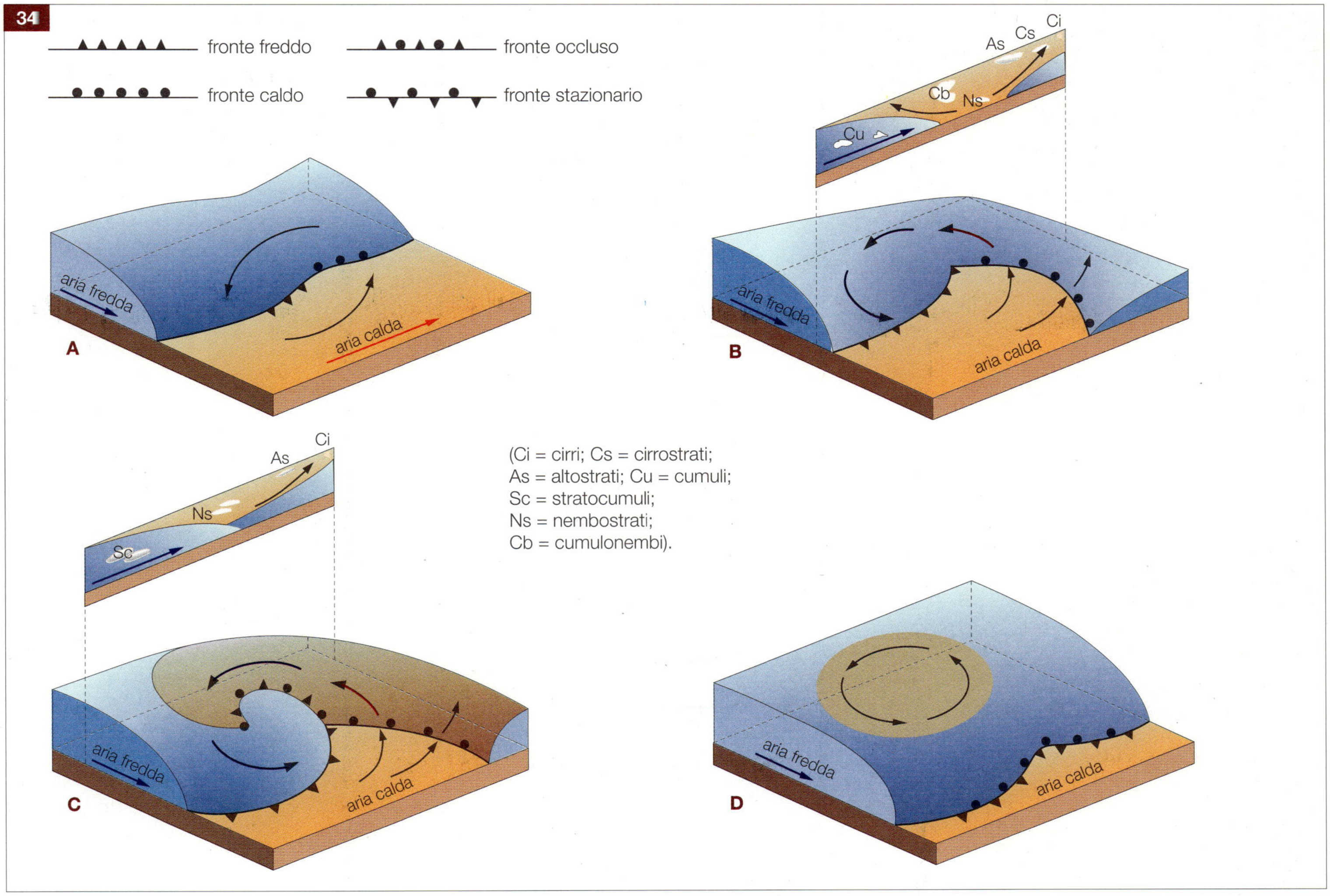

Figura 34
***Formazione e sviluppo di un ciclone extratropicale*. Stadi principali dell'evoluzione di un ciclone delle medie latitudini (le due sezioni verticali indicano i momenti di maggiore estensione della nuvolosità e delle precipitazioni).** La perturbazione ha origine dall'incontro di una massa d'aria fredda, mossa da venti di Nord-Est, con una di aria calda animata da venti di Sud-Ovest. Nello stadio iniziale (**A**) fra le due masse si crea una lieve ondulazione: si delinea un *fronte freddo*, che separa l'aria fredda in avanzamento verso quella calda, e un *fronte caldo*, che separa l'aria calda in spostamento verso quella fredda. Nello stadio di maturità (**B**) i due fronti sono ben definiti: quello freddo avanza con velocità quasi doppia di quello caldo, tendendo a restringere la zona dell'aria calda, che viene sempre più sollevata dal suolo; ciascun fronte è accompagnato da nubi e precipitazioni caratteristiche. Nello stadio di vecchiaia (**C**) il fronte freddo raggiunge quello caldo, sollevando completamente l'aria del settore caldo e occludendo così la perturbazione, che ha già raggiunto la massima intensità. Nello stadio di dissoluzione (**D**), che segue l'occlusione, il ciclone si estingue e si origina un nuovo fronte.

8.2 Le perturbazioni extratropicali

I cicloni che interessano le zone della Terra poste alle *medie latitudini* (quasi fino ai circoli polari) sono molto meno violenti, ma più estesi (diametro di 1500-3000 km) e più diffusi di quelli tropicali; ad essi è legato l'andamento generale del tempo nelle nostre regioni. La loro formazione è dovuta all'incontro, a bassa quota, tra masse d'aria calda di provenienza tropicale e masse d'aria fredda di provenienza polare; ma la loro origine ed il loro sviluppo sono quasi certamente connessi con perturbazioni che si verificano nell'alta troposfera e si propagano verso lo strato troposferico più basso (*strato geografico*).

Nel linguaggio meteorologico, per *massa d'aria* si intende una porzione d'aria estesa orizzontalmente per qualche migliaio di kilometri, nell'ambito della quale non si registrano nette differenze di temperatura e umidità. Le principali masse d'aria si originano nelle zone anticicloniche subtropicali e polari, dove la circolazione è molto lenta e l'aria ha il tempo di assumere uniformemente le caratteristiche della superficie sottostante. Perciò possono essere distinte in *masse d'aria tropicali* (calde) e *masse d'aria polari* (fredde). Quando si allontanano dal luogo di origine, esse vengono modificate dalla superficie su cui scorrono; per cui si possono ulteriormente suddividere in *marittime* (umide) e *continentali* (asciutte).

Per comprendere il comportamento dei **cicloni extratropicali** [Figura 34] bisogna considerare che, nel momento in cui una massa d'aria tropicale e una

Figura 35
Condizioni del tempo in Europa**. Le due carte rappresentano situazioni meteorologiche estreme: la prima è caratteristica della stagione estiva, la seconda è tipica della stagione invernale. Vi sono riportate le isobare, con i valori della pressione in millibar, i diversi fronti e le zone di precipitazioni (in viola), che si vanno spostando da Ovest verso Est.**
Il principale «centro d'azione» (A), che condiziona il percorso delle perturbazioni di provenienza atlantica e dirette verso oriente, nelle nostre regioni è l'*anticiclone delle Azzorre* (vedi anche la figura 22). In estate (in alto) esso interessa quasi tutto il Mediterraneo e l'Europa occidentale; per cui le perturbazioni investono l'Europa settentrionale, portandovi piogge e temporali, mentre sull'Italia e sulle altre regioni mediterranee si ha tempo buono, caldo e asciutto. In inverno (in basso) l'anticiclone delle Azzorre è spostato verso Sud e lascia scoperte le nostre regioni, che così vengono investite dalle perturbazioni di provenienza atlantica e sono interessate da piogge, temporali e forti venti.

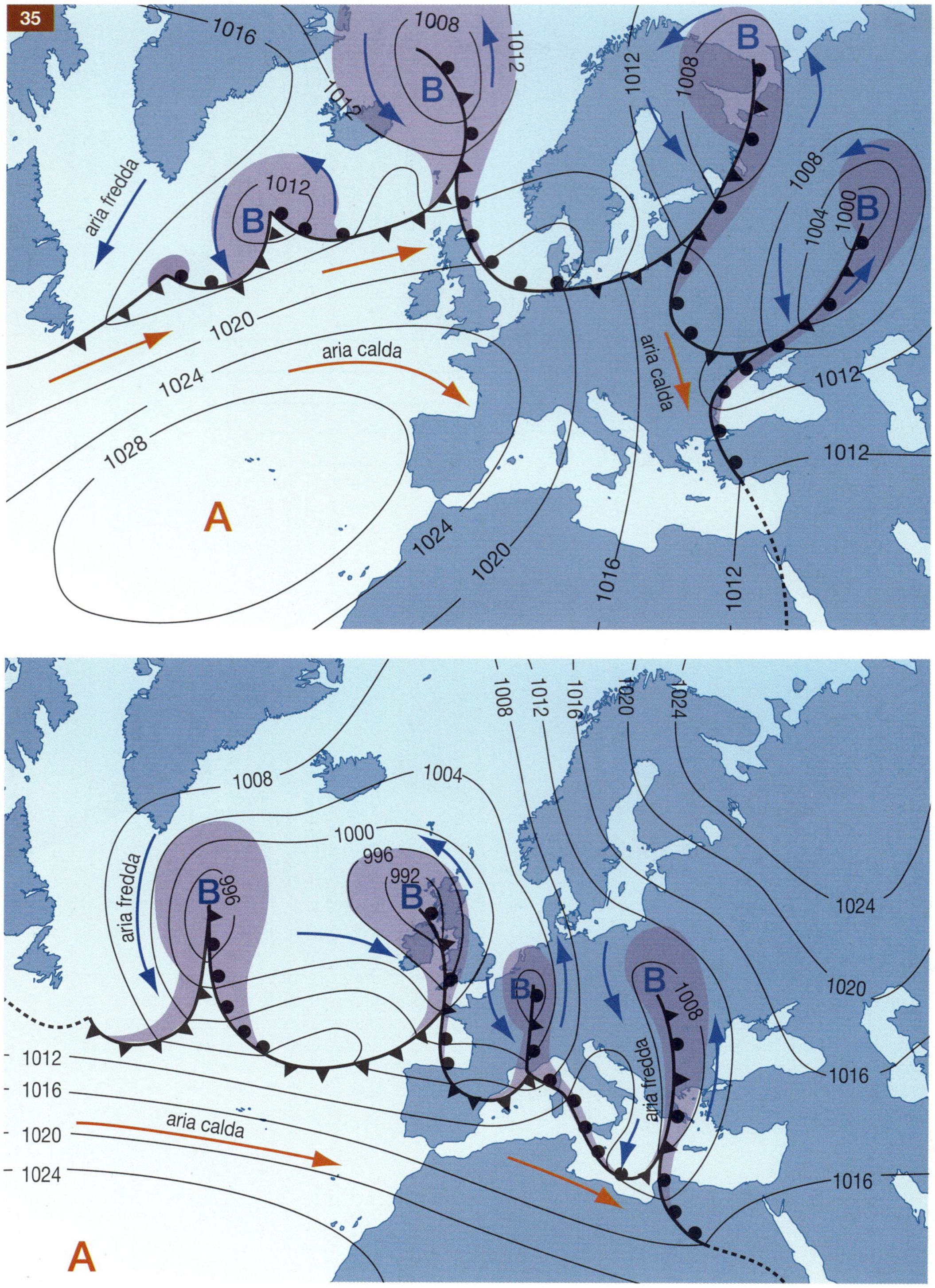

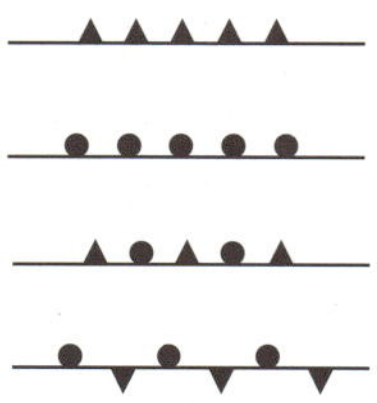

massa d'aria polare vengono a contatto, le loro caratteristiche (temperatura, densità, umidità) si mantengono inalterate ed esse restano separate da una zona di discontinuità, dello spessore di qualche kilometro: la **superficie frontale**, o **fronte** (intersezione della superficie frontale con la superficie terrestre). La massa d'aria più fredda, e quindi più densa, tende ad incunearsi sotto la più calda. Lungo la superficie frontale si forma dapprima una lieve ondulazione verso il polo, che dà origine ad un centro di bassa pressione; successivamente questa ondulazione si accentua e l'aria fredda solleva sempre più in alto l'aria calda. Si crea così una corrente d'aria calda ascendente che – per la rotazione terrestre – assume un moto vorticoso in senso antiorario nell'emisfero boreale e in senso orario in quello australe. Poi l'aria calda viene separata dal suolo, la velocità del vortice diminuisce, la depressione si colma e si estingue. Il meccanismo comprende diversi stadi, ciascuno dei quali presenta caratteristici sistemi nuvolosi e diversa intensità delle precipitazioni e dei venti.

Queste depressioni non si presentano isolate, ma in famiglie di quattro o cinque [Figura 35], con una vita media complessiva di 6-7 giorni. Esse si

36

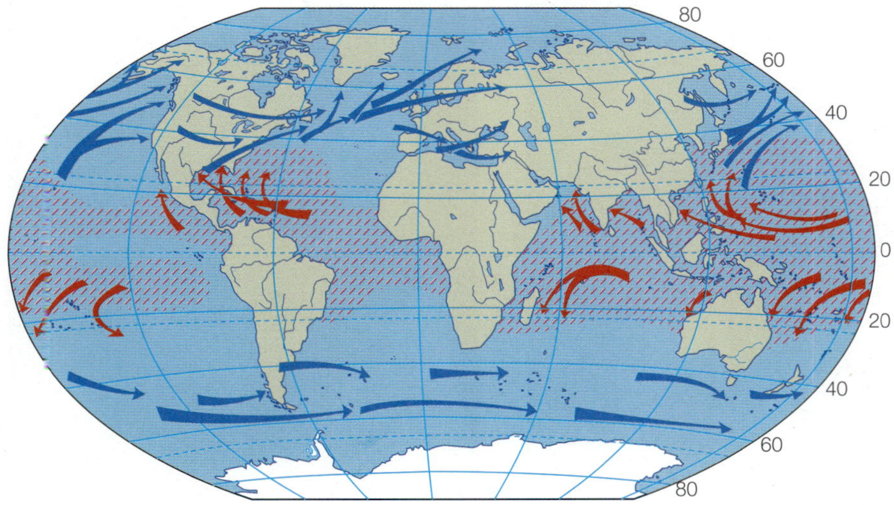

principali traiettorie dei cicloni delle medie latitudini

principali traiettorie dei cicloni tropicali

Figura 36
Le principali «*traiettorie*» dei *cicloni tropicali* (in rosso) e dei *cicloni extratropicali* (in blu) sulla superficie terrestre. È indicata, con tratteggio rosso, anche l'area in cui le acque marine superficiali raggiungono o superano la temperatura di 25 °C durante l'estate del rispettivo emisfero. Il calore che quest'area trasmette agli strati inferiori dell'atmosfera e soprattutto il calore latente liberato dalla condensazione del vapore acqueo rappresentano le principali sorgenti di energia per le perturbazioni delle regioni intertropicali.

spostano da Ovest verso Est, sotto l'impulso dei venti occidentali, ad una velocità media di 40-50 km/h, pari a un migliaio di km al giorno; per questo, e per le loro notevoli dimensioni, sono chiamate «grandi perturbazioni migratorie».

Poiché il fronte verso il quale convergono l'aria calda di origine tropicale e l'aria fredda di origine polare, detto **fronte polare**, nel nostro emisfero si sposta verso Nord in estate e verso Sud in inverno (avviene il contrario nell'emisfero australe), con lo spostarsi delle zone anticicloniche e cicloniche permanenti e stagionali, ne deriva che anche la traiettoria dei cicloni extratropicali oscilla in latitudine durante l'anno. Ciò spiega la maggior frequenza di perturbazioni atmosferiche che noi abbiamo in inverno anziché in estate (rivedi la figura 35).

8.3 Le migrazioni dei cicloni

Le indagini sempre più precise compiute dai meteorologi in questi ultimi decenni, grazie ai moderni mezzi di esplorazione dell'atmosfera, hanno permesso di comprendere il meccanismo evolutivo delle perturbazioni atmosferiche e di individuarne, in particolare, le tendenze «migratorie».

Le migrazioni dei cicloni [Figura 36] meritano non solo l'attenzione dei meteorologi, ma anche la nostra. Esse, infatti, completano il quadro dei fenomeni meteorologici che abbiamo esaminato in questo capitolo, rivelandone ancora meglio la complessità spaziale e temporale.

8.4 La previsione del tempo

I tentativi di prevedere l'andamento del tempo atmosferico hanno radici molto lontane. Tuttavia, quello che può definirsi il primo «servizio meteorologico» ebbe avvio intorno alla metà del XVII secolo, dopo l'invenzione del barometro, per iniziativa del Granduca Ferdinando II di Toscana. Potendo disporre del barometro, del termometro, dell'igrometro e dell'anemoscopio, questo grande ammiratore delle scienze promosse le osservazioni meteorologiche giornaliere, sia in Toscana, sia in altre parti d'Italia, usufruendo della collaborazione di vari studiosi italiani e stranieri.

Nacque così una rete di osservatori, detta «rete fiorentina», che operò in modo sistematico per 13 anni, avvalendosi degli strumenti distribuiti dal Granduca e compilando i «formulari» da lui predisposti. A quei tempi le comunicazioni erano lente ed era impossibile scambiarsi rapidamente i risultati delle osservazioni; perciò la «rete fiorentina» ebbe vita breve, ma aprì la strada alla *Meteorologia sinottica* – ossia allo studio degli elementi meteorologici osservati, in uno stesso istante, su vaste regioni della Terra – che si sviluppò quando mezzi di comunicazione più rapidi lo permisero. L'8 agosto 1851 fu stampata la prima *carta del tempo*, simile a quelle che oggi osserviamo sugli schermi televisivi.

Negli ultimi decenni la conoscenza della circolazione generale dell'aria nella bassa e nell'alta troposfera, accanto a quella del comportamento dei cicloni tropicali ed extratropicali, ha consentito grandi progressi nell'ambito della *previsione del tempo*. Ma, naturalmente, sono stati – e sono ancora – necessari strumenti di misura il più possibile numerosi e precisi.

Poiché una caratteristica fondamentale dei processi meteorologici è la loro variabilità nello spazio e da momento a momento, per poter individuare con tempestività l'insorgere di determinati fenomeni e per seguirne lo sviluppo e l'estensione si è reso necessario istituire una rete di stazioni di osservazione che tengono sotto continuo controllo le condizioni fisiche dell'atmosfera. Attualmente le *stazioni meteorologiche* distribuite sulla superficie terrestre sono oltre 10 000, di cui circa la metà sul mare a bordo di navi; da esse vengono eseguite, a intervalli di tre o sei ore (dai grandi aeroporti ogni 30 minuti), misurazioni di temperatura, pressione, umidità, precipitazioni, venti ecc. A queste vanno aggiunte oltre 600 stazioni, in tutto il mondo, che lanciano palloni con radiosonde per il rilevamento degli elementi meteorologici fino ad altezze di 20-30 km; le misure vengono eseguite ogni sei o do-

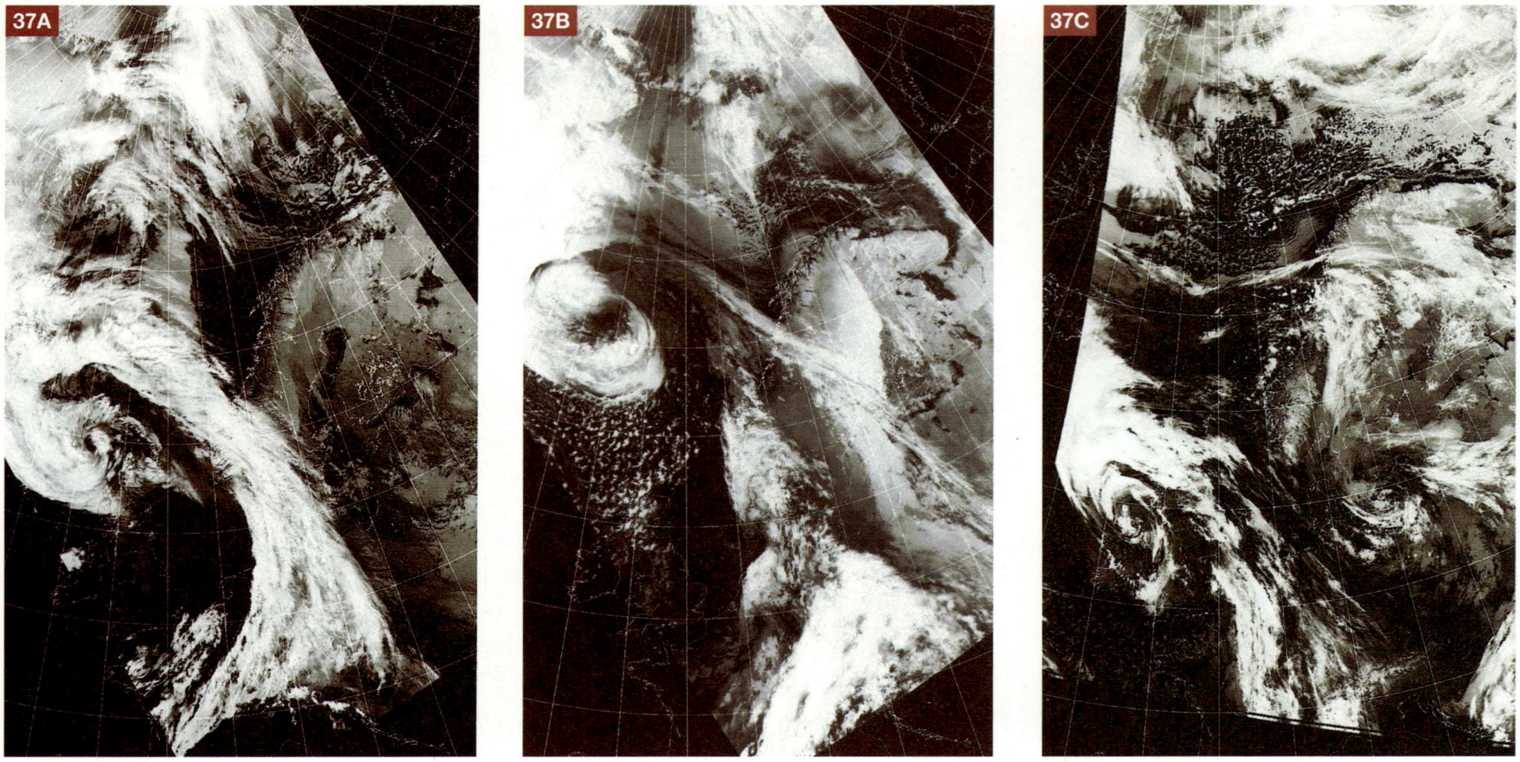

Figura 37
Evoluzione del tempo atmosferico in Europa settentrionale, in tre immagini riprese da un satellite NOAA.
A. Una perturbazione, ripresa il 9 novembre 1998, in una fase di avanzata maturità, al massimo della sua intensità. È chiaramente visibile il nucleo di bassa pressione localizzato sull'Oceano Atlantico, a Nord delle Isole Britanniche, verso il quale si muovono le masse d'aria con un movimento rotatorio antiorario. I sistemi nuvolosi associati a questa perturbazione atmosferica interessano un'ampia fascia in latitudine e arrivano a lambire l'arco alpino.
B. Una immagine del 10 novembre 1998 mostra che quella perturbazione è migrata e si è notevolmente ridotta: la parte meridionale della Penisola scandinava appare sgombra di nubi.
C. Una immagine del 12 novembre 1998 mostra che essa si è ormai estinta. Poco più a Sud stanno evolvendo altre perturbazioni cicloniche di una nuova famiglia; una di queste interessa anche la parte nordoccidentale del territorio italiano. (National Oceanic and Atmospheric Administration)

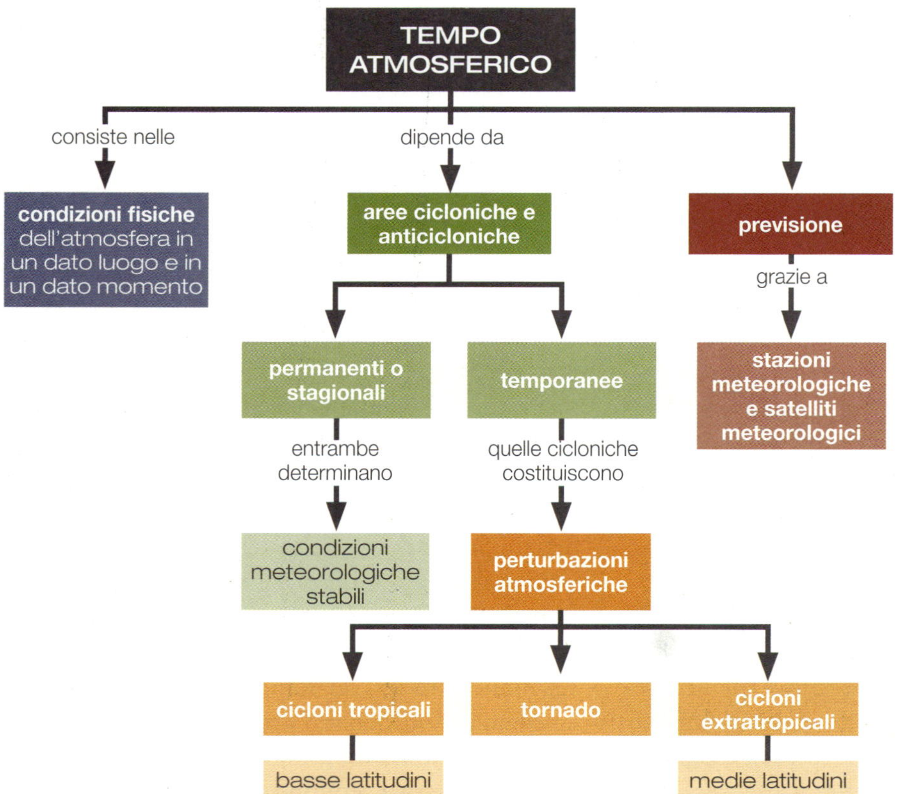

dici ore e i valori sono trasmessi a terra sotto forma di impulsi elettrici. Tutti i dati vengono raccolti dai Centri di Controllo e dagli Uffici Meteorologici che fanno capo alla «Organizzazione Meteorologica Mondiale», i quali provvedono alla loro elaborazione e rappresentazione grafica sulle *carte sinottiche*: esse costituiscono la fonte delle previsioni del tempo che tutti ascoltiamo o leggiamo.

Oggi la scienza meteorologica si avvale anche del radar, installato a terra o montato sugli aerei, particolarmente utile per la individuazione e per il controllo dei cicloni tropicali e dei tornado. Inoltre, vengono sempre più utilizzati i *satelliti meteorologici*, che forniscono immagini nitide dei sistemi nuvolosi, consentendo così di individuare le perturbazioni atmosferiche e di seguirne gli spostamenti [Figura 37].

QUESITI

1. Scegli l'alternativa corretta.
   Un fronte freddo si forma quando una massa d'aria **fredda/calda** si muove verso una zona occupata da aria **fredda/calda** . L'aria **fredda/calda** resta a contatto con il terreno e avanzando costringe l'aria **fredda/calda** a sollevarsi.
2. Che cosa sono i cicloni tropicali?
3. Che cosa sono i tornado?
4. Che cosa si intende per «fronte»?
5. Come evolve un ciclone extratropicale?

9 L'inquinamento atmosferico e le sue conseguenze

Video
Le piogge acide

L'«inquinamento» dell'aria interessa innanzitutto la troposfera, ma coinvolge anche le parti sovrastanti (in particolare la stratosfera). È questo uno degli aspetti più preoccupanti dell'*inquinamento ambientale*, che riguarda anche le acque oceaniche e continentali e il suolo.

9.1 Fonti di inquinamento e inquinanti

Il maggiore responsabile dell'inquinamento dell'atmosfera – come pure dell'inquinamento delle acque e del terreno – è l'uomo, il quale provoca, direttamente o indirettamente, l'aumento delle «impurezze» presenti nell'aria: si tratta di particelle gassose, liquide e solide prodotte da attività industriali, da attività agricole e dall'utilizzazione di materiali radioattivi. Esse vanno ad aggiungersi a quelle dovute a fenomeni naturali (pollini, spore, ceneri vulcaniche, polveri sollevate dal vento ecc.) e, pur rappresentando quantità percentualmente poco rilevanti, alterano la qualità dell'aria, fino a renderla malsana.

Siano esse naturali o artificiali, queste impurezze non interessano soltanto le zone in cui si sono originate. Difatti, i gas si mescolano e si diffondono nell'intera atmosfera con grande facilità; le sostanze liquide e quelle solide entrano in sospensione nell'aria, costituendo i cosiddetti *aerosol atmosferici*, che possono essere trasportati dai venti per notevoli distanze e talvolta riescono a propagarsi anche nell'alta atmosfera per effetto di correnti ascensionali. Le particelle di origine umana immesse nell'aria hanno un'importanza critica, poiché le attività che le creano aumentano di anno in anno [Figura 38].

Le fonti industriali dell'inquinamento dell'atmosfera comprendono, per incominciare, i prodotti provenienti dagli impianti di eliminazione dei rifiuti e dai dispositivi di scarico; le fonti agricole includono i prodotti della irrorazione di insetticidi e pesticidi. A queste vanno aggiunte le impurità dovute agli scarichi dei veicoli a motore, che sono i principali produttori di monossido di carbonio, ossido di azoto e idrocarburi, oltre che di ossidi, cloruri e altri composti del piombo. Contribuiscono, inoltre, i prodotti della combustione mediante caldaie a nafta, gas o carbone, impiegate per produrre calore o energia elettrica per abitazioni, esercizi commerciali e industrie; fra queste, le centrali termoelettriche sono le principali responsabili della presenza di anidride solforosa nell'aria.

Uno degli inquinanti più comuni nell'aria delle nostre città è l'**anidride solforosa** (SO_2), prodotta dalla combustione di carbone e idrocarburi; in condizioni di forte umidità essa può trasformarsi in anidride solforica (SO_3) e dar luogo alla formazione di aerosol di acido solforico (H_2SO_4). Queste sostanze non di rado producono lo **smog** (dall'inglese *smoke*, fumo, e *fog*, nebbia), che può comportare pericoli molto gravi. Anche quando non provoca vittime o disturbi gravi ed immediati, a lungo andare l'anidride solforosa può produrre effetti dannosi non soltanto sugli organismi animali e vegetali ma perfino sulle rocce, riuscendo talvolta ad alterarle profondamente. Quest'ultimo fenomeno è preoccupante per diverse città italiane, perché può compromettere un patrimonio artistico di inestimabile valore culturale, con riflessi negativi anche sul piano economico (basti pensare al turismo).

Nell'aria delle regioni urbanizzate sono pure

38

Figura 38
Lo stabilimento siderurgico di Piombino, uno dei maggiori centri siderurgici in Italia. I fumi di queste industrie contengono diverse sostanze inquinanti, fra cui soprattutto ossidi di ferro (oltre a composti di zinco, di zolfo ecc.); il loro aspetto è quello di nubi dense che avvelenano l'aria circostante e, spinte dai venti, si estendono sui territori vicini. (Quilici/Alinari)

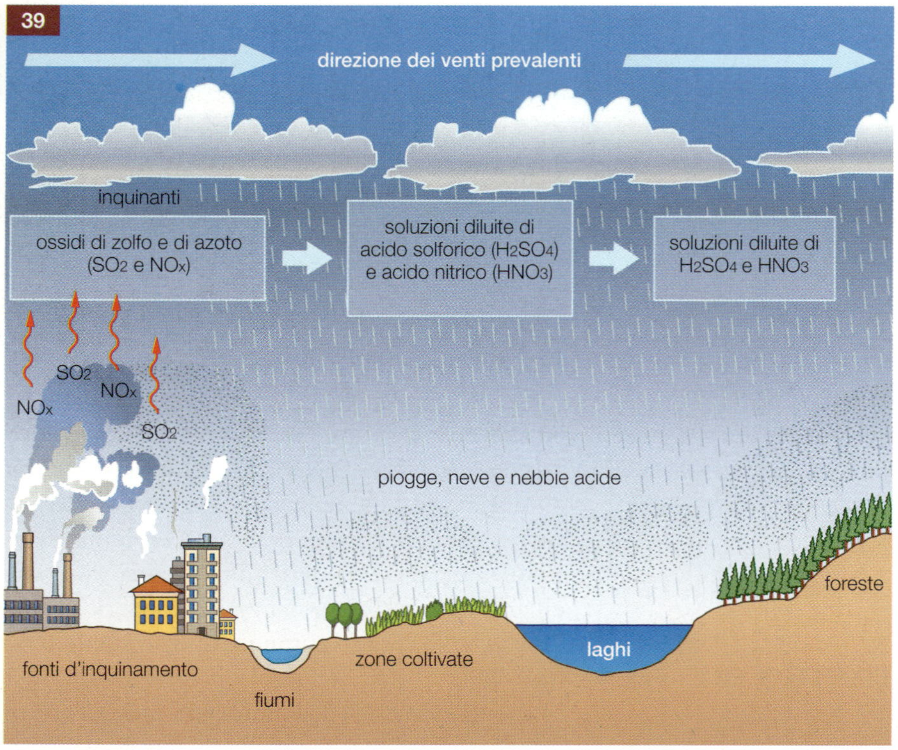

Figura 39
Origine ed effetti delle piogge acide. Le piogge acide hanno luogo quando alcuni inquinanti – quali gli ossidi di zolfo e di azoto – vengono disciolti nelle acque di precipitazione, che così sono trasformate in soluzioni acide, sia pur diluite (acido solforico, acido nitrico ecc.). Le principali fonti di inquinamento sono gli impianti di riscaldamento, le centrali termoelettriche e i veicoli a motore; esse immettono nell'atmosfera soprattutto anidride solforosa e ossidi di azoto, che entrano a far parte degli *aerosol atmosferici* e possono venir trasportati dai venti anche per lunghe distanze. Gli effetti di precipitazioni meteoriche acide che alimentano fiumi e laghi possono essere disastrosi. L'aumento dell'acidità dell'acqua di fiumi e laghi influenza negativamente la vita animale e vegetale, provocando una diminuzione delle specie presenti e la scomparsa dei batteri preposti alla decomposizione degli organismi morti; se l'acidità continua a crescere, viene inibita la riproduzione di numerosi pesci, finché nessuna specie sopravvive. Effetti altrettanto deleteri si hanno sui prodotti agricoli e anche sulle più resistenti foreste.

Figura 40
Alberi uccisi dalle piogge acide nel territorio della Repubblica Ceca.
La cuticola cerosa della superficie delle foglie (o degli aghi delle conifere) può essere facilmente distrutta; di conseguenza le piante iniziano a ingiallire, le foglie cadono prematuramente e, infine, la foresta (o la piantagione) rischia di morire. Inoltre, le piogge acide nel suolo possono dilavare i minerali e quindi privare la vegetazione dei sali necessari per la crescita.

frequenti il **monossido di carbonio** (CO), gli **ossidi di azoto** e gli **idrocarburi** (incombusti). Del primo è molto nota la tossicità: l'ossido di carbonio che entra nella circolazione sanguigna si combina con l'emoglobina, formando carbossiemoglobina che inibisce la capacità circolatoria nei confronti del trasporto di ossigeno. Estremamente nocivi sono anche diversi ossidi di azoto, che partecipano attivamente alla formazione dello smog, tra cui quello nitroso, capace di distruggere l'ozono atmosferico. Gli idrocarburi, assieme ad altri inquinanti, possono dar luogo alla formazione di sostanze cancerogene.

Le fonti principali di questi inquinanti sono rappresentate dai gas di scarico degli autoveicoli. Attualmente in Italia oltre il 65% delle emissioni complessive di inquinanti viene attribuito al sistema dei mezzi di trasporto.

L'aumentata immissione nell'atmosfera di ossidi, soprattutto quelli di zolfo ed azoto – connessa con la crescita dei consumi di combustibili fossili – ha reso allarmante, in tempi relativamente recenti, il fenomeno delle cosiddette **piogge acide** [Figura 39], che esercitano una serie di effetti dannosi, sia per la vita animale, sia per quella vegetale [Figura 40]. Anche i materiali da costruzione possono essere fortemente alterati dalle piogge acide, e il problema diventa molto grave quando si tratta di monumenti di notevole pregio artistico.

In alcune regioni degli Stati Uniti d'America, dell'Europa settentrionale e della Cina le precipitazioni atmosferiche si sono trasformate da soluzioni quasi neutre (pH = 5,6), quali erano poco più di 200 anni fa, in soluzioni diluite di acido solforico e acido nitrico. Ormai non sono del tutto rari i casi di pH pari a 2,4 (come quello dell'aceto) e di valori anche più bassi, che vengono misurati in acque piovane e nebbie.

Un cenno a parte meritano le polveri e le altre particelle solide di diverso tipo. Quelle di dimensioni superiori ai 10-20 micron (millesimi di millimetro) vengono in genere spazzate via dalle piogge o cadono da sole, ma le altre permangono a lungo nell'aria. Durante la respirazione viene trattenuta nelle fosse nasali soltanto la maggior parte di quelle grosse, mentre le altre possono penetrare nei polmoni provocando a lungo andare effetti molto dannosi per la salute.

9.2 Il «buco» nell'ozonosfera

Un preoccupante aspetto dell'inquinamento atmosferico è anche quello che si registra nella stratosfera e viene comunemente indicato come «*buco*

41

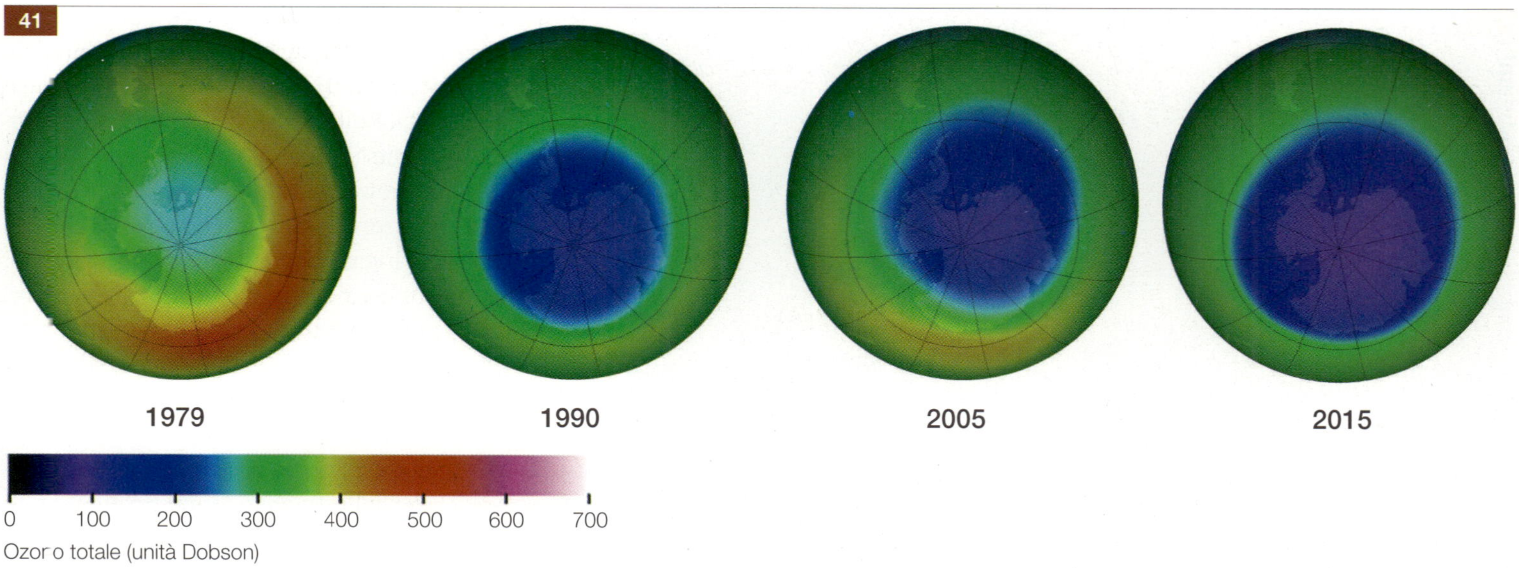

Figura 41
Alcune rappresentazioni a falso colore del cosiddetto «*buco nell'ozonosfera*», ossia dell'*impoverimento in ozono* della regione stratosferica al di sopra dell'Antartide.
A partire dal 1979, anno in cui l'impoverimento in ozono si era appena manifestato, nel «buco» (qui in *blu*) l'abbondanza di questo gas ha subito molte variazioni. Confrontando la situazione dell'ottobre 1979 con quella dell'ottobre 2005 si nota che, nell'insieme, la quantità di ozono, sia pure con fasi alterne di diminuzione e aumento, si è quasi dimezzata, passando dalle 325-350 alle 175-225 unità Dobson. L'unità Dobson, espressa in centesimi di millimetro, corrisponde allo spessore dello strato di ozono presente in una colonna di atmosfera in condizioni normalizzate di temperatura e pressione.
Le quattro rappresentazioni derivano dall'elaborazione dei dati rilevati dagli spettrometri per il rilevamento cartografico dell'ozono totale (Total Ozone Mapping Spectrometer, TOMS) installati sui satelliti *Nimbus 7* e *Earth Probe TOMS* della NASA.

dell'ozono» o, un po' meno impropriamente, **buco nell'ozonosfera** [Figura 41].

Da un'analisi dei dati della rete mondiale di stazioni di misura a terra e su nave e dei dati registrati dai satelliti artificiali (come il Nimbus 7, che determina con un sensore ottico lo spessore dell'ozonosfera) si è accertato che dal 1978 al 1992 l'ozono totale ha subito una diminuzione di circa il 3%, alla quale – oltre all'ozonosfera antartica – ha contribuito anche un certo impoverimento dell'ozonosfera che sovrasta il Polo nord. Vi è stata poi una pausa nella riduzione, con un accenno a una inversione di tendenza; ma nel 1996 il «buco» sull'Antartide si è riformato come prima, minacciando di diventare sempre più esteso e profondo. Dopo un «minimo» nell'assottigliamento dello strato di ozono registrato nel 2002, dal 2003 la riduzione di concentrazione di questo gas è tornata in linea con i valori registrati negli anni precedenti.

Anche se non tutti gli studiosi sono d'accordo, l'ipotesi più attendibile è che questo marcato processo distruttivo dell'ozono sia dovuto principalmente ai clorofluorocarburi (CFC) utilizzati come propellenti (nelle bombole spray), come refrigeranti (nei frigoriferi e nei condizionatori d'aria) e come componenti di alcune schiume plastiche. Tali gas, inerti chimicamente e atossici, immessi nell'aria giungono a quote stratosferiche, dove vengono scissi dalla radiazione solare ultravioletta, con conseguente liberazione di molecole attive nella distruzione dell'ozono (O_3). Una volta avvenuta la fotodissociazione dei CFC si verifica, infatti, la seguente catena di reazioni [Figura 42]:

$$Cl + O_3 \rightarrow ClO + O_2$$
$$ClO + O_3 \rightarrow ClO_2 + O_2$$
$$ClO_2 + h\nu \rightarrow Cl + O_2$$

risultato netto: $2O_3 \rightarrow 3O_2$
dove h è la costante di Planck ($h = 6{,}626 \times 10^{-34}$ J · s) e ν è la frequenza della radiazione; $h\nu$ esprime l'energia di un fotone.

Alcuni anni fa è stato segnalato da alcuni studiosi che alla diminuzione della concentrazione di ozono nella stratosfera contribuirebbe sensibilmente anche il bromuro di metile, un pesticida

Figura 42
Reazioni chimiche di distruzione e ricostruzione dell'ozono.
In condizioni normali le molecole (O_3) vengono continuamnete scisse in ossigeno atomico (O) e ossigeno molecolare (O_2), che si ricombinano in seguito tra loro per ricostituire l'ozono.
La presenza nell'ozonosfera di atomi di cloro (Cl) provenienti dai CFC favorisce la scissione dell'ozono in ossigeno atomico e molecolare impedendone la successiva ricostituzione.

42

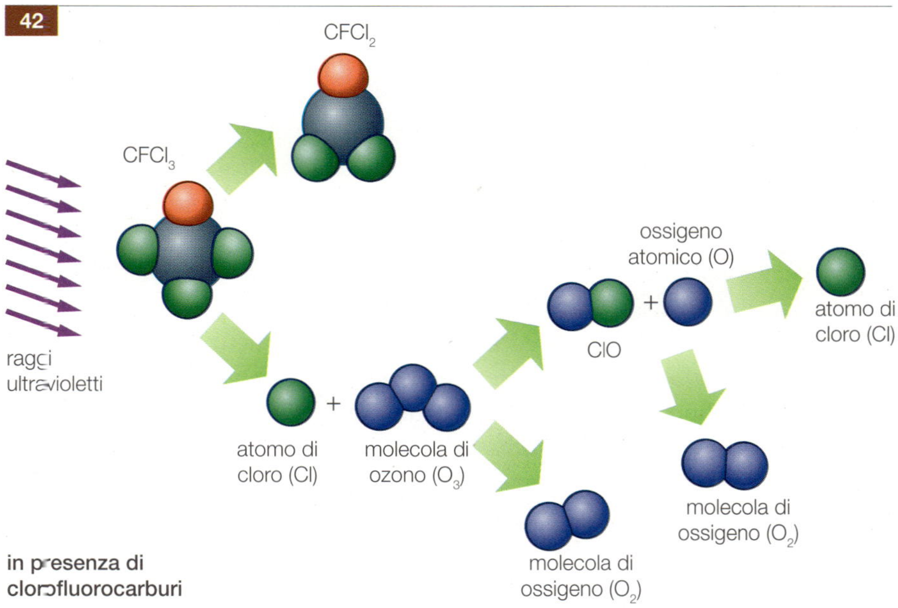

43

Figura 43
Fotografia satellitare di una delle tante zone in cui sono stati effettuati estesi diboscamenti in Amazzonia (Brasile).
(NASA)

molto usato in agricoltura. Inoltre, anche gli ossidi di azoto costituiscono alcuni fra i principali responsabili della rimozione dell'ozono atmosferico, poiché danno luogo alle seguenti reazioni:

$$NO_3 + O_3 \rightarrow NO_2 + 2O_2$$
$$NO_2 + O \rightarrow NO + O_2$$

la seconda delle quali limita la possibilità che l'ossigeno atomico (O), prodotto dalla radiazione solare ultravioletta, formi molecole triatomiche di ozono (O_3) combinandosi con l'ossigeno biatomico (O_2).

Queste fonti d'inquinamento rischiano di alterare i naturali processi di rimozione e ricostituzione dell'ozono atmosferico, con un potenziale danno per tutta la biosfera. Una riduzione dell'ozono, infatti, comporterebbe una diminuzione della capacità di assorbimento delle radiazioni solari ultraviolette da parte dell'ozonosfera; queste radiazioni, arrivando in maggior quantità sulla superficie terrestre, potrebbero causare gravi danni agli esseri umani (disturbi agli occhi, eritemi, cancro della pelle), agli altri animali (distruzione irreversibile dei tessuti, fino al decesso) e alle piante (inibizione parziale della fotosintesi).

L'allarme lanciato dagli scienziati ha indotto numerosi Paesi – tra i quali anche l'Italia – ad avviare iniziative per ridurre la drammatica diminuzione dell'ozono stratosferico. Nel 1987 a Montreal (Canada) molti Paesi hanno sottoscritto un accordo che prevede, tra l'altro, la progressiva riduzione (fino alla completa eliminazione) dell'emissione di gas responsabili della riduzione della concentrazione di ozono. Da allora, l'impiego dei CFC è stato drasticamente ridotto fino a raggiungere la quasi completa dismissione in tempi recenti. Per il bromuro di metile l'accordo di Montreal ha stabilito la metodologia da seguire per la sua eliminazione, ma i tempi saranno più lunghi. Il **Protocollo di Montreal** è stato progressivamente ratificato da tutti gli Stati membri dell'Organizzazione delle Nazioni Unite, diventando così il primo *accordo ambientale* ad avere una *valenza globale*.

C'è da annotare, comunque, che al posto dei clorofluorocarburi verranno utilizzati, fino al 2030, altri gas pure pericolosi: idroclorofluorocarburi (HCFC) e idrofluorocarburi (HFC). Questi «sostituti» dei clorofluorocarburi, anche se non danneggiano l'ozonosfera altrettanto gravemente dei CFC, sono gas serra potenti quasi come i clorofluorocarburi e ciò aggrava il rischio di un sensibile riscaldamento del clima della Terra in tempi relativamente brevi. Difatti, gli HFC sono inseriti nel gruppo di gas serra la cui riduzione è prevista dal **Protocollo di Kyoto** del 1997, entrato in vigore nel 2005.

Tuttavia, se i Paesi del mondo continueranno a seguire le restrizioni del Protocollo di Montreal, la riduzione della concentrazione dei gas responsabili dell'**assottigliamento dell'ozonosfera** dovrebbe proseguire per tutto il XXI secolo. Intorno al 2050 l'effettiva concentrazione di questi gas dovrebbe scendere, secondo le previsioni, a valori uguali a quelli che esistevano prima che il «buco» nell'ozonosfera antartica cominciasse a formarsi.

9.3 Inquinamento atmosferico globale

Una forma di inquinamento atmosferico che interessa tutta la Terra, ed è particolarmente grave nelle aree urbane, è rappresentata dall'**aumento della percentuale di anidride carbonica** (CO_2) contenuta nell'aria. Questo aumento è in parte dovuto alla combustione di carbon fossile e idrocarburi, che va sempre crescendo. Ma è anche, in buona parte, una conseguenza dei continui e spesso imprudenti diboscamenti effettuati dall'uomo [Figura 43]: in molti casi non vi è più la copertura vegetale sufficiente per assorbire, con la fotosintesi clorofilliana, una parte dell'anidride carbonica presente nell'aria delle zone antropizzate.

La accresciuta presenza di anidride carbonica nell'atmosfera (all'incirca da 285 a 390 parti per milione in 150 anni), con la tendenza attuale a sensibili ulteriori aumenti, deve essere considerata nociva, poiché testimonia la neutralizzazione di una certa quantità dell'ossigeno atmosferico ed è indicatrice del grado di inquinamento raggiunto. Inoltre, l'anidride carbonica è una delle principali responsabili dell'assorbimento di radiazione termica da parte dell'atmosfera; quindi l'aumento della sua concentrazione può produrre un incremento dell'effetto serra – ossia un innalzamento della temperatura dell'aria a scala globale – con conseguenze che in futuro potrebbero diventare molto gravi (vedi Capitolo 8).

Fino a qualche tempo fa molto scarse – o poco conosciute – sono state invece le immissioni nell'atmosfera di sostanze nocive prodotte dalle centrali nucleari. Ma l'improvvisa esplosione verificatasi nell'aprile del 1986 nella centrale di Černobyl, nell'Unione Sovietica, ha messo tutto il mondo drammaticamente di fronte alle tragiche conseguenze dell'**inquinamento nucleare** e ha portato alla ribalta un problema che era stato pressoché ignorato o comunque era stato certamente sottovalutato: il *rischio internazionale d'inquinamento*.

La «nube radioattiva» sprigionatasi da quella centrale nucleare ha immesso nell'atmosfera diversi radionuclidi (iodio131, bario140, stronzio90, cesio137). I venti hanno spinto la «nube radioattiva» molto oltre i confini di Stato, diffondendo gli inquinanti su gran parte dell'Europa centro-settentrionale. Le conseguenze immediate dell'incidente di Černobyl sono state avvertite in tutta la loro gravità anche in Italia: facilitati dalle precipitazioni meteoriche, i radionuclidi si sono trasferiti dall'atmosfera al suolo, contaminando i vegetali ed entrando così a far parte della catena alimentare. Al di là di queste conseguenze più o meno immediate, non vanno trascurate quelle che potranno emergere con il passare del tempo e che non sono al momento valutabili.

L'azione dannosa della radioattività si esercita anche a lungo termine ed ha riflessi molto negativi sulla salute degli esseri viventi. E ciò deve far riflettere non solo sulla sicurezza delle centrali nucleari, relativamente al rischio di incidenti come quello di Černobyl, ma anche sulla necessità di un adeguato «confinamento» della grande quantità di *scorie radioattive* prodotte da queste centrali.

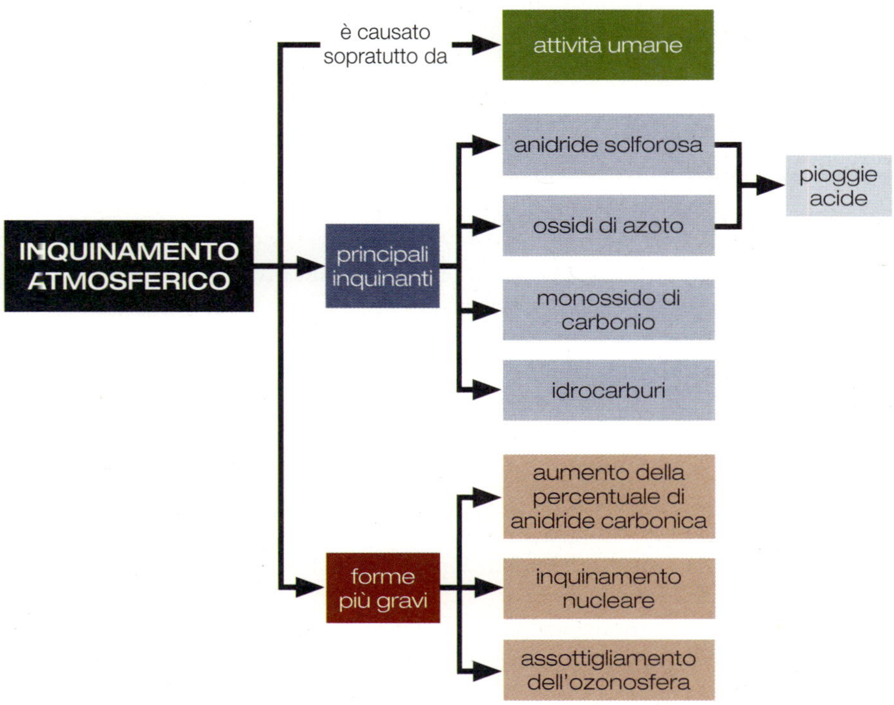

9.4 Processi naturali di rimozione degli inquinanti

In conclusione, bisogna osservare che ognuno degli inquinanti immessi nell'aria ha una o più «sorgenti» che lo producono ma anche, per fortuna, uno o più «pozzi» che lo rimuovono dall'atmosfera. Le polveri cadono per gravità o sono spazzate via dalle precipitazioni; le particelle radioattive si disintegrano col tempo o sono eliminate dalle piogge; l'anidride carbonica, oltre ad essere assorbita dalle piante subaeree, è in gran quantità neutralizzata dall'«effetto tampone» delle acque del mare, che sono in grado di fissarla attraverso il fitoplancton e di stabilizzarla sotto forma di rocce sedimentarie carbonatiche.

Esiste, quindi, per ogni sostanza presente nell'aria un «tempo di residenza», che è di pochi giorni per i componenti minori la cui concentrazione è molto variabile (H_2O, SO_2 ecc.), è di qualche anno per i componenti minori che variano la loro concentrazione più lentamente (O_3, CO_2, N_2O), ma è estremamente lungo per i costituenti principali dell'atmosfera, che perciò vengono chiamati «costituenti permanenti». L'esistenza di questi ultimi indica che l'atmosfera si trova attualmente in uno stadio di equilibrio dinamico. Ma c'è da chiedersi fino a quando sarà capace di mantenerlo.

QUESITI

1. Quale tra le seguenti sostanze inquinanti non è emessa dalle automobili?
   - A Ossidi di azoto.
   - B Monossido di carbonio.
   - C Anidride carbonica.
   - D Clorofluorocarburi.
2. Completa.
   La riduzione della quantità di .... nell'atmosfera fa sì che al suolo giunga una maggiore quantità di .... ultraviolette.
3. Perché il diboscamento è fra le cause dell'aumento della concentrazione di anidride carbonica nell'aria?
4. In che modo si formano le piogge acide?
5. Quali attività umane sono responsabili dell'emissione di inquinanti nell'atmosfera?

IN SINTESI

termini e concetti fondamentali

Caratteristiche dell'atmosfera

■ L'atmosfera è un involucro aeriforme che avvolge completamente il nostro pianeta e che partecipa a tutti i suoi movimenti, trattenuto dalla forza di attrazione gravitazionale della Terra. L'atmosfera è una delle componenti del «**sistema Terra**», come la litosfera, l'idrosfera e la biosfera, con le quali essa realizza un continuo scambio di materia ed energia.

■ L'atmosfera non è omogenea. La composizione media dell'atmosfera nella porzione più bassa, presso la superficie del globo terracqueo, è questa:
- 78,08% (in volume) di azoto;
- 20,95% di ossigeno;0,93% di argon e 0,04% di anidride carbonica;
- lo 0,01% di altri gas (neon, elio, kripton, xenon, idrogeno, ozono, anidride solforosa, ammoniaca, ossido di carbonio ecc.)

Inoltre, negli strati bassi dell'atmosfera è presente, in quantità estremamente variabile, il vapore acqueo.

■ Nella struttura dell'atmosfera si distinguono varie parti sovrapposte, dette *sfere*, separate da zone di transizone (*pause*):
- la **troposfera**,
- la **stratosfera**,
- la **mesosfera**,
- la **termosfera**,
- l'**esosfera**.

La *troposfera* è la parte più bassa e più densa dell'atmosfera, dove si verificano le perturbazioni meteorologiche e si sviluppa la vita. La sua temperatura diminuisce con l'altitudine, mediamente di 0,6 °C ogni 100 metri.

■ L'atmosfera è per noi di fondamentale importanza, perché:
- protegge la Terra dalle radiazioni nocive (per animali e piante) provenienti dallo spazio;
- regola il riscaldamento della Terra;
- contiene l'ossigeno, un elemento indispensabile per la vita animale e vegetale;
- contribuisce a modellare il rilievo terrestre;
- permette il continuo scambio di acqua tra mare e terre emerse.

■ La scienza che studia l'atmosfera e i fenomeni che vi si svolgono è la **Meteorologia**.

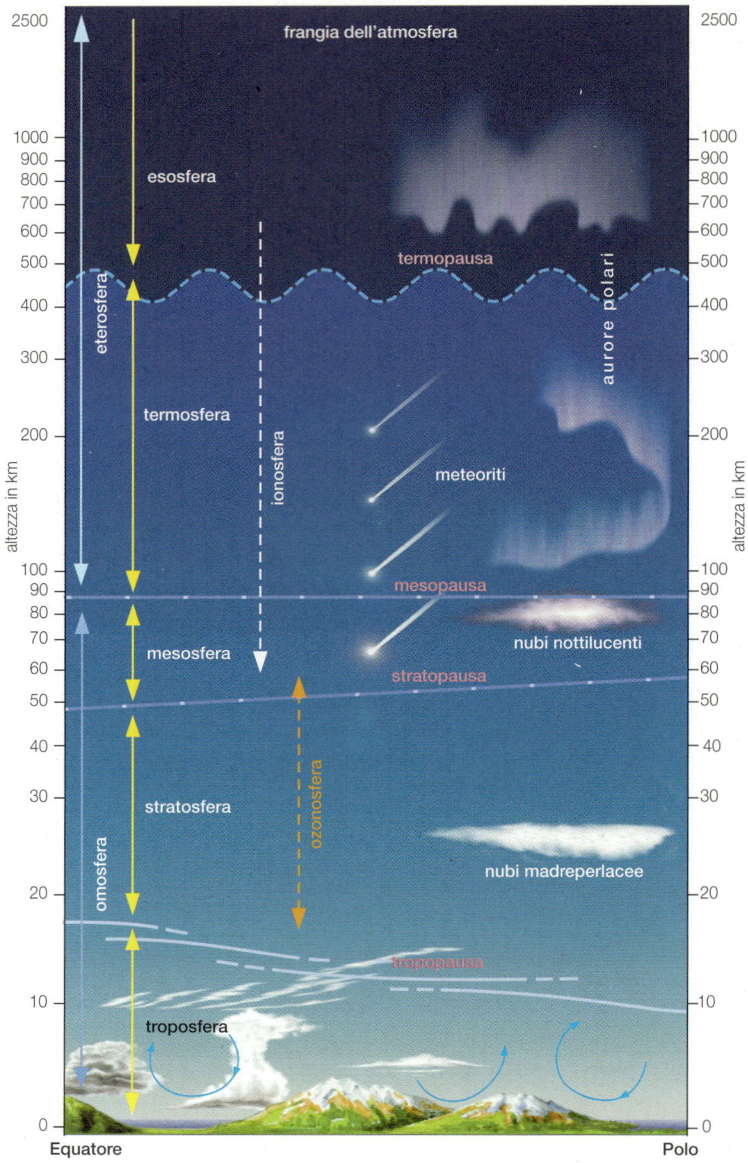

La radiazione solare e la temperatura dell'aria

■ Quasi tutta l'energia di cui disponiamo deriva dal Sole. Nell'attraversare l'atmosfera la radiazione solare viene in parte riflessa (31%), in parte assorbita (18%) e soltanto il 51% costituisce la *radiazione globale* che giunge al globo terracqueo; quest'ultimo a sua volta riflette un ulteriore 4% della radiazione solare.

■ Nel complesso il sistema Terra-atmosfera ha un potere riflettente, detto **albedo**, di circa il 35% della radiazione solare in arrivo.

■ La *radiazione effettiva* assorbita dalla Terra (47% del totale) viene emessa nuovamente dal nostro pianeta sotto forma di radiazioni a onde lunghe che danno il maggior contributo al riscaldamento dell'atmosfera. Quest'ultima, quindi, si riscalda dal basso e si mantiene calda grazie all'**effetto serra** causato da alcuni componenti dell'atmosfera, come l'anidride carbonica e il vapore acqueo, in grado di assorbire la radiazione emessa dalla superficie del globo.

■ Nel tempo il sistema Terra-atmosfera restituisce allo spazio la stessa quantità di energia che riceve dal Sole; considerando un intero anno e il globo terrestre nel suo complesso, si può parlare di **equilibrio termico**.

■ I valori della temperatura dell'aria variano nello spazio e nel tempo, essendo influenzati da numerosi *fattori geografici*:
- l'altitudine,
- la latitudine,
- l'esposizione dei versanti montuosi,
- la distribuzione delle terre e dei mari,
- la vegetazione.

■ La distribuzione della temperatura sulla superficie terrestre viene rappresentata sulle carte geografiche mediante le **isoterme**, linee che uniscono i punti con uguale valore della temperatura dell'aria.

Pressione atmosferica, venti e circolazione generale dell'atmosfera

■ La **pressione atmosferica** è il rapporto tra il peso dell'aria e la superficie su cui essa agisce. A livello del mare, alla latitudine di 45° e alla temperatura di 0 °C, la pressione dell'atmosfera fa equilibrio a una colonnina verticale di mercurio alta 760 mm e con sezione uniforme di 1 cm^2.

La pressione atmosferica viene spesso espressa in **millibar**. Nel Sistema Internazionale l'unità di pressione è il *pascal*.

■ La pressione varia da luogo a luogo in funzione di *fattori geografici e meteorologici*:
- l'altitudine,
- la temperatura,
- la quantità di vapore acqueo contenuta nell'aria.

■ La distribuzione della pressione sulla superficie terrestre viene rappresentata sulle carte geografiche per mezzo delle **isobare**, cioè linee che uniscono i punti di ugual pressione riportata a livello del mare, alla temperatura di 0 °C e alla gravità normale.

Le isobare delimitano *aree di alta pressione*, o **anticicloni**, e *aree di bassa pressione*, o **cicloni**.

Negli anticicloni l'aria, più densa e pesante, si sposta verso il basso e diverge con moto vorticoso verso le aree di bassa pressione; nei cicloni l'aria, più leggera, si sposta verso l'alto e converge vorticosamente verso il centro.

■ Le differenze nella distribuzione orizzontale della pressione producono i **venti**, flussi d'aria che si verificano dalle zone di alta pressione alle zone di bassa pressione, per ristabilire l'equilibrio barico. I venti sono deviati dalla forza di Coriolis (verso destra nell'emisfero settentrionale, verso sinistra nell'emisfero australe).

■ Alcuni venti possono spirare alternativamente in direzioni opposte, come conseguenza del verificarsi di inversioni bariche ritmiche. È il caso delle *brezze* (con ritmo diurno e notturno) e dei *monsoni* (con ritmo stagionale).

■ La distribuzione delle aree di differente pressione atmosferica regola la circolazione generale dell'atmosfera.

A differenza di quanto avviene nell'alta troposfera, nella bassa troposfera la circolazione generale è fortemente influenzata dalla presenza delle terre emerse e dei mari.

■ La **circolazione generale nella bassa troposfera** è caratterizzata da tre sistemi di venti:
- gli **alisei**, che spirano dalle alte pressioni subtropicali e convergono verso le basse pressioni equatoriali;
- i **venti occidentali**, che provengono dalle alte pressioni subtropicali e si dirigono verso le basse pressioni subpolari;
- i **venti polari**, che partono dalle alte pressioni polari e si dirigono verso le basse pressioni subpolari.

■ La **circolazione nell'alta troposfera**, a partire da quote di 3000-5000 km, è caratterizzata da **correnti occidentali** che scorrono nei due emisferi, separate da una ristretta zona intertropicale di *correnti orientali*.

Umidità dell'aria, precipitazioni e tempo atmosferico

■ L'**umidità assoluta** (espressa in grammi) è la quantità di vapore acqueo contenuta in 1 m^3 di aria. Essa aumenta con la temperatura e tende a diminuire con l'altitudine.

La quantità massima di vapore acqueo che può essere contenuta in un volume d'aria a una data temperatura rappresenta il *limite di saturazione*.

■ L'**umidità relativa** (espressa in %) è il rapporto tra l'umidità assoluta dell'aria a una certa temperatura e il suo limite di saturazione alla stessa temperatura.

■ Quando l'aria è satura, ogni eccesso di vapore acqueo provoca la condensazione o la sublimazione di quest'ultimo e la formazione di goccioline d'acqua (o piccoli cristalli di ghiaccio), che originano nubi e nebbie. Quando le gocce d'acqua raggiungono dimensioni cospicue, danno origine alle **precipitazioni**, che possono essere liquide (pioggia) o solide (neve o grandine).

■ La distribuzione delle precipitazioni sulla superficie terrestre viene rappresentata sulle carte geografiche mediante le **isoiete**, linee che congiungono tutti i luoghi con uguali precipitazioni medie (annue, mensili o stagionali).

■ Il **regime pluviometrico** – ossia la distribuzione delle precipitazioni nell'arco dell'anno – varia da luogo a luogo della Terra.

■ Il **tempo atmosferico** è il complesso delle condizioni fisiche che caratterizzano l'atmosfera in un dato momento e in un determinato luogo. Esso è regolato dall'esistenza di cicloni e anticicloni, permanenti, stagionali o temporanei.

■ I **cicloni tropicali** sono i più violenti fenomeni meteorologici che si verificano sulla Terra. Hanno origine in prossimità dell'Equatore, sul lato orientale degli oceani, e si spostano da Est a Ovest. Sono accompagnati da intense precipitazioni e da venti velocissimi.

■ I **cicloni extratropicali** interessano le medie latitudini e sono dovuti all'incontro di masse d'aria calda tropicale con masse d'aria fredda polare, lungo il *fronte polare*.

Inquinamento atmosferico

■ L'inquinamento dell'atmosfera è uno degli aspetti più preoccupanti dell'**inquinamento ambientale**.

■ L'inquinamento atmosferico è prodotto da fonti industriali, fonti agricole, veicoli a motore, centrali termoelettriche e nucleari.

I principali **inquinanti** sono:
- l'anidride solforosa, responsabile delle piogge acide;
- il monossido di carbonio, tossico per l'uomo perché inibisce il trasporto di ossigeno da parte del sistema circolatorio;
- l'anidride carbonica, che amplifica l'effetto serra, provocando un innalzamento della temperatura media dell'atmosfera terrestre;
- gli ossidi di azoto, che – insieme ai clorofluorocarburi e al bromuro di metile – sono responsabili del **«buco» nell'ozonosfera**.

■ Ciascun inquinante, però, può essere «neutralizzato», perché esistono dei processi di «autodepurazione» naturale. Da questo punto di vista l'atmosfera si trova in uno stadio di equilibrio dinamico, ma tale equilibrio rischia di diventare sempre più precario.

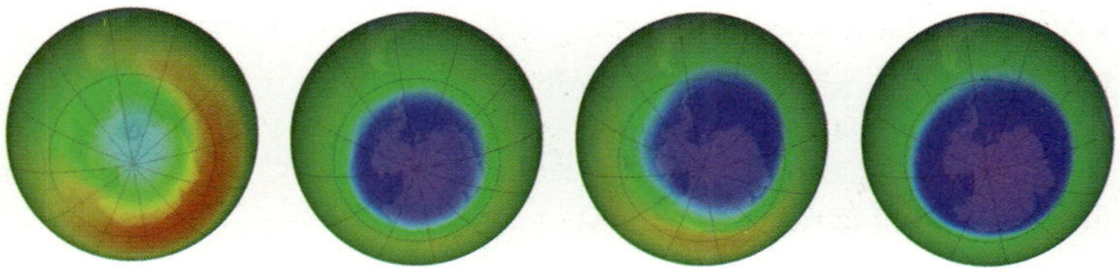

ESERCIZI per il ripasso

ALTRI ESERCIZI SU ZTE ONLINE

1. **Completa la mappa con i seguenti termini:**

temperatura ■ isoiete ■ precipitazioni ■ isobare

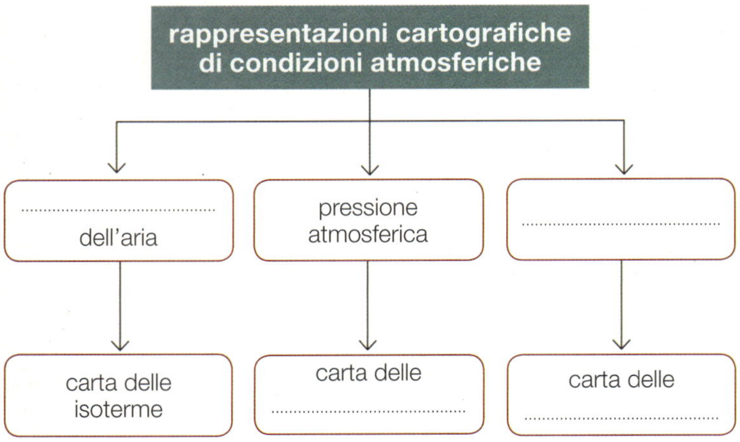

2. **Completa la mappa con i seguenti termini:**

alta troposfera ■ anticicloniche ■ correnti a getto ■ cicloniche ■ bassa troposfera ■ alisei

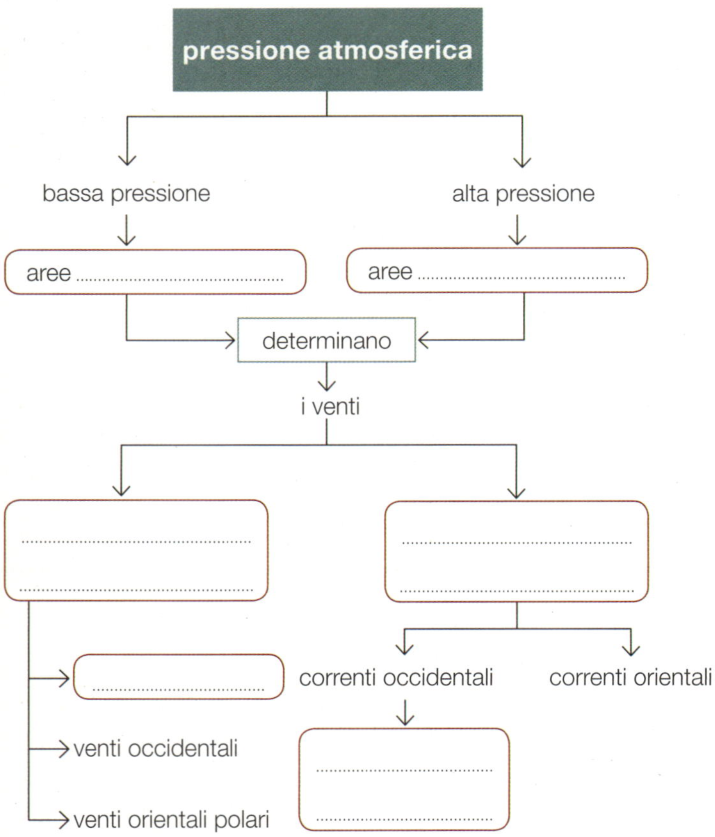

3. **Il gas più abbondante nell'atmosfera è**

A l'azoto.
B l'ossigeno.
C l'anidride carbonica.
D l'argon.

4. **I principali fenomeni meteorologici avvengono nella**

A termosfera.
B stratosfera.
C mesosfera.
D troposfera.

5. **Completa.**

Il fenomeno naturale grazie al quale l'atmosfera trattiene le radiazioni termiche provenienti dalla Terra lasciandone uscire solo una parte si chiama ....

6. **Completa.**

Gli ossidi di zolfo e di azoto causano le ....; i CFC sono responsabili del ....

7. **Completa.**

Quando una massa d'aria, a una data temperatura, contiene la quantità massima possibile di vapore acqueo si dice che è ....

8. **Scegli l'alternativa corretta.**

Le precipitazioni più intense sono originate in particolar modo dalle nuvole che presentano un forte sviluppo **verticale/orizzontale**.

9. **Scegli l'alternativa corretta.**

La copertura vegetale fa **aumentare/diminuire** la quantità di radiazione che raggiunge il suolo.

10. **Scegli le alternative corrette.**

I monsoni sono venti **costanti/periodici** che soffiano con ritmo **diurno/stagionale**.

11. **Scegli l'alternativa corretta.**

Nel nostro emisfero gli alisei spirano da **Nord-Est/Sud-Ovest**; i venti occidentali soffiano da **Nord-Ovest/Sud-Ovest**.

12. **I valori massimi di umidità relativa si registrano**

A all'Equatore e presso i circoli polari.
B alle medie latitudini e ai poli.
C ai tropici e all'Equatore.

13. **I cicloni extratropicali si formano**

A nella stratosfera.
B presso i poli.
C a bassa quota.
D vicino all'Equatore.

14. **Associa a ogni figura il nome corretto.**

cirri ■ nembostrati ■ stratocumuli ■ cumulonembi

....

....

....

....

15. **Completa.**

Se l'altitudine aumenta, la pressione ....

Se l'umidità dell'aria diminuisce, la pressione ....

Se la temperatura dell'aria aumenta, la pressione ....

16. **Vero o falso?**

La previsione del tempo, basata su dati scientifici, è iniziata nel X secolo.

Motiva la risposta.

....

....

17. **Completa il brano con i termini mancanti:**

radiazione globale ■ onde lunghe ■ 4% ■ 47% ■ 51% ■ radiazione effettiva ■ riflessione

Della radiazione solare che giunge al limite dell'atmosfera soltanto il .... riesce ad arrivare fino alla superficie del globo terracqueo, dopo aver attraversato l'involucro aeriforme: questa quantità costituisce la ...., ma ad essa va sottratto il .... circa a causa della .... media prodotta dalle terre emerse e dalle acque oceaniche, riducendosi così la .... al ....

Quest'ultima parte si trasforma in energia che viene emessa dal globo sotto forma di radiazioni ad ....

18. **Completa.**

La brezza di mare spira durante ...., quando il rapido riscaldamento del terreno produce condizioni di .... pressione che fanno affluire aria dalle .... pressioni che si instaurano sul mare, dove la temperatura è ....

19. **Completa.**

La .... alla quale il .... si condensa (e si può formare una nuvola) si chiama punto di ....

20. **Scrivi il nome di ciascun regime pluviometrico.**

1. Precipitazioni durante tutto l'anno, con due massimi equinoziali ....
2. Precipitazioni abbondanti durante l'inverno e molto scarse in estate ....
3. Precipitazioni abbondanti nel semestre estivo e quasi assenti in quello invernale ....
4. Precipitazioni scarse e prevalentemente nevose, concentrate soprattutto in estate e autunno ....
5. Precipitazioni concentrate nel periodo solstiziale, rare durante il resto dell'anno ....

21. **Riordina gli stadi di sviluppo di un ciclone extratropicale inserendo opportunamente i numeri da 1 a 4 e i simboli relativi a:**

fronte freddo

fronte caldo

fronte occluso

fronte stazionario

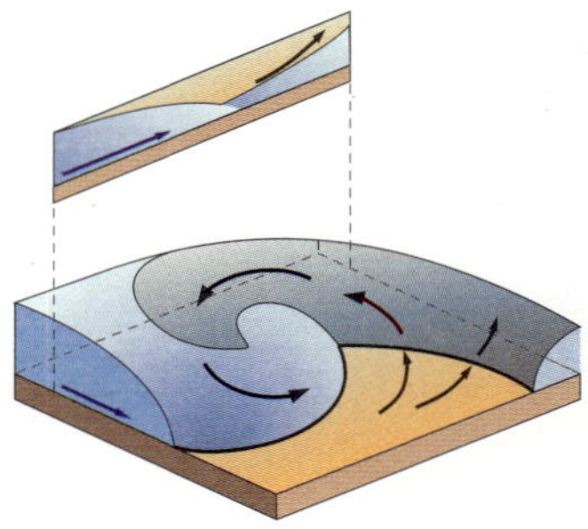

☐

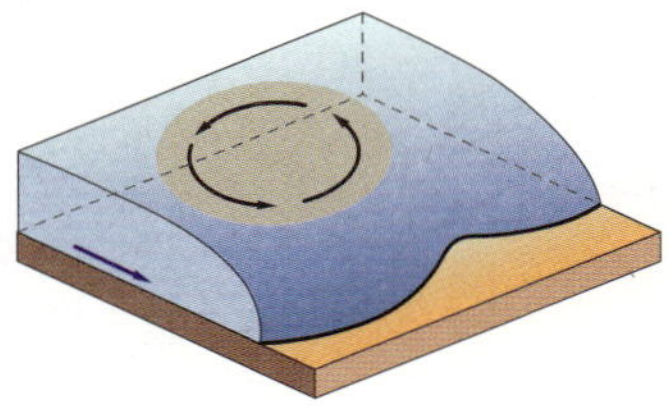

☐

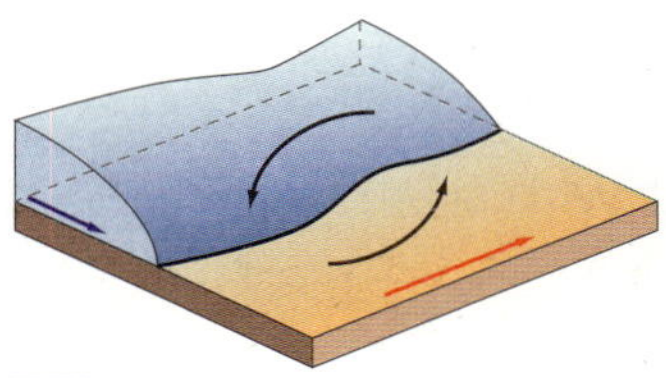

☐

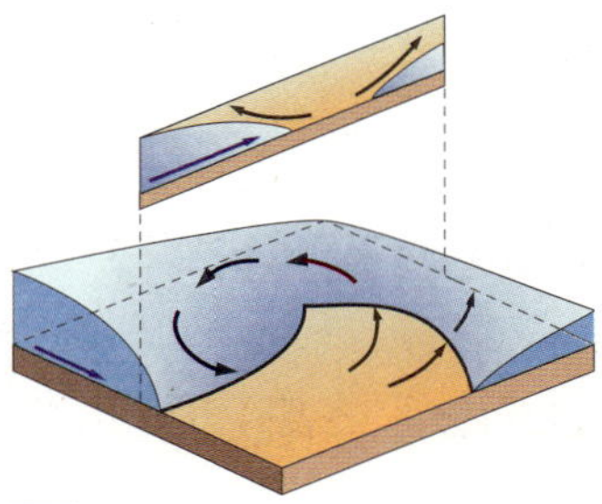

☐

CLIL: Earth Science Highlights

Glossary

Match each word or expression with its definition.

1. ☐ Absolute humidity
2. ☐ Acid rain
3. ☐ Albedo
4. ☐ Anticyclone
5. ☐ Atmosphere
6. ☐ Atmospheric pressure
7. ☐ Cyclone
8. ☐ Greenhouse effect
9. ☐ Isobar
10. ☐ Isohyet
11. ☐ Isotherm
12. ☐ Meteorology
13. ☐ Net solar radiation
14. ☐ Pause
15. ☐ Pressure gradient
16. ☐ Rainfall regime
17. ☐ Relative humidity
18. ☐ Trade winds
19. ☐ Troposphere
20. ☐ Weather
21. ☐ Westerlies
22. ☐ Wind

a. Pressure exerted by the atmosphere on a unit area of the Earth's surface due to the force of gravity acting on the overlaying column of air.

b. A line on a map passing through all points with the same atmospheric pressure.

c. The science of the atmosphere; particularly the physics of the lower or inner atmosphere.

d. Precipitation whose pH has been significantly lowered by air pollution; from a pH 5.6 to as low as a pH 1.5.

e. System of surface winds blowing from a generally westerly direction in the middle latitude zones in both Hemispheres.

f. Accumulation of heat in the lower atmosphere through the absorption of long-wave radiation from the Earth's surface.

g. A measure of the humidity that expresses vapour content as a percentage of the amount of vapour that can be held in the same volume of air when it is fully saturated.

h. Centre of high atmospheric pressure, characterized by circular wind motion, clockwise in the Northern Hemisphere and counter clockwise in the Southern Hemisphere.

i. Air motion, dominantly horizontal relative to the Earth's surface, from centres of high pressure towards centres of low pressure.

j. The character of the seasonal distribution of rainfall at any place.

k. The amount of water vapour per unit volume of air, expressed in grams per cubic metre.

l. The system of prevailing easterly winds, which blow from the subtropical highs to the equatorial lows in both Hemispheres.

m. Incoming solar radiation minus outgoing solar radiation that is reflected by land and water.

n. A line on a map passing through all points with the same amount of rainfall at a certain time or for a stated period.

o. Boundary between two overlapping spheres of the atmosphere.

p. Centre of low atmospheric pressure, characterized by circular wind motion, counter clockwise in the Northern Hemisphere and clockwise in the Southern Hemisphere.

q. An envelope of a mixture of gases that surround the Earth, held in place by gravity.

r. The lowest layer of the atmosphere.

s. The change in pressure over the distance between two points.

t. The state of the atmosphere at a given time and place, with respect to variables such as temperature, humidity, wind velocity and atmospheric pressure.

u. The percentage of incident radiation reflected from a material.

v. A line on a map connecting all points of equal temperature.

Summing-up

Complete the following text with the right words from the Glossary.

The characteristics of the atmosphere

■ The .... is a gaseous envelope that surrounds our planet, held in place by the gravitational pull of the Earth.

■ The average composition of the lowest portion of the atmosphere, close to the landmass and ocean surfaces, is 78.08% nitrogen, 20.95% oxygen, 0.93% argon and 0.04% carbon dioxide (in percentage by volume). Other gases (neon, helium, krypton, xenon, hydrogen ozone etc.) amount to about 0.01%. In the lower atmosphere, water vapour is also present in variable amounts.

■ The atmosphere consists of several overlapping parts, called spheres, that are separated from each other by transition zones named ______ From bottom to top, the spheres are the ______, the stratosphere, the mesosphere, the thermosphere and the exosphere.

■ ______ is the science that studies the atmosphere and the phenomena that takes place within it.

Solar radiation and air temperature

■ Almost all the energy available to us is derived from the Sun. As incoming radiation passes through the atmosphere it is partly reflected (31%), partly absorbed (18%) and only 51% reaches the land/sea globe, which reflects a further 4%. Overall, the percentage of energy reflected by the Earth-atmosphere system, or ______, is approximately 35% of incoming solar radiation.

■ The ______ absorbed by the Earth (47% of the total) is emitted again from our planet as long-wave radiation and provides the greatest contribution to the warming of the atmosphere from below. The atmosphere remains hot due to the ______, caused by certain components of the atmosphere that are capable of absorbing the radiation emitted from the Earth's surface.

■ Air temperature varies in space and time as a function of numerous geographical factors: altitude, latitude, the orientation of mountain slopes, vegetation and the distribution of landmass and sea.

■ ______, the lines joining points with the same temperature, allow the pattern of air temperature values on Earth to be represented on maps.

Atmospheric pressure, winds and the general wind pattern

■ ______ is the ratio between the weight of the air and the surface area on which it acts. At sea level, at a latitude of 45° and at a temperature of 0 °C, the pressure of the atmosphere balances the pull of gravity of a 760 mm high vertical column of mercury with a 1 cm^2 uniform cross-section. Air pressure is commonly expressed in millibars (760 mm of mercury equals 1013 millibars).

■ Pressure varies from place to place according to geographical and meteorological factors: altitude, temperature and the amount of water vapour contained in the air.

■ ______, lines joining points of equal pressure, allow the world pressure pattern on Earth to be represented on maps.

■ Isobars delimit centres of high pressure, or ______, and low-pressure centres, or ______. In an anticyclone, winds diverge, spiralling outward and downward; in a cyclone, winds converge spiralling inward and upward. Pressure gradients within the atmosphere cause ______, which blow from areas of high pressure to areas of low pressure. The Coriolis effect deflects winds (to the right in the Northern hemisphere, and to the left in the Southern hemisphere).

■ Three wind systems exist in both Hemispheres in the lower troposphere:
- the ______, which come from the subtropical high and converge towards the equatorial low;
- the ______, which come from the subtropical high and converge towards the sub-polar low;
- the polar winds, which move from the polar high and head towards the sub-polar low.

■ The upper troposphere circulation (between 3,000-5,000 km in altitude), is characterised by the upper air westerlies that flow in both hemispheres, separated by a narrow intertropical zone of upper air easterlies.

Air humidity, precipitation and weather

■ ______ is the amount of water vapour (in grams) per unit volume of air (1 m^3). This increases with temperature and tends to decrease with altitude. The maximum amount of water vapour that a volume of air can hold at a given temperature is the saturation limit. The ratio between the absolute humidity of a volume of air and its saturation limit at the same temperature is the ______ (expressed as %).

■ When air is saturated, excess water vapour results in precipitation, which may be liquid (rain) or solid (snow or hail).

■ ______, lines joining points of equal average rainfall, allow the world precipitation pattern on Earth to be represented on maps.

■ ______ is the distribution of rainfall over the year and varies from place to place on Earth.

■ ______ is the complex system of physical conditions of the atmosphere, at a given time and place, as it results from the existence of permanent, seasonal or temporary cyclones and anticyclones. Tropical cyclones (the most violent weather phenomena on Earth) and mid-latitude cyclones are the most important atmospheric disturbances.

Air pollution and the "ozone hole"

■ Air pollution is produced by industry, agriculture, motor vehicles, as well as thermoelectric and nuclear power plants. Some of the main pollutants are:
- sulphur dioxide, responsible for ______;
- carbon monoxide, toxic to humans because it inhibits the transport of oxygen by the circulatory system;
- carbon dioxide, which amplifies the greenhouse effect, causing a rise in the average temperature of the Earth's atmosphere;
- nitrous oxide, which along with chlorofluorocarbons and methyl bromide, is responsible for the removal of atmospheric ozone and therefore creating the so-called "ozone hole". Each pollutant, however, has the possibility of being "neutralised" as processes of "self-purification" exist.

Now listen and check your answer.

Video «How atmospheric pressure varies»

Watch the video and answer the questions.

1. What are the main geographical and meteorological factors that influence air pressure?
2. Is warm air denser than cold air?
3. Does warm air exert higher or lower pressure than cold air?
4. Is an air mass rich in water vapour heavier or lighter than an equal volume of dry air?

QUESITI

per l'applicazione delle conoscenze

1. Spiegare un fenomeno
Formazione di nuvole
Scrivi una didascalia per ciascuna delle seguenti immagini, descrivendo i fenomeni rappresentati.

2. Leggere un grafico
L'escursione termica diurna
Osserva qui a fianco l'andamento delle temperature registrate per una settimana, in estate, a San Francisco (California) e a Yuma (Arizona), negli Stati Uniti d'America. Rispondi alle domande.
- Dov'è più marcata l'escursione termica?
- Cerca su un Atlante le due località. Sapresti spiegare quale fattore è responsabile della diversa escursione termica?

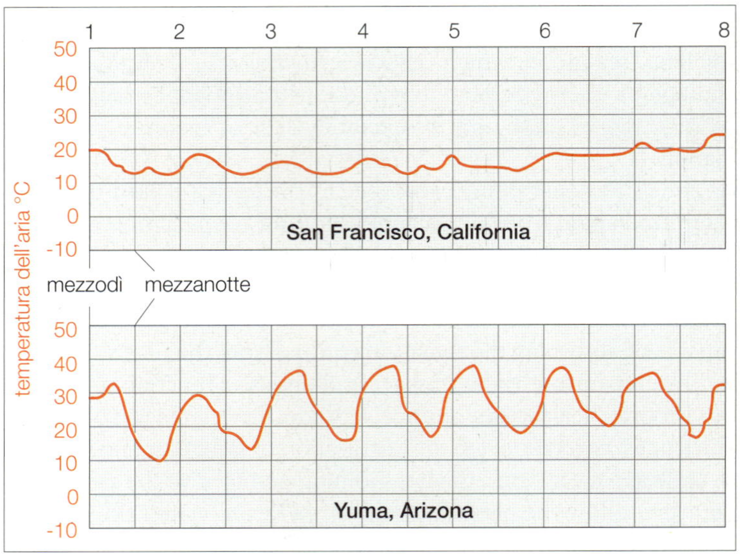

3. Formulare ipotesi
Voli intercontinentali
Un pilota sta progettando un volo da Los Angeles a Sydney.
- In quali condizioni atmosferiche può aspettarsi di viaggiare il pilota, una volta raggiunta l'alta troposfera?
- Riguarda le figure del paragrafo 6 e fai delle ipotesi.
- Quali venti incontrerà? Incontrerà anche delle correnti a getto?
- Rispetto all'aereo spireranno nello stesso verso (facendolo accelerare) o in verso opposto (rallentandolo)?

4. Ricercare e analizzare dati
L'anticiclone delle Azzorre
Alle nostre latitudini l'anticiclone delle Azzorre è responsabile del caldo asciutto estivo.
Cerca su Internet una carta delle isobare del mese di luglio e una del mese di gennaio.
- In quale modo si sposta l'anticlone delle Azzorre?

5. Esaminare pro e contro
L'energia eolica
Alcune associazioni ambientaliste e gruppi di cittadini si oppongono all'installazione di turbine eoliche sul loro territorio. Altri le trovano invece utili.
Come elementi a favore degli impianti a energia eolica ci sono il basso costo della produzione di energia e il fatto che questa è rinnovabile e pulita, oltre che la possibilità di produrla senza gravi rischi ambientali e senza dover costruire centrali di grandissime dimensioni (come è invece nel caso dell'energia solare).
Per contro, tuttavia, ci sono la scarsa quantità dell'energia prodotta, lo spazio occupato dagli aerogeneratori, il loro impatto sul paesaggio e infine la loro rumorosità, soprattutto per quelli più grandi e quindi più efficaci.
1. Dividete la classe in due gruppi. Un gruppo dovrà stilare una lista di motivazioni a favore dell'energia eolica, e l'altro le motivazioni contrarie. Tenete presente gli aspetti ambientali, economici e paesaggistici.
2. Analizzando le motivazioni riportate dai due gruppi, discutete in classe l'opportunità di costruire un parco eolico sul vostro territorio. Potrebbe essere il caso di prendere anche in considerazione, come termini per un confronto, le altre possibili fonti rinnovabili di energia elettrica.
3. Alla fine della discussione, elaborate un documento collettivo in cui esponete la decisione finale e le sue motivazioni.

8 Il clima e la biosfera

Laguna Hedionda è un sottile lago salato, a un'altitudine di circa 4 100 metri s.l.m. nel Dipartimento di Potosí, in Bolivia. La sua esistenza, che è fondamentale per l'alimentazione dei fenicotteri presenti, e le caratteristiche della scarsa vegetazione locale sono in stretto rapporto con il clima moderatamente caldo e poco piovoso di questa zona dell'altopiano boliviano. (Arterra/UIG via Getty Images)

Test d'ingresso

A. La temperatura dell'aria dipende da numerosi fattori, tra i quali riveste particolare importanza l'inclinazione dei raggi solari rispetto alla superficie terrestre, che varia con la *latitudine*.
Confrontando una località ubicata al Tropico del Cancro con una ubicata all'Equatore, nel giorno del solstizio d'estate
(*due risposte corrette*)

- A al Tropico ci saranno più ore di luce.
- B al Tropico ci saranno meno ore di luce.
- C al Tropico i raggi del Sole saranno più alti sull'orizzonte.
- D all'Equatore i raggi del Sole saranno più alti sull'orizzonte.

B. La capacità termica dell'acqua è molto maggiore di quella delle rocce della crosta terrestre (in media circa 2,5 volte).
Perciò la presenza di un grande lago o del mare:

- A accentua le escursioni termiche.
- B attenua le escursioni termiche.

C. Tra gli elementi del clima vi sono le precipitazioni.
Completa.
La distribuzione geografica delle precipitazioni medie annue viene rappresentata nelle carte delle ....
Nello studio delle precipitazioni occorre tenere conto della loro ripartizione mensile e stagionale, cioè del ...., variabile da luogo a luogo della Terra.

D. I monsoni sono venti periodici a ritmo stagionale che spirano dall'oceano verso i continenti durante l'estate e dai continenti verso l'oceano durante l'inverno.
Scegli l'alternativa corretta.
Il monsone **estivo**/**invernale** porta piogge **molto**/**poco** abbondanti perché si è caricato dell'umidità presente nell'aria che sovrasta l'oceano.
Il monsone **estivo**/**invernale** è invece **secco**/**umido** perché sui continenti ci sono meno aree a forte evaporazione.

1 Dal tempo atmosferico al clima

Quando si parla delle condizioni atmosferiche, nel linguaggio comune i termini «tempo» e clima» vengono spesso usati indifferentemente, come se esprimessero lo stesso concetto. In realtà si tratta di due concetti diversi, benché concatenati.

Naturalmente, anche le discipline che studiano questi fenomeni sono collegate fra loro, ma ben distinte: la *Meteorologia* si occupa del tempo atmosferico, mentre la *Climatologia* studia il clima e le sue variazioni nello spazio e nel lungo periodo.

1.1 Gli elementi e i fattori del tempo e del clima

Per facilitare la comprensione della diversità fra tempo atmosferico e clima, possiamo ricorrere a qualche esemplificazione. Se in un giorno di vacanza si verifica un acquazzone che ci rovina una gita è lecito affermare che è colpa dell'inclemenza del tempo; e non è detto che il giorno dopo sia necessario munirsi di ombrello per fare un'altra gita nello stesso luogo (specialmente se, ad esempio, ci troviamo in Calabria durante l'estate). Ma se annualmente cadono in media 2500 mm di pioggia e non vi è alcuna stagione asciutta (come accade nelle Alpi Apuane) o se le precipitazioni annue oscillano intorno ai 500 mm e sono mal distribuite nelle varie stagioni (come avviene nella Sicilia occidentale), queste caratteristiche sono da assegnare al clima. Ed è proprio delle condizioni pluviometriche annuali – oltre che di quelle termiche e anemometriche – che dobbiamo tener conto se abitiamo stabilmente in una determinata località o se ci trasferiamo in altri luoghi della Terra per periodi più o meno lunghi.

La differenza che passa fra tempo atmosferico e clima può essere sintetizzata in modo efficace dalla battuta paradossale di un scienziato inglese, secondo il quale la Gran Bretagna avrebbe un tempo pessimo, ma un clima ottimo. Con questo egli intendeva dire che, nonostante le abbondanti precipitazioni, le nebbie, i venti e le foschie, in Gran Bretagna si registrano raramente ondate di caldo e lunghi periodi di siccità o di gelo.

In sostanza, gli **elementi** del tempo e del clima sono gli stessi:
- la *temperatura*;
- la *pressione* e i *venti*;
- l'*umidità* e le *precipitazioni*.

Come gli stessi sono i **fattori** che concorrono a determinare le difformità del tempo e del clima nelle varie regioni della Terra:
- la *latitudine*;
- l'*altitudine*;
- la *distribuzione delle terre e dei mari*;
- le *correnti marine*;
- la *vegetazione*;
- le *attività umane*.

Ma, mentre il **tempo** risulta da «una combinazione momentanea dei suddetti elementi», il clima è costituito dal loro andamento durante l'anno. Il **clima** può quindi essere definito come «l'insieme delle varietà quotidiane del tempo atmosferico». Per definire con precisione il clima di una data località, occorre considerare la serie degli stati dell'atmosfera che vi si verificano abitualmente, quale risulta dalle osservazioni meteorologiche protratte per un lungo periodo (almeno un trentennio).

1.2 La scienza del clima

La **Climatologia** è la scienza che si occupa delle caratteristiche e della distribuzione dei diversi tipi climatici nelle varie zone della Terra, cercando di individuarne i legami con i fattori geografici da cui dipendono.

La Climatologia è un ramo fondamentale della **Geografia fisica**, cioè di quella parte della Geografia che esamina i fenomeni fisici operanti sulla superficie terrestre e i rapporti tra tali fenomeni e le attività umane.

Gli studi climatici sono importanti anche sotto il profilo pratico e applicativo. Tale importanza appare evidente se si considera che l'atmosfera – con le sue caratteristiche climatiche variabili da luogo a luogo – è una delle «componenti» fondamentali

1A

1B

Figura 1
Il *clima* di un qualsiasi luogo della Terra non è desumibile da osservazioni momentanee, poiché consiste nella successione delle condizioni atmosferiche che in quel luogo si verificano annualmente. Ma anche immagini come queste (**A.** Isole Galápagos; **B.** Ladakh, India) possono mostrare – accanto ad aspetti meteorologici transitori, e quindi non significativi (le nuvole) – alcune sembianze del *paesaggio* fortemente connesse alle condizioni climatiche: la vegetazione, la fauna, il suolo. (Foto matt_hh/iStock; N.Billington/Shutterstock)

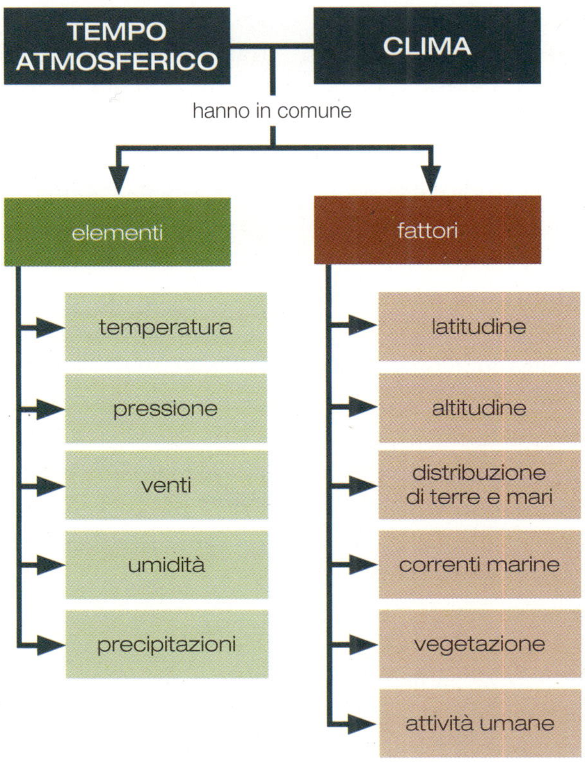

dell'*ambiente* in cui si svolge la nostra esistenza. E dunque il clima, assieme alla struttura geologica, ai processi della vita vegetale e animale e alle attività antropiche, costituisce uno dei principali «determinanti» del **paesaggio**, cioè del complesso di caratteristiche (comprendenti il rilievo, il suolo, le acque, la vegetazione, la fauna, le opere dell'uomo) che distinguono ciascun luogo della Terra [**Figura 1**].

A causa di molteplici fattori geografici (latitudine, altitudine, distanza dal mare ecc.), ogni luogo ha il suo proprio clima, diverso da quello degli altri luoghi, anche vicini. Per di più, le condizioni climatiche sono variabili anche nel tempo; e così si giustificano, almeno in parte, le diverse possibilità di sopravvivenza e di diffusione degli esseri viventi – comprese, entro certi limiti, quelle delle comunità umane – che si sono registrate nel passato e possono ancora realizzarsi nel futuro, in zone limitate o sull'intera superficie del nostro pianeta.

È sufficiente qualche osservazione – magari basata su esperienze personali – per rendersi conto della notevole influenza dei climi sui paesaggi terrestri. Quelli di noi che vivono in zone piovose avranno potuto notare l'abbondanza di torrenti o fiumi le cui acque, scorrendo più o meno impetuosamente, erodono e trasportano materiali rocciosi, e quindi col tempo modificano l'aspetto di monti, colline e pianure. Chi abita in località di alta montagna sa bene che la presenza di nevai o ghiacciai non è certamente casuale, né può essere collegata soltanto al freddo di poche giornate, ma dipende dalle basse temperature che si registrano per parecchi mesi e si ripetono nel corso degli anni. Molti di noi avranno osservato, spostandosi dai luoghi abituali e recandosi in zone diverse, che il tipo e la densità della vegetazione mutano con le differenti condizioni climatiche. Il clima influenza anche la stessa vita e le attività umane, e più ancora le ha condizionate in passato.

QUESITI

1. Quale di questi non è un elemento del clima?
- **A** La temperatura.
- **B** I venti.
- **C** L'umidità.
- **D** La latitudine.

2. Vero o falso? Motiva la risposta.
I fattori che determinano le varietà del tempo atmosferico e del clima sono gli stessi.

3. Dai una definizione del termine «clima».

4. Di che cosa si occupa la Climatologia?

5. Quali sono i principali aspetti che differenziano i paesaggi dei vari luoghi della Terra?

2 Il clima e la formazione del suolo

Video
Il profilo pedologico

Oltre che il principale artefice della presenza delle acque e il più importante fattore del modellamento del rilievo delle terre emerse, il clima è uno dei maggiori responsabili della formazione del **suolo**, ossia di quella sottile e discontinua pellicola superficiale della crosta terrestre, che è costituita sia da sostanze minerali, sia da residui organici.

Dove esiste, il suolo ha spessore variabile da qualche centimetro a una decina di metri e più, secondo l'intensità e la durata dei processi di degradazione meteorica subìti dalle rocce da cui esso deriva. La presenza di suoli diversi nei vari luoghi della Terra caratterizza paesaggi differenti, poiché influisce sensibilmente sulla distribuzione della vegetazione naturale, delle coltivazioni e degli insediamenti umani.

Figura 2
Il *profilo pedologico* **tipo.** L'acqua che si infiltra nel suolo e giunge nell'orizzonte A prende in carico le sostanze minerali solubili e le fa migrare (processo di *eluviazione*) verso l'orizzonte B, dove vanno a concentrarsi (processo di *illuviazione*).

2

2.1 La natura e il colore del suolo

Accanto agli affioramenti di roccia nuda, sui quali difficilmente attecchiscono piante, spesso si estendono zone in cui le rocce sono ricoperte da una coltre di suolo: è su queste zone che si sviluppa la vegetazione spontanea o si impiantano le colture agricole. È facile, quindi, comprendere quanto sia necessaria per l'uomo la conoscenza dei suoli. La **Pedologia** (dal greco *pédon*, terreno e *lógos*, studio) è la scienza che ne studia la composizione, le caratteristiche evolutive e la distribuzione geografica.

Le sostanze che compongono il suolo sono solide, liquide e aeriformi. Per lo sviluppo della vegetazione è necessario un appropriato equilibrio di tutti e tre gli stati della materia.

- La *porzione solida* è sia inorganica che organica: la prima deriva dalla disgregazione delle rocce, dovuta agli agenti atmosferici, e può variare dalla ghiaia alla sabbia molto fine e all'argilla; la seconda è costituita da materiali vegetali e animali, sia vivi, sia decomposti (radici di piante, funghi, batteri ecc.).
- La *porzione liquida* è una soluzione complessa in cui predomina l'acqua, dalla quale dipendono importanti reazioni e l'esistenza stessa del suolo.
- I *gas* sono gli stessi che si trovano nell'atmosfera, insieme a quelli liberati dall'attività biochimica nel suolo.

Tutte queste componenti sono coinvolte in una serie di processi fisici e chimici che fanno del suolo una specie di «laboratorio naturale» complesso ed efficiente; e così concorrono a conferire ad ogni suolo una sua capacità produttiva, più o meno sfruttabile con l'utilizzazione della vegetazione naturale o la coltivazione di piante appropriate.

Durante la formazione del suolo si differenziano alcuni livelli, detti *orizzonti*, che presentano dimensioni delle particelle, caratteristiche chimiche e colorazioni diverse: ogni suolo ha una successione propria di orizzonti, ossia un **profilo** peculiare. [Figura 2]. In un suolo-tipo, dall'alto verso il basso, si riconoscono tre orizzonti.

- L'**orizzonte A**, coperto da un sottile straterello di sostanze organiche indecomposte (come foglie, radici ecc.), è costituito da sostanza organica decomposta – l'**humus** – e da minerali insolubili.
- L'**orizzonte B** è povero di matria organica e ricco di minerali che provenono dall'orizzonte A. Qui si sono depositati i composti chimici che l'acqua ha trasportato in soluzione infiltrandosi nel terreno.
- L'o**rizzonte C** è costituito da frammenti alterati, di varie dimensioni, della roccia madre sottostante.

La prima caratteristica che si nota in un suolo è il suo *colore*, dal quale si possono ricavare utili informazioni sulla sua costituzione e sulla sua genesi. Una sequenza di colorazioni che si estende dal bianco al bruno e al nero è connessa al contenuto, via via maggiore, in humus, che dipende dalla rigogliosità della vegetazione e della vita microbica, che, a loro volta, dipendono dal clima [Figura 3].

2.2 I fattori della pedogenesi

La formazione del suolo, o **pedogenesi**, è strettamente legata a una serie di agenti e fattori – detti *fattori pedogenetici* – che determinano o influenzano i processi fisici, chimici e biologici localizzati nella parte più superficiale della crosta terrestre.

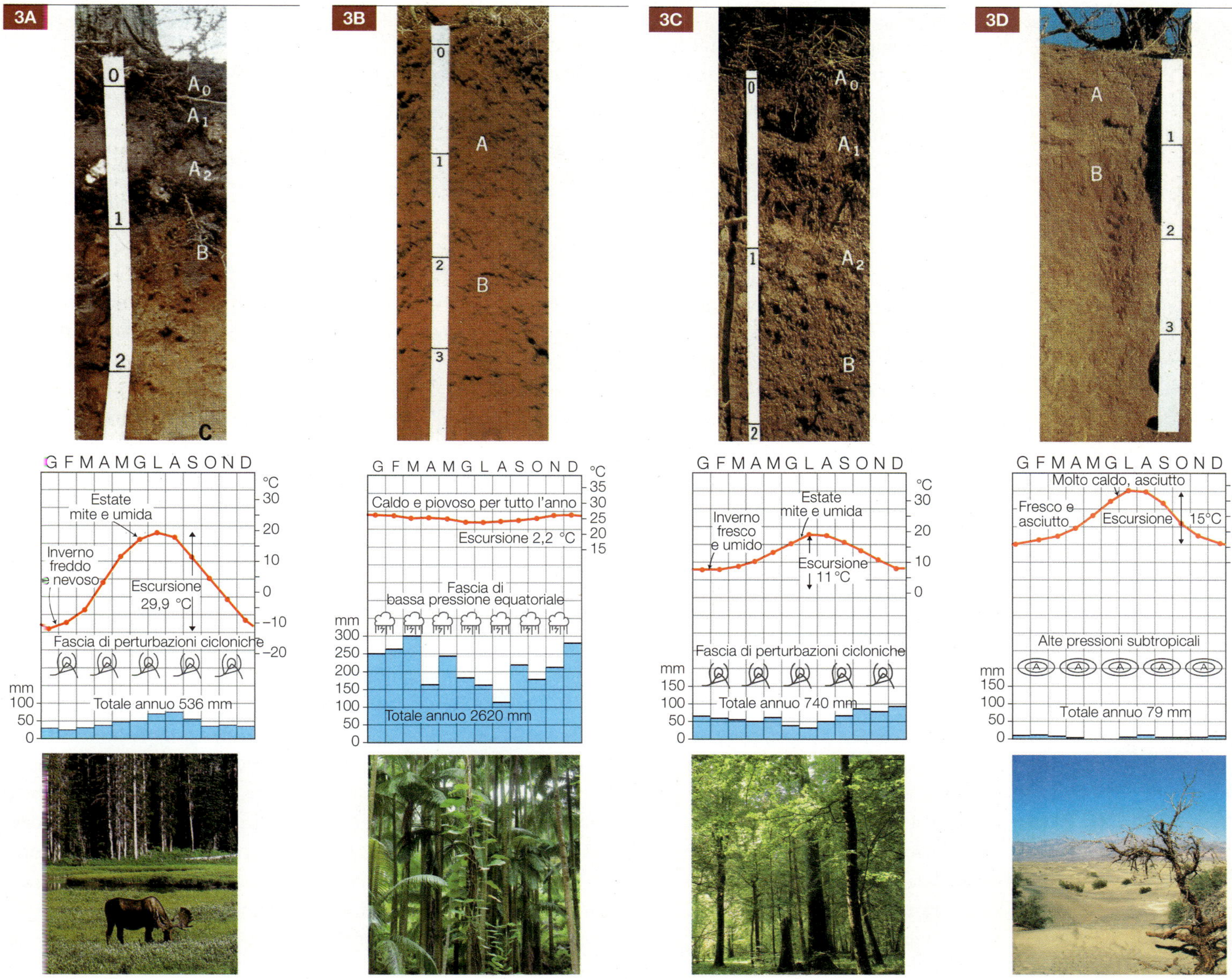

Figura 3
Alcuni esempi di suoli di ambienti diversi, con le relative condizioni climatiche e le corrispondenti coperture vegetali. A. Un esempio di *suolo podzolico*. I diversi orizzonti sono marcati da differenti colorazioni: agli orizzonti bruni superficiali (A_0 e A_1), con materiale organico abbondante, segue un orizzonte di color cenere (A_2), dal quale il ferro e gli elementi dell'humus sono migrati verso il basso, accumulandosi nell'orizzonte illuviale (B). I suoli podzolici sono caratteristici di zone a clima freddo-umido. Essi sono associati alle foreste di conifere delle alte latitudini. **B.** Un *suolo lateritico*. A causa della scarsa presenza di humus, l'orizzonte A appare indifferenziato. Questo suolo ha una tipica colorazione rossastra dovuta alla precipitazione di ossidi di ferro e di alluminio. Le zone in cui si sviluppano i suoli lateritici hanno precipitazioni abbondanti, ben distribuite durante l'anno, e temperature elevate. Si tratta di suoli che permettono lo sviluppo della lussureggiante foresta equatoriale. **C.** Un *suolo grigio-bruno*. Questo suolo ha caratteristiche analoghe a quello podzolico, dal quale differisce per la colorazione bruna. Lo sviluppo dei suoli grigio-bruni è favorito soprattutto dal clima umido delle medie latitudini, con precipitazioni relativamente abbondanti. Su di essi si sviluppa ampiamente la foresta a foglie caduche (acero, faggio, quercia). **D.** Un *suolo rosso del deserto*. La mancanza quasi totale di humus, connessa all'estrema riduzione della vegetazione, rende l'orizzonte A indifferenziato; il colore rosso pallido è legato alla moderata quantità di ossidi di ferro. Questi suoli, poco evoluti, si formano con precipitazioni ridottissime e temperature elevate. Essi sono tipici delle zone a cavallo dei tropici, aride e calde, e consentono lo sviluppo soltanto di arbusti sparsi o di rare piante adattate a prolungati periodi di siccità.

I principali **fattori pedogenetici** sono:

– la *roccia madre*, che è il materiale di origine del suolo;
– il *rilievo*, ossia la configurazione del terreno;
– il *tempo* durante il quale si svolgono i processi pedogenetici;
– gli *organismi* che vivono sul terreno e dentro di esso;
– il *clima*.

I primi tre sono fattori passivi, mentre gli ultimi due sono fattori attivi (o *agenti della pedogenesi*).

La composizione mineralogica e la tessitura (cioè le dimensioni dei granuli o delle particelle) del suolo dipendono in buona parte dalla natura della roccia che ne costituisce il substrato. Ma il clima è responsabile della disgregazione e dell'alterazione delle rocce e quindi dell'esistenza di un *mantello detritico*, o **regolite**, del quale il suolo fa parte e senza il quale non può svilupparsi.

La pedogenesi dipende anche dall'andamento del rilievo: lo sviluppo del suolo procede diversamente sui versanti ripidi, sui deboli pendii o in zone pianeggianti; per di più, esso è condizionato dalla esposizione del terreno ai raggi solari, e cioè ancora dal clima. La formazione del suolo è inoltre subordinata alla presenza e all'attività di piante e animali; e anche questi, a loro volta, dipendono dalle condizioni climatiche.

Gli **elementi climatici** più coinvolti nei processi pedogenetici sono le precipitazioni e la temperatura.

■ Le *precipitazioni* forniscono l'acqua, senza la quale le attività chimiche e biologiche non sono possibili: l'acqua discioglie una parte dei sali minerali contenuti nel suolo e questi possono reagire fra di loro, dando origine a composti assimilabili da piante e animali. Un eccesso di piogge può, però, filtrare tali sali e asportarli durante lo scorrimento, impoverendo perciò il suolo stesso. Così, nei climi caldi con precipitazioni abbondanti e intense molti sali ed elementi nutritivi (silice, calcio, sodio, potassio ecc.) vengono rimossi e quindi i suoli presentano scarsa fertilità. Nei climi aridi, dove l'evaporazione vanifica le precipitazioni, il suolo è secco per lunghi periodi; la poca acqua del terreno, che può risalire lentamente in superficie, evapora e abbandona i sali disciolti: qui il suolo è poco fertile per un eccesso di contenuto salino.

■ La *temperatura* può influire in modi diversi: in genere l'attività chimica è favorita da temperature alte, è ridotta dal freddo e cessa quando l'acqua del suolo è gelata. Nei suoli tropicali il materiale originario è del tutto alterato chimicamente; nei terreni gelati (*permafrost*) della tundra esso si presenta frantumato solo meccanicamente dall'acqua che penetra nelle fessure delle rocce, si trasforma in ghiaccio, aumenta di volume e le frantuma. L'attività batterica è incrementata da temperature elevate; e perciò nelle zone tropicali, dove i batteri hanno un rigoglioso sviluppo, le piante morte vengono da questi consumate velocemente e manca quindi un abbondante strato di humus. Nei climi continentali freddi, dove l'azione batterica è ridotta, il manto vegetale e l'humus possono avere un discreto spessore e il terreno è più fertile.

Il suolo è continuamente attraversato da flussi di energia (solare) e di materia (acqua, sostanza organica) che provengono dall'esterno. Pertanto, esso può essere considerato come un «*sistema aperto*»: un sistema complesso che è inserito, come parte integrante, in un altro sistema ancora più complesso – l'ambiente – nel quale il suolo si forma e si sviluppa e dal quale dipendono le sue caratteristiche.

Raggiunto il suo completo sviluppo, il **sistema suolo** è, dunque, in equilibrio dinamico con l'ambiente. Questo equilibrio può essere turbato tanto da eventi naturali, come le variazioni climatiche avvenute nel recente passato della storia della Terra, quanto da interventi umani. Difatti, l'uomo modifica i suoli quando cerca di sfruttarne le proprietà naturali: il diboscamento, la bonifica delle aree paludose, le sistemazioni idrauliche, le fertilizzazioni artificiali e le lavorazioni agricole sono soltanto alcuni esempi di interventi sul territorio capaci di influire in modo marcato sulle caratteristiche e sulle proprietà dei suoli. Alcune modifiche indotte dall'uomo sono temporanee ed i suoli possono tornare alle condizioni originarie quando cessano le lavorazioni che le hanno provocate, ma altre sono permanenti e possono portare alla sensibile riduzione delle capacità produttive o addirittura alla *scomparsa del suolo*.

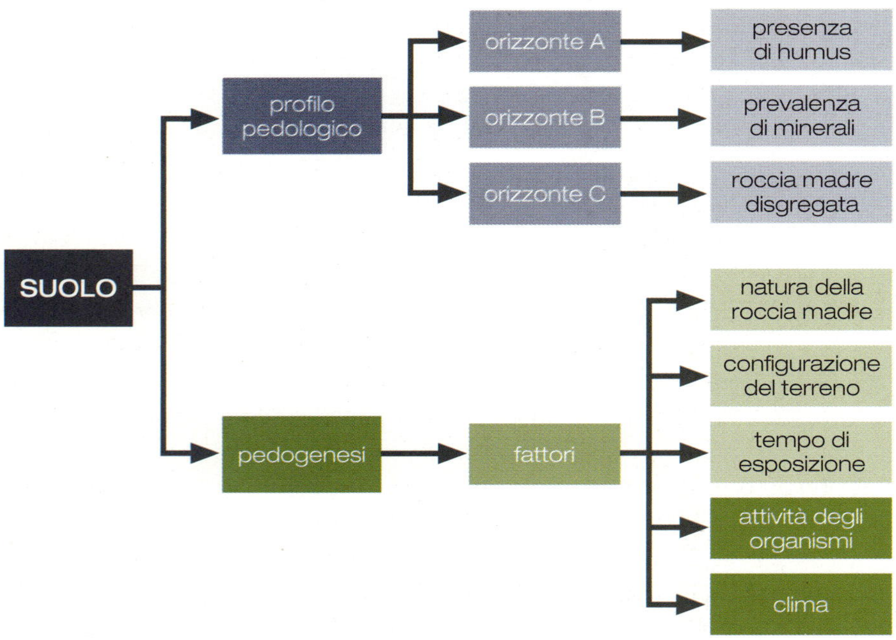

QUESITI

1. Il «mantello di materia inorganica» nel quale si forma il suolo è detto
   A regolite.
   B roccia madre.
   C orizzonte.
   D humus.
2. Completa.
   I diversi livelli che si differenziano nel suolo sono chiamati ....
3. Il fattore più importante nella formazione del suolo è
   A il tipo di roccia madre da cui si origina.
   B il clima.
   C la conformazione del terreno.
   D l'abbondanza di humus.
4. Quali sono i principali fattori pedogenetici?
5. In che modo la temperatura influisce sulla pedogenesi?
6. Qual è il ruolo delle precipitazioni nella formazione del suolo?

3 Le condizioni climatiche e la presenza di piante e animali

Video
Clima e vegetazione

La vita e la diffusione delle piante e degli animali sono connesse ad una complessa serie di condizioni fisiche e chimiche che riguardano l'atmosfera, la litosfera e l'idrosfera, con i loro reciproci rapporti.

Prescindendo dall'influenza – spesso distruttrice – delle attività umane, le caratteristiche climatiche, che traggono origine dalla radiazione solare, sono le principali responsabili della tipologia e della densità della copertura vegetale naturale; e, sia pure in misura minore, condizionano – direttamente o indirettamente – l'esistenza e la varietà della fauna nelle diverse regioni della Terra.

3.1 Le esigenze ecologiche degli organismi

Se si escludono alcuni gruppi vegetali particolari, per la vita delle piante è innanzitutto indispensabile la presenza della *luce*, che gioca un ruolo fondamentale nell'ambito del processo di fotosintesi clorofilliana. Ogni specie vegetale può svilupparsi soltanto entro un determinato intervallo di intensità luminosa, al di là del quale non sopravvive. Ma non tutte le piante hanno bisogno della stessa quantità di luce:

– le piante *sciafile* (dal greco *schiá*, ombra e *fílos*, amico) necessitano di poca luce [Figura 4];
– le piante *eliofile* presentano esigenze opposte.

Un altro fattore essenziale è il *calore*, senza il quale le piante non possono esplicare il loro ciclo biologico. Per ciascuna specie esiste un intervallo ottimale per la sopravvivenza, compreso fra un punto termico minimo ed uno massimo: ai fini della vita vegetale non interessano tanto le temperature medie annue, quanto i valori delle temperature estreme e la durata di certe condizioni termiche. L'area di diffusione delle specie vegetali è determinata anche da questi punti termici, sia nelle zone calde, sia in quelle fredde; esistono perciò dei limiti polari, equatoriali e altimetrici delle diverse piante.

In base alle esigenze termiche, distinguiamo:

– piante *megaterme* (richiedono una temperatura media sempre maggiore di 20 °C);
– piante *mesoterme* (l'intervallo termico ottimale è compreso fra 15 e 20 °C);
– piante *microterme* (necessitano di temperature comprese fra 0 e 15 °C);
– piante *echistoterme* (possono vivere a temperature inferiori a 0 °C).

Anche l'*acqua* è indispensabile per l'esistenza della vegetazione: essa viene assorbita dalle piante essenzialmente dal suolo, in forma di soluzione ricca di sali nutritivi. Le precipitazioni incidono notevolmente sul ciclo biologico; ma più della loro quantità totale interessano la distribuzione durante l'anno e l'intensità. Infatti, esistono regioni in cui le precipitazioni sono abbondanti ma concentrate solo in certi periodi dell'anno, mentre in altre esse, pur essendo modeste, sono distribuite uniformemente; la conseguenza è una diversa copertura vegetale. Se le piogge sono intense possono anche risultare notevolmente dannose, poiché defluiscono rapidamente e penetrano poco nel terreno, esercitando inoltre una marcata opera di erosione del suolo.

La quantità d'acqua di cui le piante hanno bisogno dipende dalla temperatura: quanto più questa è elevata, tanta più acqua è necessaria. In una zona calda equatoriale 1000 mm di pioggia all'anno costituiscono una precipitazione insufficiente, a causa dell'elevata evaporazione, mentre la stessa quantità è più che sufficiente alle medie latitudini.

Fra gli elementi climatici che influenzano la vegetazione, va ricordato anche il *vento*: la sua azione meccanica è in genere dannosa; ma per molti vegetali le correnti aeree sono importanti, perché favoriscono l'impollinazione.

■ **Fotosintesi clorofilliana (Chlorophyllian photosynthesis)** È il processo mediante il quale le piante fotosintetiche (le cosiddette «piante verdi») assorbono energia luminosa – che convertono in energia chimica – e, partendo da composti inorganici semplici (anidride carbonica e acqua), formano sostanze organiche che costituiscono i composti della materia vivente.

4

Figura 4
L'acetosella dei boschi (*Oxalis acetosella*) è una piccola pianta sciafila comune nel sottobosco delle nostre latitudini. Quando le foglioline vengono colpite dai forti raggi solari estivi, tendono a ripiegarsi su se stesse per diminuire la superficie esposta e proteggersi dal calore.

5A

5B

Figura 5
Animali in ambienti diversi.
A. Un gruppo di zebre all'abbeverata in una boscaglia africana.
B. Un esemplare di orso bruno europeo (*Ursus arctos*) nel Parco dell'Adamello e del Brenta. Questi animali, pur essendo tipici di certe regioni climatiche, appartengono a famiglie con specie distribuite su areali molto vasti; essi, inoltre, possono adattarsi anche a climi diversi da quelli esistenti nelle loro zone di origine. Bisogna segnalare, inoltre, che la caccia accanita li ha fatti scomparire da alcune zone dove un tempo vivevano numerosi, e in altri casi li minaccia di completa estinzione.
(P.French/Shutterstock; Reinhard)

Le condizioni di vita degli animali sono molto diverse da quelle dei vegetali, soprattutto perché essi sono dotati di movimento e possono migrare verso le zone più favorevoli alla loro sopravvivenza; ma anche la fauna è soggetta alle influenze di carattere climatico e, inoltre, è legata alla diversa copertura vegetale [Figura 5].

La *luce*, ad esempio, agisce in modo diverso sugli animali: molti sono amanti della luce; altri, come quelli notturni, molti felini e gli animali cavernicoli invece la rifuggono, essendo adattati all'oscurità. E anche il *calore* riveste un ruolo importante per la vita degli animali: alcuni si sono adattati ai climi caldi, altri ai climi freddi; inoltre esistono specie che sopportano forti cambiamenti di temperatura e specie che non tollerano tali sbalzi.

Le variazioni della *pressione atmosferica* possono rappresentare un notevole ostacolo per gli animali che vivono in ambiente subaereo: esclusi i grandi uccelli rapaci diurni, gli altri animali non possono spingersi verso zone in cui l'aria diventa molto rarefatta e povera di ossigeno (qualcosa del genere, ma in senso opposto, si verifica anche in ambiente subacqueo, a causa della pressione dell'acqua: soltanto pochi pesci abissali possono inoltrarsi verso le profondità massime).

L'*umidità atmosferica* influisce sugli organismi animali in diversi modi. Comunque, la sua importanza principale è legata alla trasformazione allo stato liquido: l'acqua svolge un ruolo essenziale per la sopravvivenza di un animale perché il suo corpo è costituito in larga parte da questa sostanza.

La *vegetazione* costituisce il nutrimento diretto o indiretto per la fauna. Difatti esistono animali erbivori, che si nutrono esclusivamente di vegetali; ma anche i carnivori, che necessitano della presenza degli erbivori (perché sono fonte della loro alimentazione), in definitiva sono legati alla vegetazione.

3.2 Formazioni vegetali, associazioni animali, ecosistemi e biomi

Le specie vegetali non vivono isolate nelle diverse regioni, ma sono riunite per lo più in raggruppamenti con esigenze ambientali simili. I raggruppamenti che presentano una comune fisionomia vengono detti **formazioni vegetali**. Se ne possono distinguere quattro tipi fondamentali:
- le *formazioni arboree* (quali le foreste, le boscaglie, la taiga ecc.);
- le *formazioni arbustive* (come le brughiere);
- le *formazioni erbacee* (come la savana, la steppa, la puszta, le praterie, le pampas, i prati montani e la tundra);
- le *formazioni desertiche* (la rada vegetazione delle dune e di altri ambienti aridi).

Vi sono poi le *formazioni miste*, comprendenti sia elementi arborei, sia elementi arbustivi (come la macchia mediterranea).

La vegetazione non è sempre distribuita uniformemente. Si distinguono:
- *formazioni aperte*, in cui le piante lasciano scoperto il suolo per un tratto più o meno ampio;
- *formazioni chiuse*, che invece lo occupano tutto.

Anche per la fauna si individuano raggruppamenti di specie che hanno esigenze ambientali più o meno comuni: sono le **associazioni animali**, legate a determinate condizioni climatiche. Vi sono, ad esempio, associazioni animali tipiche delle zone equatoriali ed altre delle zone tropicali, o dei deserti, o delle regioni polari ecc.

In ogni regione, in ogni singolo luogo della Terra – grande o piccolo che sia – le varie specie vegetali e animali presenti non vivono in maniera indi-

Figura 6
I maggiori *biomi* delle terre emerse. L'esistenza e la distribuzione geografica di questi estesi «insiemi relativamente uniformi di vari ecosistemi» sono connesse principalmente alle *condizioni climatiche*, e in particolare alla temperatura e alle precipitazioni. Le quattro fasce orizzontali distinte nella figura, dal basso verso l'alto, si succedono in linea di massima secondo *latitudini crescenti*. Le successioni da sinistra a destra sono da riferire alla variabile disponibilità di acqua, che non dipende soltanto dall'entità delle precipitazioni, ma anche dall'evaporazione (a sua volta legata alla temperatura); ciò significa che per *precipitazioni decrescenti* si deve intendere *aridità crescente*.

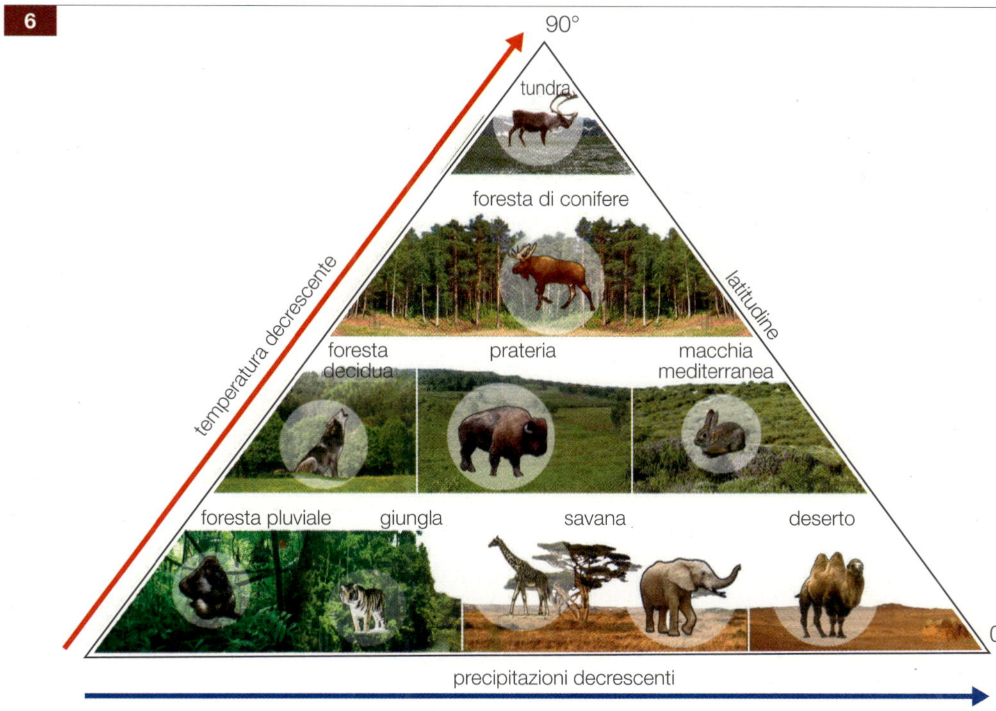

pendente, ma anzi hanno fra loro relazioni di diversi tipi (commensalismo, mutualismo, simbiosi, predazione, parassitismo); esse formano, cioè, una «comunità biologica» che viene denominata **biocenosi**. Gli organismi di tale comunità convivono e interagiscono in un determinato «intorno fisico», detto **biotopo**, costituito dal supporto inorganico (rocce, acqua, aria) e caratterizzato da un complesso di fattori (temperatura, pressione atmosferica, composizione chimica del terreno ecc.) che ne condizionano l'esistenza. Il biotopo e la biocenosi ad esso associata formano un **ecosistema** le cui componenti, vivente e non vivente, si influenzano e si modellano reciprocamente.

Gli ecosistemi possono avere ampiezza e natura molto varie: una pozza d'acqua di pochi m^2 è un ecosistema, allo stesso titolo di una valle estesa per alcuni km^2 o di una foresta o di un deserto con ampiezze di decine di km^2 ed anche più grandi. Tra ecosistemi vicini (per esempio, tra un bosco e uno stagno) può instaurarsi un certo numero di relazioni e di scambi, ma in ogni caso questi rapporti sono meno stretti – meno importanti – di quelli che esistono fra gli organismi appartenenti ad uno stesso ecosistema.

Se si prendono in esame tutte le terre emerse, è facile osservare che l'aspetto del paesaggio può essere uniforme anche per aree molto vaste, ma ciò non significa necessariamente che ciascuna di queste rappresenti un unico ecosistema. Ad esempio, le grandi foreste di conifere della Siberia, dell'Europa settentrionale e del Canada mostrano un paesaggio alquanto monotono; ma in vari tratti questa monotonia è interrotta dalla presenza di radure, ruscelli, fiumi, laghi: l'insieme comprende, dunque, vari ecosistemi. E la stessa cosa si verifica certamente, anche se è meno percepibile, per le aree marine. Questi grandi ambienti relativamente unitari, nei quali ad una determinata formazione vegetale (caratterizzata da alcune specie dominanti) si accompagna una data associazione animale (più o meno tipica), sono denominati **biomi** [Figura 6].

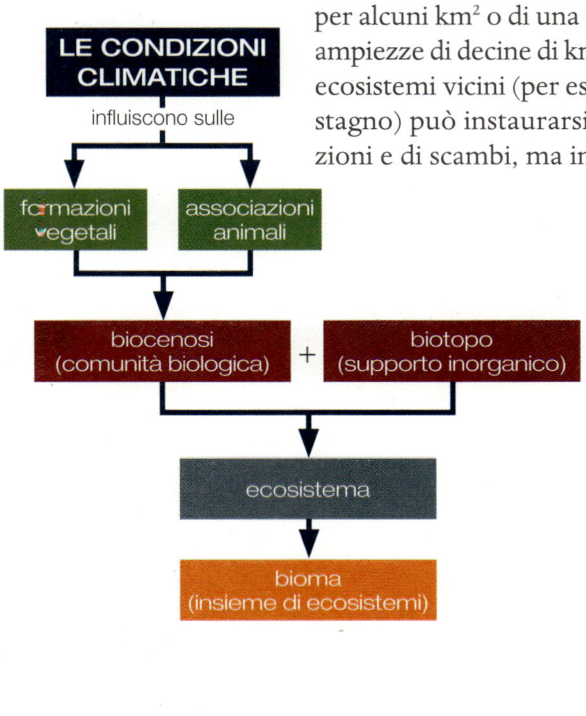

QUESITI

1. Ordina le seguenti formazioni vegetali in funzione della loro successione, procedendo dal Polo nord verso l'Equatore:
   - ☐ savana
   - ☐ macchia mediterranea
   - ☐ tundra
   - ☐ foresta di conifere
2. Quali sono i principali fattori dai quali dipende la distribuzione geografica delle formazioni vegetali?
3. Quali sono i principali fattori dai quali dipende la distribuzione geografica delle associazioni animali?
4. Che cos'è un ecosistema?
5. Definisci il termine «bioma».

4 I climi della Terra

Video
La carta dei climi

Video
I climi dell'Italia

4.1 Il problema della classificazione dei climi

Data la notevole importanza geografica dei climi, diversi studiosi hanno cercato di stabilirne una *classificazione* rigorosa, ma si sono trovati di fronte a difficoltà a volte quasi insuperabili.

Infatti, definire tali schemi presuppone lo studio delle cause genetiche delle diverse condizioni climatiche che si registrano nelle varie regioni della Terra, riferibili alla circolazione generale dell'atmosfera e alle caratteristiche delle masse d'aria in movimento.

Inoltre una schematizzazione completa, applicabile nella pratica, comporta una accurata descrizione degli elementi climatici (temperatura, pressione e venti, umidità e precipitazioni) e dei diversi fattori (latitudine, altitudine, distanza dal mare, vegetazione ecc.) che influiscono singolarmente o globalmente sugli elementi del clima, facendoli variare anche in zone vicine.

Per poter eseguire delle osservazioni significative sugli elementi del clima è necessario disporre di una rete di stazioni meteorologiche distribuite in modo quanto più uniforme su tutta la superficie terrestre, ed in grado di funzionare con regolarità. Nella realtà, purtroppo, vi sono molte aree in cui tali stazioni non esistono o funzionano sporadicamente. Tuttavia negli ultimi anni i vari Stati si sono preoccupati di ampliare e migliorare la rete delle loro stazioni di misura. È quindi auspicabile che si possa giungere ad una classificazione più esauriente di quelle elaborate da scienziati considerati come i padri della moderna Climatologia, fra i quali il russo W. Köppen, il cui primo tentativo di classificazione dei climi risale al 1884. Difatti, molte delle classificazioni proposte da questi autori si fondano prevalentemente sull'osservazione degli effetti che i climi producono su alcuni dei molteplici aspetti del paesaggio terrestre.

Comunque, la notevole corrispondenza fra la distribuzione della vegetazione spontanea [Figura 7] e le condizioni climatiche nelle varie regioni della Terra [Figura 8] è tale da giustificare quei tentativi

Figura 7
***Vegetazione spontanea* sulla superficie terrestre.**
La distribuzione geografica delle formazioni vegetali è legata alle condizioni climatiche esistenti nelle diverse regioni della Terra (vedi figura 8). Tale distribuzione è anche in diretto rapporto con i vari tipi di suolo da cui le piante traggono le sostanze necessarie al loro ciclo vitale. Da notare che nella carta sono rappresentati gli areali delle varie *formazioni vegetali naturali*, le quali però in molte zone sono state sostituite da *piante coltivate*, che qui non compaiono.

- foresta equatoriale (foresta pluviale)
- savana umida e foresta sempreverde (foresta galleria)
- savana umida e boscaglia asciutta, savana ad arbusti spinosi e piante grasse
- foresta intertropicale d'altitudine
- deserti e subdeserti tropicali
- bosco subtropicale a foglie persistenti (macchia mediterranea)
- steppa erbosa e arbustiva subtropicale
- foresta umida subtropicale
- deserti e subdeserti a inverno freddo
- foresta a foglie caduche e foresta mista
- praterie boreali
- foresta di conifere
- tundra e vegetazione d'alta montagna

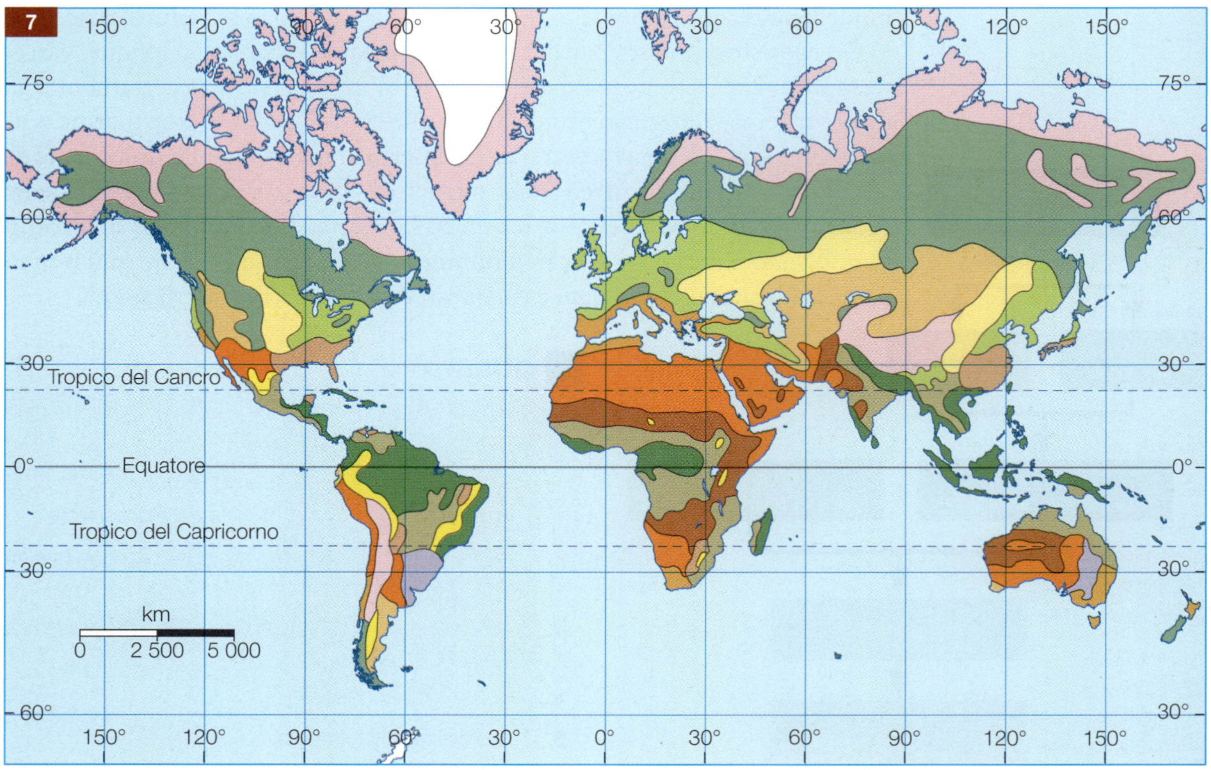

di classificazione dei climi che sono basati, appunto, sulle caratteristiche della vegetazione.

Rientra tra questi tentativi il primo schema proposto da Köppen, che individuava undici *tipi climatici* principali, ognuno dei quali veniva indicato con il nome della pianta o dell'animale più caratteristici di quelle particolari condizioni climatico-ambientali. Lo stesso autore, però, pervenne successivamente ad una classificazione che, pur tenendo conto delle diverse formazioni vegetali presenti in ogni tipo di clima, prendeva in considerazione i valori reali della temperatura e delle precipitazioni e fissava dei *limiti termometrici* e *pluviometrici* per distinguere i vari tipi climatici. Questi ultimi venivano raggruppati in cinque grandi *gruppi* o *classi*, distribuiti secondo latitudini crescenti, dall'Equatore ai poli. Tale schema, pubblicato nel 1936, ha subìto nel corso degli anni ulteriori modifiche da parte di altri studiosi, ma conserva ancora i suoi caratteri fondamentali e la sua validità. Essenzialmente su di esso si basa la classificazione che noi adotteremo per descrivere i principali climi della Terra.

I cinque grandi **gruppi climatici** di questa classificazione sono i seguenti:

A. *climi megatermici umidi* (o delle piante megaterme);
B. *climi aridi* (o delle piante xerofile, che vivono in terreni secchi);
C. *climi mesotermici* (o delle piante mesoterme);
D. *climi microtermici* (o delle piante microterme);
E. *climi nivali* (o delle piante echistoterme).

Ciascuno di questi grandi gruppi comprende due o più **tipi climatici**, ai quali corrispondono quasi altrettanti *biomi* delle terre emerse (foresta pluviale, savana, giungla, deserto, macchia mediterranea, foresta decidua, prateria, foresta di conifere, tundra e pochi altri).

Se il nostro pianeta fosse completamente ricoperto dalle acque oppure dalle terre in modo uniforme si registrerebbe una distribuzione dei climi secondo una successione regolare e continua, da quelli più caldi delle regioni equatoriali a quelli più freddi delle aree polari. Nella realtà, però, oltre alla diversa disposizione delle terre e dei mari, intervengono altri fattori che possono spostare, ampliare o ridurre le diverse zone climatiche, ognuna delle quali è caratterizzata da condizioni di temperatura, umidità e pressione pressoché omogenee. Inoltre tra una zona e la successiva non esiste un limite netto, ma si verifica un passaggio graduale da una combinazione degli elementi climatici ad un'altra; si hanno, cioè, dei *climi di transizione*.

Tenendo ben presenti questi aspetti, esaminiamo le caratteristiche fondamentali e la ubicazione dei vari climi, con i loro più importanti effetti sulla biosfera, facendo riferimento anche alle figure 7 e 8.

Figura 8
Distribuzione dei principali *tipi climatici* secondo Köppen. Le variazioni dei singoli elementi meteorologici, se vengono sommate, possono dare origine ad un infinito numero di combinazioni, ossia ad infiniti tipi di clima. Tuttavia, poiché esistono numerose regioni che presentano delle condizioni climatiche molto simili, si è cercato di classificare i climi determinandone un certo numero di tipi, aventi ciascuno delle caratteristiche peculiari. Tra gli elementi del clima sono stati presi in considerazione particolarmente la temperatura e le precipitazioni. La rappresentazione qui riportata si basa sul classico schema di Köppen.

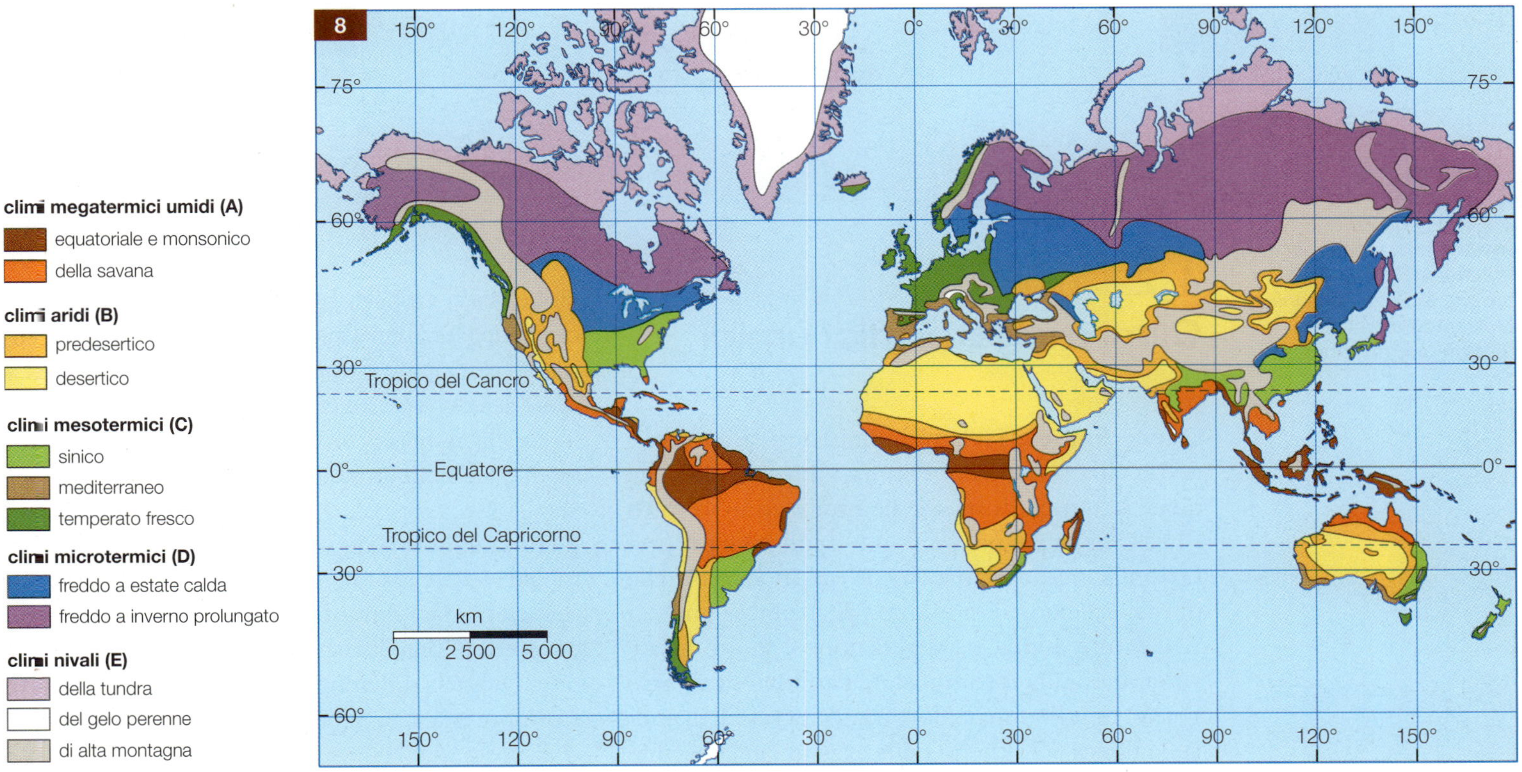

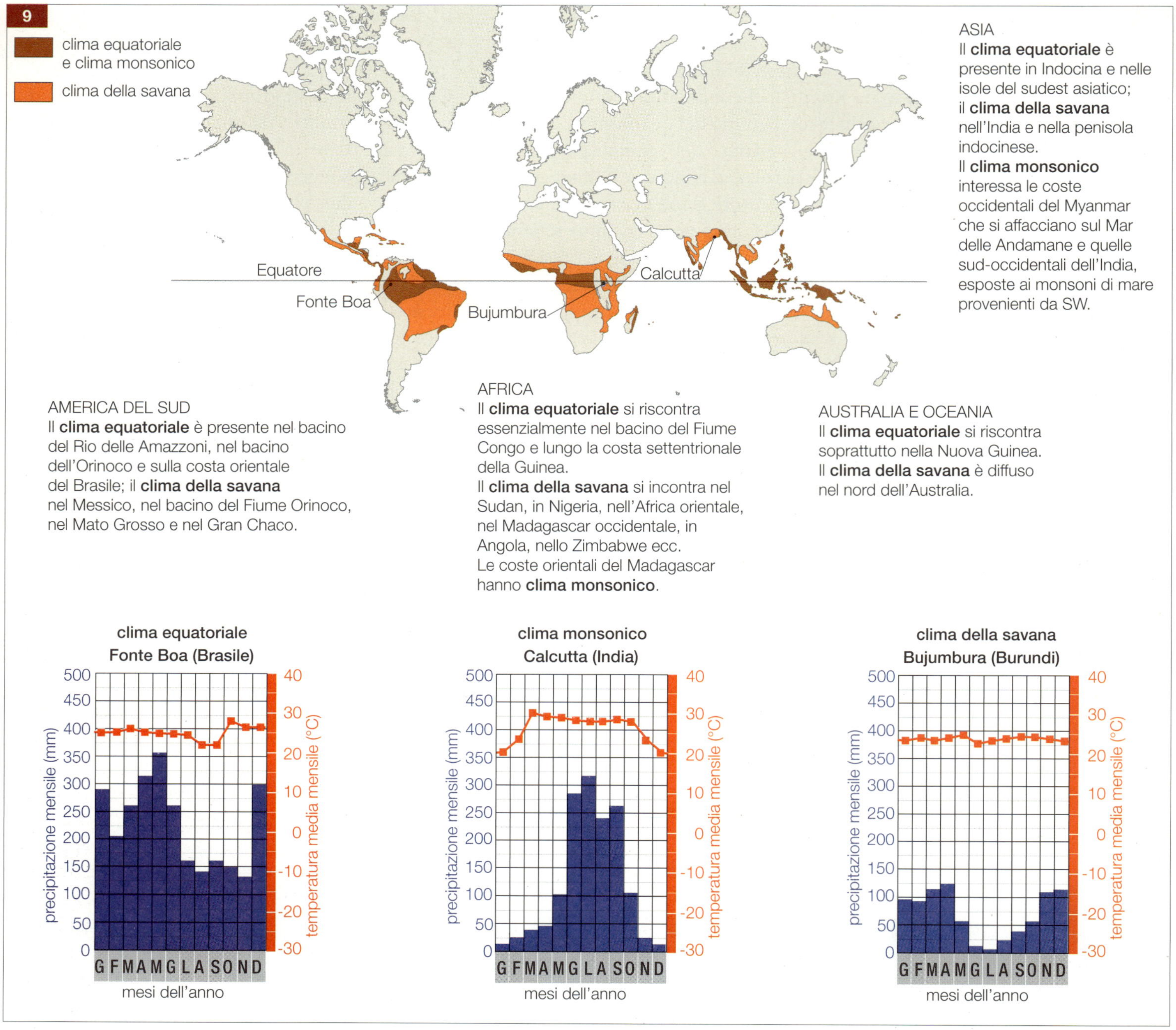

Figura 9
Distribuzione geografica dei tre tipi di climi megatermici umidi (*clima equatoriale*, *clima della savana* e *clima monsonico*) e climatogrammi di tre località rappresentative.

4.2 Climi megatermici umidi

Questi climi, con i relativi biomi, sono caratteristici della calda fascia compresa fra i due tropici, nella quale le temperature medie non scendono sotto i 15 °C neanche nel mese più freddo. Le precipitazioni sono abbondanti, con valori estremi che in casi eccezionali possono raggiungere anche i 12 000 mm annui. La vegetazione è molto fitta e varia. La fauna è composta da animali di diverse specie. I suoli sono per lo più lateritici (vedi di nuovo la figura 3), almeno nelle aree in cui la vegetazione lascia scoperte ampie zone. Nel gruppo dei climi megatermici umidi si distinguono due tipi climatici principali: il *clima equatoriale* o *pluviale* ed il *clima della savana*; ad essi, però, si deve aggiungere il *clima monsonico*, considerato come una variazione di quello equatoriale [Figura 9].

Il **clima equatoriale** (o **pluviale**) ha temperature medie elevate (25-30 °C) che si mantengono pressoché invariate durante tutto l'anno, tanto da non permettere una distinzione in stagioni vere e proprie. Difatti la differenza di durata fra il dì e la notte è sempre ridotta e l'incidenza dei raggi solari non si discosta mai eccessivamente dalla verticale. Le

10

11

Figura 10
La *foresta pluviale*, o *foresta equatoriale*, nel bacino del Rio delle Amazzoni (Brasile). È questa la più potente espressione della vita vegetale terrestre; è una formazione chiusa, spessa, impenetrabile e sempreverde, caratterizzata dal gran numero delle specie associate. (Foto W.P.S./ L. Ricciarini, Milano)

Figura 11
Acque morte nel fitto della *foresta pluviale* presso Guiglo (Costa d'Avorio). Negli innumerevoli stagni e acquitrini che accompagnano le rive dei principali ed importanti corsi d'acqua o si estendono nelle zone più depresse della foresta vergine, oltre alle normali essenze arboree, hanno grande sviluppo anche le piante acquatiche.

■ **Zenit** (Zenith) Lo Zenit è il punto in cui la verticale innalzata sopra la testa di un qualunque osservatore incontra la volta celeste, mentre il punto opposto – agli antipodi – si chiama *Nadir*.

precipitazioni, molto abbondanti, in genere superiori ai 2000 mm annui, risultano abbastanza ben distribuite durante tutto l'anno, anche se presentano due massimi in corrispondenza degli equinozi.

La grande umidità favorisce lo sviluppo di una vegetazione lussureggiante, la *foresta equatoriale* o *foresta pluviale*, spessa e impenetrabile, che non ha periodi di riposo ed in cui sono rappresentate piante alte e basse in formazioni chiuse: vi si può distinguere una vera stratificazione in piani sovrapposti, con alberi alti fino a 60 m, cespugli ed erbe alte, grosse piante legnose rampicanti e piante erbacee che vegetano persino sui rami degli alberi. Caratteristiche di questa zona sono le palme di vario tipo, la pianta della gomma, il mogano, l'ebano, il palissandro, le liane, le mangrovie ecc. [Figure 10 e 11].

Tra i numerosi animali, vi sono grossi insetti, pesci voracissimi (come i «piranha»), anfibi, uccelli dal variopinto piumaggio (pappagalli, colibrì, uccelli Lira ecc.), oltre a faune adattatesi alla vita sugli alberi (animali arboricoli), tra cui numerose specie di scimmie; scarsi sono i rettili, per lo più di grandi dimensioni (anaconda) e i mammiferi carnivori (giaguaro), mentre mancano quasi del tutto i grossi erbivori.

Nella carta generale dei climi (vedi di nuovo la figura 8) si può osservare come la «fascia» del clima equatoriale non sia uniformemente distribuita a cavallo dell'Equatore, ma anzi risulti a volte notevolmente spostata a causa dell'influenza esercitata da fattori diversi, in particolare dalle correnti marine. Così, l'esistenza di questo tipo di clima sulla costa orientale del Brasile si spiega con la presenza della calda Corrente del Brasile, che lambisce per un lungo tratto la costa, apportandovi umidità; al contrario, lo spostamento verso Nord di questa fascia climatica nell'Africa occidentale è dovuto alla presenza della fredda Corrente del Benguela, che fa diminuire le precipitazioni; l'esistenza di tale clima anche nel Messico meridionale è da imputare invece all'azione del ramo della calda Corrente Nord-Equatoriale che penetra nel Mar dei Caraibi.

Ai margini delle regioni a clima equatoriale si estende il **clima della savana**. Le temperature sono sempre elevate, con una media annua superiore ai 20 °C, ma con escursione annua leggermente più sensibile del clima precedente. Le precipitazioni annue sono anche qui abbondanti, ma presentano una differenziazione stagionale, con due periodi di massima intensità in corrispondenza del passaggio del Sole allo Zenit (*piogge zenitali*); questi periodi tendono ad essere sempre più vicini, fino a ridursi ad uno solo in corrispondenza dei tropici. Globalmente queste aree sono soggette a più di tre mesi di siccità.

A mano a mano che dalla zona equatoriale ci si sposta verso i tropici, la foresta tende a diradar-

Figura 12
***Savana* in Etiopia meridionale.** Quando ci si sposta dalle aree equatoriali verso le zone tropicali, la foresta si dirada e si trovano formazioni vegetali aperte; incominciano a comparire specie arboree a foglia caduca, che rallentano la propria attività nel periodo più secco, miste ad arbusti ed erbe graminacee. (Ecoprint/Shutterstock)

Figura 13
Una giraffa vicino a un enorme termitaio, nel delta del fiume Okavango, in Botswana. (S. Greig/ Shutterstock)

Figura 14
***Giungla*, con scimmie (entelli argentati), in Malaysia.** Questa formazione vegetale sostituisce la foresta equatoriale nell'area asiatica. Le abbondanti precipitazioni e le elevate temperature favoriscono lo sviluppo di una vegetazione esuberante. È da considerare che l'alta densità di popolazione umana in queste aree ha prodotto una forte diminuzione delle masse forestali, distrutte per aprire il terreno all'agricoltura. (Premaphotos Wildlife/ K.G. Preston-Mafham)

si e si trovano formazioni vegetali aperte, spesso miste, con abbondanza di alberi, arbusti ed erbe [Figura 12]. Piante tipiche della savana sono il baobab, le acacie ombrelliformi, le euforbie ecc. Soltanto lungo i corsi d'acqua esistono essenze arboree molto ravvicinate (*foresta a galleria*); infatti vicino ai fiumi l'umidità permette di vincere il lungo periodo di siccità.

Tra gli animali sono abbondanti gli insetti, fra cui le cavallette e le tèrmiti con le loro singolari costruzioni [Figura 13]; sono numerosi i rettili, spesso velenosi, mentre gli uccelli sono più scarsi (caratteristici i grandi corridori, come lo struzzo e il nandù); molti e importanti sono i mammiferi erbivori che migrano per seguire i risvegli vegetativi (elefanti, rinoceronti, giraffe, gazzelle, antilopi, zebre, bufali ecc.), e frequenti anche quelli carnivori (leoni, leopardi, iene, sciacalli); numerose sono anche le scimmie (babbuini). I fiumi sono popolati da coccodrilli, uccelli acquatici e ippopotami.

Sempre tra i climi caldi e umidi si individua un tipo particolare, il **clima monsonico**, caratteristico di una ampia fascia che si estende nell'Asia meridionale e lungo la costa orientale del Madagascar. Esso può essere considerato come una differenziazione dei climi precedenti, determinata dalla presenza e dall'azione dei monsoni. Nel clima monsonico le condizioni termiche sono molto varie a seconda delle regioni, ma la ripartizione delle precipitazioni nel corso dell'anno è particolare, con un periodo di intense precipitazioni durante lo spirare del monsone di mare (maggio-ottobre) e uno di siccità quando soffia il monsone di terra (ottobre-maggio).

La vegetazione è rappresentata, soprattutto nell'area asiatica, dalla *giungla* [Figura 14], che sostituisce la foresta equatoriale; essa è caratterizzata dalla presenza di molti alberi che perdono le foglie nella stagione secca. La fauna comprende specie simili a quelle del clima equatoriale o del clima della savana (molto noti gli elefanti e le tigri).

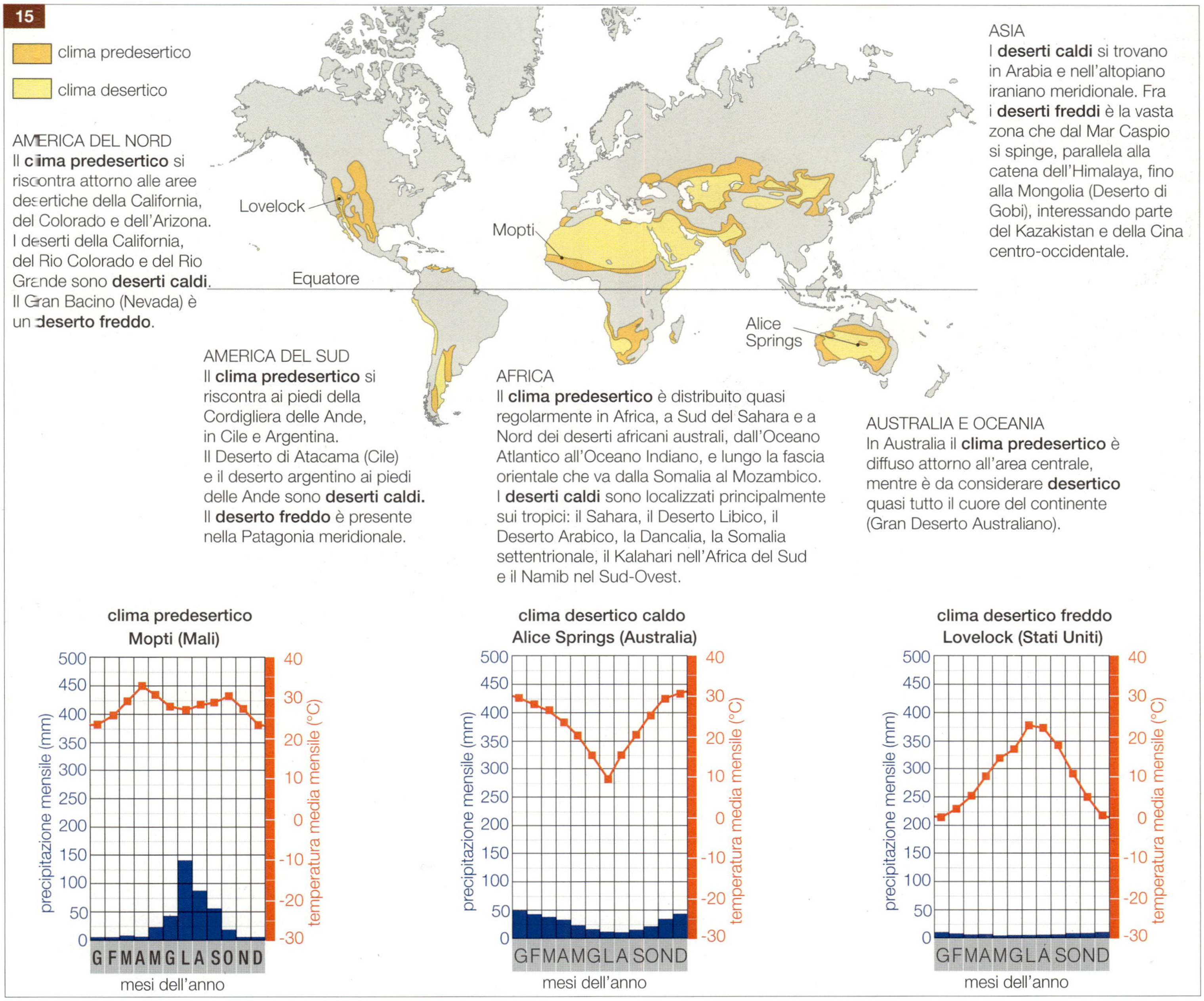

Figura 15
Distribuzione geografica dei tre tipi di climi aridi (*clima predesertico*, *clima dei deserti caldi* e *clima dei deserti freddi*) e climatogrammi di tre località rappresentative.

4.3 Climi aridi

In base alle condizioni termiche, se ne possono distinguere diverse varietà, che vanno dal clima del «deserto caldo», in cui la temperatura media annua si mantiene sopra i 18 °C e la media del mese più caldo non scende mai sotto i 26 °C, al clima del «deserto freddo», nel quale invece la temperatura media del mese più freddo può scendere fino a –30 °C. Le precipitazioni medie sono generalmente inferiori ai 250 mm annui; in casi particolari esse raggiungono anche varie centinaia di millimetri, ma sotto forma di violenti acquazzoni concentrati in un brevissimo periodo dell'anno. Quindi, ciò che accomuna queste zone non è l'alta temperatura, ma la scarsità delle piogge, che possono mancare per anni interi e, nei deserti, anche per decenni.

Oltre che dalla diversa piovosità – comunque insufficiente ad assicurare una copertura vegetale continua – il tipo di vegetazione dipende anche dal suolo: dove la roccia di base è coperta da una coltre più o meno spessa di terreno sabbioso o argilloso, con scarsi residui humici, si incontra la cosiddetta «steppa asciutta», o *predeserto*; dove prevalgono le nude distese sabbiose o ciottolose o gli affioramenti rocciosi e il terreno è privo di humus, domina il *deserto* [Figura 15].

Il **clima predesertico** ha la temperatura del mese più freddo compresa fra i 2 °C e i 22 °C, mentre quella del mese più caldo oscilla fra i 22 °C e i 34 °C; esso è caratterizzato dalla scarsità delle precipitazioni, in rapporto alla temperatura, e dalla lunghezza del periodo asciutto.

Le formazioni predesertiche, di passaggio al de-

16A

16B

16C

Figura 16
Transizione graduale da un clima caldo umido a un clima caldo arido. Scendendo dall'Altopiano Etiopico alla Dancalia (Africa orientale), si passa dalla *savana* con acacie ombrelliformi (**A**) al *predeserto* arbustivo ed erbaceo (**B**), fino al vero e proprio *deserto* (**C**). Qui vediamo il Piano del Sale, una depressione il cui fondo si deprime fino a 116 m sotto il livello del mare; essa fa parte della fossa tettonica dancala, che si allunga per oltre 600 km e si collega all'enorme sistema delle grandi fratture africane. In questo bacino non sono rare temperature di 40 °C anche d'inverno; le piogge sono ridotte, in media, a poche decine di mm annui e si rovesciano in genere sotto forma di violenti acquazzoni. I torrenti che vengono dall'altopiano si prosciugano presto e le aree più depresse sono spesso coperte da vaste efflorescenze di sali potassici (donde il nome dato alla zona). (E. Lupia Palmieri)

serto [Figura 16], sono rappresentate da una vegetazione aperta, in prevalenza ad arbusti e cespugli xerofili; gli alberi non possono svilupparsi facilmente con queste condizioni pluviometriche. Nelle steppe asciutte sono frequenti e diffusi anche i ciuffi erbacei, sempre discontinui. Nelle zone prossime ai tropici si incontrano arbusti spinosi come le acacie, le piante grasse (cactus, agave) e, in genere, piante con radici profonde, foglie molto ridotte e semi resistenti, capaci di sopravvivere ai periodi di siccità.

La fauna, a causa della scarsezza di vegetazione, è rappresentata per lo più da animali di piccola taglia, pochi rettili, qualche roditore, canguri (Australia), coyote (America) ecc.

■ **Falda idrica** (**Groundwater**) Acqua sotterranea infiltratasi in rocce permeabili, limitata in basso da rocce impermeabili. Nelle *falde freatiche* il limite superiore è libero di oscillare, a seconda della quantità di acqua in arrivo, e quindi può giungere a contatto con il terreno.

Il **clima desertico** è caratterizzato da forti escursioni termiche giornaliere o annue e da precipitazioni molto scarse, che possono addirittura mancare per lunghissimi periodi.

I **deserti caldi** sono contraddistinti da forti escursioni giornaliere (durante il dì la temperatura dell'aria può superare anche i 60 °C, mentre di notte essa scende persino al di sotto dello zero) e da elevate temperature medie, che favoriscono l'evaporazione. L'aridità è in genere legata alla presenza dell'anticiclone subtropicale, a volte accentuata dall'influenza di rilievi montuosi che sbarrano la via all'aria umida proveniente dal mare [Figura 16C].

Nei **deserti freddi**, invece, predominano le forti escursioni termiche annue, legate alla continentalità delle aree in cui essi sono ubicati. Questo tipo di clima si può considerare come una esasperazione di quello continentale: l'aridità è dovuta alla notevole distanza dal mare e alla presenza di alti rilievi montuosi che chiudono l'accesso alle masse d'aria umida oceaniche.

La vegetazione è rappresentata per lo più da formazioni erbacee o cespugliose molto rade, che tendono a scomparire del tutto mano a mano che si procede verso l'interno. Tuttavia, nelle zone desertiche calde in cui esistono falde idriche si incontrano delle *oasi* nelle quali la vegetazione può essere anche abbondante, con la presenza della caratteristica palma da dattero.

La fauna del deserto è comune in parte a quella delle zone predesertiche contigue, ma è molto povera e limitata alle specie adattate all'estrema aridità: aracnidi, scorpioni, rettili, piccoli roditori, qualche antilope, cammelli e dromedari [Figura 17].

17

Figura 17
Carovana di nomadi con dromedari presso Djanet, nel Sahara algerino.
(F.Lemmens/Alamy/IPA)

18

clima sinico
clima mediterraneo
clima temperato fresco

EUROPA
Il **clima mediterraneo** è presente principalmente nelle regioni che bordano il bacino del Mar Mediterraneo, ma si estende anche sulle coste occidentali della Penisola Iberica. Sono interessate dal **clima temperato fresco** diverse regioni dell'Europa occidentale, tra cui le Isole Britanniche. Esso si spinge anche verso l'Europa centro-orientale, penetrando nella pianura danubiana fino al Mar Nero, ma in queste aree diventa progressivamente meno umido e assume caratteristiche più continentali, con piogge che tendono a concentrarsi nella stagione estiva.

ASIA
Il **clima sinico** è tipico di quella parte dell'Asia orientale che comprende la Cina centro-meridionale e orientale e il Giappone meridionale.
Il **clima mediterraneo** orla la parte meridionale del Mar Nero, proseguendo con una sottilissima fascia fino al Mar Caspio.
Il **clima temperato fresco** si ritrova in alcune zone della Cina settentrionale, in Corea e nella parte settentrionale dell'arcipelago giapponese.

AMERICA DEL NORD
Un **clima di tipo sinico** interessa la fascia sud-orientale che si affaccia sul Golfo del Messico.
Il **clima mediterraneo** si estende lungo la costa della California.
Il **clima temperato fresco** è presente nella quasi totalità degli Stati Uniti nord-orientali e lungo la fascia costiera che dal Golfo dell'Alaska si estende quasi fino alla California.

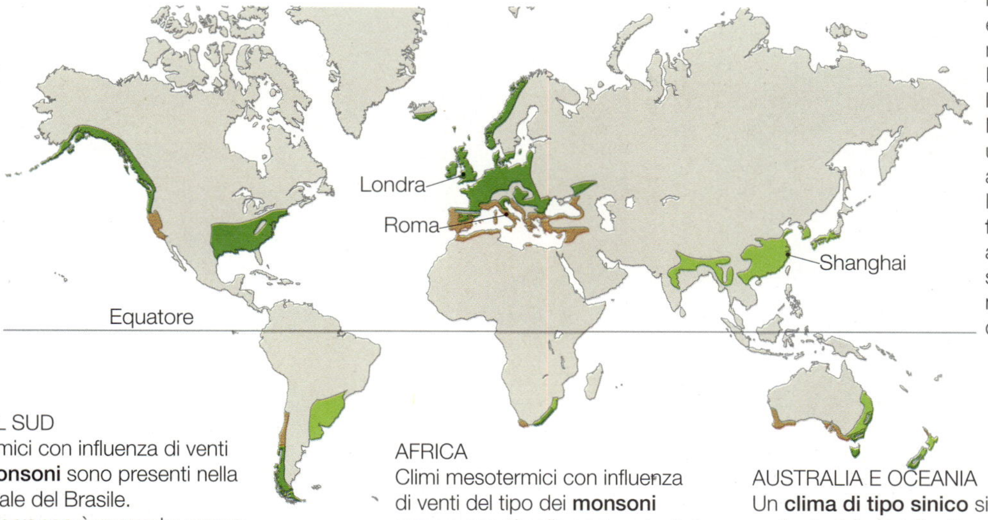

AMERICA DEL SUD
Climi mesotermici con influenza di venti del tipo dei **monsoni** sono presenti nella zona meridionale del Brasile.
Il **clima mediterraneo** è presente, per un breve tratto, lungo la costa cilena centrale.
Il **clima temperato fresco** è presente in buona parte del Cile meridionale fino al confine con la Terra del Fuoco e in una discreta area dell'Argentina e dell'Uruguay.

AFRICA
Climi mesotermici con influenza di venti del tipo dei **monsoni** sono presenti nelle coste orientali dell'Africa meridionale.
Il **clima mediterraneo** è presente nella punta meridionale, nei Territori del Capo.

AUSTRALIA E OCEANIA
Un **clima di tipo sinico** si trova nell'area sud-orientale del Continente australiano e in parte della Nuova Zelanda.
Il **clima mediterraneo** interessa le estremità meridionali dell'Australia protese verso l'oceano, e l'Isola del Nord della Nuova Zelanda.
Il **clima temperato fresco** è diffuso in tutta la parte meridionale dell'Isola del Sud nella Nuova Zelanda.

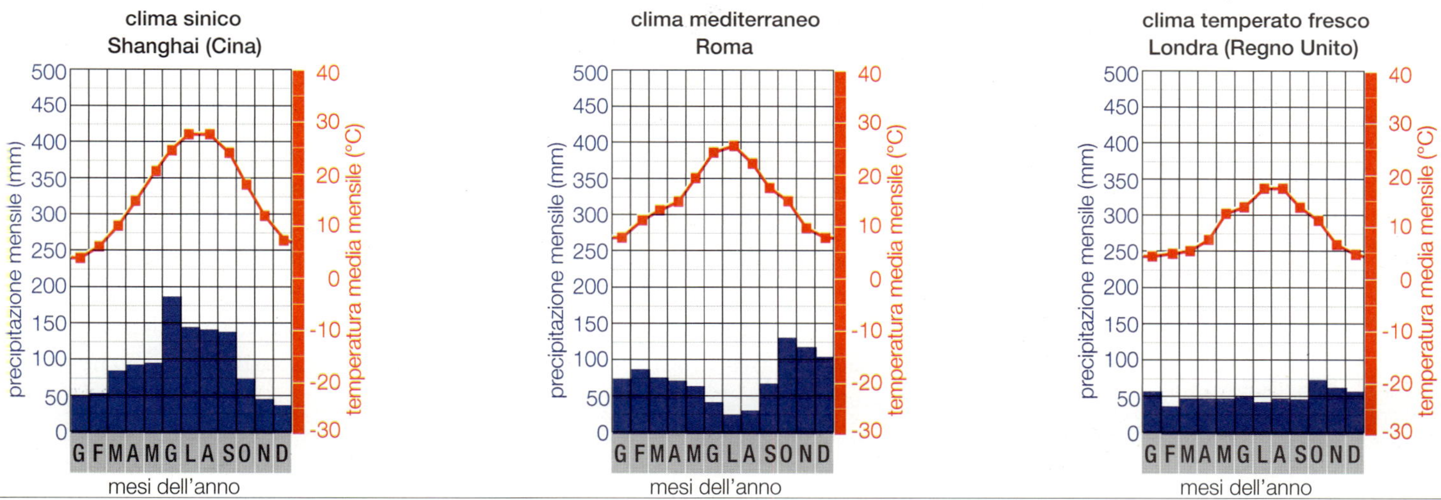

Figura 18
Distribuzione geografica dei tre tipi di climi mesotermici (*clima sinico*, *clima mediterraneo* e *clima temperato fresco*) e climatogrammi di tre località rappresentative.

4.4 Climi mesotermici

Sono i climi temperati, con precipitazioni moderate ed inverni non troppo rigidi. Le temperature medie del mese più freddo sono comprese fra i 15 °C e i 2 °C. La quantità e il regime delle precipitazioni sono variabili da zona a zona, ma quasi sempre tali da assicurare una copertura vegetale pressoché continua; la neve vi compare appena e in genere permane a lungo soltanto sui rilievi.

Il carattere generale della vegetazione è dato dall'abbondanza di piante sempreverdi. La fauna è scarsamente omogenea e comprende animali provenienti da altre aree, poco rappresentativi di queste zone.

Si possono distinguere tre tipi principali, basandosi essenzialmente sulla stagione in cui cade il periodo asciutto: il *clima sinico* (o *monsonico cinese*), il *clima mediterraneo* ed il *clima temperato fresco* [Figura 18]. Il primo è caratterizzato dallo spirare dei monsoni, mentre gli altri due risentono dell'influenza dei venti occidentali.

Il **clima sinico** può essere considerato come una varietà del clima monsonico, di cui rappresenta la

19

20

Figura 19
Foresta di *bambù* a Kyoto (Giappone). Questa pianta è tipica della foresta umida subtropicale, spesso caratterizzata dall'associazione di piante tropicali, come il bambù, e di piante di ambiente mediterraneo, come il faggio. (Wolffpower/Shutterstock)

Figura 20
Un tratto di *macchia mediterranea* sulla costa di Thassos (Grecia). La macchia sempreverde è la formazione vegetale tipica delle nostre regioni litoranee dove i terreni sono piuttosto aridi, sia per il regime delle piogge, abbondanti d'inverno ma scarsissime in estate, sia per la pendenza e per il modesto spessore dei suoli. Ormai si conserva in lembi ridotti, costituita prevalentemente da arbusti e alberi bassi; talora è cosparsa di lecci e di pini a ombrello, più spesso è sostituita da coltivazioni. In molte aree è quasi scomparsa per lo sviluppo degli insediamenti umani. (O. Scelego)

continuazione fuori dei tropici. Anche esso è caratterizzato da un inverno secco, con piogge che hanno il loro massimo o sono del tutto concentrate nei mesi estivi molto caldi, in corrispondenza dello spirare del monsone di mare (mediamente sono comprese fra i 1000 e i 2000 mm annui); le escursioni termiche sono però più accentuate, specie nelle zone interne della Cina centrale, dove il monsone di terra proveniente dalle fredde aree mongole fa scendere la temperatura invernale a valori relativamente bassi. L'ineguale distribuzione stagionale delle precipitazioni e le escursioni termiche sono attenuate nelle zone insulari, come in Giappone, poiché le masse d'aria passano sempre sull'oceano e si caricano di umidità e si riscaldano.

La vegetazione è caratterizzata da piante sempreverdi (magnolie, glicini, camelie arboree), con alternanze di piante tropicali come palme, bambù [Figura 19] e orchidee. Tra gli animali, sono caratteristici l'airone in Giappone e il panda in Cina.

Il **clima mediterraneo** è il meno esteso dei climi mesotermici: si trova quasi esclusivamente in regioni adiacenti alle zone aride subtropicali. È caratterizzato dalla presenza dell'anticiclone estivo e quindi da precipitazioni prevalentemente invernali (in genere inferiori ai 1000 mm annui), dovute ai venti occidentali e alle depressioni cicloniche che dominano in questa stagione. Le estati sono calde e secche, ma ad esse seguono autunni e inverni tiepidi ed umidi; la temperatura media del mese più caldo si aggira intorno ai 22-28 °C.

La vegetazione spontanea, per lo più xerofila, ha massimo sviluppo in primavera. È qui che si trova la caratteristica *macchia mediterranea*, composta principalmente da alberi bassi e da arbusti sempreverdi [Figura 20]; solo di rado compaiono veri boschi o foreste, in genere alternati con prati assolati. Le regioni a clima mediterraneo coincidono con l'area di diffusione dell'ulivo, pianta che però attualmente cresce spontanea soltanto nel Libano. Altre piante caratteristiche sono gli agrumi, il fico, il mandorlo, l'alloro, il leccio, l'eucalipto [Figura 21], la quercia da sughero e il pino mediterraneo.

Tra la fauna, in particolare quella che si incontra in Italia, ricordiamo il capriolo, il daino, il cinghiale, la volpe, il coniglio selvatico e l'istrice.

Nella nostra penisola il clima mediterraneo non si estende uniformemente da Nord a Sud, ma occupa essenzialmente le zone costiere tirreniche e ioniche e quelle adriatiche centro-meridionali (vedi Approfondimento: *I climi del territorio italiano*).

21

22

Figura 21
Foresta di eucalipti in Australia. Le varie essenze arboree non costituiscono una formazione chiusa, ma si alternano con ampie zone di sottobosco aperto e soleggiato, rappresentato in genere da arbusti di varie dimensioni, cui ogni tanto si sostituiscono zone erbose. (JohnnyGreig/Shutterstock)

Figura 22
Un aspetto tipico del paesaggio del *clima temperato fresco*, in Polonia. Le condizioni di umidità favoriscono lo sviluppo di una vegetazione rigogliosa, costituita prevalentemente da boschi di latifoglie associati ad un sottobosco ricco di edera, muschi e felci. (R. Kamensky)

Figura 23
Un giovane esemplare maschio di cervo rosso. Questo ruminante, noto anche come *cervo nobile*, è diffuso in Europa e in Asia con una trentina di sottospecie. In Italia è presente su tutto l'arco alpino e in gran parte dell'Appennino. (merc67/Shutterstock)

Il **clima temperato fresco** è mediamente umido: le precipitazioni medie annue in genere sono comprese fra i 700 e i 1500 mm, con piogge frequenti in tutte le stagioni nelle aree costiere (sottotipo *oceanico*) o concentrate prevalentemente in una stagione nelle parti più interne dei continenti (sottotipo *continentale*). Gli inverni sono miti e le estati fresche e quindi non si registrano forti escursioni termiche, almeno in vicinanza del mare: la media del mese più freddo è di poco superiore a 0 °C e quella del mese più caldo supera appena i 15 °C.

La vegetazione è molto rigogliosa, specialmente nelle aree con umidità più elevata; essa è caratterizzata dalla presenza di brughiere, di foreste a querce, tigli, olmi, betulle e da un sottobosco ricco in eriche, edera, luppolo, muschi e felci arboree [Figura 22]. La fauna è eterogenea, con cervi [Figura 23], scoiattoli, lupi, orsi, volpi ecc.

Il clima temperato fresco oceanico interessa essenzialmente le regioni poste alle medie latitudini

23

che fanno parte della zona di influenza dei venti occidentali; il clima temperato fresco continentale è condizionato anche dalle alte pressioni invernali, per cui le piogge cadono prevalentemente in estate e le escursioni termiche sono più marcate. La presenza di correnti marine calde provoca l'estensione di questa fascia climatica verso le alte latitudini, soprattutto nell'emisfero boreale, portandola a confinare quasi con il clima subpolare.

4.5 Climi microtermici

Questi climi – e i relativi biomi – sono diffusi soprattutto nell'emisfero boreale, data la maggiore estensione delle aree continentali. In queste zone prevalgono periodi freddi più o meno prolungati; la media del mese più caldo supera i 10 °C, mentre quella del mese più freddo è inferiore ai 2 °C. Le precipitazioni si verificano di preferenza in estate e in genere non sono molto abbondanti (300-1000 mm annui); la caduta di neve è frequente nelle parti periferiche ad inverno meno secco. Queste condizioni pluviometriche sono legate alla persistenza invernale dell'anticiclone siberiano sul blocco euro-asiatico e dell'anticiclone canadese sul Nord-America.

Il manto vegetale presenta aspetti caratteristici, ma varia da zona a zona, a seconda dell'altitudine, della latitudine e della distanza dal mare, e quindi delle diverse condizioni termiche e pluviometriche: è questa la «fascia» delle foreste di latifoglie, delle steppe-praterie e delle foreste di aghifoglie. Fra gli animali si incontrano specie comuni a tutte e tre le zone ed altre più tipiche dell'una o dell'altra di esse, adattate all'ambiente particolare.

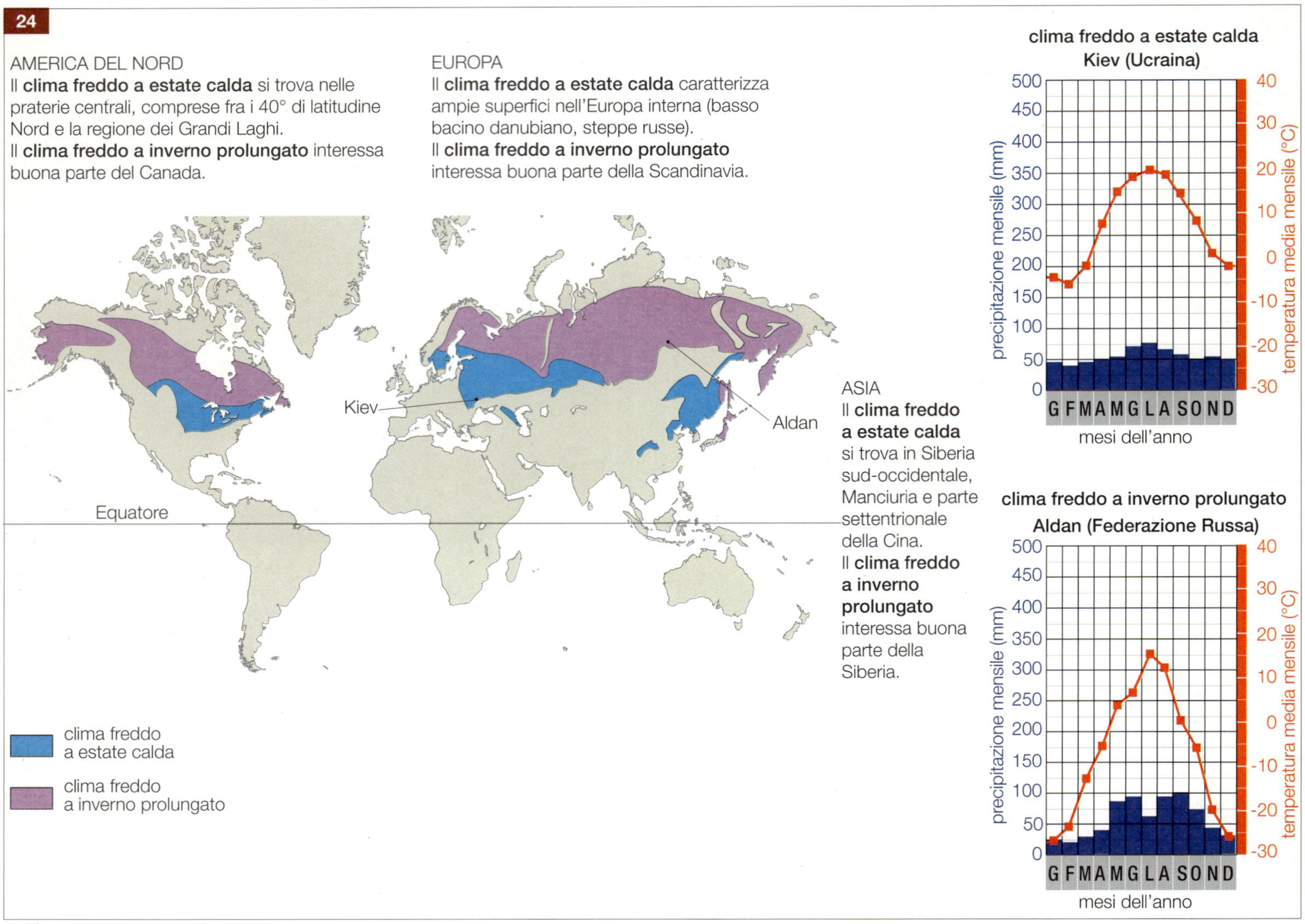

Figura 24
Distribuzione geografica dei due tipi di climi microtermici (*clima freddo a estate calda e clima freddo a inverno prolungato*) e climatogrammi di due località rappresentative.
Le regioni interessate da *clima freddo a estate calda* si trovano in continuazione del clima temperato fresco dei venti occidentali, con il quale non hanno limiti netti.

■ **Loess** (Loess) Da un termine dialettale tedesco, *loes*, *løs*, *losch*, terreno instabile. Coltre di sedimenti costituita da particelle a granulometria fine. Si forma in seguito al trasporto e alla deposizione ad opera del vento, anche per notevolissime distanze, di materiali di origine glaciale o fluvioglaciale; si rinviene in banchi privi di stratificazione interna.

È possibile distinguere due tipi principali di clima microtermico: un *clima freddo a estate calda* e un *clima freddo a inverno prolungato* [Figura 24], i cui confini non sono però definibili sempre in maniera netta.

Il **clima freddo a estate calda** si spinge fino alla latitudine di circa 60° N in Europa, 50° N nell'Asia orientale e 45° N nell'America Settentrionale. Gli inverni (fino ad otto mesi) sono rigidi, mentre le estati sono brevi e relativamente calde (in media 22 °C a luglio), per cui l'escursione termica annua è accentuata; le precipitazioni, sia liquide che solide, si presentano in tutte le stagioni, con una maggiore concentrazione nel periodo estivo. Accanto a questo *clima delle foreste decidue* (con piante a foglie caduche), nelle aree più interne e meridionali si individua una varietà meno umida (precipitazioni medie annue inferiori ai 400-500 mm) e con estati più calde, ben circoscrivibile per i caratteri vegetazionali del tutto particolari: si tratta del clima delle steppe vere e proprie, o *steppe-praterie* (come vengono dette per distinguerle da quelle predesertiche).

Le foreste decidue di latifoglie sono in genere costituite da un numero ristretto di specie, con una di esse tanto dominante da conferire il suo nome all'associazione arborea (querceto, faggeta, pioppeto); il periodo di riposo invernale è contrassegnato dalla caduta delle foglie.

La steppa è un'associazione di erbe (graminacee) perenni, di piante annuali che richiedono un periodo di pochi mesi per il loro intero ciclo vegetativo e di essenze erbacee che si sviluppano soltanto in primavera.

I due ambienti sono anche diversi per la fauna, che è stata molto ridotta dall'intervento umano; accanto a specie comuni, come il cervo, il cinghiale, la volpe, la lepre, vi sono specie caratteristiche della foresta, come l'orso, ed altre più tipiche delle steppe, come il bisonte [Figura 25], la talpa, la marmotta e le cavallette.

Le foreste si sviluppano su suoli grigio-bruni grossolani, permeabili; le steppe e le praterie trovano le condizioni migliori in suoli argilloso-sabbiosi finissimi e poco permeabili (derivanti per lo più dalla trasformazione del loess), il cui orizzonte superficiale presenta una colorazione nerastra per la ricchezza di sostanze organiche (*terre nere* o *cernozem*).

25

26

27

Figura 27
Una foresta di sequoie nella Sierra Nevada (Stati Uniti occidentali). In quest'area la presenza del *clima microtermico* e delle foreste di conifere ad esso associate è legata all'altitudine (sopra i 1800 m) e non alla latitudine. Le foreste di sequoie hanno grande diffusione alle alte latitudini, come in Canada. Le sequoie sono fra gli alberi più alti, più imponenti e più longevi del mondo: possono raggiungere l'altezza di circa 130 m e vivere oltre 1000 anni (anche 4000). (C. Testi)

Figura 25
Un branco di bisonti (*Bison bison*) nella *steppa-prateria* dell'America Settentrionale (Parco di Yellowstone, Wyoming).

Figura 26
***Taiga* in Siberia.** L'elemento dominante delle selve boreali è rappresentato dalle *conifere*, specie legnose sempreverdi adatte a superare temperature anche molto basse. Queste foreste sono di regola molto ombrose: esse non lasciano passare molta luce nel sottobosco e perciò consentono soltanto una vegetazione povera e relativamente uniforme al suolo (arbusti nani sempreverdi, licheni, muschi). (S. Zastavkin)

Il **clima freddo a inverno prolungato**, esteso a Nord della precedente «fascia» climatica, pressappoco fino alla latitudine di 70° N, presenta una stagione invernale di durata superiore agli otto mesi, per cui le estati sono assai brevi, con temperature inferiori ai 20 °C, e le stagioni intermedie sono spesso assenti; l'escursione annua è molto elevata e può superare anche i 60 °C (Verkhojansk, in Siberia).

Le precipitazioni, sia liquide che solide, sono scarse ed in prevalenza estive nelle zone più interne, autunnali nelle vicinanze delle coste oceaniche; la copertura nevosa può permanere dai cinque agli otto mesi, periodo durante il quale i laghi e i fiumi gelano completamente.

La vegetazione è caratterizzata da *foreste di conifere* (aghifoglie), formazioni chiuse con prevalenza di pini, larici, abeti e rare presenze di betulle. Così si presenta la famosa *taiga* della Siberia [Figura 26].

Nell'America Settentrionale, invece, si incontrano le gigantesche sequoie, le più grandi conifere esistenti [Figura 27].

4.6 Climi nivali

Sono localizzati prevalentemente a latitudini più alte di quelle dei climi microtermici, oltre i circoli polari. La temperatura media del mese più caldo è sempre inferiore ai 10 °C, fino a scendere sotto lo zero nelle zone più elevate o polari, anche se il Sole non tramonta durante l'estate per numerosi giorni; le escursioni termiche annue sono notevoli, mentre quelle giornaliere sono quasi irrilevanti. Le precipitazioni sono scarse, a causa delle alte pressioni permanenti, e l'umidità assoluta dell'aria è minima.

Il terreno è in molti casi gelato. Soltanto durante l'estate si ha un brevissimo disgelo superficiale, che interessa uno spessore da alcuni decimetri a qualche metro, mentre la parte sottostante è ghiacciata in permanenza: questa parte del terreno prende il nome di *permafrost* (dall'inglese *frost*, gelo).

La vegetazione è assai scarsa, o assente del tutto;

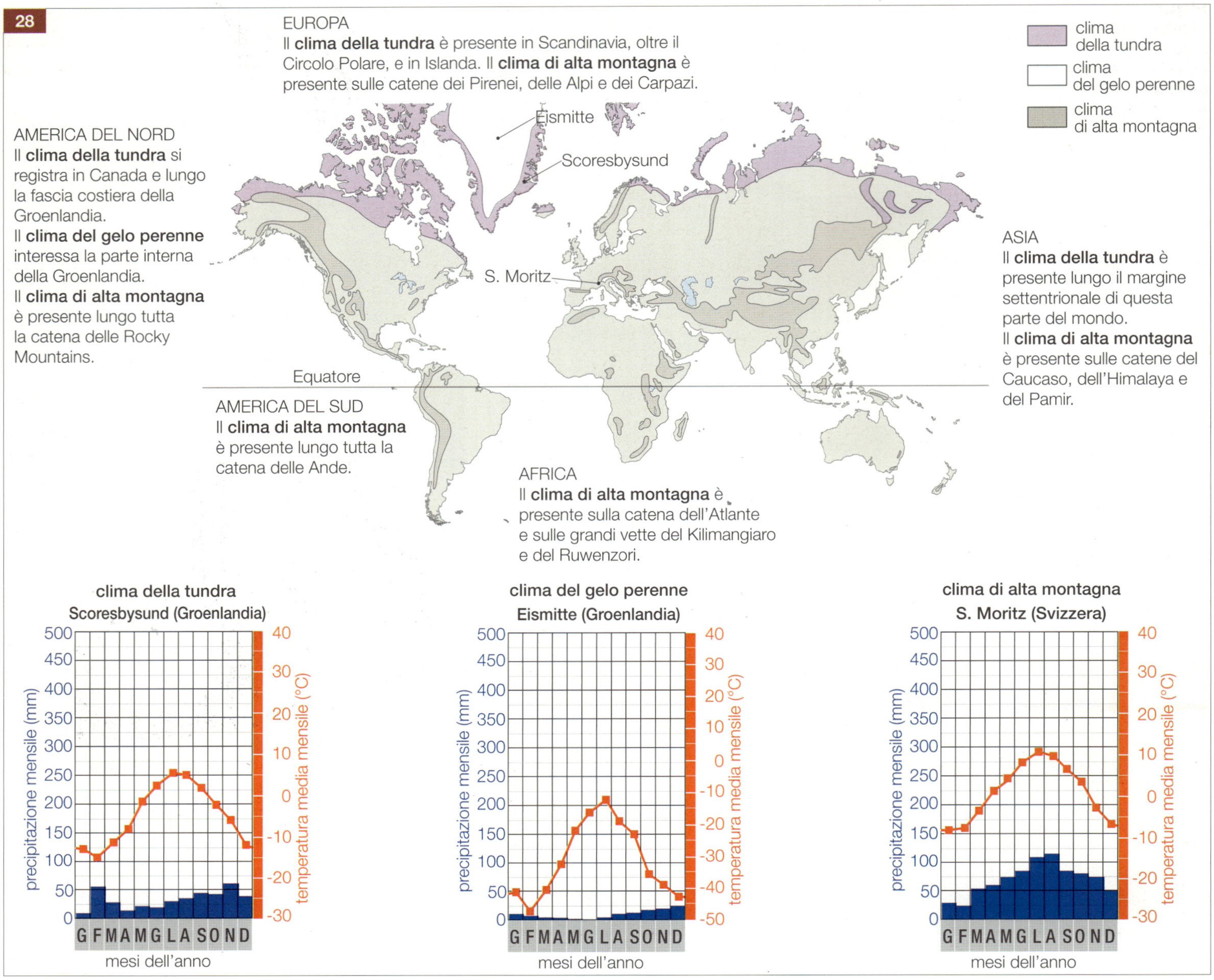

Figura 28
I climi nivali. Sono i più freddi della Terra, distribuiti alle alte latitudini e sui più elevati rilievi. Vi dominano le nevi, il ghiaccio nel terreno e i ghiacciai. Il più rigido di questi climi caratterizza l'intera Antartide, che non è rappresentata in queste carte né nelle figure 7 e 8.

Figura 29
La *tundra* in Canada. Caratteristiche di questo paesaggio sono la statura bassa delle piante (spesso a ciuffi e a cuscinetti), la dominanza di licheni e muschi e l'incompleta copertura vegetale del terreno. La tundra è coperta di neve per gran parte dell'anno, fino all'arrivo della «tiepida» estate con un'esplosione di fiori selvatici. (Shutterstock)

mancano alberi d'alto fusto e sono presenti solo essenze come le betulle nane e i salici, mentre prevalgono i muschi e i licheni. Tra gli animali esistono soltanto specie che d'inverno migrano verso latitudini più basse: orsi bianchi, lepri polari, caribù, alci. Lungo le coste delle aree glaciali si incontrano numerosi pinnipedi, quali foche, trichechi ed elefanti marini; fra i molti uccelli sono caratteristici i pinguini (Antartide) e altri uccelli marini come le procellarie.

I due tipi climatici principali di questo gruppo sono il *clima della tundra* (o *subpolare*) e il *clima del gelo perenne* (o *polare*); da questi si differenzia solo in parte un terzo tipo, che è il *clima di alta montagna* [Figura 28].

Il **clima della tundra** (o **clima subpolare**) si trova essenzialmente ai margini del Circolo polare artico, sui bordi del sub-continente euroasiatico, in Islanda, lungo la fascia costiera della Groenlandia e nel Canada polare [Figura 29].

Figura 30
Ai margini delle zone polari si trova ancora qualche insediamento umano, come questo di Amassalik, in Groenlandia. Più all'interno, dove domina il *gelo perenne*, gli insediamenti stabili scompaiono del tutto. (E. Shikhunova)

Il **clima del gelo perenne** (o **clima polare**) interessa le zone coperte quasi per intero e costantemente dai ghiacci, come la parte interna della Groenlandia [Figura 30], le terre polari artiche e il Continente Antartico. Sulla calotta glaciale della Groenlandia, nelle terre polari artiche e soprattutto in Antartide si trovano soltanto stazioni meteorologiche o basi per studi scientifici.

In questo gruppo climatico si può far rientrare anche il **clima di alta montagna**, che ha caratteristiche termiche e pluviometriche analoghe al precedente, ma causate non dalla latitudine, bensì dalle elevate quote. Caratterizzate da questo clima sono praticamente tutte le zone più elevate dei grandi rilievi della Terra, quali l'Himalaya e il Pamir in Asia, quasi tutta la Cordigliera delle Ande nel Sudamerica e le più alte cime della catena alpina in Europa.

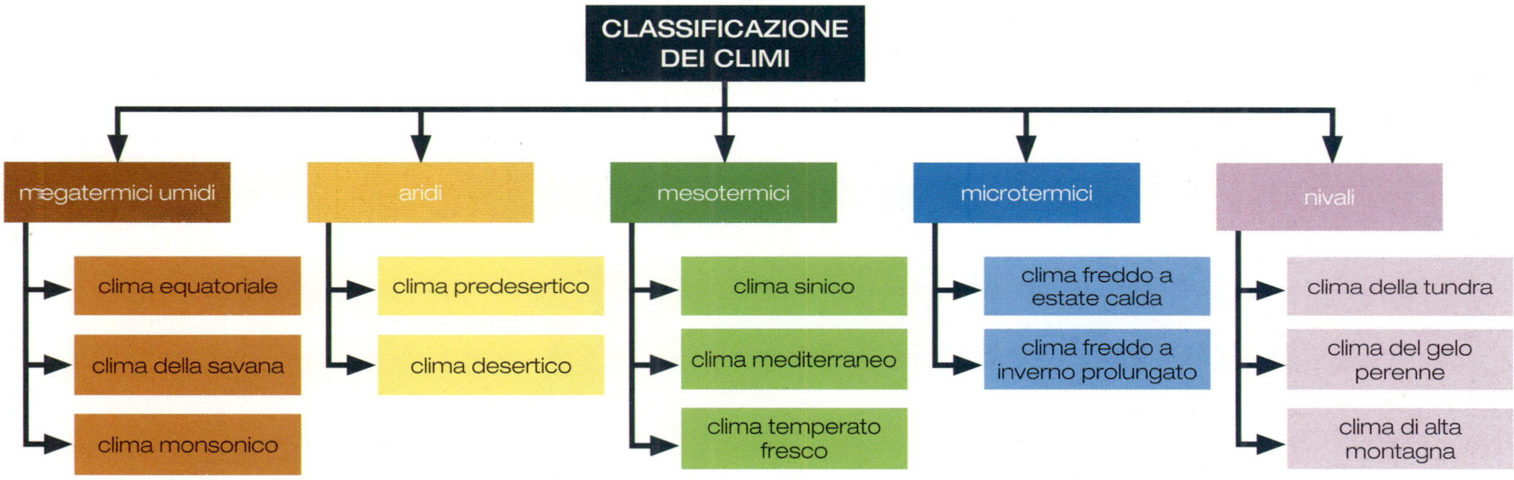

QUESITI

1. Completa.
I grandi gruppi climatici, distinti in base ai valori delle .... e delle .... , sono ....

2. Nelle regioni caratterizzate da climi caldo umidi le temperature medie mensili
- A non scendono mai sotto i 15 °C.
- B non superano mai i 15 °C.
- C non scendono mai sotto i 25-30 °C.

3. Le regioni a clima predesertico caldo sono caratterizzate da
- A precipitazioni scarse, concentrate in brevi periodi dell'anno.
- B due stagioni calde e umide alternate a due stagioni calde e secche.
- C assenza di precipitazioni e basse temperature.

4. Scegli l'alternativa corretta.
Nel clima mediterraneo si hanno estati calde e **umide/secche** e inverni **tiepidi/rigidi** e umidi.

5. Le steppe-praterie si trovano in zone
- A più umide di quelle delle foreste decidue.
- B con clima freddo a inverno prolungato.
- C con clima freddo a estate calda.

6. Scegli l'alternativa corretta.
Nel clima freddo **a inverno prolungato/a estate calda** l'inverno dura più di otto mesi e le estati sono molto brevi; la copertura vegetale spontanea predominante è la foresta **di latifoglie decidue/di conifere**.

7. Nel clima freddo a estate calda le temperature massime in estate
- A possono superare i 10 °C.
- B non superano mai i 10 °C.
- C raramente superano gli 0 °C.

8. Quali difficoltà si incontrano nel tentare di classificare in modo rigoroso i climi del pianeta?

9. Quali sono le caratteristiche principali dei climi megatermici umidi?

10. Qual è il bioma tipico del clima equatoriale?

11. Quali sono le caratteristiche fondamentali del clima desertico?

12. Qual è la formazione vegetale (naturale) caratteristica del clima mediterraneo?

13. In quale emisfero sono più diffusi i climi microtermici? Perché?

14. Su quali suoli si sviluppano le foreste decidue?

15. Che cos'è il permafrost?

approfondimento delle conocenze

I climi del territorio italiano

Il nostro Paese non è interessato per l'intera sua estensione dal caratteristico *clima mediterraneo*. I tipi climatici esistenti nel territorio italiano sono diversi [Figura 31], e numerose sono le varietà che si riscontrano anche nell'ambito dello stesso tipo. Il passaggio dall'una all'altra zona climatica è sempre graduale.

La complessità della situazione climatica italiana dipende dai numerosi fattori che influiscono sui valori giornalieri, mensili, stagionali e annuali degli elementi del clima (temperatura, pressione e venti, umidità e precipitazioni).

Un primo fattore di differenziazione climatica è rappresentato dalla **latitudine**. Il nostro territorio si sviluppa per circa 11° di latitudine: le località più meridionali sono situate a circa 36° lat. Nord e la punta più settentrionale a poco più di 47° lat. Nord. Questa notevole estensione non consente l'esistenza di una omogeneità climatica: le regioni settentrionali risentono di alcune condizioni termiche, barometriche e pluviometriche proprie dei climi dell'Europa continentale; le regioni meridionali, invece, sono prossime al dominio dei climi subtropicali.

Un secondo fattore climatico molto efficace è connesso alla **presenza del mare**. La nostra penisola, stretta e allungata e con uno sviluppo litoraneo di circa 7500 km, è tanto inserita nel Mare Mediterraneo che quasi l'80% del territorio italiano si trova a meno di 100 kilometri dalla costa; soltanto alcune zone delle Alpi centrali distano dal mare un po' più di 200 kilometri. Tutto il territorio italiano risente dell'influenza termoregolatrice del mare. I bacini marini, funzionando da enormi immagazzinatori dell'energia solare, esplicano la funzione di regolatori dei climi

Figura 31
Distribuzione geografica e principali caratteristiche dei *climi italiani*. La suddivisione qui rappresentata è schematica; essa è stata fatta basandosi essenzialmente sull'andamento medio delle temperature e delle precipitazioni durante l'anno.

Ognuna delle regioni climatiche indicate nella figura 32 è caratterizzata dalla prevalenza di un dato tipo climatico, che però spesso si presenta con diverse varietà (fra quelle qui sotto specificate).

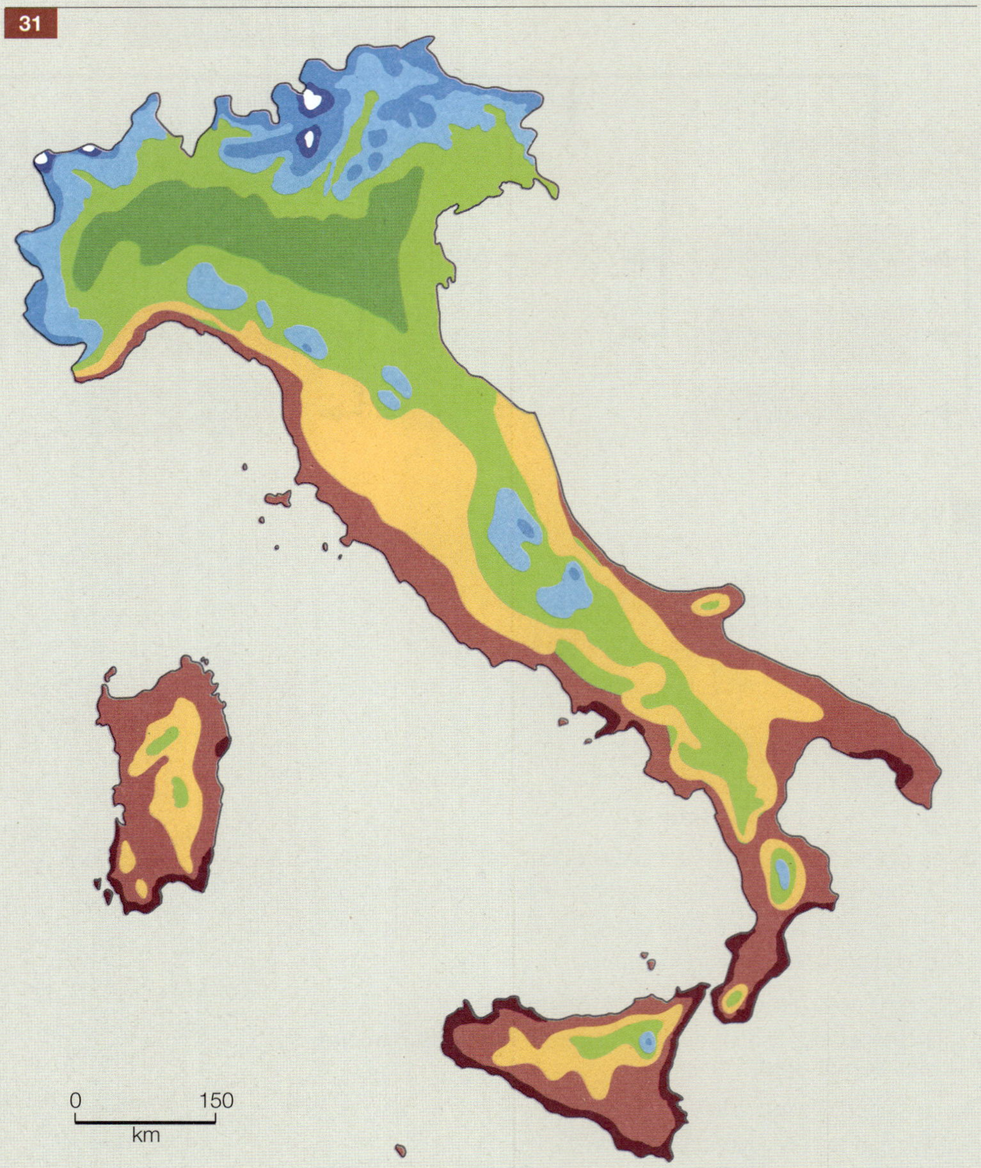

clima mediterraneo
- subtropicale
- temperato caldo
- sublitoraneo

clima temperato fresco
- subcontinentale
- continentale
- di media montagna

clima microtermico
- freddo a estate calda

clima nivale
- di alta montagna
- del gelo

terrestri. Nel caso dell'Italia, il Mar Tirreno, più ampio e più profondo, ha un'influenza più marcata rispetto a quella esercitata dal Mare Adriatico, poco profondo e più stretto.

Altro fattore climatico di fondamentale importanza è l'**orografia**. Infatti, la presenza dell'imponente catena delle Alpi determina un effetto barriera che influenza notevolmente il movimento delle masse d'aria e delle perturbazioni provenienti da NW, alterandone le caratteristiche. Questa catena montuosa ripara tutta la penisola, e in particolare la Pianura Padana, dai venti freddi provenienti dall'Europa settentrionale. La catena degli Appennini, che percorre la penisola nel senso della sua maggiore lunghezza, limita al versante tirrenico la forte influenza dei venti occidentali, di provenienza atlantica, mentre in parte protegge tale versante dai gelidi venti di tramontana. Entrambi i rilievi, con le loro varie altitudini ed esposizioni, causano differenze di temperatura e di piovosità anche fra zone poco distanti l'una dall'altra.

Le regioni climatiche italiane

In base all'andamento spazio-temporale dei vari elementi climatici e tenendo conto dei diversi fattori geografici, il territorio italiano può essere suddiviso in nove grandi **regioni climatiche** [Figura 32].

In sostanza, accanto al *clima mediterraneo*, che interessa quasi totalmente le zone meridionali e la Sardegna ed è presente anche nelle zone costiere dell'Italia centrale, nel territorio italiano si riscontrano anche altri *climi mesotermici* (temperati), un *clima microtermico* (freddo) e perfino un *clima nivale* (soprattutto quello di alta montagna).

Approssimativamente da Nord a Sud e dalle zone interne verso le coste, si passa da «climi continentali» (freddo della regione alpina e temperato fresco della regione padana), a «climi sublitoranei» e a «climi marittimi». In questo quadro, sono da sottolineare le notevoli differenze tra il versante tirrenico, più mite, e quello adriatico, che nella porzione centro-settentrionale presenta caratteri di subcontinentalità.

Di condizioni climatiche particolarmente privilegiate gode la Riviera Ligure, per l'ampio contatto con il mare e per l'esposizione verso i quadranti meridionali.

Una certa omogeneità climatica può essere individuata, infine, nella parte assiale della dorsale appenninica che, pur con qualche influenza marittima, è caratterizzata da un clima più o meno freddo.

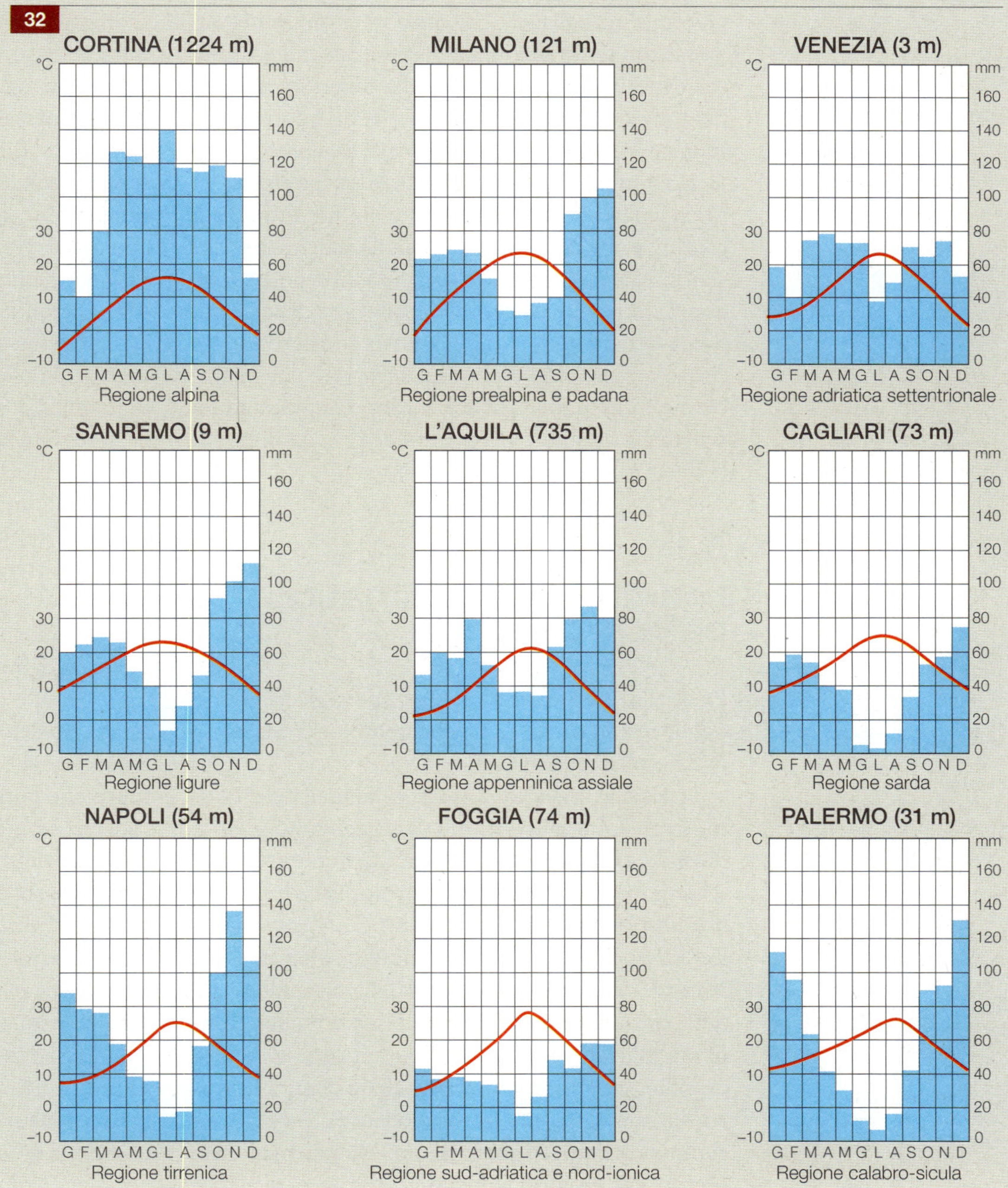

Figura 32
Climatogrammi relativi alle nove regioni climatiche italiane. I grafici (*climatogrammi*) illustrano il regime di temperature e precipitazioni (in ascissa figurano i mesi, in rosso le temperature e in azzurro le precipitazioni) e sono relativi ad alcune località (tra parentesi è indicata la quota della stazione di misura, sul livello del mare) le cui condizioni climatiche possono essere considerate rappresentative delle nove principali «regioni climatiche» in cui è possibile suddividere il territorio italiano.
Da questi climatogrammi appare chiara innanzitutto l'esistenza di diversi *regimi pluviometrici*. In particolare, si può osservare come la regione alpina (Cortina) sia caratterizzata dalla concentrazione delle piogge nel periodo più caldo, a differenza delle estreme regioni meridionali e insulari (Palermo), dove invece il periodo più piovoso è quello autunno-invernale.
Il raffronto delle temperature con le precipitazioni fornisce inoltre utili indicazioni indirette sulla disponibilità di acqua per il terreno, per la vegetazione e per gli usi antropici. Infatti, quando le curve termiche (in rosso) si sovrappongono pienamente agli istogrammi delle precipitazioni (in azzurro) le perdite per evapotraspirazione sono limitate ed il bilancio idrico è certamente positivo; al contrario, valori elevati della temperatura associati a piogge scarse indicano periodi più o meno secchi, durante i quali le perdite per evapotraspirazione possono produrre una marcata carenza d'acqua.

5 I cambiamenti del clima dalla preistoria ai tempi attuali

Video Variazioni climatiche del recente passato

Video Temperatura atmosferica e anidride carbonica

Lo studio congiunto dei movimenti della Terra, della storia geologica e della dinamica dell'atmosfera dimostra che il clima è mutevole nello spazio e nel tempo: come la crosta terrestre o l'insieme degli esseri viventi, esso è in continua evoluzione per varie cause, di cui alcune cosmiche, altre planetarie e altre ancora umane.

In tempi passati il nostro pianeta è stato interessato da alterne e differenti condizioni climatiche, glaciali e interglaciali, che sono state messe in relazione con le variazioni dell'eccentricità dell'orbita terrestre intorno al Sole e della direzione e inclinazione dell'asse di rotazione (vedi Approfondimento: *Moti millenari della Terra e cambiamenti climatici*). In particolare, durante la prima parte del Quaternario si sono susseguite cinque grandi *età glaciali*, l'ultima delle quali, quella würmiana, durata circa 60 000 anni, si è conclusa intorno a 10 000 anni fa. A partire da questa data il clima della Terra, e in particolare quello del nostro emisfero, non è rimasto invariato, anche se è accertato che i cambiamenti climatici verificatisi dopo la glaciazione würmiana non hanno avuto l'ampiezza di quelli della prima parte del Quaternario.

■ **Quaternario** (Quaternary) Il periodo finale dell'*Era cenozoica*, detta anche «Era dei mammiferi». È iniziato circa 2,6 milioni di anni fa ed è tutt'oggi in corso.

■ **Paleoclimatologia** (Paleoclimatology) Disciplina che studia le variazioni del clima durante la storia della Terra. Si avvale dell'apporto di numerose altre discipline in grado di fornire informazioni che divengono tanto più precise quanto più ci si avvicina ai tempi attuali. In particolare, la Paleoclimatologia dei tempi geologici fa ricorso principalmente all'ausilio delle Scienze della Terra (Geologia, Paleontologia, Geochimica, Geomorfologia), mentre alla Paleoclimatologia dei tempi preistorici e storici contribuiscono anche le Scienze biologiche e quelle umane (Zoogeografia, Paleobotanica, Palinologia, Dendrologia, Archeologia, Storia, Geografia antropica).

■ **Isotopi** (Isotopes) L'atomo di un elemento è formato da un *nucleo*, costituito da *protoni* e *neutroni*, attorno al quale ruotano gli *elettroni*. Ogni elemento è caratterizzato da un numero fisso di protoni (*numero atomico*), che è uguale al numero di elettroni, ma può avere un diverso numero di neutroni; per cui atomi di uno stesso elemento possono avere diverso *numero di massa* (pari alla somma di protoni e neutroni). Vengono detti **isotopi** gli atomi di un dato elemento che, pur avendo lo stesso numero di protoni, differiscono tra loro per il numero di neutroni.

5.1 I cambiamenti climatici nella preistoria

Le oscillazioni del clima in epoca post-glaciale sono oggetto di studio della Paleoclimatologia dei tempi preistorici e storici.

I mezzi di indagine utilizzati dai paleoclimatologi non sono gli stessi di cui dispongono gli studiosi del clima attuale: millenni fa non esistevano strumenti per misure meteorologiche e perciò, non disponendo di dati misurati, i paleoclimatologi debbono utilizzare gli indizi registrati dalla Natura. Ad esempio, i ghiacci della Groenlandia e del Continente Antartico sono giunti dalle grandi età glaciali quaternarie fino ai nostri giorni, e quindi racchiudono molte migliaia di anni di storia del clima. Le analisi di laboratorio eseguite su campioni di questo ghiaccio, prelevato in profondità, consentono di evidenziare la presenza di alcuni isotopi di elementi chimici (in particolare, isotopi dell'idrogeno nelle molecole d'acqua del ghiaccio) che indicano quale possa essere stata la temperatura al momento della formazione di un determinato strato di ghiaccio.

Un altro mezzo che la Natura ci offre per decifrare la storia del clima è racchiuso nelle profondità oceaniche. Difatti, sul fondo degli oceani è deposto un sedimento che include numerosi resti di minuscoli organismi, molti dei quali vivevano in prossimità della superficie dell'acqua, milioni o migliaia di anni fa; un attento studio delle specie di microrganismi presenti nel sedimento oceanico consente di risalire alle condizioni di salinità, profondità e temperatura dell'acqua di quel tempo. Contemporaneamente la posizione, più o meno superficiale, che questi resti fossili di microrganismi occupano nel sedimento permette di determinare approssimativamente il momento della loro deposizione. Basandosi su questi dati è possibile ricostruire l'andamento della temperatura degli oceani nell'arco di migliaia di anni.

Mediante la Paleoclimatologia, è stato appurato che dalla preistoria ai tempi attuali si sono alternati momenti più caldi e altri più freddi, condizioni di clima più umido e altre di clima più arido. Concentrando l'attenzione sugli eventi principali, possiamo quindi percorrere la *«breve storia climatica»* più vicina ai giorni nostri e renderci conto delle varietà dei metodi impiegati per ricostruirla.

Lo studio di alcuni depositi lacustri e delle morene della Svezia e della Finlandia ha permesso di stabilire che la fase di ritiro delle estese calotte glaciali che caratterizzarono la glaciazione würmiana ebbe termine nell'8300 a.C., cioè circa 10 000 anni fa. Questa data, la quale corrisponde alla scomparsa definitiva della grande calotta continentale che ricopriva l'Europa, segna convenzionalmente il termine della glaciazione würmiana e l'inizio del «tempo post-glaciale».

Il passaggio tra l'ultima età glaciale e l'intervallo più caldo successivo all'anno 8300 a.C. non fu brusco, ma molto graduale, caratterizzato da un costante aumento delle temperature medie annue, che portò all'instaurarsi di condizioni climatiche

33

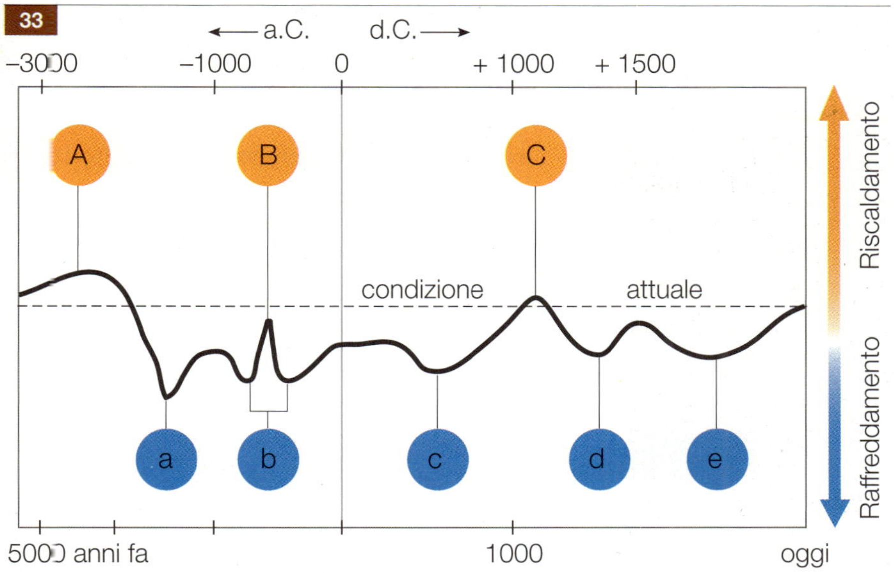

Figura 33
Dopo le grandi glaciazioni quaternarie, il clima della Terra non è rimasto immutato. Questo grafico evidenzia le principali variazioni termiche che si sono verificate dalla preistoria ai tempi attuali. I rami ascendenti della curva indicano la tendenza verso il riscaldamento, quelli discendenti la tendenza verso il raffreddamento. Le principali *fasi calde* verificatesi sono le seguenti: A) l'Optimum Climatico Post-Glaciale, protrattosi dall'8300 a.C. fino al 2000-1500 a.C.; B) la fase calda iniziata nel 1300 a.C. e protrattasi per vari secoli; C) l'intervallo caldo dell'età medievale. A queste fasi calde si sono avvicendate alcune *fasi fredde*, tra le quali le principali si sono verificate: a) tra il 1400 e il 1300 a.C.; b) intorno al 900 e intorno al 300 a.C.; c) tra il 400 e l'800 d.C, d) tra il 1200 e il 1350 d.C.; e) tra il 1590 e il 1850 (Piccola Età Glaciale). La scala dei tempi è logaritmica, per evidenziare meglio le variazioni più recenti.

prossime alle attuali nell'Europa, in Asia e nell'America Settentrionale. Questo intervallo di clima più caldo, detto dagli studiosi **Optimum Climatico Post-Glaciale**, si protrasse con ogni probabilità fino al 2000-1500 a.C. [Figura 33]. Le variate condizioni termiche (nel nostro emisfero la temperatura media annua doveva essere circa 2,5-3 °C più alta di quella attuale) produssero una progressiva fusione dei ghiacciai, con un sensibile innalzamento del livello del mare e l'invasione di ampie zone costiere da parte delle acque marine.

Lo studio dei fossili vegetali, ed in particolare dei pollini, ha consentito di delineare le modificazioni intervenute nella distribuzione della vegetazione. I limiti delle foreste di latifoglie e di conifere si spostarono verso latitudini maggiori, mentre la tundra scomparve; in tutta l'Europa centro-settentrionale si crearono le condizioni termiche idonee alla diffusione delle foreste, tanto più che si registrò anche un aumento delle precipitazioni.

5.2 I cambiamenti climatici fino al Medioevo

Dopo la fase dell'Optimum Climatico Post-Glaciale, intorno al 2000-1500 a.C. ebbe inizio una seconda fase caratterizzata da una serie di **oscillazioni climatiche in senso caldo e in senso freddo** che si susseguirono fino alla fine dell'età romana (circa 400 d.C.).

Una prima oscillazione tra il 1400 e il 1300 a.C. fu caratterizzata da tendenza al raffreddamento e dalla conseguente espansione dei ghiacciai nelle aree dell'Europa centro-settentrionale, mentre nelle regioni del Mediterraneo si registrò un aumento delle precipitazioni. Intorno al 1300 a.C. si manifestò una nuova tendenza verso un clima più caldo, caratterizzato dal ritiro dei ghiacciai e da una forte diminuzione delle precipitazioni, che determinò nelle regioni mediterranee condizioni di clima arido, sfavorevoli alla vita. Seguì quindi, a partire dal 900 a.C., una nuova oscillazione in senso freddo che determinò uno spostamento delle fasce climatiche verso latitudini più basse e una modificazione nella distribuzione della vegetazione opposta a quella che si era verificata nel post-glaciale. In Italia si instaurarono condizioni di clima fresco-umido e si diffusero le foreste, mentre l'abbassamento del livello del mare, connesso all'espansione dei ghiacciai, lasciò scoperte ampie e piatte zone costiere.

Dopo un ulteriore raffreddamento del clima tra il 400 e l'800 d.C., accertato da studi sui ghiacciai alpini, si verificò un graduale e costante aumento della temperatura. Questa fase climatica, nota come **Optimum Climatico Medievale**, si protrasse dall'800 d.C. fino al 1200 d.C. e fece registrare per il nostro continente temperature medie superiori di 1,5-2 °C a quelle attuali, ma inferiori a quelle ipotizzabili per l'Optimum Climatico Post-Glaciale. L'aumento termico provocò un marcato innalzamento del livello del mare e il conseguente ingombro delle foci fluviali, anche in Italia; nelle zone costiere italiane si formarono ampie zone paludose che si trasformarono in focolai di malaria. A partire dal 1200 d.C. si ebbe un rapido abbassamento della temperatura e si passò ad una fase di clima freddo, che perdurò fino al 1350 circa.

5.3 I cambiamenti climatici nell'Età Moderna

L'evento climatico più importante che seguì l'intervallo caldo dell'età medievale fu quello indicato come **Piccola Età Glaciale**, che si estese tra il 1590 e il 1850 e raggiunse il suo massimo nel XVIII secolo: i ghiacciai che esistevano in Europa e nell'America Settentrionale si spinsero molto più a Sud di quanto avessero fatto in qualunque altro momento a partire dalla fine della glaciazione würmiana.

34

Figura 34
Negli anni compresi tra il 1590 e il 1850 il clima della Terra subì un generale raffreddamento, tanto che si usa indicare questo arco di tempo come «Piccola Età Glaciale». In questo dipinto dell'inizio del XVII secolo è raffigurato il Tamigi completamente ghiacciato. Il fenomeno del congelamento dei corsi d'acqua, che interessò ripetutamente molti fiumi europei, è provato da numerose testimonianze storiche.

Sulla base dei dati paleoclimatici, si ritiene che la temperatura media della stagione invernale in questa «fase glaciale» doveva essere di circa 1-1,5 °C inferiore alle temperature attuali. Questa differenza sembra troppo esigua per giustificare una avanzata dei ghiacciai così imponente come quella testimoniata da numerose prove anche nelle vallate delle nostre Alpi. Gli studiosi ritengono che l'espansione glaciale fu dovuta non tanto ad una accentuazione dei rigori invernali, quanto piuttosto ad un raffreddamento delle stagioni primaverile ed estiva. Effettivamente, nell'arco di tempo che va dal XVI al XVIII secolo dovettero succedersi primavere ed estati fresche ed umide; e ciò è testimoniato da numerose fonti d'archivio che indicano come in questi trecento anni si ebbero spesso vendemmie tardive.

Del generale raffreddamento che caratterizzò il clima della Terra dal 1590 al 1850 si hanno anche altre testimonianze storiche. I maggiori fiumi europei gelarono; il Tamigi gelò con una frequenza di 6 volte al secolo (tra il X e il XV secolo la frequenza era stata di 1 volta al secolo) e nel 1662 i pattini da ghiaccio olandesi fecero la loro comparsa in Inghilterra [Figura 34].

5.4 I cambiamenti climatici dalla Rivoluzione Industriale a oggi

La seconda metà del XIX secolo segna l'inizio di una nuova fase climatica che si è protratta fino alla metà del XX secolo ed è stata caratterizzata da un generale aumento della temperatura [Figura 35]. È questa la prima *fase climatica rilevata direttamente*, mediante strumenti in grado di registrare i valori delle temperature, delle precipitazioni e delle frequenze, intensità e direzioni dei venti. L'instaurarsi di questa fase calda nel periodo 1850-1950 risulta anche da altri dati: ad esempio, le misure dirette eseguite sui ghiacciai hanno messo in evidenza una diminuzione del volume di ghiaccio ed un arretramento delle fronti glaciali rispetto alla posizione da esse raggiunta nel 1850. E le prove zoologiche confermano la generale modificazione del clima in senso caldo: numerose specie di animali estesero il loro habitat verso Nord, soprattutto nella Scandinavia e nella Russia settentrionale, mentre molti uccelli modificarono il periodo delle migrazioni.

A partire dal 1950 il clima della Terra ha subìto numerose oscillazioni contrastanti, anche se glo-

Figura 35
La temperatura media globale dell'atmosfera dal 1860 a oggi. L'aumento della temperatura in questo secolo e mezzo non è stato costante e regolare: incrementi maggiori sono stati registrati tra il 1920 e il 1940 e negli ultimi tre decenni. Complessivamente si è registrato un aumento di poco meno di 1 °C (0,6 °C negli ultimi cento anni).

35

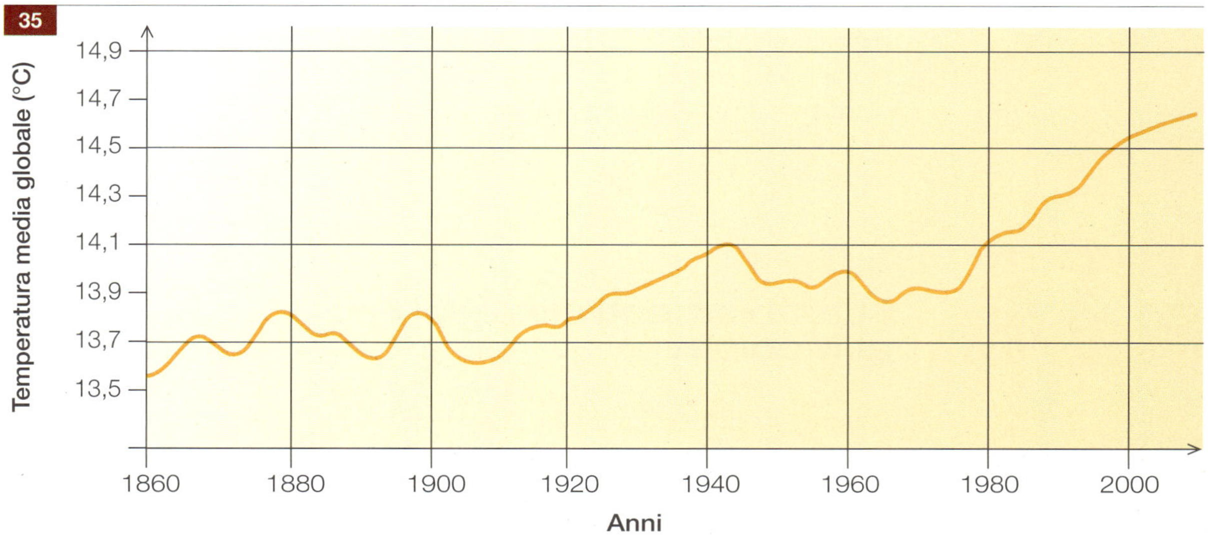

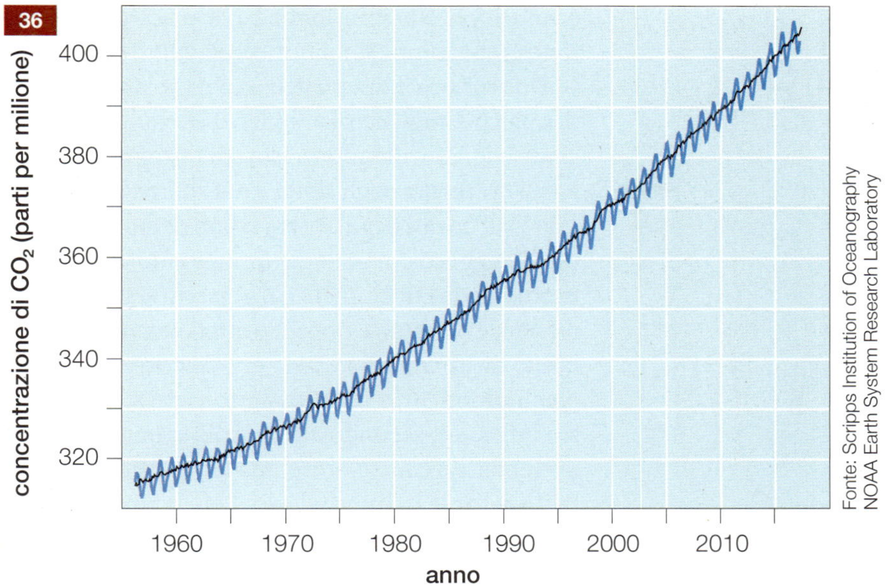

Figura 36
L'aumento della concentrazione dell'anidride carbonica atmosferica negli ultimi decenni. Questa figura riporta le misurazioni della concentrazione di CO_2 nell'atmosfera effettuate a partire dagli anni Cinquanta nell'osservatorio di Mauna Loa, alle Hawaii, ed evidenzia l'aumento avvenuto in tempi recenti, soprattutto in conseguenza dell'accresciuto impiego di combustibili fossili. La spezzata rappresenta l'andamento mensile delle concentrazioni di CO_2, che risente dei cambiamenti stagionali dovuti all'attività della vegetazione. La curva continua mostra invece il valore medio annuo, in costante aumento. (NOAA Earth System Research Laboratory)

balmente è stata registrata la tendenza verso un certo riscaldamento. Accanto a questo più recente aumento della temperatura, negli ultimi decenni si è assistito anche ad una progressiva accentuazione dell'inquinamento atmosferico, e in particolare all'incremento della concentrazione di CO_2, che tende a far elevare la temperatura dell'atmosfera [Figura 36]. Moltissimi climatologi sono propensi a ritenere che negli anni futuri assisteremo ad un *ulteriore riscaldamento del clima*, connesso all'influenza sempre più marcata dell'uomo sui processi atmosferici.

Figura 37
Effetto dell'attività vulcanica sulla temperatura dell'aria.

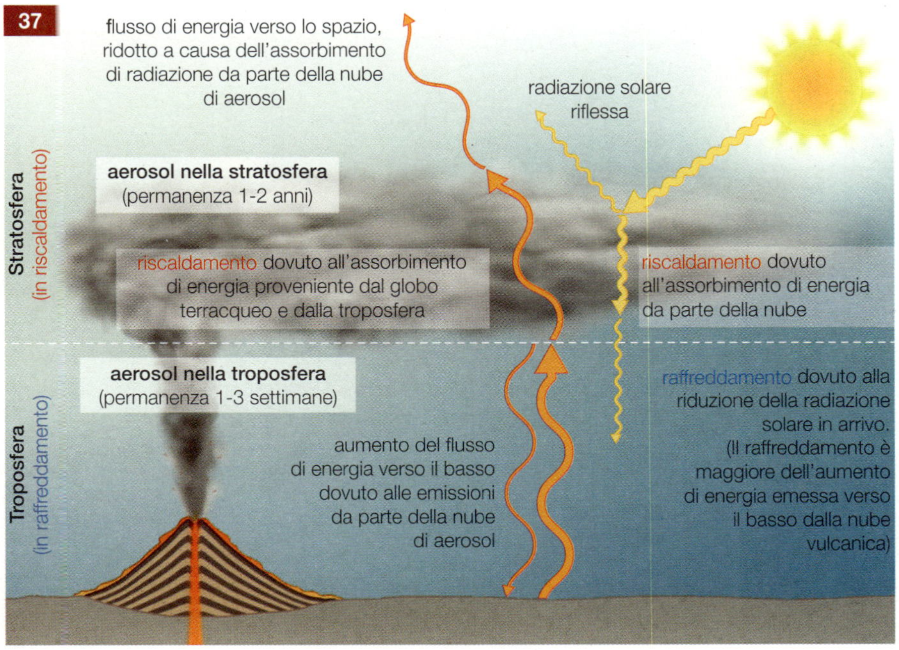

5.5 Cause naturali dei cambiamenti climatici

È però opportuno sottolineare che variazioni climatiche – sia di breve, sia di lungo periodo – sono provocate anche da diverse cause naturali.

Le **grandi eruzioni vulcaniche esplosive**, ad esempio, possono far diminuire la temperatura dell'aria anche per vari anni, poiché immettono nella stratosfera enormi quantità di polveri e soprattutto di prodotti acidi che, in goccioline minutissime, formano un «aerosol» capace di riflettere la radiazione solare e quindi di raffreddare la sottostante troposfera [Figura 37]. E difatti, parecchi studiosi attribuiscono all'eruzione del vulcano Tambora (Isole della Sonda), la più terrificante della storia dell'umanità (con 150 km^3 di prodotti da esplosione), la responsabilità del cosiddetto «anno senza estate», il 1816: in giugno e luglio – a quasi quindici mesi dall'eruzione – nevicò in varie regioni delle medie latitudini nell'America Settentrionale e in Europa.

In anni più recenti, due eruzioni esplosive sono state caratterizzate da contenuti estremamente alti di zolfo e conseguenti grandi quantità di acido solforico inviate nella stratosfera: l'eruzione del vulcano El Chicon (Messico) nel 1982 e quella del vulcano Pinatubo (Filippine) nel 1991. Si è stimato che queste eruzioni abbiano immesso nella stratosfera, rispettivamente, 10 e 20 milioni di tonnellate di acido solforico e sono stati valutati raffreddamenti globali della troposfera di circa 0,3-0,5 °C nei due anni immediatamente successivi alle eruzioni. Al più rilevante di questi eventi – l'eruzione del Pinatubo – è stato riferito il pronunciato freddo dell'inverno 1992-1993, registrato nell'Italia meridionale (con inconsuete nevicate in località costiere).

L'attività del Sole è un altro fenomeno naturale che può influenzare il clima: i dati mostrano che in passato periodi di **instabilità dell'attività solare**, in particolare nei *cicli delle macchie solari*, hanno coinciso con variazioni termiche nell'atmosfera terrestre. Le **macchie solari** si formano in seguito a perturbazioni del campo magnetico del Sole e il loro apparire di solito anticipa massicce eruzioni solari che gettano milioni di tonnellate di gas nello spazio. Viceversa, un numero minore di macchie solari è indice del fatto che il Sole si trova in un periodo di calma relativa. Storicamente i periodi di calma hanno coinciso con intervalli climatici freddi.

Il numero delle macchie solari generalmente aumenta e diminuisce in modo ciclico ogni 11 anni, e

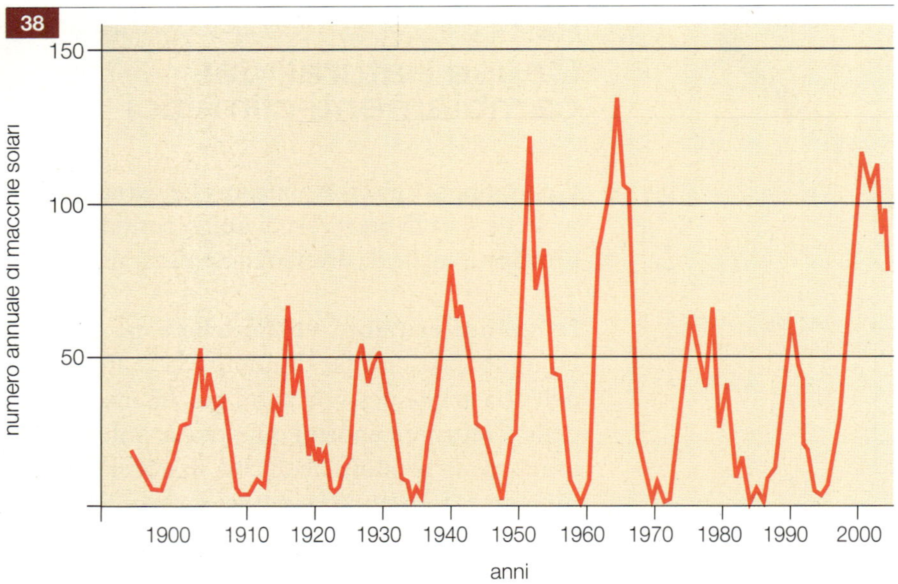

Figura 38
Numero annuale di macchie solari nel XX secolo.

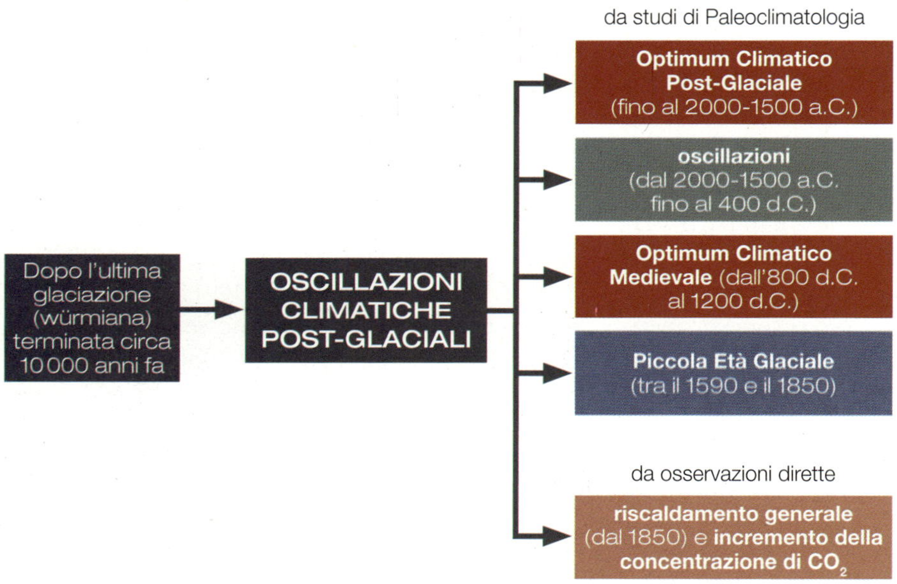

a volte (ogni 200 anni, in media) le macchie scompaiono quasi completamente [Figura 38].

Una misura indiretta dell'attività solare nel corso di qualche migliaio di anni è conservata nelle concentrazioni di alcuni rari isotopi intrappolati negli anelli di crescita degli alberi e nel ghiaccio dei ghiacciai. Dall'analisi degli isotopi si può dedurre la quantità di raggi cosmici che raggiungevano la Terra nel momento in cui gli anelli o il ghiaccio si stavano formando, e pertanto è possibile ottenere una stima del livello di attività solare nel periodo corrispondente. Negli ultimi 50 anni l'attività solare è stata piuttosto intensa e, secondo alcune stime, una riduzione potrebbe avvenire a breve; ma la previsione dell'attività del Sole in futuro deve essere considerata con cautela, per la complessità delle tante forze in gioco.

Analizzando l'attività solare, dedotta dallo studio degli isotopi, in parallelo alle misure della temperatura dell'aria dal 1856 a oggi, risulta che fra i cambiamenti della temperatura dell'atmosfera terrestre e il numero di macchie solari esiste una forte correlazione, che è durata fino al 1970.

La variazione della temperatura atmosferica degli ultimi quarant'anni non sembra altrettanto ben correlata all'attività solare; altri fattori sono in gioco, e anche l'ipotesi di una prossima e pronunciata fase di calma dell'attività solare non deve far sottovalutare gli altri fattori che influiscono sulla temperatura atmosferica.

Per i mutamenti climatici in tempi lunghi, bisogna rammentare le *età glaciali e interglaciali* connesse ai **moti millenari della Terra**. Ipotizzando che le cause del glacialismo siano sempre le medesime, si segnala che entro i prossimi 20 000 anni alcuni studiosi prevedono l'inizio di una nuova glaciazione; ma non conosciamo né l'esattezza di tale previsione né quanto le attività antropiche possano accelerarne o contrastarne l'avvento.

QUESITI

1. Scegli l'alternativa corretta.

Nel Quaternario si sono susseguite almeno **cinque/otto** grandi età glaciali, l'ultima delle quali, durata circa **6000/60 000** anni, si è conclusa **10 000/100 000** anni fa.

2. Completa.

La disciplina che studia le variazioni climatiche avvenute nel lontano passato della Terra si chiama ....

3. Nel complesso, negli ultimi 100 anni la temperatura atmosferica media globale è aumentata di circa

- A 0,3 °C.
- B 3,0 °C.
- C 0,6 °C.
- D 6 °C.

4. Scegli l'alternativa corretta.

Le grandi eruzioni vulcaniche esplosive possono provocare l'**innalzamento/abbassamento** della temperatura atmosferica anche per diversi anni.

5. Completa.

Storicamente si è vista una correlazione tra periodi di .... dell'attività solare e diminuzione della temperatura atmosferica.

6. Su quali dati si basano gli studi paleoclimatici?

7. Quali sono le principali oscillazioni climatiche che si sono succedute dopo la glaciazione würmiana?

8. Qual è stata la tendenza del clima della Terra a partire dagli anni '50 del secolo scorso? Quali si pensa possano essere le cause?

approfondimento delle conoscenze

Moti millenari della Terra e cambiamenti climatici

Oltre al movimento di rotazione, che si svolge con periodo di 1 giorno, e al movimento di rivoluzione intorno al Sole, con periodo di un anno, la Terra compie anche alcuni movimenti molto più lenti, che hanno periodi millenari: il *moto doppio-conico dell'asse terrestre*, principale responsabile della *precessione degli equinozi*, la quale ha un periodo medio di circa 21 000 anni; la *variazione dell'eccentricità dell'orbita*, con periodo medio di circa 92 000 anni; il *mutamento dell'inclinazione dell'asse terrestre*, con periodo medio di circa 40 000 anni.

Sappiamo che la durata di ogni stagione astronomica dipende dalla velocità con cui la Terra percorre il tratto di orbita corrispondente. Poiché la **precessione degli equinozi** fa variare la posizione delle stagioni sull'orbita, ne deriva nel corso dei millenni anche una variabilità della loro durata [Figura 39].

Attualmente il semestre autunno-inverno cade per il nostro emisfero boreale nel settore dell'orbita terrestre più vicino al perielio, dove la Terra ha una velocità di rivoluzione maggiore, e perciò esso dura circa 7 giorni e 6 ore in meno del semestre primavera-estate, che corrisponde al tratto di orbita più vicino all'afelio (dove la velocità della Terra è minore). Ma fra 10 500 anni circa la situazione sarà opposta. A questo bisogna aggiungere che la distanza Terra-Sole, variabile nel corso dell'anno, influisce anche sul riscaldamento, sebbene in misura non considerevole. Se un emisfero ha il suo inverno quando la Terra è alle minori distanze dal Sole – come avviene attualmente per l'emisfero boreale – questo sarà meno freddo e la stagione estiva sarà meno calda perché più lontana dal Sole. Quando ciò si verifica in un emisfero, nell'altro si ha la situazione opposta. A causa della precessione degli equinozi si ha un continuo cambiamento di questo stato di cose: i due emisferi passano alternativamente dall'una all'altra situazione.

L'oscillazione dell'*escursione calorica annua* (cioè la differenza di riscaldamento fra le due stagioni estreme) prodotta dalla precessione degli equinozi varia di intensità con il tempo, in conseguenza di un altro moto millenario del nostro pianeta, e cioè della **variazione dell'eccentricità dell'orbita** poiché con essa varia la differenza tra le distanze Sole-afelio e Sole-perielio.

Anche il **mutamento dell'inclinazione dell'asse terrestre** ha importanti effetti sulle condizioni climatiche del nostro pianeta. Difatti, quando l'inclinazione dell'asse – rispetto alla perpendicolare al piano dell'orbita – assume i valori maggiori, il contrasto stagionale diventa più marcato; nel caso opposto tale contrasto si riduce. Basta pensare che se l'asse terrestre fosse perpendicolare al piano dell'orbita le stagioni non esisterebbero.

39

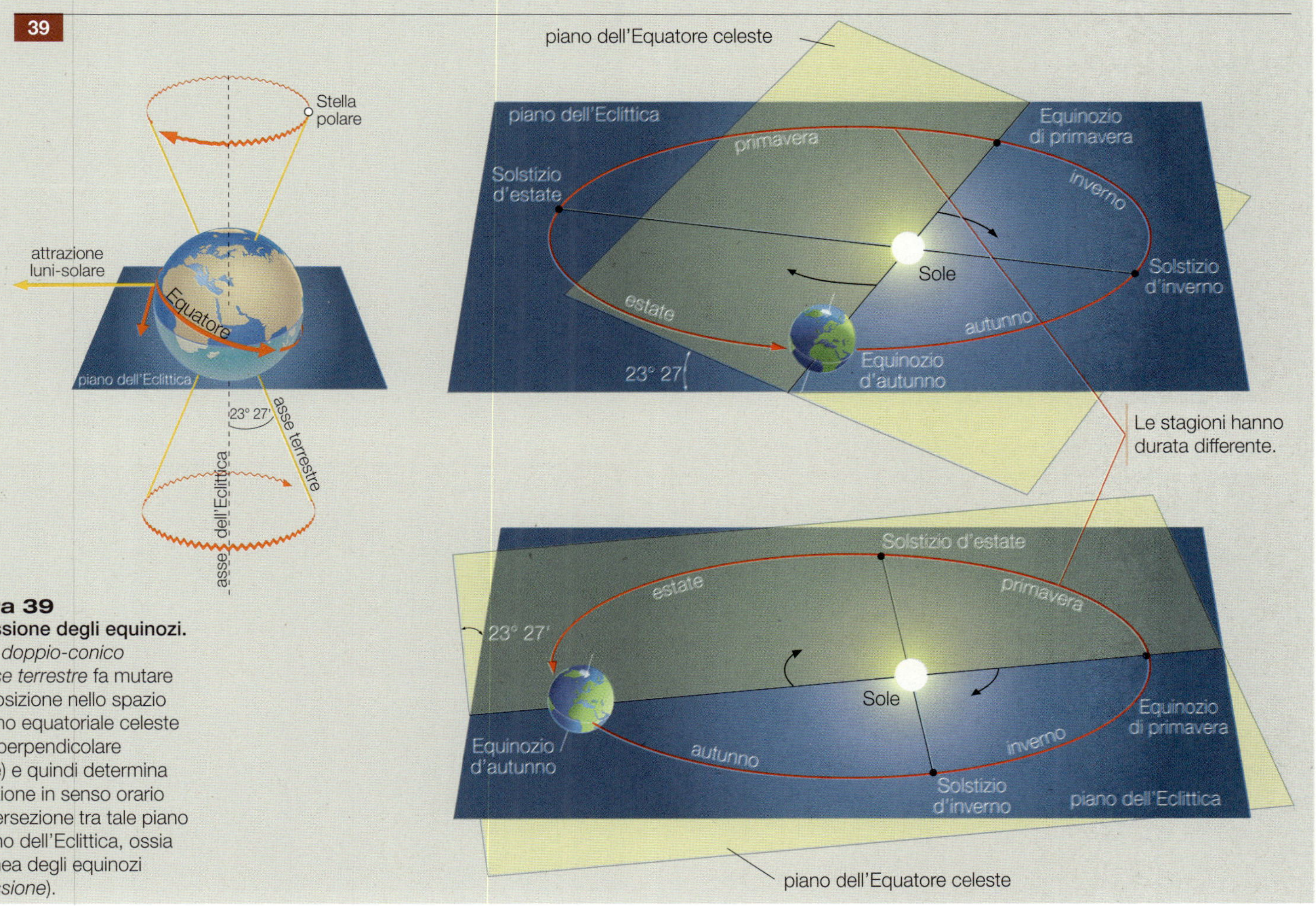

Figura 39
Precessione degli equinozi.
Il *moto doppio-conico dell'asse terrestre* fa mutare la disposizione nello spazio del piano equatoriale celeste (che è perpendicolare all'asse) e quindi determina la rotazione in senso orario dell'intersezione tra tale piano e il piano dell'Eclittica, ossia della linea degli equinozi (*precessione*).

Figura 40

La variazione dell'eccentricità dell'orbita terrestre modifica l'intensità delle oscillazioni climatiche dovute alla precessione degli equinozi.

A. La situazione più favorevole allo sviluppo delle coltri glaciali nell'emisfero boreale. L'inverno cade in prossimità del perielio ed è quindi più mite, mentre l'estate cade in prossimità dell'afelio ed è quindi più fresca; contemporaneamente la massima eccentricità dell'orbita diminuisce la distanza Sole-perielio ed aumenta quella Sole-afelio, mitigando ancora di più l'inverno e rendendo ancor più fresca l'estate.

B. Per l'emisfero boreale questa è la situazione più sfavorevole all'espansione glaciale; l'estate infatti risulta particolarmente calda, sia perché si verifica in perielio, sia perché quest'ultimo si viene a trovare alla sua minore distanza possibile dal Sole.

C. e **D.** In queste situazioni si hanno condizioni climatiche intermedie rispetto alle due precedenti.

È importante considerare che il valore attuale della eccentricità dell'orbita terrestre (0,017) è più vicino al minimo (0,003) che al massimo (0,054).

Si ricordi che l'*eccentricità* dell'orbita (ellittica) della Terra è il rapporto tra la distanza del Sole dal centro dell'ellisse e la lunghezza del semiasse maggiore dell'ellisse stessa.

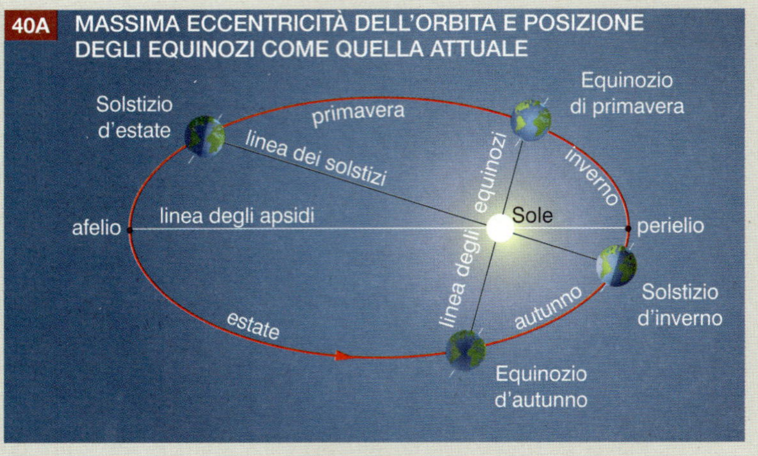

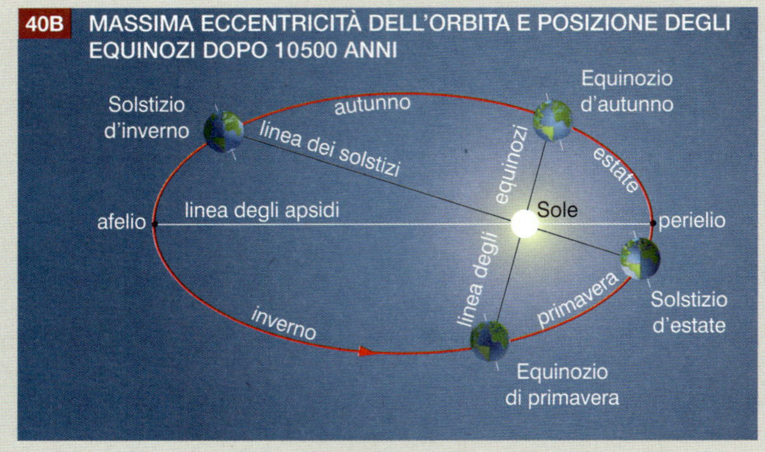

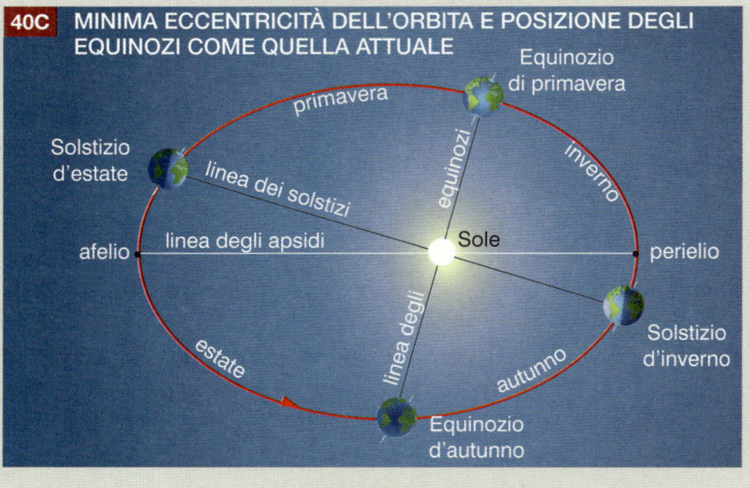

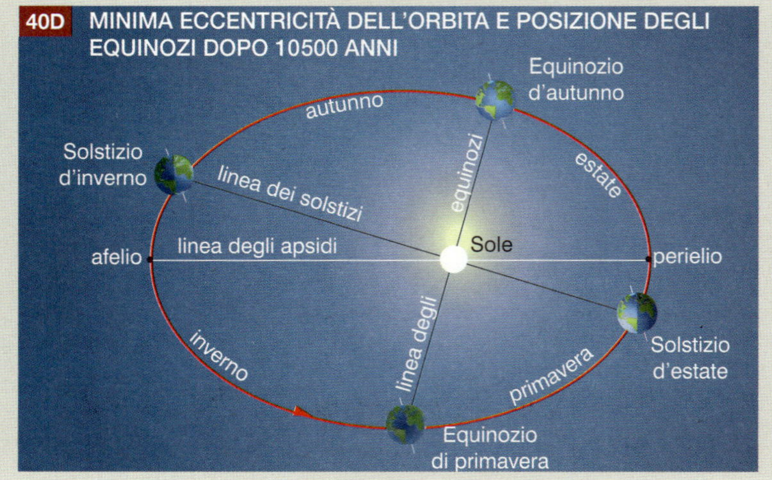

Data la lentezza di questi movimenti, le variazioni climatiche che essi inducono sono estremamente graduali e pertanto sfuggono all'osservazione diretta. Sappiamo però che sono una delle cause principali delle **glaciazioni**.

Il fatto che i tre movimenti millenari descritti non alterino sostanzialmente l'insolazione totale della Terra, ma soltanto la sua distribuzione alle diverse latitudini e nel corso dell'anno, potrebbe far pensare che i loro effetti sul clima siano di modesta entità.

È invece ormai accettata l'ipotesi – proposta dall'astronomo M. Milankovitch nella prima metà del Novecento – secondo la quale le glaciazioni che si sono verificate verosimilmente almeno cinque volte nel corso degli ultimi 2 milioni di anni siano da mettere in relazione con i principali moti millenari del nostro pianeta, che abbiamo descritto.

Una delle cause determinanti dell'alternarsi di **età glaciali** ed **età interglaciali** non è tanto la variazione dell'insolazione globale della Terra, ma piuttosto l'insolazione estiva, la quale alle alte latitudini può variare anche del 20%, cioè molto più che l'insolazione totale, in conseguenza dei moti millenari della Terra [Figura 40].

Infatti, nelle zone poste alle alte latitudini (ed anche nelle altre zone, sui rilievi montuosi che raggiungono le quote più elevate) la neve si accumula facilmente anche durante un inverno relativamente mite, come è quello che si verifica quando la Terra si trova in prossimità del perielio. Ma è importante considerare quanta della neve caduta in inverno riesce a conservarsi durante l'estate: ciò dipende essenzialmente dall'entità dell'insolazione estiva.

Se la radiazione solare che raggiunge le alte latitudini (o le alte quote) durante la stagione estiva è inferiore alla norma, come accade quando l'estate si verifica in afelio, le nevi cadute durante la stagione fredda non riescono a fondere completamente, ma si vanno accumulando di anno in anno e lentamente si trasformano in ghiaccio. In questo modo cominciano ad espandersi le calotte di ghiaccio (e i ghiacciai di montagna) e il nostro pianeta entra in un'*età glaciale*.

Se invece durante l'estate l'insolazione aumenta, come accade quando questa stagione si verifica al perielio, fonde una quantità di ghiaccio maggiore di quella che può essere sostituita dalle nevi invernali; quindi le coltri glaciali tendono a ritirarsi e sulla Terra si instaura un *clima più caldo* (*età interglaciale*).

6 Il tempo, il clima, l'uomo e il rischio di «riscaldamento atmosferico globale»

Video
Le variazioni del livello del mare

La popolazione umana vive su quasi tutta la Terra, distribuita a varie latitudini e a varie altezze, cioè in ambienti diversi, sia per gli aspetti morfologici, sia per le condizioni climatiche. Pertanto, come tutte le forme di vita del nostro pianeta, l'uomo risente della varietà degli elementi del clima, da cui è più o meno condizionato.

Ben maggiori, però, sono le influenze che le comunità umane possono esercitare sul clima. Difatti, parecchie attività dell'uomo sono capaci di produrre cambiamenti delle condizioni meteorologiche e climatiche, a scala locale e anche a scala globale.

In seguito all'adattamento e alla acclimatazione, molti gruppi umani possono vivere stabilmente e riprodursi in un ambiente climatico diverso da quello originario; ma restano sempre dei limiti pressoché insormontabili, legati al ciclo biologico: nelle zone desertiche, ove le temperature possono essere troppo elevate e l'acqua può mancare del tutto, o a quote molto elevate, dove l'aria è rarefatta e la pressione atmosferica troppo bassa, l'insediamento umano stabile non sempre è possibile, o comunque richiede attrezzature specifiche.

L'influenza esercitata dal clima sull'uomo si può osservare anche nelle diverse *esigenze alimentari*. Ad esempio, le popolazioni che vivono nelle aree polari e subpolari necessitano di lipidi e carboidrati , che favoriscono la formazione del grasso sottocutaneo (protettivo); al contrario, nelle aree megatermiche una simile alimentazione sarebbe dannosa.

Sia il tempo, sia il clima agiscono pure sulle *capacità lavorative*, muscolari e mentali, e sullo stato di salute delle persone.

Il clima influenza l'uomo non soltanto in modo diretto, ma anche per altre vie. Infatti l'organismo umano, per sopravvivere, richiede non solo condizioni termiche, bariche e pluviometriche adeguate, ma necessita anche della presenza di animali e piante che possano fornire alimenti e di suoli atti alle coltivazioni, tutti componenti del paesaggio legati a loro volta al clima.

6.1 L'uomo modifica il clima

Le comunità umane possono esercitare una notevole influenza sulle condizioni meteorologiche e climatiche, creando delle modificazioni di tali condizioni, sia su piccola scala, sia su vasta scala; modificazioni che sono essenzialmente connesse ad esigenze economiche.

In certi casi si tratta di **modificazioni volontarie del tempo e del clima**, prodotte dall'uomo per creare condizioni più favorevoli alle sue attività.

Fra le tecniche usate per influire sulle condizioni del tempo «a scala locale», possono essere utili le *piogge artificiali*, ottenute con la disseminazione di nuclei di condensazione (di ghiaccio secco o di ioduro d'argento) nelle nubi adatte. In questa maniera vengono create condizioni favorevoli all'agricoltura, nei periodi in cui le precipitazioni sono poco abbondanti o tardano a venire. L'intervento dell'uomo può anche mirare a ridurre fenomeni meteorologici dannosi; ne è esempio la *lotta contro la grandine* nelle zone destinate alle coltivazioni: i risultati migliori si ottengono diffondendo particelle di ioduro d'argento, per mezzo di granate o di razzi, dentro le nubi formate da goccioline raffreddate, in modo da rompere il processo di precipitazione prima che raggiunga la fase grandinifera.

Esistono anche numerosi progetti di modificazione del tempo e del clima «su vasta scala». Alcuni tendono a mitigare la siccità e ad aumentare le riserve d'acqua, altri a prevenire le inondazioni o a fronteggiare il maltempo, altri a migliorare la produzione alimentare o ad acquisire vantaggi economici o militari, altri a stabilizzare le condizioni climatiche di vaste regioni del globo intero. Tutti quanti, però, possono produrre conseguenze dannosissime su regioni più o meno lontane e provocare anche effetti imprevisti e nocivi nelle stesse aree dove tali interventi si dovrebbero attuare.

Tra i vari progetti di *grandi modificazioni climatiche volontarie* se ne possono citare alcuni a dir poco sensazionali, attuabili con la tecnologia odierna o ipotizzati per il prossimo futuro.

Uno dei più ricorrenti suggerisce di convogliare le acque del Fiume Congo verso il Sahara centrale,

Figura 41
Le attività umane possono provocare vari tipi di modificazioni del tempo e del clima. Tra gli effetti più evidenti vi sono quelli prodotti dalla presenza delle città sulle condizioni termiche e pluviometriche. A sinistra è raffigurato un caso di «isola termica urbana» relativo alla città di Parigi; l'andamento delle isoterme evidenzia un aumento della temperatura verso il centro della città. L'isola termica prodotta dalla presenza di un abitato può causare una modificazione anche nell'andamento delle precipitazioni. A destra, l'esempio di Saint Louis (Missouri), dove si osserva un aumento delle precipitazioni che non è limitato al solo centro abitato, ma si estende anche nelle zone circostanti. Si noti che la zona raggiunta dai venti, dopo che questi hanno sorvolato l'abitato, cioè quella immediatamente sottovento, è interessata in maggior misura dall'aumento delle precipitazioni.

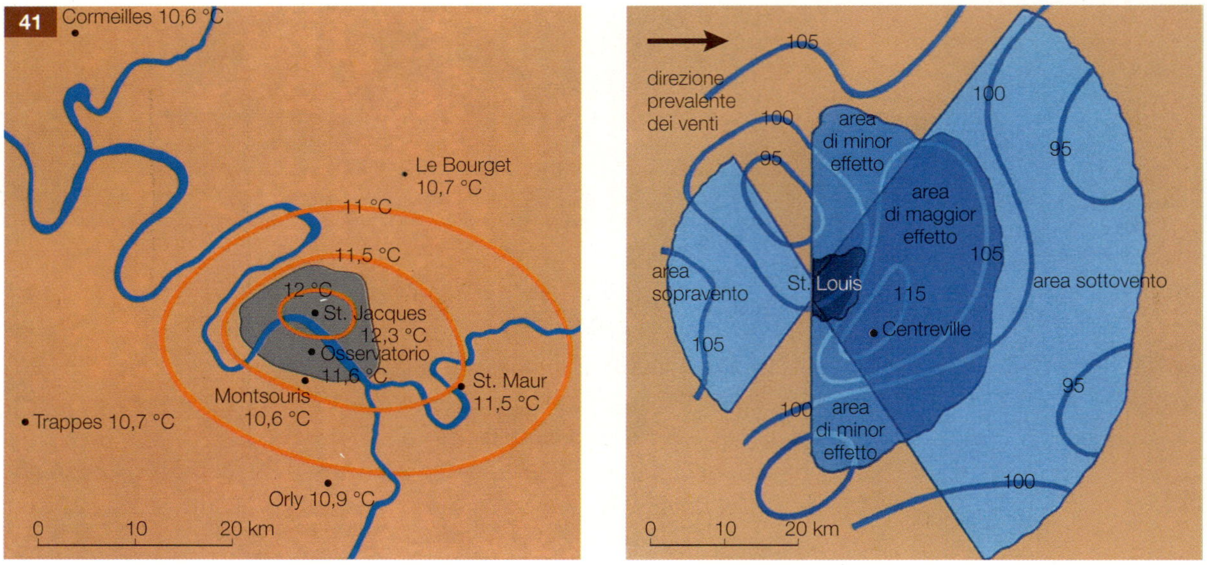

per creare un bacino artificiale ampio circa 2 milioni di km^2, con l'intento di trasformare il clima arido della regione sahariana in un clima umido con abbondanza di piogge. Non è difficile, però, prevedere le conseguenze negative di tale sottrazione di acque dalla regione del Congo e dalle zone marine che non riceverebbero più un abbondante apporto fluviale.

Ancora più pericolose sono le proposte di fusione dei ghiacci artici: per mezzo dello spargimento di particelle nere carboniose sulla superficie ghiacciata, che così assorbirebbe grandi quantità di calore solare; o costruendo uno sbarramento nello Stretto di Bering e pompando l'acqua fredda dell'Artico nel Pacifico, per far affluire quella più calda dell'Atlantico nell'Artico; o addirittura con esplosioni termonucleari. Tutto ciò senza tener conto, o sottovalutando, che se i ghiacci artici venissero rimossi si modificherebbe il gradiente termico fra Polo ed Equatore, che influisce sull'andamento del tempo e del clima alle medie latitudini, e si produrrebbero in altre aree del globo variazioni climatiche pericolose.

Progetti di quel genere non sono certo da realizzare; ma operando su scala ridotta è possibile provocare mutamenti favorevoli delle condizioni locali del clima, oltre che del tempo. Così, ad esempio, la creazione di bacini lacustri artificiali in zone collinari o montuose, oltre a rappresentare una riserva d'acqua o una fonte potenziale di energia, attenua sensibilmente il periodo di gelate notturne negli immediati dintorni e mitiga le escursioni termiche giornaliere ed annue. Infatti questi bacini agiscono come serbatoi di calore e restituiscono di notte e d'inverno l'energia incamerata durante il dì e nell'estate.

Fra i casi di *modificazioni climatiche parzialmente inevitabili*, si può portare un esempio legato alla urbanizzazione. Difatti, a causa dell'elevato consumo energetico e delle innaturali caratteristiche fisiche, le città, soprattutto quelle di grandi dimensioni, sono spesso più calde nella parte centrale che in quella periferica. Questo fenomeno produce un'«isola termica urbana» e può causare mutamenti anche nell'andamento delle precipitazioni. La presenza di un'isola termica, infatti, fa innalzare l'aria con una velocità maggiore di quella normale; contemporaneamente, alcune delle particelle emesse dalle attività industriali o dai gas di scarico delle automobili vengono portate verso l'alto, dove agiscono come nuclei di condensazione. A causa di questi meccanismi, sui centri urbani e sulle zone immediatamente adiacenti possono verificarsi precipitazioni di maggiore intensità rispetto alle zone più lontane [Figura 41].

Con le loro molteplici attività, gli esseri umani provocano anche **modificazioni involontarie del tempo e del clima**, spesso dannose per la biosfera.

Fra le attività umane evitabili e climaticamente negative, occorre segnalare il diboscamento indiscriminato, le deviazioni dei corsi d'acqua o la captazione errata di grandi sorgenti. Tali interventi possono mutare facilmente in sfavorevoli le condizioni climatiche di certe zone, turbando in breve tempo il naturale *equilibrio ecologico* fra comunità viventi e spazio geografico, stabilitosi in lunghi periodi. È questo uno degli aspetti più negativi dell'*impatto ambientale* connesso con le opere che l'uomo esegue per utilizzare, o più spesso per sfruttare, il territorio.

A scala più vasta, si deve ricordare ancora l'attuale e scottante problema dell'*inquinamento atmosferico*: l'aumento della concentrazione di anidride carbonica, l'arricchimento eccessivo in polveri e fuliggine nell'aria [Figura 42], le esplosioni nucleari e l'alterazione della ozonosfera influiscono sulla temperatura dello strato geografico della troposfera – anche se con meccanismi diversi, per ora non del tutto conosciuti – e possono quindi produrre mutamenti climatici a scala globale.

42

43A

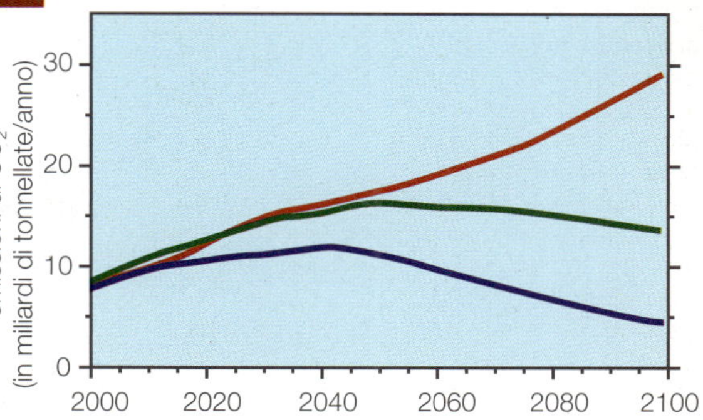

43B

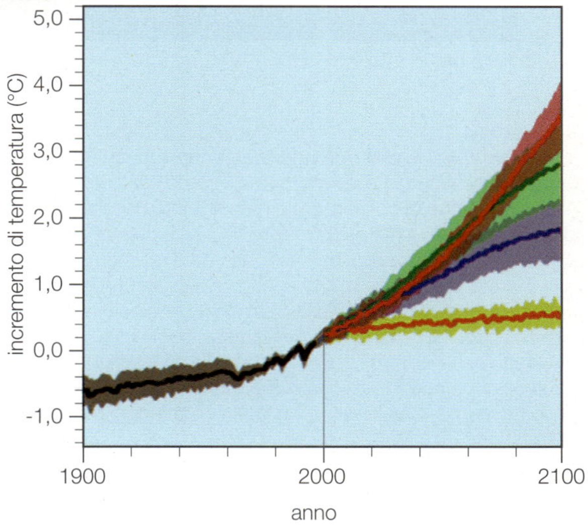

Figura 42
I fumi di una raffineria di petrolio.
(Chad Ehlers/Alamy)

Figura 43
Previsioni per il XXI secolo. L'**IPCC** (*Intergovernamental Panel on Climate Change*), un organismo sovranazionale che si occupa del cambiamento climatico, ha elaborato diversi scenari possibili per i prossimi 100 anni, ciascuno dei quali si basa su una possibile evoluzione politica, economica e sociale della situazione mondiale.
A. Questo grafico mostra possibili andamenti delle emissioni di CO_2 (in giga tonnellate all'anno), a seconda delle condizioni ipotizzate nei diversi scenari (vediamo i tre principali).
B. Alle condizioni delineate in ciascuno scenario corrisponde una previsione dell'andamento della temperatura globale. I colori delle linee corrispondono alle previsioni di emissioni del grafico in alto; la linea arancio corrisponde alla temperatura prevista nel caso che la concentrazione di CO_2 rimanesse ai livelli dell'anno 2000.

6.2 Il rischio di riscaldamento atmosferico globale

Per mettere in luce la notevole portata che potrebbero assumere le variazioni climatiche indotte dalle attività inquinanti dell'uomo, possiamo citare quanto emerge dagli studi di alcuni ricercatori che da anni si occupano dei *processi dinamici* a cui sono continuamente soggetti l'atmosfera e il clima, sia per motivi naturali, sia per cause antropiche. Già in un lavoro che esponeva i risultati di molte di queste ricerche, pubblicato nel 1978, si giungeva – in sintesi – alle seguenti conclusioni: «Se il consumo mondiale di combustibili fossili (carbone, gas, petrolio) continuerà a crescere con il ritmo attuale, la quantità di anidride carbonica nell'atmosfera raddoppierà in circa 50 anni; di conseguenza, la temperatura dell'aria aumenterà a tutte le latitudini, e in misura particolarmente pronunciata verso le regioni polari. Si avvierà così una rapida fusione, fino alla scomparsa totale, dei ghiacci dell'Antartide occidentale e ciò produrrà un innalzamento di 5 m nel livello dei mari».

Gli eventi qui prospettati possono essere messi in discussione, almeno per quel che riguarda i tempi secondo i quali dovrebbero verificarsi; infatti, alcune delle ipotesi avanzate non sono del tutto inoppugnabili e la conclusione finale si sta rivelando esagerata. Ma, nella sostanza, la concatenazione di tali eventi è ben fondata e contiene comunque un segnale d'allarme che merita molta attenzione e induce a fare qualche riflessione – non soltanto di natura scientifica – poiché si tratta del **rischio di rapido riscaldamento atmosferico globale**, che è ormai ben noto anche all'opinione pubblica.

Sappiamo ormai con certezza che la continua e crescente combustione di carbon fossile e di idrocarburi costituisce una delle principali fonti di inquinamento dell'aria; tra l'altro, secondo stime abbastanza attendibili, essa avrebbe provocato (assieme all'intenso diboscamento) un aumento di circa il 30% nella concentrazione di anidride carbonica nell'atmosfera, dai tempi immediatamente precedenti la rivoluzione industriale ai giorni nostri, cioè in poco più di 150 anni. Ed è ben noto anche che questo gas gioca un ruolo determinante nel riscaldamento dell'aria, poiché cattura una parte delle radiazioni terrestri a «onde lunghe», contribuendo al cosiddetto *effetto serra*, cioè al fenomeno per cui l'atmosfera lascia passare senza perdite sensibili le radiazioni luminose solari ed intercetta invece le radiazioni termiche riemesse dalla Terra. È evidente, quindi, il legame fra la temperatura dell'aria ed il suo contenuto in anidride carbonica.

Poiché sembra che la concentrazione di anidride carbonica cresca in maniera esponenziale, non è troppo azzardato ritenere che il suo ulteriore aumento del 20% si possa avere in meno di venti anni e che entro il 2050 si possa raggiungere una concentrazione di CO_2 doppia rispetto ai livelli dell'epoca preindustriale [Figura 43 A]. Proseguendo in tal modo, entro il 2100 la temperatura media alla superficie terrestre potrebbe innalzarsi di 2,5-3,5 °C, cioè farebbe registrare una variazione che può sembrare modesta, ed invece sarebbe più grande di qualsiasi cambiamento globale verificatosi negli ultimi mille anni per cause naturali [Figura 43 B].

Benché non sia possibile prevedere con certezza gli effetti del riscaldamento dell'atmosfera, sono

44

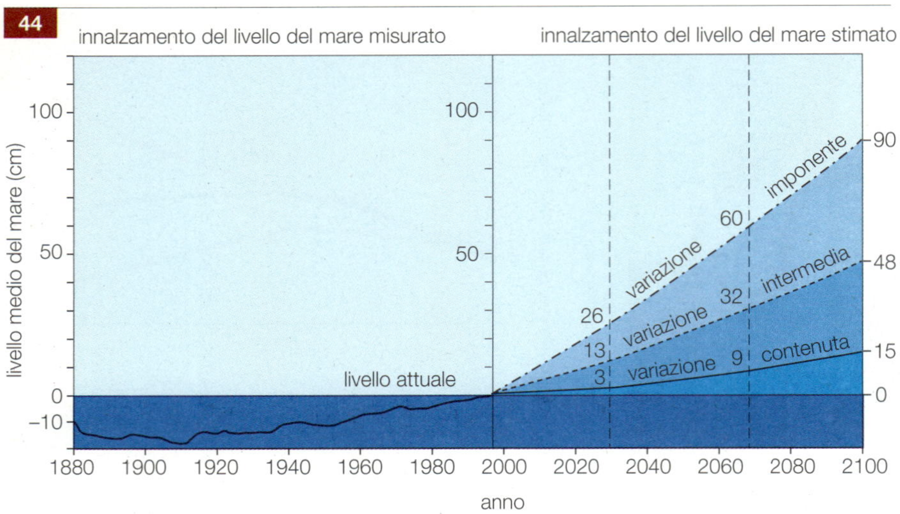

Figura 44
Le *variazioni del livello del mare* nel recente passato e nel prossimo futuro. Gli studiosi avanzano varie ipotesi sugli effetti di un rapido riscaldamento che potrebbe produrre – tra l'altro – la fusione di porzioni più o meno grandi dei ghiacciai terrestri e, di conseguenza, portare ad un innalzamento del livello marino tra i 15 e i 90 cm nel giro di un secolo. Nella figura sono rappresentate le variazioni del livello del mare realmente avvenute in circa 120 anni e tre recenti ipotesi, più o meno drammatiche, sulle variazioni prevedibili nel corso di questo secolo; il verificarsi di una o l'altra di esse dipenderà principalmente dalle «attività inquinanti» dell'uomo sull'atmosfera. Nel caso che si realizzasse l'ipotesi più pessimistica, le conseguenze sarebbero devastanti per moltissimi Paesi costieri; ma anche l'ipotesi di una «variazione intermedia», fra le due estreme raffigurate, desta vive preoccupazioni per i territori litoranei che si sviluppano a basse quote (pianure fluviali, zone lagunari, spiagge) e ospitano insediamenti, industrie o altre opere umane (strade, ferrovie, aeroporti ecc.).

stati individuati alcuni fenomeni che appaiono ad esso connessi:

- una riduzione dell'estensione dei *ghiacciai*, con conseguente **innalzamento del livello medio del mare** [Figura 44];
- un ampliamento delle zone della Terra caratterizzate da clima caldo e arido (**tropicalizzazione del clima**);
- la maggiore frequenza e intensità con cui si verificano le perturbazioni atmosferiche, e in particolare gli **uragani**;
- cambiamenti negli areali distributivi, nel comportamento e nella fisiologia di molte specie animali e vegetali.

Figura 45
I ghiacci artici nel settembre 2012 a confronto con l'estensione nella medesima stagione del 1979 (linea gialla).

45

6.3 La riduzione dei ghiacci

I dati sembrano indicare che il riscaldamento globale sia accompagnato da una riduzione dell'estensione dei **ghiacci marini** artici. La fusione di questi ghiacci non fa variare il livello marino, poiché si tratta di acqua marina congelata, che fondendo riassume il suo volume originario. Ma la loro eventuale scomparsa, o anche una ingente riduzione, produrrebbe un ulteriore «riscaldamento» del clima, per un fenomeno di *retroazione positiva* (vedi avanti).

Il ghiaccio del *Mar Glaciale Artico* è di due tipi: quello stagionale (che si forma in inverno e fonde in estate) e quello perenne (che persiste tutto l'anno). Da oltre trent'anni i satelliti della NASA misurano con precisione l'estensione di questi ghiacci marini. Nel 1979 il ghiaccio perenne copriva quasi 7 milioni di kilometri quadrati. Da allora l'estensione è variata ogni anno, con una tendenza netta alla riduzione del ghiaccio marino perenne, che in soli 33 anni è diminuito di circa un milione di kilometri quadrati [Figura 45].

In questo periodo la regione è stata interessata dall'*oscillazione artica* in fase positiva, un fenomeno meteorologico caratterizzato da bassa pressione sul Mar Glaciale Artico, vento forte e temperature più elevate all'estremo Nord. L'entità della perdita di ghiaccio perenne nella zona non sembra però poter dipendere esclusivamente da questo fenomeno naturale.

Secondo alcune previsioni, nel 2080 si formerebbe ancora il ghiaccio stagionale durante l'inverno, ma nella stagione estiva il Mar Glaciale Artico sarebbe del tutto privo di ghiaccio.

Se da un lato occorre – come sempre – prendere con cautela queste previsioni, dall'altro lato bisogna avere consapevolezza del fatto che cambiamenti del genere – se avverranno – potrebbero essere più repentini che graduali.

Una tendenza alla riduzione mostrano anche parecchi **ghiacciai** delle terre emerse; e ciò può avere importanti conseguenze sul livello del mare.

La *Groenlandia* ospita la seconda calotta glaciale più grande della Terra (dopo quella che si trova in *Antartide*). Di recente gli enormi ghiacciai che dall'interno della Groenlandia scorrono verso il mare hanno aumentato la loro velocità di movimento. Le misurazioni effettuate dai satelliti mostrano, ad esempio, che tali ghiacciai fra il 2003 e il 2005 hanno subito una fusione (*ablazione*) di circa 101 gigatonnellate di ghiaccio all'anno, pari al 20% in più rispetto al nuovo ghiaccio (*alimentazione*) che si forma in Groenlandia ogni anno.

Figura 46
Il ghiacciaio Pasterze nelle Alpi austriache orientali. Il cartello in basso a destra nella fotografia indica la posizione in cui arrivava il ghiacciaio nel 1990. I ghiacciaio, uno dei più lunghi presenti in Austria, si sta ritirando con una media di 10 metri all'anno. (Dr. J. Alean/ Science Photo Library)

E che cosa potrebbe accadere se i ghiacciai della Groenlandia dovessero fondere completamente? Il livello medio del mare a scala globale potrebbe innalzarsi di 6,5 metri. Ma anche un aumento di soli 65 cm avrebbe effetti importanti: una fascia del Bangladesh finirebbe sott'acqua e molte città situate in zone costiere di tutto il pianeta avrebbero seri problemi (si pensi a Venezia).

La recente riduzione volumetrica dei corpi glaciali non interessa soltanto la Groenlandia e l'Antartide. Anche i ghiacciai delle *Alpi* si stanno ritirando, con conseguenze che è ancora prematuro valutare [Figura 46]. Alcune previsioni stimano però che la riduzione del peso dei ghiacci provocherà un lento innalzamento dell'altezza delle montagne, per «aggiustamento isostatico». Secondo uno studio italiano, il Monte Bianco – dove questa riduzione è particolarmente rapida – starebbe già «crescendo» in altezza di circa 0,9 millimetri all'anno, e i connessi movimenti delle masse rocciose potrebbero aver contribuito all'aumentata attività sismica osservata di recente nelle Alpi Occidentali.

■ **Aggiustamento isostatico** (**Isostatic adjustment**) L'*isostasia* è il fenomeno per cui la crosta terrestre galleggia sul mantello, che è più denso. Gli *aggiustamenti isostatici* sono lentissimi movimenti – verso l'alto o verso il basso – che avvengono quando settori della crosta si alleggeriscono (perché si assottigliano o perché fondono consistenti masse di ghiaccio sovrastanti) oppure si appesantiscono (perché si ispessiscono o perché su di essi si forma una notevole coltre glaciale).

La marcata fusione nel Ghiacciaio dell'Eiger, in Svizzera, sembra esser stata una delle cause del collasso di 450 mila metri cubi di roccia dalla montagna omonima, avvenuto nell'estate 2006.

6.4 I processi di retroazione

Tra i fattori che contribuiscono a rendere il clima terrestre difficile da interpretare vi sono i **processi di retroazione** (in inglese, **feedback**): meccanismi che, innescati dal riscaldamento (o raffreddamento), possono ulteriormente rinforzare l'effetto di riscaldamento (o raffreddamento), nel qual caso sono detti *positivi*, oppure possono contrastarlo, nel qual caso sono detti *negativi*. Vediamo i principali.

■ L'**albedo** è il rapporto tra l'energia riflessa da un oggetto e quella incidente su di esso. Attualmente l'albedo del sistema Terra-atmosfera ha il valore di 0,35; cioè, poco più di un terzo dell'energia solare incidente viene riflesso. Ogni fattore in grado di modificare tale valore può far variare l'energia assorbita dal pianeta. Per esempio, la *fusione dei ghiacci* dovuta al riscaldamento globale può far diminuire l'albedo di certe aree, con il risultato di aumentare l'energia assorbita dal sistema Terra-atmosfera (*retroazione positiva*) [Figura 47].

■ Secondo alcune previsioni, l'innalzamento della temperatura del nostro pianeta dovrebbe causare anche un aumento del **vapore acqueo** nell'atmosfera, che – condensando nelle nubi – potrebbe

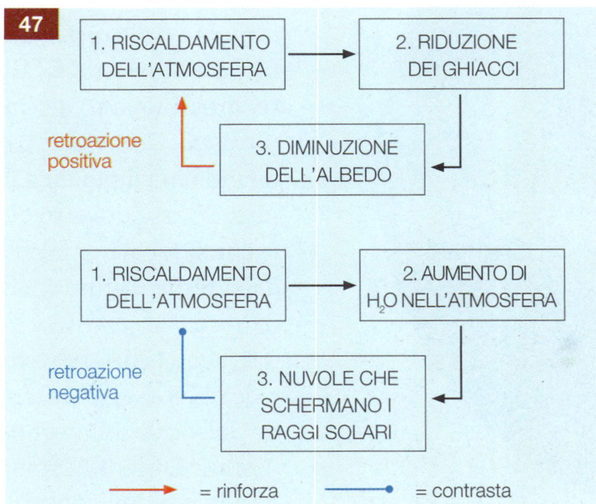

Figura 47
Esempi di processi di retroazione. I processi di retroazione sono meccanismi per i quali un dato cambiamento genera una reazione che può rinforzare o contrastare quel cambiamento.

Figura 48
Permafrost nel Canada. In questa sezione del terreno si osservano due strati, il più profondo dei quali – il *permafrost* – è gelato. Lo strato superiore (*strato attivo*) in questo luogo misura soltanto 35 cm; in altre zone può raggiungere anche uno spessore di 1-3 metri. Qui il permafrost, come in molte aree, contiene anche masse limitate di solo ghiaccio.

schermare i raggi solari in arrivo (*retroazione negativa*). Ma le nubi possono anche assorbire radiazione solare e contribuire al riscaldamento atmosferico (*retroazione positiva*). Resta da stabilire quale dei due effetti sia prevalente.

■ I **processi biochimici nel suolo**, ad opera di batteri e altri microrganismi, comportano l'emissione di CO_2. Se per effetto del riscaldamento aumenta l'attività microbica nel terreno, e vengono liberati gas serra immagazzinati nel *permafrost* [Figura 48], è possibile che le emissioni di questi gas crescano più velocemente (*retroazione positiva*).

Nell'emisfero settentrionale il **permafrost** (terreno perennemente gelato) copre un'estensione di più di 2 miliardi di ettari e in certe zone, come la Siberia settentrionale, si spinge oltre la profondità di 450-600 metri, mentre in Alaska ha uno spessore generalmente compreso tra i 15 e i 400 metri.

In molte zone dell'Alaska la temperatura del *permafrost* è salita fino a quasi 0 °C e in alcune di esse il *permafrost* ha già cominciato a dare segni evidenti di fusione. Gli alberi con le radici immerse in aree di *permafrost* nel quale sta avvenendo la fusione si piegano con angolature mai viste, tanto che sono detti «alberi ubriachi»; e le case costruite su questi terreni si inclinano o addirittura crollano.

Le stazioni di monitoraggio elettronico, che misurano la temperatura del *permafrost* fino a profondità di poco superiori a 50 metri, hanno messo in luce che negli ultimi trent'anni il profilo termico del *permafrost* è cambiato. Prima le sonde rilevavano la temperatura più bassa in superficie e quella più elevata a circa 50 metri di profondità, dove si risente maggiormente l'influenza del flusso di calore proveniente dall'interno della Terra. Oggi invece la temperatura più elevata si trova sempre all'estremità inferiore, mentre quella più bassa non è in superficie, ma in un punto intermedio.

La parte più superficiale del terreno, che nelle aree con *permafrost* normalmente va incontro a una fase di disgelo stagionale, si chiama «strato attivo». Profondo da qualche centimetro a un metro circa, lo strato attivo supporta la vita delle specie vegetali che crescono a quelle latitudini. Quando le piante muoiono, per le basse temperature non si decompongono completamente, e su quei resti semidecomposti crescono le nuove generazioni vegetali. Man mano che si accumula, il materiale organico penetra in profondità nel *permafrost*, che è quindi divenuto un immenso deposito di carbonio.

Con l'aumento della temperatura c'è il rischio che questo processo di accumulo cominci a funzionare al contrario: il materiale organico che è rimasto congelato per millenni può iniziare a decomporsi, rilasciando anidride carbonica e metano.

D'altra parte, il *permafrost* nel quale si verifica la fusione potrebbe rendere lo strato attivo più ospitale per le piante, che potrebbero assorbire parte della CO_2 rilasciata dal *permafrost*. Calcolare come potrebbe cambiare l'equilibrio del carbonio nelle zone con *pemafrost* è difficile: non si sa esattamente quanto carbonio vi sia immagazzinato.

■ Per quanto si è compreso fino a oggi, il comportamento delle *correnti oceaniche* è dovuto sia ai venti, sia e soprattutto alla cosiddetta **circolazione termoalina**, uno dei «motori energetici» del clima terrestre. Come dice il nome stesso, la circolazione termoalina dipende dalla temperatura e dalla salinità. Se essa dovesse bloccarsi a causa del riscaldamento globale, si potrebbe avere una diminuzione della temperatura media di vaste zone in Europa (*retroazione negativa*).

L'acqua che arriva sulle coste della Groenlandia e della Norvegia dai tropici segue una diramazione della calda Corrente del Golfo, chiamata *North Atlantic Drift* [Figura 49]. Man mano che si avvicina alla regione polare, l'acqua in parte evapora. La

Figura 49
La circolazione termoalina nell'Oceano Atlantico. I grandi flussi delle masse d'acqua oceaniche avvengono per gli squilibri termici e di salinità esistenti tra le zone intertropicali e le zone polari. Il loro andamento è però influenzato dai venti e dalll'effetto della rotazione terrestre (*forza di Coriolis*, che nell'emisfero boreale fa deviare verso destra i corpi in movimento), oltre che dalla conformazione delle coste e dei bacini oceanici.

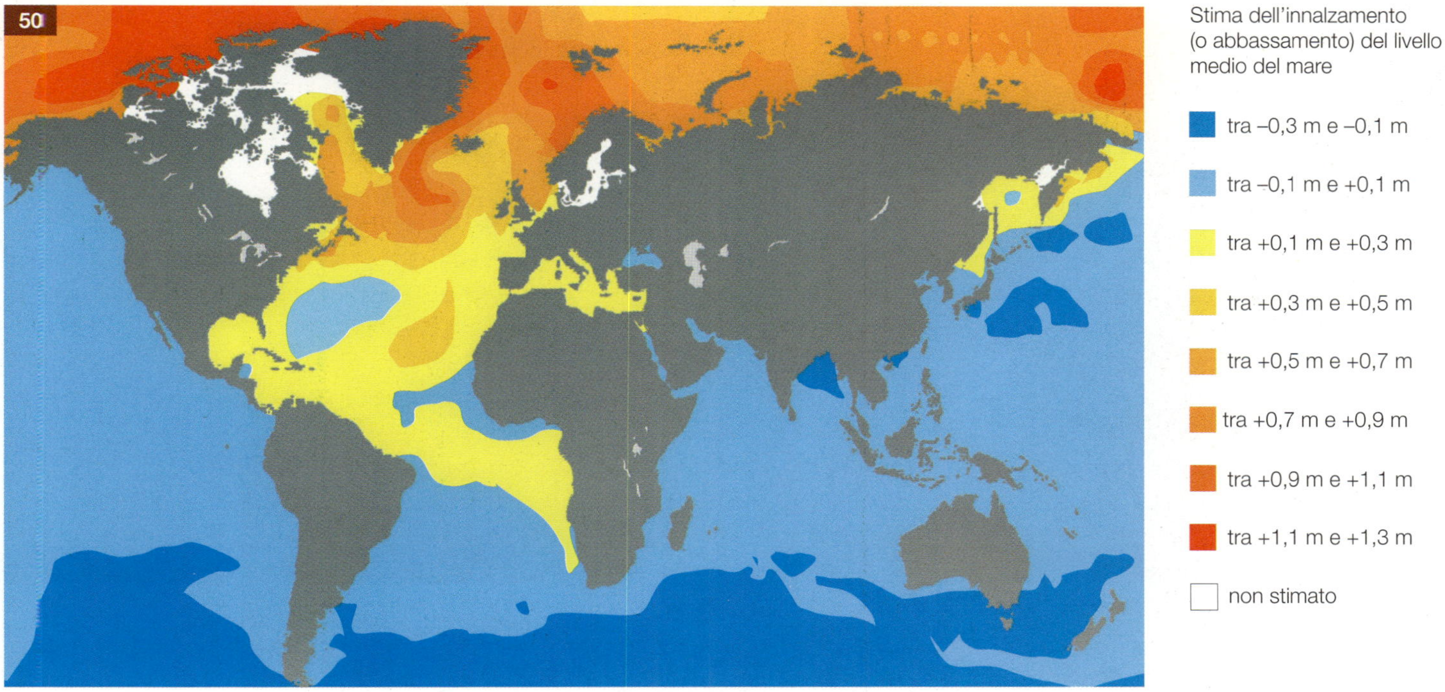

Figura 50
Previsione di variazione del livello del mare nel caso di cessazione della circolazione oceanica termoalina. Con queste variazioni possono combianarsi (o interferire) quelle connesse alla intensa fusione dei ghiacciai, che in tempi meno lunghi hanno un più elevato grado di probabilità di verificarsi.

maggiore concentrazione di sale la rende più densa dell'acqua sottostante e la fa quindi sprofondare verso i fondali. L'acqua scesa in profondità torna quindi verso Sud, formando un enorme e freddo «fiume sottomarino», chiamato *North Atlantic Deep Water*, che raggiunge l'Oceano Atlantico meridionale e dal quale riemergerà gradualmente in superficie, anche molto tempo dopo essersi inabissata.

A causa del riscaldamento atmosferico, sempre più acqua dolce (attribuita a un aumento delle piogge e alla fusione accelerata di ghiacciai della Groenlandia) si sta riversando nel Mar Glaciale Artico. L'acqua dolce diluisce la *North Atlantic Drift*, riducendone la densità e quindi mantenendola più «a galla». Alcuni modelli prevedono che se la velocità di immissione di acqua dolce raggiungesse un punto critico, l'acqua marina potrebbe smettere di inabissarsi; il ramo settentrionale della circolazione nell'Oceano Atlantico si arresterebbe e le correnti calde non scorrerebbero più lungo le coste occidentali dell'Europa.

Eliminata quella fonte di calore, i modelli previsionali suggeriscono che la temperatura della regione fra Scozia e Scandinavia potrebbe diminuire di 5-10 °C.

Alcuni studiosi hanno riscontrato in due rilevazioni dei valori della circolazione termoalina, eseguite nel 1998 e nel 2004, un rallentamento della corrente stimato al 30% del volume. Il numero di misurazioni è però troppo esiguo per trarre conclusioni. Climatologi e oceanografi concordano sul fatto che la circolazione termoalina rallenterà man mano che la temperatura atmosferica aumenterà, ma la maggior parte di essi ritiene che ciò avverrà piuttosto a lungo termine.

Fra gli scienziati non c'è comunque accordo su quelle che potrebbero essere le conseguenze se la corrente termoalina dovesse effettivamente bloccarsi. Per alcuni ciò potrebbe determinare un abbassamento della temperatura media dell'aria in tutta l'Europa occidentale, mentre per altri si limiterebbe a provocare un raffreddamento delle sole aree costiere di Scozia e Scandinavia. Inoltre, un eventuale blocco della circolazione termoalina nell'Atlantico potrebbe causare un aumento del livello del mare nelle regioni settentrionali lambite da questo oceano [Figura 50].

Attualmente le acque che sprofondano nell'Artico causano un abbassamento del livello del mare nella zona in cui si inabissano e un lieve innalzamento nelle altre zone toccate dalla corrente. Se lo sprofondamento si arrestasse, il livello del mare si abbasserebbe invece nella parte meridionale dell'Oceano Atlantico e si alzerebbe fino a un metro in più su alcune coste atlantiche settentrionali.

6.5 La tropicalizzazione del clima

In base a un'indagine effettuata su dati satellitari raccolti per più di 25 anni, il riscaldamento dell'atmosfera terrestre sembrerebbe avvenire con maggiore velocità nelle zone subtropicali, ossia attorno ai 30° di latitudine Nord e Sud. Considerando la circolazione dell'aria intertropicale – che porta precipitazioni all'Equatore e rende secco il clima subtropicale – negli ultimi decenni questa fascia climatica si sarebbe espansa di circa un grado di latitudine, tanto verso Nord che verso Sud.

51

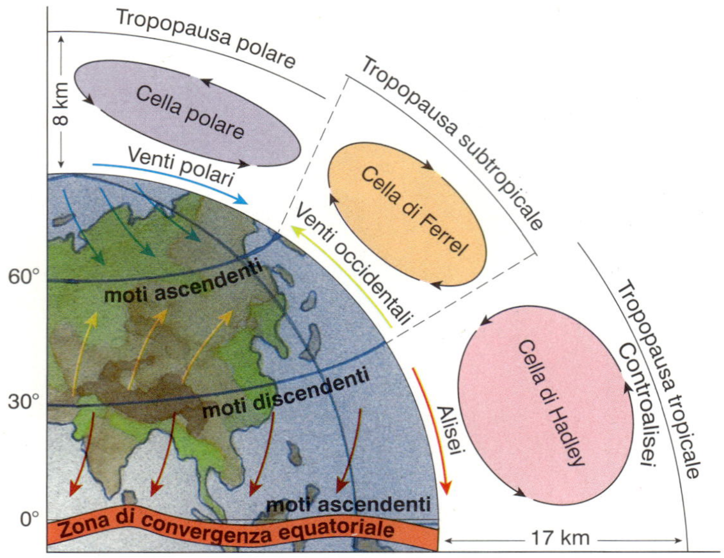

52

Figura 51
Il meccanismo genetico dei venti troposferici secondo la *teoria classica*. (Nella figura è rappresentata soltanto la circolazione nell'emisfero boreale; in quello australe la situazione è speculare). Questa teoria individua come causa principale della circolazione dei venti il forte riscaldamento della zona intertropicale.

Figura 52
L'uragano Katrina mentre si avvicina alle coste del Golfo del Messico, nell'agosto del 2005. (NASA/SPL)

La circolazione atmosferica intertropicale, che costituisce le cosiddette «celle di Hadley» nei due emisferi terrestri, inizia con una corrente di aria calda che si alza dall'Equatore fino a raggiungere la tropopausa, dove si raffredda e si estende verso entrambi i poli. Una volta raggiunte le latitudini subtropicali l'aria oramai raffreddata scende verso la superficie e quindi torna verso l'Equatore, chiudendo il circolo [Figura 51]. Le celle di Hadley determinano sia le precipitazioni equatoriali, sia la siccità subtropicale, poiché l'umidità dell'aria all'Equatore produce piogge intense, mentre l'aria che raggiunge la tropopausa è piuttosto secca e scendendo crea zone aride (come il Sahara).

È questa parte più secca delle celle di Hadley che si sta spostando verso i poli: verso Sud dall'Australia meridionale, dal Sud Africa e dal Sud America meridionale; verso Nord dalla parte meridionale degli Stati Uniti d'America, dalla Cina e dal Nord Africa. Conseguenza di tale spostamento potrebbe essere – ad esempio – il peggioramento della condizione di siccità, già presente, nei territori del bacino del Mediterraneo; e perciò si parla di «*desertificazione*». Secondo alcuni studiosi, questo fenomeno di **tropicalizzazione del clima** potrebbe essere in parte attribuibile al riscaldamento atmosferico globale, anche se sul tema non c'è pieno consenso nella comunità scientifica. La comprensione delle cause del processo di espansione della circolazione intertropicale richiede approfondimenti ulteriori.

Dal 1995 a oggi la frequenza e l'intensità degli **uragani**, in particolare nell'Oceano Atlantico, sono aumentate in modo percepibile. Stabilire se esiste una reale tendenza in questa direzione è, però, difficile. Recenti studi mettono in relazione la frequenza degli uragani con la temperatura media superficiale oceanica: la maggiore forza degli uragani recenti potrebbe dipendere dall'aumento della temperatura degli oceani dovuto al riscaldamento generale della troposfera [Figura 52].

6.6 Conseguenze del riscaldamento atmosferico sulla fauna e sulla vegetazione

Al riscaldamento del loro habitat, alcune specie animali sembrano adattarsi con strategie di vario genere: lo spostamento dell'«orologio degli eventi» più importanti della loro vita – come il letargo, la migrazione, l'accoppiamento – o la ricerca di ambienti più favorevoli.

Sono numerosi gli esempi di uccelli che hanno anticipato il momento dell'accoppiamento di qualche settimana rispetto a trent'anni fa, di marmotte che emergono dal letargo quasi un mese prima di quanto facessero negli anni Settanta del secolo scorso, o di rondini che si presentano già alla fine di febbraio invece che nella seconda metà di marzo. Delle numerose specie che hanno modificato la propria distribuzione geografica, la maggior parte si è spostata in direzione dei poli o in ambienti a maggiore altitudine; per esempio, lo storno, che fino a trent'anni fa in inverno non volava più a Nord di Roma, ora è stanziale nell'area del Lago di Ginevra.

Tra le specie che hanno spostato più a Nord il proprio areale distributivo vi sono molti pesci e molluschi che hanno raggiunto il Mar Mediterraneo provenendo dal Mar Rosso, attraverso il Canale di Suez. (Un'altra modalità d'ingresso è rappresentata dallo scarico delle acque di zavorra da parte delle navi cisterna.) Specie di acque calde, come il

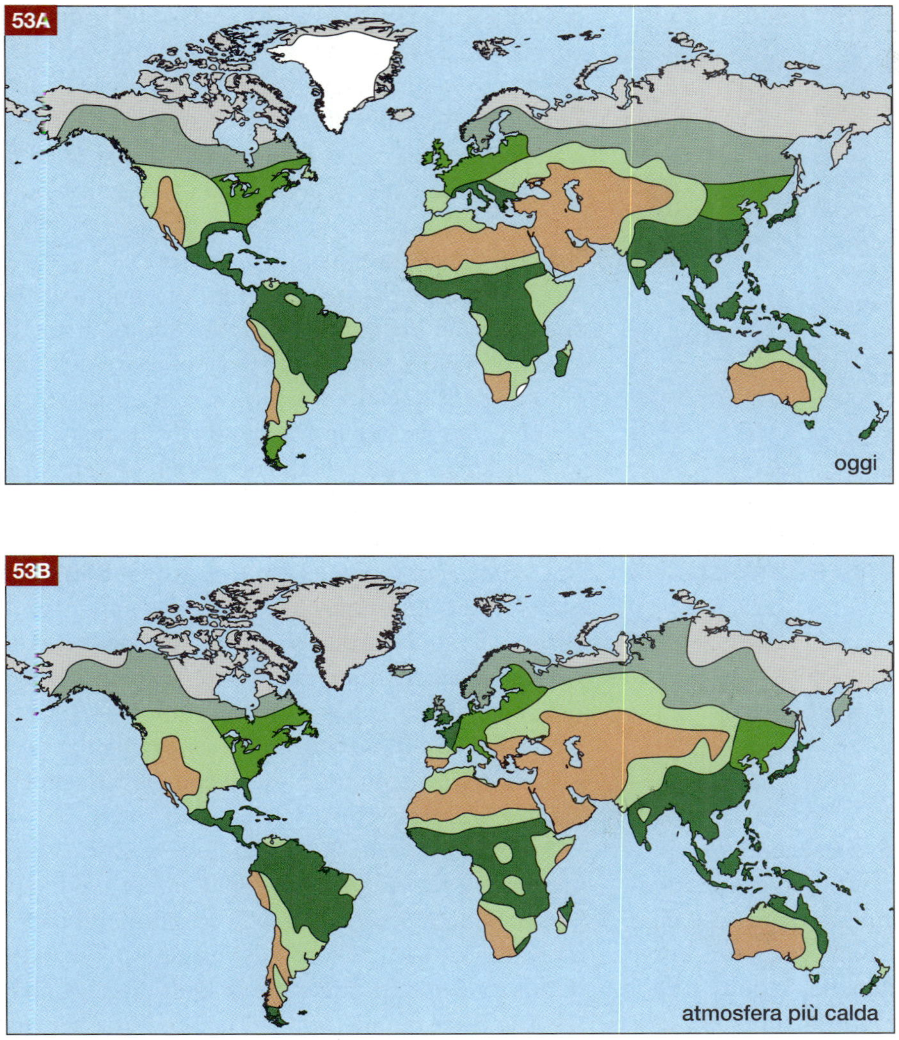

Figura 53
Una diversa distribuzione delle zone bioclimatiche, in funzione del clima. A. L'attuale distribuzione della vegetazione naturale. **B.** La distribuzione della vegetazione naturale ipotizzata nel caso che la temperatura media dell'atmosfera terrestre aumentasse di 2 °C.
Per semplicità, è rappresentata soltanto la prevalenza delle diverse essenze vegetali. Tra la vegetazione sempreverde è inclusa, oltre alla foresta pluviale, anche la macchia mediterranea. Da notare soprattutto l'ampliamento (in B) delle zone aride.

pesce palla, il pesce scorpione, il pesce balestra, alcuni tipi di barracuda, si sono ben adattate al nuovo ambiente e si sono riprodotte fino a soppiantare altre specie autoctone.

Il fenomeno non riguarda soltanto i pesci, ma anche le alghe. Ad esempio, la *Caulerpa taxifolia*, una specie tropicale, si è insediata con successo lungo le coste mediterranee (soprattutto quelle francesi) alterandone gli equilibri ecologici.

Non tutte le specie, però, possono spostarsi. L'orso polare, per esempio, non trova ambienti più freddi e l'assottigliamento del ghiaccio ha reso più difficile la sua attività di caccia. Un importante studio effettuato sui cambiamenti a lungo termine della popolazione di orsi polari che vivono fra la Baia di Hudson e il Manitoba, in Canada, indica che il peso degli animali è calato in media del 15% rispetto a trent'anni fa e che la popolazione nel complesso si è ridotta del 17% in dieci anni. Il calo demografico è frutto di una serie di cause concomitanti (per esempio, la caccia indiscriminata, la riduzione del numero di prede ecc.), tra le quali può essere certamente annoverata anche la perdita di habitat causata dalla fusione dei ghiacci.

Il riscaldamento atmosferico globale sembra avere effetti anche sulle formazioni e specie vegetali [Figura 53]. In molte parti d'Italia negli ultimi anni la fioritura di piante come la mimosa è spesso cominciata a fine gennaio anziché all'inizio di marzo. Inoltre, secondo uno studio condotto alla Purdue University, nell'Indiana, l'aumento della temperatura atmosferica potrebbe inaridire fino all'80% delle aree di coltivazione della vite negli Stati Uniti d'America, rendendo – per esempio – Napa Valley, con le sue 200 industrie vinicole, troppo calda per la viticoltura.

Per contro, gli stessi cambiamenti climatici potrebbero aprire nuove opportunità di produzione vinicola in aree più settentrionali, dove fino a oggi sarebbe stato impensabile insediare simili coltivazioni. Inoltre – problemi di riscaldamento a parte – molte specie vegetali potrebbero prosperare in presenza di maggiore anidride carbonica nell'atmosfera.

Ma ci sono altre conseguenze ecologiche che si possono mettere in relazione con il cambiamento del clima. In Siberia il recente riscaldamento è stato particolarmente pronunciato in inverno e ha prodotto un anticipo dell'inizio della primavera, misurato in un giorno all'anno a partire dal 1982, quando sono cominciate le osservazioni satellitari. Fra le conseguenze di questo anticipo sembrano esserci catene di eventi che modificano l'ecosistema della foresta boreale. Difatti, con la primavera anticipata si verificano infestazioni di larve di insetti che divorano gli aghi delle conifere di intere foreste nella sola stagione estiva. Gli alberi privati degli aghi muoiono e le foreste, diventate più secche, subiscono incendi enormi (nel 2003 sono andati persi per incendi 40 000 kilometri quadrati di foreste), che a loro volta distruggono la componente organica del suolo e accelerano la fusione del *permafrost*.

La progressiva riduzione areale dell'ecosistema delle foreste boreali (fenomeni simili a quelli siberiani sono stati evidenziati anche in Canada e in Alaska) ha inoltre conseguenze negative importanti – ad esempio – per il controllo delle inondazioni, per la purificazione dell'acqua e per il contenimento delle infestazioni di insetti da parte degli uccelli che abitano la foresta.

54

Figura 54
L'installazione *Ice Watch* dell'artista islandese Olafur Eliasson davanti al Pantheon di Parigi, in occasione della Conferenza sul clima del dicembre 2015.
Formata da 12 blocchi di ghiaccio provenienti dalla Groenlandia, *Ice Watch* simboleggia la fusione dei ghiacci artici a causa del riscaldamento globale.
(S. Gautier/Alamy/IPA)

6.7 L'impegno internazionale per la riduzione dei gas serra

Benché sia difficile interpretare i dati e fare previsioni, il rischio di un cospicuo riscaldamento atmosferico globale impone di adottare un **principio di precauzione**. Negli ultimi anni le grandi istituzioni mondiali hanno cercato di trovare *soluzioni politiche* al problema del riscaldamento atmosferico, che potessero essere condivise internazionalmente e dessero avvio a un'azione preventiva globale.

L'*anidride carbonica* è il gas serra sul quale è concentrata la maggiore attenzione, sia della comunità scientifica, sia dell'opinione pubblica, perché è considerata l'emissione antropica dominante e perché, una volta immessa nell'atmosfera, non è facilmente rimovibile (persiste per circa 100 anni).

Nonostante i dati e le relative previsioni sul riscaldamento atmosferico globale, alla «Conferenza mondiale su ambiente e sviluppo», dell'O.N.U., che si è svolta nel giugno 1992 a Rio de Janeiro, nessun accordo definitivo è stato preso per la riduzione delle emissioni di CO_2 e degli altri gas serra e per la limitazione dei diboscamenti. Qualche passo concreto è stato fatto soltanto con il conseguente Protocollo di Kyoto del 1997.

Il **Protocollo di Kyoto**, aperto alla firma nel 1998 e in vigore fino al 2012, prevedeva che nel periodo 2008-2012 i Paesi industrializzati riducessero le proprie emissioni di sei gas serra – anidride carbonica, metano, ossidi di azoto, idrofluorocarburi, perfluorocarburi ed esafluoruro di zolfo – in percentuali variabili a seconda di considerazioni storiche, economiche e politiche relative a ciascun Paese. Per l'Italia l'obiettivo era la riduzione del 6,5% delle emissioni (come media del quinquennio 2008-2012) rispetto ai livelli del 1990; e questo obiettivo è stato raggiunto, anche se con un certo ritardo. Per un secondo gruppo di stati, che includeva Paesi in via di sviluppo, come la Cina e l'India, Paesi produttori di petrolio, come l'Arabia Saudita e il Kuwait, e Paesi a economia di sussistenza, come il Sudan, non vi erano invece obblighi specifici di riduzione delle emissioni di gas serra.

Complessivamente, i risultati ottenuti dall'attuazione del Protocollo di Kyoto sono piuttosto limitati. Innanzitutto l'accordo non è stato ratificato dagli Stati Uniti d'America, malgrado il loro grande contributo alle emissioni globali di gas serra. E gran parte degli stati che si sono impegnati a raggiungere gli obiettivi di riduzione dei gas serra, sanciti dal Protocollo, ha ancora emissioni di carbonio ben al di sopra dei limiti stabiliti. Inoltre, gli Stati Uniti d'America, che non hanno applicato il Protocollo dichiarando che avrebbero comunque ridotto le emissioni senza l'impegno vincolante della sua ratifica, le hanno invece aumentate rispetto al 1990; e la Cina, che, anche senza un obiettivo quantificato vincolante, doveva contenere le emissioni, le ha invece triplicate.

Nel dicembre del 2015, alla *Conferenza sui cambiamenti climatici*, delle Nazioni Unite, i 196 Paesi partecipanti hanno siglato all'unanimità un patto globale, chiamato **Accordo di Parigi**, concordando di ridurre la loro produzione di anidride carbonica – come parte del metodo per la riduzione dei gas serra – «il più presto possibile» e di fare del loro meglio per mantenere il riscaldamento globale «ben al di sotto di 2 °C» [Figura 54]. L'accordo non diventerà vincolante fino a quando almeno 55 Paesi che producono oltre il 55% dei gas serra non lo avranno ratificato. Ogni Paese che ratifica l'accordo sarà tenuto a fissare un obiettivo di riduzione delle emissioni, ma il quantitativo sarà volontario. È previsto un meccanismo per forzare ogni Paese a impostare un obiettivo entro una data specifica, ma nessuna sanzione se l'obiettivo fissato non verrà soddisfatto: ci sarà soltanto una lista di «Paesi inadempienti», con l'intento di incoraggiarli ad attuare il piano.

Più di recente, nell'ottobre del 2016 è stato sottoscritto da 170 Paesi l'**Accordo di Kigali** (Ruanda) sulla riduzione progressiva dell'uso degli *idrofluorocarburi* (*HFC*), che hanno sostituito i clorofluorocarburi (CFC), responsabili del cosidetto «buco nell'ozonosfera», messi al bando dal Protocollo di Montreal del 1987 (vedi Capitolo 7, paragrafo 9). Gli HFC immessi nell'atmosfera (tramite frigoriferi, condizionatori d'aria ecc.) sono molto meno abbondanti della CO_2 antropogenica, ma sono potentissimi gas serra; e l'Accordo di Kigali, anche se più limitato, è molto più concreto e vincolante dell'Accordo di Parigi.

■ **Geosistema** (Geosystem) Il sistema Terra è un insieme di *sottosistemi*, aperti e interagenti, denominati *geosistemi*. Alcuni di essi operano a scala globale: la Geodinamo, il geosistema Tettonica delle placche, il geosistema Clima.

Ridurre le emissioni di gas serra, per cercare di contrastare il riscaldamento dell'atmosfera, significa rivedere drasticamente le fonti energetiche da sfruttare, e modificare anche gli stili di vita di tutti i cittadini (in particolare di quelli dei Paesi economicamente più avanzati). Sarebbero necessarie a livello globale politiche mirate a incentivare il passaggio all'uso di energia da fonti rinnovabili, insieme a forti tassazioni sulle emissioni di gas serra.

Ai provvedimenti politici per ridurre le emissioni, si affianca lo studio di alcune tecnologie nell'ambito della produzione di energia e del contenimento dei consumi di combustibili fossili (carbone, petrolio, gas naturale). Tali tecnologie dovrebbero produrre, tra l'altro, maggiore efficienza energetica negli edifici, nell'utilizzo del carburante per gli autoveicoli, nella generazione di energia eolica, solare e nucleare.

Si può osservare che la sempre presente crisi energetica potrà influenzare sensibilmente il consumo di combustibili fossili nei prossimi anni. Ma anche se tale consumo dovesse stabilizzarsi al livello odierno, grazie ad un grosso impegno politico per la conversione verso altre fonti energetiche, senza altre «strategie» a scala globale il raddoppio del contenuto di anidride carbonica nell'atmosfera si verificherebbe ugualmente – secondo molti studiosi – in un tempo che potrebbe aggirarsi intorno ai 200 anni; e ciò non eliminerebbe i rischi per le generazioni future.

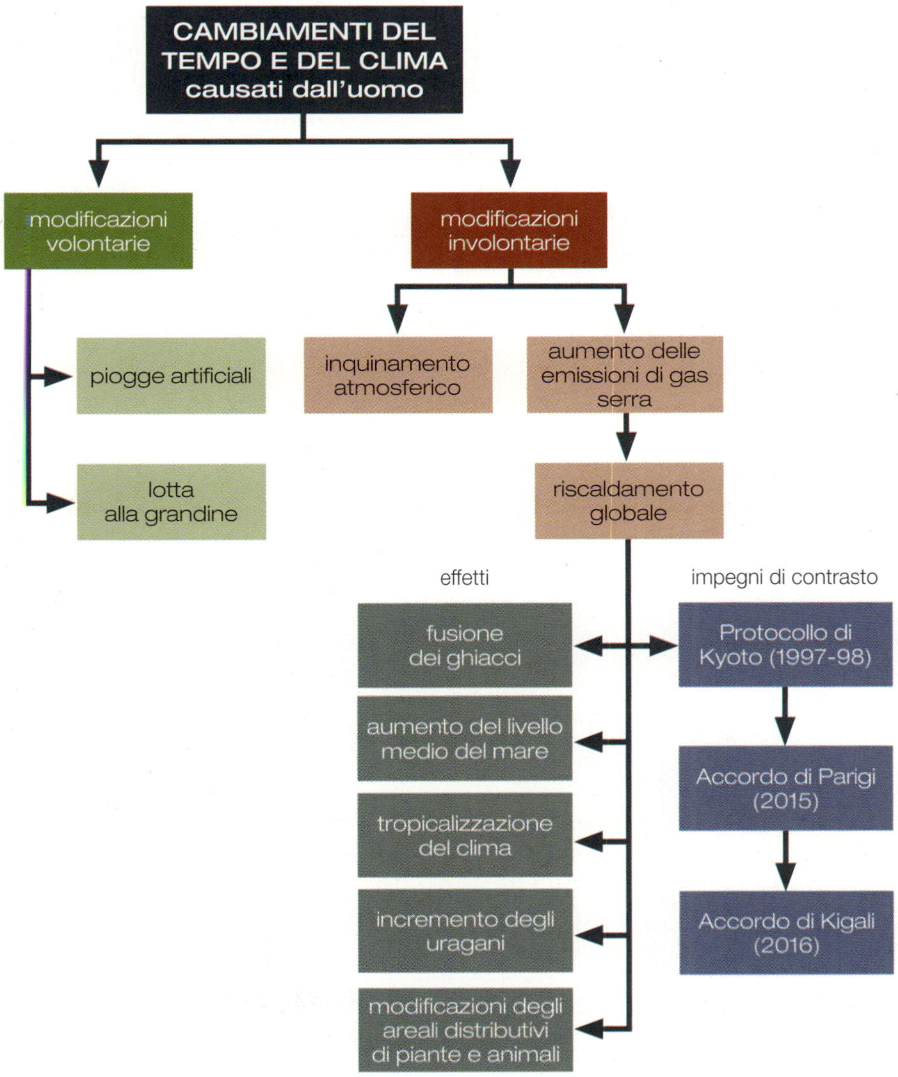

C'è da dire, piuttosto, che nel trarre le conclusioni di cui ci stiamo occupando è stato trascurato un altro aspetto del consumo di combustibili fossili; cioè, la produzione di particelle di polvere e fumo che si vanno ad aggiungere a quelle di altra origine, umana (abbruciamento della vegetazione, sostanze emesse dalle industrie ecc.) o naturale (attività vulcaniche, trasporto eolico). Molti scienziati sono concordi nel ritenere che l'aumento di questi «aerosol atmosferici» provochi un raffreddamento della troposfera, cioè agisca in senso opposto all'anidride carbonica e agli altri gas serra. Ciò può in parte attenuare o ritardare l'enorme fusione dei ghiacciai e la conseguente variazione del livello del mare; ma anche con un innalzamento di soli 65 cm le acque marine invaderebbero o minaccerebbero parecchie zone costiere del globo, provocando danni notevoli per l'agricoltura, per il turismo e per diverse altre attività umane (basti pensare alle terre litoranee dei Paesi Bassi, alla città di Venezia, alle moltissime spiagge italiane che sono già interessate da vistosi fenomeni di erosione). E, comunque, l'aumento di questi aerosol non è certo confortante per la nostra salute.

A questo punto, dunque, il problema si complica notevolmente e mostra aspetti talora contrastanti, che non possono certo essere trattati in queste brevi note. Tuttavia, le considerazioni esposte dovrebbero già bastare per comprendere che alcuni tipi di inquinamento influiscono sull'intero «sistema Terra», e quindi possono agire in maniera incisiva sul *geosistema clima*, con conseguenze incalcolabili per gli ecosistemi dell'intero pianeta e per la già critica situazione mondiale della produzione di alimenti in rapporto alle necessità della popolazione umana.

QUESITI

1. Scegli l'alternativa corretta.
   La progressiva desertificazione a cui si comincia ad assistere in alcune aree del bacino mediterraneo è una conseguenza dello spostamento verso **i poli/l'Equatore** della corrente **ascendente/discendente** di aria secca della cella di Hadley.
2. Come si ottengono le piogge artificiali?
3. Come è variata la temperatura del nostro pianeta negli ultimi cento anni?
4. Come è variata la concentrazione di gas serra nell'atmosfera negli ultimi 150 anni?
5. Che cosa prevedeva il Protocollo di Kyoto e quali sono stati i risultati ottenuti?

ampliamento delle conoscenze

Registrazione dei cambiamenti climatici nei ghiacci dell'Antartide

Le perforazioni in ghiaccio effettuate nel sito di Dome C [Figura 55], nel settore della Calotta antartica rivolto verso l'Oceano Pacifico, sono state condotte a partire dal 1996 nell'ambito del programma di ricerca EPICA (European Project for Ice Coring in Antarctica). A questa impresa hanno collaborato dieci Paesi europei tra i quali l'Italia, che, insieme alla Francia, ha svolto un ruolo logistico e scientifico di primo piano.

Il carotaggio del ghiaccio a Dome C – che alla massima profondità ha permesso di prelevare il ghiaccio più antico sinora mai raggiunto con una perforazione – è stato preceduto da una campagna di indagini geofisiche (condotte da ricercatori italiani) per la scelta del sito e per la valutazione dello spessore del ghiaccio. Una complessa strumentazione ha consentito di ottenere, durante le brevi estati antartiche, un migliaio di cilindri di ghiaccio del diametro di circa 10 centimetri e della lunghezza di oltre tre metri, fino alla profondità di 3270 metri. A questa profondità il ghiaccio ha un'età di circa 800 000 anni, doppia rispetto a quella delle carote più profonde prelevate in precedenza (nella stazione russa di Vostok, nell'Antartide orientale).

Dopo il prelievo, le carote di ghiaccio sono state liberate della parte esterna (che potrebbe essere stata contaminata durante le operazioni di estrazione), imballate e conservate a –30 °C. Al termine di ogni campagna di perforazione, i campioni sono stati inviati presso trenta laboratori scientifici europei per analisi chimiche dettagliate.

Gli studi sulla composizione isotopica dell'idrogeno nelle molecole di ghiaccio (che è correlata con le variazioni di temperatura) e sulla composizione chimica delle bolle d'aria – che si sono formate durante la trasformazione della neve in ghiaccio sotto il carico dei depositi nevosi sovrastanti – hanno permesso di documentare a Dome C l'alternanza di nove principali cicli glaciali/interglaciali, durante i quali la concentrazione di anidride carbonica nell'aria è variata in fase e in proporzione con le variazioni di temperatura dell'atmosfera [Figure 56 e 57]. I quattro cicli climatici più recenti erano già noti dagli studi delle carote di ghiaccio di Vostok, mentre i precedenti erano conosciuti solo attraverso studi sui sedimenti oceanici.

Le ricerche di EPICA hanno documentato un cambiamento nella variabilità climatica avvenuto circa 430 000 anni fa, quando si è passati da cicli con interglaciali meno caldi e di lunga durata a cicli con interglaciali molto caldi e brevi.

Inoltre, grazie ai dati raccolti a Dome C, è stato dimostrato che a ogni ciclo, che ha avuto una durata di circa 100 000 anni, si sono sovrapposte variazioni climatiche di più breve durata (circa un millennio), iniziate e terminate bruscamente. Queste variazioni sembrano essere più attenuate e quasi in opposizione di fase rispetto a quelle già note per l'emisfero settentrionale. E ciò fa pensare all'esistenza di una sorta di «altalena polare»: quando l'emisfero meridionale si raffreddava quello settentrionale si riscaldava, e viceversa, a causa di un trasferimento di calore da un emisfero all'altro tramite le correnti oceaniche.

55

Figura 55
La stazione scientifica di Dome C, in Antartide, a 3233 metri di quota. (G. Rowell/Corbis)

Figura 56
Le analisi sulle variazioni di temperatura. Le analisi condotte sul ghiaccio campionato a Dome C mostrano che la temperatura atmosferica media annua degli ultimi 750 000 anni è variata da condizioni più calde (dette *interglaciali*) a condizioni più fredde (dette *glaciali*). I tre cicli climatici più antichi hanno avuto interglaciali meno caldi e più lunghi; gli ultimi quattro hanno avuto interglaciali più caldi e di breve durata. Oggi viviamo in una età interglaciale che nell'emisfero australe dura da circa 12 000 anni ed è un po' meno calda delle precedenti.
La ricostruzione delle variazioni di temperatura sono rese possibili dal fatto che essa è correlata alla concentrazione nel ghiaccio di deuterio (δD, nel grafico), uno degli isotopi dell'idrogeno.

56

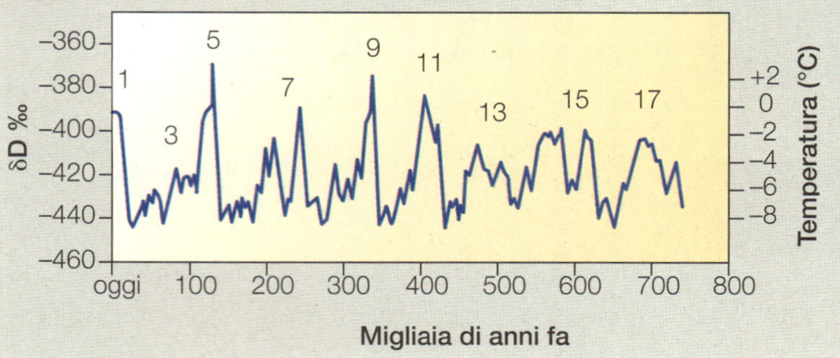

Figura 57
Le analisi sulle variazioni di CO_2. Il grafico mostra l'andamento delle concentrazioni (espresse in parti per milione) di anidride carbonica nell'atmosfera da 650 000 anni fa a oggi. I dati in rosso sono stati ottenuti dall'analisi del ghiaccio perforato a Dome C, quelli in verde si riferiscono ai campioni prelevati a Vostok. L'andamento della concentrazione di anidride carbonica è variato proporzionalmente alle variazioni di temperatura, con valori minimi durante le fasi glaciali più fredde e massimi durante gli interglaciali più caldi. Le linee orizzontali tratteggiate indicano il campo di variabilità naturale dell'anidride carbonica: negli ultimi due secoli la concentrazione di CO_2 è salita ben al di sopra del limite di variabilità naturale.

57

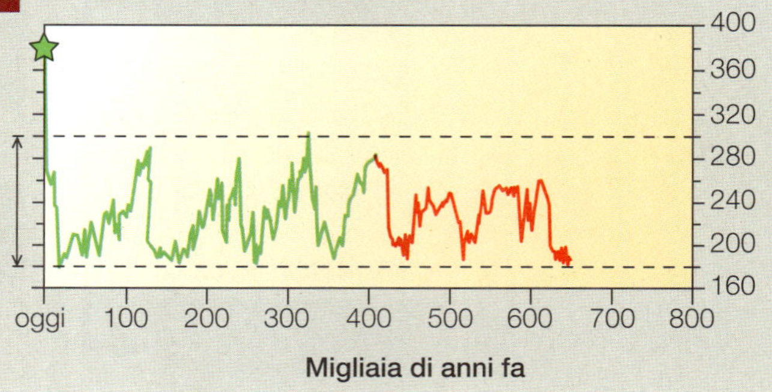

termini e concetti fondamentali

Il clima, il suolo e gli ecosistemi

■ Il **clima** può essere definito come l'insieme delle varietà quotidiane del **tempo atmosferico**, che si succedono abitualmente durante l'anno. Per conoscere il clima di un luogo bisogna registrare le condizioni meteorologiche per un lungo intervallo di tempo (almeno un trentennio). Gli **elementi** del tempo e del clima sono gli stessi: *temperatura*, *pressione* e *venti*, *umidità e precipitazioni*.

■ Gli elementi del clima sono influenzati da numerosi **fattori**: *latitudine, altitudine, distribuzione delle terre e dei mari, correnti marine, vegetazione, attività umane*.

■ La scienza che studia le caratteristiche e la distribuzione geografica dei vari climi esistenti sulla Terra è la **Climatologia**.

■ Il clima, insieme alla struttura geologica, ai processi della vita vegetale e animale e alle attività antropiche, concorre a determinare gli aspetti del *paesaggio* e caratterizza ogni ambiente della Terra.

■ Il clima è uno dei principali responsabili dell'alterazione e della disgregazione delle rocce, e quindi della formazione del *mantello detritico*, detto **regolite**, che concorre a formare il suolo.

■ Il **suolo** è la parte più esterna, sottile e discontinua della crosta terrestre, che è costituita sia da sostanze minerali, sia da residui organici (**humus**), oltre che da acqua e gas atmosferici.
Ogni suolo ha un **profilo pedologico** peculiare, suddiviso in *orizzonti*.

■ La *formazione del suolo* (**pedogenesi**) dipende da diversi fattori: la natura della *roccia madre*, la configurazione del *rilievo*, l'attività degli *organismi*, il *tempo* di esposizione ai processi pedogenetici e il *clima*. Gli elementi climatici più coinvolti nei processi pedogenetici sono le *precipitazioni* e le *temperature*.

■ Le condizioni climatiche (in particolare, gli intervalli di *temperatura*, le *precipitazioni* e i *venti*) influiscono sul tipo e sulla densità della *vegetazione* e sulla diffusione della *fauna*.
Esigenze ambientali simili determinano lo sviluppo di **formazioni vegetali** e l'esistenza di particolari **associazioni animali**.

■ L'insieme di una comunità biologica (*biocenosi*) e del supporto fisico circostante (*biotopo*) costituisce un **ecosistema**.
Più ecosistemi possono costituire grandi ambienti relativamente unitari, detti **biomi**. La distribuzione mondiale dei biomi dipende dalle condizioni climatiche.

La classificazione dei climi

■ Ogni zona climatica della Terra è caratterizzata da determinate condizioni di temperatura, umidità e pressione. Tra una zona e quella successiva non esiste un limite netto, ma si verifica un passaggio graduale da una combinazione di elementi climatici all'altra.

■ La **classificazione di Köppen** individua 5 grandi **gruppi climatici**. I diversi gruppi climatici vengono distinti in funzione delle formazioni vegetali presenti e di limiti di temperatura e di precipitazioni. Ciascuno dei grandi gruppi climatici comprende due o più **tipi climatici**. A partire dalle basse latitudini e procedendo verso i poli si incontrano i seguenti gruppi climatici.

■ **Climi megatermici umidi.** Le aree interessate da questi climi sono quelle della zona intertropicale. In questo gruppo si distinguono tre tipi:
– *clima equatoriale*;
– *clima della savana*;
– *clima monsonico*.

■ **Climi aridi.** Le precipitazioni sono molto scarse in rapporto alle temperature. Si distinguono due tipi climatici:
– *clima predesertico*;
– *clima desertico*.

■ **Climi mesotermici.** Climi delle medie latitudini. Si distinguono tre tipi, in funzione del regime pluviometrico:
– *clima sinico* (o monsonico cinese);
– *clima mediterraneo*;
– *clima temperato fresco* (varietà oceanica e varietà continentale).

■ **Climi microtermici.** Si distinguono due tipi climatici:
– *clima freddo a estate calda*;
– *clima freddo a inverno prolungato*.

■ **Climi nivali.** Si distinguono due principali tipi climatici:
– *clima della tundra*;
– *clima del gelo perenne*.
A questo gruppo climatico appartiene anche il *clima di alta montagna*.

I cambiamenti del clima

■ Il clima è mutevole nello spazio e nel tempo. Durante il Quaternario il clima della Terra ha subito diverse variazioni.

■ Grazie alla **Paleoclimatologia** (la scienza che studia le variazioni climatiche del passato) conosciamo, in particolare, le *oscillazioni climatiche* degli ultimi 10 000 anni.

■ I cambiamenti climatici possono dipendere da **fenomeni naturali**, quali i *moti millenari* della Terra, le grandi *eruzioni vulcaniche* esplosive e i periodi di diversa *attività solare*.

■ Negli ultimi 150 anni si è registrato un sensibile **aumento della temperatura media dell'atmosfera**, di cui sono responsabili anche gli esseri umani, che, con l'uso dei combustibili fossili, hanno prodotto un **aumento di gas serra** (specialmente *anidride carbonica*).

■ Tra gli **effetti** del riscaldamento atmosferico globale sono particolarmente preoccupanti:
– la consistente *fusione dei ghiacciai delle terre emerse*, che causerebbe un sensibile innalzamento del livello medio del mare;
– l'estensione della fascia di clima arido verso latitudini maggiori (*tropicalizzazione del clima*);
– l'intensificarsi della frequenza di uragani e di altri eventi meteorologici estremi;
– la *variazione degli areali distributivi* e della fisiologia di molte *specie animali e vegetali*.

■ Tra i provvedimenti intrapresi a livello internazionale per cercare di ridurre le emissioni globali di gas serra il più recente è l'**Accordo di Parigi**. Grossi sforzi sono necessari per ridurre il consumo di combustibili fossili e incentivare l'uso di risorse energetiche rinnovabili.

ESERCIZI per il ripasso

ALTRI ESERCIZI SU ZTE ONLINE

1. **Completa la mappa con i termini mancanti, scegliendoli tra i seguenti.**

microtermici ■ clima mediterraneo ■ clima della tundra ■ clima della savana ■ aridi

- **Classificazione dei climi**
  - megatermici umidi
    - clima equatoriale
    - ……
    - clima monsonico
  - ……
    - clima predesertico
    - clima desertico
  - mesotermici
    - clima sinico
    - ……
    - clima temperato fresco
  - ……
    - clima freddo a estate calda
    - clima freddo a inverno prolungato
  - nivali
    - ……
    - clima del gelo perenne
    - clima di alta montagna

2. **Scegli l'alternativa corretta.**
Il processo di formazione del suolo è chiamato **pedologia/pedogenesi**.

3. **Completa.**
La .... è la copertura vegetale del Canada settentrionale e della fascia costiera della Groenlandia.

4. **Nei deserti caldi le temperature minime giornaliere superano sempre gli 0 °C.**
Vero o falso?
Motiva la risposta.
....
....

5. **Scegli l'alternativa corretta.**
La taiga è una **steppa/foresta di conifere** tipica della Siberia.

6. **Completa.**
I dati sul clima a partire dal 1860 sono conosciuti grazie a
....

7. **Completa.**
I climi delle piante .... sono di due tipi: clima freddo a estate calda e clima freddo a ....
....

8. **Dalla metà del XVI secolo a oggi si è avuto un progressivo e regolare aumento della temperatura globale.**
Vero o falso?
Motiva la risposta.
....
....

9. **Associa a ogni fotografia la formazione vegetale e il tipo climatico corrispondente scegliendoli tra:**

steppa asciutta ■ bosco di latifoglie ■ tundra ■ taiga ■ clima freddo a inverno prolungato ■ clima predesertico ■ clima subpolare ■ clima temperato fresco

A ....

B ....

C ....

D ....

10. Completa.
La temperatura, la pressione, i venti, l'umidità e le precipitazioni sono .... che costituiscono il .... e il ....

11. Completa.
La parte solida inorganica del suolo è prodotta dalla .... meteorica delle rocce. Il mantello detritico in cui si sviluppa il suolo si chiama ....
L'orizzonte del suolo più ricco di materia organica decomposta, cioè di .... , è l'orizzonte ....

12. Nella classificazione di Köppen i climi sono raggruppati in base
(2 risposte corrette)
A alla distribuzione geografica delle formazioni vegetali.
B alla distribuzione delle terre e dei mari.
C alla latitudine.
D ai dati pluviometrici e termometrici.

13. Completa.
I fattori principali che influenzano la vita e la diffusione delle piante sono .... , il calore, l'acqua e .... ; tutti questi fattori variano nei diversi ....

14. Completa.
I climi megatermici umidi sono caratterizzati da temperature medie mensili mai inferiori a ....

15. La principale differenza tra il clima predesertico e quello del deserto consiste
A nella diversa escursione termica giornaliera.
B nel diverso grado di aridità.
C nella diversa escursione termica annua.
D nella diversa influenza dei venti occidentali.

16. Completa.
Nei deserti freddi si hanno forti escursioni termiche ....
Nei deserti caldi si hanno invece forti escursioni termiche ....

17. Completa.
Nel clima mediterraneo le estati sono .... e secche, gli inverni tiepidi e ....

18. La copertura vegetale spontanea delle zone con clima freddo a inverno prolungato è
A la foresta di latifoglie decidue.
B la brughiera.
C la foresta di conifere.
D la steppa-prateria.

19. Scegli le alternative corrette.
Nelle aree con clima del gelo perenne le precipitazioni sono **scarse/abbondanti** a causa della presenza di **alte/basse** pressioni permanenti.

20. Il clima della savana è caratterizzato da
A quattro stagioni simili alle nostre.
B due stagioni più calde e più umide e due stagioni meno calde e relativamente secche.
C un regime pluviometrico regolare.
D temperature stagionali molto diverse l'una dall'altra.

21. Completa.
Il clima .... è una varietà del clima monsonico, caratterizzata da un inverno .... e un'estate molto .... e ....

22. Scegli i due completamenti corretti.
La Piccola Età Glaciale
A si è verificata subito dopo la glaciazione würmiana.
B si è verificata in tempi storici.
C è testimoniata dai numerosi dati termici registrati alle stazioni di misura.
D fu connessa a un raffreddamento del semestre primavera-estate.
E fu innescata da un forte abbassamento delle temperature invernali.

23. Considerando le temperature mensili, le precipitazioni annue e il regime pluviometrico, individua la regione climatica italiana cui si riferisce questo grafico.

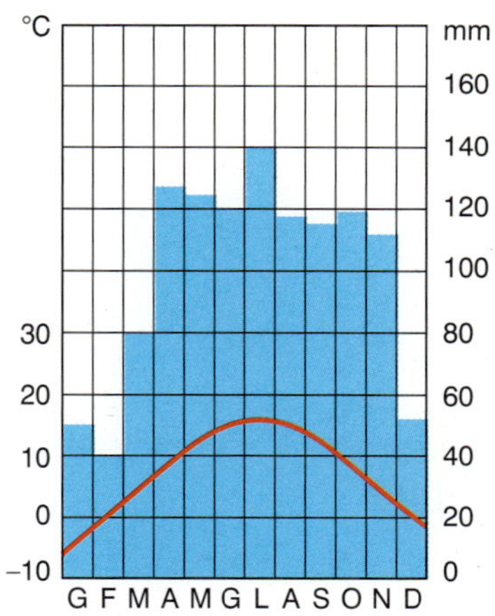

....

CLIL: Earth Science Highlights

Glossary

Match each word or expression with its definition.

1. ☐ Köppen climate type
2. ☐ Biome
3. ☐ Biotope
4. ☐ Climate
5. ☐ Climatology
6. ☐ Dry climate
7. ☐ Ecosystem
8. ☐ Global warming
9. ☐ Greenhouse gas
10. ☐ Mediterranean climate
11. ☐ Megathermal plant
12. ☐ Palaeoclimatology
13. ☐ Paris agreement
14. ☐ Pedogenesis
15. ☐ Regolith
16. ☐ Soil
17. ☐ Soil horizon
18. ☐ Tundra climate
19. ☐ Xerophyte

a. Science that studies the climates of the Earth, their origin, and their role as elements of the natural environment.

b. A system or group of interconnected elements, formed by the interaction of a community of organisms with their environment.

c. The study of past climates based on historical records or climate-dependent natural phenomena that leave traces in the geological and biological records.

d. The largest geographical biotic unit, a major community of plants and animals with similar life forms and environmental conditions.

e. Climate type of the subtropical zone, characterized by the alternation of very dry summers and mild, rainy winters.

f. The top layer of the Earth's crust in which plants can grow, consisting of solids (mineral and organic matter) liquids and gases.

g. A gradual increase in the overall temperature of the Earth's atmosphere. The increment in greenhouse effects, due to increasing levels of atmospheric carbon dioxide, is the major cause of present-day global warming.

h. The layer of loose, heterogeneous materials overlying bedrock produced by weathering.

i. Generalized statement of the prevailing weather condition at a given place, based on statistics of a long period of records of temperature, rainfall and atmospheric pressure.

j. One of the types of climate of the Polar climate group in the Köppen classification, characterized by sub-freezing mean annual temperatures, large annual temperature ranges and moderately low precipitation.

k. Any plant adapted to life in a dry or physiologically dry habitat (salt marsh, saline soil or acid bog) by means of mechanisms to prevent water loss or store available water.

l. Distinct layer of soil, approximately parallel with the land surface, whose properties develop from the combined actions of living organisms and percolating water. One or more horizons make up the soil profile, the vertical sequence of distinct layers that is unique to each type of soil.

m. A kind of climate belonging to one of the five Köppen climatic groups that is identified mainly by its pluviometric regime.

n. Agreement that sets out a global action plan to put the world on track to avoid dangerous climate change by limiting global warming to well below 2°C.

o. The habitat or physical basis of a uniform community of animals and plants adapted to its environment.

p. A dry climate is a region of the world where there is little precipitation and the air is very dry. Climatologists divide dry climate into arid and semiarid climates.

q. The processes of soil genesis and development by soil forming factors: climate, living organisms, topography, time.

r. A plant that requires great heat combined with very abundant moisture to grow successfully.

s. A gas that absorbs and reradiates energy into the planet's atmosphere, thus contributing to the warming of the atmosphere.

Summing-up

Complete the following text with the right words from the Glossary

Climate, soils, ecosystems

■ It is possible to define ________ as the set of variations in everyday weather. To determine the climate of a given place, long-term registrations of the meteorological conditions are necessary (for at least 30 years). The elements of weather and climate are the same: temperature, pressure and winds, humidity and rainfall.

■ Climatic elements vary as a function of several factors: latitude, altitude, the distribution of land and sea, ocean currents, vegetation and human activities.

■ The science that studies climate is __________ .

■ Climate contributes to the appearance of the landscape and characterises every environment on the Earth's surface, along with the geological structure, as well as the processes tied to plant and animal life and human activities.

■ Being one of the main causes of weathering, climate is also responsible for the origin of the debris mantle – named __________ – on which soils develop.

■ __________ is the most external, thinnest part of the Earth's crust, and is made up of both minerals and organic remains (humus). It also contains water and gases. Each type of soil has a particular profile, containing different __________ .

■ Soil formation, or __________ , depends on several factors: the kind of parent rocks, the configuration of relief, the activity of organisms, the time of exposure to pedogenic processes and climate. The climatic elements most involved in pedogenesis are rainfall and temperature.

■ Climatic conditions influence the type and density of vegetation and the distribution of fauna. In fact, an optimal temperature range exists for the survival of individual plant species: based on thermal requirements, plants can be categorised into __________ , mesotherms, microtherms and polar. Considering their water needs, plants are classified into hydrophytes, or water-tolerant, and __________ , or drought-tolerant. Animals are less dependent on climatic conditions than plants; however, they are dependent on the availability of water and vegetation.

■ Similar environmental requirements determine the development of plant formations and certain animal communities, i.e. a biocoenosis.

■ A biocoenosis in conjunction with the non-living components of their environment – or __________ – make up an __________ . Several ecosystems together can constitute large, uniform environments, called __________ (for example the rainforest, the pre-desert steppe, the Mediterranean maquis, the coniferous forest). The global distribution of biomes depends on climatic conditions.

Climate classification

■ Every climatic zone on Earth has its own particular temperature, humidity and air pressure. Between two adjacent zones, there is not a clear-cut boundary but rather a gradual change from one combination of climatic elements to another.

■ According to the Köppen climate classification, five main climate groups exist, which differ from one another based on the existing plant formations and the ranges of temperature and rainfall. Each of the major climate groups includes two or more __________ , based on the particular pluviometric regime.

■ Starting from low latitudes and progressing toward the poles the following climate groups are encountered.

Megathermal humid climates. The areas affected by these climates are those of the intertropical zone. Three climate types belong to this group: equatorial climate, savannah climate, monsoon climate.

__________ . Rainfall is very scarce in relation to temperature. There are two types of dry climate: semiarid climate and arid climate (desert).

Mesothermal climates. Climates of the middle latitudes. This group includes three climatic types that differ in their pluviometric regimes: Chinese monsoonal climate, __________ , Cool temperate climate (with oceanic and continental varieties).

Microthermal climates. There are two types of climate: cold climate with hot summers and cold climate with prolonged winters.

Polar climates. There are two main types of climate: __________ and Ice cap climate. The high mountain climate also belongs to this group.

Climate changes

■ Climate is changing in space and time. During the Quaternary, the Earth's climate has undergone various oscillations.

■ __________ is the science that studies the climate changes of the past. Palaeoclimatological studies have allowed us to reconstruct the climatic oscillations of the last 10,000 years.

■ Climate variations can be due to natural causes, like explosive volcanic eruptions; periods of intense solar activity; and the millennial cycles of variations in the Earth's orbit and axial tilt.

■ A steady increase in the average temperature of the globe has been recorded in recent decades. Human beings are also responsible for __________ , as the wide use of fossil fuels causes an increase in __________ in the atmosphere (particularly carbon dioxide CO_2).

■ Some of the most alarming effects of atmospheric global warming are:

- melting of polar and continental ice, which causes sea level to rise;
- the expansion of the dry climate belt towards higher latitudes (desertification);
- an increase in the frequency of storms and other extreme meteorological events;
- changes in the geographical distribution and physiology of many species of plants and animals.

■ The __________ is the most recent measure undertaken on an international scale, which aims to reduce greenhouse gas emissions. Huge efforts are necessary to reduce the consumption of fossil fuels and promote the use of renewable energy sources.

Now listen and check your answer.

Video «Climate change in the recent past»

Watch the video and answer the questions.

1. When approximately did the Holocene Climatic Optimum end?
2. How much higher were mean annual temperatures compared to present values?
3. How long did the Little Ice Age last?
4. Was the period from 800 A.C. to 1200 A.C. warmer or cooler than the present?

QUESITI

per l'applicazione delle conoscenze

1. Utilizzare strumenti online
Il modello GISS

Le previsioni sui cambiamenti climatici sono basate su complessi modelli matematici. Uno dei più importanti è il modello GISS, acronimo del Goddard Institute for Space Studies (l'Istituto della NASA che effettua questi studi).
Il modello del Goddard Institute è costruito a partire da algoritmi e calcoli computerizzati, ciascuno dei quali cerca di descrivere il comportamento di ognuno degli elementi e fattori coinvolti nel cambiamento del clima (l'atmosfera, gli oceani, la vegetazione, la tipologia delle nuvole ecc.). Quindi i singoli algoritmi sono integrati in un modello complessivo, che viene verificato perché i suoi risultati siano conformi a ciò che accade nel mondo reale.
Tutti i modelli climatici suddividono la superficie terrestre in una griglia simile a una scacchiera. Il modello GISS analizza la superficie del pianeta in 3312 caselle; inoltre, salendo nell'atmosfera, lo schema si ripete 20 volte, e quindi il numero totale di caselle supera le 66 000 unità. A ogni casella corrisponde una porzione di mondo reale, che ha un numero incalcolabile di caratteristiche (per esempio, catene montuose, laghi, foreste ecc.).
Nel modello GISS queste caratteristiche sono semplificate e ridotte a una serie di proprietà, espresse in forma numerica.

- Collegati al sito del Goddard Institute: http://data.giss.nasa.gov/gistemp/maps/
- Agendo sui diversi parametri riportati nella maschera (come quella che vedi qui sotto), crea una rappresentazione cartografica delle variazioni della temperatura in un periodo a tua scelta.
- Scrivi un breve testo che descriva e commenti la carta da te prodotta.

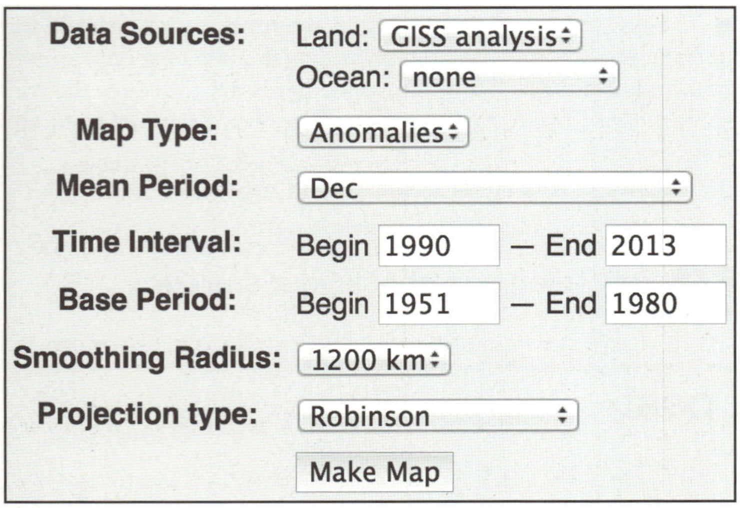

2. Leggere un grafico
Fattori del riscaldamento e del raffreddamento dell'atmosfera

Osserva il grafico qui sotto, relativo ai fattori che concorrono a determinare il riscaldamento o il raffreddamento dell'atmosfera (valutati in watt per metro quadrato), e rispondi.

a. Che effetto hanno i fattori che sono influenzati dalle attività umane?
b. Quale fattore contribuisce maggiormente al riscaldamento dell'atmosfera?
c. Perché sia la copertura nuvolosa, sia le emissioni di gas da parte dei vulcani causano un raffreddamento?

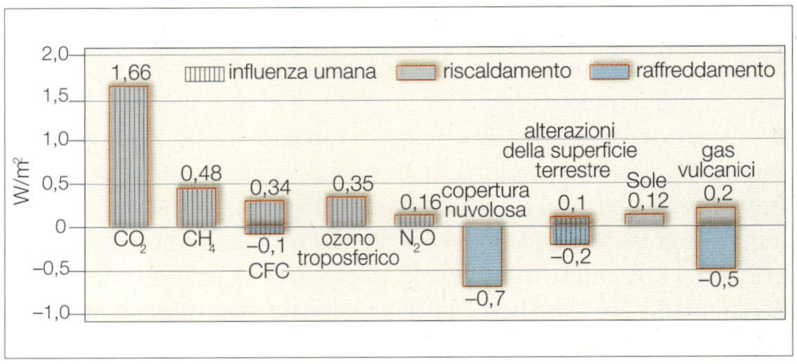

3. Ricercare e presentare informazioni
La Dendroclimatologia

Per lo studio dei cambiamenti della temperatura dell'atmosfera terrestre avvenuti prima del 1850 bisogna fare ricorso a dati indiretti; fra questi vi sono i dati desunti dall'analisi degli anelli di accrescimento del legno degli alberi. La scienza che si occupa di queste ricerche prende il nome di Dendroclimatologia.

- Ricerca informazioni sulla Dendroclimatologia.
- Prepara un PowerPoint (di 5 slide) per illustratare: cosa studia questa disciplina, quali informazioni è in grado di raccogliere e come le si possono interpretare.

4. Scrivere una relazione
Il «tuo» clima

Scrivi una relazione di minimo 200 parole che descriva le caratteristiche del clima del luogo in cui vivi.
Segui questa semplice traccia.

- Come variano nel corso dell'anno le precipitazioni e le temperature?
- Che cosa puoi dire dell'escursione termica giornaliera e di quella annua?
- A quale zona climatica italiana appartiene la località in cui vivi (riguarda l'Approfondimento di pag. 374)?

9 Il modellamento del rilievo terrestre

Il Cerro Torre e il Fitz Roy, due importanti rilievi della Patagonia, svettano tra i ghiacciai che li hanno modellati con l'aiuto del gelo e disgelo, responsabile della frantumazione delle rocce in alta montagna. L'arco di materiali che delimita il lago (verso destra) testimonia una posizione più avanzata della fronte glaciale nel passato (C. Monteath/Hedgehog/Corbis)

Test d'ingresso

A. Il vento è un movimento di aria da un luogo a un altro della superficie terrestre.

Completa.
Il vento si genera per una differenza di pressione atmosferica: l'aria si muove da una zona di

.... pressione

a una di .... pressione.

B. La portata di un fiume è la quantità di acqua (in m^3) che passa attraverso una determinata sezione fluviale in un secondo (s).

In quale tratto un fiume ha maggior portata?

- A Nel tratto montano.
- B Nel tratto di pianura.
- C In prossimità della foce.

C. I calcàri sono rocce carbonatiche, organogene o di orgine chimica.

Scegli le alternative corrette.
Sono rocce **ignee**/**sedimentarie**/**metamorfiche** costituite essenzialmente da **calcite**/**quarzo**.

D. L'orogenesi è il processo di deformazione crostale che porta al sollevamento di una nuova catena montuosa.

Vero o falso?
L'orogenesi è una delle conseguenze della Tettonica delle placche.

E. Le onde del mare sono prodotte principalmente dai venti.

Completa

In alto mare si hanno onde di .... , che in prossimità delle coste con bassi fondali si trasformano in onde di traslazione.

1 Le forze geodinamiche

L'eruzione di un vulcano o le scosse di un terremoto rendono in parte manifesti i complessi fenomeni dinamici che si svolgono all'interno del nostro pianeta. Allo stesso modo, la rapida caduta di una frana o lo straripamento di un fiume torbido e impetuoso offrono immagini immediate dei molteplici processi evolutivi che si verificano direttamente sulla superficie terrestre, davanti ai nostri occhi.

Quelli citati sono soltanto alcuni episodi, i più violenti, fra i tanti che contribuiscono a modificare incessantemente il paesaggio e a renderlo differente da luogo a luogo della Terra.

Molti altri eventi sono meno percettibili, più lenti: da una parte ci sono i fenomeni orogenetici, responsabili della nascita delle catene montuose; dall'altra i continui processi di logorìo superficiale delle rocce che vengono a contatto con ambienti diversi da quelli in cui si sono formate. Anche questi ultimi processi sono molto efficaci nel produrre – col tempo – profondi cambiamenti di aspetti del rilievo terrestre.

La superficie della Terra presenta una grande varietà di forme: catene montuose, montagne isolate e colline; valli ampie a dolce inclinazione e gole strette e profonde; pianure più o meno vaste; coste alte rocciose e spiagge sabbiose o ciottolose, spesso fra loro molto differenti.

Tutte le forme appena elencate, e le tantissime altre ancora individuabili nel rilievo terrestre, possono essere sempre considerate come il prodotto dell'azione combinata di due grandi categorie di **forze geodinamiche**: le *forze endogene* e le *forze esogene* [Figura 1].

- Le **forze endogene** (o interne) sono quelle che fanno capo al calore e alla dinamica dell'interno della Terra. Esse provocano la mobilità della litosfera oceanica e della litosfera continentale (*Tettonica delle placche*), la formazione delle catene montuose, il vulcanismo, creando così strutture e forme che possono essere definite «*primarie*».
- Le **forze esogene** (o esterne) sono quelle che dipendono dall'energia che la Terra riceve dal Sole sotto forma di radiazioni. Esse si identificano con l'azione degli elementi atmosferici, delle acque correnti, dei ghiacciai, del mare, i quali elaborano continuamente le masse rocciose delle forme primarie fin dal momento della loro apparizione, con una triplice opera di *erosione*, *trasporto* e *deposizione*.

1

Figura 1
I multiformi aspetti fisici che caratterizzano i paesaggi terrestri sono il prodotto dell'azione combinata delle forze endogene – responsabili della formazione delle montagne – e di quelle esogene, che operano il modellamento esterno dei rilievi. Nella zona delle Alpi Occidentali qui raffigurata (Bousson, Piemonte) l'azione morfologica attuale viene svolta soprattutto dalla degradazione meteorica, dalle acque correnti superficiali e dagli esseri umani. Nelle forme del rilievo, però, sono impresse anche le testimonianze dell'opera di un altro agente morfogenetico attivo nel passato, in condizioni climatiche differenti: l'ampia valle in cui attualmente scorre un fiume conserva ancora alcune caratteristiche delle valli scavate da lingue glaciali durante il loro movimento.
(E. Lupia Palmieri)

Le forze esogene – o **agenti esogeni** – avviano la loro opera alterando e disgregando le rocce affioranti in superficie, e prelevandone frammenti di varia grandezza. Di seguito, trasportano il materiale risultante da questi fenomeni di degradazione ed erosione, sotto la spinta costante della forza di gravità. Infine depositano tale materiale detritico allorché diminuisce o si annulla la loro energia.

Ne risulta la creazione di nuove *forme del rilievo*, che saranno «di erosione» o «di deposito» a seconda che nell'area interessata prevalga l'uno o l'altro di questi due grandi gruppi di **processi morfogenetici**.

Ai suddetti agenti modellatori si aggiunge l'uomo, che, con la sua opera costruttiva o demolitrice, riesce a modificare, a volte anche profondamente, i paesaggi naturali: egli sbarra corsi d'acqua creando laghi artificiali, spiana o perfora rilievi per costruire strade e ferrovie, favorisce od ostacola con i suoi manufatti l'attacco del mare sulle coste, elimina o sostituisce la copertura vegetale naturale, influendo così anche sulle condizioni climatiche e spesso provocando una grave intensificazione dell'erosione del suolo.

La scienza che si occupa delle forme del rilievo terrestre (siano esse subaeree o subacquee), della loro genesi e della loro evoluzione è la **Geomorfologia**.

Questa branca della Geografia fisica non si identifica con lo studio della forma complessiva della Terra, la cui determinazione è compito della Geodesia; né con quello della sola configurazione generale delle masse continentali e dei bacini oceanici, che rientra più propriamente nei compiti della Geologia e della Geografia. La Geomorfologia si interessa piuttosto delle «*morfosculture*», ossia delle forme di dettaglio che si sono sviluppate su queste fattezze maggiori della superficie terrestre e che sono in continua trasformazione nel tempo. Come tutte le moderne scienze della natura, essa non si limita ad una pura e semplice descrizione, ma cerca piuttosto di interpretare le forme attuali del rilievo, di individuare i processi mediante i quali si sono originate e di prevederne anche, nei limiti del possibile, la futura evoluzione.

Sebbene l'interesse della Geomorfologia sia fondamentalmente diretto allo studio degli agenti esogeni, che possono essere considerati come i veri artefici delle forme del rilievo terrestre, questa scienza non può svolgere il suo compito interpretativo senza la conoscenza dei processi operati dagli agenti endogeni. Questi ultimi, in realtà, non solo producono le grandi unità strutturali («geotessiture») e gli elementi primari («morfostrutture») della fisionomia della superficie terrestre, ma contribuiscono indirettamente anche al modellamento di dettaglio del profilo verticale e dei tratti orizzontali di tale fisionomia (cioè alla creazione di morfosculture). Da una parte, infatti, le forze endogene possono interrompere o accelerare l'azione delle forze esogene, e dall'altra determinano quelle caratteristiche geologiche del territorio (natura, giacitura e tettonizzazione delle rocce) che, traducendosi in diversa resistenza all'attacco degli agenti esogeni, condizionano lo sviluppo dei processi geomorfologici.

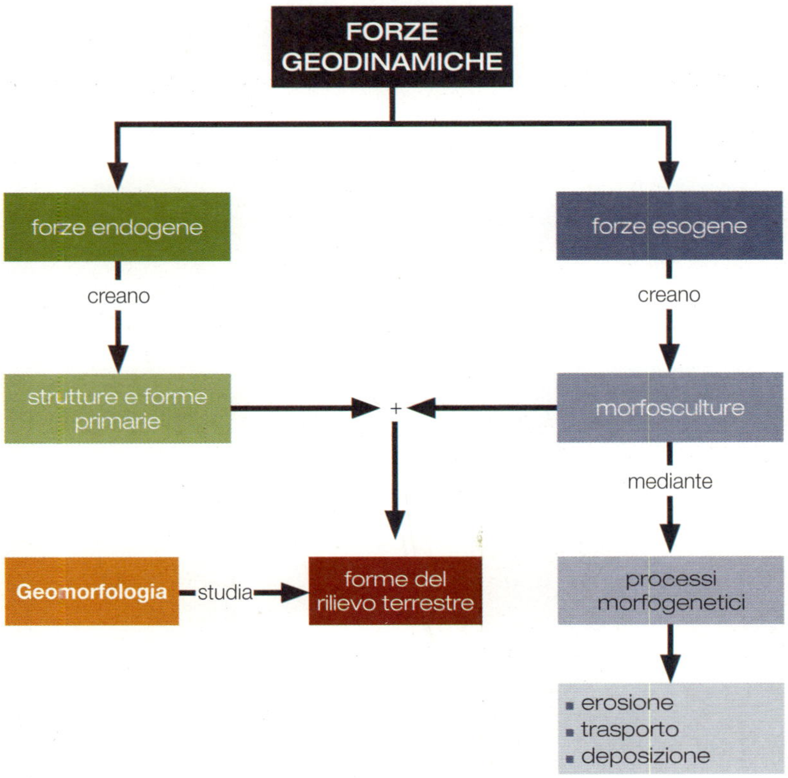

QUESITI

1. Le forze endogene sono
   - **A** le sole responsabili del modellamento superficiale della Terra solida.
   - **B** alimentate dalla radiazione solare.
   - **C** attivate dal motore interno del sistema Terra
2. Scegli le altenative corrette.
   I processi morfogenetici comprendono due grandi gruppi: i processi di **erosione/fratturazione** e i processi di **stratificazione/deposito**.
3. Vero o falso? Motiva la risposta.
   Le attività antropiche possono modificare le forme del rilievo accelerando od ostacolando l'azione degli altri agenti esogeni.
4. La Geomorfologia studia le ...., ossia le forme di dettaglio della fisionomia della superficie terrestre.
5. Quali sono le forze responsabili della costruzione delle forme primarie del rilievo terrestre?
6. Quali sono gli agenti esogeni che modellano il rilievo terrestre?
7. Che cosa sono i processi morfogenetici?

2 La degradazione meteorica delle rocce

Video
La disgregazione meteorica delle rocce

Se esaminiamo più volte e attentamente una grande parete in roccia, o anche un semplice masso litoide, a distanza di alcuni anni può capitarci di notare dei cambiamenti di aspetto della massa rocciosa [Figure 2 e 3].

Tali cambiamenti, che possono sembrare inspiegabili se si è sicuri che non sono stati prodotti dall'uomo né da fiumi o ghiacciai o altri agenti in moto (vento, onde marine), sono dovuti al lento ma continuo lavorìo degli agenti atmosferici. Questi ultimi attaccano fisicamente e chimicamente le rocce superficiali, disgregandole e decomponendole, e preparano così l'*erosione* (in senso stretto), cioè l'asporto dei materiali detritici per effetto della gravità o per l'intervento dei corsi d'acqua, dei ghiacciai, del vento, dei movimenti del mare.

Al complesso dei fenomeni che portano al disfacimento in posto delle rocce ad opera degli agenti atmosferici si dà il nome di **degradazione meteorica** (in inglese, *weathering*). Questa – a lungo andare – concorre a determinare mutamenti sensibili nelle forme del rilievo terrestre. In genere si distinguono:

– i processi di degradazione fisica, che provocano la *disgregazione* delle rocce;
– i processi di degradazione chimica, che consistono nella *alterazione allo stato solido* o nella *dissoluzione*.

In realtà, questi due gruppi di fenomeni si svolgono congiuntamente, influenzandosi e rafforzandosi a vicenda. I processi fisici prevalgono nelle regioni con clima arido o freddo, mentre quelli chimici dominano nelle regioni con clima umido e caldo.

2

Figura 2
Il gruppo dolomitico del Sella, visto dal Passo Pordoi. Le accentuate *escursioni termiche* ed il fenomeno del *gelo e disgelo* disgregano le rocce esposte, producendo con il tempo una notevole quantità di detriti; questi cadono ai piedi dei versanti, formando accumuli isolati o continui le cui forme e pendenze sono in relazione con la natura dei materiali rocciosi, i quali si dispongono secondo il loro naturale «angolo di riposo». Alla base delle pareti più ripide e in corrispondenza di marcate incisioni si distinguono chiaramente alcuni *coni di detrito*, costituiti di materiali precipitati per gravità.
(Emi Cristea/Shutterstock)

3

Figura 3
Rocce granitiche, in Australia. Il riscaldamento diurno e il raffreddamento notturno della superficie rocciosa producono tensioni tanto forti da dar luogo alla formazione di «scaglie» o «pellicole» che si dividono e si staccano; il processo provoca anche un «arrotondamento» dei blocchi rocciosi. La *desquamazione* si manifesta soprattutto nelle rocce eterogenee, con diversi coefficienti di dilatazione. Essa richiede la presenza di umidità per essere più efficace, e allora comporta anche azioni chimiche.
(Janelle Lugge/Shutterstock)

Figura 4
Degradazione fisica del terreno ad opera del gelo discontinuo: *suoli a gradini erbosi* su un pendio nell'Alpe di Siusi. Le rocce presentano un'abbondante frazione argillosa; nei periodi di gelo esse subiscono deformazioni e ripiegamenti e al disgelo si imbevono d'acqua divenendo plastiche. Di conseguenza, nei tratti in pendio il terreno argilloso è interessato da *lenti movimenti in massa* verso valle (qualche metro all'anno); in tale caso si parla di fenomeni di *soliflusso*. Questi possono coinvolgere interi versanti, ma per spessori generalmente non superiori ad un paio di metri. (C. Caputo, Roma)

2.1 La disgregazione delle rocce

I processi elementari di degradazione fisica sono essenzialmente dovuti alle *oscillazioni termiche* che si verificano tra il dì e la notte. Tali oscillazioni hanno reale efficacia disgregatrice soltanto in due condizioni: se sono molto forti o se comportano alternativamente congelamento e fusione delle acque meteoriche.

Le oscillazioni giornaliere della temperatura causano nelle rocce esposte all'aria e all'insolazione continue dilatazioni e contrazioni. A causa della scarsa capacità termica delle rocce, le parti più esterne della massa rocciosa si riscaldano e si raffreddano rapidamente, mentre le parti più interne partecipano in minor misura e con un certo ritardo al riscaldamento diurno e al raffreddamento notturno. Quando le escursioni di temperatura raggiungono valori di parecchi gradi centigradi (anche decine), nel tempo le rocce esposte in superficie sono soggette a un processo di frantumazione detto **termoclastismo**.

I maggiori effetti del termoclastismo si riscontrano nei luoghi dove le escursioni termiche sono più accentuate e rapide, in particolare nelle regioni desertiche o montuose (si riveda la figura 2). Inoltre, a parità di altre condizioni, il termoclastismo si verifica maggiormente nelle rocce scure, che assorbono più calore, e nelle rocce eterogenee, i cui vari componenti si riscaldano e si dilatano in misura diversa.

■ **Capacità termica** (Thermal capacity) Attitudine di un corpo a ricevere e trattenere calore.

I tipi di disgregazione sono determinati dalla natura delle masse rocciose.

■ Le rocce omogenee a grana minuta (per esempio, i calcàri microcristallini, le argille o le rocce ignee a grana fine) sono interessate soprattutto da una *disgregazione a blocchi o a scaglie*. Inoltre, se le masse rocciose sono stratificate o intensamente tettonizzate, a seguito della disgregazione possono subire una notevole scompaginazione.

■ Le rocce a grana grossa subiscono, oltre a una disgregazione a blocchi o a scaglie, anche una *disgregazione granulare*, conseguente all'alterna dilatazione e contrazione dei singoli minerali sulle superfici esposte. Spesso, inoltre, sono sottoposte a una *desquamazione*, cioè una disgregazione superficiale in foglietti spessi alcuni millimetri o qualche centimetro. La desquamazione è tipica delle rocce scistose (metamorfiche), ma si osserva con frequenza anche in quelle massive: graniti, basalti grossolani, arenarie ecc. (si riveda la figura 3).

Un altro agente importantissimo della degradazione fisica delle rocce è il fenomeno del *gelo e disgelo*, che è caratteristico delle regioni fredde subpolari e di alta montagna, ma interessa anche le regioni temperate. Quando congela, l'acqua presente negli interstizi e nelle fessure delle rocce aumenta di volume, esercitando sulle pareti delle cavità pressioni tanto elevate (fino a qualche migliaio di kg/cm^2) da allargare le fessure e fratturare la roccia.

La disgregazione legata all'aumento di volume che accompagna il passaggio di stato dell'acqua è detta **crioclastismo**. Essa è tanto più marcata quanto più spesso si alternano il gelo e il disgelo dell'acqua e quanto maggiore è la porosità o la fratturazione o la stratificazione delle rocce (si riveda la figura 2).

Il crioclastismo è attenuato dalla presenza di una copertura vegetale o di un mantello di detriti che proteggono la roccia sottostante, ma un inverno rigido può far risentire i suoi effetti anche al di sotto del suolo.

I tipi di disgregazione dipendono dalle caratteristiche delle masse rocciose sottoposte ai cicli di gelo e disgelo:

- le rocce porose mostrano una *disgregazione granulare*;
- le rocce fratturate si disgregano *in blocchi*;
- le rocce scistose o sottilmente stratificate subiscono il *fogliettamento*.

Altre forme consistono in rigonfiamenti, deformazioni e spostamenti del suolo detritico, soprattutto se argilloso, per opera del gelo: in questi casi si parla di *crioturbazioni* [Figura 4].

5

6

Figura 5
Effetti dello sviluppo delle radici delle piante in una roccia arenacea in Australia.
(Bill Bachman/Alamy)

Figura 6
Il Bryce Canyon, nello Utah (Stati Uniti d'America). Il colore rosso è dato dall'ossidazione dei minerali, contenenti ferro, che costituiscono queste rocce. (E. Völkel, 1997)

La disgregazione può essere operata anche da altri agenti, non atmosferici, come gli organismi viventi: in questo caso si parla di **bioclastismo**. In particolare, le piante con l'azione divaricatrice delle radici possono allargare e prolungare le fessure preesistenti, causando una limitata frantumazione di blocchi rocciosi [Figura 5]; ma in genere esse contribuiscono a rendere più coerenti, e perciò meno erodibili, i suoli.

2.2 L'alterazione chimica delle rocce e dei suoli

La degradazione chimica dei materiali rocciosi ad opera degli agenti atmosferici consiste in un insieme di fenomeni ai quali sono soggette tutte le rocce esposte e i componenti inorganici (oltre che i resti organici) dei suoli. Questi fenomeni sono dovuti principalmente all'ossigeno, all'acqua e all'anidride carbonica.

L'**ossidazione** è prodotta sia dall'ossigeno dell'aria, sia da quello disciolto nelle acque meteoriche. Essa si esplica in modo più marcato sulle sostanze carboniose, sui composti ferrosi [Figura 6], sullo zolfo e sui solfuri.

Le acque meteoriche provocano anche l'**idratazione** di alcuni minerali, come l'anidrite ($CaSO_4$) che si trasforma in gesso ($CaSO_4 \cdot 2\,H_2O$) e l'ematite (Fe_2O_3) che passa a limonite ($2\,Fe_2O_3 \cdot 3\,H_2O$). A questo processo si accompagna sempre un aumento di volume delle rocce alterate.

Ben più diffuso è però il fenomeno dell'**idrolisi**, dovuta al fatto che l'acqua è parzialmente dissociata in ioni H^+ e ioni OH^-. Benché tale dissociazione sia poco pronunciata, essa è in grado di competere con quella di acidi deboli come l'acido silicico e l'acido alluminosilicico; perciò l'acqua può scindere questi acidi e formare idrati con le basi ad essi prima legati.

Per il processo di idrolisi negli alluminosilicati (feldspati e feldspatoidi) si ha l'*argillificazione*, cioè vengono separati da un lato idrosilicati di alluminio, ossia minerali argillosi, e dall'altro le basi sotto forma di idrossidi, che in presenza di anidride carbonica si trasformano parzialmente in carbonati e bicarbonati. La reazione chimica che porta all'argillificazione può essere così schematizzata:

$$2\,KAlSi_3O_8 + 2\,H_2O + CO_2 \rightleftarrows$$
$$\rightleftarrows K_2CO_3 + 2\,AlHSiO_4 \cdot H_2O + 4\,SiO_2$$

dove l'alluminosilicato di partenza è l'ortoclasio ($KAlSi_3O_8$), un minerale molto diffuso nelle rocce ignee, e l'idrosilicato che si ottiene dalla reazione è la caolinite ($AlHSiO_4 \cdot H_2O$), appartenente alla famiglia dei minerali argillosi. Quando questo processo chimico è particolarmente spinto, gli idrosilicati si scindono in idrossidi di alluminio, idrossidi di ferro e silice idrata; l'acqua può dilavare e asportare

■ **Feldspati** (Feldspars) Alluminosilicati che rappresentano il gruppo più numeroso dei minerali della crosta terrestre.

■ **Feldspatoidi** (Feldspathoids) Minerali alluminosilicati relativamente rari rispetto ai feldspati e più poveri in silice (SiO_2).

7

Figura 7
***Suoli lateritici* nella parte meridionale dell'Altopiano Etiopico.** In tutte le regioni a clima megatermico umido l'alterazione chimica delle rocce è molto pronunciata. Qui le rocce ignee (basalti) ricche di minerali alluminosilicati sono state trasformate superficialmente in lateriti, nelle quali sono concentrati gli idrossidi di ferro e alluminio. Nel corso del processo di formazione le lateriti sono tenere e quando sono bagnate hanno proprietà plastiche, ma con l'esposizione prolungata all'atmosfera diventano molto dure. Perciò i suoli lateritici sono poco adatti all'agricoltura.
(A. Angelucci, Roma)

quest'ultima assieme alle basi solubili, e rimangono così gli idrossidi di ferro e quelli di alluminio, che danno origine alle *lateriti* [Figura 7] e alle *bauxiti*.

Pure molto importante, ai fini del modellamento del rilievo, è la **dissoluzione** che l'acqua può operare su alcuni componenti della crosta terrestre [Figura 8], specie con l'aiuto di altre sostanze come l'anidride carbonica. Ne riparleremo nel paragrafo 7, dedicato al fenomeno del carsismo.

Anche gli organismi viventi concorrono all'alterazione chimica delle rocce, sia direttamente, sia indirettamente: in questi casi si parla di **azioni biochimiche**.

Per esempio, le radici delle piante secernono acido carbonico e vari acidi organici la cui azione chimica accompagna e favorisce quella dell'acqua e dei gas atmosferici in essa disciolti.

Allo stesso modo si comportano le radichette dei muschi, che si impiantano frequentemente sulle superfici rocciose in via di alterazione.

Importantissima è poi l'attività dei batteri, alcuni dei quali secernono anidride carbonica, altri ammoniaca e quindi acido nitrico, altri ancora acido solfidrico o acido solforico ecc. Essi, inoltre, intervengono nel determinare la decomposizione dei residui organici, da cui si originano le sostanze humiche dei suoli.

2.3 I prodotti della degradazione meteorica

I materiali detritici formatisi dalla disgregazione e dall'alterazione chimica delle rocce sono estremamente importanti per la formazione del suolo e per la vita della copertura vegetale. Difatti, quando le superfici rocciose esposte all'attacco degli agenti atmosferici sono orizzontali o poco inclinate, i prodotti della degradazione meteorica rimangono sul posto e – in un tempo di decine, centinaia o migliaia d'anni, a seconda delle condizioni climatiche – finiscono per coprire le rocce madri sottostanti con un **mantello detritico**, detto **regolite**, di tale spessore (anche parecchi metri) da rendere via via più debole l'attacco ulteriore, fino ad annullarlo. Nella parte superiore di questo mantello detritico può

8

Figura 8
Forme di *alterazione chimica* nei gessi, molto solubili, della formazione delle «dolòmie con gessi» del Trias delle Alpi Marittime. Sulla ripida superficie esposta, l'azione delle acque cadenti e dilavanti ha prodotto una fitta serie di minuti solchi di dissoluzione, quasi paralleli fra loro. Nelle parti fessurate l'acqua riesce a infiltrarsi e ad esplicare la sua azione solvente ancora più intensamente, creando delle piccole cavità (come quella all'estremità destra, in basso) che si sviluppano verso l'interno della massa rocciosa. (B. Accordi, Roma)

9

10

Figura 9
Due *coni di detrito* al piede di un rilievo nel bacino idrografico del Bio Bio, in Cile. L'accumulo dei materiali, derivanti dalla disgregazione di rocce ignee, ha una pendenza elevata, ma inferiore a quella delle pendici da cui proviene. I detriti più grossolani prevalgono verso il basso; i più minuti si fermano presso l'apice. (E. Lupia Palmieri)

Figura 10
Una falda di detrito alle pendici delle Tre cime di Lavaredo, nelle Dolomiti. Qui i frammenti rocciosi provenienti dagli alti versanti del rilievo formano una fascia pressoché continua, derivando da più accumuli adiacenti che, accrescendosi, si sono saldati l'uno all'altro.

■ **Pedogenesi (Pedogenesis)** Dal greco *pédon*, terreno, suolo e *génesis*, nascita. La formazione del suolo è legata a una serie di agenti e fattori che determinano o influenzano in vari modi i processi fisici, chimici e biologici localizzati nella parte superficiale della crosta terrestre. I principali sono: la *roccia madre*, che è il materiale di origine del suolo; il *rilievo*, ossia la configurazione del terreno; il *tempo* durante il quale si svolgono i processi pedogenetici; gli *organismi* che vivono sul terreno e dentro di esso; il *clima*, con i suoi diversi tipi.

avvenire la formazione del suolo (pedogenesi). Se, però, le superfici rocciose sono inclinate, la gravità e gli altri agenti esogeni tendono ad allontanare i prodotti della degradazione meteorica via via che si formano, ed espongono così continuamente nuove superfici all'opera degli agenti atmosferici. Quando la pendenza delle superfici rocciose esposte è forte, come si verifica spesso nelle zone di montagna, i frammenti che se ne staccano per degradazione precipitano e si accumulano al piede delle pareti e dei versanti, formando dei pendii di detriti la cui inclinazione è variabile (da 10° a 40°) a seconda delle dimensioni dei singoli frammenti rocciosi e della loro natura. I frammenti che si accumulano alla base di un versante possono costituire:

- **coni di detrito** [Figura 9], che si espandono a ventaglio, partendo da un apice posto in corrispondenza di un canalone o di un solco che convoglia i materiali in caduta;
- **falde di detrito** [Figura 10], che sono delimitate in alto da una linea quasi orizzontale.

Queste due *forme di accumulo gravitativo*, fuse insieme o giustapposte, costituiscono complessivamente le cosiddette **fasce detritiche** (o **detrito di falda**, in generale).

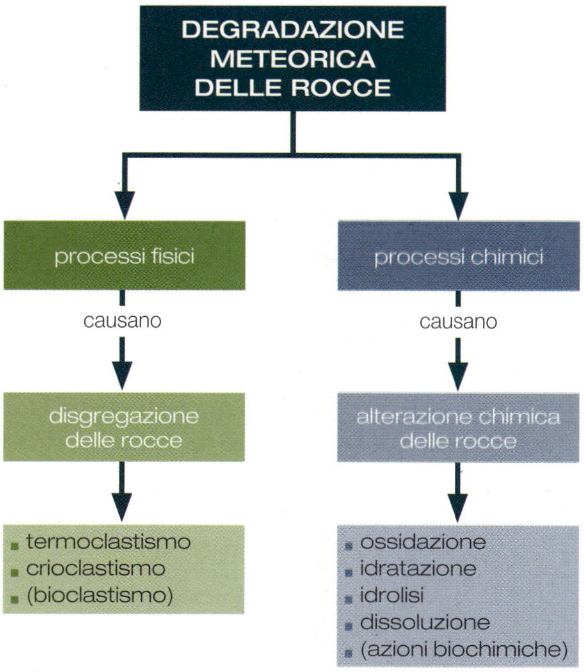

QUESITI

1. Completa.
   La disgregazione meteorica delle rocce è dovuta a processi di natura ....; l'alterazione consiste in processi ....
2. Scegli le alternative corrette.
   I processi chimici prevalgono nelle regioni **fredde e aride/calde e umide**, quelli fisici nelle regioni **fredde/calde** o **umide/aride**.
3. Un accumulo di frammenti rocciosi che si espande a ventaglio alla base di un versante montuoso è detto
   A regolite. B cono di detrito.
   C falda di detrito. D mantello detritico.
4. Quali processi sono responsabili della degradazione fisica delle rocce?
5. In quali regioni è particolarmente attivo il termoclastismo?
6. In che cosa consiste il crioclastismo?
7. Quali sono i principali processi di alterazione chimica delle rocce?
8. Che cosa accade quando le superfici rocciose che subiscono la degradazione meteorica sono fortemente inclinate?

3 I fenomeni franosi

Video
I fenomeni franosi

I distacchi di materiale dai versanti dei rilievi – per effetto prevalente della forza di gravità – possono avvenire in condizioni particolari che danno luogo alla discesa, più o meno repentina e veloce, di grandi masse di rocce, coerenti o incoerenti: in questo caso si parla di *frane*.

Il franamento è preparato dalla degradazione meteorica delle rocce ed è sempre dovuto alle condizioni di equilibrio instabile in cui si vengono a trovare i pendii con angolo di inclinazione superiore a quello massimo «di riposo» dei materiali che li costituiscono.

Il franamento è connesso a tre fattori principali:

- il *tipo di materiale* che costituisce il versante e la sua eventuale stratificazione e/o fratturazione;
- l'*inclinazione del pendio* (l'elevata inclinazione dei versanti contribuisce alla tendenza dei materiali a crollare, scivolare o colare);
- la quantità d'*acqua* presente nei materiali rocciosi, che dipende dalla loro porosità e/o fessurazione, e dall'abbondanza delle precipitazioni meteoriche.

3.1 Tipi di frane

Esistono diversi meccanismi di discesa di masse rocciose (*movimenti in massa*), e quindi vari **tipi di frane** [Figura 11].

Nelle frane più tipiche si possono distinguere comunemente tre parti principali.

Figura 11
Principali *tipi di frane*.
I movimenti franosi sono spesso estremamente complessi; e per questo motivo è praticamente impossibile classificarli secondo schemi rigidi. Quelli qui rappresentati sono i tipi più semplici, ma si deve tener presente che ne esistono di molto più complicati, nei quali si combinano modalità di movimento tra loro differenti. Gli scivolamenti vengono denominati anche *scorrimenti traslativi*; gli scoscendimenti lungo superfici curve, frequentemente «multipli», prendono anche la denominazione di *scorrimenti rotazionali*.

11

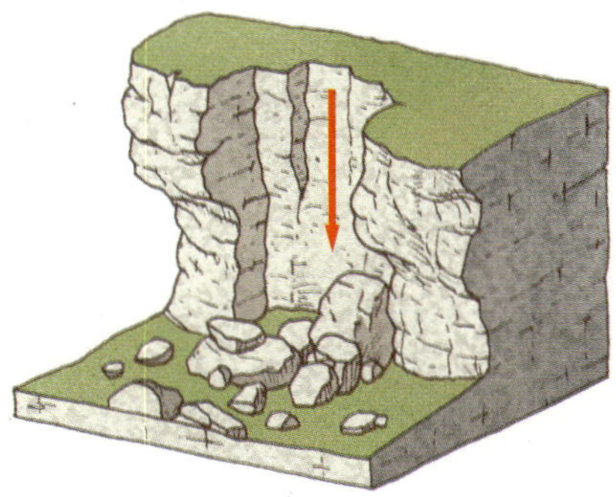

Le **frane di crollo** coinvolgono masse rocciose coerenti, fessurate o stratificate, a picco o sporgenti.

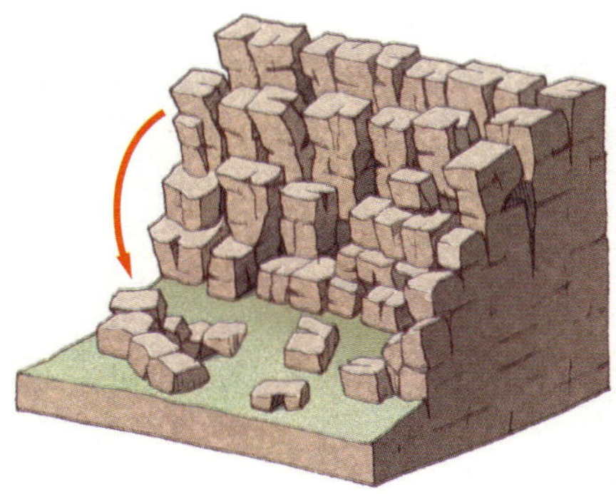

Masse rocciose coerenti con fessurazioni o stratificazioni verticali possono subire anche **ribaltamenti**.

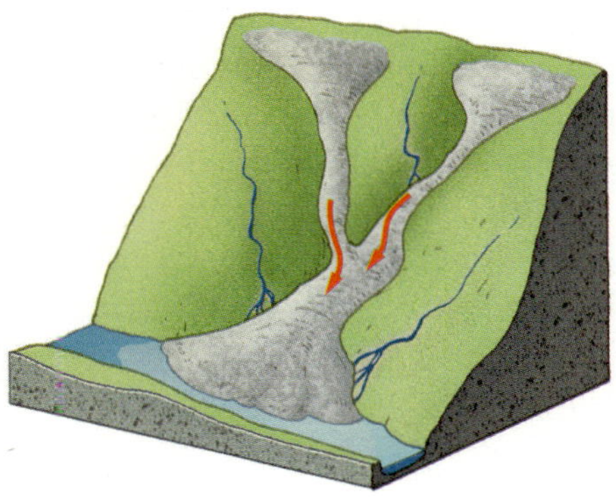

I **colamenti** (o **colate**) sono movimenti lenti che si sviluppano nei pendii in rocce argillose, a causa dell'ammollimento e dell'appesantimento di questi materiali ad opera dell'acqua.

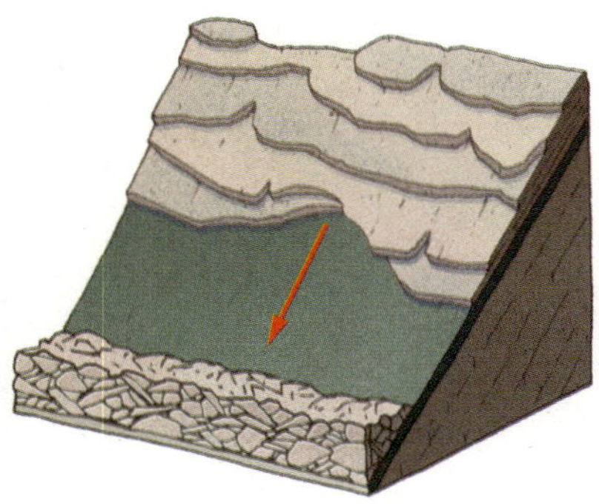

In litotipi poco coerenti il movimento viene agevolato dalle acque di infiltrazione che vi circolano e fanno diminuire l'attrito con le eventuali rocce impermeabili sottostanti, provocando il franamento delle masse sovrastanti.
Se queste si muovono su piani inclinati preesistenti (come superfici di strato) si parla di **scivolamenti** (o **scorrimenti traslativi**).

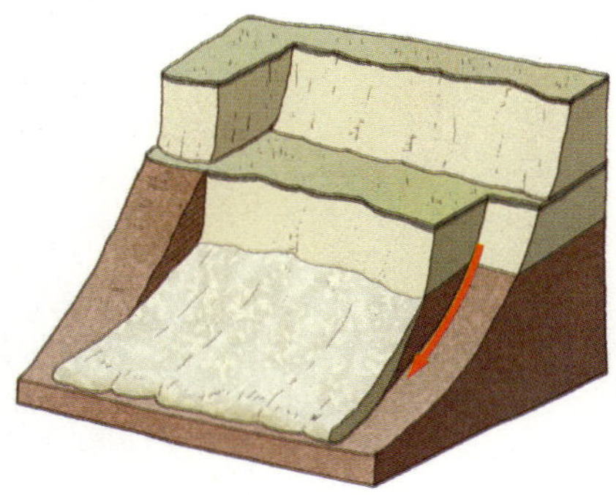

Gli **scoscendimenti** (o **scorrimenti rotazionali**) interessano litotipi poco coerenti nei quali circolano abbondanti acque di infiltrazione. Essi si verificano quando le masse si muovono lungo nuove superfici di distacco, che possono essere piane o, più spesso, curve.

12A

12B

Figura 12
Le profonde modificazioni che possono prodursi nel paesaggio a causa di un fenomeno franoso di vaste dimensioni (Valtellina).
A. L'aspetto della valle presso l'abitato di Sant'Antonio Morignone, prima che il distacco della frana gigantesca ne alterasse totalmente la morfologia.
B. L'aspetto dello stesso tratto di valle dopo l'evento franoso. Si è trattato di una frana assimilabile allo scivolamento, resa però più complessa da un movimento rotazionale lungo una superficie di discontinuità preesistente. Il movimento ha interessato rocce metamorfiche (gneiss e micascisti) poggianti su rocce intrusive (gabbri). Le conseguenze del fenomeno appaiono nelle immagini in tutta la loro drammaticità. Il versante destro, coperto di boschi nella prima fotografia, mostra nella seconda una vasta cicatrice che corrisponde alla *zona di distacco* e al *pendio* della frana. Anche il fondovalle appare completamente cambiato: i verdi prati hanno ceduto il posto all'*accumulo* di frana, un ammasso caotico di detriti che ha totalmente sepolto tre paesi (uno dei quali è quello della prima fotografia). (A. Vergani, 1987; A. Mascaro, Double's, Milano)

- La **nicchia di distacco**, di forma assai varia secondo la causa particolare che provoca la frana e la natura delle rocce in cui questa si sviluppa, è quella intaccatura del pendio che segna il limite della porzione di versante rimasta in posto da quella franata.
- Il **pendio di frana** è il tratto di versante sul quale si sono spostati i materiali franati, e che spesso assume una forma a solco.
- L'**accumulo di frana** è quello formato dall'insieme dei materiali che, dopo avere percorso un tragitto più o meno lungo, si sono arrestati, ammucchiandosi in maniera spesso caotica.

I tre elementi morfologici descritti sono riconoscibili nella Figura 12.

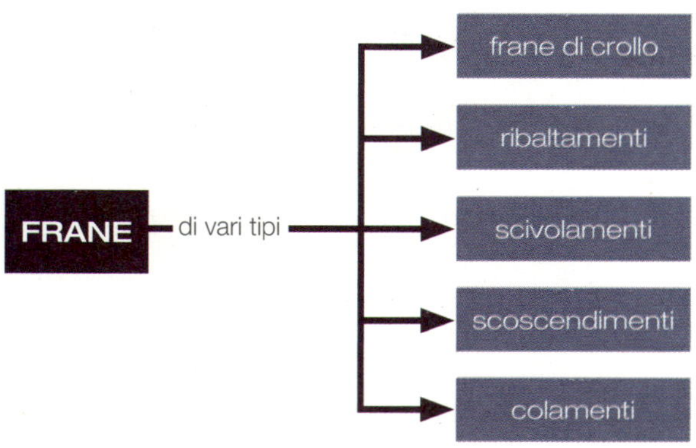

3.2

Le cause delle frane

Ogni frana ha un proprio comportamento, più o meno differente dalle altre, e può provocare danni di diversa entità a seconda della propria estensione e della zona in cui si sviluppa. Più che le classificazioni – numerose e differenti, basate su determinati parametri (tipo di movimento, natura del materiale roccioso ecc.) e compilate con finalità diverse – è importante comprendere i meccanismi dei singoli fenomeni franosi e individuare le **cause delle frane**, al fine di dedurre le tendenze evolutive dei rilievi che ne sono interessati e per poter scegliere i rimedi più adatti ed efficaci.

Nell'innesco delle frane, oltre alle cause già segnalate, svolge un ruolo determinante l'uomo, che altera il naturale *equilibrio dei versanti* creando cave, vie di comunicazione e canali artificiali, sovraccarica il terreno con le più varie costruzioni, modifica il corso dei fiumi con dighe e altri interventi, distrugge la copertura vegetale che spesso svolge una funzione protettrice nei riguardi della disgregazione delle rocce. È questo uno dei motivi per cui le frane sono particolarmente diffuse nelle zone temperate, dove non soltanto le condizioni climatiche sono più favorevoli alla degradazione meteorica e all'attacco delle acque, ma è anche più intenso il fenomeno dell'antropizzazione.

QUESITI

1. Scegli l'alternativa corretta.
   I colamenti, gli scivolamenti e gli scoscendimenti sono **favoriti/ostacolati** dalle precipitazioni meteoriche.
2. Che cos'è una frana?
3. Quali sono i principali tipi di frane?
4. Quali sono le parti principali che possono essere individuate generalmente in una frana?

ampliamento delle conoscenze

Il problema delle frane in Italia

Nel nostro Paese le frane vengono spesso considerate, assieme ai terremoti, come «calamità naturali». In realtà i terremoti sono davvero incontrollabili, almeno per ora, mentre i fenomeni franosi e le alluvioni fluviali sono determinate in gran parte dall'incuria o dall'imprevidenza umana e si può combatterli. In ogni caso, se ne possono ridurre gli effetti dannosi.

Il territorio italiano è indubbiamente predisposto a questi **dissesti geomorfologici** [Figura 13] per la sua natura prevalentemente montuosa, per la struttura geologica giovane e dinamica, per il suo clima con piogge spesso violente e concentrate in brevi periodi. Inoltre, il diffuso disboscamento, l'intensa e disordinata urbanizzazione, l'industrializzazione e il conseguente abbandono delle campagne hanno notevolmente aggravato questa situazione.

Secondo alcune indagini eseguite da varie Università, attualmente nel nostro Paese esistono non meno di 15 000 aree interessate da fenomeni franosi, ossia aree in cui sono presenti una o più frane contigue.

Oltre alle vittime umane, che nel solo periodo 1960-2011 hanno superato le 5000 unità (3417 morti, 15 dispersi, 1940 feriti), in Italia i danni prodotti dalle frane (alle abitazioni, alle vie di comunicazione, all'agricoltura ecc.) sono enormi; mediamente possono essere calcolati in 1-2 miliardi di euro all'anno. E i danni non accennano a diminuire, nonostante le ingenti spese sostenute dallo Stato e dagli enti pubblici e privati. Tutto ciò si deve collegare, almeno in parte, al fatto che gli interventi sono stati più spesso diretti a rimediare ai danni già provocati da frane e inondazioni piuttosto che a prevenire tali fenomeni con piani organici, basati su studi approfonditi.

Fronteggiare e risolvere il complesso problema, che ha radici storiche, non è facile. Discrete prospettive si sono aperte con la «Legge sulla difesa del suolo» del 1989; ma da allora, nonostante i notevoli progressi conseguiti nella conoscenza del **rischio da frane**, soprattutto ad opera dei ricercatori del Gruppo Nazionale per la Difesa dalle Catastrofi Idrogeologiche (del C.N.R.) e di vari geologi universitari, e nonostante il grande impegno della Protezione Civile, il problema della riduzione delle frane – o, per lo meno, dei danni da essere causati – è ancora lontano dall'essere risolto.

Comunque, prevenire movimenti in massa di modeste dimensioni o indotti dalle attività umane, o minimizzare i loro effetti, è possibile. Per ridurre il numero di vittime umane e i danni alle proprietà si devono adottare comportamenti opportuni, come quelli qui di seguito indicati:

- evitare di costruire in aree predisposte ai fenomeni franosi;
- edificare evitando di rendere instabili versanti naturalmente stabili;
- realizzare opere di ingegneria idraulica che assicurino il drenaggio delle acque piovane sui versanti.

Figura 13
Stabilità geomorfologica **del territorio italiano.** Questa carta tiene conto soprattutto delle frane e della loro elevata presenza in determinate aree, ma mostra schematicamente anche le principali zone interessate da valanghe e le aree vulcaniche attive. Se si considera anche il fenomeno dell'erosione accelerata del suolo, che colpisce vaste aree spesso coincidenti con quelle a maggiore franosità, e si aggiungono le inondazioni fluviali e l'estesa erosione dei litorali, si ottiene un quadro globale dei «dissesti geomorfologici» che interessano larga parte del territorio italiano. In particolare, secondo dati approssimati per difetto, risulta che la maggiore densità di frane si ha in Basilicata con oltre 27 aree franose ogni 100 km², cui seguono il Molise con 12, l'Emilia-Romagna con 11, la Calabria con 9; la media nazionale è certamente superiore alle 5 aree franose ogni 100 km². (Rielaborata da: E: Lupia Palmieri, A. Biasini, L. D'Alessandro, R. De Marco, in *Relazione sullo stato dell'ambiente*, Ministero dell'Ambiente, Roma).

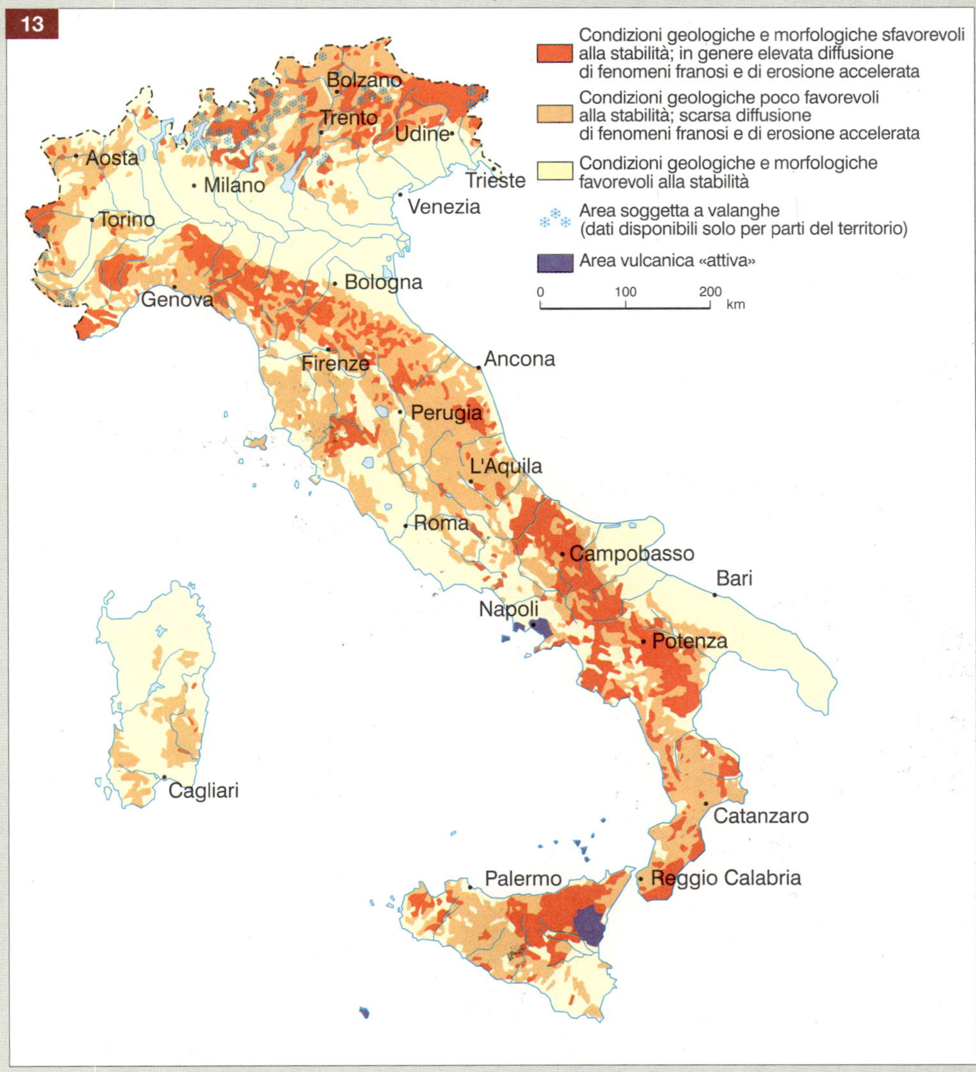

4 L'azione morfologica del vento

Se si eccettua l'umidità dell'aria, che partecipa direttamente o indirettamente a quasi tutti i processi di modellamento del rilievo terrestre, il principale agente atmosferico dell'erosione è il *vento*.

L'azione meccanica del vento consiste in una spinta che esso imprime a tutti gli oggetti che si oppongono al suo libero movimento, con una pressione che è direttamente proporzionale alla densità dell'aria e al quadrato della velocità del vento. Agendo sui frammenti rocciosi, il vento può prelevarli, trasportarli e depositarli, ed esercitare quindi un'azione di modellamento notevole.

Il vento ha la capacità di agire indipendentemente dalla gravità, e quindi non solo dall'alto verso il basso, come fanno le acque correnti superficiali, ma anche orizzontalmente e dal basso verso l'alto.

4.1 Il prelievo e il trasporto eolico di detriti

Benché l'azione eolica si eserciti in tutte le terre emerse, essa è particolarmente marcata nelle zone di alta montagna e soprattutto nelle regioni semiaride e aride, a copertura vegetale ridotta o assente, come nei deserti. Qui le correnti atmosferiche denudano i rilievi, sollevando e trasportando altrove i materiali detritici più fini derivanti dalla degradazione meteorica delle rocce e trascinando con lento logorìo i granuli più grossi, che non riescono a sollevare. Agendo in ogni direzione, il vento contribuisce a svuotare le nicchie di disfacimento – grandi o piccole e ovunque situate – asportandone i residui già disgregati e alterati dagli altri elementi atmosferici. Esso si insinua nelle fessure delle rocce, fra i blocchi ammassati, fra i ciottoli, ed asporta polveri e sabbie [Figura 14].

L'effetto generale del denudamento eolico, detto **deflazione**, consiste nell'attacco ininterrotto sulle rocce affioranti da parte degli agenti meteorici e la conseguente produzione di nuove particelle detritiche, che il vento continua a trasportare.

Residui tipici del denundamento eolico sono:

- i **deserti rocciosi**, o *hamada* (termine arabo originario del Sahara), enormi distese più o meno elevate, costituite da rocce nude dalle quali la deflazione asporta i detriti che si sono formati per effetto delle accentuate escursioni termiche;
- i **deserti ciottolosi**, o *serir* (termine usato nel Sahara centrale), grandi pianure aride ricoperte da antichi depositi alluvionali prodotti da fiumi in periodi più umidi, dalle quali il vento ha rimosso i granuli di sabbia e i materiali più fini.

Figura 14
Il «Deserto Dipinto» (*Painted Desert*) in Arizona (Stati Uniti d'America): degradazione meteorica, deflazione e corrasione eolica hanno prodotto un paesaggio singolare, scolpito in arenarie fratturate contenenti manganese e ferro, con strati di diversa resistenza all'attacco dei granuli di sabbia scagliati dal vento. È uno dei tanti esempi di deserti non sabbiosi ma rocciosi, esistenti in varie zone aride del mondo.
Non sempre i deserti sono senza acque correnti. Qui si vedono i letti di torrenti che talora hanno piene abbondanti; queste però si esauriscono presto per infiltrazione ed evaporazione. (Pubbli Aer Foto)

Figura 15
Un *arco naturale* nello Utah (Stati Uniti d'America), modellato in rocce arenacee dalla lenta e prolungata erosione eolica. Le pareti rocciose mostrano i segni dell'abrasione (*corrasione*) soprattutto in basso, dove il vento trasporta materiali detritici più grossolani e in maggiori quantità. L'attacco meccanico è favorito dall'alterazione chimica dovuta all'umidità atmosferica, che è in varia misura presente anche nelle zone aride.

L'azione erosiva del vento è dovuta essenzialmente all'attrito delle particelle solide che l'aria trascina nel suo movimento.

Sono i granuli di sabbia rotolati o portati in sospensione, soprattutto quelli di quarzo, più duri e meno alterabili, che costituiscono gli utensili per mezzo dei quali il vento esercita un'opera di smerigliatura e di scultura delle rocce con le quali viene a contatto. Questa azione abrasiva, che viene detta **corrasione**, è molto lenta e variabile a seconda del grado di durezza e di compattezza delle rocce, ma produce effetti evidenti quando si prolunga nel tempo.

- I granuli delle sabbie eoliche sono arrotondati e opachi in conseguenza dell'attrito prodotto dal moto di rotolamento cui sono assoggettati.
- I ciottoli sono sfaccettati o assumono forme allungate e aerodinamiche.
- Le rocce più dure presentano superfici levigate o smerigliate, oppure una minuta cesellatura con asportazione delle parti meno resistenti. In quest'ultimo caso il risultato è una scultura alveolare o bucherellata.
- Nelle rocce cristalline o arenacee sono caratteristiche le *cavità di corrasione eolica*, le nicchie in pareti verticali, le marmitte dovute a movimenti vorticosi del vento, gli archi naturali [Figura 15], i pilastri rocciosi ecc.

4.2 Le forme di deposito prodotte dal vento

Poiché i materiali sottoposti al trasporto eolico vengono via via abbandonati quando diminuisce o si annulla la forza delle correnti atmosferiche, il vento è responsabile della creazione di diverse forme di accumulo che si rinvengono in varie zone della superficie terrestre.

I *depositi eolici* sono formati tipicamente da sabbie e da polveri che possono essere state trasportate anche a grande distanza dal luogo di origine.

I granuli sono costituiti generalmente da minerali leggeri e duri, e si dispongono in straterelli o «lenti» con inclinazioni divergenti (per cui si parla di stratificazione «incrociata» o «a festoni»). Questa disposizione è dovuta alla continua cernita dei materiali operata dalle correnti atmosferiche e alle variazioni in direzione e velocità di queste ultime.

La massima parte dei depositi eolici si trova nei **deserti sabbiosi**, o *erg* (termine arabo), e nelle aree costiere. Essi coprono un'estensione che si calcola superiore ai due milioni e mezzo di km^2: quasi il 2% di tutte le terre emerse.

Nelle zone pianeggianti, sotto le pulsazioni di un vento forte, il materiale sabbioso rotolato e sol-

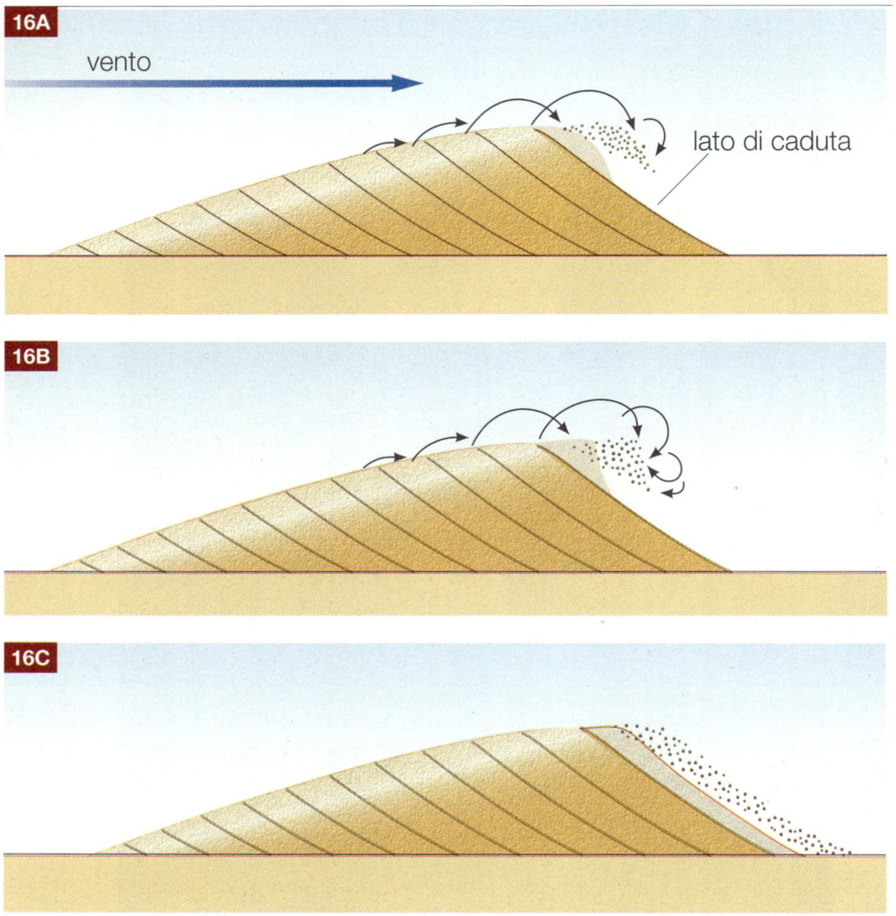

Figura 16
Il processo di accrescimento e migrazione delle dune più semplici, dette *barcane*.
A. Il vento fa rotolare i granelli di sabbia su per il fianco della duna, che si oppone al flusso dell'aria, e li spinge oltre la sommità.
B. La sabbia cade, per gravità, al di là della cresta della duna e si deposita alla sua base.
C. Il risultato finale è l'avanzata della duna, nello stesso senso del vento.

Figura 17
Esempi di estesi *depositi eolici*, con *dune* di vario tipo, in ambienti desertici.
A. Alcuni aspetti del deserto del Sahara nell'Erg Chebbi, in Marocco. Le dune visibili sullo sfondo della fotografia sono delle *barcane*; la loro forma è a mezzaluna con le punte allungate nella direzione prevalente del vento, che in questo caso proviene da destra. Ciò è indicato anche dalle «increspature» della sabbia (dette *ripple*) presenti in primo piano. (Vladimir Wrangel/ Shutterstock)
B. *Dune longitudinali* in un deserto dell'Australia. Questi tipi di dune mostrano andamenti quasi rettilinei e si dispongono parallelamente alla direzione di venti forti e costanti; le modeste ondulazioni o interruzioni talora osservabili nel loro tracciato sono dovute a piccole variazioni di tale direzione. (J.P. Ferrero/Aoscape)

levato viene spesso deposto contro gli ostacoli, oppure dietro di essi. Qui, infatti, la corrente d'aria si espande, diminuendo la propria velocità, e quindi perdendo energia. Il materiale può accumularsi a formare piatte distese sabbiose oppure piccoli rilievi dai caratteri particolari, che prendono il nome di **dune** [Figure 16 e 17].

Nelle grandi distese desertiche sono frequenti le «dune a ferro di cavallo» o *barcane*. Queste sono foggiate a mezzaluna e disposte con la convessità rivolta al vento; la loro altezza diminuisce dal centro verso le punte, che sono più o meno allungate. Spostamenti nella direzione del vento cambiano naturalmente la forma delle barcane, e possono arrivare ad invertirne l'orientamento.

Generalmente il profilo trasversale di queste dune non è regolare: la pendenza dei fianchi sopravento (cioè quelli esposti al vento) è minore, men-

Figura 18
Un *cordone dunare*, in prossimità della linea di riva, sull'isola scozzese di Islay. In molte regioni costiere sono diffuse le dune trasversali, allungate sulle spiagge in guisa di cordoni, con direzione perpendicolare o quasi rispetto a quella del vento dominante. In questo caso il deposito sabbioso è coperto dalla vegetazione, che limita o impedisce l'ulteriore trasporto eolico, ma è anche aggredito dalle forti mareggiate.
(K.R. Krieger)

tre i pendii sottovento (riparati) si presentano più acclivi. Nelle barcane si osserva inoltre, nel fianco sottovento, un aumento della pendenza a partire dalla base fino alla sommità (si riveda la figura 16).

In certe zone desertiche (come in molte parti del Sahara, in Arabia ecc.) prevalgono le *dune longitudinali*, allungate in direzione delle correnti atmosferiche [Figura 17B].

Si pensa che alcune dune longitudinali, non molto sviluppate in lunghezza, siano dovute alla deformazione di barcane sotto l'azione di venti forti e costanti che ne allungherebbero il corpo avvicinandone le ali.

Nelle regioni costiere sono diffuse le *dune trasversali* «allungate» in forme di **cordoni dunari** sulle spiagge, con direzione pressoché perpendicolare alla direzione del vento dominante [Figura 18].

Oltre alle sabbie, il vento può accumulare, dopo averle trasportate per grandissime distanze, anche polveri di varia natura. Un esempio tipico è il ***loess*** della Cina, che copre una superficie di oltre 600 000 km^2 con uno spessore sovente superiore ai 100 m; ad esso si debbono le torbide caratteristiche dello Huang He (il Fiume Giallo). Depositi del genere coprono anche vaste regioni dell'Iran e degli Stati Uniti d'America, nonché dell'Europa (Belgio, Germania, Russia meridionale) e della Pampa sudamericana.

L'origine del *loess*, che è stata ed è tuttora molto discussa, si fa risalire ai tempi delle glaciazioni quaternarie; il materiale che lo costituisce proverrebbe, almeno in parte, dal limo delle morene di fondo (vedi paragrafo 8), che il vento asportava durante le fasi di ritiro dei ghiacciai, prima che la vegetazione prendesse il sopravvento.

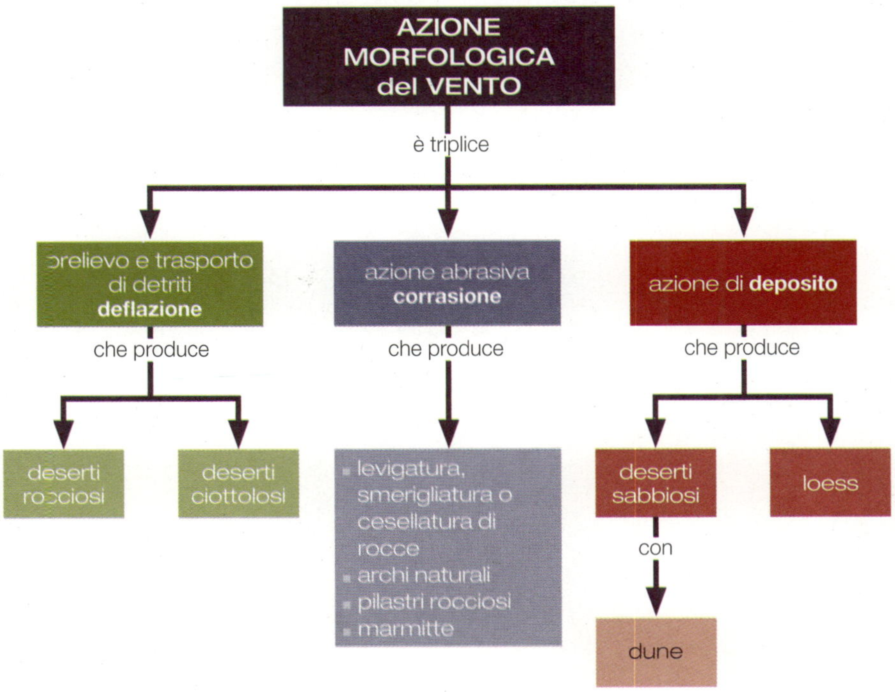

QUESITI

1. Vero o falso?
   Il vento può esplicare la sua azione geomorfologica in tutte le direzioni.
   Motiva la risposta.
2. Scegli l'alternativa corretta.
   La forma di una barcana è quella di una mezzaluna con la **convessità/concavità** rivolta verso la direzione di provenienza del vento.
3. Completa.
   Il .... è un deposito di polveri derivanti, almeno in parte, dal limo delle morene di ghiacciai formatisi durante le età glaciali.
4. In che cosa consiste la deflazione eolica?
5. Cosa si intende per corrasione eolica?
6. In quali regioni l'azione modellatrice del vento è particolarmente efficace?
7. Dove si trova la maggior parte dei depositi eolici?

5 L'azione morfologica delle acque correnti superficiali

Video
La formazione dei meandri

Si è valutato che durante un forte temporale le gocce d'acqua possono arrivare a terra con una velocità media di circa 5 m/s, e la velocità massima può essere anche molto più elevata; per cui ben si comprende come l'energia di una pioggia violenta vinca facilmente la coesione del terreno e delle rocce poco coerenti o in via di disgregazione, dando avvio al processo erosivo.

Nei casi in cui la pioggia è prolungata e cade su superfici inclinate, all'azione dell'acqua cadente si associa quella delle **acque dilavanti**, le quali non hanno un corso ben definito e tendono a scorrere in rivoli, secondo le linee di massima pendenza, formando a volte un velo quasi continuo che asporta i materiali detritici minuti.

Quando le acque dilavanti, scorrendo sui versanti dei rilievi, formano dapprima dei rivoli che si riuniscono successivamente in ruscelli, e questi concorrono a formare torrenti e fiumi, si determina un *reticolo idrografico*.

In esso le **acque incanalate** esercitano l'azione modellatrice in maniera diversa da quella delle acque dilavanti. L'opera dei corsi d'acqua nelle regioni temperate, in quelle a clima umido, e dovunque sulla superficie terrestre, quando il gelo perenne o un'assoluta aridità non rendano impossibile o molto limitato lo scorrimento superficiale, è predominante su quella di tutti gli altri agenti modellatori del passaggio.

5.1 Erosione areale ed erosione lineare

Un esempio dell'opera demolitrice delle *acque dilavanti* è rappresentato dalle **piramidi di terra**, tra le quali sono celebri in Italia quelle nei dintorni di Bolzano e di Trento, che raggiungono altezze fino a 20-30 metri [Figura 19].

L'azione delle acque dilavanti è molto intensa sulle rocce detritiche argillose, sulle quali scolpisce un insieme di solchi e di creste. Queste «sculture» costituiscono i **calanchi** emiliani, le *biancane* toscane, o le distese calanchive della Basilicata, della Calabria, dell'Abruzzo e – su più larga scala, negli Stati Uniti d'America – le *bad lands* del Nebraska, del Dakota, della California ecc. [Figura 20].

19

Figura 19
Esempio di *piramidi di terra* in depositi morenici (trasportati e accumulati da ghiacciai): gli «omeni di Segonzano» nel Trentino. Forme analoghe in Francia sono denominate «*demoiselles coiffées*», signorine con la cuffia. Queste forme sono dovute all'azione delle acque cadenti e dilavanti che, agendo su materiali eterogenei e poco coerenti, hanno isolato le pile ben protette da blocchi sovrastanti. Nonostante l'erodibilità dei depositi che le costituiscono, soltanto le guglie prive di un cappello protettivo sono molto precarie e possono essere demolite in tempi relativamente brevi, mentre le altre riescono a mantenersi per varie decine o anche qualche centinaio di anni, subendo dei modesti assottigliamenti.
(A. Vergnani/Alamy)

Figura 20
Le acque dilavanti svolgono un'azione particolarmente efficace sulle rocce detritiche argillose, sulle quali danno origine a un insieme di solchi e creste (o dossi) che compongono i *calanchi* o le *biancane* delle nostre regioni.
In questa immagine fanno spicco le forme calanchive nelle argille del Pliocene affioranti nel bacino idrografico del Fiume Mignone (Lazio settentrionale). Sono ben distinguibili le creste e i solchi prodotti dall'azione delle acque dilavanti. I solchi si approfondiscono ad ogni pioggia – soprattutto se breve e intensa – senza dar tempo alla vegetazione di attecchire.
(Roberta Marini, Roma)

Le *acque incanalate* asportano materiali per via meccanica e per via chimica, trasportandoli nel primo caso in sospensione o per trascinamento, nel secondo caso in soluzione. Tale lavorìo erosivo si compie in modo diverso secondo la natura del terreno e delle rocce: nei suoli e nelle rocce clastiche non cementate il distacco richiede uno sforzo limitato e l'erosione si traduce in un semplice spostamento di materiali. Nelle rocce coerenti l'erosione procede più lentamente e può essere facilitata dall'usura che esercitano su di esse i materiali trasportati dalla corrente.

■ **Potenza di una corrente fluviale** (Stream power)
È espressa dalla formula $E = q \cdot v^2$, dove q è la portata del corso d'acqua (in m^3/s) e v la velocità delle acque.

A differenza di quanto avviene per le acque dilavanti, che operano un'*erosione areale*, le acque incanalate in letti (o **alvei**), esercitano prevalentemente una *erosione lineare*, producendo incisioni più o meno lunghe che prendono il nome di **solchi vallivi**.

Il potere erosivo di un corso d'acqua dipende dalla *potenza della corrente*, ossia dal lavoro che esso può compiere nell'unità di tempo.

La potenza totale di un corso d'acqua viene almeno in parte spesa per vincere gli attriti interni (viscosità) ed esterni (rugosità del letto, resistenza dell'aria) e per il trasporto dei materiali; l'eventuale eccedenza può essere impiegata per prelevare altro materiale dal letto fluviale, cioè per erodere.

L'acqua limpida dovrebbe avere quindi, a parità di velocità, un potere erosivo maggiore dell'acqua torbida; ma in realtà il materiale in sospensione e soprattutto quello che rotola o striscia sul fondo conferisce alla corrente un aumento del potere erosivo, specie quando è trascinato in moto vorticoso. In tal caso si possono avere cavità di erosione che si approfondiscono gradualmente, dando luogo alle **marmitte d'erosione** (o *marmitte dei giganti*), di cui vi sono molti esempi nelle Alpi e negli Appennini [Figura 21].

Nei corsi d'acqua che scorrono su pendii molto inclinati l'approfondimento dei solchi vallivi può essere notevole e dar luogo alla formazione di **forre**, incisioni strette e profonde con pareti a strapiombo, rese irregolari dalla presenza di marmitte d'erosione più o meno sfondate. Queste tracce dell'azione vorticosa dell'acqua tendono poi a scomparire e si formano così delle **gole**, le cui pareti sono ancora molto ripide e solo con il tempo si allargano nella parte superiore.

Figura 21
***Marmitte d'erosione* nella Val di Canneto, nei Monti de La Meta (Abruzzo).**
Queste cavità, che spesso si presentano in serie, sono prodotte dal moto vorticoso delle acque, con l'aiuto dei ciottoli da queste trasportati, nei tratti a forte pendenza degli alvei torrentizi. Continuando l'escavazione, esse tendono a sfiancarsi, fondendosi l'una con l'altra e consentendo così all'erosione di procedere come attraverso una serie di trapanazioni successive.
(G.C. Avena, Roma)

Figura 22
***Gole* del Fiume Alcàntara, scavate nei basalti colonnari dell'Etna (Sicilia).** L'impeto delle acque, abbondanti nella stagione piovosa, produce l'incisione profonda della roccia durissima, che si lascerebbe erodere molto meno facilmente se in questo tratto non fosse rotta da una frattura; di questa ha approfittato il fiume, incassandosi fra pareti ripidissime che in qualche punto conservano ancora alcuni segni (vedi le nicchie, ossia le *marmitte d'erosione*, nella parete di destra) dell'azione vorticosa mediante la quale in passato le acque sono riuscite a scavare progressivamente la roccia. (A. Angelucci, Roma)

La genesi di queste incisioni è spesso legata alla presenza di fratture, che costituiscono linee di minor resistenza delle quali approfittano i corsi d'acqua per intensificare la loro azione. La persistenza della forte inclinazione delle loro pareti dipende dai caratteri litologici delle masse in via di erosione: in più casi si osserva che le gole sono tanto più strette e profonde quanto più le rocce sono dure e compatte, come nel caso di porfidi, graniti o basalti [Figura 22]. Al loro posto si osservano invece incisioni svasate e poco profonde se le rocce sono tenere (argille, scisti, marne ecc.). Celebri forme del primo tipo tipo sono i *canyon* americani , ma se ne possono citare numerosissime anche in Italia: la gola della Val d'Ega (Bolzano), scavata in porfidi permiani; i «Serai di Sottoguda» (Belluno), incisi nel calcàre dolomitico; le strette «cave» che solcano i Monti Iblei (Sicilia) ecc.

5.2 Come agisce l'erosione fluviale

Il *profilo longitudinale di un corso d'acqua* presenta numerose irregolarità di dettaglio, ma nel suo insieme appare come una curva concava verso l'alto, la cui pendenza diminuisce dal corso superiore verso il corso inferiore. Tale pendenza diminuisce dapprima rapidamente, poi sempre più lentamente, fino al **livello di base** [Figura 23]. Quest'ultimo costituisce il livello più basso a cui può spingersi l'erosione dell'alveo; per i corsi d'acqua che sboccano in mare esso è rappresentato dal piano orizzontale corrispondente al livello marino.

Se il livello di base di un corso d'acqua si abbassa, per l'abbassarsi del livello del mare o per il sollevarsi della regione montuosa, la pendenza del corso d'acqua aumenta; esso perciò dovrà erodere il proprio alveo per adattarsi al nuovo livello di base. Inversamente, l'elevarsi del livello di base, per qualsiasi motivo, tende a favorire la deposizione dei materiali trasportati.

Oltre a quello marino, possono esistere altri livelli di base locali: ad esempio, un lago o una palude in cui sbocchi il corso d'acqua, o anche un gradino di roccia più resistente.

In tutti i punti del suo profilo longitudinale dove l'energia cinetica dell'acqua, e del carico che essa trasporta, è sufficiente per vincere la resistenza del fondo, un corso d'acqua approfondisce il suo letto. È dunque nel corso superiore o in corrispondenza di una rottura di pendio, dove la velocità e la turbolenza sono più grandi, che l'erosione è più attiva. Le rocce dure che danno origine alle rotture di pendio, o alla formazione di vere e proprie **cascate**, vengono scalzate alla base, tendono ad essere demolite e il salto corrispondente arretra verso monte, attenuandosi progressivamente; per questo

Figura 23
Il *profilo longitudinale* di un corso d'acqua, dalla sorgente alla foce, e le sue modificazioni per approfondimento e deposizione, con progressiva demolizione della regione montuosa. Tali processi portano, con il tempo, a una graduale regolarizzazione del profilo, che tende ad assumere la forma di una curva parabolica con la concavità rivolta verso l'alto: è questo il *profilo di equilibrio* del corso d'acqua.

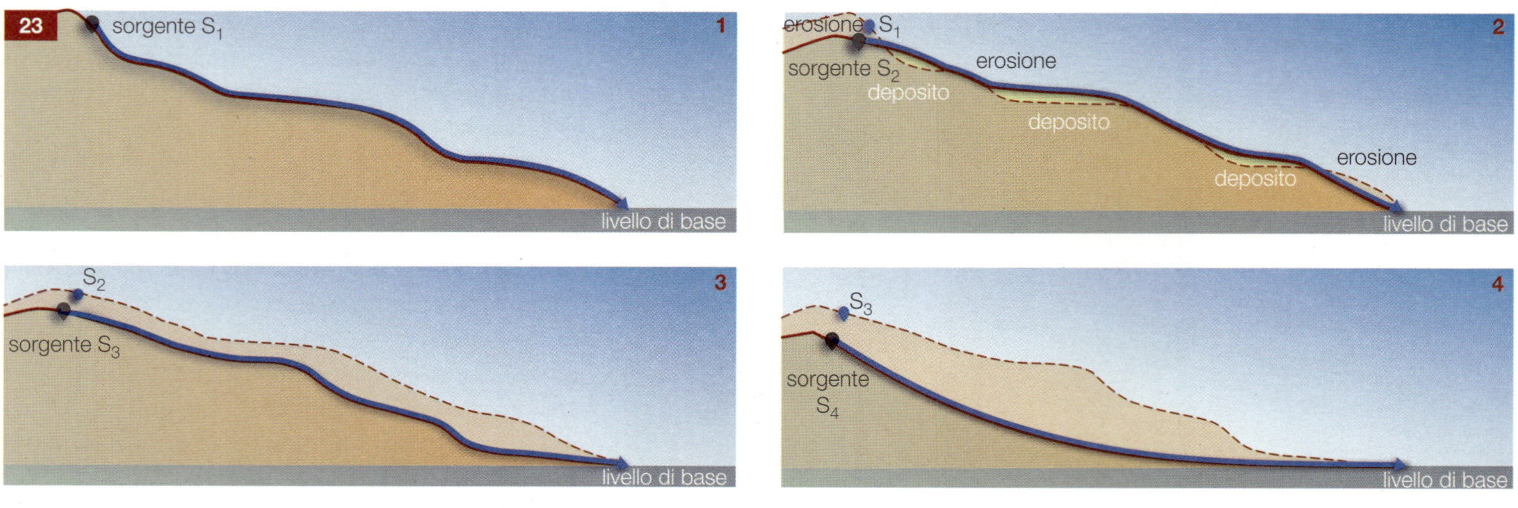

Figura 24
Le Cascate del Niagara, tra i laghi Erie ed Ontario (America Settentrionale). Queste cascate sono le maggiori del mondo per volume: da esse precipitano in media 5000 m^3 di acqua al secondo, con un salto che è però di soli 50 metri. Si sono formate per l'esistenza di banconi di calcari dolomitici tenaci, sovrastanti a scisti teneri e ad arenarie. Esse arretrano di circa un metro e mezzo all'anno, demolendo in media le rocce del gradino per un volume di 115000 m^3/anno. Le Cascate del Niagara sono un esempio tipico di *erosione regressiva* da parte di un fiume.
(G.A. Rossi / Image Bank)

motivo si parla di **erosione regressiva** [Figura 24].

Ecco l'altezza di alcune delle maggiori cascate del mondo:

Angel (Venezuela)	972 m	Staubbach (Svizzera)	305 m
Tugela (Sudafrica)	948 m	Rjukan (Norvegia)	271 m
Sutherland (N. Zelanda)	579 m	Gersoppa (India)	253 m
Ribbon (California)	490 m	Kajeteur (Guyana)	247 m
Gavarnie (Pirenei)	417 m	Kalambo (Zambia)	215 m
Lofoi (Congo)	384 m	Marmore (Italia)	165 m

Fra le cascate italiane, oltre a quella delle Marmore (o del Fiume Velino) presso Terni, ricordiamo quella del Fiume Toce in Val Formazza e quella del Fiume Aniene a Tivoli.

Per effetto dell'erosione regressiva, il gradino di una cascata si trasforma gradualmente in un ripido pendio, o *rapida*, fino a che viene eliminato del tutto [Figura 25]. Quindi, il profilo longitudinale di un corso d'acqua lentamente si regolarizza e tende ad assumere la forma di una curva parabolica tangente al livello di base. Ogni tratto di questa curva si raccorda gradualmente con i tratti contigui: è questo il **profilo di equilibrio** (vedi nuovamente la figura 23), che presenta in ciascun punto una pendenza limite tale da consentire soltanto il flusso dell'acqua con i materiali detritici provenienti dalla denudazione dei versanti. In altre parole, quando un corso d'acqua ha raggiunto il suo profilo di equilibrio, in ogni suo tratto quasi non si verifica più l'erosione o la deposizione (salvo che alla foce).

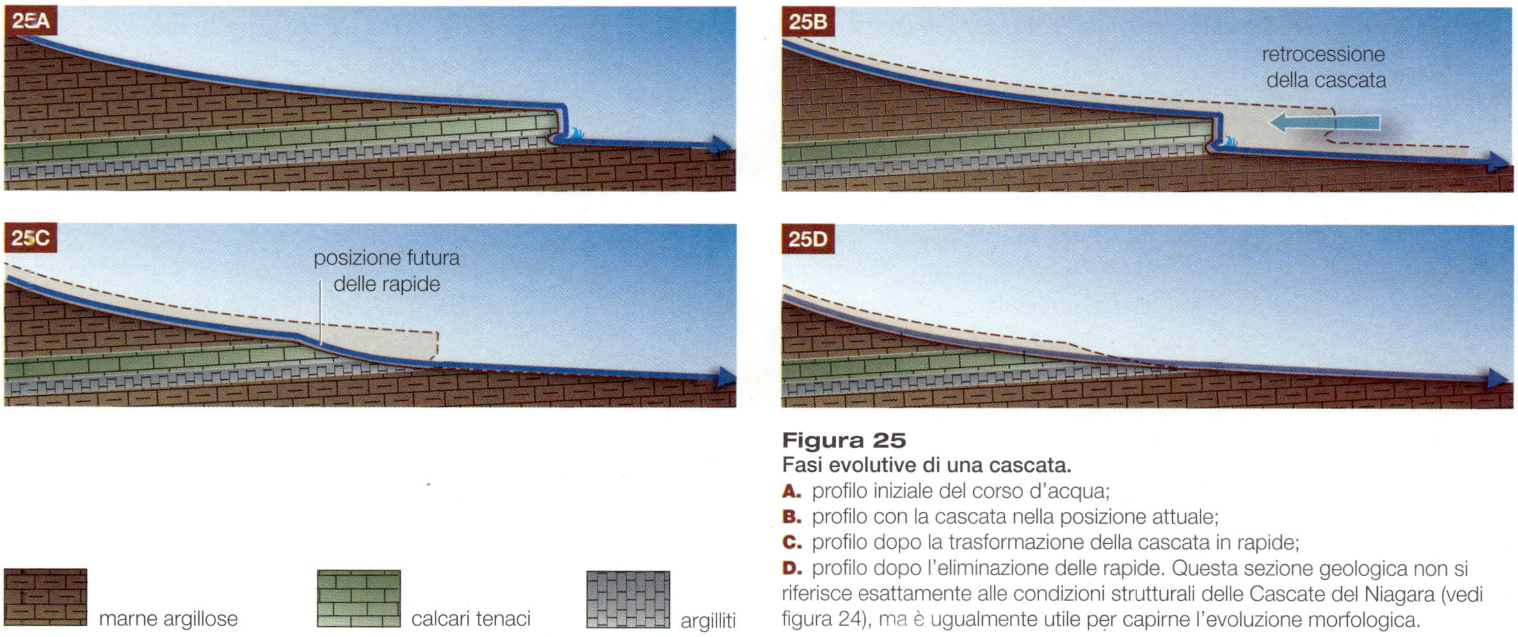

Figura 25
Fasi evolutive di una cascata.
A. profilo iniziale del corso d'acqua;
B. profilo con la cascata nella posizione attuale;
C. profilo dopo la trasformazione della cascata in rapide;
D. profilo dopo l'eliminazione delle rapide. Questa sezione geologica non si riferisce esattamente alle condizioni strutturali delle Cascate del Niagara (vedi figura 24), ma è ugualmente utile per capirne l'evoluzione morfologica.

26

Figura 26
La valle del Fosso di Valleremita, presso Fabriano. Da notare (soprattutto verso lo sfondo) la sezione trasversale a V, che è tipica anche delle valli fluviali più grandi. In questo caso essa è quasi simmetrica e regolare perché le rocce affioranti sui due fianchi vallivi sono omogenee ed ugualmente disposte (si tratta di strati calcàrei poco inclinati); in caso contrario la sezione può essere più o meno asimmetrica e irregolare, risultando più acclive e ridotto il versante intagliato nelle rocce dure o immergenti in senso contrario al pendio, più dolce ed esteso quello modellato in rocce tenere o inclinate nello stesso verso del pendio. (S. Ciccacci, Roma)

L'erosione regressiva è spesso responsabile anche di un altro fenomeno: quello delle **catture fluviali**, che è molto importante nell'evoluzione dei reticoli idrografici. Una cattura fluviale si verifica quando l'attività di un corso d'acqua – a causa della più forte pendenza, della maggiore portata o della più elevata erodibilità delle rocce del suo bacino – è superiore a quella di un corso d'acqua vicino. In tal caso il primo dei due, arretrando la propria testata, può riuscire ad aprire una breccia nello spartiacque che li separa e a raggiungere l'alveo del secondo. Questo viene allora *catturato*, cioè «depredato» di tutto il tratto a monte del punto in cui è stato raggiunto. Le acque di questo tratto sono condotte, così, a defluire nell'altro bacino.

5.3 Lo «svasamento» delle valli e la denudazione dei rilievi

L'erosione fluviale non agisce soltanto in profondità, ma anche lateralmente. L'*erosione laterale* è particolarmente attiva quando il filone della corrente subisce una deviazione o serpeggia attaccando ora l'una ora l'altra riva, ma in effetti tale opera erosiva si esercita in tutti i tratti del letto fluviale. Per erosione laterale un corso d'acqua scalza le sue sponde, cioè la base dei versanti montuosi fra i quali scorre, provocando l'allargamento del fondo vallivo e il frequente cedimento delle parti sovrastanti. D'altra parte, i fianchi vallivi evolvono secondo processi di modellamento loro propri: degradazione meteorica, denudazione da parte delle acque dilavanti, degradazione meteorica, frane, azioni eoliche ecc. La permanenza di questi processi e la riduzione, col tempo, dello scalzamento da parte del corso d'acqua provocano la progressiva estensione delle parti meno ripide dei versanti e, in definitiva, una diminuzione generale della loro pendenza.

Dall'azione combinata dell'erosione lineare in profondità, della erosione laterale sulle sponde e della denudazione dei versanti deriva la caratteristica **sezione trasversale a V** delle valli torrentizie e fluviali [Figura 26].

A tutti questi processi è collegato anche il progressivo ampliamento dei bacini fluviali e, di conseguenza, la demolizione del rilievo terrestre, che i corsi d'acqua tendono (almeno teoricamente) a spianare, erodendone i materiali litoidi e trasportandoli verso il mare.

Per farsi un'idea della spettacolare opera di denudazione compiuta dalle acque continentali, basti pensare all'enorme massa di materiali che i corsi d'acqua riescono a strappare alle terre emerse e a scaricare annualmente in mare: il solo Rio delle Amazzoni deposita nell'Atlantico circa un miliardo di m^3 di sedimenti all'anno, quasi 200 milioni di m^3 ne porta il Mississippi nel Golfo del Messico e quasi 500 000 m^3 il Tamigi nel Mare del Nord.

La quantità di materiali portati annualmente al mare da tutti i fiumi del globo è stata valutata intorno ai 30 miliardi di tonnellate, che corrispondono ad una perdita annua media di circa 201 tonnellate per km^2 di terra emersa. I corsi d'acqua italiani contribuiscono con un asporto non inferiore a 700 t/anno per km^2, ossia con una quantità che è circa tre volte e mezzo quella media mondiale; ciò significa, purtroppo, che l'erosione da parte dei fiumi e, più in generale, delle acque correnti superficiali nel territorio italiano è molto marcata (vedi Approfondimento delle conoscenze, *L'erosione differenziale e l'erosione accelerata del suolo*).

5.4 Le forme di deposito fluviale

Non sempre e non tutti i materiali che provengono dall'azione erosiva dei corsi d'acqua riescono a raggiungere il mare: in qualsiasi punto in cui la potenza della corrente decresce e non è più tale da permetterne il trasporto, essi vengono abbandonati sotto forma di **depositi alluvionali**, o **alluvioni**.

Gli elementi più grossi (ciottoli) sono smussati e in parte arrotondati a causa dello sfregamento subìto durante il trascinamento e il rotolamento, mentre quelli più fini (sabbie e fanghi), trasportati in sospensione, sono anche più elaborati e calibrati.

Figura 27
Un conoide di deiezione nella Valle della Morte (California). I *conoidi di deiezione* si originano dove la sensibile diminuzione di pendenza tra la parte montana e quella pedemontana provoca il rallentamento di un corso d'acqua, che è così costretto a depositare la gran parte dei materiali detritici trasportati. Tali forme appaiono simili ai *coni di detrito* (rivedi la figura 9), ma mentre quelli si originano per azione della gravità e hanno maggiore ripidità, i conoidi di deiezione sono dovuti al trasporto in massa e al deposito operati dalle acque torrentizie; perciò sono composti anche da materiali più fini. (M. Miller)

Quando un torrente sbocca repentinamente in una pianura, uscendo da una ripida valle montana, si ha una brusca diminuzione della velocità delle acque. Ciò provoca l'immediato deposito di una grande quantità di detriti, soprattutto di quelli più grossolani, che si accumulano in un breve tratto. Si crea così un **conoide alluvionale** o un **conoide di deiezione** [Figura 27], che hanno forma triangolare, con l'apice rivolto verso monte e con la base arcuata ed espansa a ventaglio. Essi vengono via via accresciuti da altri materiali nei periodi di piena e sono solcati nelle fasi di magra.

Vi sono molti conoidi alluvionali nelle regioni montuose, allo sbocco delle valli minori in quelle più grandi, dove ingombrano parte del fondovalle e obbligano il fiume principale a descrivere delle anse o ad eroderne la base. Ampi conoidi «fossilizzati», cioè non più attivi, abitati e in parte coltivati, si osservano in molte vallate considerevolmente larghe.

Torrenti e fiumi possono depositare *manti alluvionali* in ogni tratto del loro corso; questi sono in rapporto con la larghezza e il pendio della valle, e quindi con la diminuzione di velocità delle acque, con il regime fluviale e con la presenza di laghi o di zone di ristagno delle acque.

Il deposito dei detriti avviene più frequentemente nelle zone depresse di un bacino idrografico e in vicinanza del livello di base, dove l'accumulo dei materiali trasportati forma le ampie distese pianeggianti, talvolta di notevole spessore, delle **pianure alluvionali**.

I frammenti rocciosi che costituiscono questi depositi hanno dimensioni varie e composizione litologica eterogenea, in relazione alle rocce presenti nel bacino. Un classico esempio è la Pianura Padana, formata dai depositi del Po e dei suoi affluenti [Figura 28].

Nella deposizione dei materiali alluvionali si ha una selezione gravitativa, per cui si rinvengono – da monte a valle – prima gli elementi più grossi e poi quelli più sottili. L'alternarsi di livelli composti da materiali grossolani con altri di materiali fini in una stessa sezione verticale indica variazioni periodiche di portata del fiume in quel punto. In genere, i livelli dei depositi alluvionali sono allungati nel senso della corrente. L'accumulo dei materiali e il relativo innalzamento del letto obbligano le acque fluviali a divagare e a ramificarsi. Talora l'alveo s'innalza sulla campagna circostante e può dar luogo, in seguito ad una piena e per rottura degli argini, a **inondazioni** e **alluvioni** che provocano gravi danni: è il caso del Po, che nel tratto terminale ha ormai un letto «pensile», cioè sopraelevato di vari metri (vedi Ampliamento delle conoscenze, *Inondazioni fluviali e insediamenti urbani*).

Figura 28
Il Fiume Po alla confluenza con il Fiume Ticino. Qui i due corsi d'acqua scorrono nella vasta e fertile piana alluvionale (Pianura Padana) formata dai loro stessi depositi e da quelli degli altri affluenti del Po. Da notare la «barra di foce» allo sbocco del Ticino e le isole fluviali che si rinvengono più a valle, lungo il Po. Queste forme di deposito sono da collegare all'abbondante quantità di materiali portati in carico dai due fiumi, come risulta dalla stessa torbidità delle acque: l'energia del Po non è qui sufficiente a trasportarli tutti verso il mare.
(Rubbli/Aer/Foto, Milano)

ampliamento delle conoscenze

Inondazioni fluviali e insediamenti urbani

Raramente trascorre un anno senza che si abbia notizia di una grave inondazione in qualche parte del mondo. La storia ne ha fatte registrare numerosissime.

Una delle più disastrose avvenute in epoca moderna fu la grande inondazione dello Huang He (Fiume Giallo) in Cina, che nel 1931 uccise 4 milioni di persone. Questo fiume – che in alcuni tratti del suo corso scorre, bordato da argini alti 9 m, quasi 5 m al di sopra della Grande Pianura della Cina settentrionale – è tracimato dagli argini almeno 1500 volte durante gli ultimi 3500 anni, tanto da meritare diversi appellativi, quali l'«ingovernabile» o «l'incubo della Cina».

In Italia sono tristemente note le inondazioni per rottura degli argini del Po, che nel tratto terminale ha ormai assunto un letto «pensile», cioè sopraelevato di vari metri sul piano di campagna. Nel novembre del 1951 in soli 5 giorni caddero nel bacino del Po più di 16 milioni di metri cubi d'acqua piovana; la rottura degli argini provocò l'inondazione del Polesine e in alcune zone i campi coltivati vennero coperti da uno strato di sabbia con spessore superiore ai 2 m.

Numerose altre gravi inondazioni si sono succedute nel tempo in molte regioni italiane, e purtroppo sono prevedibili anche per il futuro. Dal 1960 al 2012 esse hanno causato danni ingentissimi, non soltanto economici: gli sfollati e i senzatetto hanno superato rispettivamente le 200mila e le 45mila unità. E, cosa ancor più grave, nel solo 2012 si sono contate 10 vittime (nel 2011 addirittura 43).

Gli effetti delle inondazioni sono devastanti quando colpiscono pianure alluvionali sulle quali si sono sviluppate città di grandi dimensioni, con elevata densità di popolazione. D'altra parte, le pianure alluvionali hanno rappresentato siti naturali per gli insediamenti urbani già a partire da circa 4000 anni fa, quando i centri abitati cominciarono ad addensarsi a ridosso dei fiumi Nilo in Egitto, Tigri ed Eufrate in Mesopotamia, Indo in India, Huang He in Cina. I motivi di questi addensamenti sono semplici; vivere in prossimità dei fiumi offriva un duplice vantaggio: la facilità dei trasporti lungo le vie d'acqua e la disponibilità dei migliori terreni agricoli, data la fertilità dei suoli delle pianure alluvionali. Molte capitali dei Paesi europei sorgono sulle pianure alluvionali di importanti fiumi: Londra è costruita sulla pianura del Tamigi, Parigi su quella della Senna, Roma su quella del Tevere. In America Settentrionale St. Louis, Cincinnati e Montreal sono edificate rispettivamente sulle pianure alluvionali dei fiumi Mississippi, Ohio e San Lorenzo.

29

Figura 29
Una drammatica immagine di Ponte Vecchio testimonia la violenza dell'alluvione che colpì la città di Firenze nel novembre del 1966.

Le inondazioni hanno periodicamente distrutto o gravemente danneggiato alcune zone di queste città, e di altre ancora, antiche e moderne, edificate in prossimità di fiumi. Anche città italiane, quali Roma e Firenze, sono state vittime di violente inondazioni già da tempi lontani.

Molto ben documentata è l'inondazione che colpì Firenze nel novembre del 1966 [Figura 29]. La città venne improvvisamente allagata dalle acque dell'Arno, che ruppero gli argini a seguito di intense precipitazioni: in 48 ore piovve tanto quanto normalmente in sei mesi e 7000 m^3 d'acqua al secondo si riversarono nello stretto alveo del fiume. I morti furono 29 (e 5000 i senza tetto), i danni subiti da libri antichi, dipinti e sculture, di enorme valore artistico, incalcolabili.

Come è possibile difendersi da questi eventi? Entro certi limiti è possibile controllare le inondazioni per mezzo di dighe che regolino il deflusso delle acque, impedendone lo straripamento o riducendone l'entità, e anche la costruzione di argini artificiali che contengano le acque di piena possono rendere meno gravi alcune inondazioni. La maggior parte delle grandi città è protetta da argini artificiali che rafforzano e innalzano gli argini naturali dei fiumi e sistemi di dighe contribuiscono alla difesa di queste città dalle inondazioni, ma non possono eliminare completamente il rischio. Si tratta, infatti, di interventi efficaci in caso di eventi di entità limitata, ma che offrono una scarsa protezione contro quelli molto imponenti. Anzi, talora questi interventi possono essere non solo inefficaci, ma addirittura dannosi. Difatti, gli argini artificiali e le opere di ingegneria realizzate lungo un fiume possano confinare le acque in modo innaturale; e ciò impedisce al fiume di erodere le proprie sponde e di allargare il proprio alveo per accogliere una parte dell'acqua che fluisce durante i periodi di più alta portata, e contribuisce quindi al verificarsi di gravi inondazioni.

Per ridurre il numero delle vittime è molto importante che le popolazioni siano preavvertite della possibilità del verificarsi di una inondazione. La previsione delle inondazioni si basa su un'accurata sorveglianza delle condizioni meteorologiche. È prevedibile che piogge intense (in particolare quando il suolo è già saturo di acqua a causa di precedenti precipitazioni o della fusione delle nevi) facciano aumentare la portata dei corsi d'acqua oltre il limite di guardia, provocando inondazioni. Per determinare la probabilità che una inondazione si verifichi, in modo da poter dare tempestivamente l'allarme, è necessaria una conoscenza precisa delle velocità con le quali aumenta la portata di un certo fiume dopo le piogge.

Dunque, la presenza di dighe e di argini artificiali, assieme ad accurati studi sulla previsione delle inondazioni, possono rendere meno gravi gli effetti di queste cosidette «calamità». Per ridurne drasticamente i danni è però necessario modificare le modalità di sviluppo urbano nelle aree a rischio.

(Testo rielaborato da: J. P. Grotzinger e T. H. Jordan, Capire la Terra, edizione italiana a cura di E. Lupia Palmieri e M. Parotto, Zanichelli, 2016)

30

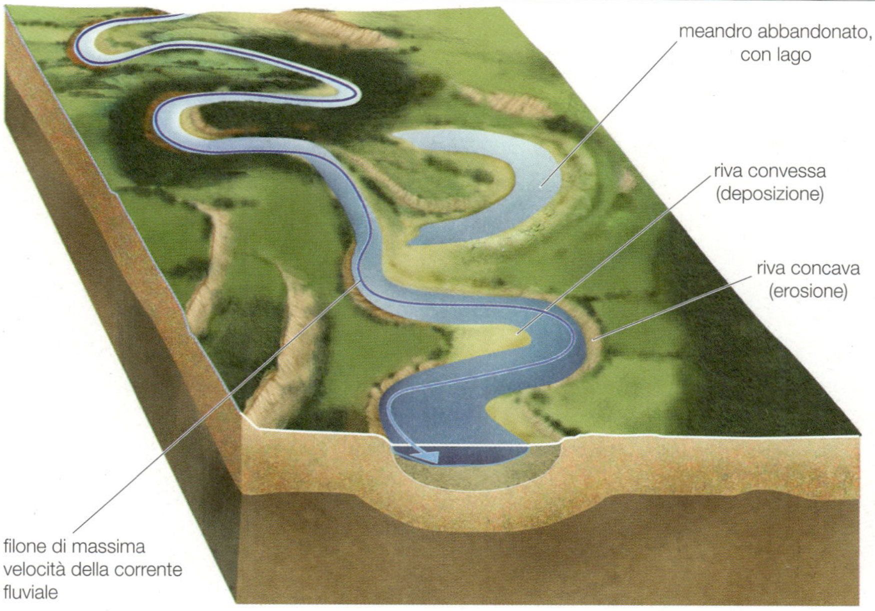

Figura 30
I *meandri* si formano nei tratti a debole pendenza, dove i corsi d'acqua hanno di solito un andamento sinuoso. Dove esiste una curva, il più delle volte senza nessuna causa apparente, la forza centrifuga fa sì che l'acqua eroda sempre di più la sponda esterna, mentre quella interna viene rivestita di materiale alluvionale. Pian piano le singole curve si accentuano per erosione (riva concava) e deposizione (riva convessa) e i meandri migrano verso valle sviluppandosi in anse che si avvicinano sempre di più, fino a fondersi. Se si verifica una forte piena quando c'è solo una stretta fascia di terra fra un'ansa e l'altra, la forza viva del flusso temporaneamente aumentato farà passare la corrente attraverso il collo del meandro, per la via più breve. Dove il meandro viene tagliato rimane un alveo abbandonato; questo può divenire un lago («laghetto a corna di bue») che a poco a poco si interra, trasformandosi in una palude, e con il tempo si estingue. Molti «meandri fossili», non più distinguibili sul terreno, sono rilevabili dalle fotografie aeree.

5.5 Meandri e terrazzi fluviali

Nel loro viaggio verso il mare i corsi d'acqua producono anche altre forme tipiche, in parte di erosione ed in parte di accumulo, che si rinvengono spesso nei fondovalle coperti da depositi alluvionali, ma non sono esclusive di queste zone: sono i *meandri* e i *terrazzi fluviali*.

I **meandri** [Figura 30] consistono in anse, a volte molto pronunciate, che derivano il loro nome dal tortuosissimo Fiume Meandro dell'Asia Minore. Le cause della formazione dei meandri non sono ancora ben accertate. Soltanto in alcuni casi queste sinuosità si possono attribuire ad ostacoli (come affioramenti di rocce più dure) che il fiume aggira nel suo cammino. La loro evoluzione è legata a uno stato di equilibrio fra la pendenza dell'alveo, la resistenza delle sponde e la portata. Per spiegare il fenomeno si può ricorrere, semplicisticamente, all'immagine di un treno in discesa: se la pendenza diminuisce i vagoni di testa rallentano per primi, mentre quelli di coda tendono a ondeggiare serpeggiando.

I meandri sono frequenti nei fiumi che scorrono in vaste pianure alluvionali, come il Mississippi, il Danubio, il Po. Ma esistono anche *meandri incassati* in gole o canyon profondi, come quelli del Colorado o del San Juan [Figura 31] : in questi casi si tratta di sinuosità approfonditesi progressivamente per un sollevamento della regione.

31

Figura 31
***Meandri incassati* lungo il corso del San Juan, Utah (Stati Uniti d'America).** Questo tipo di meandri si origina quando la regione su cui è impostato un corso d'acqua con decorso sinuoso subisce un lento e pronunciato sollevamento che si traduce, in definitiva, in un abbassamento relativo del livello di base del corso d'acqua. A causa degli aumentati dislivelli, il corso d'acqua acquista nuove capacità erosiva ed approfondisce gradualmente il proprio letto, mantenendo però inalterato il tracciato sinuoso che aveva in precedenza. In questo modo i meandri restano «incastrati» tra le pareti subverticali prodotte dall'erosione fluviale.
(Pubbli/Aer/Foto, Milano)

32

Figura 32
Formazione dei *terrazzi fluviali*. Il terrazzamento di una valle avviene per la rinnovata capacità erosiva del corso d'acqua, che scava un nuovo e più profondo solco in seguito a un aumento della sua pendenza. I materiali già deposti dal corso d'acqua (a sinistra) vengono reincisi, finché ai lati della valle rimangono due ripiani corrispondenti (a destra), a testimonianza della precedente fase di alluvionamento. Lungo i versanti di molte valli fluviali vi possono essere più ordini di terrazzi successivi, posti a quote diverse: i più alti sono i più antichi.

Le alterne fasi di erosione e di deposito che si possono verificare in un bacino fluviale, per variazioni del livello del mare o per movimenti tettonici, o per vicende climatiche, portano frequentemente al «*terrazzamento*» delle valli [Figura 32]. Difatti, mentre un innalzamento del livello di base provoca una diminuzione della velocità dell'acqua e quindi la interruzione dell'approfondimento dei solchi vallivi o addirittura il loro alluvionamento, un abbassamento del livello di base o un aumento delle precipitazioni producono una ripresa erosiva e quindi un approfondimento delle valli fluviali. In quest'ultimo caso si formano delle gradinate che incidono i fianchi vallivi a varia altezza, in relazione con la pendenza dei corsi d'acqua che ne sono artefici.

I ripiani delimitati da scarpate incise nelle formazioni rocciose in posto prendono il nome di **terrazzi orografici** (o **terrazzi di erosione**), mentre quelli modellati entro i materiali che il fiume stesso ha depositato in precedenza sono denominati **terrazzi alluvionali**.

33

Figura 33
Il Delta del Nilo, nel Mar Mediterraneo. L'apparato deltizio spicca per la presenza di vegetazione; i due piccoli lobi osservabili sulla destra e sulla sinistra dell'apparato deltizio rappresentano, rispettivamente, la foce dei *canali distributari* di Damietta e Rosetta, nei quali il Fiume Nilo si suddivide in prossimità della costa. Pur derivando dalla forma della foce del Nilo, il nome «delta» è attribuito anche agli apparati triangolari con base rivolta verso la terraferma (delta del Tevere, dell'Arno ecc.) e a quelli con digitazioni (delta del Po ecc.). (NASA)

5.6 Le foci dei corsi d'acqua: i delta e gli estuari

Nell'ultimo tratto di un fiume, dove esso sbocca in mare o in un lago, si verifica il deposito di tutti i materiali che non sono stati abbandonati prima e che consistono per la gran parte nei detriti più minuti (oltre ai sali in soluzione nell'acqua).

Questi materiali si estendono su un territorio più o meno vasto, e presso la foce possono formare un *apparato deltizio* che può avere configurazioni molto varie, ma in vari casi riconducibili alla forma della lettera greca «delta» (Δ, maiuscola) [Figura 33].

Il **delta** si estende a mantello con una scarpata sommersa, più o meno ripida, e una forma pianeggiante emersa. Ghiaie, sabbie e limi argillosi si alternano in relazione alle variazioni di portata del fiume, e i detriti diminuiscono in generale di dimensioni procedendo verso l'alto mare. Costruendo l'apparato deltizio, è come se il fiume ingaggiasse una lotta con il mare per guadagnare terra a spese di quest'ultimo.

I sedimenti dei *delta marini* sono in parte rielaborati e rideposti dalle onde e dalle correnti, mentre nei *delta lacustri* si depositano materiali quasi indisturbati per l'assenza di forti movimenti ondosi e di efficaci correnti superficiali o profonde.

Le foci a delta si formano laddove i movimenti delle acque marine sono troppo deboli per poter disperdere i sedimenti e per contrastare l'azione co-

Figura 34
Il Rio de la Plata, nell'Oceano Atlantico. Questa larga insenatura (300 km) costituisce l'estuario dei fiumi Paraná (che proviene da Nord-Ovest) e Uruguay (che, venendo da Nord, segna il confine tra Argentina e Uruguay). Qui l'ampiezza delle maree è particolarmente pronunciata e le correnti che ne derivano tengono sgombra la foce del fiume dai materiali detritici: durante il flusso l'acqua marina risale per un certo tratto il corso dell'acqua dolce, favorendo la deposizione, ma nel riflusso essa esce molto rinforzata e spazza via i detriti, portandoli al largo (verso destra nella fotografia). Questo processo si ripete ritmicamente e contribuisce anche ad erodere il litorale nel punto di sbocco del fiume, mantenendo così «aperta» la foce. (NASA)

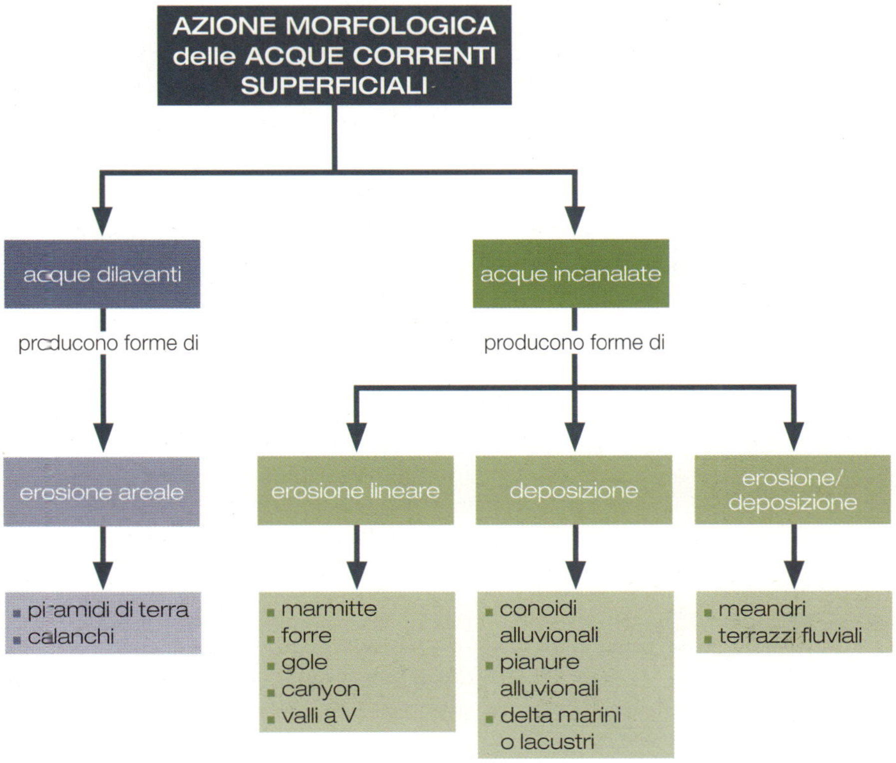

struttiva dei fiumi. Perciò, esse sono caratteristiche dei mari mediterranei.

Dove invece le differenze fra alta e bassa marea hanno sufficiente ampiezza per ostacolare l'azione costruttiva fluviale, i corsi d'acqua presentano foci larghe e ad imbuto, povere o del tutto sgombere di detriti, che prendono il nome di **estuari** [Figura 34]. La formazione degli estuari è frequente lungo le coste oceaniche e dei mari adiacenti.

Il più esteso delta attuale, quello del Fiume Mississippi, occupa un'area di oltre 30 000 km^2; le sue terminazioni «a zampa d'oca» guadagnano ogni anno alla terraferma un centinaio di metri.

Il delta del Po è avanzato in circa due millenni più di 35 km; difatti al tempo degli Antichi Romani l'abitato di Adria era sul mare. L'apporto fluviale annuo di materiali al delta padano si aggira intorno ai 25 milioni di m^3; al centro del delta i sedimenti del Quaternario, in parte marini e in parte continentali, superano i 3 km di spessore. Questi valori ci danno un'idea sia della massa di detriti apportati negli ultimi due milioni e seicentomila anni, sia della «subsidenza» (lento cedimento) alla quale andò soggetta, nello stesso tempo, l'area deltizia padana.

QUESITI

1. Completa.
I calanchi si formano a causa dell'azione delle .... sulle rocce detritiche argillose.

2. I conoidi alluvionali sono
- A forme di erosione delle parti montane dei corsi d'acqua.
- B depositi di detriti dovuti a una forte riduzione di velocità di un corso d'acqua.
- C depositi di detriti che costituiscono i delta fluviali.

3. Completa.
La sponda esterna di un meandro è soggetta a .... ; quella interna a ....

4. Vero o falso?
Lungo le coste oceaniche le foci dei fiumi sono prevalentemente a delta.
Motiva la risposta.

5. Quali sono le principali forme di erosione prodotte dalle acque incanalate?

6. Che cosa si intende per livello di base di un corso d'acqua?

7. In che cosa consiste l'erosione regressiva di un corso d'acqua?

8. Dove si formano le foci a delta?

approfondimento delle conoscenze

L'erosione differenziale e l'erosione accelerata del suolo

L'erosione agisce sempre in maniera *selettiva*, o *differenziale*: procede, cioè, in modo non uniforme sia sulle diverse rocce, sia nelle varie parti di una stessa roccia. Le rotture di pendio che si possono osservare in molte forme del rilievo terrestre traducono spesso delle differenze di durezza delle rocce, con creste, scarpate o cornici che corrispondono a banchi duri sovrastanti o alternati a strati più teneri [Figura 35]. Tuttavia, queste rotture di pendio sono più o meno nette, o hanno un profilo addolcito, a seconda delle *condizioni climatiche locali*. Differenze notevoli si possono osservare in forme del rilievo modellate negli stessi tipi di rocce, ma sotto condizioni climatiche differenti. Basti citare per le rocce granitiche: le guglie e le cuspidi del massiccio del Monte Bianco, sottoposte alle alternanze di gelo e disgelo; i massi sforacchiati dalla corrosione chimica e dal vento, incavati in forme di nicchie (*tafoni*) nella regione delle Calanche in Corsica, o di arcate monolitiche come quella di Capo dell'Orso in Sardegna; i *piton* o *pani di zucchero* delle regioni tropicali, mammelloni rocciosi che si disgregano in scaglie concentriche parallele.

Con le sue caratteristiche variabili da una parte all'altra del globo, il clima può favorire l'opera di taluni agenti esogeni (ad esempio, le acque correnti) rispetto a quella di altri (ad esempio, i ghiacciai) e influisce, così, sul modo con il quale i vari processi di modellamento si combinano fra loro.

35

Figura 35
L'*erosione differenziale* dipende dalla natura e dalla disposizione delle rocce. Civita di Bagnoregio (Viterbo) sorge su una placca di piroclastiti sovrastanti argille plioceniche; le prime sono relativamente resistenti e vengono intaccate in pareti ripide, mentre le seconde sono più facilmente erose e danno luogo a *calanchi* (visibili in secondo piano, a destra). L'*erosione accelerata* delle argille produce lo scalzamento dei banconi di piroclastiti su cui sono costruite le case, facendoli crollare e riducendo così progressivamente le dimensioni dell'abitato, che è perciò soprannominato «la città che muore». (L. Gregori)

Le condizioni geologiche e climatiche concorrono anche a determinare la *velocità dei processi erosivi*. Gli agenti atmosferici operano la degradazione delle rocce, che è tanto più rapida quanto più queste sono tenere o fratturate, producendo vari materiali detritici, come ghiaie, sabbie, limi o argille. A questi prodotti della degradazione si aggiunge la materia organica derivante dalla decomposizione dei vegetali: nasce così il *suolo*. Ma, nel momento stesso in cui si forma, il suolo viene esposto all'azione degli agenti atmosferici dotati di potenza erosiva: il vento e l'acqua di precipitazione. Quest'ultima, in particolare, cadendo e scorrendo in superficie rimuove e allontana gli elementi terrosi. Quando il fenomeno è normale si stabilisce un equilibrio: la velocità di usura del suolo è assai lenta e la sua riformazione compensa le perdite subite; si ha, cioè, un'erosione lenta ed il suolo si mantiene. Ma quando si verifica una rottura dell'equilibrio in favore delle azioni erosive, il fenomeno prende una forma accelerata.

L'**erosione accelerata** si può avere già all'inizio della degradazione in rocce poco resistenti (come le argille, le marne, i micascisti) che si disgregano velocemente in elementi fini, facilmente trascinabili. Ma è soprattutto l'abbondanza di precipitazioni e la loro irregolare distribuzione che, insieme all'effetto della gravità in regioni di forti pendenze e al conseguente aumento della velocità del ruscellamento, possono provocare l'asporto rapido di elementi rocciosi anche di grandi dimensioni. L'erosione accelerata raggiunge poi la sua massima intensità se a queste cause e a questi fattori si aggiunge la mancanza della protezione vegetale o la difettosa utilizzazione agricola del suolo. In queste condizioni la velocità di usura supera quella di formazione e il suolo si assottiglia e scompare.

A questo fenomeno accelerato, la cui gravità è tanto più grande quanto più l'azione dei processi fisici e antropici è intensa, si deve la distruzione di enormi distese di suolo, oltreché la demolizione o il lesionamento di numerose opere umane. Alcune stime indicano che entro pochi decenni circa un terzo di tutte le terre coltivabili del mondo andrà perduto per la sempre più frequente erosione accelerata del suolo.

L'erosione accelerata è molto diffusa nelle regioni del bacino del Mediterraneo; in talune di queste aree essa può essere comparata ad una vera e propria *desertificazione*, ossia a un processo irreversibile che porta alla perdita di fertilità del suolo.

Numerosi sono i mezzi tecnici utilizzabili per combattere il fenomeno dell'erosione accelerata del suolo. Essi consistono essenzialmente in *opere intensive* discontinue ed in *opere estensive* o «di superficie». Tra le prime, importanti sono le *briglie*, costruite nei bacini montani in forte erosione per diminuire la velocità, la capacità di trasporto e il potere erosivo dei corsi d'acqua. Tra le seconde, ci sono le opere destinate al rimodellamento orografico del terreno per diminuirne la pendenza, come i *terrazzamenti*, oppure al frazionamento delle acque di circolazione superficiale, o a modificare la struttura fisica del suolo, nel senso di conferire a questo una maggiore permeabilità e stabilità, consentendo, nello stesso tempo, l'instaurarsi della struttura protettrice vivente (bosco, pascolo, colture agrarie), che rappresenta la tappa finale e più importante della necessaria opera di **difesa del suolo**.

Gli studi e le opere per la difesa del suolo dovrebbero essere adeguati alla grandiosità del fenomeno dell'erosione accelerata; ma in moltissimi Paesi del mondo, tra i quali in particolare l'Italia, essi sono stati finora indubbiamente inferiori alle necessità.

6 Il ciclo di erosione e le superfici di spianamento

Sappiamo che i rilievi terrestri sono dovuti alla *Tettonica delle placche*, la quale consiste in movimenti crostali che, tra l'altro, tendono a creare dislivelli; e sono soggetti al continuo attacco da parte delle degli *agenti esogeni* che – mediante i processi di erosione, di trasporto e di deposizione – tendono a demolire le zone sollevate e a colmare le depressioni [Figura 36].

Partendo da un rilievo montuoso appena sollevatosi, gli agenti esogeni modellano le forme del paesaggio attraverso fasi successive raggruppabili in tre *stadi*: giovinezza, maturità e vecchiaia. Il passaggio da uno stadio all'altro avviene in modo graduale e in tempi più o meno lunghi. Al termine dell'ultima fase il rilievo primitivo è ridotto a una superficie quasi pianeggiante: un *penepiano*.

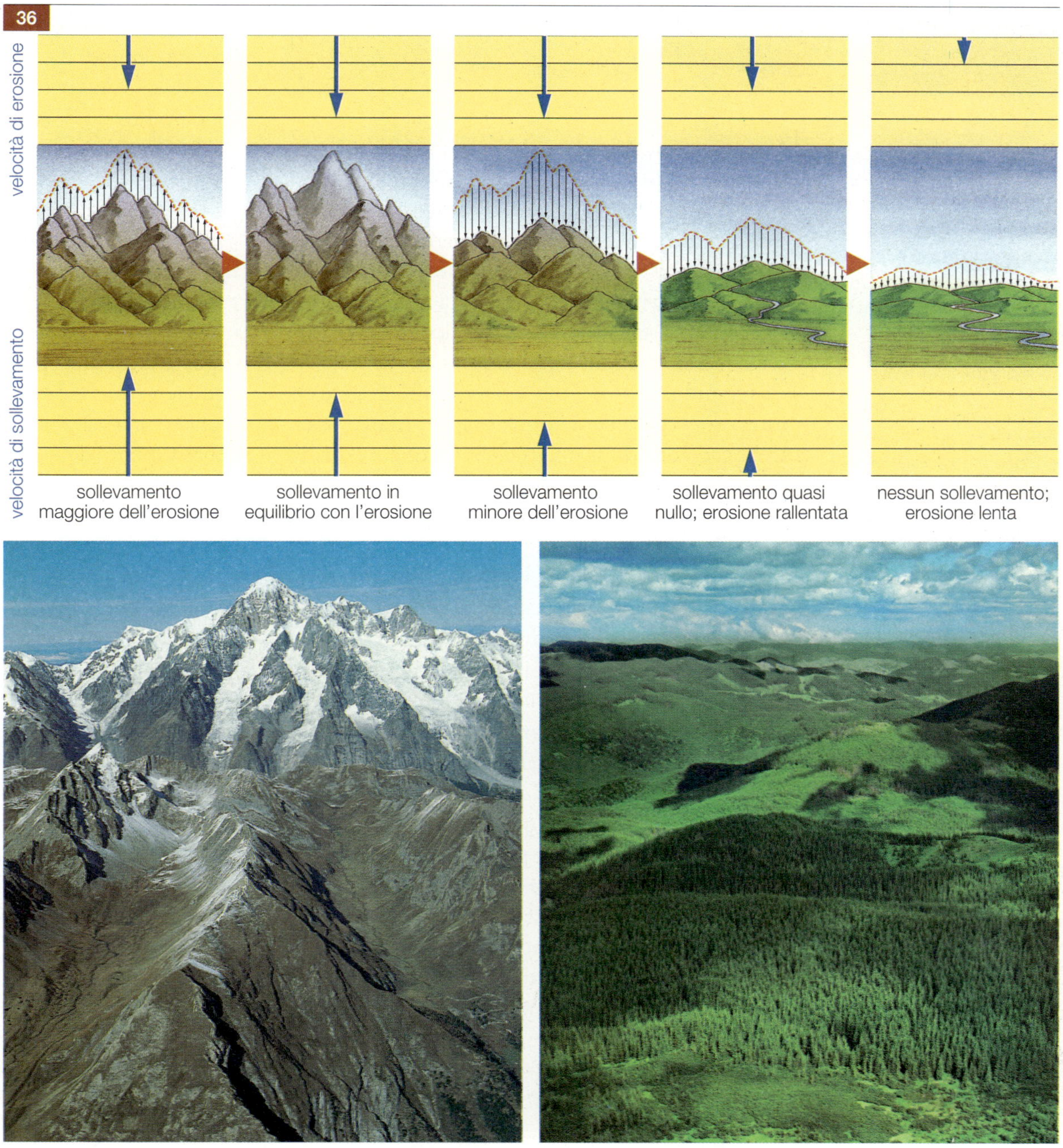

Figura 36
Rapporti tra morfologia e tettonica in una regione montuosa soggetta a sollevamento. I processi erosivi tendono a contrastare gli effetti dei movimenti tettonici responsabili della formazione delle catene montuose (*orogenesi*). L'aspetto del rilievo dipende, quindi, dai mutevoli rapporti che si stabiliscono – nel tempo – tra la velocità del sollevamento tettonico e l'intensità dell'erosione. Quando predominano i fenomeni di sollevamento le montagne sono alte e ripide (nella fotografia di sinistra, il Monte Bianco). Quando l'erosione è più veloce del sollevamento le altezze delle montagne si riducono e poi lentamente evolvono in forme collinari (nella fotografia di destra, Colline delle Ardenne), fino ad essere demolite del tutto se non si verifica una ripresa del sollevamento.

37

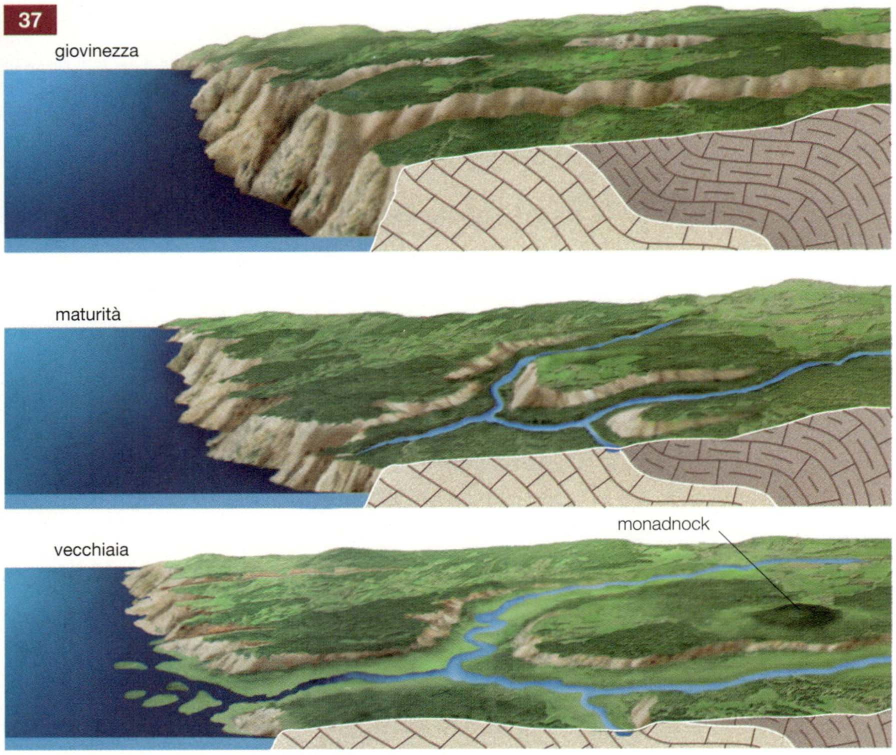

Figura 37
Stadi evolutivi di *un ciclo di erosione fluviale*. Una regione di nuovo sollevamento può essere soggetta a un processo evolutivo dovuto essenzialmente all'attività erosiva, di trasporto e di deposizione da parte dei corsi d'acqua. Se non si verificano variazioni del livello di base per la durata di un intero ciclo, i corsi d'acqua tendono progressivamente ad ampliare i loro bacini, ad estendere i versanti delle loro valli e, di conseguenza, ad abbassare l'altitudine media della regione, addolcendo e successivamente spianando il rilievo, fino a ridurlo ad una superficie limite teorica (*penepiano*) quando l'erosione raggiunge il proprio livello di base.

■ **Scudi** (Continental shields) Sono i più antichi elementi strutturali della crosta continentale; insieme ai *tavolati*, più recenti, costituiscono i *cratoni*. Appaiono come ampie pianure debolmente bombate verso l'alto e sono costituiti da affioramenti di rocce ignee e metamorfiche che non sono state più interessate da orogenesi né ricoperte dal mare, almeno nell'ultimo miliardo di anni.

L'insieme dei tre stadi evolutivi sopra indicati costituisce un **ciclo di erosione**: il ciclo teorico secondo cui tendono ad evolvere le terre emerse, per effetto delle azioni delle forze esogene, dal momento del loro sollevamento dal mare fino alla fase di penepiano.

Il ciclo si ripete attraverso fasi analoghe ogni qual volta l'attività delle forze endogene ricostituisce condizioni simili a quelle iniziali.

Tenendo conto dei molteplici agenti esogeni che intervengono nella demolizione del rilievo, si potrebbero considerare vari cicli di erosione distinti: un «ciclo eolico», un «ciclo fluviale», un «ciclo glaciale» ecc. Tuttavia, su gran parte della superficie terrestre il modellamento è operato principalmente dai corsi d'acqua; l'attività degli altri agenti esogeni, oltre che limitata ad aree relativamente ristrette, è spesso concomitante e meno intensa di quella dei corsi d'acqua. Si parla perciò soprattutto di un *ciclo di erosione fluviale* (o *erosione normale*), i cui stadi evolutivi sono caratterizzati da particolari aspetti del paesaggio [Figura 37].

■ Nello *stadio di giovinezza* i notevoli dislivelli danno luogo ad una intensa e disordinata attività erosiva: le valli sono strette e profonde, i corsi d'acqua presentano cascate e rapide; il reticolo idrografico è piuttosto disorganizzato. Gole, creste aguzze, pendii acclivi e forme contrastanti denotano la giovinezza del rilievo. Questo stadio è evidente nelle catene di recente sollevamento, come le Alpi, l'Himalaya e le Ande, nelle quali è ancora molto elevata l'altitudine media.

■ Nel successivo *stadio di maturità* le valli si sono estese a monte e il sistema idrografico è ormai bene organizzato; i corsi d'acqua principali hanno quasi raggiunto il loro profilo di equilibrio, per cui l'incisione del rilievo è più lenta e dovuta quasi esclusivamente all'attività degli affluenti più alti. La più lenta escavazione dei fondi vallivi porta al prevalere della degradazione meteorica, che addolcisce i versanti allargando le valli; le alluvioni colmano i tratti inferiori delle valli a fondo ampio. In questo stadio i rilievi presentano forme molli e arrotondate, quali si rinvengono nei Carpazi, nel Giura svizzero e nel Delfinato.

■ Nello *stadio di vecchiaia* i versanti hanno raggiunto la minima inclinazione, cosicché l'erosione e il trasporto sono molto ridotti. I prodotti dell'alterazione si accumulano in posto, formando coltri di terreni che addolciscono i dislivelli. I corsi d'acqua divagano entro valli estremamente svasate, trasportando soltanto materiali sottili in sospensione; l'alluvionamento invade anche il tronco medio e superiore delle valli. Lo stadio di vecchiaia è caratterizzato quindi da un certo livellamento dell'antico rilievo, ridotto a una pianura ondulata da cui si elevano rari dossi isolati (*rilievi residuali* o *monadnock*). Questo stadio è tipico di regioni geologicamente antiche, e stabili da tempo, come le Ardenne, il Massiccio Boemo e lo scudo canadese.

In natura sono molto rari i paesaggi che hanno raggiunto un completo stadio di vecchiaia, fino ad apparire come dei veri **penepiani**. Ciò non perché molte regioni non ne abbiano avuto il tempo, bensì per il fatto che spesso una ripresa delle attività endogene (per esempio, un sollevamento della regione) o una variazione climatica (con conseguente abbassamento del livello del mare) hanno prodotto l'interruzione del ciclo evolutivo e la modificazione dei processi di modellamento in atto. In simili casi inizia un nuovo ciclo, qualunque sia lo stadio già raggiunto: si verifica, cioè, un *ringiovanimento del rilievo*, che è spesso testimoniato dalla presenza di terrazzi fluviali (si riveda la figura 32).

Prescindendo dalle possibili complicazioni tettoniche o climatiche, secondo la «teoria del ciclo di erosione» il modellamento del rilievo avviene prevalentemente ad opera dei corsi d'acqua e si realizza mediante stadi successivi che comportano una graduale *diminuzione delle pendenze dei versanti* e un progressivo abbassamento degli spartiacque, fino alla formazione di una **superficie di spianamento** che è detta *penepiano* (si riveda la figura 37).

I moderni studi di Geomorfologia climatica, però, hanno sensibilmente ridimensionato il ruolo della cosiddetta «erosione normale» nell'evoluzione del rilievo. Infatti, altre superfici di spianamento – dette **pedepiani** – si originano con modalità differenti, in cui predominano i processi di disgrega-

Figura 38
Stadi successivi della formazione di un *pediment*. Questo tipo di evoluzione del rilievo, detta *pedeplanazione*, non risponde allo schema tipico dell'erosione fluviale, nel quale lo smantellamento dei rilievi è accompagnato da una diminuzione delle pendenze dei versanti. Un *pediment*, infatti, si origina per un insieme di processi erosivi areali per cui i versanti arretrano parallelamente a se stessi, mantenendo inalterata la pendenza iniziale. Quando più pediment si fondono, si forma un *pedepiano* dal quale si innalzano pochi rilievi residuali, detti *inselberg*. Anche i pedepiani, come i peneplani, sono *superfici di spianamento*, dovute però a processi differenti: l'arretramento parallelo dei versanti e la pedeplanazione sono prodotti dalle acque dilavanti in regioni a clima subarido o a clima caldo subumido con stagioni asciutte molto marcate.

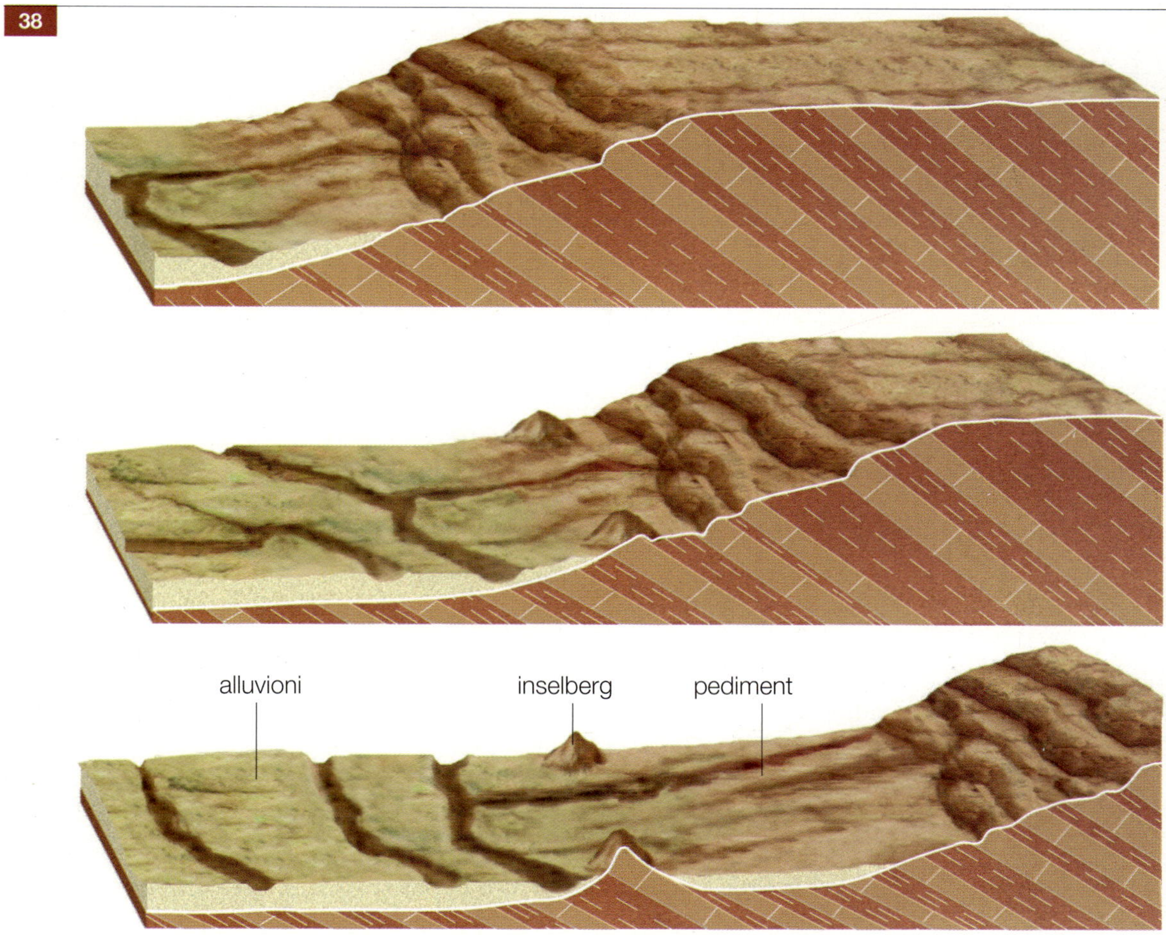

zione meteorica e quelli di erosione areale dovuti alle acque dilavanti, più che quelli di erosione lineare dovuti ai corsi d'acqua. Anche in questo caso il rilievo viene progressivamente demolito, ma i suoi versanti tendono a mantenere la loro inclinazione iniziale, ossia si verifica un *arretramento parallelo dei versanti* [Figura 38]. Ciò avviene, in particolare, nelle zone con forti escursioni termiche e marcate stagioni asciutte, a riprova del fatto che le condizioni climatiche svolgono un ruolo importante nella determinazione e nell'evoluzione delle forme del paesaggio.

CICLO DI EROSIONE FLUVIALE

3 stadi

- **giovinezza** — caratteristiche:
  - forti dislivelli
  - valli strette e profonde
  - intensa attività erosiva dei corsi d'acqua
- **maturità** — caratteristiche:
  - rilievi addolciti
  - valli allargate
  - i corsi d'acqua raggiungono il loro profilo di equilibrio
- **vecchiaia** — caratteristiche:
  - ampie pianure ondulate
  - erosione e trasporto fluviale quasi nulli
  - rilievi spianati

  si crea un → **penepiano**

QUESITI

1. Associa a ogni stadio del ciclo di erosione il paesaggio corrispondente.

1 rilievi addolciti e valli ampie	A vecchiaia
2 rilievi aguzzi e valli strette e profonde	B maturità
3 rilievi spianati e pianure ondulate	C giovinezza

2. Scegli l'alternativa corretta.
Il ringiovanimento di un rilievo può avvenire a causa di un **innalzamento/abbassamento** del livello marino oppure per un **sollevamento/abbassamento** tettonico della regione.

3. Vero o falso?
In natura sono molto rari i paesaggi che hanno raggiunto un completo stadio di vecchiaia nel ciclo di erosione fluviale.
Motiva la risposta.

4. Che cos'è un penepiano?

5. Che cos'è un pedepiano?

7 L'azione solvente delle acque e il carsismo

Video
Le forme carsiche

Le acque meteoriche esercitano – accanto all'erosione meccanica – anche un'azione chimica, provocando la dissoluzione di alcune rocce. Pur verificandosi su diversi tipi di materiali, quali gesso, salgemma, dolomie (e ghiaccio), l'effetto morfologico più caratteristico dell'azione solvente delle acque meteoriche si osserva sui calcàri delle zone temperate: è il **fenomeno carsico**.

In realtà le rocce carbonatiche, di cui fanno parte i calcàri, possono essere disciolte dalle acque solo perché queste ultime sono rese leggermente acidule dalla reazione con l'anidride carbonica che prelevano dall'atmosfera e dal suolo:

$$H_2O + CO_2 \rightleftharpoons H_2CO_3$$

In presenza di acqua acidulata, il carbonato di calcio $CaCO_3$, principale componente dei calcàri, di per sé quasi insolubile, viene trasformato in bicarbonato $Ca(HCO_3)_2$, che viene asportato in soluzione. La reazione è la seguente, nel verso (a):

$$CaCO_3 + H_2O + CO_2 \underset{b}{\overset{a}{\rightleftharpoons}} Ca(HCO_3)_2$$

La reazione inversa (b), ossia la precipitazione del carbonato di calcio, è generalmente più lenta e avviene in condizioni ambientali particolari.

L'erosione carsica prende avvio da questo processo chimico, ma per la sua evoluzione è necessario che la roccia sia fessurata sino in profondità, in modo che l'acqua penetri all'interno delle masse calcaree. In superficie il risultato di questa azione erosiva si manifesta in forme diverse da quelle dovute ad altri agenti esogeni. Il paesaggio che ne deriva è detto «carsico» perché nel Carso (Venezia Giulia) queste forme presentano uno sviluppo imponente. È caratterizzato da estesi altopiani, a volte incisi da profonde forre, con conche tappezzate dai residui insolubili dei calcàri – le *terre rosse*, argillose e quindi impermeabili – e dalla quasi completa assenza di un reticolo idrografico superficiale permanente. Difatti, le acque si aprono un varco attraverso le fratture nelle masse calcaree e proseguono nell'interno la loro azione, operando anche lì un modellamento che col tempo può raggiungere dimensioni grandiose e dar luogo a enormi cavità sotterranee [Figura 39].

39

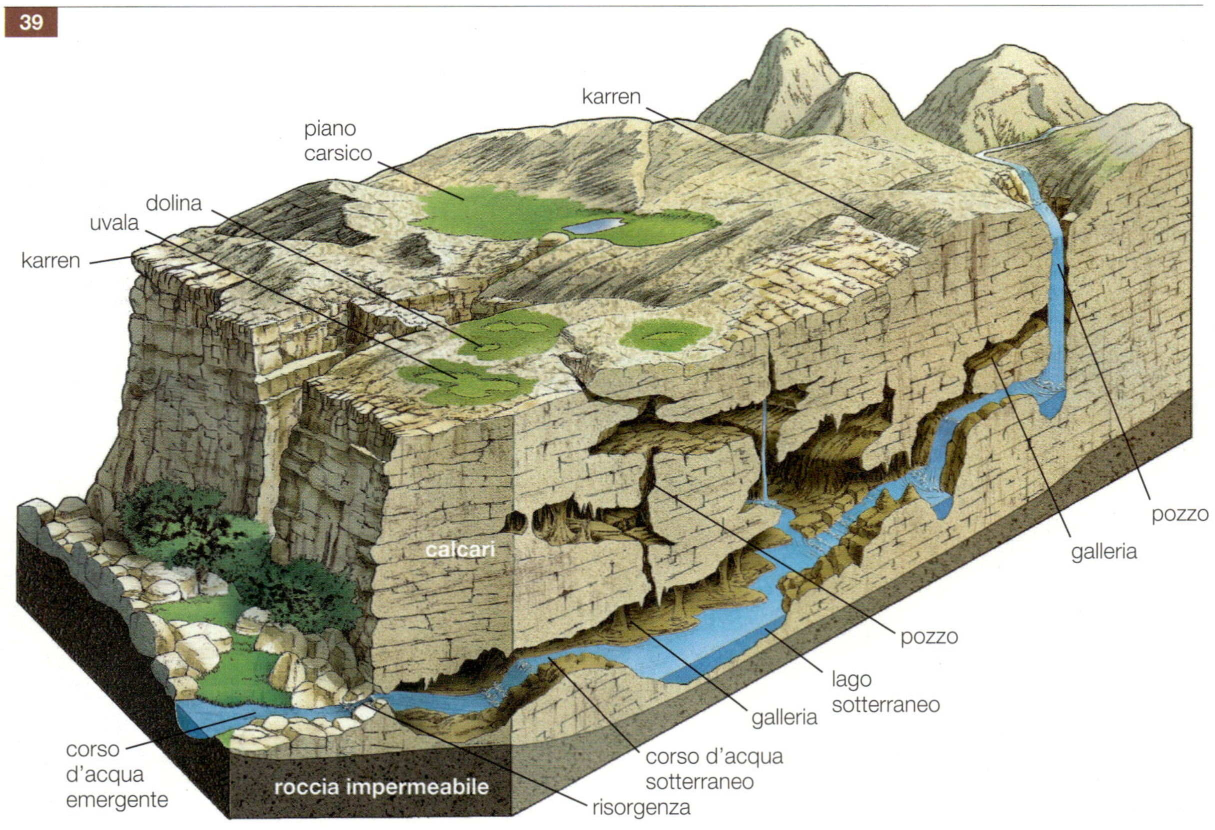

Figura 39
Le forme carsiche. Il disegno illustra quali sono le principali forme carsiche di superficie e quelle sotterranee note agli speleologi. Vi figurano anche alcuni dei più caratteristici depositi di grotta (stalattiti e stalagmiti).

Figura 40
Alcuni esempi di microforme carsiche.
A. *Scannellature carsiche* (con larghezza e profondità di pochi centimetri, lunghe qualche decina di centimetri), insieme a *vaschette di corrosione* (con diametro di 20-40 cm), presso Sistiana, nel Carso triestino. Le scannellature sono *solcature carsiche* che si sviluppano lungo linee di massimo pendio del rilievo, mentre le vaschette si formano in presenza di acqua stagnante.
B. *Solchi «a doccia»*, con larghezze e profondità di parecchi centimetri, lunghi alcuni metri, presso Konia, in Anatolia (Turchia). Queste *solcature carsiche* si sviluppano spesso su superfici molto inclinate lungo le linee di massima pendenza del rilievo, o su diaclasi. (E. Lupia Palmieri)

■ **Diaclasi (Joint)** Fratture minori senza spostamento delle masse rocciose a contatto.

7.1 L'ambiente carsico superficiale

L'azione solvente delle acque di precipitazione si esercita in primo luogo sulle rocce esposte in superficie e qui produce una grande varietà di forme, piccole e grandi, che si differenziano notevolmente da quelle sotterranee. Nonostante ciò, fra i due gruppi di forme esistono strette relazioni funzionali.

Le **forme superficiali** (o **epigee**) più caratteristiche del paesaggio carsico sono i *karren* (detti anche *lapiès*), le *doline*, le *uvala* e i *polje* (o *piani carsici*).

■ Le forme superficiali più minute e frequenti nelle regioni calcaree sono costituite da solchi sub-paralleli, profondi da qualche centimetro a qualche metro, separati da creste piatte o arrotondate, o anche aguzze e talora taglienti. Essi si formano sulla superficie della roccia ad opera dello scorrimento e della dissoluzione da parte delle acque piovane e sono noti col termine di **karren** (dal tedesco), mentre in Italia le aree dove sono molto diffusi sono denominate *campi solcati* (o *campi carreggiati*), per la somiglianza che a volte hanno con i solchi lasciati sul terreno dal passaggio di un gran numero di carri. Esaminate singolarmente, queste «sculture» sono da considerare – per le loro dimensioni relativamente piccole – come *microforme carsiche* [Figura 40].

■ Le **doline** (termine di origine slava) sono depressioni ad imbuto, a calice, o a scodella, con pianta circolare o allungata, talvolta provviste di un *inghiottitoio* che raccoglie le acque meteoriche e le convoglia nelle cavità sotterranee [Figura 41]. Possono avere dimensioni variabilissime: il loro diametro può essere di qualche metro, ma in certi casi raggiunge anche i 500-600 metri.

Figura 41
Effetti del *carsismo epigeo* nei calcari degli Altopiani di Arcinazzo (Lazio).
A. Una piccola dolina a imbuto, in approfondimento. La presenza di fessure (non visibili) nei calcàri in cui la dolina si è formata permette alle acque, convogliate verso il centro della depressione, di penetrare nel sottosuolo (E. Lupia Palmieri).
B. Una dolina più ampia, a forma di scodella. In questo caso il fondo piatto della conca è tappezzato da abbondante «terra rossa» impermeabile, che impedisce l'ulteriore infiltrazione delle acque nei calcàri sottostanti e dà origine a una modesta pozza. (E. Lupia Palmieri)

42

43

Figura 42
Il *bacino carsico* di Campo Soriano, a Nord-Est di Terracina (Lazio). L'ampia depressione è – almeno in parte – di origine tettonica, ma è stata sottoposta per lungo tempo al fenomeno carsico, che l'ha approfondita e modificata corrodendo intensamente le rocce calcàree in cui è impostata. Oggi la sua parte centrale appare ricoperta da uno spesso tappeto di terra rossa, dal quale si elevano piccoli rilievi e guglie (*hum*) di calcàri e dolòmie più resistenti alla dissoluzione. (M. Parotto)

Figura 43
Le Grotte di Castellana nelle Murge (in provincia di Bari). Costituiscono uno dei complessi carsici più grande d'Italia. Dal pozzo d'entrata, detto La Grave, si raggiunge il fondo della cavità, modellato da un antico fiume sotterraneo. Le grotte si sviluppano per molti kilometri, dei quali oggi si possono visitare i primi tre. (D. Lo Presti/Shutterstock)

Nell'evoluzione di una dolina si osserva, con il procedere della dissoluzione della roccia, un progressivo allargamento; ciò è da mettere in relazione anche con la presenza della terra rossa che, essendo argillosa, in parte rallenta l'infiltrazione dell'acqua nel sottosuolo e ne favorisce invece l'azione erosiva sui fianchi della depressione, la quale perciò tende ad assumere una forma a scodella. Può accadere poi che col progressivo allargarsi di due o più doline si abbia la distruzione della parete di separazione e la formazione di conche composte, note col nome slavo di **uvala**.

■ Il progressivo ampliarsi e congiungersi di molte cavità carsiche superficiali limitrofe porta alla formazione di un **polje** (termine slavo), ampio *bacino carsico* dal fondo pianeggiante, su cui si può elevare qualche raro piccolo rilievo dai fianchi ripidi, detto *hum*, costituito da roccia per vari motivi (presenza di dolomite o di minerali delle argille, mancanza di fessurazione ecc.) più resistente all'azione chimica dell'acqua [Figura 42]. Il fondo del *polje* può ospitare un lago temporaneo o permanente (come il Lago di Scutari, fra il Montenegro e l'Albania).

7.2 L'ambiente carsico sotterraneo

Le **forme carsiche sotterranee** (o **ipogee**) più comuni sono quelle che usualmente chiamiamo *grotte*; possono essere più o meno ampie ed allungate e sono costituite da *pozzi* o da *gallerie*, oppure sono composte da entrambi questi due tipi di cavità. I **pozzi** sono cavità che si sviluppano in senso verticale, mentre le **gallerie** sono le cavità sviluppate in senso orizzontale (si riveda la figura 39).

Le cavità carsiche sotterranee hanno dimensioni e aspetti diversi, in buona parte dipendenti dalle modalità di circolazione dell'acqua. Essa si apre la strada nella massa calcàrea non solo con l'azione chimica, ma spesso anche con l'azione meccanica dovuta al suo stesso movimento. Vi è anche il concorso dei processi di crollo che si verificano nella volta delle cavità, quando queste si siano sufficientemente ampliate.

L'esplorazione delle cavità sotterranee è il campo di ricerca della *Speleologia* (dal greco *spélaion*, spelonca, caverna), che si avvale dell'opera di numerosi studiosi, come geologi, topografi, idrologi e – da quando si è riconosciuta la presenza nelle grotte di esseri viventi – anche di quella dei biologi.

Parecchie grotte carsiche – come quelle celebri di Postumia, oggi slovene, e quelle altrettanto belle e imponenti di Castellana (Puglia) [Figura 43] – sono state attrezzate in modo da permetterne l'accesso dei visitatori. In esse non si sa se ammirare di più gli sviluppi delle gallerie e delle *sale* o la magnificenza delle *concrezioni* simulanti gruppi statuari, fontane zampillanti, vere e proprie cascate pietrificate, festoni che pendono dalle volte, pi-

Figura 44
Un esempio di *stalattiti* in sviluppo. L'acqua infiltratasi attraverso le microfessure della roccia percola a stillicidio e così si produce la precipitazione del carbonato di calcio; occorre però – in media – una decina di anni perché queste concrezioni possano accrescersi di appena un paio di millimetri. (Grotta delle Piane, presso Pitignano, Umbria).

Figura 45
Una sala della Mammoth Cave. (Stati Uniti D'America). In questa grande sala fanno spicco numerose *stalagmiti*, *stalattiti* e altre varie forme concrezionali. (Clint Farlinge/Alamy/IPA)

lastri immani dovuti alla fusione di **stalattiti** (che partono dal soffitto) e **stalagmiti** (che si elevano dal pavimento) [Figura 44].

Le splendide forme concrezionali che ornano le cavità sotterranee sono il prodotto del lento depositarsi del carbonato di calcio dalle acque percolanti a stillicidio o a sottilissimi veli nell'interno delle grotte. Infatti, quando l'anidride carbonica contenuta in quel composto un po' instabile che è il bicarbonato di calcio disciolto nell'acqua riesce a liberarsi, quest'ultimo ridiventa carbonato insolubile e viene abbandonato dall'acqua: il processo si svolge secondo la reazione (b) che abbiamo visto nell'introduzione di questo paragrafo. Ciò accade, in particolare, quando la superficie evaporante dell'acqua aumenta, cioè quando l'acqua esce a gocce dalle fessure (*stalattiti*) o si espande in veli ampi e di minimo spessore (*stalagmiti*).

Le concrezioni che derivano da questo processo costituiscono il riempimento più caratteristico delle grotte carsiche. Esse rispondono ad una precisa funzione, tendente a equilibrare i normali rapporti tra erosione e sedimentazione che intervengono in ogni ciclo evolutivo: al continuo asporto (per erosione chimica e meccanica) si contrappone questa azione di deposito all'interno delle cavità, che può portare anche al loro colmamento.

Tra le cavità carsiche ipogee conosciute ed esplorate, numerose sono quelle che raggiungono dimensioni impressionanti.

Fra quelle a prevalente sviluppo verticale possiamo citare, a titolo di esempio, la Spluga della Preta nei Monti Lessini, che, attraverso una serie di pozzi verticali frammezzati da esili sporgenze e stretti ripiani, scende fino ad 875 m dalla superficie. La massima profondità finora nota in Italia è quella dell'Abisso Paolo Roversi nelle Alpi Apuane, in provincia di Lucca, che raggiunge i 1249 metri. L'abisso più profondo del mondo è, per ora, quello di Krubera – Voronja nel Massiccio d'Arabika (Caucaso occidentale), dove si scende per oltre 2190 metri.

Dimensioni e sviluppo enormi presentano molte grotte a decorso orizzontale o quasi (come le Grotte di Postumia, già citate): il Complesso della Codula di Luna, in Sardegna, si estende per più di 34 km; la Höll Loch (o Buca dell'Inferno) nel Cantone di Schwyz (Svizzera) supera complessivamente i 200 km di lunghezza con un dislivello di appena 939 m; il sistema Flint Ridge - Mammoth Cave negli Stati Uniti d'America raggiunge quasi i 628 km, costituendo il complesso carsico ipogeo più lungo del mondo [Figura 45].

Contrariamente a quanto si potrebbe pensare, le grotte non sono luoghi completamente disabitati. In effetti, in esse vivono alcuni organismi vegetali presenti anche negli ambienti esterni della superficie terrestre. E vi sono rappresentati numerosi gruppi di animali: dai mammiferi, come i pipistrelli, ai pesci; agli anfibi esclusivamente cavernicoli,

Figura 46
Un esemplare di *Proteus anguineus*. Questo rappresentante europeo della famiglia dei Proteidi è lungo dai 20 ai 30 cm, vive nelle acque sotterranee delle grotte e respira per branchie. Si nutre di gamberetti, vermi ed altri invertebrati; può stare senza cibo anche per diversi anni e vive fino a 100 anni. (piranka/Istockphoto)

come il *proteo* [Figura 46]; agli artropodi, come crostacei e insetti. Molti di questi animali presentano degli adattamenti comuni all'ambiente in cui vivono: la depigmentazione della pelle, la riduzione degli occhi fino alla completa cecità, la riduzione delle ali, l'allungamento degli arti e delle altre appendici, lo sviluppo di particolari strutture sensoriali. Nelle grotte si trovano anche numerosissimi organismi più semplici, come i protozoi e le alghe unicellulari.

Lo studio delle forme di vita presenti in ambiente cavernicolo è di grande importanza, in quanto consente di chiarire molti problemi biologici ed ecologici di rilevanza generale, alcuni dei quali hanno stretta attinenza con l'ambiente esterno. Altrettanto interessanti sono le indagini che si vanno compiendo sulle possibilità di adattamento dell'uomo nell'ambiente sotterraneo, sulle reazioni del nostro organismo alla completa oscurità che vi regna e all'isolamento completo dal mondo esterno.

7.3 L'evoluzione del carsismo e le risorse idriche delle zone carsiche

■ **Falda idrica** (Ground water) Un corpo roccioso sufficientemente permeabile da lasciarsi attraversare dalle acque profonde, ma capace di trattenerne in quantità utile per alimentare sorgenti e pozzi, è detto *acquifero*. Se in superficie affiorano gli strati permeabili di un acquifero, l'acqua che penetra si muove verso il basso per gravità, finché non incontra un corpo roccioso impermeabile, l'*acquicludo*, che ne ostacola o ne impedisce il movimento. Di conseguenza, l'acqua va gradualmente accumulandosi nell'acquifero, dando origine a una *falda idrica*.

Come nell'erosione fluviale, anche nello svolgimento del processo carsico si possono riconoscere diversi stadi di sviluppo delle forme superficiali e sotterranee, che ne caratterizzano il **ciclo evolutivo** [Figura 47].

■ In un paesaggio carsico il cui modellamento superficiale si trovi in uno *stadio giovanile*, si osservano doline di dimensioni relativamente piccole (fino a 40-50 m di diametro) a forma di imbuto e generalmente provviste di inghiottitoio, scarsità di terra rossa, graduale sviluppo di piccole solcature di vario tipo (karren) sui versanti montuosi.

In queste condizioni i corsi d'acqua si impoveriscono per la crescente infiltrazione, mentre i loro alvei si trasformano in valloidi carsici con depressioni in cui l'acqua si perde.

■ Uno *stadio di maturità* del carsismo mostra doline più ampie e a forma di ciotola, con il fondo e spesso anche i fianchi rivestiti da terra rossa, insieme a diffusi solchi e creste sulla roccia scoperta. Con il procedere dell'evoluzione si sono formate le *uvala*, i valloidi carsici e altre depressioni nelle quali si raccoglie in sempre maggiore quantità la terra rossa; l'idrografia superficiale è scomparsa del tutto.

■ Quindi si giunge allo *stadio di vecchiaia*, con depressioni sprofondate che mettono allo scoperto tratti sempre maggiori di cavità sotterranee. Il rilievo, demolito fin quasi al livello della *falda idrica* sotterranea, presenta una superficie complessivamente concava, sulla quale si ristabilisce l'idrografia superficiale.

L'evoluzione delle cavità carsiche sotterranee, come quella delle forme superficiali, non segue in tutte le regioni uno schema fisso ed è condizionata da un gran numero di fattori, tra i quali:

- la composizione chimica delle rocce interessate;
- la frequenza delle fratture e le loro direzioni prevalenti;
- le condizioni climatiche esterne;
- il tempo che le acque hanno avuto a disposizione per esercitare la loro azione erosiva.

Nei massicci calcàrei dove questi fattori consentono uno sviluppo completo del fenomeno carsico, la fusione delle varie cavità ipogee è spesso provocata dalla notevole velocità e pressione che l'acqua acquista man mano che procede in profondità: le acque di infiltrazione tendono a raccogliersi e a creare gallerie e canali, in cui scorrono come in una condotta forzata, esercitando una notevole erosione meccanica. Con il tempo, mentre in superficie si assiste alla graduale scomparsa del reticolo idrografico, si crea una vera e propria circolazione idrica sotterranea di tipo speciale, con corsi d'acqua, cascate, laghetti e sifoni che agiscono secondo il principio dei vasi comunicanti e regolano il livello delle acque tra una cavità e l'altra.

La conoscenza dell'infiltrazione e della direzione delle acque sotterranee, della loro quantità e di tutti i fenomeni che riguardano la circolazione idrica nei massicci carsificati è utile anche ai fini pratici. La «cattura»artificiale delle acque sotterranee delle regioni carsiche ne può impedire la dispersione e permettere il convogliamento verso le zone più opportune, contribuendo al reperimento di nuove fonti di approvvigionamento idrico, sia per uso agricolo e industriale, sia per il rifornimento di agglomerati urbani.

47

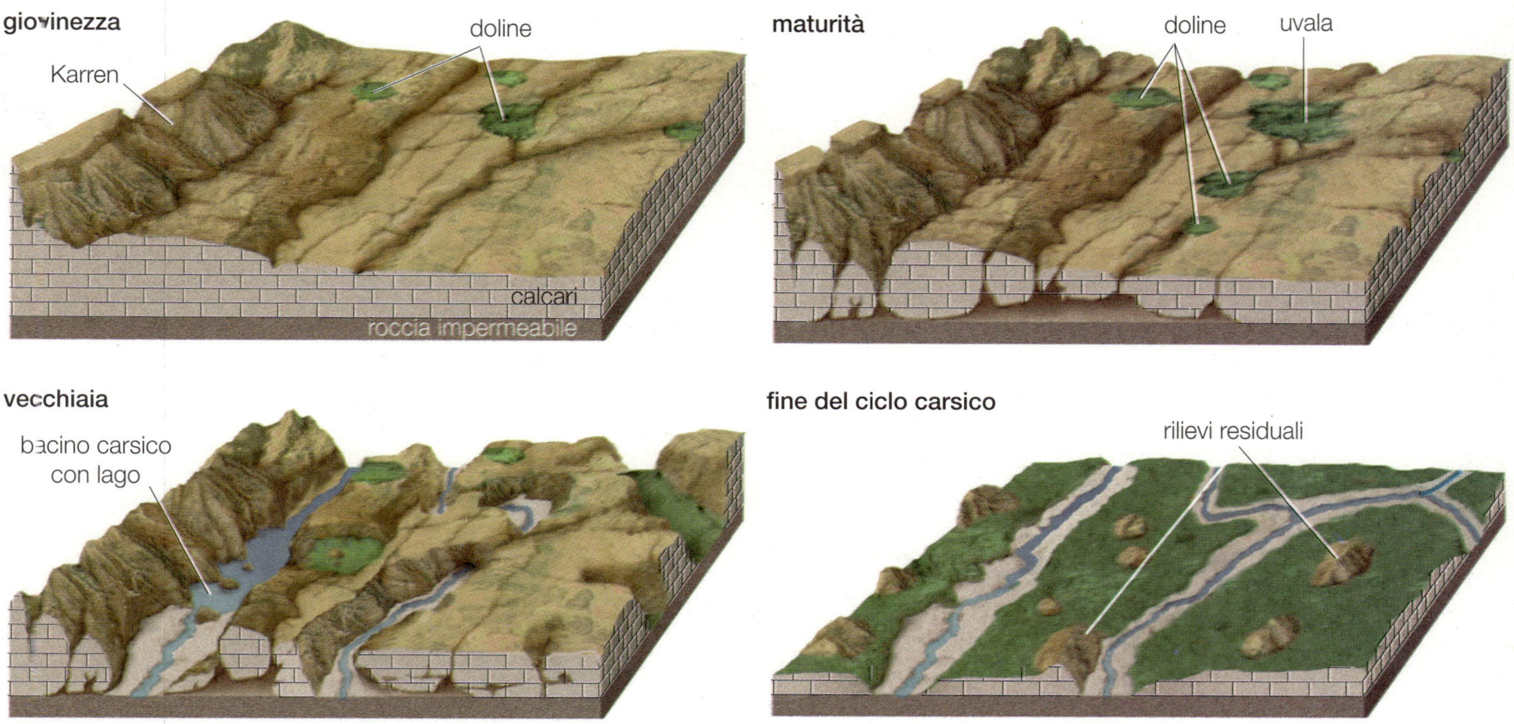

Figura 47
***Stadi evolutivi* di un *ciclo carsico*.** In un altopiano calcareo intensamente tettonizzato le acque, più che scorrere in superficie, tendono ad infiltrarsi nelle fratture della roccia; con la loro azione corrosiva, e con il concorso di processi di crollo, esse producono una serie di forme superficiali e sotterranee che evolvono attraverso stadi successivi, il cui passaggio è però graduale, con limiti non perfettamente definibili. Con la fine del ciclo carsico si ha la demolizione del primitivo massiccio calcareo fin quasi al livello della falda freatica (sostenuta dallo strato impermeabile sottostante), la quale funge da *livello di base locale*.

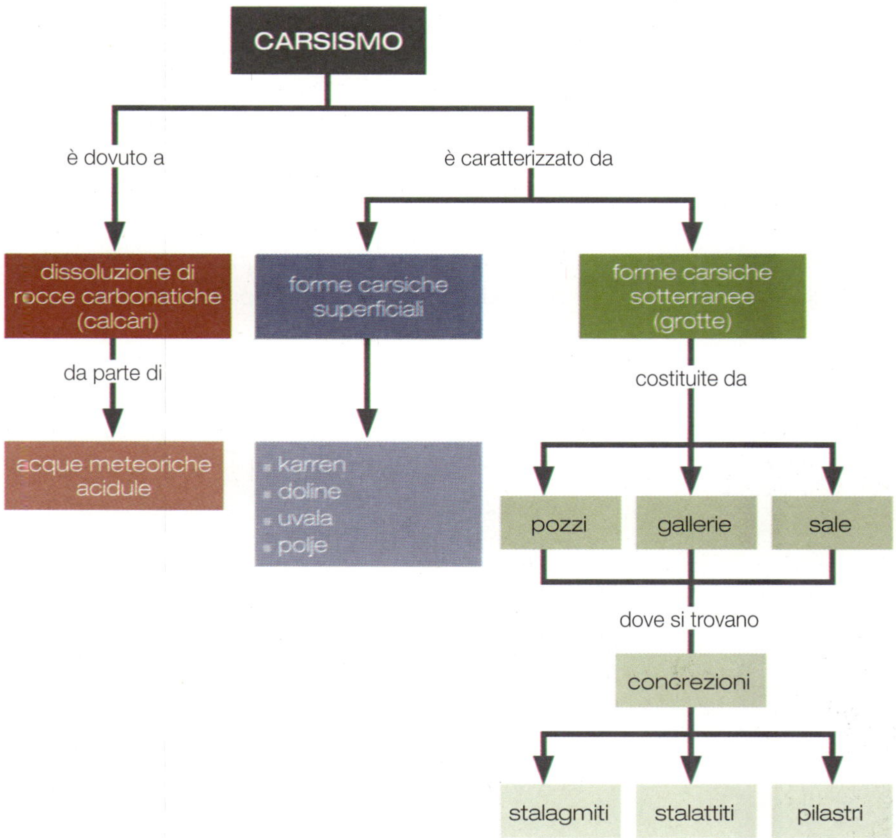

QUESITI

1. Le forme carsiche si possono sviluppare nelle rocce

A ferrose. B carbonatiche.
C silicatiche. D argillose.

2. Scegli le alternative corrette.

Il carbonato di calcio è un componente **solubile/insolubile** dei calcari; in presenza di acqua acidulata esso si trasforma in bicarbonato di calcio, che è invece **solubile/insolubile**.

3. Vero o falso?

Il paesaggio carsico è caratterizzato da un reticolo idrografico superficiale molto sviluppato.

Motiva la risposta.

4. Quale di queste forme carsiche epigee ha dimensioni maggiori?

A Karren. B Uvala.
C Polje. D Doline.

5. Completa.

La scienza che studia le grotte prende il nome di ....

6. Descrivi il processo di dissoluzione dei calcari operato dall'acqua.

7. Quali sono le più caratteristiche forme carsiche superficiali?

8. Come si formano le stalattiti e le stalagmiti?

9. Quali sono le caratteristiche dello stadio di vecchiaia di un paesaggio carsico?

8 L'azione morfologica dei ghiacciai

Video
Il profilo longitudinale di un ghiacciaio

Video
La formazione di una valle glaciale

Sebbene la neve e il ghiaccio attualmente ricoprano in permanenza una superficie complessiva solo di poco superiore al 10% delle terre emerse e siano limitati alle regioni polari o di alta montagna, l'azione erosiva e di deposito esplicata dai ghiacciai è di notevole importanza nel modellamento del rilievo terrestre.

Difatti, nelle epoche passate l'estensione dei ghiacciai è stata a volte molto maggiore: si calcola che nel Quaternario essi avrebbero coperto in certi «momenti» fino ad un terzo della superficie continentale. A quei tempi i ghiacciai hanno esercitato ampiamente la loro opera modellatrice, di cui numerose testimonianze sono rimaste impresse nei paesaggi attuali e si possono ritrovare anche in zone oggi prive di nevi permanenti e di ghiaccio (come negli Appennini, dove attualmente esiste un unico piccolissimo ghiacciaio sul Gran Sasso).

Un **ghiacciaio** è una grande massa di ghiaccio derivante dall'accumulo della neve che si compatta, fonde e ricristallizza in forma di piccoli granuli appiattiti dal peso degli strati sovrastanti. I ghiacciai occupano superfici a varia inclinazione e si muovono sotto la spinta del proprio peso.

Figura 48
Un «fungo dei ghiacciai» nell'Hindu Kush (Afghanistan). I blocchi rocciosi che cadono su un ghiacciaio, d'estate impediscono ai raggi solari di provocare la fusione di tutto il ghiaccio sottostante. Si formano così queste meravigliose tavole di roccia in difficile equilibrio su un gambo di ghiaccio che spesso riesce a superare il periodo caldo e viene sepolto sotto la nuova neve. (K. Diemberger, Salisburgo)

48

8.1 Modalità dell'erosione glaciale

Nonostante la sua apparente immobilità, il ghiaccio dei ghiacciai lentamente si sposta, rendendo evidente il suo «scorrimento» a una osservazione protratta per mesi o per anni.

I movimenti verso valle di un ghiacciaio dipendono da vari fattori. Anzitutto sono connessi alla plasticità del ghiaccio e alla facilità dei piccoli moti intergranulari. Vari granuli possono fondere, sotto forte pressione, facilitando così lo spostamento, grazie anche alla eventuale presenza sul fondo di un velo d'acqua che permette lo slittamento sulle rocce di base. Vi è poi la forza di gravità, che è l'agente principale: essa è tanto più efficace quanto maggiore è il pendio su cui poggia la massa glaciale e quanto più grande è lo spessore del ghiaccio. Ma l'entità dello spostamento dipende anche dalla rugosità del fondo, dalla presenza di ostacoli rocciosi che rallentano il moto, da tratti alterni in piano o in contropendenza; inoltre varia anche con la stagione.

La velocità varia da punto a punto di un medesimo ghiacciaio e a seconda dei vari tipi di ghiacciai (ghiacciai continentali, ghiacciai di montagna ecc.). È in virtù di questo movimento che i ghiacciai possono esercitare una loro azione erosiva, la quale si compie secondo due processi essenziali, che si svolgono contemporaneamente: l'*estrazione* e l'*esarazione*.

L'**estrazione** glaciale consiste nella fessurazione e nella frantumazione delle rocce per le continue alternanze di gelo e disgelo che si verificano ai margini e sul fondo del ghiacciaio, e nell'azione divaricatrice del ghiaccio che si insinua plasticamente nelle fenditure, completa la rottura ed allontana i materiali che ne derivano.

L'estrazione è particolarmente pronunciata alla fronte dei ghiacciai e sui loro bordi, dove cadono i detriti, a volte anche di notevoli dimensioni [Figura 48], provenienti dalla degradazione meteorica e dallo scalzamento dei versanti; ma si esercita con una certa intensità anche sul fondo. Essa favorisce il modellamento dei versanti, poiché impedi-

Figura 49
Effetti della *esarazione glaciale*.
A. Levigatura e striatura di rocce granitiche lungo la costa della Baia di St. John (Terranova, Canada). Le strie indicano la direzione di movimento della grande coltre glaciale che durante le glaciazioni quaternarie occupava gran parte dell'America Settentrionale. (P. Cresan)
B. Roccia a gobba levigata e arrotondata nelle Vedrette di Ries (Trentino-Alto Adige). Il senso di movimento del ghiacciaio che l'ha modellata andava da sinistra a destra. Si tratta di una *roccia montonata*: il nome deriva da una certa somiglianza fra la loro forma e quella delle «moutonnées», le parrucche a foggia di vello di pecora in voga nel XVIII secolo. (M. Del Monte, Roma)

sce la formazione di falde di detrito che ne proteggerebbero la base.

Il processo di **esarazione** consiste nell'erosione meccanica vera e propria della corrente glaciale e delle eventuali acque di fusione che scorrono sotto il ghiaccio, le quali escavano il fondo ed esercitano un'intensa azione abrasiva con l'aiuto dei materiali duri trasportati.

Per effetto del raschiamento che i blocchi inglobati nel ghiaccio esercitano contro la roccia in posto, sulle pareti laterali si creano delle scanalature larghe fino ad una cinquantina di centimetri e profonde fino a 10 centimetri, soprattutto dove il letto del ghiacciaio si restringe. Le rocce coerenti del fondo vengono incise da strie secondo la direzione di scorrimento del ghiacciaio, e tutte le loro sporgenze vengono progressivamente levigate ed arrotondate; le più resistenti assumono spesso una forma a dorso di cetaceo o mammellonare, costituendo le cosiddette *rocce montonate* [Figura 49].

8.2 I circhi e le valli glaciali

In conseguenza delle azioni di estrazione e di esarazione, una regione che è stata occupata da ghiacciai presenta **forme di erosione** caratteristiche. Tra queste spiccano – in particolare nelle aree modellate da ghiacciai di tipo alpino – i *circhi* e le *valli*.

I **circhi glaciali** sono depressioni semicircolari dominate da ripide pareti, raramente isolate, più spesso a gruppi [Figura 50]. Essi sono dovuti alle forti pressioni esercitate dalle masse glaciali nelle zone di accumulo delle *nevi permanenti* e alla concomitante azione del gelo e disgelo che si esercita in alta montagna. Perciò assumono la forma di una poltrona con braccioli: lo schienale è ripido, mentre dalla parte opposta può esserci una soglia più o meno rilevata, che il ghiaccio modella e supera quando raggiunge uno spessore tale da dare origine ad una lingua che scende nella valle sottostante.

■ **Nevi permanenti (Permanent snow)** Sono le nevi che, cadute nelle stagioni fredde, non fondono del tutto durante le stagioni calde, e lentamente si trasformano in ghiaccio.

Figura 50
Circhi glaciali nell'Appennino marchigiano. La presenza di tali forme di erosione nel nostro Appennino è testimonianza della lunga e complessa storia climatica della Terra, con età glaciali succedutesi per lungo tempo a quelle interglaciali (come l'attuale).

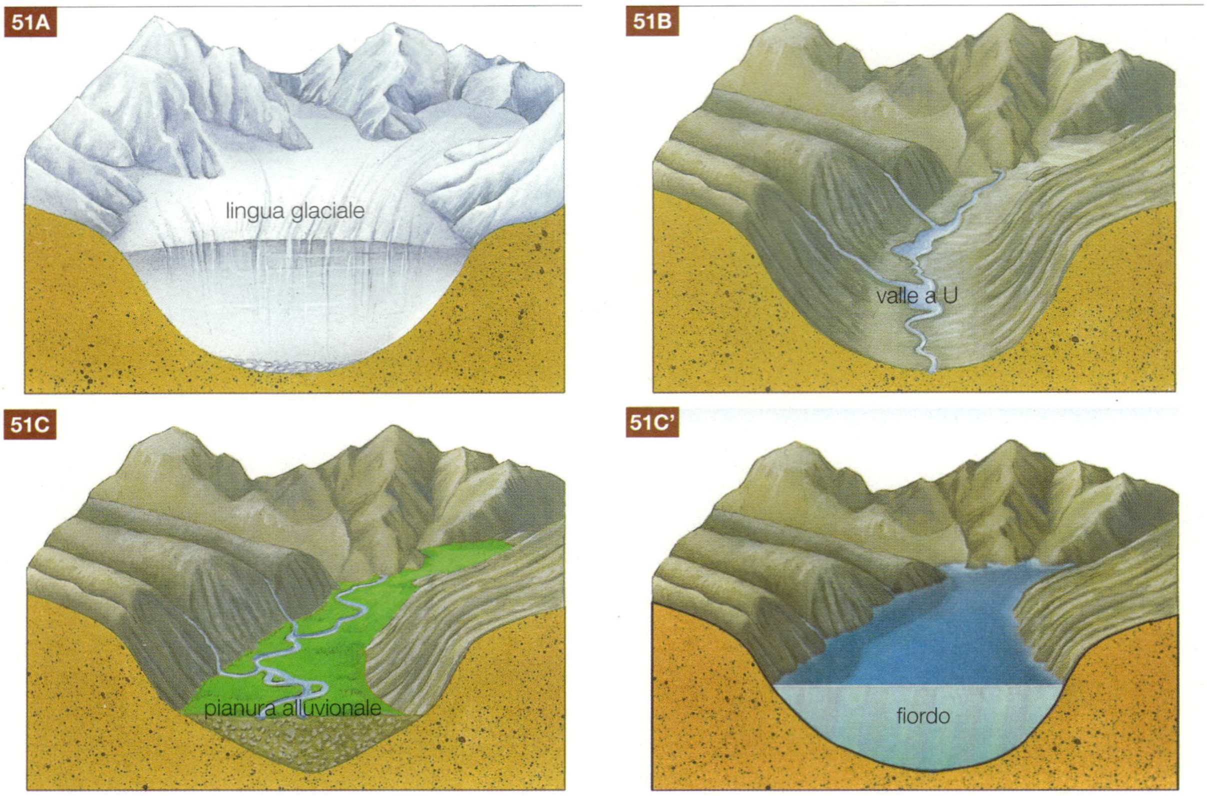

Figura 51
Schemi dello *sviluppo di un paesaggio glaciale*.
A. Durante la massima glaciazione una valle principale, dalla caratteristica sezione ad U, è colma di ghiaccio fino al livello dei suoi tributari più piccoli.
B. Dopo la glaciazione, scomparso il ghiaccio, il fondovalle può essere occupato da un fiume e da laghi. Dalle valli secondarie, meno incise perché modellate da lingue minori, e quindi pensili sulla valle principale, scendono con cascate gli affluenti.
C. Se il carico di materiali trasportati dai corsi d'acqua è notevole, con il tempo il fondovalle viene riempito da alluvioni. Ciò può accadere anche dopo che il fiume abbia inciso profondamente la vecchia valle glaciale e le abbia eventualmente conferito una sezione trasversale a V.
C'. Se la valle glaciale era stata sovraescavata fin sotto il livello marino e si trovava vicino alla costa, può anche succedere che alla fusione dei ghiacci essa ospiti un braccio di mare, costituendo così un *fiordo*.

Le **valli glaciali** sono molto diverse da quelle di origine fluviale. A differenza dei corsi d'acqua, i quali concentrano la loro azione erosiva lungo una linea che viene sempre più approfondita dalla corrente, il ghiaccio erode per tutta la sua ampiezza la depressione nella quale scorre [Figura 51A]; data la sua caratteristica di massa molto viscosa in movimento, il ghiaccio di un ghiacciaio tende a dare alla sezione del suo letto la forma che determina il minimo attrito, cioè quella di un semicerchio.

La valle glaciale ha quindi una **sezione trasversale a U** ed è chiamata *valle a doccia* o *truogolo glaciale*. Tale forma compete solo alla parte inferiore della sezione trasversale, cioè a quella parte in cui si è esercitata l'azione diretta del ghiacciaio, mentre la parte superiore, modellata dalla degradazione meteorica e dalle acque correnti, presenta i due fianchi divergenti [Figure 51B e 52].

Il *profilo longitudinale di una valle glaciale* presenta spesso dei tratti in contropendenza ed è costituito da una successione di porzioni escavate, dette *ombelichi*, e di parti in rilievo, chiamate *soglie* [Figura 53]: le prime si trovano in corrispondenza di rocce tenere o di zone di massimo spessore del ghiaccio;

Figura 52
La Oxnadalur, un magnifico esempio di *valle glaciale*, in Islanda. Pur non essendo più percorsa dal ghiaccio, essa mostra chiaramente la sua origine: il fondo ampio e i bassi versanti ripidi le conferiscono la tipica sezione trasversale ad U dei *truogoli glaciali*; solo verso l'alto, dove non arrivava la lingua di ghiaccio, i versanti divergono come nelle valli fluviali (rivedi la figura 26). Simili valli sono frequenti nelle Alpi, dove spesso indicano il percorso di lingue glaciali che si sono ritirate; ma se ne rinvengono anche negli Appennini, dove i ghiacciai vallivi sono ormai scomparsi. (R. Biscaretti, Bologna)

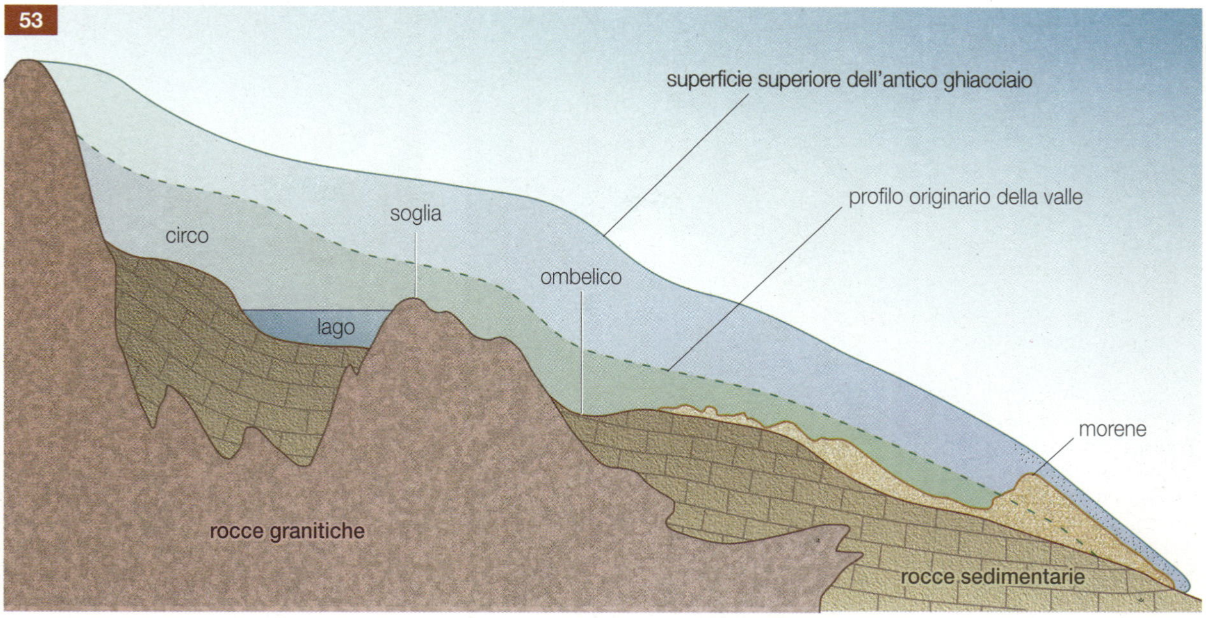

Figura 53
Il *profilo longitudinale* di un ghiacciaio di tipo alpino. Nelle valli glaciali non si osserva la progressiva diminuzione di pendenza riscontrabile in quelle di erosione fluviale (rivedi la figura 23). A differenza dell'acqua dei fiumi, che è costretta sempre a scendere o a ristagnare nelle depressioni preesistenti (colmandole di detriti), il ghiaccio dei ghiacciai si comporta come una massa plastica e può quindi superare le contropendenze ed approfondire sempre di più le depressioni, il cui fondo può essere scavato anche al di sotto del livello del mare (*criptodepressioni*). Alla scomparsa del ghiaccio, nelle depressioni si possono originare dei laghi. I materiali erosi (*morene*) vengono abbandonati generalmente più in basso, verso la fronte del ghiacciaio, mano a mano che questo si ritira per fusione; anch'essi possono sostenere dei laghi.

le seconde sono spesso modellate in rocce più resistenti, oppure si rinvengono laddove il ghiaccio ha potuto esercitare in minor misura la sua azione, per il ridotto spessore o la debole velocità.

L'erosione glaciale non è limitata da un «livello di base», come quella fluviale; difatti, l'avanzamento di una massa di ghiaccio non è regolato soltanto dalla forza di gravità che agisce su di essa, ma è anche sollecitato dalla spinta, talvolta enorme, esercitata dalle masse retrostanti. Pertanto, il ghiaccio dei ghiacciai può anche superare dei tratti in salita e spingere la «sovraescavazione» a profondità al di sotto del livello del mare, dando origine in tal caso a delle *criptodepressioni*.

Figura 54
Un esempio, particolarmente significativo, di *valle glaciale sospesa* (Yosemite National Park, California). Un tempo la piccola valle pensile era percorsa da una lingua di modesto spessore che confluiva in un'altra molto più potente, la quale ha scavato la grande valle (Yosemite Valley) dove ora scorre il fiume visibile in primo piano; mentre il ghiaccio delle due lingue si raccordava regolarmente in superficie, il fondo della valle principale era ovviamente molto più scavato di quello della valle secondaria. Scomparsi i ghiacciai, oggi il processo di modellamento avvenuto è testimoniato dalla presenza della cascata; questa con il tempo verrà progressivamente eliminata dal corso d'acqua affluente, il cui profilo longitudinale tende a raccordarsi con il proprio livello di base, rappresentato dal fiume principale (vedi figura 51B e C).

Le valli glaciali secondarie che confluiscono in una valle principale sono anch'esse modellate ad U ma, essendo percorse da lingue di minor potenza, vengono scavate meno profondamente e perciò hanno il fondo più elevato rispetto a quello della valle principale collettrice. Al ritiro del ghiacciaio che le occupa, esse appaiono come *valli pensili* o *sospese* [Figura 54] e i corsi d'acqua che vi si impostano sono costretti a superare il dislivello con delle cascate; con il tempo l'erosione fluviale vi incide delle gole e quindi le fa scomparire con la sua azione regressiva.

8.3 Le forme di deposito glaciali

Con il suo movimento, il ghiaccio non solo erode il fondo e i fianchi rocciosi delle valli, asportandone i detriti, ma ingloba anche tutti i materiali grossi o minuti che cadono casualmente sul ghiacciaio, trasportandoli verso valle. Questi detriti si raccolgono gradualmente – per effetto della gravità e dei movimenti differenziali del ghiaccio – verso i fianchi, sul fondo e alla fronte del ghiacciaio, dove formano ammassi più o meno caotici, detti **morene**.

Le *morene laterali* sono in genere abbondanti, a causa dei detriti che cadono dai versanti montuosi e bordano il ghiacciaio per tutta la sua lunghezza, ingrossandosi gradualmente verso valle. Se due lin-

55

56

Figura 55
Morene laterali e morena mediana sul Ghiacciaio del Bernina (Svizzera). Si tratta di *morene mobili*, costituite da grandi quantità di detriti di varie dimensioni che derivano prevalentemente dalla disgregazione meteorica delle rocce dei versanti e cadono sulla superfice del ghiacciaio, il quale li trasporta.

Figura 56
La fronte del Ghiacciaio della Lex Blanche, nel Gruppo del Monte Bianco. Oltre alle varie morene in movimento assieme al ghiaccio (*morene mobili*) è ben visibile in primo piano parte della *morena frontale deposta*. La morena frontale è solcata da un piccolo torrente che si origina dalle acque di fusione della lingua glaciale. Queste acque, assieme a quelle derivanti da altri ghiacciai che scendono anch'essi dal versante italiano del Monte Bianco, vanno ad alimentare poi il Fiume Dora di Venì. (C. Caputo, Roma)

gue glaciali confluiscono in una, le rispettive morene laterali che vengono a contatto si congiungono e, dopo la confluenza, costituiscono una *morena mediana* [Figura 55].

I materiali detritici che rimangono fra la base del ghiacciaio e il letto roccioso formano le *morene di fondo*. I materiali che giungono alla fronte (e che derivano dal trasporto delle morene già citate e di quelle *interne* alla massa glaciale) formano le *morene frontali*.

Le *morene deposte* [Figura 56] sono distinguibili da quelle in movimento perché il loro materiale, tutto detritico, è dato da massi e ciottoli di ogni dimensione immersi in un fango (limo glaciale) formato dalle parti più minute. Naturalmente, la deposizione dei materiali è particolarmente accentuata allorché un ghiacciaio si ritira, e produce forme di accumulo diverse a seconda dei tipi di ghiacciai e di morene mobili, del luogo in cui queste vengono abbandonate e anche delle caratteristiche delle rocce di provenienza.

Le forme più imponenti sono gli **anfiteatri morenici**, costituiti da una serie di grandi argini frontali ad archi grossolanamente concentrici, corrispondenti ai depositi lasciati da una potente lingua glaciale in lento ritiro, durante diverse fasi di sosta. Ne sono rimasti esempi grandiosi allo sbocco in pianura di numerose vallate alpine, come l'anfiteatro morenico di Ivrea (Piemonte) e quelli davanti ai laghi Maggiore, di Como e di Garda, formati da colline arcuate che si elevano sulle pianure circostanti.

Un altro effetto caratteristico del trasporto e della deposizione dei ghiacciai è rappresentato dai *massi erratici*, blocchi rocciosi di enormi dimensioni, abbandonati anche a centinaia di km dal luogo di origine. Tali massi si riconoscono spesso per la loro natura litologica diversa da quella delle rocce su cui giacciono.

8.4 Il modellamento del paesaggio al ritiro dei ghiacciai

I depositi glaciali sono frequentemente ripresi e rimaneggiati dalle acque di fusione e dai torrenti glaciali che da queste si originano.

Tali corsi d'acqua asportano una porzione considerevole dei detriti che i ghiacciai vanno abbandonando, ed erodono anche le morene frontali già accumulate; trasportano questi materiali verso valle e, dopo averli rielaborati, li depongono nuovamente nelle zone più basse e pianeggianti, formando i **depositi fluvioglaciali**. Anche questi depositi hanno forma, costituzione ed estensione assai variabili, a seconda dei diversi tipi di ghiacciai da cui provengono, della loro natura litologica e del tipo di trasporto che hanno subìto ad opera delle acque correnti.

Le maggiori estensioni di depositi fluvioglaciali si rinvengono ai margini delle grandi coltri glaciali in lento ritiro. Qui essi formano vaste pianure in cui il deflusso delle acque è ostacolato dai materiali morenici abbandonati e la superficie è cosparsa di canali e pozze d'acqua temporanee. Dopo la scomparsa del ghiaccio alcune delle depressioni ostruite da morene contengono ancora dei laghi.

Figura 57
Un fiordo presso Geiranger, nella Norvegia meridionale. Sono ben visibili le pareti quasi verticali dell'antica valle glaciale, nella quale il mare è entrato dopo la fusione dei ghiacci e il ritiro del ghiacciaio.
(D. J. Heaton / Marka)

Pur avendo modellato vaste regioni delle terre emerse, i ghiacciai quaternari non hanno potuto produrre delle vere «superfici di spianamento», a causa della limitata durata geologica delle glaciazioni. Per esempio, i grandi *scudi*, che hanno subito l'azione delle potenti calotte glaciali e che oggi appaiono quasi spianati, in realtà erano stati già ampiamente erosi da altri agenti esogeni.

■ **Calotte glaciali (Ice sheet)** Sono i *ghiacciai continentali* che, in forma di enormi lenti biconvesse con spessori chilometrici, coprono oggi circa il 98% dell'Antartide e l'80% della Groenlandia. Nelle età glaciali ghiacciai di questo tipo si estendevano anche sull'Europa settentrionale e su buona parte del Nord America.

È difficile quindi individuare un *ciclo di erosione glaciale*, sia perché il paesaggio glaciale assume forme diverse a seconda dei vari tipi di ghiacciai, sia perché il suo aspetto è complicato dall'influenza di altri agenti modellatori. Difatti, le forme di erosione e di deposito glaciali vengono cancellate in un tempo relativamente breve ad opera delle acque fluviali che scorrono nelle valli abbandonate dai ghiacciai e tendono a modificarne l'aspetto in relazione al proprio meccanismo erosivo.

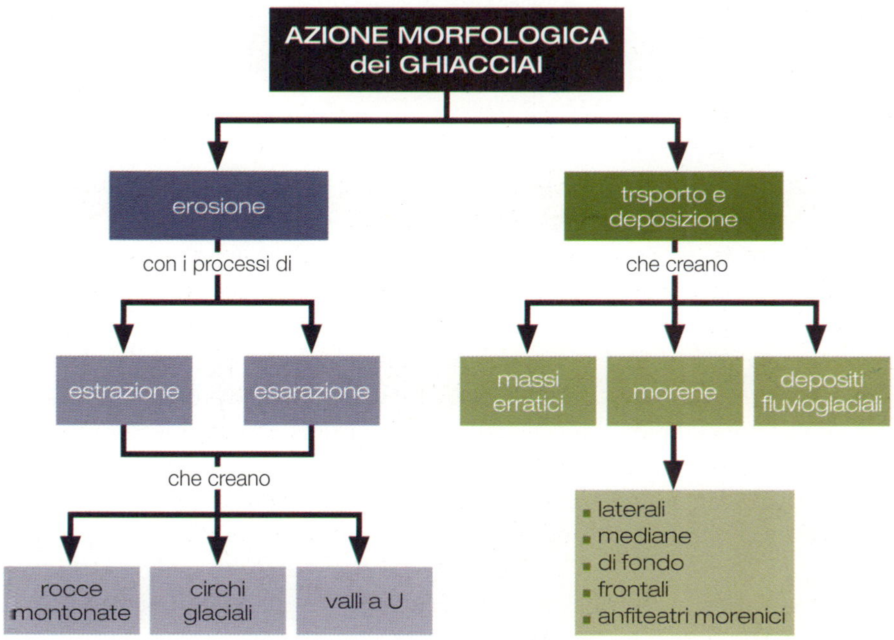

Inoltre, le regioni glacializzate possono essere in parte invase dal mare alla fusione dei ghiacci e sono così sottoposte a un'azione diversa, che tende anch'essa a cancellare le tracce del modellamento precedente: è il caso, per esempio, della formazione dei *fiordi* [Figure 51C' e 57].

QUESITI

1. Scegli l'alternativa corretta.
   Il processo di erosione glaciale che consiste nell'abrasione delle rocce da parte del ghiaccio e dei materiali rocciosi in esso trasportati è detto **estrazione/esarazione**.
2. Le gobbe rocciose, in parte levigate e arrotondate, solcate dalle caratteristiche strie lasciate dall'azione erosiva del ghiaccio dei ghiacciai, sono dette
   A massi erratici. B funghi dei ghiacciai.
   C rocce montonate. D morene.
3. Scegli l'alternativa corretta.
   I circhi glaciali/Gli anfiteatri morenici sono forme di erosione glaciale.
4. Le morene mobili di fondo si trovano
   A attorno ai circhi glaciali.
   B a valle del ghiacciaio.
   C tra la base del ghiaccio e il letto roccioso.
5. Completa.
   Quando una valle glaciale vicina alla costa viene invasa dal mare si forma un ....
6. Con quali modalità principali si compie l'azione erosiva di un ghiacciaio?
7. Quali sono le principali caratteristiche di una valle glaciale?
8. Che cos'è una morena?
9. Come si forma una morena mediana?
10. Dove si rinvengono le maggiori estensioni di depositi fluvioglaciali?

9 L'azione morfologica del mare sulle coste

Video
L'azione del mare e l'erosione delle coste

■ **Onde di oscillazione/Onde di traslazione (Waves of oscillation/Waves of translation)** Le *onde di oscillazione* si generano in mare aperto, dove non si risente l'influenza dei fondali; in esse le particelle d'acqua sono soggette a soli movimenti circolari e non si ha trasporto d'acqua. Le *onde di traslazione* comportano un vero e proprio trasporto d'acqua; esse sono caratteristiche di acque poco profonde. Quando un'onda si avvicina alla costa, l'attrito con il fondo marino provoca il rallentamento della sua parte inferiore e le particelle d'acqua descrivono orbite sempre più ellittiche finché, lungo il fondale, si muovono con moto rettilineo alternato; la parte inferiore dell'onda risulta perciò ritardata rispetto a quella superiore, che si rovescia in avanti (*frangente*).

Anche il mare, con i suoi movimenti, svolge una triplice azione – di erosione, di trasporto e di deposizione – che si esercita lungo i *litorali*, cioè nelle zone di contatto, più o meno ampie a seconda dell'ampiezza delle maree, fra le parti emerse e quelle sommerse della superficie terrestre. Quest'opera modellatrice può portare o all'arretramento della linea di costa, quando prevalgono i suoi effetti distruttivi, o ad un avanzamento nel caso che siano preponderanti i processi costruttivi.

L'attività erosiva del mare, che prende il nome di **abrasione marina**, si esplica per opera delle maree, delle correnti e soprattutto delle onde, che sono il massimo agente modificatore dei litorali. Tale attività è però largamente preparata e agevolata da diversi fenomeni che possono interessare le zone costiere; essi comprendono l'alterazione chimica delle rocce a contatto con l'acqua salata, la disgregazione meccanica operata dagli altri agenti esogeni e l'azione degli organismi perforatori (ad esempio, certi molluschi).

9.1 Le onde come agenti abrasivi delle coste

L'azione del moto ondoso è particolarmente efficace lungo le coste con acque poco profonde, laddove le onde di oscillazione per attrito col fondo si trasformano in onde di traslazione e si originano così i **frangenti**. Questi sono in genere tre volte più alti dell'onda in mare aperto e possono arrivare, nel caso di tempeste violente o di tsunami, fino ad altezze di una cinquantina di metri. Con il loro moto di trasporto della massa d'acqua, essi riescono a demolire le rocce non solo per l'enorme pressione (fino a 30 000 kg/cm^2), ma anche con l'aiuto dei materiali che lanciano contro la costa, dando luogo ad incisioni, nicchie, caverne, arcate, guglie o scogli (come i *faraglioni* dell'Isola di Capri), le cui caratteristiche dipendono in larga misura dalla resistenza che le rocce possono opporre a quest'opera distruttiva [Figura 58].

58

Figura 58
Effetti dell'*abrasione marina* su una costa alta a Etretat, in Normandia. L'azione delle onde su rocce stratificate e fessurate ha provocato, in zone di minor resistenza, la formazione di *archi naturali* (la cui volta è destinata a crollare) e l'isolamento di scogli. L'abrasione è particolarmente pronunciata in corrispondenza del livello medio del mare, ossia della *linea di battigia*, ed è agevolata dai materiali erosi e crollati, che vengono ulteriormente scagliati contro la costa.

Figura 59
Un tratto di *costa alta* nel Golfo di Orosei (Sardegna). Una ripa calcàrea alla cui base si intravvede il *solco di battigia*, dovuto in parte all'attacco chimico delle acque marine e in parte all'erosione meccanica operata dalle onde. Le cavità, aperte e approfondite in corrispondenza del solco, immettono nella bellissima Grotta del Bue Marino, così detta perché è stata per lungo tempo rifugio di foche ormai rarissime nel Mediterraneo.

La notevole forza d'urto dei frangenti agisce con particolare potenza sulle fessure, sui giunti di stratificazione, sui punti di debolezza delle rocce rappresentati da cambiamenti litologici, aprendo varchi e fratture che si allargano progressivamente. L'acqua, spinta violentemente in queste aperture, comprime le masse d'aria in esse contenute e ritirandosi determina la loro rapida espansione. Le rocce, subendo questa ripetuta azione di compressione e decompressione, vengono dapprima fratturate, quindi separate e divelte in blocchi e frammenti di tutte le dimensioni. L'allargamento della cavità è relativamente rapido e col tempo può portare alla formazione di vere e proprie **grotte di abrasione marina**. Spesso capita che due o più grotte entrino in coalescenza per eliminazione dei setti di separazione, dando luogo ad enormi antri con aperture molto ampie ma, di solito, poco estesi in lunghezza.

In Italia abbiamo numerosissimi esempi di grotte costiere, alcune delle quali di incomparabile bellezza ed importanza. Possiamo citare, ad esempio, quelle dell'Adriatico,di notevole interesse speleologico, geologico e preistorico; fra esse, la celebre Grotta Romanelli e la vicina Grotta Zinzulusa sul Canale di Otranto in Puglia, accessibili tanto per via di terra che dal mare, abitate dall'uomo paleolitico. Altrettanto belle e a volte veramente imponenti sono le numerose cavità che si aprono sul mare lungo le coste della Sardegna, scavate nei più diversi tipi di rocce. C'è da osservare, però, che molte delle più note grotte costiere italiane – come la Grotta del Bue Marino in Sardegna [Figura 59] o la Grotta Azzurra di Capri – si sono formate essenzialmente per fenomeni carsici in rocce carbonatiche; se oggi esse si trovano a diretto contatto con il mare e ne subiscono in parte l'azione modellatrice, ciò è dovuto a successivi innalzamenti relativi del livello marino.

Quando l'abrasione marina può agire in maniera relativamente uniforme lungo un tratto di costa alta e rocciosa, in corrispondenza del livello medio del mare si origina una specie di scanalatura (**solco di battigia**) che si approfondisce sempre di più; la parete rocciosa sovrastante (*ripa*) viene così scalzata alla base e, mancando di sostegno, subisce dei crolli successivi che la fanno arretrare. È questo il fenomeno che provoca l'evoluzione delle **falesie**, coste alte e in forte pendenza (a volte anche strapiombanti sul mare) che si mantengono più o meno ripide e arretrano progressivamente. La velocità di questo arretramento in genere varia da qualche millimetro ad alcuni centimetri all'anno, ma può essere anche molto superiore quando l'attacco marino è particolarmente violento e l'erodibilità delle rocce lo consente. Ad esempio, nel Norfolk, in Inghilterra, raggiunge 1 m/anno.

La gran parte dei materiali che deriva dalla demolizione delle ripe si accumula ai piedi di queste e, se il livello del mare non muta, con il tempo forma una **piattaforma di abrasione marina** – un piano leggermente inclinato verso il mare – che può in parte emergere durante le basse maree. Con il procedere dell'erosione e dell'arretramento della costa, questa piattaforma tende ad allargarsi e ad ispessirsi sempre di più, fino a che finisce col frenare a poco a poco le onde e a proteg-

Figura 60
Una falesia intagliata nelle arenarie, con la antistante *piattaforma di abrasione marina*, in parte emersa durante la bassa marea. Questa piattaforma, coperta da alghe, è ormai talmente estesa da smorzare l'energia delle onde anche durante l'alta marea, proteggendo così dall'ulteriore arretramento la parete rocciosa, che si avvia a diventare una «falesia morta». (S. Stammers/ Science Photo Library)

gere così la ripa dall'ulteriore attacco, facendo cessare il suo arretramento e producendo perciò una *falesia morta* [Figura 60].

Sulle coste basse l'abrasione marina si esercita in maniera ugualmente efficace; qui essa agisce soprattutto sui materiali detritici scaricati dai fiumi o strappati dal mare alle terre emerse. Le onde rimaneggiano continuamente questi materiali, frantumandoli e levigandoli: i massi più grandi vengono ridotti in ciottoli e ghiaie di forma appiattita, i frammenti più piccoli in sabbie a grana sempre più fine.

Questa azione e il trasporto dei detriti, verso il largo o verso altri tratti costieri, producono un'incessante modificazione anche delle coste a dolce declivio.

9.2 L'azione costruttiva del mare

Il mare non esplica soltanto azioni distruttive, ma anche costruttive: in minor parte per l'effetto dei depositi chimici e delle incrostazioni (NaCl, $CaCO_3$) lungo certi tratti di costa e per l'opera degli organismi costruttori (come nel caso delle barriere coralline); in maggior parte per i suoi stessi movimenti.

Dovunque la velocità delle onde e delle correnti diminuisce, i materiali detritici di diversa provenienza che esse trasportano vengono depositati. La deposizione si verifica soprattutto nelle insenature con acque poco profonde, riparate da promontori; qui le onde che raggiungono il litorale abbandonano ghiaie e sabbie. Tali detriti, insieme a quelli più minuti portati dalle correnti, formano le **spiagge**, le quali scendono in mare con dolce pendio.

Talvolta i materiali vengono depositati in mare ad una certa distanza dalla riva, formandovi un accumulo che si estende lungo la linea dove si incontrano e si annullano l'onda diretta verso la costa e il flusso d'acqua di ritorno (*risacca*): si origina così un **cordone litoraneo** sottomarino che col tempo può emergere e costituire un *lido*. I lidi si formano di frequente all'ingresso di insenature, allungandosi dalle punte dei promontori che le delimitano e contribuendo così ad isolare specchi d'acqua più o meno ampi, ossia **lagune** con ristrette comunicazioni col mare aperto; questi varchi naturali a poco a poco si restringono fino a chiudersi completamente e formare così dei **laghi costieri**. Con il passare del tempo, se non intervengono variazioni del livello del mare o movimenti della regione costiera, si verifica un completo colmamento di detriti portati dai corsi d'acqua, dal vento e dalle forti

61A 61B 61C 61D

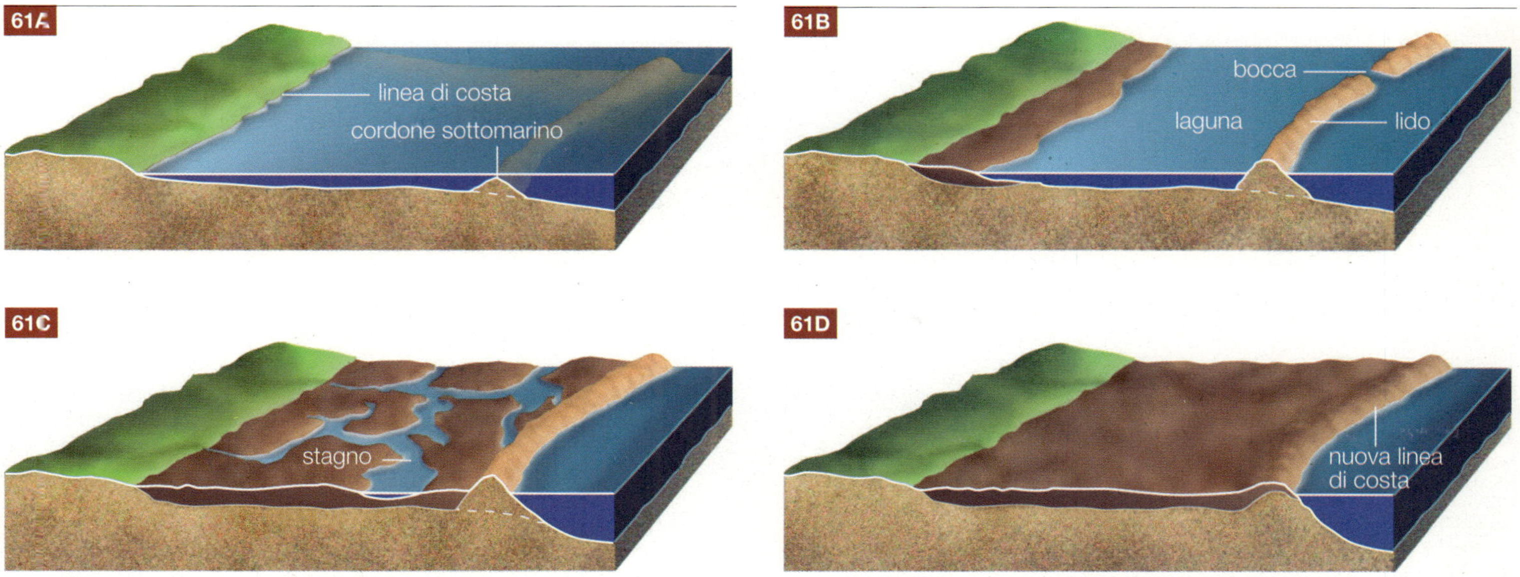

Figura 61
Formazione ed evoluzione di un *cordone litoraneo* e di una *laguna*. In seguito alla chiusura della comunicazione con il mare aperto, la zona retrostante al cordone si trasforma dapprima in una laguna e quindi in uno stagno costiero, che in seguito può venire colmato dall'apporto di detriti.

Figura 62
Veduta aerea della penisola dell'Argentario. Sono riconoscibili i due tomboli sabbiosi (della Giannella a sinistra e della Feniglia a destra) e la lingua mediana di terra, che racchiudono lo Stagno di Orbetello. (Stefano Politi Markovina/Alamy/IPA)

62

burrasche, assieme a depositi organici in gran parte vegetali. Cosicché, alla fine del processo costruttivo la terraferma guadagna spazio e si estende: si stabilisce così una nuova linea di costa, avanzata rispetto alla precedente [Figura 61].

Fra le lagune, ricordiamo quella di Venezia, lunga una cinquantina di kilometri e delimitata da un cordone litoraneo con tre aperture (*bocche lagunari* o *porti*) attraverso le quali le acque marine entrano ed escono con l'alternarsi del flusso e del riflusso di marea. Oltreché al meccanismo già descritto, la formazione e la persistenza di questa laguna sembra da collegare anche ad un lento abbassamento dell'intera area. Per rinforzare l'esile lido che difende la Laguna Veneta dal mare, si sono dovute costruire dighe lunghe 5 km (i «murazzi», che risalgono in buona parte ai tempi della Repubblica di Venezia). Anch'essa è minacciata dal pericolo di colmamento che deriva dalla sedimentazione fluviale e perciò il Fiume Brenta, che prima vi sboccava, alla fine del XIX secolo è stato deviato artificialmente e portato a sfociare direttamente in mare. Ma i problemi della Laguna di Venezia sono ancora lontani dall'essere risolti.

Molto noto è anche lo Stagno di Orbetello, una laguna racchiusa da due *tomboli* che collegano l'antica isola di Monte Argentario alla Toscana, interrotti da due ristrette bocche di scarico (una per ogni tombolo) [Figura 62]. Qui esiste anche una lingua di terraferma mediana, che divide in due la laguna e sulla quale sorge Orbetello; pare che sia stata la prima a formarsi e con la sua presenza abbia poi favorito lo sviluppo dei due tomboli esterni. Il termine «tombolo», originario di questa zona, inizialmente era riservato soltanto alle dune costruite dal vento sulle spiagge o su cordoni litoranei.

9.3
L'evoluzione delle zone costiere e i terrazzi marini

Anche per l'opera modellatrice del mare si può parlare di un **ciclo evolutivo** che si svolge attraverso fasi successive, raggruppabili in tre stadi:

- nello *stadio giovanile* si assiste a una graduale articolazione della costa, a causa del vario e progressivo addentrarsi dell'attacco da parte del mare;
- nello *stadio di maturità* i promontori vengono sempre più demoliti e le insenature colmate di detriti di spiaggia, con formazione di cordoni litoranei e lingue di sabbia che tendono a racchiuderle;
- nello *stadio di vecchiaia* la costa dall'originario andamento frastagliato diventa una costa rettilinea la cui direzione è perpendicolare a quella delle onde e delle correnti che, per erosione e deposizione, l'hanno modificata.

63A

fase iniziale

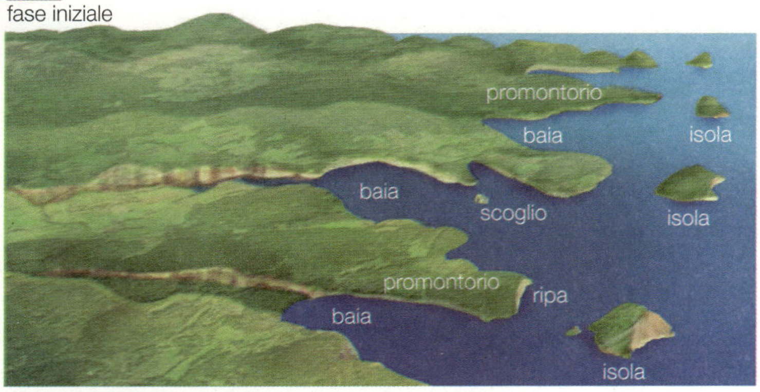

fase di avanzata giovinezza, di passaggio alla maturità

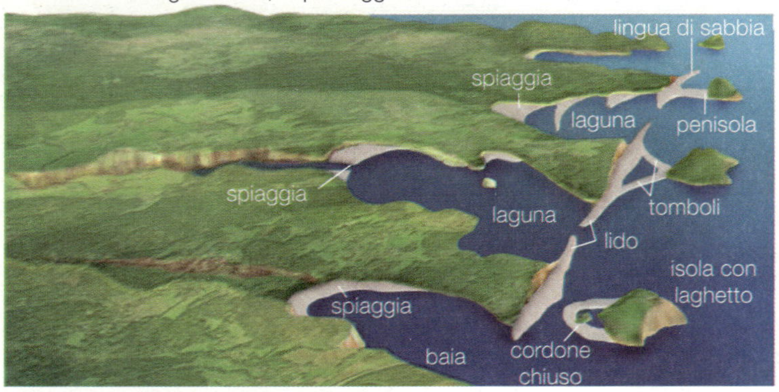

fase di piena maturità, prossima alla vecchiaia

Figura 63
***Evoluzione di una costa frastagliata in una costa rettilinea*, per erosione delle sporgenze e deposizione nelle rientranze.**
A. Un tale sviluppo si osserva soprattutto nelle coste dovute a sommersione marina: parti di valli subaeree diventano insenature o golfi, mentre i rilievi danno luogo a promontori e ad isole. Nelle coste dovute ad arretramento del mare l'emersione della piattaforma produce spesso un andamento più uniforme e senza isole. Tuttavia anche in quel caso l'articolazione della costa può essere prodotta dall'attacco del mare che agisce in modo differenziale nelle diverse parti. In seguito il processo di regolarizzazione può svolgersi secondo lo schema raffigurato. Per avere una vera *peneplanazione marina* (lo spianamento da parte del mare di vaste aree precedentemente emerse) occorre che il ciclo si ripeta più volte, così che la piattaforma di abrasione si estenda a più riprese e sempre più uniformemente.
B. Nella fotografia è visibile un lungo tratto di costa alta e rettilinea, a Sud-Ovest di Christchurch nell'Isola del Sud, in Nuova Zelanda. Una costa di questo tipo rappresenta, in genere, la fase avanzata di un lungo processo di erosione dei promontori e di deposizione nelle insenature, che porta alla rettificazione delle coste frastagliate, come indicato nel disegno. L'esistenza delle insenature nel passato e il processo evolutivo della costa sono testimoniati dalla netta troncatura (probabilmente favorita da una faglia) delle incisioni prodotte dai corsi d'acqua; gli interfluvi fra un corso d'acqua e l'altro si prolungavano nel mare a costituire, un tempo, altrettanti promontori.

63B

■ **Movimenti isostatici (Isostatic movements)** Movimenti verticali con cui la crosta terrestre reagisce alle modificazione dell'equilibrio statico, per raggiungere – con il «galleggiamento» – una nuova posizione di equilibrio gravitativo. Per esempio, se un settore di crosta aumenta di spessore per processi orogenetici, esso tenderà a sprofondare nel mantello finché la spinta di galleggiamento non ne compenserà il maggior peso.

■ **Movimenti eustatici (Eustatic movements)** Innalzamenti o abbassamenti del livello del mare a scala mondiale, connessi a effettivo aumento o diminuzione della quantità dell'acqua marina. Le più cospicue variazioni di questo tipo sono dovute al rilascio o alla sottrazione d'acqua dovuti, rispettivamente, allo scioglimento o all'accrescimento delle calotte glaciali (*glacio-eustatismo*).

L'evoluzione di una costa frastagliata tende a produrre, dunque, una **rettificazione della linea di costa** [Figura 63].

Raramente però il livello del mare rimane invariato per tempi tanto lunghi da permettere uno sviluppo così regolare del ciclo descritto. Quindi, analogamente a quanto accade nel «ciclo fluviale» (vedi paragrafo 6), anche nel «ciclo costiero» si hanno effetti geomorfologici diversi nei vari litorali.

Se la regione costiera si solleva, o il livello del mare si abbassa, la piattaforma di abrasione emerge e forma un **terrazzo marino** [Figura 64], mentre più in basso, lungo la linea di battigia, si instaura un nuovo ciclo, indipendente da quello interrotto.

Se invece la regione costiera si abbassa, o il livello del mare si innalza, il nuovo ciclo può fondersi col precedente, rinforzando l'attacco e prolungando verso l'interno la piattaforma di abrasione. Testimonianze di tali fenomeni si osservano in molte zone del mondo (in Italia ne abbiamo vari esempi lungo le coste adriatiche) e sono da collegare all'innalzamento del livello del mare conseguente alla fusione dei ghiacciai quaternari.

Risulta quindi evidente che la configurazione e l'evoluzione delle coste sono solo in parte dovute all'azione del mare. Esse dipendono anche dall'andamento del rilievo subaereo delle regioni costiere e dalle vicende geologiche che hanno coinvolto tali regioni.

Per rendersi conto dei legami esistenti fra i contorni delle coste e il rilievo continentale, basta osservare una carta topografica o una fotografia aerea di una regione che si affaccia sul mare: si noterà come frequentemente le sporgenze della costa siano la continuazione di crinali montuosi e le rientranze si trovino in corrispondenza di depressioni vallive o di pianure alluvionali dell'entroterra. Inoltre, è chiaro che i *movimenti isostatici* e i *movimenti eustatici* verifi-

Figura 64
Un *terrazzo marino* in un tratto di *costa frastagliata*, lungo il litorale tirrenico della Calabria (Capo Vaticano). Il ripiano che costituisce la sommità del piccolo promontorio è stato modellato dall'abrasione marina e successivamente è emerso per un sollevamento della regione. Alle spalle della stretta fascia litoranea incombe la catena montuosa, sulla quale si possono osservare spesso fino a quattro o addirittura cinque ordini di terrazzi marini disposti a gradinata, il più alto e più antico dei quali si trova a quote intorno ai 700 metri. Essi testimoniano altrettanti spostamenti della linea di costa avvenuti nel corso del Quaternario, essendo attribuiti a ripetute fasi di sollevamento della regione. Nella fotografia si possono notare anche le piccole spiagge sabbiose formatesi nelle insenature, a ridosso dei promontori che le proteggono dalle onde ed in parte le riforniscono di materiali. (Regione Calabria)

Figura 65
Una *ria* (fiume Dart, in Gran Bretagna). L'antica valle fluviale, poco profonda, è stata parzialmente invasa dal mare. I detriti del fiume che vi giunge formano accumuli che possono sbarrarne parzialmente lo sbocco, specie in bassa marea, ostacolandone la navigabilità. (Aerofilms, Borehamwood)

catisi nel corso dei tempi geologici, specie durante il Quaternario, hanno fatto sentire la loro influenza soprattutto nelle zone di contatto fra le parti emerse e quelle sommerse della superficie terrestre.

9.4 Una notevole varietà di coste

Accanto alla comune divisione morfologica fra *coste basse* e *coste alte*, le quali possono avere andamento rettilineo (*unite*) o articolato (*frastagliate*), è opportuno distinguere anche le *coste di sommersione* dalle *coste di emersione*.

Sono **coste basse** le *spiagge* in genere, i *lidi*, le *lagune*, gli *stagni costieri*, i *delta*, le *coste di accumulo glaciale*. Tra tutte queste, soltanto le ultime sono sempre dovute ad un fenomeno di invasione da parte del mare, mentre le altre possono essere legate tanto a sommersioni che a emersioni.

Fra le **coste alte**, oltre alle *falesie*, possiamo ricordare: i *fiordi* (vedi nuovamente la figura 57), caratteristici della Norvegia e presenti in varie altre zone delle alte latitudini; le *rias* [Figura 65], tipiche della Galizia spagnola, delle quali si hanno chiari esempi anche in Bretagna, nella Cina meridionale e in Sardegna; i *valloni* e i *canali* della Dalmazia. Eccettuate le falesie, le altre sono sempre più o meno frastagliate e derivano dalla sommersione di aree precedentemente modellate da ghiacciai (fiordi) o da corsi d'acqua (rias, valloni).

A conclusione, è bene notare che se si osservano estese zone costiere, raramente si nota la presenza di uno solo dei tipi di litorali descritti; più spesso si può riscontrare l'esistenza di *coste miste*, nelle quali due o più di questi tipi si alternano o si fondono, producendo configurazioni più varie e complesse.

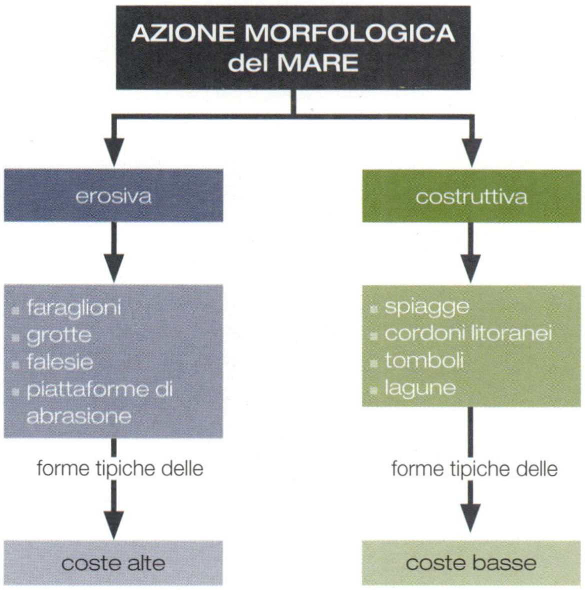

QUESITI

1. Completa.
L'azione erosiva del mare è detta .... ed è particolarmente efficace lungo le coste con acque .... profonde.
2. Vero o falso?
Lo sviluppo di un lido può determinare la formazione di una laguna.
3. Che cos'è una falesia?
4. Come si modifica nel tempo una costa con insenature e promontori?
5. Come si forma un terrazzo marino?

10 La dinamica dei litorali

Figura 66
Due esempi di fenomeni erosivi che negli ultimi decenni hanno colpito numerosi tratti dei litorali italiani.
A. L'attacco del mare ha fatto scomparire la già ristretta spiaggia (di cui rimane soltanto un piccolo lembo verso lo sfondo), minacciando la ferrovia lungo il litorale adriatico a Sud di Ortona (Chieti). La gettata di massi protegge la linea ferroviaria, ma non può essere considerata un rimedio sicuro e duraturo.
B. Gli effetti di violente mareggiate che, non trovando più ostacoli naturali, hanno aggredito un manufatto, inopportunamente costruito sull'arenile, demolendone una parte, a Gizzeria Lido nel Golfo di Sant'Eufemia (litorale tirrenico della Calabria). (E. Lupia Palmieri).

I litorali, come ogni altro elemento del paesaggio, non sono stabili nel tempo, ma costituiscono entità fisiche in continua evoluzione.

Per rendersi conto dei notevoli cambiamenti che essi hanno subìto nei tempi geologici, è sufficiente riflettere sul fatto che circa i 3 / 4 delle terre emerse sono coperti da rocce sedimentarie di origine marina, a testimonianza che certe parti degli attuali continenti rappresentavano, in epoche più o meno lontane, il fondale di mari poco profondi, simili a quelli che oggi ricoprono le piattaforme litoranee. Anche su una collina o su un monte può capitarci di trovare rocce che contengono fossili di organismi marini, come alghe o coralli, i quali indicano che un tempo la riva del mare non era lontana, anche se quest'ultimo può essere ora distante molti kilometri.

Ma i litorali sono sottoposti anche a mutamenti rapidi, e più o meno preoccupanti.

10.1 Modificazioni recenti e attuali

Sentiamo spesso parlare di fenomeni erosivi che producono la riduzione o la scomparsa di lunghi tratti di spiaggia. Possiamo anche osservarne gli effetti in molti settori costieri italiani che hanno subìto notevoli danni, con distruzione di stabilimenti balneari, abitazioni, strade e altre opere umane [Figura 66]; ce ne rendiamo conto ancora meglio se confrontiamo l'aspetto che qualche zona litorale aveva in documenti cartografici antichi e in vecchie fotografie o cartoline, con quello che oggi vediamo nelle stesse zone.

Esistono quindi cambiamenti dei litorali «a lungo termine», che si protraggono nei tempi geologici e sono ascrivibili esclusivamente a processi naturali. Ed esistono anche variazioni «a bre-

ve termine», che si manifestano in brevi periodi (tempi storici, annuali, stagionali e perfino giornalieri); esse hanno soltanto in parte cause naturali: spesso in misura determinante sono dovute alla manomissione da parte dell'uomo.

Anche queste modificazioni, come le precedenti, possono essere «positive» o «negative», cioè possono tradursi in *ampliamenti* o in *riduzioni* dei litorali; purtroppo assumono di frequente il secondo aspetto e, data la loro rapidità, si presentano come «**dissesti geomorfologici**» che pongono problemi in parte analoghi a quelli delle frane.

L'erosione dei litorali interessa molti Paesi con territori costieri intensamente antropizzati, come la Francia, l'Olanda, la Gran Bretagna, gli Stati Uniti d'America e l'Italia (vedi Approfondimento *L'erosione dei litorali italiani*). I danni sono a volte notevoli, non solo dal punto di vista naturalistico, ma anche dal punto di vista economico, poiché molte spiagge oggi colpite da vistosi fenomeni di riduzione sono da tempo sfruttate (o potrebbero esserlo in futuro) per un turismo molto attivo.

Da queste osservazioni si può comprendere quanto sia importante determinare le tendenze evolutive dei tratti costieri, sia nei lunghi periodi che nel breve termine, per poter procedere ad una efficace **conservazione dei litorali**.

Anche se l'interesse dell'uomo per le coste risale a tempi antichissimi, la necessità di conoscere i fenomeni che presiedono all'evoluzione dei litorali – sia per esigenze scientifiche, sia per la progettazione di eventuali *opere di difesa* – è stata posta in evidenza soltanto negli ultimi decenni.

Difatti, le zone costiere hanno esercitato un richiamo per gli uomini delle più antiche culture, i quali vi hanno edificato importanti città, interessati alle favorevoli condizioni climatiche e alle buone possibilità di procacciarsi alimenti (si pensi alle risorse della pesca o al sale marino). In seguito, l'attrattiva dello scenario naturale ha assunto un'importanza sempre maggiore; e così i litorali – che offrono migliori condizioni per lo sviluppo edilizio, industriale e delle vie di comunicazione (presenza di ampie pianure, disponibilità di acqua per certe industrie, traffici marittimi ecc.), rispetto alle zone interne – hanno dovuto sopportare un flusso demografico crescente. In tempi recenti gli insediamenti umani lungo le coste si sono moltiplicati in tutto il mondo, e specialmente nei Paesi più industrializzati; lo sviluppo del turismo ha comportato un massiccio incremento di costruzioni, che sorgono in prossimità del mare. Da un lato si è profondamente alterato l'ambiente naturale, creando situazioni spesso insostenibili di elevata concentrazione urbana e moltiplicando gli interventi dannosi sulle zone costiere; d'altro canto, l'immenso valore acquisito dai litorali ha fatto comprendere meglio che l'erosione delle spiagge (le quali rappresentano uno degli elementi paesaggistici di maggiore attrazione turistica) deve essere contrastata.

Anche se molto ancora resta da fare, si sta imponendo una sempre maggiore attenzione ai problemi relativi alla conservazione dei litorali e alla protezione delle opere che su di essi sorgono. Questi problemi vedono impegnati parecchi Paesi, come gli Stati Uniti d'America, la Francia, l'Olanda, la Gran Bretagna e tanti altri.

Le *ricerche coordinate sulla dinamica dei litorali* hanno avuto notevole impulso anche in Italia, grazie alle iniziative da tempo avviate da gruppi di studiosi e al più recente intervento da parte dello Stato, che per vari anni ha promosso «progetti finalizzati» di ricerca su diversi ed importanti problemi riguardanti l'assetto fisico e socio-economico del territorio nazionale. Fra tali progetti, quello della «Conservazione del Suolo» si è interessato – oltre che della «Dinamica fluviale», della «Stabilità dei versanti» e delle «Frane» – anche della «Dinamica dei litorali». Anche se questi «progetti finalizzati» si sono conclusi ormai da diversi anni, e purtroppo le relative ricerche sono proseguite con scarsi finanziamenti, essi hanno consentito di ottenere una gran messe di dati che permettono di affrontare il problema con maggior competenza.

10.2 Cause naturali e cause antropiche della dinamica dei litorali

Fra le **cause naturali** responsabili della dinamica dei litorali, accanto ai fenomeni orogenetici (nascita di nuove catene montuose, e quindi ampliamento delle terre emerse) e ai fenomeni isostatici, figurano le oscillazioni eustatiche del livello marino, la subsidenza delle aree costiere, le oscillazioni del suolo legate a fenomeni vulcanici.

L'*innalzamento del livello marino* dovuto alla fusione dei ghiacci, che ha fatto seguito all'ultima glaciazione (Würm), è stato valutato intorno ai 110-120 metri. Esso ha determinato una generale ingressione del mare sulle terre emerse, con arretramento delle linee di riva; ma le riduzioni delle spiagge riferibili a questo fenomeno sono state molto lente, variabili da zona a zona e ampiamente compensate dall'accumulo dei materiali solidi scaricati in mare dai fiumi.

Nell'ambito delle modificazioni che si verificano in tempi brevi hanno un peso maggiore gli abbassamenti delle zone costiere dovuti a *subsiden-*

Figura 67
Due immagini delle rovine romane del «Serapeo» di Pozzuoli, riprese a distanza di alcuni anni l'una dall'altra. Il piazzale di questo antico mercato attualmente comunica con il mare; inoltre, le colonne presentano a varie altezze fori di Litodomi (molluschi che perforano le rocce). Tutto ciò testimonia che nel corso dei secoli la zona è stata soggetta, a più riprese, a bradisismi positivi e negativi. (D. Insolera, C. Capello, Bologna)

za dei bacini sedimentari o ad *oscillazioni del suolo legate a fenomeni vulcanici*. Fra i primi, si può citare l'esempio del litorale adriatico settentrionale: nell'area orientale padana il costipamento dei materiali deposti dal Po ha prodotto abbassamenti di diverse decine di centimetri in meno di un secolo (30 cm a Rimini, 80 cm a Ravenna, 170 cm ad Ariano Polesine). I secondi sono meno frequenti ma a volte di notevole entità, come i *bradisismi* di Pozzuoli [Figura 67] e, più in generale, dell'area flegrea (Napoli), dove a più riprese si sono verificati sensibili abbassamenti e innalzamenti rispetto al livello del mare, in certi periodi anche superiori ai 2 mm al giorno.

In merito alle oscillazioni eustatiche del livello marino, si deve osservare che esse sono state discontinue nel tempo e di entità variabile. Diverse prove (fra cui le testimonianze archeologiche) dimostrano che negli ultimi 7000 anni la media dell'innalzamento del livello del mare deve essersi aggirata intorno agli 11 cm/secolo, ossia 1,1 mm/anno. Nel nostro Mediterraneo attualmente si misura un innalzamento di circa 1,6 mm/anno; ma tale valore, più elevato della media di tutti i mari della Terra, è dovuto al fatto che alcune zone costiere italiane sono in fase di abbassamento.

Nelle modificazioni dei litorali sono importanti anche altri *fattori naturali*, come le caratteristiche geomorfologiche dei diversi settori costieri e dei territori ad essi retrostanti, le condizioni climatiche, le portate liquide e solide dei corsi d'acqua, il trasporto dei materiali lungo la riva ad opera del mare. Difatti, tutti i fattori menzionati regolano i processi di sedimentazione ed erosione che si svolgono nelle zone di contatto fra le parti emerse e le parti sommerse della superficie terrestre, e quindi condizionano l'evoluzione dei litorali.

Consideriamo, a titolo esemplificativo, gli effetti provocati dalle variazioni climatiche. Queste possono influire sull'equilibrio dei litorali, sia con le modificazioni della quantità e del regime delle piogge, sia con il mutamento delle caratteristiche anemometriche: ad esempio, un sensibile aumento delle precipitazioni produce una intensificazione dei processi erosivi e un maggiore apporto di materiali da parte dei fiumi, a cui corrisponde un ampliamento delle spiagge; venti che assumono direzioni e velocità tali da provocare mareggiate più frequenti e intense su un settore costiero causano l'accentuazione dell'abrasione marina e la riduzione delle spiagge.

La dinamica dei litorali è certamente influenzata anche da **cause antropiche**. Difatti, gli interventi umani possono alterare profondamente le tendenze evolutive dei litorali modificando le condizioni di equilibrio naturale delle spiagge e accelerandone o invertendone i processi di accrescimento o di riduzione [Figura 68].

Le *opere marittime* producono gli effetti più diretti ed immediati sul trasporto dei materiali detritici da parte delle onde e delle correnti litoranee, delle quali modificano od ostacolano l'andamento naturale. I manufatti realizzati per l'uso urbano, industriale e turistico delle aree costiere (moli e porti) e quelli predisposti per la difesa di zone litorali minacciate o già aggredite dall'attacco del mare (frangiflutti, pennelli e scogliere artificiali) funzionano molto spesso come veri e propri «sbarramenti» a ridosso dei quali vanno ad accumularsi i sedimenti; quindi, da un lato producono l'ampliamento di tratti di spiagge e dall'altro limitano o impediscono il rifornimento di materiali in tratti adiacenti, che così possono subire fenomeni di riduzione delle spiagge. Inoltre, la costruzione di queste opere implica spesso la distruzione della vegetazione e lo sbancamento delle dune costiere; in tal modo si elimina una barrie-

Figura 68
Effetti dell'antropizzazione e di alcune opere di difesa su due tratti dei litorali emiliano-romagnoli.
A. L'eccessivo insediamento umano lungo il litorale di Viserba (Rimini), con grandi edifici costruiti anche sull'arenile, ha reso necessaria la protezione della spiaggia e ha comportato una ulteriore deturpazione del paesaggio: una successione di scogliere parallele produce l'accumulo delle sabbie, che vanno a formare «tomboli artificiali».
B. Il Lido degli Estensi (Ferrara), la cui spiaggia si è accresciuta per effetto dei moli di Porto Garibaldi, che bloccano i materiali provenienti dal Fiume Reno e da corsi d'acqua minori: qui il trasporto dei sedimenti si realizza prevalentemente da Sud verso Nord (dal basso in alto nella fotografia) e quindi nelle zone situate più a Nord il bilancio fra il materiale che arriva e quello che viene allontanato dal mare è negativo, cioè produce una riduzione della spiaggia. Effetti simili si realizzano con i *pennelli* (difese trasversali). (Pubbli/Aer/Foto, Milano)

ra capace di catturare il materiale trasportato dal vento e viene a mancare una riserva di sabbia utile per la ricostruzione naturale delle spiagge colpite da violente mareggiate.

Per tutti questi motivi attualmente si preferisce ricorrere, per le spiagge in forte erosione, al cosiddetto *ripascimento artificiale*, ossia al versamento di sabbie laddove queste sono state asportate dall'attacco del mare. Ma il reperimento di grandi quantitativi di materiale sabbioso idoneo (ossia di granulometria uguale o molto simile a quella delle sabbie erose) non è facile; esso comporta l'apertura di cave in terraferma, che spesso provocano altre forme di degrado, o il prelievo (anche massiccio) dai fondali marini la cui modifica può alterare l'andamento del moto ondoso e quindi l'azione del mare sulla costa (il comportamento delle onde presso le coste dipende in gran misura dalla batimetria dei fondali).

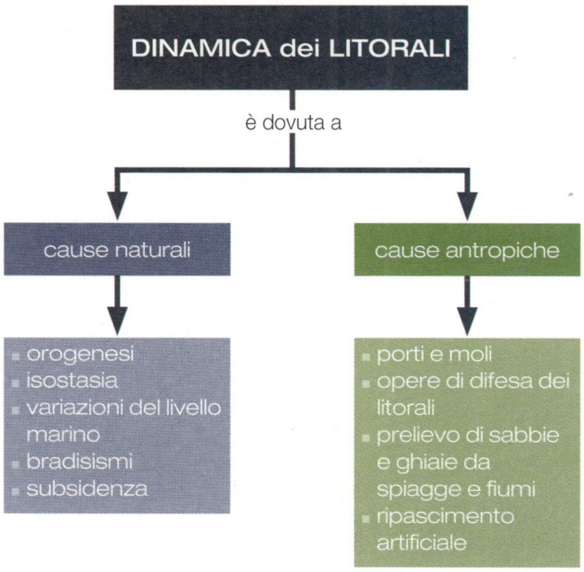

Fra gli interventi antropici più deleteri per l'equilibrio dei litorali si inseriscono i *prelievi di materiale sabbioso e ghiaioso*, sia direttamente dalle spiagge, sia dagli alvei dei fiumi. Tali estrazioni, che vengono effettuate per scopi edilizi e per la costruzione di strade e ferrovie, un tempo erano relativamente limitate; poi sono divenute più incisive con l'accrescersi delle necessità dello sviluppo urbano ed industriale e con il potenziamento dei mezzi di prelievo. Cosicché in certi periodi e in alcuni Paesi hanno assunto dimensioni molto preoccupanti. Gli effetti più immediati ed evidenti si osservano nel caso degli asporti di materiali lapidei dalle spiagge; perciò negli Stati più evoluti e ormai anche nelle varie regioni italiane queste estrazioni non sono più permesse, almeno legalmente.

Ma anche i prelievi di ghiaie e sabbie dagli alvei dei corsi d'acqua possono provocare danni gravissimi, perché il più delle volte si traducono nella perdita di ingenti quantità di sedimenti che col tempo raggiungerebbero il mare e andrebbero a costituire il naturale «ripascimento» di determinati tratti di spiagge. È da segnalare, purtroppo, il fatto che nel nostro Paese tali estrazioni sono state consentite in misura eccessiva, almeno in alcune regioni, e frequentemente sono state effettuate in quantità maggiori (anche il doppio) rispetto a quelle regolarmente concesse.

QUESITI

1. Che cosa si intende per «dinamica dei litorali»?
2. Quali sono i fenomeni naturali responsabili della dinamica dei litorali?
3. Quali sono le cause antropiche che influenzano la dinamica dei litorali?

L'erosione dei litorali italiani

La casistica dei litorali italiani che hanno subìto recenti modificazioni a causa di interventi come quelli finora descritti è abbondantissima: molte delle *spiagge in erosione*, indicate schematicamente nella Figura 69, sono il risultato di qualcuna di queste cause; anzi di alcune o molte di esse, spesso concomitanti e aggravate da altre opere che esamineremo fra poco.

Possiamo fare solo qualche esempio: all'ingente estrazione di materiali dall'alveo del Fiume Magra e all'ampliamento del porto di Carrara sono in buona parte ascrivibili gli intensi processi erosivi che hanno distrutto in pochi anni diversi tratti della spiaggia di Marina di Massa (Versilia); a motivi analoghi, oltre che alla subsidenza di territori litoranei e alle variazioni delle caratteristiche meteomarine, sono da riferire molti fenomeni di riduzione che si registrano lungo le spiagge emiliano-romagnole; alla indiscriminata asportazione di ghiaie e sabbie lungo i litorali e lungo le aste fluviali ed alle numerose opere di regimazione e di sbarramento eseguite sui corsi d'acqua sono per la gran parte dovuti i molti casi di arretramento della linea di riva riscontrabili nelle spiagge del Golfo di Taranto, del Golfo di Policastro, del Golfo di Sant'Eufemia e di tante altre zone dell'Italia meridionale e insulare.

Modificazioni delle naturali tendenze evolutive dei litorali possono essere prodotte da numerosi altri interventi, eseguiti sui corsi d'acqua e nei loro bacini imbriferi. Ne sono esempi le *opere di regimazione* dei torrenti e dei fiumi (briglie, arginature ecc.) e le *sistemazioni idraulico-forestali* in genere, che mirano a proteggere le montagne dall'erosione, e gli *sbarramenti fluviali* costruiti per scopi idroelettrici o irrigui.

Queste opere si traducono in una diminuzione del trasporto solido dei corsi d'acqua o in un accumulo di sedimenti prima che questi possano raggiungere il mare; quando tali fenomeni sono particolarmente accentuati, il risultato indiretto consiste nella riduzione delle spiagge o addirittura nella loro scomparsa totale, se esse già si trovano in equilibrio instabile o in erosione.

Effetti contrari, cioè ampliamenti delle spiagge, si possono verificare a seguito di *diboscamenti* o di altre opere e comportamenti umani (come l'*abbandono delle montagne*) che producono l'intensificazione dei processi erosivi sui versanti montuosi e

69

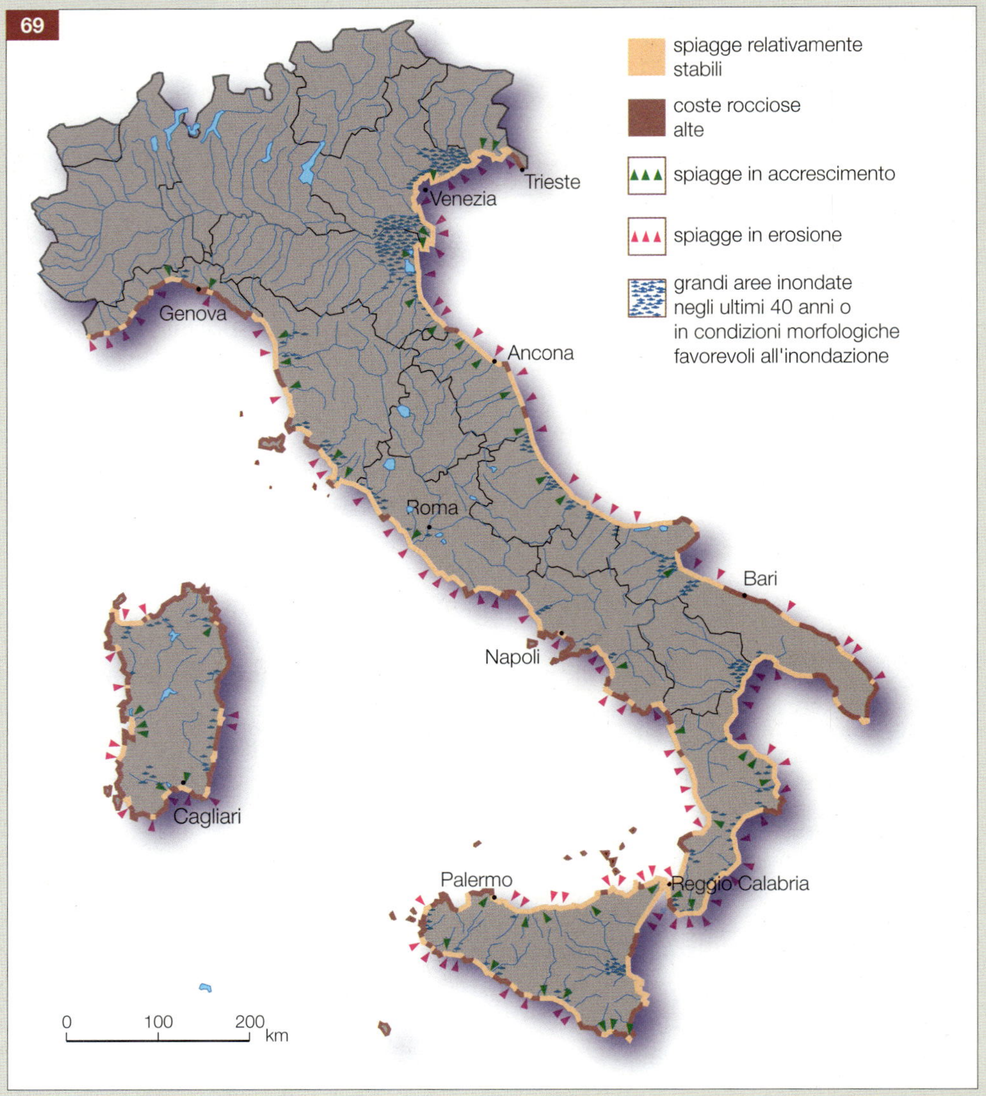

Figura 69
***Dinamica dei litorali e rischio di inondazioni* in Italia. Questa carta offre un quadro sintetico dello «*stato di dissesto geomorfologico*» del nostro territorio (vedi anche la figura 13 e l'Approfondimento, *L'erosione differenziale e l'erosione accelerata del suolo*).**
I litorali italiani, con il loro sviluppo lineare complessivo di circa 7500 km, presentano una morfologia estremamente varia, sia nei caratteri di insieme che in quelli di dettaglio. Buona parte di essi è costituita da coste rocciose (per oltre 3500 km) più o meno alte (nella carta sono indicati i tratti decisamente alti), ma maggiore è l'estensione delle coste basse (circa 4000 km), che comprendono le vere e proprie spiagge, soprattutto sabbiose. Ugualmente varie e complesse sono le loro tendenze evolutive, condizionate da diverse cause naturali e generali e da una vasta gamma di fattori locali, il più delle volte legati ad intensi processi di antropizzazione. Le variazioni più marcate e preoccupanti si registrano lungo le spiagge: la loro *erosione* produce frequentemente danni notevoli a strade, ferrovie e altre opere umane; inoltre essa comporta la depauperazione o addirittura la perdita di un grosso capitale per il turismo, che è uno dei pochi settori economici «attivi» del nostro Paese. Ma anche gli eccessivi *accrescimenti* possono creare situazioni di crisi, come l'interrimento di porti, l'ostruzione di foci fluviali per il formarsi di barre, l'eccessivo allontanamento verso mare della linea di battigia. Le inondazioni fluviali interessano soprattutto zone di pianura, spesso intensamente coltivate e popolate; quindi risultano ugualmente dannose e anche più devastanti (con perdite di vite umane). Per esse valgono considerazioni analoghe a quelle fatte per le frane.
(Rielaborata da: E. Lupia Palmieri, A. Biasini, L. D'Alessandro e R. De Marco, in *Relazione sullo stato dell'ambiente*, Ministero dell'Ambiente, Roma, 1992; aggiornamenti Dipartimento Scienze della Terra, Università «La Sapienza», Roma)

quindi l'incremento dei materiali solidi trasportati dai corsi d'acqua che vanno a rifornire le spiagge.

Tra i fattori umani corresponsabili di arretramenti delle linee di riva, meritano un cenno anche le attività che inducono una accentuazione dei fenomeni naturali di subsidenza: sono tali gli eccessivi *emungimenti di acqua* per usi potabili, agricoli e industriali, i *sovraccarichi* derivanti dalle esagerate dimensioni e dal gran numero di costruzioni, le *estrazioni metanifere*. Fra i settori litoranei che ne sono stati colpiti, per l'Italia citiamo l'area veneziana e quella ravennate, dove la subsidenza si è accresciuta a seguito dell'emungimento d'acqua e del peso dei manufatti, e la zona del Polesine, che ha subìto un notevole abbassamento (oltre 2 metri nel solo periodo 1951-1960) del piano di campagna per l'intenso sfruttamento del metano.

Effetti dello stesso tipo si sono registrati in moltissime aree dove sono state eseguite opere di *bonifica idraulica* per recuperare all'agricoltura zone litoranee un tempo paludose: l'abbassamento delle falde acquifere ha prodotto rapidi costipamenti dei terreni superficiali, che talvolta sono stati invasi dal mare. Inoltre, fenomeni di riduzione delle spiagge sono ascrivibili anche alle *bonifiche per colmata*, effettuate tramite massicce sottrazioni di sedimenti ai corsi d'acqua.

Questa rassegna dei fenomeni naturali e degli interventi antropici che concorrono alla dinamica dei litorali ci ha consentito di delineare le cause principali dei numerosi dissesti che si riscontrano nelle aree costiere, ed in particolare in moltissime spiagge italiane [Tabella 1].

Risultano evidenti da un lato la complessità e molteplicità degli aspetti (geologici, geomorfologici, climatici, oceanografici, economici ecc.) che si devono affrontare nello studio dei litorali, e dall'altro i rischi che si corrono quando tali problemi vengono trascurati o sottovalutati. Sono troppi gli esempi di effetti negativi prodotti dall'imprevidenza umana applicata alle zone costiere ed al loro retroterra. Con ciò non si vuole concludere che bisogna rinunciare alla utilizzazione dei litorali, e del territorio in generale, ma soltanto che è necessaria una loro più corretta destinazione: nello sviluppo urbano, industriale o turistico occorre tener conto dello stato di equilibrio dinamico in cui si trovano i vari settori litoranei, e servono adeguati strumenti legislativi per uno *sviluppo compatibile con l'ambiente*.

Tabella 1 ↓
Lo stato attuale dei litorali italiani.

Regione	Lunghezza totale del litorale	Coste alte	Coste basse		
			totale	in erosione	
	(km)	(km)	(km)	(km)	(%)
Veneto	140	0	140	25	17,9
Friuli-Venezia Giulia	111	35	76	10	13,2
Liguria	350	256	94	31	30,0
Emilia Romagna	130	0	130	32	24,6
Toscana	442	243	199	77	38,7
Marche	172	28	144	78	54,2
Lazio	290	74	216	117	54,2
Abruzzo	125	26	99	60	60,6
Molise	36	14	22	20	90,9
Campania	480	256	224	95	42,4
Puglia	865	563	302	195	64,6
Basilicata	68	32	36	28	77,8
Calabria	736	44	692	300	43,4
Sicilia	1623	506	1117	438	39,2
Sardegna	1897	1438	459	165	35,9
Italia	**7465**	**3515**	**3950**	**1671**	**42,3***

* Al valore relativo alle coste basse in erosione occorre aggiungere un ulteriore 8% circa, per quelle spiagge che sono state rese stabili mediante opere di protezione. Pertanto le spiagge che hanno subito fenomeni recenti di erosione costituiscono non meno del 50% del totale delle coste basse. (Fonti: *Atlante delle spiagge italiane*, C.N.R.-M.U.R.S.T., 1985-1997; *Studi costieri. Dinamica e difesa dei litorali - Gestione integrata della fascia costiera*, n. 10, 2006, Nuova Grafica Fiorentina)

RICERCA
con Google Earth

I ghiacciai costituiscono gli aspetti più visibili della criosfera terrestre. Muovendosi, essi erodono il loro substrato roccioso, trasportano enormi quantità di materiali detritici e quindi producono estesi depositi. Nel recente passato geologico il modellamento glaciale ha dato origine ad alcune spettacolari forme del rilievo terrestre, che sono facilmente osservabili utilizzando Google Earth.

Ubicazione Il Ghiacciaio dei Forni, Gruppo dell'Ortles-Cevedale (Alpi Retiche meridionali, Lombardia)

Obiettivo Evidenziare i principali aspetti morfologici del più grande ghiacciaio vallivo delle Alpi italiane, e delle aree a esso immediatamente adiacenti. Il Ghiacciaio dei Forni è ritenuto un importante geomorfosito della Regione Lombardia. Un **geomorfosito** è una forma del paesaggio con particolari e significativi attributi geomorfologici, che la qualificano come componente del patrimonio geologico e culturale (in senso lato) di un territorio. I geomorfositi devono essere considerati come elementi di grande importanza nella pianificazione territoriale e nella protezione dell'ambiente.

Link Figure 51 (A,B,C), 52, 54, 55, 56

Dopo esserti assicurato di aver selezionato in "Livelli" l'opzione "Rilievo", digita *Ghiacciaio dei Forni* nella finestra di ricerca.

Utilizzando il "dispositivo di scorrimento dello zoom", portati a un'altitudine di circa 20 km. Ti apparirà l'immagine di un'area in cui sono presenti dei ghiacciai nelle parti più elevate dei rilievi. Usando il "joystick di esplorazione" (in alto a destra della schermata) ruota l'immagine di 180°, in modo che il Nord sia diretto verso il basso dello schermo e il Sud verso l'alto. Dopo esserti assicurato di aver selezionato in "Livelli" l'opzione "Rilievo" (barra laterale), inclina l'immagine tenendo premuta la rotellina centrale del mouse e muovilo in avanti o all'indietro per vedere "colline e montagne" (Se il tuo mouse non possiede la rotellina, per ottenere lo stesso effetto premi MAIUSC, fai clic e tieni premuto il pulsante sinistro del mouse, e trascina l'immagine nella direzione che vuoi).
Se hai seguito le istruzioni, dovresti trovarti di fronte a un'immagine come quella qui di seguito raffigurata in formato ridotto [Figura A]. Dopo averla attentamente osservata, scegli la risposta corretta alle seguenti domande.

1. I ghiacci sono presenti soprattutto sui versanti che guardano verso Nord (ricorda che hai ruotato l'immagine di 180°). Sai dire perché?

- A Perché su questo versante le nevi permanenti si trovano a quote più alte.
- B Perché su questo versante le nevi permanenti si trovano a quote più basse.
- C Perché sul versante esposto a Sud le precipitazioni meteoriche sono liquide e non solide.
- D Perché sul versante esposto a Sud si registrano temperature molto basse.

2. Utilizzando il "dispositivo di scorrimento dello zoom", portati ora a un'altitudine di circa 8 km. Vedrai il Ghiacciaio dei Forni proprio di fronte a te [Figura B]. Quali delle seguenti osservazioni sono corrette?

- A Il ghiacciaio è costituito da più bacini di alimentazione.
- B Il ghiacciaio non presenta la lingua.
- C Il ghiacciaio presenta più lingue che confluiscono in una lingua principale.
- D Il ghiacciaio presenta un'unica lingua.

3. Osserva ora il ghiacciaio più in dettaglio, da un'altitudine di circa 4 km [Figura C]. Vedrai che la superficie del ghiaccio presenta evidenti nastri scuri. Di cosa si tratta?

- A Sono morene deposte.
- B Sono morene mobili.
- C Sono depositi fluvioglaciali.
- D Sono anfiteatri morenici.

Immagine ripresa da un'altitudine di 20 km (ridotta)

Immagine ripresa da un'altitudine di 8 km (ridotta)

Immagine ripresa da un'altitudine di 4 km (ridotta)

Altra immagine ripresa da un'altitudine di circa 8 km (ridotta)

4. Esaminando attentamente l'area, noterai che sono presenti abbondanti materiali detritici. Quale altro processo, oltre all'erosione glaciale, è il principale responsabile della loro produzione?

A Il termoclastismo.

B La deflazione eolica.

C Il crioclastismo.

D L'alterazione chimica delle rocce.

Dopo aver eseguito queste osservazioni generali, soffermati ancora sull' immagine ripresa da un'altitudine di circa 4 km, per eseguire alcuni esercizi utilizzando gli strumenti che ti offre Google Earth. (Se necessario, puoi aumentare lo zoom per avere una visione più chiara).

5. Utilizzando lo strumento "Righello" presente nella "Sbarra degli strumenti" misura la larghezza della lingua glaciale tra i due punti di coordinate: 46°24'03" N e 10°35'17" E e 46°24'00" N e 10°35'57" E. Quale dei seguenti valori è quello corretto? (Nota che i valori delle coordinate geografiche ti appaiono in continuo sulla parte bassa della schermata mentre sposti il cursore sull'immagine.)

A 300 km

B 304 m

C 39 cm

D 700 m

6. Alla fronte del ghiacciaio, dove finisce la lingua, è possibile individuare due torrenti glaciali. A quale quota (praticamente identica) hanno inizio questi corsi d'acqua?

A 850 m

B 4235 m

C 2597 m

D 3421 m

Diminuisci ora lo zoom e torna a guardare l'area da un'altitudine di circa 8 km. Spostando il cursore, muoviti verso Ovest (ricorda che il Nord è rivolto verso il basso dell'immagine). Ti apparirà un paesaggio diverso, nel quale il ghiaccio è presente solo subordinatamente [Figura D]. Esaminalo con attenzione e poi rispondi alle domande.

7. Puoi osservare in primo piano una valle nella quale scorre un corso d'acqua. Che profilo trasversale presenta?

A Un profilo a U.

B Un profilo a V.

C Un profilo convesso.

D Un profilo discontinuo.

8. Digita ora in "Livelli" la funzione "Etichette". Ti appariranno i nomi di due località: il "Laghetto dei Forni" e l'abitato di Santa Cristina. Calcola la distanza (in km) che le separa.
(Per eseguire l'esercizio seleziona, nella "Barra degli strumenti", "Righello", e quindi "Percorso" che ti permette di calcolare una distanza lungo un percorso articolato.) Che risultato hai ottenuto?

A 9,70 km

B 5,27 km

C 8,90 km

D 300 km

9. Osserva ora la valle che scende da Sud verso Nord e sbocca nella valle principale all'inizio dell'abitato di Santa Caterina, o quella che confluisce nella stessa valle subito a Ovest della Malga dei Forni. Entrambe si raccordano alla valle principale mediante una scarpata (se necessario, puoi aumentare lo zoom per avere una visione di maggior dettaglio). Che interpretazione dai di queste valli?

A Sono normali valli modellate esclusivamente dai ghiacciai.

B Sono valli sospese.

C Sono fiordi.

D Sono valli modellate esclusivamente dai corsi d'acqua.

Domande finali

Sulla base delle osservazioni fatte e di tutto quanto hai appreso sul modellamento del rilievo terrestre e sui cambiamenti climatici, dovresti essere in grado di rispondere a queste domande conclusive.

10. Quali altri importanti processi o agenti morfogenetici, assieme ai ghiacciai, contribuiscono oggi efficacemente al modellamento dell'intera area studiata?

A Il vento.

B Il carsismo.

C I corsi d'acqua.

D Non opera alcun altro agente efficace.

E Il crioclastismo.

11. Come evolveranno, secondo te, le scarpate che raccordano le valli laterali con la valle principale dove è ubicato l'abitato di Santa Cristina?

12. Quale può essere stata l'evoluzione geomorfologica dell'intera area studiata, a partire dall'età interglaciale che ha preceduto la glaciazione würmiana e fino ai tempi attuali?

IN SINTESI

termini e concetti fondamentali

Le forze geodinamiche

■ La **Geomorfologia** studia la genesi e l'evoluzione delle *forme del rilievo terrestre*.
Esse sono il prodotto di due grandi categorie di forze geodinamiche:
- le **forze endogene** provocano il sollevamento delle montagne, gli innalzamenti e gli abbassamenti delle aree continentali e marine, l'attività sismica e vulcanica;
- **le forze esogene** si identificano con l'azione degli elementi atmosferici, delle acque correnti, dei ghiacciai, del mare.

Gli *agenti esogeni* esplicano un'azione di **erosione**, **trasporto** e **deposizione**.

L'azione dell'atmosfera sulle rocce

■ La **degradazione meteorica** è un insieme di fenomeni che porta al disfacimento delle rocce a opera degli **agenti atmosferici**.
I processi di **degradazione fisica**, che consistono nella *disgregazione* delle rocce, sono dovuti a:
- forti escursioni termiche (*termoclastismo*);
- gelo e disgelo (*crioclastismo*);
- organismi viventi (*bioclastismo*).

I processi di **degradazione chimica**, che consistono nell'*alterazione allo stato solido* e nella *dissoluzione*, sono dovuti a:
- acqua (*idratazione*, *idrolisi*);
- ossigeno (*ossidazione*);
- acqua e anidride carbonica (*dissoluzione*).

I materiali che derivano dalla degradazione meteorica delle rocce possono rimanere in posto se le superfici rocciose sono poco inclinate, e formano un **mantello detritico** detto **regolite**; oppure, se le superfici rocciose sono molto inclinate, cadono e si accumulano alla base dei versanti, formando **coni di detrito** e **falde di detrito**.

■ Il **fenomeno carsico** consiste nella *dissoluzione* delle rocce carbonatiche intensamente fessurate, operata dalle acque meteoriche leggermente acidulate dalla presenza di anidride carbonica.
In superficie l'azione solvente delle acque sui calcàri origina forme denominate **karren**, **doline**, **uvala**, **polje**.
Le forme carsiche sotterranee sono cavità semplici o complesse (comunemente chiamate **grotte**), formate da **pozzi** e **gallerie**, al cui interno possono essere presenti *stalattiti* e *stalagmiti*.

■ Il **vento** è il principale agente atmosferico del modellamento del rilievo; la sua azione morfologica si esplica mediante:
- la **deflazione**, che consiste nel prelievo e nel trasporto di detriti e produce la formazione di *deserti rocciosi* o di *deserti ciottolosi*;
- la **corrasione**, cioè l'abrasione delle rocce operata dai granuli trasportati dal vento;
- la **deposizione**, con la formazione di *depositi eolici* costituiti da sabbie e polveri (*dune*, *deserti sabbiosi*, *loess*).

L'azione morfologica delle acque correnti, dei ghiacciai e del mare

■ Le **acque correnti superficiali** svolgono un'azione morfologica che è prevalente nella gran parte delle terre emerse. Si distinguono in:
- **acque dilavanti**, se non hanno un corso ben definito e scorrono a velo o in rivoli; esse operano un'**erosione areale** che è responsabile, tra l'altro, della formazione delle *piramidi di terra* e dei *calanchi*;
- **acque incanalate** in *alvei* (o letti), che esercitano sopratutto un'**erosione lineare** e scavano nel terreno e nelle rocce *solchi vallivi*.

Il **profilo longitudinale di un corso d'acqua** è una curva a concavità verso l'alto e pendenza variabile che diminuisce dalla sorgente fino al **livello di base** e, tramite l'*erosione regressiva*, tende ad assumere la forma di una parabola (**profilo di equilibrio**).
Dall'azione combinata dell'erosione lineare lungo gli alvei dei corsi

d'acqua e della denudazione dei versanti ad opera delle acque dilavanti deriva la **sezione trasversale a V** delle **valli fluviali**.
Quando la velocità di una corrente fluviale diminuisce tanto da non permettere più il trasporto dei materiali, questi vengono abbandonati sotto forma di **depositi alluvionali** (*conoidi di deiezione, pianure alluvionali, delta*).
Il modellamento del rilievo a opera dei corsi d'acqua avviene attraverso tre stadi successivi (*giovinezza, maturità* e *vecchiaia*) che costituiscono un **ciclo di erosione**, caratterizzato da una progressiva diminuzione della pendenza dei versanti e dalla graduale demolizione del rilievo. Al termine dell'ultimo stadio il rilievo primitivo è ridotto a una *superficie di spiananamento*, detta **penepiano**.

■ I **ghiacciai** esercitano un'azione erosiva mediante due processi:
- l'**estrazione** consiste nella frantumazione delle rocce ai margini e sul fondo del ghiacciaio e nell'azione divaricatrice del ghiaccio che completa la rottura e, con il suo movimento, allontana i materiali che ne derivano;
- l'**esarazione** consiste nell'erosione meccanica della corrente glaciale che, grazie ai materiali trasportati, opera un'*azione abrasiva* sulle pareti e sul fondo e genera solchi e striature sulle rocce in sito (*rocce montonate*).

Queste azioni erosive producono varie forme tipiche, tra le quali:
- *rocce montonate*,
- *circhi glaciali*,
- *valli glaciali* con **sezione trasversale a U**.

Le forme di **deposito glaciale** sono le *morene*, ammassi di detriti di diversa provenienza che si raccolgono gradualmente verso i fianchi, il fondo e alla fronte del ghiacciaio.

■ Il **mare** esercita la sua opera di erosione, trasporto e deposizione lungo i **litorali** (zone di contatto fra le terre emerse e i fondali marini).
L'erosione dovuta ai movimenti del mare è detta **abrasione marina**. Essa viene attuata soprattutto dalle onde.
Quando l'abrasione marina agisce in modo uniforme lungo un tratto di costa alta e rocciosa, si possono produrre e sviluppare *falesie* e *piattaforme di abrasione marina*.

L'**azione costruttiva del mare** porta alla formazione delle **spiagge**, in zone con acque poco profonde e più o meno riparate; a breve distanza dalla riva si possono formare *cordoni sabbiosi* e *lidi*. I lidi possono isolare *lagune* e *laghi costieri*, facendo avanzare la linea di costa.
Anche l'evoluzione delle coste si svolge secondo un *ciclo di erosione*, che nelle coste frastagliate si conclude con la **rettificazione della linea di costa**.
In base alla loro morfologia, le coste vengono suddivise in **coste basse** (spiagge, lidi, lagune, delta ecc.) e **coste alte** (falesie, fiordi, rias, valloni, canali).

Dissesti geomorfologici: cause naturali e cause antropiche

■ I movimenti di cospicue masse rocciose – coerenti o incoerenti – generati dalla forza di gravità sono detti **frane**. Esse possono essere di vari tipi (*frane di crollo, frane di ribaltamento, scoscendimenti, scivolamenti* e *colamenti*).
Le cause naturali delle frane sono da ricercare nel *tipo di materiale* che costituisce il versante, nell'*inclinazione del pendio* e nella quantità di *acqua* presente nelle rocce.
Nell'innesco delle frane svolgono un ruolo determinante tutte quelle attività umane che alterano l'*equilibrio naturale dei versanti* (cave, dighe, diboscamenti, costruzioni di strade ecc.).

■ Anche l'**erosione accelerata del suolo**, che consiste nell'eccessivo aumento di velocità di un processo naturale operato dalle acque dilavanti o dal vento, è spesso conseguenza di interventi antropici, quali il diboscamento o la difettosa utilizzazione agricola del terreno.

■ I cambiamenti morfologici che interessano i **litorali** possono essere sia a lungo, sia a breve termine.
I cambiamenti a lungo termine, che si protraggono per tempi geologici, sono dovuti esclusivamente a cause naturali (fenomeni orogenetici, fenomeni isostatici, oscillazioni eustatiche del livello marino, subsidenza delle aree costiere, bradisismi).
I cambiamenti a breve termine sono dovuti sia a cause naturali (come le variazioni climatiche), sia a cause antropiche che alterano i naturali processi di erosione e deposizione: per esempio, le opere marittime (come moli, porti o scogliere), i prelievi di materiali sabbiosi e ghiaiosi dagli arenili, le dighe fluviali. Tali attività umane sono spesso responsabili della marcata **erosione delle spiagge**.

ESERCIZI per il ripasso

ALTRI ESERCIZI SU ZTE ONLINE

1. **Completa la mappa con i termini mancanti, scegliendoli tra i seguenti:**

stalagmiti ■ doline ■ superficiali ■ gallerie ■ uvala

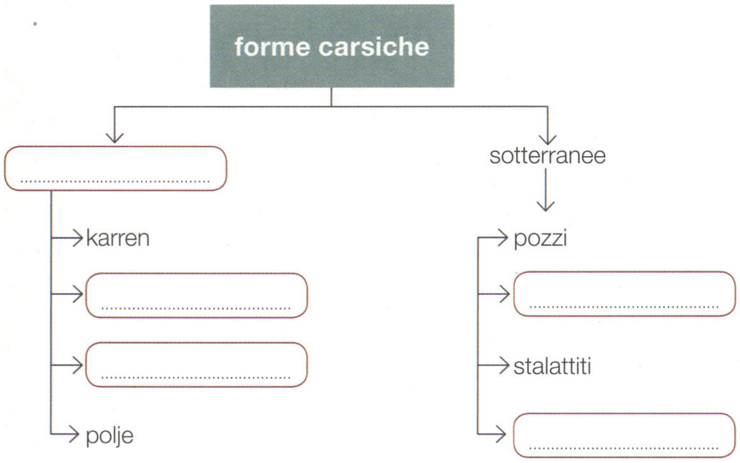

2. **Completa la mappa con i termini mancanti, scegliendoli tra i seguenti:**

anfiteatri morenici ■ rocce montonate ■ morene ■ circhi glaciali ■ valli a U ■ massi erratici

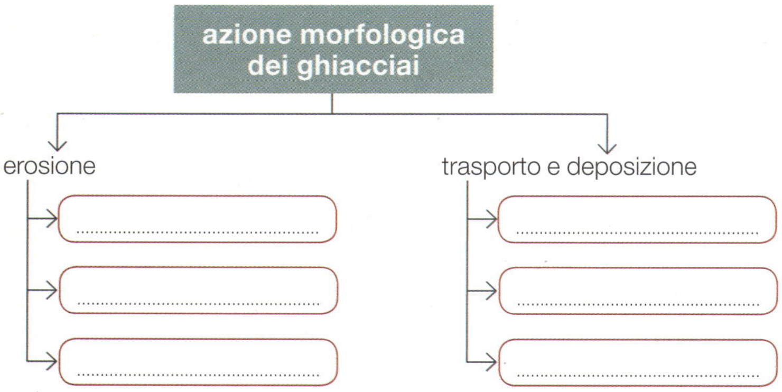

3. **Inserisci negli spazi con i puntini i termini corretti, scegliendoli tra i seguenti:**

pendio di frana ■ nicchia di distacco ■ accumulo di frana

4. **Quali tra i seguenti prodotti dell'azione morfologica delle acque correnti superficiali sono dovuti all'erosione delle acque dilavanti?**

A Piramidi di terra.
B Gole.
C Marmitte d'erosione.
D Calanchi.
E Valli fluviali.

5. **Quali tra i seguenti prodotti dell'azione delle acque superficiali sono forme di deposito fluviale?**

A Conoidi di deiezione.
B Canyon.
C Calanchi.
D Forre.
E Cascate.
F Piane alluvionali.

6. **La parziale dissociazione dell'acqua in ioni H^+ e OH^- è alla base del processo di**

A ossidazione.
B idratazione.
C idrolisi.
D dissoluzione.

7. **L'attività erosiva del mare prende il nome di**

A abrasione.
B esarazione.
C corrasione.
D deflazione.

8. **Quale tra i seguenti prodotti dell'azione del mare sulle coste può derivare da un processo di erosione?**

A Spiaggia.
B Grotta.
C Cordone litoraneo.
D Lido.
E Laguna.
F Lago costiero.

9. **Quale tra i seguenti processi di degradazione meteorica non è un processo chimico?**

A Crioclastismo.
B Idratazione.
C Dissoluzione.
D Ossidazione.
E Idrolisi.

10. **Scegli l'alternativa corretta.**

Quando il modellamento del rilievo avviene soprattutto ad opera dei corsi d'acqua, si verifica **una diminuizione della pendenza/un arretramento parallelo** dei versanti, fino alla formazione di una superficie di spianamento detta **penepiano/pedepiano**.

Quando invece prevalgono i processi di disgregazione meteorica e di erosione areale dovuta alle acque dilavanti, si verifica **una diminuizione della pendenza/un arretramento parallelo** dei versanti, con la formazione di una superficie di spianamento detta **penepiano/pedepiano**.

11. Completa il testo scegliendo tra i termini seguenti:

umide ■ degradazione ■ aride ■ dissoluzione ■ disgregazione

La .... meteorica è un insieme di fenomeni, prodotti da agenti atmosferici, che conducono al progressivo disfacimento in posto delle rocce. I processi fisici ne provocano la ...., mentre quelli chimici consistono nell'ossidazione, nell'alterazione allo stato solido e nella .... I primi prevalgono nelle regioni .... o fredde, mentre i secondi in quelle .... e calde.

12. Quali tra i seguenti tipi di litorali sono da considerarsi «coste alte»?

- A Spiagge.
- B Lidi.
- C Falesie.
- D Lagune.
- E Laghi costieri.
- F Fiordi.
- G Rias.
- H Delta.

13. Nell'immagine è rappresentata la fronte del Ghiacciaio di Lex Blanche, nel Gruppo del Monte Bianco. Attribuisci a ogni elemento il nome corretto, scegliendo tra

torrente glaciale ■ morena laterale ■ morena mediana ■ morena deposta ■ morena frontale

1 ....
2 ....
3 ....
4 ....
5 ....

14. Scegli l'alternativa corretta

L'azione di **erosione/deposizione** del vento si effettua sia tramite **corrasione/deflazione**, ossia prelievo e trasporto di detriti, sia tramite **corrasione/deflazione**, cioè abrasione delle rocce a opera dei granuli trasportati. Residui tipici del denudamento eolico sono i deserti **ciottolosi/rocciosi**, o *hamada*, enormi distese di rocce nude, e i deserti **ciottolosi/rocciosi**, o *serir*, ossia grandi pianure ricoperte da antichi depositi alluvionali.

15. Quale tipo di forza geodinamica (endogena o esogena) è responsabile delle strutture e delle forme del rilievo indicate?

- A Catena montuosa: ....
- B Delta fluviale: ....
- C Vulcano a scudo: ....
- D Cono di detrito: ....
- E Dolina: ....
- F Scarpata di faglia: ....
- G Cordone litoraneo: ....

16. Completa il testo scegliendo tra le seguenti proposte:

ripidi e aguzzi ■ spianati ■ profilo di equilibrio ■ ampie ■ penepiano ■ arrotondati ■ strette e profonde

Un ciclo di erosione fluviale si instaura quando una regione di recente sollevamento viene attaccata dagli agenti esogeni, che modellano le forme del rilievo attraverso tre stadi successivi: nello stadio di giovinezza le valli sono .... e i rilievi sono ....; nello stadio di maturità le valli sono ...., i corsi d'acqua principali hanno quasi raggiunto un .... e i rilievi sono ....; al termine dello stadio di vecchiaia i rilievi risultano ...., ossia ridotti a un ....

17. Scegli le alternative corrette.

Il processo di **deposizione/erosione** dei ghiacciai avviene mediante due processi congiunti: l'**esarazione/estrazione**, che consiste nella fessurazione e frantumazione delle rocce per le continue alternanze di gelo e disgelo ai margini e sul fondo del ghiacciaio, e l'**esarazione/estrazione**, che consiste in un'erosione meccanica vera e propria esercitata dalla corrente glaciale e dalle acque di fusione sotto il ghiaccio. I risultati sono la formazione di **circhi/anfiteatri morenici** e di valli con la tipica forma a **U/V**.

CLIL: Earth Science Highlights

Glossary

Match each word or expression with its definition.

1. ☐ Alluvial deposits
2. ☐ Beach
3. ☐ Cave
4. ☐ Chemical weathering
5. ☐ Cycle of erosion
6. ☐ Deflation
7. ☐ Delta
8. ☐ Dune
9. ☐ Erosion
10. ☐ Exogenous forces
11. ☐ Frost wedging
12. ☐ Geomorphology
13. ☐ Glacial valley
14. ☐ Karst
15. ☐ Landslide scar
16. ☐ Longitudinal profile
17. ☐ Marine abrasion
18. ☐ Meander
19. ☐ Moraine
20. ☐ Peneplain
21. ☐ Regolith
22. ☐ River valley
23. ☐ Runoff
24. ☐ Sea cliff
25. ☐ Quarrying

a. The entire area between the tops of slopes on both sides of a stream. It is usually V-shaped.
b. U-shaped valley eroded by a glacier with steep walls and a flat floor.
c. Accumulation of sediment deposited by streams.
d. A bare or relatively bare surface or niche on the side of a mountain left by the removal of material where a landslide started.
e. The study of landscapes and their evolution.
f. A physical weathering process in which the expansion of freezing water in a crack breaks a rock.
g. Gently undulating, almost featureless plane produced by fluvial erosion.
h. A natural underground open space formed by dissolution and consisting of a network of interconnected vertical and horizontal cavities.
i. The smooth, concave upward curve that represents a longitudinal-sectional view of a stream.
j. The sum of all rainwater that flows over the surface of relief.
k. The layer of loose, heterogeneous material overlying bedrock produced by weathering.
l. Erosion caused by the impact of waves on a rocky coast.
m. Shoreline made up of sand and pebbles.
n. A cliff shaped by wave erosion, situated at the seaward edge of a coast.
o. A curve or bend in a stream that develops as the stream erodes the outer bank and deposits sediment against the inner bank of a bend.
p. The weathering that occurs when the minerals in a rock are chemically altered or dissolved.
q. Forces fed by solar energy that shape the Earth's surface.
r. A type of topography that forms on limestone, gypsum and other rocks by dissolution.
s. An accumulation of rocky, sandy and clayey material carried by glacial ice or deposited as till.
t. The removal of dust, silt and sand by strong winds.
u. The process of glacial erosion by which sizable rock fragments are loosened, detached and borne away from bedrock by the freezing of water.
v. A depositional platform built of sediments deposited at the mouth of a stream.
w. An elongated ridge of sand commonly formed through deposition by wind.
x. Theory of the development of landforms that classifies and systematically describes them.
y. The grinding away and removal of the Earth's surface material by moving water, air or ice.

Summing-up

Complete the following text with the right words from the Glossary

Geodynamic forces

■ All landforms on Earth are the product of two broad categories of geodynamic forces:

– endogenous forces that cause the building of mountains, the uplifting and lowering of oceanic and continental areas, and volcanism;
– .... that are identified by the action of atmospheric elements, running water, glaciers, and the sea. Exogenous agents erode, transport and deposit material.

■ The science that studies landforms on Earth, their genesis and evolution is termed ....

Weathering

■ Weathering is a group of phenomena that leads to the decay of rocks by means of atmospheric agents. Physical weathering processes cause the breakdown of rocks. .... processes are oxidation, alteration of the solid state, and dissolution of rocks. These two groups of phenomena occur simultaneously and are mutually supporting.

■ The principal agents responsible for the breakdown of rocks are thermal excursion (insolation weathering) and freeze-thaw (....................................). The alteration of rocks is mainly due to oxygen (oxidation) and water (hydration, hydrolysis, and dissolution).

■ Fragments resulting from the breakdown and chemical alteration of rocks undergo different fates depending on the steepness of slope. If the rock surfaces are horizontal or slightly sloping, the degradation products remain in place and form a mantle of debris, called ______ If the rock surfaces are steep, fragments fall and accumulate at the base of the slopes to form debris cones or debris slopes.

Landslides

■ The coherent or incoherent movement of large masses of rock generated by gravity are called landslides.

■ The following features are distinguishable in landslides:

– the ______, the niche on the slope that marks the boundary between the bedrock and the dislodged landslide material;
– the landslide slope, affected by downward transport;
– the landslide body, a chaotic deposit made up of the displaced rocky debris.

Erosion and deposition by wind

■ Wind exerts its morphological action through ______ i.e. the lifting and transportation of debris; sandblasting, the abrasion of rocks by the impact of transported grains of sand; and deposition. Aeolian deposits are made of sand and dust that can create large expanses of sand or small hills: ______ .

The morphological action of surface running water

■ Surface running water consists of ______, which flows in rills or sheets, along the lines of maximum slope (without following a well-defined path) and channeled waters, which flow in beds or channels. Runoff produces areal erosion. Channeled waters produce linear erosion and carve out valley gorges.

■ The ______ of a stream is a curve with variable slope, but which tends to decrease from the upper to the lower reaches down to a base level. Streams also produce lateral erosion that results in the undermining of their banks.

■ The combined action of linear erosion, lateral erosion and denudation of slopes results in a V-shaped cross-section of the ______

■ When the speed of the river current decreases so that it can no longer transport materials, these are released in the form of ______

■ Streams also create landforms that derive from the combined action of erosion and deposition: ______ and alluvial terraces.

■ At the mouth of a river, transported debris can form a ______ that extends in a blanket with a submerged slope and a level part that emerges above the water line. Where the sediment is dispersed by tides, estuaries are formed.

The cycle of erosion and planation surfaces

■ The shaping of relief by streams is accomplished through the stages of the ______ . In youth, the valleys are narrow and deep, the streams have waterfalls and rapids, and the river network is disorganized. In maturity, the valleys have extended headwards, the hydrographic network is well organized, and the main rivers have almost reached their equilibrium profile. In old age, the slopes have reached their minimum inclination, erosion and transport are strongly reduced, and alluvial deposits also fill the middle and upper parts of the valleys. At the end of the cycle, the original raised landscape is reduced to a planation surface, called ______ .

■ Where stream action is limited and weathering and runoff prevails, other types of planation surface are formed, called pediplains.

The dissolution of carbonate rocks and karst landforms

■ ______ consists of the dissolution of carbonate rock by the action of rainwater that has been made slightly acidic by carbon dioxide, which rain collects from the atmosphere and the soil. Dissolution can also occur without the help of carbon dioxide, but this happens on other rock types (rock salt, gypsum). For the development of karst, the rocks must be extensively jointed.

■ On land, the solvent action of water generates landforms called karren, dolines, uvalas and poljes. Underground karst forms are ______ formed by a simple or complex network of interconnected vertical and horizontal cavities, where stalactites and stalagmites may be present.

■ Carbonate reliefs shaped by dissolution evolve according to a karst cycle that has several different stages (youth, maturity and old age).

The morphological action of glaciers

■ Glaciers exert erosive action through two processes. ______ is the breakdown of rocks from the continuous alternation of freezing and thawing (occurring at the margins and base of a glacier) and frost wedging that completes rock breakdown and carries away the dislodged material. Abrasion is mechanical erosion by the movement of ice and any melt waters that flow underneath the glacier.

■ Glaciers excavate the rocky bottom and exert intense abrasive action due to transported debris. These erosive actions produce glacial cirques and ______ with U-shaped cross-sections.

■ Forms of glacial deposits are ______, piles of debris of different origin that are gradually gathered at the sides, base, and front of the glacier.

The morphological action of the sea on the coast

■ Erosion due to sea movements is called ______ and is carried out predominantly by waves. When marine abrasion acts uniformly along a stretch of high, rocky coast, corresponding to the mean sea level, a shoreline groove or notch is formed that continues to deepen until it causes the collapse of the overhanging rocks. In this way a ______ is formed.

■ The constructive action of the sea leads to the formation of ______ made up of sand and pebbles, that originate in more or less sheltered zones with shallow waters.

■ Coastal evolution also develops according to a ______, which tends to rectify the coastline.

Now listen and check your answer.

Video «The formation of glacial valleys»

Watch the video and answer the questions.

1. What is the main agent of glacier movements?
2. How does quarrying occur?
3. How does a hanging valley originate?
4. Which is the typical shape of the cross profile of a glacial valley? Do you remember which is the typical shape of the cross profile of a fluvial valley?

QUESITI
per l'applicazione delle conoscenze

1. Confrontare fenomeni somiglianti
Evoluzione dei meandri e dinamica costiera

Osserva i due disegni che schematizzano l'opera modellatrice di un fiume in corrispondenza dei meandri e quella del mare su una costa frastagliata.

- Quali analogie osservi?
- Quali sono invece le differenze più rilevanti?
- Come le puoi spiegare?

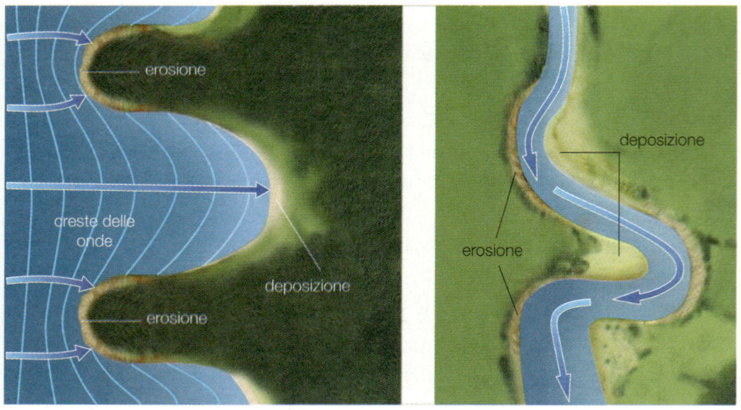

2. Lavorare in gruppo
I litorali italiani

Dividete la classe in tre gruppi che studieranno la situazione delle coste dell'Adriatico, del Tirreno e dello Ionio.

- **Ricerca**

Ciascun gruppo immagini di costituire una équipe di geomorfologi che individui, per il mare che gli è stato assegnato, due esempi di litorali in erosione.

- Quanto è grave il fenomeno in atto?
- Quali interventi sono stati predisposti?
- Quali sono, a vostro avviso, i provvedimenti che dovrebbero essere adottati?

Ogni gruppo presenti alla classe i due casi studiati, con 4 slide di PowerPoint.

- **Confronto**

Ora immaginate di essere membri di una commissione alla quale è stato dato il compito di scegliere gli interventi da fare sul territorio.

Fra tutti gli esempi presentati alla classe fate una votazione per scegliere il caso che presenta maggiore urgenza di intervento e quello per il quale è stato progettato il miglior intervento di protezione della costa (come progetto considerate sia quello eventualmente predisposto nella realtà, sia quello ideato dal gruppo).

3. Leggere la morfologia del territorio
Il paesaggio glaciale

Osserva la fotografia scattata in Patagonia (Argentina) e individua tutti gli elementi che conosci del paesaggio glaciale.

- Quali parti del ghiacciaio sono visibili?
- Quali effetti della sua azione erosiva riconosci?

Photononstop/Tips

4. Ricercare informazioni
Le frane

La carta di pagina 411 mostra, in modo succinto, le aree del territorio italiano con elevata diffusione di fenomeni franosi, quelle meno predisposte a tali dissesti geomorfologici e quelle i cui versanti si possono considerare relativamente stabili.

Fai una ricerca sulle frane avvenute nel Comune della tua scuola (o di un altro vicino, a scelta), partendo dalle informazioni presenti nella carta e procurandotene dal Comune.

Cerca su Internet i dati relativi al rischio di frane, oppure recandoti direttamente in un ufficio competente.

Quando avrai raccolto dati a sufficienza, scrivi una breve relazione. Illustrala con una carta dettagliata del Comune, nella quale avrai indicato le frane avvenute nel passato e le zone ritenute a rischio.

Glossario

Termini propedeutici allo studio delle Scienze della Terra

Angiosperme Dal greco *angèion*, vaso, ricettacolo, e *spérma*, seme: «dal seme (contenuto) in un ricettacolo». Piante con ovuli contenuti in un ovario, e semi racchiusi in un frutto.

Anno sidereo Il periodo effettivo della rivoluzione terrestre, che corrisponde all'intervallo di tempo fra due ritorni consecutivi del Sole nella stessa posizione fra le stelle ed ha una durata di $365^d6^h9^m10^s$.

Anno solare (anno tropico) Il tempo che intercorre fra due passaggi successivi del Sole allo Zenit dello stesso tropico, cioè fra due solstizi dello stesso nome (o anche fra due equinozi dello stesso nome). La sua durata è di $365^d5^h48^m46^s$, circa 20 minuti più breve di quella dell'anno sidereo.

Argilliti Rocce sedimentarie clastiche, derivate dalla diagenesi delle comuni argille, più compatte e assai meno plastiche.

Astenosfera Dal greco *asthenḗs*, debole e *sphâira*, sfera. Parte superiore dell'involucro terrestre (detto *mantello*, sottostante la *crosta*) che si presenta come una fascia meno rigida del restante mantello e che si ritiene composta di materiale parzialmente fuso.

Bacino idrografico Area, delimitata da una linea spartiacque, che raccoglie le acque di precipitazione meteorica e le convoglia – per via superficiale – in corsi d'acqua che confluiscono poi in un torrente maggiore o in un fiume, sino alla foce di quest'ultimo.

Barile (di petrolio) Unità di misura della capacità (usata per gli idrocarburi), pari a circa 159 litri.

Batolite Dal greco *bathýs*, profondo e *líthos*, roccia. Indica i giganteschi ammassi di rocce magmatiche intrusive, lunghi anche migliaia di kilometri e larghi centinaia di kilometri, che si estendono a grandi profondità entro la crosta continentale.

Bitume Idrocarburi solidi, in natura spesso mescolati con idrocarburi semifluidi; in genere impregnano rocce calcaree fessurate o sbriciolate dalle deformazioni tettoniche e costituiscono giacimenti di *asfalto* (dal greco *àsphaltos*, nome del bitume estratto in Giudea). Importanti giacimenti sono quelli lungo le rive del Mar Morto; in Italia se ne trovano nell'Appennino centrale e in Sicilia. L'asfalto viene usato per la pavimentazione stradale e per rivestimenti impermeabili.

Calore latente Quantità di calore che occorre fornire o sottrarre a una unità di massa di una determinata sostanza perché essa subisca un cambiamento di stato, senza che abbia luogo alcuna variazione di temperatura. Per l'evaporazione dell'acqua, ad esempio, occorre calore. Nel processo inverso (condensazione del vapore) si libera la stessa quantità di calore che, alla stessa temperatura, è stata assorbita nell'evaporazione.

Campo magnetico terrestre (o campo geomagnetico) I *magneti*, naturali o artificiali, sono corpi (in genere ricchi di ferro, nichel e cobalto) in grado di attirare particelle metalliche; possono attirare o respingere altri magneti. Lo spazio entro cui si risente la «forza» di un magnete diminuisce con la distanza. La Terra nel suo insieme si comporta come un gigantesco magnete, il cui «campo d'azione», conosciuto come *magnetosfera*, si estende nello spazio fino a una distanza pari a molte volte il diametro del pianeta. Il funzionamento della bussola è dovuto alla presenza del campo geomagnetico. L'asse ideale di tale campo incontra la superficie terrestre in due punti che costituiscono i *poli magnetici*.

Caratteristiche meccaniche Sono le caratteristiche che contraddistinguono un materiale da un altro quando venga sollecitato da uno sforzo. Tipici esempi sono: la *resistenza* alla *compressione e la resistenza al taglio*. Da queste caratteristiche dipende la velocità con cui si propagano le onde sismiche nelle rocce.

Carsismo Dalla radice indoeuropea *kar*, pietra o roccia, dalla quale ha preso il nome la regione del Carso (Italia-Slovenia). Fenomeno di dissoluzione chimica operato dall'acqua meteorica, grazie alla presenza dell'anidride carbonica. Si sviluppa nelle rocce calcaree e produce caratteristiche forme superficiali (doline, polje ecc.) e sotterranee (pozzi, gallerie).

Cenozoico Dal greco *koinós*, recente e *zôikos*, di animale. Il cenozoico (o Era Cenozoica) è iniziato 66 milioni di anni fa (con la fine del Mesozoico) e significa «della vita recente», per le forme viventi che si rinnovano profondamente rispetto all'era precedente e che assumono aspetti simili a quelli delle forme attuali. Il Cenozoico comprende anche il tempo attuale.

Ciclo dell'acqua È l'insieme ininterrotto dei processi mediante i quali l'acqua lascia gli oceani e i mari, si immette nell'atmosfera, raggiunge le terre emerse e quindi ritorna agli oceani e ai mari. Nell'ambito di questo ciclo, fondamentale per l'equilibrio del *sistema Terra*, si svolge la «circolazione idrica» superficiale e sotterranea sulle terre emerse e l'acqua compie anche un «ciclo biologico», costituito essenzialmente dai processi di fotosintesi e di respirazione.

Climatologia Dal greco *klíma* e *lógos*, studio. È la scienza che – avvalendosi della Meteorologia – studia la distribuzione nello spazio e nel tempo degli elementi climatici (temperatura, precipitazioni, venti) ed i fattori (latitudine, altitudine ecc.) che determinano il clima, le variazioni di questo e le leggi da cui tali variazioni dipendono.

Correnti di torbida Rapida discesa lungo la scarpata continentale di ammassi di sedimenti costieri, accumulatisi su pendii troppo ripidi per rimanere in quiete. Le correnti di torbida hanno elevata capacità di abrasione ed escavazione e producono vistosi solchi disposti secondo linee di massima pendenza, in prossimità della piattaforma e lungo la scarpata continentale.

Cratone Dal greco *kràtos*, forza. Il termine si riferisce condizione di «area di forza», cioè da molto tempo resistente alle deformazioni, in contrapposizione alle aree soggette a orogenesi.

Crosta terrestre È la parte solida esterna del nostro pianeta, del quale costituisce una specie di involucro di modesto spessore (da alcuni km a poche decine di km), che ricopre in modo continuo il resto dell'interno della Terra.

Datazioni radiometriche La datazione radiometrica si basa sul ben noto processo fisico di disintegrazione degli *isotopi radioattivi* di certi elementi che entrano a far parte del reticolo cristallino di molti minerali all'atto della loro formazione. Questi particolari isotopi si trasformano spontaneamente («decadono»), con il tempo, in elementi stabili, ognuno secondo un ritmo ben preciso, non alterabile da fattori esterni (quali temperatura, pressione, presenza o assenza di acqua ecc.), per cui è possibile risalire al momento della formazione del minerale che li contiene.

Depositi varvati (o varve) Dallo svedese *varv*, deposito, giro. Sottili sedimenti argillosi comuni in Scandinavia, costituiti da alternanze di bande chiare e scure deposte durante l'estate e durante l'inverno. La maggior parte delle varve risale al Pleistocene; i limiti dei depositi possono essere correlati con il ritiro annuale dei ghiacciai. Ma in alcuni luoghi le varve si stanno formando tuttora.

Deriva dei continenti Spostamento delle masse continentali, l'una rispetto all'altra, di qualche cm/anno. L'esistenza del fenomeno fu prospettata (per gli ultimi 200 milioni di anni della storia della Terra) principalmente da Alfred Wegener, che formulò la «teoria della deriva dei continenti» nel 1915; è stata poi definitivamente accertata e correlata all'espansione dei fondi oceanici, con la «teoria della Tettonica delle placche», negli anni Sessanta del XX secolo.

Diatomee Dal greco *diatémnein*, tagliare di traverso. Minuscole alghe unicellulari, rivestite da una specie di involucro siliceo (opale), formato da due parti che si incastrano come una scatoletta (con varie forme: rettangolare, a fuso, circolare, ovoidale ecc.), sempre finemente decorate e con minutissimi fori. Sono note a partire da meno di 200 Ma fa e hanno formato spesso tipiche rocce, di origine sia lacustre, sia marina.

Differenziazione Nello studio delle rocce magmatiche viene così indicato il processo chimico-fisico attraverso il quale da un magma in origine *basico* (cioè povero di silice e ricco in ferro, magnesio e calcio) si può arrivare a un prodotto solido (roccia intrusiva o effusiva) con una composizione *neutra* o anche *acida* (cioè relativamente arricchita in silice e impoverita negli altri elementi.

Discontinuità (sismica) Viene così definita la superficie che separa due materiali nettamente diversi per le caratteristiche fisiche che influenzano la propagazione delle onde elastiche: densità, resistenza alla compressione e allo sforzo di taglio. Le onde sismiche, raggiungendo una superficie di questo tipo, subiscono una brusca variazione di velocità (aumento o diminuzione), cui corrisponde un brusco cambiamento di direzione della loro traiettoria. Se la superficie di discontinuità segna il passaggio a materiale liquido (come il magma), le onde di taglio smettono di propagarsi, mentre quelle di compressione proseguono, ma molto più lentamente.

Dorsali oceaniche Le dorsali oceaniche corrispondono a settori di fondo oceanico nettamente rilevati (anche 2-3000 metri) rispetto alle circostanti piane abissali. Le dorsali formano in pratica una fascia continua larga un migliaio di kilometri e lunga in totale oltre 60000 km, che dal Mar Glaciale Artico serpeggia attraverso l'Atlantico e l'Indiano e percorre tutto il Pacifico meridionale e orientale, con alcune diramazioni, come quella che dall'Oceano Indiano si dirige verso Nord e prosegue lungo il Mar Rosso. Il sistema di dorsali oceaniche non è una catena montuosa sommersa, ma corrisponde a un inarcamento del fondo oceanico, lungo la cui sommità corre un ampio solco, sede di intensa attività vulcanica sottomarina.

Eccentricità dell'orbita È il rapporto tra la distanza di uno dei fuochi dal centro dell'orbita e la lunghezza del semiasse maggiore di quest'ultima. Se l'orbita avesse la forma di una circonferenza, la sua eccentricità sarebbe uguale a zero. Il valore attuale dell'eccentricità dell'orbita terrestre è circa 0,017. Il valore attuale dell'eccentricità dell'orbita lunare è circa 0,055.

Effetto serra Una serra è un ambiente chiuso da pareti e tetto trasparenti, attraverso i quali la radiazione solare, a *onde corte*, passa e viene assorbita dai corpi presenti; questi si riscaldano e a loro volta restituiscono energia, ma come radiazioni *infrarosse*, nei confronti delle quali le pareti della serra sono quasi opache. Di conseguenza, il calore rimane «intrappolato» e la temperatura nella serra rimane alta (anche perché l'aria interna, riscaldata, non può mescolarsi con quella esterna, più fredda). Come una serra si comporta l'atmosfera terrestre.

Eòne Dal greco *aión*, lungo tempo, eternità. Termine variamente impiegato in filosofia e nelle religioni misteriche, ma il cui significato originale indicava un periodo di tempo molto esteso.

Esacoralli Tipi di coralli dal corpo cilindrico circondato all'apice da una corona di tentacoli; sono rivestiti da uno scheletro esterno, dal quale sporgono, verso l'interno, numerosi setti, che compaiono via via con lo sviluppo dell'organismo in gruppi di sei, così da presentare, nello stadio adulto, simmetria radiale. Gli esacoralli comprendono tutti i coralli viventi e si contrappongono ai *tetracoralli*, che sono vissuti solo nell'Era paleozoica.

Facies Dal latino *facies*, aspetto, volto. Insieme di caratteri litologici (e paleontologici, se sono presenti resti fossili) di una roccia. La facies dipende dall'ambiente in cui la roccia si è formata: riconoscere una determinata facies significa identificare l'ambiente fisico in cui una roccia si è formata. Nel caso delle rocce metamorfiche, sono fondamentali i valori di temperatura e pressione cui una roccia è stata sottoposta.

Falda idrica Un corpo roccioso sufficientemente permeabile da lasciarsi attraversare dalle acque profonde, ma capace di trattenerne in quantità utile per alimentare sorgenti e pozzi, è detto *acquifero*. Se in superficie affiorano gli strati permeabili di un acquifero, l'acqua che vi penetra si muove verso il basso per gravità, finché non incontra un corpo roccioso impermeabile, l'*acquicludo*, che ne ostacola o ne impedisce il movimento. Di conseguenza, l'acqua va gradualmente accumulandosi nell'acquifero, dando origine a una *falda idrica*.

Filone Dal latino, *filum*, allungato. Corpo roccioso tabulare (*a forma di tavola*), che si forma per intrusione di una porzione di magma lungo fessure nelle rocce che circondano la massa di magma principale. I filoni si trovano perciò alla periferia degli ammassi di rocce magmatiche intrusive, ma anche intorno a un edificio vulcanico (filoni vulcanici). Forma tabulare analoga possono assumere anche riempimenti di fessure nelle rocce da parte di sedimenti non ancora consolidati (filoni sedimentari).

Foraminiferi Dal latino *foraāmen*, forame e *fero*, porto. Protozoi con corpo unicellulare racchiuso in un guscio (calcareo o arenario o chitinoso) di svariate forme, dal quale fuoriescono, attraverso minuscole aperture, filamenti di protoplasma con funzioni di nutrizione e movimento. Vivono in grandissima parte in ambiente marino e sono comparsi oltre 500 Ma fa. Numerose rocce organogene sono formate da accumuli di gusci di foraminiferi.

Forza di Coriolis È la forza deviante che agisce sui corpi in moto sulla superficie terrestre, per effetto della rotazione del nostro pianeta. La sua entità può essere espressa dalla formula: $F_d = 2\ m\ V\ \omega$ sen φ, nella quale F_d è la forza deviante, m la massa del corpo in moto, V la velocità di trasferimento del corpo, ω la velocità angolare (costante) della Terra, e φ la latitudine. Bisogna osservare però che lo spostamento del corpo è soltanto relativo, perché ciò che realmente si sposta, al di sotto del corpo in moto, è la stessa Terra che ruota con velocità lineare maggiore o minore a seconda della latitudine; quindi la forza di Coriolis è una *forza apparente*, che serve per spiegare ed esprimere quantitativamente il fenomeno.

Fosse abissali Depressioni dei fondi oceanici lunghe anche migliaia di kilometri e relativamente strette, che scendono anche a più di 10 000 metri di profondità.

Fossili Dal latino *fòssilis*, «che si ottiene scavando». Indicava, in origine, rocce, minerali, gemme e tutte quelle forme, presenti nelle rocce, che assomigliavano a organismi viventi. In senso moderno indica i resti di organismi viventi, animali o vegetali, che via via hanno popolato i mari e le terre emerse e che sono stati inglobati e conservati entro le rocce sedimentarie.

Frequenza di una vibrazione Indica quante volte quella vibrazione si ripete nell'unità di tempo e si misura in hertz: 1 Hz = 1 oscillazione al secondo. Per le onde elastiche va da una volta a milioni di volte al secondo, ma le *onde acustiche*, quelle cioè che possono essere percepite dal nostro orecchio come suono, hanno frequenze comprese fra 16 e 20 000 Hz. Al di fuori di questo intervallo si parla di *infrasuoni* (meno di 16 Hz) e *ultrasuoni* (oltre i 20 000 Hz).

Geofisica Dal greco *gê*, Terra e *phýsis*, natura. Scienza che studia gli involucri della Terra avvalendosi dei metodi della Fisica applicata. Suoi compiti sono la rilevazione dei fenomeni fisici che si manifestano nell'atmosfera, nell'idrosfera, nella litosfera e nell'interno della Terra. I metodi e i risultati della Geofisica sono applicati in Geodesia e nella prospezione geologica.

Geografia fisica Studio dell'ambiente fisico e dei rapporti fra l'ambiente fisico e le attività umane.

Geomorfologia Dal greco *gê*, Terra, *morfê*, forma e *lógos*, studio. Scienza che si occupa delle forme del rilievo terrestre, della loro genesi e della loro evoluzione.

Giacimentologia Dal latino *iacēre*, essere steso o trovarsi accumulato [tra altre rocce] e dal greco *lógos*, studio. Lo studio e la ricerca delle masse rocciose contenenti minerali sfruttabili, o idrocarburi, o pietre da costruzione e ornamentali.

Gimnosperme Dal greco *gymnós*, nudo, e *spérma*, seme: «dal seme nudo (non protetto)». Piante con *ovuli* (e successivamente *semi*), non racchiusi da un ovario (come è invece nelle angiosperme, in cui l'ovario diviene il frutto).

Granitoide Il termine indica genericamente rocce a composizione simile a quella delle rocce magmatiche acide (tipicamente rappresentate dalla «famiglia dei graniti»). Sono comunque rocce la cui composizione è notevolmente arricchita in silice rispetto alle rocce «basaltiche».

Gravitazione universale Due corpi si attirano in modo direttamente proporzionale alla loro massa e in ragione inversa al quadrato della loro distanza. La forza d'attrazione gravitazionale è espressa dalla seguente formula:

$$F = G_0 \frac{M \cdot m}{d^2}$$

dove G_0 è la costante di gravitazione universale (pari a $6{,}67 \cdot 10^{-11}$ N m^2 kg^{-2}). M ed m sono le masse dei corpi e d è la distanza fra i loro centri.

Great Rift Valley Viene così chiamato il grande sistema di profonde depressioni che percorre l'Africa orientale, dal Fiume Zambesi, a Sud, fino a incontrare il Mar Rosso, a Nord, lungo 3500 km. Le depressioni, larghe alcune decine di kilometri, sono limitate da alte e ripide scarpate, prodotte da grandi faglie dirette; esse ospitano i grandi laghi africani, alcuni dei quali hanno il fondo a centinaia di metri sotto il livello del mare. La *Great Rift Valley* corrisponde a una gigantesca fossa tettonica.

Infrarosso L'infrarosso comprende le radiazioni elettromagnetiche di lunghezza d'onda (λ) maggiore di quella delle radiazioni elettromagnetiche percepibili dall'occhio umano, fino a λ di circa 10 milioni di ångström (1 Å = 10^{-10} m); le *onde radio* hanno $\alpha\alpha$ ancora più grande. Alcuni strumenti analizzatori utilizzano sensori elettromagnetici capaci di captare la «radiazione dell'infrarosso termico», che viene emessa dai vari corpi in funzione della loro temperatura, e così costruiscono immagini in cui i corpi a temperatura diversa presentano tonalità differenti.

Isostasia Dal greco *ísos*, uguale e *stásis*, stare. I materiali della crosta terrestre (che ha uno spessore di alcune decine di kilometri) «galleggiano» al di sopra dei materiali del mantello, più densi. Il termine isostasia indica la tendenza della crosta a raggiungere una posizione di equilibrio, affondando più o meno nel mantello a seconda del suo spessore. Un settore di crosta può, nel tempo, assottigliarsi e, quindi, farsi più leggero, o aumentare di spessore e, quindi, divenire più pesante. Come conseguenza, quel settore di crosta sarà soggetto a lentissimi movimenti verso l'alto o verso il basso (*aggiustamenti isostatici*), per ritrovare l'equilibrio. Questo comportamento vale non solo in grande per l'intero pianeta, ma ogni volta che, all'interno della Terra, si trovino sovrapposti ammassi rocciosi di densità diversa: sia pure con moti lentissimi, i materiali meno densi tendono a muoversi verso l'alto, quelli più densi verso il basso; il movimento è facilitato dalla presenza di materiali plastici o addirittura fusi.

Isotopi L'atomo di un elemento è formato da un *nucleo*, costituito da *protoni* e *neutroni* attorno ai quali ruotano gli *elettroni*. Ogni elemento è caratterizzato da un numero fisso di protoni (*numero atomico*), che è uguale al numero di elettroni, ma può avere un diverso numero di neutroni, per cui atomi di uno stesso elemento possono avere diverso *numero di massa* (pari alla somma di protoni e neutroni). Vengono detti *isotopi* gli atomi di un dato elemento che, pur avendo lo stesso numero di protoni, differiscono tra loro per il numero di neutroni. Gli elementi che si trovano in natura sono, in realtà, miscele di isotopi, cioè atomi leggermente diversi ma con uguale comportamento chimico: per esempio, l'idrogeno, con un protone, può avere 0 neutroni, oppure 1 neutrone (nel *deuterio*, D) o 2 neutroni (nel *trizio*, T), per cui il numero atomico è sempre 1, mentre il numero di massa è, rispettivamente, 1, 2, 3. Nell'acqua (H_2O) sono presenti tracce di *acqua pesante* (D_2O), nelle cui molecole, al posto dei due atomi di idrogeno, sono presenti due atomi di deuterio. Gli isotopi di un medesimo elemento hanno tutti lo stesso comportamento chimico.

Isotopi radioattivi In natura, oltre a circa 270 isotopi stabili, se ne conoscono circa 50 *instabili*. Questi ultimi sono gli *isotopi radioattivi* o *radionuclidi*, i cui nuclei si modificano spontaneamente nel tempo («decadono») con emissione di particelle e di radiazioni elettromagnetiche. Poiché con il decadimento cambia il numero di particelle del nucleo, l'isotopo di partenza si trasforma in un altro isotopo dello stesso elemento (se varia solo il numero di neutroni) o di un elemento diverso (se varia il numero di protoni): per esempio, l'isotopo ^{238}U, il più comune tra quelli dell'uranio, instabile, attraverso numerose trasformazioni intermedie giunge a un prodotto finale stabile, che è un isotopo del piombo (^{206}Pb).

Kelvin (K) Nella scala di temperatura Kelvin, introdotta dal fisico W. Thomson (Lord Kelvin), viene attribuito il valore 273,15 alla temperatura del ghiaccio fondente in equilibrio con l'acqua (a pressione atmosferica), e il valore 373,15 alla temperatura di ebollizione dell'acqua distillata (a pressione atmosferica). L'intervallo tra i due punti fissi è diviso in cento parti uguali, ciascuna denominata *kelvin* (K). Le stesse divisioni vengono riportate al di sopra e al di sotto dei due punti fissi. Lo zero di tale scala coincide con lo *zero assoluto*, cioè la più bassa temperatura che un corpo potrebbe teoricamente raggiungere. Indicando con t_C la temperatura nella scala Celsius e con t_K la temperatura nella scala Kelvin si ha: $t_C = t_K - 273{,}15$ oppure $t_K = t_C + 273{,}15$.

Kilobar (kbar) Un *kilobar* equivale a 1000 *bar* e corrisponde a circa 1000 volte la pressione atmosferica (1 bar = 10^5 pascal).

Lahar Con questo termine vengono chiamati, nell'Isola di Giava, i torrenti di fango che ciclicamente scendono lungo i fianchi del Vulcano Kelut, con effetti disastrosi. Il fenomeno è noto da tempo ai vulcanologi, che hanno perciò adottato ufficialmente il termine indonesiano per indicare fenomeni analoghi.

Lega Materiale composto da due o più elementi chimici, di cui quello presente in maggiore quantità deve essere un metallo. Una lega ha proprietà meccaniche diverse da quelle degli elementi che la costituiscono.

Leggi di Keplero **I legge.** *I pianeti descrivono orbite ellittiche, quasi complanari, aventi tutte un fuoco comune in cui si trova il Sole.* **II legge.** *Il raggio* (raggio vettore) *che unisce il centro del Sole al centro di un pianeta descrive superfici con aree uguali in intervalli di tempo uguali.* **III legge.** *I quadrati dei tempi che i pianeti impiegano a percorrere le loro orbite* (periodi di rivoluzione) *sono proporzionali ai cubi delle loro distanze medie dal Sole.* (Le distanze sono misurate in Unità astronomiche, i periodi in anni.)

Limo Dal latino *limum*, fango. Roccia sedimentaria clastica, incoerente, formata di particelle di dimensioni intermedie tra quelle dei granuli di sabbia e quelle di un'argilla. Il passaggio da un tipo all'altro di tali rocce è graduale, per cui si distinguono *limi sabbiosi* e *limi argillosi*.

Litificato Dal greco *líthos*, roccia, e dal latino *fàcere*, fare. Si dice di un deposito di sedimenti che, in origine «incoerenti» (cioè fatti di granuli liberi di muoversi, come in una sabbia), diventano rocce attraverso processi di *compattazione* (riduzione degli spazi vuoti tra i granuli) e *cementazione* (deposito chimico di sostanze dalle soluzioni acquose che circolano negli spazi vuoti).

Litosfera Il termine (dal greco *líthos*, pietra e *sphâira*, sfera) è stato a lungo impiegato per indicare la parte solida del pianeta, e come tale viene ancora genericamente usato, ma le moderne scoperte della Geologia hanno indotto a riservare l'uso di litosfera per la parte esterna del pianeta «solido», per uno spessore variabile tra 70 km (sotto gli oceani) e 120 km (sotto i continenti). Infatti, le rocce della litosfera si comportano nel loro insieme in modo più «rigido», cioè più resistente agli sforzi, delle rocce sottostanti, che appaiono invece più «plastiche», almeno fino a 250 km di profondità, dove tornano a comportarsi in modo rigido.

Loess Da un termine dialettale tedesco, *loes*, *lo/s*, *losch*, terreno instabile. Coltre di sedimenti costituita da particelle a granulometria fine. Si forma in seguito al trasporto e alla deposizione ad opera del vento, anche per notevolissime distanze, di materiali di origine glaciale o fluvioglaciale. Si rinviene in banchi privi di stratificazione interna.

Mantello È la parte interna del nostro pianeta, su cui poggia la crosta terrestre. Si estende fino a 2900 km di profondità e avvolge completamente il nucleo. È formato da rocce di alta densità (nella parte meno profonda sono peridotiti, cioè rocce ultrafemiche ricche del minerale olivina).

Materiali refrattari Materiali che resistono, senza fondere o alterarsi, a elevate temperature. Da ricordare che ogni sostanza ha un suo specifico *punto di fusione*, che indica il valore della temperatura necessario per farla passare dallo stato solido allo stato liquido, e che il punto di fusione varia, per ogni sostanza, con il variare della pressione o in presenza di fluidi.

Matrice e cemento Dal latino, *māter*, madre; dal latino *caěmentum*, pietra rozza da tagliare. Nelle rocce clastiche (detritiche), come sono quelle che costituiscono le morene, gli spazi tra i frammenti più grossi possono essere occupati da materiale molto più fino, che costituisce la *matrice*, mentre il *cemento* è una sostanza che precipita chimicamente dalle acque in circolo e riempie i pori più minuti, «legando» insieme clasti e matrice.

Mesozoico Dal greco *mésos*, medio e *zôikos*, di animale. Il Mesozoico (o Era mesozoica) è iniziato 252 milioni di anni fa (con la fine del Paleozoico) e significa «della vita di mezzo», per le forme viventi non più primitive, ma non ancora di tipo recente, come saranno quelle dell'era successiva. Il Mesozoico si è concluso 66 milioni di anni fa.

Microfossili Resti fossili di organismi di piccolissime dimensioni, in genere unicellulari.

Minerali idrati Composti chimici che contengono molecole d'acqua nella loro struttura cristallina, sotto varie forme. Esempi: il gesso $CaSO_4 \cdot 2H_2O$ (solfato di calcio biidrato) e i minerali argillosi, in cui le molecole di acqua sono racchiuse tra gli «strati» che formano il reticolo cristallino.

Mineralogia Dal francese *mineral*, minerale e dal greco *lógos*, studio. Lo studio dei minerali.

Modo di vibrazione Ogni corpo, da un barattolo a una campana a un grattacielo, ha, come conseguenza della sua forma e delle sue dimensioni, un proprio modo caratteristico di vibrare se viene sollecitato da qualche forza; ogni corpo, cioè, è capace di oscillare con un proprio periodo ben preciso.

Morena Con il loro movimento, i ghiacciai erodono il fondo e i fianchi rocciosi delle valli, asportandone i detriti, e inglobano anche tutti i materiali grossi o minuti che cadono sul ghiaccio, trasportandoli verso valle. Tali detriti di diversa provenienza si raccolgono gradualmente – per effetto della gravità e dei movimenti differenziali del ghiaccio – verso i fianchi, sul fondo ed alla fronte del ghiacciaio, ove formano ammassi detti «*morene*».

Movimenti convettivi La convezione è una forma di propagazione del calore all'interno di un corpo che avviene mediante *trasferimento di materia* tra punti che siano a diverse temperature. I movimenti convettivi si possono manifestare solo nei fluidi: un tipico esempio è quello di un circuito di riscaldamento, in cui l'acqua calda sale verso l'alto mentre quella fredda scende a sostituirla. Tuttavia nei solidi, come l'interno della Terra, *correnti convettive* possono verificarsi in tempi molto lunghi, con velocità dell'ordine di qualche cm/anno.

Movimenti eustatici Innalzamenti o abbassamenti del livello del mare a scala mondiale, connessi a effettivo aumento o diminuzione della quantità dell'acqua marina. Le più cospicue variazioni di questo tipo sono dovute al rilascio o alla sottrazione di acqua dovuti, rispettivamente, alla fusione o all'accrescimento delle calotte glaciali (*glacio-eustatismo*).

Movimenti isostatici Movimenti verticali (verso l'alto o verso il basso) con cui la crosta terrestre reagisce alle modificazione dell'equilibrio statico rispetto alla gravità, per raggiungere – con il galleggiamento – una nuova posizione di equilibrio. Ad esempio, se un settore di crosta aumenta di spessore per processi orogenetici, esso tenderà a sprofondare nel mantello finché la spinta di galleggiamento non ne compenserà il maggior peso.

Nicchia ecologica Luogo principale di sviluppo di una specie animale o vegetale. Comprende l'insieme dei rapporti che quella specie instaura con l'ambiente circostante.

Numero atomico È il numero dei protoni contenuti nel nucleo di un atomo. Il numero atomico è uguale al numero degli elettroni che ruotano intorno al nucleo in un atomo neutro. Il suo simbolo è Z.

Oceanografia Dal latino *Ocěanus* e dal greco *gráphein*, scrivere. Scienza che studia gli oceani e i mari, la loro morfologia, la loro origine ed evoluzione, i sedimenti e le rocce dei fondali, le caratteristiche fisiche, chimiche e i movimenti delle acque, le interazioni con l'atmosfera, gli ecosistemi marini.

Ofioliti e successioni ofiolitifere Le *ofioliti* sono ammassi di rocce particolari, magmatiche basiche (cioè povere in silice), a volte metamorfosate, di colore complessivamente verde scuro (cui fa riferimento il nome, «roccia [dal colore] del serpente», cioè simile al colore di alcuni serpenti che si incontravano spesso nelle zone in cui vennero per la prima volta studiate). Le *successioni ofiolitifere* sono formate da basalti, gabbri e peridotiti, associati a sedimenti oceanici, e ricalcano, nel complesso, la struttura a strati della crosta oceanica.

Olivina Silicato di ferro e magnesio, il cui reticolo cristallino è formato da tetraedri di silicio isolati, in cui, cioè, gli ossigeni si legano solo a cationi diversi dal silicio (non ei sono ossigeni-ponte). La densità dell'olivina ricca in magnesio (come dovrebbe essere quella del mantello) è pari a 3,2 g/cm^3.

Omotermìa (od omeotermìa) Caratteristica propria di alcuni animali, detti «a sangue caldo» (uccelli e mammiferi), che mantengono costante la temperatura del corpo, indipendentemente dalle variazioni esterne, per mezzo di sistemi biologici automatici di termoregolazione.

Onde di oscillazione e onde di traslazione Le *onde di oscillazione* si generano in mare aperto, dove non si risente l'influenza dei fondali; in esse le particelle d'acqua sono soggette a soli movimenti circolari e non si ha trasporto d'acqua. Le *onde di traslazione* comportano un vero e proprio trasporto d'acqua; esse sono caratteristiche di acque poco profonde. Quando un'onda si avvicina alla costa, l'attrito con il fondo marino provoca il rallentamento della sua parte inferiore e le particelle d'acqua descrivono orbite sempre più ellittiche finché, lungo il fondale, si muovono con moto rettilineo alternato; la parte inferiore dell'onda risulta perciò ritardata rispetto a quella superiore, che si rovescia in avanti (*frangente*).

Orogenesi Dal greco *òros*, montagna e *gènesis*, origine. Indica l'insieme dei processi geologici che portano alla formazione di una catena montuosa.

Ozono La molecola dell'ossigeno è formata di 2 atomi, ma esiste una forma *allotropica* dell'ossigeno con le molecole triatomiche, O_3, detta *ozono*. È un gas bluastro, di odore pungente, instabile (tende lentamente a trasformarsi in ossigeno biatomico). Si forma nell'atmosfera, dall'ossigeno (per scariche elettriche) e dagli ossidi di azoto prodotti dai motori a combustione interna (per reazioni fotochimiche); è dannoso per i vegetali e per molte sostanze e può provocare attacchi di asma e bronchiti: è tossico quando supera la concentrazione di 0,2 mg/m^3. Sotto attento controllo, trova impiego come ossidante e sbiancante, come pure nella purificazione delle acque e nel trattamento dei rifiuti. Nella stratosfera (tra 15 e 60 km di quota) si forma invece continuamente per azione delle radiazioni solari sull'ossigeno molecolare (biatomico) e agisce da efficace schermo nei confronti delle radiazioni ultraviolette che, se raggiungessero la superficie terrestre, potrebbero provocare seri danni biologici.

Paleoclimatologia Disciplina che studia le variazioni del clima durante la storia della Terra. Si avvale dell'apporto di numerose altre discipline in grado di fornire informazioni che divengono tanto più precise quanto più ci si avvicina ai tempi attuali. In particolare, la Paleoclimatologia dei tempi geologici fa ricorso principalmente all'ausilio delle Scienze della Terra (Geologia, Paleontologia, Geochimica, Geomorfologia), mentre alla Paleoclimatologia dei tempi preistorici e storici contribuiscono anche le Scienze biologiche e quelle umane (Zoogeografia, Paleobotanica, Palinologia, Dendrologia, Archeologia, Storia, Geografia antropica).

Paleozoico Dal greco *palaiós*, antico e *zôikos*, di animale. Il Paleozoico (o Era paleozoica) è iniziato 541 milioni di anni fa e significa «della vita antica», per le forme viventi ben diverse da quelle attual. È terminato 252 Ma fa.

Pangèa Dal greco *pan*, tutto, con il significato di totalità, e *gê*, terra: la totalità delle terre (emerse).

Pantàlassa Dal greco *pan*, tutto, con il significato di totalità, e *thálassa*, mare: la totalità degli oceani e dei mari.

Pedogenesi Dal greco *pédon*, terreno suolo e *génesis*, nascita. La «formazione del suolo» è legata a una serie di agenti e fattori che determinano o influenzano in vari modi i processi fisici, chimici e biologici localizzati nella parte superficiale della crosta terrestre. I principali sono: la *roccia madre*, che è il materiale di origine del suolo; il *rilievo*, ossia la configurazione del terreno; il *tempo* durante il quale si svolgono i processi pedogenetici; gli *organismi* che vivono sul terreno e dentro di esso; il *clima*, con i suoi diversi tipi.

Pegmatite Dal greco *pêgma*, concrezione. Roccia intrusiva, a grana grossolana, costituita essenzialmente da quarzo, feldspato potassico o sodico e mica muscovite. È più ricca in silice rispetto ai graniti, di cui costituisce una «differenziazione», poiché il fuso pegmatitico è molto fluido per la presenza di gas; nel corso del raffreddamento si formano con facilità grossi cristalli (da alcuni centimetri fino a metri).

Periodo di oscillazione Indica l'intervallo di tempo che dura un'oscillazione completa; è l'inverso della frequenza.

Petrografia Dal greco *pétra*, pietra e *-graphía*, descrizione. Descrizione approfondita delle varie masse rocciose.

Petrologia Dal greco *pétra*, pietra e *lógos*, studio. Indica lo studio della genesi delle rocce, cioè lo studio degli ambienti in cui i complessi lapidei si sono formati e delle trasformazioni che essi hanno subito nel tempo.

Piroclastiti Le piroclastiti si presentano come depositi, anche estesi e potenti, di materiali di varie dimensioni (da ceneri a lapilli) emessi da esplosioni vulcaniche. I frammenti hanno seguito in aria o lungo le pendici del vulcano traiettorie e percorsi più o meno lunghi prima di «sedimentare» su rocce qualunque o in mare; perciò le rocce piroclastiche vengono considerate come sedimentarie, anche se i materiali che le costituiscono sono di origine ignea.

Placca Indica un pezzo di qualunque materiale largo e piatto, cioè di modesto spessore rispetto alla superficie: è la corretta traduzione del termine inglese *plate*, introdotto dai geologi che hanno elaborato la teoria nota come *Plate Tectonics*, «Tettonica [caratterizzata dal movimento] delle placche». Il termine *zolla*, usato a volte in alternativa, non rende l'idea, in quanto in italiano indica solo un blocco compatto di suolo (che si stacca dal terreno sodo quando si lavora con strumenti agricoli), ma non certo di forma piatta e con spessore modesto rispetto alle altre dimensioni, come avviene nelle placche della litosfera.

Plancton Insieme degli organismi viventi di piccole dimensioni, vegetali (*fitoplancton*) e animali (*zooplancton*), che galleggiano a varie profondità, senza moto proprio, nelle acque marine o lacustri. Il galleggiamento è favorito dalla presenza di liquidi o gas nei loro tessuti, che rendono il loro peso specifico quasi identico a quello dell'acqua.

Plasticità La *plasticità* è l'attitudine di materiali solidi a subire deformazioni permanenti quando sono sottoposti a sollecitazioni esterne. Se ci si riferisce a sostanze che si possono allungare o ridurre in fili sottili senza rompersi (come molti metalli) si parla più precisamente di *duttilità*; per le rocce che reagiscono in modo plastico, però, si usa ugualmente l'espressione *comportamento duttile*.

Potenza di una corrente fluviale È espressa dalla formula $E = q \cdot v^2$, dove q è la portata del corso d'acqua (in m^3/s) e v la velocità delle acque.

Pressione atmosferica Dal latino *prĕssus*, premuto e dal greco *atmòs*, vapore e *sphâira*, sfera. Pressione esercitata dall'atmosfera sulla superficie terrestre. È il rapporto tra il peso dell'aria e la superficie su cui essa agisce.

Pressione orientata All'interno della crosta terrestre sono in atto movimenti di masse rocciose che esercitano «spinte» contro altre rocce, secondo varie possibili direzioni, in genere diverse dalla verticale (che è la direzione della *pressione di carico*).

Principio di Archimede «Un corpo immerso in un fluido riceve una *spinta* dal basso verso l'alto pari al peso del liquido spostato».

Prismi sedimentari Vengono così chiamati gli imponenti accumuli di sedimenti marini lungo i margini dei continenti. Sono formati da materiali detritici (essenzialmente sabbie e argille) portati dai fiumi e distribuiti lungo le coste dai movimenti delle acque del mare (onde, correnti costiere), cui si aggiungono altri depositi marini, come rocce organogene calcaree. Le superfici che delimitano l'accumulo dei sedimenti corrispondono alla piattaforma continentale e alla scarpata continentale.

Radiolari Dal latino *radiolus*, piccolo raggio. Protozoi unicellulari con guscio siliceo (opale), in genere di forma sferica e traforato come una trina. Sono di ambiente marino e sono comparsi oltre 600 Ma fa.

Radon È un elemento radioattivo gassoso che si libera lentamente da alcuni minerali contenuti nelle rocce della crosta e che tende a sfuggire: il brusco aumento della sua concentrazione è imputato a una sua più ampia «fuga», favorita dalle microfessure che fanno aumentare enormemente la superficie di roccia a contatto con l'aria.

Refrattario Materiale adatto a resistere ad alte temperature senza subire alterazioni. Tra i minerali, notevolmente refrattaria è l'olivina (silicato di ferro e magnesio), che, soprattutto quando è ricca in magnesio, fonde solo ben oltre i 1500 °C. Le rocce del mantello sono ricche di olivina, accanto ad altri minerali (pirosseni) che fondono a temperature molto meno elevate.

Regolite Dal greco *régos*, coperta e *líthos*, roccia. È il manto di materiale incoerente, eterogeneo, che deriva soprattutto dall'azione fisica e chimica degli agenti atmosferici (escursioni termiche, gelo e disgelo, acqua, ossigeno, anidride carbonica) sulla roccia in posto. Può rimanere a contatto con la roccia di origine o spostarsi per gravità o essere rimosso dalle acque dilavanti e da altri agenti di trasporto (vento, ghiacciai ecc.). Con lo stesso nome si indica anche la «polvere» lunare.

Riflessione Quando un'onda elastica raggiunge la superficie di separazione tra due materiali con diverse caratteristiche, una parte della sua energia «rimbalza» su tale superficie e torna a propagarsi nello stesso materiale, ma con diversa direzione. In particolari condizioni, tutta l'energia viene riflessa (*riflessione totale*) e l'onda non si propaga oltre la superficie che separa i due tipi di materiali.

Rifrazione Quando un'onda elastica che si propaga all'interno di un materiale raggiunge la superficie di separazione con un materiale diverso, nell'attraversare tale superficie subisce una *rifrazione*, cioè cambia velocità e direzione di propagazione.

Rigidezza o rigidità È la *rigidezza* è l'attitudine di materiali solidi a resistere a sollecitazioni esterne (compressione, torsione) con minime deformazioni, fino eventualmente a rompersi bruscamente. Per le rocce rigide (come il granito) si parla di *comportamento fragile*.

Risonanza È il fenomeno per cui un corpo viene posto in vibrazione (oppure la sua vibrazione viene fortemente amplificata) da oscillazioni esterne di periodo uguale o multiplo di quello caratteristico del corpo.

Saturazione Dal latino *saturāre*, saziare, ossia sciogliere sostanze in un solvente fino alla massima concentrazione possibile.

Scale della Magnitudo Scale per misurare la «grandezza», cioè la forza di un terremoto, basate sul confronto tra l'ampiezza massima fatta registrare sul sismogramma dalle onde di un terremoto e l'ampiezza delle medesime onde in un *terremoto standard* (Magnitudo di Richter). A seconda del tipo di onde utilizzate si distinguono vari tipi di magnitudo. *Magnitudo locale*: **ML** = $\log_{10} A – \log_{10} A_0$ (dove A = ampiezza massima delle onde registrate; A_0 = ampiezza massima per il terremoto standard); *Magnitudo basata sulle onde di volume*: **mb** = $\log_{10}(A/T) + Q(D,h)$ (A = ampiezza delle onde *P*; T = corrispondente periodo; Q(D,h) = fattore di correzione per la distanza e la profondità); *Magnitudo basata sulle onde superficiali*: **MS** = $\log_{10}(A/T) + 1{,}66\log_{10}(D)$. In seguito si è introdotta una scala che tiene conto dell'area della superficie della faglia che ha generato il terremoto, con la definizione della *Magnitudo di momento*: **Mw** = $2/3 \log_{10}(MO) – 10{,}7$; il *momento sismico* (MO) tiene conto dell'*area* della faglia attivatasi, dello *spostamento* lungo la faglia e della *resistenza alla rottura* (per sforzo di taglio) delle rocce coinvolte.

Scale di intensità sismica Scale per valutare la «forza» di un terremoto in base alle osservazione degli effetti prodotti da un sisma sulle persone, sugli edifici e sul terreno. La scala attualmente più usata in Europa e in America è la **MCS** (*Mercalli, Càncani, Sieberg*) che considera 12 gradi di *intensità*, espressi in numeri romani, dal I (effetti registrati solo da strumenti) al XII (scossa catastrofica, con distruzione di ogni manufatto). Nei paesi dell'Est europeo è impiegata la scala **MSK** (*Medvedev, Sponheuer, Karnik*).

Scarpata continentale Pendio sottomarino che raccorda il bordo esterno della piattaforma continentale (area che si estende in mare sino a una profondità di 200 m e che inizia immediatamente al di là della linea che costituisce il confine delle terre emerse) con il fondale oceanico (−4000 m). Solitamente inclinata di 2-4°, è incisa da ripidi solchi scavati dalle correnti sottomarine, cariche di detriti, e dalle frane sottomarine.

Scisti bituminosi Il termine «scisti» è improprio: in realtà sono rocce sedimentarie, *argilliti* di colore nerastro, contenenti alte percentuali di *kerogene*, materia organica allo stato solido derivata da sostanze vegetali o animali attraverso processi non completamente chiariti. Per distillazione, si possono ottenere, da una tonnellata di tali rocce, fino a quasi 600 litri di petrolio (ma in media molto meno, tra 100 e 200 l/t); costituiscono grandi riserve ancora poco sfruttate. Esistono anche *sabbie bituminose*, dalle quali si può ricavare un liquido simile al petrolio; corrisponderebbero ad antichi accumuli di sabbie mescolatesi fin dalla loro origine con petrolio derivato da perdite da giacimenti precedenti. In Athabasca (nell'Alberta, Canada) è iniziato lo sfruttamento di depositi giganteschi, dai quali, secondo i calcoli, si potranno ricavare centinaia di miliardi di barili di petrolio.

Scorie nucleari (o radioattive) Materiale di scarto derivante dal decadimento radioattivo del materiale impiegato nei processi di fissione nucleare (di cui rappresenta il 99,9% della massa di partenza) durante il funzionamento di un reattore. Vanno compresi tra le scorie i materiali usati all'interno del reattore, come moderatori, refrigeranti ecc. I problemi più gravi derivano dai prodotti di decadimento con vita media più lunga e più facilmente metabolizzabili da organismi viventi, come il cesio 137 (33 anni). I metodi di trattamento delle scorie prevedono il loro totale isolamento per tempi lunghi, inglobandole in masse vetrose o bituminose che vengono raccolte in contenitori di acciaio e calcestruzzo, interrati a loro volta in aree geologicamente stabili sotto forti spessori di rocce impermeabili (per evitare contatti con falde acquifere).

Scudi Sono i più antichi elementi strutturali della crosta continentale; insieme ai *tavolati*, più recenti, costituiscono i *cratoni*. Appaiono come ampie pianure debolmente bombate verso l'alto e sono costituiti da affioramenti di rocce ignee e metamorfiche che non sono state più interessate da orogenesi né ricoperte dal mare, almeno nell'ultimo miliardo di anni.

Sedimentologia Dal latino *sedimĕntum*, sedimento (dal verbo *sedēre*, nel significato di scendere, depositarsi) e dal greco *lógos*, studio. Lo studio dei processi e degli ambienti di sedimentazione e di diagenesi che portano alla formazione delle rocce sedimentarie.

Smescolamento Processo attraverso cui le sostanze che fanno parte di un *miscuglio* si separano. Si ricordi che un miscuglio è una miscela eterogenea le cui singole sostanze componenti rimangono separate anche se vengono accuratamente mescolate; tra gli altri, esistono anche miscugli liquido-liquido (*emulsioni*), come acqua e olio, e di questo tipo sarebbero alcuni magmi, formati in realtà da due fluidi non miscibili.

Silt Sedimento sciolto i cui granuli hanno dimensioni comprese tra 0,062 mm e 0,004 mm. Se il sedimento sciolto è stato trasformato in roccia coerente dalla diagenesi, si parla di «siltite». Con dimensioni dei granuli maggiori di 0,062 mm e fino a 2 mm il sedimento sciolto è detto *sabbia* (la roccia corrispondente è l'«arenaria»). Con dimensioni dei granuli minori di 0,004 mm il sedimento sciolto è detto *argilla* (la roccia corrispondente è l'«argillite»).

Sisma Dal greco *seismòs*, scossa. Sinonimo di *terremoto*.

Sismografo I sismografi sono strumenti che raccolgono e registrano le oscillazioni del terreno durante i terremoti. Il loro funzionamento si basa sull'inerzia di una massa sospesa, che tende a rimanere immobile anche quando il suo supporto oscilla insieme al terreno; tale massa è collegata a un sistema scrivente che lascia una traccia su un rullo di carta ruotante, solidale con il terreno.

Smorzamento È la diminuzione progressiva nel tempo dell'ampiezza di un'oscillazione, per trasformazione dell'energia a causa delle resistenze di attrito, che variano con i tipi di materiali attraversati.

Solubilità Dal latino tardo *solubilitate(m)*, dissolvibile. Indica la concentrazione massima di una sostanza (*soluto*) che si scioglie in un solvente quando forma una soluzione.

Sospensione Un tipo di *miscuglio*, cioè di miscela eterogenea, in cui le singole sostanze componenti rimangono separate anche se vengono mescolate. La sospensione indica una dispersione di particelle solide entro un liquido o un gas.

Spettrometro di massa Strumento che separa e analizza atomi e molecole di sostanze allo stato gassoso. Le particelle del gas vengono ionizzate da una scarica elettrica e costrette a muoversi velocemente come un unico fascio lungo un tubo a vuoto, fino a un campo magnetico, che fa modificare più o meno la traiettoria di particelle con massa diversa. Le particelle così separate finiscono in un analizzatore che le identifica.

Stratigrafia Dal latino *stratum*, strato, combinato con il greco *graphìa*, da *gràpho*, scrivere, che vale «descrizione». Branca della Geologia che fornisce gli strumenti per risalire alle *giaciture* delle rocce a all'ordine in cui si sono formate nel tempo.

Strato Dal latino *stratum*, da *stèrnere*, distendere. Indica, quindi, materiale «disteso» a coprire una grande superficie con spessore molto limitato rispetto all'estensione.

Stratosfera Dal latino *strātum*, disteso e dal greco *sphâira*, sfera. Parte dell'atmosfera compresa tra i 10-12 km e i 50-60 km di altezza. L'aria è molto rarefatta, ma è ancora agitata da intensa circolazione, con venti che possono raggiungere velocità molto elevate.

Sublimazione Una sostanza può presentarsi in tre diversi «stati di aggregazione»: solido, liquido o gassoso, e può cambiare stato assorbendo o liberando energia sotto forma di calore. Così, il passaggio da solido a liquido si chiama *fusione*, quello da liquido a gas si chiama *evaporazione* (in entrambi i casi viene assorbito calore). Ma si può anche avere il passaggio diretto da solido a gas e, in tal caso, si parla di *sublimazione*.

Taglio (sforzo o sollecitazione di taglio) Lo sforzo di taglio su di un blocco di materiale è quello che si manifesta quando la sollecitazione avviene lungo un tratto della superficie del blocco. Si pensi, ad esempio, a un pacco di fogli su un tavolo: se si appoggia il palmo della mano sul foglio in cima al pacco e la si muove in direzione orizzontale, il foglio viene trascinato nella direzione del movimento e a sua volta trascina il foglio sottostante, e così via. In un pacco di fogli lo sforzo di taglio provoca lo scivolamento dei fogli l'uno rispetto all'altro; se lo stesso esperimento si fa con un blocco compatto (come un mattone), lo sforzo, superato il limite di rottura del materiale, provoca una serie di superfici di taglio nel mattone.

Temperatura critica dell'acqua In condizioni ambientali «normali» (per esempio, a 20 °C e a pressione atmosferica) l'acqua è presente in due fasi: liquida e gassosa (vapore acqueo). Se aumenta la temperatura, sempre più molecole di acqua passano dalla fase liquida a quella gassosa; giunti a 100 °C, tutta la fase liquida passa tumultuosamente alla fase gassosa (*ebollizione*). Se però, pur mantenendo la temperatura a 100 °C, si aumenta la pressione, ricompare la fase liquida. Il fenomeno si verifica anche per temperature più elevate. Se, per esempio, vapore acqueo a 350 °C viene gradualmente compresso, quando la pressione arriva a 166 bar ricompare la fase liquida. Ma se l'esperienza viene ripetuta con vapore a temperatura superiore a 374,4 °C, qualunque pressione si eserciti non porterà mai a formare la fase liquida. Il valore 374,4°C è *la temperatura critica* dell'acqua, che a valori più alti esiste solo come fase gassosa (*fluido supercritico*).

Tètide Nome originale di quell'antico oceano, proposto dal geologo austriaco E. Suess verso la fine dell'800. Deriva da quello della dea greca figlia di Urano e Gea, sposa di Oceano e madre dei fiumi.

Tetrapodi Dal greco *tetrápus*, a quattro piedi. Designazione generale dei vertebrati provvisti di quattro arti: anfibi, rettili e mammiferi (per questi ultimi si usa più spesso *quadrupedi*).

Tettonica Dal greco *tektonikós*, che riguarda l'arte del costruire. Branca della Geologia che studia le *deformazioni* delle masse rocciose nel tempo.

Trascorrente Viene così definito il movimento lungo una faglia verticale quando i due settori a contatto si spostano in direzioni opposte ma rimanendo sul piano orizzontale, cioè senza sollevarsi né sprofondare l'uno rispetto all'altro.

Vibrazione Una vibrazione è un movimento periodico, che si può immaginare come un'oscillazione intorno a un punto di equilibrio. Tale oscillazione ha una *frequenza* elevata, cioè si ripete più volte in un secondo, mentre il corpo che vibra trasmette l'oscillazione ai corpi che lo circondano: prende origine, così, una *perturbazione* che si propaga via via nel materiale circostante e che dura finché continua la vibrazione nel punto d'origine. La perturbazione si propaga in ogni direzione, per cui viene descritta come il propagarsi di onde sferiche dette onde *meccaniche* o *elastiche*, perché il materiale in cui si propagano si comporta in modo elastico. (Si ricordi che quello che si propaga non è la materia, che compie solo piccole oscillazioni, ma il movimento, cioè l'energia che si «libera» nel punto in cui inizia la vibrazione.)

Viscosità Dal latino *vĭscum*, vischio. La viscosità (l'inverso della fluidità) è la misura della resistenza interna di un liquido a scorrere e dipende da vari fattori: natura chimica del liquido, temperatura, pressione. I magmi acidi sono 10000 volte più viscosi di quelli basici.

Vulcani a scudo Edifici vulcanici di forma appiattita, con diametro alla base di centinaia di kilometri. Sono dovuti all'emissione di lave molto fluide, che possono scorrere per molti kilometri in larghe colate, prima di raffreddarsi e solidificarsi. Sulla Terra, tipici vulcani a scudo sono quelli dell'Isola di Hawaii.

Xenoliti (o inclusi) Dal greco *ksénos*, straniero, e *líthos*, pietra. Brandelli di rocce inclusi in un ammasso magmatico (intrusivo o effusivo). Vengono strappati alle rocce circostanti dal magma in risalita e rimangono «inglobati» nelle rocce che si formano con la solidificazione.

Zircone $Zr(SiO_4)$, silicato di zirconio. È un minerale durissimo, di alta densità, che si trova in minuscoli cristalli in rocce magmatiche acide (come, tipicamente, i graniti) e nelle rocce metamorfiche che ne derivano. Alcune varietà, limpide, sono usate come gemme.

Indice analitico

F

G

H

I

K

L

M

N

O

P